한국산업인력공단 새 출제기준에 따른 최신판!!

식품기사

필기시험문제

 대한민국 국가대표 브랜드

 국가자격 시험문제 전문출판

 에듀크라운 국가자격시험문제 전문출판

 크라운출판사
최고의 적중률!! 최고의 합격률!!
국가자격시험문제 전문출판
http://www.crownbook.co.kr

이 책을 발행하며

급속한 경제 성장 및 사회 전반에 따른 발전과 더불어 식생활 문화도 다양한 형태로 빠르게 변해 가고 있습니다. 이에 따라 식품에 대한 욕구도 양적인 측면보다는 맛과 영양, 안전성 등을 고려한 질적인 측면으로 변해 가고 있고, 식품 제조 및 가공 기술 또한 급속하게 발달하면서 식품을 제조하는 공장의 규모도 커지고 공정도 다양해지고 있습니다.

따라서 이렇게 방대하고 다양해지는 식품 분야에 대한 기본적인 지식을 바탕으로 식품 재료의 선택에서부터 새로운 식품의 기획, 연구개발, 분석, 검사 등의 업무 담당은 물론 식품 제조 및 가공 공정, 식품의 보존과 저장 공정에 대한 유지관리, 위생관리 · 감독의 업무 등을 수행할 수 있는 전문 기술 인력에 대한 필요성이 그 어느 때보다 절실한 상황입니다.

이처럼 식품기사 양성과 이에 대한 인재수요 및 관심도가 증가함에 따라 식품기사 시험을 준비하는 수험생들이 많아지고 있는 만큼 시험의 합격률을 높일 수 있는 좋은 수험서에 대한 필요성도 더욱 높아지고 있습니다.

이 교재는 식품기사 자격시험을 준비하는 응시자들을 위해 과목별 주요 핵심 이론을 완벽하게 요약 설명하였고 출제 예상 문제를 수록하여 수험자들의 이론에 대한 이해도를 바로 확인할 수 있게 구성하였습니다. 또한 시험에 출제될 확률이 높은 문제만을 엄선한 실전 모의고사 문제 4회분을 수록하여 식품기사 시험을 준비하는 수험생들이 합격이라는 꿈을 실현하는 데 큰 도움이 되도록 하였습니다.

그동안 산업 현장에서 쌓은 실무 경험과 수험생들을 지도 · 강의하면서 정리한 이론을 바탕으로 정성껏 집필한 이 교재로 식품기사 시험을 준비하는 모든 분들에게 합격의 영광이 있기를 바랍니다.

끝으로 이 책이 나오기까지 도움을 주신 교수님들과 크라운출판사 이상원 회장님 및 편집부 임직원 여러분께 깊은 감사를 드립니다.

저자 일동

※ 크라운출판사의 아름다운 저자 서비스를 이용하시기 바랍니다.
  이 책에 대한 문의는 chakj56@hanmail.net으로 하시면 상세한 답변을 얻으실 수 있습니다.

차·례

Part 1
식품위생학

Part 2

식품화학

Part 3

식품가공학

Part 4

식품미생물학

Part 5

생화학 및 발효학

차·례

Part 6

식품기사
기출문제

직무분야	식품가공	자격종목	식품기사	적용기간	2023.1.1. ~ 2024.12.31.
직무내용	식품기술분야에 대한 전문적인 지식을 바탕으로 하여 식품의 단위조작 및 생물학적, 화학적, 물리적 위해요소의 이해와 안전한 제품의 공급을 위한 식품재료의 선택에서부터 신제품의 기획 · 개발, 식품의 분석 · 검사 등의 업무를 담당하며, 식품제조 및 가공공정, 식품의 보존과 저장 공정에 대한 업무를 수행하는 직무				
필기검정방법	객관식	**문제수**	100	**시험시간**	2시간 30분

식품기사 출제기준(필기)

시험과목		주 요 항 목	
식품위생학	20	1. 식중독 2. 식품과 감염병 3. 식품첨가물 4. 유해물질	5. 식품안전관리인증기준(HACCP) 6. 식품위생검사 7. 식품안전법규
식품화학	20	1. 식품의 일반성분 2. 식품의 특수성분 3. 식품의 물성	4. 저장 · 가공 중 식품성분의 변화 5. 식품의 평가 6. 식품성분분석
식품가공학	20	1. 곡류 및 서류가공 2. 두류가공 3. 과채류가공 4. 유지가공 5. 유가공	6. 육류가공 7. 알가공 8. 수산물가공 9. 식품의 저장 10. 식품공학
식품미생물학	20	1. 미생물 일반 2. 식품미생물 3. 미생물의 분리보존 및 균주개량	
생화학 및 발효학	20	1. 효소 2. 탄수화물 3. 지질 4. 단백질 5. 핵산	6. 비타민 7. 발효공학 8. 발효공학의 산업이용

Part 1

식품위생학

01 식중독

식중독은 일반적으로 음식물을 통하여 체내에 들어간 병원미생물 및 유독·유해 물질이 일으키는 것으로 급성위장염 증상을 주도하는 건강장애이다. 식품에 잔류해 있는 미량의 화학물질을 계속 섭취하여 오랜 시간 후에 나타나는 만성적인 경우도 식중독에 포함된다.

 ## 1. 식중독의 분류

구분	원인균(물질)		주요원인식품
세균성	감염형		살모넬라(3종), 장염비브리오균(2종), 병원성 대장균, 캠필로박터(4종), 여시니아, 세레우스(설사형), 리스테리아균, 시겔라(세균성이질)
	독소형		황색포도상구균, 보툴리누스균
	복합형		웰치균, 세레우스균(구토형), 장구균 등
바이러스성	공기, 접촉, 물 등의 경로로 전염		노로바이러스, 로타바이러스, 아트로바이러스, 장관아노바이러스, 간염A바이러스, 사포바이러스
원충성	–		이질아메바, 람블편모충, 작은와포자충, 원포자충
자연독 식중독	동물성 자연독에 의한 중독		복어독, 시가테라독
	식물성 자연독에 의한 중독		감자독, 버섯독
	곰팡이 독소에 의한 중독		황변미독, 맥각독, 아플라톡신 등
화학성 식중독	고의 또는 오용으로 첨가되는 유해물질		식품첨가물
	제조, 가공 저장 중에 생성되는 유해물질		지질의 산화생성물, 니트로소아민
	조리기구, 포장에 의한 중독		녹청(구리), 납, 비소 등

 ## 2. 세균성 식중독

세균성 식중독은 병원성 세균에 의해서 생기는 식중독을 말한다. 경구감염병과 비교해 세균이 다량 증식된 식품을 섭취함으로써 발병하고, 잠복기가 짧고, 면역이 생기지 않는다.

(1) 감염형 식중독

식품과 함께 섭취한 원인 세균이 체내에서 증식되어 급성위장염을 일으키는 식중독이다.

1) *Salmonella* 식중독

① 원인균

- *Salmonella enteritidis*, *Sal. typhimurium*, *Sal. cholera suis*, *Sal. derby* 등
- 그람음성 무포자 간균으로 통성혐기성 균이다.
- 발육 최적 온도 : 37℃, 최적 pH : 7.0~8.0
- 60℃에서 20분간 가열하면 사멸된다.

② 감염원

- *Salmonella* 병원균에 오염된 식품을 섭취함으로써 발생한다.
- 쥐, 개, 파리, 바퀴, 닭, 집오리, 칠면조 등이 전파한다.

③ 원인식품

- 육류, 난류 및 그 가공품
- 어패류 및 그 가공품
- 도시락, 튀김류, 어육연제품
- 우유 및 유제품, 생과자 등

④ 잠복기 및 임상증상

- 잠복기 : 보통 12~24시간
- 주된 증상 : 구토, 복통, 설사, 발열 등. 발열은 급격히 시작하여 39℃를 넘는 경우가 빈번하다.

⑤ 예방

- 방충 및 방서 시설을 한다.
- 쥐, 파리, 바퀴 등을 구제한다.
- 식품은 가열, 살균하고 저온으로 보존한다.

2) 장염 *Vibrio* 식중독

① 원인균

- *Vibrio parahaemolyticus*이다.
- 그람음성 무포자 간균으로 통성혐기성 균이다.
- 증식 최적 온도 : 30~37℃, 최적 pH : 7.5~8.5
- 60℃에서 10분 이내 사멸한다.

② 감염원 : 근해산 어패류가 대부분(70%)이고, 연안의 해수, 바다벌, 플랑크톤, 해초 등에 널리 분포되어 있다.

③ 원인식품 : 어패류 및 그 가공품에 의한 것이 압도적이고, 특히 생선회, 초밥의 생식 등이다.

④ 잠복기 및 임상증상
  - 잠복기 : 평균 10~18시간
  - 주된 증상 : 복통, 구토, 설사, 발열 등의 전형적인 급성위장염 증상을 보인다.
⑤ 예방
  - 저온 저장하고 조리기구 및 손 등을 소독한다.
  - 어패류의 충분한 세척과 가열, 살균처리 해야 한다.

3) 병원성 대장균 식중독
  ① 원인균
    - 병원성 대장균(*Bacterium coli var. neopolitanum*)이다.
    - 그람음성 간균이며 주모성 편모가 있어 운동성이 있고, 호기성 또는 통성혐기성균이다.
  ② 감염원
    - 환자나 보균자의 분변
    - 동물의 배설물 등
  ③ 원인식품 : 햄, 치즈, 소시지, 고로케, 야채샐러드, 분유, 파이, 도시락, 두부 및 그 가공품 등
  ④ 잠복기 및 임상증상
    - 잠복기 : 평균 10~30시간
    - 주된 증상 : 설사, 그 외 발열, 두통, 복통 등의 증상을 나타낸다.
  ⑤ 예방
    - 사람, 동물의 분변에 식품이 오염되지 않도록 주의한다.
    - 유아에 전염되기 쉬우므로 기저귀, 수건, 목욕물, 침구 등과 식기 소독을 잘 해야 한다.
    - 주변환경을 청결히 해야 한다.

4) *Arizona*균 식중독
  ① 원인균
    - 장내 세균과의 *Salmonella*속 중 독립된 arizona group이다.
    - 그람음성 간균이고 주모성 편모를 가지고 있고, 유당을 분해한다.
  ② 감염원
    - 뱀이 약 50%, 쥐와 개구리가 약 1% 정도 보균하고 있다.
    - 가금류(닭, 오리, 칠면조 등)에서도 검출되고 있다.
  ③ 원인식품 : *Salmonella*와 유사하고 특히 가금류의 알과 그 가공품이다.
  ④ 잠복기 및 임상증상
    - 잠복기 : 보통 10~12시간
    - 주된 증상 : 복통, 설사, 때로는 38~40℃의 발열을 하기도 한다.
  ⑤ 예방
    - 방충, 방서 시설에 의한 구충과 구서에 집중한다.
    - 식품의 가열살균 및 저온에서 단시간 저장한다.

(2) 독소형 식중독

미생물이 식품에 오염된 후 독소를 생산, 축적하여 그 식품을 섭취한 후 발생되는 식중독이다.

1) 포도상구균 식중독

① 원인균

- *Staphylococcus aureus*(황색 포도상구균)이다.
- 그람양성 무포자 구균이고, 통성혐기성 세균이다.
- 최적 온도 : 32~37℃, 최적 pH : 7.4

② 독소 : enterotoxin(장내 독소)

- enterotoxin은 내열성이 강해 100℃에서 1시간을 가열하여도 활성을 잃지 않으며, 120℃에서 20분간 가열하여도 완전히 파괴되지 않는다.
- 기름 중에서 218~248℃로 30분 이상 가열하여야 파괴된다.
- 균체가 증식할 때만 독소가 생산되고 pH 6.8일 때 가장 크다.

③ 감염원 : 주로 사람의 화농소, 콧구멍 등에 존재하는 포도상구균(손, 기침, 재채기 등)이다.

④ 원인식품 : 우유, 크림, 버터, 치즈, 육제품, 난제품, 쌀밥, 떡, 김밥, 도시락, 빵, 과자류 등의 전분질 식품 등이다.

⑤ 잠복기 및 임상증상

- 잠복기 : 1~6시간인데, 평균 3시간으로 매우 짧다.
- 주된 증상 : 급성위장염 증상이며 구역질, 구토, 복통, 설사 등이다.

⑥ 예방

- 화농소가 있는 조리자는 조리하지 않는다.
- 조리된 식품은 즉석 처리하며 저온보존한다.
- 기구 및 식품은 멸균한다.

2) *Botulinus* 식중독

세균성 식중독 중에서 가장 치명률이 높은 무서운 식중독이다.

① 원인균

- *Clostridium botulinum*이다.
- 그람양성 간균이고, 주모성 편모를 가지며 아포를 형성한다.
- A, B형 균의 아포는 내열성이 강해 100℃에서 6시간 정도 가열하여야 파괴되고, E형 균의 아포는 100℃에서 5분 가열로 파괴된다.

② 독소 : neurotoxin(신경 독소)으로 특징은 열에 약하여 80℃에서 30분간이면 파괴된다.

③ 감염원

- 토양, 하천, 호수, 바다흙, 동물의 분변
- A~F형 중에서 A, B, E형이 사람에게 중독을 일으킨다.

④ 원인식품 : 강낭콩, 옥수수, 시금치, 육류 및 육제품, 앵두, 배, 오리, 칠면조, 어류훈제 등

⑤ 잠복기 및 임상증상
- 잠복기 : 보통 12~36시간이며, 빠르면 5~6시간, 늦으면 72시간 후에 발병하는 경우도 있다.
- 주된 증상 : ㉠ 메스꺼움, 구토, 복통, 설사에 이어 신경증상 ㉡ 시력저하, 난시, 동공확대, 광선 자극에 대한 무반응 등의 증상 ㉢ 타액 분비 저하, 구갈, 실성, 언어장애, 연하곤란 등 ㉣ 중증인 경우는 호흡마비, 폐뇨 후 사망에까지 이름
⑥ 예방
- 분변의 오염을 방지한다.
- 통·병조림 제조 시 충분히 살균한다.
- 독소는 열에 약하므로 섭취 전에 충분히 가열한다.

3) *Welchii*균 식중독
① 원인균
- *Clostridium perfringens*이다.
- 그람양성 간균이고, 아포를 형성한다. 혐기성이고 독소를 생성한다.
- 아포는 100℃에 4~5시간 정도의 가열에도 견딘다.
② 감염원
- 보균자인 식품업자, 조리자의 분변을 통한 식품감염
- 오물, 쥐, 가축의 분변을 통한 식품감염
③ 원인식품 : 주로 고기와 그 가공품이고, 어패류 및 그 가공품, 면류 및 감주도 원인식품이다.
④ 잠복기 및 임상증상
- 잠복기 : 평균 8~22시간
- 주된 증상 : 복통, 수양성 설사, 경우에 따라서는 구토 및 점혈변이 보인다.
⑤ 예방
- 분변의 오염 방지
- 식품의 가열 조리와 함께 저장 시 급속히 냉각할 것

(3) 기타 세균성 식중독

1) 장구균 식중독
장구균은 사람과 동물의 장관 내 상재균이며 일반적으로 특수한 화농이나, 요로감염 외에는 비병원성균인데 식중독의 원인균으로 보고된 예가 많다.
① 원인균 : *Streptococcus faecalis*와 *Streptococcus faecium*
② 감염원 : 사람, 동물의 장관 내의 상재균이므로, 이들의 분변에 의해서 식품에 2차 오염이 된다.
③ 원인식품 : 치즈, 소고기, 소시지, 햄, 고로케, 크림, 파이, 분유, 두부가공품 등

④ 잠복기 및 임상증상
 • 잠복기 : 1~36시간
 • 주된 증상 : 급성위장염 증상, 설사, 오심, 구토 등. 일반적으로 포도상구균의 중독과 유사하다.
⑤ 예방 : 분변 오염 방지

2) *Yersinia enterocolitica* 식중독
① 원인균
 • *Yersinia enterocolitica*이다.
 • 그람음성 간균이고, 주모성 편모를 가지고 운동한다.
② 감염원 및 원인식품
 • 소, 돼지, 쥐 등이 보균하고 있다.
 • 이들 동물과의 접촉이나 오염된 우유, 식육 및 음용수에 의해 감염된다.
③ 잠복기 및 임상증상
 • 주로 소아에서 일어난다.
 • 복통, 설사 및 발열이 있는 급성위장염을 일으킨다.
④ 예방 : 0~5℃ 저온에서도 증식하기 때문에 저온 유통에서도 주의가 필요하다.

3) *Proteus*균 식중독
① 원인균
 • *Proteus morganii*, *Pr. vulgaris*, *Pr. mirabilis* 등
 • 그람음성 간균이며, 호기성 또는 통성혐기성, 운동성이 있다.
② 감염원 : *Proteus* 병원균에 오염된 식품의 섭취
③ 원인식품 : 꽁치, 고등어, 정어리 등
④ 잠복기 및 임상증상
 • 잠복기 : 평균 12~16시간
 • 주된 증상 : 구토, 설사, 복통, 발열 등의 급성위장염을 일으키고, 발열과 두통이 있는 경우가 많다.
⑤ 예방 : 어류의 충분한 세척과 가열, 살균 등

 3. 화학물질에 의한 식중독

인체에 유해한 화학물질을 오용 또는 고의적으로 식품에 혼용하거나, 자연적으로 식품자체에 함유, 혼입되어 일어나는 중독을 화학성 식중독이라고 한다.

(1) 유해성 금속에 의한 식중독

[유해성 금속에 의한 식중독]

금속명	주된 중독경로	중독증상	발생시간
구리(Cu)	첨가물, 식기, 용기	구토, 설사, 복통	수분~2시간
아연(Zn)	용기, 기구 도금	구토, 설사, 복통	1~2시간
카드뮴(Cd)	식기, 기구	메스꺼움, 구토, 복통	15~30분
안티몬(Sb)	식기, 표면도금	메스꺼움, 구토, 설사, 복통	수분~1시간
납(Pb)	기구, 용기, 포장	메스꺼움, 구토, 설사	30분 이상
비산(As)	농약, 첨가물	위통, 구토, 설사, 출혈	10분 이상
수은(Hg)	오용	구토, 복통, 설사, 경련	2~30분
비스므스(Bi)	식기, 오용	입안착색, 구강염, 장염	1~2시간
바리움(Ba)	오용	구토, 설사, 복부경련	1~2시간

(2) 농약에 의한 식중독

1) 유기인제

살균제와 살충제 등으로 사용되며 체내에 흡수되어 cholinesterase와 결합하여 이의작용을 억제한다.

① 종류 : 파라티온, 말라티온, 메틸말라티온, 다이아지논, DDVP, TEPP, 스미치온 등이며, 주로 신경독을 일으킨다.

② 중독증상 : 식욕부진, 구토, 전신경련, 근력감퇴, 혈압상승 등

③ 예방 : 살포 시 흡입주의, 수확 전 15일 이내에 살포를 금지해야 한다.

2) 유기염소제

살충제나 제초제로써 이용되며, 유기인제에 비하여 독성이 강하지 않으나 화학적으로 매우 안정하여 잘 분해되지 않는 특성이 있다.

① 종류 : DDT, DDD, BHC, propoxar, aldrin 등이며, 신경독을 일으킨다. 지용성으로 인체의 지방조직에 축적되므로 비교적 유해하다.

② 증상 : 복통, 설사, 구토, 두통, 시력감퇴, 전신권태 등

③ 예방 : 유기인제와 같다.

3) 유기수은제

살균제로 종자 소독, 도열병 방제 등에 사용된다.

① 종류 : 메틸염화수은, 메틸요오드화수은, EMP, PMA 등이며, 신경독, 신장독을 일으킨다.

② 중독증상 : 시야 축소, 언어장애, 보행곤란, 정신착란 등의 중추신경증상을 보인다.

(3) 불량 첨가물에 의한 식중독

1) 유해성 보존료

엄격한 사용기준을 지키지 않았거나 허용되지 않은 보존료를 사용하였을 때 문제가 된다.

① 붕산(H_3BO_3) : 살균 소독제로써 1~3g으로 인체에 중독을 일으킨다.

② Formaldehyde : 단백질 변성작용을 가지고 있으며, 독성이 강하여 소화작용을 저해한다. 증상은 두통, 구토, 현기증, 호흡곤란 등의 장애를 일으킨다.

③ 불소 화합물(HF, NaF 등) : 방부·살균·발효 억제제로 사용되었으나 현재 사용이 금지되어 있다.

④ Urotropin : 방부제로 사용되었으나 현재 사용이 금지되어 있다.

2) 유해성 착색료

값이 싸고, 색깔이 선명하고, 빛이나 열에 안정한 것들로 품질이 나쁜 식품을 위장할 때 쓰인다.

① auramine : 과자, 단무지, 카레 등에 사용되었던 녹색을 띤 황색 색소로 현재 사용이 금지되었다.

② rhodamine B : 핑크색의 색소

3) 유해성 감미료

설탕 대용으로 영양가가 전혀 없으며 인공 감미료로 많이 사용되나 만성 중독을 일으킬 염려가 있다.

① dulcin : 백색 결정으로 설탕보다 약 300배나 강한 단맛을 가지고 있다. 장기 사용 시 혈액독을 일으켜 사용이 금지되었다.

② cyclamate : 무색의 결정성 분말로 설탕보다 약 50배나 강한 단맛을 내고, 열에 안정하나 발암성 물질로 사용이 금지되었다.

③ ethylene glycol : 무색 무취의 점액 액체로 신경 및 신장장애를 일으킨다.

④ ρ-nitro-o-toluidine : 황색 결정으로 설탕의 약 200배의 단맛을 내지만 혈액독 및 신경독의 중독 사고가 있어 사용이 금지되었다.

⑤ perillartine : 들깨 기름의 성분인 perillaldehyde에서 추출되는 백색 결정으로 설탕의 약 200배의 단맛을 낸다.

4) 유해성 표백료

① rongalit : 물엿의 표백제로 사용하여 물의를 일으켰다.

② nitrogen trichloride(NCl_3, 삼염화질소) : 자극성 있는 황색의 휘발성 액체로 밀가루 표백에 사용되었으나 현재 사용금지되었다.

③ 과산화수소, 아황산염 등이 있다.

(4) PCB(Polychlorobiphenyls)에 의한 식중독

가공된 미강유를 먹은 사람들이 색소 침착, 발진, 종기 등의 증상을 나타내는 괴질이 1968년 10월 일본의 규슈를 중심으로 발생하여 112명이 사망하였다. 조사 결과는 미강유 제조 시 탈취 공정에서 가열 매체로 사용한 PCB가 누출되어 기름과 혼입되어 일어난 중독 사고로 판명되었다.

주요증상은 안질에 지방이 증가하고, 손톱, 구강 점막에 갈색, 흑색의 색소가 침착된다.

4. 자연독에 의한 식중독

(1) 동물성 식중독

독성물질에 의한 식중독 중에서 동물에 자연적으로 함유되는 유독성분에 의한 식중독을 동물성 자연독에 의한 식중독이라고 한다.

1) 복어 중독

복어의 독은 난소에 가장 많고, 간, 피부, 소화관, 혈액에도 포함하는 경우가 많다.

① 독성분 : tetrodotoxin

  • 복어의 종류, 계절, 부위에 따라 함유량 차이가 있다.

  • 겨울철에서 봄철 산란기에 가장 유독하다.

② 임상증상 : 지각이상, 운동장애, 호흡장애, 위장장애, 혈액장애, 뇌증 등

③ 예방 : 조리 전문가가 만든 요리만을 먹으며, 유독 부위는 피하고 육질부만을 식용으로 한다.

2) 모시조개

① 독성분 : venerupin

② 원인식품 : 굴, 바지락, 모시조개 등

③ 잠복기 : 1~2일이며, 짧으면 12시간, 길면 7일 정도이다.

④ 임상증상 : 권태감, 두통, 구토, 변비, 미열, 점막출혈, 황달 등이고, 피하출혈반은 반드시 일어난다.

3) 섭조개(검은 조개)

검은 조개, 섭조개, 대합조개 등에 의해서 일어난다. 처음에는 마비성 조개 중독이라고 하였다.

① 독성분 : saxitoxin, gonyautotoxin, protogonyautotoxin 등 10여 종의 guanidyl 유도체

② 잠복기 : 식후 30분~3시간

③ 임상증상 : 입술, 혀, 잇몸 등의 마비로 시작하여 사지마비, 기립보행 불능, 언어장애, 두통, 구토 등

(2) 식물성 식중독

식물체 외부로부터 오염된 물질이 아니고 자연물로 존재하는 유독성분의 섭취로 발생하는 식중독

1) 독버섯 중독

외대 버섯, 화경 버섯, 미치광이 버섯, 깔대기 버섯, 광대 버섯 등에 의한 식중독이 식물성 자연독 중에 가장 많이 차지한다.

① 독성분

  • 뇌증형 중독 : muscarine, muscaridine, neurine, choline 등

  • 위장형 중독 : phaline, gyromitrin, amanitatoxin 등

  • 콜레라성 중독 : α-amanitins

② 독버섯 감별법

- 줄기가 세로로 갈라지는 것은 무독
- 악취가 나는 것은 유독
- 색깔이 진하고 아름다운 것은 유독
- 쓴맛, 신맛을 가진 것은 유독
- 유즙 분비, 점성액 분비 또는 공기 중에 변색되는 것은 유독
- 물에 넣고 끓일 때 은수저를 검게 변화시키는 것은 유독

2) 감자 중독

① 독성분

- solanine이라는 배당체이고, 발아 부분과 저장 중 생기는 녹색 부분에 많다.
- 조리 시 이 부위를 완전히 제거해야 한다.
- 부패한 감자는 셉신(sepsine)이라는 독성 물질이 있다.

② 증상 : 위장장애, 허탈, 의식장애 등

3) 청매 중독

청매(미숙한 매실), 살구씨 등의 amygdalin이라는 cyan 배당체가 독성분이다.

4) 목화씨(면실유) 중독

① 독성분 : gossypol

② 주된 증상 : 피로, 위장장애, 식욕감퇴, 현기증 등

5) 피마자 중독

독성분은 ricinin, 유독 단백체인 ricin이다.

6) 독미나리 중독

① 독성분 : cicutoxin이며 지하경에 많이 들어 있다.

② 증상 : 위통, 구토, 현기증, 경련 등

7) 독맥(지네 보리) 중독

① 독성분 : 유독 alkaloid인 temulin이다.

② 증상 : 두통, 현기증, 무기력, 이명 등

8) 바꽃(부자) 중독

① 독성분 : aconitine, mesaconitine 등 맹독 성분이다.

② 증상 : 입과 혀의 동통, 안면 마비, 유연, 구토 등

9) 꽃무릇 중독

독성분은 맹독성 alkaloid인 lycorin이다.

10) 미치광이풀 중독

① 독성분 ; hyoscyamine, atropine 등

② 증상 : 흥분, 심계항진, 호흡곤란 등의 증상을 일으켜 사망하게 된다.

11) 흰독말풀(가시독말풀) 중독

① 독성분 : hyoscyamine, scopolamine, atropine 등

② 증상 : 미치광이풀과 비슷하다.

12) 붓순나무 중독

① 독성분 : shikimic acid, shikimitoxin, hananomin 등

② 증상 : 구토, 경련, 현기증 등

5. 곰팡이독 식중독

(1) Mycotoxin

곰팡이의 대사 산물로서 사람, 온혈 동물에게 기능 및 기질적 장애를 유발시키는 물질을 총칭하며 mycotoxin(곰팡이독, 진균독)이라 한다. mycotoxin에 의해서 일어나는 식인성 병해를 총칭하여 mycotoxicosis(곰팡이독증, 진균 중독증)이라 한다.

1) Mycotoxin의 특징

① 탄수화물이 풍부한 농산물, 특히 곡류가 압도적으로 많다.

② *Asperzillus*속이 생산하는 곰팡이독에 의한 사고는 봄부터 여름(열대지역)에 많고, fusarium 독소군에 의한 사고는 오히려 추울 때(한대지역)에 많이 발생한다.

③ 동물에서 동물로, 사람에게서 사람으로 직접 전파되는 것이 아니다. 즉, 감염형이 아니다.

④ 발병된 동물에 대하여는 항생물질 투여나 약제요법을 실시하여도 별 효과가 없다.

2) Mycotoxin의 분류

Conveney는 장애를 일으키는 주기관이나 생체 부위별로 다음과 같이 분류하였다.

① 간장독 : 간경변, 간종양 또는 간세포 괴사를 일으키는 물질군

Aflatoxin(*Aspergillus flavus*), sterigmatocystin(*Asp. versicolar*), rubratoxin(*Penicillium rubrum*), luteoskyrin(*Pen. islandicum*), ochratoxin(*Asp. ochraceus*), islanditoxin(*Pen. islandicum*)

② 신장독 : 급성 또는 만성 신장염을 일으키는 물질군

citrinin(*Pen. citrinum*), citreomycetin, kojic acid(*Asp. oryzae*)

③ 신경독 : 뇌와 중추신경에 장애를 일으키는 물질군

patulin(*Pen. patulum, Asp. clavatus* 등), maltoryzine(*Asp. oryzae var. microsporus*), citreoviridin(*Pen. citreoviride*)

④ 피부염 물질

sporidesmin(*Pithomyces chartarum*, 광과민성 안면 피부염), psoralen(*Sclerotina sclerotiorum*, 광과민성 피부염 물질) 등

⑤ fusarium 독소군

fusariogenin(조혈 기능장애 물질, *Fusarium poe*), nivalenol(*F. nivale*), zearalenone(발정 유발 물질, *F. graminearum*)

⑥ 기타 : shaframine(유연물질, *Rhizoctonia leguminicola*) 등

(2) 맥각중독

① 맥각(ergot)은 맥각균(*Claviceps purpurea*, *Claviceps paspalis* 등)이 호밀, 보리, 라이맥에 기생하여 발생하는 곰팡이의 균핵(sclerotium)이다.

② 이것이 혼입된 곡물을 섭취하면 맥각중독(ergotism)을 일으킨다. 맥각의 성분은 ergotoxine, ergotamine, ergometrin 등의 alkaloid 물질이 대표적이다.

③ 중독증상 : 구토, 설사, 복통 등의 소화기 계통의 장애와 두통, 이명, 무기력 등이 나타나고, 임산부는 조산 및 유산을 일으키기도 한다.

 6. 바이러스성 식중독

(1) 바이러스성 식중독의 특징

① 바이러스성 식중독은 장염을 일으키는 원인 병원체 중 바이러스가 장에 감염되어 발생하는 질병으로 일반적인 증세는 설사와 구토이나 경우에 따라 두통, 열, 복통이 수반되며 감염 후 1~2일 후에 증상이 나타나서 1~10일간 지속된다.

② 현재 설사를 유발하는 바이러스는 노로바이러스, 로타바이러스, 아데노바이러스, 캘리시바이러스, 아스트로바이러스 등이 있다.

③ 바이러스성 식중독은 세균성 식중독과 달리 미량(10~100마리)의 개체로도 발병이 가능하고, 환경에 대한 저항력이 강하며, 2차 감염으로 인해 대형 식중독을 유발할 가능성이 있다.

(2) 바이러스성 식중독의 종류

1) 노로바이러스 식중독

주로 11월부터 3월에 걸쳐 발생하는데 여름철에 발생하기도 한다. 노로바이러스에 의한 위장염은 심각한 건강상 위해는 없으며, 대부분의 경우 장기간의 합병증 없이 1~2일 후에는 완전히 회복된다.

① 병원체 : norovirus, Calicivirus, SRSV(소형구형 바이러스)

② 감염원 및 감염경로

•감염원 : 감염자의 구토물이나 변, 오염된 식품

- 감염경로
  - 사람의 분변에 오염된 식수나, 어패류의 생식을 통하여 감염
  - 사람과 사람 사이의 전파에 의한 감염(감염자와의 접촉)
  - 바이러스에 감염된 조리자가 식품을 취급하였을 경우
  - 구토에 의한 비말감염
③ 증상 및 잠복기
  - 잠복기 : 24~28시간
  - 증상 : 메스꺼움, 구토, 설사, 복통 등의 증상이 나타나며, 때로는 두통, 오한 및 근육통을 유발하기도 한다.
④ 예방
  - 식수는 반드시 끓여서 섭취할 것
  - 과일이나 채소는 철저히 세척할 것
  - 굴 등의 어패류는 85℃로 1분 이상 완전히 가열하여 섭취할 것
  - 조리기구 등은 세제를 사용해 1차 세척한 후, 차아염소산 나트륨(염소농도 200ppm)에 담근 후 2차 세척하여 사용할 것
  - 칼, 도마, 행주 등은 85℃ 이상에서 1분 이상의 가열로 바이러스를 불활성화시킬 것

2) 로타바이러스 식중독

주로 6~24개월 된 영·유아에게 감염되어 설사의 원인이 되는 바이러스성 감염질환으로 그중 약 50%가 백색 수양성 설사증을 앓는다. 주로 11~12월에 발생한다.

① 병원체 : rotavirus
  - rotavirus는 A~G의 7개의 혈청형으로 분류되며, 7개 혈청형 중 A형이 가장 많고 다음이 B형이고 C형은 드물다.
② 감염원 및 감염경로
  - 감염원 : 오염된 물, 환자의 대변
  - 감염경로 : 주로 분변-구강경로(Fecal-oral route)를 통하여 감염된다.
③ 증상 및 잠복기
  - 잠복기 : 2~4일
  - 증상 : 고열, 심한 구토, 설사가 5~7일간 지속된다. 주로 겨울철에 신생아나 유아들에게 장염을 유발한다.
④ 예방 : 분변에서 경구경로로 전염되므로 환자의 분변과 접촉하지 않도록 하고 손을 깨끗이 씻어야 한다.

3) 아스트로바이러스

주로 감염자의 분변에서 발견된다. 주로 겨울철에 많이 발생하여 유아, 어린이, 어른, 노인, 면역력이 약한 사람 등 다양한 연령층에서 질병을 일으킨다.

① 병원체 : Astrovirus
  • Astrovirus는 8개의 혈청형이 있다.
② 감염원 및 감염경로
  • 감염원 : 오염된 식품, 물, 환자의 대변
  • 감염경로 : 주로 분변–구강경로(Fecal–oral route)를 통하여 감염된다.
③ 증상 및 잠복기
  • 잠복기 : 1~4일
  • 증상 : 주요 증세는 구토, 설사, 발열이 있고, 설사가 멈춘 뒤에는 환자에게서 분변을 통해 바이러스가 배출될 수 있다.
④ 예방 : 환자의 분변과 접촉하지 않도록 조심하며 손을 깨끗이 씻어야 한다. 특히 사람 사이에 바이러스가 쉽게 전파되는 시설(보육원, 가정, 병원 등)에서는 위생수칙을 준수해야 한다.

4) 장관 아데노바이러스 식중독
아데노바이러스는 1953년 외과수술로 적출된 소아의 편도와 adenoid(선양조직)에서 분리된 것이 최초였기 때문에 adenovirus라 명명하였다. 최근에는 아데노바이러스 40형 및 41형이 젖먹이와 3세 이하 유아에게 설사증을 일으키는 원인 바이러스로 입증되었다.
① 병원체 : adenovirus
② 감염원 및 감염경로
  • 감염원 : 오염된 물, 환자의 대변
  • 감염경로 : 주로 사람에서 사람, 분변에서 경구감염
③ 증상 및 잠복기
  • 잠복기 : 7~8일
  • 증상 : 설사가 주요증상이며 발열, 구토와 기도 염증을 수반하는 것이 많다. 만성 설사증, 영양실조 또는 면역 부전 등의 기초 질환을 나타낼 경우 사망한다.
④ 예방 : 개인위생을 철저히 한다.

(3) 바이러스성 식중독의 예방과 치료

① 바이러스성 식중독은 병원체가 바이러스이기 때문에 치료용 항바이러스제제나 예방용 백신이 아직 개발되어 있지 않다.
② 기존의 항생제로 치료가 불가능하다.
③ 구토나 설사가 심할 때는 탈수가 되지 않도록 수분보충이 필요하다.
④ 바이러스 사멸에는 열탕이나 차아염소산나트륨 사용이 도움이 되지만 알코올이나 역성 비누는 효과적이지 않다.
⑤ 바이러스성 식중독은 치료방법이 없기 때문에 예방이 무엇보다 중요하다.

7. 식이 알레르기

건강보험심사평가원의 통계에 따르면 한국인에게 가장 흔한 피부질환은 알레르기성 피부염이라고 한다. 알레르기성 피부염은 가려움증이나 부어오름, 뾰루지 등이 생길 수 있고, 심하면 물집이 잡히거나 온 몸이 가려운 두드러기 증상이 나타날 수 있다.

(1) 식이알레르기란?

대부분의 사람들에게는 문제가 되지 않지만 일부 사람들은 특정 '음식'에 민감한 반응을 보이기도 하는데 이를 '식품 알레르기'라고 한다. 식이알레르기는 식품에 있는 일부 단백질에 반응해서 일어난다. 식품 속의 단백질은 대부분 조리과정이나 소화과정에서 분해되는데, 분해되지 않고 체내로 흡수되는 일부 단백질이 알레르기를 일으킨다.

(2) 식품 알레르기의 증상과 진단

1) 증상

종종 설사와 발진, 복부 팽창, 구토와 위식도 역류 같은 증상이나 소화불량을 일으키거나 드물게는 과민성 쇼크와 저혈압, 의식불명과 같은 응급상황을 일으킬 수 있다.

2) 진단

특정식품 섭취 후 증상이 나타나는지 등의 병력과 전문의의 진찰과 함께 피부반응검사, 특이항체 혈액검사, 식품제거 및 유발시험 등의 검사를 종합하여 진단한다.

(3) 식품 알레르기를 유발하는 식품과 예방법

1) 계란 알레르기
- 계란은 영양적인 측면에서는 다른 식품으로 대체하는 것이 쉽다.
- 계란이 들어가 있는 과자나 케이크 등 기호식품이 많기 때문에 세심한 주의가 필요하다.
- 주로 흰자가 문제를 일으킴으로 알레르기가 있어도 노른자는 먹을 수 있는 경우도 있다.

2) 우유 알레르기
- 우유 제한 시 칼슘 섭취 부족이 문제가 될 수 있다.
- 칼슘을 많이 함유한 식품의 종류와 칼슘함량 등을 구체적으로 알아 두는 것이 좋다.

3) 밀가루 알레르기
- 밀가루는 빵이나 면 등의 원재료이지만, 쌀이 주식인 우리나라에서는 영양적인 측면의 문제가 발생되는 경우는 많지 않다.
- 많은 가공품에 밀가루가 들어 있기 때문에 가공품의 원료를 꼼꼼히 확인해야 한다.

4) 대두 알레르기
- 대두를 이용한 제품이 많기 때문에 대두를 제한할 때는 고려해야 할 점이 많다.
- 정제한 기름에는 단백질은 거의 포함되지 않으므로 중증이 아니면 제한할 필요는 없다.
- 간장이나 된장 등의 조미료는 항원성이 매우 낮아진 상태이기 때문에 먹을 수 있는 경우가 많다.

5) 생선 알레르기

- 비타민 D를 많이 포함하는 식품(말린 표고버섯, 목이버섯 등)을 이용한다.
- 갑각류, 연체류, 패류는 각각 생선과는 다른 항원이다.

6) 고기 알레르기

- 고기를 전부 제한하는 경우에는 철 흡수 저하에 따른 빈혈이 생길 수 있다.
- 철분이 많은 해조류나 생선류로 대체하고 식품 섭취가 충분치 않을 경우에는 철분제 보충을 고려한다.

7) 땅콩 알레르기

- 땅콩은 매우 소량에도 반응하고, 증상이 심각한 경우가 많으므로 세심한 주의가 필요하다.
- 급식에서 부재료로 사용되거나 초콜릿 등의 과자류에 들어 있는 것을 모르고 먹는 일이 없도록 주의해야 한다.
- 다른 견과류와의 교차반응에 대한 보고가 있으므로 땅콩 알레르기가 있는 경우 다른 견과류에 대한 반응도 확인해야 한다.

8) 메밀 알레르기

- 메밀은 간혹 밀로 표기되어 공급되는 경우가 있다.
- 메밀국수를 삶은 물에 우동을 삶는 것을 피해야 한다.

9) 과일·야채 알레르기

- 먹을 수 있는 다른 과일이나 야채로 필요한 비타민, 미네랄 등으로 미량 원소, 식이섬유 등을 섭취할 수 있도록 한다.
- 과일이나 야채는 가열에 따라 항원성이 사라지는 경우가 많으므로, 생야채나 생과일에만 반응하는지를 확인한다.

(4) 알레르기 유발물질 표시(식품등의 표시기준)

알레르기 유발물질은 함유된 양과 관계없이 원재료명을 표시하여야 하며, 표시대상과 표시방법은 다음과 같다.

1) 표시대상

① 알류(가금류에 한한다), 우유, 메밀, 땅콩, 대두, 밀, 고등어, 게, 새우, 돼지고기, 복숭아, 토마토, 아황산류(이를 첨가하여 최종제품에 SO_2로 10mg/kg 이상 함유한 경우에 한한다), 호두, 닭고기, 쇠고기, 오징어, 조개류(굴, 전복, 홍합 포함), 잣을 원재료로 사용한 경우
② ①의 식품으로부터 추출 등의 방법으로 얻은 성분을 원재료로 사용한 경우
③ ① 및 ②를 함유한 식품 또는 식품첨가물을 원재료로 사용한 경우

2) 표시방법

원재료명 표시란 근처에 바탕색과 구분되도록 별도의 알레르기 표시란을 마련하여 알레르기 표시대상 원재료명을 표시하여야 한다. 다만, 단일 원재료로 제조·가공한 식품, 포장육 및 수입하는 식육의 제품명이 알레르기 표시대상 원재료명과 동일한 경우에는 알레르기 표시를 생략할 수 있다.

02 식품과 감염병

식품을 매개로 하여 일어나는 감염병은 그 원인에 따라 경구감염병과 인수공통감염병으로 나눌 수 있다.

1. 경구감염병과 예방대책

경구감염병은 대부분 소화기계 감염병으로 음식물, 음료수, 완구, 식기 등에 의해 입으로 병원체가 침입하여 감염을 일으킨다.

(1) 경구감염병의 종류

1) 장티푸스(typhoid fever)
 ① 원인균
  • *Salmonella typhi*, *Sal. typhosa*
  • 그람음성 간균으로 협막과 아포가 없다.
 ② 감염원 및 감염경로
  • 감염원 : 환자의 혈액, 분변, 오줌 등
  • 경구감염으로 환자, 보균자와의 직접 접촉, 음식물 매개로 인한 간접 접촉으로 인하여 감염된다.
 ③ 임상증상
  • 잠복기 : 1~3주
  • 증상 : 두통, 식욕부진, 오한, 40℃ 전후의 고열, 백혈구의 감소, 붉은 발진, 비장의 종창 등
 ④ 예방
  • 환자, 보균자의 분리 및 격리
  • 분뇨, 식기구, 물, 음식물의 위생처리
  • 소독, 파리 구제, 예방접종 등

2) 파라티푸스(paratyphoid fever)
 ① 원인균 : *Sal. paratyphi* A, B, C 3형이 있다.
 ② 감염원 및 감염경로 : 장티푸스와 비슷하다.
 ③ 임상증상 : 잠복기는 1~10일이며, 증상은 장티푸스와 비슷하다.

④ 예방 : 장티푸스와 비슷하다.

3) 세균성 이질(shigellosis)

① 원인균
- *Shigella dysenteryae*(A군), S. *flexneri*(B군), S. *boydii*(C군) 및 S. *sonnei*(D군) 등
- 그람음성 간균, 호기성이며 아포, 협막이 없다.

② 감염원 및 감염경로
- 감염원 : 환자, 보균자의 분변
- 감염경로 : 이 균으로 오염된 의류, 기구, 손, 음식물에 의하여 전파되며 쥐, 파리가 운반하여 오염시킨다. 음료수에 오염되면 집단 오염을 일으키기 쉽다.

③ 임상증상
- 잠복기 : 2~7일
- 증상 : 오한, 전율, 발열, 복통, 설사, 구토, 혈변을 일으키고, 발열은 38~39℃, 2~3일이면 내린다.

④ 예방 : 장티푸스와 비슷하다.

4) 아메바성 이질(amoeba dysentery)

① 원인균 : 원충인 *Entamoeba histolytica*

② 감염원 및 감염경로
- 감염원 : 환자, 낭포 보유자의 분변 중에 배출된 원충이나 낭포
- 감염경로 : 접촉, 음용수, 식품, 식품 취급자, 곤충, 쥐 등에 의하여 감염

③ 임상증상
- 잠복기 : 5일~수개월
- 증상 : 세균성 이질보다 설사, 복통 증상이 약하다. 변 중에는 점액이 혈액보다 많은 것이 특징이다.

④ 예방 : 장티푸스와 비슷하다. 면역이 없으므로 예방접종은 필요없다.

5) 콜레라(cholera)

① 원인균
- *Vibrio cholera*
- 그람음성 간균, 통성혐기성이며 협막과 아포는 없다.

② 감염원 및 감염경로
- 감염원 : 환자, 보균자의 분변, 토물
- 감염경로 : 배출된 균에 감염된 해수, 음료수, 식품 등에 의해서 전파된다.

③ 임상증상
- 잠복기 : 수시간~5일
- 증상 : 쌀뜨물과 같은 설사와 구토, 탈수에 의한 구갈, 피부건조, 무뇨 등의 증상과 체온이 상당히 저하된다.

④ 예방 : 장티푸스와 비슷하다.

6) 급성 회백수염(소아마비, poliomyelitis)

　① 원인균 : Polio virus

　② 감염원 및 감염경로

　　• 감염원 : 환자, 불현성 감염자의 분변에 바이러스가 배출

　　• 감염경로 : 배출된 바이러스에 의해 오염된 음용수나 식품을 통해서 경구감염된다.

　③ 임상증상

　　• 잠복기 : 평균 12일

　　• 증상 : 발열, 현기증, 두통, 설사, 근육통, 식욕감퇴, 사지마비 등

　④ 예방 : 예방접종이 가장 유효하다.

7) 유행성 간염(Epidemic hepatidis)

　① 원인균 : *Infectious hepatitis virus* A

　② 감염원 및 감염경로

　　• 감염원 : 환자의 분변

　　• 감염경로 : 분변에 오염된 음료수, 식품에 경구적으로 감염된다.

　③ 임상증상

　　• 잠복기 : 15~50일

　　• 증상 : 38℃ 전후의 발열, 두통, 식욕부진, 위장장애를 거쳐 황달까지 이른다.

　④ 예방 : 감염자의 식품 취급을 막고, 물을 끓여서 마신다.

8) 감염성 설사증

　① 원인균 : 감염성 설사증 바이러스

　② 감염원 및 감염경로

　　• 감염원 : 환자의 분변

　　• 감염경로 : 분변에 오염된 식품, 음료수를 거쳐 경구감염된다.

　③ 임상증상

　　• 잠복기 : 2~3일

　　• 증상 : 복부팽만감, 메스꺼움, 식욕부진, 구갈, 심한 수양성 설사(1일 5~20회) 등

　④ 예방 : 일반 경구감염병 예방법에 준하며, 유행 시에는 급수시설의 경우 염소 소독을 철저히
　　한다.

9) 천열(Izumi fever)

　① 원인균 : virus

　② 감염원 및 감염경로

　　• 감염원 : 환자, 보균자 또는 쥐의 배설물

　　• 감염경로 : 식품, 음료수에 오염된 후 경구감염된다.

③ 임상증상
  - 잠복기 : 2~10일
  - 증상 : 39~40℃의 열이 발생, 발진이 국소 또는 전신에 생기고, 2~3일 후 없어진다. 소화기 증상으로 오심, 구토, 설사, 복통이 있다.
④ 예방
  - 환자의 코와 입에 대한 분비물 처리에 유의한다.
  - 우물의 소독, 하수의 청소, 기타 음식물에 대한 주의는 경구감염병 예방법에 준한다.

(2) 경구감염병과 세균성 식중독과의 차이점

경구감염병	세균성 식중독
• 병원균의 독력이 강하며 미량의 균이라도 감염을 일으킨다.	• 균의 독력이 약하여 다량의 균을 섭취해야 발병한다.
• 병원균은 사람이며, 사람에게 강력한 병원성을 갖고 있다.	• 원인균은 사람 이외에 동물의 병원균이며 사람에게는 약한 병원성을 갖고 있다.
• 사람에게서 사람으로 2차 감염, 즉 유행한다.	• 식품으로부터 사람에게 감염, 즉 2차 감염이 없다.
• 잠복기가 길다.	• 잠복기가 짧다.
• 예방이 어렵다.	• 식품을 저온 저장하여 균의 번식을 억제하면 예방할 수 있다.

2. 인수공통감염병과 예방대책

인수공통감염병이란 척추동물과 사람 사이에 자연적으로 전파되는 질병을 말한다. 식육, 우유에 병원체가 존재할 경우 섭식하거나, 감염동물, 분비물 등에 접촉하여 2차 오염된 음식물에 의하여 감염된다.

(1) 인수공통감염병의 예방
① 가축의 건강유지, 이환 동물(집에 기르는 개, 고양이 등)의 조기발견, 도축, 격리, 소독, 예방접종 등 가축 위생상의 조치를 철저히 한다.
② 이환 동물을 식품으로 취급, 판매, 수입하는 것을 방지한다.
③ 이환 동물로부터 얻은 젖, 유제품의 취급, 판매를 금지한다.
④ 도축장, 우유처리장의 검사를 철저히 한다.
⑤ 수입할 때도 철저한 검역조치가 요구된다.

(2) 인수공통감염병의 종류

1) 결핵(tuberculosis)

① 병원체 : 사람에게 감염되는 인형(*Mycobacterium tuberculosis*), 소에 감염되는 우형 (*Mycobacterium bovis*), 조류에 감염되는 조형(*Mycobacterium avium*) 등이 있으며 이외에도 파충형, vole Bacillus 등이 있다.

② 감염원 및 감염경로 : 우형 결핵에 감염된 우유, 유제품을 거쳐 경구감염된다. 우유, 이환 우의 고기, 이환 계의 달걀도 감염된다.

③ 잠복기 및 증상

•잠복기 : 4~6주

•증상 : 침범하는 장소에 따라 다르다.

④ 예방

•정기적으로 tuberculin 반응검사를 실시한다.

•결핵에 걸린 소를 조기에 발견하여 적절한 조치를 한다.

•우유나 유제품 등의 살균을 완전히 한다.

2) 탄저(anthrax)

① 병원체 : *Bacillus anthracis*

•그람양성 대형 간균이고, 운동성이 없다. 산소가 있어야 아포 형성이 가능하다.

② 감염원 및 감염경로

•감염원 : 오염된 목초, 사료 및 피부의 상처 등

•감염경로 : 동물 – 오염된 목초, 사료에 의한 경구감염

　　　　　사람 – 주로 피부의 상처로부터의 경피감염, 동물의 털, 모피 취급자, 수육

　　　　　취급자는 병든 동물고기에 의한 경구감염으로 장탄저를 일으킨다.

③ 잠복기 및 증상

•잠복기 : 1~4일

•증상 : 임파선염, 종창, 장탄저, 수도, 패혈증도 유발한다.

3) 파상열(brucellosis)

① 병원체

•양, 염소에 감염되는 *Brucella melitenisis*, 소에 감염되는 *Brucella abortus*, 돼지에 감염되는 *Brucella suis*

•그람음성 작은 간균이고, 운동성이 없고, 아포를 형성하지 않는다.

② 감염원 및 감염경로 : 접촉이나 병에 걸린 동물의 유즙, 유제품, 고기를 거쳐 경구감염된다.

③ 증상 및 잠복기

•잠복기 : 보통 5~21일

- 증상 : 결핵, 말라리아와 비슷하여 열이 단계적으로 올라 38~40℃에 이른다. 이 상태가 2~3주 계속되다가 열이 내린다. 발열 현상이 주기적으로 되풀이되므로 파상열이라고 한다. 경련, 관절염, 간 및 비장의 비대, 백혈구 감소, 발한, 변비 등의 증상이 나타나기도 한다.

4) 야토병(tularemia)

① 병원체 : *Francisella tularensis*
- 그람음성 저항력이 강하여 상온에서도 상당히 오래 존재한다.

② 감염원 및 감염경로 : 동물 – 흡혈곤충인 이, 진드기, 벼룩에 의해 전파
                 사람 – 병에 걸린 토끼고기, 모피에 의하여 피부, 점막으로 균이 침입 또는 경구적으로 감염

③ 증상 및 잠복기
- 잠복기 : 보통 3~4일
- 증상 : 오한과 함께 발열한다. 균이 침입된 부위에 농포가 생기고, 이것이 궤양으로 되면서 동시에 임파선이 붓는다. 이 질병에 이환된 후에는 강한 면역을 얻는다.

5) 돈단독증(swine erysipeloid)

① 병원체 : 돈단독균(*Erysipelothrix rhusiopathiae*)
- 그람양성 무아포 단간균이며, 통성혐기성이다.

② 감염원 및 감염경로
- 가축의 고기, 장기를 다룰 때 피부의 창상으로 균이 침입하여 감염되며, 경구감염되는 수도 있다.
- 어패류에서도 이 균이 많이 검출된다.

③ 잠복기 및 증상
- 잠복기 : 10~20일
- 주된 증상 : 패혈 증상이고, 관절염, 심장장애를 나타내기도 한다.

④ 예방 : 예방접종에 약독 생균 백신 또는 사균 백신이 사용되고, 치료에는 항생물질이 사용된다.

6) Q열(Q fever)

① 병원체 : 리케차성질병으로 *Coxiella burnetii*

② 감염원 및 감염경로
- 감염원 : 쥐, 소, 양, 염소에서 발견
- 감염경로 : 병원체가 함유된 동물의 생유, 이환된 동물의 조직이나 배설물에 접촉되면 감염된다.

③ 잠복기 및 증상
- 잠복기 : 14~26일
- 증상 : 두통, 권태 30~40℃의 발열과 함께 오한을 느낀다.

④ 예방 : 흡혈곤충의 박멸, 우유의 살균, 감염 동물의 조기 발견, 치료에 chloramphenicol이 유효하다.

7) Listeria증(listeriosis)

① 병원체 : Listeria균(*Listeria monocytogenes*)

  • 그람음성 무아포 간균이다.

② 감염원 및 감염경로 : 소, 말, 양, 염소, 돼지 등의 가축이나 닭, 오리 등의 가금류에서도 널리 감염된다.

③ 잠복기 및 증상

  • 잠복기 : 수일~수주

  • 증상 : 다양하며 수막염, 패혈증, 임신부는 자궁내막염을 일으킨다.

④ 예방 : 예방접종

3. 기생충

(1) 채소류를 매개로 하여 감염되는 기생충

우리나라에서 발생하는 대부분의 기생충은 채소로부터 감염된다. 배추, 미나리, 파, 무, 딸기, 당근 등에서 회충, 편충, 구충, 간디스토마의 충란이 검출되는데, 그중에서 회충란이 제일 많다.

1) 회충(*Ascaris lumbricoides*)

① 감염경로

  • 주로 채소를 통하여 경구감염된다.

  • 가옥 내의 먼지가 어린이 회충감염의 요인이 되기도 한다.

② 증상

  • 담관, 췌관, 충수 등에 침입하여 위해를 일으킨다.

  • 권태, 피로감, 두통, 발열, 식욕부진, 구토, 현기증, 실신, 정신착란 등을 일으킨다.

③ 예방

  • 채소를 흐르는 물에 여러 번 흔들어 씻으면 부착된 충란의 90% 이상이 제거된다.

  • 열에 대한 저항성은 76℃에서 1초간 이상, 65℃에서 10분 이상 가열하면 사멸한다.

  • 야채는 잎을 펴서 흐르는 물에 여러 번 씻은 후 열탕에서 1분 정도 처리한다.

2) 십이지장충(구충, *Ancylostoma duodenale*)

① 감염경로

  • 구충감염은 피낭자충으로 오염된 식품, 물을 섭취하거나 피낭자충이 피부를 뚫고 들어가 감염된다.

  • 자충은 폐에 들어간 후 기관, 식도를 거쳐 소장에서 성충이 되어 기생한다.

② 증상 : 빈혈, 뇌빈혈, 저항력 저하로 감염병에 걸리기 쉽다.

③ 예방 : 오염된 흙과 접촉하는 것, 특히 맨발로 다니는 것을 피하며 채소를 충분히 세척, 가열할 것

3) 동양모양 선충(*Trichostrongylus orientalis*)

① 감염경로 : 주로 경구적이며, 피부감염도 있다.

② 증상 : 다수가 감염되지 않는 한 증상은 없다.

③ 예방 : 십이지장충에 준한다.

④ 기생부위 : 소장 상부

4) 편충(*Trichocephalus trichiurus*)

① 감염경로 : 경구적 감염이다. 열대와 아열대에 특히 많으며, 우리나라도 상당히 감염률이 높다.

② 증상 : 100마리 이상 감염되었을 때 복통, 불면, 식욕감퇴 등의 증상이 나타난다.

③ 예방 : 회충과 동일하다.

5) 요충(*Enterobius vermicularis*)

① 감염경로 : 어린이에게 많으며 직장 내에서도 산란하나 일반적으로 밤에 항문으로 나와 항문 주위나 회음부에 산란한다.

② 증상 : 성충이 항문 근처를 기어다니므로 가려워 불쾌감을 주며, 많은 수가 기생하면 장카타르를 일으키거나 충수염을 일으킨다.

③ 예방 : 손, 항문 근처, 속옷 등을 깨끗이 하며, 식사 전 손을 깨끗이 닦는다. 그 외는 회충에 준한다.

(2) 식육류를 매개로 하여 감염되는 기생충

1) 무구조충(*Taenia saginata*)

세계적으로 우육을 생식으로 하는 나라 및 회교도에 많으며, 유구조충보다 발현율이 높다. 일명 민촌충이라고도 한다.

① 감염경로

- 낭충이 기생한 소고기를 불충분하게 가열조리하거나 날 것으로 먹으면 감염된다.
- 낭충이 사람에게 경구감염되면 소장 상부에 기생하여 성충이 된다.

② 예방 : 소고기의 생식을 금하고, 충분히 가열조리할 것

2) 유구조충(*Taenia solium*)

돼지고기를 생식하는 민족에 많으며 멕시코, 칠레, 중국, 인도, 일본 등 세계적으로 분포하고 한국은 돼지 낭충감염률이 높다. 두부에 갈고리를 가지고 있어 갈고리 촌충이라고도 한다.

① 감염경로

- 분변과 함께 배출된 충란이 중간숙주인 돼지, 사람, 기타 포유동물에 섭취되어 소장에서 부화되어 근육으로 이행한 후 유구낭충이 된다.
- 사람이 돼지고기를 섭취하면 감염되며, 소장에서 성충이 된다.

• 이외에 충란으로 오염된 음식물은 직접 환자의 손을 통해 섭취하여 감염된다.

② 예방 : 돼지고기 생식, 불완전 가열한 것의 섭취를 금한다.

3) 선모충(*Trichinella spiralis*)

미국과 유럽에 많으며, 아프리카, 남아메리카, 동양은 드물고 우리나라는 보고된 예가 없다.

① 감염경로 : 사람을 비롯해서 돼지, 개, 고양이 등 여러 포유동물에 감염된다.

② 예방 : 돼지고기의 생식을 절대로 금한다. 돼지의 사육을 위생적으로 하며, 쥐를 구제한다.

4) 톡소플라스마(*Toxoplasma gondii*)

미국, 아시아, 아프리카 및 유럽 등지에 분포하며 한국에서도 다수가 보고되었고, 특히 포유동물, 조류에 많이 감염되어 있다.

① 감염경로

• 돼지, 개, 고양이 등의 가축과 닭, 비둘기 등의 조류에 널리 감염된다.

• 사람은 낭충을 갖고 있는 돼지고기의 섭취에 의하여 경구감염된다.

② 예방 : 육류의 생식을 금하고, 고양이 배설물에 의한 식품 오염을 방지한다.

(3) 어패류를 매개로 하여 감염되는 기생충

1) 간디스토마(간흡충, *Clonorchis sinensis*)

① 감염경로

• 물속의 충란에서 유출된 유충은 제1 중간숙주인 왜우렁이에게 섭취, 부화되어 유모유충으로 되고, 그 후 포자낭충, 레디아(redia), 유미유충이 된다.

• 유미유충은 제2 중간숙주인 담수어에 기생하며 담수어류를 생식함으로써 감염된다.

② 예방 : 왜우렁이나 담수어의 생식을 금할 것

2) 폐디스토마(폐흡충, *Paragonimus westermanii*)

① 감염경로

• 외계에 배출된 충란은 물속에서 부화되며, 유출된 유모유충은 제1 중간숙주인 다슬기에 침입한다. 다슬기 체내에서 포자낭충, 제대레디아, 낭레디아 유미유충이 형성된다.

• 유미유충은 물속에 유리되어 제2 중간숙주인 민물게, 민물가재에 들어가 피낭유충이 되어 사람이 생식함으로써 감염된다.

② 예방 : 중간숙주인 게, 가재의 생식을 금지한다.

3) 요꼬가와 흡충(*Metagonimus yokogawa*)

① 감염경로

• 물속의 충란에서 유출된 유충은 제1 중간숙주인 다슬기에 섭취되어 부화된 후 체표 부근에서 포자낭충으로 된다.

• 레디아를 거쳐 유미유충을 발육, 이탈된 후 제2 중간숙주인 담수어, 특히 은어에 들어가 피낭유충이 되어 사람이 생식함으로써 감염된다.

② 예방 : 담수어의 생식을 금지한다.

4) 광절열두조충(긴촌충, *Diphyllobothrium latum*)
  ① 감염경로
   - 물속의 충란에서 유출된 유충이 제1 중간숙주인 물벼룩에 침입, 유충이 된다.
   - 이 물벼룩을 제2 중간숙주인 농어, 연어, 송어의 반담수어, 담수어 등이 섭취하여 의미충 (plerocercoid)이 되며, 사람이 생식함으로써 감염된다.
  ② 예방 : 담수어, 반담수어의 생식을 금지한다.
5) 유극악구충(*Gndthostoma spinigerum*)
  ① 감염경로
   - 개 등의 분변에 섞인 충란을 제1 중간숙주인 물벼룩이 섭취하여 유충이 된다.
   - 제2 중간숙주인 미꾸라지, 가물치 등이 물벼룩을 섭취하여 3기 유충이 된다.
   - 이를 섭취한 최종 숙주인 개, 고양이 등의 위벽에 낭포를 만들어 기생하며, 사람이 생식함으로써 감염된다.
  ② 예방 : 담수어 및 개, 고양이 고기의 생식을 금지한다.
6) 아니사키스(*Anisakis*)의 자충
  ① 감염경로
   - 고래, 돌고래, 물개 등의 바다 포유류의 제1 위에 기생하는 회충의 일종이다.
   - 제1 중간숙주인 갑각류에 섭취되어, 이를 잡아먹는 제2 중간숙주인 해산어류의 내장, 복강, 근육조직에서 유충이 되고 최종 숙주를 생식하면 감염된다.
  ② 예방 : 생선회를 조심하며, 조리 시 내장을 잘 제거하고 식용할 것. 특히 복강을 잘 세척한다.

(4) 식품과 위생동물

식품을 침해하는 동물에는 여러 가지 종류가 있으며, 그 습성에 따라서 피해도 다양하다. 이러한 위생동물 중에서 대표적인 것으로 쥐, 곤충, 진드기류 등이 있다.

1) 쥐
  ① 생태
   - 야행성, 잡식성이며 임신율이 높다.
   - 무엇이든 잘 갉는 성질이 있고 식품, 농작물을 먹는다.
   - 시력이 나쁘고 색맹이지만, 청각, 후각은 예민하며 서식 장소와 통로가 일정하다.
  ② 위생상 피해
   - 쥐는 변으로 식품을 오염시키고 경구감염병, 식중독을 매개한다.
   - 쥐 오줌으로 감염되는 Weil씨병(렙토스피라병), 쥐벼룩에 의한 페스트, 발진열 등이 있다.
  ③ 방제
   - 둥지, 통로, 먹이 등을 제거하는 환경적 조절을 한다.
   - 쥐덫, warfarin 등의 살서제에 의하여 구제된다.

2) 파리
  ① 생태
    • 병원균을 체표면에 묻히거나, 한번 먹었던 것을 다시 뱉어내거나, 변으로 배설하여 전파시킨다.
    • 유충 때 먹고, 성충 때 퍼트리는 방법으로 전파시킨다.
  ② 위생상 피해
    • 이질, 장티푸스, 콜레라, 살모넬라 중독, 아메바성 이질 등
    • 결핵, 소아마비, 나병 등을 이환시킨다.
  ③ 구제
    • 가장 이상적인 방법은 발생원을 제거하는 것이다.
    • 발생원인 쓰레기, 화장실, 퇴비, 축사 등을 위생적으로 철저히 관리한다.
3) 바퀴
  ① 생태
    • 야간성, 잡식성, 질주성, 군거생활을 한다.
    • 인분, 오물을 먹고, 발에 묻혀 돌아다니므로 불결하다.
    • 많이 모여 있으면 악취를 낸다.
  ② 위생상 피해
    • 콜레라, 장티푸스, 이질 등의 소화기계 감염병균을 퍼트린다.
    • 기생충의 중간숙주 구실도 한다.
  ③ 구제
    • 발생하기 쉽거나 숨기 쉬운 것을 제거하고 청결히 한다.
    • 음식물의 관리를 철저히 한다.
4) 진드기
  ① 생태
    • 저장식량, 식품의 해충이다.
    • 실을 토해 집을 만들거나 곡류 등에 구멍을 낸다.
    • 기후 변동이 적은 집안에서 서식한다.
  ② 위생상 피해
    • 식품을 먹어치우며, 진드기의 사체나 배설물에 의해 오염을 일으킨다.
    • 복통, 설사, 혈뇨, 부종, 일과성 발열, 급성기관지 천식, 폐렴 증상을 나타낸다.
  ③ 구제
    • 부엌, 찬장, 식품의 저장소 등에 통풍을 잘하여 방습에 힘쓴다.
    • 식품보존에 철저를 기할 것. 식품에 따라서 가열, 냉동, 저온보존 등의 방법을 이용한다.

03 식품첨가물

식품가공으로 품질을 개량하고 그 기호성이나 보존성을 향상시키며 상품적 가치향상, 영양강화를 비롯하여 전반적인 가치를 증진시킬 목적으로 식품의 조리, 가공, 제조 중에 첨가하는 물질이 식품첨가물(food additives)이다.

 ## 1. 식품첨가물의 정의

FAO(유엔식량농업기구) 및 WHO(세계보건기구)의 합동전문위원회에서는 '식품첨가물이란 식품의 외관, 향미, 조직 또는 저장성을 향상시키기 위한 목적으로 일반적으로 적은 양이 식품에 첨가되는 비영양물질'이라고 정의하였다.

미국의 국립과학학술원 및 국립연구협의회 산하의 식품보호위원회(Food Protection Committee of the National Academy of Science-National Research Council)에서는 "식품첨가물이란 생산, 가공, 저장 또는 포장의 어떤 국면에서 식품 속에 들어오게 되는 기본적인 식품 이외의 물질 또는 물질들의 혼합물로서 여기에는 우발적인 오염물은 포함되지 않는다"고 정의하였다.

우리나라 식품위생법 제2조 제2항에서는 '식품첨가물이란 식품을 제조 · 가공 · 조리 또는 보존하는 과정에서 감미, 착색, 표백 또는 산화 방지 등을 목적으로 식품에 사용되는 물질을 말한다. 이 경우 기구 · 용기 · 포장을 살균 · 소독하는 데에 사용되어 간접적으로 식품으로 옮아 갈 수 있는 물질을 포함한다.' 정의하고 있다.

 ## 2. 식품첨가물의 구비조건

① 인체에 무해하고, 체내에 축적되지 않을 것
② 소량으로도 효과가 충분할 것
③ 식품의 제조가공에 필수불가결할 것
④ 식품의 영양가를 유지할 것
⑤ 식품에 나쁜 이화학적 변화를 주지 않을 것
⑥ 식품의 화학분석 등에 의해서 그 첨가물을 확인할 수 있을 것
⑦ 식품의 외관을 좋게 할 것
⑧ 값이 저렴할 것

3. 식품첨가물의 종류 및 용도

(1) 감미료(총 22종)

식품에 단맛을 부여하는 식품첨가물이다.

[허용 감미료 및 그 사용기준]

허용 감미료명	사용기준
삭카린나트륨(saccharin sodium)	아래의 식품 이외에 사용해서는 안 된다. • 젓갈류, 절임식품, 조림식품 : 1.0g/kg 이하(단, 팥 등 앙금류의 경우에는 0.2g/kg 이하) • 김치류 : 0.2g/kg 이하 • 음료류(발효음료류, 인삼·홍삼음료 제외) : 0.2g/kg 이하(다만, 5배 이상 희석한 것은 1.0g/kg 이하) • 어육가공품 : 0.1g/kg 이하 • 시리얼류 : 0.1g/kg 이하 • 뻥튀기 : 0.5g/kg 이하 • 특수의료용도등식품 : 0.2g/kg 이하 • 체중조절용조제식품 : 0.3g/kg 이하 • 건강기능식품 영양소제품: 1.2g/kg 이하 • 추잉껌 : 1.2g/kg 이하 • 잼류 : 0.2g/kg 이하 • 양조간장 : 0.16g/kg 이하 • 소스류, 토마토케첩 : 0.16g/kg 이하 • 탁주, 소주 : 0.08g/kg 이하 • 과실주 : 0.08g/kg 이하 • 기타 코코아가공품, 초콜릿류 : 0.5g/kg 이하 • 빵류 : 0.17g/kg 이하 • 과자 : 0.1g/kg 이하 • 캔디류 : 0.5g/kg 이하 • 빙과, 아이스크림류: 0.1g/kg 이하 • 조미건어포 : 0.1g/kg 이하 • 떡류 : 0.2g/kg 이하 • 복합조미식품 : 1.5g/kg 이하 • 마요네즈 : 0.16g/kg 이하 • 과·채가공품, 옥수수(삶은 것에 한함): 0.2g/kg 이하 • 당류가공품 : 0.3g/kg 이하
글리실리진산이나트륨 (disodium glycyrrhizinate)	아래의 식품 이외에 사용해서는 안 된다. • 한식된장, 된장 • 한식간장, 양조간장, 산분해간장, 효소분해간장, 혼합간장
D-소비톨(D-sorbitol)	–

아스파탐(aspartame)	사용량은 아래와 같으며, 기타식품의 경우 제한받지 아니한다. • 빵류, 과자, 빵류조제용믹스, 과자 제조용 믹스 : 5.0g/kg 이하 • 시리얼류 : 1.0g/kg 이하 • 특수의료용도등식품 : 1.0g/kg 이하 • 체중조절용 조제식품 : 0.8g/kg 이하 • 건강기능식품 영양소제품 : 5.5g/kg 이하
감초 추출물(licorice extract)	− 사용기준 〈삭제 2002.12.11〉

*이하 생략[식품첨가물공전 품목별 사용기준 참고]

(2) 고결방지제(총 9종)

식품의 입자 등이 서로 부착되어 고형화되는 것을 감소시키는 식품첨가물이다.

[허용 고결방지제 및 그 사용기준]

허용 고결방지제명	사용기준
결정셀룰로스(Cellulose, Microcrystalline)	−
규산마그네슘(Magnesium silicate)	아래의 식품에 한하여 사용하여야 한다. • 가공유크림(자동판매기용 분말 제품에 한함), 분유류(자동판매기용에 한함) : 1% 이하 • 식염 : 2% 이하
페로시안화나트륨(polyvinyl acetate)	식염에 한하여 사용하여야 한다. • 페로시안이온으로서 식염 1kg에 대하여 0.010g 이하

*이하 생략[식품첨가물공전 품목별 사용기준 참고]

(3) 거품제거제(총 7종)

식품의 거품 생성을 방지하거나 감소시키는 식품첨가물이다.

[허용 거품제거제 및 그 사용기준]

허용 거품제거제명	사용기준
규소수지(Silicone Resin)	거품을 없애는 목적에 한하여 사용하여야 한다. • 규소수지로서 식품 1kg에 대하여 0.05g 이하
라우린산(Lauric Acid) 미리스트산(Myristic Acid) 올레인산(Oleic Acid) 팔미트산(palmitic acid)	−
옥시스테아린(Oxystearin)	아래의 식품에 한하여 사용하여야 한다. • 식용유지류(모조치즈, 식물성크림 제외) : 0.125% 이하
이산화규소(Silicon Dioxide)	아래의 식품에 한하여 사용하여야 한다. • 가공유크림(자동판매기용 분말 제품에 한함) : 1% 이하 • 분유류(자동판매기용에 한함) : 1% 이하 • 식염, 기타식품 : 2% 이하

(4) 껌기초제(총 15종)

적당한 점성과 탄력성을 갖는 비영양성의 씹는 물질로서 껌 제조의 기초 원료가 되는 식품첨가물이다.

[허용 껌기초제 및 그 사용기준]

허용 껌기초제명	사용기준
에스테르껌(ester gum)	아래의 식품에 한하여 사용하여야 한다. • 추잉껌기초제 • 탄산음료, 기타음료 : 0.10g/kg 이하
폴리부텐(polybutene) 폴리이소부틸렌(polyisobutylene)	• 추잉껌기초제 목적에 한하여 사용하여야 한다.
초산비닐수지(polyvinyl acetate)	• 추잉껌기초제 및 과일류 또는 채소류 표피의 피막제 목적에 한하여 사용하여야 한다.

*이하 생략[식품첨가물공전 품목별 사용기준 참고]

(5) 밀가루개량제(총 8종)

밀가루나 반죽에 첨가되어 제빵 품질이나 색을 증진시키기 위해 사용되는 식품첨가물이다.

[허용 밀가루개량제 및 그 사용기준]

허용 밀가루개량제명	사용기준
과산화벤조일(희석) (diluted benzoyl peroxide) 과황산암모늄(ammonium persulfate)	밀가루류 이외의 식품에 사용해서는 안 된다. • 밀가루 0.3g/kg 이하
염소(chlorine)	밀가루류 이외의 식품에 사용해서는 안 된다. • 밀가루 2.5g/kg 이하
이산화염소(chlorine dioxide)	빵류 제조용 밀가루 이외의 식품에 사용해서는 안 된다. • 빵류 제조용 밀가루 30mg /kg 이하 • 과일류, 채소류 등 식품의 살균 목적에 한하여 사용하여야 하며, 최종식품의 완성 전에 제거하여야 한다.
아조디카르본아미드(Azodicarbonamide)	아래의 식품에 한하여 사용하여야 한다. • 밀가루류 : 45mg/kg 이하

*이하 생략[식품첨가물공전 품목별 사용기준 참고]

(6) 발색제(색소고정제)(총 3종)

식품의 색을 안정화시키거나, 유지 또는 강화시키는 식품첨가물이다.

[허용 발색제 및 그 사용기준]

허용 발색제명	사용기준
아질산나트륨(sodium nitrate)	아래의 식품에 한하여 사용하여야 한다. 아질산 이온으로서의 잔존량 • 식육가공품(식육 추출가공품 제외) 0.07g/kg 이하 • 어육소시지 0.05g/kg 이하 • 명란젓, 연어알젓 0.005g/kg 이하
질산나트륨(sodium nitrate)	• 식육가공품(식육 추출가공품 제외) 0.07g/kg 이하 • 치즈류 0.05g/kg 이하
질산칼륨(potassium nitrate)	• 식육가공품(식육 추출가공품 제외) 0.07g/kg 이하 • 치즈류 0.05g/kg 이하 • 대구알염장품 : 0.2g/kg

(7) 보존료(방부제)(총 26종)

미생물에 의한 품질 저하를 방지하여 식품의 보존기간을 연장시키는 식품첨가물이다. 구비조건은 다음과 같다.

① 미생물의 발육 저지력이 강할 것 ② 지속적이어서 미량의 첨가로 유효할 것
③ 식품에 악영향을 주지 않을 것 ④ 무색, 무미, 무취일 것
⑤ 사용이 간편하고 값이 쌀 것 ⑥ 인체에 무해하고 독성이 없을 것
⑦ 장기적으로 사용해도 해가 없을 것 등

[허용 보존료 및 그 사용기준]

허용 보존료명	사용기준
데히드로초산 나트륨 (sodium dehydroacetate)	데히드로초산으로서 • 자연치즈, 가공치즈, 버터류, 마가린류 : 0.5g/kg 이하
소브산(sorbic acid) 소브산 칼륨 (potassium sorbate) 소브산 칼슘 (calcium sorbate)	소브산으로서 • 자연치즈, 가공치즈 3g/kg 이하(프로피온산염과 병용 시는 사용량의 합계가 3g/kg 이하) • 식육가공품, 어육가공품, 성게젓, 땅콩버터가공품, 모조치즈 2g/kg 이하 • 콜라겐케이싱 0.1g/kg 이하 • 염분 함량 8% 이하의 젓갈류, 된장, 고추장, 춘장, 어패건제품, 알로에전잎, 드레싱, 농축과일즙, 과채주스, 잼류, 당류가공품(시럽상 또는 페이스트상에 한함) 1g/kg 이하 • 건조과실류, 토마토케첩, 당절임, 탄산음료 0.5g/kg 이하 • 발효음료류(살균한 것은 제외) 0.05g/kg 이하 • 과실주, 탁주, 약주 0.2g/kg 이하 • 마가린 2.0g/kg이하

안식향산(benzoic acid) 안식향산 나트륨(sodium benzoate)	안식향산으로서 • 과실 · 채소류 음료, 탄산음료, 기타음료, 인삼 홍삼음료 및 간장 0.6g/kg이하 • 알로에점잎(겔포함) 0.5g/kg이하 • 마요네즈, 잼류, 마가린류, 절임식품 1.0g/kg이하 • 망고처드니 0.25g/kg 이하
프로피온산(propionic acid) 프로피온산 나트륨(sodium propionate)	프로피온산으로서 • 빵 2.5g/kg 이하 • 치즈류 3.0g/kg 이하(프로피온산염과 병용 시는 사용량의 합계가 3.0g/kg 이하) • 잼류 1.0g/kg
파라옥시 안식향산 에틸 (ethyl p-hydroxybenzoate) 파라옥시 안식향산 메틸 (methyl p-hydroxybenzoate)	파라옥시안식향산으로서 • 캅셀류 1.0g/kg 이하 • 잼류 1.0g/kg 이하 • 망고처트니 0.25g/kg 이하 • 간장 0.25g/l 이하 • 식초 0.1g/l 이하 • 기타음료, 인삼 홍삼음료 0.1g/kg 이하 • 소스 0.2g/kg 이하 • 과실 · 채소류(표피에 한) 0.012g/kg 이하

*이하 생략[식품첨가물공전 품목별 사용기준 참고]

(8) 분사제(총 4종)

용기에서 식품을 방출시키는 가스 식품첨가물이다.

• 허용 분사제는 산소, 이산화질소, 이산화탄소, 질소 등이 있다.

(9) 산도조절제(84 종)

식품의 산도 또는 알칼리도를 조절하는 식품첨가물이다.

① 유기산계
- 구연산(무수 및 결정)
- L-주석산 및 DL-주석산
- 푸말산
- 푸말산일나트륨
- DL-사과산
- 글루코노델타락톤
- 젖산
- 초산 및 빙초산
- 아디프산
- 글루콘산
- 이타콘산

② 무기산계
- 이산화탄소(무수탄산)
- 인산

*이하 생략[식품첨가물공전 품목별 사용기준 참고]

(10) 산화방지제(항산화제)(총 37종)

산화에 의한 식품의 품질 저하를 방지하는 식품첨가물이다.

[허용 산화방지제 및 그 사용기준]

허용 산화방지제명	사용기준
디부틸히드록시톨루엔 (dibutyl hydroxy toluene ; BHT) 부틸히드록시아니솔 (butyl hydroxy anisole ; BHA)	• 식용유지, 버터류, 어패건제품, 어패염장품 0.2g/kg 이하 • 어패냉동품(생식용 냉동선어패류 및 생식용 굴은 제외), 고래냉 동품(생식용은 제외)의 침지액 1g/kg 이하 • 추잉껌 0.4g/kg 이하 • 체중조절용조제식품, 시리얼류 0.05g/kg 이하 • 마요네즈 0.06g/kg 이하
몰식자산 프로필(propyl gallate)	• 식용유지류(모조치즈, 식물성 크림 제외), 버터류 0.1g/kg 이 하
에리토브산(erythorbic acid) 에리토브산 나트륨 (sodium erythorbate)	• 산화방지제 목적에 한하여 사용
L-아스코르빈산나트륨 (sodium L-ascorbate)	−

아스코르빌 팔미테이트
(ascorbyl palmitate)
	• 식용유지류(모조치즈, 식물성 크림 제외) 0.5g/ℓ 이하(병용할
	  때에는 그 사용량의 합계량이 각각의 사용 기준량 이하)
	• 마요네즈 0.5g/kg 이하
	• 조제유류, 영아용조제식, 성장기용조제식, 유단백알레르기 영
	  유아용 조제식품, 영유아용특수조제식품 0.05g/ℓ 이하
	• 영·유아용 곡류조제식, 기타 영·유아식 0.2g/ℓ 이하
	• 기타식품 0.1g/ℓ 이하

터셔리부틸히드로퀴논	• 식용유지류(모조치즈, 식물성 크림 제외), 버터류, 어패 건제품 어패 염장품 0.2g/kg 이하 • 어패 냉동품 1g/ℓ 이하 • 추잉껌 0.4g/ℓ 이하

이.디.티.에이.칼슘이나트륨
(calcium disodium EDTA)
이.디.티.에이.이나트륨
(disodium EDTA)
	• 소스, 마요네즈 0.07g/kg 이하
	• 통조림, 병조림 식품 0.25g/kg 이하
	• 음료류(캔 또는 병제품에 한하며, 다류, 커피 제외) 0.035g/
	  kg 이하
	• 오이, 양배추 초절임 0.22g/kg 이하
	• 마가린, 땅콩버터 : 0.1g/kg 이하
	• 건조과실류(바나나에 한) : 0.265g/kg 이하
	• 서류가공품(냉동감자에 한) : 0.367g/kg 이하
	• 이디티에이이나트륨과 병용할 때 사용량 합계가 각각의 사용기
	  준량 이하

*이하 생략[식품첨가물공전 품목별 사용기준 참고]

(11) 살균제(총 7종)

식품 표면의 미생물을 단시간 내에 사멸시키는 작용을 하는 식품첨가물이다. 구비조건은 살균력이 강하고, 인체에 무해하며, 값이 저렴하여야 한다.

[허용 살균제와 그 사용기준]

허용 살균제명	사용기준
차아염소산 나트륨(sodium hypochlorite)	과실류, 채소류 등 식품의 살균목적에 한하여 사용하여야 하며, 최종제품 완성 전에 제거 할 것. 다만 참깨에 사용하여서는 아니 된다.
차아염소산 칼슘(calcium hypochlorite) 오존수(Ozone Water) 차아염소산수(hypochlorous acid water) 이산화염소(수)(chlorine dioxide)	과실류, 채소류 등 식품의 살균목적에 한하여 사용하여야 하며, 최종제품 완성 전에 제거 할 것
과산화수소(hydrogen peroxide)	최종제품 완성 전에 제거 할 것
과산화초산(peroxyacetic acid)	아래의 식품에 한하여 살균의 목적에 한하여 사용하여야 하며, 최종 식품의 완성 전에 식품 표면으로부터 침지액 또는 분무액을 털어내거나 흘려내리도록 하여야 한다. 과일,채소류 : 0.080g/kg, 포유류 1.8g/kg, 가금류 2.0g/kg

(12) 습윤제(총 12종)

식품이 건조되는 것을 방지하는 식품첨가물이다.

[허용 습윤제와 그 사용기준]

허용 습윤제명	사용기준
프로필렌글리콜(Propylene Glycol)	• 만두류 : 1.2% 이하 • 견과류가공품 : 5% 이하 • 아이스크림류 : 2.5% 이하 • 기타식품 : 2% 이하(다만, 희석하여 음용하는 건강기능식품은 희석한 것으로서 0.3% 이하)
글리세린(glycerine) 락티톨(Lactitol) 만니톨(mannitol)	–

*이하 생략[식품첨가물공전 품목별 사용기준 참고]

(13) 안정제(총 61종)

두 가지 또는 그 이상의 성분을 일정한 분산 형태로 유지시키는 식품첨가물이다.

[허용 안정제와 그 사용기준]

허용 안정제명	사용기준
결정셀룰로스(Cellulose) 구아검(Guar Gum) 시클로덱스트린(Cyclodextrin) 아라비아검(Arabic Gum) 알긴산(Alginic acid) 알긴산나트륨(Sodium Alginate) 알긴산칼륨(Potassium Alginate) 알긴산칼슘(Calcium Alginate)	–

카복시메틸셀룰로스나트륨 (Sodium Carboxymethylcellulose)	식품의 2% 이하이어야 한다. 다만, 건강기능식품의 경우 제한받지 아니 한다.

*이하 생략[식품첨가물공전 품목별 사용기준 참고]

(14) 여과보조제(총 12종)

불순물 또는 미세한 입자를 흡착하여 제거하기 위해 사용되는 식품첨가물이다.

[허용 여과보조제와 그 사용기준]

허용 여과보조제명	사용기준
규조토(Diatomaceous Earth) 산성백토(Acid Clay) 탤크(Talc) 퍼라이트(Perlite) 활성탄(Active Carbon)	• 식품의 제조 또는 가공상 여과보조제(여과, 탈색, 탈취, 정제 등) 목적에 한하여 사용하여야 하며 최종식품 완성 전에 제거하여야 한다. • 식품 중의 잔존량은 0.5%

*이하 생략[식품첨가물공전 품목별 사용기준 참고]

(15) 영양강화제(159종)

식품의 영양학적 품질을 유지하기 위해 제조공정 중 손실된 영양소를 복원하거나 영양소를 강화시키는 식품첨가물이다.

- 구연산망간
- 구연산삼나트륨
- 글루콘산나트륨
- DL-알라닌
- L-알라닌
- 글리신
- DL-페닐알라닌
- 5'-구아닐산이나트륨

*이하 생략[식품첨가물공전 품목별 사용기준 참고]

(16) 유화제(총 44종)

물과 기름 등 섞이지 않는 두 가지 또는 그 이상의 상(phases)을 균질하게 섞어 주거나 유지시키는 식품첨가물이다.

[허용 유화제 및 그 사용기준]

허용 유화제명	사용기준
스테아릴젖산나트륨 (sodium stearoyl lactylate)	아래의 식품에 한하여 사용하여야 한다. • 빵류 및 이의 제조용 믹스 • 면류, 만두피 • 식물성크림 • 소스 • 치즈류 • 과자(한과류 제외)
스테아릴젖산칼슘 (calcium stearoyl lactylate)	아래의 식품에 한하여 사용하여야 한다. • 빵류 및 이의 제조용 믹스 • 식물성크림 • 난백 • 과자(한과류 제외) • 서류가공품

소르비탄지방산에스테르(Sorbitan Esters of Fatty Acids) 글리세린지방산에스테르(Glycerin Esters of Fatty Acids) 자당지방산에스테르(Sucrose Esters of Fatty Acids) 프로필렌글리콜지방산에스테르(Propylene Glycol Esters of Fatty Acids) 폴리소르베이트(Polysorbate) 20, 60, 65, 80(4종)	–

*이하 생략[식품첨가물공전 품목별 사용기준 참고]

(17) 이형제(총 4종)

식품의 형태를 유지하기 위해 원료가 용기에 붙는 것을 방지하여 분리하기 쉽도록 하는 식품첨가물이다.

[허용 이형제 및 그 사용기준]

허용 이형제명	사용기준
유동파라핀(liquid paraffin)	아래의 식품에 한하여 사용하여야 한다. • 빵류 : 0.15% 이하(이형제로서) • 캡슐류 : 0.6% 이하(이형제로서) • 건조과일류, 건조채소류 : 0.02% 이하(이형제로서) • 과일류 · 채소류(표피의 피막제로서)

(18) 응고제(총 6종)

식품 성분을 결착 또는 응고시키거나, 과일 및 채소류의 조직을 단단하거나 바삭하게 유지시키는 식품첨가물이다.

• 허용 응고제는 글루코노-δ-락톤, 염화마그네슘, 염화칼슘, 조제해수염화마그네슘, 황산마그네슘, 황산칼슘 등이 있다.

(19) 제조용제(총 25종)

식품의 제조 · 가공 시 촉매, 침전, 분해, 청징 등의 역할을 하는 보조제 식품첨가물이다.

[허용 제조용제 및 그 사용기준]

허용 제조용제명	사용기준
니켈(Nickel)	아래의 식품에 한하여 경화공정 중 촉매 목적으로 사용 후 최종식품의 완성 전에 제거하여야 한다. • 혼합식용유, 가공유지, 쇼트닝, 마가린류 : 1.0mg/kg 이하
시클로덱스트린(Cyclodextrin) 올레인산(Oleic acid) 팔미트산(Palmitic Acid)	–
이온교환수지(Ion Exchange Resin) 수산(Oxalic Acid)	• 최종식품 완성 전에 제거하여야 한다.

*이하 생략[식품첨가물공전 품목별 사용기준 참고]

(20) 젤형성제(총 2종)

젤을 형성하여 식품에 물성을 부여하는 식품첨가물이다.

• 젤형성제는 염화칼륨, 젤라틴 등이 있다.

(21) 증점제(총 49종)

식품의 점도를 증가시키는 식품첨가물이다.

[허용 증점제 및 사용기준]

허용 증점제명	사용기준
폴리아크릴산나트륨(sodium polyacrylate) 알긴산프로필렌글리콜(propylene glycol alginate)	식품의 0.2% 이하 식품의 1% 이하
메틸셀룰로오스(methyl cellulose) 카르복시메틸셀룰로오스나트륨(sodium carboxymethyl cellulose) 카르복시메틸셀룰로오스칼슘(calcium carboxymethyl cellulose) 카르복시메틸스타아치나트륨(sodium carboxymethyl starch)	식품의 2% 이하(병용 시는 합계가 2% 이하)
알긴산나트륨(sodium alginate) 카제인(casein) 카제인나트륨(Sodium Caseinate) 카제인칼슘(calcium Caseinate)	–

*이하 생략[식품첨가물공전 품목별 사용기준 참고]

(22) 착색료(총 76종)

식품에 색을 부여하거나 복원시키는 식품첨가물이다. 착색료의 조건은 다음과 같다.

① 인체에 독성이 없어야 한다.　② 체내에 축적되지 않아야 한다.

③ 미량으로 효과가 있어야 한다.　④ 물리 · 화학적 변화에 안정해야 한다.

[허용 착색료 및 그 사용기준]

허용 착색료명	사용기준
식용색소 녹색 제3호(fast green FCF) 식용색소 녹색 제3호 알루미늄레이크	아래의 식품에 한하여 사용하여야 한다. • 과자 : 0.1g/kg 이하　• 캔디류 : 0.4g/kg 이하 • 빵류, 떡류 : 0.1g/kg 이하　• 초콜릿류 : 0.6g/kg 이하 • 기타잼 : 0.4g/kg 이하 • 소시지류, 어육소시지 : 0.1g/kg 이하 • 과 · 채음료, 탄산음료, 기타음료 : 0.1g/kg 이하 • 향신료가공품[고추냉이(와사비)가공품 및 겨자가공품에 한함] : 0.1g/kg 이하 • 절임류(밀봉 및 가열살균 또는 멸균처리한 제품에 한함. 다만, 단무지는 제외) : 0.3g/kg 이하 • 주류(탁주, 약주, 소주, 주정을 첨가하지 않은 청주 제외) : 0.1g/kg 이하 • 곡류가공품, 당류가공품, 기타 수산물가공품 : 0.1g/kg 이하 • 건강기능식품(정제의 제피 또는 캡슐에 한함), 캡슐류 : 0.6g/kg 이하 • 아이스크림류, 아이스크림믹스류 : 0.1g/kg 이하

식용색소 적색 제3호(erythrosine) 식용색소 청색 제1호(brilliant blue FCF) 식용색소 청색 제1호 알루미늄레이크 식용색소 청색 제2호(indigo carmine) 식용색소 청색 제2호 알루미늄레이크 식용색소 황색 제4호(tartrazine) 식용색소 황색 제4호 알루미늄레이크 식용색소 황색 제5호(sunset yellow FCF) 식용색소 황색 제5호 알루미늄레이크 식용색소 적색 제40호(alura red) 식용색소 적색 제40호 알루미늄레이크 식용색소 적색 제102호 식용색소 적색 제2호(amaranth) 식용색소 적색 제2호 알루미늄레이크	*식품첨가물공전 품목별 사용기준 참고
삼이산화철(iron sesquioxide)	• 바나나(꼭지의 절단면), 곤약 이외의 식품에 사용 못함
β-아포-8'-카로티날(β-apo-8'-carotenal) 수용성 안나토(annatto water soluble) β-카로틴(β-carotene) 철클로로필린나트륨 (sodium iron chlorophylline)	• 천연식품(식육류, 어패류, 과일류, 야채류 해조류, 콩류 및 그 단순가공품-탈피, 절단 등) 다류, 커피, 고춧가루, 실고추, 김치류, 고추장, 식초 등에 사용 못함 • 향신료가공품(고추, 고춧가루 함유제품에 한함-수용성 안나토에 사용 못함
동클로로필린 (copper chlorophylline) 동클로로필린나트륨 (sodium copper chlorophylline) 동클로로필린칼륨 (sodium copper chlorophylline)	동으로서 • 다시마(무수물) 0.15g/kg 이하 • 과실류의 저장품, 채소류의 저장품 0.1g/kg 이하 • 추잉껌, 캔디류 0.05g/kg 이하 • 완두콩 통조림 중의 한천 0.0004g/kg 이하
이산화티타늄(titanium dioxide)	다음 식품에는 사용할 수 없다. • 천연식품[식육류, 어패류, 채소류, 과일류, 해조류, 콩류 등 및 그 단순가공품(탈피, 절단 등)] • 식빵, 카스텔라 • 코코아매스, 코코아버터, 코코아분말 • 이하 생략(식품첨가물공전 품목별 사용기준 참고)

*이하 생략[식품첨가물공전 품목별 사용기준 참고]

(23) 추출용제(총 5종)

유용한 성분 등을 추출하거나 용해시키는 식품첨가물이다.

[허용 추출용제 및 그 사용기준]

허용 추출용제명	사용기준
메틸알코올(Methyl Alcohol)	건강기능식품의 기능성원료 추출 또는 분리 등의 목적에 한하여 사용하여야 하며, 사용한 잔류량은 0.05g/kg 이하이어야 한다.

헥산(Hexane)	아래의 식품 또는 용도에 한하여 사용하여야 한다. • 식용유지 제조 시 유지성분의 추출 목적 : 0.005g/kg 이하(헥산으로서 잔류량) • 건강기능식품의 기능성원료 추출 또는 분리 등의 목적 : 0.005g/kg 이하(헥산으로서 잔류량)

*이하 생략[식품첨가물공전 품목별 사용기준 참고]

(24) 충전제(총 5종)

산화나 부패로부터 식품을 보호하기 위해 식품의 제조 시 포장 용기에 의도적으로 주입시키는 가스 식품첨가물이다.

[허용 충전제 및 그 사용기준]

허용 습윤제명	사용기준
수소(Hydrogen)	아래의 식품 또는 용도에 한하여 사용하여야 한다. • 식용유지류(동물성유지류, 모조치즈, 식물성크림 제외) 제조 시 경화처리 목적 • 음료류(다류, 커피 제외)
산소(Oxygen) 이산화질소(Nitrous Oxide) 이산화탄소(Carbon Dioxide) 질소(Nitrogen)	–

(25) 팽창제(총 42종)

가스를 방출하여 반죽의 부피를 증가시키는 식품첨가물이다. 합성팽창제는 다음과 같다.

[허용 팽창제 및 그 사용기준]

허용 팽창제명	사용기준
황산알루미늄칼륨 (aluminum potassium sulfate) 황산알루미늄암모늄 (aluminum ammouium sulfate)	아래의 식품에 한하여 사용하여야 한다. 사용량은 알루미늄으로서 • 과자 및 이의 제조용 믹스, 빵류 및 이의 제조용 믹스, 튀김 제조용 믹스 : 0.1g/kg 이하 • 땅콩 또는 견과류 가공품(밤에 한함), 서류가공품(고구마에 한함), 기타 어육가공품, 과·채가공품 : 0.1g/kg 이하 • 면류 및 이의 제조용 믹스, 기타 수산물가공품, 전분가공품 : 0.2g/kg 이하 • 절임식품 : 0.5g/kg 이하
염화암모늄(ammonium chloride) L-주석산수소칼륨 (potassium L-bitartrate) DL-주석산수소칼륨 (potassium DL-bitartrate)	–

산성 피로인산나트륨 (disodium dihydrogen pyrophosphate) 산성 피로인산칼슘 (calcium dihydrogen pyrophosphate)	−
제이인산칼슘(calcium phosphate dibasic) 제삼인산칼슘(calcium phosphate tribasic)	칼슘으로서 식품의 1% 이하 다만, 특수용도식품 및 건강기능식품의 경우는 해당 기준 및 규격에 따른다.

*이하 생략[식품첨가물공전 품목별 사용기준 참고]

(26) 표백제(총 7종)

식품의 색을 제거하기 위해 사용되는 식품첨가물이다. 표백제는 그 작용에 따라 산화표백제와 환원표백제의 2종으로 구별된다.

[허용 표백제 및 그 사용기준]

허용 표백제명	사용기준
환원표백제 • 메타중아황산칼륨(potassium metabisulfite) • 무수아황산(sulfur dioxide) • 아황산나트륨(결정)(sodium sulfite) • 아황산나트륨(무수)(sodium sulfite anhydrous) • 산성아황산나트륨(sodium bisulfite) • 차아황산나트륨(sodium hyposulfite)	이산화황으로서 아래의 기준 이상 남지 않도록 사용해야 한다. • 박고지(박의 속을 제거하고 육질을 잘라내어 건조시킨 것) : 5.0g/kg • 당밀 : 0.30g/kg • 물엿, 기타엿 : 0.20g/kg • 과실주 : 0.352g/kg • 과실주스, 농축과실즙(단, 5배 이상 희석한 제품에 한함) : 0.150g/kg • 과·채가공품 : 0.030g/kg(단, 5배 이상 희석한 제품의 경우에는 0.150g/kg) • 건조과실류 : 1.0g/kg • 건조채소류 : 0.030g/kg • 곤약분 : 0.90g/kg • 새우 : 0.10g/kg(껍질을 벗긴 살로서) • 냉동생게 : 0.10g/kg(껍질을 벗긴 살로서) • 설탕 : 0.020g/kg • 발효식초 : 0.10g/kg • 건조감자 : 0.50g/kg • 향신료조제품 : 0.20g/kg • 기타수산물가공품(새우, 냉동생게 제외), 땅콩 또는 견과류가공품, 절임류, 이하 생략 : 0.030g/kg
산화표백제 • 과산화수소(hydrogen peroxide)	최종 식품의 완성 전에 분해 또는 제거할 것

(27) 표면처리제(총 1종)

식품의 표면을 매끄럽게 하거나 정돈하기 위해 사용되는 식품첨가물이다.

[허용 표면처리제 및 그 사용기준]

허용 표면처리제명	사용기준
탤크(Talc)	식품의 제조 또는 가공상 추잉껌, 여과보조제(여과, 탈색, 탈취, 정제등) 및 정제류에 표면처리제 목적에 한하여 사용하여야 한다.

(28) 피막제(총 15종)

식품의 표면에 광택을 내거나 보호막을 형성하는 식품첨가물이다.

[허용 피막제 및 그 사용기준]

허용 피막제명	사용기준
몰포린지방산염 (Morpholine Salts of Fatty Acids)	과일류 또는 채소류의 표피에 피막제 목적에 한하여 사용하여야 한다.
초산비닐수지(polyvinyl acetate)	추잉껌기초제 및 과일류 또는 채소류 표피의 피막제 목적에 한하여 사용하여야 한다.
폴리에틸렌글리콜(Polyethylene Glycol)	아래의 식품에 한하여 사용하여야 한다. • 건강기능식품(정제 또는 이의 제피, 캡슐제의 캡슐 부분에 한함) 및 캡슐류의 피막제 목적 : 10g/kg 이하

*이하 생략[식품첨가물공전 품목별 사용기준 참고]

(29) 향료(총 77종)

식품에 특유한 향을 부여하거나 제조공정 중 손실된 식품 본래의 향을 보강하기 위해 사용되는 식품 첨가물이다.

향료는 천연향료과 합성향료로 분류되며 천연향료는 레몬, 오렌지, 로즈, 자스민 등의 정유나 유지, 발상, 계피 등의 방향성 생약, 과일성분 등 식물성인 것과 용연향, 해성향 등 동물성인 것이 있다.

합성향료는 3,000 품목이나 되며, 그중에 비교적 잘 사용되는 약 500 품목이 된다. 따라서 그 성분규격을 법으로 규정하기란 대단히 어렵다. 우리나라에서 자주 사용되는 것 77종만을 지정하여 그 성분규격을 규정하였다.

[허용 향료 및 그 사용기준]

허용 향료명	사용기준
개미산(formic acid) 계피산(Cinnamic Acid) 낙산(butyric acid) 라우린산(Lauric Acid) 바닐린(Vanillin)	착향의 목적에 한하여 사용하여야 한다.

*이하 생략[식품첨가물공전 품목별 사용기준 참고]

(30) 향미증진제(총 22종)

식품의 맛 또는 향미를 증진시키는 식품첨가물이다.

① 핵산계 조미료

- 5'-이노신산나트륨
- 5'-구아닐산이나트륨
- 5'-리보뉴클레오티드이나트륨
- 5'-리보뉴클레오티드칼슘

② 아미노산계 조미료

- L-글루타민산
- L-글루타민산나트륨
- L-글루타민산칼륨
- L-글루타민산암모늄
- 젖산나트륨
- 젖산칼륨
- 글리신

③ 유기산계 조미료

- 호박산
- 호박산이나트륨

*이하 생략[식품첨가물공전 품목별 사용기준 참고]

(31) 효소제(총 43종)

특정한 생화학 반응의 촉매 작용을 하는 식품첨가물이다.

[허용 효소제 및 그 사용기준]

허용 효소제명	사용기준
글루코아밀라아제(Glucoamylase) 리파아제(lipase) 셀룰라아제(Cellulase) 종국(Seed Malt) 트립신(Trypsin) 펙티나아제(Pectinase) α-아밀라아제(α-Amylase)	–

*이하 생략[식품첨가물공전 품목별 사용기준 참고]

(32) 청관제(1 품목)

식품에 접촉하는 스팀을 생산하는 보일러 내부의 결석, 물 때 형성, 부식 등을 방지하기 위하여 투입하는 식품첨가물이다.

[허용 청관제 및 그 사용기준]

청관제	사용기준
청관제	식품 제조 또는 가공용 스팀의 제조를 위해 사용되는 보일러의 청관의 목적에 한하여 사용하여야 한다.

04 유해물질

과거에는 밝혀지지 않았던 새로운 유해물질인 신종유해물질이 과학기술의 발달로 새롭게 발견됨에 따라 국민의 식품안전에 대한 관심과 기대가 급증하고 있다.

1. 식품 중의 신종유해물질이란?

식품의 제조·가공·조리과정 중 가열, 건조, 발효과정과 식품에 첨가되는 물질에 의해 식품성분 간의 화학적인 반응을 거쳐 자연적으로 생성되는 물질 중 위험성 확인 등의 평가절차를 통해 확인된 물질을 말한다.

또한 사람에게 부작용 우려가 있는 발기부전치료제 등의 유사물질을 새로이 합성하여 불법적으로 식품에 첨가하는 부정유해물질을 총칭하여 신종유해물질이라고 한다.

2. 식품제조가공 중 생성되는 유해물질

(1) 가열처리 하는 과정 중 식품성분과 반응하여 자연적으로 생성되는 것. 벤조피렌, 아크릴아마이드 등

1) 벤조피렌
   ① 생성
   - 고온의 조리·가공 시 식품의 주성분인 지방 등이 불완전 연소되어 생성된다.
   - 불꽃이 직접 식품에 접촉할 때 많이 생성될 수 있다.
   ② 저감화 방안
   - 가능하면 검게 탄 부분이 생기지 않도록 조리하며 탄 부분은 반드시 제거하고 먹는다.
   - 고기를 구울 때 굽기 전에 불판을 충분히 가열하고 굽는다.
   - 숯불 가까이서 고기를 구울 때 연기를 마시지 않도록 주의한다.

2) 아크릴아마이드
   ① 생성
   - 전분질이 많은 식품(감자, 곡류 등)을 높은 온도에서 조리·가공할 때 생성된다.
   - 열처리 온도, 시간이 증가하면 아크릴아마이드 생성량이 증가하는 경향이 있다.
   ② 저감화 방안
   - 감자는 냉장고에 보관하지 말고, 부득이 보관하는 경우에는 8℃ 이상이 되는 어둡고 찬 곳에 보관한다.

- 감자를 튀기거나 굽기 전에 껍질을 벗겨, 물에 15~30분 동안 담가두었다가 건조 후 사용한다.
- 감자를 튀길 경우에 온도는 160℃를 넘지 않게 하고, 가정용 오븐을 사용할 경우에는 200℃를 넘지 않도록 한다.
- 식품을 충분히 익혀야 하지만 지나치게 높은 온도에서 오랫동안 조리하지 않도록 주의 한다.

(2) 식품에 첨가되는 물질이 식품 중에 함유된 성분과 상호작용을 하거나 제조과정을 거치면서 생성되는 것. 벤젠, 3-MCPD 등

1) 벤젠

① 생성
- 식품에 사용된 비타민 C와 보존목적으로 첨가된 안식향산나트륨이 식품 중에 미량 함유된 구리, 철 등 금속이온의 촉매영향으로 생성된다.
- 보관상태 및 안식향산나트륨과 비타민 C 함량에 따라 벤젠 생성량이 달라질 수 있다.

② 저감화 방안
- 벤젠 생성원인 물질인 안식향산나트륨 및 비타민 C의 혼용을 자제한다.
- 안식향산나트륨 이외의 대체 보존료를 사용하고, 당류 및 EDTA(산화방지제)의 첨가, 살균공정 강화 등의 방법을 사용한다.

2) 3-MCPD

① 생성
- 산분해간장 제조 시 사용되는 탈지대두 등을 염산으로 가수분해하면 단백질은 아미노산으로 분해되며, 지방은 가수분해되어 지방산과 글리세린으로 분해되면 글리세린은 염산과 반응하여 염소 화합물인 3-MCPD가 생성된다.

② 저감화 방안
- HCl의 농도를 3.8~4.1M의 수준으로 가수분해하는 것이 가장 효율적이다.
- pH 8.5~9.5 조건으로 알칼리 처리하는 것이 효율적이다.
- 알칼리 처리 시 온도 90℃로 14시간 이상 처리하는 것이 효율적이다.

③ 3-MCPD(3-Monochloropropane-1,2-diol) 기준(식품공전 제2.식품일반에 대한 공통 기준 및 규격)

대상식품	기준(mg/kg)
산분해간장, 혼합간장(산분해간장 또는 산분해간장 원액을 혼합하여 가공한 것에 한한다)	0.3 이하
식물성 단백가수분해물(HVP ; Hydrolyzed vegetable protein)	1.0 이하(건조물 기준으로서)

* 식물성 단백가수분해물(HVP) : 콩, 옥수수 또는 밀 등으로부터 얻은 식물성 단백질원을 산가수분해와 같은 화학적공정(효소 분해 제외)을 통해 아미노산 등으로 분해하여 얻어진 것을 말한다.

(3) 발효과정을 거치는 식품 중에 자연적으로 생성되는 것. 에틸카바메이트, 바이오제닉아민 등

1) 에틸카바메이트

  ① 생성요인

   • 식품의 제조과정 중 시안화수소산, 요소, 시트룰린, 시안배당체, N-carbamyl 화합물 등
     의 여러 전구체 물질이 에탄올과 반응하여 생성된다.

    – 과실(핵과류)종자에서 함유된 시안화합물에 의한 생성

      핵과류(stone fruits)에서 발견되는 시안배당체는 효소반응으로 시안화수소산으로 분해
      된 후 산화되어 cyanate를 형성하고, cyanate가 에탄올과 반응하여 EC가 생성된다.

      HCN(Cyanide) $\Rightarrow$ HOCN(Cyanate) + Ethanol $\Rightarrow$ Ethyl carbamate

    – 발효과정 중 생성

      아르기닌이 효모(yeast)에 의해 분해된 요소와 에탄올 사이의 반응을 통해 EC가 생성된다.

      요소(Urea), N-carbamyl phosphate + Ethanol $\Rightarrow$ Ethyl carbamate

  ② 저감화 방안

   • 시안화합물 등 EC 전구체 생성 억제

    –핵과류 씨앗에서 시안화배당체가 술덧으로 침출되지 않도록 한다.

    –효모에 의해 요소, N-carbamyl 화합물이 생성되지 않도록 한다.

    –젖산균에 의해 시트룰린이 생성되지 않도록 한다.

   • 제조공정 및 유통관리

    –침출, 발효 및 유통과정 중 빛에 노출을 최소화 한다.

    –침출, 발효 및 유통과정 중 25℃ 이하로 관리한다.

    –침출, 발효 및 유통기간을 최소한으로 유지한다.

   • 증류주의 증류방법 개선을 통한 저감화

    –구리로 된 증류기를 사용한다.

    –술덧을 끓일 때 직화하지 말고 스팀을 이용하여 가열한다.

    –감압증류를 통하여 증류한다.

    –초류와 후류는 버리고, 중류만 사용한다.

2) 바이오제닉아민

  ① 생성요인

   • 단백질을 함유한 식품의 유리아미노산이 저장 또는 발효 · 숙성과정에서 미생물의 탈탄산
     작용으로 분해되어 생성된다.

  ② 저감화 방안

   • 된장 제조 시 띄우기 단계에서 메주에 마늘을 갈아서 첨가하면 바이오제닉아민의 생성을
     크게 억제할 수 있다.

식품 중에 불법적으로 첨가하는 부정유해물질인 발기부전치료제 유사물질, 비만치료제 유사물질 등이 있다.

(1) 발기부전치료제 및 그 유사물질

1) 현재까지 규명된 발기부전치료제 및 그 유사물질

호모실데나필(homosildenafil), 홍데나필(hongdenafil), 하이드록시호모실데나필(hydroxy homosildenafil), 아미노타다라필(amino tadalafil), 슈도바데나필(pseudo-vardenafil), 하이드록시홍데나필(hydroxy hongdenafil), 디메칠실데나필(dimethylsildenafil), 잔소안트라필(xanthoanthrafil), 하이드록시바데나필(hydroxyvadenafil), 노르네오실데나필(norneosildenafil), 데메틸홍데나필(demethylhongdenafil), 피페리디노홍데나필(piperidinohongdenafil), 카보데나필(carbodenafil), 치오실데나필(thiosildenafil), 디메틸치오실데나필(dimethylthiosildenafil), 아세틸바데나필(acetylvardenafil), 벤질실데나필(benzylsildenafil), 노르네오바데나필(norneovardenafil), 옥소홍데나필(oxohongdenafil), 치오호모실데나필(thiohomosildenafil), 데설포바데나필(desulfovardenafil), 니트로데나필(nitrodenafil), 싸이클로펜티나필(cyclopentynafil), 옥틸노르타다라필(octylnortadalafil), 클로로데나필(chlorodenafil), 신나밀데나필(cinnamyldenafil), 치오퀴나피페리필(thioquinapiperifil), 하이드록시치오호모실데나필(hydroxythiohomosildenafil), 클로로프레타다라필(chloropretadalafil), 하이드록시클로로데나필(hydroxychlorodenafil), 디클로로데나필(dichlorodenafil), 데메칠타다라필(demethyltadalafil), 아세트아미노타다라필(acetaminotadalafil), 메틸하이드록시호모실데나필(methylhydroxyhomosildenafil), 프로폭시페닐치오호모실데나필(propoxyphenylthiosildenafil), 프로폭시페닐치오하이드록시호모실데나필(propoxyphenylthiohydroxyhomosildenafil), 프로폭시페닐치오실데나필(propoxyphenylthiosildenafil), 겐데나필(gendenafil) 등 55종[식품공전 2022년]

(2) 비만치료제 및 그 유사물질

1) 현재까지 규명된 비만치료제 및 그 유사물질

시부트라민(sibutramine), 오르리스타트(orlistat), 데스메틸시부트라민(desmethylsibutramine), 디데스메틸시부트라민(didesmethylsibutramine) 등 6종[식품공전 2022년]

(3) 당뇨치료제 및 그 유사물질

1) 현재까지 규명된 당뇨치료제 및 그 유사물질

글리벤클라미드(glibenclamide), 글리클라짓(gliclazide), 글리메피리드(glimepiride)등 4종[식품공전 2022년]

4. 방사성물질

(1) 방사성물질의 식품 오염경로

1) 음료수

① 빗물, 수돗물, 우물물이 있는데, 가장 문제되는 것이 빗물이다.

② 강하물이 지표에 떨어질 때 오염되기 쉬우므로 음료수로 사용하는 것은 위험하다.

③ 방사능 비에 의하여 음용수가 오염되므로 이온교환수지 또는 간이여과기를 사용하여 방사성 물질의 제거를 강구하고 있다.

2) 식물체

① 농작물, 야채 등의 식물체에 있어서는 방사성 강하물이 토양에서 뿌리에 흡수, 표면에 부착 또는 직접 흡수에 의하여 오염된다.

② Sr-90은 눈, 비에 의해 지표면에 낙하되어 식물체 뿌리로부터 흡수된다.

③ Cs-137은 주로 식물체 표면에 흡수된다. 야채는 주로 강우에 의해 오염되기 때문에 세척을 잘하면 거의 제거된다.

3) 해산물

① 해양 중에 방류된 방사능 핵종은 어패류와 해초에 들어가 일반적으로 농축되는 경향이 있다.

② 방사능 핵종은 이온상, 콜로이드상, 입자상 등으로 물에 용존하여 유동, 확산된다.

③ 어류의 체표면에서 직접 흡착되거나 입, 아가미를 통해서 체내로 흡수된다.

④ 해양 생물에 직접 또는 먹이사슬을 거쳐 오염된 해산식품을 사람이 간접적으로 식용하게 된다.

4) 축산물

① 방사능 비에 의하여 오염된 사료, 목초를 먹은 가축을 통한 2차적인 오염이다.

② 가장 문제되는 핵종은 I-131이다.

(2) 방사능 오염 식품의 인체에 대한작용

① 방사능 핵종이 인체에 미치는 영향은 핵종의 특성에 따라서 다르다.

② 인체에 미치는 영향의 순서

- 생체에서 흡수되기 쉬운 것일수록
- 생체 기관의 감수성이 클수록
- 반감기가 길수록
- 혈액에서 특정 조직으로 옮겨져서 침착되는 시간이 짧을수록

③ 현재 방사능 핵종 중 단시간에 식품을 오염시키는 핵종은 비교적 반감기가 긴 Sr-90(28.8 년)과 Cs-137(30.17년)이 가장 문제가 된다.

[방사성 동위 원소의 방사선, 반감기 및 문제되는 기관]

원소명	방사선	반감기	문제되는 신체기관	원소명	방사선	반감기	문제되는 신체기관
^{14}C	β	5,568년	지방, 뼈	^{127}Te	β	9.3시간	콩팥
^{24}Na	β, γ	15.06시간	전신	^{129}Te	β, γ	72분	콩팥
^{32}P	β	14.3일	뼈	^{131}I	β, γ	8.1일	갑상선
^{35}S	β	87.1일	피부	^{137}Cs	β	33년	근육
^{45}Ca	β	152일	뼈	^{140}Ba	β, γ	12.8일	뼈
^{56}Mn	β, γ	2.6시간	콩팥, 간	^{143}La	β, γ	40시간	뼈
^{55}Fe	γ	2.94년	혈액	^{144}Ce	β	282일	뼈
^{59}Fe	β, γ	45.1일	혈액	^{147}Pm	β	2.6년	뼈
^{60}Co	β, γ	5.3년	간	^{210}Po(가용성)	$α_1$(γ)	138.3일	지라
^{65}Zn	β, γ	250일	뼈	^{210}Po(불용성)	$α_1$(γ)	138.3일	폐
^{89}Sr	β	53일	뼈	^{226}Ra	α, (β), γ	1,622년	뼈
^{90}Sr	β	28년	뼈	^{233}U(가용성)	α, (β), γ	4.49×109년	콩팥
^{91}Y	β, γ	61일	뼈	^{233}U(불용성)	α, (β)	4.49×109년	폐
^{106}Ru	β	1년	콩팥	^{239}Pu(가용성)	α, (γ)	24,362년	뼈
^{105}Rh	β, γ	36.5시간	콩팥	^{236}Pu(불용성)	α, (γ)	24,362년	폐

5. 내분비계 장애물질

일명 환경호르몬이라 불리는 내분비계 장애물질은 인간 및 동물의 생체 내에 작용하여 수컷의 정자 수를 감소시키거나 수컷의 암컷화, 다음 세대의 성장 억제 등을 초래하는 것으로 알려져 있어 지구 상 생명체의 멸종에 큰 영향을 미치는 한 요인으로서 인식되고 있다.

(1) 내분비계 장애물질이란?

내분비계의 정상적인 기능을 방해하는 화학물질로서 환경 중 배출된 화학물질이 체내에 유입되어 마치 호르몬처럼 작용한다고 하여 환경호르몬으로 불리우기도 한다. 내분비계 장애물질로 알려진 물질의 대부분은 산업용 화학물질이 차지하고 있으며, 그밖에 에스트로겐 기능약물, 식물에서 생산되는 식물성에스트로겐 등이 포함된다.

(2) 내분비계 장애물질의 성질

① 일반적으로 합성화학물질로서 물질의 종류에 따라 저해호르몬의 종류 및 저해방법이 각각 다르다.

② 생체호르몬과는 달리 쉽게 분해되지 않고 안정하다.

③ 환경 및 생체 내에 잔존하며 심지어 수년간 지속되기도 한다.

④ 인체 등 생물체의 지방 및 조직에 농축되는 성질이 있다.

(3) 내분비계 장애를 유발할 수 있는 물질

• 각종 산업용화학물질, 살충제 및 제초제 등의 농약류, 유기중금속류, 소각장의 다이옥신류, 식물에 존재하는 식물성 에스트로겐(phytoestrogen)등의 호르몬유사물질, DES(Diethylstil-Bestrol)과 같은 의약품으로 사용되는 합성 에스트로겐류 및 기타 식품, 식품첨가물 등을 들 수 있다.

• 현재 세계생태보전기금(WWF) 목록에는 67종의 화학물질이 등재되어 있으며, 일본 후생성에서는 산업용화학물질, 의약품, 식품첨가물 등의 142종의 물질을 내분비계 장애물질로 분류하고 있다.

(4) 내분비계 장애물질의 영향

1) 내분비계 장애 기전

호르몬이 체내에서작용하기 위해서는 보통 합성, 방출, 목적장기 세포로의 수송, 수용체 결합, 신호전달, 유전적 발현 활성화 등의 일련의 과정을 거쳐 이루어진다. 내분비계 장애물질은 이러한 과정 중의 어느 단계를 저해 또는 교란함으로써 장애를 나타낼 수 있다.

2) 내분비계 장애물질의 대표적인 영향

• 호르몬 분비의 불균형
• 생식능력 저하 및 생식기관 기형
• 생장저해
• 암유발
• 면역기능저해

[내분비계작용과정 및 내분비계 장애물질의작용 예]

호르몬작용단계	내분비계 장애물질의작용 예
① 호르몬 합성단계 ② 내분비선으로부터의 호르몬 방출단계 ③ 표적장기의 세포로 혈액을 통해 수송	• 스티렌 다이머, 트리머 : 뇌하수체에작용하여 호르몬 합성을 저해
④ 호르몬 수용체의 인식, 결합 및 활성화	• 유사작용(mimics) : PCB, 노닐페놀, 비스페놀A, 프탈레이트에스테르 등 ⇒ 에스트로겐 유사체로작용 • 봉쇄작용(blocking) : DDE, vinclozolin(농약의 일종) ⇒ 장애물질이 수용체와 결합하여 안드로겐 호르몬의작용 저해
⑤ DNA의 조절부위에 결합하여 유전적발현 또는 세포분열을 조절하는 신호 발생	• 다이옥신류(촉발작용 : trigger) • 유기주석화합물(TBT, TPT)

3) 생태계 및 인체에 대한 영향

① 야생생물에 대한 영향

- 파충류, 어류, 조류, 그리고 포유류 등 광범위하다.
- 야생동물의 생태학적 조사 결과 장애영향과 오염물질의 실제 노출량과의 상관관계 등을 확실히 밝힌 보고는 극히 드문 형편이다.

② 인간에 대한 영향

- 여성의 경우 : 유방 및 생식기관의 암, 내분열증(endometriosis), 자궁섬유종(uterine fibroid), 유방의 섬유세포 질환, 골반염증성 질환(pelvic inflammatory disease) 등
- 남성의 경우 : 정자수 감소, 정액 감소, 정자운동성 감소, 기형정자 발생증가, 생식기 기형, 정소암, 전립선질환, 기타 생식에 관련된 조직의 이상

(5) 다이옥신

1) 종류

두 개의 벤젠고리에 염소가 여러 개 붙어 있는 화합물로 산소가 두 개인 다이옥신류와 산소가 한 개인 퓨란류를 합하여 말하며 210종류가 있다.

- 다이옥신류(polychlorinated dibenzo-p-dioxins, PCDDs) : 75종류
- 퓨란류(polychlorinated dibenzofuran, PCDFs) : 135종류

2) 구조

다이옥신은 염소의 치환위치 및 수에 따라 독성강도가 다른데, 210종의 이성체 중 독성이 가장 강한 것은 2,3,7,8-사염화다이옥신(T_4CDD)이다.

3) 독성

동물 실험 결과 면역독성, 발암성, 심장기능장애, 축적성 및 난분해성 등이 있는 독성물질로 알려져 있으나, 큰 동물일수록 독성의 영향이 크게 완화되는 것으로 나타난다.

4) 식육 중 다이옥신 허용기준(식품공전 제2.식품일반에 대한 공통기준 및 규격)

① 소고기 : 4.0pg TEQ/g fat 이하

② 돼지고기 : 2.0pg TEQ/g fat 이하

③ 닭고기 : 3.0pg TEQ/g fat 이하

05 식품공장의 위생관리

1. 식품안전관리인증기준

(1) HACCP이란?

HACCP는 위해요소분석(Hazard Analysis)과 중요관리점(Critical Control Point)의 영문 약자로서 '해썹' 또는 '식품안전관리인증기준'이라 한다.

HA (위해요소분석)		CCP (중요관리점)
원료와 공정에서 발생 가능한 병원성 미생물 등 생물학적, 화학적, 물리적 위해요소분석	+	위해요소를 예방, 제거 또는 허용수준으로 감소시킬 수 있는 공정이나 단계를 중점관리

위해요소분석이란 '어떤 위해를 미리 예측하여 그 위해요인을 사전에 파악하는 것'을 의미하며, 중요관리점이란 '반드시 필수적으로 관리하여야 할 항목'이란 뜻을 내포하고 있다. 즉 HACCP는 위해방지를 위한 사전 예방적 식품안전관리체계를 말한다.

HACCP 제도는 식품을 만드는 과정에서 생물학적, 화학적, 물리적 위해 요인들이 발생할 수 있는 상황을 과학적으로 분석하고 사전에 위해 요인의 발생여건들을 차단하여 소비자에게 안전하고 깨끗한 제품을 공급하기 위한 시스템적인 규정을 말한다.

결론적으로 HACCP이란 식품의 원재료부터 제조, 가공, 보존, 유통, 조리단계를 거쳐 최종소비자가 섭취하기 전까지의 각 단계에서 발생할 우려가 있는 위해요소를 규명하고, 이를 중점적으로 관리하기 위한 중요관리점을 결정하여 자율적이며 체계적이고 효율적인 관리로 식품의 안전성을 확보하기 위한 과학적인 위생관리체계라고 할 수 있다.

HACCP는 전 세계적으로 가장 효과적이고 효율적인 식품안전관리체계로 인정받고 있으며, 미국, 일본, 유럽연합, 국제기구(Codex, WHO, FAO) 등에서도 모든 식품에 HACCP를 적용할 것을 적극 권장하고 있다.

(2) 적용절차

1) HACCP의 7원칙 및 12절차

HACCP 7원칙은 HACCP 관리계획을 수립하는 데 있어 단계별로 적용되는 주요 원칙을 말하고 HACCP 12절차는 준비단계 5절차와 본 단계인 HACCP 7원칙을 포함한 총 12단계의 절차로 구성되며, HACCP 관리체계 구축 절차를 의미한다.

2) 준비단계 5절차

① 절차 1 : HACCP팀 구성

제품에 대한 특별한 지식이나 전문적 기술을 가지고 있는 사람으로 구성

② 절차 2 : 제품설명서 작성

제품에 대한 특성, 성분조성 또는 유통조건 등의 내용을 기재

③ 절차 3 : 용도 확인

제품이 어디에서, 누가, 어떤 용도로 사용될 것인가를 가정하여 위해 분석 실시

④ 절차 4 : 공정흐름도 작성

공정의 흐름도를 그림으로 작성

⑤ 절차 5 : 공정흐름도 현장 확인

공정의 흐름도가 실제 작업과 일치하는지를 현장 확인

3) HACCP 7원칙

① 절차 6(원칙 1) : 위해요소분석 (HA)

원료, 제조공정 등에 대하여 생물학적, 화학적, 물리적 위해요소분석

② 절차 7(원칙 2) : 중요관리점(CCP) 결정

HACCP을 적용하여 식품의 위해를 방지, 제거하거나 안정성을 확보할 수 있는 단계 또는 공정 결정

③ 절차 8(원칙 3) : 한계기준(Critical Limit ; CL) 설정

모든 위해요소의 관리가 기준치 설정대로 충분히 이루어지고 있는지 여부를 판단할 수 있는 관리 한계 설정

④ 절차 9(원칙 4) : 모니터링 방법 설정

CCP 관리가 정해진 관리기준에 따라 이루어지고 있는지 여부를 판단하기 위해 정기적으로 측정 또는 관찰

⑤ 절차 10(원칙 5) : 개선조치방법 설정

모니터링 결과 CCP에 대한 관리기준에서 벗어날 경우에 대비한 개선, 조치방법 강구

⑥ 절차 11(원칙 6) : 검증절차의 수립

HACCP plan의 유효성과 HACCP 시스템의 준수 여부를 확인하기 위하여 적용하는 방법, 절차, 검사 및 기타 평가행위

⑦ 절차 12(원칙 7) : 문서화 및 기록 유지

모든 단계에서의 절차에 관한 문서를 빠짐없이 정리하여 이를 매뉴얼로 규정하여 보관하고, CCP모니터링 결과와 관리기준 이탈 및 그에 따른 개선조치 등에 관한 기록 유지

(3) HACCP 도입의 효과

1) 식품업체 측면

① 자주적 위생관리체계의 구축

기존의 정부주도형 위생관리에서 벗어나 자율적으로 위생관리를 수행할 수 있는 체계적인 위생관리시스템의 확립이 가능하다.

② 위생적이고 안전한 식품의 제조

예상되는 위해요소를 과학적으로 규명하고 이를 효과적으로 제어함으로써 위생적이고 안전성이 충분히 확보된 식품의 생산이 가능해진다.

③ 위생관리의 집중화 및 효율성 도모

모든 단계를 광범위하게 관리하는 것이 아니라 위해가 발생될 수 있는 단계를 사전에 미리 집중적으로 관리함으로써 위생관리체계의 효율성을 극대화시킬 수 있다.

④ 경제적 이익 도모

HACCP 적용 초기에는 시설·설비의 보완 및 과학적이고 전문적으로 관리를 하기 위한 인력과 소요예산이 다소 증가될 것이 예상되나, 장기적인 관점에서 보면 관리인원의 감축, 관리요소의 감소 등이 기대되며, 제품의 불량률, 소비자 불만, 반품·폐기량 등의 감소로 궁극적으로는 경제적인 이익의 도모가 가능해진다.

⑤ 회사의 이미지 제고와 신뢰성 향상

HACCP 적용업소에서는 적용품목에 대한 HACCP 마크 부착과 이에 대한 광고가 가능하므로 소비자에 의한 기업의 이미지와 신뢰성이 향상된다.

2) 소비자 측면

① 안전한 식품을 소비자에게 제공 : HACCP 시스템을 통하여 생산된 제품은 안전성과 위생을 최대한 보장하였다고 볼 수 있으므로 소비자들이 안심하고 식품을 구매할 수 있다.

② 식품선택의 기회를 제공 : 제품에 표시된 HACCP 마크를 확인하고 소비자 스스로가 판단하여 안전한 식품을 선택할 수 있다.

(4) HACCP 대상 식품(식품위생법 시행규칙 62조, 2020년 4월 13일 개정)

① 수산가공식품류의 어육가공품류 중 어묵·어육소시지

② 기타수산물가공품 중 냉동 어류·연체류·조미가공품

③ 냉동식품 중 피자류·만두류·면류 ④ 과자류, 빵류 또는 떡류 중 과자·캔디류·빵류·떡류

⑤ 빙과류 중 빙과　　　　　　　　⑥ 음료류[다류 및 커피류는 제외한다]

⑦ 레토르트식품　　　　　　　　　⑧ 절임류 또는 조림류의 김치류 중 김치

⑨ 코코아가공품 또는 초콜릿류 중 초콜릿류

⑩ 면류 중 유탕면 또는 곡분, 전분, 전분질원료 등을 주원료로 반죽하여 손이나 기계 따위로 면을 뽑아내거나 자른 국수로서 생면·숙면·건면

⑪ 특수용도식품

⑫ 즉석섭취·편의식품류 중 즉석섭취식품, 즉석섭취·편의식품류의 즉석조리식품 중 순대

⑬ 식품제조·가공업의 영업소 중 전년도 총 매출액이 100억원 이상인 영업소에서 제조·가공하는 식품

(5) HACCP에서 사용하는 용어의 정의(식품위해요소중점관리법 제2조)

① "위해요소중점관리기준(Hazard Analysis and Critical Control Point, HACCP)"이라 함은 식품의 원료관리, 제조·가공·조리 및 유통의 모든 과정에서 위해한 물질이 식품에 혼입되거나 식품이 오염되는 것을 방지하기 위하여 각 과정을 중점적으로 관리하는 기준을 말한다.

② "위해요소(Hazard)"라 함은 식품위생법(이하 "법"이라 한다) 제4조(위해식품 등의 판매 등 금지)의 규정에서 정하고 있는 인체의 건강을 해할 우려가 있는 생물학적, 화학적 또는 물리적 인자나 조건을 말한다.

③ "위해요소분석(Hazard Analysis)"이라 함은 식품 안전에 영향을 줄 수 있는 위해요소와 이를 유발할 수 있는 조건이 존재하는지 여부를 판별하기 위하여 필요한 정보를 수집하고 평가하는 일련의 과정을 말한다.

④ "중요관리점(Critical Control Point ; CCP)"이라 함은 위해요소중점관리기준을 적용하여 식품의 위해요소를 예방·제거하거나 허용 수준 이하로 감소시켜 당해 식품의 안전성을 확보할 수 있는 중요한 단계·과정 또는 공정을 말한다.

⑤ "한계기준(Critical Limit)"이라 함은 중요관리점에서의 위해요소 관리가 허용 범위 이내로 충분히 이루어지고 있는지 여부를 판단할 수 있는 기준이나 기준치를 말한다.

⑥ "모니터링(Monitoring)"이라 함은 중요관리점에 설정된 한계기준을 적절히 관리하고 있는지 여부를 확인하기 위하여 수행하는 일련의 계획된 관찰이나 측정하는 행위 등을 말한다.

⑦ "개선조치(Corrective Action)"라 함은 모니터링 결과 중요관리점의 한계기준을 이탈할 경우에 취하는 일련의 조치를 말한다.

⑧ "HACCP 관리계획(HACCP Plan)"이라 함은 식품의 원료 구입에서부터 최종 판매에 이르는 전 과정에서 위해가 발생할 우려가 있는 요소를 사전에 확인하여 허용 수준 이하로 감소시키거나 제거 또는 예방할 목적으로 HACCP 원칙에 따라 작성한 제조·가공 또는 조리(유통단계를 포함한다. 이하 같다.) 공정 관리문서나 도표 또는 계획을 말한다.

⑨ "검증(Verification)"이라 함은 HACCP 관리계획의 적절성과 실행 여부를 정기적으로 평가하는 일련의 활동(적용 방법과 절차, 확인 및 기타 평가 등을 수행하는 행위를 포함한다.)을 말한다.

⑩ "HACCP 적용업소"라 함은 식품의약품안전청장이 고시한 HACCP을 적용·준수하여 식품을 제조·가공 또는 조리하는 업소를 말한다.

 ## 2. ISO 22000(식품안전경영시스템)

(1) ISO 22000(식품안전경영시스템) 인증이란?

식품의 모든 취급단계에서 발생할 수 있는 위해요소를 효과적으로 관리하기 위하여 ISO/TC34/WG8 주도로 ISO 회원국 및 CODEX, GFS(국제식품안전협회), BRC 등 식품공급기관이 공동으로 개발한 국제규격이다. 식품공급사슬 내의 모든 이해 관계자들이 적용할 수 있도록 CODEX의 HACCP 원칙과 ISO 경영시스템을 통합한 인증규격으로써 식품안전 위해요소 관리 능력을 실증하기 위한 식품안전경영시스템의 요구사항을 규정한 제도이다.

(2) 식품안전경영시스템의 핵심 요구사항

① 상호의사소통(Interactive communication)
② 시스템 경영(System management)
③ HACCP 원칙(HACCP Principles)
④ 선행요건 프로그램(Prerequisite Program)

(3) 식품안전경영시스템의 구조

(4) 필요성 및 효과

① 소비자들의 식품안전성 요구에 적극적으로 대응 가능
② HACCP 및 기타 기존 식품안전 프로그램의 한계 극복
③ ISO 22000을 통한 국제적 통용성 제고 및 비용 절감
④ ISO 9001, 14021 규격 등과의 병용성으로 인해 기 인증업체들의 전환, 확장이 용이

(5) ISO 22000 적용범위

ISO 22000은 조직이 식품공급사슬에서 식품이 인간의 소비 시점에서 안전하다는 것을 보장하기 위해 식품안전 위해요소를 관리하는 능력을 실증하는데 필요로 하는 식품안전경영시스템에 대한 요구사항을 규정한 것이다. 이것은 조직의 규모에 상관없이, 식품공급사슬의 어떤 분야에든 관련되며 안전한 제품을 지속적으로 제공하는 시스템을 실행하고자 하는 모든 조직에 적용 가능하다.

(6) ISO 22000 적용절차

인증절차는 각 인증기관마다 다소 차이는 있으나 비슷한 단계로 진행되고 있다.

대표적인 인증기관인 LRQA Korea의 인증절차

① 1단계 : 신청

신청서는 신청조직의 사업내용과 인증을 원하는 부분을 알 수 있는 귀중한 기본 자료이며 견적의 토대가 된다. 특히 신청조직에 대해 특수한 심사를 위한 특별 심사원이 요구되는지를 판단할 수 있도록 해 준다. 신청서 제출 시 회사 조직도를 첨부하면 정확한 견적 작성에 도움이 된다.

② 2단계 : 견적 및 계약

신청조직이 서명한 계약서를 접수함으로써 계약이 이루어지고 인증기관은 심사계획의 수립에 착수하게 된다.

③ 3단계 : 일정계획수립

1단계 심사(문서심사) 및 2단계 심사(본심사)를 위한 일정계획을 수립한다.

④ 4단계 : 예비심사(선택적)

ISO 9001과 달리, QS-9000 및 ISO/TS 16949 인증심사에 있어서는 경미한 부적합사항만 있는 경우에도 인증을 추천할 수 없다. 그러므로 예비심사를 통해 인증심사 전에 잠재적인 부적합 사항을 파악하고 사전에 조치를 취할 수 있게 된다.

⑤ 5단계 : 문서심사(1단계 심사)

• 문서심사(1단계 심사)의 주 목적은 다음과 같다.
  – 문서화된 경영시스템의 심사규격 요구사항의 적합성 검토
  – 심사범위, 주요 프로세스, 적용제외 요건, 심사코드, 심사일수의 확인 및 현장방문
  – 관련법규 요구사항의 파악
  – 본심사 대비 준비상태의 점검
  – 본심사 프로그램의 작성
• 효과적인 문서심사(1단계 심사)를 위해, 준비해야 할 사항은 다음과 같다.
  – 심사범위에 포함된 제품과 관련한 법규 및 고객 요구사항
  – 경영시스템과 제품 실현 기획의 결과물
  – 심사규격에서 요구하는 문서화(방침, 목표, 매뉴얼, 절차서 등)
  – 고객 인식, 제품, 프로세스의 모니터링 및 측정 결과
  – 경영시스템의 효과(사업/프로세스/제품 목표에 대한 경향 및 실적의 기록, 내부심사 보고서 등)
  – 개선활동의 기록(시정조치, 예방조치, 경영검토)

⑥ 6단계 : 본심사(2단계 심사)

• 이 심사의 주 목적은 다음과 같다.
  – 경영시스템이 일관성이 있고 효과적으로 이행되는지를 검증하고 해당하는 경우, 인증을 추천한다.
• 이를 위해 심사관은 다음 사항을 점검한다.
  – 최고 경영자의 의지가 명확하며, 고객 지향적이고 필요한 자원을 제공하는지
  – 회사의 경영시스템이 심사규격, 방침, 고객 요구사항, 법규 요건을 충족하는지
  – 상위 수준의 기획과 제품실현 기획을 실행하는지
  – 방침, 목표 및 지속적 개선을 달성하고 있는지

⑦ 7단계 : 보고서 작성

심사관은 심사종료 시점에 심사내용을 기술한 심사보고서를 작성해 제공한다. 이 보고서에는 신청조직에서 만족스럽게 이행하고 있는 내용, 시스템의 취약 부분 및 부적합 사항 등을 포함한다.

⑧ 8단계 : 심사결과 검토

본심사(2단계 심사) 완료 후 심사의 모든 과정을 요약한 심사보고서에 대하여 타당성 검토를 수행한다. 이러한 타당성 검토를 통하여 시스템이 해당요건 및 절차에 따라 적절히 이루어졌는지 검증하며, 심사 시 발견된 시스템의 결함 또는 부적합 사항을 검토한다.

⑨ 9단계 : 인증서 발행

본심사(2단계 심사) 결과 신청조직의 경영시스템이 심사규격의 요건을 만족하며 원활하게 이행
되고 있을 경우, 인증서를 발행한다. 인증서에는 인증범위가 명시되어 있으며, 신청조직의 경영
시스템이 만족스럽게 유지됨을 전제로 3년간 유효하다.

⑩ 10단계 : 사후 관리 심사

인증 후, 매 6개월 단위로 신청조직의 경영시스템을 검증한다. 심사규격의 요구사항을 지속적으
로 충족하고 있으며 변경사항을 충실히 반영하고 있다는 신뢰감을 신청조직의 고객에게 제공하
기 위한 활동이다.

⑪ 11단계 : 재인증 심사

인증서의 유효기간인 3년이 되는 시점에 최초 본심사와 동일한 수준으로 재인증을 위한 심사를
수행한다.

(7) HACCP과 ISO 22000의 비교

순서	HACCP	ISO 22000
1	정부 주도 중심 + 민간	민간 주도
2	강제성 – 규제중심, 정부중심	자율성 – 자율성, 고객만족중심
3	지역성 – 국가별 해석	통용성 – 범세계성
4	12절차 7원칙	객관적 규격
5	부가적 프로그램 필요	포괄적, 효율적
6	경직성	유연성, 개방성
7	체적 접근 – How, 제품별	시스템적 접근 – What, 목표

3. 기구, 용기, 포장에 관한 위생

(1) 금속제품

식품의 조리용 기구나 용기는 주로 금속이나 그 외 합금을 많이 사용하여 왔다. 금속으로는 은, 구
리, 알루미늄, 주석, 철, 아연, 납, 안티몬, 카드뮴 등을 단독 혹은 합금으로 사용한다. 이러한 금
속제 용기에서 보건상 문제가 되는 것은 금속 자체의 용출과 금속 중에 함유되어 있는 유해물질이
용출된다.

1) 구리
　　① 열전도성이 좋아 가공, 조리용 기구로 사용된다.
　　② 물, 탄산에 의해 부식되어 녹청이 생겨 중독을 일으킨다.

2) 아연
　　① 도금에 사용되는 아연은 이러한 기구나 용기에서 용출되어 중독된다.

3) 카드뮴
　　① 식기의 도금에 이용되며, 산성 식품 중에서 쉽게 녹아 중독되기 쉽다.
　　② 식품위생법에는 카드뮴 함유 금속으로 음식물용 기구, 용기의 제조 및 수리를 금지하는 규정
　　　이 있다.

4) 안티몬

    ① 식기 등의 재료로 사용되며, 표면은 니켈 등으로 도금되어 있어서 용출이 잘 되지 않는다.

    ② 도금이 벗겨진 것은 산성 식품에 사용할 경우에는 위험하다.

5) 납

    ① 땜납, 상수도 파이프 등으로 이용되지만 대량으로 용출되는 일은 드물다.

    ② 액체식품에 금속 재료는 납을 10% 이상, 땜납은 20% 이상 함유하지 않도록 규정한다.

6) 주석

    ① 통조림 관 내면을 도장하지 않는 것은 산성 식품과 작용하면 주석이 용출되기 때문이다.

    ② 식품위생법에서 청량음료수, 통조림식품의 허용량을 250ppm 이하로 규정하고 있다.

(2) 유리제품

1) 유리용기의 특성

    ① 액체식품의 용기로 널리 사용되고 있다.   ② 투명하여 내용물을 투시할 수 있다.

    ③ 화학적으로 안정하며 위생적이다.   ④ 내열성이 있고, 착색이 용이하다.

    ⑤ 통기성이 없고, 회수가 가능하다.   ⑥ 깨지기 쉽고 무거운 결점이 있다.

2) 유리용기의 주의점

    ① 장기간 산성물질과 접촉하면 유리 중의 알칼리 성분이 용출되어 산성 성분인 규산이 용출될 수 있다.

    ② 경우에 따라 바륨, 아연 등이 용출되는 수도 있다.

(3) 도자기, 법랑피복 제품, 옹기류

    ① 표면에 유약을 칠하는데 이는 중금속계의 안료이다.

    ② 이런 안료는 소성온도가 완전할 때는 무방하나, 소성온도가 불완전하면 납 등이 용출된다.

    ③ 그림을 그려 넣은 경우에는 더 높은 온도로 구울 수 없기 때문에 더욱 문제가 된다.

    ④ 800℃ 이하에서 구운 저온 소성의 제품에서 납 외에 구리, 안티몬, 아연, 코발트, 망간, 카드뮴 등이 초산 용액에 침출된다.

(4) 종이제품

    ① 식품 포장용으로 많이 사용되고 있으나 보건상 종이 가공 시 첨가한 유해물질이 용출되어 위해를 일으키는 경우이다.

    ② 착색료의 용출, 형광 염료의 이행, 파라핀, 납 등이며, 최근에는 polychlorobiphenyls (PCBs)의 이행도 염려되고 있다.

(5) Plastic 제품

    ① 포장 재료로 사용되는 plastic는 열가소성 수지(polyethylene, polypropylene, polystyrene, 염화비닐 등)가 대부분이다. 식품 포장으로도 많이 사용한다.

    ② 열경화성 수지인 요소 수지와 melamin 수지에서는 formalin이 용출된다.

    ③ phenol 수지에서는 formalin의 독성이 크고, 부식성인 phenol이 용출된다.

    ④ 열가소성 수지인 polypropylene에서는 자극성이 강한 propylene 단량체(monomer)가 용출된다.

06 식품위생 검사

1. 식품위생 검사의 목적

(1) 식품위생 검사의 목적

① 식품에 의해 매개되는 감염병, 식중독에 대한 원인 미생물, 원인물질을 찾아내는 것이다.
② 식품에 의해 발생되는 건강장애 요인을 사전에 예방하여 안전한 상태로 유지하는 것이다.
③ 식품위생의 대책 수립과 지도를 위하여 실시한다.

(2) 검사 방법

관능검사, 생물학적 검사, 화학적 검사, 물리적 검사, 독성 검사 등이 있다.

2. 식품위생 검사 방법

(1) 생물학적 검사

1) 일반세균 검사

① 총균수 검사는 Breed법, 생균수 검사는 표준 한천평판 배양법에 따른다.
② Breed법은 검체의 일정량을 슬라이드 글라스에 도말하여 건조 염색한 다음, 일정 면적상의 세균수를 세어 검체에 존재하는 세균수를 추정한다.
③ 표준 한천평판 배양법은 일정시간 배양한 후에 생긴 집락수로 검체 중의 세균수를 파악한다.

2) 대장균군 검사

검체 중의 대장균군의 유무를 판정하는 정성시험과 대장균군의 수를 측정하는 정량시험을 한다.

3) 대장균군의 최확수(Most Probable Number, MPN) 산출법

① 검체의 각 단계별 희석액을 수 개의 액체 배지를 넣은 시험관(BGLB 또는 LB 배지 등)에 일정량씩 배양하여 추정시험을 하며, 확정시험, 완전시험을 실시하여 결과를 판정한다.
② 그 결과 대장균군으로 판정된 배지의 수로부터 검체 100g 중의 균의 수를 확률적으로 산출한다.

4) 곰팡이 검사

① 검체 중의 곰팡이를 그대로 사용하거나 또는 곰팡이용 배지를 사용하여 분리한 후 순수 배양한다.

② 그 형태를 관찰하고, 곰팡이 포자의 수는 주로 Haward법에 의하여 측정한다.

5) 세균성 식중독 검사

식중독 의심이 가는 식품과 환자의 구토물, 대변, 소변, 혈액 등을 이용하여 원인균을 추측한다.

6) 감염병균 검사

장티푸스균, 파라티푸스균, 이질균, 병원성 대장균 등을 환자, 보균자의 배설물, 오염되기 쉬운 우유, 유제품, 고기 등 추정 원인식품 등의 검체를 통하여 계통적인 검사를 한다.

(2) 이화학적 검사

1) 일반성분 검사

① 각종 식품들에 대해 법에 규정되어 있는 성분 규격의 적합 여부를 검사한다.

② 분리법 종류 : 용매추출법, 투석법, 염석법, 승화법, 분류법, 크로마토그래피법, 전기영동법 등

2) 유해물질 검사

① 유해성 금속 : 비소, 안티몬, 구리, 수은, Cd, 크롬, 주석, 아연, 바륨 등의 유해성 금속은 먼저 건식법, 습식법에 의하여 식품 중의 유기물을 분해시켜 각종 금속을 분리한 후, 정성 반응을 확인하고 그 양은 정량분석한다.

② Methyl alcohol 및 formaldehyde : Chromotrop산법, fuchsin 아황산법, acetylacetone법 등에 의해 정성과 정량시험을 행한다.

③ 시안 및 시안배당체

• 정성시험 : 로단반응법, 베르린반응법, 피크린산법, pyridine-pyrazolone법 등

• 정량법 : picric acid법, pyridine-pyrazolone법, Liebig-Deniges법 등

3) 화학성 식중독의 검사

원인물질이 다양하고 복잡하므로 개개의 유해물에 대하여 시험하고, 독성 물질의 시험법인 Goldstone법을 주로 이용한다.

4) 식품첨가물의 검사

① '식품 등의 규격 및 기준'과 '식품첨가물의 규격 및 기준'에 명시된 시험 방법으로 검사한다.

② 식품첨가물 공전에 기재된 제조 방법, 사용량 등 첨가물의 성분 규격에 대해 검사한다.

5) 항생물질의 검사

① 화학적 방법 : 비색법, 형광법, 자외선 흡수 스펙트럼법, polarograph법 등

② 미생물 방법 : 비색법, 비탁법

6) 잔류농약의 검사

① 식품 중에서 잔류농약을 추출 또는 분리하여 정제한 다음 각각의 농약에 대한 확인시험과 정량시험을 행한다.

② 정성·정량시험 방법으로는 가스, 여지, 박층 크로마토그래피법, 자외선·적외선 흡수스펙트럼법이 이용된다.

(3) 식품의 독성검사

독성시험은 일반적으로 검체의 투여 기간에 의해서 급성 독성시험, 아급성 독성시험, 만성 독성시험으로 분류한다. 세균학적 방법에 의한 병원균의 검색, 화학적인 방법에 의한 유독 물질의 검색, 생물반응에 의한 동물시험을 포함하나 일반적으로 동물시험을 말한다.

1) 급성 독성시험

① 생쥐, 쥐 등을 이용하여 검체의 투여량을 저농도에서 일정한 간격으로 고농도까지 투여한다.

② 저농도~고농도까지 일정한 간격으로 1회 투여 후 7~14일간 관찰하여 치사량(LD_{50})의 측정이나 급성 중독증상을 관찰한다.

2) 아급성 중독시험

① 생쥐, 쥐를 이용하여 치사량(LD_{50}) 이하의 여러 용량을 단시간 투여한 후 생체에 미치는작용을 관찰한다.

② 시험기간은 1~3개월 정도이며, 만성 중독시험 전에 그 투여량의 단계를 결정하는 판단 자료를 얻는 데 많이 사용된다.

3) 만성 독성시험

① 비교적 소량의 검체를 장기간 계속 투여하여 그 영향을 관찰한다.

② 검체의 축적 독성이 문제가 되는 경우, 첨가물과 같이 식품으로서 매일 섭취 가능성이 있을 경우에 독성 평가를 위하여 실시하며, 시험기간은 1~2년 정도이다.

07 식품의 변질과 보존

 1. 식품의 변질

식품성분이 효소(자기소화)나 미생물, 햇볕, 산소, 온도, 수분의 변화에 의해 영양성분이 파괴되고, 맛, 냄새, 색깔, 외관이 나빠져서 식품으로서의 가치를 상실한 것을 식품의 변질이라 한다.

① 부패(putrefaction) : 미생물의 번식으로 단백질이 분해되어 아미노산, 아민, 암모니아, 악취 등을 발생하는 현상을 말한다.

② 산패(rancidity) : 지방의 산화로 aldehyde, ketone, ester, alcohol 등이 생성되는 현상을 말한다.

③ 변패(deterioration) : 식품 중의 당질이나 지방질이 미생물에 의해 분해되어 변질되는 현상을 말한다.

④ 발효(fermentation) : 탄수화물이 산소가 없는 상태에서 분해되는 것을 말한다.

⑤ 유지의 자동산화(β-oxidation) : 유지의 자동산화에 의해서 생성된 hydroperoxide는 식품에 악영향을 미치고 경구적으로 섭취되면 생체 내의 효소의 활성을 저해하여 독성을 나타내는 물질이다.

(1) 부패에 영향을 미치는 인자

식품의 부패는 온도, 수분, 식품의 성분이나 물리·화학적 성질 등 식품의 고유인자나 외부인자에 의해서 크게 영향을 받는다.

① 온도 : 식품은 상당량의 수분을 함유하고 있는 것이 보통이므로 온도만 알맞으면 미생물이 번식하여 부패할 가능성이 있다. 미생물에는 각각 발육적온과 발육한계 온도가 있다 (표 참고).

[미생물의 발육온도]

미생물	발육범위(℃)	발육적온(℃)
저온세균	0~40	20~30
중온세균	10~50	30~40
고온세균	25~70	50~60
효모	5~40	25~32
곰팡이	0~40	20~35

② 수분 : 수분함량이 큰 식품은 미생물이 잘 증식하여 부패하기 쉽다. 수분함량을 미생물이 활용할 수 있는 유리수의 수분활성도(Aw)로 표시하며, 미생물의 증식에 필요한 최소의 Aw값은 세균 0.94, 효모 0.88, 곰팡이 0.80이다.

③ pH : 미생물은 일반적으로 온도나 수분함량이 알맞더라도 pH가 적합하지 않으면 잘 발육할 수 없다. 곰팡이, 효모 등은 약산성에서 세균은 중성, 알칼리성에서 잘 생육한다.

④ 산소 : 미생물은 산소 요구성에 따라서 호기성, 통성혐기성, 편성혐기성 등으로 분류한다.

⑤ 식품성분 : 미생물은 식품성분이 저분자 화합물일 때에 쉽게 이용할 수 있는데 일반적으로 질소원으로는 아미노산과 peptone, 탄소원으로는 당류, 특히 포도당을 이용한다.

(2) 부패과정

단백질이 펩톤, 폴리펩티드, 아미노산으로 변화되면서 유화 수소가스, 암모니아가스, 아스민 그리고 메탄올을 형성한다.

(3) 부패에 따른 pH의 변화

① 점차 산성으로 변하는 경우 : 탄수화물 식품(유기산이 생성되므로)

② 처음에는 산성으로 되었다가 알칼리성으로 이행되는 경우 : 어육, 식육

③ 처음부터 알칼리성으로 변하는 경우 : 상어육

(4) 부패의 판정

① 관능검사 : 냄새, 색깔, 외관, 조직변화, 불쾌한 맛

② 미생물학적 검사
- 생균수가 식품 1g당 세균수 $10^7 \sim 10^8$이면 초기부패로 판정할 수 있다.
- 10^5 이하인 경우 안전상태이다.
- 식품 중의 생균수를 측정하는 목적은 신선도의 여부를 알기 위해서다.

③ 물리적 검사 : 점도, 색, 경도, 탄성, 탁도, 전기저항 등을 측정한다.

④ 화학적 검사 : 휘발성 염기질소(휘발성 아민류, 암모니아 등), 트리메틸아민(trimethylamine), dimethylamine, 휘발성 유기산, 질소가스, 히스타민, pH, K값 측정 등이다.

2. 식품의 보존

(1) 물리적 보존법

① 건조법 : 세균은 수분 15% 이하의 환경에서 미생물의 발육과 성분변화가 억제되므로 과실, 어류, 곡류, 육류 등의 식품건조에 이용한다. 천일건조는 햇볕이나 그늘에서 말리는

방법으로 건포도, 곶감, 건어물, 산채 등에 사용되어 왔고, 인공건조는 열풍, 분무, 피막, 냉동을 이용하는 방법으로 분유, 분말커피, 인스턴트 수프, 건조과일 등의 고급식품에 사용된다.

② 냉동 냉장법 : 10℃ 이하가 되면 세균의 발육이 억제되고 −5℃ 이하가 되면 대부분의 미생물은 발육이 억제된다. 신선한 식품을 냉장고(5℃ 내외) 또는 냉동고(−170℃ 내외)에 보관하여 단기간 저장 또는 유통시키는 방법으로서 수산물, 육류, 빙과류, 과일, 채소, 패스트푸드 재료 등에 이용된다.

③ 가열법 : 80℃에서 30분 이상 끓이거나 삶는 방법에 의하여 미생물을 사멸시킨다.

④ 통조림법 : 깡통 속의 가스를 제거하고 밀봉한 후 다시 가열 처리함으로써 효소의 활성화 및 세균 발육과 번식의 억제로 식품의 부패를 방지하고 장기간 보존할 수 있는 특징을 가지고 있다.

⑤ 자외선 이용법 : 자외선을 이용하여 살균하는 방법으로 2,500~2,800Å에서 살균 효과가 높다.

⑥ 공기조절법 : 과일·채소의 호흡을 억제하고 저장 수명을 연장하기 위하여 저장공간의 가스 조성, 온도, 습도를 조정하는 방법으로서 CA(Controlled Atmosphere)저장이라고도 한다.

⑦ 방사선처리법 : 감마선·전자선을 이용하여 감자·양파의 발아 억제, 곡류·과일의 살충, 육가공품·건조향신료의 살균을 목적으로 사용하는 방법으로서 최근에 실용화되기 시작하였다.

(2) 화학적 보존법

식품에 소금, 설탕, 식초를 넣어 삼투압 또는 pH를 조절함으로써 부패미생물의 발육을 억제하는 방법이며 김치, 젓갈, 잼, 가당연유, 마늘절임, 피클 등에 이용된다.

① 염장법 : 식염의작용에 의하여 식품의 탈수화 및 세균의 원형질 분리를 일으켜 부패를 방지할 수 있다. 해산물, 축산물, 야채류 등에 이용된다.

② 당장법 : 식품에 당의 농도를 50% 이상 유지하게 되면 효모, 곰팡이 및 세균 발육이 억제된다. 젤리, 잼, 가당연유, 과실 등에 이용된다.

③ 산저장법 : 산도가 낮은 초산을 사용하여 세균이나 곰팡이, 효모와 같은 미생물의 번식을 억제하여 부패를 막는 방법이다. 과일, 채소의 저장에 이용된다.

④ 훈연법 : 벚나무, 떡갈나무를 불완전 연소시킬 때에 나오는 연기 중의 알데히드, 석탄산 같은 물질을 이용하여 건조와 살균작용, 저장성과 향미를 증진시키는 방법이다. 햄, 베이컨, 조개 등의 저장법에 이용된다.

⑤ 약품처리법 : 식품의 변질이나 손실을 방지할 목적으로 식품첨가물인 보존료, 산화방지제, 표백제 또는 훈증제를 사용하는 방법으로 각종 가공식품이나 곡류저장에 이용된다.

(1) 소독, 살균, 멸균 및 방부

① 소독(Disinfection) : 병원성 미생물만을 사멸시키거나 억제시켜 감염 위험을 제거하는 것을 말한다. 비병원균은 살아있는 상태이다.

② 살균(Pasteurization) : 물리화학적인 방법으로 모든 형태의 미생물을 사멸 또는 불활성화시키는 것을 의미한다.

③ 멸균(Sterilization) : 모든 미생물을 사멸시켜 완전히 무균상태로 만드는 것이다.

④ 방부(Aseptic) : 식품의 성상에 가능한 한 영향을 주지 않고, 그 속에 함유되어 있는 세균의 성장 및 증식을 저지시켜 부패, 발효를 억제시키는 것이다.

(2) 물리적 소독, 살균법

1) 화염멸균법

① 물체 표면에 미생물을 알코올 램프, 가스 버너 등의 화염으로 직접 태워 멸균하는 방법이다.

② 금속제, 자기제, 유리제 등 불에 파손되지 않은 기구에 이용한다.

2) 건열살균법

① 증기멸균법을 이용할 수 없는 초자기구, 분말 등에 이용한다.

② 165~170℃의 건열멸균기에서 1시간 열처리 후 단열, 밀폐한 상태로 냉각시킨다.

3) 열탕(자비)소독법

① 끓여서 변하지 않는 금속, 유리, 고무제품, 사기그릇, 의복 등을 살균할 때 사용한다.

② 비등수에는 1~2%의 Na_2CO_3를 가하면 멸균 효과도 증가하고, 금속제품의 녹이 방지된다.

③ 일반 소독은 비등 후 15분간 실시하고, 병균에 오염된 것은 비등 후 30분간 소독한다.

4) 증기소독법

① 수증기를 이용하여 병원체를 멸균시키는 방법이다.

② 100℃의 유통 수증기를 사용하는 방법과 고압 수증기를 사용하는 방법이 있다.

③ 유통증기 사용은 100℃ 유통증기 중에 30~60분간 가열한다.

④ 고압증기 사용은 보통 121.5℃에서 20분간 멸균시킨다. 아포도 완전히 사멸시킬 수 있다.

5) 간헐멸균법

① 100℃에서 30분간, 24시간 간격으로 연속 3회 멸균하는 방법이다.

② 아포를 형성하는 미생물을 멸균할 때 사용한다.

6) 일광소독법

① 일광의 살균작용은 자외선의작용인데, 자외선은 파장 100Å에서 3,790Å까지를 말한다.

② 가장 살균력이 강한 것은 2,537Å(2,500~2,800Å)이며 직사광선일 경우 모든 균에 대하여 강한 살균력이 있다.

7) 방사선 살균법

① X선, γ선 등의 방사선 조사에 의하여 목적을 달성할 수 있다.

② 최근에는 Co-60, Cs-137 같은 방사선 동위 원소로부터 방사되는 투과력이 강한 γ선을 이용한다.

③ 포장된 식품이나 약품 등의 멸균에 이용된다.

8) 여과멸균법

① 여과기를 이용하여 균체를 제거하고 무균액을 만드는 방법이다.

② 가열에 의한 살균법을 적용하지 못하는 배지 등에 사용한다.

(3) 화학적 소독살균법

화학적 살균제 또는 소독제를 사용하는 방법이며 소독제로 갖추어야 할 조건은 다음과 같다.

① 가격이 쌀 것

② 침투력이 강할 것

③ 살균력이 강할 것

④ 사용법이 간편할 것

⑤ 불쾌한 냄새가 나지 않을 것

⑥ 인축에 대한 독성이 적을 것

⑦ 소독 대상물에 손상을 주지 않을 것

⑧ 유기물의 존재 여부에 관계없이 소독작용이 강할 것

1) 수은 화합물

① 승홍($HgCl_2$)

• 단백질과 결합하여 살균작용을 일으킨다.

• 금속 부식성이 강하고 점막에 대한 자극과 독성 때문에 손 이외에는 이용하지 않는다.

• 0.1% 수용액을 사용한다.

② 머큐로크롬(Mercurochrom)

• 적색 분말로 물에 잘 용해된다.

• 2%의 수용액을 피부, 점막 소독에 이용한다.

• 소독 효과는 별로 없다.

2) Halogen 유도체

① 염소(Cl_2)

• 상·하수도, 수영장, 폐수, 식기류 등 소독에 이용된다.

• 음료수에 사용하는 경우 잔류염소가 0.2~0.4ppm이 되어야 한다.

• 자극성과 금속 부식성이 있다.

② 표백분($CaOCl_2$) : 발생기산소에 의한 살균으로 우물, 수영장(pool) 등의 소독에 사용된다.

③ 요오드(I_2) : 옥도정기(Iodine tincture)를 만들어 사용하고, 수술 부위의 피부 소독에 적합하다.

3) 산화제
① 과산화수소(H_2O_2)
- 발생기산소에 의하여 살균이 된다.
- 3% H_2O_2 용액은 무아포균을 몇 분 이내에 죽인다.
- 자극이 적기 때문에 창상과 구내 세정에 이용된다.
② 과망간산칼륨($KMnO_4$)
- 0.1~0.5% 수용액을 사용하나 착색력이 강하다.
- 살균력이 강하며 피부 소독에 사용된다.
③ 오존(O_2) : 오존 분해에 의한 발생기산소에 의해 살균된다.

4) 방향족 화합물
① 석탄산(C_6H_5OH)
- 대개 3%의 석탄산 수용액을 사용하는데, 여기에 염산, 황산, 식염 등을 1% 첨가하면 소독력이 몇 배 증가한다.
- 손, 발, 선박, 화차, 사체 등의 소독에 적당하다.
② 크레졸(Cresol)
- 석탄산의 약 2배의 소독력이 있으며 독성이 약하다.
- 1~2%의 용액을 비누 용액에 50% 섞어 사용한다.
- 손, 발, 오물통, 축사 등의 소독에 이용한다.
③ 역성비누(Invert soap)
- 4급 암모늄염의 유도체로서 보통 비누와 반대로 해리하여 양이온이 비누의 주체가 되므로 양성비누(cationic soap)라고도 한다.
- 세척력은 약하나 살균력이 강하고, 냄새, 자극성, 부식성이 없어서 손, 식기의 소독에 이용된다.
- 보통 원액(10% 용액)을 200~402배로 희석하여 5~10분간 처리한다.
- 일반 비누와 병용하면 효과가 없다.

5) 지방족 화합물
① 에틸알코올(ethyl alcohol)
- 70% 수용액이 살균에 강하다.
- 알코올에 산을 가하면 살균력이 강해지며, 아포를 형성하지 않는 균에는 효과가 좋다.
- 손 소독에 이용한다.
② 포르말린(formalin)
- 기체 또는 용액상태에서 살균력이 있고, 포자 살균력도 강하다.
- 곡자실, 창고 등의 기체 살균에 적당하다.
- 유포자 살균농도는 0.1%이며, 0.002% 용액으로도 세균 발육이 저지된다.

08 식품위생관련 법규

 1. 식품공전

(1) 총칙

1) 일반원칙

① 이 고시에서는 가공식품에 대하여 다음과 같이 식품군(대분류), 식품종(중분류), 식품유형 (소분류)으로 분류한다.
- 식품군 : '제5 식품별 기준 및 규격'에서 대분류하고 있는 음료류, 조미식품 등을 말한다.
- 식품종 : 식품군에서 분류하고 있는 다류, 과일·채소류음료, 식초, 햄류 등을 말한다.
- 식품유형 : 식품종에서 분류하고 있는 농축과·채즙, 과·채주스, 발효식초, 희석초산 등을 말한다.

② 표준온도는 20℃, 상온은 15~25℃, 실온은 1~35℃, 미온은 30~40℃로 한다.

③ 따로 규정이 없는 한 찬물은 15℃ 이하, 온탕 60~70℃, 열탕은 약 100℃의 물을 말한다.

④ 용액의 농도를 (1→5), (1→10), (1→100) 등으로 나타낸 것은 고체시약 1 g 또는 액체시약 1 mL를 용매에 녹여 전량을 각각 5 mL, 10 mL, 100 mL 등으로 하는 것을 말한다. 또한 (1+1), (1+5) 등으로 기재한 것은 고체시약 1 g 또는 액체시약 1 mL에 용매 1 mL 또는 5 mL 혼합하는 비율을 나타낸다. 용매는 따로 표시되어 있지 않으면 물을 써서 희석한다.

(2) 장기보존식품의 기준 및 규격

1) 통·병조림식품

"통·병조림식품"이라 함은 식품을 통 또는 병에 넣어 탈기와 밀봉 및 살균 또는 멸균한 것을 말한다.

① 제조·가공기준
- 멸균은 제품의 중심온도가 120℃ 4분간 또는 이와 동등이상의 효력을 갖는 방법으로 열처리하여야 한다.
- pH 4.6을 초과하는 저산성식품(low acid food)은 제품의 내용물, 가공장소, 제조일자를 확인할 수 있는 기호를 표시하고 멸균공정 작업에 대한 기록을 보관하여야 한다.
- pH가 4.6 이하인 산성식품은 가열 등의 방법으로 살균처리할 수 있다.
- 제품은 저장성을 가질 수 있도록 그 특성에 따라 적절한 방법으로 살균 또는 멸균 처리하여야 하며 내용물의 변색이 방지되고 호열성 세균의 증식이 억제될 수 있도록 적절한 방법으로 냉각하여야 한다.

② 규 격
- 성 상 : 관 또는 병 뚜껑이 팽창 또는 변형되지 아니하고, 내용물은 고유의 색택을 가지고 이미·이취가 없어야 한다.

- 주석(mg/kg) : 150 이하(알루미늄 캔을 제외한 캔제품에 한하며, 산성 통조림은 200 이하 이어야 한다.)
- 세 균 : 세균발육이 음성이어야 한다.

2) 레토르트 식품 : 식품공전 참조

3) 냉동식품 : 식품공전 참조

(3) 식품별의 기준 및 규격

식품공전 참조

 ## 2. 식품등의 표시기준

(1) 총 칙

1) 목 적

식품, 축산물, 식품첨가물, 기구 또는 용기 · 포장의 표시기준에 관한 사항 및 영양성분 표시대상 식품의 영양표시에 관하여 필요한 사항을 규정함으로써 위생적인 취급을 도모하고 소비자에게 정확한 정보를 제공하며 공정한 거래의 확보를 목적으로 한다.

2) 구 성

이 고시는 총칙, 공통표시기준, 개별표시사항 및 표시기준, 별지 1 표시사항별 세부표시기준으로 나눈다.

3) 용어의 정의

① "식품유형"이라 함은 「식품위생법」 제7조제1항 및 「축산물 위생관리법」 제4조제2항에 따른 「식품의 기준 및 규격」의 최소분류단위를 말한다.

② "제조연월일"이라 함은 포장을 제외한 더 이상의 제조나 가공이 필요하지 아니한 시점(포장 후 멸균 및 살균 등과 같이 별도의 제조공정을 거치는 제품은 최종공정을 마친 시점)을 말한다. 다만, 캅셀제품은 충전 · 성형완료시점으로, 소분판매하는 제품은 소분용 원료제품의 제조연월일로, 포장육은 원료포장육의 제조연월일로, 식육즉석판매가공업 영업자가 식육가공품을 다시 나누어 판매하는 경우는 원료제품에 표시된 제조연월일로, 원료제품의 저장성이 변하지 않는 단순 가공처리만을 하는 제품은 원료제품의 포장시점으로 한다.

③ "유통기한"이라 함은 제품의 제조일로부터 소비자에게 판매가 허용되는 기한을 말한다.

④ "품질유지기한"이라 함은 식품의 특성에 맞는 적절한 보존방법이나 기준에 따라 보관할 경우 해당식품 고유의 품질이 유지될 수 있는 기한을 말한다.

⑤ "트랜스지방"이라 함은 트랜스구조를 1개 이상 가지고 있는 비공액형의 모든 불포화지방을 말한다.

⑥ "레토르트(retort)식품"은 단층플라스틱필름이나 금속박 또는 이를 여러 층으로 접착하여 파우치와 기타 모양으로 성형한 용기에 제조 · 가공 또는 조리한 식품을 충전하고 밀봉하여 가열살균 또는 멸균한 것을 말한다.

*이하 생략

(2) 공통표시기준 : 식품등의 표시기준

(3) 개별표시사항 및 표시기준 : 식품등의 표시기준

3. 식품위생법

(1) 목적

이 법은 식품으로 인하여 생기는 위생상의 위해(危害)를 방지하고 식품영양의 질적 향상을 도모하며 식품에 관한 올바른 정보를 제공하여 국민보건의 증진에 이바지함을 목적으로 한다.

(2) 식품위생법 제2조(정의)

1) "식품"이란 모든 음식물(의약으로 섭취하는 것은 제외한다)을 말한다.
2) "식품첨가물"이란 식품을 제조·가공·조리 또는 보존하는 과정에서 감미, 착색, 표백 또는 산화방지 등을 목적으로 식품에 사용되는 물질을 말한다. 이 경우 기구·용기·포장을 살균·소독하는 데에 사용되어 간접적으로 식품으로 옮아갈 수 있는 물질을 포함한다.
3) "기구"란 다음 각 목의 어느 하나에 해당하는 것으로서 식품 또는 식품첨가물에 직접 닿는 기계·기구나 그 밖의 물건(농업과 수산업에서 식품을 채취하는 데에 쓰는 기계·기구나 그 밖의 물건 및 「위생용품 관리법」 제2조 제1호에 따른 위생용품은 제외한다)을 말한다.
4) "식품위생"이란 식품, 식품첨가물, 기구 또는 용기·포장을 대상으로 하는 음식에 관한 위생을 말한다.
5) "식품이력추적관리"란 식품을 제조·가공단계부터 판매단계까지 각 단계별로 정보를 기록·관리하여 그 식품의 안전성 등에 문제가 발생할 경우 그 식품을 추적하여 원인을 규명하고 필요한 조치를 할 수 있도록 관리하는 것을 말한다.
6) "식중독"이란 식품 섭취로 인하여 인체에 유해한 미생물 또는 유독물질에 의하여 발생하였거나 발생한 것으로 판단되는 감염성 질환 또는 독소형 질환을 말한다.
7) "집단급식소"란 영리를 목적으로 하지 아니하면서 특정 다수인에게 계속하여 음식물을 공급하는 다음 각 목의 어느 하나에 해당하는 곳의 급식시설로서 대통령령으로 정하는 시설을 말한다.
   ① 기숙사 ② 학교, 유치원, 어린이집 ③ 병원 ④ 「사회복지사업법」 제2조 제4호의 사회복지시설 ⑤ 산업체 ⑥ 국가, 지방자치단체 및 「공공기관의 운영에 관한 법률」 제4조 제1항에 따른 공공기관 ⑦ 그 밖의 후생기관 등
   *이하 생략

(3) 식품위생법 제14조(식품등의 공전)

식품의약품안전처장은 다음 각 호의 기준 등을 실은 식품등의 공전을 작성·보급하여야 한다.
   ① 제7조제1항에 따라 정하여진 식품 또는 식품첨가물의 기준과 규격
   ② 제9조제1항에 따라 정하여진 기구 및 용기·포장의 기준과 규격

(4) 식품위생법 시행령 제17조(식품위생감시원의 직무)

   ① 식품등의 위생적인 취급에 관한 기준의 이행 지도
   ② 수입·판매 또는 사용 등이 금지된 식품등의 취급 여부에 관한 단속
   ③ 「식품 등의 표시·광고에 관한 법률」 제4조부터 제8조까지의 규정에 따른 표시 또는 광고기준의 위반 여부에 관한 단속
   ④ 출입·검사 및 검사에 필요한 식품등의 수거

⑤ 시설기준의 적합 여부의 확인 · 검사

⑥ 영업자 및 종업원의 건강진단 및 위생교육의 이행 여부의 확인 · 지도

⑦ 조리사 및 영양사의 법령 준수사항 이행 여부의 확인 · 지도

⑧ 행정처분의 이행 여부 확인

⑨ 식품등의 압류 · 폐기 등

⑩ 영업소의 폐쇄를 위한 간판 제거 등의 조치

⑪ 그 밖에 영업자의 법령 이행 여부에 관한 확인 · 지도

(5) 식품위생법 시행규칙 31조 4항(자가품질검사에 대한 기준)

① 자가품질검사에 관한 기록서는 2년간 보관하여야 한다.

② 자가품질검사주기의 적용시점은 제품제조일을 기준으로 산정한다[식품위생법 시행규칙 별표12]

(6) 식품위생법 시행규칙 제50조(식품 영업에 종사하지 못하는 질병의 종류)

• 제2급 감염병 중 결핵(비전염성인 경우 제외), 콜레라, 장티푸스, 파라티푸스, 세균성이질, 장출혈성대장균감염증, A형 간염

• 피부병 또는 그 밖의 고름형성(화농성) 질환

• 후천성면역결핍증(성매개감염병에 관한 건강진단을 받아야 하는 영업에 종사하는 자에 한함)

(7) 식품위생법 시행규칙 제52조(식품위생교육)

1) 법 제41조 제1항에 따라 영업자와 종업원이 받아야 하는 식품위생교육 시간

① 식품제조 · 가공업, 즉석판매제조 · 가공업, 식품첨가물제조업, 식품운반업, 식품소분 · 판매업, 식품보존업, 용기 · 포장류제조업, 식품접객업 영업에 해당하는 영업자 : 3시간

② 유흥주점영업의 유흥종사자 : 2시간

③ 집단급식소를 설치 · 운영하는 자 : 3시간

2) 법 제41조 제2항에 따라 영업을 하려는 자가 받아야 하는 식품위생교육 시간

① 식품제조 · 가공업, 즉석판매제조 · 가공업, 식품첨가물제조업에 해당하는 영업을 하려는 자 : 8시간

② 식품운반업, 식품소분 · 판매업, 식품보존업, 용기 · 포장류제조업에 해당하는 영업을 하려는 자 : 4시간

③ 식품접객업 영업을 하려는 자 : 6시간

④ 집단급식소를 설치 · 운영하려는 자 : 6시간

 4. 식품위생 분야 종사자의 건강진단규칙

(1) 제2조 건강진단 항목 등[별표]

대상	건강진단 항목	횟수
식품 또는 식품첨가물(화학적 합성품 또는 기구 등의 살균 · 소독제는 제외한다)을 채취 · 제조 · 가공 · 조리 · 저장 · 운반 또는 판매하는데 직접 종사하는 사람. 다만, 영업자 또는 종업원 중 완전 포장된 식품 또는 식품첨가물을 운반하거나 판매하는 데 종사하는 사람은 제외한다.	• 장티푸스(식품위생 관련영업 및 집단급식소 종사자만 해당한다) • 폐결핵 • 전염성 피부질환(한센병 등 세균성 피부질환을 말한다)	년1회 (건강진단 검진을 받은 날을 기준으로 한다)

식중독

001 경구감염병
- 세균에 의한 경구감염병 : 세균성 이질, 장티푸스, 파라티푸스, 콜레라 등
- 바이러스(virus)에 의한 경구감염병 : 소아마비, 유행성 간염, 감염성 설사증 등
- 원생동물에 의한 경구감염병 : 아메바성 이질

002
- 포도상구균은 다른 식중독에 비하여 잠복기가 평균 3시간으로 짧고, 치사율도 비교적 낮다.
- *Botulinus*균이 생성하는 neurotoxine은 열에 불안정하여 80℃에서 30분간 가열하면 파괴된다.
- 세균성 식중독 중 치사율이 가장 높은 것은 *Botulinus*균 식중독이다.
- 장염 비브리오균 식중독은 감염형이다.

003
세균성 식중독은 저온(5℃) 또는 온장(65℃)하여 균의 증식을 억제시킨다.

004 식중독을 예방하기 위해서는
- 식품, 식품 취급자의 손, 주방설비, 기구 등은 항상 청결히 해야 한다.
- 음식물은 가열, 조리 후 곧바로 섭취해야 한다.
- 음식물은 냉장(10℃ 이하), 냉동(-18℃ 이하) 또는 뜨겁게(60℃ 이상) 보관해야 한다.
- ※ 식중독은 면역이 생기지 않기 때문에 예방접종으로 방지할 수 없다.

005
식중독균은 항생제에 대한 내성이 있으므로 식중독에 걸렸을 때 항생제나 지사제를 복용하는 것보다 물을 충분히 마시고 안정을 취하는 것이 좋을 수 있다.

---

001 다음 중 세균에 의한 경구감염병은?

① 콜레라
② 유해성 간염
③ 감염성 설사증
④ 소아마비

002 세균성 식중독에 관한 설명 중 옳은 것은?

① 포도상구균에 의한 식중독의 잠복기는 다른 식중독에 비하여 짧다.
② *Botulinus*균이 생산하는 독소는 열에 대하여 저항성이 크다.
③ *Salmonella*균 식중독은 세균성 식중독 중에서 치사율이 가장 높다.
④ 장염 비브리오균 식중독은 독소형이다.

003 다음 중 세균성 식중독의 일반적인 예방법이 아닌 것은?

① 실온에서 잘 보관할 것
② 조리, 식품제조 전에 손을 세척할 것
③ 가급적이면 조리 직후에 먹을 것
④ 설사 환자나 화농성 질환이 있는 사람은 식품을 취급하지 못하도록 할 것

004 식중독을 예방할 때 중요하지 않은 것은?

① 가열조리
② 냉장과 냉동
③ 손의 청결
④ 예방접종

005 식중독 발생 시 취해야 할 조치로 적절하지 않은 것은?

① 관련식품의 유통을 금지하여 확산을 방지한다.
② 환자에게 신속하게 항생제를 투여한다.
③ 환자와 상세하게 인터뷰를 하여 섭취한 음식과 증상에 대해서 조사한다.
④ 의심되는 모든 식품을 채취하여 역학조사를 실시한다.

 ANSWER

001 ①　002 ①　003 ①　004 ④
005 ②

006 식중독 발생 시 역학조사 방법으로 옳지 않은 것은?

① 환자가 섭취한 음식물 내용을 조사하며, 동일 식품을 섭취한 사람의 증상을 조사한다.
② 환자의 증상을 조사한다.
③ 환자가 섭취한 식품을 취급한 조리실 등을 즉시 소독한다.
④ 환자의 분변, 혈액 등 가검물을 채취한다.

007 식중독 원인조사에서 원인규명의 제한점이 아닌 것은?

① 환자 2인 이상에서 동일한 혈청형 또는 유전자형의 미생물이 검출되더라도, 식품에서 원인물질을 검출하지 못하면 식중독으로 판정할 수 없다.
② 식품은 여러 가지 성분으로 복잡하게 구성되어 원인물질과 원인균 규명이 어렵다.
③ 식중독을 일으키는 균이나 독소 등은 식품에 극미량 존재하여 식품에서 원인균이 검출되지 않는 경우가 있다.
④ 환자가 병원에서 항생제 치료를 받아 원인물질이 검출되지 않는 경우 원인규명이 어렵다.

008 식중독 역학조사의 단계로 옳은 것은?

① 검병조사 – 원인식품 추구 – 원인물질 검사
② 원인식품 추구 – 원인물질 검사 – 검병조사
③ 검병조사 – 원인물질 검사 – 원인식품 추구
④ 원인물질 검사 – 원인식품 추구 – 검병조사

009 세균성 식중독이 경구감염병과 다른 점은?

① 세균성 식중독은 발병 후 면역이 생기나 경구감염병은 생기지 않는다.
② 경구감염병은 소량의 원인균으로 발병되나 세균성 식중독은 다량의 균으로 발병된다.
③ 세균성 식중독은 2차 감염이 잘 일어나는 데 비하여 경구감염병은 잘 일어나지 않는다.
④ 세균성 식중독은 경구감염병에 비하여 잠복기가 길다.

---

006 식품 취급자와 환자가 섭취한 식품을 취급한 조리실(식당, 주방 등)도 병행 검사하여 참고해야 한다.

007 식중독 원인조사에서 원인규명의 제한점
• 식중독 원인조사 결과 역학적으로 관련이 있는 식품에서 원인물질(병원성미생물, 바이러스, 독소, 화학물질 등)이 검출되거나 환자 2인 이상에서 동일한 혈청형 또는 유전자형의 미생물이 검출되면 식중독으로 판정하게 된다.
• 식품은 여러 가지 성분으로 복잡하게 구성되어 있으며, 식중독을 일으키는 균이나 독소 등은 식품에 극미량 존재하므로 식품에서 원인균이 검출되지 않는 경우가 많다.
• 환자 가검물의 경우에도 가검물(대변, 구토물 등) 채취를 거부하거나, 병원에서 항생제 치료를 받아 원인물질이 검출되지 않는 경우가 많아 원인규명에 많은 어려움이 있다.

008 식중독 발생 시 시행하는 역학조사
• 우선 환자의 증상, 경과 및 환자가 식중독을 일으키기 전에 먹은 음식 등을 먼저 조사하고(검병조사) 그 음식 중 원인이 된 식품을 찾아낸 후(원인식품 추구) 그 식품 내의 병인 물질 검사(원인물질 검사)를 시행한다.
• 병인 물질 검사는 화학물질의 정제, 분리, 미생물 검색, 동물 체내 독성검사 등이 포함된다.

009 세균성 식중독과 경구감염병

세균성 식중독	경구감염병
• 원인식품 중 균량이 많아야 한다.	• 원인식품 중에 균량이 적어도 된다.
• 식품에서 증식하고 체내에서는 증식이 안 된다.	• 식품에서 증식이 잘 되지 않고 체내에서 증식이 잘된다.
• 잠복기가 짧다.	• 잠복기가 길다.
• 1차 감염 가능	• 1, 2차 감염 가능
• 면역이 안 된다.	• 면역이 된다.

▶ ANSWER ◀ ··············
006 ③ 007 ① 008 ① 009 ②

010 세균성 식중독의 특징
- 균의 독력이 약하다. 따라서 많은 양의 균이나 독소를 섭취해야 발생한다.
- 원인균은 사람 이외의 동물의 병원균이다.
- 식품으로부터 사람에게 감염 또는 유행하지 않는다.
- 잠복기가 짧다.
- 면역이 생기지 않는다.

011 *Staphylococcus*균
- 사람과 동물의 화농성 질환의 원인균이다.
- 식품 속에서 증식하는 과정에서 장독소(enterotoxin)를 생성시킨다.

012 세균성 식중독균의 잠복기
- 포도상구균 : 1~6시간, 평균 3시간
- *Salmonella*균 : 일반적으로 12~48시간, 평균 20시간
- *Botulinus*균 : 12~36시간
- *Welchii*균 : 8~22시간, 평균 10~12시간

013 우리나라에서 많이 발생되는 식중독
- 세균성 식중독 중 포도상구균중독, salmonella 중독이 가장 많다.
- 최근에는 장염 비브리오균에 의한 식중독이 많이 발생되고 있다.

014 황색포도상구균 (*Stapylococcus aureus*)
- 그람양성 무포자 구균이고, 통성혐기성 세균이다.
- coagulase 양성, mannitol 분해성, ribitol 양성, protein A 양성이다.
- Enterotoxin은 면역학적으로 형을 분류하면 A, B, C(C₁, C₂), D, E 형으로 나뉘나 모두 독작용을 나타낸다.

015 포도상구균에 의한 식중독
- 잠복기 : 보통 3시간 정도이다.
- 증상 : 가벼운 위장증상이며, 사망하는 예는 거의 없다. 불쾌감, 구토, 복통, 설사 등이 나타나고, 발열은 거의 없다.

ANSWER
010 ④ 011 ② 012 ① 013 ③
014 ① 015 ②

---

010 세균성 식중독의 특징에 속하는 것은?
① 주로 2차 감염이 일어난다.
② 예방접종에 의해 면역을 얻을 수 있다.
③ 잠복기는 경구감염병보다 길다.
④ 종말감염이다.

011 세균성 식중독 중 독소형의 원인이 되는 것은?
① 장염 *Vibrio* 균
② *Staphylococcus*
③ *salmonella* 균
④ *E. coli*

012 세균성 식중독균 중 잠복기가 가장 짧은 것은?
① 포도상구균   ② 살모넬라균
③ 보툴리누스균   ④ 웰치균

013 다음 중 우리나라에서 가장 많이 발생되는 식중독은?
① 웰치균 식중독
② 병원성 대장균 식중독
③ 살모넬라 식중독
④ 보툴리누스균 식중독

014 식중독 균인 황색포도상구균(*Stapylococcus aureus*)과 이 구균이 생산하는 독소인 enterotoxin에 대한 다음 설명 중 옳은 것은?
① 이 균은 coagulase 양성이고 mannitol을 분해한다.
② 포자를 형성하는 내열성 균이다.
③ 독소 중 A형만 중독증상을 일으킨다.
④ 일반적인 조리방법으로 독소가 쉽게 파괴된다.

015 포도상구균에 의한 식중독의 증상이 아닌 것은?
① 메스꺼움
② 발열
③ 복통
④ 설사

016 포도상구균에 의한 식중독의 특징이 아닌 것은?

① 잠복기는 2~6시간으로 짧다.
② 사망률이 다른 식중독에 비해 비교적 낮다.
③ 장내 독소(enterotoxin)에 의한 독소형 식중독이다.
④ 열이 39℃ 이상으로 지속된다.

017 다음 식중독 중 먹기 전에 가열해도 식중독을 예방할 수 없는 것은?

① 살모넬라 식중독
② 포도상구균 식중독
③ 웰치균 식중독
④ 병원성 대장균 식중독

018 포도상구균(*Staphylococcus aureus*)이 생성하는 장내 독소는?

① endotoxin
② enterotoxin
③ amine
④ ergotoxin

019 Enterotoxin을 생성하는 원인과 가장 관계가 적은 것은?

① 우유
② 김밥
③ 육류
④ 찹쌀떡

020 Enterotoxin의 설명으로 틀린 것은?

① 면역화학적으로 A~E의 5형으로 분류한다.
② trypsin 등의 단백질 분해 효소에 분해되지 않는다.
③ 정제 독소는 ether, ethanol 등 유기 용매에 잘 녹는다.
④ 식품에서 생성될 때에는 내열성이 매우 커진다.

021 포도상구균의 식중독을 설명한 것 중 틀린 것은?

① 독성은 210℃에서 30분이면 파괴된다.
② 화농성 상처와 관계가 있다.
③ 독소는 엔테로톡신(enterotoxin)이다.
④ 잠복기간이 7~26시간(평균 16시간)이다.

016 포도상구균에 의한 식중독
• 잠복기는 1~6시간이며 보통 3시간 정도이다.
• 증상은 가벼운 위장증상이며 사망하는 예는 거의 없다. 불쾌감, 구토, 복통, 설사 등이 나타나고, 발열은 거의 없고, 보통 24~48시간 이내에 회복된다.
• 독소는 enterotoxin이며, 120℃에서 20분 가열해도 완전히 파괴되지 않는다.

017 포도상구균(*Stapylococcus aureus*)
• 균체 독소인 장독소(enterotoxin)를 생성한다.
• 열에 약하지만 장독소는 내열성이 강하다.
• 120℃에서 20분간 가열해도 독성을 잃지 않으며, 220~250℃에서 30분간 가열하면 비로서 활성을 잃는다.
• enterotoxin이 생성되었을 경우 일반적인 조리 방법으로는 이 독소는 파괴되지 않는다.

018 17번 해설 참조
• endotoxin은 균체 내 독소
• ergotoxin은 맥각의 독소

019 포도상구균이 쉽게 증식하여 enterotoxin을 생성시키기 쉬운 식품은 우유, 크림, 유과자, 버터, 치즈, 김밥, 도시락, 떡, 곡류와 그 가공품 등이다.

020 Enterotoxin
• 면역학적으로 A~E의 5형으로 나누고 모두 독작용을 나타낸다.
• 단백질 분해 효소인 trypsin, papain에는 분해되지 않는다.
• 정제 독소는 흡수성이 있고 물과 염류용액에는 용해되나, ether, ethanol 등 유기 용매에 난용성이다.

021 포도상 식중독균의 잠복기는 1~6시간, 평균 3시간으로 세균성 식중독균 중 잠복기가 가장 짧다.

022 포도상구균 식중독은 화농성 염증을 가진 조리사가 감염원이 되는 식중독이고 생성 독소는 enterotoxin이다.

023 22번 해설 참조

024 포도상구균
· 화농성 질환을 일으킨다.
· 용혈 독소, 괴사성 독소, 장독소 (enterotoxin)를 생성한다.
· 최근 phage 분류법에 의하여 4그룹으로 분류되는데 3그룹이 주로 enterotoxin을 생성하는 균이다.
· 면역성은 없으며, 잠복기가 짧고, 감염 식품을 먹으면 발병한다.
· 장독소는 열에 강하다(218~248℃에서 30분 가열로 파괴).

025 포도상구균 식중독의 예방 중 가장 중요한 것
① 식품기구의 멸균
② 저온보존
③ 오염원의 제거
※ 다른 균에 의한 식중독은 섭취 전에 가열하면 효과가 있으나 포도상구균의 독소는 내열성이 강하여 조리 후 섭취된 식품에서도 식중독이 유발될 수 있다.

026 포도상구균 식중독
· *Staphylococcus aureus*가 생산하는 enterotoxin에 의해 일어난다.
· 원인식품은 떡, 콩가루, 쌀밥, 우유, 치즈, 과자류 등이다.

027 세균성 중독균의 잠복기
· 병원성 호염균 식중독 : 10~18시간
· 보툴리누스 식중독 : 12~36시간
· 살모넬라 식중독 : 12~24시간
· 포도상구균 식중독 : 1~6시간으로 가장 짧다.

022 화농성 염증을 가진 조리사가 만든 음식을 먹고 식중독을 일으켰다면 다음 중 어느 독소에 의한 것인가?

① tetrodotoxin
② neurotoxin
③ aflatoxin
④ enterotoxin

023 손에 화농성 상처가 있는 사람이 만든 음식을 먹고 식중독이 일어났다면 어느 균에 의하여 발생되었을 가능성이 있는가?

① 장염 비브리오균
② 보툴리누스균
③ 살모넬라균
④ 포도상구균

024 포도상구균 식중독과 관계가 없는 것은?

① enterotoxin을 생성한다.
② 독소는 열에 약하다.
③ 면역성이 없다.
④ 화농성 질환을 일으킨다.

025 포도상구균 식중독의 예방법으로 적당하지 않은 것은?

① 섭취 직전 가열
② 식품의 냉동, 냉장
③ 식품, 기구의 멸균
④ 식품의 오염 방지

026 포도상구균 식중독과 가장 관계가 적은 것은?

① 육류
② 우유
③ 도시락
④ 찹쌀떡

027 잠복기가 가장 짧은 식중독은?

① 보툴리누스 식중독
② 병원성 호염균 식중독
③ 포도상구균 식중독
④ 살모넬라 식중독

ANSWER
022 ④ 023 ④ 024 ② 025 ①
026 ① 027 ③

028 *Salmonella*균의 최적 발육 조건은?

① 25℃ pH 7~8
② 30℃ pH 6~7
③ 37℃ pH 7~8
④ 45℃ pH 6~7

029 *Salmonella* 식중독의 감염원이 아닌 것은?

① 우유
② 버섯
③ 어육 연제품
④ 육류와 그 가공품

030 *Salmonella* 식중독을 예방하기 위하여 열처리 해야 할 온도는?

① 30℃   ② 40℃
③ 50℃   ④ 60℃

031 *Salmonella*균의 일반 성상 중 틀린 것은?

① 그람양성 구균으로 아포를 형성하지 않는다.
② 호기성 또는 통성혐기성균이다.
③ indole, acetylmethyl carbinol을 생성하지 않는다.
④ 보통 배지에서 잘 발육되며, 포도당, 맥아당, 만니트를 분해하여 산과 가스를 생산한다.

032 *Salmonella*균에 의하여 식중독이 발생되려면 최소한 어느 정도의 균량이 섭취되어야 하는가?

① 10^2 이상   ② 10^4 이상
③ 10^6 이상   ④ 10^8 이상

033 중독증상으로 발열증상이 있는 것은?

① *Salmonella*균
② 포도상구균
③ *Botulinus*균
④ *Welchii*균

028 *Salmonella*균
• 동물계에 널리 분포하며 무포자, 그람음성 간균이고, 편모가 있다.
• 호기성, 통성혐기성균으로 보통 배지에 잘 발육한다.
• 최적 온도는 37℃, 최적 pH는 7~8이다.

029 *Salmonella*균의 식중독은 육류와 그 가공품, 어패류와 그 가공품, 가금류의 알(건조란 포함), 우유 및 유제품, 생과자류, 납두, 샐러드 등에서 감염된다.

030 *Salmonella*균은 열에 약하므로 60℃에서 20분 가열하면 사멸되며, 토양과 물속에서 비교적 오래 생존한다.

031 *Salmonella*균은 그람음성 무포자 간균이고, 호기성 또는 통성혐기성이다.

032 *Salmonella*균
• 감염형 식중독의 대표적인 균이다.
• 식품을 통해서 감염되며 최소한 10^6 이상의 균을 섭취하면 일반적으로 10~24시간에 발병한다.

033 식중독균의 주요증상
• *Samonella*균의 주요증상은 오심, 구토, 설사, 복통, 발열(38~40℃) 등이다.
• 포도상구균은 급격히 발생하며 오심, 구토, 복통, 설사 등이고, 발열은 없다.
• *Botulinus*균은 오심, 구토, 복통, 설사 등의 소화기 증상과 시력장애, 신경장애 등이 있고 발열은 없다.
• *Welchii*균은 수양성 설사, 복통 등이 일어나고 오심과 구토가 나타날 때도 있으나 발열은 드물다.

034 살모넬라 식중독의 특징
- *Salmonella*균은 동물계에 널리 분포하며 무포자 그람음성 간균이고 편모가 있다.
- 호기성, 통성 혐기성균으로 최적 온도는 37℃, 최적 pH는 7~80이다.
- *Salmonella*균은 열에 약하므로 60℃에서 20분 가열하면 사멸된다.
- 주요증상은 오심, 구토, 설사, 복통, 발열(38~40℃) 등이다.
- 잠복기간은 12~24시간이다.

035 리스테리아균(*Listeria monocytogenes*)
- 그람양성, 무포자 간균이다.
- 감염원 및 감염경로는 소, 말, 양, 염소, 돼지 등의 가축이나 닭, 오리 등의 가금류에서도 널리 감염된다.
- 잠복기는 수일~수주이다.
- 증상은 다양하며 수막염, 패혈증, 임신부는 자궁내막염을 일으킨다.

036 *Clostridium botulinum*균의 A와 B형의 열저항성은 100℃(362분), 105℃(120분), 120℃(4분) 정도이며, E형의 열저항성은 80℃(20분), 90~100℃(5분) 정도이다.

037 *Cl. botulinum*은 살균이 불충분한 통조림, 병조림, 진공포장식품 등의 혐기적 조건에서 잘 번식하고, 독소를 생성한다.

038 보툴리누스균에 의한 식중독의 원인식품은 소시지, 육류, 특히 통조림과 병조림 같은 밀봉식품이고, 살균이 불충분한 경우가 많다.

039 *Botulinus*균은 A, B, C, D, E, F 형이 있고, 이 중에서 A, B, E형은 사람에게 중독 원인이 되고, C, D형은 가축에게 중독을 일으킨다.

034 살모넬라 식중독에 대한 설명으로 틀린 것은?

① 균은 60℃에서 20분 정도 가열하면 사멸된다.
② 독소를 생성하는 독소형 식중독을 유발한다.
③ 발열, 복통, 설사증상을 일으킨다.
④ 잠복기간은 8~48시간 정도이다.

035 리스테리아균에 대한 설명으로 가장 부적당한 것은?

① 사람에게만 감염된다.
② 무포자 간균이다.
③ 패혈증과 자궁내막염을 일으킨다.
④ 잠복기는 수일~수주이다.

036 *Clostridium botulinum*균의 아포 중에서 내열성이 제일 약한 것은?

① A형균
② C형균
③ D형균
④ E형균

037 통·병조림, 진공포장식품과 같은 밀봉식품의 부패로 인하여 발생되기 쉬운 식중독은?

① 대장균 식중독
② 장염비브리오 식중독
③ *Botulinus*균 식중독
④ *Welchii*형균 식중독

038 보툴리누스균에 의한 식중독이 가장 일어나기 쉬운 식품은?

① 화농균에 감염된 조리사가 조리한 식품
② 부패한 우유
③ 살균이 불충분한 통조림 식품
④ 부패한 식육류

039 *Botulinus*균에 의한 식중독과 사람과의 관계가 아주 약한 것은?

① *Botulinus* A형
② *Botulinus* B형
③ *Botulinus* D형
④ *Botulinus* E형

ANSWER

034 ② 035 ① 036 ④ 037 ③
038 ③ 039 ③

040 *Clostridium botulinum*의 특성이 아닌 것은?

① 아포를 형성하며 내열성이 강하다.
② 간균이고, 운동성이 없다.
③ 통조림, 진공포장식품 등에 잘 번식한다.
④ 혐기성의 그람 양성균이다.

041 다음 중 신경장애 증상을 나타내는 식중독균은?

① 보툴리늄균
② 장염비브리오균
③ 병원성 대장균
④ 포도상구균

042 신경친화성인 식중독은?

① 포도상구균에 의한 식중독
② 살모넬라균에 의한 식중독
③ 대장균에 의한 식중독
④ 보툴리누스균에 의한 식중독

043 다음 중 열에 가장 강한 식중독 원인균은?

① 살모넬라균
② 보툴리누스균
③ 병원성 대장균
④ 장염 비브리오균

044 다음 중 치사율이 가장 높은 식중독 원인균은?

① *Botulinus*균
② *Staphylococcus*균
③ 장염 *Vibrio*균
④ *Salmonella*균

---

040 *Cl. botulinum*의 특성
• 그람양성 간균으로 주모성 편모를 가지며, 내열성 아포를 형성하고, 편성 혐기성이다.
• 살균이 불충분한 통조림, 진공포장식품에서 잘 번식한다.

041 *Botulinus*(보툴리늄균) 식중독
① 원인균
• *Clostridium botulinum*이다.
• 그람양성 간균이고, 주모성 편모를 가지며 아포를 형성한다.
• A, B형 균의 아포는 내열성이 강해 100℃에서 6시간 정도 가열해야 파괴되고, E형 균의 아포는 100℃에서 5분 가열로 파괴된다.
② 독소 : neurotoxin(신경 독소)으로 특징은 열에 약하여 80℃에서 30분이면 파괴된다.
③ 감염원
• 토양, 하천, 호수, 바다흙, 동물의 분변
• A~F형 중에서 A, B, E형이 사람에게 중독을 일으킨다.
④ 원인식품 : 강낭콩, 옥수수, 시금치, 육류 및 육제품, 앵두, 배, 오리, 칠면조, 어류훈제 등
※ 세균성 식중독 중에서 가장 치명률이 높다.

042 보툴리누스균에 의한 식중독
• 신경마비가 특징적 증상이며, 미주(迷走)신경이 침해 받아 창자의 운동이 저해되기 때문에 변비가 생긴다.
• 이에 수반하여 두통, 현기증도 일어난다.
• 치사율은 30~80%로 세균성 식중독 중 가장 높다.

043
• 포도상구균은 100℃에서 30분간이면 파괴되며, 장염 비브리오균은 60℃에서 2분간, 병원성 대장균은 60℃에서 30분이면 사멸된다.
• 보툴리누스균은 그람양성의 편성 혐기성 유포자균으로 열에 강한 균이다. 120℃에서 4분 정도에서 살균되며 생성된 신경 독소(neurotoxin)는 80℃에서 30분이면 파괴된다.

044 식중독의 치사율
• *Salmonella* 식중독 : 0.3~1.0%
• *Staphylococcus* 식중독 : 사망은 거의 없다
• 장염 *Vibrio* : 2~3일이면 회복된다.
• *Botulinus*균 식중독 : 30~80%(A, B형 70% 이상, E형은 30~50%)
※ 다른 세균성 식중독 보다 높다.

ANSWER

040 ②　041 ①　042 ④　043 ②
044 ①

045 Botulinus균 식중독의 주 증상
- 신경증상으로 초기에는 위장장애 증상이 나타나고, 심하면 시각장애, 언어장애, 동공확대, 호흡곤란, 구토, 복통 등이 나타난다.
- 체온은 대부분 정상이고 의식도 명료하다.

046 Clostridium botulinum은 혐기성균의 대표적균으로 치사율이 가장 높은 편이다.

047 Clostridium botulinum균
- 그람양성 간균으로 주모성 편모를 가지며 내열성 아포를 형성하고 편성 혐기성이다.
- A, B, C, D, E, F의 6형으로 나누어지며 최근 G형이 추가되었다.
- 포자의 열저항성이 커서 가열살균의 기준이 되는 세균이다.
- 살균이 불충분한 통조림, 진공포장식품에서 잘 번식한다.

048 세균성 식중독 유형
- 감염형 식중독 : 살모넬라균, 장염비브리오균, 병원성 대장균, Arizona균, Citrobacter균, 리스테리아균, 여시니아균, Cereus균(설사형) 식중독 등
- 독소형 식중독 : 포도상구균 (Staphylococcus aureus), 보툴리누스균(Clostridium botulinum) 식중독 등
- 복합형 식중독 : Welchii균 (Clostridium perfringens), Cereus균(Bacillus cereus, 구토형), 독소원성 대장균, 장구균 (Streptococcus faecalis), Aeromonas균 식중독 등
- Allegy성(부패 amine) : Proteus균 식중독

049 Clostridium perfringens
- 그람양성 간균이고, 아포를 형성한다.
- 혐기성이고 독소를 생성한다.
- 쥐, 가축의 분변을 통해 감염된다. 육류, 어패류, 면류 등이 감염원이다.

050 장염 비브리오균 식중독의 원인식품은 주로 어패류로 생선회가 가장 대표적이지만, 그 외에도 가열 조리된 해산물이나 침채류를 들 수 있다.

▶ ANSWER ◀ ....
045 ②   046 ③   047 ②   048 ③
049 ①   050 ③

045 중독증상으로 발열증상이 없는 식중독은?

① 웰치균 식중독
② Botulinus균 식중독
③ 병원성 대장균 식중독
④ 장염 Vibrio균 식중독

046 통조림 오염 지표균은?

① Clostridium typhimurium
② Staphylococcus aureus
③ Clostridium botulinus
④ Clostridium perfringens

047 상업적 가열살균 기준이 되는 세균은?

① Vibrio parahemolyticus
② Clostridium botulinum
③ Salmonella typhi
④ Staphylococcus aureus

048 독소형 식중독으로 신경마비를 일으키는 균은?

① Proteus morganii
② Arizona균
③ Clostridium botulinum
④ Vibrio parahaemolytieus

049 Clostridium perfringens에 대한 다음 설명 중 잘못된 것은?

① 그람양성 간균으로 무포자균이다.
② 식육류가 식중독 주원인이 된다.
③ 동물의 장관 상주균이다.
④ 일반적으로 내열성 균주가 식중독을 일으킨다.

050 장염 비브리오균 식중독의 원인식품은?

① 우유 및 유제품
② 육류 및 육제품
③ 어패류 및 그 가공품
④ 전분 및 그 가공품

051 장염 비브리오균의 성질은?

① 열에 강하다.
② 편모가 있다.
③ 아포를 형성한다.
④ 독소를 생산한다.

052 어패류의 생식이 주요원인이 되는 식중독균은?

① 포도상구균
② 장염 비브리오균
③ 아리조나균
④ 웰치균

053 연안 해수, 플랑크톤, 어패류에 분포하고 있으며 콜레라증상과 비슷한 식중독 원인 세균은?

① 클로스트리움균
② 장염비브리오균
③ 살모넬라균
④ 시겔라균

054 소금이 존재할 때 증식이 가장 잘 되는 식중독 세균은?

① *Salmonella*
② *Staphylococcus*
③ *Clostridium*
④ *Vibrio*

055 대장균군의 특성으로 맞는 것은?

① 그람양성 간균으로 유당을 분해하는 호기성, 통성혐기성 균이다.
② 그람양성 간균으로 유당을 분해하는 호기성, 통성혐기성 균이고, 포자를 형성한다.
③ 그람음성 간균으로 포자를 형성하지 않고 유당을 분해하는 호기성, 통성혐기성 균이다.
④ 그람음성 간균으로 포자를 형성하고 유당을 분해하는 호기성, 통성혐기성 균이다.

051 장염 비브리오균(*Vibrio parahe–molyticus*)의 특성
• 그람음성 무포자 간균이다.
• 3% 전후의 식염농도 배지에서 잘 발육한다.
• 극모성 편모를 갖는다.
• 열에 약하다(60℃에서 2분에 사멸).
• 민물에서 빨리 사멸된다.
• 최적 발육온도 37℃, pH는 7.5~8.0이다.
• 급성 장염을 일으킨다.

052 장염 비브리오균은 호염균이며 연안 해수, 플랑크톤 등에 널리 분포하며 어패류의 생식이 주요 원인이 된다.

053 장염 비브리오균(*Vibrio parahemolyticus*)
• 호염균이며 연안 해수, 플랑크톤 등에 널리 분포한다.
• 원인식품은 주로 어패류로 생선회가 가장 대표적이지만, 그 외에도 가열 조리된 해산물이나 침채류를 들 수 있다.
• 주증상은 설사와 복통이고 환자의 30~40%는 발열, 두통, 오심 등이 나타나고, 설사가 심할 때는 탈수현상이 일어나기 때문에 콜레라와 비슷한 증상을 나타내기도 한다.

054 *Vibrio*균
• 그람음성 무포자 간균이다.
• 소금이 전혀 들어 있지 않은 배지에서는 발육하지 않으며 0.5~12%의 식염농도 범위에서 발육한다.

055 대장균군의 특성
• 그람음성 무포자 간균이다.
• 유당을 분해하여 산과 가스를 생성한다.
• 주모성 편모를 갖는다.
• 협막도 안 만든다.
• 분변세균의 오염지표가 된다.
• 주된 증상은 급성위장염이다.
• 호기성, 통성혐기성이다.
• 열에는 약하여 60℃에서 15~20분이면 사멸되지만, 저온에서는 강하다.

 ANSWER

051 ② 052 ② 053 ② 054 ④
055 ③

056 O157 : H7 대장균의 발병 주된 증상은 출혈성 대장염을 일으키며, 용혈성 뇨독증 증후군을 병발시킨다.

057 장관출혈성 대장균
· 대표적인 혈청형은 O157 : H7이다.
· 1982년 미국에서 햄버거를 먹고 일어난 식중독 사건과 최근(96, 97년) 일본에서 대규모 집단 식중독을 일으켜 사회적 문제가 되었다.
· 감염원은 주로 소고기이며, 우유나 다른 육류도 원인이 된다.

058 대장균 지수(coli index)란
· 대장균군을 검출할 수 있는 최소 검수량의 역수로서 표시한다.
· 50㎖에서 처음 대장균을 검출하였다면 대장균 지수는 1/50이다.

059 병원성 대장균
· 18형이 알려져 있고, 일반 대장균과 달리 장내 상재균이 아니다.
· 감염형 식중독에 속한다.
· 주된 증상으로는 어린이는 심한 설사, 성인은 급성위장염이다.

060 대장균
· 분변 오염의 지표가 되기 때문에 음료수의 지정세균 검사를 제외하고는 대장균을 검사하여 음료수 판정의 지표로 삼는다.
· 그 이유는 음료수가 직접, 간접으로 동물의 배설물과 접촉하고 있다는 사실 때문에 위생상 중요한 지표로 삼는다.

061 먹는 물의 수질기준(먹는물 수질기준 및 검사 등에 관한규칙 제2조)
· 대장균은 100ml에서 음성
· 일반세균은 1ml 중 100CFU 이하

056 혈청형 O157 : H7 대장균의 주된 증상은?

① 이질성 대장염
② 묽은 변의 배출이 현저한 대장염
③ 간염 유발 대장염
④ 장관 출혈성 대장염

057 최근(96, 97년) 일본에서 발생한 혈청형 대장균은?

① O18
② O15
③ O157 : H7
④ 병원성 대장균

058 대장균 지수란?

① 50ml 중 대장균 검출수를 말한다.
② 대장균을 검출한 최소 검수량을 말한다.
③ 100ml 중 대장균 검출수를 말한다.
④ 대장균을 검출한 최소 검수량의 역수를 말한다.

059 병원성 대장균의 특성이 아닌 것은?

① 장내 상재균이다.
② 주된 증상은 급성위장염이다.
③ 분변 오염의 지표가 된다.
④ 감염형 식중독이다.

060 대장균이 검출되는 음료수를 오염수라고 하는 가장 중요한 이유는?

① 분변 오염의 지표가 되기 때문이다.
② 대장균은 독소를 생산하기 때문이다.
③ 대장균은 병원균이기 때문이다.
④ 대장균은 병원균과 같은 환경에서 존재하기 때문이다.

061 먹는 물의 대장균 수는?

① 1ml당 음성
② 50ml당 음성
③ 50ml당 10 이하
④ 100ml당 음성

ANSWER

056 ④ 057 ③ 058 ④ 059 ①
060 ① 061 ④

062 다음 중 음료수 오염의 지표가 되는 세균의 속은?

① 슈도모나스(*Pseudomonas*)속
② 프로테우스(*Protues*)속
③ 아크로모박터(*Achromobacter*)속
④ 에스체리치아(*Escherichia*)속

063 *Proteus morganii*(*morganella*균)가 관여하는 식중독은?

① 웰치 식중독
② 장염 비브리오 식중독
③ 살모넬라 식중독
④ 알레르기성 식중독

064 알레르기 식중독의 원인인 히스타민과 관계 있는 것은?

① *Staphyllococcus aureus*
② *Bacillus cereus*
③ *Clostridium botulinum*
④ *Proteus morganii*

065 다음 중 웰치균(*Welchii*)의 설명으로 틀린 것은?

① 내열성 균주가 식중독을 일으킨다.
② 사람이나 동물의 장관에 상주하는 균이다.
③ 어패류와 그 가공품이 식중독의 원인식품이다.
④ 그람양성 간균으로 아포를 형성하지 않는다.

066 웰치형 식중독의 혈청형 중 가장 많이 나타나는 형은?

① A형
② C형
③ D형
④ E형

067 식품 섭취 후 4시간 후 발병이 일어났다면 원인균은?

① *Staphylococcus aureus*
② *Clostridium botulinus*
③ *Clostridium welchii*
④ *Salmonella typhi*

068 식중독의 원인균, 원인물질 및 유형의 관계가 잘못 설명 된 것은?

① *Vibrio parathaemolyticus* – 어패류 – 감염형 식중독
② *Clostridium botulinum* – 통조림식품 – 독소형 식중독
③ *Staphylococcus epidermidis* – endotoxin – 감염형 식중독
④ *Proteus morganii* – 단백질식품 – allergy 유발성 식중독

---

062 *Escherichia*속에 해당하는 대장균군(coliform group)을 오염의 지표 세균이라 한다.

063 *Proteus morganii*
• 동물성 식품의 부패균이다.
• 단백질을 분해하여 histamine을 생성하고 이것이 축적되어 알레르기성 식중독을 유발시킨다.

064 *Proteus*균에 의한 식중독
• 가다랭이와 같은 붉은살 생선의 육질에는 histidine의 함유량이 많다.
• 어체육질 중의 histidine이 어체에 묻어 있는 *Proteus morganii*에 의해 탈탄산되어 histamine이 생성되며, 이 것이 축적된 것을 섭취할 때 알레르기성 질환을 일으킨다.

065 웰치균(*Welchii*)
• 그람양성 간균으로 아포를 형성한다.
• 토양, 물, 우유 외에 사람이나 동물의 장관에 존재한다.

066 혈청학적 특이성 독소단백질의 종류와 양비에 따라 A~F의 6가지형으로 분류되는 혐기성균이며, 가장 많이 나타나는 것은 A형과 F형이다.

067 *Staphylococcus*는 잠복기가 1~6시간, 평균 3시간이므로 식품 섭취후 4시간 후에 발병되었다면 원인균은 *Staphylococcus aureus*이다.

068 *Staphylococcus epidermidis*(표피포도상구균, 백색)
• entertoxin을 생산하는 독소형 식중독이다.
• 병원성이 약하지만 면역성이 약화된 환자에게는 심각한 감염을 일으킬 수 있다.
• 영아 및 유아에서 어떤 종류의 화농에 원인이 될 수 있으나 식중독은 거의 일으키지 않는다.

ANSWER
062 ④   063 ④   064 ④   065 ④
066 ①   067 ①   068 ③

069 48번 해설 참조

070 48번 해설 참조

071
- 포도상구균 식중독의 생성 독소 : enterotoxin
- 바지락의 독성분 : venerupin
- *Cl. botulinum*의 생성 독소 : neurotoxin
- 장염 비브리오 중독 : 감염형 식중독

072 보툴리누스균 식중독은 세균성 식중독 중에서 가장 치명율이 높다.

073 화학적 식중독의 원인은 방사능 물질, 유독성 첨가물(착색제, 감미료 등), 포장기구 등의 용출물, 농약 등이 오염되어 식중독을 일으킨다.

074 화학적 식중독의 가장 현저한 증상은 구토이며, 그 밖에 복통, 설사가 일어나지만 고열은 나지 않고 경련은 경우에 따라 일어난다.

075 유기수은의 축적
- 미나마타병의 원인이 되었던 금속이다.
- 수은이 축적되면 말초신경의 마비, 보행곤란, 수지의 감각마비, 연하곤란, 시력감퇴로 나타난다.
- 심하면 중추신경마비, 호흡마비로 사망할 수 있다.

069 다음 중 감염형 식중독이 아닌 것은?
① *E. coli*균 식중독
② 포도상구균 식중독
③ *Arizona*균 식중독
④ 장염 비브리오균 식중독

070 독소형 식중독에 속하지 않는 것은?
① 포도상구균 식중독 ② 살모넬라 식중독
③ 보툴리누스 식중독 ④ 웰치균 식중독

071 다음 중 연결이 잘못된 것은?
① 포도상구균 식중독－enterotoxin
② 바지락의 독성분－venerupin
③ 장염 비브리오 중독－독소형 식중독
④ 보툴리늄－neurotoxin

072 치사율이 가장 높은 식중독은?
① 살모넬라 식중독
② 장염비브리오 식중독
③ 보툴리누스균 식중독
④ 바실러스 식중독

073 다음 중 화학적 식중독의 원인이 아닌 것은?
① 유독성 첨가물의 첨가에 의한 오염
② 대사과정 중 생성되는 독성물질
③ 방사능물질에 의한 오염
④ 식품제조 중에 혼입되는 유해물질

074 화학적 식중독의 가장 현저한 증상은?
① 복통 ② 경련
③ 구토 ④ 설사

075 미나마타병의 원인이 되는 금속류는?
① 요오드(I) ② 수은(Hg)
③ 납(Pb) ④ 카드뮴(Cd)

076 1952년 일본에서 발생한 미나마타병은 수은에 의한 중독 사고였는데 그 발생 원인은?

① 식품첨가물 중의 협잡물로 존재하는 수은에 의한 것이다.
② 농약 중의 수은에 의한 것이다.
③ 식품의 용기 및 포장에서 용출된 수은에 의한 것이다.
④ 공장폐수에서 배출된 수은이 어패류에 축적되었기 때문이다.

077 카드뮴(Cd) 중독에 대한 설명 중 틀린 것은?

① 만성 중독에 의하여 허리통증, 보행불능
② 일본 규슈의 미나마타시에서 발생
③ 구토, 복통, 설사, 의식 불명 증상을 나타냄
④ 식품용 기계, 용기, 각종 식기의 도금에서도 Cd 성분이 용출되어 중독

078 이타이이타이병과 관계가 있는 금속은?

① 카드뮴(Cd)　　　　　② 납(Pb)
③ 수은(Hg)　　　　　　④ 주석(Sn)

079 고체 식품의 비소(As)의 한도(아비산으로)는 다음 중 얼마를 초과해서는 안 되는가?(단, 원래부터 식품에 함유된 비소의 양은 제외)

① 0.3ppm　　　　　　② 1.5ppm
③ 3.0ppm　　　　　　④ 5.0ppm

080 우리나라 식품위생법에서 정한 액체식품 중의 비소(아비산으로서) 허용 한도량은?

① 0.3ppm　　　　　　② 0.5ppm
③ 1.3ppm　　　　　　④ 1.5ppm

081 처음은 37~38℃의 고열이 생기고, 피부증상으로 흑피증, 빈혈 등의 특유한 만성 중독을 일으키는 물질은?

① 카드뮴(Cd)　　　　　② 납(Pb)
③ 비소(As)　　　　　　④ PCB

---

076 수은에 의한 중독 사고
- 일본 미나마타에서 1952년에 발생한 중독 사고이다.
- 하천 상류에 위치한 신일본 질소주식회사에서 방류하는 폐수에 수은이 함유되어 해수를 오염한 결과, 메틸수은으로 오염된 어패류를 먹은 주민들에게 심한 수은 축적성 중독을 일으킨 예이다.

077 1945년에 일본의 도야마현 가도가와 유역에서 Cd 중독에 의한 이타이이타이병이 발생되어 128명이 사망하였다.

078 이타이이타이병
- 카드뮴이 장기간 체내에 흡수, 축적됨으로써 일어나는 만성 중독에 의한 것이다.
- Cd는 아연과 공존하여 용출되면 위험성이 크다. 내수성이 좋으므로 도금용으로 많이 이용된다.
- 기계나 용기, 특히 식기류에 도금된 성분이 용출되어 오염되면 만성 중독을 일으킨다.

079 비소의 허용기준
- 액체식품의 경우는 0.3ppm, 고체식품의 경우는 1.5ppm 이하여야 한다.
- 비소의 중독량은 As_2O_3로서 약 50mg으로 목과 식도의 수축, 연하곤란 등의 증세가 나타나며, 사망하기도 한다.

080 비소의 허용기준
- 액체식품의 경우는 0.3ppm 이하
- 고체식품의 경우는 1.5ppm 이하

081 비소의 중독량
- As_2O_3로서 50mg이다.
- 37~38℃의 고열이 발생된다.
- 만성 중독 때는 운동마비, 다발성 신경염, 식도의 수축, 연하곤란, 위통, 구토, 설사, 흑피증(melanosis) 등의 증상을 나타낸다. 심하면 사망까지 가며, 다량 섭취나 빠른 흡수 시에는 홍진, 습진성 피부염을 나타내는 것이 특징이다.

ANSWER
076 ④　077 ②　078 ①　079 ②
080 ①　081 ③

082 중금속

- 비중 4.0 이상
- 철, 동, 코발트, 아연 등은 필요한 금속이긴 하나 과잉 섭취하였을 때에 독성을 나타낼 수 있다.
- 반감기가 10~40년 정도로서 매우 길기 때문에 이타이이타이, 미나마타 등 만성적 중독증을 일으킨다.

083 청정 채소

- 토양으로부터 오염되는 것을 막기 위해 화학비료의 수용액으로 재배한 채소를 말한다.

084
살충제나 제초제로 이용되는 유기염소제는 식품에 잔류하면 지질과 친화성이 강하여, 이것을 장기간 섭취하면 지혈병, 지간 등을 유발한다.

085 농약

- 유기인제 농약
  - 농약류 중 가장 독성이 큰 편이다.
  - 동물 체내에서 비교적 빨리 분해되므로 만성독성은 거의 일으키지 않는다.
  - 마라치온, DDVP, 파라치온, EPN, baycid, 디아지논 등
- 유기염소제 농약
  - 독성은 강하지 않으나 대부분 안정한 화합물로 되어 있다.
  - 체내에서 분해되지 않아 동물의 지방층이나 신경 등에 축적되어 만성중독을 일으킨다.
  - DDT, DDD, γ-BHC, 알드린, 엔드린 등

086   85번 해설 참조

087   85번 해설 참조

---

082 중금속에 대한 설명으로 옳은 것은?

① 중금속은 비중 4.0 이상의 금속을 말한다.
② 중금속은 모두 인체에 중독을 일으키는 유해한 물질이다.
③ 대부분 급성 중독 현상을 많이 나타낸다.
④ 중금속의 독성은 매우 큰 것으로 알려져 있으나, 배설이 일반적으로 잘되는 편이다.

083 청정 채소를 가장 잘 설명한 것은?

① 깨끗한 물로 세척한 채소
② 중성세제로 세척한 채소
③ 화학비료 용액으로 재배한 채소
④ 재와 퇴비로 재배한 채소

084 식품 중에서 검출되는 유기염소제, 살충제는 물에 녹지 않는 잔류농약으로 문제시되고 있다. 이러한 잔류농약이 가장 많이 검출될 것으로 예상되는 식품은?

① 야채류   ② 과실류
③ 곡류   ④ 유지식품

085 일반적으로 동물 체내에서 비교적 독성이 적은 농약류는?

① 유기염소제
② 유기인제
③ 유기수은제
④ 유기비소제

086 체내 축적으로 위험성이 가장 큰 농약은?

① 유기인제   ② 비소제
③ 유기염소제   ④ 유기불소제

087 토양 잔류성이 가장 큰 농약은?

① 마라치온   ② 파라치온
③ 디아지온   ④ 디디티

---

088 체내에서 아코니타아제(aconitase)의 활성을 저해하여 독성을 나타내는 농약은?

① 유기비소제　　　　② 유기불소제
③ 유기염소제　　　　④ 유기인제

089 자연계에서 매우 안정하여 잔류성이 강하고 식품과 함께 섭취하면 인체의 지방조직에 축적되어 만성 중독을 일으키는 농약으로 현재는 사용이 금지된 것은?

① DDVP　　　　　　② EPN
③ Parathion　　　　　④ DDT

090 인체 내에서 농약 성분인 유기인제에 의한 중독 현상의 원인은?

① nucleotide의 축적 현상 때문이다.
② shileimic acid의 축적 현상 때문이다.
③ acetylcholine의 축적 현상 때문이다.
④ agumatin의 축적 현상 때문이다.

091 항생물질이 위생상 중요하게 다루어야 하는 것은?

① 급성 독성　　　　　② 균 교대성
③ 알러지의 발현　　　④ 내성균의 출현

092 Cholinesterase를 저해하는 물질은?

① 카드뮴　　　　　　② 디디티
③ 파라치온　　　　　④ 알드린

093 Cholinesterase의작용을 억제하여 혈액과 조직 중에 생기는 유해한 acetyl choline을 축적시켜 중독증상을 나타내는 농약은?

① 유기인제　　　　　② 유기염소제
③ 유기불소제　　　　④ 유기 수은제

094 어류의 저장에 사용되는 얼음에 쓰이는 항생물질은?

① 스트렙토마이신(streptomycin)
② 페니실린(penicillin)
③ 클로로 테트라싸이클린(chlorotetracyclin)
④ 옥시 테트라싸이클린(oxytetracyclin)

---

088 유기불소제(유기플루오르제)
· 푸솔, 프라톨, 니솔 등이 있다.
· 이들이 체내로 들어가면 모노플루오르시트르산(monofluorocitrate)으로 변하여 포도당 등의 연소에 필요한 효소 아코니타아제(aconitase)를 억제하여 에너지 생성을 저해한다.

089 85번 해설 참조

090 유기인제의 독성
· acetyl-choline을 분해하는 효소인 choline esterase와 결합하여 활성이 억제된다.
· 신경조직 내에 acetylcholine의 축적 현상이 나타나기 때문에 신경전달이 중절되고, 심하면 경련, 흥분, 호흡곤란 증상이 나타난다.

091 항생물질은 대개 미생물에서 추출하여 사용되며 균이 내성을 가지게 되는 문제가 있다.

092 마라치온, DDVP, 파라치온 같은 유기인제는 신경전달 물질인 cholinesterase를 억제한다.

093 90번 해설 참조

094 저장용 얼음에 효과가 있는 항생물질
· chlorotetracyclin(CTC), chloromycetin(CM), oxytetracyclin 등이 있다.
· 이 중에 어류에는 CTC가 가장 많이 쓰이며, 어류에 대한 방부 효과는 CTC · OTC · CM의 순이다.

095 메틸알코올의 중독증상은 두통, 복통, 중추신경 억압, 시신경 마비에 의한 실명 등이다.

096 rhodamine B
· 핑크색의 염기성 색소이다.
· 중독증상은 전신착색, 색소뇨, 부종을 나타낸다.
※ 메타놀(methanol)은 시신경 장애를 일으킨다.

097 자연독 성분
· solanine : 감자의 독성분
· saxitoxin : 섭조개의 독성분
· tetrodotoxin : 복어의 독성분
· trimethylamine(TMA) : 물고기의 비린내 성분

098 자연독 성분
· 모시조개(바지락), 굴의 독성분 : venerupin
· 섭조개, 대합의 독성분 : saxitoxin
· 식물성 식중독인 독보리(지네보리)의 독성분 : temulin
· 복어의 독성분 : tetrodotoxin

099 자연독 성분
· 대합조개의 중독성분 : saxitoxin, gonyautotoxin, proto-gonyautotoxin 등의 guanidyl 유도체로 이 중에 saxitoxin이 가장 맹독성이다.
· ciguatera의 독성분 : Ciguatoxin
· 독맥(지네보리)의 독성분 : temulin
· 모시조개(바지락), 굴의 독성분 : venerupin

100 패류에 의한 마비성 중독
· 검은조개, 대합조개, 섭조개 등 패류에 의해 마비성 중독을 일으키게 된다.
· 패류중독의 원인인 유독물질은 조개의 체내에서 형성되는 것이 아니라 조개가 적조를 일으키는 유독 부유생물인 플랑크톤을 섭취하여 그중장선이나 흡배수공에 축적되어 일어난다.

101 복어중독의 예방
· 반드시 자격증이 있는 전문조리사가 조리한다.
· 알 등 폐기물은 폐기 처분한다.
· 사용한 조리기구는 완전히 세척한다.
· 중독 치료방법 : 구토, 위세척, 하제 등으로 위와 장내 독소를 빨리 제거한다.

ANSWER

095 ③   096 ①   097 ②   098 ①
099 ①   100 ③   101 ②

---

095 메틸알코올(메타놀)의 중독증상이 아닌 것은?

① 두통   ② 실명
③ 환각   ④ 구토

096 화학물질과 그중독증상과의 연결이 잘못된 것은?

① methanol - 부종
② sodium cyclamate - 발암성
③ parathion - choline esterase의작용 저해
④ rhodamine B - 전신착색

097 다음 중 자연독에 의한 식중독이 아닌 것은?

① solanine   ② trimethylamine
③ saxitoxin   ④ tetrodotoxin

098 다음 중 바지락의 독성분은?

① venerupin   ② temulin
③ saxitoxin   ④ tetrodotoxin

099 다음 중 대합조개의 중독성분은?

① saxitoxin   ② ciguatoxin
③ temuline   ④ venerupin

100 마비성 패류의 독성분의 원인물질은?

① 아민류   ② 중금속
③ 플랑크톤   ④ 곰팡이

101 복어중독의 예방 및 치료방법으로 옳지 않은 것은?

① 혈액, 내장의 식용금지
② 저온 저장한 복어 식용
③ 산란기 복어 사용금지
④ 구토 후 위세척

102 Tetrodotoxin의 일반적인 성질과 관계없는 것은?

① 물에 녹지 않는다.
② 알칼리에서 불안정하다.
③ 단백질성 물질의 독소이다.
④ 유기용매에도 잘 녹지 않는다.

103 복어의 독성분이 계절적으로 가장 강할 때는?

① 1~3월   ② 5~7월
③ 8~9월   ④ 10~12월

104 식중독 증상 중에서 cyanosis 현상을 나타내는 어패류는?

① 독꼬치 고기   ② 섭조개
③ 복어   ④ 바지락

105 복어의 독성분이 가장 강한 부위는?

① 간   ② 피부
③ 육질   ④ 생식선

106 다음 중 어류의 비린내 성분은?

① citrinin   ② islanditoxin
③ aflatoxin   ④ trimethylamine

107 식물성 식중독과 관계없는 것은?

① solanine   ② amygdaline
③ ergotoxin   ④ venerupin

108 독버섯의 식중독 원인 독성분인 것은?

① 베네루핀(venerupin)
② 에르고톡신(ergotoxin)
③ 무스카린(muscarine)
④ 솔라닌(solanine)

---

102 tetrodotoxin의 특징
• 약 염기성 물질로 물에 불용이며 알칼리에서 불안정하다(즉, 4% NaOH에 의하여 4분 만에 무독화되고, 60% 알코올에 약간 용해되나 다른 유기용매에는 녹지 않는다).
• 220℃ 이상 가열하면 흑색이 되며, 일광, 열, 산에는 안정하다.

103 복어중독
• 복어의 난소, 간, 창자, 피부 등에 있는 tetrodotoxin 독소에 의해 중독을 일으킨다.
• 계절적으로 산란기 직전인 5~7월에 독성분이 가장 강하다.

104 복어의 tetrodotoxin 독소에 의한 중독증상 : 지각이상, 호흡장애, cyanosis 현상, 운동장애, 혈행장애, 위장장애, 뇌증 등

105 복어의 독성분
• 가장 강한 부위순 :
생식선→간→피부→장→육질부
• 산란기 직전(5~7월)이 가장 강함
• 독은 MU(mouse unit)로 표시

106 citrinin, islanditoxin, aflatoxin은 mycotoxin(곰팡이 독소)이고, trimethylamine이 물고기의 비린내 성분이다.

107 식물성 식중독
• solanine : 감자의 독성분
• amygdaline : 청매의 독성분
• ergotoxin : 맥각의 독성분
※ venerupin : 모시조개(바지락), 굴의 독성분

108 자연독 성분
• 모시조개(바지락)의 독성분 : venerupin
• 맥각의 독성분 : ergotoxin
• 감자의 독성분 : solanine
• 버섯의 독성분(광대 버섯, 붉은 광대 버섯에 포함된) : muscarine

ANSWER

102 ③   103 ②   104 ③   105 ④
106 ④   107 ④   108 ③

출제예상문제

109 버섯의 독성분
- muscarine, muscaridine, neurine, choline, phaline, amanitatoxin, agaricic acid, pilztoxin 등
- ※ 부패한 감자의 독성분 : sepsin

110 피마자류의 독성분
- 피마자 종자 중에는 alkaloid 계통인 ricinine와 유독한 단백체인 ricin이 함유되어 있다.
- ※ Gossypol은 면실유의 독성분이다.

111 싹이난 감자의 독성분
- solanine이다.
- 보통 감자에 0.005~0.01% 정도 함유. 발아되어 녹색화 되면 발아부분, 녹색부분의 solanine 함량이 0.2~0.4%로 증가하여 식중독 유발
- ※ Muscarine : 독버섯의 독성분
- ※ venerupin : 모시조개(바지락)의 독성분
- ※ cicutoxin : 독미나리의 독성분

112 아미그달린(amygdalin)
- 청매(덜익은 매실), 살구씨 등의 독성분이다.
- ※ 면실류의 독성분 : gossypol
- ※ 복어의 독성분 : tetrodotoxin
- ※ 독미나리의 독성분 : cicutoxin

113 자연독 성분
- solanine : 감자의 독성분
- cicutoxin : 독미나리의 독성분
- amygdaline : 청매의 독성분
- muscarine : 버섯의 독성분(광대버섯, 붉은 광대버섯에 함유)

114 가시독말풀의 독성분
- hyoscyamine, scopolamine, atropine 등이 있다.
- 종자 속에 0.4% 정도의 scopolamine이 함유되어 있는데 참깨로 오인하기 쉽다.

115 Neurotoxin(신경 독소)은 80℃에서 30분간 가열하면 독소성분이 파괴되어 무독화 된다.

ANSWER
109 ③ 110 ④ 111 ④ 112 ②
113 ② 114 ① 115 ③

109 버섯의 독성분이 아닌 것은?

① muscarine
② amanitatoxin
③ sepsin
④ muscaridine

110 식물성 식중독 중 연결이 잘못된 것은?

① 독미나리 – cicutoxin
② 청매 – amygdaline
③ 감자 – solanine
④ 피마자류 – gossypol

111 싹이 난 감자를 먹고 식중독이 발생되었다면 원인 독성분은 무엇인가?

① muscarine
② venerupin
③ cicutoxin
④ solanine

112 Amygdalin은 어떠한 식물에서 나타나는 독성분인가?

① 면실유
② 청매, 살구씨
③ 복어
④ 독미나리

113 독미나리의 독성분은?

① 솔라닌(solanine)
② 시큐톡신(cicutoxin)
③ 아미그달린(amygdalin)
④ 무스카린(muscarine)

114 참깨와 비슷하므로 참깨로 잘못 알고 섭취하여 중독을 일으키는 가시독말풀의 중독성분은?

① scopolamine
② cicutoxine
③ muscarine
④ solanine

115 다음 중 가열하면 독소성분이 파괴되는 것은?

① Tetrodotoxin(복어 독소)
② Enterotoxin(장내 독소)
③ Neurotoxin(신경독소)
④ Aflatoxin(곰팡이 독소)

116 피마자씨 중에 함유되어 있는 독성분은?

① 리신(ricin)
② 아미그달린(amygdalin)
③ 고시폴(gossypol)
④ 셉신(sepsin)

117 다음 중 서로 바르게 연결된 것은?

① 섭조개 – venerupin
② 독미나리 – ergotoxin
③ 청매 – amygdalin
④ 감자 – gossypol

118 식물성 식중독을 일으키는 원인물질과 연결이 잘못된 것은?

① 피마자 – 리신(ricinine)
② 목화씨 – 고시폴(gossypol)
③ 독미나리 – 시큐톡신(cicutoxin)
④ 청매 – 우루시올(urushiol)

119 곰팡이 대사산물로서 사람이나 온혈동물에게 해를 주는 물질을 총칭하여 무엇이라 하는가?

① andromedotoxin
② mycotoxin
③ antibiotics
④ mycotoxicosis

120 다음 중 진균 중독증(mycotoxicosis)의 특징으로 맞는 것은?

① 계절과 관계없이 발생한다.
② 일종의 감염형이다.
③ 원인식품은 쌀 등 곡류가 압도적이다.
④ 발병된 동물에게는 항생물질 등 약제 요법이 좋다.

121 Mycotoxin과 관계없는 것은?

① Aflatoxin
② Citrinin
③ Venerupin
④ Patulin

---

116 피마자 종자의 독성분
• 피마자 종자 중에는 alkaloid 계통인 ricinine와 유독한 단백체인 ricin이 함유되어 있다.
※ amygdalin : 청매(덜익은 매실), 살구씨 등의 독성분
※ gossypol : 면실유의 독성분
※ sepsin : 부패감자의 독성분

117 자연독 성분
• 검은조개, 섭조개, 대합의 독성분 : saxitoxin
• 모시조개(바지락), 굴의 독성분 : venerupin
• 청매의 독성분 : amygdalin
• 감자의 독성분 : solanine
• 면실유의 독성분 : gossypol

118 식물성 식중독
• 청매-아미그달린(amygdalin)
• 독미나리-cicutoxin
• 피마자-ricin, ricinin
• 목화씨-고시폴(gossypol)
• 옻나무-우루시올(urushiol)

119 mycotoxin
• 곰팡이 독이라고 하며, 진균류, 특히 곰팡이가 생산하는 유독 대사산물이다.
• 사람이나 온혈동물에게 기능 및 기질적 장애를 유발하는 물질의 총칭이다.

120 진균중독증의 특징
• 곡류, 땅콩, 목초 등 특정 식품이나 사료의 섭취와 관련이 있다.
• 곰팡이의 대사산물에 의한 중독증이다.
• 계절과 관계가 있다.
• 동물에서 동물로 사람에게서 사람으로 이행되지 않는다.
• 발병된 동물에게는 항생물질이나 약제를 투여해도 치료 효과가 거의 없다.

121 곰팡이독(mycotoxin)을 생산하는 곰팡이
• 간장독 : Aflatoxin, rubratoxin, luteoskyrin, ochratoxin, islanditoxin
• 신장독 : citrinin, citreomycetin, kojic acid
• 신경독 : patulin, maltoryzine, citreoviridin
• 피부염 물질 : sporidesmin, psoralen 등
• fusarium독소군 : fusariogenin, nivalenol, zearalenone
• 기타 : shaframine 등
※ venerupin : 바지락 식중독

122 아플라톡신(Aflatoxin)

- *Asp. flavus*가 생성하는 대사산물이다.
- 기질의 생육조건은 탄수화물이 풍부하고, 수분이 16% 이상, 상대습도 80~85% 이상, 최적 온도 30℃이다.
- 땅콩, 밀, 쌀, 보리, 옥수수 등의 곡류에 오염되기 쉽다.
- 간암을 유발하는 강력한 간장독성분이다.
- Aflatoxin의 종류에는 B_1, B_2(blue 형광색), G_1, G_2(green색 형광) 주요 4종류 외에 M_1, M_2 등 17종이 알려져 있다.
  - 가장 독성이 강한 아플라톡신은 B_1과 M_1이고 양자 모두 경구 투여했을 때 강력한 발암성이 있으며 그 다음은 G_1, B_2, G_2 순이다.

123 122번 해설 참조

124 Aflatoxin의 특징

- B_1, M_1은 발암물질로 알려져 있다.
- 열에 강하여 270~280℃ 이상으로 가열하지 않으면 파괴되지 않는다.
- 따라서, 일반식품과 같은 가열처리로는 독성이 없어지지 않는다.
- 독소생산 온도 범위는 25~35℃이고, 30℃ 전·후가 최적 온도다.
- 기질수분이 16% 이상, 상대습도는 80~85%이다.

125 재래식 메주에서 aflatoxin G_1, G_2, B_2, 개량식 메주에서 B_1, B_2, G_1, G_2가 발견되었고, 우유 중에서 aflatoxin M이 함유되어 있는 것을 발견하여 milk toxin이라 하였으며, 그중에서 B_1과 M이 가장 독성이 강하고 발암물질로 알려져 있다.

126 122번 해설 참조

---

122 아플라톡신(Aflatoxin)에 관한 설명 중 틀린 내용은?

① 강한 간암 유발물질이다.
② *Aspergillus parasiticus* 균주도 생산한다.
③ 탄수화물이 풍부한 곡류에서 잘 생성된다.
④ 수분이 15% 이하의 조건에서 잘 생산된다.

123 아플라톡신(Aflatoxin)을 생성하는 곰팡이는?

① *Aspergillus niger*
② *Aspergillus glaucus*
③ *Aspergillus versicolar*
④ *Aspergillus flavus*

124 Aflatoxin에 관한 설명 중 틀린 것은?

① 상대습도는 80~85% 이상이 증식에 최적이다.
② 증식 최적 온도는 35~40℃이다.
③ 식품위생상 가장 문제되는 것은 B_1, M_1이다.
④ 270~280℃ 이상에서 독성물질이 파괴된다.

125 Aflatoxin 군 중 경구 LD_{50}의 수치가 가장 낮으며 강력한 발암성 물질로 알려진 것은?

① B_1　　　　　② B_2
③ G_1　　　　　④ M_2

126 우유 중에서 많이 발견되는 aflatoxin은?

① B_1　　　　　② B_2
③ G_1　　　　　④ M_1

127 *Aspergillus flavus*가 aflatoxin을 생성하는 데 필요한 조건과 거리가 먼 것은?

① 최적 온도 25~30℃
② 최적 습도 60~70%
③ 기질수분 16% 이상
④ 주요 기질은 탄수화물이다.

128 Mycotoxin류를 분비하는 곰팡이는 다음 중 어느 식품에 번식하는 것이 비교적 쉬운가?

① 어육, 식물종자 등 불포화지방산이 많은 식품
② 치즈, 건조육 등의 단백질이 풍부한 식품
③ 수분이 다량 함유된 식품
④ 쌀, 보리 등 탄수화물에 많고 건조가 불충분한 식품

129 Mycotoxin을 생성하는 균주는?

① *Sacch. cerevisiae*
② *Aspergillus flavus*
③ *Clostridium botulium*
④ *Lactobacillus bulgaricus*

130 Mycotoxin과 원인식품을 연결한 것이다. 그 관계가 잘못되어 있는 것은?

① islanditoxin – 쌀
② ergotoxin – 보리
③ citrinin – 옥수수
④ aflatoxin – 된장

131 황변미 독소 중에 신경독 성분은?

① citreoviridin
② citrinin
③ aflatoxin
④ ergotoxin

132 황변미 독소 중에 간장독을 일으키는 곰팡이 독소는?

① 사이트린닌(citrinin)
② 루테오스키린(luteoskyrin)
③ 에르고톡신(ergotoxin)
④ 시트레오비리딘(citreoviridin)

---

127 Aflatoxin
• 주요 기질은 탄수화물이 풍부한 곡류이다.
• 독소생산 범위의 온도는 25~30℃이고, 관계습도는 75% 이상이다.
• 곡물의 수분을 옥수수와 밀은 13% 이하, 땅콩은 7% 이하로 유지함으로써 aflatoxin의 생성을 막을 수 있다.

128 mycotoxin을 분비하는 곰팡이
• 쌀, 땅콩, 보리, 옥수수 또는 목초 등의 탄수화물이 많고 건조가 불충분한 곡류나 두류 등에 번식하기 쉽다.

129 *Aspergillus flavus*는 간장독을 유발하는 aflatoxin을 생성하는 곰팡이 균주이다.

130
• islanditoxin은 *Pen. islandi-cum*이 생성한 것으로 저장 중 쌀을 황변미로 만들어 독성을 갖게 한다.
• Citrinin은 *Pen. citrinum*이 생성한 것으로 쌀을 황변미로 만들어 중독을 일으킨다.

131 황변미 독소
• citrinin : 신장독
• citreoviridin : 신경독
• luteoskyrin, islanditoxin, cyclochlorotin : 간장독
※ ergotoxin : 맥각에 들어 있어 교감신경의 마비 등 중독증상

132 131번 해설 참조

133 131번 해설 참조

134 황변미의 원인균에는
P. toxicarium, *P. citrinum*,
P. islandicum, *P. notatum*,
P. citreoviride 등이 있다.

135
- *Clariceps purpurea*는 보리의 맥각 중독에 관여한다.
- *Penicillium chrysogenum*는 항생물질인 Penicillin 생성균주이다.
- *Penicillium citreoviride*은 저장 중에 쌀을 황변미로 만들어 독성 (citreoviridin)을 갖게 한다.
- *Aspergillus oryzae*은 전분 당화력과 단백질 분해력이 강해 간장, 된장, 청주, 탁주, 약주 제조에 이용된다.

136
- Aflatoxin은 *Aspergillus flavus*에서 생산되는 독성물질이다.
- Citrinin은 *Pen. citrinum*이 생성한 것으로 쌀을 황변미로 만들어 중독을 일으킨다.
- Luteoskyrin와 islanditoxin은 *Pen. islandicum*이 생성한 것으로 저장 중 쌀을 황변미로 만들어 독성을 갖게 한다.

137 맥각(ergot)
- 맥각균(*Claviceps purpurea* 및 *Claviceps paspalis* 등)이 호밀, 보리, 라이맥에 기생하여 발생하는 곰팡이의 균핵(sclerotium)이다.
- 이것이 혼입된 곡물을 섭취하면 맥각중독(ergotism)을 일으킨다.
- 맥각의 성분은 ergotoxine, ergotamine, ergometrin 등의 alkaloid 물질이 대표적이다.

138 맥각균(*Claviceps purpurea*)
- 보리, 밀, 라이맥 등의 개화기에 기생하여 맥각병에 걸리면 맥각이 형성된다.
- 맥각에는 ergotoxine, ergotamine, ergometrine 등이 있어 교감신경의 마비 등 중독증상을 나타낸다.

ANSWER

133 ② 134 ③ 135 ③ 136 ①
137 ③ 138 ③

133 황변미 식중독 중 신장독을 유발시키는 mycotoxin은?

① cycolchlorotin
② citrinin
③ luteoskyrin
④ islanditosin

134 다음 중 황변미의 원인균이 아닌 것은?

① *Penicillium toxicarium*
② *Penicillium citrinum*
③ *Penicillium chrysogenum*
④ *Penicillium islandicum*

135 다음 중 황변미 중독의 원인이 되는 곰팡이는?

① *Claviceps purpurea*
② *Penicillium chrysogenum*
③ *Penicillium citreoviride*
④ *Aspergillus oryzae*

136 황변미의 중독 원인 독소가 아닌 것은?

① 아플라톡신(aflatoxin)
② 사이트린닌(citrinin)
③ 루테오스키린(luteoskyrin)
④ 아일랜디톡신(islanditoxin)

137 다음 식물의 주된 독성분이 알칼로이드(alkaloid)인 것은?

① 수수　　　　　② 청매
③ 맥각　　　　　④ 강낭콩

138 다음 중 보리에 맥각을 일으키는 곰팡이는?

① *Aspergillus flavus*
② *Penicillium citrinum*
③ *Claviceps purpurea*
④ *Rhizopus delemar*

139 사과주스에 곰팡이가 생성하는 독소로 오염된 맥아뿌리를 사료로 먹은 젖소가 집단식중독을 일으켰다면 그 곰팡이 독소는?

① Afaltoxin
② Patulin
③ Ochratoxin
④ Ergotoxine

140 환각제인 LSD의 근원물질과 가장 관계가 있는 것은?

① 맥각
② 황변미
③ 땅콩
④ 옥수수

141 다음 중 곰팡이의 독소가 아닌 것은?

① aflatoxin
② citrinin
③ ergotoxine
④ phaline

142 노로바이러스(norovirus)에 대한 설명으로 맞지 않은 것은?

① 사람에게 장염을 일으키는 바이러스 일종이다.
② 현재 노로바이러스에 대한 항생제가 개발되어 있다.
③ 어린이, 노인과 면역력이 약한 사람에 감염되기 쉽다.
④ 적은 수로도 사람에게 질병을 일으킬 수 있다.

143 경구감염 되어 유행성 간염을 일으키는 병원체로서 주로 오염된 음식의 섭취로 인해 발생되는 것은?

① HIV 바이러스　　② Noro 바이러스
③ Hepatitis A 바이러스　　④ Rota 바이러스

139　파튤린(Patulin)
· *Penicillium*, *Aspergillus* 속의 곰팡이가 생성하는 독소이다.
· 주로 사과를 원료로 하는 사과주스에 오염되는 것으로 알려져 있다.
· 사과주스, 사과주스 농축액의 잔류허용량은 50㎍/kg 이하이다.

140　환각제인 LSD
· 맥각 알칼로이드를 가수분해하면 lysergic acid가 생성된다. 여기에 diethylene amine기가 결합하여 LSD가 생겨난다.
· 정신병 분야의 의학적 연구에 이용되는 환각제가 된다.

141　곰팡이 독소
· aflatoxin : *Aspergillus flavus*가 생성하는 곰팡이 독소
· citrinin : *Penicillium citrinum*이 생성하는 곰팡이 독소
· ergotoxine : *Claviceps purpurea*가 생성하는 곰팡이 독소
※ phaline : 독버섯의 독성분

142　노로바이러스(Norovirus, NV)
· 비세균성 급성위장염을 일으키는 바이러스의 한 종류이다.
· 굴 등의 조개류에 의한 식중독의 원인이 되기도 하고, 감염된 사람의 분변이나 구토물에 의해 발견된다.
· 노로바이러스에 의한 집단감염은 세계 각지의 학교 등에서 발생하고 어린이, 노인과 면역력이 약한 사람에게 감염되기 쉽기 때문에 주의가 필요하다.
· 바이러스 일종이므로 항생제로 치료되지 않는다.

143　유행성 간염(epidemic hepatidis)
· 원인균 : Infectious hepatitis virus A
· 감염경로 : 분변에 오염된 음료수, 식품에 경구적으로 감염된다.
· 임상증상 : 잠복기는 15~50일이고, 증상은 38℃ 전후의 발열, 두통, 식욕부진, 위장장애를 거쳐 황달까지 이른다.
· 예방 : 감염자의 식품 취급을 막고, 물을 끓여서 마신다.

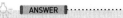

ANSWER

139 ②　140 ①　141 ④　142 ②
143 ③

144 경구감염병
- 경구감염병이란
  - 병원체가 음식물, 손, 기구, 위생동물 등을 거쳐 경구적(입)으로 체내에 침입하여 일으키는 질병을 말한다.
- 경구감염병의 분류
  - 세균에 의한 것 : 세균성 이질(적리), 콜레라, 장티푸스, 파라티푸스, 성홍열 등
  - 바이러스에 의한 것 : 유행성 간염, 소아마비(폴리오), 감염성 설사증, 천열(이즈미열) 등
  - 리켓치아에 의한 것 : Q열 등
  - 원생동물에 의한 것 : 아메바성 이질 등

145 경구감염병 예방대책
- 보균자의 식품 취급을 막는다(가장 중요).
- 주위환경을 청결히 한다.
- 역성비누 등으로 소독을 철저히 한다.
- 환자의 배설물을 소각하도록 한다.

146 경구감염병과 세균성 식중독의 차이
- 경구감염병은 소량의 균이라도 발병하여 전염되며, 면역성이 있고 2차 감염을 한다.
- 세균성 식중독은 잠복기가 짧고, 균의 번식을 억제하면 예방할 수 있으며, 면역성이 없고, 균의 독력이 약하여 발병하기 위해서는 다량의 균이 필요하다.

147 제1급감염병[감염병의 예방 및 관리에 관한 법률]
- 생물테러감염병 또는 치명률이 높거나 집단 발생의 우려가 커서 발생 또는 유행 즉시 신고하여야 하고, 음압격리와 같은 높은 수준의 격리가 필요한 감염병으로서 다음 각 목의 감염병을 말한다. 다만, 갑작스러운 국내 유입 또는 유행이 예견되어 긴급한 예방·관리가 필요하여 보건복지부장관이 지정하는 감염병을 포함한다.
- 에볼라바이러스병, 마버그열, 라싸열, 크리미안콩고출혈열, 남아메리카출혈열, 리프트밸리열, 두창, 페스트, 탄저, 보툴리눔독소증, 야토병, 신종감염병증후군, 중증급성호흡기증후군(SARS), 중동호흡기증후군(MERS), 동물인플루엔자 인체감염증, 신종인플루엔자, 디프테리아
- ※ 장티푸스는 제2급감염병이다.

148 144번 해설 참조

149 간염 바이러스(hepatitis virus)
- A, B, C, D, E, G 6종이 있다.
- 이 중에서 hepatitis A virus는 경구로 감염되는 감염성 간염이다.
- 증세는 황달, 발열, 두통, 위장장애 등이고, 급성 간염으로부터 심한 경우 사망까지 할 수 있다.

ANSWER
144 ① 145 ② 146 ① 147 ①
148 ③ 149 ④

식품과 감염병

144 다음 중 세균에 의한 경구감염병에 속하는 것은?

① 장티푸스
② 유행성 간염
③ 감염성 설사증
④ 소아마비

145 경구감염병의 예방 대책으로 가장 중요한 것은?

① 가축 사이의 질병을 예방한다.
② 보균자의 식품 취급을 막는다.
③ 식품을 냉장 보관한다.
④ 식품 취급 장소의 공기 정화를 철저히 한다.

146 다음 중 경구감염병의 감염형 식중독과의 차이점이 아닌 것은?

① 경구감염병은 2차 감염이 일어나지 않는다.
② 세균성 식중독은 다량의 균이 필요하다.
③ 경구감염병은 세균성 식중독에 비하여 잠복기가 비교적 길다.
④ 세균성 식중독은 사람에서 사람으로 전염되지 않는다.

147 다음 중 법정 제1급감염병이 아닌 것은?

① 장티푸스
② 페스트
③ 디프테리아
④ 중동호흡기증후군(MERS)

148 바이러스(virus)에 의한 경구감염병인 것은?

① 이질
② 파라티푸스
③ 소아마비
④ 콜레라

149 유행성 간염의 설명으로 틀린 것은?

① 병원소는 환자의 분변, 인후분비물, 혈액 등이다.
② 병원체는 바이러스(virus)이다.
③ 황달, 간장이 붓고, 간경변증을 일으킨다.
④ 잠복기는 1년 정도이다.

150 음식물을 매체로 전파되는 감염병이 아닌 것은?

① 파라티푸스　　　　② 적리
③ 콜레라　　　　　　④ 탄저

151 우유 매개성 감염병이 아닌 것은?

① 부르셀라병　　　　② 장염 비브리오
③ 장티푸스　　　　　④ 결핵

152 다음 감염성 질환 중에 순환 변화가 가장 긴 것은?

① 홍역　　　　　　　② 장티푸스
③ 백일해　　　　　　④ 디프테리아

153 장티푸스의 원인균과 관계가 없는 것은?

① *Salmonella paratyphi*
② *Salmonella typhosa*
③ *Salmonella typhi*
④ *Eberthella typhi*

154 다음 중 파라티푸스의 병원체와 관계없는 균은?

① *Salmonella paratyphi A*
② *Salmonella paratyphi B*
③ *Salmonella paratyphi C*
④ *Salmonella paratyphi E*

155 다음 중 세균성 이질균은 어느 것인가?

① *Staphylococcus sp.*
② *Entamoeba sp.*
③ *Shigella sp.*
④ *Clostridium sp.*

156 세균성 설사증을 일으키는 이질에 대한 설명 중 틀린 것은?

① 법정감염병이다.
② 예방으로는 손의 소독을 철저히 하는 것이 좋다.
③ 이질균은 분변으로 배출된다.
④ 예방에는 항생물질을 내복하는 것이 좋다.

- 잠복기는 10~50일, 평균 25일 정도이다.
- Hepatitis B virus는 혈액을 통하여 감염되는 혈청성 간염(serum hepatitis) 바이러스이다.

150　수인성 감염병
- 장티푸스, 적리, 파라티푸스, 콜레라는 소화기계의 수인성 감염병으로 경구감염된다.
※ 탄저와 광견병은 동물 접촉에 의하여 나타나는 인수공통감염병이다.

151　우유 매개성 감염병
- 결핵, 부르셀라병 : 인수공통감염병이며, 감염원이 우유이다.
- 장티푸스 : 환자나 보균자의 분변, 오줌이 주요 감염원이지만 드물게 감염원이 우유에 의한 것도 있다.
※ 장염 비브리오 : 수산어류에 의한 식중독이다.

152　감염병 중의 순환변화
- 수년의 단기간을 주기로 유행을 순환 반복하는 주기적 변화를 말한다.
- 홍역 : 2년, 장티푸스 : 30~40년, 백일해 : 2~4년, 디프테리아 : 20년의 순환 변화를 가진다.

153　장티푸스의 원인균
- *Salmonella typhosa*, *Sal. typhi*, *Eberthella typhi* 등이다.
- 우리나라의 1종 법정 감염병 중에서 가장 높은 발병율을 차지한다.
※ *Sal. paratyphi*는 파라티푸스의 원인균이다.

154　파라티푸스
- 병원체는 *Sal. paratyphi* A, B, C의 3형이 있다.
- 잠복기는 1~10일이다.
- type별 발생비율 A : B는 1 : 10~20이고, 여름철에 다발한다.

155
- 세균성 이질균 : *Shigella dysentriae*
- 아메바성 이질균 : *Entamoeba histolytica*

156　이질의 특징
- 이질은 세균성 설사증으로 법정감염에 속한다.
- 이질균은 분변으로 배출되며, 잠복기간은 2~7일이다.
- 예방 : 식품의 충분한 가열, 철저한 손의 소독 등
- 이질증상이 발생하였을 때에 약제를 잘못 쓰면 내성균을 만들게 되므로 치료가 어려워진다.

출제예상문제

157 파상열
- *Brucella*속에 의한 감염병이다.
- 소, 양, 돼지 등에서는 유산을 일으킨다.
- 인체에 감염되면 경련, 관절염, 간 및 비장의 비대, 오한, 발열, 가끔 신경성 동통 증상이 생긴다.

158 인수공통감염병
- 돈단독, 파상열, Q열, 야토병, 결핵, 탄저, 렙토스피라증 등이 있다.
※ 성홍열과 세균성 이질(적리)은 세균성 경구감염병이다.

159 제3급감염병[감염병의 예방 및 관리에 관한 법률]
- 그 발생을 계속 감시할 필요가 있어 발생 또는 유행 시 24시간 이내에 신고하여야 하는 다음 각 목의 감염병을 말한다.
- 파상풍, B형간염, 일본뇌염, C형간염, 말라리아, 레지오넬라증, 비브리오패혈증, 발진티푸스, 발진열, 쯔쯔가무시증, 렙토스피라증, 브루셀라증, 공수병, 신증후군출혈열, 후천성면역결핍증(AIDS), 야콥병(CJD), 황열, 뎅기열, 큐열(Q熱), 웨스트나일열, 라임병, 진드기매개뇌염, 유비저, 치쿤구니야열, 중증열성혈소판감소증후군(SFTS), 지카바이러스 감염증

160 인수공통감염병 원인 세균
- 결핵균, 부르셀라균(파상열), 탄저균, 돈단독균 등이다.
※ 장염 비브리오균은 식중독 원인균이다.

161 장티푸스, 이질, 파라티푸스 등은 환자나 보균자의 배설물에서 균체를 파리가 옮겨 오염시킨 음식물을 섭취함으로써 감염된다.

162 Q열(fever)
- 원인균은 *Coxiella burnetti*이다.
- rickettia성 질환이다.
- 구상, 간상으로 운동성이 없고 난황에서 잘 증식한다.
- 건조에 저항력이 강하고 71.5℃에서 15분 가열하면 사멸된다.
- 인수공통감염병으로서 소, 면양, 염소 등에 감염 발병하여 사람에게 전염된다.

163 162번 해설 참조

■ ANSWER ■
157 ③ 158 ② 159 ① 160 ④
161 ① 162 ④ 163 ②

---

157 인수공통감염병 중에서 동물에게는 유산, 사람에게는 열병을 일으키는 질병은?

① 돈단독 ② 결핵
③ 파상열 ④ 리스테리아

158 다음 중 인수공통감염병이 아닌 것은?

① 돈단독, 파상열 ② 성홍열, 이질
③ Q열, 야토병 ④ 결핵, 탄저

159 발생을 계속 감시할 필요가 있어 발생 또는 유행 시 24시간 이내에 신고하여야 하는 감염병은?

① 큐열(fever) ② 신종인플루엔자
③ 야토병 ④ 결핵

160 인수공통감염병의 원인 세균이 아닌 것은?

① 결핵균
② 부르셀라균
③ 탄저균
④ 장염비브리오균

161 다음 감염병 중에서 곤충이 매개가 되는 것은?

① 장티푸스 ② 콜레라
③ 파상증 ④ 디프테리아

162 Q열(fever)이 발생한 지역에서 생산되는 우유를 살균처리할 때는 다음의 어느 병원균이 파괴될 때까지 가열해야 되는가?

① *Brucella suis*
② *Staphylococcus aurreus*
③ *Mycobacterium tuberculosis*
④ *Coxiella burnetti*

163 *Coxiella burnetii*와 관계있는 인수공통감염병은?

① 돈단독 ② Q열
③ 파상열 ④ 탄저균

164 인체에 감염될 수 있는 결핵균의 형(type)은?

① 조형(avian type)
② 어형(fish type)
③ 인형(human) 및 우형(bovine type)
④ 모든 결핵균

165 다음 중 채소로 감염될 수 있는 기생충은?

① 민촌충(무구조충)
② 선모충, 갈고리촌충(유구조충)
③ 간디스토마, 폐디스토마
④ 편충, 십이지장충

166 다음 중 채소를 매개로 감염되는 기생충이 아닌 것은?

① 동양모양선충   ② 편충
③ 선모충   ④ 요충

167 다음 기생충과 그 감염 원인이 되는 식품의 연결이 잘못된 것은?

① 소고기 – 무구조충
② 오징어, 가다랭이 – 광절열두조충
③ 가재, 게 – 폐흡충
④ 돼지고기 – 유구조충

168 다음 중 회충의 특성이 아닌 것은?

① 체내 순환을 한다.
② 충란은 건조 및 저온에 약하다.
③ 경구적으로 감염된다.
④ 충란은 약제에 저항력이 강하다.

169 야채류에 부착된 회충란에 의한 감염을 예방하기 위하여 이를 제거하는 방법 중 가장 비효과적인 것은?

① 1% 승홍수액에 수초간 담근다.
② 중성세제로 깨끗이 씻는다.
③ 흐르는 수돗물에 깨끗이 씻는다.
④ 70℃로 가열한 후 씻는다.

164 결핵균(*Mycobacterium tuberculosis*)
• 인형(human type), 우형(bovine type), 조형(avian type)의 3종이 있다.
• 사람에 감염될 우려가 많은 것은 인형 및 우형이고, 조형에 의하여 사람에 감염된 예도 있다.
• 결핵에 걸린 소에서 짠 우유나 소고기에 의해 사람에게 결핵이 감염된다.

165 매개식품과 기생충
• 채소를 매개로 감염되는 기생충 : 회충, 요충, 십이지장충, 동양모양선충, 편충 등
• 어패류를 매개로 감염되는 기생충 : 간디스토마(간흡충), 폐디스토마(폐흡충), 요꼬가와 흡충, 광절열두조충, 아니사키스 등
• 수육을 매개로 감염되는 기생충 : 무구조충(민촌충), 유구조충(갈고리촌충), 선모충 등

166 165번 해설 참조

167 기생충과 감염 원인식품
• 광절열두조충
 – 제1 중간숙주 : 짚신벌레, 물벼룩,
 – 제2 중간숙주 : 연어, 송어 등
• 폐흡충
 – 제1 중간숙주 : 다슬기,
 – 제2 중간숙주 : 게, 가재 등
• 무구조충의 중간숙주 : 소
• 유구조충의 중간숙주 : 돼지

168 회충의 특성
• 채소를 통해 경구로 감염된다.
• 건조나 저온에 대한 저항성이 강하여 −10∼−15℃에서도 생존한다.
• 충란은 일광에 약하다.

169 야채류에 부착된 회충란을 제거하는 방법
• 수돗물을 강하게 틀어서 야채류를 세척하면 부착된 충란은 90% 이상 제거할 수 있다.
• 충란은 76℃ 이상으로 1초 이상, 65℃로 10분 이상 가열하면 사멸한다.
• 석탄산, 크레졸, 포르말린, 알코올 등에 담궈도 일주일 이상 생존한다.

▮ ANSWER ▮
164 ③ 165 ④ 166 ③ 167 ②
168 ② 169 ①

왼쪽 해설 칼럼

170 십이지장충(구충)의 특징
• 채독증을 일으키므로 채독벌레라고도 한다.
• 경피감염되며, 자충이 있는 토양이나 채소를 접촉할 때 피부를 통하여 감염된다.
• 경구감염은 음료수, 채소를 통하여 소화기 점막을 뚫고 체내에 침입한다.
• 예방법 : 생분뇨의 시비를 금지, 오염지역의 토양이나 채소 취급 시 유의, 채소를 충분히 씻거나 가열조리해서 먹도록 한다.

171 십이지장충(구충) 감염의 특징
• 사람의 노출된 피부를 통해 주로 감염된다.
• 경우에 따라서는 경구감염도 된다.
• 회충, 요충, 조충, 편충 등은 입을 통하여 감염된다.
• 충란은 저온에 약하다.

172 171번 해설 참조

173 간디스토마(간흡충)
• 제1 중간숙주 : 왜우렁이
• 제2 중간숙주 : 참붕어, 잉어, 붕어, 큰납지리, 가시납지리, 피라미, 모래무지 등 48종의 민물고기가 보고되고 있다.

174 간디스토마의 기생경로
• 인체에서 나온 충란은 제1 중간숙주-왜우렁이에서 부화 → miracidium(유모유충)으로 되고 → 그 후 sporocyst(포자낭유충), redia(redi 유충), cercaria(유미유충)이 된다.
• cercaria(유미유충)은 제2 중간숙주인 민물고기에 침입한 후 → metacercaria(피낭유충)로 탈바꿈하여 → metacercaria 형태로 인체 내로 침입한다.

175 폐디스토마(폐흡충)
• 제1 중간숙주 : 다슬기
• 제2 중간숙주 : 민물게, 가재 등

176 폐디스토마(폐흡충)
• 제1 중간숙주는 다슬기이다.
• 제2 중간숙주에서 metacercaria(피낭유충)으로 기생한다.

ANSWER
170 ④   171 ②   172 ④   173 ④
174 ④   175 ③   176 ④

---

170 다음 중 채독증의 원인이 되는 기생충은?

① 유구조충
② 요충
③ 민촌충
④ 십이지장충

171 다음 중 피부를 통하여 침입하는 기생충은?

① 편충
② 십이지장충
③ 요충
④ 조충

172 십이지장충(구충)의 특성이 아닌 것은?

① 노출된 피부를 통해 주로 감염된다.
② 인체 외부에서 1회 부화한다.
③ 인체 내에는 순환한다.
④ 충란은 저온에 강하다.

173 간디스토마의 제1 중간숙주는?

① 다슬기
② 잉어
③ 가재
④ 왜우렁이

174 간디스토마(간흡충)는 제2 중간숙주인 민물고기 내에서 어떤 형태로 존재하다가 인체에 감염을 일으키는가?

① miracidium(유모유충)
② sporocyst(포자낭유충)
③ redia(redi 유충)
④ metacercaria(피낭유충)

175 폐디스토마의 제1 중간숙주는?

① 물벼룩
② 민물게
③ 다슬기
④ 왜우렁

176 폐디스토마(폐흡충)의 설명 중 틀린 것은?

① 최종적으로 사람의 폐에 기생한다.
② 제1 중간숙주는 다슬기이다.
③ 인간의 소장에서 탈낭한다.
④ 제2 중간숙주에서 cercaria(유모유충)으로 기생한다.

177 다음 중 폐디스토마(폐흡충)의 제2 중간숙주는?

① 왜우렁   ② 게, 가재
③ 다슬기   ④ 물벼룩

178 폐디스토마(폐흡충)의 기생경로 중 인체에 감염될 수 있는 상태는?

① miracidium(유모유충)
② sporocyst(포자낭유충)
③ cercaria(유미유충)
④ metacercaria(피낭유충)

179 폐흡충과 관계가 깊은 것은?

① 곤충 및 곰팡이   ② 채소, 과실류
③ 소고기의 생식   ④ 어패류, 가재의 생식

180 게, 가재를 덜 익혀 먹었을 때 감염될 수 있는 기생충은?

① 폐흡충   ② 민촌충
③ 선모충   ④ 편충

181 광절열두조충의 감염경로를 바르게 표시한 것은?

① 게 → 담수어 → 사람의 간
② 다슬기 → 참게 → 사람의 폐
③ 물벼룩 → 연어 → 사람의 장
④ 가재 → 숭어 → 사람의 소장점막

182 광절열두조충(긴촌충)의 제1 중간숙주는?

① 연어   ② 물벼룩
③ 게   ④ 쇠우렁이

183 소고기를 생식함으로 감염될 수 있는 기생충은?

① 간디스토마(간흡충)   ② 십이지장충(구충)
③ 무구조충(민촌충)   ④ 광절열두조충(긴촌충)

184 아니사키스(Anisakis) 유충의 제1 중간숙주는?

① 담수류   ② 육류
③ 갑각류   ④ 해산어류

---

177 175번 해설 참조

178 폐디스토마의 기생경로
• 인체에서 나온 충란은 물속에서 부화 → miracidium(유모유충)이 되어 제1 중간숙주−다슬기에 침입 → 그 후 sporocyst(포자낭유충), redia(redi유충), cercaria(유미유충)이 된다.
• cercaria(유미유충)은 제2 중간숙주−민물게, 가재에 침입한 후 → metacercaria(피낭유충)로 탈바꿈하여 metacercaria 형태로 인체 내로 침입한다.

179 175번 해설 참조

180 175번 해설 참조

181 광절열두조충(긴촌충)
• 제1 중간숙주: 물벼룩
• 제2 중간숙주: 농어, 송어, 연어 등 담수어, 반담수어

182 181번 해설 참조

183 무구조충(민촌충)
• 중간숙주는 소이다.
• 낭충을 가진 소고기를 불충분하게 가열하거나 생식하면 감염되어 소장에서 기생하며 발육한다.

184 아니사키스(*Anisakis*)
• 고래, 돌고래 등의 바다 포유류의 제1 위에 기생하는 회충
• 제1 중간숙주 : 갑각류
• 제2 중간숙주 : 오징어, 대구, 가다랭이 등의 해산어류

185 184번 해설 참조

186 184번 해설 참조

187 유구조충(갈고리촌충)
· 돼지고기에 의해 감염되는 기생충이다.
· 충란을 돼지가 섭취하면 돼지의 몸속에서 낭충이 되고 이 낭충을 가진 돼지고기를 사람이 섭취하면 감염된다.
· 소장에서 성충이 된다.

188 돼지고기에 의해 감염될 수 있는 기생충
· 유구조충(갈고리촌충), 선모충, 톡스플라즈마 등이다.

189 선모충(*Trichinella spiralis*)
· 미국과 유럽에 많으며 아프리카, 남아메리카 및 동양은 드물고 우리나라는 보고된 예가 없다.
· 감염경로는 사람을 비롯해서 돼지, 개, 고양이 등 여러 포유동물에 의해서 감염된다.
· 예방법은 돼지고기의 생식을 절대로 금하고, 돼지의 사육을 위생적으로 하며, 쥐를 구제한다.

190
· 간디스토마 : 왜우렁이-잉어, 붕어
· 아니사키스 자충 : 갑각류-오징어, 대구, 청어, 고등어 등
· 유구조충 : 돼지고기-낭미충
· 광절열두조충 : 물벼룩-연어, 송어(담수어, 반담수어) 등

---

185 오징어류를 먹었을 때 생기는 질환은?

① 페디스토마　　　② 아니사키스충
③ 무구조충　　　　④ 유구조충

186 주로 해산어에 존재하는 기생충은?

① 광절열두조충
② 무구조충
③ 아니사키스(Anisakis)
④ 유구조충

187 돼지고기를 통해 감염될 수 있는 기생충은?

① 편충(Trichocephalus trichiurus)
② 회충(Ascaris lumbricoides)
③ 십이지장충(Ancylostoma duodenale)
④ 유구낭충(Taenia solium)

188 돼지고기를 충분히 가열하지 않고 섭취할 때 인체에 감염될 수 있는 기생충은?

① 유구조충, 광절열두 조충, 요꼬가와 조충
② 유구조충, 만손열두 조충, 유극악 구충
③ 유구조충, 선모충, 톡스플라즈마
④ 유구조충, 이협흡충, 아니사키스

189 선모충(*Trichinella spiralis*)의 감염을 예방하기 위한 가장 좋은 방법은?

① 민물게 생식금지
② 닭고기 생식금지
③ 어패류 생식금지
④ 돼지고기 생식금지

190 다음 중 바르게 연결된 것은?

① 간디스토마 – 왜우렁이 – 잉어
② 아니사키스 자충 – 게 – 붕어
③ 유구조충 – 소고기 – 낭미충
④ 광절열두조충 – 물벼룩 – 게

191 어느 것을 생식하였을 때 manson 열두조충에 감염될 수 있는가?

① 돼지, 소, 양   ② 잉어, 은어

③ 닭, 뱀, 개구리   ④ 가재, 민물게

192 덜 익은 닭고기 섭취로 감염될 수 있는 기생충은?

① 구충

② manson 열두조충

③ 선모충

④ 횡천흡충

193 기생충과 숙주와의 관계가 틀린 것은?

① 무구조충 – 소

② 유구조충 – 돼지

③ 간디스토마 – 잉어

④ 광절열두조충 – 다슬기

194 곤충구제의 일반 원칙으로 맞지 않는 것은?

① 발생 초기에 실시한다.

② 구제대상 동물의 발생원을 제거한다.

③ 대상동물의 생태, 습성에 관계없이 실시한다.

④ 서식범위 내에서 광범위하게 실시한다.

195 바퀴벌레의 생태 중 맞지 않는 것은?

① 육식성

② 야간 활동성

③ 질주성

④ 집단 서식성

196 바퀴(cockroaches)에 관한 설명으로 맞지 않는 것은?

① 어두운 곳에서 무리를 지어 서식한다.

② 알, 유충, 성충 순으로 발육하는 불완전변태를 한다.

③ 콜레라, 장티푸스 등의 소화기계 감염병을 퍼트린다.

④ Warfarin이나 norbromide제 등을 사용하여 구제한다.

---

191 manson 열두조충
· 제1 중간숙주 : 물벼룩
· 제2 중간숙주 : 닭, 뱀, 개구리 등
※ 이들은 충분히 가열하지 않고 먹거나, 생식하였을 때 감염된다.

192 191번 해설 참조

193 기생충과 숙주
· 회충, 십이지장충 : 채소
· 요충 : 충란이 항문 주위에서 발견
· 간디스토마(간흡충) : 담수어
· 폐디스토마(폐흡충) : 민물게나 가재
· 광절열두조충 : 제1 숙주–물벼룩, 제2 숙주–담수어 및 반담수어(연어, 민어, 송어 등)
· 무구조충 : 소고기촌충(민촌충)
· 유구조충 : 돼지고기촌충(갈고리촌충)

194 곤충구제는 서식 범위 내에서 광범위하게 실시해야 하고, 대상동물의 생태, 습성에 따라 실시한다.

195 바퀴(cockroaches)
① 생태
· 알–유충–성충으로 발육하는 불완전변태를 한다.
· 알에서 부화된 유충은 4~5에서 7~8회의 탈피를 하면서 발육하여 성충이 된다.
· 야간성, 잡식성, 질주성, 군거생활을 한다.
· 인분, 오물을 먹고, 발에 묻혀 돌아다니므로 불결하다.
② 위생상 피해
· 콜레라, 장티푸스, 이질 등의 소화기계 감염병균을 퍼트린다.
· 기생충의 중간숙주 구실도 한다.
③ 구제
· 잔효성 살충제 즉 1% diazinon, 3% chlordane, 1% propoxar 등의 유화제를 분무한다.

196 195번 해설 참조

197 진드기의 방제법
· 포장에 의한 방법
· 수분함량 10% 이하 유지, 70℃ 이상 가열, 0~10℃로 저온 유지
· 식품 창고의 훈증, 살충제(DDVP 등)에 의한 방법 등

198 해충의 방충대책
· 물리적 방법 : 방충망, 포충기 등
· 환경적 방법 : 온습도 조절, 발생원 제거 등
· 화학적 방법 : 살충제, 기피제 등
· 생물학적 방법 : 병원미생물, 천적 등

199 파리에 의하여 전파되는 질병
· 파라티푸스, 장티푸스, 이질, 콜레라, 살모넬라 등은 파리가 환자, 보균자의 배설물에서 균체를 음식물에 옮겨 오염시키고, 그것을 섭취함으로써 감염된다.
※ 유행성출혈열은 바이러스성 질환으로 쥐가 옮긴다.

200 쥐에 의한 감염병
· 세균성 질환 : 페스트, 와일씨병
· 리케치아성 질환 : 발진열, 쯔쯔가무시병
· 바이러스성 질환 : 유행성 출혈열 등
※ 파상열은 *Brucella*에 감염된 소나 돼지를 접촉하거나 우유나 육류를 생식함으로써 감염된다.

201 위생상문제가 되는 가주성쥐
· 집쥐(시궁쥐), 곰쥐, 생쥐의 3종류가 있다.
· 3종 중 집쥐가 가장 크다.
· 집쥐는 마루밑, 돌담 사이, 시궁창 등에서 서식하며 병원균을 전파할 가능성이 가장 높다.

202 바퀴벌레는 콜레라, 장티푸스, 이질 등의 소화기계 감염병균을 퍼트리고 기생충의 중간숙주 구실도 한다.

---

197 진드기류의 방제법 중 맞지 않는 것은?

① 수분함량 10% 이상 유지
② 포장에 의한 방법
③ 70℃ 이상의 가열 방법
④ 냉장하는 방법

198 파리, 모기 등 해충의 방충대책 중 생물학적 방법에 해당되는 것은?

① 온습도 조절　　② 포충기 이용
③ 살충제 사용　　④ 천적 사용

199 파리에 의하여 전파되는 질병과 관계없는 것은?

① 파라티푸스　　② 장티푸스
③ 이질　　④ 유행성출혈열

200 많은 감염병을 매개하는 쥐의 전파로 볼 수 없는 질병은?

① 페스트　　② 발진열
③ 유행성 출혈열　　④ Brucellosis(파상열)

201 가주성이면서 부엌이나 하수구에 서식하며, 식품에 병원성균을 오염시킬 가능성이 가장 높은 쥐는?

① 곰쥐　　② 집쥐
③ 생쥐　　④ 등줄쥐

202 위생동물과 그에 관련된 위생 문제를 연결한 것 중 서로 관계가 가장 적은 것은?

① 파리 – 식품, 식기 – 경구감염병, 기생충
② 바퀴 – 식품, 오물 – 광절열두조충
③ 쥐 – 저장식품 – 경구감염병
④ 진드기 – 설탕, 분유 – 호흡기와 소화기계 진드기

ANSWER
197 ①　198 ④　199 ④　200 ④
201 ②　202 ②

203 우리나라의 '식품첨가물 공전'이란 무엇을 말하는 것인가?

① 식품첨가물의 제조법을 기술한 것
② 식품첨가물의 규격 및 기준을 기재한 것
③ 식품첨가물의 사용법을 기재한 것
④ 외국식품첨가물 목록과 같은 것

204 화학적 합성품의 지정절차로 올바른 것은?

① 식품위생심의위원회가 결정, 보건복지부장관에게 건의하여 보건복지부장관이 지정한다.
② 식품위생심의위원회의 자문을 거쳐 식품의약품안전처장이 고시한다.
③ 사용목적에 맞는 충분한 효과가 있다고 판단되면 보건복지부장관이 지정한다.
④ 안전성이 있고 사용목적에 맞는 충분한 효과가 있다고 판단되면 보건복지부장관이 지정한다.

205 화학합성품의 심사에서 가장 중점을 두어야 할 사항은?

① 함량
② 효력
③ 안전성
④ 영양가

206 식품첨가물로 고시하기 위한 검토사항이 아닌 것은?

① 화학명과 제조방법이 확실한 것
② 생리활성 기능이 확실한 것
③ 식품에 사용할 때 충분히 효과가 있는 것
④ 통례의 사용방법에 의할 때 인체에 대한 안정성이 확보되는 것

207 식품첨가물에 대한 설명으로 옳은 것은?

① 모든 첨가물은 검사기관의 제품검사를 받아야 한다.
② 식품첨가물 공전에 수록된 물질은 모두 화학적 합성품이다.
③ 식품첨가물 공전은 식품의약품안전처장이 작성, 보급한다.
④ 독성이 없으면 모두 첨가물로 사용해도 된다.

---

203 우리나라의 식품첨가물 공전은 식품첨가물의 규격 및 기준을 기술한 것으로 식품의약품안전청장이 작성·보급한다.

204 첨가물(화학적 합성품)의 지정 절차
• 식품위생 심의위원회의 자문을 거쳐 식품의약품안전처장이 식품첨가물의 규격을 고시한다.

205 식품첨가물은 인체에 무해하여야 하는 것이 무엇보다도 중요하다. 그러므로 화학물질을 식품첨가물로 사용하는 데 있어서 충분한 독성시험을 거쳐 그 안전성이 확인되지 않는 한 사용이 허가되지 않는다.

206 화학적 합성품은 주로 다음 5가지 항목에 대하여 가부를 검토한 후 식품위생심의위원회의 심의를 거쳐 결정한다.
① 통례의 사용 방법에 의할 경우 인체에 대하여 충분한 안정성이 보장되어 있는 것
② 식품에 사용하였을 경우 충분한 효과가 기대되는 것
③ 그 화학명과 제조방법이 명확한 것
④ 화학적 시험(화학적 성상, 물리적 성상, 순도시험, 식품 중에서 화학적 변화, 정성시험 및 정량시험)
⑤ 급성 독성 시험, 만성 독성 시험, 발암성, 생화학적 및 약리학적 시험

207 식품첨가물이란
• 식품을 제조·가공 또는 보존함에 있어 식품에 첨가, 혼입, 침윤, 기타의 방법에 의하여 사용되는 물질이라고 한다.
• 식품위생법 14조에 의하면 식품의약품안전처장이 식품, 첨가물, 기구, 용기, 포장 등의 기준, 규격, 표시 기준이 수록된 공전을 작성, 보급하여야 한다.

 ANSWER

203 ② 204 ② 205 ③ 206 ②
207 ③

208 화학적 합성품에 식품첨가물을 이용하기 위해서는 품질 및 순도, 안전성, 1일 섭취 허용량, 표시기준 등을 고려해야 한다.

209 식품첨가물은 의약품과 달리 일생 동안 섭취하므로 만성독성 시험이라든가 발암성 시험 등이 추가되어 사용량 및 사용할 수 있는 대상 식품이 검토되며 물질의 조성, 순도 등 여러 가지 시험을 통해 각각의 식품첨가물에 대한 일일 섭취 허용량(ADI)을 정한다.

210 보존료의 구비 조건
① 미생물의 발육 저지력이 강할 것
② 지속적이어서 미량의 첨가로 유효할 것
③ 식품에 악영향을 주지 않을 것
④ 무색, 무미, 무취일 것
⑤ 산이나 알칼리에 안정할 것
⑥ 사용이 간편하고 값이 저렴할 것
⑦ 인체에 무해하고 독성이 없을 것
⑧ 장기적으로 사용해도 해가 없을 것

211 식품의 보존료
· 식품의 부패, 변질 등 화학 변화를 방지하여 식품의 신선도 유지와 영양가를 보존하는 첨가물이다.
· 보존제, 살균제, 산화방지제가 있다.

212 허용 보존료
· 데히드로초산, 데히드로초산나트륨, 소르빈산, 소르브산칼륨, 안식향산, 안식향산나트륨, 프로피온산 나트륨, 프로피온산칼륨, 파라옥시안식향산부틸 등이 있다.
※ formaldehyde는 보존제로 사용할 수 없다.

213 데히드로초산
· 치즈, 버터, 마가린에 데히드로 초산으로서 0.5g/kg 이하를 허용할 수 있다.
· 치즈, 버터류, 마가린류 이외의 식품에는 사용할 수 없다.

---

208 식품첨가물로 사용할 때 고려할 사항과 거리가 먼 것은?

① 포장지색   ② 라벨표시 내용
③ 허용량   ④ 순도

209 식품첨가물의 허용량을 결정하는 데 있어서 가장 중요한 사항은?

① 1일 섭취 허용량
② 사람의 성별
③ 식품의 가격
④ 사람의 수명

210 다음 중 보존료로서의 구비조건이 아닌 것은?

① 독성이 없고 값이 저렴할 것
② 무색, 무취, 무미일 것
③ 색깔이 양호할 것
④ 미량으로 효과가 있을 것

211 보존료(방부제)의 사용목적이 아닌 것은?

① 가공식품의 신선도 유지
② 가공식품의 수분 증발 방지
③ 가공식품의 부패나 변질 방지
④ 식품의 영양가 및 색깔 유지

212 다음 중 허용지 않는 보존료는?

① 데히드로초산(dehydroacetic acid)
② 소르빈산 칼륨(potassium sorbate)
③ 포름알데히드(formaldehyde)
④ 프로피온산 나트륨(sodium propionate)

213 다음 중 버터, 마가린 등 유지식품에 사용이 허가된 보존료는?

① 안식향산 나트륨(sodium benzoate)
② 소르빈산 칼륨(potassium sorbate)
③ 데히드로초산(dehydroacetic acid)
④ 프로피온산(propionic acid)

ANSWER

208 ①   209 ①   210 ③   211 ②
212 ③   213 ③

214 다음 중 유해성 보존료가 아닌 것은?

① 붕산(H_3BO_3) ② formaldehyde
③ D-sorbitol ④ 불소화합물

215 다음 중 독성이 커서 사용이 취소된 식품첨가물은?

① 니트로후라존(nitrofurazone)
② 데히드로초산(dehydro acetic acid)
③ 프로피온산나트륨(sodium propionate)
④ 안식향산나트륨(sodium benzoate)

216 안식향산(benzoic acid)의 사용목적은?

① 식품의 산미를 내기 위하여
② 식품의 부패를 방지하기 위하여
③ 식품의 영양가치를 높이기 위하여
④ 유지의 산화를 방지하기 위하여

217 Benzoic acid 및 이를 함유하는 제재를 사용할 수 있는 식품은?

① 케이크류 ② 간장
③ 주류 ④ 치즈

218 다음 중 빵이나 케이크류에 사용이 허가된 보존료는?

① 안식향산(benzoic acid)
② 데히드로초산(dehydroacetic acid)
③ 프로피온산 나트륨(sodium propionate)
④ 아스코르브산 나트륨(sodium ascosorbate)

219 다음 중 젖산균음료에 주로 사용되는 보존료는?

① 소르브산칼륨(potassium sorbate)
② 프로피온산나트륨(sodium propionate)
③ 데히드로초산(dehydroacetic acid)
④ 파라옥시 안식향산 에틸(ethyl-p-hydroxy-benzoate)

---

214 유해 보존료
• 붕산, formaldehyde, 불소화합물(HF, NaF), β-naphthol, 승홍($HgCl_2$) 등은 유해보존료이다.
※ D-sorbitol은 허용 감미료이다.

215 데히드로초산, 프로피온산나트륨, 안식향산나트륨 등은 현재 허용된 보존료이고, 니트로후라존은 독성이 강하여 사용이 금지된 첨가물이다.

216 안식향산(benzoic acid)
• 물에는 난용이지만 유기용매에 잘 녹고 살균작용과 발육저지작용을 가지고 있어 식품보존료로 사용하고 있다.
• 주로 음료, 간장, 발효음료류, 마가린, 마요네즈 등에 허용하고 있다.

217 안식향산(benzoic acid)이 사용되는 식품
• 과실·채소류음료, 탄산음료, 기타음료, 인삼음료, 홍삼음료 및 간장 0.6g/kg 이하
• 알로에전잎 0.5g/kg 이하
• 절임식품, 마가린, 마요네즈, 잼류 1.0g/kg 이하
• 망고처트니 : 0.25g/kg 이하

218 빵이나 치즈, 잼류에 허용된 보존료
• 프로피온산 칼슘, 프로피온산나트륨 만이 허용되어 있다.
※ 안식향산은 청량음료, 간장 등에 사용한다.
※ 아스코르브산 나트륨은 산화방지제이다.

219 보존료
• 소르브산칼륨 : 젖산균음료(살균한 것 제외), 된장, 고추장, 과채류의 된장절임, 소금절임, 식초절임 등의 보존료
• 프로피온산나트륨 : 빵, 케이크, 치즈 등의 보존료
• 파라옥시안식향산에틸 : 간장, 식초, 잼류, 캡슐류의 보존료

왼쪽 해설란

220
- BHA : 유지, 버터, 어패냉동품 등의 산화방지제로 사용
- 소르빈산 : 어육, 소시지, 치즈, 잼류 등에 사용
- tartrazine : 식용색소(황색 4호)로 젤리, 캔디, 빵 등에 사용

221
- L-아스코르빈산 : 산화방지제
- 프로피온산 : 빵, 과자, 치즈 등에 사용되는 보존료
- 안식향산 : 음료, 간장, 발효음료류, 마가린, 마요네즈 등에 사용되는 보존료
- 데히드로초산 : 치즈, 버터, 마가린 등에 사용되는 보존료

222　보존료
- 미생물에 대하여 방부작용을 하는 식품첨가물이며, 그 항균작용은 어느 정도 한정된 범위에 미생물에 대해서 효과를 나타낸다.
- 산성 보존료는 산성 영역에서 그 효과를 발휘하는데 그것은 비해리 분자만이 보존 효과를 발휘하고, 중성 용액에서는 완전해리하나 산성으로 될수록 비해리 분자가 증가하기 때문이다.

223　산성 보존료
- 산성 영역에서 효과를 발휘하는데 그것은 중성 영역에서는 완전해리하나, 여기에 산을 가하여 pH를 내려주면 그 해리 정수에 따라 비해리 분자가 증가하게 되고, 이것만이 보존 효과를 발휘하기 때문이다.
- 비해리 분자는 세포막이나 원형질을 쉽게 투과하지만 해리 이온은 거의 투과하지 못한다.

224　탄산음료
- 탄산가스를 함유하며 마시는 것을 목적으로 하는 탄산음료, 탄산수, 착향탄산음료를 말한다.
- 탄산음료에 이용되는 보존료는 안식향산, 안식향산나트륨, 안식향산칼슘이 있고 0.6g/kg(안식향산으로) 이하 사용한다.

225　안식향산 최대 허용량
- 0.1%로 규정하고 있으나 실제 사용량은 0.15～0.25% 정도이다.
- 탄산 및 비탄산음료에 0.05～0.1% 청량음료, 간장 등에 0.6% 사용된다.

오른쪽 문제란

220 식품첨가물과 그 사용식품이 잘못 연결된 것은?

① 데히드로초산(DHA) - 치즈
② 부틸히드록시아니졸(BHA) - 어패냉동품
③ 소르빈산 - 청량음료
④ 타트라진(tartrazine) - 젤리

221 다음 중 간장에 사용할 수 있는 보존제는?

① L-아스코르빈산(L-ascorbic acid)
② 프로피온산(propionic acid)
③ 안식향산(benzoic acid)
④ 데히드로초산(dehydro acetic acid)

222 다음 중 보존료를 옳게 설명한 것은?

① 산성보존료는 pH와 관계가 있으며 해리 이온만 보존 효과가 있다.
② 모든 보존료는 액성에 관계없이 가열 전에 첨가하여야 한다.
③ 보존료의 항균작용은 미생물이 오염도가 높아도 영향을 받지 않는다.
④ 보존료는 미생물에 방부작용을 하는 식품첨가물이다.

223 산성보존료에 관한 것 중 옳은 것은?

① 해리 이온만 정균작용을 한다.
② 비해리 분자만 정균작용을 한다.
③ 해리 이온은 원형질을 통과한다.
④ 중성 영역에서도 항균작용이 있다.

224 탄산음료수에 이용되는 보존료는?

① benzoic aicd　　　② sorbic acid
③ penicillin　　　　④ β-naphthol

225 청량음료수에 쓰여지는 보존료는 어느 것인가?

① 안식향산나트륨　　② 염산
③ DHA　　　　　　④ 소르빈산

226 다음 첨가물 중 현재 살균제로 지정되어 있는 것은?

① 니트로후라존(nitrofurazone)
② 차아염소산나트륨(sodium hypochlorite)
③ 크로라민 T(chloramine T)
④ 하라존(halazone)

227 다음은 살균제를 설명한 것이다. 잘못된 것은?

① 주로 음료수, 식기, 손 등에 사용된다.
② 차아염소산나트륨은 참깨에 사용해서는 안 된다.
③ 살균력의 주체는 유효염소와 발생기 산소이다.
④ 현재 사용이 허가된 것은 6종이다.

228 효모의 증식에 영향을 주지 않는 보존제는?

① Sorbic acid   ② Parabens
③ Sodium benzonate   ④ Propionic acid

229 다음에서 살균제(소독제)가 아닌 것은?

① 이산화염소(Chlorine Dioxide)
② 차아염소산 나트륨(Sodium Hypochlorite)
③ 차아염소산수(Hypochlorous Acid Water)
④ 안식향산(Benzoic Acid)

230 살균제 중 차아염소산나트륨(sodium hypochlorite)에 대한 설명으로 맞지 않은 것은?

① 유효염소란 차아염소산 나트륨에 산을 가할 때 발생하는 염소이다.
② pH가 높을수록 비해리형 차아염소산의 양이 커지므로 살균력도 높아진다.
③ 단백질이나 탄수화물 등의 음식물 찌꺼기가 남아 있으면 소독 효과가 저하된다.
④ 광선에 의해 유해 염소가 분해되므로 냉암소에 보관한다.

231 세균의 발육을 억제시키는 포름알데히드(formaldehyde)의 살균 유효농도는?

① 0.1%   ② 0.01%
③ 0.02%   ④ 0.002%

---

226 현재 허용되어 있는 살균제[식품첨가물공전]
• 과산화수소(hydrogen peroxide), 오존수(Ozone Water), 이산화염소(수)(Chlorine Dioxide), 차아염소산나트륨(sodium hypochlorite), 차아염소산수(Hypochlorous Acid Water), 차아염소산칼슘(Calcium hypochlorite), 과산화 초산(peroxyacetic acid)의 7종이 있다.

227 살균제
• 과산화수소, 오존수, 이산화염소(수), 차아염소산나트륨, 차아염소산수, 차아염소산칼슘, 과산화초산의 7종이 있다.
• 살균력의 주체인 유효염소와 발생기산소에 의해서 살균작용이 이루어진다.
• 이들은 주로 음료수, 식기류, 기구, 손 등의 소독에 이용되며, 에틸렌옥사이드 외에는 사용기준이 없다.

228 Propionic acid의 항미생물작용
• 미생물의 탈수소효소계의작용을 저해하여 미생물의 발육을 저지하는 것인데 그 효력은 소르빈산보다는 약하다.
• 특히 곰팡이와 호기성 포자형성균에 유효하나 빵효모에는 거의작용하지 않으며, 그작용은 pH가 낮을수록 크다.

229 살균제의 종류
• 227번 참조
※ benzoic acid는 보존제(방부제)이다.

230 차아염소산 이온
• pH가 낮을수록 비해리형 차아염소산의 양이 커지므로 살균력도 높아진다.
• 살균 효과는 유효염소량과 pH의 영향을 받는다.

231 포름알데히드
• 단백질의 변성작용으로 살균 효과를 나타낸다.
• 살균력이 강하여 0.002%의 용액으로 세균의 발육이 억제되고, 0.1%의 용액에서 유포자균이 모두 살균된다.
• 식품첨가물로는 사용할 수 없다.

ANSWER

226 ② 227 ④ 228 ④ 229 ④
230 ② 231 ④

232 산화방지제
- BHA(부틸히드록시아니솔) : 식용유지류, 버터류, 어패건제품, 어패염장품, 어패냉동품, 추잉껌 등에 사용된다.
- ascorbyl stearate(L-아스코빌스테아레이트) : 식용유지류, 건강기능식품에 이용된다.
- propyl gallate(몰식자산프로필) : 식용유지류, 버터류에 사용된다.
- tocopherol : 산화방지제이다.

233 허용된 산화방지제(총 39종)
- BHT, sodium L-ascorbate, BHA, propyl gallate, erythrobic acid, DL-α-tocopherol 등이 있다.

234 산화방지제
- 지방의 산화를 지연시키거나 산화에 의한 변색을 지연시킬 목적으로 첨가되는 첨가물이다.
- 유지의 불포화지방산이 산화되면 ketone이나 aldehyde 등의 carbonyl 화합물이 생성되어 산패, 이미, 이취, 변색 및 퇴색 등으로 나타난다.
- 산화방지제는 수용성과 지용성이 있으며, 수용성은 주로 색소의 산화 방지에 사용된다.

235 유지의 산화방지제로 이용되는 것은 주로 vitamin E를 비롯하여 BHA, BHT, propyl gallate, sodium L-ascorbate 등이다.

236 BHT
- 광선이나 열에 안정하며, 다른 산화방지제에 비하여 안정성이 커서 가공 때 가열하여도 효력이 저하하지 않고, 철 이온 등에 의한 착색도 일어나지 않는다.
- 가공식품에 대한 효력이행(carry through) 효과가 있고, 구연산, 아스코르빈산 등의 유기산과 병용하면 상승작용이 있다.
- 버터, 어패건제품 및 어패류 염장품, 어패냉동품 등의 안정제로서 쓰인다.

237 BHA(부틸히드록시아니솔)는 식용유지류, 버터류, 어패건제품, 어패염장품, 어패냉동품, 추잉껌 등에 사용된다.

---

232 다음 중 어패냉동품 제조 시 쓰이는 산화방지제는?
① tocopherol
② ascorbyl stearate
③ BHA(butyl hydroxy anisole)
④ propyl gallate

233 DL-α-tocopherol은 다음 중 어떠한 첨가물에 속하는가?
① 살균료
② 산화방지제
③ 보존료
④ 발색제

234 산화방지제의 특성은?
① 지방산의 생성 억제
② 카보닐화합물 생성 억제
③ 유기산의 생성 억제
④ 아미노산 생성 억제

235 다음 중 유지의 산화 방지에 쓰이는 것은?
① vitamin A
② vitamin D
③ vitamin F
④ vitamin E

236 산화방지제인 디부틸 히드록시톨루엔(BHT)의 설명 중 틀린 것은?
① 가공 시 가열하여도 효력이 저하되지 않는다.
② 가공식품에 효력이행(carry through)의 효과가 없다.
③ 유지식품의 산패 유도기간을 연장한다.
④ 유기산과 함께 사용하면 상승작용이 있다.

237 부틸히드록시아니졸(BHA)의 주 용도는?
① 보존료
② 산화방지제
③ 착색료
④ 살균료

ANSWER
232 ③ 233 ② 234 ② 235 ④
236 ② 237 ②

238 산화방지제의 설명을 바르게 한 것은?

① 영양가와 신선도 유지
② 해충의 발생 억제
③ 갈변의 억제
④ 유지의 산화 방지

239 항산화제의 효과를 강화하기 위하여 유지 식품에 첨가되는 효력 증강제(synergist)가 아닌 것은?

① maleic acid
② propyl gallate
③ phosphoric acid
④ citric acid

240 식용착색제로서의 구비 조건이 아닌 것은?

① 독성이 없을 것
② 체내에 축적되지 않을 것
③ 미량으로 착색 효과가 클 것
④ 영양소를 함유하지 않은 것

241 착색료에 대한 설명으로 맞지 않는 것은?

① β-carotene은 치즈, 버터, 마가린 등에 많이 사용되고 산이나 광선에 안정하다.
② 당류를 가열하여 만드는 caramel과 천연 carotene, chlorophyll 등은 착색제로 사용된다.
③ tar 색소는 수성, 유성식품에 모두 착색이 잘된다.
④ 황산동은 엽록소 분자의 Cu를 Mg로 치환하여 선명한 녹색을 유지한다.

242 다음 중 유해 합성착색제는 어느 것인가?

① methylene blue
② amaranth
③ tartrazine
④ indigo carmine

238 식품의 산화반응은 주로 지질성분이 과산화하여 식품을 변질한다. 산화는 서서히 자연발생적으로 일어나 자동산화된다.
• 제 1차 중간생성체 : hydroperoxides
• 자동산화속도 : Q_{10}을 2 정도

239 효력 증강제(synergist)
• 그 자신은 산화 정지작용이 별로 없지만 다른 산화방지제의작용을 증강시키는 효과가 있는 물질을 말한다.
• 여기에는 구연산(citric acid), 말레인산(maleic acid) 타르타르산(tartaric acid) 등의 유기산류나 폴리인산염, 메타인산염 등의 축합인산염류가 있다.

240 식용착색제의 구비 조건
• 인체에 독성이 없을 것
• 체내에 축적되지 않을 것
• 미량으로 착색 효과가 클 것
• 식품위생법에 허용된 것
• 물리, 화학적 변화에 안정할 것
• 영양소를 함유하면 더욱 좋다

241 황산동은 채소류, 과실류, 다시마 등의 착색제로 사용되며, 엽록소 분자 중의 Mg를 Cu와 치환하여 선명한 녹색을 나타낸다.

242 유해 합성착색제
• 허가되지 않은 유해 합성착색료는 염기성이거나 nitro기를 가지고 있는 것이 많다.
• 일반적인 유해 tar 색소
  – 황색계 : auramine, orange II, butter yellow, spirit yellow, p-nitroaniline
  – 청색계 : methylene blue
  – 녹색계 : malachite green
  – 자색계 : methyl violet, crystal violet
  – 적색계 : rhodamine B, sudan III
  – 갈색계 : bismark brown

╔ ANSWER ╗ ....

238 ④ 239 ② 240 ④ 241 ④
242 ①

243 법으로 허용된 합성착색료 중 예외로 사용 제한을 받지 않는 식품은 아이스크림류 및 아이스크림 분말유와 소시지, 희석과즙음료, 희석채소음료, 인삼 과자류 등이다.

244 tar 색소가 색소용액이나 착색된 액체식품에서 침전되는 이유
• 용해도를 초과하여 사용할 때
• 용매부족
• 화학반응
• 저온, 특히 농후한 색소액인 경우이다.

245 auramine은 황색계 tar 색소로 유해색소이고 erythrosine, amaranth, indigo carmine 등은 허용된 tar 색소이다.

246 tar 색소를 사용할 수 없는 식품에는 면류, 겨자류, 다류(분말청량음료는 제외), 단무지(단, 황색 4호는 사용가능), 생과일주스, 묵류, 젓갈류, 천연식품(식육, 어패류, 야채, 과실류 등과 가공하지 아니한 천연식품류를 말한다), 벌꿀, 장류, 식초, 소스, 케첩, 고춧가루, 후추가루, 잼, 카레분 식육제품(소시지 제외), 식용유, 버터, 마가린 등이 있다.

247 tar 색소는 거의 모두가 수용성 산성이고, 일반적으로 급성 독성뿐만 아니라 만성 독성이 문제가 되는 것이 많아 안전성이 확인된 것만 사용허가되고 있다.

248 식용 tar 색소는 모두 산성 색소이고 물에 용해시켜 착색하는 식용착색료 중 가장 많이 사용하는 색소이다.

249 식용 tar 색소는 대부분 수용성 산성이므로 유지식품 등의 착색에는 어려움이 많아 유지, 알사탕, 분말 등에는 알루미늄레이크 색소를 사용한다.

243 다음 중 허용된 tar 색소를 함유해서는 안 되는 것은?

① 아이스크림
② 단무지
③ 소시지
④ 희석과즙음료

244 식품 중 tar 색소가 액체상태에서 침전되는 이유가 아닌 것은?

① 용매 부족 시
② 저온, 특히 농후한 색소액인 경우
③ 고온 가열 시
④ 용해도 증가 시

245 다음 중 식품첨가물로 허용되어 있지 않은 tar 색소는?

① 에리즈로신(erythrosine)
② 아마란즈(amaranth)
③ 인디고카민(indigo carmine)
④ 오라민(auramine)

246 허가된 tar 색소를 포함해서는 안되는 식품은?

① 알사탕류
② 과자류
③ 겨자류
④ 청량음료수

247 tar 색소에 대해 바르게 설명한 것은?

① 불용성이다.
② 산에 잘 용해된다.
③ 고온에 처할 때 수용성이다.
④ 급성독성은 있지만 만성독성은 없다.

248 청량음료에서 수용성 tar 색소를 검사하는 데 사용되는 용액은?

① acetone+물
② 물
③ ether+물
④ HCl+물

249 식용 tar 색소를 바르게 설명한 것은?

① 산성 색소이고 수용성이다.
② 산성 색소이고 불용성이다.
③ 알칼리성 색소이고 수용성이다.
④ 알칼리성 색소이고 불용성이다.

250 tar 색소의 모사시험에 있어서 탈지 모사가 암모니아 알칼리성에서 착색이 되고 묽은 아세트산 산성에서 색소가 용출하면 다음 중 어느 색소인가?

① 염기성 색소
② 산성 색소
③ 천연색소
④ 공업용 색소

251 식육제품의 색소고정을 위한 발색제로 사용이 허가된 첨가물이 아닌 것은?

① 아질산 나트륨
② 황산 제일철
③ 질산 나트륨
④ 질산 칼륨

252 다음 중 식육가공품의 발색제로 사용될 수 있는 것은?

① 파프리카(paprika) 추출색소
② β-카로틴(β-carotene)
③ 이산화티타늄(titanium dioxide)
④ 아질산나트륨(sodium nitrate)

253 다음 식품첨가물 중 착색 효과와 영양강화 효과를 동시에 나타내는 것은?

① ascorbic acid
② β-carotene
③ vitamin E
④ erythrosine

254 식용색소 알루미늄 레이크(Al-lake)의 성상에 관한 설명 중 틀린 것은?

① 산, 알칼리에 용해된다.
② 내열성, 내광성이 좋지 않다.
③ 5미크론 정도의 미세분말이고 가비중은 0.1~0.14이다.
④ 물, 유기용매, 유지 등에 거의 녹지 않는다.

255 다음 중 간장을 양조할 때 많이 쓰이는 착색료는?

① amaranth
② erythrosine
③ caramel
④ alura red

256 마가린, 치즈 등에 사용이 가능한 착색료는?

① 적색 50호
② 적색 2호
③ β-카로틴
④ 황색 4호

257 허용된 합성 감미료는 saccharine sodium, aspartame, disodium glycyrrhizinate, trisodium glycyrrhizinate, D-sorbitol 등이 있으며, 천연 감미료인 stevioside도 있다.

258 인공 감미료를 사용하는 이유
• 설탕보다 값이 싸고 당뇨병 환자, 기타 비만 방지를 위한 무열량 감미료로 적당하기 때문이다.
• 식빵, 이유식, 백설탕, 포도당, 물엿, 벌꿀, 알사탕류에는 사용하지 못한다.

259 유해 감미료
• cyclamate, dulcin, ethylene glycol, perillartine, p-nitro-o-toluidine 등이 있다.
※ bentonite는 중량제로, rongalite는 유해 표백제로, urotropin은 유해 보존료로 한때 사용한 적이 있었으나 지금은 사용이 금지되었다.

260 259번 해설 참조

261
• 아스파탐 : 저칼로리 건강식품에 사용
• 둘신 : 1966년에 소화 효소 불활성화 및 적혈구 생산 억제로 사용금지
• 소르비톨 : 당알코올로 시원한 단맛이 있으며, 감미도는 0.60이며, 점성을 조절하여 과자류 등의 딱딱함을 방지하며 설탕 석출을 방지한다.
• 스테비오사이드 : 설탕의 약 270~300배의 감미도를 가졌으며 절임류, 소주, 스낵 등에 사용

262
• L-글루타민산나트륨 : 중국음식 증후군 원인 첨가물
• D-주석산나트륨 : 떫은맛과 신맛
• DL-사과산나트륨 : 소금의 1/3 정도 짠맛, 소금이 금지된 신장, 당뇨 환자용으로 사용한다.

---

257 다음 중 사용 허가된 인공 감미료는?

① ethylene glycol
② dulcin
③ D-sorbitol
④ cyclamate

258 다음 중에 인공 감미료를 사용할 수 없는 식품은?

① 청량음료수　　　② 이유식
③ 건빵　　　　　　④ 생과자

259 다음 중 유해 감미료는 어느 것인가?

① bentonite　　　② cyclamate
③ rongalite　　　④ urotropin

260 다음 중 유해성 감미료가 아닌 것은?

① ethylene glycol
② dulcin
③ D-sorbitol
④ p-nitro-o-toluidine

261 식빵, 이유식, 물엿, 벌꿀 등에는 감미료의 사용이 제한되어 있다. 그러나 이 경우 사용이 가능한 감미료는?

① 아스파탐
② 둘신
③ 소르비톨
④ 스테비오사이드

262 소금대용으로 이용되는 감미료는?

① L-글루타민산나트륨
② D-주석산나트륨
③ 5-이노신산나트륨
④ DL-사과산나트륨

ANSWER

257 ③　258 ②　259 ②　260 ③
261 ③　262 ④

263 다음 중 환원성 표백제가 아닌 것은?

① 아황산나트륨(sodium sulfite)
② 메타중 아황산칼륨(patassium metabisulfite)
③ 차아황산나트륨(sodium hyposulfite)
④ 과산화수소(hydrogen peroxide)

264 밀가루의 표백과 숙성에 사용되는 개량제는?

① 무수아황산 　　　　② 과산화벤조일
③ 과산화수소 　　　　④ 염화암모늄

265 표백제는 어떤작용원리를 이용하여 제조하는가?

① 탈색과 정색 　　　　② 희석과 침출
③ 산화와 환원 　　　　④ 축합과 중합

266 다음 중 산미료가 아닌 것은?

① 구연산(citric acid)
② 젖산(Lactic acid)
③ 질산(nitric acid)
④ 호박산(succinic acid)

267 다음과 같은 목적과 기능을 갖는 식품첨가물은 무엇인가?

- 부패균이나 식중독 원인균을 억제하는 식품 보존제
- 식품의 제조과정이나 최종제품의 pH 조절을 위한 완충제
- 유지의 항산화제나 갈색화 반응 억제 시의 상승제
- 밀가루 반죽의 점도 조절제

① 보존료 　　　　② 산미료
③ 호료 　　　　④ 유화제

268 물과 기름처럼 서로 혼합이 잘 되지 않는 두 종류의 액체를 혼합, 분산시켜 주는 첨가물은?

① 보존료 　　　　② 품질개량제
③ 유화제 　　　　④ 용제

263　허용된 표백제
- 환원성 표백제로는 메타 중 아황산칼륨, 무수아황산, 아황산나트륨, 산성 아황산 나트륨, 차아황산나트륨 등이 있다.
- 과산화수소는 산화형의 표백제이다.

264　밀가루의 개량제
- 밀가루를 제분 후 일정기간 숙성시키면 제빵 적성이 좋아진다.
- 밀가루 개량제로 허용된 것은 과산화벤조일(소맥분에 0.3g/kg), 과황산암모늄(소맥분에 0.3g/kg), 염소, 이산화염소 등이 사용된다.

265 표백제는 작용에 따라 과산화수소와 같은 산화표백제와 아황산에 의한 환원표백제로 구분한다.

266　산미료(acidulant)
- 식품을 가공하거나 조리할 때 적당한 신맛을 주어 미각에 청량감과 상쾌한 자극을 주는 식품첨가물이며, 소화액의 분비나 식욕 증진 효과도 있다.
- 산미료는 보존료의 효과를 조장하고, 향료나 유지 등의 산화방지에 기여한다.
- acetic acid, citric acid, malic acid, succinic acid, lactic acid, tartaric acid, fumaric acid 등의 유기산이다.
- HCl, HNO_3, H_2SO_4 등의 무기산은 맹독성으로 산미료로 사용되지 않는다.

267　266번 해설 참조

268
- 품질개량제 : 식육이나 어육을 원료로 연제품 제조 시 결착성, 탄력성, 보수성, 팽창성을 증대시켜 맛의 조화와 풍미의 향상을 갖는 첨가물이다.
- 보존료 : 미생물의 증식에 의하여 일어나는 식품의 부패나 변질을 방지하기 위하여 사용되는 물질이다.
- 용제 : 천연물의 유효성분이나 식품첨가물 등을 식품에 균일하게 혼합되게 용매에 용해시켜 첨가하는 목적으로 사용되는 것이다.

ANSWER

263 ④　264 ②　265 ③　266 ③
267 ②　268 ③

269 증점제
- 식품에작용하여 점착성을 증가시키고 유화안전성을 좋게 하며, 가공 시 가열이나 보존 중의 선도 유지와 형체를 보존하는 데 효과가 있다.
- 미각적인 면에서도 점착성을 주어 촉감을 좋게 한다.
- 허용된 증점제는 51종이다.

270 식품에 사용할 수 있는 유화제 [식품첨가물공전]
- 글리세린지방산 에스테르, 소리비탄지방산 에스테르, 대두인지질(대두레시친), 폴리소르베이트 등 40종이 있다.
- ※ 에리소르빈산 나트륨은 산화방지제이다.

271 대두인지질
- 일명 대두 레시틴이라고 한다.
- 천연유화제로서 초콜릿, 캐러멜, 마가린, 쇼트닝 등에 사용한다.
- 빵, 케이크, 비스킷 등의 노화 방지 및 산화방지제로도 사용한다.

272 거품제거제
- 식품의 거품 생성을 방지하거나 감소시키는 식품첨가물이다.
- 허용된 거품제거제는 규소수지(sillicon resin) 외에 6종이 있다.

273 증점제
- 알긴산 나트륨, 알긴산푸로필렌글리콜, 메틸셀룰로오스, 카복시메틸셀룰로오스나트륨, 카제인, 폴리아크릴산 나트륨 등 총 51종이 있다.
- ※ 사카린 나트륨은 감미료 일종이다.

274 증점제의 사용식품은 마요네즈, 케첩류, 아이스크림, 캔디, 젤리, 소프트밀크, 푸딩, 수프, eggnog 음료, 축육제품, 수산식품, 빵, 케이크류 등이다.

275 육류결착제에는 피로인산염, 메타인산염, 폴리인산염이 있고 아질산염은 육류 제품의 발색제로 쓰인다.

---

269 식품의 점도를 증가시키고 교질상의 미각을 향상시키는 효과가 있는 첨가물은?

① 품질개량제   ② 산화방지제
③ 유화제   ④ 호료

270 다음 중 식품에 허용된 유화제가 아닌 것은?

① 레시틴
② 글리세린지방산에스테르
③ 소르비탄지방산에스테르
④ 에리소르빈산나트륨

271 대두인지질(soybean phospholipids)은 어떤작용을 하는 첨가물인가?

① 산화작용   ② 방부작용
③ 유화작용   ④ 호료작용

272 식품제조공정 중에 거품을 소멸시키기 위해 사용되는 첨가물은?

① 유화제   ② 팽창제
③ 유동 파라핀   ④ 규소수지

273 다음 중 증점제가 아닌 것은?

① 카제인   ② 폴리아크릴산 나트륨
③ 알긴산 나트륨   ④ 사카린 나트륨

274 증점제를 첨가시키지 않고 만들어지는 식품은?

① 수산식품   ② 햄, 소시지
③ 마요네즈   ④ 버터

275 다음 중 육류결착제와 관계 없는 첨가물은?

① 폴리인산염   ② 피로인산염
③ 메타인산염   ④ 아질산염

ANSWER
269 ④ 270 ④ 271 ③ 272 ④
273 ④ 274 ④ 275 ④

276 식품의 제조 가공 시 pH의 조정, 금속제거, 완충 등의 목적으로 사용하는 첨가물은?

① 이산화규소
② 수산화나트륨
③ 피친산
④ 구연산칼륨

277 과자류와 빵류 등에 팽창을 목적으로 사용하는 식품첨가물은?

① 탄산수소나트륨
② 수산화나트륨
③ 알긴산나트륨
④ 아질산나트륨

278 식품첨가물의 사용목적에 따른 분류 시에 관능을 만족시키는 첨가물로 볼수 없는 것은?

① 조미료
② 착색료
③ 착향료
④ 산화방지제

279 함유된 첨가물의 명칭과 그 함량을 표시하지 않아도 되는 첨가물은?

① 착향료
② 합성보존료
③ 합성착색료
④ 발색제

280 식품을 보존 시 사용하지 못하게 하는 첨가물은?

① 보존료
② 항산화제
③ 살균제
④ 항생제

281 야채, 과일류의 호흡제한, 수분증발 방지로 보존성을 높이는 식품첨가물은?

① 이형제
② 피막제
③ 점착제
④ 알칼리제

282 탄산음료에 대한 설명이 아닌 것은?

① 콜라, 사이다
② 당 20~30% 함유
③ 세균수 100 이하/ml
④ CO_2 가스 첨가

276 유기산류와 인산염은 금속제거, pH 완충, 착염형성 능력을 가지고 있어 품질개량제 및 금속 제거제로 사용된다.

277 팽창제
• 빵류나 과자류 등을 만들 때 부풀게 할 목적으로 첨가하는 물질이다.
• 천연품은 효모가 대표적이고 화학팽창제는 탄산수소나트륨, 탄산수소암모늄, 탄산암모늄, 암모늄명반, 소명반, 탄산마그네슘 등이 있다.

278 관능을 만족시키는 첨가물은 조미료, 산미료, 감미료, 착색료, 착향료, 발색제, 표백제 등이 있다. 산화방지제, 보존료, 살균제는 식품의 변질, 변패를 방지하는 첨가물이다.

279 착색료는 사용량의 규제는 없으나 과잉 사용 시 액상식품의 색소침전, 색깔이 탁하고 둔하게 되므로 과잉 사용하지 않는 것이 좋다.

280 항생제
• 미생물이 생산하는 대사산물로서, 다른 미생물의 발육을 억제하거나 사멸시키는 물질로 사용한다.
• 사용하다가 중단하면 내성균이 될 수 있어서 더 강한 항생제를 사용해야 되는 문제점이 있다.

281 피막제
• 주로 과실이나 야채의 신선도를 오랫동안 유지하기 위해 표면에 피막을 만들어 호흡작용을 제한하고 수분증발을 막아 표피의 위축을 방지하기 위해 사용한다.
• 모르폴린 지방산염, 초산비닐수지, 폴리에틸렌글리콜 등 총 17종이 허용되고 있다.

282 탄산음료의 당 함량은 3% 이상이다.

유해물질

283 생물 농축이 일어나는 축적성이 강한 유해물질에 의한 피해는 주로 세포의 증식을 억제시키는 것이다.

284 트리할로메탄(trihalomethane)
· 물속에 포함돼 있는 유기물질이 정수과 정에서 살균제로 쓰이는 염소와 반응해 생성되는 물질이다.
· 유기물이 많을수록, 염소를 많이 쓸수록, 살균과정에서 반응과정이 길수록, 수소이온농도(pH)가 높을수록, 급수관 에서 체류가 길수록 생성이 더욱 활발 해진다.
· 인체에 암을 일으키는 발암성 물질로 알 려져 있다.
· 우리나라의 기준치는 0.1ppm이하 이다.

285 프탈산 에스테르
· 플라스틱 제품의 가소제, 락카, 접착제, 인쇄 잉크, 염료, 살충제 등의 제조에 널리 사용되고 있다.
· 최근 사람의 혈액, 각종 생물체, 어류, 유제품을 비롯하여 토양, 수질, 대기 등의 환경을 광범위하게 오염시키는 것 으로 밝혀져 위생상 문제가 되고 있다.

286 PCB나 DDT 등과 같은 유기염 소 화합물이나 Pb, Hg 등과 같은 중금속 은 생물농축이 잘된다.

287 유지류는 악취, 수질의 용존산소 결핍 등을 일으킨다.

288 공장 폐수가 바다로 유입되어 어 패류에 유독물질이 축적되므로 식용으로 문제점이 많다.

283 환경 오염물질이 식품을 통하여 인체에 들어와서 나타나는 영향이 아닌 것은?
① 발암 ② 돌연변이
③ 세포증식 ④ 기형유발

284 먹는 물의 안정성을 확보하기 위한 방편으로 관리되고 있는 유해물 질로서, 유기물 또는 화학물질에 염소를 처리하여 생성되는 발암성 물질은?
① 니트로사민
② 다환방향족 탄화수소류
③ 트리할로메탄
④ 다이옥신

285 플라스틱 제품의 가소제, 락카, 접착제 등에 사용되는 물질로 환경 오염을 일으키는 물질은?
① 유기수은 ② 프탈산 에스테르
③ 카드뮴 ④ ABS

286 먹이 연쇄현상에 의하여 생물체에 농축이 가장 적게 나타나는 물질은?
① PCB ② DDT
③ Pb, Hg ④ ABS

287 식품에 대한 환경 오염으로 유해작용이 가장 적은 것은?
① 중금속 ② 공장폐수
③ 유류(油類) ④ 잔류농약

288 패류를 비롯한 수산물의 음식물로서 위생관리가 중요한 이유는?
① 어패류는 부패되기 쉽기 때문이다.
② 수중미생물과 독성물질을 축적하기 때문이다.
③ 패류를 날것으로 먹기 때문이다.
④ 서식처가 쉽게 오염되는 곳이기 때문이다.

ANSWER
283 ③ 284 ③ 285 ② 286 ④
287 ③ 288 ②

289 다음 중 일반적으로 대기 오염의 지표로 이용하는 것은?

① SO₂   ②CO₂
③ N₂   ④O₂

290 다이옥신(Dioxin)이 인체 내에 잘 축적되는 이유는?

① 물에 잘 녹기 때문
② 주로 호흡기를 통해 흡수되기 때문
③ 지방에 잘 녹기 때문
④ 극성을 가지고 있기 때문

291 질산성 질소에 의하여 질산이온이 많은 물을 섭취한 어린이에게서 나타날 수 있는 질환은?

① 빈혈   ② 메트 헤모글로빈
③ 부종   ④ 요독증

292 포도주 양조나 물엿 제조 시 살균 효과와 건조과일 등의 갈변 방지 효과가 있지만 천식환자나 알레르기 체질인 사람에게 그 독성이 문제 될 수 있는 것은?

① 아질산염   ② 벤조피렌
③ 프로필갈레이트   ④ 아황산염

293 3, 4-benzopyrene에 관한 설명 중 맞지 않는 것은?

① 발암성 물질이다.
② 다핵 방향족 탄화수소이다.
③ 대기 중에는 존재하지 않는다.
④ 대맥, 커피, 채종유 등에 미량 존재한다.

294 훈연식품이나 커피 등에서 생성되기 쉬운 발암성 물질은?

① 아우라민(auramine)
② 다환 방향족 탄화수소(polycyclic aromatic hydrocarbon)
③ 피.씨.비(PCB, polychlorinated biphenyl)
④ 니트로스아민(nitrosamine)

---

289 이산화황(SO₂, 아황산가스)
• 무색, 자극성이 강한 기체로 산성비 (acid rain)의 원인물질이다.
• 대기 오염의 지표(환경기준 : 0.05ppm 이하)가 되고 있다.

290 다이옥신(Dioxin)
• 무색, 무취의 맹독성 화학물질로 주로 쓰레기 소각장에서 발생하는 환경호르몬이다.
• 물에 잘 녹지 않는 성질이 있어서 소변이나 배설물로는 잘 빠져나가지 않는다.
• 지방에는 잘 녹기 때문에 사람이나 동물의 지방조직에 쌓이게 된다.
• 소량을 섭취하더라도 인체에 축적돼 치명적인 결과를 낳는 무색의 발암물질이다.
• 청산가리의 만배, 사카린의 천배의 독성을 가진 것으로 밝혀졌다.

291 질산 이온
• 주로 미생물에 의해 아질산으로 변환되어 위장에서 신속히 흡수되어 헤모글로빈을 3가 철 상태인 메트 헤모글로빈으로 산화된다.
• 어린이의 피부가 파랗게 변하는 청색증에 걸릴 수 있다.

292 아황산염
• 건조과일, 포도주, 천연과즙, 물엿 등의 탈색·표백에 사용되며 보통은 수용액으로서 사용된다.
• 천식환자나 호흡기가 약한 사람, 알레르기 체질인 경우에 건강상 해를 줄 수 있는 첨가물로 확인되었다.

293 3, 4-benzopyrene
• 발암성 방향족 탄화수소이다.
• 구운 소고기, 훈제어, 대맥, 커피, 채종유 등에 미량 함유되어 있다.
• 공장지대의 대맥에는 농촌보다 약 10배나 함량이 많은 것으로 알려졌다. 이는 대기 오염의 영향 때문으로 판단된다.

294 293번 해설 참조

| ANSWER |

289 ①   290 ③   291 ②   292 ④
293 ③   294 ②

---

295 환경호르몬

- 생물체에서 정상적으로 생성·분비되는 물질이 아니라, 인간의 산업 활동을 통해서 생성·방출된 화학물질이다.
- 생물체에 흡수되면 내분비계의 정상적인 기능을 방해하거나 혼란하게 하는 화학물질이다.
- 생물체 내로 들어간 후 마치 호르몬인 것처럼작용해 생물체의 성기능을 마비시키거나 생리 균형을 깨뜨린다.
- 현재 확인된 것은 DDT, DES, PCB류(209종), 다이옥신(75종), 퓨란류(135종) 등 현재까지 밝혀진 것만 51여 종류에 달한다.

296 식육 중 다이옥신 허용기준[식품공전]

- 소고기 : 4.0 pg TEQ/g fat 이하
- 돼지고기 : 2.0 pg TEQ/g fat 이하
- 닭고기 : 3.0 pg TEQ/g fat 이하

297 다이옥신

- 1개 또는 2개의 염소원자에 2개의 벤젠고리가 연결된 3중 고리구조로 1개에서 8개의 염소원자를 갖는 다염소화된 방향족화합물을 지칭한다.
- 독성이 알려진 17개의 다이옥신 유사종 중에서 2,3,7,8-사염화이벤조-파라-다이옥신(2,3,7,8-TCDD)은 청산칼리보다 독성이 1만배 이상 높아 "인간에게 가장 위험한 물질"로 알려져 있다.
- 유기성 고체로서 녹는점과 끓는점이 높고 증기압이 낮으며 물에 대한 용해도가 매우 낮다.
- 소수성으로 주로 지방상에 축적되어 생물농축 현상을 일으켜 모유 및 우유에서 다이옥신이 검출되는 이유가 된다.

298 잔류성 유기오염물질에 관한 스톡홀름협약(POPs조약)

- 국제연합환경계획(UNEP)이 주도하며 2001년 5월 22일 채택되었다.
- 잔류성 유기 오염물질(POPs) 중 유해성이 심각한 12가지 물질의 생산, 사용, 배출을 제한한다.
- 비준한 국가는 50개국이며 미국은 서명만 하고 비준은 하지 않았다.

ANSWER

295 ④　296 ④　297 ③　298 ④

---

295 생물체에서 정상적으로 생성·분비되는 물질이 아니라, 인간의 산업 활동을 통해서 생성·방출된 화학물질로, 생물체에 흡수되면 내분비계의 정상적인 기능을 방해하거나 혼란케 하는 화학물질을 무엇이라 하는가?

① 환경 독소
② 방사선 오염물질
③ 환경 오염물질
④ 환경호르몬

296 내분비계 장애물질에 대한 설명으로 틀린 것은?

① 내분비계 장애물질은 환경 오염으로부터 먹이사슬을 통하여 식품에 오염되기 때문에 환경호르몬이라고도 부른다.
② 대표적인 내분비계 장애물질로는 PCB(polychlorinated biphenyl)와 다이옥신이 있으며 가소제, 절연제, 페인트, 윤활유 등 산업현장으로부터 주로 오염이 된다.
③ 내분비계 장애물질에 의한 대표적인 증상은 여드름 형태 발진, 간 비대증, 체중감소 등이 있다.
④ 식육 중 다이옥신은 절대 검출되어서는 안 된다.

297 강력한 독성을 가진 화학물질의 하나인 다이옥신(dioxin)에 대한 설명으로 맞지 않는 것은?

① 다이옥신 중 독성이 가장 큰 TCDD는 생식계 독성을 나타낸다.
② 다이옥신의 발생 원인에는 자동차 배출가스나 소각장 등이 있다.
③ 다이옥신은 색과 냄새가 없는 고체물질로 물에 대한 용해도 및 증기압이 높다.
④ 모유 및 우유에서 다이옥신이 검출되고 있다.

298 「잔류성 유기오염물질에 대한 협약」에 관한 설명으로 맞지 않는 것은?

① 유해성이 심각한 12종 물질에 대한 생산, 사용, 배출 등을 금지 또는 제한, 규제하는 내용을 담고 있다.
② POPs조약(스톡홀름조약)이라고 한다.
③ 잔류성 유기오염물질은 환경 중에서 분해되기 어렵고 체내에 축적되기 쉬운 화학물질을 말한다.
④ FAO가 주도하여 미국, 일본 등 100여개의 국가가 비준하였다.

299 식품의 방사능 오염에서 가장 문제되는 핵종들로 되어 있는 것은?

① Sr-89, Ru-106   ② Fe-59, Ce-141
③ Sr-90, Cs-137   ④ Ba-140, I-131

300 식품오염에 문제되는 방사능이 아닌 것은?

① Ru-106   ② Cs-137
③ I-131   ④ C-12

301 식품을 통하여 방사능 핵종이 인체에 들어왔을 때 특히 반감기가 길고 뼈의 칼슘성분과 친화성이 있어서 문제되는 것은?

① Cs-137   ② Sr-90
③ I-131   ④ Co-60

🍎 식품공장의 위생관리

302 HACCP(Hazard Analysis Critical Control Point) 제도에 대한 설명으로 옳은 것은?

① 식품의 유통과정 중 문제점 발생 시 제품을 자발적으로 회수하여 폐기하는 제도
② 식품공장의 미생물 관리를 위한 위해분석과 중요관리점검 제도
③ 식품 등의 규격 및 기준의 최저기준 이상의 위생적 품질기준 제도
④ 제품을 생산하여 출하시킨 뒤 유통 중이거나 사용 중에 발생하는 문제를 책임지는 제도

303 식품공장의 위생관리를 위한 기법으로 위해분석을 기초로 제조공정 중 엄격한 미생물 관리를 할 부분을 정하여 합리적으로 관리하려는 제도는?

① Cold Chain 제도
② Quality Control 제도
③ GMP(Good Manufacturing Practice) 제도
④ HACCP 제도

299 식품 오염에 문제가 되는 방사선 물질
• 생성율이 비교적 크고 반감기가 긴 것 : Sr-90(28.7년), Cs-137(30.17년)
• 생성율이 비교적 크고 반감기가 짧은 것 : I-131(8일), Ru-106(1년)
※ C에서 문제되는 핵종은 C-12가 아니고 C-14이다.

300 299번 해설 참조

301 식품 오염에 문제가 되는 방사선 물질
• 생성률이 비교적 크고 반감기가 긴 것 : Sr-90(뼈), Cs-137(근육)
• 생성률이 비교적 크고 반감기가 짧은 것 : I-131(갑상선), Ru-106(신장)
– Sr-90은 주로 뼈에 침착하여 17.5년이란 긴 유효반감기를 가지고 있기 때문에 한번 침착되면 조혈기관인 골수장애를 일으킨다. 그러므로 Sr-90은 식품위생상 크게 문제가 된다.

302 HACCP(Hazard Analysis Critical Control Point) 제도란
• 식품의 원재료 생산에서부터 제조, 가공, 보존, 조리 및 유통단계를 거쳐 최종 소비자가 섭취하기 전까지 각 단계에서 위해물질이 해당식품에 혼입되거나 오염되는 것을 사전에 방지하기 위하여 발생할 우려가 있는 위해요소를 규명하고 이들 위해요소 중에서 최종제품에 결정적으로 위해를 줄 수 있는 공정, 지점에서 해당 위해요소를 중점적으로 관리하는 위생관리 시스템이다.
• HACCP 적용순서는 국제식품규격위원회(CODEX)에서 정한 7원칙 및 12절차에 따라 수행한다.

303 302번 해설 참조

ANSWER

299 ③ 300 ④ 301 ② 302 ②
303 ④

304 HACCP의 7원칙에 해당되지 않는 것은?

① 검증절차의 수립
② 시정조치(Corrective Action)의 설정
③ 모니터링(Monitoring) 방법의 설정
④ 종업원 교육 방법의 설정

305 HACCP에 관한 설명 중 맞지 않는 것은?

① 위해분석(HA)과 중요관리점(CCP)을 의미한다.
② HACCP 도입업소는 위생적이고 안전한 식품을 제조할 수 있다.
③ 위해 발생요소를 사전에 선정하여 집중 관리하는 방식이다.
④ 자율적 위생관리에서 정부주도형 위생관리를 수행하기 위한 제도이다.

306 HACCP 제도와 관련된 용어의 정의 중 틀린 것은?

① 개선조치(Corrective Action)는 모니터링 결과 중요관리점의 한계기준을 이탈할 경우에 취하는 일련의 조치를 말한다.
② 위해요소분석은 식품안전에 영향을 줄 수 있는 미생물학적 인자에 대해서만 이를 유발할 수 있는 조건이 존재하는지의 여부를 판별하기 위한 필요한 정보를 수집하고 평가하는 일련의 과정이다.
③ 한계기준은 중요관리점에서의 위해요소관리가 허용범위내로 충분히 이루어지고 있는지의 여부를 판단할 수 있는 기준이나 기준치를 말한다.
④ 축산물 위해요소중점관리기준에서 선행요건프로그램은 축산물작업장이 HACCP을 적용하는 데에 토대가 되는 위생관리프로그램을 말한다.

307 식품안전관리인증기준을 준수하여야 하는 식품이 아닌 것은?

① 레토르트식품
② 어육가공품 중 어묵류
③ 케이크류
④ 즉석조리식품 중 순대

308 HACCP의 중요관리점에서 모니터링의 측정치가 허용한계치를 이탈한 것이 판명될 경우, 영향을 받은 제품을 배제하고 중요관리점에서 관리상태를 신속 정확히 정상으로 원위치 시키기 위해 행해지는 과정은?

① 기록유지(Record Keeping)
② 예방조치(Preventive Action)
③ 개선조치(Corrective Action)
④ 모니터링(Monitoring)

309 HACCP 도입 시 화학적위해요소와 관련 식품의 연결이 잘못된 것은?

① prion – 소, 양 등의 식육제품
② aflatoxin – 옥수수, 땅콩
③ ciguatera – 버섯류
④ 항생제 – 식육, 양식어류

310 HACCP관리에서 미생물학적 위해분석을 수행할 경우 평가사항과 거리가 먼 것은?

① 위해의 중요도 평가
② 위해의 위험도 평가
③ 위해의 원인 분석 및 확정
④ 위해의 발생 후 사후조치 평가

311 식품 및 축산물 안전관리인증기준에 의거하여 식품(식품첨가물 포함) 제조 · 가공업소, 건강기능식품제조업소, 집단급식소식품판매업소, 축산물작업장 · 업소의 선행 요건 관리 대상이 아닌 것은?

① 용수 관리
② 차단방역관리
③ 회수 프로그램 관리
④ 검사 관리

312 다음 ( ) 안에 적당한 용어는?

> ISO 22000 인증이란 식품의 모든 취급단계에서 발생할 수 있는 위해요소를 효과적으로 관리하기 위하여 식품공급기관이 공동으로 개발한 국제규격이다. 식품공급사슬 내의 모든 이해관계자들이 적용할 수 있도록 CODEX의 ( ) 원칙과 ISO 경영시스템을 통합한 인증규격으로써 식품안전 위해요소 관리 능력을 실증하기 위한 식품안전경영시스템의 요구사항을 규정한 제도이다.

① CC
② QC
③ GMP
④ HACCP

- 특수용도식품
- 즉석섭취 · 편의식품류 중 즉석섭취식품, 즉석섭취 · 편의식품류의 즉석조리식품 중 순대
- 식품제조 · 가공업의 영업소 중 전년도 총 매출액이 100억원 이상인 영업소에서 제조 · 가공하는 식품

308 HACCP 개선조치(Corrective Action)의 설정
- HACCP 시스템에는 중요관리점에서 모니터링의 측정치가 관리기준을 이탈한 것이 판명된 경우, 관리기준의 이탈에 의하여 영향을 받은 제품을 배제하고, 중요관리점에서 관리상태를 신속, 정확히 정상으로 원위치 시켜야 한다.
- 개선조치
  - 제조과정을 다시 관리 가능한 상태로 되돌림
  - 제조과정이 통제를 벗어났을 때 생산된 제품의 안전성에 대한 평가
  - 재위반을 방지하기 위한 방법 결정

309 Ciguatera 중독
- 플랑크톤인 *Gambierdiscus toxicus* 로부터 생산된 독소에 의해 발생된다.
- 독꼬치, red sanpper, grouper, blue crevally 등 독어 섭취에 의한 식중독이다.

310 HACCP 관리에서 미생물학적 위해 분석을 수행할 경우 평가 사항
- 위해의 중요도 평가
- 위해의 위험도 평가
- 위해의 원인 분석 및 확정 등

311 선행 요건 관리
- 영업장 관리
- 제조 · 가공시설 · 설비관리
- 냉장 · 냉동시설 · 설비관리
- 위생관리
- 용수관리
- 입고 · 보관 · 운송관리
- 검사관리
- 회수관리

313 식품안전경영시스템은 국제적인 인증제도이며 민간주도의 자율적인 제도이다.

314 식품안전경영시스템의 핵심 요구사항
- 상호의사소통(Interactive communication)
- 시스템 경영(System management)
- HACCP 원칙(HACCP Principles)
- 선행요건 프로그램(Prerequisite Program)

315 ISO 22000 인증절차 5단계 문서심사(1단계 심사)의 주 목적
- 문서화된 경영시스템의 심사규격 요구사항에의 적합성 검토
- 심사범위, 주요 프로세스, 적용제외 요건, 심사코드, 심사일수의 확인 및 현장방문
- 관련법규 요구사항의 파악
- 본심사 대비 준비상태의 점검
- 본심사 프로그램의 작성

316 ISO 22000 도입 효과
- 식품안전경영시스템 정비
- 품질관리 용이
- 관계 법규에 따른 시스템의 준수로 신뢰감 부여
- 고객만족
- 홍보 효과
- 무역규제에 대한 진입수단

317 카드뮴(cd)
- 식기에 도금하면 산에 약해서 용출되므로 산성 식품의 용기로는 부적합하다.
- 중성 및 알칼리성 식품의 용기로만 사용이 가능하다.

318 식품공전상 기구 및 용기·포장의 기준·규격에 의한 재질별 규격에서 금속제의 재질 규격
① 정의
- 금속제는 금속으로 구성되어 있는 것을 말한다(다만, 금속관은 제외한다).
② 재질규격(%)
- 납 : 10 이하(도금용 주석은 5.0 이하)
- 안티몬 : 5.0 이하
③ 용출규격(mg/ℓ)
- 납 : 1.0 이하

313 ISO 22000(식품안전경영시스템)에 대한 설명으로 옳지 않은 것은?
① 식품의 모든 취급단계에서 발생할 수 있는 위해요소를 효과적으로 관리하기 위하여 개발한 국제규격이다
② 식품공급사슬 내의 모든 이해관계자들이 적용할 수 있도록 CODEX의 HACCP 원칙과 ISO 경영시스템을 통합한 인증규격이다.
③ 정부 주도 중심 제도이다.
④ 소비자들의 식품안전성 요구에 적극적으로 대응 가능하다.

314 식품안전경영시스템의 핵심 요구사항이 아닌 것은?
① 상호의사소통(Interactive communication)
② 전략 경영(Strategic management)
③ HACCP 원칙(HACCP Principles)
④ 선행요건 프로그램(Prerequisite Program)

315 ISO 22000 인증절차 5단계 문서 심사(1단계 심사)의 주목적이 아닌 것은?
① 문서화된 경영시스템의 심사규격 요구사항의 적합성 검토
② 심사범위, 주요 프로세스, 적용제외 요건, 심사일수의 확인 및 현장방문
③ 경영시스템이 일관성이 있고 효과적으로 이행되는지를 검증
④ 본심사 대비 준비상태의 점검

316 ISO 22000 도입 효과가 아닌 것은?
① 식품안전경영시스템 정비 ② 품질관리 용이
③ 고객만족 ④ 효율적인 경영

317 식품 용기에서 카드뮴(Cd) 도금한 것은 다음 중 어느 식품에 사용이 가능한가?
① 산성 및 알칼리식품 ② 중성 및 알칼리성 식품
③ 중성 및 산성 식품 ④ 산성, 중성 및 알칼리성 식품

318 우리나라 식품공전 상 기구 및 용기·포장의 기준·규격에 의한 재질별 규격에서 금속제 도금용 주석의 기준은?
① 5.0% 이하 ② 8.0% 이하
③ 0.0% 이하 ④ 12.0% 이하

319 스텐레스 스틸 용기에서 유독한 중금속이 용출될 가능성이 큰 것은?

① 구리
② 크롬
③ 니켈
④ 아연

320 도자기나 옹기류에 사용되는 유약에서 문제가 가장 크게 될 수 있는 중금속은?

① 납
② 카드뮴
③ 아연
④ 비소

321 법랑제 식기에 음식을 저장할 때 용출될 가능성이 있는 중금속은?

① 수은(Hg)
② 안티몬(Sb)
③ 납(Pb)
④ 아연(Zn)

322 식품용기 재료 중 포르말린(formalin) 용출이 심하여 위생상 문제가 되는 합성수지는?

① 석탄산 수지
② 폴리프로필렌 수지
③ 요소 수지
④ 염화비닐 수지

323 용기 재료 중 포르말린(formalin)과 결합하여 만드는 합성수지는?

① 페놀 수지
② 멜라닌
③ 폴리에틸렌 수지
④ 폴리에스텔 수지

324 다음 식품용기 재료 중 포름알데히드(formaldehyde)가 용출될 염려가 없는 합성수지는?

① 석탄산 수지
② 요소 수지
③ 멜라민 수지
④ 염화비닐 수지

325 유연 포장재료 중 고분자물질인 셀로판의 성질에 대한 설명 중 틀린 것은?

① 온도에 영향을 받는다.
② 표면의 광택과 색채의 투명성이 대단히 좋다.
③ 대전성이 있어서 먼지 같은 것을 잘 흡착하며 증기의 투과성이 적다.
④ 일반적으로 독성이 없다.

319 스텐레스 스틸 용기는 크롬 18~20%, 니켈 10% 정도 함유된 금속제품으로 크롬이 용출될 가능성이 높다.

320 도자기 등에 사용되는 안료
• 납, 카드뮴, 아연 등 유해 금속화합물이 많으며 용출될 위험성이 많다.
• 유약에서는 납이 검출될 수 있으며, 옹기류에는 납이 다량 함유된 연단의 사용을 금지하고 있다.

321 법랑제 식기에 식품을 저장할 때 안티몬(Sb) 용출이 문제가 된다.

322 요소(urea) 수지
• 요소와 포름알데히드를 축합시켜 만든 폴리머로 아미노 수지의 일종이다.
• 기본적으로 가교 결합된 경화성 수지로 식기류, 주방용품 등에 사용된다.
• 색깔이 풍부하고 광택이 우수하여 가볍고 경도가 높다.
• 장기간 사용하면 표면이 거칠어져 유해한 포르말린이 용출되어 위생상 문제가 된다.

323 페놀 수지(phenol resin)
• 페놀과 포름알데히드로 제조되는 열경화성 수지이다.
• 내열성, 내산성이 강하다.
• 완전히 축합, 경화하면 원료에서 유래되는 페놀과 포르말린의 용출이 없으며 무독하고 안전하다.

324 염화비닐 수지
• 주성분이 polyvinylchloride로서 포르말린의 용출이 없어 위생적으로 안전하다.
• 투명성이 좋고, 착색이 자유로우며 유리에 비해 가볍고 내수성, 내산성이 좋다.

325 셀로판의 특징
• 표면의 광택과 색채의 투명성이 좋고 인쇄적성이 좋다.
• 대전성이 없기 때문에 먼지를 타지 않고 가스, 향기, 증기의 투과성이 적고 내유성이 좋다.
• 일반적으로 독성이 없다.
• 온도에 영향을 받는다.
• 보통 셀로판은 방습성이 없으나, 방습 셀로판과 폴리셀로는 방습성이 있다.
• 보통 셀로판과 방습 셀로판은 내한성이 나쁘나, 폴리셀로는 내한성이 강하다.

ANSWER

319 ② 320 ① 321 ② 322 ③
323 ① 324 ④ 325 ③

출제예상문제

326 최근 요소나 석탄산 등을 축합한 열경화성 합성수지제의 식기가 많이 쓰이는데 축합, 경화가 불안전한 것은 포름알데히드와 페놀이 용출되어 문제가 되고 있다.

327 포름알데히드 용출시험[식품공전]
• 합성수지제 식기를 60℃로 가열한 침출용액을 가득 채워 시계접시로 덮고 60℃를 유지하면서 때때로 저어가며 30분간 방치한 액을 비커에 옮겨 시험용액으로 한다.
• 시험용액 5㎖를 시험관에 취하고 이에 아세틸아세톤시액 5㎖를 가하여 섞은 후 비등수욕 중에서 10분간 가열하고 식힌 다음 파장 427nm에서 흡광도를 측정한다.

328 PVC필름이 위생상 문제가 되는 이유
• 성형조제로 쓰이는 vinyl chloride monomer의 유출로 가소제 및 안정제가 그 원인인데 이들 모두 발암물질이다.

329 322번 해설 참조

330 최근 요소(urea)나 페놀(phenol, 석탄산) 등을 축합한 열경화성 합성수지제의 식기가 많이 쓰이는데 축합, 경화가 불안전한 것은 포름알데히드와 페놀이 용출되어 문제가 되고 있다.

331 polypropylene
• ethylene(CH_2=CH_2)을 중합하여 얻어진 고분자 물질이다.
• 내열성, 내유성, 내수성이 강하며, 향기나 취기의 차단성도 강하고 가벼워 식품 포장재로 많이 사용된다.

| ANSWER | ....
326 ③ 327 ② 328 ③ 329 ④
330 ③ 331 ③

---

326 합성수지제 용기의 용출 시험에서 가장 문제가 되는 것은?

① 메탄올　　　　　　② 중금속
③ 포름알데히드　　　④ 착색료

327 합성수지제 식기를 60℃의 물로 가열처리해서 용출시험을 한 결과 아세틸아세톤 시약에 의해 녹황색을 나타내었을 때 추정할 수 있는 함유 물질은?

① 메탄올　　　　　　② 포름알데히드
③ 멜라닌　　　　　　④ 페놀

328 polyvinyl chloride(PVC)에서 위생상 문제가 되는 단량체는?

① 부타디엔(butadiene)
② 스티렌(styrene)
③ 염화비닐(vinyl chloride)
④ 염화비닐리덴(vinylidene chloride)

329 일반적으로 열경화성 수지에 해당되는 플라스틱 수지는?

① 폴리에틸렌(polyethylene)
② 폴리프로필렌(polypropylene)
③ 폴리아미드(polyamide)
④ 요소(urea) 수지

330 페놀(phenol) 수지 및 요소(urea) 수지에서 위생상 문제가 될 수 있는 물질은?

① 주석　　　　　　　② 단량체
③ 포르말린　　　　　④ 안티몬

331 다음 포장재료 중 가장 가볍고 내열성이 매우 우수하며 110℃ 이상에서 완전멸균이 가능한 것은?

① polyamide
② vinylidene chloride
③ polypropyrene
④ polyethylene

332 건조식품의 포장 재료로서 적당한 것은?

① 산소와 수분의 투과도가 모두 높은 것
② 산소와 수분의 투과도가 모두 낮은 것
③ 산소의 투과도는 높고 수분의 투과도는 낮은 것
④ 산소의 투과도는 낮고 수분의 투과도는 높은 것

333 알루미늄박에 대한 다음 설명 중 잘못된 것은?

① 고온 살균이 가능하다.
② 지방질 식품의 포장에 적합하다.
③ 광선차단 효과가 크다.
④ 방습성이 떨어진다.

334 다음 중 먹을 수 있는 포장지는 어느 것인가?

① amylose film
② aluminum foil
③ polyethylene
④ polypropylene

335 통조림식품 중 납과 주석이 용출되어 내용물을 오염시킬 우려가 가장 큰 식품은?

① 식육
② 어육
③ 과실
④ 연유

336 통조림 제조공정 중 관(官) 내면의 부식이 비교적 적게 일어나는 재료는?

① 오렌지 주스
② 파인애플
③ 아스파라거스
④ 초콜릿

337 공장이나 도시의 폐수에 의하여 바닷물에 질소, 인 등의 함량이 증가되어 플랑크톤이 다량 번식하고 용존산소량이 감소되면서 어패류가 폐사하고 유독화 현상이 일어나는 것을 무엇이라 하는가?

① 스모그 현상
② 시너지 현상
③ 부영양화 현상
④ 밀스링케 현상

332 건조식품은 방습성이 크고(즉 수분 투과성이 낮고) 가스 투과성이 적은 PVDC필름, PE필름, polyester필름 등의 포장 재료를 사용해야 한다.

333 알루미늄박의 특성
• 광선 차단 효과가 큼
• 무미, 무취, 방습
• 방기성이 좋음
• 식품 보호, 지방질 식품의 포장에 적합
• 자외선 조사에 의해 변질될 수 있는 식품에 적합

334 amylose film은 전분을 원료로 하여 제조한 포장지이기 때문에 식용할 수 있다.

335 통조림식품 중 납과 주석용출
• 통조림 관 내면에 도장하지 않은 것이 산성 식품과작용하면 주석과 납 등이 용출된다.
• 주스 통조림을 만드는 물속이나 미숙 과일의 표면에 질산이온이 들어 있어서 질산이온과 같이 주석 용출을 촉진시킨다.
• 식품위생법에서는 청량음료수와 통조림 식품의 허용량을 250ppm 이하로 규정하고 있다.

336 오렌지 주스(pH 3.(7), 파인애플(pH 3.(7), 아스파라거스(pH 6.0) 등은 pH가 낮아(산도가 높아) 관 내면의 부식이 일어날 수 있지만 초콜릿은 pH가 높아 관 내면의 부식이 비교적 적게 일어난다.

337 부영양화 현상
• 공장, 도시 하수 중에는 식물영양분으로 인산염, 질소 등이 풍부하다. 따라서 하천이나 바다의 플랑크톤(plankton)이 대량 번식하여 용존산소를 대량으로 소모하므로 수중산소가 급격히 떨어져 혐기상태로 되어 부패하면서 악취가 나고 유독화 현상이 나타난다. 이것을 부영양화 현상이라 한다.
• 플랑크톤이 대량 발생하면 적조 현상이 일어난다.

출제예상문제

338 폐수의 오염도를 측정하는 검사 항목
- SS(부유물질량), BOD(생물화학적 산소요구량), COD(화학적산소요구량)
※ PCB는 일본에서 발생된 중독성분이 며, 증상은 눈의 지방 증가, 손톱의 착색, 여드름성 피부 발진 등을 나타 낸다.

338 다음의 오염물질 항목 중에서 유독성인 것은?

① SS   ② BOD
③ COD   ④ PCB

339 하천수 중에 DO(용존산소량)가 적다는 것은 부패성 유기물 함량이 많다는 뜻이므로 오염도가 높다는 것을 의미한다.

339 하천수 중에 DO가 적다는 것은 무엇을 의미하는가?

① 물이 비교적 깨끗하다.
② 부유물량이 적다.
③ 오염도가 높다.
④ 유해물질이 적다.

340 위생하수의 기준량
- DO(Dissolved Oxygen) : 4ppm 이상
- BOD(Biochemical Oxygen Demand) : 20ppm 이하

340 다음 중 위생하수의 기준으로 옳은 것은?

① DO 4ppm 이하, BOD 20ppm 이상
② DO 4ppm 이상, BOD 20ppm 이하
③ DO 20ppm 이하, BOD 4ppm 이상
④ DO 20ppm 이상, BOD 4ppm 이하

341 BOD(생물화학적 산소요구량)
- 수중에 오염원인 유기물질이 미생물에 의하여 산화되어 주로 무기성의 산화물과 가스체가 되기 위해 5일간 20℃로 소비되는 산소의 양을 ㎎/ℓ 또는 ppm 으로 표시한 것이다.

341 BOD(생물화학적 산소요구량)란?

① 과산화물이 산화제에 의하여 처리될 때 소비되는 산소량을 ㎎/ℓ로 표시한 것
② 물속의 산화가능 물질이 산화되기 위해 소비되는 산소량
③ 물 중에 용해되어 있는 산소량
④ 물 중의 오염원의 물질이 생물화학적으로 산화되는 데 소비되는 산소량을 ㎎/ℓ로 표시한 것

342 341번 해설 참조

342 BOD를 바르게 설명한 것은?

① 화학적 산소요구량
② 생물학적 산소요구량
③ 생물학적 환경오염도
④ 용존산소량

343 오염된 물의 BOD를 측정할 때는 20℃에서 5일간에 소비되는 산소량을 표준으로 한다.

343 BOD 측정 시 다음의 어느 조건이 가장 적합한가?

① 15℃에서 7일간 배양
② 20℃에서 7일간 배양
③ 15℃에서 5일간 배양
④ 20℃에서 5일간 배양

▶ ANSWER ◀
338 ④ 339 ③ 340 ② 341 ④
342 ② 343 ④

344 폐수의 오염도 검사 항목이 아닌 것은?

① BOD(생물화학적 산소요구량)
② COD(화학적 산소요구량)
③ Aw(수분활성도)
④ SS(부유물질량)

345 먹는 물의 수질 기준에 대한 설명으로 옳은 것은?

① 질산성 질소는 검출되어서는 안 된다.
② 대장균은 50ml 중 10 이하여야 한다.
③ 염소이온은 250mg/ℓ 이하여야 한다.
④ 일반 세균수는 1ml 중 10CFU 이하여야 한다.

346 먹는 물의 대장균 수는?

① 1ml당 음성이어야 한다.
② 50ml당 음성이어야 한다.
③ 50ml당 10 이하여야 한다.
④ 100ml당 음성이어야 한다.

347 먹는 물 수질 기준에서 건강상 유해 영향 무기물질에 관한 기준으로 맞지 않은 것은?

① 납은 0.01mg/ℓ를 넘지 않는다.
② 불소는 1.5mg/ℓ를 넘지 않는다.
③ 셀레늄은 0.01mg/ℓ를 넘지 않는다.
④ 수은은 0.05mg/ℓ를 넘지 않는다.

🍎 식품위생검사

348 실험물질을 사육동물에 2년 정도 투여하는 독성 실험 방법은?

① LD_{50}
② 급성독성 실험
③ 아급성독성 실험
④ 만성독성실험

---

344 폐수오염지표의 검사 항목
• BOD, COD, pH, DO, SS, 특정 유해물질, 대장균수, 색도, 온도 등이다.
※ Aw는 수분활성도

345 먹는 물의 수질 기준[먹는물 수질 기준 및 검사 등에 관한 규칙 제2조]
• 질산성 질소는 10mg/ℓ를 넘지 않을 것
• 대장균은 100mℓ에서 검출되지 않을 것
• 염소이온은 250mg/ℓ 넘지 않을 것
• 일반세균은 1mℓ 중 100CFU를 넘지 않을 것

346 345번 해설 참조

347 먹는 물의 수질 기준[먹는물 수질 기준 및 검사 등에 관한 규칙 제2조]
• 수은은 0.001mg/ℓ를 넘지 아니할 것
• 시안은 0.01mg/ℓ를 넘지 아니할 것
• 크롬은 0.05mg/ℓ를 넘지 아니할 것
• 암모니아성 질소는 0.5mg/ℓ를 넘지 아니할 것
• 카드뮴은 0.005mg/ℓ를 넘지 아니할 것

348 물질의 독성시험
• 아급성독성시험 : 생쥐나 쥐를 이용하여 치사량(LD_{50}) 이하의 여러 용량을 단시간 투여한 후 생체에 미치는 작용을 관찰한다. 시험기간은 1~3개월 정도이다.
• 급성독성시험 : 생쥐나 쥐 등을 이용하여 검체의 투여량을 저농도에서 일정한 간격으로 고농까지 1회 투여 후 7~14일간 관찰하여 치사량(LD_{50})의 측정이나 급성 중독증상을 관찰한다.
• 만성 독성시험 : 비교적 소량의 검체를 장기간 계속 투여한 그 영향을 관찰하고 검체의 축적 독성이 문제가 되는 경우이나, 첨가물과 같이 식품으로서 매일 섭취 가능성이 있을 경우의 독성 평가를 위하여 실시하며, 시험기간은 1~2년 정도이다.

349 348번 해설 참조

350 식품첨가물의 안전성 검토
- 실험동물을 이용한 독성시험에 의하여 이루어진다.
- LD_{50}(반수치사량), ADI(1일 섭취허용량), MLD(최소치사량) 등으로 독성 요인을 결정한다.

351 LD_{50}(50% Lethal Dose)
- 실험동물의 반수를 1주일 내에 치사시키는 화학물질의 투여량을 말한다.
- LD_{50}값이 적을수록 독성이 강함을 의미한다.

352 351번 해설 참조

353 351번 해설 참조

354 LD_{50}(반치사량)에 의한 화학물질의 급성독성 등급[LD_{50}용량(mg/kg) 기준]
① 무독성 15,000 이상(음식물)
② 약간 독성 5,000~15,000(에탄올)
③ 중간 독성 500~5,000(황산제일철)
④ 강한 독성 50~500(페노바르비탈 소듐)
⑤ 맹독성 5~50(피크로톡신)
⑥ 초맹독성 5 이하(다이옥신)

---

349 실험동물에 시험하고자 하는 화학물질을 1~2주간 걸쳐 관찰하는 독성시험은?

① 급성 독성시험
② 아급성 독성시험
③ 경구아만성 독성시험
④ 경구만성 독성시험

350 다음 중 독성 결정 요인이 아닌 것은?

① 반수 치사량(LD_{50} : Lethal Dose)
② 1일 섭취량(ADI : Aceptable daily intake)
③ 최대수 치사량(MXD : Maximum Lethal Dose)
④ 최소수 치사량(MLD : Minimum Lethal Dose)

351 LD_{50}이란?

① 실험동물의 50%가 사망할 때의 투여량
② 실험동물의 50마리가 사망할 때의 투여량
③ 실험동물의 50%가 중독될 때의 투여량
④ 실험동물의 50마리가 중독될 때의 투여량

352 어떤 첨가물의 LD_{50}의 값이 적다는 것은 다음 중 어느 것을 의미하는가?

① 독성이 적다.
② 독성이 크다.
③ 안정성이 적다.
④ 안정성이 크다.

353 독성물질의 급성 독성시험으로 LD_{50}을 구할 때 관찰기간은?

① 1일
② 1주일
③ 2주일
④ 3주일

354 사람에 대한 경구치사량(성인) 기준 중 극독성인 것은?

① 15g/kg
② 5~ 15g/kg
③ 50~ 250mg/kg
④ 5~ 50mg/kg

355 다음 중 설명이 바르게 된 것은?

① LC$_{50}$: 시험동물의 50%가 표준 수명기간 중 종양을 생성하게 하는 유독물질의 양

② LD$_{50}$: 노출된 집단의 50% 치사를 일으키는 유독물질의 농도

③ TD$_{50}$: 노출된 집단의 50% 치사를 일으키는 유독물질의 양

④ ADI : 1인당 일일최대섭취 허용량

356 아급성독성시험에 대한 설명으로 맞지 않는 것은?

① 시험동물 수명의 1/10 정도의 기간 동안 시험한다.

② 표적대상기관을 검사한다.

③ 연속 경구투여하여 발현용량, 중독증상 및 사망률을 관찰한다.

④ 주로 양–영향관계(dose–effect relationship)를 관찰한다.

357 식품 위생 검사와 관계가 없는 것은?

① 이화학적 검사 ② 생물학적 검사

③ 독성 검사 ④ 혈청학적 검사

358 식품의 신선도 측정 시 실시하는 검사항목이 아닌 것은?

① 트리메틸아민(TMA)

② 비중

③ 휘발성염기질소(VBN)

④ 생균수

359 다음은 식품의 위생검사와 관련된 조작법이다. 관계가 가장 깊은 것은?

> 여과법, 침강법, 사별법

① 항생물질 검사 ② 착색료의 검사

③ 이물의 검사 ④ 변질검사

355

• LC$_{50}$: 실험동물의 50%를 죽이게 하는 독물물질의 농도로 균일하다고 생각되는 모집단 동물의 반수를 사망하게 하는 공기 중의 가스농도 및 액체 중의 물질의 농도

• LD$_{50}$: 실험동물의 50%을 치사시키는 화학물질의 투여량

• TD$_{50}$: 공시생물의 50%가 죽음 외의 유해한 독성을 나타내게 되는 독물의 투여량

• ADI(일일섭취 허용량) : 사람이 일생동안 섭취하여 바람직하지 않은 영향이 나타나지 않을 것으로 예상되는 (화학)물질의 1일 섭취량

356 아급성독성시험

• 생쥐나 쥐를 이용하여 취사량(LD$_{50}$) 이하의 여러 용량을 단시간 투여한 후 생체에 미치는작용을 관찰한다. 시험기간은 동물 수명의 1/10 기간(흰쥐에 있어서는 약 1~3개월) 정도이다.

• 만성 중독시험 전에 그 투여량의 단계를 결정하는 판단자료를 얻는데 많이 사용된다.

• 관찰대상은 일반 증상, 행동, 성장, 사망상황, 장기상태, 축적작용 유무, 독성영향의 생물학적 성질, 육안 및 현미경적 변화를 관찰한다.

357 식품 위생 검사에는 관능검사, 화학적 검사, 물리적 검사, 생물학적 검사, 독성 검사 등이 있다.

358 식품의 신선도 판정법

① 관능검사법

• 식품의 냄새, 맛, 외관 등에 의한 판정

② 미생물학적 검사법

• 식품 중의 생균수 측정

③ 화학적 검사법

• 어육의 암모니아, trimethyla mine (TMA), 휘발성 아민의 측정, 단백질 침전반응, 휘발성 산, 휘발성 염기질소, 휘발성 환원물질, nucleotides의 분해 생성물, pH값에 의한 방법

④ 물리학적 검사법

• 부패할 때 관찰되는 경도, 점도, 탄성, 색 및 전기저항 등의 변화 측정

359 이물의 검사는 여과법, 사별법, Wildman trap flask에 의한 포집법, 침강법 등에 의하여 이물을 분리한다.

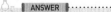

ANSWER

355 ④ 356 ④ 357 ④ 358 ②
359 ③

360 검사용 검체는 반드시 무균적으로 채취하여야 하며, 멸균된 용기에 넣어 5℃ 이하를 유지하며, 운반하여 4시간 이내에 검사해야 한다.

361 1ppm이란
- 백만분의 1 단위로 나타내고, mg/kg, ml/ℓ로 표시한다.
- 식품 중에 3ppm의 카드뮴이 검출되었다면 식품 1kg(또는 1ℓ) 중에 카드뮴이 3mg 함유되었다는 뜻이다.

362 식품 중의 중금속 정량법
- 비색법, 원자흡광법, 폴라로그람법 등이 사용된다.
- 비색법인 ditizone법이 일반적으로 많이 이용된다.
  - ditizone법은 발색시약으로 ditizone을 사용한다.
  - 비색정량이 가능한 중금속으로 Hg, Cd, Pb, Cu, Zn 등이 있다.

363 고무제 기구 및 용기 포장의 용출시험 항목은 페놀, 포름알데히드, 중금속, 증발잔류물, 아연이다.

364 포도상구균(*Staphylococcus aureus*)
- 그람양성 구균이고, 통성혐기성이다.
- 최적 온도는 37℃이고, 보통 한천 배지에서 잘 발육한다.
- 일반적으로 황등색의 색소를 생산하나, 회백색 집락을 형성하는 것도 있다.

365 식품의 신선도 검사법 중 화학적 방법
- 암모니아, 휘발성 아민, 휘발성 산, 휘발성 염기질소, 휘발성 환원물질, pH 값의 측정 등
※Phosphatase 활성 검사는 저온 살균유의 완전살균 여부를 판정한다.

---

360 식품에 대한 미생물학적 검사를 하기 위하여 검체를 채취하여 검사기관에 운반할 때 유지해야 할 기준 온도는?

① -3℃ 이하
② 0℃ 이하
③ 5℃ 이하
④ 12℃ 이하

361 「식품 중에 3ppm의 카드뮴이 검출되었다.」라고 함은 무엇을 의미하는가?

① 식품 100g 중에 카드뮴 3g이 검출된 것
② 식품 1,000g 중에 카드뮴 3g이 검출된 것
③ 식품 100g 중에 카드뮴 3mg이 검출된 것
④ 식품 1,000g 중에 카드뮴 3mg이 검출된 것

362 식품 중에 수은, 카드뮴, 납과 같은 유해성 중금속의 비색정량에 많이 쓰이는 발색시약은?

① benzene
② ninhydrin
③ dithizone
④ silvernitrate

363 고무제 기구 및 용기 포장의 용출시험과 관련이 없는 항목은?

① 포름알데히드
② 증발잔류물
③ 비소
④ 아연

364 식중독이 발생한 검액을 증균 배양한 후, 그 균액을 난황첨가 만니톨 식염한천 배지에 분리 배양한 결과 황색의 불투명한 집락을 형성하였다. 가장 관계가 깊은 것은?

① 포도상구균
② 장염 비브리오균
③ 살모넬라균
④ 브루셀라균

365 식품의 부패 검사법 중 화학적인 방법이 아닌 것은?

① pH 측정
② 휘발성 염기질소 측정
③ 휘발성 산 측정
④ phosphatase 활성 측정

366 동물성 식품의 부패 검사는?

① 요오드가 측정   ② 산도 측정
③ 유리지방산   ④ 히스타민 측정

367 식품 위생 검사와 가장 관계가 깊은 세균은?

① 대장균   ② 유산균
③ 프로피온산균   ④ 낙산균

368 식품 위생 검사 시 일반 생균수를 측정하는 데 이용하는 배지는?

① EMB 배지
② BGLB 배지
③ LB 배지(Lactose bouillon media)
④ 표준 한천평판 배지

369 곰팡이, 효모에 대한 식품 위생 검사 시 생균수 측정하는 데 사용되는 방법은?

① 최적 확수법   ② 표준 한천평판 배양법
③ 젖당부이온 발효   ④ BGLB 발효

370 식품에서 대장균 검사가 갖는 의의와 거리가 먼 것은?

① 분변에 의한 오염 여부 판단
② 황색포도상구균의 존재 가능성 타진
③ 냉동식품의 오염지표
④ 이질균의 존재 가능성 타진

371 식품의 대장균 검사에서 MPN(최확수)법에 의한 정량시험때 사용하는 배지는?

① EEM 배지   ② BGLB 배지
③ EMB 배지   ④ 표준 한천평판 배지

372 대장균을 MPN법으로 검사할 때 사용하는 배지의 당은 무엇인가?

① 유당   ② 포도당
③ 맥아당   ④ 과당

---

366 육류가 부패하면 amine류, 지방산류, ammonia, amino acid, indole, skatole, 황화수소, 메탄가스 등이 생성되므로, 이들을 검사하여 육류의 부패여부를 판정할 수 있다.

367 식품 위생 검사와 가장 관계가 깊은 세균은 대장균과 장구균 등이다.

368 식품의 일반생균수 검사
• 시료를 표준 한천평판 배지에 혼합 응고시켜서, 일정한 온도와 시간 배양한 다음, 집락(colony) 수를 계산하고 희석배율을 곱하여 전체생균수를 측정한다.

369 식품의 세균, 곰팡이, 효모 등의 일반생균수 검사는 시료를 표준 한천평판 배지에 일정한 온도와 시간 배양한 다음 생균수를 측정한다.

370 분변오염의 지표세균
• 대장균군과 장구균군이 있다.
• 대장균군 검사
 – 식품이 분변에 오염되었을 가능성과 분변에서 유래하는 병원균의 존재 가능성을 판단할 수 있다.
 – 특수한 가공식품에 있어서 제품의 가열, 살균 여부의 확실성 판정지표가 된다.
• 장구균군 검사
 – 특히 냉동식품에서의 생존율이 높기 때문에 냉동식품의 오염지표가 된다.

371
• EEM 배지 : 살모넬라균의 증균 배지로 사용
• EMB 배지 : MPN(최확수)에 의한 확정시험 때 사용
• 표준 한천평판 배지 : 일반생균수 검사 배지에 사용
• BGLB 배지, LB 배지 : MPN(최확수)에 의한 정량시험 때 사용

372 대장균군의 검사방법
• 정성시험(추정시험–확정시험–완전시험), 정량시험(MPN 법), 평판계산법이 있다.
• MPN에 의한 정량시험 때 사용되는 배지는 BGLB 배지 또는 LB(유당 혹은 젖당 배지) 배지를 사용한다.
 – 이들 배지에는 핵심물질로 유당이 함유되어 있다.

373 대장균의 정성시험은 추정시험, 확정시험, 완전시험의 3단계로 구분된다.

374 대장균의 정성시험
- 추정시험, 확정시험, 완전시험의 3단계로 구분된다.
- 정성시험 순서는 추정시험–확정시험–완전시험이다.

375 대장균군 검사 시 식품의 종류에 따른 배지의 선택
- 유산균음료 : 데스옥시콜레이트(desoxycholate) 유당 한천 배지
- 기타음료(청량 음료수) : 유당 배지, B.G.L.B 배지, 데스옥시콜레이트(desoxycholate) 유당 한천 배지
- 냉동어패류 : 데스옥시콜레이트 유당 한천 배지
- 식육제품 : B.G.L.B 배지

376 대장균 검사에 사용되는 배지
- 젖당부이온 배지, LB 배지, BGLB 배지, EMB 배지, desoxycholate 배지 등이다.

377 대장균 검사에 사용하는 배지
- 추정시험 : 젖당부이온 배지 사용
- 확정시험 : BGLB 배지 사용
- 완전시험 : EMB 배지 사용

378 대장균 검사에 이용되는 배지
- LB 배지, BGLB 배지, EMB 배지, Desoxycholate 배지 등이 있다.

379 대장균 시험에 사용하는 배지
- 추정시험–LB 배지(가스 발생 여부)
- 확정시험I–BGLB 배지
- 확정시험II–EMB 배지(흑색으로서 황금색과 중심부 갈색의 집락)
- 완전시험–KI 배지

373 다음 중 대장균군 검사와 거리가 먼 것은?
① 추정시험 ② 종결시험
③ 확정시험 ④ 완전시험

374 대장균군의 정성시험 순서가 바르게 된 것은?
① 추정시험 – 완전시험 – 확정시험
② 추정시험 – 확정시험 – 완전시험
③ 완전시험 – 확정시험 – 추정시험
④ 완전시험 – 추정시험 – 확정시험

375 대장균군 검사 시 식품의 종류에 따른 배지의 선택이 잘못된 것은?
① 유산균음료 – desoxycholate 한천배지
② 청량음료수 – 유당배지
③ 생식용 냉동굴 – Nutrient agar 배지
④ 식육제품 – B.G.L.B 배지

376 대장균 검사에 사용되지 않는 배지는?
① LB 배지 ② BGLB 배지
③ EMB 배지 ④ Endo 배지

377 대장균 검사의 추정시험에 사용하는 배지는?
① 젖당부이온 배지 ② 표준 한천 배지
③ BGLB 배지 ④ EMB 배지

378 대장균 검사에 이용되는 배지들로 이루어진 것은?
① Desoxycholate 배지, BGLB 배지, EMB 배지
② LB 배지, glucose bouillon 배지, BGLB 배지
③ SS 배지, EMB 배지, thioglycolate 배지
④ Endo 배지, TCBS 한천 배지, 만닛트 식염 배지

379 다음 대장균 배지 중 심흑녹색의 금속성 코로니를 생성하는 것은?
① LB 배지 ② EMB 배지
③ BGLB 배지 ④ Endo 배지

ANSWER
373 ② 374 ② 375 ③ 376 ④
377 ① 378 ① 379 ②

380 최확수(MPN)법의 검사와 가장 관계가 깊은 것은?

① 대장균 검사   ② 부패 검사
③ 식중독 검사   ④ 타액 검사

381 대장균 검사 시 MPN이 200이라면 검체 1ℓ 중에는 얼마의 대장균이 들어 있는가?

① 20   ② 200
③ 2000   ④ 20000

382 대장균군의 감별 시험법(반응)이 아닌 것은?

① Methylene blue 시험
② Citrate 시험
③ Methyl red 시험
④ Voges − Proskauer 반응

383 일반 세균수를 검사하는 데 주로 사용되는 방법은?

① 최확수법   ② Rezazurin
③ Breed법   ④ 표준 한천평판 배양법

384 일반 세균수의 측정법에서 SPC라 함은?

① 일반 액체배양균수   ② 표준 한천평판균수
③ 특별 배양균수   ④ 교반 한천배양균수

385 Selenite 배지는 어느 균의 배양에 사용되는 배지인가?

① 대장균의 분리 배양
② *Salmonella*균의 분리 배양
③ 대장균 확인 배양
④ 장염 비브리오균의 분리 배양

386 SS 한천 배지에 미생물을 배양했을 때 살모넬라의 집락은 어떤 색깔을 띠는가?

① 불투명하게 혼탁하다.
② 청색이며 투명하다.
③ 중심부는 녹색이며, 주변부는 불투명이다.
④ 중심부는 흑색이며, 주변부는 투명하다.

---

380 대장균 검사에 이용하는 최확수 (MPN)법
• 시료 원액을 단계적으로 희석하여 일정량을 시험관에 배양, 본균 양성시험관 수로부터 원액 중의 균수를 추정하는 것이다.

381 MPN은 검체 100ml 중의 대장균 균수로 나타낸다. 따라서 검체 1ℓ 중에는 $200 \times \dfrac{1000}{100} = 2000$의 대장균이 들어 있다.

382 IMVIC 실험
• 장내 미생물 균총의 속을 구별하는 데 사용된다.
• 특히 Escherichia속과 Enterobacter속 구별에 주로 이용된다.
• IMVIC 실험은 Indole 실험, Methyl red 실험, Voges−Proskauer 실험, Citrate 실험을 말한다.

383 식품의 세균수 검사
• 일반 세균수 검사 : 주로 Breed법에 의한다.
• 생균수 검사 : 표준 한천평판 배양법에 의한다.

384 SPC : Standard Plate Count (표준 한천평판 배양법) : 시판 생수나 흙의 세균수 측정에 이용된다.

385 *Salmonella*균의 분리 배양에 사용되는 배지
• selenite 배지, EEM 배지, SBG 배지, DHL 배지, SS 배지, Hannertetrathion 배지, 리진탈산 시험용 배지, 말론 산염 배지 등이 있다.

386 SS 배지에 미생물을 배양했을 때
• 대장균의 집락은 불투명하게 혼탁하게 보인다.
• 살모넬라의 집락은 황화수소의 생산으로 중심부는 흑변하나 그 주변은 투명하다.

387 장염 비브리오균의 분리에 주로 사용되는 배지
• TCBS agar 배지, BS 배지, BTB+ teepol agar 배지, WA agar 배지, 3% 식염함유 nutrient agar 배지 등이다.

388 곰팡이는 주로 맥아즙 배지를 이용하며 세균류는 단백질 급원과 관계되는 배지를 사용한다.

389 대부분의 병원성 세균은 36~37℃에서 잘 발육되며, 진균류는 25~28℃에서 잘 발육된다. 포도당 비발효 그람음성 간균은 30℃ 전후가 좋다.

390 Gram 양성균의 세포벽에는 Magnesium ribonuclate라는 산성물질이 있어 크리스탈 바이올렛과작용하여 자색으로 염색되고 음성균에는 알코올로 탈색된 후 대조 염색인 사프라닌O에 의해 적색으로 염색된다.

391 육류의 pH 변화
• 신선한 육류는 pH 7.0~7.30이며, 도살 후 해당작용에 의해 pH가 낮아져 최저 5.5~5.6까지 내려간다.
• 경직이 풀려 연화되어 부패가 진행되면 pH가 점차 알칼리성으로 변한다.

392 부패의 판단
• 색택-변색, 탈색, 착색 등
• 액체-침전, 혼탁, 발표 등
• 고체-연화, 점액화, 탄력소실 등
• 동물성 식품-아민, 암모니아, 인돌, 황화수소발생 등 알칼리성으로 변화
• 식물성 식품-저급지방산, CO_2 등 산성으로 변화
• 어패류-트리메틸아민

393 식품의 부패
• 동물성 식품의 부패 : 아민, 암모니아, 인돌, 스케톨, 황화수소, 메탄 등이 생성
• 식물성 식품의 부패 : 저급지방산, CO_2 등이 생성
• 어패류 부패 : 초기에 트리메틸아민(비린내 성분)이 생성되고, 이후에는 아민, 휘발성산, 암모니아, 인돌, 스케톨, 황화수소, 메탄 등이 생성

ANSWER
387 ② 388 ④ 389 ③ 390 ①
391 ① 392 ④ 393 ③

387 장염 비브리오균의 분리에 주로 사용되는 배지가 아닌 것은?
① nutrient agar 배지
② SS agar 배지
③ WA agar 배지
④ BS 배지

388 Aspergillus oryzae 곰팡이 배지로 적당한 것은?
① 육즙 배지
② 뷰이온 배지
③ 펩톤단백질 배지
④ 맥아즙 배지

389 일반적인 세균배양 온도는?
① 20~25℃
② 25~30℃
③ 35~38℃
④ 38~45℃

390 그람 염색에서 양성세균 판정으로 맞는 것은?
① 자색
② 적자색
③ 청색
④ 녹색

식품의 변질과 보존

391 육류의 부패가 진행되면 pH는 어떻게 변화하는가?
① 알칼리성
② 중성
③ 산성
④ pH의 변화가 없다.

392 식품의 부패과정에서 생성되는 불쾌한 냄새 물질과 가장 거리가 먼 것은?
① 암모니아
② 인돌
③ 황화수소
④ 포르말린

393 다음 중 초기 부패 판정과 거리가 먼 것은?
① 휘발성 염기질소
② 암모니아
③ 아크롤레인
④ 트리메틸아민

394 다음 중 단백질식품의 부패생성물과 거리가 먼 것은?

① 인돌
② 알코올
③ 황화수소(H_2S)
④ 아민류

395 다음 부패의 요인 중 화학적 요인을 잘못 설명한 것은?

① 기질이 탄수화물이면 발효에 의해 산을 생성한다.
② 단백질 다량 식품은 선도 저하가 쉬워 식중독의 원인이 된다.
③ 펙틴질을 다량 함유한 식품은 곰팡이에 의해 연화된다.
④ 환원성 물질(-SH기, 비타민 C, 환원당)은 혐기성균의 증식을 억제한다.

396 식물성 식품의 변질은 어떤 반응을 나타내는가?

① amine, ammonia 등이 발생
② 저급지방산, CO_2 등이 생성
③ 변질에 관여하는 주된 효소는 탈아미노 효소이다.
④ 인돌, 스카톨 등이 생성되어 알칼리성이 된다.

397 단백성 식품의 부패도를 측정하는 지표로 이용되지 않는 것은?

① 휘발성 염기성 질소(VBN)
② 휘발성 환원성 물질
③ trimethylamine
④ 과산화물가

398 식품의 변질 원인이 될 수 없는 것은?

① 압력
② 효소
③ 금속
④ 산소

399 식품의 microflora(미생물군) 형성에 대한 설명 중 틀린 것은?

① 염장식품에는 호염세균이 잘 번식한다.
② 통기성 식품에는 호기성 세균이 잘 번식한다.
③ 함수량이 많은 식품에는 곰팡이가 잘 번식한다.
④ 진공포장 또는 통조림식품에서는 혐기성 세균이 잘 번식한다.

---

394 동물성 식품은 부패에 의하여 단백질이 분해되어 만들어진 아미노산이 부패 미생물에 의해 탈아미노 반응, 탈탄산 반응 및 동시반응에 의해 분해되어 아민류, 암모니아, mercaptane, 인돌, 스케톨, 황화수소, 메탄 등이 생성되어 부패취의 원인이 된다.

395 -SH기, 비타민 C, 환원당과 같은 환원성 물질은 혐기성균의 증식을 용이하게 하여 부패를 일으킨다.

396 식물성 식품의 변질은 저급지방산, CO_2 등의 생성에 의해 산성으로 변화된다.

397 단백질식품의 부패 측정의 지표로 이용되는 것
• 휘발성 염기질소, trimethylanine, 휘발성 환원성 물질, histamine, mucleotides의 분해생성물, hypoxanthine, tyrosine 등
※ 과산화물가(peroxide value)는 유지 중에 존재하는 과산화물의 함량을 측정한 값으로 유지의 산패를 검출하거나 유도기간의 길이를 측정하는 데 주로 이용된다.

398 효소는 식품의 성분 분해에 관여하고, 산소와 금속은 식품의 산화에 관계되어 변질 원인이 될 수 있으나 압력은 식품의 변질과 관계가 없다.

399 함수량이 많은 식품에서는 곰팡이보다 세균이 우선적으로 microflora(미생물군)을 형성한다.

400 식품의 그램(g)당 생균수가 10^8개에 달할 때 초기 부패 단계라고 하며, 이보다 증식하여 $10^9 \sim 10^{10}$에 달하면 완전 부패에 이른다.

401 대장균은 사람이나 동물의 장내에 정상적으로 상주하는 균이지만 분변에 의한 오염의 지표로서 큰 의미가 있다.

402 계란의 보존법
• 저온저장법, 도포법, 가스(CO_2) 저장법, 침지법 등이 있다.
• 이외에 곡류나 겨 등에 묻어 두는 방습법이 있다.

403 선어패류를 0℃에서 보관할 경우
• 1~2일의 잠복기를 지나면 *Pseudomonas*와 *Acinetobacter*의 수가 현저하게 증가하며 *Flavo-bacterium*은 일시적으로 증가한다.
• 8~10일이 되면 미생물의 90%가 호냉세균인 Pseudomonas 속이 차지한다.
• 0℃(저온저장)에 보관하는 어류의 부패에 가장 큰 영향을 미치는 것은 *Pseudomonas* 속의 미생물이다.

404 식품의 방사선 조사 기준(식품위생법)
• ^{60}Co의 γ-선을 사용한다.
• 발아억제, 살충 및 숙도조절의 목적에 한한다.
• 허가된 품목에는 감자 외에 양파, 곡류, 건조과일, 딸기, 양송이, 생선, 닭고기 등이 있다.
  – 발아억제(감자, 양파, 마늘, 파) : 0.15kGy 이하 량
  – 완전살균이나 바이러스의 멸균 : 10~50kGy 량
  – 유해곤충 사멸 : 10kGy 량
  – 기생충 사멸 : 0.1~0.3kGy 선량
  – 숙도의 지연(망고, 파파야, 토마토) : 1.0kGy 이하 선량
• 방사선량의 단위는 Gy, kGy이며 (1Gy=1J/kg), 1Gy는 100rad이다.

405 소독이란
• 대상물 중에서 병원균만을 사멸시켜 감염의 위험을 제거한 것이므로 비병원균은 살아 있는 상태이다.
• 물리적, 화학적 방법이 있다.

400 초기 부패는 일반적으로 세균수가 식품 1g당 어느 정도일 때를 말하는가?

① $10^2 \sim 10^3$
② $10^3 \sim 10^4$
③ $10^5 \sim 10^6$
④ $10^7 \sim 10^8$

401 식품의 분변 오염 지표균은?

① *E. coli*
② *Bacillus*
③ *Vibrio*
④ *Salmanella*

402 계란의 보존법과 관련이 없는 것은?

① 도포법
② CO_2 저장법
③ 염산수에 침적
④ 곡류, 겨 등에 묻어 둠

403 선어패류를 저온 저장할 경우 다른 식품에 비해서 선도유지 시간이 짧은 이유는?

① 포도상구균이 다수 부착되어 있기 때문이다.
② 저온성 세균이 다수 부착되어 있기 때문이다.
③ 호염성 세균이 다수 부착되어 있기 때문이다.
④ 비브리오균이 다수 부착되어 있기 때문이다.

404 식품의 보존방법 중 방사선조사에 대한 설명으로 틀린 것은?

① 발아억제, 기생충사멸, 숙도 지연 등의 효과를 얻을 수 있는 방사선 조사량은 1kGy 이하이다.
② 살균이나 바이러스의 사멸을 위해서는 10~50kGy 선량이 필요하다.
③ 10kGy 이하의 방사선 조사로는 모든 병원균을 완전히 사멸시키지는 못한다.
④ 안전성을 고려하여 식품에 사용이 허용된 방사선은 120 kGy이다.

405 소독에 관한 설명 중 옳은 것은?

① 모든 미생물을 전부 사멸시키는 것
② 이화학적 방법으로 병원체를 파괴시키는 것
③ 미생물의 발육을 정지시키는 것
④ 오염물질을 깨끗이 세척하는 것

406 종이류 등의 용기나 포장에서 위생 문제를 야기시킬 수 있는 대표적인 물질은?

① 안티몬의 용출
② 형광염료의 용출
③ Formalin 의 용출
④ PCB의 용출

407 식품 취급 장소에서 주의해야 할 사항으로 맞는 것은?

① 소독제, 살충제 등은 편리하게 사용하기 위하여 식품 취급 장소에 함께 보관한다.
② 식품기구는 매달 1회씩 온탕과 세제로 닦고 살균·소독한다.
③ 조리장, 식당, 식품 저장 창고의 출입문은 매일 개방한다.
④ 작업장의 실내 바닥, 작업대는 매일 1회씩 청소한다.

408 다음 중 식품공장에서 미생물 수의 감소 및 오염물질 제거 목적으로 사용하는 위생처리제가 아닌 것은?

① Hypochlorite
② Ascorbic acid
③ 제4급 암모늄 화합물
④ Chlorine dioxide

409 다음 중 소독 효과가 거의 없는 것은?

① 양성비누
② 크레졸
③ 석탄산
④ 중성 세제

410 식품을 가공하는 종업원의 손 소독에 가장 적합한 소독제는?

① 역성 비누액
② 크레졸 비누액
③ 알코올
④ 승홍수

411 역성비누의 용도 중 옳은 것은?

① 식기의 소독
② 과일세척
③ 음료수 소독
④ 육류세척

412 감염병을 예방하고 식품위생을 철저히 지키기 위해 환경을 소독, 살균할 때 물리적인 방법과 관계없는 것은?

① 화염멸균
② 오존멸균
③ 건열멸균
④ 고압증기멸균

406 예로부터 종이는 식품포장용으로 많이 사용되어 왔는데, 보건상 문제점은 이를 가공 시 첨가한 유해물질이 용출되어 위해를 일으키는 경우이다. 즉, 착색료의 용출, 형광염료의 이행, 파라핀, 납 등이다.

407 식품 취급 장소는 사용할 때마다 매회 청소하는 것이 바람직하다.

408 hypochlorite, chlorine dioxide, 제 4급 암모늄 화합물 등은 소독 살균료이고 ascorbic acid은 산화방지제이다.

409 소독제
·승홍(HgCl$_2$), 요오드(iodine), 염소(Cl$_2$), 표백분, 과산화수소(H$_2$O$_2$), 페놀, 크레졸, 역성비누, 알코올, 포르말린 등
※중성 세제 : 세정력은 강하나 소독 효과는 거의 없어 과일, 채소, 식기, 행주 등의 세척에 사용

410 역성비누(양성비누)
·세척력은 약하지만 살균력이 강하고, 가용성이다.
·냄새가 없고 자극성과 부식성이 없어 손이나 식기 등의 소독에 이용된다.

411 410번 해설 참조

412
·물리적 소독법 : 건열멸균, 화염멸균, 자비소독, 고압증기멸균, 간헐멸균, 저온 살균, 초고온순간멸균, 자외선멸균, 초음파멸균, 방사선멸균법 등
·화학적 멸균법 : 크레졸 비누액, 계면활성제, 할로겐 소독제, 알코올류, 가스소독, 오존멸균법

ANSWER

406 ② 407 ④ 408 ② 409 ④
410 ① 411 ① 412 ②

413 표백분(CaOCl₂)
- 발생기 산소에 의한 살균이다.
- 우물물, 수영장, 과일, 야채, 식기 소독에 사용한다.
- 소독 후에 잔류농도가 낮고 미량(약 1.2~1.5ppm)의 유효염소로도 단시간에 쉽게 살균 효과를 낸다.
- 인축에 해가 적으므로 가장 적당하다.

414 THM(트리할로메탄)
- 식물의 유기물이 지표에 퇴적하여 생긴 유기고분자로서 알칼리에 불칼인 humin 물질과 염소가작용하여 생성된다.
- 발암성, 강한 간독성 등이 있는 것으로 알려져 있다.

415 석탄산 계수(P.C.)
- $\dfrac{\text{소독액의 희석배수}}{\text{석탄산의 희석배수}}$ 로 표시한다.
- 소독제의 소독력 비교에 쓰인다.
- 어떤 균주를 5~10분 내에 살균할 수 있는 석탄산의 희석배수와 시험하려는 소독약의 희석배율을 비교하는 방법이다.
- 석탄산 계수가 낮으면 소독력이 약하므로 좋지 않다.

416 생석회
- 소독제로서의 구비 조건을 갖추고 있고, 범위가 넓은 변소, 하수도, 진개장 등의 소독에 적당하다.
- 공기 중에 오래 노출되면 살균력이 떨어진다.

417 크레졸(cresol)
- 소독력이 강하여, 석탄산의 2배의 소독력이 있으며 독성이 약하다.
- 변소, 하수도, 진개장 등의 오물 소독과 손 소독에 사용된다.

418 석탄산의 특징
- 세균단백질의 응고, 용해작용이 있다.
- 3~5% 수용액(온수)으로 사용한다.
- 산성도가 높고, 고온일수록 소독 효과가 크다.
- 살균력이 안정되고, 유기물질(배설물 등)에도 약화되지 않는다.
- 금속 부식성이 있다.
- 냄새와 독성이 강하며, 피부점막에 자극성이 있다.
- 소독약의 살균력을 비교하는 기준(석탄산 계수)이 된다.
- 기구, 손, 발, 오물, 의류 등의 소독에 이용된다.

419 418번 해설 참조

ANSWER
413 ② 414 ① 415 ③ 416 ③
417 ① 418 ④ 419 ④

---

413 우물물의 소독에 적당한 약품은?

① 크레졸　　　　　　② 표백분
③ 역성비누　　　　　④ 승홍

414 물의 염소 소독 시 물속의 유기물질과 소독제인 염소가 반응하여 생성되는 발암성이 있는 물질로 알려진 것은?

① THM(트리할로메탄)　② 염화나트륨
③ 아플라톡신　　　　　④ n-니트로소 화합물

415 소독제가 갖추어야 할 조건이 아닌 것은?

① 부식성이 없어야 한다.
② 성상이 안정하고 순수해야 한다.
③ 석탄산 계수가 낮아야 한다.
④ 살균작용과 침투력이 강해야 한다.

416 가장 경제적인 변소 소독제는?

① 양성비누　　　　　② 크레졸
③ 생석회(CaO)　　　④ 염소

417 크레졸(cresol)에 대한 설명 중 틀린 것은?

① 물에 잘 녹는다.
② 화학적 소독 약품이다.
③ 크레졸 비누액을 만들어 사용한다.
④ 석탄산보다 소독력이 강하다.

418 석탄산에 대한 설명 중 틀린 것은?

① 피부점막에 자극을 준다.
② 3% 수용액으로 사용한다.
③ 유기물에 살균력이 약화되지 않는다.
④ 고온일수록 효과가 낮다.

419 살균제의 살균력을 평가하는 기준이 되는 약제는?

① 승홍　　　　　　② 크레졸
③ 표백분　　　　　④ 석탄산

420 우물물의 염소 소독 기준으로서 유리잔류염소 농도는 얼마인가?

① 0.2 ppm ② 0.5 ppm
③ 0.7 ppm ④ 2.0 ppm

421 고압습열멸균(Autoclave)으로 옳은 것은?

① 121℃/15~20분
② 100~120℃/20~30분
③ 100℃/30분
④ 100~120℃/20~30분

422 우유 살균처리는 무슨 균의 살균을 그 한계 온도로 하고 있는가?

① 연쇄상구균 ② 결핵균
③ 티푸스균 ④ 클로스티리움균

423 Pasteurization의 가열 조건은?

① 63℃에서 30분간
② 100℃에서 30분간
③ 121℃에서 30분간
④ 100~120℃에서 30분간

424 아포형성균의 멸균에 가장 좋은 방법은?

① 고압증기멸균법 ② 저온소독법
③ 초고온순간멸균법 ④ 일광소독법

425 고온으로 처리하지 않고 세균의 아포(spore)를 살균하는 살균법은?

① 저온 살균법 ② 자비멸균법
③ 간헐멸균 ④ 화염살균법

426 화염멸균을 행하는 기구는?

① 가위 ② 핀세트
③ 시험관입구 ④ 메스

---

420 유리 잔류염소로는 0.2ppm, 결합 잔류염소일 때는 1.5ppm이 되도록 염소 소독을 하는 것이 바람직하다.

421 고압증기멸균법은 주로 포자형성균의 살균에 이용된다.

422 우유의 살균법
• 우유 자체에는 최소한도의 영향만 미치게 하고 우유 중에 혼입된 모든 병원 미생물을 사멸할 수 있게 고안되어 있다.
• 우유 살균은 우유 성분 중 열에 가장 쉽게 파괴될 수 있는 크림선(cream line)에 영향을 미치지 않고 우유 중에 혼입된 병원 미생물 중 열에 저항력이 가장 강한 결핵균을 파괴할 수 있는 적절한 온도와 시간으로 처리한다.

423 파스퇴리제이션 (Pasteurization)
• 저온 살균법이라고 하며 살균조건은 63℃에서 25~30분이다.
• 우유의 저온 살균에 이용된다.

424 고압증기멸균은 주로 포자형성균의 살균에 이용된다.

425 간헐멸균법
• 100℃에 30분간씩 24시간 간격으로 3회 연속 살균하는 방법이다.
• 아포를 사멸시키는 데 효과적이다.

426 화염멸균은 주로 백금선, 백금이, 시험관 입구를 화염멸균 한다.

427 에탄올은 70% 알코올이 쓰이는데 세균 포자에 대해서는 거의 효과가 없다.

428 자외선 살균법
· 열을 사용하지 않으므로 사용이 간편하다.
· 살균 효과가 크다.
· 피조사물에 대한 변화가 거의 없다.
· 균에 내성을 주지 않는다.
· 살균 효과가 표면에 한정된다.
· 지방류에 장시간 조사 시 산패취를 낸다.
· 식품 공장의 실내 공기 소독, 조리대 등의 살균에 이용된다.

429 428번 해설 참조

430 자외선 살균
· 효과가 있는 것은 세균이다.
· 살균력이 가장 강한 파장은 2537Å (2,500~2,800Å)이다.
· 살균 효율은 조사거리, 온도, 풍속 등의 영향을 받는다.
· 투과력은 약하여, 표면 소독에 유효하다.

431 방사선 동위 원소
· 종류에 따라 에너지가 다른 α, β, γ선 등을 방출하는데 투과작용은 α선보다 β선이, β선보다 γ선이 더욱 강하다.
· 식품위생법에서는 식품의 방사선 조사 기준을 마련하여 시행하고 있다.
· $^{60}C_0$의 γ-선을 사용하되 발아억제, 살충 및 숙도조절의 목적에 한하여 사용하도록 되어 있다.

432 식품의 방사선 조사 특징
· 감마선의 투과력이 강하여 제품이 완전히 포장된 상태에서도 처리가 가능하고 플라스틱, 종이, 금속 등 제한 없이 사용할 수 있다.
· 조사된 식품의 온도 상승이 거의 없기 때문에 가열 처리할 수 없는 식품이나 건조식품 및 냉동식품을 살균할 수 있다.
· 연속처리를 할 수 있다.
· 식품에 방사선이 잔류하지 않고 공해가 없다.
· 효과가 확실하다.

---

427 소독액으로 적당한 것은?

① 50% 에틸알코올 ② 70% 에틸알코올
③ 85% 에틸알코올 ④ 95% 에틸알코올

428 식품제조시설의 공기살균에 가장 적합한 방법은?

① 아황산가스에 의한 살균
② 열탕에 의한 살균
③ 알코올에 의한 살균
④ 자외선 살균 등에 의한 살균

429 자외선의 가장 효과적인 살균 대상은?

① 조리대와 조리 도구
② 물과 실내 공기
③ 기기와 실험기구
④ 도자기와 금속용기

430 자외선에 의한 세균 살균 시 유효한 파장은?

① 1,800~2,300Å ② 2,500~2,800Å
③ 3,000~3,300Å ④ 3,500~3,600Å

431 투과작용이 크며 식품 저장에 널리 이용되고 있는 방사선 동위 원소는?

① α 선 ② β 선
③ γ 선 ④ 가시광선

432 식품의 방사선 살균에 대한 설명으로 틀린 것은?

① 침투력이 강하므로 포장 용기 속에 식품이 밀봉된 상태로 살균할 수 있다.
② 조사 대상물의 온도 상승 없이 냉살균(cold sterilization)이 가능하다.
③ 감마선을 사용함으로서 안정성 문제가 해결되었다.
④ 살균력이 가장 강한 것은 감마선이다.

│ ANSWER │
427 ② 428 ④ 429 ② 430 ②
431 ③ 432 ③

433 방사선조사식품에 대한 설명으로 틀린 것은?

① 식품을 일정시간 동안 이온화 에너지에 노출시킨다.

② 발아억제, 숙도조절, 살균, 기생충 및 해충사멸 등의 효과가 있다.

③ 조사 후 건조 과정이 필요하며 잔류 독성이 있다.

④ 방사선량 단위는 Gy, kGy이며, 1Gy는 1J/kg과 같다.

434 10kGy 이하의 방사선 조사가 식품에 미치는 영향으로 맞게 설명한 것은?

① 단백질과 같은 거대분자는 매우 불안정하여 상당히 큰 영향을 받는다.

② 모든 병원균을 완전히 사멸시키지는 못한다.

③ 바이러스의 멸균을 위해서는 1~5kGy 선량이 필요하다.

④ 기생충을 사멸하기 위해서는 10kGy 이상의 선량이 필요하다.

435 살균방법 중 냉살균(cold sterilization)이란 무엇인가?

① 식품보존료 첨가
② 방사선 조사
③ 간헐 살균
④ 초고압 살균

 식품위생관련법규

436 식품의 안전성과 위생 문제를 다루는 기관과 관련이 없는 것은?

① WHO
② FDA
③ FAO
④ ILO

437 식품위생법의 목적이 아닌 것은?

① 식품으로 인한 위생상의 위해를 방지

② 식품영양의 질적인 향상을 도모

③ 식품에 관한 올바른 정보를 제공

④ 완전식품의 보존과 섭취도모

---

433 방사선에 의한 살균작용

• 주로 방사선의 강한 에너지에 의하여 균체의 체내 수분이 이온화되어 생리적인 평형이 깨어지며 대사기능 역시 파괴되어 균의 생존이 불가능해 진다.

• 발아 억제, 살충, 살균, 숙도조정 등의 목적으로 방사선(r선, β선, X선 등)을 조사한다.

• 방사선이 식품을 통과하여 빠져나가므로 식품 속에 잔류하지 않는다.

• 방사선량의 단위는 Gy, kGy이며 (1Gy=1J/kg), 1Gy는 100rad이다.

434

• 10kGy 이하의 방사선 조사는 모든 병원균을 완전히 사멸시키지는 못한다.

• 완전살균이나 바이러스의 멸균을 위해서는 10~50kGy 선량이 필요하다.

• 기생충을 사멸하기 위해서는 0.1~0.3kGy 선량이 필요하다.

435 방사선에 의한 살균작용

• 주로 방사선의 강한 에너지에 의하여 균체의 체내 수분이 이온화되어 생리적인 평형이 깨지며 대사기능 역시 파괴되어 균의 생존이 불가능해진다.

• 대상물의 온도상승이 거의 없는 상태로 소위 냉 살균을 할 수 있으며 대량처리가 가능할 뿐만 아니라 침투성이 강하기 때문에 포장이나 용기 속에 밀봉된 식품을 그대로 조사시킬 수 있는 특징이 있다.

436

• WHO(World Health Organization) : 세계보건기구

• FDA(Food and Drug Administration) : 미국의 식품의약국

• FAO(Food and Agriculture Organization) : 유엔 식량농업기구

• ILO(International Labour Organization) : 국제노동기구

437 식품위생법의 제1조(목적)

• 식품위생법의 목적은 식품으로 인하여 생긴 위생상의 위해를 방지하고 식품영양의 질적 향상을 도모하며 식품에 관한 올바른 정보를 제공하여 국민보건의 증진에 이바지함을 목적으로 한다.

ANSWER

433 ③ 434 ② 435 ② 436 ④
437 ④

438 식품위생법의 제14조(식품 등의 공전)

- 식품의약품안전처장은 식품 또는 식품첨가물의 기준과 규격, 기구 및 용기·포장의 기준과 규격, 식품 등의 표시기준을 수록한 식품 등의 공전을 작성·보급하여야 한다.

439 식품위생법 제2조(정의)

- 식품위생이란, 식품, 식품첨가물, 기구, 용기, 포장을 대상으로 하는 음식에 관한 위생을 말한다.

440 식품위생법 시행령 제2조(집단급식소의 범위)

- 영양사를 두어야 할 집단급식소는 상시 1회 50인 이상에게 식사를 제공하는 집단급식소로 한다.

441 식품위생 분야 종사자의 건강진단 규칙 제2조(건강진단 항목 및 횟수)

- 건강진단 항목 : 장티푸스, 폐결핵, 감염성피부질환(한센병 등 세균성 피부질환)
- 횟수 : 1년에 1회 실시

442 식품위생법 시행규칙 제50조(영업에 종사하지 못하는 질병의 종류)

- 제2급 감염병 중 결핵(비전염성인 경우 제외)
- 콜레라, 장티푸스, 파라티푸스, 세균성이질, 장출혈성대장균감염증, A형 간염
- 피부병 또는 그 밖의 고름형성(화농성) 질환
- 후천성면역결핍증(성매개감염병에 관한 건강진단을 받아야 하는 영업에 종사하는 자에 한함)
- ※ B형 간염 : 취업제한대상자에서는 제외되었으나 영양사 및 조리사의 면허교부 시 식품위생법 및 감염병 예방법에 의거 면허교부 결격대상임(의사의 진단에 의하여 제한적으로 허용)

443 441번 해설 참조

444 위해평가의 과정(식품위생법 시행령 제4조 ③)

- 위해요소의 인체 내 독성을 확인하는 위험성 확인과정
- 위해요소의 인체노출 허용량을 산출하는 위험성 결정과정
- 위해요소가 인체에 노출된 양을 산출하는 노출평가과정
- 위험성 확인과정, 위험성 결정과정 및 노출평가과정의 결과를 종합하여 해당 식품 등이 건강에 미치는 영향을 판단하는 위해도 결정과정

ANSWER

438 ④ 439 ④ 440 ③ 441 ①
442 ④ 443 ④ 444 ④

---

438 식품, 식품첨가물 등의 공전은 누가 작성하여 보급하여야 하는가?

① 도지사
② 보건복지부장관
③ 국립보건원장
④ 식품의약품안전처장

439 우리나라 식품 위생법에서 식품위생의 대상이 아닌 것은?

① 식품첨가물
② 기구 및 용기
③ 포장
④ 영업

440 영양사를 두어야 하는 급식소는 계속적으로 1회 몇 사람 이상을 급식하는 곳인가?

① 20인
② 30인
③ 50인
④ 100인

441 식품영업에 종사하는 사람은 정기진단을 몇 개월마다 받아야 하는가?

① 1년
② 2개월
③ 3개월
④ 6개월

442 다음 중 식품영업에 종사할 수 있는 사람은?

① 피부병 기타 화농성 질환자
② 후천성면역결핍증 환자
③ 장티푸스 환자
④ 비감염성 결핵 환자

443 안전한 급식을 공급하기 위하여 실시하는 단체급식 종사원에 대한 정기 건강진단 항목이 아닌 것은?

① 화농성 피부질환 검사
② 결핵검사
③ 장티푸스
④ 갑상선검사

444 위해평가(Risk assessment)의 주요 요소가 아닌 것은?

① 위험성 확인
② 위험성 결정
③ 노출 평가
④ 위해 치료

445 식품위생법상 식품위생감시원의 직무가 아닌 것은?

① 시설기준의 적합 여부의 확인 · 검사
② 출입 및 검사에 필요한 식품 등의 수거
③ 중요관리점(CCP) 기록 관리
④ 행정처분의 이행 여부 확인

446 식품의 기준 및 규격 고시 총칙으로 틀린 것은?

① 따로 규정이 없는 한 찬물을 15℃, 온탕 60~70℃, 열탕은 약 100℃의 물이다.
② 표준온도는 15~25℃, 상온은 20℃, 실온은 1~30℃, 미온은 35~40℃로 한다.
③ 차고 어두운 곳(냉암소)이라 함은 따로 규정이 없는 한 0~15℃의 빛이 차단된 장소를 말한다.
④ 감압은 따로 규정이 없는 한 15mmHg 이하로 한다.

447 식품첨가물 공전 총칙에서 정한 표시방법상 "염산(2→5)"의 의미는?

① 염산 2㎖에 알코올을 가하여 5㎖로 한 것
② 알코올 2㎖에 염산용액 5㎖를 첨가한 것
③ 염산 2㎖에 물을 가하여 5㎖로 한 것
④ 물 2㎖에 염산용액 5㎖를 첨가한 것

448 "식품 등의 표시기준"에 의해 반드시 표시해야 하는 성분이 아닌 것은?

① 비타민
② 나트륨
③ 열량
④ 단백질

449 각 영업의 종류에 대한 설명으로 틀린 것은?

① "단란주점영업"은 주류를 조리 · 판매하는 영업으로서 손님이 노래를 부르는 행위가 허용된다.
② "식품조사처리업"은 식품보존업에 속한다.
③ "기타 식품판매업"은 백화점, 슈퍼마켓, 연쇄점 등의 영업장 면적이 300제곱미터 미만인 업소에서 식품을 판매하는 영업이다.
④ "제과점영업"은 빵, 떡, 과자 등을 제조 · 판매하는 영업으로서 음주행위가 허용되지 아니한다.

---

445 식품위생감시원의 직무[식품위생법 시행령 제17조]
- 식품 등의 위생적 취급기준의 이행지도
- 수입 · 판매 또는 사용 등이 금지된 식품 등의 취급 여부에 관한 단속
- 표시 또는 광고 기준의 위반 여부에 관한 단속
- 출입 · 검사 및 검사에 필요한 식품 등의 수거
- 시설 기준의 적합 여부의 확인 · 검사
- 영업자 및 종업원의 건강진단 및 위생교육의 이행 여부의 확인 · 지도
- 조리사 · 영양사의 법령준수사항 이행 여부의 확인 · 지도
- 행정처분의 이행 여부 확인
- 식품 등의 압류 · 폐기 등
- 영업소의 폐쇄를 위한 간판 제거 등의 조치
- 기타 영업자의 법령 이행 여부에 관한 확인 · 지도

446 식품공전 (제1. 총칙 1. 일반원칙)
- 표준온도는 20℃, 상온은 15~25℃, 실온은 1~35℃, 미온은 30~40℃로 한다.

447 식품첨가물 공전 총칙
- 용액의 농도를 "(1→5)", "(1→(10)", "(1→100)" 등은 1㎖를 용제에 녹여 전량을 각각 5㎖, 10㎖, 100㎖ 등으로 하는 것을 표시하는 것으로서 모두 개수를 표시한다.
- 예를 들면, 수산화나트륨(1→5)은 수산화나트륨 1g을 물에 녹여 5㎖로 한 것이며 희석한 염산 (2→5)은 염산 2㎖에 물을 가하여 5㎖로 한 것이다.

448 식품 등의 표시 · 광고에 관한 법률 시행규칙 제6조(영양표시) 표시대상 영양성분
열량, 나트륨, 탄수화물, 당류[식품, 축산물에 존재하는 단당류와 이당류를 말한다. 다만 제 · 환 · 분말 형태의 건강기능식품은 제외한다], 지방, 트랜스지방(Trans Fat), 포화지방(Saturated Fat), 콜레스테롤, 단백질, 영양표시나 영양강조표시를 하려는 경우에는 [별표 5] 1일 영양성분 기준치에 명시된 영양성분

449 식품위생법 시행령 제21조(영업의 종류)
기타 식품판매업은 총리령이 정하는 일정 규모 이상의 백화점, 슈퍼마켓, 연쇄점 등에서 식품을 판매하는 영업을 말하며 "총리령이 정하는 일정규모 이상의 백화점, 슈퍼마켓, 연쇄점 등"이라 함은 백화점 · 슈퍼마켓 · 연쇄점 등의 영업장의 면적이 300제곱미터 이상의 업소를 말한다.(식품위생법 시행규칙 39조)

▶ **ANSWER** ◀ ·········

445 ③ 446 ② 447 ③ 448 ①
449 ③

450 제조연월일(제조일) 표시대상 식품[식품등의 표시기준]
- 즉석섭취식품 중 도시락, 김밥, 햄버거, 샌드위치, 초밥
- 설탕
- 식염
- 빙과류(아이스크림, 빙과, 식용얼음)
- 주류(다만, 제조번호 또는 병입연월일을 표시한 경우에는 제외한다.)

451 식품등의 표시기준 : Ⅲ. 개별표시사항 및 표시기준
① 즉석식품류 : 유통기한(즉석섭취식품 중 도시락, 김밥, 햄버거, 샌드위치, 초밥은 제조연월일 및 유통기한, 제조연월일 표시는 제조일과 제조시간을 함께 표시하여야 한다.
② 음료류 : 유통기한. 제조연월일을 추가로 표시하고자 하는 음료류(다류, 커피, 유산균음료 및 살균유산균음료는 제외한다)로서 병마개에 표시하는 경우에는 제조 "연월" 만을 표시할 수 있다.
③ 과자류 : 유통기한(빙과류는 제조연월일, 단, 아이스크림류, 빙과는 "제조연월"만을 표시할 수 있다.
⑤ 주류 : 제조연월일(탁주 및 약주는 유통기한, 맥주는 유통기한 또는 품질유지기한). 다만, 제조번호 또는 병입연월일을 표시한 경우에는 제조일자를 생략할 수 있다.

452 제조연월일이라 함은
- 포장을 제외한 더 이상의 제조나 가공이 필요하지 아니한 시점(포장 후 멸균 및 살균 등과 같이 별도의 제조공정을 거치는 제품은 최종공정을 마친 시점)을 말한다.
- 다만, 캅셀제품은 충전 · 성형완료시점으로, 소분판매하는 제품은 소분용 원료제품의 제조연월일로, 원료제품의 저장성이 변하지 않는 단순 가공처리만을 하는 제품은 원료제품의 포장시점으로 한다.

453 자가품질검사에 대한 기준
- 자가품질검사에 관한 기록서는 2년간 보관하여야 한다(식품위생법 시행규칙 31조 4항).
- 자가품질검사주기의 적용시점은 제품제조일을 기준으로 산정한다(식품위생법 시행규칙 별표12. 3번).

---

450 식품 등의 표시기준에 의한 제조년월일(제조일) 표시대상 식품에 해당하지 않는 것은?

① 김밥(즉석섭취식품) ② 설탕
③ 식염 ④ 껌

451 식품 등의 세부표시기준상 주류의 제조년월일 표시기준으로 옳은 것은?

① 제조일과 제조시간을 함께 표시하여야 한다.
② 제조"일"만을 표시할 수 있다.
③ 병마개에 표시하는 경우에는 제조 "연월"만을 표시할 수 있다.
④ 제조번호 또는 병입연월일을 표시한 경우에는 제조일자를 생략할 수 있다.

452 식품 등의 표시기준을 나타낸 것으로 틀린 것은?

① 제조년월일 : 소분 판매하는 제품은 원재료의 소분공정을 실제 작업한 연월일
② 유통기한 : 제품의 제조일로부터 소비자에게 판매가 허용되는 기한
③ 품질유지기한 : 식품의 특성에 맞는 적절한 보존방법이나 기준에 따라 보관할 경우 해당식품 고유의 품질이 유지될 수 있는 기한
④ 당류 : 식품 내에 존재하는 모든 단당류와 이당류의 합

453 아래의 식품위생법에 의한 자가품질검사에 대한 기준에서 ( )안에 적합한 것은?

> - 자가품질검사에 관한 기록서는 (A) 보관하여야 한다.
> - 자가품질검사주기의 적용시점은 (B)를 기준으로 산정한다.

① (A) : 1년간, (B) : 제품제조일
② (A) : 2년간, (B) : 제품제조일
③ (A) : 1년간, (B) : 제품판매일
④ (A) : 2년간, (B) : 제품판매일

454 다음은 우리나라 식품 등의 표시기준상 트랜스지방의 정의를 설명한 것이다. ( ) 안에 들어갈 용어를 순서대로 나열한 것은?

> 트랜스지방이라 함은 트랜스구조를 ( )개 이상 가지고 있는 ( )의 모든 ( )을 말한다.

① 2 - 공액형 - 불포화지방산
② 2 - 공액형 - 포화지방산
③ 1 - 비공액형 - 불포화지방산
④ 1 - 비공액형 - 포화지방산

455 친환경농업 육성정책 강화 등에 힘입어 친환경농산물 생산은 매우 급속하게 증가하고 있다. 친환경농산물의 종류에 해당되지 않는 것은?(단, 축산물의 경우도 포함)

① 유기농산물
② 저항생제축산물
③ 저농약 농산물
④ 무농약농산물

456 유전자 재조합 식품의 안전성 평가를 위한 일반적인 조사에 해당하지 않는 것은?

① 건강에 직접적 영향(독성)
② 유전자 재조합에 의해 만들어진 영양 효과
③ 유전자 도입 전 식품의 안전성
④ 항생제 내성

457 식품 위생법 상의 용어 정의가 틀린 것은?

① "화학적 합성품"이라 함은 화학적 수단으로 원소 또는 화합물에 분해반응 외의 화학반응을 일으켜 얻은 물질
② "식중독"이라 함은 식품의 섭취로 인하여 인체에 유해한 미생물에 의하여 발생한 것
③ "표시"라 함은 식품, 식품첨가물, 기구 또는 용기 · 포장에 적는 문자, 숫자 또는 도형
④ "위해"란 식품, 식품첨가물, 기구 또는 용기 · 포장에 존재하는 위험요소로서 인체의 건강을 해치거나 해칠 우려가 있는 것

454 식품 등의 표시기준 3. 용어의 정의
"트랜스지방"이라 함은 트랜스구조를 1개 이상 가지고 있는 비공액형의 모든 불포화지방을 말한다.

455 친환경농산물
· 환경을 보전하고 소비자에게 보다 안전한 농산물을 공급하기 위해 농약과 화학비료 및 사료첨가제 등 화학자재를 전혀 사용하지 않거나, 적정수준 이하로 사용하여 생산한 농산물을 말한다.
· 친환경농산물에는 유기농산물, 전환기 유기농산물, 무농약농산물, 저농약농산물 등이 있다.

456 유전자재조합 식품의 안전성 평가 항목
· 신규성
· 건강에 미치는 직접적 영향(독성)
· 유전자 재조합에 의해 만들어진 식품의 영양 효과
· 항생제 내성
· 알레르기 유발 여부

457 식품위생법 제2조(정의)14 "식중독"이란
· 식품 섭취로 인하여 인체에 유해한 미생물 또는 유독물질에 의하여 발생하였거나 발생한 것으로 판단되는 감염성 질환 또는 독소형 질환을 말한다.

ANSWER

454 ③ 455 ② 456 ③ 457 ②

Part 2

식품화학

01 식품의 일반성분

❶ 수분

1. 식품 중 수분의 역할

식품 중의 물은 식품의 화학적 조성, 물리적 구조에 따라서 서로 다른작용을 하며, 또한 물이 존재하는 형태에 따라서도 그 역할이 다르다.

① 난용성 물질과 유탁액(emulsion)이 되어 그 물질을 분산시킨다.

② 친수성 고분자 물질인 단백질과 전분은 물에 흡수되어 콜로이드(colloid) 용액을 만들며, 함수량에 따라서 2개의 구조가 다른 가역적으로 서로 변하는 sol과 gel이 되어 식품으로 존재한다.

③ 수분에 가용성 물질인 염과 당 등의 분자적 분산의 배지로서작용하며, 용해한 물질의 일부는 이온화하는 것도 있지만, 대개는 용질이 가장 균일한 분포로 나타난다.

2. 유리수와 결합수

식품 중에 들어 있는 물은 자유수(유리수, Free water)와 결합수(Bound water)의 2가지 형태로 존재한다.

(1) 자유수(유리수, Free water)

1) 정의

식품 중에서 운동이 자유로운 물로 염류, 당류, 수용성 단백질들을 녹이는 용매로작용하는 물이다.

2) 특징

① 식품을 건조나 동결시키면 쉽게 제거되고 결빙될 수 있다.

② 0℃에서 얼고 100℃에서 끓는다.

③ 용매로작용하여 조직 속의 여러 물질을 녹인다.

④ 미생물의 번식에 이용될 수 있으며 식품의 저장성과 관계가 깊다.

⑤ 효소반응 및 화학반응에 참여하여 물질을 운반 또는 확산하는 매개체가 된다.

⑥ 표면장력이 크다.

⑦ 점성이 크다.

(2) 결합수(Bound water)

1) 정의

식품의 구성성분인 단백질, 탄수화물의 분자와 수소결합하여 −18℃ 이하에서도 액체상태로 존재하는 물이다.

2) 특징

① 당류와 같은 용질에 대하여 용매로써작용하지 않는다.

② 수증기압은 정상적인 물의 경우보다 낮으므로 대기 중에서 100℃ 이상으로 가열하여도 제거되지 않는다.

③ 0℃에서는 물론 그보다 낮은 온도(−40℃ 이하)에서도 얼지 않는다.

④ 동·식물에 존재할 때 조직에 큰 압력을 가하여 압착해도 제거되지 않는다.

⑤ 정상적인 물보다 밀도가 크다.

⑥ 식품에서 미생물의 번식과 발아에 이용되지 못한다.

⑦ 식품성분의 구조와 특성유지에 필요하다.

⑧ 식품의 맛과 품질의 안정성에 관계한다.

② 탄수화물

탄수화물은 탄소, 수소 및 산소의 3원소로 이루어지고 수소와 산소의 비율은 2 : 1이다. $C_m(H_2O)_n$ 이란 일반식으로 표시되며, 탄수화물 분자 내에는 1개 이상의 alcohol기(OH)와 1개 이상의 carbonyl기(CHO 또는 CO)를 가지고 있다.

1. 탄수화물의 분류

가수분해에 의해 더 이상 분해될 수 없는 가장 간단한 당을 단당류라고 하며, 그 수에 따라 여러 형태의 탄수화물이 있다.

(1) 단당류(Monosaccharide) : 탄소 수에 따라

① 3탄당 : glycerose, dihydroxyacetone
② 4탄당 : erythrose, threose, erythrulose
③ 5탄당 : ribose, arabinose, xylose, ribulose
④ 6탄당 : glucose, mannose, galactose, fructose
⑤ 7탄당 : mannoheptose, sedoheptulose

(2) 소당류(Oligosaccharides) : 보통 2~8분자의 단당류가 결합되어 이루어진 당류

① 2당류 : maltose, sucrose, lactose, melibiose
② 3당류 : raffinose, gentianose
③ 4당류 : starchyose

(3) 다당류(Polysaccharides) : 8분자 이상의 단당류가 결합되어 이루어진 당류

① 단순 다당류 : starch, cellulose, insulin, glycogen, chitin, xylan
② 복합 다당류 : pectin, hemicellulose, gum, heparin

2. 탄수화물의 구조

(1) 당류의 D형과 L형

① 3탄당에는 부제탄소 1개가 있다. 부제탄소에 OH기가 우측에 있는 것과 좌측에 있는 2가지 입체 이성체가 있는데 전자를 D-glycerose, 후자를 L-glycerose라 한다.
② 6탄당에는 부제탄소가 4개 있으므로 입체 이성체 수가 많아진다. 이 경우는 5번째 탄소에 붙어 있는 OH기가 우측에 붙어 있는 것을 D라 하고, 좌측에 붙은 것을 L이라 한다. 선광성을 표시하면 우선성인 것에는(+), 좌선성인 것에는(−)을 붙여 D(+) glucose와 같이 표시한다.

(2) 환상구조

① 일반적으로 4탄당 이상의 당은 D-glucose와 같이 aldehyde기 또는 ketone기와 분자 내의 4위(C_4), 5위(C_5) 또는 6위(C_6)의 탄소 원자에 붙어있는 OH기와 결합하여 hemiacetal기(>C=O기에 R-OH가 붙는 것)를 형성하여 환상 구조를 형성한다.

② 환상 구조에서 >C=O를 형성하고 있던 C에 새로운 OH기가 새로 생기게 됨으로써, 이 C도 부제탄소가 되어 이성체가 생긴다. 새로 생긴 OH기가 그 당의 D, L을 결정하는 부제탄소 원자에 붙은 OH기와 같은 방향에 있을 때 α형, 반대 방향에 있는 것을 β형이라 한다. α, β의 이성체를 anomer라 하며, 일반적으로 수용액 중에서는 2가지 형이 평형상태를 이루고 있다.

3. 단당류

(1) 5탄당(Pentose)

식물계에 pentosan 형태로 존재하고 pentosan을 가수분해하면 5탄당을 얻을 수 있다. 5탄당은 강한 환원력을 갖고 있으나 발효되지 않고, 사람에게는 거의 이용되지 않는다.

① Arabinose : 식물 형질의 주성분, araban 형태로 존재

② Xylose : 짚의 주성분, xylan 형태로 존재

③ Ribose : 핵산의 주성분, vitamin B2의 모체

④ Rhamnose : methyl pentose이며 식물체 내에서 배당체로 존재하고, 초목의 꽃의 색소성분

(2) 6탄당(Hexose)

동식물계에 분포되어 식품성분으로 중요하다. Glucose, galactose, mannose, fructose 4종류가 있다. 강한 환원력을 가지며 효모에 의해 발효된다.

1) Glucose(포도당)

① 유리상태로 과즙, 꽃, 혈액 등에 들어 있다.

② 전분, cellulose, 맥아당, 자당, 배당체에 들어 있다.

③ 융점은 146℃이고 그 이상의 온도에서 caramel이 된다.

2) Fructose(과당)

① 유리상태로 과실, 꽃, 벌꿀 등에 존재한다.

② 포도당과 결합하여 자당을 이루며, fructose가 다수 결합하여 inulin이 되며 돼지감자, 다알리아 뿌리에 많다.

③ 과당은 용해성이 크고 과포화되기 쉬워서 결정화되기 어렵고, 매우 강한 흡습 조해성을 가지며, 점도가 포도당이나 설탕보다 약하다.

3) Galactose

① Lactose의 구성당이며, 다당류인 galactan을 구성하는 당이기도 하다.

② 동물 체내에서는 당지질인 cerebroside 구성분으로 뇌, 신경에 함유되어 있다.

③ Glucose 보다 단맛이 덜하며 물에 잘 녹지 않는다.

4) Mannose

백합 뿌리 등에 들어 있는 다당류인 mannan의 구성당이며, 식물의 줄기와 잎에 함유되어 있다.

(3) 기타 단당류

1) Sedoheptulose

생체 내에서 탄수화물 대사에 필요한 당으로 7탄당이다.

2) Amino sugar(아미노당)

① 당분자의 C^2 원자의 OH기가 NH_2기로 치환된 것으로 glucosamine인 chitosamine은 갑각류 껍질의 구성분인 chitin의 구성 단위가 된다.

② Chitin은 아미노기의 수소 원자 1개가 acetyl기로 치환된 N-acetyl glucosamine의 중합체이다.

③ Galactosamine(chondrosamine)은 연골, 당단백질, 당지질, 뮤코이드(점액질)에 함유되어 있다.

3) Sugar alcohol(당알코올)

① 당의 carbonyl기가 H_2 등으로 환원되어 $-CH_2OH$로 된 것이다.

② Sorbitol은 일부 과실에 1~2%, 홍조류 13% 함유, 수분조절제, 비타민 C의 원료, 당뇨병 환자의 감미료, 식이성 감미료, 비타민 B_2의 구성성분이다.

③ Mannitol은 식물에 광범위하게 분포, 곤포나 곶감 표면의 흰가루, 흡수성은 없고 당뇨병 환자의 감미료이다.

④ Meso-Inositol은 뇌, 간, 난황, 대두, 소맥배아 등의 인지질 구성성분, 동물의 근육과 내장에 유리상태로 존재하므로 근육당이라고도 한다. 비타민 B_2 복합체이다.

4) Aldonic acid(알돈산)

① aldose의 -CHO가 산화되어 -COOH로 된 당산화물이다.

② D-gluconic acid는 곰팡이, 세균에 존재하고, Ca염, Fe염은 각각 칼슘, 철의 보급제이다.

5) Saccharic acid(당산)

① C_1의 CHO와 C^6의 CH_2OH가 산화되어 COOH가 된 당산이다.

② Glucosaccharic acid는 인도 고무나무에 존재하고, 물에 잘 녹으며, glucose가 산화된 것이다.

③ Mucic acid(점액산)은 galactose가 산화된 것이고 물에 녹지 않는다.

6) Uronic acid(우론산)

① 단당류 말단의 CH_2OH가 산화되어 -COOH로 된 당산화물이다.

② Glucuronic acid는 동물 체내의 유해물질 해독작용에 관여하고, Galacturonic acid는 펙틴의 성분으로 식물 세포막 중에 존재한다.

7) Thio sugar

① 단당류 분자의 carbonyl기의 O가 유황으로 치환된 것이다.

② Thioglucose는 무, 마늘의 매운맛 성분인 sinigrin의 구성당이다.

 ## 4. 2당류

(1) 맥아당(Maltose)

① 맥아당은 α-glucose의 C^1의 OH기와 α 또는 β-glucose의 C^4의 OH기가 축합 결합한 것으로 전자를 α-maltose, 후자를 β-maltose라 한다.

② 전분이나 glycogen을 amylase로 작용하면 맥아당이 생기며, 감주의 주성분이다.

③ 물에 녹기 쉽고 우선성이며, 단맛은 설탕이 100일 때 60이다.

(2) 유당(Lactose)

① 유당은 β-galactose의 C^1과 glucose의 C^4가 축합한 것으로 포도당이 α인 것을 α-lactose, β인 것을 β-lactose라 하여 보통 젖 중에 $\alpha : \beta$ = 2 : 3의 비로 존재한다.

② 포유동물의 유즙에 1.5~8%, 인유에 5~8%, 우유에 4~6%가 함유되어 있다.

③ 환원력을 가지며 단맛이 적고, 물에 대한 용해도가 낮으며 유해균의 발육을 억제하는 정장작용을 한다.

(3) 자당(Sucrose)

① 자당은 α-glucopyranose의 C^1과 β-fractofuranose의 C^2가 결합한 것으로 비환원당이며 식물계에 널리 분포되어 있으며, 특히 사탕수수의 줄기와 사탕무의 뿌리에 많다.

② 산이나 효소 invertase에 의해 가수분해되어 우선성인 자당은 D(+)glucose와 D(−)fructose의 등량 혼합물이 되고, 과당이 좌선성이 강하므로 좌선성으로 된다. 이때 선광성이 변하여 설탕의 가수분해를 전화(inversion)라 하고, 생성된 포도당과 과당의 등량 혼합물을 전화당(invert sugar)이라 한다.

③ 자당은 소화흡수가 빠르며, 피로 회복에 효과가 크고, 과량 섭취하면 일시적 당뇨가 되며, 혈액 중 불완전 연소 시에 pyruvic acid, 젖산, 초산 등이 생겨 이를 중화하기 위해 이나 뼈에서 Ca이 용출되어 이와 뼈가 약해지거나 산중독증이 된다.

5. 다당류(Polysaccharide)

(1) 단순 다당류

1) 전분(Starch)

① 전분은 곡류, 서류 등의 저장 탄수화물로 식물성 다당류이며 색, 맛, 냄새가 없는 가루이다. 비중이 1.65로 물보다 무거워 침전되므로 전분이라 부르며, 옥도반응은 청색이다.

② 전분은 amylose와 amylopectin의 분자들이 서로 밀착되어 섬유상 집합체인 micelle을 이루고, 이 micelle이 모여서 전분층을 형성한다. Amylose는 α-D-glucose가 α-1,4 결합의 사슬모양으로 다수 결합하고, α-glucose의 분자수는 평균 약 4천 개에 이른다. Amylopectin은 amylose의 직쇄의 군데군데에 다른 amylose 사슬이 α-1,6 결합으로 가지를 이룬 분자 구조이다.

③ Starch를 가수분해하면 dextrin → oligosaccharides → maltose → glucose로 되며 맥아로 분해하면 maltose가 생긴다. Starch는 D-glucose(α-D-glucopyranose)의 축합물로 일반적으로 amylose(20%), amylopectin(80%)으로 되어 있다. 찹쌀 전분은 amylopectin으로만 되어 있으며, 일반식은 $C_m(H_2O)_n$으로 된다.

2) 호정(Dextrin)

전분을 가수분해하여 maltose(맥아당)에 이르기까지의 여러 가지 중합도를 가진 생성물을 호정이라 한다.

① 가용성 전분 : 생전분을 묽은 무기산 용액에 담가 며칠 동안 실온에 방치한 후 수세하여 산을 제거하고 건조시킨 것으로 냉수에는 녹지 않으나, 열수에는 투명하게 용해되며 정색반응은 청색을 띤다.

② Amylodextrin : 가장 복합한 구조를 가진 것이며, 전분과 거의 같고 정색반응은 푸른 적색을 띠고 있다.

③ Erythrodextrin : soluble starch보다 가수분해가 더 진행된 것이며, 정색반응은 적갈색을 띠고 찬물에 녹고 환원성이 있다. Maltose의 1~3%의 환원력을 가진다.

④ Achrodextrin : erythrodextrin보다 가수분해가 더 진행된 것으로, 정색반응은 일으키지 않으나 환원력을 가진다.

⑤ Maltodextrin : achrodextrin보다 가수분해가 더 진행된 것으로, maltose나 glucose가 되기 직전의 dextrin으로 정색반응은 무색이다.

3) 글리코겐(Glycogen)

① 글리코겐은 식물에서 전분에 상당하는 동물성 저장다당류로서 동물전분(animal starch)이라고 한다.

② 간(5%), 근육(0.5~1%), 굴 등의 조개류(5~10%)에 함유되어 있으며, amylopectin과 같이 α-D-glucose의 중합체이다.

③ 글리코겐은 백색 무정형의 분말로 무미, 무취이며 호화, 노화에 관계하지 않는다.

4) 섬유소(Cellulose)

① 섬유소는 고등식물의 세포막과 목질부의 주성분으로서 자연계에 널리 분포되어 있고, 구조는 β-D-glucose가 β-1,4 결합을 한 것으로 직쇄상을 이룬다.

② 인체내 소화액에는 섬유소를 분해하는 효소가 없으므로 식품 중의 섬유소는 소화되지 않고 체외로 배설된다.

③ 소와 같은 반추동물의 제1위에 세균들은 cellulase를 분비하여 섬유소를 포도당으로 분해하여 이용할 수 있다.

④ 적당량의 섬유소는 인체의 장을 자극하여 유동운동을 좋게 함으로써 변비, 대장암, 직장암 등의 예방 효과가 있다.

5) 이눌린(Inulin)

① 다알리아 뿌리나 돼지감자 등에 들어 있는 저장성 다당류를 말하며, β-D-fructofuranose로 구성되어 있다.

② 이눌린은 fructose가 30개 정도 β-1,2 결합되어 있고 분자량은 약 5000 정도이다.

6) 키틴(Chitin)

① 바다가재, 게, 새우 등의 갑각류와 곤충류의 껍질층에 포함되어 있다.

② 키틴은 N-acetyl-glucosamine들이 β-1,4 glucoside 결합으로 연결된 고분자의 다당류로서 영양 성분은 아닌 물질이다.

7) 그 외의 단순 다당류

Xylan은 xylose, araban은 arabinose, mannan은 mannose, galactan은 galatose를 구성 단위로 하는 다당류로서 식물의 세포막에 분포되어 있다.

(2) 복합 다당류

1) Hemicellulose

① Celluose, lignin 혹은 각종 pentosan들과 함께 식물 세포막을 이루는 구성성분이다.

② 구성 단위는 D-xylose, D-glucuronic acid, 4-methyl-D-glucuronic acid 등이 주성분이고, 그 외에 5탄당(arabinose, rhamnose)과 6탄당(glucose, galactose, mannose) 등이 그 성분이다.

2) Pectin질

① 특징

- 세포막과 세포막 사이에 존재하는 얇은 층, 세포와 세포 사이를 결착시키는 복합 다당류이다.

- 펙틴은 사과, 딸기 등의 과실류, 일부 야채류, 사탕무 등에 존재하고 레몬, 오렌지 등의 감귤류 껍질에 35%로 높은 함량으로 존재한다.

- 펙틴질의 기본 단위는 α-D-galacturonic acid이며, 펙틴을 가수분해하면 90% 정도로 가장 많이 생성된다.

② 종류
- protopectin : 펙틴의 모체가 되는 물질이며 비수용성이고, 미숙한 식물조직에 함량이 많았다가 성숙함에 따라 protopectinase에 의하여 가수분해 되면 수용성 펙틴으로 변한다.
- pectic acid : 분자 내의 carboxyl기에 methyl ester기가 전혀 존재하지 않는 polygalacturonic acid로서 비수용성의 물질이다.
- pectinic acid : pectic acid의 carboxyl기의 일부가 methyl ester의 형태로 된 galacturonic acid의 중합체로서 수용성 물질이다.
- pectin : 적당량의 당과 산의 존재 하에 gel을 형성하는 능력이 있고, 분자 내의 carboxyl기의 상당 부분이 methyl ester화한 것으로 수용성의 물질이다.

3) 아라비아 고무(Gum arabic)
① 고온 건조한 고지대에서 생육하는 아카시아 나무의 껍질에서 얻어지는 분비물이며, 칼륨, 마그네슘 등의 양이온을 함유한 복합 다당류이다.
② 구조는 β-D-galactose가 β-1,3 결합으로 연결되고, 이에 L-rhamnose, L-arabinose, D-glucuronic acid가 1,6 결합된 coil상의 구조이다.
③ 아라비아 고무는 점착제, 결정화 억제제, 안정제 등으로 사용된다.

4) 한천(Agar)
① 한천(우뭇가사리)은 홍조류와 녹조류에서 추출한 고무질로서 cellulose 함량은 비교적 낮으나 각종 다당류의 함량은 높다.
② 물, 산, 알칼리로 추출되며 한천의 gel 형성 능력은 대단히 강력하다.
③ 제빵, 제과, 유제품 제조에서 안정제로 사용된다.

5) 알긴(Algin)
① Alginic acid는 미역, 다시마 등의 갈조류의 세포막 구성성분으로 존재하며, Na, Ca, Mg 염과의 혼합물을 algin이라고 한다.
② 아이스크림, 맥주 등의 안정제 및 거품 안정제로 사용된다.

6) 가라기난(Carrageenan)
홍조류에 속하는 해조류의 추출물로서 우수한 gel 형성제, 점착제, 안정제 등으로 사용되고 있다.

7) 덱스트란(Dextran)
미생물이 당밀이나 설탕 등을 분해시켜 얻어지는 고무질로서 혈장용량 증가제로 사용되고 시럽, 아이스크림, 과자 제조 시 안정제로 사용된다.

③ 지질

지질은 동식물에 널리 분포되어 있으며, 일반적으로 물에 용해되지 않고 ether, chloroform 등의 유기용매에 용해되고, 지방산과 ester를 형성하거나 이미 형성되어 있는 물질을 총칭하여 지질(lipid)이라 한다.

1. 지질의 분류

(1) 단순지질

지방산과 글리세롤, 고급 알코올이 에스테르 결합을 한 물질이다.
① 중성지방 : 지방산과 glycerol의 ester 결합
   • 유(油, oil) : 상온에서 액체   예 대두유, 면실유, 옥배유 등
   • 지(脂, fat) : 상온에서 고체   예 우지(쇠기름), 돈지(돼지기름)
② 진성납 : 지방산과 고급 지방족 1가 알코올과의 ester 결합

(2) 복합지질

지방산과 글리세롤 이외에 다른 성분(인, 당, 황, 단백질)을 함유하고 있는 지방이다.
① 인지질 : 인산을 함유하고 있는 복합지질
② 당지질 : 당을 함유하고 있는 복합지질
③ 유황지질 : 유황을 함유하고 있는 복합지질
④ 단백지질 : 지방산과 단백질의 복합체

(3) 유도지질

단순 지질과 복합지질의 가수분해로 생성되는 물질을 말한다.
예 유리지방산, 고급알코올, 탄화수소, 스테롤, 지용성 비타민 등

2. 지방산

(1) 지방산의 구조

자연계의 식품 중에 존재하는 지방산은 대부분 짝수 개의 탄소를 가지며, 말단에 카르복실기(-COOH)를 갖는다.

(2) 포화지방산

① 알킬기 내에 이중 결합이 없는 지방산을 말한다.

② 상온에서 대부분 고체상태이며, 탄소수가 증가할수록 융점이 높아지고 물에 녹기 어렵다.

③ 천연유지 중에 가장 많이 존재하는 것은 palmitic acid, stearic acid이다.

(3) 불포화지방산

① 알킬기 내에 이중 결합이 있는 지방산을 말한다.

② 상온에서 액체이며, 공기 중의 산소에 의하여 쉽게 산화되고, 이중 결합수가 증가할수록 산화속도는 빨라지고, 융점은 낮아진다.

③ 포화지방산보다 산패가 빨리 일어난다. 그러나 불포화지방산의 함량이 높은 대두유 등은 동물성 유지보다 산패가 잘 일어나지 않는데, 이는 대두유 등의 식물성 유지에 천연 항산화제가 들어 있기 때문이다.

④ 불포화지방산 중 linoleic acid, linolenic acid, arachidonic acid는 필수지방산이다.

 ## 3. 단순지질

(1) 중성지방

① 중성지방(유지)은 glycerol 1분자에 지방산 3분자가 ester 결합을 한 것으로서 glycerol의 3개의 OH기 중 지방산이 ester 결합한 개수에 따라서
- 1개 결합 시 : monoglyceride
- 2개 결합 시 : diglyceride
- 3개 모두 결합 시 : triglyceride

② 보통 식품으로 사용하는 유지는 triglyceride가 주성분으로 중성지방에 속한다.

③ 식용유는 융점이 낮고 범위가 넓은 것이 좋다. 일반적으로 고도의 포화지방산을 함유하고 분자량이 큰 고체지방은 융점이 높고, 불포화지방산이 많은 액체 기름은 융점이 낮다. 또한 식용유로는 반건성유가 적당하다.

(2) 왁스

① 고급 1가 알코올과 고급지방산이 ester 결합한 것이다.

② 체내에서 분해되지 않으므로 영양적 가치는 없으나 동식물체의 보호물질로서 표피에 존재한다.

③ 충해나 미생물 침입, 수분의 증발 및 흡습을 방지하고 광택을 준다.

 ## 4. 복합지질

지방산과 여러 알코올의 에스테르에 다른 원자단이 결합된 화합물을 복합지질이라 하며 인지질, 당지질, 황지질, 단백지질 등이 있다.

(1) 인지질

글리세롤의 2개의 OH기가 지방산과 결합되어 있고, 세 번째의 OH기는 인산과 결합되어 있는 phosphatidic acid의 유도체로서 뇌, 심장, 신경조직, 난황, 대두 등에 많이 포함되어 있다.

① Lecithin
- phosphatidic acid의 인산기에 choline이 결합한 phosphatidyl choline의 구조로 되어 있다.
- 생체의 세포막, 뇌, 신경조직, 난황, 대두에 많이 함유되어 있고, 식품 가공 시 유화제로 쓰인다.

② Cephalin : phosphatidyl serine과 phosphatidyl ethanolamine으로 구성

③ Sphingomyelin
- sphingosine, 지방산과 phosphatidyl choline이 각각 결합한 구조를 가진다.
- 식물계에는 거의 존재하지 않고 동물의 뇌, 신장 등에 당질과 공존하는 백색의 판상 물질이다.

(2) 당지질

지방산, sphingosine, 당류가 결합한 것으로 동물의 뇌, 신경조직에 많이 들어 있다.

① Cerebroside : 지방산, sphingosine, 당(단당류)으로 형성되고, 구성당은 주로 galactose이며, glucose가 결합한 경우도 있다.

② Ganglioside : 지방산, sphingosine, 당(다당류)으로 이루어지며, 적어도 한 분자의 N-acetylneuraminic acid를 함유하고 있다.

5. Sterol류

동식물조직 중에 존재하는 steroid 핵을 갖는 환상 알코올의 한 무리(一群)를 sterol이라 한다. 천연 지질의 불검화성 물질의 대표적인 것이다. Sterol은 그 소재에 의하여 동물성(zoosterol), 식물성(phytosterol)과 균성(mycosterol)으로 분류한다.

(1) 동물성 sterol

cholesterol는 고등동물의 조직 중에 함유되어 있다.

(2) 식물성 sterol

① stigmasterol : 대두유 중에 sitosterol과 공존하며 미강유, 옥수수유, 야자유 등에 분포한다.

② sitosterol : 고등식물유 중에 함유되어 있다. α, β, γ-sitosterol이 있으며, 면실유 중에는 β형, 대두유 중에는 γ형이 많다.

(3) 균성 sterol

① 곰팡이, 효모, 고등균류, chlorella, 버섯 등에 함유되어 있다.
② 자외선에 의해 Vit. D_2로 된다.

6. 지방의 물리적 성질

(1) 용해성(Solubility)

① 친수성 용매인 물이나 알코올에는 잘 녹지 않고, 소수성 용매인 에테르(ether), 석유에테르, 벤젠(benzene) 등에 쉽게 용해된다.
② 탄소수가 많고 불포화도가 적을수록 잘 녹지 않는다.

(2) 융점(Melting point)

① 포화지방산을 함유하고 분자량이 큰 고체 지방은 융점이 높고, 불포화지방산이 많은 액체 기름은 융점이 낮다.
② 식용유는 융점이 낮은 것이 좋다.

(3) 비중(Specific gravity)

① 비중은 0.92~0.94이다.
② 지방산기의 길이가 길수록, 또한 산의 불포화도가 적을수록 비중이 낮아진다.

(4) 유화성

지방질은 분자 중에 친수성기와 소수성기를 가지고 있으므로 지방을 유화시키는 성질이 있다.
① 수중유적형(O/W) : 우유, 아이스크림, 마요네즈(물 속에 기름입자가 분산)
② 유중수적형(W/O) : 버터, 마가린(기름 속에 물이 분산)

(5) 굴절률

굴절률은 20℃에서 1.44~1.47 정도이며, 일반적으로 동일한 유지일지라도 산가와 검화가가 클수록 굴절률은 적어지는 반면, 불포화도가 클수록 굴절률은 커진다.

(6) 발연점, 인화점, 연소점

① 발연점 : 유지를 가열할 때 유지 표면에서 엷은 푸른색의 연기가 발생하기 시작하는 온도
② 인화점 : 유지를 발연점 이상으로 가열할 때 유지에서 발생하는 증기가 공기와 혼합되어 발화하는 온도
③ 연소점 : 유지가 인화되어 계속적으로 연소하는 온도로서 인화점보다 20~60℃ 정도 높다.

7. 지방의 화학적 성질

(1) 산가(Acid value)

유지 1g 중의 유리지방산을 중화하는 데 소요되는 KOH의 mg수로 표시하고, 유지 중의 유리지방산의 양을 나타낸다. 신선한 유지는 산가가 낮고 산패한 것은 높다.

(2) 검화가(Saponification value)

① 유지 1g을 검화하는 데 필요한 KOH의 mg 수로 표시하고 유지를 검화하는 데 요하는 알칼리 성분의 양을 나타낸다.

② 유지의 구성지방산의 분자량이 크면 검화가는 작아 반비례한다.

③ 일반적인 유지의 검화가는 180~200 정도이다.

(3) 옥도가(Iodine value)

① 100g의 유지가 흡수하는 I_2의 g 수로 표시하고 유지의 불포화지방산의 양을 나타낸다.

② 2중 결합의 수에 비례하여 증가한다.

③ 고체 지방 50 이하, 불건성유 100 이하, 건성유 130 이상, 반건성유 100~130 정도이다.

(4) Reichert meissl value(RMV)

유지 5g을 검화한 다음, 증류하여 얻은 수용성인 휘발성 지방산을 중화하는 데 소비되는 0.1N KOH의 ml수로 표시하고, 수용성 휘발성 지방산의 양을 나타낸다.

① 버터의 위조검정에 이용한다.

② 일반 유지는 1 정도이지만 버터는 30 정도로 높다.

(5) Polenske value

① RMV 측정 시 얻은 비수용성 휘발성 지방산을 중화시키는 데 소비되는 0.1N KOH의 ml 수로 표시하고, 비수용성 휘발성지방산의 양을 나타낸다.

② 야자수 검사에 이용한다.

③ 버터는 1.5~3.5, 야자유는 16.8~18.2이다.

(6) Acetyl value

① 아세틸화한 유지 1g을 가수분해 할 때 얻어지는 산을 KOH로 중화하는 데 필요한 KOH의 양을 mg 수로 표시하고, hydroxy 지방산의 함량을 나타낸다.

② 피마자 기름은 146~150으로 높다.

④ 단백질

단백질은 동식물체의 세포 원형질과 세포핵 성분으로 생물체의 생명유지에 중요하며, 생리 기능을 조절하는 효소, 항체, 유전자 등의 본체로서 아미노산이 peptide 결합에 의해 연결된 고분자 화합물이다.

단백질의 구성원소는 C, H, O, N 및 유황 그외 소량의 인(P), 철(Fe) 등으로 이루어져 있고, 단백질은 약 16% 의 질소를 함유하고 있으므로, 식품 중의 단백질을 정량할 때 질소량을 측정하여 이것에 100/16, 즉 6.25 질소 계수)를 곱하여 조단백질 함량을 산출한다. 이 계수는 단백질 종류에 따라 다르며, 일반적으로 쌀은 5.95, 우유 및 유제품은 6.38, 콩 및 콩제품은 5.71이다.

1. 아미노산의 분류

천연의 단백질을 구성하는 아미노산은 약 20여 종이 있으며, 이들 아미노산은 모두 L형의 구조를 갖고 있다. α 위치의 탄소에 아미노기($-NH_2$)를 갖는 카르복시산($-COOH$)이다.

- 중성 아미노산 : $-COOH$, $-NH_2$를 각각 1개씩 갖는 것
- 산성 아미노산 : $-COOH$를 2개 갖는 것
- 염기성 아미노산 : $-NH_2$를 2개 갖는 것
- 방향족 아미노산 : 벤젠핵을 갖는 것
- 함황 아미노산 : S를 갖는 것
- 복소환(hetero cyclic) 아미노산 : 벤젠핵 이외의 환상 구조를 갖는 것

2. 아미노산의 성질

(1) 용해성

아미노산은 양성물질로 극성이온 용매인 물이나 염류 용액에 잘 용해되며 ether, chloroform 등의 비극성 유기 용매에는 불용이다. 대체로 알코올에는 잘 녹지 않으나, imino기를 가진 proline, hydroxyproline은 잘 녹는다.

(2) 양성 전해질

① 아미노산은 분자 내에 carboxyl기와 아미노기를 동시에 가지고 있으므로 양성물질이라고 한다.

② 아미노산은 해리기가 있어 수용액에서 $-COO^-$(음이온)와 $-NH_3^+$(양이온)으로 해리되어 양성이온(zwitter ion)을 형성하므로 양성전해질(amphoteric)이라고도 한다.

(3) 등전점

① 아미노산 분자는 산성 용액에서 R · CH · NH₃⁺COOH로 되어 음극으로, 알칼리에서는

R · CH · NH$_2$COO$^-$로서 양극으로 통한다. 하전이 0일 때는 R–CH · NH$_3^+$COO$^-$의 형태로 되어 어느 극으로나 이동하지 않는다.

② 아미노산기의 양하전의 수와 음하전의 수가 같아 전하가 0이 되어 전장에서 이동하지 않게 되는 pH가 있다. 이 pH를 등전점(isoelectric point)라 한다.

(4) 정미성

일반적으로 단백질은 맛이 없으나 아미노산이 특유한 맛을 가지고 있어 식품의 단맛과 관계가 있다.

(5) 아질산과 반응

① α–amino acid의 amino기는 아질산과 반응하여 N$_2$ gas를 정량적으로 발생한다(van slyke 법에 의한 amino acid의 정량 원리).

② Amino acid인 proline, hydroxyproline과는 반응하지 않는다.

(6) 탈carboxyl기 반응

① 아미노산은 화학적작용이나 효소작용에 의해서 이산화탄소가 떨어져 나가 amine이 된다.

② 동물 체내에서 histidine의 carboxyl기가 제거되어 histamine이 형성된다. 이것은 위장의 산 분비를 증진시키며, allergy 식중독에 관여하는 유독성분이다.

(7) 에스테르 및 amide 형성

아미노산의 carboxyl기는 알코올과 쉽게 반응하여 에스테르를 만들며, 암모니아와 쉽게 반응하지 않으나 그 ester는 쉽게 축합하여 amide를 형성한다.

(8) Dinitrofluorobenzene과의 반응

아미노산의 amino기는 2,4-dinitrofluorobenzene(DNFB)과 반응하여 dinitrophenyl amino acid(DNP 아미노산)를 생성한다.

 ## 3. 단백질의 분류

단백질은 구조와 형태상의 특징 또는 그 출처 등에 따라 분류하기도 하나, 일반적으로 이화학적 특성에 따라 단순단백질, 복합단백질 및 유도단백질의 3종류로 크게 분류한다.

(1) 단순단백질

① 가수분해하면 amino acid, 또는 그 유도체만 생성하는 단백질을 말한다.

② albumin, globulin, glutelin, prolamine, albuminoid, histone, protamine으로 구분된다.

(2) 복합단백질

① 단순단백질과 비단백질부분, 즉 핵산, 탄수화물, 지방, 색소 등이 결합된 단백질을 말한다.

② 인단백질, 핵단백질, 당단백질, 색소단백질, 금속단백질 등으로 구분된다.

(3) 유도단백질

① 천연단백질(단순단백질, 복합단백질)이 물리적, 화학적 변화를 받은 단백질을 말한다.

② 응고단백질, protean, metaprotein, gelatin 등의 제 1차 유도단백질과 proteose, peptone, peptide 등의 제 2차 유도단백질로 구분한다.

4. 단백질의 성질

(1) 용해성

단백질은 그 종류에 따라 물, 묽은 염류용액, 묽은 산, 알코올, 묽은 알칼리 용액 등에 녹는데 이러한 용해도를 이용하여 단백질을 분류하기도 한다.

(2) 등전점

① 단백질은 산성 용액 중에서 양(+)하전, 알칼리 용액에서는 음(−)하전을 가지며 그중간의 pH를 등전점이라 한다.

② 등전점에서 가장 불완전하여 용해도, 삼투압, 점도 등이 적은 반면, 흡착성과 기포력이 크다. 따라서 단백질의 정제와 cheese 가공 시 이용한다.

(3) 중성염의작용

소량의 중성염을 가하면 등전점이 변하지 않고, 일반적으로 단백질 분자 간의 인력이 약해져서 단백질이 용해한다. 다량을 가하면 침전되는데 이를 염석이라 한다.

(4) 결정성

일반적으로 동물성 단백질은 결정이 잘 되지 않으나 hemoglobin과 식물성 단백질은 쉽게 결정이 된다. Serum albumin, egg albumin 등은 결정이 된다.

(5) 투석

단백질은 반투막을 통과하지 못한다. 그러나 무기물은 쉽게 통과하므로 단백질 정제에 이용된다.

(6) 전기영동

용액 중의 단백질은 등전점보다 산성 쪽에서 양(+), 알칼리 쪽에서 음(−)으로 하전된다. 따라서 이들은 각각 (−)와 (+)극으로 이동된다. 이 현상을 전기영동이라 한다. 전기영동의 이동도는 전하의 대소, 분자의 크기, 모양, 수화 등에 관계가 있다.

(7) 응고성

Albumin, globulin 용액은 등전점에서 전해질의 존재하에 가열하면 응고한다. 또 질산, 염산, 황산과 같은 강산에 의해 단백질은 침전되나 과량의 산에 의하여 용해된다.

5. 단백질의 구조

(1) 1차 구조(Primary structure)

아미노산이 peptide 결합에 의하여 사슬 모양으로 결합된 polypeptide chain은 단백질 구조의 주사슬로 1차 구조라 한다.

(2) 2차 구조(Secondary structure)

① 오른쪽으로 회전하는 α−helix 구조와 β−구조(pleated sheet) 그리고 불규칙 구조(random coil)가 있다.

② α−helix 구조는 나선에 따라 규칙적으로 결합되는 peptide의 =CO기와 NH−기 사이에서 이루어지는 수소 결합에 의해 안정하게 유지된다.

③ α−helix 구조가 변성되면 pleated sheet상 구조가 된다.

(3) 3차 구조(Tertiary structure)

① α−helix, β−구조, random coil부분으로 된 polypeptide chain이 다시 복잡하게 겹쳐진 구조이다.

② 3차 구조를 안정하게 유지하기 위해서 이온 결합, disulfide 결합, 수소 결합이 있다.

(4) 4차 구조(Quatenary structure)

① 단백질의 소단위의 중합도를 나타낸다.

② 3차 구조를 가진 단백질 분자가 소단위로 화합하여 입체적인 배열을 하고 있다.

③ 4차 구조에는 dimer, tetramer 등이 있다.

⑤ 무기질

무기질은 식품을 태운 후에 재가 되어 남는 부분으로 회분(ash)이라고도 한다. 무기질은 식품이나 생물체에 함유된 원소 가운데 C, H, O, N을 제외한 Ca, Mg, P, K, Na, S, Cl, Fe, Cu, I, Mn, Co, Zn 등을 말한다. 이러한 원소는 대부분 무기염의 형태로 식품 중에 존재하고 단백질의 S, P와 혈색소의 Fe, 엽록소의 Mg처럼 유기물과 결합한 유기체로 존재하는 것도 있다. 식품 및 인체의 구성성분으로 중요한 무기질은 약 20여 종에 이른다. 무기염류는 체액의 pH 및 삼투압 조절, 근육, 신경의 흥분, 효소의 성분이 되거나, 그작용의 촉진, 체조직의 경도 증대, 단백질의 용해성 증대 등의 작용을 한다.

 1. 주요 무기질

(1) 칼슘(Ca)

① 99%가 뼈와 치아에 인산염과 탄산염 형태로 존재하고 나머지 1%는 혈액, 근육 중에 분포되어 있다.

② 골격의 형성, 신경흥분성 억제, 백혈구의 식균작용, 혈액응고 등 중요한 역할을 한다.

③ 성인의 체내에 1kg, 인체의 1.5%를 차지한다.

④ 시금치의 oxalic acid, 곡류의 phytic acid, 탄닌, 식이섬유 등은 Ca 흡수를 방해하고 김치의 젖산, 유당, 아미노산, 비타민 D 등은 Ca의 흡수를 촉진한다.

⑤ 결핍 시 : 곱사병, 신경과민

⑥ 멸치, 김, 콩, 양배추, 우유, 달걀, 고구마 등에 많이 함유되어 있다.

(2) 인(P)

① 80%가 뼈대와 치아에 함유되어 있고, 인체의 무기질 조성은 1% 정도이다.

② 핵단백질, 인지질 조효소의 구성성분이 되고 체액의 완충작용, 근육의 수축 기능, 신경자극 전달 기능 등 생화학 반응에 관여한다.

③ 식품에 널리 분포되어 P가 부족한 경우는 거의 없다.

④ 멸치, 새우, 쌀겨, 콩, 참깨 등에 많이 함유되어 있다.

(3) 철(Fe)

① 인체에 3~4g 함유하고 60~70%는 hemoglobin에, 3~5%는 myoglobin에, 나머지는 cytochrome, catalase, peroxidase의 성분이 되고, 철단백질 일종인 ferritin을 형성한다.

② 결핍 시 : 빈혈, 피로, 유아발육 부진

③ 특히 조개류, 해조류에 많이 함유되어 있다.

(4) 나트륨(Na)

① 인체에 60~75g 정도 함유되어 있고, 세포외액에 $NaHCO_3$, $NaPO_4$, NaCl로서 존재한다.

182 • 식품기사 필기시험

② 혈액의 완충작용을 하여 pH를 유지한다.

③ 삼투압 조절 및 심장의 흥분과 근육을 이완시키며, 침, 췌액, 장액의 pH 유지에 관여한다.

④ 결핍 시 : 식욕감퇴, 현기증

⑤ 미역, 김, 새우류, 대구 등에 함유되어 있다.

(5) 칼륨(K)

① 인체 내에 약 100g 정도 함유되어 있고 세포내액 중에 염화물(KCl), 인산염(K_2HPO_4), 탄산염(K_2CO_3) 등으로 존재한다.

② Na와 함께 근육의 수축과 신경의 자극전달에 관여할 뿐 아니라, 체액의 완충작용과 세포의 삼투압을 조절하는 역할을 한다.

③ 결핍 시 : 구토, 설사, 식욕 부진

④ 식물성 식품에 많이 함유되어 있다.

(6) 마그네슘(Mg)

① 인체 내에 약 25g 정도 함유되어 있고 70%가 인산염으로 뼈 중에 나머지는 근육과 혈액에 존재한다.

② 식물의 엽록소로 중요한 구성 원소이나 동물에도 중요하다.

③ 당질대사에 관여하는 효소의작용을 촉진시키는 효과가 있다.

④ 결핍 시 : 신경의 흥분, 혈관의 확장

⑤ 식물성 식품, 육류 등에 많이 함유되어 있다.

(7) 구리(Cu)

① 인체 내에 100~150mg 함유되어 있고, 간에 2mg%로 가장 많고 혈액에 0.05~0.25mg% 함유하고 있다.

② 조혈작용을 하며 Fe로부터 hemoglobin이 형성될 때 미량의 Cu가 필요하다.

③ 결핍 시 : 악성 빈혈

④ 간, 조개류, 콩류, 어육, 달걀 및 푸른 채소에 많이 들어 있다.

(8) 망간(Mn)

① 미량이지만 혈액, 장기 등에 들어 있고 동물 체내에서 효소작용을 조장하는 역할을 한다.

② 결핍 시 : 뼈 형성 장애

③ 곡류, 두류, 채소 등에 함유되어 있다.

(9) 아연(Zn)

① 당질대사에 관여하고 췌장 호르몬인 insulin의 구성성분이다.

② 곡류, 두류 등에 함유되어 있다.

(10) 요오드(I)

① 사람의 갑상선에 20mg%, 그외 부분에 0.1mg% 함유되어 있다.

② 혈액에서 갑상선 속으로 들어가 thyroxine 등이 된다.

③ 해산식품에 많으므로 산악지대의 주민에게 결핍되기 쉽다.

④ 결핍 시 : 갑상선종, 비만증

⑤ 간유, 대구, 굴 및 해조류, 당근, 무, 상추 등에 많이 함유되어 있다.

(11) 코발트(Co)

① Vit.B$_{12}$의 구성성분이다.

② 결핍 시 : 악성 빈혈

③ 쌀, 콩 등에 비교적 많이 함유되어 있다.

(12) 황(S)

① 인체에 약 100~125g 함유되어 있고, cystein, cystine, methionine 등 단백질에 존재한다.

② 그 외에 Vit. B$_1$, lipoic acid, biotin 등에도 구성성분으로 들어 있다.

③ 결핍 시 : 털, 손톱, 발톱의 발육 부진

④ 파, 마늘, 무, 겨자유 등에 많이 함유되어 있다.

(13) 염소(Cl)

① 일부는 단백질과 결합되어 있고, 나머지는 NaCl로서 세포외액의 삼투압 유지, 혈장 속에 많다.

② 결핍 시 : 소화불량, 식욕부진, 너무 많으면 위산과다증을 일으킨다.

 2. 산도 및 알칼리도

(1) 산도

① 식품의 산성의 정도를 산도라고 한다. 이것은 식품 100g을 연소하여 얻은 회분의 수용액을 중화하는 데 소비되는 0.1N NaOH(산도)의 ml 수로 나타낸다.

② 식품의 무기질 중에 P, S, Cl, Br, I 등은 음이온을 이루는 것으로 산 생성 원소라 한다.

③ 당질, 지방질, 단백질을 많이 함유한 곡류, 육류, 어류, 난, 두류(대두는 제외), 버터, 치즈는 산성 식품이다.

(2) 알칼리도

① 식품의 알칼리성의 정도를 알칼리도라고 한다. 식품 100g을 연소하여 얻은 회분의 수용액을 중화하는 데 소비되는 0.1N HCl(알칼리도)의 ml 수로 나타낸다.

② 식품의 무기질 중에 Ca, Na, Mg, K, Fe, Cu, Mn, Co, Zn 등은 양이온을 이루는 것으로 알칼리 생성 원소라 한다.

③ 채소, 고구마, 당근, 과일, 해, 우유 등은 알칼리성 식품이다.

6 비타민

비타민(Vitamin)은 미량으로 동물의 영양 및 생식의 촉매로서 작용한다. 생체 합성이 안되고, 조효소로서 단백질과 결합하여 효소를 이루거나, hormone을 만들어 자극작용을 하기도 하며, 감광 색소가 되는 등 역할이 다양하다.

1. 지용성 비타민

지용성 비타민에는 A, D, E, F, K 등이 있으며, 유지 또는 유기 용매에 녹는다. 생체 내에서는 지방을 함유하는 조직 중에 존재하고 체내에 저장될 수 있다.

(1) Vitamin A(Axerophtol)

① 카로테노이드계 색소 중에서 provitamin A가 되는 것은 β-ionone 핵을 갖는 caroten류의 α, β, γ-carotene과 xanthophyll류의 cryptoxanthin이다.
② 알칼리성에서 비교적 안정적이고, 산성에서는 쉽게 파괴된다.
③ 결핍 시 : 야맹증, 건조성안염, 각막연화증
④ 어류의 간유, 버터, 계란 노른자, 당근, 시금치, 무 등에 많이 함유되어 있다.

(2) Vitamin D(Calciferol)

① 석회화와 관계가 있어 calciferol이라고 한다.
② 열에 안정적이나 알칼리성에는 불안정하여 쉽게 분해되며, 산성에서도 서서히 분해된다.
③ Provitamin 효과가 있는 것은 D_2, D_3, D_4, D_5이다.
④ Vit-D는 provitamin D가 자외선의 조사를 받아 생성된다. Vit-D는 Ca, P의 흡수 및 체내 축적을 돕고 균형을 적절히 유지한다.
⑤ 결핍 시 : 곱사병, 골연화증
⑥ 우유, 버터, 전란, 닭간유, 육류, 정어리 등에 많이 함유되어 있다.

(3) Vitamin E(Tocopherol)

① 열에 대해 가장 안정적이지만 자외선이나 산화에 약하다.
② 주로 식물성 지방에 들어 있다.
③ 항산화제로작용한다.
④ 결핍 시 : 토끼, 개, 닭 등에서는 불임증, 사람에게서는 알려져 있지 않다.
⑤ 밀배아유, 상추, 대두유, 달걀 등에 많이 함유되어 있다.

(4) Vitamin K(Napthoquinone)

① K_1~K_7까지 존재. K_1, K_2만이 자연계에 존재하고, 나머지는 합성품이다.

② 혈액응고작용, 열에 안정적이나 강산 또는 산화에는 불안정하고, 광선에 의해 쉽게 분해된다.

③ 결핍 시 : 혈액응고 시간 지연

④ 시금치, 당근잎, 양배추, 토마토, 대두, 돼지의 간 등에 많이 함유되어 있다.

 ## 2. 수용성 비타민

체내에 저장되지 않아 항상 음식으로 섭취해야 하고, 혈중농도가 높아지면 소변으로 쉽게 배설된다. 수용성 비타민은 B군과 C군으로 대별된다.

(1) Vitamin B_1(Thiamine)

① 장에서 흡수되어 thiamine pyrophosphate(TPP)로 활성화되어 당질대사에 관여한다.

② 100℃까지는 비교적 안정한 편이고, 산성에서도 안정적이나 중성 특히 알칼리성에서 분해된다.

③ 보통은 조리 시 10~20% 손실되고 광선에 대해서 안정적이고, allithiamine(마늘)의 매운맛 성분을 형성한다.

④ 결핍 시 : 각기, 신경염

⑤ 곡류, 두류, 마늘, 돼지고기, 생선, 붉은 살코기, 효모, 파, 과실, 채소, 버섯 등에 많이 함유되어 있다.

(2) Vitamin B_2(Riboflavin)

① 체내에서 인산과 결합되어 flavinmononucleotide(FMN)와 flavinadenindinucleotide(FAD)가 되어 세포 내의 산화환원작용에 관여한다.

② 열에 비교적 안정적이나 알칼리, 광선에는 약하다.

③ 광선에 노출되면 중성~산성에서는 lumichrone이 되고, 알칼리에서는 lumiflavin으로 변한다.

④ 결핍 시 : 성장률 저하, 피부증상, 어린이의 구순, 구각염

⑤ 간, 효모, 맥주, 우유, 된장, 간장, 쌀겨, 밀배아, 생선, 과일, 버섯 등에 많이 함유되어 있다.

(3) Vitamin B_6(Pyridoxine)

① 피리독살인산의 전구체로 아미노기 전이와 탈탄산 반응의 조효소이고, 단백질 대사에 중요한 역할을 한다.

② 산성에서는 가열해도 안정적이나 중성 또는 알칼리에서는 빛을 받으면 분해된다.

③ 결핍 시 : 피부 증상(펠라그라)

④ 곡류의 배아, 간, 효모, 육류, 당밀 등에 많이 함유되어 있다.

(4) Vitamin B_{12}(Cyanocobalamine)

① 항악성 빈혈 인자로서 분자 중에 Co를 함유하고 있어 cobalamine이라 부른다.

② 혈액을 만들며 핵산 합성, 아미노산, 당질 및 지질대사에 관여한다.

③ 결핍 시 : 악성 빈혈

④ 소, 돼지의 간, 해조류 등에 많이 함유되어 있다.

(5) 엽산(Folic acid)

① B_{12}와 더불어 핵산과 아미노산 대사에 중요한 역할을 하고 성장 및 조혈작용에 필요하다.
② 결핍 시 : 성장부진, 악성 빈혈
③ 소, 돼지의 간, 대두, 낙화생, 콩, 채소류 등에 많이 함유되어 있다.

(6) Nicotinic acid(Niacin)

① Niacin은 탈수소의 조효소인 NAD(Nicotinamide Adenine Dinucleotide) 또는 NADP(Nicotinamide Adenine Dinucleotide Phosphate)의 형태로 산화환원 반응에 중요한 역할을 한다.
② 산미를 갖는 백색 결정으로 물과 알코올에 녹는다.
③ 열, 광선, 산, 알칼리, 산화제에 안정적이다.
④ 결핍 시 : 펠라그라(사람), 흑설병(개)
⑤ 곡류, 종피, 땅콩, 효모, 육류의 간 등에 많이 함유되어 있다.

(7) Pantothenic acid

① CoA(acetyl CoA)의 성분으로 지방, 탄수화물 대사에 관여한다.
② 흡수성이 있는 미황색의 유상물질로서 물, 산, 에테르에 녹는다.
③ 보통의 조리, 건조, 산화에는 안정적이다.
④ 결핍 시 : 피부 증상
⑤ 소, 돼지의 간, 난황, 효모, 땅콩, 완두 등에 함유되어 있다.

(8) Biotin

① 여러 carboxylase의 보효소이다.
② 열이나 광선에 안정적이다.
③ Biotin은 난백의 당단백질인 avidin과 쉽게 결합하여 불활성화되어 이용되지 못하지만 가열하면 avidin이 변성되어 biotin이 분리되므로 흡수, 이용할 수 있다.
④ 결핍 시 : 피부 증상
⑤ 간장, 효모, 우유, 난황, 두류 등에 함유되어 있다.

(9) Vitamin C(L-ascorbic acid)

① 무색의 결정이고, 물과 알코올에 녹아서 산성을 나타낸다.
② 중성에서 가장 불안정하고, 열에 비교적 안정적이나 수용액은 가열에 의해 분해가 촉진, 가열 조리 시 보통 50% 정도 파괴된다.
③ Vit.C는 콜라겐 합성작용과 생체 내에서 산화환원 반응에 관여하여 수소 운반체로서 작용한다.
④ 결핍 시 : 괴혈병, 해독기능 저하, 피부색소 침착 증가
⑤ 피망, 감자, 무, 레몬에 많으며, 특히 감귤류와 딸기에 많이 들어 있다.

7 효소

효소(Enzyme)는 동식물, 미생물의 생활세포에서 생성되는 물질로서 생물체에서 일어나는 모든 화학반응을 촉매시켜 주는 일종의 생체 촉매이다. 효소는 가수분해 효소와 같은 단순단백질인 경우와 산화환원 효소와 같은 복합단백질인 경우가 있다.

참고

1. 단순단백질로 된 효소
2. 복합단백질로 된 효소
   ① 단백질 부분 : 결손 효소(Apoenzyme)
   ② 단백질 이외의 부분
      • 해리가 쉽게 되는 경우 : 보조 효소(Coenzyme)
      • 해리되지 않는 경우 : 보결분자족(Prosthetic group)
   ③ apoenzyme과 보조 효소 또는 보결분자단이 결합하여 활성을 나타내는 상태 : holoenzyme
3. 보조인자는 금속 이온과 조효소로 대별할 수 있다.
   ① 금속 이온 : Zn^{++}, Mg^{++}, Fe^{++}, Cu^{++}, K^+, Na^+ 등
   ② 조효소
      • 열에 안정한 저분자의 유기분자이다.
      • 효소단백질과 약하게 결합하여 쉽게 해리되고, 투석에 의해서 쉽게 분리될 수 있다.
      • 비타민 B군을 하나 함유하고 있는데, TPP, FAD, NAD 등이다.

---

1. 효소반응에 영향을 미치는 인자

(1) 온도의 영향

① 일반적으로 효소반응 속도가 최대가 될 때까지 반응 온도의 상승과 더불어 반응 속도도 빨라진다.
② 온도 상승에 따라 효소반응 속도가 증가하지만, 효소는 단백질이므로 고온에서 변성하여 효소 활성이 약해진다. 일정한 온도 이상이면 효소 기능은 상실한다.
③ 효소의 최적 활성온도는 30~45℃이며, 식품 중의 효소는 식품 원료를 70℃ 또는 그 이상에서 수분간 가열함으로써 불활성화된다.

(2) pH의 영향

① 효소작용은 반응 용액의 pH에 의해서 크게 영향을 받으며, 일정의 pH 범위에서만 활성을 가지게 된다.
② 작용 최적 pH는 4.5~8.0이다.
   • pepsin : pH 2.0   • lipase : pH 7.0   • maltase : pH 6.1

(3) 기질농도

효소 농도가 일정하고 기질의 농도가 낮을 경우 반응 속도는 기질 농도에 비례하지만, 일정 범위를 넘으면 정비례하지 않는다. 그러나 최후에는 일정치에 도달한다.

(4) 효소의 농도

효소반응은 초기에 효소의 농도와 그 활성도가 비례한다. 그러나 반응이 진행되어 반응생성물이 효소작용을 저해하므로 반드시 비례하지 않는다.

(5) 저해제 및 부활제

① 저해제 : 저해제는 효소와 가역적으로 결합하여 효소작용을 억제하는 물질
② 부활제(효소작용 촉진물질) : Ca, Mg, Mn 등이 있으며, carboxylase는 Mg^{++} 이온 첨가로 부활

2. 효소의 분류

(1) 산화환원 효소(Oxidoreductase)

① 수소 원자나 전자의 이동 또는 산소 원자를 기질에 첨가하는 반응을 촉매하는 효소이다.
② 산화환원 효소 : catalase, peroxidase, polyphenoloxidase, ascorbic acid oxidase 등

(2) 전이 효소(Transferase)

① 메틸기, 아미노기, 인산기 등을 한 기질에서 다른 기질로 전달하는 반응을 촉매한다.

$$A+B-X \rightarrow A-X+B \quad (A : 수용체, B-X : 공여체, X : 전달되는 원자단)$$

② 전이 효소 : methyltransferase, carboxyltransferase, acyltransferase 등

(3) 가수분해 효소(Hydrolase)

① 물 분자의 개입으로 복잡한 유기화합물의 공유 결합을 분해한다.

$$R - R' + H_2O \rightarrow ROH + R'H$$

② 가수분해 효소의 종류
- 탄수화물의 다당류에 작용 : polysaccharase
- 소당류 또는 배당체에 작용 : oligosaccharase 등
- 단백질에 작용 : protease
- 지질에 작용 : lipase

(4) 기제거 효소(lyase)

가수분해 이외의 방법으로 기질에서 카르복실기, 알데히드기, H_2O, NH_3 등을 분리하여 기질에
이중 결합을 만들거나 반대로 이중 결합에 원자단을 부가시키는 반응을 촉매한다. 아미노산에
카르복실기가 이탈하여 아민이 생성되는 반응을 들 수 있다.

예 fumarate hydratase

(5) 이성화 효소(isomerase)

광학적 이성체(D형 ↔ L형), keto ↔ enol 등의 이성체 간의 전환반응을 촉매한다.

예 glucose isomerase에 의해서 glucose가 fructose로 전환된다.

(6) 합성 효소(ligase, synthetase)

ATP, GTP 등의 고에너지 인산화합물의 pyro 인산 결합의 절단반응과 같이 2종의 기질 분자의
축합반응을 촉매한다.

예 acetyl CoA synthetase에 의해 산으로부터 acetyl CoA를 생성한다.

$$ATP + CH_3COOH + CoASH \rightarrow AMP + CH_3COSCoA + H_4P_2O_7$$

02 식품의 특수성분

① 식품의 맛

식품의 맛은 단일한 것이 아니라 여러 가지 정미성분이 혼합된 총합적인 것으로 H. Henning은 식품의 맛을 단맛, 짠맛, 신맛, 쓴맛 등 4가지의 기본맛, 즉 4원미로 분류하였다.

1. 단맛

단맛은 $-CHO$, $-OH$, $-NH_2$, $-NO_2$, $-SO_2$, NH_2기 등의 감미발현단과 $-H$ 또는 $-CH_2OH$ 등과 같은 조미단이 결합됨으로써 단맛을 나타낸다. 단맛의 상대적 감미도란 설탕 10% 용액의 단맛을 100으로 하여 비교한 수치이다.

(1) 당류

① sucrose : α-glucose와 β-fructose가 결합. 물에 녹여도 거의 변화가 없고, 감미도는 100 이다.

② fructose : 설탕의 1.03~1.73배의 단맛을 낸다. β형이 α형의 3배의 단맛을 내고, 벌꿀에 약 35% 함유, invert sugar의 감미도는 120이다.

③ glucose : 벌꿀에 약 35%를 가지고 있어 대단히 달지만 가온하면 약해진다. α형이 β형보다 더 달며, β형의 단맛은 α형의 66% 정도이다. 감미도는 70이다.

④ maltose : 독특한 단맛을 가지며, 원래 β형이나 이것을 물에 타면 α형이 되어 더 달게 된다. 감미도는 50이다.

⑤ lactose : β형이 α형보다 더 달다. 일반적으로 glycosidic OH기와 인접 OH기가 cis형인 것이 trans형보다 더 달 것으로 생각된다. 감미도는 20이다.

(2) 당 알코올

알코올의 단맛은 친수기인 hydroxy기에 기인된 것으로 -OH기가 증가함에 따라 단맛도 증가한다. xylitol(75), glycerol(48), sorbitol(48), erythritol(45), inositol (45), mannitol(45) 등이다.

(3) 방향족 화합물

① phyllodulcin : 감차의 단맛 성분으로 감미도는 40,000~50,000이다.

② glycyrrhizin : 감초의 단맛 성분으로 감미도는 15,000이다.

③ peryllartin : 자소엽의 단맛 성분으로 담배의 맛을 내는 데 사용된다. 감미도는 200,000 ~500,000이다.

④ stevioside : 국화과 식물인 Steria rebaudiana Bertoni의 잎에 함유되어 있으며, 감미도는 12,000~15,000이다.

(4) 기타 단맛물질

① Amino acid : glycine, alanine, α-aminobutyric acid, proline, hydroxyproline은 단맛 이 있다. 새우, 게, 조개류가 강한 단맛을 가진다.

② Leucine은 설탕의 2.5배나 되는 고상한 단맛을 가지고 있어 당뇨병 환자의 감미료로 이용한다.

(5) 합성 감미료

① Saccharin

• 용액 0.5% 이상이 되면 쓴맛을 내게 되므로 보통 사용할 농도는 0.02~0.03% 정도이다.

• Na-saccharin의 감미도는 설탕의 500배 정도이나 농도가 높으면 감미도가 저하된다.

• 아이스크림, 청량음료수, 강정, 과자 등에 사용한다.

② Dulcin

• 공기 중에서나 열에 대해 비교적 안정적이다.

• 공기 중에 너무 오래 노출시키거나 가열을 오래하면 도색을 띠게 된다.

③ Cyclohexyl sulfamate

• 일명 cyclamate으로 불리며, 설탕의 30~50배의 단맛을 낸다.

• 열에 안정적이고, 청량한 맛을 내며, 설탕맛과 유사하다. 농도 0.5% 이상이면 쓴맛을 나타낸다.

• 발암물질로 알려져 사용금지 되어 있다.

2. 짠맛

짠맛은 무기 및 유기의 알칼리염이 내는 맛으로서 조리상 가장 기본적인 맛이다. 그 강도는 SO_4^{2-} > Cl^- > Br^- > I^- > HCO_3^- > NO_3^- 순이고, 그밖에 diammonium malonate, diammonium sebacinate, sodium gluconate 등도 짠맛을 나타낸다.

① 주로 짠맛을 나타내는 것 : NaCl, KCl, NH₄Cl, NaBr, NaI
② 짠맛과 쓴맛을 같은 정도로 나타내는 것 : KBr, NH₄I
③ 주로 쓴맛을 나타내는 것 : MgCl₂, MgSO₄, KI
④ 불쾌한 맛을 나타내는 것 : CaCl₂

3. 신맛

① 신맛은 대체로 향기를 동반하는 경우가 많으며, 식품의 청량감을 냄과 동시에 미각을 자극시키고, 식욕을 증진시켜 주는작용을 한다.
② 산미는 H^+의 맛으로 유기산, 무기산 및 산성염 등이 해리하여 산미를 낸다. 산미는 -OH, -COOH의 수, -NH₂의 유무나 다소에 따라 맛이 다른데, 보통 -OH가 있으면 온전한 산미, -NH₂가 있으면 고미가 가해진 산미가 된다.
③ 신맛의 강도를 동일 농도에서 HCl을 100으로 하여 비교하면 HCl(100) > HNO₃ > H₂SO₄ > formic acid(84) > citric acid(78) > malic acid(72) > lactic acid(65) > acetic acid(45) > butyric acid(32)의 순이다.

4. 쓴맛

쓴맛을 가진 물질은 분자 내에 N≡, =N≡, -SH, -S-S, -S-, =CS, -SO₂, -NO₂ 등의 원자단을 가지고 있으며, 무기염류 중에서는 Ca^{++}, Mg^{++}, NH_3^+ 등의 양이온이 쓴맛을 낸다.
식품 중의 쓴맛 성분으로는 alkaloid, 배당체, ketone류 및 무기염류가 중요하다. 쓴맛의 대표적인 것은 quinone이다.

(1) Alkaloid
① 식물체에 존재하는 함질소염기성 물질의 총칭이다.
② 차, 커피 중의 caffein(theine), 코코아, 초콜릿 중의 theobromine을 들 수 있다.

(2) 배당체
① 식물계에 널리 분포하고 과실, 채소의 쓴맛 성분이다.
② naringin(감귤의 파괴), quercetin(양파 껍질), cucurbitacin(오이 꼭지), limonin(감귤류의 자연성 쓴맛) 등이 있다.

(3) ketone류
humulon과 lupulon을 들 수 있는데, 이것은 맥주의 쓴맛 성분이다. 식품의 맛을 돋우는 데 도움이 되며, 바람직한 쓴맛이다.

(4) 무기염류

CaCl₂나 MgCl₂는 쓴맛을 가지며, 이것을 주로 함유하는 간수(bittern)는 두부 제조 시에 단백질 응고제로 사용된다.

 5. 매운맛

매운맛(hot taste)은 미뢰만이 아니라 입안 전체에서 느끼는 통감이다. 매운맛은 유황화합물, 산 amide류, 방향족 aldehyde 및 ketone류와 amine류로 대표할 수 있다.

(1) 유황화합물

① 겨자류
- allylisothiocyanate : 흑겨자, 고추냉이, 무 등의 매운맛 성분이다.
- ρ-hydroxybenzyl isothiocyanate : 백겨자의 매운맛 성분이다.

② 황화 allyl류
- allicine : 마늘, 양파, 부추 등의 매운맛 성분이다.
- dimethylsulfide : 파래, 고사리, 아스파라거스, 파슬리 등의 매운맛 성분이다.
- divinylsulfide, propylallylsulfide, dialkyltetrasulfide : 부추, 파, 양파 등의 매운맛 성분이다.

(2) 산 amide류

- capsaicine : 고추의 매운맛 성분으로 dihydrocapsaicine과 2 : 1 비율로 함유되어 있다.
- chavicine : 후추의 매운맛 성분으로 후추에 0.8% 정도 함유되어 있고, cis형 이성체만 매운맛을 가진다.
- sanshool : 산초 열매의 매운맛 성분으로 환원되면 hydrosanshool이 된다.

(3) 방향족 aldehyde 및 ketone류

- cinnamic aldehyde : 육계의 매운맛 성분이다.
- zingerone, shogaol, gingerol : 생강의 매운맛 성분이다.
- curcumin : 울금의 매운맛 성분이다.
- vanillin : vanilla 콩의 매운맛 성분이다.

(4) amine류

histamine, tyramine는 썩은 생선, 변패 간장 등의 불쾌한 매운맛 성분이다.

6. 감칠맛

감칠맛은 단맛, 신맛, 짠맛, 쓴맛의 4가지 4원미와 향과 texture가 조화되어 나는 맛이다. 감칠맛은 아미노산, peptide, amide, nucleotide, 유기염기, 유기산염 등이 관계하고 있다.

(1) 식물성 식품

① M.S.G(monosodium glutamate) : L-형만 맛이 난다. 간장, 된장, 다시마 등을 들 수 있다.

② guanylic acid : 표고버섯의 감칠맛 성분이다. nucleotide에 속한다.

③ theanine : L-glutamic acid의 ethyl amide이며, 차의 감칠맛을 낸다.

④ asparagine 및 glutamine : 채소류의 감칠맛과 물고기류와 육류의 감칠맛을 낸다.

⑤ sodium succinate : 청주, 조개류의 감칠맛을 낸다.

(2) 동물성 식품

① nucleotides

• Adenine, guanine, hypoxanthine, xanthin 등의 purine base와 ribose 및 1분자의 인산이 결합되어 있다.

• 육류, 물고기류의 감칠맛을 낸다. 이 중에 맛이 가장 강한 것은 inosinic acid(IMP)와 guanylic acid(GMP)이고, 동물이 죽으면 급히 ATP가 적어지고 IMP가 많아진다.

② peptide류

Dipepeide에 속하는 carnosine, anserine(methyl carnosine)은 육류, 물고기류에, tripeptide에 속하는 glutathione은 동물성 식품에 널리 분포되어 있다.

(3) 기타 식품

이 밖에 감칠맛으로는 taurine은 오징어, 문어의 감칠맛 성분이고, 죽순의 감칠맛 성분은 arginine purine이다. 김의 감칠맛은 amino acid 중 glycine에 의한다.

 7. 떫은맛

떫은맛(astringent taste)은 혀 표면에 있는 점성단백질이 일시적으로 변성, 응고되어 미각신경이 마비됨으로써 일어나는 수렴성의 불쾌한 맛이다. Protein의 응고를 가져오는 철, 알루미늄 등의 금속류, 일부의 fatty acid, aldehyde와 tannin이 떫은맛의 원인을 이룬다.

① 다류의 떫은맛은 gallic acid와 catechin에 기인한다.

② 밤 속껍질의 떫은맛은 gallic acid 2분자가 축합한 ellagic acid이다.

③ 감의 떫은맛은 shibuol와 gallic acid에 기인한다.

④ Coffee의 떫은맛은 caffeic acid와 quinic acid가 축합한 chlorogenic acid에 기인한다.

④ 지방질도 산패되면 떫은맛을 나타내며, 이것은 지방질이 분해하여 생성된 지방산과 aldehyde에 기인한다. 어류 건제품이나 훈제품에서 볼 수 있다.

❷ 식품의 냄새

식품의 냄새 또는 향기는 맛이나 색깔과 마찬가지로 식품의 가치와 기호성을 평가하는 중요한 요소이다. 식품의 냄새와 관계가 있는 물질은 저급지방산의 ester, 방향족화합물, 2중 또는 3중 결합화합물, 저분자 알코올, 제3급 알코올이다. 현재까지 알려진 발향단, 즉 원자단은 $-OH$, $-CHO$, $-COOR$, $=CO$, $-C_6H_5$, $-NO_2$, $-NH_2$, $-COOH$, $-NCS$ 등이다.

 ## 1. 식물성 식품의 냄새성분

(1) 에스테르류(ester류)

① 과일 향기의 주성분이다.

② 향기성분 : amyl formate(사과, 복숭아), isoamyl formate(배), ethyl acetate(파인애플), methyl butyrate(사과), isoamyl acetate(배, 사과), isoamyl isovalerate(바나나), methyl cinnamate(송이버섯), sedanolide(샐러리), apiol(파슬리) 등

(2) 알코올류(alcohol류)

① 향기성분 : ethyl alcohol(주류), propanol(양파), pentanol(감자), $\beta-\gamma-$hexenol(채소의 푸른잎, 다엽), $\alpha,\beta-$hexenal(다엽, 풋내의 주성분), linalool(차잎, 복숭아), 1-octen-3-ol(송이버섯), 2,6-nonadienol(오이), furfuryl alcohol(커피), eugenol(계피) 등

(3) 정유류(terpene류)

① Isoprene의 중합체인 terpene 및 유도체를 주성분으로 하는 화합물, 즉 alcohol, ester, aldehyde, ketone 등이 주성분이다.

② 향기성분 : myrcene(미나리), limonene(오렌지, 레몬, 박하), $\alpha-$phellandrene(후추), camphene(레몬, 생강), geraniol(녹차), menthol(박하), $\beta-$citral(오렌지, 레몬), humulene(호프) 등

(4) 유황화합물

① 엽채류와 근채류의 향기성분으로 중요하다.

② 향기성분 : methylmercaptan(무), propylmercaptan(양파, 마늘), dimethylmercaptan(단무지), S-methylcysteine sulfoxide(양배추), methyl-$\beta-$mercaptopropionate(파인애플), $\beta-$methylmercaptopropyl alcohol(간장), furfurylmercaptan(커피), alkylsulfide(고추냉이, 아스파라거스) 등

2. 동물성 식품의 냄새성분

(1) 암모니아 및 amine류

① 어류의 신선도가 저하됨에 따라 trimethylamine(TMA), piperidine 또는 δ-aminovaleric acid 등이 형성되어 특유한 비린내를 갖는다.

② 상어의 냄새는 요소와 urease의 함유 때문이다.

③ 어류의 신선도가 저하되었을 때 아미노산이 분해되어 황화수소, indole, methylmercaptan, skatole 등이 생겨서 어취 발생에 관여한다.

④ 가리비 조개의 향기, 김 냄새의 주성분은 dimethyl sulfide이다.

(2) carbonyl 화합물 및 지방산류

① 생우유 향기는 acetone, acetaldehyde, propionic acid, butyric acid, caproic acid, methyl sulfide가 주성분이다.

② 버터의 향기는 diacetyl, propionic acid, butyric acid, caproic acid 등이 주성분인데, 이것은 주로 발효 및 제조 과정 중에 생성된 향기성분이다.

③ 치즈 냄새는 ethyl β-methylmercaptopropionate가 주성분으로 methionine에서 생긴 것으로 생각된다.

식품이 색을 나타내는 것은 발색의 기본이 되는 원자단인 발색단과 조색단이 결합해야만 색을 나타낸다. 발색단(chromophore)으로는 −C=C−(ethylene기), >C=O(carbonyl기), −N=N−(azo기), −NO₂(nitro기), −N=O(nitroso기), >C=S(황 carbonyl기) 등이 있으며, 조색단은 −OH와 −NH₂ 등이 있다.

1. 색소의 분류

식품의 색소로는 자연색소와 인공색소가 있으며, 자연색소의 분류는 다음과 같다.

(1) 동식물 재료에 의한 분류

① 식물성 색소(plant pigments)
  • 지용성 색소 : chlorophyll, carotenoid − 식물체의 chloroplast에 존재
  • 수용성 색소 : flavonoid, anthocyanin, tannin − 식물체의 액포에 존재

② 동물성 색소(animal pigments)
  • heme계 색소 : hemoglobin, myoglobin
  • carotenoid계 색소 : 우유, 난황, 갑각류

(2) 화학 구조에 의한 분류

① Tetrapyrrole 유도체 : chlorophyll, heme

② Isoprenoid 유도체 : carotenoid

③ Benzopyrene 유도체 : anthocyanin, flavonoid

④ 가공색소 : caramel, melanoidine

2. 식물성 색소

(1) Chlorophyll(엽록소)

엽록소는 세포 내의 엽록체에 존재하며, 식물의 광합성작용(photosynthesis)에 중요하다. 즉, 녹색 식물에 함유되어 있는 chlorophyll에 의하여 햇빛의 존재 하에 저에너지의 간단한 산화물인 CO_2와 H_2O로부터 고에너지의 유기물질을 합성한다. 이때 chlorophyll은 빛에너지를 흡수하는 물질이다.

1) 존재

① 잎이나 줄기의 chloroplast의 성분으로 단백질, 지방, lipoprotein과 결합하여 존재한다.

② Mg−prophyrin으로서 chlorophyll a(청녹색)와 b(황녹색)는 식물에만 존재하고, c와 d는 해

조류에 존재한다.

③ 식물 중에 a와 b는 3 : 1의 비율로 함유되어 있다.

2) 성질과 변화

Chlorophyll은 물에 녹지 않으나 유기 용매에는 잘 용해되며, 산, 알칼리, 효소, 금속 등에 의하여 변화가 일어난다.

① 산에 의한 변화
- chlorophyll을 산으로 처리하면 porphyrin환에 결합된 Mg이 수소 이온과 치환되어 녹 갈색의 pheophytin을 형성하며, Chlorophyll에 계속 산을작용시키면 가수분해 되어 pheophorbide라는 갈색물질이 생성된다.
- 녹색 채소를 가열할 때 채소 중의 유기산에 의해 채소의 색이 녹갈색으로 변화한다.

② 알칼리에 의한 변화
- chlorophyll은 알칼리의 존재하에 가열하면 선명한 녹색의 수용성인 chlorophyllide 를 형성하며, 계속되는 경우 methyl ester 결합이 가수분해되어 수용성인 진한 녹색의 chlorophylline을 형성한다.
- 알칼리의 농도가 클 때는 chlorophyll의 염이 되며, 이것은 물에 녹아서 일시 선명한 녹색을 띤다.

③ 효소에 의한 변화
- 식물조직이 손상을 받으면 세포 내에 존재하고 있는 chlorophyllase의작용으로 phytol이 제거되어 chlorophyllide가 생성된다.
- 시금치를 뜨거운 물로 데치면 선명한 녹색을 띠는데, 이것은 식물조직에 분포되어 있는 chlorophyllase가 식물조직이 파괴될 때 유리되기 때문이다.

④ 금속에 의한 변화
- chlorophyll을 Cu^{++}, Zn^{++}, Fe^{++} 또는 염과 가열하면 chlorophyll 분자 중의 Mg^{++}은 금속 이온과 치환되어 녹색이 고정되며, 이는 매우 안정하여 가열하여도 녹색이 유지된다.
- 완두콩, 껍질콩 등의 통조림 가공 시에 소량의 $CuSO_4$를 첨가하여 선명한 녹색을 나타내게 한다.

⑤ 조리과정에서의 변화
- 녹색채소를 물속에서 끓이면 조직이 파괴되어 휘발성 및 비휘발성의 유기산이 유리된다.
- 유기산은 chlorophyll에작용하여 녹갈색의 pheophytin으로 전환시킨다.

(2) Carotenoids

당근에서 처음 추출하였으며, 등황색, 황색 혹은 적색을 나타내는 지용성의 색소들이다. Carotenoid는 식물계의 chloroplast에 chlorophyll과 공존하고 있으며 동물계에서도 발견된다.

1) 존재

① Carotenoid는 등황색, 황색, 적색을 띠는 식품에 존재하며 미생물에도 함유되어 있다.

② 우유, 버터, 난황의 지방질에 용해되어 있고, 새우, 게, 연어 등에도 붉은색의 carotenoid 인 astaxathin이 존재한다.

2) 구조

① carotene류 : 탄소와 수소만으로 구성된 탄화수소 형태로 석유 ether에는 잘 녹으나 ethanol 에는 잘 녹지 않는다.

② xanthophyll류 : carotene이 산화된 산소 유도체로서 ethanol에는 녹으나 석유 ether에는 녹지 않는다.

3) 성질과 변화

① Carotenoid 색소는 다수의 공액 이중 결합을 가지고 있어 산화가 잘 일어나는데, carotenoid 가 epoxide로 되었다가 ionone으로 산화되어 violet 냄새를 생성한다.

② 자연계에 존재하는 carotenoid는 대부분 모두 trans형이나 가열, 산, 광선의 조사 등에 의하여 이중 결합의 일부가 cis형으로 이성화되는 경우가 있다.

③ Carotenoid계 색소는 산이나 알칼리에 안정적이며, 산소가 없는 상태에서는 광선의 조사에 영향을 받지 않는다.

④ Carotenoid 색소 중 β-ionone ring을 갖는 것은 vitamin A의 효력이 있으며, 여기에는 carotene 류에 α-carotene, β-carotene, γ-carotene 등이 있고, xanthophyll류에 cryptoxanthin 등이 있다.

(3) Flavonoids(anthoxanthins)

식품계에 널리 존재하며 액포 중에 배당체의 형태로 존재하는 수용성 색소이고, flavonoid계 색소에는 anthoxanthins, anthocyanins, tannin 등이 있다.

1) 구조

① Anthoxanthin은 대부분이 2-phenyl chromone(flavone)의 기본 구조를 가진다.

② 유도체로 flavones, flavonols, flavanones, flavanonols, isoflavones가 있다.

2) 성질과 변화

① Anthoxanthin계 색소는 산에 안정하나 알칼리에 불안정하다.

② Hesperidine은 pH 11~12에서 C_6-C_3-C_6의 기본구조 중 C_3의 고리구조가 개열되어 해당되는 chalcone을 형성하여 황색 또는 짙은 갈색으로 변한다.

③ 밀가루에 $NaHCO_3$를 섞어 만든 빵이 황색으로 변한다든지, 삶은 감자나 단물에 조리한 쌀, 삶은 양파나 양배추 등이 황변하는 것은 이런 이유 때문이다.

④ Flavonoid는 금속과 독특한 색깔을 가진 복합체를 형성한다. 즉, quercetin의 Al염은 황색, Cr염은 적갈색, Fe염은 흑녹색을 나타낸다.

(4) Anthocyanins

Anthocyanin계 색소는 꽃, 과실, 채소류에 존재하는 적색, 자색, 청색의 수용성 색소로서 화청소라고도 부르며, 매우 불안정하여 가공, 저장 중에 쉽게 변색된다.

1) 구조

① Anthocyanin은 배당체로 존재하며 산, 알칼리, 효소 등에 의해 쉽게 가수분해되어 aglycone인 anthocyanidin과 포도당이나 galactose, rhamnose 등의 당류로 분리된다.

② benzopyrylium 핵과 phenyl기가 결합한 2-phenyl-3,5,7-trihydroxy benzopylium의 기본구조로 oxonium 화합물을 형성하고 있다.

③ 종류별 분류는 phenyl환에 결합되는 치환기의 종류와 수, 3, 5번 탄소 위치에 결합되는 당의 종류와 수 등에 따른다. 주로 6종류(Pelargonidin계, cyanidin계, peonidin계, delphinidin계, petunidin계, malvidin계)이 존재한다.

④ 일반적으로 phenyl기 중의 OH기가 증가하면 청색이 짙어지고, methoxyl기가 증가하면 적색이 짙어지는 경향이 있다.

2) 성질과 변화

① 물이나 알코올에 잘 녹고 에테르, 벤젠 등의 유기 용매에는 녹지 않는다.

② Anthocyanin계 색소는 수용액의 pH가 산성 → 중성 → 알칼리성으로 변화함에 따라 적색 → 자색 → 청색으로 변색되는 불안정한 색소이다.

③ 또한 농도에 따라 색깔이 다른데, 합성한 delphnidin의 산성 용액을 여과지에 떨어뜨렸을 때, 그 용액이 묽으면 청색, 농도가 짙으면 붉은색, 중간 농도에서는 자주색을 나타낸다.

④ Anthocyanin은 각종 금속 이온들과 반응하여 금속 착화합물을 형성한다. 그러므로 이들 금속 이온들과 반응에 의하여 anthocyanin 색소는 크게 퇴색되며, 특히 Cu, Fe 등의 금속에 의한 촉진 효과가 크다.

⑤ Fe나 Al은 anthocyanin과 결합하여 아름다운 청자색의 복합체로 형성한다. 가지 조림이나 검정콩 조리 시에 적당량의 Fe를 첨가하면 고유색을 유지할 수 있다.

(5) Tannin

탄닌은 식물의 줄기, 잎, 뿌리 등에 널리 분포하며, 특히 미숙과 식물의 종자에도 상당량 함유되어 있고, 원래 무색이나 그 산화물은 홍갈색, 흑색, 갈색을 나타낸다.

1) 구조

Tannin의 기본구조는 flavonoid와 같은 $C_6-C_3-C_6$ 구조를 하고 있으며, 맛은 식품의 쓴맛과 떫은맛을 내는 원인물질이 된다. 식품에 존재하는 탄닌은 3가지로 나눈다.

① catechin과 그 유도체들

② leucoanthocyanin류

③ chlorogenic acid 등의 polyphenolic acid

2) 성질과 변화

① 공기 중에서 polyphenol oxidase에 의해 쉽게 산화되어 갈변한다. 과실이 익어감에 따라 탄닌은 anthocyanin 또는 anthoxanthin으로 변하기도 하고 중합되어 불용성 물질로 변하여 양이 감소된다.

② 여러 금속 이온과 복합염을 형성하며, 색은 회색, 갈색, 흑청색, 청녹색 등을 띤다. 차나 커피를 경수로 끓이면 액체 표면에 갈색, 적갈색의 침전을 형성한다.

③ 탄닌은 탄닌함량이 많은 과실이나 야채 통조림관에서 녹아 나오는 제1철 이온에 반응하여 회색의 복합염을 형성하고, 이 복합염은 통조림 내부에 산소 존재 시 제2철 이온과 복합염을 형성하여 흑청색, 청녹색으로 변화한다.

3. 동물성 색소

동물성 식품의 색소로서는 heme계 색소로서 근육색인 myoglobin과 혈액색소인 hemoglobin이 있다. 그 외 일부 carotenoid계 색소들이 우유, 유제품, 난황에 함유되어 있다.

(1) Heme계 색소

식육이나 어육의 적색의 육색소(myoglobin, Mb)와 혈색소(hemoglobin. Hb)로 대별되는 2종의 색소단백질이다. Mb와 Hb는 porphyrin과 철 착염인 색소부분 heme에 단백질 부분인 globin이 결합한 것이다.

1) Myoglobin

① Myoglobin은 육색소로서 globin 1분자와 heme 1분자가 결합하고 있으며 산소의 저장체로 작용한다.

② 공기 중 산소에 의해 선홍색의 oxymyoglobin이 되고, 계속 산화하면 갈색의 metmyoglobin이 되며, 가열을 계속하면 globin 부분이 변성되어 갈색 내지는 회색의 heme이 유리된다.

③ 육류의 색이 갈색의 metmyoglobin으로 변질되는 것을 방지하기 위해 질산염이나 아질산염을 사용하면, 이것이 NO로 변한 다음 nitrosomyoglobin을 형성하여 산화를 방지하고 선명한 붉은색이 된다.

2) Hemoglobin

① 혈액의 붉은 색소로서 globin 1분자와 heme 4분자가 결합하고 있으며 산소 운반체를 작용한다.

② 산소와 결합하여 oxyhemoglobin(HbO_2)을 형성한 후 산성에서 서서히 산화되어 갈색의 methemoglobin으로 된다.

③ 연체동물이나 갑각류의 혈색소인 hemocyanin은 hemoglobin의 철(Fe) 대신 구리(Cu)를 함유하고 있는데 hemocyanin은 산소와 결합하여 청색이 된다.

(2) Carotenoid계 색소

① 우육의 지방 중에 α, β, γ-carotene이 함유되어 있으며, 그중 β-carotene의 함량이 가장 많다.

② 유지방에도 carotenoid가 존재하며, 이들은 버터나 치즈의 색도에 관계된다.

③ 난류의 난황색은 lutein, zeaxanthin, cryptoxanthin에 의한 것이다.

④ 도미의 표피, 연어, 송어의 적색육은 astaxanthin에 의한 것이다.

⑤ 피조개의 적색 근육부에는 carotene, lutein이 함유되어 있다.

⑥ 새우나 게 등의 갑각류에는 astaxanthin이 단백질과 결합하여 청록색을 띠나 가열에 의해 단백질은 변성하여 유리되고, astaxanthin은 산화되어 astacin이 되어 선명한 적색을 띤다.

03 식품의 물성

식품의 기호에 영향을 미치는 요소 중에는 맛, 냄새, 색깔 외에 입안에서의 촉감과 관계되는 식품의 물성이 있다. 식품의 물성은 texture와 관계되는 물성학(rheology)적인 면과 교질상태(colloid)의 두 가지로 나눌 수 있다.

① 식품의 물성

1. 식품의 교질성

- 산포물질 : 식품 내에서 작은 단위로 쪼개져서 다른 연속된 물질 중에 흩어져 있는 것 – 용질
- 산포매개체 : 산포물질이 흩어져 있을 수 있는 연속된 물질 – 용매
- 산포 : 산포물질이 산포매개체에 흩어져 있는 상태 – 용액

(1) 진용액(True solution)

① 산포물질은 1개의 분자 또는 이온으로서 산포물질의 직경은 $1m\mu$ 이하로 동질적이다.
② 여과지나 양피지를 통과하고 분자 운동을 한다.
③ 종류 : 설탕 시럽

(2) 교질용액(Colloidal solution)

① 입자의 크기가 $1{\sim}100m\mu$로 진용액보다 상당히 크기 때문에 인력에 의해 분리되는 경향이 있다.
② 여과지는 통과하나 양피지는 통과하지 못하고 브라운 운동을 한다. 단백질은 교질 용액을 형성한다.

분산질(상)	분산매	교질상태	식품의 예
기체	액체	에어졸	향기부여 스모그
	고체	분말	밀가루, 전분, 설탕
액체	기체	거품	맥주 및 사이다 거품, 발효 중의 거품
	액체	에멀션	우유, 생크림, 마가린, 버터, 마요네즈
	고체	현탁질	된장국, 주스, 전분액, 스프
		졸	소스, 페이스트
고체	기체	고체거품	빵, 쿠키
	액체	고체겔	젤리, 양갱, 한천, 과육, 초콜릿, 두부
	고체	고체교질	사탕과자, 과자

(3) 부유상태(Suspension)

0.1μ 이상의 직경으로 여과지도 통과 못하며, 중력에 의한 운동을 한다.

(4) 졸(Sol)

① 콜로이드 상태에서 분산매가 액체이고, 분산상이 고체인 콜로이드 입자가 분산되어 있는 유동성의 액체이다.
② 종류 : 우유, 전분용액, 된장국물, soup, 한천이나 gelatin에 물을 넣고 가열한 것

(5) 겔(Gel)

① 분산상의 입자 사이에 적은 양의 분산매가 있어 분산상의 입자가 서로 접촉하여 전체적으로 유동성이 없어진다.
② 종류 : 한천, 젤리, 묵, 삶은 계란

(6) 유화

① 분산질과 분산매가 다같이 액체인 교질상태를 유화액이라 하고, 유화액을 이루는작용을 유화(emulsification)라 한다.
② 유화제는 한 분자 내에 $-OH$, $-CHO$, $-COOH$, $-NH_2$ 등의 극성기 또는 친수기와 alkyl기($CH_3-CH_2-CH_2-$)와 같은 비극성기 또는 소수기를 가지고 있다.
③ 소수기는 기름과 친수기는 물과 결합하여 기름과 물의 계면에 유화제 분자의 피막이 형성되어 계면장력을 저하시켜 유화성을 일으키게 한다.
④ 유화액의 형태
　• O/W형 : 물속에 기름이 분산된 수중유적형으로 우유, 마요네즈, 아이스크림 등이다.
　• W/O형 : 기름에 물이 분산된 유중수적형으로 버터, 마가린 등이다.
⑤ 유화액의 형태를 이루는 조건
　• 유화제의 성질　　　　　　• 전해질의 유무
　• 기름의 성질　　　　　　　• 기름과 물의 비율

② Rheology 특성

 1. Rheology 특성

(1) 점성(Viscosity)

① 액체의 유동성에 대한 저항을 점성이라고 한다.

② 온도와 수분함량에 따라 달리 나타나는데 맛에 영향을 준다.

③ 일반적으로 점성은 용매의 종류, 용질의 종류, 농도에 따라 변하며 액체에서는 온도가 높으면 점성이 감소하고, 압력이 높으면 증가한다.

(2) 탄성(Elasticity)

① 외부에서 힘의 작용을 받아 변형되어 있는 물체가 외부의 힘을 제거하면 원래 상태로 되돌아가려는 성질이 탄성이다.

② 종류 : 한천, 겔, 밀가루 반죽, 빵, 떡 등이 탄성을 가지고 있다.

(3) 소성(Plasticity)

① 외부에서 힘의 작용을 받아 변형이 되었을 때 힘을 제거하여도 원상태로 되돌아가지 않는 성질이 소성이다.

② 종류 : 버터, 마가린, 생크림 등

(4) 점탄성(Viscoelasticity)

물체에 힘을 주었을 때 점성유동과 탄성변형이 동시에 일어나는 성질이 점탄성이다.

① 예사성(spinability) : 계란 흰자위, 납두 등에 젓가락을 넣어 당겨 올리면 실을 뽑는 것 같이 되는 성질

② 신전성(extensibility) : 늘어나는 성질

③ 경점성(consistency) : 점탄성을 나타내는 식품의 경도를 의미 예 밀가루 반죽

④ 바이센베르그의 효과(Weissenberg's effect) : 연유 중에 젓가락을 세워서 이것을 회전시키면 밀크가 젓가락을 따라 올라가는 성질

⑤ Tenderness 및 texture : 식품을 먹을 때 촉감에 관계되는 성질

04 저장 · 가공 중 식품성분의 변화

① 일반성분의 변화

 1. 수분의 변화

(1) 수분활성도(Water activity)

수분활성도는 어떤 임의의 온도에서 식품이 나타내는 수증기압(P_s)에 대한 그 온도에 있어서 순수한 물의 최대 수증기압(P_o)의 비율로 정의된다.

$$A_w = \frac{P_s}{P_o} = \frac{N_w}{N_w + N_s}$$

여기서 P_s : 식품 속의 수증기압 = 용액의 증기압

  P_o : 순수한 물의 증기압 = 용매의 증기압

  N_w : 물의 몰수

  N_s : 용질의 몰수

① 보통 식품에서 수분활성도 값은 1 미만이다.
  • 어패류와 같이 수분이 많은 것의 A_w는 0.98~0.99
  • 곡물과 같이 수분이 적은 건조식품의 A_w는 0.60~0.64

  즉, A_w의 값이 클수록 미생물이 이용하기 쉽다.
② 미생물의 성장에 필요한 최소한의 수분활성
  • 보통 세균 : 0.91
  • 보통 효모 · 곰팡이 : 0.80
  • 내건성 곰팡이 : 0.65
  • 내삼투압성 효모 : 0.60

(2) 등온 흡습 및 탈습 곡선(Moisture sorption or desorption isotherm)

일정온도에서의 상대습도와 평형수분함량 사이의 관계를 상대습도의 증감에 따라 표시한 곡선으로 대기 중의 수분을 흡수함으로서 평형에 이르는 것을 표시한 그래프가 등온 흡습곡선, 반대로 식품에서 대기 중으로 수분이 방출됨으로서 평형에 이르는 것을 표시한 그래프가 등온 탈습곡선이다. 온도가 높을수록 같은 상대습도에 대응하는 수분함량은 커진다.

(1) 이력현상(Hysteresis effect)

등온흡습곡선과 등온탈습곡선이 일치되지 않는 현상으로 그 효과는 등온곡선의 굴곡점에서 가장 크다. 많은 건조한 식품이 흡습할 때보다 탈습할 때가 동일한 A_w에 있어서 수분함량은 높게 나타난다. 이는 식품조직의 변화나 성분의 변화에 기인한 것으로 이러한 현상을 이력현상이라고 한다.

(2) 등온 흡습 및 탈습곡선의 세분화

① A영역(단분자층 영역): 식품의 수분함량이 5~10%에 이르고 식품 내의 수분이 단분자막을 형성하는 영역으로 식품성분 중의 carboxyl기나 amino기와 같은 이온그룹과 강한 이온결합을 하는 영역으로 식품 속의 물 분자가 결합수로 존재한다(흡착열이 매우 크다). 저장성이나 안정성은 B영역보다 떨어진다. 이 영역에서는 광선 조사에 의한 지방질의 산패가 심하게 일어난다.

② B영역(다분자층 영역): 물 분자들이 복수분자막을 형성하는 영역으로 식품의 안정성에 가장 좋은 영역이다. 최적 수분함량를 나타낸다. 수분은 결합수로 주로 존재하나 이온결합보다는 주로 여러 기능기들이 수소결합에 의하여 결합되어 있다.

③ C영역(모세관응고 영역): 식품의 다공질 구조, 즉 모세관에 수분이 자유로이 응결되며 식품성분에 대해 용매로서 작용하며 따라서 화학, 효소반응들이 촉진되고 미생물의 증식도 일어날 수 있다. 물은 주로 자유수로 존재한다.

[등온흡습(탈습)곡선]

2. 탄수화물의 변화

(1) 전분의 호화

1) 전분의 호화

① 생전분을 β전분이라 하며, 생전분은 냉수로는 변화를 받지 않으나 가열하면 전분입자 중

micelle이 풀려 간격이 생긴다. 이 사이에 물이 침입하여 전분분자의 일부와 물분자가 결합(수화)한다. 이 현상으로 전분입자가 팽윤(swelling)하는데, 이 팽윤이 심하면 전분입자의 모양이 파괴되어 amylose는 더운물에 녹는 sol이 되고, amylopectin은 불용성의 gel이 된다. 이 같은 물리적 상태변화를 호화라 한다.

② β-전분이 α-전분으로 변하는 것을 α화라 하며, 이것은 호화를 의미한다. 호화된 상태는 효소들의 작용이 쉬워 소화가 잘된다.

2) 호화에 미치는 영향

① 수분 : 전분의 수분함량이 많을수록 호화는 잘 일어난다.

② Starch 종류 : 호화는 전분의 종류에 큰 영향을 받는데 이것은 전분입자들의 구조의 차이에 기인한다.

③ 온도 : 호화에 필요한 최저 온도는 전분의 종류나 수분의 양에 따라 다르나 대개 60℃ 정도다. 온도가 높으면 호화의 시간이 빠르다. 쌀은 70℃에서는 수시간 걸리나 100℃에서는 20분 정도 걸린다.

④ pH : 알칼리(alkali)성에서는 팽윤과 호화가 촉진된다.

⑤ 염류 : 일부 염류는 전분 알맹이의 팽윤과 호화를 촉진시킨다. 일반적으로 음이온이 팽윤제로서작용이 강하다($OH^- > CNS^- > Br^- > Cl^-$). 한편, 황산염은 호화를 억제한다.

3) X선 간섭도

① 생전분에 X선을 조사하면 결정성 영역이 존재하기 때문에 뚜렷한 동심원상의 간섭환을 이루나 호화전분은 불명료한 간섭환인 V도형을 나타낸다.

② X선 간섭도의 종류
- A도형 : 쌀, 옥수수 같은 곡류 전분
- B도형 : 감자, 밤 등의 전분
- C도형 : 고구마, 칡, 완두, 티피오카 등의 전분
- V도형 : 호화전분

③ 일반적으로 X선 간섭도가 A, B, C 도형은 β-전분이라 할 수 있고, V도형은 α-전분이라 할 수 있다.

(2) 전분의 노화

1) 전분의 노화

① 호화전분, 즉 α-전분을 실온에 장시간 방치하면 차차 굳어져서 β-전분으로 되돌아가는 현상을 노화(retrogradation) 또는 β화라고 한다. 이것은 불규칙적인 배열을 하고 있던 전분이 차차 부분적으로 규칙적인 분자배열을 한 micelle 구조로 돌아간다는 것이다.

② α-전분이 노화되어 β-전분으로 돌아가면 X선 간섭도는 명료하게 나타나며, 이 β-전분의 X선 간섭도는 원료전분의 종류에 관계없이 항상 B형의 간섭도를 나타낸다.

③ 노화된 전분은 규칙적인 구조로 되어 효소의 작용을 받기 힘들어 소화가 잘 안 된다.

2) 노화에 미치는 영향

① 온도 : 노화에 가장 알맞은 온도는 2~5℃이며, 60℃ 이상의 온도와 동결 시에는 노화가 일어나지 않는다.

② 수분함량 : 30~60%에서 가장 노화하기 쉬우며, 10% 이하에서는 어렵고, 수분이 매우 많은 때도 어렵다.

③ pH : 다량의 OH 이온은 starch의 수화를 촉진하고, 반대로 다량의 H이온은 노화를 촉진한다. NaOH의 첨가로 starch가 즉시 호화하고, 묽은 HCl이나 H_2SO_4의 용액은 노화를 촉진한다.

④ 전분의 종류 : amylose는 선상분자로서 입체장애가 없기 때문에 노화하기 쉽고, amylopectin은 분지분자로서 입체장애 때문에 노화가 어렵다. 옥수수, 밀은 노화하기 쉽고, 감자, 고구마, 타피오카는 노화하기 어려우며, 찰옥수수 전분은 노화가 가장 어렵다.

(3) 호정화

전분에 물을 가하지 않고 160~180℃ 이상으로 가열하면 열분해되어 가용성 전분을 거쳐 호정(dextrin)으로 변화하는 현상을 전분의 호정화(dextrinization)라 한다.

호정화는 호화와 혼동되기 쉬운데 호화는 화학변화가 따르지 않고 물리적 상태의 변화뿐이나, 호정화는 화학적 분해가 조금 일어난 것으로 호화전분보다 물에 잘 용해되며 소화 효소작용도 받기 쉬우나 점성은 약하다.

(4) 캐러멜화(Caramelization)

당을 가열하면 160~180℃에서 용융되며 180~200℃에서 점조한 갈색물질이 생기는데 이를 캐러멜화라 부르며, 생성된 물질을 caramel이라고 한다. 전화당액, 벌꿀과 같이 fructose가 들어 있는 것은 caramel화가 쉽고 glucose는 비교적 어렵다.

설탕은 160~180℃, glucose는 147℃에서 분해가 시작된다. 캐러멜화는 pH에 따라 다른데 pH 2.3~3.0일 때 가장 어렵고, pH가 높아짐에 따라 착색이 잘되는데 pH 5.6~6.2에서 가장 잘 일어난다. 이것은 식품가공 또는 조리 시 색깔, 풍미에 영향을 준다.

3. 지질의 변화

(1) 유지의 산패

유지를 저장, 가공 및 조리할 때에 이화학적 또는 미생물학적 요인에 의해 변색되거나 불쾌한 냄새와 맛을 내는 일종의 변패현상을 유지의 산패(rancidity)라 한다. 산패는 물, 산, 알칼리 및 효소에 의한 가수분해적 산패와 산화에 의한 산패로 대별된다.

1) 가수분해에 의한 산패

① 유지가 물, 산, 알칼리, 효소에 의하여 유리지방산과 글리세롤로 분해되어 불쾌한 냄새나 맛

을 형성하는 경우이다.

② 수분함량이 많은 낙농제품 중의 지방은 물과 접촉하는 면이 많아, 특히 가수분해에 의한 산패가 일어나기 쉬운 조건에 있어 문제가 된다.

③ 미강유, 올리브유 등의 식물성 유지 또는 어유 등의 조제유 중에는 착유 시 동식물조직 중의 지방분해 효소가 함께 추출되어 lipase에 의한 가수분해 산패가 일어나기 쉽다.

2) 산화에 의한 산패

① 유지 중의 불포화지방산이 산화에 의하여 불쾌한 냄새나 맛을 형성하는 것으로, 유지에 가장 보편적으로 일어나는 현상이다.

② 유지가 대기 중의 산소를 자연발생적으로 흡수하고, 흡수된 산소는 유지를 산화시켜 과산화 생성물을 형성하여 유지 산화를 촉매시킴으로써 자동적으로 진행되기 때문에 자동산화라 한다.

참고 자동산화 mechanism

- 개시단계 : RH → R · + H · (가열, 빛, 금속이온 등에 의한 free radical 생성)
- 전파반응 : R · + O₂ → ROO ·
  (연쇄반응)　　　　　　　(peroxy radical)
  ROO · + RH ──────────→ ROOH + R ·
  　　　　　　　　　　　　(hydroperoxide)
- Hydroperoxide 분해 : ROOH ──────────→ RO · + · OH
- 종결단계 : R · + R · → RR(각 free radical이 결합하여 안정된 화합물을 만든다)
  R · + ROO · → ROOR
  ROO · + ROO · → ROOR + O₂

3) 유지의 산패에 영향을 미치는 인자

① 온도의 영향

- 온도가 높아짐에 따라 반응 속도가 빨라진다.
- 불포화지방산의 자동산화의 hydroperoxide 생성은 주로 실온에서 일어난다.
- 식품을 $0^\circ C$ 이하에서 저장했을 경우는 $0^\circ C$ 이상에서 보다 지방의 산화속도가 빠르다.

② 금속의 영향

- Cu, Co, Fe, Mn, Ni, Sn 등의 산화환원이 용이한 금속이 문제가 된다.
- 산화 촉진작용의 크기 순서 : Cu>Fe>Ni>Sn이다.

③ 광선의 영향 : 2537Å 이하의 파장을 가진 광선, 특히 자외선 및 자외선에 가까운 단파장의 광선은 유지의 산패를 강하게 촉진한다.

④ 산소분압의 영향

- 산소가 저압인 경우에는 산화속도는 산소압에 비례하나 약 150mmHg 이상인 경우에는 산소압에 무관하게 된다.
- 산소농도가 낮을 때 산화속도는 산소량에 비례한다.

⑤ 수분의 영향
- 수분은 유지를 가수분해시켜 유리지방산을 생성하므로 자동산화를 촉진시킨다.
- 수분함량이 많은 경우에는 촉매작용이 강해진다.

⑥ Hematin 화합물 : Hemoglobin, myoglobin, cytochrome C 등의 heme 화합물과 chlorophyll 등의 감광물질들은 hydroperoxide의 분해를 촉진시키므로 유지 중에 화합물이 함유되어 있으며 산화는 촉진된다.

⑦ 산화억제물질의 영향(항산화제) : 자동산화 과정의 전파단계에서 생긴 peroxide radical과 반응하여 이를 소비함으로써 연쇄반응을 중단한다.

⑧ 지방산의 불포화도 : 불포화도가 심하면 심할수록 유지의 산패는 더욱 활발하게 일어난다.

4) 항산화제

항산화제란, 미량으로 유지의 산화속도를 억제하여 주는 물질을 말하며, free radical에 용이하게 수소원자를 주어 연쇄반응을 중절시켜 항산화작용을 한다. 주로 phenol계 화합물인 항산화제는 과산화물의 생성속도는 억제하나 분해속도에는 무관하여 이미 산화가 진행된 유지에는 별로 효과를 기대할 수 없다.

① 천연항산화제 : tocopherol(대두유, 식물유), ascorbic acid(과실, 채소), sesamol(참깨유), gossypol(면실유), gum guaiac(서인도산 상록수), quercetin(양파 껍질), gallic acid(오배자, 다엽, 땡감), lecithin(난황, 대두) 등

② 합성항산화제 : EP(ethyl protocatechuate), PG(propyl gallate), BHA (butylated hydroxy anisol), BHT(butylated hydroxy toluene), NDGA (nordihydro guaiaretic acid), thiopropionic acid, gentisic acid 등

5) 시너어지스트(Synergist, 상승제)

자신은 항산화 효과가 없거나 미약하지만 항산화제와 함께 사용 시 항산화제의 효력을 강화시키는 물질을 시너어지스트라 하며, 구연산, 주석산, 인산, phytic acid, ascorbic acid, lecithin, cephalin 등이 있다.

4. 단백질의 변화

(1) 단백질의 변성

천연단백질이 물리적작용, 화학적작용 또는 효소의작용을 받으면 구조의 변형을 가져오는데, 이것을 변성(denaturation)이라 하며 대부분 비가역적 반응이다.

- 물리적작용 : 가열, 동결, 건조, 교반, 고압, 조사 및 초음파 등
- 화학적작용 : 묽은 산, 알칼리, 요소, 계면활성제, 알코올, 알칼로이드, 중금속염 등

1) 물리적 요인에 의한 변성

① 가열 : 단백질의 열에 의한 변성은 식품의 조리와 가공에서 매우 중요하며 가장 일반적인 변

성이다. 가용성 단백질을 가열하면 불용성이 되어 응고하는데 육류, 난류, 어패류에 많다. 반대로 불용성 단백질이 열변성에 의해 가용성이 되는 수가 있다. 즉, 육류를 장시간 가열하면 결체 조직중의 collagen이 변성되어 가용성이 gelatin이 되어 용출된다. 열변성에 영향을 주는 인자들은 다음과 같다.

ㄱ 온도
- 단백질은 보통 60~70℃ 부근에서 변성이 일어나며 단백질 종류에 따라 다르다.
- 가용성 단백질인 albumin, globulin이 가장 열변성이 잘 일어나고 ovalbumin은 58℃에서 응고하기 시작하여 62~65℃에서 유동성이 없어지고 70℃에서 완전히 응고된다.
- 일반적으로 albumin은 온도가 10℃ 상승할 때 20배, hemoglobin은 13배 변성속도가 빨라진다.

ㄴ 수분 : 가열에 의해 물의 분자운동이 왕성히 일어나 쉽게 단백질의 수소결합을 끊어 물분자에 둘러싸여 수소결합이 이루어진다. 그러므로 수분이 많으면 비교적 낮은 온도에서 열변성이 일어나나 수분이 적으면 높은 온도에서 응고된다.

ㄷ pH
- 단백질의 등전점쪽 산성 pH에서 더 빨리 열변성이 일어난다.
- Ovalbumin의 등전점을 pH 4.8로 하면 낮은 온도에서 잘 응고되나, 그 외의 pH에서는 응고가 잘 되지 않는다.
- 생선 조림할 때 식초를 조금 넣으면 살이 빨리 단단해지는 것도 산성의 pH를 이용한 것이다.

ㄹ 전해질
- 단백질에 염화물, 황산염, 인산염 등의 전해질(염류)을 가해주면 변성온도가 낮아지고 변성속도도 빨라진다.
- 두부 제조 시 glycynin은 가열만으로 응고되지 않아 $MgCl_2$, $CaSO_4$ 등의 염화물이나 $CaSO_4$의 황산염을 가하면 응고한다.

② 동결변성

동결변성은 온도가 −1~−5℃에서 최대가 되며 pH나 염농도 등에 영향을 받는다. 따라서 변성단백질은 효소작용이 쉬워서 부패가 빠르다.

2) 화학적 요인에 의한 변성
① 산 · 알칼리
- 단백질 용액에 산 · 알칼리를 가하면 하전의 변화로 변성한다.
- Albumin과 globulin은 강산과 강알칼리용액에 의해 변성이 일어나 metaprotein이 되는데 비열응고성이다.
- 산에 의한 단백질변성은 등전점에 이르게 하여 응고시킨다.
  예 yoghurt는 젖속의 casein이 젖산발효로 생긴 젖산에 의해 변성된 것이다.

② 염류

　두부 제조 시 두유에 CaSO₄, MgCl₂, CaCl₂을 가하여 glycinin을 응고시키거나 과실 설탕 조림 시 과실의 모양유지를 위해 명반을 가하는 것은 염류에 의한 변성을 이용한 것이다.

③ 유기용매

・단백질 수용액에 alcohol이나 acetone과 같은 유기용매를 가하면 변성하여 불용성이 된다.

・알코올에 의한 우유의 변성으로 인한 침전생성은 우유가 부패할수록 많아지므로 우유의 신선도 판정에 이용된다.

3) 효소에 의한 변성

　젖속의 casein에 rennin 효소가작용하면 paracasein으로 된다. paracasein은 Ca^{++}과 결합하여 불용성의 calcium paracasein을 형성하는데 이 응고물을 curd라고 하며 치즈 제조에 이용된다.

5. 무기질의 변화

(1) 무기질의 성질과 조리 · 가공

1) 화학적 변화

　pH의 이동에 의한 염류 ⇌ 이온의 가역반응 및 효소에 의한 유기태 ⇌ 무기태의 가역반응이 조금 일어날 뿐이고 화학변화는 거의 일어나지 않는다.

2) 상태변화

　채소를 조리할 때는 세포 안팎의 삼투압 차이에 의하여 무기질 및 수분의 용출이 일어난다. 용출은 가온할수록 빠르다.

① 무기질의 용출 : 세포 속의 삼투압이 높을 때(농도가 세포 외보다 높을 때) 세포 속의 무기질은 세포 밖으로 용출하고 세포 밖의 수분은 세포 속으로 스며 들어서 세포 안팎의 삼투압이 같아지려고 한다.

　예 다시마 속의 요오드는 물에 담그기만 하여도 20% 정도 녹아나오고 이것을 가열하면 60%가 녹아 나온다.

② 수분의 용출 : 세포 밖의 삼투압이 높을 때(농도가 세포 내보다 높을 때) 세포 내의 수분은 세포 밖으로 빠져 나오고 세포 밖의 성분은 세포 속으로 침입하여 세포 안팎의 삼투압이 같아지려고 한다.

　예 채소에 소금을 넣으면 채소 속의 수분이 빠져나와서 원형질분리를 일으키고 세포가 죽게 된다.

3) 비점상승 · 빙점강하

　소금 등의 무기질에 의하여 끓는 점이 상승하거나 빙점이 하강한다.

4) 색소 고정

2가 또는 3가 금속은 식물색소 등을 고정하여 변색을 방지하는작용이 있다. 보통작용되는 것은 Cu^{++} 또는 Fe^{+++} 등으로서, green peas로 통조림을 만들 때에 황산동의 용액을 소량 넣거나 흑 두를 삶을 때 오래된 쇠못을 넣거나 한다.

5) 단백질 응고

무기질에 의하여 단백질을 응고시키는 경우가 있다. 단백질을 응고 시키려면 Al^{+++}(백반)과 같 은 이온가가 큰 것이 좋다. 2가의 Cu^{++}이나 Mg^{++}이 이용되기도 한다.

6) 조리기구의 용출

금속은 이온화 경향이 있다. 물에 담그거나 수분에 접하면 금속의 표면에서 이온으로 되어 물속 에 녹아 나온다. 이것은 극히 미량이지만 미각, 외관, 영양가에 크게 영향을 미치고 또 살균력을 나타내기도 한다.

① 미각 : 숫돌에 간 직후의 식칼로 회를 뜨면 맛이 나쁘다.

② 외관 : Fe^{+++}이나 Cu^{++}은 산화작용을 촉진하는 일이 많다. 과일이나 채소를 자르면 polyphenol oxidase 등의작용으로 자른 곳이 갈변한다.

③ 영양가 저하 : Vitamin C 등은 Cu^{++}의 존재에 의하여 빨리 산화된다. 구리 냄비에 조리한 것은 다른 냄비의 2~3배나 빨리 산화된다.

④ 색소 고정 : 철이나 구리 냄비로 조리하면 식물색소가 고정되어 변화를 막을 수 있다.

⑤ 살균력 : 은, 구리이온 등은 살균력이 특히 세다. 은기나 동기에 넣으면 물도 잘 부패하지 않는다.

(2) 조리 · 가공에 의한 무기질의 손실

일반적으로 조리에 의한 무기질의 손실은 다른 영양소보다 훨씬 크다.

  ① 전체적인 손실
  - 구울 때 – 변화 없음
  - 찔 때 – 생선 10~30%
           채소 0~50%
  - 삶을 때 – 생선 15~22%(철의 손실 50~75%)
            채소 25~50%(철의 손실 10~40%)
  *고기는 삶을 때 철의 손실이 50~75%이다.

6. 비타민의 변화

(1) 비타민의 안정성

1) 산 · 알칼리에 대하여

일반적으로 지용성 비타민은 산에 약하고 알칼리에 강하다. 또 수용성 비타민은 산에 강하고 알 칼리에 약하다.

2) 열에 대하여

E가 가장 열에 강하고 D가 다음이며 B_2, B_1, A의 차례로 안정도가 감소하여 C가 가장 약하다. B_{12}, niacin도 열에 대하여 안정하다.

3) 산화와 빛에 대하여

- A, C는 이중결합을 가지고 있어서 산화되기 쉽다.
- A, D, E, K, B_2, B_6, niacin, biotin, 엽산, B_{12}, C 등은 빛에 불안정하다.

(2) 비타민의 용해성

지용성 비타민은 단독으로 물에 녹지 않으나 단백질이나 지방의 콜로이드액 중에 흡착분산되고, 또 인산이나 그밖의 물질과 결합하여 가용성이 되는 경우도 있다.

(3) 비타민의 변화

1) 비타민 A의 변화

① 비타민 A는 열 자체에는 안정하여 100℃로 가열하여도 그 생리적 효력을 잃지 않는다.

② 특히 A_1은 산소에 의하여 분해되기 쉽고 열을 더하면 산화는 더욱 촉진된다.

③ 알칼리에 안정하다. 따라서 조리, 가공 중에 중조를 사용해도 좋다.

④ 수소를 부가하면 효력을 잃는다.

⑤ 비타민 A와 carotene은 광선의 영향을 많이 받는다. 우유와 버터는 직사광선을 피해야 한다.

⑥ 식품 중에 함유된 lipoxidase에 의하여 분해된다. 이 효소는 두류, 아스파라거스, 무, 감자, 밀 등의 식품에 함유되어 있고 pH 6.5~6.8, 25~30℃에서 가장 잘 반응한다.

2) 비타민 D의 변화

① 조리, 가공에 비교적 안정하여 보통의 산화, 환원, 끓임, 가열, 건조에 의하여 변화되기 어려우나 산화에는 비교적 약하다.

② 115℃로 9시간 정도에서는 변질되지 않는다.

③ 산성에서는 조금씩 분해하지만 알칼리에는 강하다.

3) 비타민 B_1의 변화

① 무색 결정으로 물에 잘 녹는다. 조리할 때 녹이 나오므로 손실이 크다.

② 건조상태에서 안정하지만 용액은 가열에 불안정하여 가열조리할 경우 30% 정도의 B_1이 파괴된다.

③ pH 3~4의 미산성에서 가장 안정하며 이상태에서는 가열, 건조, 저장에 대하여 상당한 저항력이 있다.

④ 알칼리에서는 쉽게 분해된다. 조리할 때 중조를 사용하면 분해되기 쉽다.

⑤ 태양광 자체로서는 분해되지 않으나 용액 중에 형광물질이 존재하면 분해되기 쉽다.

4) 비타민 B_2의 변화

① 보통 가열, 조리의 경우 거의 100% 잔존한다.

② B_2는 수용성 비타민이지만 B_1이나 C에 비하면 용출량이 적다.

③ 빛에 매우 불안정하여 가시광선으로도 파괴된다. 산성과 중성에서는 lumichrome, 알칼리성에서는 lumiflavin이 생성된다.

④ 조리 가공 시의 B_2의 평균 손실은 육류 15~20%, 채소 10~20%, 제빵 10%이다.

5) niacin의 변화

① 물에 잘 녹기 때문에 침지액, 삶은 즙에서 많이 용출된다.

② 열에 강하므로 삶은 즙 속의 것은 거의 파괴되지 않는다.

6) 비타민 C의 변화

① ascorbic acid는 분자상태에서 쉽게 산화되어 dehydroascorbic acid가 된다. dehydroascorbic acid는 가역적으로 ascorbic acid로 환원되므로 비타민 C의 활성을 갖고 있다.

② 채소를 삶을 때 처음에는 비타민 C가 파괴되지만 산소가 빠져나가면서 C가 안정해진다. 가열조리로 50% 정도 파괴된다.

③ 알칼리에서 산화되기 쉽다.

④ ascorbic acid는 스스로 산화되므로 다른 화합물에 대하여 센 환원성을 나타낸다. 따라서 식품공업에서 산화방지제로 이용된다.

⑤ Cu^{++}는 비타민 C의 산화에 가장 현저하게 작용한다.

⑥ 결정상태에서는 100℃로 가열하여도 비교적 안정하지만 수용액은 가열에 의하여 분해가 촉진된다.

⑦ 물에 녹기 때문에 조리가공 시 용출은 심하다.

⑧ 광분해는 B_2만큼 심하지 않지만 수용액 속에서 태양광선에 의하여 분해된다. 우유에 빛을 비추면 비타민 C가 급감하는 것은 우유 속에 flavin이 존재하기 때문이다.

7. 특수성분의 변화

(1) 맛성분의 변화

1) 발효에 의한 맛의 변화

① 된장, 간장의 맛은 원료 중의 탄수화물, 단백질이 미생물에 의하여 대사되어 생긴 당분, amino acid, 염기류 등의 혼합미이다.

② 김치의 맛은 탄수화물의 분해에 의하여 생긴 초산, 유산 등에 의한다.

2) 변패에 의한 맛의 변화

① 쉰밥은 산미(낙산)를 나타내고, 오래된 물고기는 지방의 분해에 의한 떫은맛(지방산, aldehyde 등)이나 amino acid의 분해에 의한 신미(histamine, tyramine)를 띤다.

② 오래된 청국장은 단백질의 분해가 진행하여 쓴맛(peptone)이 생긴다.

3) 조리에 의한 맛의 변화

① 조리에 의한 starch의 호화와 단백질의 변성은 식품에 교질미(colloid)를 부여한다.

② 식품의 조리에 의하여 Ex분이 유출되어 국물의 지미가 늘어나고 감미 · 지미가 짠맛에 의하여 강화되는 등, 다채로운 변화를 보여 준다.

③ 무의 diallylsulfide나 양파의 diallyldisulfide는 이들을 삶을 때 각각 methyl mercaptane이나 propyl mercaptane이 되어 감미가 크게 증가한다.

4) 숙성에 의한 맛의 변화

① 식품 중의 단백질, 탄수화물, 지질이 식품이나 미생물이 가지는 효소의 작용에 의하여 극히 천천히 분해되어 다양한 맛이 형성된다.

② alcohol음료 등에서 어느 기간 이상 숙성하면 alcohol의 강한 자극이 사라지는 일이 많다. 이것은 alcohol분자와 물분자가 서로 섞여서 회합(association)하는 맛이다.

(2) 냄새성분의 변화

1) 가열에 의한 향기

식품은 가열하면 여러 가지 향기가 발생한다. 이것은 식품 속에 처음부터 함유되어 있던 향기성분이 휘발하는 한편, 불휘발성의 식품성분이 분해하거나 서로 반응하여 휘발성 향기물질을 이루기도 한다.

① amino acid와 당 반응에 의한 가열 향기

• amino acid와 당을 가열하면 amino-carbonyl 반응의 최종단계에서 amino acid는 탄소수가 한 개 적은 aldehyde가 생성하는데 이것을 strecker 분해라 한다. 이때 생성되는 여러 가지 aldehyde가 식품을 가열했을 때의 냄새성분에 관여한다.

• strecker 분해의 결과로 생긴 amino reductone은 2분자가 환원하면 pyrazine류가 생성된다. 커피, 보리차, 땅콩, 볶은 참깨 등의 방향식품에는 모두 몇 종류의 pyrazines가 함유되어 있다.

② 탄수화물의 가열향

당류 등의 탄수화물을 160℃ 이상으로 가열하면 여러 가지 향기가 발생한다. 포도당을 250℃로 가열하면 여러 종류의 향기물질이 생성된다.

③ 밥의 향기

쌀로 밥을 지을 때 식욕을 돋구는 방향이 발생한다. 이때의 방향에 ammonia, acetaldehyde, acetone, C_3, C_4, C_6의 aldehyde가 주성분으로 존재하고 극히 미량의 H_2S가 존재한다.

④ 식빵의 향기

식빵은 yeast에 의한 발효와 굽는 과정에서 풍부한 향기가 생긴다.

• 발효에 의하여 생성된 acetoin이 산화된 diacetyl은 식빵의 한 요인을 이룬다.

• 가열분해에 의하여 생기는 maltol은 초취로서 식빵 향기의 중요한 요소를 이룬다.

⑤ 채소 삶을 때의 냄새

여러 가지 채소를 삶으면 양의 차이는 있으나 H_2S, formaldehyde, mercaptane, acetaldehyde, ethylmercaptane, dimethyl sulfide, propylmercaptane, methanol 등이 생성된다.

- green peas를 삶으면 acetals(6종), aldehydes(5종), esters(6종) 황화합물이 검출된다.
- 양배추를 삶으면 다량의 dimethyl sulfide가 생긴다.
- 양파·파는 가열하면 dimethyldisulfide가 환원되어 methylmercaptane이 많이 생긴다.

(3) 색소성분의 변화

1) 식품의 갈변

식품의 갈변 반응은 효소에 의한 갈변 반응과 효소가 관여하지 않는 비효소적 갈변 반응의 두 종류로 대별한다.

효소적 갈변	비효소적 갈변
• polyphenol oxidase에 의한 갈변 • tyrosinase에 의한 갈변	• maillard 반응 • caramel화 반응 • ascorbic acid 산화반응

① 효소적 갈변 반응

　㉠ 효소적 갈변

　　ⓐ polyphenol oxidase에 의한 갈변

　　　• 사과, 배, 가지, 살구 등의 과실과 야채류에 들어 있는 catechin, gallic acid, chlorogenic acid 등 polyphenol성 물질이 polyphenol oxidase에 의하여 quinone 유도체로 산화되고 이것이 중합하여 갈색물질(melanin)을 생성한다.

　　　• O-diphenol $\xrightarrow{\text{polyphenol oxidase}}$ O-quinone $\xrightarrow{\text{중합}}$ 갈색물질

　　　• 고구마 가공 시 변색방지법으로는 아황산처리, 열탕처리, 식염수, 구연산 용액에 침지 등이 있다.

　　　• 감귤은 Vit-C를 많이 함유하고 있어 갈변이 잘 일어나지 않는다.

　　　• 사과나 배를 구리 용기나 철제 칼로 처리하면 갈변이 일어나므로 이들 과실은 묽은 소금물에 담가두어 갈변을 방지한다.

　　ⓑ tyrosinase에 의한 갈변

　　　• 공기 중에서 감자를 절단하면 tyrosinase에 의해 산화되어 dihydroxyphenylalanine(DOPA)을 거쳐 O-quinone phenylalanin(DOPA-quinone)이 되고 다시 산화, 계속적인 축합·중합 반응을 통하여 흑갈색의 melanin색소를 생성한다.

　　　• Cu를 함유하므로 Cu에 의해 더욱 활성화되며, 반대로 Cl^-에 의해 억제된다. 수용성이므로 감자의 절편을 물에 담가두면 갈변이 잘 일어나지 않는다.

ⓛ 효소적 갈변 방지법

    ⓐ Blanching(열처리)

        • 효소는 복합단백질이므로 가열에 의해 쉽게 불활성화된다.

        • 온도와 시간에 유의한다.

    ⓑ 아황산가스 또는 아황산염을 이용하면 감자의 경우, pH 6.0에서 효과적으로 억제된다.

    ⓒ 산소의 제거

        • 효소적 갈변은 산소가 존재하지 않으면 일어날 수 없다.

        • 밀폐용기에 식품을 넣고 공기를 제거하거나, 불활성가스인 질소나 탄산가스를 치환하면 억제할 수 있다.

    ⓓ phenolase기질의 메틸화 : 과실류, 야채류의 색깔, 향미, texture에 아무런 영향을 주지 않고 갈변을 방지할 수 있는 방법

    ⓔ 산의 이용

        • phenolase의 최적 pH는 6~7 정도이다.

        • 식품의 pH를 citric acid, malic acid, ascorbic acid, 인산 등으로 낮추어 줌으로써 효소에 의한 갈색화 반응을 억제할 수 있다.

        • ascorbic acid를 가장 많이 사용한다.

    ⓕ 붕산 및 붕산염의 이용 : 식품에 거의 이용되지 않는다.

② 비효소적 갈변 반응

    ㉠ Maillard 반응

    당의 carbonyl기와 amino acid의 amino기와의 결합에서 개시되므로 amino carbonyl 반응이라고도 한다. 또 melanoidine 반응이라고도 한다.

    ㉡ Caramelization

        ⓐ Amino compounds나 organic acid가 존재하지 않는 상황에서 주로 당류의 가열분해물, 또는 가열산화물에 의한 갈변 반응을 caramelization이라 한다.

참고 **Maillard 반응에 영향을 주는 인자**

① pH의 영향

• pH가 높아짐에 따라 갈변이 현저히 빠르게 진행된다.

• pH 6.5~8.5에서 착색이 빠르고, pH 3 이하에서는 갈변속도가 매우 느리다.

② 온도의 영향

• 온도가 높을수록 반응 속도가 빠르다. 10℃의 온도차는 갈변이 3~5배 촉진되므로 10℃ 이하로 냉각하면 갈변이 방지된다.

• 80℃ 이상에서는 산소의 유무에 관계없이 같은 정도로 갈변하지만 실온 저장하면 산소가 있을 때 갈변이 촉진된다.

③ 수분

• Maillard 반응에는 수분의 존재가 필수적이며 완전 건조상태에서는 갈변이 진행되지 않으나, 수분 10~20%에서 가장 갈변하기 쉽다고 알려져 있다.

④ 당의 종류
- 환원당은 pyranose 환이 열려서 aldehyde형이 되어 반응을 일으킨다.
- Pentose>hexose>sucrose의 순이고, pentose가 hexose보다 약 10배나 갈변속도가 크다.

⑤ Amino acid의 종류
- 단독으로 갈변하는 일은 적지만 carbonyl 화합물과 공존하면 갈변이 촉진된다.
- 사슬이 길고 복잡한 치환기를 가질수록 반응 속도는 느려진다.
- 일반적으로 amine이 amino acid 보다 갈변속도가 크다.
- Glycine이 가장 반응하기 쉬우며, 그 밖에는 별 차이가 없다.

⑥ 반응물질의 농도
Melanoidine 색소의 양 [Y]는 온도가 일정할 때 환원당의 농도[S]에 비례하고, 아미노화합물의 농도[A]와 경과시간[T]의 자승에 각각 비례한다. $[Y] = K \times [S][A]^2[T]^2$(K는 속도항수)

⑦ 저해물질
Maillard 반응에 의한 갈변을 억제하는 저해물질에는 아황산염, 황산염, thiol, 칼슘염 등이 있다.

ⓑ 당류는 그 융점보다 높은 온도로 가열하면 주로 탈수, 분해, 중합 반응 등이 일어난다. 당류를 가열하면 설탕은 160~180℃, glucose는 147℃에서 분해되기 시작한다.

ⓒ 이때 설탕은 glucose와 fructose로 분해되고, 이어서 fructose는 탈수되어 hydroxymethyl furfural이 되며, 이것이 중합되어 착색물질이 생긴다.

ⓓ 식품에 주는 영향은 가열, 가공 시 색깔과 풍미(flavor)를 높인다.

ⓔ 당류의 caramel화에 필요한 최적 pH는 6.5~8.2이다.

ⓒ Ascorbic acid 산화반응
ⓐ Ascorbic acid는 모든 야채와 과실류에 많이 존재한다.

ⓑ Ascorbic acid는 먼저 산화되어 dehydroascorbic acid로 된 다음에 이것은 2,3-diketogluconic acid로 산화되고, furfural로 변하여 다량의 이산화탄소를 발생한다.

ⓒ 이 반응은 pH의 영향을 많이 받는데 일반적으로 pH 2.0~3.5 범위에서의 갈색화는 pH에 반비례하고, pH가 높을수록 갈색화는 잘 일어나지 않는다.

ⓓ 신선한 과일, 채소, 특히 사과, 배 등은 polyphenol oxidase에 의한 갈변이 심하고 ascorbic acid oxidase에 의하여 갈변이 촉진된다.

05 영양화학

1 식품의 성분 및 기능

 1. 식품의 성분별 분류

(1) 생산지에 따른 분류

① 농산물 식품 : 곡류, 콩류, 채소류 등

② 축산물 식품 : 우유류, 육류, 난류 등

③ 수산물 식품 : 어패류, 해조류, 어란 등

(2) 영양소와 기능에 따른 분류

① 구성식품

- 1군(단백질) : 육류, 어패류, 알류, 어란, 콩류 등
- 2군(칼슘) : 젓류, 유제품, 뼈째 먹는 생선 등

② 조절식품

- 3군(무기질 및 비타민) : 채소류, 과실류 등

③ 열량식품

- 4군(당질) : 곡류, 감자류 등
- 5군(지방) : 유지류

(3) 영양적 가치기준에 따른 분류

① 당질식품 : 곡류, 감자류

② 지질식품 : 유지류(동물성 유지, 식물성 유지)

③ 단백질식품 : 육류, 어패류, 콩류, 젓류, 알류

④ 조절식품 : 채소류, 과실류, 해조류, 버섯류

⑤ 기타식품 : 조미류, 기호식품, 강화식품, 조림식품 등

2. 탄수화물

(1) 탄수화물의 기능

1) 에너지 공급원

① glucose 3.69kcal/g, 설탕 3.96kcal/g, 전분 4.12kcal/g

② 당질의 평균 이용률은 98%이며, 생리적 열량은 4kcal/g이다.

2) 혈당유지

① 혈액 내 약 0.1%(70~120mg/100ml)로 항상 일정하게 유지하며, 부족 시 치명적인 뇌손
  상을 일으킨다.

② 당뇨병 환자는 insulin 기능이 저하되어 혈당이 상승되고 요로 당을 배설한다.

3) 단백질 절약작용

열량 섭취량 부족 시 단백질이 에너지원으로 이용되고 소모되므로 탄수화물을 충분히 섭취하면
단백질 절약 효과를 가져온다.

4) 필수 영양소로서 기능

① 하루 최소 60~100g 정도 섭취해야 한다.

② 과잉 섭취하면 지방으로 전환되어진다. 설탕, 과당은 지방으로 전환되기 쉽다.

③ 탄수화물 제한 시 허약, 피로, 탈수 현상이 나타난다.

5) 기타

① 서당, 맥아당, 포도당, 과당 등은 감미료로 쓰여진다.

② ribose, deoxyribose는 핵산, 효소, 보조 효소 성분으로 중요하다.

③ 섬유소는 변비 예방, 고지혈증, 심장병, 당뇨병 등 예방, 억제에 이용된다.

(2) 탄수화물의 소화와 흡수

1) 소화

① 입에서의 소화

- 저작작용(mastication) : 음식물 분쇄에 의해 표면적을 넓게 한다.

- 타액(saliva)은 1일 1~1.5ℓ 분비되고, 타액에는 타액 아밀라아제(salivary amylase, or
  ptyalin)가 존재한다.

- 이 효소는 전분, 글리코겐, 덱스트린 등에작용하여 maltose 단위로 가수분해한다.

② 위에서의 소화

- 위액은 99% 수분, 염산, 펩신(pepsin), 뮤신(mucin), 리파아제(lipase), 레닌(rennin) 등
  이 함유되어 있고, pH는 1.5~2.0이다. 주된 소화 효소는 pepsin과 rennin이다.

- 염산(HCl)은 위내 세균번식 방지, 위액의 산성에 의해 타액 아밀라아제 활성 소멸작용을
  한다.

- 고탄수화물 식품의 잔류 시간이 짧고, 소화 효소에 의한 분해는 없다.

③ 소장에서의 소화
- 탄수화물의 소화와 흡수가 일어나는 중요한 장소이다.
- 췌장액(pancreatic juice) : pancreatic amylase
  ㉠ 전분, 덱스트린 → 맥아당(maltose)
  ㉡ 최저 pH 7.1이고, 아밀롭신(amylopsin)이라 부른다.
- 장액(intestinal juice) : disaccharase(이당류분해 효소) 함유
  ㉠ 말타아제(maltase) : 맥아당 = 포도당+포도당
  ㉡ 수크라아제(sucrase) : 서당 = 포도당+과당
  ㉢ 락타아제(lactase) : 유당 = 갈락토오스+포도당
  ㉣ α-1,6-glucosidase : α-1,6-glycoside 결합 분해
④ 담즙
- 간장에서 생성되고, 담낭에 저장되었다가 필요 시 십이지장에 보낸다.
- 약 알칼리성(pH 7.8 정도)이고, 주된 기능은 지방의 유화와 흡수를 돕는다.

2) 흡수
① 완전히 단당류로 되면 단당류 형태로 흡수된다.
- 단당류는 점막 세포로 들어가서 세포를 통과하여 모세관벽을 지나서 문맥 순환계로 운반된다.
- 주로 glucose, fructose, mannose, galactose 등 6탄당으로 되어 있지만, 식물 중에 5탄당이 들어 있으면 그것도 흡수된다.
② 장벽(intestinal barrier)을 6탄당이 통과하는 속도는 침투압이나 장내 내용물의 농도에 관계없이 일정하다.
③ 6탄당이 5탄당보다 흡수가 빠른데 이것은 6탄당의 장내 흡수가 단순히 확산 현상에만 의한 것이 아님을 표시하며, 흡수에 앞서 효소에 의하여 인산에스테르화(phosphorylation)가 생겨서 hexose-phosphate를 생성하기 때문이다.
④ 6탄당의 종류에 따라 그들의 흡수 속도가 다르다. glucose의 흡수속도를 100이라 기준할 때,
- D-galactose : 110 정도
- D-glucose : 100 정도
- D- fructose : 43 정도
- D-mannose : 19 정도
- L-xylose : 15 정도
- L-arabinose : 9 정도
- 흡수되지 않은 단당류의 일부분은 장내 세균의 발효에 소비된다.

(3) 당질의 대사

탄수화물은 glucose, galactose, mannose 등의 단당류로 분해, 흡수되어 CO_2와 H_2O로 분해되면서 에너지를 발생한다. 이때 남는 것이 있으면 glycogen으로 저장되거나 지방질 합성에 쓰이고, 다른 형태의 탄수화물로 변화되거나 비필수아미노산 합성에 쓰이게 된다.

1) 산화작용
생리적인 요구에 따라 동물의 일반조직에서 glucose 또는 pyruvate를 경유하여 CO_2와 H_2O로 완전히 분해된다. 그러나 간 또는 지방조직(adiposetissue) 같은 곳에서는 pentose가 관여하는

반응을 거쳐 서서히 CO_2로 분해된다. 전자의 경우에는 산소가 없는 상태에서 일어나는 해당작용(glycolysis)과 산소가 있는 상태에서 일어나는 산화작용(TCA cycle)이 함께 일어나야 한다.

2) Glycogen 합성

조직과 세포에 운반된 glucose가 에너지를 발생하고 남을 때에는 간, 근육 등의 조직에서 glycogen으로 합성되어 저장되어진다. 그러나 glucose가 glycogen의 형태로 저장되어질 수 있는 양에는 생리적인 제한이 있으므로(0.5%), 많은 glycogen이 몸 안에 저장될 수 없다. 그래서 남는 대부분의 glucose는 지방산으로 합성되어 triglyceride로 몸 안에 저장된다.

3) 지방질 합성

Glycogen의 합성 능력은 생리적 제한을 받으므로 남는 glucose는 지방질의 형태로 저장된다. 한편 glucose가 필요할 때의 체지방질은 곧 glucose로 전환될 수 있다. 이러한 상호 전환에 소요되는 시간은 극히 짧으며, 많은 양의 glucose가 CO_2와 H_2O로 산화하기 전에 지방산의 형태로 전환된다.

4) 다른 탄수화물로 전환

소량의 glucose는 직접 또는 간접으로 다음과 같은 탄수화물의 합성에 쓰인다는 것이 밝혀졌다.

① 핵산합성에 필요한 ribose와 deoxyribose

② mucopolysaccharide나 glycoprotein의 구성 분자인 mannose, glucosamine, galactosamine

③ 해독작용에 필요한 glucuronic acid

④ lactose의 구성 분자인 galactose

5) 아미노산 합성

비필수아미노산의 합성은 탄수화물로부터 얻은 탄소 골격을 원료로 이루어질 수 있다.

 3. 지방

(1) 지방의 기능

① 에너지 공급 : 9kcal/g

② 에너지 저장 : 간 · 피하 지방조직

③ 필수영양소의 기능 : 필수지방산(linoleic acid, linolenic acid, arachidonic acid)

④ 신체의 구성성분 : 세포막의 구조적 성분

⑤ 체온 유지 및 중요 장기 보호작용

⑥ 생체 내 중요물질의 합성 : 콜레스테롤, 프로스타글란딘

⑦ 기타 : 풍미, 포만감을 주며 지용성 비타민의 흡수를 돕는다.

(2) 지방의 소화와 흡수

1) 지방의 소화

① 구강 · 식도 : 물리적 상태 변화

② 위 : 지방소화 시작(소량), 위 내의 gastric lipase에 의해 소화되나 그 작용은 아주 적다.

③ 소장 : 담즙에 의해 유화된 후에 효소의 작용을 받는다.

ㄱ 담즙(bile) : 황갈색 액체, pH 7.8~8.6

• 간에서 합성 → 담낭 농축저장 ↔ 분비(1일 분비량 : 100~400ml)

• 지방과 단백질 섭취 시 현저히 증가한다.

ㄴ cholecystokinin : 소장에서 분비되는 담낭 수축호르몬으로 담즙을 소장에서 배출시킨다.

ㄷ enterogestrone : 지방분해 효소의 분비속도 조절

ㄹ 지방분해 효소 : 췌장액 내 존재

• 췌장 리파아제 : 장쇄 triglyceride에 적용

• phospholipase : 식이 인지질을 가수분해한다.

• cholesterol esterase : cholesterol과 지방산으로 분해

ㅁ 최종분해 산물 : monoglyceride, 지방산, 콜레스테롤 등

2) 지방의 흡수

① 섭취량의 95% 흡수, 소장의 중하부

② 담즙과 교질입자(micells) 형성 : 소장 내에서 담즙산염과 monoglyceride, 지방산, 콜레스테롤, 인지질 등이작용하여 교질 입자 형성

③ 교질 입자상의 지방과 중·단쇄 triglyceride : 소장의 점막세포로 직접 흡수

④ 지방변(steatorrhea) : 설사 시, 췌장 질환이나 췌장관 폐쇄, 광물성 기름 섭취가 원인

(3) 지방의 대사

지방의 대사 과정은 주로 간과 저축 지방조직(adipose tissue)에서 일어나며, 서로 상호연관을 가지며작용한다. 이작용은 지방의 이동 및 산화와 지방의 합성, 저장이다.

1) 지방의 이동

lipoprotein이란 복합물로서 순환 이동한다.

2) 지방의 산화

간과 저축 지방조직에서 이루어진다.

① β산화법(oxidation) : 카복실그룹의 둘째(β) 탄소로부터 2개의 탄소를 차례로 떼어내며 여기에 CoA와 결합하여 TCA cycle로 들어가 에너지를 발생한다.

② 아세틸 CoA

• 에너지 발생(TCA cycle)   • 스테로이드 합성, 지방산 합성

• 케톤체 생성 : 아세토아세테이트, 아세톤, β−hydroxybutylate

4. 단백질

(1) 단백질의 기능

① 체성분 유지와 성장 : 모든 세포조직의 성분이고 체내의 장기나 근육, 피부와 머리카락, 뼈도 약 14%는 collagen이라는 단백질이다.

② 혈청 단백의 형성
- 혈청 알부민 : 조직에 단백질 우선적 공급
- 혈청 글로불린 : 제2 단백질 급원(α, β, γ-글로불린)
- fibrinogen : 혈액응고작용
③ 효소, 호르몬 및 glutathione의 합성
④ 에너지의 발생 : 4kcal/g
⑤ 체내 대사 과정의 조절
- 수분의 조절 : 삼투압 농도에 관여
- 산과 알칼리의 평형 : 체액 pH 7.4 유지

(2) 단백질의 소화와 흡수

1) 변성

열, 산, 염류용액, 자외선, 알코올 등에 의해 단백질이 수직선의 polypeptide 사슬로 펼쳐져 소화율을 증진시킨다.

2) 소화 단계

① 소화율 : 82% 흡수

② 구강 : 잘게 부서짐

③ 위 : pepsin에 의해 부분적 분해

④ 소장 : 아미노산으로 완전히 분해

㉠ 췌장액

- trypsinogen $\xrightarrow{\text{enterokinase}}$ trypsin

  : alanine, lysine 분해

- chymotrypsinogen $\xrightarrow{\text{trypsin}}$ chymotrypsin

  : tyrosin, phenylalanine 분해

㉡ 소장액

- carboxylpeptidase : exotype
- aminopeptidase

㉢ dipeptidase에 의해 개개 amino acid로 분해

3) 흡수 및 운반

① 위치 : 소장 상부

② 융모벽 모세혈관 → 문맥 → 간

③ 능동적 운반(active transport)과 확산(L form > D form)

④ 포도당, 단일 amino acid로 다량 함유 시 흡수 경쟁

⑤ 분해되지 않은 단백질 흡수 시 allergy 현상 발생

(3) 단백질의 대사(Protein metabolism)

1) 아미노산의 분해(oxidative degradation of amino acids)
    ① 아미노기 전이반응(transamination) : 하나의 아미노산의 아미노기가 효소의작용에 의해 아미노기가 제거되어 다른 물질로 이전되는 반응이다.
    ② 아미노산 산화의 경로(TCA cycle로 들어가는 경로)이다.
    ③ 질소 배설물의 형성 : 아미노산 분해에 의해 형성되는 NH_3의 배설 형태 → 요소(urea), NH_3, 요산(uric acid)
    ④ Urea cycle : NH_3를 간에서 독성이 없는 urea로 전환하는 경로이다.

2) 단백질의 합성(protein synthesis)
    ① 단백질 합성 과정 : 단백질 합성은 세포 내의 소포체의 표면이나 세포질 내의 ribosome에서 행해진다.
    ② 1일 합성량 : 체중 kg당 합성량은 영아가 성인보다 많다.

5. 열량대사

(1) 열량의 측정법

열의 단위로는 대칼로리(C) 또는 kilocalorie이다. 1kcal는 물 1kg을 섭씨 1도(15℃에서 16℃로) 상승시키는 데 소모되는 열량을 의미한다. 열량의 측정은 시료가 연소될 때 발생하는 열을 특별히 제작된 기계에서 칼로리(calorie)로 환산하며 이루어지는데, 이러한 측정법에는 직접법과 간접법의 2가지 방법이 있다.
    ① 직접법 : 폭발열량계(bomb calorimeter)는 식품의 열량가를 직접적으로 측정하는 방법으로 Berthelot가 고안하였고, 그 후 Atwater와 그의 공동연구자들이 더 정확하고 편리하게 개량하였다.
    ② 간접법 : Oxy calorimeter가 사용되는데, 이것은 단백질, 지방 및 탄수화물 등 유기물질이 연소할 때 소요된 산소의 양, 또는 생성된 탄산가스를 정량하여 간접적으로 환산하는 방법이다.

(2) 신체의 에너지 필요량

1) 기초대사(Basal metabolism)
    생명 유지를 위하여 무의식 중에도 여러 과정이 일어난다. 즉, 오로지 생명체의 기본 활동인 심장, 근육 활동, 체온 유지, 소변으로 배설, 기타 세포의 계속적인 대사작용이 끊임없이 계속 되어진다. 따라서 이들의 기능을 진행시켜 생명을 유지하기 위한 대사를 기초대사라 한다. 일반적으로 생명 유지에 필요한 최저의 칼로리량을 기초대사량(BMR) 또는 기초대사라 한다.
    ① 기초대사량의 측정
       • 대사율 측정 : 호흡계수(respiratory quotient, RQ)를 바탕으로 이루어진다.

- 즉, 호흡 시에 생산된 탄산가스와 소모된 산소량의 비를 말한다.

  예 탄수화물 RQ = 1, 단백질 RQ = 0.801, 지방 RQ = 0.707

② 기초대사량 측정 조건
- 적어도 식후 12~18시간이 경과된 다음, 보통 조식 전의 공복상태에 실시하여야 한다.
- 조용히 누워있는 상태, 즉 잠에서 깨어난 후 최소 30분~1시간 동안 안정된 상태로 누워 있어야 한다.
- 마음이 평안하고 안이한 상태여야 한다.   • 체온이 정상이어야 한다.
- 실온이 약 18~20℃라야 한다.

③ 기초대사량(BMR)에 영향을 주는 조건
- 신체의 크기(체표면적) : 체표 면적이 넓을수록 피부를 통해 발산되는 열량은 커진다.
- 체구성성분(체격) : 근육조직이 잘 발달된 사람은 기초대사량이 일반인에 비해 6%나 높다.
- 성별 : 여자는 키, 연령이 같은 남자에 비해 기초대사량이 6~10%가 낮다.
- 연령 : 기초대사율은 성장 발육과 직접적인 관계가 있기 때문에 생후부터 상승하여 2세에 최고가 되며, 20세까지 점차 감소하고 그 후는 감소가 아주 적다.
- 기후 : 열대지방의 주민의 BMR을 보면 한대지방의 주민보다 낮은 수치를 소유하고 있다. 기온이 높은 여름에는 겨울보다 낮다.
- 내분비선 : 갑상선 호르몬인 thyroxine의 분비가 저하되면 정상 BMR의 30~50%가 감퇴되고, 반면 thyroxine 분비가 항진되면 BMR은 평상시의 2배나 그 이상 증진된다.
- 영양상태 : 영양상태가 불량하거나, 기아상태에 처해 있는 사람들의 BMR은 정상인의 BMR에 비해 50%나 낮다.
- 체온 : 체온이 36.5℃ 이상에서 매 1℃씩 상승할 때마다 약 12.6%씩 증가한다.
- 수면 : 수면을 취하고 있는 동안은 깨어 있을 때에 비해 BMR이 10~15%가 낮다는 보고가 있다.

2) 활동대사

신체 활동의 에너지, 즉 활동대사는 에너지 소비량을 결정하는 데 중요한 인자가 된다. 여기서 활동이란 노동뿐만 아니라 가사노동, 여가 이용에 따른 동작 등 거의 모든 활동이 포함된다.

보통의 노동을 하는 남녀의 1일 활동대사량은 하루에 소요되는 총열량 중 기초대사 다음으로 열량 소모가 크다. 신체 활동으로 인해 발생되는 에너지는 3가지 요인, 즉 운동량, 노동의 정도, 개인의 체위이다.

3) 특이동적작용(specific dynamic action of food, SDA)

음식물 섭취 후에 대사가 항진되어 대사량의 특이적 증가를 특이동적작용(SDA)이라 한다. 식사의 경우 SDA에 의한 대사량 증가는 섭취 에너지의 7~8% 정도이다. 단백질, 지방, 당질 중에서 단백질 섭취에 의한 영향이 제일 크고, 지방질 섭취의 영향이 가장 작다. 이들의 영양소를 혼합하여 섭취할 때 발생되는 열은 단독으로 섭취할 때 발생되는 열의 합계보다 작다. 대사가 증가되는 것은 소화 흡수와 세포 내 대사의 증가가 원인인 것으로 생각된다.

해설

001 결합수의 특징
- 용질에 대하여 용매로작용하지 않는다.
- 100℃ 이상으로 가열하여도 제거되지 않는다.
- 0℃보다 낮은 온도(-20~-30℃)에서도 얼지 않는다.
- 보통의 물보다 밀도도 크다.
- 미생물 번식과 발아에 이용되지 못한다.

002 유리수의 특징
- 식품을 건조시키면 쉽게 제거된다.
- 미생물 번식에 이용된다.
- 0℃ 이하에서 잘 얼게 되는 보통 형태의 물을 말한다.
- 식품 중에서 당류, 염류, 수용성 단백질 등을 용해하는 용매로서 작용한다.

003 2번 해설 참조

004 수분활성도(water activity, Aw)
- 어떤 임의의 온도에서 식품이 나타내는 수증기압(Ps)에 대한 그 온도에 있어서의 순수한 물의 최대 수증기압(Po)의 비로써 정의한다.

$$A_w = \frac{P_s}{P_o} = \frac{N_w}{N_w + N_s}$$

P_s : 식품 속의 수증기압
P_o : 동일 온도에서의 순수한 물의 수증기압
N_w : 물의 몰(mole) 수
N_s : 용질의 몰(mole) 수

※ 식품 중의 수분은 주위의 환경 조건에 따라 항상 변동하고 있으므로 식품의 함수량을 %로 표시하지 않고 대기 중의 상대습도까지 고려한 수분활성도로써 표시한다.

005

$$A_w = \frac{P_s}{P_o} = \frac{N_w}{N_w + N_s}$$

$$= \frac{\dfrac{30}{18}}{\dfrac{30}{18} + \dfrac{20}{342}}$$

$$= \frac{1.667}{1.667 + 0.058} = 0.97$$

A_w : 수분활성도 N_w : 물의 몰수
N_s : 용질의 몰수

🍉 식품의 일반성분

001 결합수의 설명 중 옳지 않은 사항은?

① 용질에 대해 용매로서작용하지 않는다.
② 0℃에서는 물론 그보다 낮은 온도(-20~-30℃)에서도 잘 얼지 않는다.
③ 보통의 물보다 밀도가 크다.
④ 미생물 번식과 발아에 이용된다.

002 유리수에 관한 설명 중 옳은 것은?

① 탄수화물이나 단백질 분자의 일부분을 형성하는 물
② 미생물의 번식과 발아에 이용되지 못하는 물
③ 0℃ 이하에서도 잘 얼지 않는 물
④ 식품을 건조시키면 쉽게 제거되는 물

003 녹말, 설탕 속에 용해되어 있는 물의 형태는?

① 유리수   ② 결정수
③ 동결수   ④ 결합수

004 수분활성도(A_w)에 관한 설명 중 옳은 것은?

① 미생물이 활발히 번식할 수 있는 수분함량을 표시한 것이다.
② 순수한 물의 수증기압을 그 온도에서 식품이 나타내는 수증기압으로 나눈 것이다.
③ 식품 속에 함수량을 %로 표시한 것이다.
④ 식품이 나타내는 수증기압을 그 온도에서 순수한 물의 최대 수증기압으로 나눈 것이다.

005 30%의 수분과 20%의 설탕(sucrose)을 함유하고 있는 어떤 식품의 수분활성도(Aw)는? (단, 분자량은 H_2O : 18, $C_6H_{12}O_6$: 342 이다.)

① 약 0.98   ② 약 0.97
③ 약 0.82   ④ 약 0.76

ANSWER

001 ④   002 ④   003 ①   004 ④
005 ②

006 건조품에 있어서 표면 경화가 일어나는 이유는?

① 항률 건조 때 일어난다.
② 건조 온도가 너무 높기 때문이다.
③ 내부 수분의 확산보다 표면 증발이 빠르기 때문이다.
④ 내부 수분의 확산이 최대일 때 일어난다.

007 미생물에 의한 식품의 변패를 막을 수 있는 수분활성의 최대 한계는?

① 0.1   ② 0.4
③ 0.6   ④ 0.8

008 보통 식품에서 수분활성도(A_w)의 범위는?

① $A_w > 1$ ② $A_w < 1$
③ $A_w = 0$ ④ $A_w = 1$

009 수분활성도(A_w)가 가장 낮은 것은?

① 신선한 어패류   ② 염장멸치
③ 어육소시지   ④ 베이컨

010 식품에 존재하는 수분에 대한 설명 중 틀린 것은?

① 식품의 저장성과 밀접한 관계가 있다.
② 식품의 화학적 변화에 커다란 영향을 준다.
③ 식품의 조직이나 관능적 성질에는 크게 영향을 미치지 않는다.
④ 수분과 같은 성질을 지닌 물질을 극성물질이라고 한다.

011 등온흡습곡선에 대한 다음 설명 중 틀린 것은 어느 것인가?

① 등온흡습곡선은 식품의 건조과정 중에 매우 중요한 척도로 사용된다.
② 등온흡습곡선과 식품의 포장 조건 설정과는 특별한 관련이 없다.
③ 등온흡습곡선의 측정은 식품가공제품의 안정성을 산출하는 데 있어서 필수적이다.
④ 등온흡습곡선은 같은 식품이라고 하여도 측정방법 등에 따라 달라진다.

---

006 표면 경화
· 표면 증발에 비하여 내부 확산이 빠르면 건조속도는 표면 증발의 속도로써 결정되고, 반대로 표면 증발에 비하여 내부 확산이 느리면 내부 확산의 속도에 의하여 결정된다.
· 즉 두께가 두껍고 내부 확산이 느린 식품은 건조하면 표면이 과도하게 건조되는 겉마름 현상이 일어난다.

007
· 대부분의 효모의 경우, 성장이 가능한 수분활성의 범위도 0.88~0.900이다.
· 삼투압이 일어나 세포의 탈수 현상으로 정상적인 생육을 할 수 없다. 그러므로 미생물에 의한 식품의 변패를 막을 수 있는 A_w의 최대한계가 0.80이다.

008 일정온도에서 식품의 수증기압보다 순수한 물의 수증기압이 더 크기 때문에 보통 식품에서 수분활성도의 값은 1 미만이다. A_w의 값이 클수록 미생물이 이용하기 쉽다.
· 수분이 많은 어패류 : A_w 0.98~0.99
· 수분이 적은 건조식품인 곡물 : A_w 0.60~0.64 정도
· 완전 건조식품 : A_w 0

009
· 염장멸치 : A_w 0.6 이하
· 어육소시지, 베이컨 : 0.9 이상
· 신선한 어패류 : 0.98~0.99

010 식품의 수분
· 공유된 전자쌍이 어느 한 쪽의 원자로 치우쳐 있어 극성물질이다.
· 식품의 화학적, 물리적, 미생물학적 변화에 커다란 영향을 주고, 이는 식품의 안전성과 직결된다.
· 수분함량은 식품의 조직, 관능적 성질에 크게 영향을 미친다.

011 식품의 등온흡습곡선
· 측정방법, 식품의 화학적인 조성, 측정온도, 측정시간 등에 따라 그 모양이 달라지며, 건조 공정에서 필요한 건조 조건의 설정, 건조의 최적 단계설정 등의 건조 조건을 확립하는 데 필수적인 것이다.
· 등온흡·탈습곡선은 식품의 저장 및 포장 조건을 설계하는 데에도 중요한 요소로작용하고, 식품을 변패시키지 않고 안전하게 저장할 수 있는 최대의 수분함량 결정 등에 널리 이용된다.

왼쪽 해설란

012 등온흡습곡선
- 단분자층 영역, 다분자층 영역, 모세관 응고 영역으로 나누어진다.
  - 단분자층 영역은 식품성분 중의 carboxyl기나 amino기와 같은 이온그룹과 강한 이온결합을 하는 영역으로 식품 속의 물 분자가 결합수로 존재한다(흡착열이 매우 크다).
  - 다분자층 영역은 식품의 안정성에 가장 좋은 영역이다. 최적 수분함량을 나타낸다. 수분은 결합수로 주로 존재하나 수소결합에 의하여 결합되어 있다.
  - 모세관응고 영역은 식품의 모세관에 수분이 자유로이 응결되며 식품성분에 대해 용매로서작용하며 따라서 화학, 효소 반응들이 촉진되고 미생물의 증식도 일어날 수 있다. 물은 주로 자유수로 존재한다.

013 Lactose는 glucose와 galactose가 결합한 2당류이다.

014 과당(fructose)
- ketone기($-C=O-$)를 가지는 ketose이다.
- 천연산의 것은 D형이며 좌선성이다.

015 단당류의 화학적 성질
- 감미가 있는 백색 결정성이다.
- 물에 잘 녹고, methanol, ethanol, acetone 등에 난용이고, ether chloroform, benzene 등에는 불용이다.

016 $[\alpha]_D^t = \dfrac{100 \times \alpha}{L \times C}$

t : 시료온도(℃)
D : 나트륨의 D선(편광)
α : 측정한 선광도
L : 관의 길이(dm. 10cm)
C : 농도(g/100㎖)

$[\alpha]_D^{20} = \dfrac{100 \times 0.527}{1 \times 1} = +52.7°$

017
- 2당류 : Lactose와 sucrose 등
- 3당류 : raffinose(galactose-glucose-fructose), gentianose 등
- 4당류 : stachyose

018 5탄당
- 강한 환원력을 가지나 발효되지 않고 사람에게는 거의 이용되지 않는 당이다.
- arabinose, xylose, ribose, rhamnose 등이 있다.
※ 과당(fructose)은 ketone기($-C=O-$)를 가지는 ketose로서 6탄당이다.

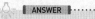

ANSWER

012 ③　013 ②　014 ①　015 ③
016 ③　017 ③　018 ④

오른쪽 문제란

012 등온흡습곡선에 있어서 식품의 안정성이 가장 좋은 영역은?

① 대기수분 영역
② 단분자층 영역
③ 다분자층 영역
④ 모세관응고 영역

013 다음 중 단당류가 아닌 것은?

① mannose
② lactose
③ fructose
④ galactose

014 Fructose의 특징은?

① $-C=O-$
② $-CHO-$
③ $-COOH-$
④ $-NH_2$

015 단당류의 일반적인 화학적 성질이 아닌 것은 어느 것인가?

① 무색의 결정을 형성하고 있다.
② 산과 에스테르를 형성하고 있다.
③ 알코올에 잘 녹는다.
④ 선광성이 있다.

016 1㎖당 10mg을 함유하는 포도당 용액이 20℃에서 1dm 길이의 편광계 관에서 +0.527°의 회전을 보였다면 선광도는 얼마인가?

① $+19.2°$
② $+77°$
③ $+52.7°$
④ $+17.5°$

017 다음 중 3당류(trisaccharide)에 속하는 당은 어느 것인가?

① lactose
② sucrose
③ raffinose
④ stachyose

018 5탄당이 아닌 것은?

① 람노오스(rhamnose)
② 자일로오스(xylose)
③ 아라비노오스(arabinose)
④ 프락토오스(fructose)

019 단순 다당류에 속하지 않는 것은?

① cellulose   ② pectin

③ inulin   ④ starch

020 가수분해하면 포도당이 생성되지 않는 당은?

① 셀룰로오스   ② 글리코겐

③ 이눌린   ④ 전분

021 복합다당류에 속하지 않는 것은?

① hemicellulose   ② alginic acid

③ agar−agar   ④ cellulose

022 다음 당 중에서 inulin을 구성하는 단당류는 무엇인가?

① ribose   ② galactose

③ fructose   ④ glucose

023 당류의 맛 중에 옳지 않는 것은?

① glucose 단맛 α : β = 3 : 2

② fructose 단맛 α : β = 1 : 3

③ mannose 단맛 α=단맛, β=쓴맛

④ maltose β형이 단맛이 있다.

024 핵산의 구성성분이고 보효소 성분으로 되어 있으며 생리상 중요한 당은?

① maltose   ② ribose

③ fructose   ④ glucose

025 비타민의 일종이며, 근육당이라고 불리는 당은 다음 중 어느 것인가?

① mannitol   ② sorbitol

③ inositol   ④ ribitol

026 포도당(glucose)이 환원되어 생성된 당알코올은?

① 만니톨(mannitol)   ② 솔비톨(sorbitol)

③ 이노시톨(inositol)   ④ 리비톨(ribitol)

---

019 다당류
- 단순 다당류 : 구성당이 단일 종류의 단당류로만 이루어진 다당류
  - starch, dextrin, inulin, cellulose, mannan, galactan, xylan, araban, glycogen, chitin 등
- 복합 다당류 : 다른 종류로 구성된 다당류
  - glucomannan, hemicellulose, pectin substance, hyaluronic acid, chondrotinsulfate, heparin gum arabic, gum karaya, 한천, alginic acid, carrageenan 등

020 구성당
- 셀룰로오스, 전분, 글리코겐은 가수분해하면 포도당이 생성된다.
- 이눌린은 프락토오스로 구성된 다당류(polysaccharide)이다.

021 복합 다당류
- hemicellulose, pectin질, natural gums, alginic acid, agar−agar, carrageenan 등이 있다.
  - alginic acid는 미역, 다시마 등의 갈조류의 세포막을 구성하고 있는 복합다당류이다.
  - agar−agar는 홍조류에서 얻어지는 복합다당류이다.

022 이눌린(inulin)
- 돼지감자의 주 탄수화물이다.
- 20~30개의 D−fructose가 1, 2결합으로 이루어진 다당류이다.

023 맥아당(maltose)의 단맛
- 설탕이나 포도당보다 낮다.
- α형이 β형보다 단맛이 약간 강하다.
- 맥아당의 수용액을 가열하면 α형이 증가되어 단맛이 강해진다.

024 Ribose
- 세포질에 들어 있는 리보핵산, 비타민 B_2, ATP, NAD 및 CoA 등 생리적으로 중요한 물질의 구성성분이다.
- 환원당이면서 발효는 안 된다.

025 Inositol
- 비타민의 일종이며, 근육당이라고 불린다.
- 과실류, 식물조직, 동물의 근육조직에 존재하는 환상 당알코올이다.

026 당알코올(sugar alcohol)
- 당의 carbonyl기가 H_2 등으로 환원되어 −CH_2OH로 된 것이다.
- 솔비톨은 glucose가 환원된 형으로 일부 과실에 1~2%, 홍조류 13% 함유, 수분조절제, 비타민 C의 원료, 당뇨병 환자의 감미료, 식이성 감미료, 비타민 B_2의 구성성분이다.

❚ ANSWER ❚

019 ②   020 ③   021 ④   022 ③
023 ④   024 ②   025 ③   026 ②

027 Cellulose의 화학구조
- β-D-glucose가 β-1,4 결합을 한 것이다.
- β-glucose가 2800~10,000개가 중합되어 있는 다당류이다.
- 직쇄상의 구조를 이루고 있고 식물세포막의 구성성분이다.
- 가수분해되면 glucose를 생성한다.

028 27번 해설 참조

029 전화당(invert sugar)
- 설탕은 묽은산, 알칼리, 또는 효소 invertase의 작용에 의해서 포도당과 과당으로 가수분해된다.
- 이때 설탕의 선광성은 우선성이 좌선성으로 반전되기 때문에 이 설탕의 가수분해 과정을 전화(inversion)라고 한다.
- 형성된 포도당과 과당의 혼합물을 전화당(invet suger)이라 한다.

030 단맛의 상대적 감미도는 10%의 설탕 용액을 100으로 기준해서 측정한다.

031 Sucrose를 단맛의 표준물질로 하는 이유
- Sucrose는 semiacetal성 OH기가 없는 비환원당으로서 변선광을 일으키지 않는다.
- α, β 이성체가 없으며, 물에 녹이거나 가열하여도 단맛에 변화가 없기 때문에 감미도의 표준물질로 사용된다.

032 전화당(invert sugar)
- 자당은 우선성인데 산이나 효소(invertase)에 의해 가수분해되면, glucose와 fructose의 등량혼합물이 되고 좌선성으로 변한다.
- 이것은 fructose의 좌선성이 glucose의 우선성([α] D는 -92°)보다 크기 때문이며, 이와 같이 선광성이 변하는 것을 전화라 하고, 생성된 당을 전화당이라 한다.

---

027 Cellulose를 가수분해하면 무엇이 생기는가?

① 과당
② 자당
③ 포도당
④ 전분

028 Cellulose의 화학구조는?

① α-1,4 결합의 나선구조
② β-1,4 결합의 직쇄구조
③ α-1,6 결합의 복합구조
④ β-1,4 결합의 분자구조

029 설탕을 가수분해하면 포도당과 과당이 생성되는데, 이 혼합물을 무엇이라 하는가?

① 환원당
② 호정
③ 맥아당
④ 전화당

030 단맛의 상대적 감미도는?

① 20%의 설탕 용액을 100으로 기준
② 20%의 포도당 용액을 100으로 기준
③ 10%의 설탕 용액을 100으로 기준
④ 10%의 포도당 용액을 100으로 기준

031 Sucrose를 단맛의 표준물질로 하는 이유는?

① 환원성 기가 없기 때문이다.
② 변선광을 일으키기 때문이다.
③ 용해성이 강하기 때문이다.
④ 과당과 포도당의 함유비가 같기 때문이다.

032 전화당의 설명 중 옳지 않은 것은?

① 선광성이 변하여 좌선성을 나타낸다.
② 포도당과 과당의 등량혼합물이다.
③ 반응에 관여하는 효소는 invertase이다.
④ 용해도와 단맛이 감소한다.

ANSWER

027 ③   028 ②   029 ④   030 ③
031 ①   032 ④

033 설탕의 성질에 관한 설명이 아닌 것은?

① Fehling 용액을 환원하는 능력이 없다.
② 효모에 의하여 쉽게 발효된다.
③ 이성화(mutarotation) 된다.
④ carboxyl 시약과 반응하여 hydrazone을 형성하지 않는다.

034 동물성 저장 탄수화물로서 간, 근육 속에 저장되는 동물 녹말은?

① glycose   ② glycogen
③ galactose   ④ galactan

035 Starch의 α-1,6 결합에만작용하는 효소는?

① α-amylase
② β-amylase
③ glucoamylase
④ isoamylase

036 전분 입자의 크기가 가장 큰 것은?

① 감자   ② 밀
③ 고구마   ④ 보리

037 전분의 축적이 시작되는 곳은?

① plastid 내부   ② chloroplast
③ leucoplast   ④ vacuole

038 전분의 가수분해 과정은?

① starch → oligosaccharide → glucose → maltose → dextrin
② starch → dextrin → oligosaccharide → maltose → glucose
③ starch → oligosaccharide → maltose → dextrin → glucose
④ starch → maltose → dextrin → glucose → oligosaccharide

039 아밀로오스와 아밀로펙틴의 성질 차이
- 아밀로오스는 아밀로펙틴보다 분자량이 적고, 노화나 호화되기 쉽고 용해되기 쉽다.
- 옥도 반응은 amylose는 청색, amylopectin은 적갈색 반응을 나타낸다.

040 전분의 호화에 영향을 미치는 요인
- 전분의 종류, 온도, 수분, pH, 염류, amylose와 amylopectin 함량 등이다.

041 아밀로오스(amylose)
- 입체 구조상 대개 6개 정도의 당이 1회전을 하는 나선구조(helical coil)의 coil 형태를 하고 있다.
- 이 나선구조의 내부 공간에 요오드 등의 화합물이 포접(inclusion)되어 청색의 요오드 화합물을 형성한다.

042 전분(starch)
- α-D-glucose가 수백~수천 개 결합된 중합체이다.
- α-1,4 glucoside결합만으로 이루어진 amylose와 α-1,4 및 1,6 glucoside결합으로 이루어진 amylopectin으로 분류된다.

043 호화 현상
- 수분이 많을수록 잘 일어난다.
- 온도는 전분의 종류에 따라 다르나 대개 60℃ 전후이다.
- 아밀로오스는 더운 물에 녹는 sol이 되고, 아밀로펙틴은 더운 물에 녹지 않는 gel이 된다.

044 노화 방지 방법
- 수분함량을 15% 이하로 급격히 줄인다.
- 냉동법은 -20~-30℃의 냉동상태에서 수분을 15% 이하로 억제한다.
- 설탕을 첨가하여 탈수작용에 의해 유효 수분을 감소시킨다.
- 유화제를 사용하여 전분 교질 용액의 안정도를 증가시켜 노화를 억제하여 준다.

---

039 녹말의 2가지 성분 아밀로오스와 아밀로펙틴의 성질 차이에 대해 바르게 표시한 것은?

① 아밀로펙틴의 분자량이 일반적으로 더 크다.
② 아밀로펙틴이 호화작용을 더 잘 일으킨다.
③ 아밀로오스의 분자구조가 더 복잡하다.
④ 아밀로오스가 옥도 정색반응이 덜 예민하다.

040 전분의 호화에 영향을 미치는 요인이 아닌 것은?

① 온도
② 염류
③ 수분함량
④ 전분분자량

041 전분의 구성성분 중 아밀로오스(amylose)의 나선상 구조는 1회전 하는 데 몇 분자의 포도당이 필요한가?

① 4개
② 6개
③ 8개
④ 10개

042 Starch을 가수분해 했을 때 생성되는 것은?

① glucose
② fructose
③ galactose
④ lactose

043 호화 현상의 설명 중 옳지 않은 것은?

① 생전분에 물을 넣고 가열하였을 때 소화되기 쉬운 α 전분으로 되는 현상이다.
② 호화에 필요한 최저 온도는 일반적으로 60℃ 전후이다.
③ 호화된 전분의 X선 간섭도는 불명료한 V형이다.
④ 아밀로오스는 더운 물에 녹지 않은 gel이 되고, 아밀로펙틴은 더운 물에 녹는 sol이 된다.

044 호화전분의 노화를 억제하는 방법으로 옳지 않은 것은?

① 설탕을 첨가한다.
② 유화제를 첨가한다.
③ 수분을 15% 이하로 줄인다.
④ 냉장고에 보관한다.

045 전분 분자가 호화(gelatinization)될 때 일어나는 주요 변화는?

① 사슬이 절단되어 분자량이 작은 dextrin이 된다.
② 요오드에 의하여 정색반응이 일어나지 않는다.
③ 사슬 사이에 이루어졌던 수소결합이 끊어진다.
④ 수소결합을 형성하여 결정성을 갖는다.

046 α 전분의 X−선 간섭도는?

① A 도형
② B 도형
③ C 도형
④ V 도형

047 다음 설명 중 α 전분의 성질로 맞지 않는 것은 어느 것인가?

① 전분 분해 효소의 작용이 쉽다.
② 물을 급히 흡수하고 팽윤한다.
③ 아밀로오스의 미셀(micelles) 구조가 파괴된다.
④ 냉수에 녹이면 곧 호화한다.

048 α 전분이 노화되면 X−선 간섭도는?

① A 도형
② B 도형
③ C 도형
④ V 도형

049 전분의 노화 현상이란?

① β화된 전분을 실온에 두었을 때 α화된 전분으로 변하는 것을 말한다.
② α화된 전분을 실온에 두었을 때 β화되는 것을 말한다.
③ 전분을 실온에 두었을 때 α전분은 β화되고 β전분은 α전분이 되는 현상을 말한다.
④ 전분이 미생물 혹은 효소에 의해 변질된 것을 말한다.

050 다음 중에서 노화가 가장 잘 일어나는 것은 어느 것인가?

① 찰옥수수 전분
② 밀가루 전분
③ 감자 전분
④ 고구마 전분

051 다음 중 노화가 가장 잘 일어나는 수분함량은 얼마인가?

① 10% 이하
② 10~30%
③ 30~60%
④ 70~75%

---

045 호화(gelatinization)
• 전분을 물 속에서 가열하면 수소결합이 절단되어 micelles이 붕괴되고, 전분 입자가 팽윤되어 점도가 매우 큰 투명한 colloid 용액으로 된다. 이와 같은 전분 입자의 변화를 호화라고 한다.

046 호화된 colloid 용액에 C_2H_5OH를 가하면 호화된 전분 분자들은 분산된 상태로 침전되어 X선 간섭도(회절도)는 V 도형을 나타낸다.

047 α 전분의 성질
• 아밀로오스나 아밀로펙틴 분자들의 micelles가 붕괴된다.
• 온수를 가하면 급속하게 흡수하여 팽윤된다.
• 전분 분해 효소들의 작용을 받기 쉬우며 β 전분보다 소화율(digestibility)이 좋다.

048 노화된 전분의 X−선 간섭도
• α 전분이 실온에 방치될 때 원래의 규칙적인 배열로 굳어져 노화되어 β 전분으로 돌아가면 X선 간섭도는 명료하게 나타난다.
• 이 β 전분의 X선 간섭도는 전분의 종류에 관계없이 항상 B 도형의 간섭도를 나타낸다.

049 노화
• α 전분(호화전분)을 실온에 방치할 때 차차 굳어져 micelle 구조의 β 전분으로 되돌아 가는 현상을 말한다.

050 노화가 가장 잘 일어나는 것
• amylose는 선상 분자로서 입체장애가 없기 때문에 노화하기 쉽고, amylopectin은 분지상의 분자로서 입체장애 때문에 노화가 어렵다.
• amylose의 비율이 높은 전분일수록 노화가 빨리 일어나고, amylopectin 비율이 높은 전분일수록 노화되기 어렵다.
• 옥수수, 밀은 노화하기 쉽고, 고구마, 타피오카는 노화하기 어려우며, 찰옥수수 전분은 amylopection이 주성분이기 때문에 노화가 가장 어렵다.

051 노화가 가장 잘 일어나는 수분함량
• 수분함량이 30~60%일 때 노화하기 쉽고, 10% 이하에서는 거의 노화가 일어나지 않는다.
• 수분이 많으면 전분 분자의 회합이 어렵고, 건조상태에서는 분자가 고정화 상태가 되어 잘 일어나지 않는다.

◆▌ ANSWER ▐◆ ·······················

045 ③ 046 ④ 047 ④ 048 ②
049 ② 050 ② 051 ③

052 아밀로오스 구조
- amylose의 결합상태는 420~980개의 glucose가 α-1,4 결합(maltose 결합양식)이고, 분자량은 7만~16만 정도이다.
- Amylopectin은 glucose α-1,4 결합의 사슬에 α-1,6 결합(isomaltose 결합양식)을 가지고 있다.

053 요오드 반응
- amylose는 요오드와 포접화합물을 형성하며 요오드의 정색반응에 의해서 짙은 청색을 나타낸다.
- amylopectin은 요오드와 포접화합물을 형성하지 않으며 정색반응은 자색이다.

054 β-amylase가 작용하는 곳
- 전분이나 글리코겐에 작용해서 비환원성 말단에서 맥아당 단위로 α-1,4 결합을 절단하여 β형인 맥아당을 생성한다.

055 펙틴(Pectin)
- 펙틴질(pectin substance)이라 불리우는 넓은 범위에 속하는 물질 중에 하나이다.
- pectin은 분자 내의 여러 carboxyl기의 일부가 methyl ester, 또는 염의 형태로 되어 있는 친수성의 polygalacturonic acid로서 교질성을 갖고 있다.
- 적당한 양의 당과 산이 존재할 때 gel을 형성할 수 있는 물질들에 대한 일반명이라 정의되고 있다.

056 Protopectin
- 비수용성이다.
- 미숙한 식물조직에 함량이 많다가 성숙도에 따라 효소 protopectinase에 의하여 가수분해되면, pectin으로 변한다.

057 펙틴(Pectin)
- 분자 속의 유기산의 일부가 methyl ester로 되어 있는 polyga lacturonic acid이다.
- 가수분해 하면 galacturonic acid가 가장 많이 생성되고, xylose, galactose, arabinose, acetic acid 등이 생성된다.

---

052 아밀로오스 구조의 결합 형태는?

① β-1,6 결합   ② β-1,4 결합
③ α-1,6 결합   ④ α-1,4 결합

053 다음 중 요오드와 포접화합물을 형성하는 당은 어느 것인가?

① inulin   ② amylose
③ glycogen   ④ amylopectin

054 β-amylase가 작용하는 것은?

① α-1,4-glycoside 결합
② β-1,4-glycoside 결합
③ α-1,6-glycoside 결합
④ β-1,6-glycoside 결합

055 Pectin의 설명 중 옳지 않은 것은?

① 적당량의 당과 산이 존재할 때 gel을 형성할 수 있는 물질이다.
② carboxyl기의 일부가 methyl ester되어 있는 친수성 polygalacturonic acid이다.
③ 펙틴질(pectin substance)로 불리는 넓은 범위에 속하는 물질 중의 하나이다.
④ hexose, pentose, uronic acid 등이 결합한 복합다당류이다.

056 미숙과에 다량 함유된 protopectin은 과실이 익어감에 따라 무엇으로 되는가?

① pectin   ② protopectase
③ pectase   ④ pectinase

057 Pectin을 가수분해 했을 때 가장 많이 생성되는 것은?

① arabinose
② galactose
③ galacturonic acid
④ acetic acid

ANSWER
052 ④   053 ②   054 ①   055 ④
056 ①   057 ③

058 다음 중 아밀로펙틴(amylopectin)만으로 된 식품은?

① 단옥수수 전분　② 찹쌀 전분
③ 멥쌀 전분　④ 밀 전분

059 다음 중에서 아밀로펙틴에 대하여 잘못 말한 것은 어느 것인가?

① 포도당이 α-1,4 결합과 α-1,6 결합으로 결합되어 있다.
② 마치 큰 나무와 같은 구조를 하고 있다.
③ 아밀로오스보다 분자가 크고 복잡하다.
④ 포도당이 α-1,6 결합으로만 되어 있다.

060 잼을 만들 때 반드시 필요한 성분은?

① 탄닌(tannin)　② 펙틴(pectin)
③ 전분(starch)　④ 셀룰로오스(cellulose)

061 Amylose와 amylopectin의 설명 중 틀린 것은 어느 것인가?

① amylose의 요오드 반응은 청색이나 amylopectin은 적자색이다.
② amylose의 X선 분석은 고도의 결정성이나 amylopectin은 무정형이다.
③ amylose는 물에 녹기 쉬우나 amylopectin은 거의 녹지 않는다.
④ amylose는 수용액에서 안정하나 amylopectin은 노화되기 쉽다.

062 청색값(blue value)이 7인 아밀로펙틴에 β-amylase를 반응시키면 청색값은 어떻게 변화하는가?

① 낮아진다.
② 높아진다.
③ 그대로 유지된다.
④ 순간적으로 높아졌다가 시간이 지나면 다시 7로 돌아간다.

063 쌀, 찰옥수수 등을 제외한 일반 곡류에서 amylose와 amylopectin의 일반적인 비율은? (단, amylose : amylopectin으로 표시)

① 60 : 40　② 25 : 75
③ 40 : 60　④ 75 : 25

---

058 곡류에서 얻는 전분은 amylose와 amylopectin의 성분으로 되어 있는데 곡류의 아밀로오스 함량은 보통 쌀 전분 14~17%, 밀 19~25%, 옥수수 23~28%, 감자 20~22%이다. 한편, 찹쌀, 찰보리, 찰옥수수 등은 아밀로펙틴의 함량이 96% 내지 100% 정도이다.

059 아밀로펙틴
• 가지가 많은 나무와 같이 다수의 α-glucose 분자들이 분지상으로 연결된 전분이다.
• Glucose가 α-1,4 결합과 α-1,6 결합으로 되어 있다.

060 펙틴(pectin)
• 덜 익은 과일에서는 불용성 protopectin으로 존재하나 익어감에 따라 효소작용에 의해 가용성 펙틴으로 변화한다.
• 과즙, 젤리, 잼 등의 주성분으로 젤리화 3요소의 하나이다.

061 amylose는 젤라틴화를 쉽게 일으키나 아밀로펙틴은 쉽게 젤라틴화 되지 않는다. 즉 교질화된 전분의 분산액에서 전분 분자들이 부분적으로나마 결정화되는 과정을 노화라고 부르는데, amylopectin은 노화되는 성질을 갖고 있지 않다.

062 청색값(blue value)
• 전분입자의 구성성분과 요오드와의 친화성을 나타낸 값으로 전분 분자 중에 존재하는 직쇄상 분자인 amylose의 양을 상대적으로 비교한 값이다.
• 일반적으로 amylose의 blue value는 0.8~1.2이고 amylopectin의 blue value는 0.15~0.22이다.
• β-amylase를 반응시켜 분해시키면 청색 값은 낮아진다.

063 amylose와 amylopectin의 비율
• 전분의 종류에 따라 다르다.
• 일반 곡류에서의 비율은 25 : 75 이고, 찹쌀은 0 : 100, 찰옥수수는 0~6 : 100~94, 찰보리는 3 : 97 정도이다.

ANSWER

058 ②　059 ④　060 ②　061 ④
062 ①　063 ②

064 해조류에서 다량 추출되는 당
• fucose, galactose, uronic acid 등이다.
※ fructose(과당)은 여러 과실 또는 과즙, 벌꿀 등에 다량 존재한다.

065 해초에서 추출되는 검(gum)질
• 한천(agar) : 홍조류와 녹조류에서 추출한 고무질로서 cellulose함량은 비교적 낮으나 각종 다당류의 함량은 높다.
• 알긴산(alginic acid) : 미역, 다시마 등의 갈조류의 세포막 구성성분으로 존재하는 다당류이다.
• 카라기난(carrageenan) : 홍조류에 속하는 해조류의 추출물로서 우수한 gel 형성제, 점착제, 안정제 등으로 사용되고 있다.
※ 리그닌(lignin) : 셀룰로오스 및 헤미셀룰로오스와 함께 목재의 실질(實質)을 이루고 있는 성분이다. 리그닌(lignin)은 세포벽에 많이 들어 있다.

066 이눌린(Inulin)
• β-D-fructofuranose가 β-1,2결합으로 이루어진 중합체로 대표적인 fructan이다.
• 다알리아 뿌리, 우엉, 돼지감자 등에 저장물질로 함유되어 있다.
• 산이나 효소 inulase에 의하여 가수분해되어 fructose로 된다.
• 인체 내에서는 가수분해되지 않아 흡수되지 않기 때문에 저칼로리 감미료로 주목받고 있다.

067 Chitosan
• 바다가재, 게, 새우 등 갑각류와 곤충류의 껍질을 구성하는 chitin으로부터 생산된다.
• 최근 균체의 세포벽에 chitosan 성분을 다량 함유하는 미생물을 대량으로 배양하여 chitosan의 생산을 시도하고 있다.
• glucosamine의 중합체로 분자구조 중의 amime기가 양이온을 띠기 때문에 효소 및 균체의 고정화제, 금속이온의 착화합물제, 점도 조절제, 접착제, 응집제 등의 공업용 용도로 많이 이용되어 왔다.
• 최근에는 chitosan의 분해산물인 chitosan oligomer의 항균활성, 항암성, 면역부활성, 콜레스테롤 저하기능 등의 효과가 알려지고 있다.

064 해조류의 탄수화물 성분이 아닌 것은?

① fructose
② galactose
③ fucose
④ uronic acid

065 다음 중 해초에서 추출되는 검(gum)질이 아닌 것은?

① 알긴산(alginic acid)
② 한천(agar)
③ 리그닌(lignin)
④ 카라기난(carrageenan)

066 돼지감자에 많이 함유되어 있는 성분으로 인체 내 효소에 의하여 가수분해되지 않기 때문에 저칼로리 효과를 기대할 수 있는 성분은?

① 갈락탄(galactan)
② 잘라핀(jalapin)
③ 이눌린(inulin)
④ 카라기난(carrageenan)

067 Chitosan에 대한 다음 설명 중 틀린 것은?

① galactosamine의 중합체이다.
② 갑각류(새우, 게)의 딱딱한 껍질을 구성하는 다당류인 chitin으로부터 생산된다.
③ 세포벽에 chitosan 성분을 다량 함유하는 미생물을 대량으로 배양하여 chitosan을 생산할 수도 있다.
④ 금속 이온의 착화합물제, 점도조절제 등의 공업용 용도뿐만 아니라 의학분야, 화장품(향미 부여), 기능성 식품, 농업용 등으로 그 이용이 날로 증가하고 있다.

068 난소화성 다당류에 대한 설명 중 틀린 것은?

① chitin, cellulose, mannan은 난소화성 다당류이다.
② 난소화성 다당류는 여러 가지 물리화학적 특성을 지니기 때문에 생체 내에서 정장작용 등의 여러 가지 생리작용에 관여한다.
③ 난소화성 다당류는 그들의 물리, 화학적 특성으로 식품 이외의 의약품, 화장품, 페인트 등의 다른 용도로도 이용이 가능하다.
④ 난소화성 다당류는 식물성 식품에만 존재한다.

069 바다가재, 새우 등의 겉껍질을 구성하고 있는 키틴(chitin)의 단위 성분은?

① 2-N-acetyl galactosamine
② Polygalacturonic acid
③ Galacturonic acid
④ 2-N-acetyl glucosamine

070 식이섬유에 대한 설명 중 옳지 않은 것은?

① 식이섬유에는 펙틴(pectin), 리그닌(lignin), 셀룰로오스(cellulose), 키틴(chitin) 등이 포함된다.
② 리그닌과 대부분의 셀룰로오스는 발효되지 않고 변으로 배설되기 때문에 식사 중에 식이섬유의 양이 증가하면 변의 양도 증가한다.
③ 식이섬유는 일반적으로 Ca^{++}, Zn^{++} 등의 중요한 무기물뿐만 아니라 Cd^{++}, Hg^{++} 등의 독성 무기물과도 결합하여 흡수를 저해한다.
④ 식이섬유는 여러 가지 건강증진 효과를 지니기 때문에 많이 섭취해도 건강에 좋다.

071 Cyclodextrin에 대한 다음 설명 중 틀린 것은?

① 6~8개의 포도당이 β-1,4 결합으로 연결된 환상결합을 하고 있다.
② cyclodextrin의 내부는 소수성을 지니는 반면, 외부는 친수성을 띤다.
③ 식품의 색이나 향을 안정화시키는 데에 이용된다.
④ cyclodextrin의 포접 능력은 중합체(polymer)보다 단위체(monomer)에서 더욱 높게 나타난다.

072 젖당의 설명 중 틀린 것은?

① 장 속의 유해 균의 번식을 억제한다.
② 뇌, 신경조직에 존재한다.
③ 포도당과 갈락토오스로 된 이당류이다.
④ α형이 β형보다 단맛이 강하다.

068 난소화성 다당류
• 동식물에 널리 존재하며 체내에서 소화 흡수되지 않는 다당류를 말한다.
• 이들은 보수력, 유기화합물의 흡착력 등의 여러 가지 물리, 화학적 특성을 지니기 때문에 생체 내에서 정장작용 등의 여러 가지 생리작용에 관여한다.
• 식품 이외에 의약품, 화장품, 페인트 등의 다른 용도로도 이용이 가능하다.

069 키틴(chitin)
• 갑각류의 구조형성 다당류로서 바다가재, 게, 새우 등의 갑각류와 곤충류 껍질층에 포함되어 있다.
• 키틴은 N-acetyl glucosamine들이 β-1,4 glucoside 결합으로 연결된 고분자의 다당류로서 영양성분은 아닌 물질이다.

070 식이섬유는 여러 가지 건강증진 효과를 지니고 있지만 너무 많이 섭취하면 물에 녹지 않는 불용성 섬유질일 경우 칼슘, 철분, 아연 등 무기질의 흡수를 방해하므로 좋지 않다.

071 cyclodextrin
• 6~8개의 포도당이 β-1,4 결합된 비환원성 maltoligo 당으로 환상결합을 하고 있다.
• 내부는 소수성을 띠고 외부는 친수성을 지님으로써 다양한 물질들을 내부에 포접하는 기능을 가지고 있다.
• cyclodextrin의 포접 능력은 식품 및 의약품 산업에 다양하게 이용되고 있다.

072 유당(lactose)
• 이당류이며 포유동물의 젖에만 존재한다.
• 뇌, 신경조직에 존재하며 장 속의 유해 균의 번식을 억제한다.
• β형이 α형 보다 단맛이 강하다.
• 보통 효모에 의해 발효되지 않는다.

ANSWER
069 ④   070 ④   071 ④   072 ④

073 당류의 감미도
· 설탕(sucrose)의 감미를 100으로 기준하여, 과당 150, 포도당 70, 맥아당 50, 젖당 20의 순이다.

074 카라멜화에 의한 갈색화 반응
· 당 함량이 큰 식품들의 가열, 가공 중에 흔히 더 일어난다.
· 전화당액, 벌꿀 등은 fructose가 들어 있어 caramel화가 쉽고, glucose는 비교적 어렵다.

075 α-D-xylose
· xylan의 주요 구성성분이며 볏짚, 밀짚, 옥수수 등에 그 함량이 높다.
· 융점은 145℃이며, 감미도는 설탕의 60% 정도이고, 효모에 의해서 발효되지 않는 당이다.

076 자일리톨(xylitol)
· 알코올계의 당으로 설탕 대용품이나 치아 관리용품에 이용되는 물질이다.
· 단맛은 자당(sucrose)과 같은 정도이지만 칼로리는 자당의 40% 정도이다.
· 자당과 달리 충치균이 분해할 수 없기 때문에 치아를 보호하는 데에 도움을 준다.

077 amino-sugar(아미노당)
· 당분자 내 amino기를 갖는 것으로 당질의 C_2의 -OH가 amino산으로 치환된 것인데, 천연에서는 hexosamine이 중요하다.
· Chitin은 glucosamine의 amino기의 H 1개가 acetyl기로 치환된 N-acetyl(CH_3CO^-) glucosamine의 중합체이다.

078 alginic acid
· 미역, 다시마 등의 갈조류의 세포막의 주요 성분으로 존재하는 다당류이다.
· anhydro-1,4-D-mannuronic acid가 β-1,4 결합에 의해서 연결된 직선상의 분자이다.

079 78번 해설 참조

ANSWER
073 ③ 074 ② 075 ③ 076 ②
077 ① 078 ② 079 ①

073 다음 중 감미도가 큰 순서대로 나열되어 있는 것은?
① 젖당 > 맥아당 > 과당 > 자당
② 맥아당 > 젖당 > 자당 > 과당
③ 과당 > 자당 > 맥아당 > 젖당
④ 자당 > 과당 > 맥아당 > 젖당

074 Caramel화가 가장 빠른 당은?
① galactose ② fructose
③ mannose ④ glucose

075 α-D-xylose의 특성으로 틀린 것은?
① 비교적 단맛이 강하다(설탕의 약 60%).
② 사람에게는 거의 생리작용이 없다.
③ 효모에 의해서 잘 발효된다.
④ xylan의 주요 구성단위이다.

076 저칼로리의 설탕 대체품으로 이용되면서 당뇨병 환자들을 위한 식품에 이용할 수 있는 성분은?
① 포도당 ② 자일리톨
③ 맥아당 ④ 프락토오스

077 amino-sugar에 해당되는 것은?
① glucosamine ② milk-sugar
③ meso inositol ④ gluconic acid

078 만유론산(mannuronic acid)의 주성분인 당류는 어느 것인가?
① 한천(agar-agar) ② 알긴산(alginic acid)
③ 펙틴(pectin) ④ 글리코겐(glycogen)

079 미역, 다시마 등에 함유되어 있는 알긴산(alginic acid)의 주성분은?
① mannuronic acid ② glucuronic acid
③ galacturonic acid ④ pectinic acid

080 환원당 실험에서 Fehling 용액에 포도당을 넣어 가열하면 침전물은 어떤 색깔을 띠는가?

① 푸른색 ② 청색
③ 검은색 ④ 적색

081 환원당 정량법 중 구리법은?

① Bertrand법 ② Somogi법
③ Ferri-cyanide법 ④ Iodine법

082 전분과 요오드의 정색반응에 대한 설명으로 옳은 것은?

① 전분 중의 아밀로펙틴에 의한다.
② 아밀로오스 75, 아밀로펙틴 25의 비율로 기여한다.
③ 아밀로오스와 아밀로펙틴이 서로 똑같이 기여한다.
④ 주로 아밀로오스의 반응이다.

083 유지를 가열할 때 유지의 표면에서 엷은 푸른 연기가 발생하기 시작할 때의 온도를 무엇이라 하는가?

① 인화점 ② 발연점
③ 연소점 ④ 연화점

084 다음 중 유지의 발연점에 영향을 미치는 인자가 아닌 것은?

① 용해도
② 사용횟수
③ 노출된 유지의 표면적
④ 혼입 이물입자의 존재

085 유지의 이화학적 특성이 아닌 것은?

① 물에는 불용이나 ether에는 잘 녹는다.
② 식품 중의 유지는 비중이 $0.92 \sim 0.94$인 것이 많다.
③ 고급지방산이 많을수록 융점이 높아진다.
④ 불포화지방산은 이중결합수의 증가에 따라 융점이 높아진다.

080
• 환원당에 Fehling 용액을 떨어뜨리면 적색의 침전물이 생성된다.
• 환원당에는 glucose, fructose, lactose가 있고, 비환원당은 sucrose이다.

081 Somogi법
• 알칼리성의 $CuSO_4$액이 당에 의하여 생성되는 Cu^+에 일정량의 KIO_3 및 KI를 가하여 황산 산성으로 하면 I_2를 생성한다.
• I_2로 Cu^+를 산화시켜 남은 I_2를 $Na_2S_2O_3$로 적정하는 방법이다.

082 전분과 요오드의 정색 반응
• 전분 분자 중 특히 아밀로오스가 요오드 분자를 둘러싸서 나선구조를 이루며 amylose 요오드복합체를 만들게 되는 것이다.
• amylose의 분자 길이가 길수록 그 안의 요오드 분자 길이도 길어지며 정색은 청색에 가까워지고 색깔도 진하게 된다.
• amylopectin은 가지로 뻗은 점이 나선구조로 관여하지 않으므로 요오드 분자 길이가 길어지지 않는다. 착색은 자색 또는 적자색을 띠게 된다.

083 유지의 물리적 특성
• 발연점 : 유지를 가열할 때 유지 표면에서 엷은 푸른 연기가 발생하기 시작하는 온도
• 연화점 : 고형물질이 가열에 의하여 변형되어 연화를 일으키기 시작하는 온도
• 인화점 : 유지를 발연점 이상으로 가열할 때 유지에서 발생하는 증기가 공기와 혼합되어 발화하는 온도
• 연소점 : 인화점에 달한 후 다시 가열을 계속해 연소가 5초간 계속되었을 때의 최초 온도

084 유지의 발연점에 영향을 주는 인자
• 유리지방산의 함량이 높으면 발연점이 낮다.
• 기름의 노출 표면적이 넓으면 발연점이 낮다.
• 이물질이 존재하면 발연점이 낮다.
• 사용횟수가 증가할수록 발연점이 낮다.

085 유지의 이화학적 특성
• 유지는 보통 비중이 $0.92 \sim 0.94$이다.
• 일반적으로 포화지방산의 융점은 탄소수의 증가와 더불어 높아지고, 불포화지방산은 이중결합수의 증가에 따라 융점이 낮아진다.

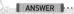
▶ ANSWER ◀ ···················
080 ④ 081 ② 082 ④ 083 ②
084 ① 085 ④

086 유지의 용해성
- ether, 석유 ether, 알코올 등 유기용 매에 잘 녹는다.
- 탄소수가 많고, 불포화도가 높을수록 잘 녹지 않는다.

087 지방산의 융점
- 포화지방산보다 불포화지방산이 융점이 낮으며, 불포화지방산은 이중결합수에 따라 낮아진다.
- Stearic acid(C_{18} : 0, 70℃) > palmiticacid(C_{16} : 0, 63.1℃) > oleic acid(C_{18} : 1, 40℃) > linoleic acid(C_{18} : 2, −5℃) > linolenic acid(C_{18}: 3, −11℃)

088 유지는 지방산(fatty acid)과 글리세롤(glycerols)의 에스테르(ester), 즉 트리그리세라이드(triglycerides)의 혼합물이다.

089 휘발성 지방산
- 수증기 증류에 의하여 쉽게 분리되는 탄소수 10 이하의 지방산이다.
- acetic acid, butyric acid, caproic acid, caprylic acid, capric acid 등이다.

090 지질의 분류
① 단순지질 : 지방산과 글리세롤의 esters, 유지−천연 유지(식물 유지, 동물 유지), wax, glyceride, sterol ester
② 복합지질 : 단순지질에 다른 성분이 결합한 것, 인지질, 당지질, 단백지질, 황지질
③ 유도지질(구성지질) : 단순지질 및 복합지질의 기본 구성성분, 지방산(포화지방산, 불포화지방산), glycerol, sterol, 탄화수소

091 유도지질
- 단순지질이나 복합지질의 가수분해에 의해 생기는 것이다.
- 여기에는 지방산, glycerol, sterol, 탄화수소 등이 있다.

086 유지의 용해성을 설명한 다음 사항 중 옳지 않은 것은?

① 물에는 불용이다.
② ether, 석유 ether 등 유기용매에는 잘 녹는다.
③ 저급지방산을 많이 갖는 유지일수록 용해도는 감소한다.
④ 불포화지방산을 많이 갖는 유지일수록 용해도는 감소한다.

087 다음 지방산 중 융점이 가장 낮은 것은?

① stearic acid
② palmitic acid
③ oleic acid
④ linolenic acid

088 다음 중에서 중성지방을 가장 바르게 설명한 것은 어느 것인가?

① 고급지방산과 고급 alcohol의 ester이다.
② 고급지방산과 glycerol의 ester이다.
③ 저급지방산과 glycerol의 ester이다.
④ 저급지방산과 1급 alcohol의 ester이다.

089 휘발성 지방산이란?

① 수증기 증류에 의하여 쉽게 유출되는 탄소수 10 이하의 지방산이다.
② 비등점이 100℃인 지방산이다.
③ 상온에서 휘발성인 지방산을 말한다.
④ 물과 섞이지 않는 용매로서 증류할 수 있는 탄소수 6 이하의 지방산이다.

090 다음 중 복합지질인 것은?

① 지방산　　　　　② 인지질
③ 납　　　　　　　④ 알코올

091 다음 중 유도지질은?

① oleic acid　　　　② lecithin
③ acetyl palmitate　④ phosphatidyl serine

ANSWER

086 ③　087 ④　088 ②　089 ①
090 ②　091 ①

092 저급지방산이 아닌 것은?

① lauric acid
② butyric acid
③ caproic acid
④ acetic acid

093 다음 중 불포화지방산이 아닌 것은?

① linolenic acid
② palmitoleic acid
③ myristoleic acid
④ stearic acid

094 포화지방산이 아닌 것은?

① caproic acid
② palmitic acid
③ stearic acid
④ linoleic acid

095 기능성 지질의 하나인 중쇄 지방질에 대한 설명 중 틀린 것은?

① 탄소수 8~10개의 지방산으로 이루어진 단순지질을 말한다.
② 향과 맛이 없어, 이들의 운반체로도 이용될 수 있다.
③ 산화에 대해서도 매우 안정적이다.
④ 장쇄 지방질에 비하여 대사 속도가 느리다.

096 일반 식용유지에 그 함량이 가장 적은 지방산은?

① 스테아릭산(stearic acid)
② 부티르산(butyric acid)
③ 팔미트산(palmitic acid)
④ 리놀레산(linoleic acid)

097 다음 중에서 피마자유에 많이 들어 있는 지방산은 어느 것인가?

① linolenic acid
② oleic acid
③ ricinoleic acid
④ palmitic acid

098 다음 건성유를 설명한 것 중 옳은 것은?

① 저급지방산의 함량이 많은 기름
② 포화지방산의 함량이 많은 기름
③ 공기 중에 방치했을 때 피막이 생기지 않는다.
④ 아마인유 및 들기름

---

092 저급지방산
• 일반적으로 저급지방산은 휘발성이다.
• acetic acid, butyric acid, caproic acid, caprylic acid, capric acid 등 탄소수 10개 이하의 지방산이다.

093 불포화지방산
• 분자 내에 1개 이상의 2중결합을 갖고 있다.
• 상온에서 액체이며 공기 중의 산소에 의하여 쉽게 산화된다.
• caproleic acid, lauroleic acid, myristoleic acid, palmitoleic acid, oleic acid, linoleic acid, linolenic acid, arachidonic acid, claupanodonic acid 등

094 포화지방산
• 상온에서 대부분 고체상태이며, 탄소수가 증가할수록 융점이 높아진다.
• butyric aicd, caproic acid, caprylic acid, capric acid, lauric acid, myristic acid, palmitic acid, stearic acid, arachidic acid 등
※ linoleic acid : 불포화지방산이다.

095 중쇄 지방질
• 탄소수 8~10개의 지방산으로 구성된 단순지질을 말한다.
• 향과 맛이 없고, 산화에 대해서도 매우 안정적이다.
• 장쇄 지방과는 달리 그대로 혈관을 통해서 흡수되어 빠르게 대사되기 때문에 중환자나 외과수술 환자의 영양식으로 이용된다.

096 식용유지
• palmitic acid(16:0), stearic acid(18:0), oleic acid(18:(1), linoleic acid(18:(2) 등의 지방산이 많이 함유되어 있다.
• butyric acid(4:0)등 저급포화지방산 함량은 적다.

097 피마자유
• 아주까리 열매에서 얻은 기름이다.
• C_{18}의 1개의 이중결합과 1개의 수산기를 가지고 있는 ricinoleic acid가 전체 구성 지방산의 80% 이상을 함유하고 있다.

098 건성유
• 공기 중에 두면 쉽게 굳어지는 지방을 말한다.
• 주로 linoleic acid, linolenic acid 등 다가불포화지방산의 함량이 많다.
• 아마인유, 들기름, 마유, 호두유, 개자유, 송실유, 동유 등이 건성유이다.

▶ ANSWER ·······················
092 ①   093 ④   094 ④   095 ④
096 ②   097 ③   098 ④

099 식물성 기름의 종류(포화도에 따라)
- 건성유 : 아마인유, 들기름, 마유, 호두유, 개자유, 송실유, 동유 등
- 반건성유 : 참깨유, 쌀겨기름, 채종유 등
- 불건성유 : 땅콩기름, 피마자유, 올리브유, 동백유 등

100 kerasin은 cerebroside에 lignoceric acid가 결합한 것이다.

101 변향
- 냄새의 복귀 현상이다.
- 변향의 원인이 되는 linolenic acid와 isolinoleic acid를 함유한 유지가 공기에 노출될 때 변향 현상이 일어난다.

102 필수지방산
- 체내에서 합성되지 않거나 부족하기 때문에 식품을 통하여 공급되어야 하는 지방산을 말한다.
- 필수지방산에는 linoleic acid, oleic acid, isooleic acid, linolenic acid, arachidonic acid 등이 있고, 참기름, 콩기름에 많이 함유되어 있다.

103 linolenic acid에 수소를 첨가하면
- linoleic acid, isolinoleic acid, oleic acid, isooleic acid, stearic acid 등이 생성된다.

104 sterol의 종류
- 동물성 sterol : cholesterol, coprosterol, 7-dehydrocholesterol, lanosterol 등
- 식물성 sterol : sitosterol, stigmasterol, dihydrositosterol 등
- 효모가 생산하는 sterol : ergosterol

105 유지의 경화
- 액체 유지에 환원 니켈(Ni) 등을 촉매로 하여 수소를 첨가하는 반응을 말한다.
- 수소의 첨가는 유지 중의 불포화지방산을 포화지방산으로 만들게 되므로 액체 지방이 고체 지방이 된다.

099 건성유에 속하는 것은?

① 들기름
② 낙화생유
③ 어유
④ 대두유

100 당지질의 일종인 kerasin 중에 들어 있는 지방산은 어느 것인가?

① olelic acid
② lignoceric acid
③ phrenosinic acid
④ stearic acid

101 유지의 변향(reversion)은 어느 지방산이 많이 함유된 유지에서 잘 일어나는가?

① palmitic acid
② linoleic acid
③ oleic acid
④ linolenic acid

102 다음 중 필수지방산이 아닌 것은?

① arachidonic acid
② linolenic acid
③ palmitic acid
④ linoleic acid

103 linolenic acid에 수소 첨가하였을 때 생성되지 않는 지방산은?

① linoleic acid
② isolinoleic acid
③ stearic acid
④ palmitic acid

104 다음 중 효모가 생산하는 sterol은?

① ergosterol
② cholesterol
③ sitosterol
④ stigmasterol

105 유지의 경화란 무엇인가?

① 포화지방산의 수증기 증류를 말한다.
② 포화지방산에 수소를 첨가하는 것이다.
③ 불포화지방산을 포화지방산으로 만들어 경화된다.
④ 알칼리 정제를 말한다.

ANSWER

099 ① 100 ② 101 ④ 102 ③
103 ④ 104 ① 105 ③

106 Lecithin에 대한 설명으로 맞지 않는 것은?

① 난황에 많이 함유되어 있다.
② 유화제(emulsifier)로 사용된다.
③ 인지질(phospholipids)이다.
④ 검화(saponification)되지 않는다.

107 DHA(docosahexaenoic acid)에 대한 다음 설명 중 틀린 것은?

① 이중결합을 많이 가지고 있는 고도 불포화지방산이다.
② ω-6 계열의 지방산이다.
③ 어유(魚油)에 많이 함유되어 있다.
④ 생리활성 물질의 전구체이며 항혈전, 항염증작용이 있다고 알려져 있다.

108 다음 중 동물성 스테롤(sterol)은 어느 것인가?

① cholesterol
② ergosterol
③ dehydrositosterol
④ sitosterol

109 콜레스테롤에 대한 설명으로 틀린 것은?

① 동물의 근육조직, 뇌, 신경조직에 널리 분포되어 있다.
② 과잉 섭취는 동맥경화를 유발시킨다.
③ 비타민, 성호르몬 등의 전구체이다.
④ 인지질과 함께 식물의 세포벽을 구성한다.

110 최근 콜레스테롤의 과다 섭취에 의한 여러 가지 질병이 발생함에 따라 동물성 식품 중의 콜레스테롤 양을 줄이기 위한 여러 가지 방법이 시도되고 있다. 이와 관련한 설명 중 틀린 것은?

① 초 임계액체 추출법에 의하여 동물성 식품 중의 콜레스테롤 양을 줄일 수 있다.
② 동물성 식품 중의 콜레스테롤 양을 줄이는 것에 의하여 동맥경화 등의 질병을 예방할 수 있다.
③ 동물의 사육 시 그 사료를 조절하는 것에 의하여 동물성 식품 중의 콜레스테롤 양을 줄일 수 있다.
④ 동물성 식품 중의 콜레스테롤 양이 감소하면 식품의 맛, 냄새, 조직감이 향상된다.

106 Lecithin
• 식물성 유지, 특히 대두유와 같은 종자유(seed oils)의 조제유에는 상당량의 레시틴이 함유되어 있다.
• 이는 달걀의 노른자(egg yolk)에 많이 존재하며, 그 외에도 여러 동물조직 내의 인지질의 한 성분으로 존재한다.
• 강한 유화작용을 갖고 있기 때문에 여러 유제품의 유화제로써 사용된다.

107 DHA(docosahexaenoic acid)
• ω-3 계열의 지방산이다.
• 생리활성 물질의 전구체이며, 항혈전, 항염증작용이 있다.

108 스테롤(sterol)의 종류
• 동물성 sterol : cholesterol, coprosterol, 7-dehydrocholesterol, lanosterol
• 식물성 sterol : sitosterol, stigmasterol, dehydro sitosterol 등
• 효모가 생산하는 sterol : ergosterol

109 콜레스테롤
• 동물의 뇌, 근육, 신경조직, 담즙, 혈액 등에 유리상태 또는 고급지방산과 ester를 형성하여 존재한다.
• 성호르몬, 부신피질, 비타민 D 등의 전구체이다.
• 혈중에 많이 함유되어 있을 경우 동맥경화, 고혈압, 뇌출혈 등의 원인이 된다.

110 식품 중의 콜레스테롤 양을 줄이는 방법
• 사료의 조절, 동물성 식품으로부터 콜레스테롤을 제거(steam stripping, 초 임계액체 추출법 등) 등의 방법이 있다.
• 식품 중에 지질이 부족하게 되면 맛, 냄새, 조직감이 떨어지기 때문에 이를 해결하는 것이 중요하다.

ANSWER

106 ④　107 ②　108 ①　109 ④
110 ④

111 콜레스테롤(cholesterol)

- 동물의 뇌, 근육, 신경조직, 담즙, 혈액 등에 유리상태 또는 고급지방산과 ester를 형성하여 존재한다.
- 콜레스테롤 함량(%)은 소고기(머리골)이 2.1~2.4%로 가장 많고, 돼지고기(목살)은 0.096%, 소고기(등심)은 0.075%, 우유는 0.01% 함유되어 있다.

112 혈청 콜레스테롤을 낮출 수 있는 성분

- HDL : 혈관벽과 같은 말초조직에 축적되어 있는 콜레스테롤을 간으로 운반해 혈액 내의 콜레스테롤을 제거할 수 있도록 도와주는 역할을 한다.
- 리놀레산(ω-6계 지방산) : 혈액 내의 콜레스테롤치를 낮추어 심장질환의 발병위험을 낮출 수 있으나, 과량 섭취 시는 HDL을 낮출 수 있다.
- 리놀렌산(ω-3계 지방산) : 혈액 내의 중성지방, 콜레스테롤치를 감소시키는 효과가 있어 심장질환의 발병위험을 낮추게 한다.
- sitosterol : 콜레스테롤의 흡수억제 효과가 뛰어나 콜레스테롤 및 고지방에 의한 성인병의 치료 및 예방 효과가 있다.

113 인지질(phospholipid)

- 글리세롤에 2개의 지방산과 인산이 결합되어 있는 phosphatidic acid의 유도체로서 뇌, 심장, 난황, 대두 등에 많이 포함되어 있다.
- lecithin, serinecephalin, sphing-myelin은 인지질이다.
- ※ Cerebroside는 sphingosine 지방산과 galactose가 결합한 당지질이다. 당지질은 뇌조직, 특히 수초에 많다.

114 지방의 자동 산화

- 식용 유지나 지방질 성분은 공기와 접촉하여 비교적 낮은 온도에서도 자연발생적으로 산소를 흡수하여 산화가 일어난다.
- 유지의 산소 흡수 속도가 급증하여 산화생성물이 급증하게 되는 것이 자동산화이다.

115

R · +−CH₂−CH=CH− ⟶
유지속의 radical   수소이탈

RH+−CH−CH=CH−

−CH−CH=CH−+ · O−O · ⟶
· allyl radical   산소와 결합

−CH−CH=CH−
|
O−O ·
peroxy radical

---

111 다음 중 콜레스테롤의 함량(%)이 가장 높은 식품은?

① 우유
② 소고기(등심)
③ 돼지고기(목살)
④ 소고기(머리골)

112 혈청 콜레스테롤을 낮출 수 있는 성분이 아닌 것은?

① HDL
② cellulose
③ 리놀렌산
④ sitosterol

113 다음 중 인지질(phospholipid)에 속하지 않는 것은 어느 것인가?

① cerebroside
② serine cephalin
③ sphingomyelin
④ lecithin

114 지방의 자동 산화를 일으키는 요인은?

① 효소   ② 산소
③ 항산화제   ④ 수분

115 다음 중 peroxide 유리기는?

① −CH₂CH=CH CH₂−
② −CH CH=CH CH₂−
　　|
　　OH
③ −CH CH=CH CH₂−
　　|
　　OO ·
④ −CH CH=CH CH₂−
　　|
　　O ·

116 지방의 산패를 촉진하는 인자로서 부적당한 것은 무엇인가?

① 광선 ② heme 화합물
③ tocopherol ④ 금속

117 유지의 산화에 대한 설명이 틀린 것은?

① 불포화지방산은 포화지방산보다 훨씬 산화되기 쉽다.
② 불포화지방산은 이중결합이 증가하면 산화속도는 급속히 증대한다.
③ 공액 이중결합을 가지는 것은 더욱 산화되기 쉽다.
④ trans형은 cis형보다 산화되기 쉽다.

118 유지의 가열산화에 의한 물리·화학적 변화에 대한 설명으로 틀린 것은?

① 중합체의 형성으로 점도가 낮아진다.
② 카르보닐화합물이 형성된다.
③ 산가는 높아지고 발연점은 낮아진다.
④ 가열산화에 의해 생성된 중합체는 요소와 내포화합물을 형성하지 않는다.

119 유지의 산화촉진제 역할을 하지 않는 물질은?

① oleic, linoleic, linolenic acid
② Co, Cu, Mn, Ni
③ myoglobin, cytochrome
④ tartarate, ascorbate

120 기름의 산화적 부패를 가장 크게 촉진시키는 금속은 어느 것인가?

① 구리 ② 납
③ 니켈 ④ 알루미늄

121 항산화제의 효과는?

① 산소를 제거한다.
② 과산화물 유리기에 수소 원자를 공여한다.
③ 금속 이온의 촉매작용을 저해한다.
④ 빛 에너지를 흡수한다.

116 지방산패 촉진인자
• 온도, 금속, 광선, 산소분압, 수분, heme 화합물, chlorophyll 등의 감광 물질 등
※ 지방산패 억제 항산화제 : sesamol, gossypol, lecithin, tocopherol(Vit. E) 등

117 일반적으로 불포화도가 높은 지방산일수록 산화되기 쉬우며, 불포화지방산에서 cis형이 tran형 보다 산화되기 쉽다. 천연 유지 중에 존재하는 불포화지방산은 불안정한 cis형을 취하고 있다.

118 유지를 공기 중에서 200~300℃ 정도로 가열하면 유리기가 서로 결합하여 점차 점도가 증가하게 되는데 이것은 열산화 중합 때문이다.

119 산화촉진제(prooxidants)
• 금속(Co, Cu, Fe, Ni, Mn, Tin 등), 일부 화합물질, 자외선이나 일부 가시광선, 유지 속에 미량 존재하는 과산화물, 유리지방산(free fatty acids), myoglobin, cytochrome 등이 있다.

120 각종 금속의 산화 촉진작용은 대두유의 경우 Cu > Fe > Cr, Co, Zn, Pb > Ca, Mg > Al, Ni, Sn, Na 순이다.

121 항산화제(산화방지제)
• 미량으로 유지의 산화속도를 억제하여 주는 물질을 말한다.
• 과산화물 유리기 혹은 지방 분자 유리기에 수소 원자를 주어 연쇄 반응을 중절시켜 항산화작용을 한다.

122 천연 항산화제
- tocopherol, ascorbic acid, sesamol, gessypol, guercetin, rutin, gallic acid, lecithin 등

123 유지를 계란노른자와 함께 섞어 주면 유화되어 O/W형의 유탁액을 만들어 자신이 작은 입자가 되어 분산되고, 쇼트닝으로서의 힘은 감소된다.

124 유지(기름)를 장시간 가열하면
- 자동 산화로 산패를 유발시켜 중간 생성체인 hydroperoxide를 형성하여 산가와 과산화물가의 증가를 초래한다.

125 유지를 강하게 가열할 때 나는 자극적인 냄새
- 유지에는 비점이 없고 일정 온도가 되면 연기를 내며 분해가 시작되어 악취를 내는데, 이것은 고온에 의해 휘발성인 저분자 지방산이 연기로써 나오는 것이다 (2% 이상 시 불쾌한 냄새).
- 또 glycerin을 고온으로 가열하면 분해되어 악취를 가진 acrolein을 생성하기 때문이다.

126 트랜스지방이란
- 식물성 기름과 같은 액체상태의 기름을 수소를 첨가하여 고체상태로 경화하는 과정에서 생성하는 지방산 중 일부가 트랜스형의 이중결합으로 전환되어 생성되는 지방이다.
- 마가린이나 쇼트닝 등 경화유를 사용한 제품에 주로 함유되어 있다.
- 트랜스지방은 포화지방과 마찬가지로 사람에게 좋지 않은 영향을 미치는 저밀도(LDL) 콜레스테롤을 증가시키고, 사람에게 이로운 고밀도(HDL) 콜레스테롤을 감소시키기 때문에 많은 양의 트랜스지방을 섭취할 경우, 심장질환을 유발할 수 있다.

122 다음 중 천연 항산화제는?

① rutin, guercetin
② vitamin C, BHT
③ BHA, BHT
④ PG, NDGA

123 유지의 쇼트닝(shortening)으로서의 성질에 관한 설명 중 틀린 것은?

① 불포화도가 큰 유지일수록 쇼트닝으로서의 효과가 크다.
② 저온에서는 유지의 점도가 커지므로 쇼트닝으로서의 힘은 감소한다.
③ 반죽을 철저히 할수록 쇼트닝으로서의 팽창 효과가 크다.
④ 계란노른자를 많이 넣어 반죽하면 쇼트닝으로서의 효과가 증대된다.

124 옥수수 기름을 고온으로 장시간 가열할 때 기름의 변화를 옳게 설명한 것은?

① 산가와 과산화물가가 모두 증가된다.
② 산가와 과산화물가가 모두 감소된다.
③ 산가는 감소되고, 과산화물가는 증가된다.
④ 산가는 증가되고, 과산화물가는 감소된다.

125 튀김용 유지를 강하게 가열할 때 나는 자극적인 냄새는?

① 저급지방산의 냄새
② 아미노산의 탄화 냄새
③ hydroperoxide 냄새
④ acrolein의 냄새

126 트랜스지방이 콜레스테롤(cholesterol)에 미치는 영향은?

① LDL(저밀도)과 HDL(고밀도)을 모두 증가시킨다.
② LDL과 HDL을 모두 감소시킨다.
③ VLDL(초저밀도)을 HDL로 전환시킨다.
④ LDL은 증가시키고 HDL은 감소시킨다.

ANSWER

122 ① 123 ④ 124 ① 125 ④
126 ④

127 유지의 경화공정과 트랜스지방에 대한 설명으로 틀린 것은?

① 경화란 지방의 이중결합에 수소를 첨가하여 유지를 고체화 시키는 공정이다.
② 트랜스지방은 심혈관질환의 발병률을 증가시킨다.
③ 식용유지류 제품은 트랜스지방이 100g당 6g 미만일 경우 "0"으로 표시할 수 있다.
④ 경화된 유지는 비경화유지에 비해 산화안정성이 증가하게 된다.

128 다음에서 유중수적형(Water in Oil : W/O) 교질상 식품은?

① 치즈(cheese)
② 마요네즈(mayonnaise)
③ 아이스크림(ice cream)
④ 버터(butter)

129 유지를 진공 또는 CO_2, NO_2 등 산소가 없는 상태에서 200~300℃ 로 가열하면 일어나는 반응은 무엇인가?

① 자동산화
② 열산화 중합
③ 열중합
④ 튀김기름 중합

130 식용 유지의 분자 트리글리세리드(triglyceride)의 알칼리 가수분 해를 표시한 것은?

① 검화
② 수소첨가
③ 에스텔화
④ 경화

131 Potato chip의 저장 안정성에 가장 크게 영향을 미치는 것은?

① Potato chip의 수분함량
② 탄수화물의 호화도
③ 튀김유의 안전성
④ 튀김유의 검화가

132 다음 중 검화가 높은 유지는?

① 고급지방산이 많은 유지
② 저급지방산이 많은 유지
③ 포화지방산이 많은 유지
④ 불포화지방산이 많은 유지

127 영양성분별 세부표시방법[식품등 의 표시기준]
• 트랜스지방은 0.5g 미만은 "0.5g 미 만"으로 표시할 수 있으며, 0.2g 미만 은 "0"으로 표시할 수 있다. 다만, 식용 유지류 제품은 100g당 2g 미만일 경 우 "0"으로 표시할 수 있다.

128 유화식품의 상태
• 유중수적형 : 기름 중에 물이 분산된 형 태(W/O)
  – butter, margarin 등
• 수중유적형 : 물 중에 기름 입자가 분산 된 형태(O/W)
  – milk, ice cream, mayonnaise 등

129 유지를 고온에서 장시간 가열하면
• 자동산화, 열산화 중합, 가열분해 등이 진행한다.
  – 공기 중에서 100℃ 이하로 가열하면 자동산화 중합이 일어난다.
  – 200~300℃의 고온으로 가열하면 열산화 중합이 일어난다.
  – 산소가 없는 상태에서 200~300℃ 의 고온으로 가열하면 열중합이 일어 나 이중체, 삼중체 등의 중합체가 형 성된다.

130 검화
• 유지의 알칼리에 의한 가수분해를 검화 라고 한다.
• 검화가는 유지 1g을 검화시키는 데 필 요한 KOH의 mg수를 말한다.
• 검화가는 지방산의 분자량에 반비례하 므로 저급지방산이 많을수록 커진다.

131 Potato chip은 제조 과정 중에 지 방을 40%까지 흡수하기 때문에 potato chip의 품질은 지방의 안정성과 밀접한 관련이 있다. 또한 저장 중에 튀김류의 자 동 산화에 의한 과산화물의 형성과 그 분 해 등이 가장 큰 문제가 된다.

132 검화가
• 유지 1g을 검화시키는데 필요한 KOH 의 mg수를 말한다.
• 유지의 구성지방산의 평균 분자량에 반 비례하므로 저급지방산의 함량이 많을 수록 커진다.
• 검화가를 알면 그 유지의 분자량을 알 수 있다.
• 일반적인 유지의 검화가는 180~200 정 도이다.

ANSWER

127 ③ 128 ④ 129 ③ 130 ①
131 ③ 132 ②

133 올레인산 1몰(282.46g) = KOH 1몰(56.1g)

$$산가 = \frac{유리지방산\ 함량 \times 56.1}{282.46}$$

$$\therefore 산가 = \frac{2 \times 56.1}{282.46} = 0.397$$

134 132번 해설 참조

135 요오드가(iodine value)
- 유지 100g에 첨가되는 요오드(Iodine, I_2)의 g수를 말한다.
- 유지 분자내의 이중 결합수, 즉 구성지방산의 불포화 정도를 나타내는 척도이다.
- 유지의 불포화도가 높을수록 요오드가가 높다.
  - 요오드가 130 이상의 유지 : 건성유
  - 요오드가 130~100의 유지 : 반건성유
  - 요오드가 100 이하의 유지 : 불건성유

136 135번 해설 참조

137 Triolein의 요오드가
$$\frac{3I_2}{C_{54}H_{104}O_6} \times 100$$
$$= \frac{3 \times 254}{884} \times 100 = 86.2$$

138 Reichert-Meissl value
- 유지 5g을 알칼리로 검화한 다음, 산성에서 증류하여 얻은 휘발성의 수용성 지방산을 중화하는 데 요하는 0.1N-KOH의 ml 수를 말한다.
- 수용성 휘발성 지방산의 양을 구하는 데 측정 목적이 있다.
- 버터의 순도나 위조 검정에 이용된다.

---

133 지방 1g 중 올레인산 2mg을 함유할 때, 그 지방의 산가는 얼마인가? (단, KOH=56, 올레인산 $C_{18}H_{34}O_2$)

① 약 0.585　　② 약 0.638
③ 약 0.723　　④ 약 0.397

134 유지의 검화가를 측정한 결과 195를 나타냈다면 이 유지는 다음 중 어떤 것인가?

① 보통의 동식물성 유지
② 저급지방산이 많은 유지
③ 고급지방산이 많은 유지
④ 산패가 진행된 유지

135 지방의 불포화도를 알아내는 것은?

① 에스테르가　　② 요오드가
③ 검화가　　④ 아세틸가

136 유지의 요오드(iodine value)가 크다는 것은 무엇을 뜻하는가?

① 유지에 고급지방산의 함량이 많음을 나타낸다.
② 유지에 저급지방산의 함량이 많음을 나타낸다.
③ 유지에 포화지방산의 함량이 많음을 나타낸다.
④ 유지에 불포화지방산의 함량이 많음을 나타낸다.

137 Triolein의 요오드가는? (단, I_2 : 254, triolein $C_{57}H_{104}O_6$: 884)

① 106.4　　② 86.2
③ 78.8　　④ 65.6

138 Butter의 위조품 검정에 이용되는 것은?

① acetyl value
② acid value
③ Reichert-Meissl value
④ Polenske value

💡 **ANSWER**

133 ④　134 ①　135 ②　136 ④
137 ②　138 ③

139 과산화물가란 유지의 어떤 특성을 표시하는 기준인가?

① 산패도
② 불포화도
③ 경화도
④ 수용성 지방산의 양

140 식용유지의 과산화물가(peroxide value)가 60밀리 당량(meq/kg)인 경우, 밀리몰(mM/kg)로 표시된 과산화물가는?

① 10mM/kg
② 20mM/kg
③ 30mM/kg
④ 40mM/kg

141 T.B.A.(thiobarbituric acid) 시험법은?

① 유지의 휘발성 지방산 양을 측정한다.
② 유지의 불포화도를 측정한다.
③ 유지의 유리지방산을 측정한다.
④ 유지의 산패도를 측정한다.

142 유지의 산패 정도를 나타내는 값이 아닌 것은?

① TBA가
② 과산화물가
③ carbonyl가
④ polenske value가

143 지방을 정량하는 방법은?

① Soxhlet법
② Kjeldahl법
③ Karl fisher법
④ Van slyke법

144 과산화물가 측정 조작에 있어서 티오황산소다 표준 용액으로 적정되는 화합물은?

① 이산화질소
② 지방의 과산화물
③ 요오드
④ 요오드화 칼륨

---

139 과산화물가(peroxicle value)
· 유지 1kg에 함유된 과산화물의 밀리몰 수 또는 밀리 당량수로 표시한다.
· 유지 중에 존재하는 과산화물의 함량 측정에서 유지의 산패 정도와 유도기간의 길이를 알 수 있다.
· 일반적으로 식물성 유지는 과산화물가가 60~100mg/kg에 동물성 유지는 20~40mg/kg에 도달하는 데 걸리는 시간을 그 유도기간으로 정한다.

140 과산화물가
· 유지를 유기용매에 용해시킨 후 KI를 가하면 KI로부터 형성된 요오드 이온(I^-)이 유지중의 과산화물과 반응하여 I_2를 생성하게 되는데 이 I_2의 양을 $Na_2S_2O_3$ 표준용액으로 적정하여 과산화물의 양을 측정하는 것이다.
· 이온가로 밀리몰(mM/kg)을 곱한 값이 밀리당량(meq/kg)이다. 과산화물가는 2가 이온(I_2)을 적정하므로 2mM/kg은 meq/kg과 같다. 따라서 과산화물가 60meq/kg은 30mM/kg과 같다.

141 T.B.A. 시험법
· 유지의 산패도를 측정하는 방법이다.
· 산화된 유지 속의 어떤 특정 카아보닐 화합물이 적색의 복합체를 형성하며, 이 적색의 강도로 나타낸다.

142 유지의 산패 측정에는 TBA가, 과산화물가, carbonyl가, AOM가가 있고, 그 외에 oven test, kreis test가 있다.

143
· Soxhlet법 : 지방 정량법
· Kjeldahl법 : 단백질 정량법
· Karl fisher법 : 수분 정량법
· Van slyke법 : 아미노산 정량법

144 과산화물가 측정 조작
· 유지 시료를 초산 또는 클로로포름−초산의 혼합 용액과 같은 산성이며, 지용성인 용매에 용해시킨 후 질소 또는 탄산가스 아래에서 KI(요오드화칼륨)을 용해시켜 여기서 형성된 요오드 이온(I^-)을 용해된 유지 중의 과산화물과 반응시켜 요오드(I_2)로 산화시킨다.
· 이때 형성된 요오드를 티오황산 소다의 표준 용액으로 적정하여 $Na_2S_2O_3$(티오황산 소다)의 표준 용액의 소비량에서 유지중의 과산화물 함량을 구한다.
$ROOH + 2I^- + 2H^+ \rightarrow ROH + I_2 + H_2O$
$I_2 + 2Na_2S_2O_3 \rightarrow 2NaINa_2S_4O_6$

 ANSWER
139 ① 140 ③ 141 ④ 142 ④
143 ① 144 ③

출제예상문제

145 우유 및 유제품 지방 정량법
- 우유의 지방구는 단백질에 둘러싸여 있어서 ether, 석유 ether 등의 유기 용매로는 추출이 어렵기 때문에 91~92% 농황산으로 지방 이외의 물질을 분해한 후 지방을 원심분리하여 측정한다.
- 이 방법으로는 Babcock법과 Gerber법이 있다.

146 유지의 화학적 성질
- Kirschner value : 유지 속의 지방산 중의 butyric acid의 함량을 표시한다.
- Reichert-Meissl value : 유지 속의 휘발성이고 수용성인 지방산의 함량을 표시한다.
- Polenske value : 유지 속의 휘발성은 있으나 물에는 녹지 않는 지방산들의 함량을 표시한다.
- Hener value : 어떤 유지 속의 물에 녹지 않는 지방산 함량의 전체 유지의 양에 대한(%) 비율이다.

147 Soxhlet 법에 의한 지방 추출
- soxhlet 지방 추출기는 냉각기, 추출기, 수기 3부분으로 되어 있다.
- 고체 시료를 원통여과지에 넣고 수기에 에테르를 가한 후 장치를 연결하여 60~70℃의 전기 탕욕 위에 고정시켜 가온한다.

148 단백질은 생물체의 생명 유지에 가장 중요하며, 조성은 C, H, O 외에 N을 16% 함유하고 있는 것이 특징이다.

149 단백질의 분류
- 단순단백질
  - 아미노산으로만 구성되어 비교적 그 구조가 간단한 단백질
  - collagen, keratin, globulin, elastin, albumin, albuminoid, histone 등
- 복합단백질
  - 단순단백질에 비단백성 물질이 결합된 단백질
  - 인, 핵, 당, 금속, 색소, 지단백질 등
- 유도단백질
  - 단순단백질 또는 복합단백질이 물리적, 화학적 요인에 의해 변형된 단백질
  - 응고단백질, protean, metaprotein, gelatin, proteose, peptone, peptide

150 gelatin
- collagen을 물, 묽은산 또는 alkali로 끓임으로써 가수분해에 의해서 얻어지는 유도단백질이다.
- 찬물에는 녹지 않는다.
※ Histone, globulin, albummin은 단순단백질이다.

ANSWER
145 ① 146 ③ 147 ④ 148 ④
149 ① 150 ①

---

145 우유 및 유제품 지방을 정량하는 방법은?

① Gerber법
② kjeldahl법
③ Soxhlet법
④ van slyke법

146 유지 중의 butyric acid 함량을 표시하는 것은 무엇인가?

① Reichert-Meissl value
② Polenske value
③ Kirschner value
④ Hener value

147 Soxhlet 법에 의하여 지방을 추출할 때 가장 알맞은 가열 온도는?

① 90~100℃
② 80~90℃
③ 70~80℃
④ 60~70℃

148 다음 중 단백질에 관한 설명으로 옳지 않은 것은 어느 것인가?

① 질소를 함유한 고분자 유기화합물이다.
② 생물의 영양 유지에 매우 중요하다.
③ 가수분해시켜 각종 아미노산을 얻는다.
④ 평균 16% 정도의 탄소를 함유하고 있다.

149 단백질의 분류 중 globulin은 어디에 속하는가?

① 단순단백질
② 복합단백질
③ 유도단백질
④ 변성단백질

150 다음 중 유도단백질(derived protein)은?

① gelatin
② histone
③ globulin
④ albumin

151 다음 단백질 중 인단백질은 어느 것인가?

① collagen
② casein
③ histone
④ myoglobin

152 아미노산의 성질에 관한 다음 설명 중 틀린 것은?

① 단백질을 구성하는 아미노산은 거의 모두 D형이다.
② 아미노산은 정미성이 있어 식품의 맛과 관계가 있다.
③ 아미노산은 물이나 염류용액에 잘 녹는다.
④ 아미노산은 양성전해질이다.

153 지방족 중성 아미노산이 아닌 것은?

① $CH_2OH \cdot CHNH_2 \cdot COOH$(serine)
② $CH_3 \cdot CHNH_2 \cdot COOH$(alanine)
③ CH_2NH_2COOH(glycine)
④ $CH_2NH_2 \cdot (CH_2)_3 \cdot CHNH_2 \cdot COOH$(lysine)

154 자연식품 단백질의 구성 아미노산이 아닌 것은?

① histidine, asparagine
② ornithine, thyroxine
③ proline, arginine
④ glutamine, tyrosine

155 다음 중 필수아미노산이 아닌 것은?

① threonine
② lysine
③ valine
④ tyrosine

156 염기성 amino acid가 아닌 것은?

① lysine
② arginine
③ histidine
④ alanine

157 중성 아미노산이 아닌 것은?

① isoleucine
② leucine
③ glycine
④ lysine

---

151 인단백질
• 단순단백질과 인산으로 이루어져 있는 단백질이다.
• Casein은 인단백질의 하나로서 우유단백의 80%를 차지한다.
• 그 밖의 종류로는 vitellin, vitellenin, phosvitin, hematogen 등이 있다.
※ collagen은 유도단백질이고, myoglobin은 색소단백질이다.

152 아미노산의 일반적 성질
• 동일 분자 내에 $-COOH$기와 $-NH_2$기를 함께 가지고 있는 양성전해질이다.
• 물 특히 염류 용액에 잘 녹고 알코올이나 에테르에는 녹지 않는다.
• 각각 특유한 맛을 가지고 있어 식품의 맛과 관계가 있다.
• 천연으로 있는 아미노산은 모두 α−L−amino acid이다.

153 아미노산의 종류
• 중성 아미노산 : glycine, alanine, valine, leucine, isoleucine, serine, threonine 등
• 지방족 아미노산 : glycine, valine, leucine, alanine, isoleucine, serine 등
• 환상 아미노산 : phenylalanine, tyrosine, tryptophan 등
• 산성 아미노산 : aspartic acid, asparagine 등
• 염기성 아미노산 : lysine, arginine, histidine 등
• 함유황 아미노산 : cysteine, cystine, methionine 등

154 자연식품 단백질의 구성 아미노산
• asparagine, histidine, proline, tyrosine, glutamine, arginine 등
※ Ornithine은 arginine을 효소 분해하거나 알칼리로 가수분해함으로써 얻어지는 아미노산이다.
※ thyroxine은 갑상선 호르몬의 하나이다.

155 필수 아미노산
• 인체 내에서 합성되지 않아 외부에서 섭취해야 하는 아미노산을 말한다.
• 성인에게는 valine, leucine, isoleucine, threonine, lysine, methionine, phenylalanine, tryptophan 등 8종이 있고, 어린이나 회복기 환자에게는 arginine, histidine이 더 첨가된다.

156 153번 해설 참조
157 153번 해설 참조

158 알라닌(alanine)
- 물에 잘 녹으나 알코올에는 잘 녹지 않으며, ether에는 녹지 않고 견사나 gelatin을 알칼리 가수분해하여 얻는다.
- 감미성이 있는 아미노산은 alanine, glycine, proline, lysine이 있다.

159 글리신(glycine)
- 아미노산 중 가장 그 구조가 간단하다.
- 광학적 이성질체가 존재하지 않는 아미노산이다.
- ※ glycine을 제외한 α-아미노산은 부제탄소원자로 인하여 광학활성을 가지므로 광학적 이성체인 L형과 D형이 존재한다.

160 함유황 아미노산
- cysteine, cystine, methionine 등이 있다.
- lysine은 지방족 염기성 아미노산에 속한다.

161 방향족 아미노산(aromatic amino acid)
- phenylalanine, tyrosine, trypophan, histidine 등이 있다.
- ※ glutamic acid : 산성 아미노산
- ※ alanine : 중성 아미노산
- ※ methionine : 함유황 아미노산

162 cystine
- 함황 아미노산으로서 S-S 결합을 가지고 있다.
- 2개의 sulfide결합(cysteine+cysteine)을 갖고 있는 아미노산이다.
- 양모, 모발, 손톱, 뿔 등의 케라틴을 주성분으로 하는 단백질에 많이 포함되어 있다.

163 필수아미노산
- valine, leucine, isoleucine, threonine, lysine, methionine, phenylalanine, tryptophan이다.
- methionine은 함황 아미노산으로 인체에서 합성할 수 없는 필수 아미노산이다.

164 양질의 단백질
- 각종 필수아미노산을 충분히 함유하는 단백질을 말한다.
- ※ 일반적으로 단백질의 품질 결정은 전체 아미노산의 양과 조성, 필수아미노산의 함량과 비율, 단백질의 소화율, 단백질의 소화속도에 의한다.

165 histidine(α-amino-β-imidazol propionic acid)
- imidazole ring이 들어 있다.
- 성인에게는 비필수이지만, 유아에게는 필수적이다.

---

158 다음 중에서 가장 단맛이 강한 아미노산은?

① alanine ② serine
③ lysine ④ histidine

159 광학적 이성질체가 존재하지 않는 아미노산은?

① 발린(valine) ② 알라닌(alanine)
③ 글리신(glycine) ④ 트레오닌(threonine)

160 다음 중 함유황 아미노산이 아닌 것은?

① lysine ② cysteine
③ methionine ④ cystine

161 방향족 아미노산에 속하는 것은?

① glutamic acid ② alanine
③ tyrosine ④ methionine

162 다음 중 S-S 결합을 가지는 아미노산은?

① histidine ② cystine
③ methionine ④ cysteine

163 다음 중 필수아미노산에 속하며 유황을 함유하고 있는 것은?

① cysteine ② methionine
③ valine ④ cystine

164 양질의 단백질이란 영양적인 면에서 어떤 단백질을 뜻하는가?

① 아미노산의 종류가 많은 단백질을 말한다.
② 모두 단백질로 되어 있는 것을 말한다.
③ 보통 식물성 단백질을 말한다.
④ 필수아미노산을 골고루 갖춘 단백질을 말한다.

165 분자 내에 imidazole기를 가지고 있는 아미노산은 어느 것인가?

① arginine ② valine
③ histidine ④ tryptophan

ANSWER

158 ① 159 ③ 160 ① 161 ③
162 ② 163 ② 164 ④ 165 ③

166 Glycine을 구성하는 −COOH의 pK값이 2.3이라면 이는 무엇을 뜻하는가?

① pH 2.3의 용액에서 glycine을 구성하는 −COOH가 모두 −COOH로 존재한다는 뜻

② pH 2.3의 용액에서 glycine을 구성하는 −COOH가 모두 −COO⁻로 존재한다는 뜻

③ pH 2.3의 용액에서 glycine을 구성하는 −COOH의 30% 가 −COO⁻로 존재한다는 뜻

④ pH 2.3의 용액에서 glycine을 구성하는 −COOH의 50% 가 −COO⁻로 존재한다는 뜻

167 단백질이 양성 반응을 띠는 것은 무엇 때문인가?

① 펩타이드 결합을 가지고 있기 때문이다.

② 이온화되는 아미노산 곁사슬을 가지고 있기 때문이다.

③ α−헬릭스구조를 가지고 있기 때문이다.

④ 이온결합을 하고 있기 때문이다.

168 단백질의 구조와 관계없는 것은?

① peptide 결합

② S−S 결합

③ 이온결합

④ 이중결합

169 단백질 화학에 있어서 가장 중요한 단백질을 구성하는 아미노산의 종류와 수, 그리고 아미노산의 결합 순서는 단백질의 몇 차 구조에 해당하는가?

① 1차 구조 ② 2차 구조
③ 3차 구조 ④ 4차 구조

170 단백질의 구조 중 peptide결합의 carbonyl기와 aimino 기간의 수소결합에 의해 α−나선구조(helix)를 이룬 구조는 몇 차 구조인가?

① 1차 구조 ② 2차 구조
③ 3차 구조 ④ 4차 구조

---

166 pK값(해리상수)
• 아미노산을 구성하는 각각의 기 (group)의 50%가 이온의 상태가 될 때의 pH를 말한다.

167 단백질은 중성 아미노산 이외에 여러 염기성 아미노산이나 산성 아미노산이 구성 단위로 존재하므로 peptide결합에 참여하지 않고, 해리될 수 있는 유리 amino기나 carboxyl기를 다수 갖고 있어서 산이나 염기로서작용한다.

168 단백질의 구조에 관련되는 결합
• 1차 구조 : peptide 결합,
• 2차 구조 : 수소결합
• 3차 구조 : 이온결합, 수소결합, S−S 결합, 소수성 결합, 정전적인 결합 등

169 단백질의 구조
• 1차 구조 : 아미노산의 조성과 배열 순서를 말한다.
• 2차 구조 : 주로 α−helix 구조와 β−병풍 구조를 말한다.
• 3차 구조 : 2차 구조의 peptide 사슬이 변형되거나 중합되어 생성된 특이적인 3차원 구조를 말한다.
• 4차 구조 : polypeptide 사슬이 여러 개 모여서 하나의 생리 기능을 가진 단백질을 구성하는 polypeptide 사슬의 공간적 위치 관계를 말한다.

170 단백질의 2차 구조
• 수소결합에 의해 이루어지는데 α −helix, β−구조, 불규칙 구조가 있다.
  − α−helix는 나선구조인데 이것은 나선에 따라 규칙적으로 결합되는 peptide의 =CO기와 NH−기 사이에서 이루어지는 수소결합에 의해 α −helix 구조를 형성하여 안정된다.
  − β−구조(pleated sheet 구조)는 병풍구조라 하며 α−helix 구조가 변성되면 β−구조가 된다. 두 개의 peptide가 =CO기와 −NH기 사이의 수소결합에 의해 안정화 되어 있다.

❙ ANSWER ❙

166 ④ 167 ② 168 ④ 169 ①
170 ②

171 단백질의 열변성에 영향을 주는 요인(온도, 수분, 전해질, pH 등)
• 온도는 60~70℃가 최적이다.
• 열변성에는 반드시 수분이 필요하며, 단백질에 수분이 많으면 낮은 온도에서 열변성이 일어나고 적으면 높은 온도에서 응고된다.
• 염화물, 황산염, 인산염, 젖산염 등의 전해질이 있으면, 변성 온도가 낮아질 뿐만 아니라 변성 속도가 가속된다.
• 단백질의 등전점에서 가장 잘 응고된다.

172 171번 해설 참조

173 단백질 변성을 이용한 제품
• 발효유(요구르트) : 젖산에 의해 단백질을 응고시켜서 만든 제품
• 치즈 : 산과 응류효소(rennin)에 의해 단백질을 응고시켜서 만든 제품
• 두부 : 가열 및 염류($MgCl_2$, $CaCl_2$)에 의해 단백질을 응고시켜서 만든 제품

174 단백질의 변성
• 단백질 분자가 물리적 또는 화학적작용에 의해 비교적 약한 결합으로 유지되고 있는 고차구조가 변형되는 현상을 말한다.
• 이 변화는 대부분의 경우 용해도가 감소하여 응고 현상이 일어난다.
• 변성의 특징
– 생물학적기능의 상실 : 효소활성이나 독성 및 면역성, 항체와 항원의 결합 능력을 상실한다.
– 용해도의 감소 : 용해도가 감소하고 보수성도 떨어진다.
– 반응성의 증가 : –OH기, –SH기, –COOH기, –NH₂기 등의 활성기가 표면에 나오게 되므로 반응성이 증가한다.
– 분해 효소에 의한 분해용이 : 외관은 견고해지나 내부는 단백질 가수분해 효소에 의해 분해되기 쉽게 된다.
– 결정성의 상실 : pepsin, trypsin과 같은 결정성의 효소는 그 결정성이 소실된다.
– 이화학적 성질 변화 : 구상단백질이 변성하여 풀린 구조가 되기 때문에 점도, 침강계수, 확산계수 등이 증가하게 된다.

175 썩은 생선 또는 변패된 간장에 histidine 및 tyrosine이 세균에 의하여 탈탄산되어 histamine 및 tyramine이 생성된다.

ANSWER
171 ② 172 ③ 173 ② 174 ②
175 ①

171 단백질의 열변성에 관한 다음 설명 중 틀린 것은?
① 단백질은 보통 60~70℃ 부근에서 변성이 일어난다.
② 단백질의 열변성에는 수분이 필요없다.
③ 단백질의 등전점에서 가장 잘 응고된다.
④ 단백질에 전해질이 들어 있으면 더 낮은 온도에서 변성된다.

172 다음 중 단백질의 열 변성에 영향을 주는 요인이 아닌 것은?
① 수분 ② 전해질의 존재
③ 전기음성도 ④ 수소이온농도

173 다음은 단백질의 변성작용을 이용한 제품들이다. 서로 관계가 없는 것은?
① 요구르트(yoghurt) – 단백질의 산에 의한 변성
② 빵 – 단백질의 가열 및 염에 의한 변성
③ 두부 – 단백질의 가열 및 염에 의한 변성
④ 치즈(cheese) – 단백질의 응류효소에 의한 변성

174 단백질의 변성을 설명한 것 중 옳지 않은 것은 어느 것인가?
① 대부분의 경우 용해도가 감소되는 반면 점도가 증가하여 응고현상을 일으킨다.
② peptide결합의 가수분해로 성질이 크게 변화한다.
③ 단백질에서 볼 수 있는 효소작용, 독성, 면역성 등의 생물학적 특성을 잃는다.
④ 가열, 동결, 표면장력, 고압 등의 물리적 원인과 산, 알칼리, 염류, 효소 등의 화학적 원인에 의해 일어난다.

175 아미노산인 히스티딘(histidine)이 탈탄산반응을 받으면 어떠한 독성 물질이 생성되는가?
① histamine
② putresine
③ cadaverine
④ tyramine

176 빵의 탄력성과 신축성에 관계되는 밀가루의 성분은?

① gluten   ② hordein

③ myogen   ④ zein

177 밀가루의 gluten은 어떤 단백질로 형성된 것인가?

① albumin과 glutenin

② glutenin과 gliadin

③ albumin과 gliadin

④ globulin과 albumin

178 밀가루 중에 가장 부족한 필수아미노산은?

① leucine   ② proline

③ lysine   ④ valine

179 Zein은 어디에서 추출하는가?

① 밀   ② 보리

③ 옥수수   ④ 감자

180 다음 중 쌀에 존재하는 단백질은 어느 것인가?

① oryzenin   ② gliadin

③ hordenin   ④ glycinin

181 다음은 두류와 곡류에 함유되어 있는 대표적인 단백질 성분을 연결한 것이다. 바르게 연결된 것은?

① 밀 - 글리시닌(glycinin)

② 쌀 - 오리제닌(oryzenin)

③ 보리 - 글로불린(globulin)

④ 콩 - 제닌(zenin)

182 다음중에서 물로 추출되는 단백질은 어느 것인가?

① myogen   ② myosin

③ actomyosin   ④ collagen

---

176 글루텐(Gluten)
- 제빵 적성인 밀가루의 점성과 탄력성을 부여한다.
- 글루텐 함량이 많은 반죽은 강도가 커서 효소나 맥아로 처리하고, 글루텐을 부분 분해하여 반죽의 강도를 적게 한다.

177 밀가루의 gluten을 형성하는 단백질은 glutenin과 gliadin이며, 전체 단백질량의 50% 이상을 점유하고 있다. 이 gluten의 양과 성질은 밀가루 제품 등의 성질에 큰 영향을 미친다.

178 밀 중에 포함된 아미노산의 구성 비율은 lysine 2.7%, leucine 7.0%, isoleucine 4.0%, valine 4.3%의 비율이고, 가장 많은 아미노산은 glutamic acid 29.0%, proline 10.3% 등이다.

179 보리에는 hordenin, 밀, 호밀에는 gliadin, 옥수수에는 zein, 감자에는 tuberin이란 단백질이 들어 있다.

180 쌀의 단백질 중 가장 중요한 것은 glutelin으로서 oryzenin이라고 한다. Gliadin은 밀, hordenin은 보리, glycinin은 대두의 단백질이다.

181 쌀의 단백질 중 가장 중요한 것은 glutelin으로서 oryzenin이고, 밀, 호밀에는 gliadin, 보리에는 hordenin, 대두에는 glycinin이 함유되어 있다.

182 myogen
- 육류의 근섬유 조직을 구성하는 단백질로 albumin에 속한다.
- 물에 가용성이고, 비교적 잘 변성하지 않는 안정한 단백질이다.

ANSWER

176 ①   177 ②   178 ③   179 ③
180 ①   181 ②   182 ①

183 단순단백질

- prolamin에 속하는 단백질 : hordein, gliadin, zein, sativin 등
- albumin에 속하는 단백질 : leucosin, legumelin, phaseolin, myogen, lactalbumin, ovalbumin 등
- globulin에 속하는 단백질 : legumin, vicilin, phaseolin, arachin, myosin, tuberin, covarachin 등
- glutelin에 속하는 단백질 : glutenin, oryzenin, hordenin 등
- albuminoid에 속하는 단백질 : collagen, keratin, elastin, fibroin 등
- histone에 속하는 단백질 : 흉선 histone, 간장 histone, 적혈구 histone, 정자핵 histone 등
- protamine에 속하는 단백질 : salmine, clupeine, scombrine, sturine 등

184 요소의 생합성(urea cycle)

- 간에서 행해지며 간에서 탈아미노 반응으로 생성된 NH_3는 요소로 합성된다.
- 요소(urea) 생성에 관여하는 아미노산은 ornithine, citrulline, arginine 등이다.

185 단백질의 이화학적 성질

- albumin : 물, 염류 용액, 묽은 산, 묽은 알칼리에 잘 녹으며, 가열 시 응고한다.
- globulin : 물에 난용이며, 염류 용액, 묽은 산 및 묽은 알칼리에 잘 녹으며, 가열 시 응고한다.
- histone : 물, 염류 용액, 묽은 산, 묽은 알칼리에 잘 녹으며, 가열 시 응고되지 않는다.
- glutelin : 물, 염류 용액에 난용이며, 묽은 산, 묽은 알칼리에 잘 녹고, 가열 시 응고되지 않는다.

186 glutelin

- 열에 의해 응고되지 않고, 묽은 alcohol에 녹지 않는다.
- 곡류의 종자에 많이 함유되어 있다.

187 collagen

- 골격, 연골조직을 포함하는 결체조직이다.
- 알부미노이드계 단백질이다.

188 색소단백질

- 색소와 단순단백질이 결합한 것이다.
- hemoglobin, myoglobin, cytochrome, catalase, phyllochlorine, rhodopsin, astaxanthin, yellow enzyme 등이 있다.

※ Collagen은 유도단백질이다.

ANSWER
183 ③ 184 ① 185 ③ 186 ④
187 ④ 188 ③ 189 ④

183 다음 중 prolamin에 속하는 단백질은?

① legumin
② leucosine
③ zein
④ myosin

184 다음 중 요소(urea) 생성에 관여하지 않는 아미노산은?

① glutamine
② ornithine
③ citrulline
④ arginine

185 물에 잘 녹으며 가열에 의하여 응고되는 단백질은 어느 것인가?

① 히스톤(histone)
② 글로불린(globulin)
③ 알부민(albumin)
④ 글루테린(glutelin)

186 가열에 의하여 응고하지 않는 단백질은?

① albumin
② globulin
③ myogen
④ glutelin

187 단백질에 관한 설명 중 맞지 않은 것은?

① myogen은 근장단백의 주성분이다.
② actin은 myosin과 결합하여 actomyosin을 형성한다.
③ myosin은 ATP-ase의 작용을 갖는다.
④ collagen은 어피의 주성분으로 albumin계 단백질이다.

188 다음 중에서 색소단백질이 아닌 것은 어느 것인가?

① hemoglobin
② myoglobin
③ collagen
④ astaxanthin

189 다음 중 섬유상 단백질이 아닌 것은?

① 콜라겐
② 엘라스틴
③ 미오신
④ 헤모글로빈

190 가열에 의해 젤라틴으로 변하는 단백질은?

① 미오신
② 콜라겐
③ 케라틴
④ 엘라스틴

191 인체에 유해한 dipeptide인 lysinoalanine이 형성되는 경우가 아닌 것은?

① 분유의 제조
② 식물성 단백질의 알칼리 추출과정
③ 육류의 가열 조리
④ 유지의 장시간 가열

192 근육에 존재하는 알부민(albumin)계의 단백질은?

① lactalbumin
② myogen
③ ovalbumin
④ ricin

193 Albumin의 성질 중 맞는 것은?

① 물에 잘 녹는다.
② 물에는 녹지 않으나 묽은 염류에는 녹는다.
③ 물에는 녹지 않으나 묽은 산에는 녹는다.
④ 물에는 녹지 않으나 묽은 알칼리에는 녹는다.

194 Collagen에 전혀 함유되어 있지 않은 필수 아미노산은?

① methionine
② cystine
③ valine
④ tryptophan

195 대두 단백질식품에서 제한아미노산으로 가장 문제되는 필수아미노산은?

① lysine
② alanine
③ methionine
④ phenylalanine

---

189 섬유상 단백질
• 근원섬유에 존재하는 수축단백질인 미오신, 액틴, 액토미오신과 조절단백질인 트로포미오신, 트로포닌 등과 콜라겐, 젤라틴, 엘라스틴, 케라틴 등이 있다.
※ 헤모글로빈(혈색소)은 색소단백질로 1분자의 글로빈과 4분자의 heme과 결합하여 산소의 운반작용을 한다.

190 collagen은 물과 함께 장시간 가열하면 변성되어 가용성인 gelatin이 되어 용출된다.

191 dipeptide인 lysinoalanine의 형성
• 식물성 단백질의 알칼리 추출 과정 또는 육류 가열조리, 분유의 제조, 달걀의 가열 등 동물성 단백질의 가열 가공 과정에서 형성된다.
• 한 단백질의 구성아미노산으로 존재하는 L-lysine과 다른 단백질의 구성성분으로 존재하는 alanine 사이의 상호작용에 의해서 형성된다.

192 알부민(albumin)계의 단백질
• 물, 염류 용액, 묽은 산, 묽은 알칼리에 잘 녹으며 가열에 의하여 응고되고 포화 $(NH_4)_2SO_4$로 침전된다.
 – 동물성 albumin : ovalbumin(난백), lactalbumin(우유), serumalbumin(혈청), myogen(근육) 등
 – 식물성 albumin : leucosin(밀), leucosin(완두), ricin(피마자) 등

193 albumin은 물, 염류용액, 붉은 산 및 알칼리에 잘 녹으며 가열에 의해 응고된다.

194 collagen은 glycine, proline과 기타 아미노산으로 구성되어 있으며, 기타 아미노산은 alanine, leusine, valine, phenylalanine, lysine, methionine, serine, cystine 등이다.

195 제한아미노산
• 영양학적으로는 필수아미노산을 한꺼번에 필요한 양만큼 섭취해야 가장 효과적이지만, 대부분의 경우 섭취하는 필수아미노산의 양이나 비율이 크게 다르다. 이때 가장 양이 적은 필수아미노산이 그 영양가를 제한하게 되는 것이다. 이와 같이 단백질 합성에 제한을 주는 이런 필수아미노산을 제한아미노산이라 한다.
• 쌀, 밀, 호밀 등의 곡류 단백질은 라이신(lysine)이 제한아미노산이고 콩류 단백질은 메티오닌(methionine)이 제한아미노산이다.

■ ANSWER ■ ························

190② 191④ 192② 193①
194④ 195③

196 Millon 반응
- 페놀기를 갖는 tyrosine을 검출하는 데 사용한다.
- 단백질 용액에 Millon 시약을 가하면 백색 침전이 되고 가열하면 적색을 나타낸다.

197 닌히드린 반응(ninhydrin reaction)과 밀론 반응(millon reaction)은 아미노산의 정색반응이다.

198 strecker 반응
- CO_2 가스와 aldehyde를 형성하는 반응이다.
- alanine의 분해에 의해서 strecker 반응을 거치면 acetaldehyde을 형성한다.

199 아미노산의 정색반응
- 닌히드린 반응(ninhydrin reaction), 밀론 반응(millon reaction), 크산토프로테인 반응(xanthoprotein), 사카구치 반응(sakaguchi reaction), 뷰렛 반응(Biuret reaction) 등이 있다.

200 Van slyke 가스 분석법
- 질소 가스의 부피를 구하여 정량한 질소량으로서 amino산을 산출한다.
- $R - CH(NH_2) \cdot COOH + HNO_2$
  $\rightarrow R - CH(OH)COOH + N_2 + H_2O$

201 단백질의 정색반응
- Biuret 반응 : 단백질 용액에 1~2N NaOH와 $CuSO_4$을 가하면 적자색을 띤다.
- Ninhydrin 반응 : 아미노산 중성~약산성 용액에 ninhydrin을 가해 가열하면 CO_2를 정량적으로 발생하면서 청색을 띤다.
- Xanthoprotein 반응 : 아미노산 용액에 진한 질산을 가해 끓이면 황색을 띤다.
- Millon 반응 : 아미노산 용액에 $HgNO_3$와 미량의 아질산을 가하면 황색을 띤다.

202 식품 중의 조단백질 정량
- kjeldahl 방법이 널리 쓰이고 있다.
- 단백질 중의 질소함량은 평균 16%이므로 정량된 질소량에 환산계수 6.25를 곱하여 조단백질의 양을 구한다.

 ANSWER
196 ④   197 ③   198 ④   199 ③
200 ④   201 ②   202 ②

---

196 단백질 중 phenol기를 갖는 tyrosine에 기인하여 일어나는 정색 반응은?

① biuret 반응
② ninhydrin 반응
③ xanthoprotein 반응
④ millon 반응

197 닌히드린, 밀론 반응으로 알 수 있는 것은 무엇인가?

① 지방-단백질
② 탄수화물-지방
③ 단백질-아미노산
④ 지방-아미노산

198 Alanine이 strecker 반응을 거치면 어느 것으로 변하는가?

① ethanol
② acetic acid
③ aldehyde
④ acetaldehyde

199 아미노산(amino acid)의 정색반응과 관련이 없는 것은?

① ninhydrin reaction
② millon reaction
③ salting reaction
④ xanthoprotein reaction

200 반스라이크(Van slyke)법은?

① 유지의 산가를 측정하는 법
② 총질소 정량법
③ 단백질의 변성도를 측정하는 법
④ 아미노질소를 측정하는 법

201 Protein을 alkari에 녹이고, $CuSO_4$를 넣었을 때 적자색이 나타나는 반응은?

① Ninhydrin 반응
② Biuret 반응
③ Xanthoprotein 반응
④ Millon 반응

202 다음 중 조단백질의 정량법은?

① Bar-food법
② kjeldahl법
③ harber법
④ somogyi법

203 아미노산에 아질산을작용시키면 아질산은 α-amino acid의 amino기와 질소 가스를 생성하는데, 이 질소 가스를 정량하여 amino acid를 산출하는 방법은?

① Ninhydrin 법   ② Van slyke법

③ Folin의 비색법   ④ formol 적정법

204 어떤 식품의 질소량이 a일 때, 단백질의 % 함량은 얼마인가?

① a×100/14   ② a×16/100

③ a×100/16   ④ a×14/100

205 식품 중의 단백질의 정량을 킬달(kjeldahl)법으로 실행하고자 할 때 순서가 올바른 것은?

① 분해 반응 → 증류 → 중화 반응 → 적정

② 중화 반응 → 분해 반응 → 증류 → 적정

③ 분해 반응 → 중화 반응 → 증류 → 적정

④ 중화 반응 → 증류 → 분해 반응 → 적정

206 다음 중 질소 환산계수가 가장 큰 식품은?

① 쌀   ② 메밀

③ 대두   ④ 깨

207 단백질의 성질을 알기 위해 쓰이는 방법이 아닌 것은?

① 정색반응   ② 등전점

③ 용해성   ④ 중합도

208 어떤 protein의 질소함량을 측정했더니 15%였다. 이 protein의 질소계수는?

① 6.97   ② 6.67

③ 6.25   ④ 6.05

209 쌀 1g을 취하여 질소를 정량한 결과 전질소 1.8%이었다. 쌀 중의 조단백질 함량은 얼마인가? (단, 질소계수는 6.25)

① 7.5%   ② 8.5%

③ 10.5%   ④ 11.3%

203 Van slyke법에 의한 amino acid의 정량
- 시료에 아질산(HNO_3)을작용시키면 α-amino acid의 amino기가 아질산과 반응하여 N_2 gas를 정량적으로 발생한다.
- 이 가스를 뷰렛이나 검압계로 측정한다.

204 조단백질 함량(%)계산
- 대부분 단백질의 질소함량은 평균 16%이며 정량법에서 kjeldahl법으로 질소량을 측정한 후 단백질소계수 6.25(100/16)을 곱하면 조단백질량을 구할 수 있다.

205 식품 중의 단백질 정량
- 보통 kjedahl법으로 정량한다.
- 순서는 분해 반응 → 증류 → 중화 → 적정의 순이다.

206 조단백질 함량(%)계산
- 단백질은 약 16%의 질소를 함유하고 있으므로, 식품 중의 단백질을 정량할 때 질소량을 측정하여 이것에 100/16, 즉 6.25(질소계수)를 곱하여 조단백질 함량을 산출한다.
- 이 계수는 단백질 종류에 따라 다르다.
  - 쌀 : 5.95
  - 메밀 : 6.31
  - 대두 : 5.71
  - 깨 : 5.30

207 단백질의 성질을 알기 위해 쓰이는 방법에는 단백질의 조성, 분자량, 전기적 성질, 등전점, 정색반응, 점도의 증가, 용해도의 변화 등이 있다.

208 100/15 = 6.67

209 조단백질(%)
= N량 × 질소계수
= 1.8 × 6.25
= 11.3(%)

210 어떤 식품 3g을 진한 황산으로 분해하여 총질소를 정량한 결과 70mg을 얻었다. 이 식품의 조단백질의 함량 %는?

① 15%
② 20%
③ 25%
④ 30%

211 인체 내에서 이루어지는 무기염류의 기능이 아닌 것은?

① 조직을 견고하게 한다.
② 비타민의 소모량을 감소하게 한다.
③ 체내 효소작용을 촉진한다.
④ 체액의 pH와 삼투압을 조절한다.

212 식품 중 무기물에 대한 다음 설명 중 틀린 것은?

① 식품을 550~600℃에서 수 시간 태웠을 때 재로 남는 성분이다.
② K, Na, Ca 등과 같이 양이온을 생성하는 것을 산 생성 원소라고 한다.
③ 식품 중에 알칼리 생성원소보다 산 생성원소가 많은 식품을 산성 식품이라고 한다.
④ 철, 구리 등의 미량원소와 나트륨, 염소 등의 다량원소로 나누어진다.

213 무기염류의 작용과 관계가 먼 것은?

① 체액의 pH 조절
② 근육이나 신경의 흥분
③ 항산화성 증대
④ 효소작용의 촉진

214 무기질의 기능에 대한 설명으로 틀린 것은?

① Co – 비타민 B_{12}의 구성성분으로 조혈작용에 필요
② Cu – 헤모글로빈(hemoglobin) 형성 시에 Fe의 흡수와 이용에 필요
③ Na – 세포외액에 많고 삼투압 조절, 산 · 알칼리 평형에 필요
④ I – 인슐린(insulin)의 구성성분이며 디카르복실라아제 (decarboxylase)의 활성화에 필요

215 세포외액에 염화물, 인산염, 탄산염 형태로 존재하며, 체내의 중성 유지, 삼투압 유지의 역할을 하는 것은?

① K
② Na
③ P
④ Ca

216 다음은 인체의 무기질 조성이다. 그 함량이 많은 순서로 된 것은?

① Na > Ca > S
② Ca > P > Na
③ Ca > Fe > P
④ Na > S > Ca

217 다음 중 Ca가 풍부한 식품들은?

① 호박, 고추, 무
② 우유, 멸치, 김
③ 감자, 소고기, 백미
④ 사과, 미역, 설탕

218 Ca의 흡수를 방해하는 인자는?

① 수산
② 단백질
③ 구연산
④ 주석산

219 세포내액 중에 염화물, 인산염, 탄산염으로 존재하며 체액의 산, 알칼리 평형 및 삼투압 조절을 하는 것은?

① S
② K
③ Na
④ P

220 성인에게 알맞은 Ca : P는?

① 1 : 1
② 1 : 1.5
③ 1 : 0.5
④ 1 : 2.5

221 다음 금속 중 조회분 정량에 있어서 탄화할 때 손실량이 큰 것은?

① As
② Ca
③ F
④ Fe

222 임산부나 생리기의 여성이 결핍되기 쉬운 무기질은?

① Ca
② Fe
③ I
④ Mg

215 Na(Sodium)
· 세포외액에 염화물($NaCl$), 인산염(Na_2HPO_4), 탄산염(Na_2CO_3) 형태로 존재하며 체액의 산, 알칼리 평형 및 삼투압을 조절하며, 근육수축, 신경의 흥분 억제 및 자극 전달에 관여한다.

216 인체의 무기질 조성의 함량
· Ca 약 1kg, P 500g, K 170g, Na 약 75g, S 약 125g정도 들어 있고, 그 밖에 Mg, Fe, Mn, CU, I 등이 미량으로 들어 있다.

217 Ca가 함유된 식품
· 우유, 멸치, 김, 콩, 양배추, 달걀, 고구마 등이 있다.

218 Ca의 흡수를 방해하는 인자
· 수산과 피틴산, 탄닌, 식이섬유 등
※ 비타민 D는 Ca의 흡수를 촉진한다.

219 K(potassium)
· 세포내액 중에 염화물(KCl), 인산염(K_2HPO_4), 탄산염(K_2CO_3)로 존재한다.
· Na와 함께 체액의 산, 알칼리 평형과 세포의 삼투압 조절을 하며, 근육의 수축과 신경의 자극 전달 및 신경 흥분을 억제한다.

220 Ca : P는 유아, 수유부의 경우 1 : 1, 성인의 경우는 1 : 1.5일 때 가장 흡수가 좋다고 한다. 반면, 인이 과다하면 흡수를 방해한다.

221 조회분 정량 시 600℃ 이상 고온으로 가열 회화하면 P, F 같은 성분은 휘산할 우려가 있으므로 주의해야 한다.

222 Fe이 결핍되면
· 저혈색소성 빈혈 심계 항진 등이 나타낸다.
· Fe는 혈액중의 hemoglobin, 근육중의 myoglobin을 형성하므로 태아에 많은 Fe를 축적시켜야 한다.
· 따라서 Fe는 임산부나 생리기의 여성이 결핍되기 쉽다.

▶ ANSWER ◀ ··················

215② 216② 217② 218①
219② 220② 221③ 222②

223 NaCl은 위액(HCl) 형성에 관여하므로 부족하면 위액 형성에 지장을 초래하여 소화불량이 나타난다.

224 골격형성
· 콜라겐 기질에 칼슘(Ca), 인(P), 마그네슘(Mg), 불소(F) 등이 침착되어 골격(뼈, 치아)이 형성된다.

225 불소(F)
· 성인 골격에 2∼6g 함유되어 있고, 체내 전체 중 95%가 골격에 함유되어 있으며 치아에서도 특히 백악질에 많다.
· 미량의 불소는 치아와 골격 형성에 중요하다. 불소는 플라그의 형성을 막으며, 충치를 예방한다.
· 노년기 여성에게 발생 빈도가 높은 골다공증을 예방한다.

226 Hemocyanin
· 연체동물이나 갑각류의 혈색소이고 Fe 대신 Cu를 함유하고 있다.
· 산소의 운반에 관여한다.
· O_2와 결합하면 청색이 된다.

227 주로 체액의 산·알칼리 평형과 세포의 삼투압 조절을 하며, 근육의 수축과 신경의 자극 전달 및 신경의 흥분을 억제하는 무기물은 K, Na이며, K는 세포내액 중에 그리고 Na는 세포외액에 염화물, 인산염, 탄산염으로 존재한다.

228 해조류에 요오드 함량이 많고, 특히 갈조류(미역, 다시마 등)는 요오드 함량이 높다. 요오드(iodine) 비누, 아이스크림, 연고 등 이용도가 높다.

229 산성 식품과 알칼리성 식품
· 알칼리성 식품 : Ca, Mg, Na, K 등의 원소를 많이 함유한 식품. 과실류, 야채류 해조류, 감자, 당근 등
· 산성 식품 : P, Cl, S, I 등 원소를 함유하고 있는 식품. 고기류, 곡류, 달걀, 콩류 등

ANSWER
223 ② 224 ④ 225 ③ 226 ②
227 ① 228 ③ 229 ③

---

223 NaCl의 섭취량이 부족할 때 나타나는 생리적 장애는?

① 근육 구성에 지장이 있다.
② 위산 생성에 지장이 있다.
③ 뼈대 형성에 지장이 있다.
④ 호르몬 생성에 지장이 있다.

224 뼈와 치아의 구성성분이 아닌 것은?

① 칼슘(Ca) ② 인(P)
③ 마그네슘(Mg) ④ 나트륨(Na)

225 인체의 치아와 골격 형성에 중요하고 충치를 예방해 주는 무기질은?

① 칼슘 ② 인
③ 불소 ④ 칼륨

226 Hemocyanin은 철 대신 무엇을 함유하고 있나?

① Mg ② Cu
③ K ④ Na

227 대부분이 세포내액(intracellular fluid)에 존재하며, 체액의 산·알칼리 평형 및 세포의 삼투압 조절의 기능을 가지는 것은?

① K ② Na
③ P ④ Ca

228 요오드(iodine)의 함량이 비교적 높은 해조류는 어느 것인가?

① 홍조류 ② 녹조류
③ 갈조류 ④ 남조류

229 산성 식품과 알칼리성 식품을 설명한 것으로 틀린 것은?

① 지방은 P를 많이 함유하고 있어 산성 식품이다.
② 곡류는 탄수화물이 많아 생체 내에서 H_2CO_3를 생성하는 산성 식품이다.
③ 단백질은 S를 적게 함유하고 있어 알칼리성 식품이다.
④ 과실류나 야채는 Ca, Fe, Mg 등을 많이 함유하고 있어 알칼리성 식품이다.

230 다음 중 알칼리성 식품이란?

① Ca, K, Mg, Na이 많은 식품
② S, Cl이 많이 들어 있는 식품
③ 산성 식품을 NaOH로 처리한 식품
④ 육류, 곡류 등의 식품

231 산성 식품은 어느 것인가?

① 우유　　　　　　② 육류
③ 채소류　　　　　④ 과실류

232 산성 식품은 어느 것인가?

① 대두　　　　　　② 달걀
③ 채소류　　　　　④ 해조류

233 과일에 대한 설명으로 맞는 것은?

① 유기산이 많이 함유되어 있으나 체내에서 중화되므로 중성 식품이다.
② 유기산이 많이 함유되어 있으나 분해되기 때문에 중성 식품이다.
③ K, Ca, Fe 등이 많이 함유되어 있으므로 알칼리성 식품이다.
④ P, S, Cl 등이 많이 함유되어 있으므로 알칼리성 식품이다.

234 어떤 식품 10g을 연소시켜 얻은 회분의 수용액을 중화하는데 0.1N-NaOH 5ml가 소요되었다면 이 식품은?

① 알칼리도 10　　　② 산도 10
③ 알칼리도 50　　　④ 산도 50

235 식품 중의 다음 무기물 중에서 산 생성원소는 무엇인가?

① K, Mg　　　　　② Ca, Na
③ S, P　　　　　　④ Zn, Cu

230 알칼리성 식품
• Ca, Fe, Mg, Na, K, Cu, Co, Mn, Zn 등의 원소가 많은 식품이며, 그 산화물을 물에 녹이면 알칼리성을 생성하는 $Ca(OH)_2$, $Fe(OH)_2$, NaOH 등의 수산화물을 형성한다.
• 식품으로는 과실류, 채소류, 해조류, 감자류 등이 있다.

231 산성식품
• 곡류, 어패류, 육류, 달걀, 유제품, 두류, 흰 빵 등이 있다.

232 231번 참조

233 과일은 Ca, Fe, Mg, Na, K 등이 많이 함유되어 있어 이들 산화물은 물에 녹으면 $Ca(OH)_2$, $Fe(OH)_2$, $Mg(OH)_2$, NaOH, KOH와 같은 알칼리성의 수화물이 된다.

234 산도 및 알칼리도
• 식품 100g을 연소하여 얻은 회분을 중화하는 데 필요한 0.1N-NaOH(산도), 또는 0.1N-HCl(알칼리도)의 ml 수로 표시한다.
• 식품 100g에 대한 0.1N-NaOH 소비량을 계산하면, $5 \times \dfrac{100}{10} = 50(ml)$ 이므로 산도는 50이다.

235 P, S, Cl, Br, I 등은 PO_3^-, SO_4^{2-}, Cl^-, Br^-, I^-을 만들어 음이온이 되므로 산 생성원소이다.

236 비타민

- 생체 내의 여러 가지 기능을 조절하는 작용을 하며 체내에서 합성되지 않기 때문에 식품을 통하여 반드시 섭취되어야 한다.
- 수소·탄소·산소로 구성되어 있고, 황·코발트를 함유하는 것도 있으며, 용해성에 따라 수용성 비타민과 지용성 비타민으로 나뉘어진다.

237 비타민A

- 지방 및 유기용매에 잘 녹고, 알칼리에 안정하고 산성에서는 쉽게 파괴된다.
- 과량 섭취할 경우 간에 저장되었다가 인체의 요구가 있을 때 유리되어 나온다.
- 공기 중의 산소에 의해 쉽게 산화되지만 열이나 건조에 안정하다.
- 결핍되면 야맹증, 안구건조증, 각막연화증이 생긴다.

238
vitamin A는 물고기의 간유 중에 가장 많이 들어 있고, 조개류, 뱀장어, 난황에 다소 들어 있다.

239 vitamin A의 단위

- 보통 국제단위(International Unit, IU)를 사용한다.
- 1 I.U.는 0.3γ의 vitamin A 또는 0.6γ의 β-carotene에 해당된다.

240 provitamin A

- carotenoid계 색소 중에서 β-ionone핵을 가지는 carotene류의 α-carotene, β-carotene, γ-carotene과 xanthophyll류의 crytoxanthin이다.
- 효력은 β-carotene이 가장 크다.

241 total vitamin A (R.E.)

= retinol(μg) + β-carotene(μg)/6 + 기타 pro-vitamin(μg)/12
= 30 + 60/6 + 120/12 = 50

242 비타민의 분류(용해성에 따라)

- 지용성 vitamin : vitamin A (retinol), Vit. D(calciferol), vit. E (tocopherol), Vit. F(essential fatty acid), Vit. K(coagulation vitamin) 등
- 수용성 vitamin : Vit. B₁ (thiamine), Vit. B₂ (riboflavin) 등 vit.B group과 vit. C 등

ANSWER
236 ③ 237 ③ 238 ③ 239 ②
240 ① 241 ① 242 ④

---

236 비타민에 대한 다음 설명 중 틀린 것은?

① 체내에서 중요한 생리작용을 한다.
② 체내에서 합성되지 않기 때문에 반드시 섭취되어야 한다.
③ 무기화합물이다.
④ 용해성에 따라 수용성 비타민과 지용성 비타민으로 나눈다.

237 비타민A에 대한 설명 중 틀린 것은?

① 산화에 의해서 파괴된다.
② 광선, 열에 비교적 안정하다.
③ 부족하면 각기병에 걸린다.
④ 과량 섭취할 경우 간에 저장된다.

238 Vit-A를 많이 함유한 식품은?

① 우유   ② 버터
③ 간유   ④ 굴비

239 1I.U.의 Vit-A는 몇 γ에 해당하나?

① 0.2γ   ② 0.3γ
③ 0.6γ   ④ 0.72γ

240 채소 중의 카로틴은 어느 비타민의 효력을 가지는가?

① 비타민 A   ② 비타민 B
③ 비타민 K   ④ 비타민 E

241 혼합야채를 주 원료로 만든 야채주스에 retinol 30μg, α-carotene 120μg, β- carotene 60μg, lycopene 160μg이 함유되어 있다면 RE(Retinol Equivalent)는 얼마인가?

① 50 RE   ② 60 RE
③ 70 RE   ④ 80 RE

242 지용성 비타민에 속하지 않는 것은?

① retinol   ② calciferol
③ tocopherol   ④ thiamine

243 유지의 산화를 억제시키는 비타민은 어느 것인가?

① Vit-K   ② Vit-B

③ Vit-D   ④ Vit-E

244 Ca, P의 비율을 조정해 주는 비타민은?

① Vit-A   ② Vit-D

③ Vit-C   ④ Vit-E

245 에르고스테롤이 자외선을 받으면 활성화되는 비타민에 대한 설명이다. 맞지 <u>않는</u> 것은?

① 산화를 방지하는 중요한 인자가 된다.
② 결핍되면 구루병, 골연화증 등이 발생된다.
③ Ca와 P의 흡수 및 침착을 도와준다.
④ 뼈의 석회화를 도와주는 역할을 한다.

246 Vit-B$_1$의 함량이 많은 식품은?

① 닭고기   ② 돼지고기
③ 달걀   ④ 양고기

247 Avidin과 결합하여 장에서 흡수되지 않는 비타민은?

① Vit-C   ② Vit-D
③ biotin   ④ folic acid

248 탄수화물 대사에 관여하는 비타민은?

① Vit-B$_1$ ② Vit-B$_2$
③ Vit-E   ④ Vit-C

249 강화미란 주로 어떤 성분을 보충한 쌀을 말하는가?

① Vit-B$_1$ ② Vit-B$_2$
③ Vit-C   ④ Vit-D

250 비타민 B$_2$(Riboflavin)의 주요 기능은?

① 항피부염인자   ② 혈액응고촉진인자
③ 항불임인자   ④ 성장촉진인자

---

243 Vit-E(tocopherol)
· 항산화작용이 있다.
· 식품 중의 비타민 A, 카로틴, 유지 등의 산화를 억제하고, 동물의 생식세포 기능을 유지시켜 준다.

244 Vit-D
· Ca, P의 흡수를 돕고 혈액 중에 P량을 일정하게 유지시키고, 치아에 인산칼슘의 침착을 촉진한다.
· 간유, 버터, 난황, 청색어류, 표고버섯에 존재한다.

245 Vit-D
· 동식물계에 널리 분포하는 provitamin D인 에르고스테롤과 7-히드로콜레스테롤이 자외선의 조사를 받아 에르고칼시페롤(Vit-D$_2$, 식물)과 콜레칼시페롤(Vit-D$_3$, 동물)이 생성된다.
· Ca와 P의 흡수 및 체내 축적을 돕고 균형을 적절히 유지하여 뼈의 석회화를 도와주는 역할을 한다.
· 결핍되면 구루병, 골연화증 등이 발생되고 골다공증을 유발하기도 한다.

246 Vit-B$_1$(thiamine)
· 탄수화물의 대사를 촉진하며, 식욕 및 소화기능을 자극하고, 신경기능을 조절한다.
· 식물성 식품에는 종자, 두류, 곡류에 비교적 많고, 동물성 식품에는 육류, 어패류 등에 많다. 특히 효모, 돼지고기, 생선의 눈에 많다.
· 결핍되면 피로, 권태, 식욕부진, 각기, 신경염, 신경통이 나타난다.

247 난백단백질인 avidin은 비타민 B 복합체 일종인 biotin과 결합하여 비타민을 불활성화한다.

248 246번 참조

249 쌀, 밀은 Vit-B$_1$ 함량은 많으나 배아가 제거되므로 손실이 많다. 때문에 강화미 제조에 Vit-B$_1$을 보충한다.

250 비타민 B$_2$
· riboflavin이라고 부르며 성장촉진인자로 알려져 있다.
· 체내에서 인산과 결합하여 조효소인 FMN과 FAD형태로 변환되어 산화, 환원작용에 관여한다.

ANSWER

243 ④   244 ②   245 ①   246 ②
247 ③   248 ①   249 ①   250 ④

251 vitamin B₂(riboflavin)

- 약산성 내지 중성에서 광선에 노출되면 lumichrome으로 변한다.
- 알칼리성에서 광선에 노출되면 lumiflavin으로 변한다.

※ 어느 쪽이나 효력이 없어진다.

252 Vit-C의 성질

- 물에 잘 녹고, 수용액은 산성을 띤다.
- 환원형, 산화형으로 존재한다.
- 열에 비교적 안정하지만, 산소 및 수용액 중에서는 불안정하다.
- Vit-B₂에 의해 광분해가 촉진된다.

253 Vitamin C 함량

- 피망(pimento) : 200mg% 정도
- 레몬(lemon) : 45mg% 정도
- 무 : 20~45mg% 정도

254 비타민 C의 결정

- 완전 건조상태에서는 안정하지만 흡습하거나 물에 녹을 때 빠른 산화로 효력을 잃는다.
- 식품의 조리, 가공 또는 저장 중에 다른 비타민보다 빨리 효력을 잃는다.

255 갈변의 방지 방법

- 산을 가하여 pH를 현저히 낮춘다.
- 온도를 낮게(-10℃ 이하) 유지한다.
- 산소(O₂)를 차단시킨다.
- 환원성 물질(SH 화합물, Sn⁺⁺, SO₂ gas 처리법)을 이용한다.
- 특히, vitamin C(ascorbic acid)는 강한 환원성으로 갈변화 방지를 한다.

256 vitamin E

- 물에는 녹지 않으나 유기 용매에는 잘 녹으며 산소, 열, 빛에는 비교적 안정하다.
- 항산화제로서작용하고, 노화 방지작용을 한다.
- 식물성 기름, 쌀, 버터, 달걀, 소의 간 등에 많이 들어 있다.

※ 화학적 구조는 chroman핵을 가지고 있으나 vitamin D는 sterol핵을 가지고 있다.

257 vitamin K

- 혈액응고작용을 하고, 열에 안정적이나 강산 또는 산화에는 불안정하고, 광선에 의해 쉽게 분해된다.
- 결핍되면 피부에 출혈증상이 생기고 혈액응고가 잘 되지 않는다.
- 사람이나 가축은 소화기관 내의 세균에 의해 합성한 비타민 K를 이용하기 때문에 결핍증은 드물다.

---

251 Vit-B₂가 알칼리성에서 광분해 되어 생성되는 물질은?

① hydrogainone
② thiochrome
③ lumichrome핵
④ lumiflavin

252 다음 중 Vit-C의 성질이 아닌 것은?

① 무즙에 당근즙을 가하면 산화가 촉진된다.
② 물에 잘 녹고, 수용액은 산성을 띤다.
③ Vit-B₂에 의해 광분해가 억제된다.
④ 열 자체에는 비교적 안정하나 산소나 수용액 중에서는 불안정하다.

253 Vitamin C 함량이 많은 순서로 나열된 것은?

① 피망 > 무 > 레몬
② 무 > 레몬 > 피망
③ 레몬 > 피망 > 무
④ 피망 > 레몬 > 무

254 식품의 조리, 가공 또는 저장 중에 가장 손실이 큰 비타민은?

① 비타민 A
② 비타민 C
③ 비타민 D
④ 비타민 K

255 갈변(browning)의 방지에 사용될 수 있는 것은?

① Vit-B₆
② Vit-E
③ Vit-C
④ Vit-A

256 Vitamin E에 대한 설명으로 맞지 않는 것은?

① 화학적인 구조가 vitamin D와 유사하다.
② 소맥의 배아유에 많이 함유되어 있다.
③ 항산화제 역할을 한다.
④ 지용성 비타민이다.

257 사람이나 가축의 장내 세균에 의해 합성되어 사용되는 비타민은?

① 비타민 A
② 비타민 D
③ 비타민 E
④ 비타민 K

258 혈관의 침투성과 관계 깊은 것은?

① Vit-A 　　　② Vit-B
③ Vit-D 　　　④ Vit-P

259 결핍되면 혈관의 침투성이 커져서 혈액이 침투되어 피부에 반점이 생기는 증세를 나타내는 비타민이 많이 함유되어 있는 식품은 어느 것인가?

① 사과 　　　② 딸기
③ 귤껍질 　　④ 배

260 콩에는 없지만 콩나물에 많이 들어 있는 비타민은?

① Vit-B₁ 　　② Niacin
③ Vit-C 　　　④ Vit-B₂

261 Vitamin과 결핍 증세를 짝지어 놓은 것 중 틀린 것은?

① Vit-A : 야맹증 　　② Vit-B₁ : 각기병
③ Vit-C : 괴혈병 　　④ Vit-D : 악성빈혈

262 과실이 익어감에 따라 어떤 효소작용에 의해 pectin으로 되는가?

① pectase 　　　② protopectinase
③ protopectase 　④ pectinase

263 *Aspergillus*속 배양물에서 얻어지는 효소로, 식물조직을 연화시키는작용을 하는 것은?

① isoamylase 　② pectinase
③ pepsin 　　　④ α-amylase

264 다음 중 casein 응고 효소는?

① pepsin 　　　② trypsin
③ rennin 　　　④ papain

265 다음 중 Hydrolase(가수분해 효소)가 아닌 것은?

① maltase 　　　② phosphatase
③ peptidase 　　④ catalase

---

258 vitamin P(citrin)
· 모세혈관의 침투성을 조절한다는 뜻에서 명명되었으며 citrin이라고 한다.
· Hesperidin, eriodictin, rutin 등이 Vit-P의작용을 가지고 있다.
· 엽체류에 널리 분포되어 있으며, 특히 감귤류의 껍질에 많이 들어 있다.

259 258번 해설 참조

260 콩나물의 성장 중에는 콩 자체에는 없던 Vit.C가 빠르게 증가하여 발아 7~8일에 최고값에 도달했다가 감소한다.

261
· Vit-D가 결핍되면 구루병의 증세가 나타난다.
· Vit-B₁₂가 결핍되면 성장 정지와 악성 빈혈 증세가 나타난다.

262 pectin의 모테인 불용성 protopectin은 과실이 익어감에 따라 protopectinase에 의해 가용성 pectin으로 가수분해 된다.

263 펙틴 분해 효소(pectinase)
· *Aspergillus niger*의 배양물 및 *Aspergillus aculeatus*의 펙티나아제 유전자를 함유한 *Aspergillus oryzae*의 배양물에서 얻어지는 효소제이다.
· 미생물들이 생산한 펙틴 분해 효소는 조직을 연화시키며 파괴시키기도 한다.
· 일단 조직에 침입한 미생물들은 펙틴 분해 효소를 이용하여 조직을 투과할 수 있으며 이렇게 되면 세포가 사멸되고 세포막이 파괴되어 침입한 미생물들이 영양소를 얻기 쉬워진다.
· 이것이 연부병(rot)이다.

264 rennin에 의한 우유응고
· casein은 rennin에 의하여 paracasein이 되어 Ca^{2+}의 존재 하에 응고되며, 치즈 제조에 이용된다.
· casein $\xrightarrow[Ca^{++}]{rennin}$ paracasein+peptide

265 가수분해 효소(Hydrolase)
· 물 분자의 개입으로 복잡한 유기화합물의 공유결합을 분해한다.
· Polysaccharase, protease, lipase, maltase, phosphatase 등은 가수분해 효소이다.
※catalase는 산화환원 효소이다.

ANSWER

258 ④	259 ③	260 ③	261 ④
262 ②	263 ②	264 ③	265 ④

266 지방 분해 효소(lipase)는 중성지방(triglyceride)의 에스테르 결합을 고급 지방산과 글리세롤로 분해하는 효소이다.

267 β-amylase
• amylose와 amylopectin의 α-1,4-glucoside 결합을 비환원성 말단부터 maltose 단위로 절단하는 효소이다.

268 식물성 단백질 분해 효소
• 파파인(papain), 브로멜린(bromelin), 피신(ficin), 액티니딘(actinidin) 등이 있다.
※ 펩신, 트립신, 레닌은 동물성 식품의 소화 효소이다.

269 위액
• 99% 수분, 염산, 펩신(pepsin), 뮤신(mucin), 리파아제(lipase), 레닌(rennin) 등이 함유되어 있다.
• pH는 1.5~2.00이고 주된 단백질 분해 효소는 pepsin과 rennin이다.

270 효소들의 역할
• ascorbate oxidase : 비타민 C(아스코르브산)를 다이하이드로아스코르브산으로 산화하는 반응을 촉매한다.
• polyphenol oxidase : 폴리페놀류를 산화하여 갈변을 일으킨다.
• chlorophyllase : 클로로필을 가수분해한다.
• bromelin : 식불성 단백질 분해 효소이다.

271 4가지 기본적인 맛
• 단맛 : 혀끝 부분
• 쓴맛 : 혀의 뒷부분
• 신맛 : 혀의 중간 부분과 그 좌우변
• 짠맛 : 혀의 가장자리

266 지방 분해 효소는?

① maltase
② lipase
③ pectinase
④ esterase

267 β-amylase가 작용하는 것은?

① α-1,4-glucoside 결합
② β-1,4-glucoside 결합
③ α-1,6-glucoside 결합
④ β-1,6-glucoside 결합

268 단백질 소화 효소 중 식물성 소화 효소인 것은?

① 트립신(trypsin)
② 펩신(pepsin)
③ 레닌(rennin)
④ 파파인(papain)

269 위에서 분비되는 주된 단백질 분해 효소는?

① 펩신(pepsin)
② 브로멜린(bromelin)
③ 트립신(trypsin)
④ 아미노펩티다아제(aminopeptidase)

270 효소들의 역할이 바르게 설명된 것은?

① polyphenol oxidase : 갈변이 억제된다.
② ascorbate oxidase : 비타민 C를 생성한다.
③ chlorophyllase : 클로로필을 가수분해한다.
④ bromelin : 단백질 분자간의 결합이 이루어진다.

식품의 특수성분

271 다음 중 기본적인 맛이 아닌 것은?

① 단맛
② 신맛
③ 짠맛
④ 매운맛

272 기본적인 4가지 맛 중 가장 예민한 맛은?

① 쓴맛 　　　　　　② 짠맛
③ 신맛 　　　　　　④ 단맛

273 혀의 미각이 가장 예민한 온도는?

① 10℃ 　　　　　　② 20℃
③ 30℃ 　　　　　　④ 60℃

274 네 가지 기본적인 맛 중에서 사람의 미각기관에서 가장 예민하게 느껴지는 맛은?

① 단맛 　　　　　　② 짠맛
③ 신맛 　　　　　　④ 쓴맛

275 다음 중 감미 발현단이 아닌 것은?

① -H 　　　　　　② -CHO
③ -NH₂ 　　　　　　④ -SO₂NH₂

276 짠맛 성분이 아닌 것은?

① KBr 　　　　　　② KCl
③ NH₄Cl 　　　　　　④ MgCl₂

277 다음 중 단맛이 큰 순서로 나열되어 있는 것은?

① 설탕 > 과당 > 맥아당 > 젖당
② 과당 > 설탕 > 맥아당 > 젖당
③ 맥아당 > 젖당 > 설탕 > 과당
④ 젖당 > 맥아당 > 과당 > 설탕

278 신맛(산미)에 대한 설명 중 틀린 것은?

① 같은 농도에서는 유기산이 무기산보다 신맛이 강하다.
② 같은 pH에서도 무기산보다 유기산의 신맛이 더 강하다.
③ 신맛은 향기를 동반하는 경우가 많으며 미각의 자극이나 식욕증진에 필요하다.
④ 무기산은 일반적으로 쓴맛이나 떫은맛이 섞이는 경우가 많다.

272 혀의 미각
• 가장 예민한 온도 : 30℃ 전후
• 가장 예민한 맛 : 쓴맛
• 가장 높은 온도에서 느낄 수 있는 맛 : 매운맛(50~60℃)

273 미각이 가장 예민한 온도
• 미각의 온도는 10~40℃일 때 잘 느껴지고, 특히 30℃에서 가장 예민해진다.
• 이 온도보다 떨어질수록 미각은 둔해진다.

274 네 가지 기본적인 맛
• 단맛, 짠맛, 신맛, 쓴맛이다.
• 단맛은 혀끝 부분, 쓴맛은 혀의 뒷부분, 신맛은 중간 부분과 그 좌·우변, 짠맛은 혀의 가장자리에서 느껴진다.
• 미각기관에서 가장 예민하게 느껴지는 맛은 쓴맛이다.

275 감미 발현단
• 단맛은 -OH, -CHO, -NH₂, -SO₂NH₂, -NO₂ 등의 원자단을 감미발현단이라고 한다.
• 여기에 조미단인 -H 또는 -CH₂OH 등의 결합으로 비로소 단맛이 생긴다.

276
• 짠맛이 강한 것 : NaCl, KCl, NH₄Cl, NaBr, NaI
• 짠맛과 쓴맛이 같은 정도인 것 : KBr, NH₄I
• 쓴맛이 강한 것 : MgCl₂, KI, MgSO₄

277 과당의 감미도
• 설탕의 150% 정도로 천연당류 중 단맛이 가장 강하다.
• 단맛이 큰 순서 : 과당(150) 〉 설탕(100) 〉 맥아당(50) 〉 젖당(27) 순이다.

278 신맛 성분
• 무기산, 유기산 및 산성염 등이 있다.
• 신맛은 수용액 중에서 해리된 수소이온(H⁺)의 맛이다.
• 신맛의 강도는 pH와 반드시 정비례되지 않는다.
• 동일한 pH에서도 무기산보다 유기산의 신맛이 더 강하게 느껴진다.
• 신맛의 강도를 동일 농도에서 HCl을 100으로 하여 비교하면 HCl(100) 〉 HNO₃ 〉 H₂SO₄ 〉 formic acid(84) 〉 citric acid(78) 〉 malic acid(72) 〉 lactic acid(65) 〉 acetic acid (45) 〉 butyric acid(32)의 순이다.

ANSWER

272 ① 　273 ③ 　274 ④ 　275 ①
276 ④ 　277 ② 　278 ①

279 Ribonucleotides류의 풍미 강화 효과
- 크기는 5′-GMP 〉 5′-IMP 〉 5′-XMP 의 순이다.
- 5′-GMP는 표고버섯, 송이버섯에, 5′-IMP는 소고기, 돼지고기, 생선에 함유된 맛난맛(지미) 성분이다.

280 맛의 대비 현상(강화 현상)
- 서로 다른 정미성분이 혼합되었을 때 주된 정미성분의 맛이 증가하는 현상을 말한다.
- 설탕용액에 소금용액을 소량 가하면 단맛이 증가하고, 소금용액에 소량의 구연산, 식초산, 주석산 등의 유기산을 가하면 짠맛이 증가하는 것은 바로 이 현상 때문이다.
- 예로 15% 설탕용액에 0.01% 소금 또는 0.001% quinine sulfate를 넣으면 설탕만인 경우보다 단맛이 세어진다.

281 미맹
- 대부분의 사람들은 PTC(phenyl thiocarbamide) 또는 phenyl-thiourea 물질에 대해서 쓴맛을 느끼나, 일부 사람들은 그 맛을 인식하지 못하는 현상을 말한다.

282 맛의 순응
- 같은 맛을 계속해서 맛보면 미각이 조금씩 둔화되는데 이것을 맛의 피로 혹은 순응이라고 한다.
- 정미물질의 농도가 높으면 순응시간이 길어진다.
- 짠맛, 단맛, 쓴맛, 신맛 순으로 순응에 걸리는 시간이 길어진다.

283
- 포도당 : α형이 β형보다 1.5배 더 달다.
- 과당 : β형이 α형보다 3배 더 달다.
- 맥아당 : α형이 β형보다 더 달다.
- 유당 : β형이 α형보다 조금 더 달다.
- 자당 : α－glucose와 β－fructose가 결합하여 glycosidic OH기가 없어졌기 때문에 α, β의 이성체가 없어 감미 변화가 없다. 따라서 감미 표준물질로 이용한다.

284 280번 해설 참조

---

279 Ribonucleotides 중에서 향미 강화작용 또는 증진작용이 가장 강한 것은?

① 5′ － GMP   ② 3′ － GMP

③ 5′ － XMP   ④ 3′ － IMP

280 설탕에 소금 0.15%를 가했을 때 단맛이 증가되는 현상은?

① 맛의 변조 현상   ② 맛의 소실 현상

③ 맛의 상쇄 현상   ④ 맛의 강화 현상

281 미맹(taste blind)이란?

① 신맛, 단맛의 피로 현상

② 맛의 피로 현상이 누적된 것

③ 모든 종류의 맛을 모르는 것

④ PTC에 대한 맛을 모르는 현상

282 맛의 순응(adaptation)에 대한 설명으로 틀린 것은?

① 단맛은 쓴맛보다 순응이 빠르다.

② 미각상태가 오래되면 감각의 강도가 급속도로 감퇴된다.

③ 물질의 농도가 높으면 순응 시간이 길어진다.

④ 신맛은 맛의 종류 중 순응이 가장 빠르다.

283 다음 설명 중 틀린 것은?

① 포도당은 α형이 β형보다 더 달다.

② 맥아당은 α형보다 β형이 더 달다.

③ 자당은 α형보다 β형이 더 달다.

④ 과당은 β형이 α형보다 더 달다.

284 15%의 설탕 용액에 0.15%의 소금 용액을 동량 혼합한 용액의 맛은?

① 단맛이 증가한다.

② 짠맛이 증가한다.

③ 단맛이 감소한다.

④ 맛에 별다른 변화가 없다.

ANSWER

279 ①   280 ④   281 ④   282 ④
283 ③   284 ①

285 당뇨병 환자의 감미료는?

① phyllodulcin
② leucinic acid
③ sodium gluconate
④ dulcin

286 양파를 삶을 때 단맛을 내는 성분은?

① allicin의 생성
② allicin이 Vit-B₁과 결합물 형성
③ propylmercaptan 생성
④ allinase의 작용

287 양파, 무 등의 매운맛 성분인 황화 allyl류를 가열할 때 단맛을 나타내는 성분은?

① allicine
② allyl disulfide
③ alkylmercaptan
④ limonin

288 Nieman에 의하면 stevioside의 상대 감미도는 30,000으로 되어 있다. 설탕보다 몇 배 더 단 것인가?

① 3,000배
② 30배
③ 30,000배
④ 300배

289 다음 사항 중 옳지 않은 것은?

① glycyrrhizin은 감초에 함유된 환상의 단맛 성분이다.
② 일반적으로 같은 당류라도 입체 구조에 따라 단맛이 달라진다.
③ perillartin은 자소에 들어 있는 질소를 함유한 단맛 성분이다.
④ propylmercaptan은 가열한 무에 있는 황을 함유한 단맛 성분이다.

290 오렌지나 감귤류의 지연성 쓴맛 성분은?

① 큐쿠르비타신(cucurbitacin)
② 리모닌(limonin)
③ 후물론(hunulone)
④ 이포메아마론(ipomeamarone)

---

285 leucinic acid
• L-leucine에 아질산을작용시켜 얻는다.
• 설탕의 2.5배나 되는 고상한 단맛을 가지고 있다.
• Na saccharin과 같이 당뇨병 환자의 단맛 성분이다.

286 양파를 삶을 때 나는 단맛 성분
• 파나 양파를 삶을 때 매운맛 성분인 diallyl sulfide나 diallyl disulfide가 단맛이 나는 methyl mercaptan이나 propyl mercaptan으로 변화되기 때문에 단맛이 증가한다.

287 286번 해설 참조

288 설탕의 상대 감미도는 100이므로 stevioside는 300배 정도 된다.

289 propylmercaptan은 가열한 양파에 있는 황을 함유한 향기성분이다.

290 식품 중의 쓴맛 성분
• 큐쿠르비타신(cucurbitacin) : 오이꼭지 부분의 쓴맛 성분
• 리모닌(limonin) : 오렌지나 감귤류의 지연성 쓴맛 성분
• 휴물론(humulone) : hop 암꽃의 쓴맛 성분
• 이포메아마론(ipomeamarone) : 흑반병에 걸린 고구마의 쓴맛 성분

ANSWER

285 ②　286 ③　287 ③　288 ④
289 ④　290 ②

291 식품 중의 쓴맛 성분
- 감귤류 쓴맛 : naringin, limonin
- 흑반병에 걸린 고구마 쓴맛 : ipomea-marone
- 오이꼭지의 쓴맛 : cucurbitaum
- 맥주의 쓴맛 : humulone

292 쓴맛을 나타내는 화합물
- 배당체, alkaloid, ketone류, 아미노산, peptide 등이 있다.
- 배당체는 당류에 비당류인 aglycon이 결합된 것으로서 식물계에 널리 분포되어 있고 과실과 채소의 쓴맛의 대부분은 배당체에 기인한다.
- 주로 과실이나 채소의 쓴맛 성분으로는 감귤류 파괴의 naringin과 hes-peridin, 오이꼭지의 cucurbitacin, 양파 껍질의 quercertin 등이 있다.

293 쓴맛을 나타내는 화합물
- alkaloid, 배당체, ketone류, 아미노산, peptide 등이 있다.
  - alkaloid계 : caffeine(차류와 커피), theobromine(코코아, 초콜릿), quinine(키나무)
  - 배당체 : naringin과 hesperidin(감귤류), cucurbitacin(오이 꼭지), quercertin(양파 껍질)
  - ketone류 : humulon과 lupulone (hop의 암꽃), ipomeamarone(흑반병에 걸린 고구마), naringin(밀감, 포도)
  - 천연의 아미노산 : leucine, isoleu-cine, arginine, methionine, phenylalanine, tryptophane, valine, proline

294 식품 중의 쓴맛 성분
- quercertin : 양파 껍질의 쓴맛 성분
- naringin과 hesperidin : 감귤류의 쓴맛 성분
- theobromine : 차의 쓴맛 성분
- limonin : 오렌지나 감귤류의 지연성 쓴맛 성분이다.

295 293번 해설 참조

296 청국장
- 끈적끈적한 실 모양의 점질물질이 생성된다.
- 이 물질은 면역 증강 효과가 있는 고분자 핵산, 항산화 물질, 혈전용해 효과가 있는 단백질 분해 효소 등을 함유하고 있다.
- 오래된 청국장은 단백질 분해가 더 진행되어 쓴맛(peptone 등)이 생긴다.

■ ANSWER ■
291 ③ 292 ③ 293 ④ 294 ③
295 ② 296 ①

---

291 감귤류의 쓴맛 성분은?

① ipomeamarone
② cucurbitacin
③ limonin
④ humulone

292 다음의 쓴맛을 나타내는 성분들 중 배당체의 구조를 가지는 것은?

① 퀴닌(quinine)
② 테오브로민(theobromine)
③ 나린진(naringin)
④ 휴물론(humulone)

293 알칼로이드계의 쓴맛 성분이 아닌 것은?

① 퀴닌(quinine)
② 테오브로민(theobromine)
③ 카페인(caffeine)
④ 루플론(lupulone)

294 양파 껍질의 쓴맛 성분은?

① 나린진(naringin)
② 테오브로민(theobromine)
③ 구에르세틴(quercertin)
④ 리모닌(limonin)

295 Theobromine, lupulone, naringin의 공통적인 맛은?

① 단맛　　　　　　　　② 쓴맛
③ 알칼리 맛　　　　　　④ 떫은 맛

296 오래된 청국장은 단백질 분해로 쓴맛을 띠게 되는데 이 쓴맛의 원인 물질은?

① 펩톤　　　　　　　　② 케톤
③ 티라민　　　　　　　④ 알데히드

297 쓴맛 성분과 식품소재의 연결이 잘못된 것은?

① 구에르세틴(quercertin) - 양파 껍질
② 휴물론(humulone) - 맥주
③ 나린진(naringin) - 감귤류
④ 리모닌(limonin) - 도토리

298 생강의 매운맛이 아닌 것은?

① shogaol
② zingerone
③ gingerol
④ vanillin

299 매운맛 성분으로 진제론(zingerone)이 들어 있는 것은?

① 겨자
② 생강
③ 고추
④ 마늘

300 매운맛 성분이 아닌 것은?

① 캅사이신(capsaicin)
② 알칼로이드(alkaloid)
③ 챠비신(chavicine)
④ 진저롤(gingerol)

301 다음 중 매운 맛 물질과 거리가 먼 것은?

① 케톤류
② 인산 화합물
③ 함황화합물
④ 방향족 화합물

302 떫은맛(astringent taste)에 대한 설명으로 틀린 것은?

① 단백질의 응고에 의한 것이다.
② 수렴성의 감각이다.
③ 철, 알루미늄 등의 금속류도 떫은맛이 느껴진다.
④ 지방질이 많은 식품은 포화지방산에 의해 떫은맛이 난다.

297 리모노이드(limonoid)
• 리모닌(limonin), 노밀린(nomillin), 이찬진신(ichanginsin), 디아세틸노밀린(diacetylnomillin) 등이 있다.
• 감귤류 쓴맛의 주요인이 되기 때문에 주스의 품질상으로는 바람직하지 못한 성분이긴 하지만 리모닌이나 노밀린 등은 발암 억제작용이 있다는 것이 보고되고 있다.

298 생강의 매운맛 성분
• zingerone, shogaol, gingerol 등의 vanillyl ketone류가 알려져 있다.
※ Vanillin은 vanilla콩의 매운맛 성분이다.

299 생강
• 2% 정도의 정유(精油)를 함유하는데, 그 주성분은 진지베린(zingiberene)이다.
• 진제론(zingerone)은 얼얼한 맛을 낸다.
• 정유를 추출해 식품과 향수 제조에 이용한다.

300 식품중의 매운맛 성분
• 캅사이신(capsaicin) : 고추 매운맛의 주성분
• 챠비신(chavicine) : 울금의 매운맛 성분
• 진저롤(gingerol) : 생강의 매운맛 성분
• 산솔(sanshool) : 산초의 매운맛 성분
※ 알칼로이드(alkaloid)은 차, 커피의 쓴맛 성분이다.

301 식품 중의 매운 맛 화합물군은 방향족, aldehyde 및 ketone, 산amide, 겨자유, 함황화합물, amine류 등이 있다.

302 떫은맛
• 혀 표면에 있는 점성단백질이 일시적으로 변성, 응고되어 미각신경이 마비됨으로써 일어나는 수렴성의 불쾌한 맛이다.
• Protein의 응고를 가져오는 철, 알루미늄 등의 금속류, 일부의 fatty acid, aldehyde와 tannin이 떫은맛의 원인을 이룬다.
• 지방질이 많은 식품은 유리상태의 불포화지방산인 arachidonic acid, clupanodonic acid 등과 이의 분해산물인 aldehyde에 기인한다.
• 어류 건제품이나 훈제품에서 볼 수 있다.

왼쪽 해설

303 식품의 냄새
• 대부분이 휘발성 성분이기 때문에 식품 가공 및 조리 시에 높은 온도로 처리하면 식품 본래의 좋은 냄새가 휘발되어 없어진다.

304 채소류의 향기성분
• 휘발성 에스테르(ester)류, 카보닐화합물(aldehyde류, ketone류 등), 산류, 알코올(alcohol)류, terpenoid, 휘발성 유황화합물 등이다.

305 Ester류
• 일반적으로 대부분의 냄새를 가지고 있으며 과일 향기의 주성분이다.
• 여기에는 amyl formate(사과, 복숭아), isoamyl formate(배), ethyl acetate(파인애플), methyl butyrate(사과), isoamyl isovalerate(바나나), methyl cinnamate(송이버섯) 등이다.

306 겨자과 식물의 향기성분
• 겨자, 배추, 양배추, 순무 등의 겨자과에 속하는 식물들은 glucosinolate 또는 thioglucoside 등이 들어 있어 중요한 향기성분이 된다.
• 겨자 특유의 강한 자극성 냄새는 allylglucosinolate가 분해되어 형성된 allylisothiocyanate, allylnitrile, allylthiocyanate 등이다.

307 박하의 향기성분은 menthol이고, limonene은 오렌지, camphene과 citral은 레몬의 향기성분이다.

308 양파의 최루성분은 l-propenyl sulfenic acid가 이성화된 thiopropanals-oxide으로 이 물질은 쉽게 분해가 일어나서 2-methyl-2-pentenal을 생성한다.

309 알리신(allicin)
• 마늘의 독특한 냄새를 내는 물질이다. 마늘의 대표적 성분은 유기 유황성분인 알린(alliin)이다.
• 알린은 마늘을 자르거나 빻을 때 세포가 파괴되면서 알리나아제(alliinase)라는 효소의작용에 의해 매운 맛과 냄새가 나는 알리신(allicin)으로 변한다.

ANSWER

303 ② 304 ② 305 ④ 306 ③
307 ④ 308 ② 309 ④

303 다음 중 식품의 냄새를 좋게 유지하는 방법과 관련이 없는 것은?

① 향기 좋은 품종의 선택 및 재배 조건을 조절한다.
② 본래의 좋은 냄새를 유지하기 위하여 식품가공 및 조리 시에 가능한 높은 온도를 이용한다.
③ 풍미 보조제를 이용한다.
④ 여러 가지 방법을 이용하여 식품의 나쁜 냄새를 제거한다.

304 채소류의 공통적 향기성분과 거리가 먼 것은?

① 에스테르(ester)류   ② 아민(amine)류
③ 카보닐(carbonyl)류   ④ 알코올(alcohol)류

305 사과, 배, 복숭아 등 과실류의 주된 향기성분은?

① 유황화합물   ② 아민류
③ 텔펜 화합물   ④ 에스테르류

306 겨자과 식물의 주된 향기성분은?

① alkylsulfide
② allicin
③ allylisothiocyanate
④ diallylsulfide

307 다음 중 박하의 냄새는?

① limonene   ② camphene
③ citral   ④ menthol

308 양파나 마늘의 조직을 파괴할 때 자극성 최루성분은?

① allylisothiocyanate
② propenyl sulfenic acid
③ acetaldehyde
④ allylmercaptan

309 알리신(allicin)이 들어 있는 식품은?

① 무   ② 오이
③ 고추   ④ 마늘

310 황을 함유한 향기성분이 들어 있는 식품은?

① 계피 ② 무
③ 커피 ④ 사과

311 묵은 쌀의 냄새성분은?

① acetone
② acetaldehyde
③ phenol
④ n-carproaldehyde

312 누룽지에서 유도된 숭늉 향기의 주성분은 무엇인가?

① pyrazine류 ② furfural류
③ mercaptane류 ④ ketone류

313 우유의 특유한 향기성분이 아닌 것은?

① 부티르산(butyric acid)
② 아세트알데히드(acetaldehyde)
③ 아세톤(acetone)
④ 스테아르산(stearic acid)

314 Coffee의 향기성분으로 적당한 것은?

① allyl isothiocyanate
② methyl mercaptan
③ acetaldehyde
④ furfuryl mercaptan

315 어육의 부패 생성물이 아닌 것은?

① 휘발성 유기산 ② 암모니아, TMA
③ 인돌, 히스타민 ④ TMAO, urea

316 다음 중 민물고기의 냄새성분은?

① acetaldehyde ② ammonia
③ iodine ④ trimethylamine

---

310 유황화합물을 함유한 엽채류와 근채류의 향기성분
- methylmer-captan (무), propylmercaptan(양파, 마늘), dimethylmercaptan(단무지), S-methylcysteine sulfoxide(양배추), β-methylmercaptopropyl alcohol(간장), alkylsulfide(고추냉이, 아스파라거스) 등이 있다.

311 쌀밥의 특유한 향기성분
- acetaldehyde, n-caproaldehyde, methyl ethyl ketone, n-valeraldehyde 등이다.
- 묵은 쌀로 밥을 지을 때나 밥이 쉴 때 나는 이취성분은 n-caproaldehyde 존재에 기인한다.

312 커피, 볶은 땅콩, 보리차, 볶은 참깨, 누른 밥 등의 방향식품에는 향기 주성분인 피라진 유도체들(pyrazine derivatives)이 있다.

313 우유의 독특한 향기성분
- butyric acid 같은 저급지방산과 acetone, acetaldehyde, methyl sulfide 등에 기인한다.

314 allyl isothiocyanate는 겨자, methyl mercaptan은 무, acetaldehyde은 쌀밥, furfuryl mercaptan은 커피의 향기성분이다.

315 어류의 부패 냄새
- 주로 단백질이 분해되어 생성되는 암모니아, H_2S, indole, skatole, methylmercaptan, methyl sulfide, 휘발성 지방산, amine류, TMA 등이다.

316 어류의 비린내 성분
- 어류의 선도가 떨어지면 어류 체 표면에 들어 있는 성분인 trimethylamine oxide가 환원되어 어류 특유의 비린내 성분인 trimethylamine(TMA)이 생성된다.
- trimethylamine oxide의 함량이 많은 바닷고기가 그 함량이 적은 민물고기보다 빨리 상한 냄새가 난다.

317 어류의 비린내 성분

- 선도가 떨어진 어류에서는 트리메틸아민(trimethylamine), 암모니아(ammonia), 피페리딘(piperidine), δ- 아미노바레르산(δ-aminovaleric acid) 등의 휘발성 아민류에 의해서 어류 특유의 비린내가 난다.

318
가리비 조개 향기나 김 냄새의 주성분은 dimethyl sulfide이고, α-phellandrene은 후추, myrcene은 미나리, eugenol은 계피의 냄새성분이다.

319 어류의 비린내 성분
- 신선도가 떨어진 어류에서는 trimethylamine(TMA)에 의해서 어류 특유의 비린 냄새가 난다.
- 이것은 원래 무취였던 trimethylamine oxide가 어류가 죽은 후 세균의작용으로 환원되어 생성된 것이다.

320 엽록소(Chlorophyll)
- 식물의 잎이나 줄기의 chloroplast의 성분으로 단백질, 지방, lipoprotein과 결합하여 존재하며, porphyrin ring 안에 Mg을 함유하는 녹색 색소이다.
- chlorophyll에는 a, b, c, d 4종이 있는데, 식물에는 a(청녹색)와 b(황녹색)의 2종이 있으며, 식물 중에 3 : 1의 비율로 함유되어 있다.

321
chlorophyll은 산에 불안정한 화합물이며, 산으로 처리하면 porphyrin에 결합하고 있는 Mg^{2+}이 H^+로 치환되어 갈색의 pheophytin을 형성한다.

322
chlorophyll은 Cu, Fe, Zn 등과 함께 가열하면 chlorophyll의 Mg와 치환되어 안정되고 선명한 색깔을 유지한다.

323
chlorohpyll은 산에 의해 Mg^{2+}가 H^+로 치환되어 pheophytinzation이 되어 갈색으로 변한다.

324 식물성 색소
- Chlorophyll 색소는 알칼리, chlorophyllase 및 구리와 반응하여 그 색이 안정화된다.
- Carotenoid계 색소는 분자 중에 β-ionone핵을 지니고 있기 때문에 대부분 체내에서 vitamin A로 전환될 수 있다.

ANSWER
317 ④ 318 ① 319 ② 320 ④
321 ④ 322 ① 323 ③

317 어류 특유의 비린내 성분이 아닌 것은?
① 트리메틸아민(trimethylamine)
② 피페리딘(piperidine)
③ δ- 아미노바레르산(δ-aminovaleric acid)
④ n-카프로알데히드(n-caproaldehyde)

318 가리비의 향기, 김 냄새의 주성분은?
① dimethyl sulfide ② α-phellandrene
③ myrcene ④ eugenol

319 생선의 신선도 판정에 기준이 되는 물질은 무엇인가?
① acetaldehyde ② trimethylamine
③ ammonia ④ diacetyl

320 잎의 엽록소에 들어 있는 금속은?
① Zn ② Fe
③ Cu ④ Mg

321 Chlorophyll 포르피린(porphyrin ring)의 Mg^{2+}가 H^+로 치환되면 그 색깔은?
① 담황색 ② 남청색
③ 황록색 ④ 갈색

322 chlorophyll의 녹색을 오래 보존하는 방법은?
① chlorophyll의 Mg을 Cu로 치환
② chlorophyll의 Mg을 Ca로 치환
③ chlorophyll의 Mg을 K로 치환
④ chlorophyll의 Mg을 Na로 치환

323 녹색 채소를 산 처리하면 갈색으로 되는 이유는?
① chlorophyll의 Mg을 Cu로 치환
② chlorophyll의 Mg을 Fe로 치환
③ chlorophyll의 Mg을 H^+로 치환
④ chlorophyll의 Mg을 Na로 치환

324 다음은 식물성 색소에 대한 설명이다. 틀린 것은?

① chlorophyll 색소는 구리와 반응하여 그 색이 안정화된다.
② carotenoid계 색소의 대부분은 vitamin A의 전구물질이다.
③ flavonoid계 색소인 hesperidin은 vitamin P의 작용을 지닌다.
④ anthocyanin계 색소는 pH가 변하여도 쉽게 변색되지 않는다.

325 클로로필을 묽은 알칼리 용액에서 가열하면 어떻게 되는가?

① 갈색으로 변한다.
② 마그네슘이 유리한다.
③ phytol이 유리된다.
④ 아무 변화도 일어나지 않는다.

326 다음 carotenoid계 색소 중에서 provitamin A가 아닌 것은?

① α-carotene
② γ-carotene
③ lycopene
④ cryptoxanthin

327 carotenoid계 색소의 안전성에 가장 큰 영향을 주는 인자는?

① 광선의 작용
② 알칼리의 작용
③ 온도의 작용
④ 산소에 의한 산화작용

328 Carotenoid가 많이 든 식품은?

① 버섯 　　　　　② 당근
③ 무 　　　　　　④ 파

329 산성 ↔ 중성 ↔ 알칼리성의 변화에 따라 색깔이 적색 → 자색 → 청색으로 변하는 색소는?

① chorophyll 　　② flavonoid
③ carotenoid 　　④ anthocyanin

• Flavonoid계 색소인 naringin, hesperidin은 모세혈관의 투과성을 조절해주는 vitamin p작용을 지닌다.
• 가지나 포도의 주된 색소인 anthocyanin계 색소는 pH 3 이하에서는 붉은색, pH 11 이상에서는 청색을 띤다.

325 chlorophyll은 알칼리성의 존재하에 가열하면 Mg는 안정지만 methylester결합이 가수분해되기 때문에 phytol과 methanol이 이탈되어 선명한 녹색의 수용성인 chlorophylline을 형성한다.

326 provitamin A
• 카로테노이드계 색소 중에서 provitamin A가 되는 것은 β-ionone 핵을 갖는 caroten류의 α-carotene, β-carotene, γ-carotene과 xanthophyll류의 cryptoxanthin이다.
※ lycopene은 두 개의 pseudo-ionone핵만을 가지고 있어 vitamin A 효력이 없다.

327 carotenoid계 색소
• 당근에서 처음 추출하였으며 등황색, 황색, 적색을 나타내는 지용성 색소들이다.
• 짝 이중결합을 여러 개 가지고 있다. 따라서 산화에 매우 약하다.
• 일반적으로 산소가 없는 조건에서는 가열하여도 매우 안정하나 산소가 존재하면 쉽게 산화 분해된다.
• 우유, 난황, 새우, 게, 연어 등에도 존재한다.

328 327번 참조

329 anthocyanin계 색소
• 꽃, 과실, 채소류에 존재하는 적색, 자색, 청색의 수용성 색소로서 화청소라고도 부른다.
• benzopyrylium 핵과 phenyl기가 결합한 flavylium 화합물로 2-phenyl-3,5,7-trihydroxyflavylium chloride의 기본구조를 가지고 있다.
• anthocyanin은 배당체로 존재하며 산, 알칼리, 효소 등에 의해 쉽게 가수분해되어 aglycone인 anthocyanidin과 포도당이나 galactose, rhamnose 등의 당류로 분리된다.
• 산성에서는 적색, 중성에서는 자색, 알칼리성에서는 청색 또는 청록색을 나타내는 불안정한 색소이다.

출제예상문제

330 329번 해설 참조

331 헤스페리딘(hesperidin)
• 감귤류의 과피에 비교적 다량(1.5~3%)으로 함유되어 있으며, 비타민 P라고 불린다.
• 담황색~담갈황백색의 결정 또는 결정성 분말로 냄새와 맛이 거의 없다.
• aglycone과 hesperetin 또는 methyl reiodictyol과 disaccharide, rutinose로 구성된 flavanone 배당체이다.
• vitamin P는 모세혈관의 침투성을 조절하는작용이 있지만, 감귤류 제품을 흐리게 하는 백탁의 원인이 되는 성분이다.

332 329번 해설 참조

333 329번 해설 참조

334 연체동물의 혈액 속에 들어 있는 hemocyanin은 hemoglobin의 Fe 대신 Cu를 함유하고 있는데 산소와 결합하면 청색이 된다.

335 색소단백질(chromoprotein)
• 단순단백질과 색소가 결합한 복합단백질이다.
• 색소성분은 heme, chlorophyll, carotenoid, flavin 등이다.
• hemeprotein : hemoglobin(동물의 혈액), myoglobin(동물의 근육), hemocyanin(연체동물의 혈액), cytochrome(동물의 호흡효소), catalase, peroxidase(생체 내 효소들) 등
• chlorophyll protein : phyllochlorine(녹색잎)
• carotenoid protein : rhodopsin(시홍), astaxanthin protein(갑각류의 껍질)
• flavoprotein : 황색 효소(yellow enzyme ; 우유, 혈액, 일반 조직체)
• phycobiliprotein : phycoerythrin(파래, 김)

330 Anthocyanin 색소는 산성에서 어떤 색깔을 나타내는가?
① 적색　② 자색　③ 청색　④ 녹색

331 밀감 통조림에서 제품을 흐리게 하는 백탁의 원인이 되는 성분은?
① 나린진(naringin)
② 헤스페리딘(hesperidin)
③ 루티노스(rutinose)
④ 플라보노이드(flavonoid)

332 꽃, 가지, 포도, 사과 등에 주로 존재하는 수용성 색소로 화청소라 부르기도 하는 것은?
① Carotenoid계 색소
② Anthocyanin계 색소
③ Flavonoid계 색소
④ Chlorophyll계 색소

333 2-phenyl-3,5,7-trihydroxyflavylium chloride의 기본구조를 가지고 있는 색소성분은?
① 안토시아닌(anthocyanins)
② 클로로필(chlorophylls)
③ 리코펜(lycopene)
④ 카로티노이드(carotenoids)

334 하등동물의 혈색소인 헤모시안 색소와 관계가 깊은 것은?
① Fe　② Cu　③ Mn　④ Mg

335 다음 중 색소단백질이 아닌 것은?
① myoglobin　② hemoglobin　③ rhodopsin　④ casein

ANSWER
330① 331② 332② 333①
334② 335④

336 미오글로빈(myoglobin)에 들어 있는 철 포피린 (ironporphyrin)과 결합하고 있는 잔기는?

① cystine residue
② valine residue
③ tryptophan residue
④ histidine residue

337 새우, 게 등 갑각류의 가열이나 산처리 시에 적색으로 변하는 것은?

① chlorophyll이 pheophytin으로 변화한다.
② astaxanthin이 astacin으로 변화한다.
③ myoglobin이 nitrosomyoglobin으로 변화한다.
④ anthocyan이 anthocyanidin으로 변화한다.

338 고구마 절단 시 나오는 흰 유액은?

① ipomeamarone
② polyphenol
③ galactose
④ jalapin

339 사과의 빨간 색깔의 주성분은?

① cyanidin
② malvidin
③ pelargonidin
④ delphinidin

340 토마토의 붉은색 성분은?

① lycopene
② capsanthin
③ zeaxanthin
④ physalien

341 레몬, 오렌지와 같은 감귤류에 분포되어 있는 헤스페리딘 (Hesperidin)과 결합되어 있는 당류는?

① 헤스페리틴(hesperitin)과 루티노스(rutinose)
② 헤스페리틴과 람노스(rhamnose)
③ 헤스페리틴과 프락토오스(fructose)
④ 헤스페리틴과 아라비노스(arabinose)

---

336 미오글로빈(myoglobin)
- 철을 함유하고 있는 porphyrin 유도체인 동시에 단백질이 결합되어 있는 색소단백질이다.
- Globin 1분자와 heme 1분자가 결합되어 있으며 heme 부분은 철 porphyrin, 즉 ferroprotoporphyrin으로 hemoglobin의 heme 부분과 같다.
- ferroprotoporphyrin은 그중심부에 있는 철이온(Fe^{++})이 histidine기의 imidazole고리의 질소와 직접 결합되어 myoglobin을 이루고 있다.

337 새우, 게 등의 갑각류의 생체에는 carotenoid 색소인 astaxanthin이 단백질과 약하게 결합되어 청록색을 띤다. 그러나 가열하면 astaxanthin이 단백질과 분리되고 공기에 의하여 산화되어 적색의 astacin으로 변화된다.

338 얄라핀(jalapin)
- 생고구마를 절단하면 나오는 흰유액으로 산화하여 흑색으로 변한다.
- jalap에서 얻어진 배당체($C_{35}H_{56}O_{16}$)이다.
※ ipomeamarone은 고구마의 표피에 지낭균이 기생하여 생긴 고미 성분이다.

339 anthocyanin계인 cyanidin, malvidin, pelargonidin, delphinidin는 빨간 색소이고, cyanidin은 사과 속에 존재한다.

340 토마토, 감, 수박, 살구 등의 붉은 색소는 carotenoid계 색소에 속하는 lycopene이다.

341 331번 참조

342 가지의 청자색은 anthocyanin계 색소로서 delphinidin 배당체의 nasunin에 의한 색소이다.

343 검은콩에는 saponin과 genistein, daidzein 등의 isoflavone계 색소, chrysanthemin 같은 anthocyan계 색소가 들어 있다. 특히 일반 콩에 비해 검은콩에는 이소플라온(daidzein은 약 20.5배, genistein은 18.6배)이 19.5배 많이 함유되어 있다.

344 식품의 갈변
• 효소에 의한 갈변과 효소가 관여하지 않는 비효소적 갈변이 있다.
　– 효소적 갈변 : polyphenol oxidase및 tyrosinase에 의한 갈변
　– 비효소적 갈변 : maillard reaction, caramelization, ascorbic acid oxidation 등

345 효소적 갈변 방지법
① blanching(열처리)
② 아황산가스, 아황산염, 소금 등을 이용
③ 산소의 제거
④ phenolase 기질의 메틸화
⑤ 산의 이용 : ascorbic acid를 가장 많이 사용

346 polyphend oxidase와 tyrosinase는 구리를 함유하고 있는 효소로 구리 ion에 의해 활성화되며, 반대로 염소 ion에 의해 억제작용을 받는다.

347 효소에 의한 갈변 억제 방법
① 효소를 불활성화시킨다.
② 효소의 최적 조건을 변동시킨다.
③ 산소를 제거하거나 기질을 변화시키고 금속이온 제거, 환원성 물질 첨가, 햇볕에 말리면 공기 중 산소에 의하여 산화를 촉진시키는 결과가 된다.

342 가지의 청자색깔에 해당되는 주된 색소는?
① Flavonoid류의 tritin
② Xanthophyll류의 vioaxanthin
③ Anthocyanin류의 nasunin
④ Carotene류의 lycopene

343 검정콩은 신장이나 간장의 강화작용, 고혈압이나 동맥경화 개선작용, 피로회복작용, 해열이나 해독작용 등의 생리활성 기능이 있는 것으로 알려져 있다. 다음 중 검정콩의 생리활성 성분과 거리가 먼 것은?
① isoflavone　② genistein
③ saponin　④ lecithin

344 효소적 갈변 반응과 관계있는 것은?
① aminocarbonyl reaction
② caramelization
③ ascorbic acid oxidation
④ tyrosine oxidation

345 효소적 갈변을 방지하는 방법이 아닌 것은?
① blanching　② ascorbic acid 첨가
③ NaCl 첨가　④ CuSO₄ 첨가

346 Polyphenol oxidase 및 tyrosinase와 가장 관계가 깊은 무기질은?
① Mg　② Fe
③ Cu　④ Na

347 효소에 의한 갈변 반응을 억제하기 위한 방법이 아닌 것은?
① 효소를 불활성화시킨다.
② 효소의 최적 조건을 변동시킨다.
③ 환원성 물질을 첨가한다.
④ 껍질을 벗긴 다음 햇볕에 말린다.

348 사과, 배 및 감자의 절단면은 공기 중에 방치하면 갈변 현상이 생긴다. 이 현상에 관련있는 효소는?

① 산화환원 효소(oxidoreductase)
② 전이 효소(transferase)
③ 가수분해 효소(hydrolase)
④ 탈리효소(lyase)

349 사과 절단면의 갈변 시 생성되는 색소는?

① 메일라드(maillard)　② 페놀(phenol)
③ 멜라닌(melanin)　④ 캐러멜(caramel)

350 감자의 껍질을 깎은 뒤 공기 중에 방치하면 갈변이 일어난다. 이와 같은 갈변 현상과 가장 관련이 깊은 것은?

① polyphenol oxidase　② maillard
③ ascorbic acid　④ tyrosinase

351 홍차 잎은 어떤 반응에 의하여 변하는가?

① polyphenol oxidase에 의한 갈변
② amino carbonyl 반응
③ caramel화 반응
④ vitamin C에 의한 갈변 반응

352 다음의 홍차 제조에 대한 설명 중 맞지 않는 것은?

① 효소적 갈변 반응이 일어난다.
② 발 효과정을 거친 후 말린다.
③ 건조하기 전에 수증기로 찐다.
④ 발효단계에서 polyphenol 화합물이 산화 중합되어 갈색의 theaflavin류를 형성한다.

353 배를 절단하여 공기 중에 방치했을 때 갈변 현상은?

① polyphenol oxidase에 의한 반응
② Vit-C의 갈변 반응
③ caramel화 반응
④ amino carbonyl 반응

---

348 효소적 갈변 반응에 관여하는 효소는 polyphenol oxidase, tyrosinase 등으로서 산화환원 효소에 속하여 과일과 야채류에서 볼 수 있는 갈변 현상이다.

349 polyphenol oxidase에 의한 갈변
• 사과, 배, 가지, 살구 등의 과실과 야채류에 들어 있는 polyphenol성 물질인 catechin, gallic acid, chlorogenic acid 등이 공기 중의 산소 존재하에 polyphenol oxidase에 의해 quinone 유도체로 산화되는 반응을 촉매한다.
• quinone들은 계속 산화, 중합 또는 축합되어 흑갈색의 멜라닌(melanin) 색소를 생성한다.

350 tyrosinase에 의한 갈변
• 감자에 함유된 아미노산인 tyrosine은 tyrosinase에 의하여 dihydroxyphenylalanine(DOPA)을 거쳐 o-quinone phenylalanine (DOPA-quinone)이 되고 다시 산화, 계속적인 축합, 중합반응을 통하여 흑갈색의 melanin 색소를 형성한다.
• 감자에 함유된 tyrosinase는 수용성이므로 깎은 감자를 물에 담구면 갈변이 방지된다.

351 홍차. 녹차의 잎은 폴리페놀 성분이 polyphenol oxidase에 의해 산화되어 갈변이 일어난다.

352 홍차 제조과정에서의 갈변 반응
• 녹차제조와 달리 수증기로 쪄주는 과정 대신에 발효과정을 거친 후 말리게 된다. 이 발효과정 중에 효소에 의한 갈변 반응이 심하게 일어난다.
• 차잎의 색깔은 물론 홍차 역시 짙은 적갈색을 갖는다.
• 홍차제조 과정에서 효소(polyphenolase)에 의한 갈변 반응이 가장 활발하게 일어나는 발효단계에서 catechin 또는 gallocatechin 등의 polyphenol 화합물이 산화 중합되어 theaflavin류 등과 같은 홍차 특유의 갈색 색소가 형성되는 것으로 알려져 있다.

353 349번 참조

354 과일을 칼로 절단하면 절단면이 흑변하는 이유
• 야채와 과일에 많이 함유된 tannin 성분은 제2 철염과 반응하면 흑색으로 변한다.
• Tannin 자체는 무색이지만, 식품 체내에는 polyphenol oxidase의 존재로 산화되기 쉽고, 또한 중합되기 쉬워 적갈색으로 변화 후 흑색으로 변화한다.

355 Maillard 반응에 영향을 주는 인자
• 온도, pH, 당의 종류, carbonyl 화합물, amino 화합물, 농도, 수분, 금속이온의 영향 등이다.

356 갈변 현상은 식품의 색깔, 맛, 냄새 등에 큰 영향을 주며 당류와 아미노산이 상호작용에 의해서 반응성이 강한 lysine과 같은 아미노산이 파괴된다.

357 Amino carbonyl 반응
• 아미노산의 amino기(-NH₂)와 환원당의 carbonyl(=CO)기가 축합하여 갈색 색소인 melanoidine을 생성하는 반응이다.
※ Guinone은 효소적 갈변 중간 반응 생성물이다.

358 Maillard reaction
• 초기단계는 당류와 아미노화합물의 축합 반응과 아마도리 전위가 일어난다.
• 즉 glucose와 amino compound가 축합하여 질소배당체인 glucosylamine이 형성된다(축합 반응).
• 다시 glucosylamine은 amadori 전위를 일으켜 대응하는 fructosylamine으로 이성화된다(아마도리 전위).

359 스트렉커 반응(strecker reaction)
• Maillard 반응의 최종단계에서 일어난다.
• α-dicarbonyl화합물과 α-amino acid와의 산화적 분해 반응이다.
• 이때 아미노산은 탈탄산 및 탈아미노 반응이 일어나 본래의 아미노산보다 탄소수가 하나 적은 알데히드(aldehyde)와 이산화탄소가 생성된다.

360 Strecker 분해 반응
• α-dicabonyl 화합물과 α-아미노산과의 산화적 분해 반응이다.
• 이때 아미노산은 탈탄산 및 탈아미노 반응이 일어나 탄소수가 하나 적은 aldehyde와 이산화탄소가 생성된다.

▶ ANSWER ◀
354 ③   355 ①   356 ②   357 ③
358 ①   359 ④   360 ③

354 감을 칼로 절단하면 절단면이 흑변하는 이유는 무엇인가?

① tannin 성분이 탈수되기 때문에
② tannin 성분이 공기와 접촉하기 때문에
③ tannin 성분이 제2 철염과 반응하기 때문에
④ tannin 성분이 Cu 이온과 반응하기 때문에

355 아미노카아보닐(amino-carbonyl) 반응에 관계되는 인자가 아닌 것은?

① 햇빛의 조사
② 당의 종류
③ 아미노산의 종류
④ 반응액의 pH

356 식품을 가열할 때 당이 공존하면 아미노산의 손실이 발생하는 이유는?

① 아미노산의 파괴를 촉진하기 때문이다.
② 갈변 반응이 일어나기 때문이다.
③ 단백질이 변성되기 때문이다.
④ 탈수가 일어나기 때문이다.

357 Amino carbonyl 반응과 관계가 없는 것은 무엇인가?

① -NH₂기
② =CO기
③ quinone
④ melanoidine

358 아마도리 전위(amadori rearrangement)는 Maillard 반응(amino-carbonyl reaction)의 어느 단계에서 일어나는가?

① 초기단계
② 중간단계
③ 최종단계
④ 초기와 중간단계의 사이

359 스트렉커 반응(strecker reaction)과 관련이 깊은 것은?

① 탄수화물 정성 반응
② 단백질 정성 반응
③ 지방의 자동산화 반응
④ Maillard(갈색화) 반응

360 Maillard 반응의 단계 중 아미노산인 alanine의 분해에 의해서 acetaldehyde와 CO₂gas를 형성하는 반응은?

① amadori 전위
② aldol 축합 반응
③ strecker 분해 반응
④ amino 화합물의 축합 반응

361 Maillard 반응에 대한 다음 설명 중 틀린 것은 어느 것인가?

① 간장, 된장의 색은 이 반응에 의해 나타난다.
② 아미노산으로는 glycine이 빠른 반응 속도를 보인다.
③ 당의 종류, pH 등에 따라서도 반응 속도가 달라진다.
④ 빵의 갈변도 주로 이 반응에 의한 것이다.

362 비효소적 갈변 반응이 아닌 것은?

① Tyrosinase에 의한 산화 반응
② Caramel화 반응
③ Ascorbic acid 산화 반응
④ Maillard 반응

363 식품의 갈변(Browning) 방지에 사용될 수 있는 것은?

① 비타민 A   ② 비타민 B₂
③ 비타민 C   ④ 비타민 D

364 빵이나 비스킷과 같은 것을 가열하였을 때 갈변이 일어나는 것은 어느 반응 때문인가?

① 효소에 의한 갈색화 반응이 일어나기 때문이다.
② maillard 반응이 일어나기 때문이다.
③ maillard 반응과 caramelization 반응이 동시에 일어나기 때문이다.
④ 아스코르브산(ascorbic acid)의 산화 반응이 일어나기 때문이다.

365 Alkaloid에 대한 설명 중 틀린 것은?

① 질소를 함유한 염기성 유기 화합물이다.
② 식물체에 널리 분포되어 있다.
③ 일반적으로 강한 생리작용을 하고, 또 쓴맛을 가진다.
④ 수증기 증류에 의해 얻어지며 향기가 있다.

366 감자의 발아부나 청색부에 존재하는 alkaloid는?

① retrosine   ② lycorin
③ solanine   ④ saponine

---

361 빵이나 비스킷에 관여하는 갈변 현상은 주로 캐러멜화 반응에 의한 것이다.

362 식품의 갈변
• 효소적 갈변 : polyphenol oxidase에 의한 갈변, tyrosinase에 의한 갈변이 있다.
– 사과, 살구, 바나나, 밤, 가지 등의 과실과 야채류에서 볼 수 있는 갈변
• 비효소적 갈변 : maillard reaction, caramelization, ascorbic acid oxidation 등이 있다.
– 빵, 간장, 된장의 갈변

363 비타민 C(ascorbic acid)
• 산소를 제거하여 기질을 환원상태로 유지하기 때문에 갈변을 억제할 수 있다.
• 감귤은 비타민 C를 많이 함유하고 있어 갈변이 잘 일어나지 않는다.

364 maillard 반응은 간장, 된장의 착색, 오렌지 주스의 변색 등 보호식품 제조에서 볼 수 있으며, 빵, 비스킷 등이 가열에 의해서 다갈색으로 변하는 것은 주로 caramel의 생성에 기인하나 일부는 이 반응도 참여한다.

365 Alkaloid
• 식물에 널리 분포되어 있으며, 질소를 함유한 염기성 물질의 총칭이다.
• 일반적으로 강한 생리작용을 하고, 또 쓴맛을 가진다.

366 감자에는 solanine이라는 독성 물질을 함유하고 있다. Solanine은 가수분해하면 solanidine과 glucose, galactose, rhamnose등으로 분해되고 이것은 용혈작용 및 운동 중추의 마비 작용을 가진다.

▶ ANSWER
361 ④   362 ①   363 ③   364 ③
365 ④   366 ③

출제예상문제

367 복숭아, 청매 등의 종자 속에는
시안 배당체인 amygdalin이 함유되어
있다.

368 식품별 성분
· hop : humulon · 대두 : saponin
· 쑥 : absinthin · 감자 : solanine

369
· 대두에는 trypsin 저해물질이 존재
하나 가열조리 후에는 독성을 잃어버
린다.
· Ricin은 피마자씨에 함유된 독성분이
고, lycorin은 가을꽃 무릇의 구근 속
에 존재하는 독성분이다.

370 쌀, 기타 곡류에 함유되어 있는
용혈성 독성분은 lysolecithin으로 혈액
내에 주사하면 동물은 곧 죽지만 경구적
으로 섭취할 때는 유해작용이 거의 없다.

371 식품 중의 독성물질
· 자연식품의 한 성분으로 tetrodoto-
xin, ricin, solanine 등이다.
· 재배나 가공 중에 환경 등 외적 요인으
로부터 오염된 것으로 우유 중의 항생물
질, 잔류농약 등이다.
· 가공이나 저장 중 화학적 반응에 의하
여 형성된 것으로 유지의 산패생성물,
nitrosamine 등이다.
· 오염된 미생물에 의하여 형성된 것으로
aflatoxin 등 여러 가지로 구분된다.

372 물과 친화력이 강한 콜로이드에는
-OH, COOH 등의 원자단이 있다.

373 유화액
· 수중유적형(O/W)과 유중수적형(W/O)
이 있다.
 - 유화액을 구분하는 조건
 - 유화제의 성질
 - 물과 기름의 비율
 - 물과 기름의 첨가순서
 - 전해질의 유무와 그 종류 및 농도
 - 기름의 성질 등

367 청매 및 비파의 씨 속에 들어 있는 독성 배당체는 어느 것인가?

① amygdalin   ② caffein
③ nicotine   ④ neurine

368 식품과 성분의 연결이 잘못된 것은?

① hop - humulon   ② 대두 - saponin
③ 쑥 - absinthin   ④ 감자 - choline

369 생콩 속에 존재하는 특수성분은?

① ricin   ② lycorin
③ glycinin   ④ antitrypsin

370 쌀, 기타 곡류에 함유된 용혈성 독성분은?

① neurine   ② lysolecithin
③ histamine   ④ saponin

371 다음 중 식품의 가공 중에 형성되는 독성물질은 무엇인가?

① tetrodotoxin   ② trypsin inhibitor
③ solanine   ④ nitrosamine

372 물과의 친화력이 가장 큰 반응 그룹은?

① 수산화기(-OH)
② 알데히드기(-CHO)
③ 메틸기(-CH$_3$)
④ 암모니아기(-NH$_2$)

373 유화액에는 수중유적형, 유중수적형이 있다. 이것을 구분하는 조건
이 아닌 것은?

① 유화제의 성질
② 물과 기름의 비율
③ 유화 방치 시간
④ 첨가 순서

ANSWER
367 ①   368 ④   369 ④   370 ②
371 ④   372 ①   373 ③

• 식품기사 필기시험

374 우유, 마요네즈 등과 같이 분산매와 분산질이 모두 액체인 콜로이드 상태를 무엇이라 하는가?

① 거품
② 유화액
③ 졸(sol)
④ 겔(gel)

375 기름에 물이 분산된 유화형태를 한 식품은?

① 마요네즈
② 우유
③ 아이스크림
④ 버터

376 다음은 유화제에 존재하는 기능기들이다. 소수성기는 어느 것인가?

① $-CHO$
② $-COOH$
③ $-NH_2$
④ $-CH_2-CH_2-CH_3$

377 Polyoxyethylene sorbitan oleate(HLB=15)와 Sorbitan oleate(HLB=4.3)을 혼합하여 HLB가 10인 유화제 혼합물을 만들려면 각각 얼마씩 첨가하여야 하는가?

① Polyoxyethylene sorbitan oleate 53%, Sorbitan oleate 47%
② Polyoxyethylene sorbitan oleate 70%, Sorbitan oleate 30%
③ Polyoxyethylene sorbitan oleate 80%, Sorbitan oleate 20%
④ Polyoxyethylene sorbitan oleate 92%, Sorbitan oleate 8%

378 다음 식품 중 친수성 콜로이드가 아닌 것은?

① 젤라틴
② 우유
③ 난백
④ 전분

---

374 유화(emulsification)
• 분산매와 분산질이 모두 액체인 콜로이드 상태를 유화액(emulsion)이라 하고 유화액을 이루는작용을 유화라 한다.
• 우유, 마요네즈, 아이스크림 등은 수중유적형(O/W), 버터는 유중수적형(W/O)이다.

375 식품의 유화 형태
• 수중유적형(O/W) : 물속에 기름이 분산된 형태
  – 우유, 마요네즈, 아이스크림 등
• 유중수적형(W/O) : 기름 중에 물이 분산된 형태
  – 마가린, 버터 등

376 유화(emulsification)
• 분산질과 분산매가 다같이 액체인 교질 상태를 유화액이라 하고, 유화액을 이루는작용을 유화(emulsification)라 한다.
• 유화제는 한 분자 내에 −OH, −CHO, −COOH, −NH₂ 등의 극성기 또는 친수기와 alkyl기(CH₃−CH₂−CH₂−)와 같은 비극성기 또는 소수기를 가지고 있다.
• 소수기는 기름과 친수기는 물과 결합하여 기름과 물의 계면에 유화제 분자의 피막이 형성되어 계면장력을 저하시켜 유화성을 일으키게 한다.

377 HLB(hydrophilic−lipaphilc balan(e))
• 유화제는 분자 내에 친수성기와 친유성기를 가지고 있으므로 이들 기의 범위 차에 따라 친수성 유화제와 친유성 유화제로 구분하고 있으며 이것을 편의상 수치로 나타낸 것이 다.
• HLB가 다른 유화제를 서로 혼합하여 자기가 원하는 적당한 HLB를 가진 것을 만들 수 있다.
• 즉 HLB가 15와 4.3인 유화제를 혼합하여 HLB가 10인 유화제 혼합물을 만들려고 할때 다음 식에 의하여 구한다.
$$10 = \frac{15 \times + 4.3(100-X)}{100}$$
• 여기서 x=53.30이 되므로, HLB가 15인 것을 53.3%, HLB가 4.3인 것을 46.7% 혼합하면 된다.

378 우유에는 친수교질(보호교질)인 lactalbumin이 적고, 비교적 소수교질인 casein이 많으므로 전체적으로 소수성을 나타낸다.

▶ ANSWER ◀ ....

374 ② 375 ④ 376 ④ 377 ①
378 ②

출제예상문제

379 식품의 rheology

- 점성 : 외부의 힘에 의하여 액체는 유동한다. 이때 액체 내부에서 그 흐름에 대한 저항
- 탄성 : 외부 힘에 의해 변형을 받고 있는 물체가 본래의 상태로 돌아가려는 성질
- 소성 : 외부의 힘에 의하여 변형된 후에 그 힘을 제거하여도 본래 상태로 돌아가지 않는 성질
- 점탄성 : 외부에서 힘을 가할 때 점성 유동과 탄성 변형을 동시에 일으키는 성질

380 콜로이드(colloid)의 성질

- 엉김 : 콜로이드는 같은 종류의 전기를 띠기 때문에 반발력으로 인하여 떠있게 된다. 소수 콜로이드에 소량의 전해질을 넣으면 콜로이드 입자가 반발력을 잃고 가라앉는 현상
- 염석 : 친수 콜로이드가 다량의 전해질에 의해 가라앉는 현상
- 브라운 운동 : 콜로이드 입자가 불규칙한 직선운동을 하는 현상을 말하고, 콜로이드 입자와 분산매가 충돌하기 때문이다.
- 틴들 현상 : 어두운 곳에서 콜로이드 용액에 직사광선을 쪼이면 빛의 진로가 보이는 현상

381 콜로이드 입자의 성질

- 입자의 크기에 의한 현상 또는 성질 : 다이알리시스(투석), 흡착작용, 틴들 현상
- 분산매분자의 운동에 의해 나타내는 현상 : 브라운 운동
- 전하를 가지고 있기 때문에 나타내는 현상 : 전기이동, 염석, 응석

382 유화액(emulsion)

- 분산매와 분산질이 모두 액체인 콜로이드 상태를 말한다.
- 우유, 마요네즈, 크림 등이 있다.

383 식품에서의 콜로이드 상태

분산매	분산질	분산계	식품의 예
기체	액체	에어졸	향기부여 스모그
	고체	분말	밀가루, 전분, 설탕
액체	기체	거품	맥주 및 사이다 거품, 발효 중의 거품
	액체	에멀션	우유, 생크림, 마가린, 버터, 마요네즈
	고체	현탁질	된장국, 주스, 전분액, 스프
		졸	소스, 페이스트, 달걀흰자
		겔	젤리, 양갱
고체	기체	고체거품	빵, 쿠키
	액체	고체겔	한천, 과육, 버터, 마가린, 초콜릿, 두부
	고체	고체교질	사탕과자, 과자

💡 **ANSWER**

379 ④ 380 ② 381 ① 382 ①
383 ④ 384 ④

379 외부에서 식품에 힘을 가했을 때 원래의 상태로 돌아오지 않는 성질을 무엇이라 하는가?

① 점성(viscosity)
② 탄성(elasticity)
③ 점탄성(viscoelasticity)
④ 소성(plasticity)

380 콜로이드 입자가 가라앉지 않고 균일한 상태로 분산매에 떠다니게 하는 성질은?

① 엉김
② 브라운 운동
③ 틴들 현상
④ 염석

381 콜로이드 입자의 성질과 관련이 없는 것은?

① 반투막통과
② 염석
③ 브라운 운동
④ 흡착작용

382 분산매와 분산질이 모두 액체인 콜로이드는?

① 유화액
② 고체 포말질
③ 현탁액
④ 포말질

383 각 식품별로 분산매와 분산상 간의 관계가 순서대로 연결된 것은?

① 마요네즈 : 액체 - 고체
② 우유 : 고체 - 기체
③ 캔디 : 액체 - 고체
④ 버터 : 고체 - 액체

384 다음 식품 중에서 진용액인 것은?

① 젤라틴   ② 된장국
③ 젤리   ④ 설탕시럽

385 물속에 기름이 분산된 수중유적형(O/W)의 대표적인 유화식품은?

① 우유
② 버터
③ 마가린
④ 치즈

386 분말한천과 같이 젤(gel)을 오래 실온에 방치하여 건조상태가 된 것을 무엇이라 하는가?

① 졸(sol)
② 크세로젤(xerogel)
③ 평윤(swelling)
④ 결정(crystal)

387 점탄성체 측정 장치에 적당치 않은 것은?

① 경점성 – farinograph
② 신전성 – extensograph
③ 연도 – tendermeter
④ weissenberg 효과 – texturometer

388 분산계가 현탁질인 것은?

① 우유
② 맥주
③ 버터
④ 된장국

389 다음 식품 중 소성체의 특성을 나타내는 것은 어느 것인가?

① 한천 젤
② 생크림
③ 벌꿀
④ 난백

390 물, 우유, 청량음료, 식용유 등 묽은 용액들은 다음 중 어떤 유체의 특성을 나타내는가?

① 의사가소성(Pseudoplastic) 유체
② 뉴톤(Newton) 유체
③ 딜레탄트(Dilatant) 유체
④ 비뉴톤(Nonnewton) 유체

---

384 진용액
- 산포물질(분산상)은 1개의 분자 또는 이온으로 되어 있다.
- 산포물질의 직경은 1mμ 이하로 동질적이며, 설탕시럽은 이에 속한다.

385 식품의 유화 형태
- 수중유적형(O/W) : 물속에 기름이 분산된 형태
  - 우유, 마요네즈, 아이스크림 등
- 유중수적형(W/O) : 기름 중에 물이 분산된 형태
  - 마가린, 버터 등

387 texturometer
- 식품의 조직(texture)를 정량적으로 계측하는 기기의 하나이다.

386 크세로(xerogel)
- 젤을 오래 실온에 방치하면 점차 수분이 감소되고 부피가 축소되어 건조상태로 된다. 이와 같은 형상을 젤의 축라라 하고 건조상태가 된 젤을 크세로젤이라 한다.
- 건조한 젤이 액체를 흡수하여 부풀어 오르는 현상을 평윤이라 한다.

388
- 현탁질 : 초콜릿, 된장국 등과 같이 분산매가 액체이고, 분산상이 고체인 분산계
- 유탁질 : 우유와 같이 액체 속에 기름과 같은 액체 입자가 분산되어 있는 것

389 식품의 rheology
- 점성 : 액체의 외부에서 힘을 가하면 액체는 유동한다. 이때 액체 내부에서 그 흐름에 대한 저항을 말한다. 물엿, 벌꿀 등
- 탄성 : 외부의 힘에 의하여 변형을 받고 있는 물체가 본래의 상태로 돌아가려는 성질을 말한다. 한천젤, 빵, 떡 등
- 소성 : 외부에서 힘의작용을 받으면 물질이 변형된다. 이때 힘을 제거하여도 본래 상태로 돌아가지 않는 성질이다. 버터, 마가린, 생크림 등
- 점탄성 : 외부에서 힘을 가할 때 점성유동과 탄성 변형을 동시에 일으키는 성질을 말한다. 난백, 껌, 반죽 등

390 뉴톤(Newton) 유체
- 흐름에 평행인 평면의 단위면적당 내부 마찰력을 전단응력이라 하며 흐름에 수직인 방향의 속도기울기를 전단속도라고 한다.
- 전단응력이 전단속도에 비례하는 액체를 뉴톤유체라고 한다.
- 물, 우유, 술, 청량음료, 식용유 등 묽은 용액들이다.

391 weissenberg의 효과

- 가당연유 속에 젓가락을 세워서 회전시키면 연유가 젓가락을 따라 올라간다. 이와 같은 현상을 말한다.
- 이것은 액체에 회전운동을 가했을 때의 흐름과 직각 방향으로 현저한 압력이 생겨서 나타나는 현상이다.

392 거품(foam)

- 분산매인 액체에 분산상으로 공기와 같은 기체가 분산되어 있는 것이 거품이다.
- 거품은 기체와 액체의 계면에 제 3물질이 흡착하여 안정화 된다.
- 맥주의 거품은 맥주 중의 단백질, 호프의 수지성분 등이 거품과 액체 계면에 흡착되어 매우 안정화 되어 있다.

393 식품의 물성

- 점성 : 유체의 흐름에 대한 저항을 말하며, 점성은 온도가 낮을수록, 농도가 높을수록, 용질의 분자량이 클수록 증가한다.
- 소성 : 외부의 힘에 의하여 변형된 후에 그 힘을 제거하여도 원래의 상태로 되돌아가지 않는 성질을 말하며, 생크림이나 버터는 대표적인 소성체이다.
- Newton 유체 : 균일한 형태와 크기를 가진 단일 물질로 구성되어 있는 균일한 물체를 말한다. 차, 맥주, 커피, 술, 꿀, 우유 등이 이에 해당된다.

394 가소성 물체

- 어떤 항복력(yield stress)을 초과할 때까지는 영구변형이 일어나지 않는 것을 말한다.
- 탄성이 없는 완전한 가소성체는 응력-strain 특성을 나타낸다.
- 작은 응력의 영향 하에서는 변형이 일어나지 않으며, 응력이 증가하면 물체는 작용된 응력(항복응력)에서 갑자기 흐르기 시작한다.
- 그 물체는 같은 응력에서 응력이 제거될 때까지는 계속하여 흐르며 그의 전체 변형을 유지한다.

395 390번 해설 참조

396

- dilatant 유체 : 전단속도의 증가에 따라 전단응력의 증가가 크게 일어나는 유동을 말한다.
- pseudiplastic 유체 : 항복치를 나타내지 않고 전단응력의 크기가 어떤 수치 이상일 때 전단응력과 전단속도가 비례하여 뉴턴유체의 성질을 나타내는 유동을 말한다.

ANSWER

391 ② 392 ② 393 ② 394 ②
395 ② 396 ④

---

391 유체 속에 막대를 세워 회전시켰을 때, 막대를 따라 올라가는 성질을 무엇이라 하는가?

① 예사성
② weissenberg의 효과
③ 경점성
④ 점조성

392 액체 속에 기체가 분산된 콜로이드 상태의 식품은?

① 생크림   ② 맥주
③ 우유   ④ 아이스크림

393 다음은 식품의 물성과 관련된 설명이다. 틀린 것은 어느 것인가?

① 물체의 점성은 온도가 높을수록 작아진다.
② 생크림이나 버터는 소성이 없지만, 물엿은 소성이 있다.
③ 신전성이란 길게 늘어나는 성질을 말한다.
④ Jelly는 Newton 유체가 아니다.

394 고체식품에서 항복응력(yield stress)을 초과할 때까지 영구변형이 일어나지 않는 것은?

① 탄성체   ② 가소성체
③ 점탄성체   ④ 점성체

395 다음 중 전단응력과 전단속도의 정비례적인 관계를 보여 주는 뉴톤 유체의 식품은?

① 고추장   ② 여과된 주스
③ 전분유   ④ 토마토케첩

396 일정한 전단속도일 때 시간이 경과함에 따라 외관상 점도가 증가하는 유체는?

① dilatant 유체
② pseudiplastic 유체
③ thixotropic 유체
④ rheopectic 유체

397 거품에 대한 설명 중 틀린 것은?

① 액체 중에 공기와 같은 기체가 분산된 것이 거품이다.
② 거품을 제거하기 위해서는 거품의 표면장력을 높여 주어야 한다.
③ 카스텔라는 거품을 이용하여 부드러운 식감을 지니게 한 것이다.
④ 맥주와 샴페인은 가압 하에서 탄산가스를 다량 용해시킨 것이다.

398 표면장력에 대한 설명으로 맞지 않은 것은?

① 분자들이 액체의 표면에서 내부 쪽으로 향하려는 경향이 있어 표면을 수축하려고 한다.
② 공기와 액체 계면에 분자들은 불균형한 인력을 받아 액체 내부 쪽으로 끌리게 된다.
③ 표면에 작용하는 인력을 표면장력이라고 하며 단위는 N/m^2으로 표시한다.
④ 표면 활성제는 극성부분과 비극성부분을 함께 가진 양쪽 친매성 분자이다.

399 반죽을 통하여 밀가루의 점탄성을 향상시킬 수 있는 것은 분자 내부에서 어떤 현상이 일어나기 때문인가?

① 분자 간 이황화 교환 반응
② 마이야르 반응
③ 분자 내 에스테르 교환 반응
④ 호화 현상

400 메밀전분을 갈아서 만든 유동성이 있는 액체를 가열하고 난 뒤 냉각시키면 반고체 상태의 묵이 된다. 이 묵의 교질상태를 무엇이라 하는가?

① 졸(sol)
② 젤(gel)
③ 염석(salting)
④ 유화(emulsification)

• thixotropic 유체 : 비뉴톤성 시간 의존형 유체로 shearing(층밀림, 전단응력)시간이 경과할수록 점도가 감소하는 유체이다. 케찹이나 호화전분액 등
• rheopectic 유체 : 비뉴턴 유체 가운데 전단속도가 증가됨에 따라 점도가 증가하는 유체이다. 전단시간에 따라 겉보기 점도가 증가하는 유체이며 이 변화는 가역적이다

397 거품(foam)
• 분산매인 액체에 분산상으로 공기와 같은 기체가 분산되어 있는 것이다.
• 거품을 제거하기 위해서는 거품의 표면장력을 감소시켜 주어야 한다. 그런 방법으로 찬 공기를 보내든지 알코올, 지방산, 소포제를 첨가하면 된다.

398 표면장력
• 액체의 자유표면에서 표면을 작게 하려고 작용하는 장력을 말한다.
• 대개 단위길이의 선분에 수직인 표면에 작용하는 힘의 총합으로 표현된다.
• 이 경우 단위는 N/m가 되며, 이것은 J/m^2와 같다.

399 밀 단백질의 구조를 보면 $-S-S-$결합이 선상으로 길어진 글루테닌(glutenin)분자가 연속뼈대를 만들어 글루텐의 사슬 내에 $-S-S-$결합으로 치밀한 대칭형을 이룸으로써 뼈대 사이를 메워 점성을 나타내며 유동성을 가지게 된다.

400 젤(gel)
• 친수 sol을 가열하였다가 냉각시키거나 또는 물을 증발시키면 분산매가 줄어들어 반고체 상태로 굳어지는데 이 상태를 젤(gel)이라 한다.
• 젤라틴이나 한천의 뜨거운 용액을 냉각하였을 때 굳어지는 현상을 젤화라 한다.
• 과실로 만든 젤리나 잼 또는 메밀묵, 도토리묵 같은 식품은 젤의 좋은 예이다.

ANSWER

397② 398③ 399① 400②

출제예상문제

401 texturometer에 의한 texture-profile
- 1차적 요소 : hardness(경도), cohesiveness(응집성), elasticity(탄성), adhesiveness(부착성)
- 2차적 요소 : brittleness(파쇄성), chewiness(저작성, 씹힘성), gumminess(검성, 점착성)
- 3차적 요소 : resilience(복원성)

402 식품의 관능검사
① 차이식별검사
- 종합적인 차이검사 : 단순 차이검사, 일-이점검사, 삼점검사, 확장삼점검사
- 특성 차이검사 : 이점비교검사, 순위법, 평점법, 다시료비교검사
② 묘사분석
- 향미프로필 방법
- 텍스처프로필 방법
- 정량적 묘사 방법
- 스펙트럼 묘사분석
- 시간-강도 묘사분석
③ 소비자 기호도 검사
- 이점비교법
- 기호도척도법
- 순위법
- 적합성 판정법

403 402번 해설 참조

404 관능검사법의 장소에 따른 분류
- 실험실검사, 중심지역검사, 가정사용검사로 나눌 수 있다.
- 중심지역검사 방법의 부가적인 방법으로 이동수레를 이용하는 방법과 이동실험실을 이용하는 방법이 있다.
  - 이동수레법은 손수레에 검사할 제품과 기타 필요한 제품을 싣고 고용인 작업실로 방문하여 실시하는 것이다.
  - 이동실험실법은 대형차량에 실험실과 유사한 환경을 설치하여 소비자를 만날 수 있는 장소로 이동해 갈 수 있는 방법으로, 이동수레법에 비해 환경을 조절할 수 있고 회사 내 고용인이 아닌 소비자를 이용한다는 것이 장점이다.

 식품의 평가

401 식품의 텍스처를 측정하는 texturometer에 의한 texture-profile로부터 알 수 없는 특성은?

① 탄성
② 복원성
③ 검성(점착성)
④ 점성

402 식품의 관능검사에서 특성 차이검사에 해당하는 것은?

① 단순 차이검사
② 일-이점검사
③ 이점비교검사
④ 삼점검사

403 관능검사의 차이식별검사 방법을 크게 종합적 차이검사와 특성 차이검사로 나눌 때 다음 중 종합적 차이검사에 해당하는 것은?

① 삼점검사
② 다시료 비교검사
③ 순위법
④ 평정법

404 관능검사법의 장소에 따른 분류 중 이동수레(mobile serving cart)를 활용하여 소비자 기호도검사를 수행하는 방법은?

① 중심지역검사
② 실험실검사
③ 가정사용 검사
④ 직장사용 검사

ANSWER

401 ④ 402 ③ 403 ① 404 ①

405 아래의 관능검사 질문지는 어떤 관능검사인가?

> ·이름 : _____   ·설명 : _____   ·나이 : _____
> R로 표시된 기준시료와 함께 두 시료(시료152, 시료21(7)가 있습니다.
> 먼저 R시료를 맛본 후 나머지 두 시료를 평가하여 R과 같은 시료를 선택
> 하여 그 시료에 (V)표 하여 주십시오
>
> 　시료152(　)　　　　　　　　　시료217(　)

① 단순 차이검사　　　② 일-이점검사
③ 삼점검사　　　　　　④ 이점비교검사

영양화학

406 위에서 분비된 pepsinogen은 무엇에 의하여 활성화되는가?

① rennin
② mucin
③ 염산
④ trypsin

407 장액에서 분비되는 것은?

① pepsin
② trypsin
③ dipeptidase
④ chymotrypsin

408 Pepsin이 활동할 수 있는 최적 pH는?

① 1.5~2.0
② 3~4
③ 4~5
④ 6~7

409 Enterokinase가 분비되는 곳은?

① 큰 창자
② 위
③ 작은 창자
④ 간장

405 관능검사 방법
· 단순 차이검사: 두 개의 검사물들 간에 차이유무를 결정하기 위한 방법으로 동일 검사물의 짝과 이질 검사물의 짝을 제시한 후 두 시료 간에 같은지 다른지를 평가하게 하는 방법이다.
· 일-이점검사 : 기준 시료를 제시해주고 두 검사물 중에서 기준 시료와 동일한 것을 선택하도록 하는 방법으로 이는 기준시료와 동일한 검사물만 다시 맛보기 때문에 삼점검사에 비해 시간이 절약될 뿐만 아니라 둔화 현상도 어느 정도 방지할 수 있다. 따라서 검사물의 향미나 뒷맛이 강할 때 많이 사용되는 방법이다.
· 삼점검사 : 종합적 차이검사에서 가장 많이 쓰이는 방법으로 두 검사물은 같고 한 검사물은 다른 세 개의 검사물을 제시하여 어느 것이 다른지를 선택하도록 하는 방법이다.
· 이점비교검사 : 두 개의 검사물을 제시하고 단맛, 경도, 윤기 등 주어진 특성에 대해 어떤 검사물의 강도가 더 큰지를 선택하도록 하는 방법으로 가장 간단하고 많이 사용되는 방법이다.

406 위액 중의 HCl의작용은 단백질 분해 효소인 pepsin이작용될 때 적당한 산성을 주는 것과 식물과 같이 들어오는 세균류를 사멸시키는 일을 한다. 유문으로부터 효소원으로서 pepsinogen의 형태로 분비되어, 이것이 HCl의 작용에 의해 pepsin으로 변한다.

407 장액에 포함되는 소화효소
· 당질 분해 효소인 sucrase, lactase, maltase 및 단백질 분해 효소인 aminopeptidase, dipeptidase, prolinase와 핵산분해 효소이다.
※pepsin은 위에서 분비되는 단백질 분해효소
※trypsin, chymotrypsin은 이자에서 분비되는 단백질 분해효소

408 pepsin의 최적 pH는 2이고 2~5에서는 안정하지만, 높은 pH에서는 효소가 쉽게 변성되어 활성을 잃는다.

409 enterokinase는 trypsinogen을 활성화시켜 trypsin으로 하는 단백질 분해 효소로서 소장 점막의 융모에서 분비된다.

| ANSWER |
405 ② 　406 ③ 　407 ③ 　408 ①
409 ③

410 에렙신(erepsin)

- 장액에는 polypeptide를 dipeptide 혹은 amimo acid로 분해시키는 aminopolypeptidase의 효소가 들어 있고 이 밖에 이 dipeptide를 amino acid로 분해시키는 dipeptidase가 존재한다.
- 이 dipeptidase와 aminopolypeptidase를 erepsin이라고 한다.

411
췌장의 높은 아연(Zn) 농도는 인슐린의 생리적 기능을 증가시키고, 아연의 결핍은 부신피질 자극호르몬의 생성이 억제된다.

412 단백질의 역할

- 성장 시 체 단백질을 구성하는 아미노산을 공급하기 위해 필요하다.
- 성인에 있어서도 단백질의 보수 또는 호르몬류, 체내의 효소, 담즙 등을 만드는 데 필요하다.
- 단백질의 분해물인 아미노산은 탈아미노산화하여 당질을 합성하거나 지질을 생성한다.

413 단백질이 가지는 생리적 기능에 따른 분류

- 저장 단백질 : casein, gluten 등
- 수송단백질 : hemoglobin, myo-globin
- 수축단백질 : myosin, insulin, actin
- 호르몬, 구조단백질 : collagen, ela-stin 등
- 유해단백질 : trypsin inhibitor, avi-din, ricin 등

414
단백질이 소화되고 나면 최종적으로 아미노산이 된다. 이것이 소장을 통해서 흡수되어 문맥을 거쳐 간으로 운반되어 이용되는데 주로 조직구성 조절물질의 생성 탈아미노반응(deamination)이 일어난다. 여기서 생성된 NH_4의 대부분은 간에서 요소로 전환되어 오줌으로 배설된다.

415 생리활성 peptide

- 탐식작용, 칼슘 흡수촉진 등의 특별한 생리적 기능을 지니는 peptide를 말한다.
- 이들의 체내 흡수 형태는 일반 단백질의 흡수 형태와 판이하게 다르다.
- 생리활성 peptide는 외인성 생리활성 peptide(식품)와 생리활성 peptide (hormone, 효소의 inhibitor)로 나뉘어진다.

■ ANSWER ■ ··········

410 ③ 411 ③ 412 ③ 413 ③
414 ④ 415 ④

---

410 Erepsin이 가수분해 시키지 않는 것은?

① proteose
② peptone
③ amino acid
④ dipeptide

411 췌장 호르몬인 insulin의 생리 기능에 필요한 금속은?

① Fe
② Cu
③ Zn
④ Mo

412 성인의 단백질 대사에 대하여 잘못 설명한 것은?

① 섭취량에 변동이 있을 때 평형을 이루려면 3~4일이 걸린다.
② 배설량은 섭취량에 맞추려는 경향이 있다.
③ 필요량 이상의 것을 섭취하면 체내에 저장된다.
④ 단백질의 양적 문제를 연구하려면 질소평형 실험을 한다.

413 단백질은 생체 내에서 여러 가지 기능을 하고 있다. 다음 설명 중 틀린 것은?

① 단백질인 효소는 생화학 반응에 관여한다.
② 에너지를 저장하는 기능을 지닌다.
③ 단백질은 생체 내 산소의 수송과 관계가 없다.
④ 단백질 중에는 생명체에 유해한 독성물질인 것도 있다.

414 체내에 섭취된 단백질은 몸 안에서 사용된 후, 단백질을 구성하는 질소는 어떤 경로를 통하여 몸 밖으로 배출되는가?

① 땀
② 대변
③ 호흡
④ 소변

415 생리활성 peptide에 관한 다음 설명 중 틀린 것은?

① 탐식작용, 칼슘 흡수촉진 등의 특별한 생리적 기능을 지니는 peptide를 말한다.
② 생리활성 peptide의 체내 흡수 형태는 일반 peptide의 흡수 형태와 다르다.
③ 대두단백질의 가수분해물 중에는 콜레스테롤의 흡수를 저해하는 peptide가 있다고 알려져 있다.
④ 식품을 통하여 섭취되는 생리활성 peptide를 내인성 생리활성 peptide라고 한다.

416 소맥단백질에서 보완의 효과를 나타내는 amino acid는?

① methionine ② tryptophan
③ cysine ④ lysine

417 물에 녹지 않고 약한 알칼리성 또는 중성 염류 용액에 녹는 단백질은?

① albumins ② globulins
③ glutelins ④ prolamins

418 어떤 사람이 하루 동안 배설한 소변의 질소량을 측정하였더니 10g 이었다. 이 사람이 하루 동안 분해시킨 체 단백질량 및 그 결과 발생된 열량은?

① 체 단백질 62.5g, 열량 250cal
② 체 단백질 62.5g, 열량 350cal
③ 체 단백질 52.5g, 열량 250cal
④ 체 단백질 52.5g, 열량 350cal

419 한국 사람에게 결핍되기 쉬운 필수아미노산은?

① valine ② lysine
③ glutamic acid ④ alanine

420 단백가가 100인 자연식품은?

① 계란 ② 우유
③ 소고기 ④ 밀

421 어떤 식품의 단백질 amino acid 조성을 측정한 결과 tryptophan이 제한 아미노산이였고, 그 함량은 70mg/g 단백질 질소였다. 이 식품단백질의 단백가는? (단, 비교단백질 tryptophan 함량은 90mg/g 단백질 질소이다.)

① 68.5 ② 77.8
③ 86.7 ④ 91.7

422 단백질의 결핍 시 부종이 온다. 그 직접적 원인은 무엇인가?

① 악성 빈혈 초래 ② 혈장 알부민의 감소
③ 혈관 저항 저하 ④ 신장기능 약화

416 곡류 단백질에는 lysine이 부족하며, 콩에는 methione은 적으나 lysine이 많다.

417
• albumin은 물에 녹으며 가열에 의해 응고되는 단백질로 달걀, 우유, 혈청, 밀, 콩류에 있다.
• globulin은 물에 녹기 힘드나 약한 염류액에 녹기 쉽고 열에 응고한다. 달걀, 우유 혈청, 대두, 완두 등에 있다.
• glutelin은 약한 산, 알칼리에만 녹고 다른 용매에는 녹지 않으며 열에 응고하며 밀, 쌀 등에 있다.
• prolamine은 물에 녹지 않지만 50~90% 알코올에 녹으며 보리, 밀, 옥수수 등에 있다.

418 N량 × 질소계수 = 단백질 양
10 × 6.25 = 62.5(g)
즉, 열량은 62.5g × 4cal = 250cal

419 우리나라의 주식은 쌀로서 lysine은 쌀에 함유되어 있지 않기 때문에 결핍되기 쉽다.

420 단백가
• 제한 아미노산의 필수아미노산에 대한 백분율로 나타낸다.
• 계란의 단백가를 100으로 기준하여 다른 식품의 단백가를 비교한다.
• 우유의 단백가는 74, 쇠고기는 79, 밀은 67이다.

421 단백가란 제한 아미노산의 필수 아미노산에 대한 백분율로 나타낸다.
$\frac{70}{90} \times 100 = 77.8$

422 부종(edema)
• 체내에 과잉의 액체가 생긴 것이며 손가락으로 누르면 잠시 동안 자국이 계속된다.
• 심장병, 신장병, 영양실조 등의 원인에 의해 단백질 결핍 시 혈장 알부민(albumin)의 감소로 인하여 부종이 온다.

423 소화 기관에서 분비되는 지방질의 소화 효소
- 위액의 lipase, 췌액의 lipase (steapsin), lecithinase, 장액의 lipase이다.
- 지방산 ester를 차례로 가수분해하여 glycerol과 지방산으로 분해한다.

424 지질이 체내에서 연소할 때 호흡률(R.Q)은 0.707, 당질은 1, 단백질은 0.8이다.

425 담즙(bile acid)의 성분
- 담즙산염, mucin 및 색소, lecithin, cholesterol, 지방, 지방산, 무기염류 등이 있다.
- cholesterol은 지질의 소화 흡수를 촉진시키는 유효물질이다.

426 지방은 구강 내에서는 소화 분해 작용이 되지 않고, 췌장에서 glycerin과 지방산으로 분해된다. 위에서 담즙에 의해 충분히 유화된 후에 소장으로 보내져 장벽으로부터 흡수된다.

427 케톤체(ketone body)
- 당뇨병, 기아 등의 당질대사 장해의 경우 간 글리코겐의 감소로 지방의 분해가 촉진되어 간의 처리 능력 이상으로 acetyl CoA를 생성한다.
- 과잉 acetyl CoA는 ketone body로 되어 혈류로 들어가 간 외의 조직에서 이용된다. 또한 지방의 대량 섭취 시에도 ketone body가 생성된다.
- Ketone body가 이용될 정도 이상으로 생성되면 혈중농도는 증가된다. 이 상태를 ketone증(ketosis)이라 한다.

428 담즙
- 간담즙과 낭담즙이 있으며, 소화 효소는 들어 있지 않고 담즙산이 주성분을 이루고 있다.
- 담즙산은 cholic acid와 glycine이 결합한 glycocholic acid와 cholic acid의 taurine이 결합한 taurocholic acid의 2가지 종류가 있다.
- 담즙산염은 표면장력을 낮추는작용이 커서 지방, 지용성 비타민 및 기타의 지질을 유화시킨다.

423 다음 중 지방질의 소화 효소로만 되어 있는 것은 어느 것인가?

① ptyalin, trypsin   ② lipase, steapsin
③ steapsin, trypsin   ④ lipase, pepsin

424 지질이 체내에 연소될 때 당질이 연소될 때보다 적은 것은?

① 뇨중 acetone 배설량
② eneregy 대사율
③ 뇨중 질소 배설량
④ 호흡률(R.Q)

425 지방질의 소화 흡수에 필요한 것은?

① lecithin   ② bile acid
③ pepsin   ④ amylase

426 지방은 주로 어디서 소화, 흡수시키는가?

① 위   ② 큰 창자
③ 작은 창자   ④ 췌장

427 지방대사에서 당뇨병, 기아상태, 지방의 대량 섭취 시에 생성되는 물질은 무엇인가?

① 젖산(lactic acid)   ② 피루빈산(pyruvic acid)
③ 히스톤(histone)   ④ 케톤체(ketone body)

428 Bile acid의 설명 중 맞지 않는 것은?

① 지질의 유화작용이 있다.
② 담즙 중에 있다.
③ 간에서 만들어진다.
④ 위산에도 있다.

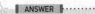

ANSWER
423 ②   424 ④   425 ②   426 ③
427 ④   428 ④

429 다음 중 소화 효소를 함유하고 있지 않은 소화액은?

① 위액
② 췌장액
③ 장액
④ 담즙

430 체내에서 콜린(choline)이 부족하여 일어날 수 있는 증세는?

① 빈혈
② 당뇨병
③ 부종
④ 지방간

431 탄수화물, 단백질, 지방의 3가지 영양소에 관한 소화 효소가 들어 있는 것은?

① 위액
② 타액
③ 췌액
④ 담즙

432 포도당이 구성성분인 탄수화물은?

① 이눌린(inulin)
② 펜토오산(pantosan)
③ 전분(starch)
④ 갈락탄(galactan)

433 인슐린(insulin)은 어느 곳에서 분비되는가?

① 췌장
② 갑상선
③ 부신
④ 뇌하수체

434 다음 중 당뇨병과 관련이 있는 호르몬은?

① progesterone
② cholecystokinin
③ glucagon
④ insulin

435 대장 내에서의작용에 대하여 옳지 않은 것은?

① 소장에서 일어난 소화과정이 어느 정도 계속된다.
② 염류가 교환된다.
③ 섬유소가 가수분해된다.
④ 소화 흡수된 잔여물의 부패가 일어난다.

429
- 위액에는 펩신, 뮤신, 리파아제, 레닌 등이 함유되어 있고, 췌장액에는 pancreatic amylase가 함유되어 있고, 장액에는 disaccharase(이당류 분해 효소), 즉 maltase, sucrase, lactase, α-1,6-glucosidase 등이 함유되어 있다.
- 담즙은 약 알칼리성(pH 7.8 정도)이고, 주된 기능은 지방의 유화와 흡수를 돕는다.

430 지질이 많으면 총열량도 증가하여서 여분의 지방을 체내에 축적하게 되므로 비만증과 지방성 간경화증, 동맥경화증 등을 일으킨다. 간장에 지방이 축적하는 것은 콜린(choline) 및 단백질의 섭취량을 증가시키면 방지할 수 있다.

431 췌액에는 trypsin, amylase, chymotrypsin, lipase, carboxy-peptidase, nucrease 등의 소화 효소가 들어 있다.

432
- Inulin은 β-D-fructofuranose가 β-1,2 결합으로 이루어져 있다.
- Pantosan은 5탄당이 여러 개 축합된 다당류로 식물계에 널리 분포되어 있다.
- Starch는 포도당이 수백~수천 개가 중합한 것으로 결합 방법에 따라 amylose와 amylopectin의 2종으로 구별한다.
- Galactan은 약 100개의 D-galactose가 β-1,4결합으로 이루어진 다당체이다.

433 인슐린은 췌장에서 분비되며 체내 포도당을 조절하는작용을 한다.

434 인슐린
- 이자(췌장)의 β세포에서 분비되는 것으로 혈액 속의 포도당의 양을 일정하게 유지시키는 역할을 한다.
- 혈당량이 높아지면 분비되며, 혈액 내의 포도당을 세포로 유입시킨다.

435 대장 내에서의작용
- 췌액 및 장액의 소화 효소가 어느 정도 작용을 계속하여 소화가 일어난다.
- 나머지 수분이 약간 흡수되고, 염류가 약간 교환되며, 소화 흡수된 잔여물의 부패가 일어난다.
※ 섬유소는 사람의 소화 효소로 분해되지 않는다.

ANSWER

429 ④ 430 ④ 431 ③ 432 ③
433 ① 434 ④ 435 ③

436 장에서 당의 흡수 속도
• 당의 종류에 따라 다르다.
• glucose의 흡수 속도를 100이라 하면 galactose 110, fructose 43, mannose 19, xylose 15 등이다.

437 엽산(folic acid)
• Vit M이라고도 한다.
• 결여한다면 초기에는 무력감, 우울증, 건망증세가 나타난다.
• 결핍상태가 되면 거구적 혈구성 빈혈, 소화기 장애, 성장 부진 등이 발생한다.

438
• Vitamin B_{12}의 핵에는 Co가 들어 있고, 갑상선 Hormone thyroxine에는 I_2가 함유되어 있고, 췌장 hormone인 insulin에는 Zn이 함유되어 있다.
• Cytochrome은 종류가 많고 Fe을 함유하고 있다.

439 Insulin, glutathione, heparin 등은 모두 황을 함유하고 있지만 insulin은 당 대사에 필수적 인자로작용하고, glutathione은 산화환원계에 관여하고, heparin은 glucosamine, glucuronic acid와 황산으로 구성된 다당류로 윤활제 역할과 혈액응고 저지작용을 한다.

440 Ascorbic acid는 생체 내에서 산화, 환원되면서 다른 물질을 산화시킬 수 있으므로 산화를 방지하는 역할을 한다.

441 철분은 ferritin이나 hemosiderin과 같은 저장 철분으로 간이나 비장, 골수 등 조직에 저장되어 있다.

436 다음 중 장내에서 가장 신속히 흡수되는 단당류는?

① xylose
② glucose
③ fructose
④ galactose

437 Vitamin M이라고도 하며, 혈구성 빈혈에 효과적인 것은?

① biotin
② Vit-D
③ folic acid
④ ascorbic acid

438 다음 중 중요한 생리적작용소의 주성분으로서 무기원소에 대한 연결이 옳은 것은?

① Vitamin B_{12}의 핵을 이루는 무기질 – Cu
② 갑상선 hormone thyroxine이 함유하는 무기질 – I_2
③ 혈당을 조절하는 insulin의 생산과 저장에 관여하는 무기질 – Co, Fe
④ Energy 방출 과정에 관여하는 cytochrome oxidase가 함유하는 무기질 – Zn

439 S(황)은 체내에서 여러 가지 중요한작용을 하고 있다. 다음 중 잘못된 것은?

① Coenzyme A – 황을 함유한 보조 효소로 구연산 회로와 가장 관계가 있다.
② thiamine, biotin – 황을 함유한 vitamin으로 수용성이다.
③ insulin, glutathione, heparin – hormone 속에 황을 함유하며 지방대사와 관계있다.
④ methionine, cysteine – 달걀과 동물성 단백질에 충분히 들어 있는 amino acid이다.

440 자연식품 속에 들어 있는 항산화제는?

① sorbic acid
② salicy acid
③ ascorbic acid
④ benzoic acid

441 철분은 조직 내에 어떤 물질로 저장되어 있는가?

① transferrin
② ferritin
③ heme
④ cytochrome

▶ ANSWER ◀ ································

436 ④ 437 ③ 438 ② 439 ③
440 ③ 441 ②

442 다음 중 요오드를 함유하는 호르몬은?

① 갑상선 호르몬　　② 부신피질 호르몬
③ 아드레날린　　　④ 뇌하수체 호르몬

443 다음 중 요오드(iodine)의 대사와 직접 관련이 있는 호르몬은?

① Adrenaline　　② Thyroxine
③ Insulin　　　④ Androgen

444 다음 중 장 내에서 모세 임파관으로 흡수되는 영양소는?

① 지방산　　　② Vit-A
③ Vit-E　　　④ 당질

445 Vitamin B₁₂의 결핍증이 엽산(folic acid)의 결핍증과 현저하게 다른 점은?

① 빈혈이 생긴다.
② 신경장애가 온다.
③ 적혈구의 크기가 크다.
④ 성장이 저지된다.

446 펠라그라는 옥수수를 주식으로 하는 지방의 풍토병이다. 이는 다음의 어느 인자의 부족으로 나타나는 것인가?

① niacin과 lyine
② niacin과 tryptophan
③ biotin과 tryptophan
④ choline과 lysine

447 열량계(Bomb calorimeter)는 무엇을 하는 데 쓰이는 기계인가?

① 인체가 발생하는 열량을 측정
② 인체가 소비하는 산소의 양을 측정
③ 식품의 연소 시 발생한 열량을 측정
④ 식품을 연소하는 데 소비한 산소의 양을 측정

448 비타민 K의 주된 생리작용은?

① 골격 형성　　② 탄수화물 대사
③ 혈액응고　　　④ 단백질 합성

442 요오드는 사람의 갑상선에 20mg%, 그 외의 부분에 0.1mg% 함유되어 있고, 갑상선 속에 요오드가 10mg% 이하이면 갑상선 종을 일으킨다.

443 Thyroxine이 혈류에 분비되면 요오드는 열량대사를 조절한다. 즉 Thyroxine은 세포 내에서의 산화속도에 영향을 주어 대사율이 증가되면 세포는 더 많은 산소를 사용하게 된다. Thyroxine이 증가되면 에너지 대사가 증가되고 thyroxine이 부족하면 대사율이 저하된다.

444 당질은 소화 효소에 의해 단당류로 분해되어 소장 벽에서 흡수된 후 모세관을 통하여 문맥을 지나 간장으로 운반된다.

445 Vit. B₁₂가 결핍되면 엽산이 결핍되었을 때와 마찬가지로 적혈구의 크기가 커지고 악성빈혈이 생긴다. 엽산의 결핍과 다른 점은 신경계 장애가 오며 지방대사에도 이상이 올 수 있다.

446
• Niacin이 결핍되면 펠라그라라는 피부, 소화기관, 중추신경계 장애가 생기는 질병이 생긴다.
• Tryptophan은 niacin의 전구체로 niacin으로 전환율은 60 : 1 정도이다.
• 옥수수에는 niacin 함량이 적고, 단백질의 zein인 tryptophan이 없어 펠라그라병이 생긴다.

447 열량계(Bomb calorimeter)
• 어떤 물질이 산화 연소할 때에 생기는 에너지량, 즉 연소열량을 측정하는 데 사용한다.
• 이 장치는 물질을 폭발적으로 연소시킬 수 있는 폭발관과 연소 때 생기는 열을 흡수할 수 있는 수분 및 열이 외부로 달아나지 못하게 한방온층으로 되어 있다.

448 비타민 K
• 장내에서 세균에 의해서 일부 합성된다.
• 소장의 상부에서 담즙의 도움을 받아 흡수되어 혈액응고에 필요한 물질인 prothrombin를 형성한다.

ANSWER

442 ①　443 ②　444 ④　445 ②
446 ②　447 ③　448 ③

출제예상문제

449 생물가는 체내에 흡수된 질소에 대하여 체내에 보류된 질소의 백분율로 나타낸다.

450 Vit-K, Ca^{++}, guinone, thrombin 등은 혈액을 응고시키는작용을 하고, folic acid는 악성 빈혈을 치료하는 효과가 있다.

451 영양소는 체내에서 산화, 연소하여 energy를 내는 당질(4kcal/1g), 지질(9kcal/1g), 단백질(4kcal/1g) 등의 열량소와 체내의 기능을 조절하는 무기질, vitamin 등의 조절소 또는 보전소로 크게 나눈다.

452 비만의 원인
- 유전적인 영향 : 부모 한쪽이 비만이면 자녀가 비만이 될 확률은 40%이며, 부모 양쪽이 다 비만일 경우에는 50~70%에 달한다.
- 과식 : 비만의 원인 중 가장 일반적인 것은 과식이다.
- 잘못된 식습관 : 낮에 먹는 음식은 소비하는 데 쓰이고, 밤에 먹는 음식은 저장하는 데 쓰이기 때문에 밤에 먹는 음식은 비만의 직접적인 원인이 된다.
- 운동부족 : 선천적으로 체내의 지방을 분해하는 능력이 월등한 사람이라고 해도 섭취량에 비하여 칼로리의 소비가 적다면 남는 칼로리가 체내에 축적되어 비만이 된다.

453 Coenzyme A는 보효소로 말단의 -SH기에 acyl기와 결합하여 acyl CoA가 되고, acyl기의 전이 반응을 촉매한다.

454 전기 TCA cyle에서 pyruvic acid는 acetyl CoA로 되고, 효소의 촉매로 acetyl CoA는 oxaloacetic acid와 결합하여 citric acid를 생성케 된다.

---

449 생물가에 대하여 적당한 것은?

① 흡수된 질소에 의하여 체내에 보류된 질소의 비를 구하여 %로 산출
② protein의 함량이 증가할수록 그 생물가는 높아진다.
③ protein의 섭취량에 대하여 체중 증가량을 계산한다.
④ 식품 중의 제한 amino acid와 같은 종류의 필수 아미노산의 비를 구하여 %로 산출한다.

450 혈액응고와 관계없는 것은?

① Ca^{++}
② quinone
③ folic acid
④ thrombin

451 다음 중 열량을 공급하는 영양소로 되어 있는 것은?

① 무기질, 비타민, 지방
② 무기질, 당분, 지방
③ 지방, 단백질, 무기질
④ 단백질, 지방, 당질

452 비만의 원인에 대한 설명으로 적절하지 못한 것은?

① 부모 양쪽이 다 비만일 경우에 자녀도 비만이 될 가능성이 높다.
② 일반적으로 섬유질을 많이 섭취하는 사람에게서 나타난다.
③ 소비열량보다 많은 양의 열량을 섭취하는 것이 주된 원인이다.
④ 밤에 먹는 음식은 비만의 직접적인 원인이 된다.

453 Coenzyme A의 분자 중에 들어 있어 중요한작용을 하는 것은?

① NO_2기
② -SH기
③ $-NH_2$기
④ -COOH기

454 Citric acid 발효의 전구물질이 아닌 것은?

① succinyl-CoA
② acetyl CoA
③ pyruvic acid
④ oxaloacetic acid

ANSWER

449 ①   450 ③   451 ④   452 ②
453 ②   454 ①

455 Acetone체에 속하지 않는 것은?

① acetoaceic acid

② β-hydroxybutyric acid

③ acetone

④ α-glycerophosphate

456 단위당 열량이 가장 많은 것은?

① 주정   ② 전분질

③ 단백질   ④ 지질

457 수분 60g, 당질 35g, 섬유질 1g, 단백질 3g, 지방 2g, 무기질 1g이 들어 있는 식품의 열량은 얼마인가?

① 136kcal   ② 150kcal

③ 160kcal   ④ 170kcal

458 체중 60kg인 성인이 단백질 70g, 지방 40g, 당질 530g을 섭취했을 때 총 열량은 얼마인가?

① 2,415kcal   ② 2,760kcal

③ 2,792kcal   ④ 2,780kcal

459 우유의 영양소 조성을 보면 물이 87.6%, 단백질 3.0%, 지질 3.2%, 당질 5.5%이다. 우유 1컵을 먹을 때 얻을 수 있는 에너지는?

① 63kcal   ② 113kcal

③ 77cal   ④ 111cal

460 우유 36g을 섭취할 때 144kcal의 열량을 낸다면 100g을 섭취할 때 내는 열량은?

① 360kcal   ② 425kcal

③ 400kcal   ④ 432kcal

461 탄수화물의 호흡률(RQ)은?

① 1   ② 0.801

③ 0.707   ④ 0.821

---

455 acetone체는 지방의 산화, 분해 과정에서 생기는 acetone, aceto-acetic acid, β-hydroxybutyric acid 등을 말한다.

456 단위당 열량(kcal)
- 탄수화물 : 4.1kcal
- 전분질 : 4.21kcal
- 단백질 : 5.65kcal
- 지방 : 9.45kcal
- 주정 : 7.09kcal

457 열량 영양소의 단위 g당 열량은 당질 4kcal, 지방 9kcal, 단백질 4kcal 이므로,
$(35 \times 4) + (3 \times 4) + (2 \times (9)) = 170kcal$

458 $(70 \times 4) + (40 \times (9)) + (530 \times 4)$
$= 2,760kcal$

459 영양소의 소화흡수율을 고려한 이용에너지는 단백질 4kcal, 지방 9kcal, 탄수화물 4kcal이므로
$(3.0 \times 4) + (3.2 \times (9)) + (5.5 \times 4)$
$= 62.8kcal$
이고, 수분과 무기질은 열량소가 아니다.

460 $(144 \times 100) \div 36 = 400$

461 호흡률(RQ)
- 호흡 시 배출되는 CO_2의 양과 소비된 O_2의 양과의 비를 말하며 CO_2/O_2의 비로 표시한다.
  - 탄수화물 : RQ = 1
  - 단백질 : RQ = 0.801
  - 지방 : RQ = 0.707

462 461번 참조

463 461번 참조

464 기초대사량
- 신체 내에서 생명현상을 유지하기 위해 무의식적으로 일어나는 대사작용에 필요한 열량을 말한다.
- 동물의 종류 혹은 체중의 여하를 막론하고 몸의 표면적에 대개 비례한다.
- 따라서 몸의 표면적을 알면 기초대사량을 구할 수 있다.

465 기초대사량 측정 조건
- 적어도 식후 12~18시간이 경과된 다음
- 조용히 누워있는 상태
- 마음이 평안하고 안이한 상태
- 체온이 정상일 때
- 실온이 약 18~20℃일 때

466 기초대사는 체중과 체표면적, 연령, 성별, 기온, 운동, 체온, 영양상태, 호르몬분비 등의 여러 인자의 영향을 받는다.

467 기초대사량에 영향을 주는 조건
- 신체의 크기(체표면적) : 체표면적이 넓으면 넓을수록, 피부를 통해 발산되는 열량은 커진다.
- 체구성성분(체격) : 근육이 잘 발달된 운동선수들의 기초대사량은 일반 사람들에 비해 높다.
- 성별 : 여자는 키와 연령이 같은 남자에 비해 기초대사량이 6~10%가 낮다.
- 연령 : 생후 상승하여 2세에 최고가 되며 20세까지 점차 감소하고, 그 후는 감소가 아주 적다.
- 기후 : 기온이 높은 여름에는 겨울보다 낮다.
- 영양상태 : 영양상태가 심히 불량한 사람들의 기초대사량은 정상인에 비해 50%나 낮다.
- 체온 : 체온이 36.5℃ 이상에서 매 1℃씩 상승할 때마다 약 12.6%씩 증가한다.
- 수면 : 수면을 취하고 있는 동안은 깨어 있을 때에 비해 기초대사량이 10~15%가 낮다.

462 호흡량(R.Q)이 0.707인 것은?

① 단백질 ② 당류
③ 지질 ④ 섬유소

463 다음 중 호흡률(R.Q)이 가장 적은 것은?

① 녹말 ② 팔미틴
③ 알부민 ④ 글로불린

464 기초대사량과 정비례하여 증가되는 것은?

① 체중 ② 체표면적
③ 흉위 ④ 신장

465 기초대사량 측정 시 부적당한 것은?

① 영양공급을 충분히 한 뒤
② 20℃일 때
③ 보통의 식사를 한 후에
④ 충분한 휴식을 취한 후

466 다음 중 기초대사에 영향을 주는 인자가 아닌 것은?

① 체중 ② 체표면적
③ 연령 ④ 직업

467 다음 기초대사에 대한 설명 중 틀린 것은?

① 온혈동물의 기초대사량은 체표면적에 비례한다.
② 영양상태가 좋아지면 기초대사량은 낮아진다.
③ 발열로 체온이 올라가면 기초대사량은 높아진다.
④ 기온이 올라가면 낮아지고 기온이 내려가면 높아진다.

ANSWER

462 ③ 463 ② 464 ② 465 ③
466 ④ 467 ②

468 기초대사량에 가까운 것은?

① 잠잘 때의 대사량
② 앉아 있을 때
③ 서 있을 때
④ 누워 있을 때의 대사량

469 특이 동적작용 대사량이란?

① 먹는 음식의 소화흡수와 대사에 필요한 에너지
② 최소 활동을 하는 데 필요한 에너지
③ 생명을 유지하는 데 필요한 에너지
④ 신체가 특수한 상태에 놓였을 때 필요한 에너지

470 성인 1일 총 에너지 소요량의 근원이 되지 않는 것은?

① 총 활동 대사량
② 기초대사량
③ 성장 대사량
④ 특이동적작용 대사량

471 20~30세 한국인 남자의 하루 에너지(열량) 필요 추정량은?

① 2,100kcal
② 2,900kcal
③ 2,400kcal
④ 2,600kcal

472 사람이 생활하는 데 필요한 최소한의 에너지를 얻는작용을 무엇이라 하는가?

① 특정 대사량
② 기초대사량
③ 최소 대사량
④ 성장 대사량

473 영양 소요량의 설명 중 옳은 것은?

① 성인 1인, 1일당 안정 시의 영양 섭취량
② 성인 1인, 1일당 평균 영양 섭취량
③ 생리적인 최저 영양 섭취량
④ 생리적으로 가장 적합한 영양 섭취량

474 기초대사가 항진하는 조건에 관한 것 중 맞지 않는 것은?

① 발열
② 임신 말기
③ 갑상선 기능 항진
④ 노년기 연령 진행

---

469 특이동적작용
• 음식물을 섭취하였을 때 소화관의 작업에 의해 대사량이 증가되는 것을 말한다.
• 특이동적작용은 영양소의 종류에 따라 다르다. 각 영양소를 1가지씩 따로 섭취하였을 때 단백질이 섭취열량의 약 30%, 지방이 약 4%, 탄수화물이 약 5%이다.

470 성인이 하루에 소요되는 총 열량을 산출하는 데는 기초대사량, 총 활동대사량, 그리고 식품의 특이동적작용의 3요소가 필요하다.

471 한국인 1일 에너지(kcal/일) 필요 추정량[한국영양학회 2020년]
• 남자 16~19세 : 2,700kcal
  남자 20~30세 : 2,600kcal
• 여자 16~19세 : 2,000kcal
  여자 20~30세 : 2,000kcal

472 기초대사량
• 신체 내에서 생명 현상을 유지하기 위해 무의식적으로 일어나는 대사작용에 필요한 열량을 말한다.
• 동물의 종류 혹은 체중의 여하를 막론하고 몸의 표면적에 대개 비례한다.

473 영양 소요량
• 사람이 건강을 유지하고 더 나아가서 영양을 높이기 위하여 얼마만큼의 영양소를 섭취하는 것이 좋은가 하는 기준을 정하고, 현재 섭취하고 있는 영양을 평가하는 기준으로서의 영양소의 표준량을 정하는 것이다.
• 이는 영양소의 최저량을 의미하고, 오히려 권장량으로 본다.

474 신생아는 매우 낮으나 점차 증가하여 2세경에 최고에 달하고, 차차 줄어들어 20세 이후에는 일정하게 된다.

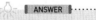
| ANSWER |

468 ④ 469 ① 470 ③ 471 ④
472 ② 473 ④ 474 ④

식품가공학

01 곡류 및 서류 가공

1. 곡류 가공

곡류의 가공은 크게 3가지로 나눌 수 있다.
① 쌀, 보리, 조, 수수처럼 입식용으로 사용하기 위하여 도정하는 방법
② 밀처럼 제분하는 방법
③ 옥수수처럼 전분을 제조하는 방법

곡류의 가공은 흔히 도정이나 제분 등의 1차 가공과 1차 가공제품을 이용하여 다시 가공하는 2차 가공으로 나눈다. 곡류의 가공은 다음의 표와 같다.

[곡류의 가공 처리 과정]

1차 가공	곡류	2차 가공
도정(벼 → 현미 → 백미)	쌀	밥, 떡, 술, 식 , 과자류
제분(밀가루)	밀	빵, 국수, 스낵류, 과자류
도정(보리쌀)	보리	밥, flake류
제맥(맥아)		맥주, 위스키
도정(그릿트, 전분)	옥수수	스낵류, 호화전분, 변성전분, 전분당

(1) 도정

벼, 보리의 겨층을 제거하는 조작으로 쌀의 도정을 정미, 보리의 도정을 정맥이라고 한다. 일반적으로 쌀과 보리 등의 왕겨는 도정에 의해 쉽게 제거되지 않으나 밀과 옥수수의 경우는 쉽게 제거된다.
벼의 구조는 왕겨층, 겨층(과피, 종피), 호분층, 배유 및 배아로 이루어지고, 현미는 과피, 종피, 호분층, 배유, 배아로 되어 있으며, 호분층과 배아에는 단백질, 지방, 비타민 등이 많고 배유는 대부분 전분으로 되어 있다.
도정은 마찰, 찰리, 절삭, 충격 등 물리적작용으로 이루어지며 정미기와 정맥기가 있다. 도정의 정도는 도정도와 도정률(정백률) 및 도감률이 있으며, 도정도는 쌀겨층이 벗겨진 정도에 따라 완전히

벗겨진 것을 10분도미, 쌀겨층이 반이 벗겨진 것을 5분도미로 표시한다. 도정률은 정미의 중량이 현미 중량의 몇 %에 해당하는가를 나타내는 방법이다.

$$도정률(\%) = \frac{도정미}{현미} \times 100$$

도감률은 도정에 의해서 주어지는 양, 즉 쌀겨, 배아 등으로 나가는 도감량이 현미량의 몇 %에 해당하는가를 나타낸다.

〈벼의 단면도〉　　　　　〈쌀의 겨층 단면도〉

[쌀의 도정에 따른 분류]

종류	특성	도정률(%)	도감률(%)	소화률(%)
현미	나락에서 왕겨층만 제거한 것	100	0	95.3
5분도미	겨층의 50%를 제거한 것	96	4	97.2
7분도미	겨층의 70%를 제거한 것	94	6	97.7
백미	현미를 도정하여 배아, 호분층, 종피, 과피 등을 없애고 배유만 남은 것	92	8	98.4
배아미	배아가 떨어지지 않도록 도정한 것			
주조미	술의 제조에 이용되며 미량의 쌀겨도 없도록 배유만 남게 한 것	75 이하		

1) 곡물 원료 조건이 도정도와 도감률에 영향을 미치는 인자

① 쌀 겨층의 두께 : 쌀 겨층의 두께가 두꺼울수록 도감률이 높다.

② 건조 정도 : 건조가 덜 된 것일수록 도정률이 쉽고 잘 건조되면 도감률이 적어진다.

③ 저장

　• 건조가 덜 된 현미는 저장 중에 충해로 파손미, 쇄미가 많아져 도감률이 증가된다.

　• 벼 저장이라도 건조상태에 따라 다르나 보통 저장 기간이 길면 도감도가 적어진다.

④ 도정 시기 : 여름에는 도감이 많고, 겨울에는 반대로 도감이 적다. 이것은 여름철에는 강도가 낮고 겨울철에는 강도가 높기 때문이다.

2) 도정도 결정법

도정도를 정확하게 판단하는 것은 어렵지만, 그 결정법은 여러 가지가 있다.

- 쌀의 색깔
- 겨층의 벗겨진 정도
- 도정 시간
- 도정 횟수
- 전력소비량
- 쌀겨 생산량
- 염색법(MG 시약)

 참고

M.G 염색법

Eosin과 methylene blue 등을 메탄올에 녹인 May Grunwald(M.G) 시약을 메틸알코올로 2배로 희석하여 소량의 시료와 함께 시험관에 넣고 30분간 가볍게 흔든 다음, 염색액을 버리고 2~3회 수세 후에 쌀알의 각 부에 염색된 상태를 관찰하여 도정도를 판정한다.

- 과, 종피 : 청색
- 호분층 : 담녹색 또는 약청색
- 배유부 : 담청홍색 또는 담홍색
- 배아 : 담황녹색

3) 도정 중의 변화

① 화학적 변화 : 도정 중에 화학성분이 변하는데 도정도가 높아짐에 따라 단백질, 지방, 섬유, 회분, 비타민, 칼슘, 인 등이 감소되고, 상대적으로 탄수화물량은 증가된다. 이것은 겨층에 각종 영양소가 있기 때문이다.

② 물리적 변화 : 용적은 도정 초기에 감소되다가 도정이 진행되면 다시 증가된다. 보통 현미가 백미보다 무겁다.

4) 도정기(정미기)의 종류

① 횡형 원통마찰식 : 수평 원통의 한쪽에 현미를 투입하여 나선홈의 움직임으로 인해서 다른 쪽 배출구로 밀어내는 것으로, 이때 배출구에 추를 달아 쌀의 유출을 막고 압력을 가하게 한 것이다.

② 분풍식 : 원통 안에 송풍기로 바람을 불어넣고 생성된 겨를 제거하도록 만든 기계로서 횡형 원통마찰식을 개량한 것으로 도정 효율이 높아 널리 쓰인다.

③ 연삭식 : 종형과 횡형이 있고 수직형은 세로의 원통 중심부에 회전축이 있고, 위에 금강사 롤러가 벼의 표면을 깎아내고 추로 도정도를 조정한다. 이 도정기는 도정력이 강하고 싸라기가 적어 만능도정기라고도 한다.

5) 정미 가공 방식

정미 가공 방식에는 가공미의 용도에 따라 식용미 도정, 배아미 도정 및 주조미 도정이 있다.

① 식용미 : 보통 10분도미

② 배아미 : 단백질, 비타민 B$_1$이 비교적 많이 들어있는 배아를 남겨 영양이 좋고 맛이 있는 정미를 얻기 위한 도정 방식으로 긴 쌀보다 둥근 쌀이 좋다.

③ 주조미 : 호분층 내부까지 도정하여 75% 이하의 도정률로 한다. 주로 수형 연삭식 정미기를 사용한다.

6) 정맥 가공

① 원료의 정선·선별 : 원맥을 체, 풍구 등으로 협잡물을 제거하여 정선·선별하고, 형태와 크

기를 고르게 하여 도정도를 일정하게 한다.

② 도정 : 보리의 도정은 주로 수직형 연삭식 또는 수평형 원통마찰식으로 도정하는데, 후자를 사용할 때는 반드시 혼수 공정이 수반된다.

③ 혼수
- 수평형 원통마찰식에만 하는데 이 점은 박리가 용이하며, 입자가 연해져 압편이 잘 되고 제품의 외관이 좋다.
- 가수량은 원맥에 대해 박리용은 5~8%, 완성용은 3~8%가 적당하다.

④ 완성
- 완성용의 횡형 원통마찰식은 박리용과 달리 원통의 돌기 및 롤러가 모가 나지 않은 것이 좋다.
- 완성 시 혼수하면 입사 내에 다소 침수하여 소량의 수분은 압편 시의 예열로 가열되어 압편이 잘 된다.

⑤ 건조 : 혼수를 많이 하면 변질 우려가 있으므로 건조할 필요가 있다.

```
원료 : 밀
  ↓
정선 · 선별
  ↓
혼수
  ↓
도정
  ↓
혼수
  ↓
완성
  ↓
건조
  ↓
정맥
  ↓
제품
```

[원료 정맥 공정]

7) 정맥 공정 형식

① 수형 연삭식 단용식 : 우리나라 농촌에서 쓰이고 있는 무수도정으로 처음에는 빠른 회전으로 처리하고 중간 이후부터 회전수를 적게 하여 도정한다.

② 혼수 → 횡형 원통마찰식 → 수형 연삭식 : 외국에서 가장 많이 쓰는 방법으로 혼수 후에 수 대의 횡형 원통마찰식으로 대부분 박피한 후, 수십 대의 수형 연삭식으로 도정을 완성한다.

③ 수형 연삭식 → 혼수 → 횡형 원통마찰식 : 수형 연삭식을 20~40대 사용하여 무수로써 대부분 박리한 후, 소량의 물을 혼수하여 5대 내외의 횡형 원통마찰식으로 도정을 완성한다.

④ 절단맥 가공 : 보리의 깊은 고랑을 완전히 제거할 목적으로 보리알의 고랑에 따라서 절단하여 도정하는 가공법으로 절단맥 혹은 백맥이라 한다.

8) 곡물의 기타 가공

① 보리 flake : 보리쌀을 물에 담가 수분을 흡수시켜 압착과 동시에 건조시킨 것이다.

② 만할 곡물 : 곡물을 만할하면 그대로 밥을 짓는 것보다 소화율, 식미성이 좋다. 만할보리, 오트밀, 콘밀 등의 종류가 있다.

③ 팽화 곡물 : 곡물을 튀겨서 조직을 연하게 하여 먹기 좋고, 소화가 잘 되게 한 것으로 가공, 조리가 간단하다. 옥수수, 쌀 같이 견고한 곡식을 사용한다.

④ 강화미 : 백미에 비타민 B_1(150mg), B_2(35mg) 등을 첨가한 것이다.

⑤ 알파(α)미 : 쌀 전분에 물을 가하고 가열하여 α 전분으로 변화시킨 후에 고온에서 수분을 15% 이하로 급속히 탈수, 건조시켜서 α 전분상태로 고정한 것으로 즉석미, 건조밥이라 한다.

⑥ Parboiled rice : 벼를 하루 동안 냉수에 침지시켜 수분을 40% 정도로 하고, 100℃에서 30분간 처리한 후 건조하여 도정한 것이다. 이 처리로 배아와 겨 속의 비타민 B_1이 배유로 옮겨져 영양 손실을 막고, 표면경화로 저장성도 향상된다.

⑦ Puffed rice : 튀밥을 말한 것으로 쌀을 고온, 고압으로 유지하다가 급격히 상온상압으로 조절하여 팽창시킨 것이다. 주로 쌀, 보리, 옥수수 등 잡곡이 이용된다.

(2) 제분

곡식을 분쇄하여 껍질과 외피 섬유를 체로 사별, 분리하여 가루로 만드는 작업을 말한다.

1) 제분 공정

① 정선
  • 밀 이외의 다른 물질을 제거하고, 기울부분이 분쇄되지 않도록 하며, 배유부가 분리되기 쉽도록 하기 위하여 수분을 첨가한다.
  • 제품에 적합한 수분은 경질소맥 16~17%, 연질소맥 14% 가량이다.
  • 조질 목적은 밀기울 분리를 조장, 회분량을 조절, 밀 자체의 효소력을 조질하여 밀의 글루텐을 용도에 따라 개선하기 위해서이다.

② 파쇄
  • Break roll을 사용하여 밀의 외피는 가급적 작은 조각이 되지 않게 부수어 배유부와 외피를 분리하는 공정이고, 파쇄공정에 영향을 주는 것은 roll의 회전수, roll의 조합과 치수 및 치형이다.
  • Break roll는 압착, 절단, 비틀림의 3가지작용에 의해 파쇄한다.
  • roll은 고속(250~500회/1분)과 저속(20~250회/1분)으로 회전하고, 회전비는 2.5 : 1~3 : 1이 많이 사용된다.
  • 밀은 배젖부터 바스라져 껍질과 배젖이 분리되어 처음에는 흰 조립상태이다.

③ 체질
  • Break roll에서 파쇄된 조립은 체(shifter)로 체질하여 껍질만 남겨 밀기울을 분리한다.
  • 밀기울과 조립은 정선기(purifier)를 사용하여 기울과 기타 불순물을 비중차로 제거한다. 여기서 얻은 조립, 즉 semolina는 분쇄하게 된다.

④ 분쇄 : 크기를 잘 조정한 semolina는 활면 롤러에 의하여 미세하게 분쇄되는데, 분쇄에 따라 각종 가루를 얻어 적당히 혼합 사용하거나 그대로 용도에 따라 제품화한다.

원료 : 밀
↓
정선
↓
수분첨가
↓
파쇄
↓
체질
↓
분쇄
↓
체질
↓
밀가루
↓
숙성
↓
영양강화
↓
포장
↓
제품

[원료 제분 공정]

2) 숙성과 표백

① 밀가루는 제분 후 제빵 적성의 향상과 색 개선을 위해 숙성 과정을 거친다.

② 일반적으로 자연숙성은 시간이 걸려 인공숙성을 채용하며, 사용하는 산화제로는 이산화질소(NO_2) 10ppm, 과산화벤조일($C_6H_5CO_2$)$_2O_2$ 20ppm, 아산화염소 10~20ppm 정도가 첨가된다.

③ 기타 취소산칼륨을 50ppm 이하 첨가하여 밀가루의 점탄성을 증가시키기도 한다.

3) 밀가루제품

① 밀의 제분율($\frac{제분중량}{원료밀중량} \times 100$)은 밀의 품종, 제분 규모, 제분기 종류, 제분 목적에 따라 차이가 있으나 보통 80% 이하가 적당하며 밀기울이 섞이지 않아야 한다.

② 제분율이 낮을수록 상급 밀가루로 회분량이 적고, 글루텐량이 많다. 밀의 회분은 배유부(0.4%)와 껍질에 많으며 우수 밀가루는 회분이 0.5% 이하다.

③ 각종 곡류의 제분율은 밀가루 80%, 쌀가루 90~95%, 메밀가루 75~80%, 옥수수 가루 90%, 콩가루 80% 정도이다.

④ 밀단백질은 glutenin과 gliadin이며, glutenin은 탄성을 gliadin은 밀가루의 점성을 준다.

4) 밀가루의 시험

밀가루의 검사는 회분(밀기울 혼입파악), 산도(균질성), 입도(밀가루 보수력 판정)로 측정하고, 주요한 품질성분은 글루텐 함량으로서 글루텐(gluten)은 밀가루의 품질결정 요소로 밀가루의 종류와 품질에 따라 크게 차이가 있다. 밀가루 반죽 품질검사 기기로는 점탄성은 farinograph, 반죽의 인장항력은 extensograph, 전분의 호화도는 amylograph, 색도는 pekar test로 한다.

① 강력분 : 제빵용으로 건부량이 13% 이상이고, 특징은 점탄성이 크고, 단백질 함량이 높으며, 경질소맥을 원료로 한다.

② 중력분 : 제면용으로 경도가 중간 정도이고, 건부량은 10~13%이고, 특징은 중간질의 밀을 제분한 것이다.

③ 박력분 : 과자 및 튀김용으로 적합한 밀가루이고, 건부량 10% 이하이다. 특징은 촉감이 부드럽고 연소질 소맥을 원료로 한다.

(3) 제면

면류는 밀가루 단백질의 주성분인 글루텐의 독특한 점탄성을 이용한 것으로 밀가루(중력분, 건부량 10~13%)에 물과 소금(3~4%)을 넣어 반죽한 것을 길고 가늘게 만든 생면과 건조시킨 건면으로 구분한다. 면류 원료는 메밀가루, 쌀가루, 전분 등을 사용할 수 있으나 밀가루가 주된 원료이다.

1) 면류의 종류

제조법에 따라 선절면, 신연면, 압출면, 즉석면이 있다.

① 선절면 : 밀가루 반죽을 넓적하게 편 다음, 가늘게 자른 것으로 중력분을 사용하고 칼국수, 손국수 등에 이용한다.

② 신연면 : 밀가루 반죽을 길게 뽑아서 면류를 만든 것으로 소면, 우동, 중화면 등에 이용한다.

③ 압출면 : 밀가루 반죽을 작은 구멍으로 압출시켜 만든 것으로 강력분을 사용하고 마카로니, 스파게티, 당면 등에 이용한다.

2) 메밀 국수

메밀가루와 밀가루를 혼합(7 : 3~3 : 7)하여 만든 국수로 생메밀 국수는 계란 또는 밀가루를 넣고, 건조메밀은 밀가루를 점착제로 넣는다.

3) 중국 국수

밀가루를 함수로 반죽하여 제면한 것으로 중국의 견수가 사용된다. 견수의 주성분은 탄산나트륨과 탄산칼슘이다.

4) 마카로니류

압출면의 대표적인 면류로 글루텐 함량이 높은 듀럼 밀가루나 강력분을 사용한다. 먼저 반죽을 반죽기에서 고압으로 작은 구멍을 통과시켜 압출하는 데 금속판의 구멍 모양에 따라 여러 종류의 제품이 제조된다. 절단된 마카로니는 곰팡이 방지, 부착 방지, 향미생성 등을 위해 수분이 12% 정도 되게 예비 건조하고 본건조를 한다. 건조 조건은 30~60℃, 습도는 30~90%이다.

5) 당면

원래 당면은 녹두를 이용했으나 근래에 와서는 고구마, 감자 전분을 이용한다. 고구마, 감자전분을 묽게 반죽하여 실모양의 가닥을 뽑아 끓는 물에 삶아내어 동결시킨 후, 천천히 녹여 물기를 빼고 바람이 잘 통하는 곳에서 건조시킨 것이다. 이를 동면이라고 하는데, 동결시키는 것은 면선이 서로 붙는 것을 막기 위함이다.

(4) 제빵

밀가루에 물을 비롯한 다른 부재료를 첨가, 혼합하고 이겨서 만든 반죽(dough)을 탄산가스를 내는 팽창제로 부풀게 하여 구워서 만든 것을 빵이라 한다. 팽창제로 효모를 사용한 것을 발효빵(식빵), 화학약품의 팽창제로 사용한 것을 무발효빵(비스킷)이라 한다.

빵의 분류는 원료에 따라 밀가루빵, 흑빵, 제조법에 따라 미국빵, 프랑스빵, 모양에 따라 감형, 산형, 코페, 롤빵, 굽는 방법에 따라 빵형굽기빵, 직소빵 등으로 다양하다.

1) 제빵 원료

제빵의 주원료는 밀가루, 효모, 물, 소금이고, 부원료는 설탕, 지방, 이스트 푸드, 반죽 개선제, 쇼트닝 등이다.

① 밀가루
- 강력분인 글루텐 11% 이상의 초자질이 좋다.
- 수분 15% 이하, 회분 0.45% 이하의 하얗고 무취한 것으로 제분한다.
- 제분 후 30~40일 숙성한 것이 좋다.

② 효모
- 빵효모인 *Saccharomyces cerevisiae*가 사용되며 제빵용은 배양 효모가 사용된다.

- 생육은 24~30℃의 온도, 산소, 물이 필요하다.
- 빵효모 사용량은 압착 효모 1.5~2.0%이고, 건조 효모는 압착한 것의 1/2 가량이다.

③ 설탕
- 효모의 영양이 되어 발효작용을 촉진시켜 이산화탄소를 발생시켜서 빵의 부피를 크게 하고 발효빵 특유의 향미와 색깔을 내게 한다.
- 설탕은 빵의 노화를 방지하는 효과가 있다. 또한 구울 때 비타민 B의 손실을 방지하고 빵의 단맛을 부여한다.
- 사용량 : 식빵 4~6%, 과자빵 15~30% 정도인데 4%까지는 빵 팽창률이 증가하나 그 이상은 감소한다.

④ 소금
- 설탕과 함께 빵의 맛을 좋게 하고 풍미를 향상시킨다. 반죽의 글루텐에작용하여 탄력성을 증가시켜 발효를 적당하게 조절해준다.
- 사용량 : 보통 밀가루의 1.5~2.0% 정도

⑤ 지방 : 빵을 부드럽게 하고 촉감, 풍미 및 색을 좋게 한다. 또한 빵의 노화를 방지하여 보존성을 높인다. 보통 쇼트닝을 3~5% 사용한다.

⑥ 물
- 밀가루의 55~65%를 첨가하는 데 보통 음료수가 좋다. 강력분에는 연수, 중력분에는 경수가 적당하다.
- 반죽에 가장 좋은 pH는 5.2~5.5이므로 알칼리성 물이나 센물은 좋지 않다.

⑦ 이스트 푸드(yeast food)
- 이스트 푸드는 발효 능력은 없지만 효모의 영양이 되어 효모 번식을 돕고 발효를 조절하거나 글루텐의 성질을 조절하기 위해 사용한다. 최근에는 α-amylase도 첨가하여 반죽의 gel화를 더디게 하여 팽창을 도와 품질을 향상시키기도 한다.
- 이스트 푸드 성분 : 유기물, 무기물이 사용되나 질소원, 황산칼슘, 산화제가 구성분
- 사용량 : 0.2~0.5% 정도
- 이스트 푸드의 조성 : 대체로 $CaSO_4$ 25%(반죽 견고), $KBrO_3$ 0.3~0.5%(산화제), NH_4Cl(탄산가스 생산량 향상) 10%, NaCl 25%, 전분 40%(부형제) 등

2) 빵 제조법

원료의 배합 형식에 따라 직접반죽법(straight dough method)과 스펀지법(sponge dough method)으로 크게 나눈다.

- 직접반죽법 : 원료 전부를 한꺼번에 넣고 반죽하는 법으로 단기간 발효와 적은 노력, 제품 향미 향상, 감량 감소 등의 장점이 있다.
- 스펀지법 : 원료 일부를 반죽발효 증식 후 나머지 원료를 가하여 본 반죽하는 법으로 많은 노력, 긴 작업시간, 발효감량 증가 등의 단점이 있으나, 효모 절약, 가벼운 빵, 좋은 조직의 빵 제조가 가능하다.

① 직접반죽법의 제조공정

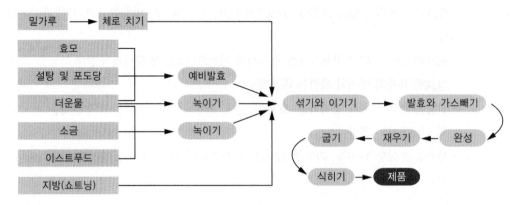

㉠ 원료처리
- 밀가루를 체로 쳐서 협잡물 제거 및 공기를 충분히 함유시킨다.
- 효모는 약 5배 정도 양의 물에 넣고, 설탕을 소량 가하여 25~30℃에서 예비발효시킨다.
- 반죽 온도는 27~28℃가 적당하며, 지방은 반죽에 직접 넣고, 소금, 설탕, 기타 재료는 반죽하는 물의 일부에 녹여 사용한다.

㉡ 섞기와 이기기(mixing and kneading)
- 밀가루를 반죽통에 넣은 다음, 물로 녹인 설탕, 포도당, 소금 용액을 넣고 혼합시킨다.
- 어느 정도 섞였을 때 효모 현탁액을 넣어 교반을 계속하여 가루 모양이 없어지면 쇼트닝을 조금씩 나누어 넣어 반죽을 고르게 한다. 이 조작의 목적은 원료의 전부를 고르게 분산시키고, 글루텐을 발달시키기 위해서다.

㉢ 발효 및 가스빼기
- 반죽을 발효통에 옮겨 습도 95%, 온도 27~29℃에서 1~3시간 후에 2~3배 부풀면 가스빼기를 한다. 강력분이 아니면 1회, 강력분은 2회 가스빼기를 한다.
- 가스빼기의 목적은 반죽 온도를 균일하게 유지하고, 효모에 신선한 공기를 공급하며, 효모에 당분을 공급하는 것이다.

㉣ 완성 : 마지막 가스빼기가 끝난 후에 재우기까지 조작을 완성이라 하여 반죽나누기, 중간재우기, 성형, 빵형넣기 등 4가지 조작으로 한다.

㉤ 재우기 : 반죽상태에 따라 다르나 32~37℃ 온도와 85~90% 습도에서 재운다.

㉥ 굽기
- 1 단계 : 60℃에서 효모 사멸, 알코올 증발, 가스 팽창, 74℃에서 글루텐 응고, 110℃에서 빵 골격 완성
- 2 단계 : 거죽이 누런 갈색으로 착색된다.
- 3 단계 : 굽기 완성, 굽는 조건은 200~240℃, 20~50분(빵오븐의 온도가 낮으면 굽는 동안에 발효가 계속되어 기포가 너무 크게 되므로 주의한다)

㉦ 식히기 : 실온으로 급랭, 특히 여름철에는 급랭하지 않으면 곰팡이가 발생한다.

② 스펀지법의 제조공정

㉠ 원료처리 : 직접반죽법과 같다.

㉡ 섞기와 이기기

- 스펀지 반죽과 본반죽 2회로 한다.
- 스펀지 반죽은 밀가루 일부와 효모를 물과 함께 섞어 이기며, 이때 온도는 24~25℃가 좋다.
- 반죽의 발효 시간을 4~5시간 정도 길게 한 다음, 믹서에 넣어 나머지 물과 쇼트닝 이외의 원료를 넣고서 본 반죽용 밀가루의 약 반을 넣어 믹서한다.
- 스펀지 반죽이 부서지면 나머지 가루를 넣고 저속으로 2~3분, 고속으로 5~7분간 이긴 다. 본 반죽의 발효 온도는 27~28℃이다.

㉢ 발효 : 스펀지 반죽 발효는 발효실(온도 27℃, 습도 75%)에서 실시하여 pH 4.5에서 완성된 다. 본반죽 발효는 box에 넣어 깨끗한 천을 덮어 놓아둔다.

㉣ 완성 이후의 공정은 모두 직접법과 같다.

3) 스펀지 케이크

카스테라와 비슷한 것으로 먼저 계란 흰자로 거품을 내고 노른자는 설탕과 물을 잘 섞은 후에 거 품을 낸 흰자와 합하여 거품을 낸다. 여기에 체질한 밀가루와 베이킹파우더의 혼합물을 섞은 후 오븐이나 화덕에서 160~170℃로 굽는다.

4) 카스테라

- 스펀지 케이크보다 설탕량이 많고 제조법도 복잡하다. 계란 흰자와 물엿으로 거품을 낸 것에 설탕과 밀가루를 섞어 철판 위에 붓고 굽는다.
- 원료 조성 : 설탕 1.7, 물엿 0.2, 달걀 1.9, 밀가루 0.9

5) 빵의 품질평가

부피, 외관, 내부 색깔, 빵조직, 촉감, 풍미 등을 종합하여 판단한다.

① 부피 : 이상적인 빵의 부피는 빵 100g에 대하여 400ml의 부피

② 일반적인 외관 : 빵거죽 색깔은 진한 황갈색을 띠며, 매끈하고 금이 간 것이 좋다.

③ 내부 색깔 : 색깔은 고르고, 반점 또는 반문이 없는 크림색을 띤 흰색이 좋다.

④ 촉감 : 절단면을 눌렀을 때 탄력 있고, 부드러운 촉감을 주는 것이 좋다.

⑤ 풍미 : 특유의 향미가 있고 신선하며, 이미·이취가 없고 조화된 맛을 가진 것이 좋다.

(5) 제과

과자는 설탕 또는 기타의 조미료를 사용하여 기호에 알맞게 일정 모양으로 만든 식품이라고 할 수 있다. 우리나라에서 제조된 과자는 양과자, 한식 과자 및 일식 과자의 3가지로 크게 분류하고 있다.

- 양과자 : 건과자, 비스킷류, 초콜릿류, 캔디류, 추잉껌류, 생과자
- 한식 과자 : 유과, 전과, 다식, 강정
- 일식 과자 : 건과자, 생과자, 당과 및 엿류
- 그 외 : 과자빵류

1) 비스킷

박력분(단백질 7~8%, 회분 0.4%)에 중탄산소다(중조)를 팽창제로써 부풀린 무발효빵의 일종으로 수분이 적어 단단하고 납작하다. 팽창제는 밀가루에 대해 0.5~2.0% 정도 사용한다.

① 주요 팽창제

- 중조($NaHCO_3$) : 알칼리성이 강한 탄산소다가 생기므로 쓴맛과 알칼리맛 등 특수한 냄새가 나며 불충분한 혼합은 황색의 반점이 생기므로 주의가 필요하다.

  $2NaHCO_3 \rightarrow Na_2CO_3 + H_2O + CO_2 \uparrow$

- 탄산암모니아 : 휘발성이 강하여 저장 중에 탄산가스가 날아간다. 보통 중조와 섞어쓰면 유리하다.

  $(NH_4)_2CO_3 \rightarrow 2NH_3 \uparrow + H_2O + CO_2 \uparrow$

- 주석산 팽창제 : 중탄산소다와 주석산을 섞은 것으로 반응이 예민해서 장기 보관이 불가능하기 때문에 사용하기 바로 전에 이들을 섞어 반죽한다.

  $2NaHCO_3 + HOOC(CHOH)_2COOH$
  $\rightarrow NaOOC(CHOH)_2COONa + 2CO_2 \uparrow + 2H_2O$

- 주석산칼륨 팽창제 : 중조와 주석산칼륨을 섞어 만든 것으로서 반응이 온화하며, 저장 중에 변화가 적어 제품색도 하얗고, 냄새가 없어 널리 사용한다.

  $NaHCO_3 + HOOC(CHOH)_2COOK$
  $\rightarrow NaOOC(CHOH)_2COOK + CO_2 \uparrow + H_2O$

② 비스킷의 분류(원료 배합 및 제법에 따른)

- Hard biscuit : 강력분에 설탕과 지방을 적게 넣어 만든 것
- Soft biscuit : 박력분에 설탕과 지방을 많이 넣어 만든 것이며, 가볍고 단맛이 강하다.
- Fancy biscuit : 설탕과 달걀을 많이 넣어 질이 연하고 단맛이 강한 고급 비스킷이다.

2) 초콜릿

① 카카오콩을 볶아 껍질을 제거하고, 이것을 분말로 하여 코코아버터, 설탕, 우유를 혼합한 것이다.

② 비중 0.058~0.865, 융점 30~34℃, 응고점 21~27℃이다.

③ 카카오콩을 약 150℃ 정도에서 볶아 외피부와 입부를 분리하는 데 탄닌 성분의 변화로 풍미가 향상되고 살균 효과도 얻는다.

④ 초콜릿 입자의 균일 분산을 위해 레시틴 같은 계면활성제가 사용된다.

⑤ 카카오콩에는 tannin이 들어있는 동시에 theobromine 성분이 많아 초콜릿의 풍미에 크게 영향을 준다.

3) 캔디

캔디는 설탕을 형틀에 넣어서 굳힌 과자를 말한다. 캔디에는 종류가 많다.

① Hard candy : 드롭스와 같이 단단하고 흡습성이 적다.

② Chewy candy : 입에 넣어 씹는 캔디로 캐러멜, 젤리, 잼 등이 있다.

③ Aerated candy(기포형) : tondant, nougat, marshmallow 등 공기가 들어간 것이다.

4) 추잉껌

판껌, 풍선껌, 당의껌, 약용껌 등이 있는데, 껌은 원래 Sappodilla 나무에서 얻은 chicle gum에 감미료, 향료를 넣어 만들었다. 천연 chicle은 gutta와 resins가 주성분이다. Gutta의 탄성과 resins의 가소성이 적당히 배합되어 경쾌한 씹는 맛을 준다.

5) 양생과자

양생과자는 수송이 불편하고 보존성이 낮으며, 섬세한 가공이 필요하므로 수공업적 방법으로 제조하고 있다.

2. 서류 가공

감자, 고구마 같은 서류 가공은 절간, 서미, 서분 등으로 가공하는 1차 가공과 전분과 같은 1차 가공품을 원료로 물엿, 포도당 가공 등의 2차 가공이 있다.

(1) 전분

전분은 식물의 종자, 감자, 고구마, 연뿌리 등에 저장물질로서 이들 식물 세포 중에 입자 모양으로 존재하고 있다. 전분은 포도당 분자가 모여 구성되고, 포도당의 결합된 모양에 따라 amylose와 amylopectin의 2가지 성분으로 구분되어 이들 성분 비율에 따라 메전분, 찰전분이 결정된다. 메전분을 대체로 20~30%의 amylose와 70~80%의 amylopectin을 함유하고 있고, 찹쌀 전분은 amylopectin만으로 되어 있다.

전분에 묽은산이나 알칼리 또는 염류 용액을 작용시키면 팽윤되며 호화가 일어난다. 쌀이 호화되는 온도는 60℃ 정도로, 쌀 2g을 호화(α화)하기 위해서는 65℃에서 10시간, 90℃에서는 2~3시간 가열한다. 비스킷, 건빵 등은 불완전하기는 하나 α-화가 된 것이기 때문에 오래되어도 맛이 있고 소화가 잘 된다. 밀전분의 호화개시는 65℃이다.

1) 전분 제조

원료를 마쇄하여 전분 입자를 분산 침전, 원심 분리(섬유, 단백질, 색소, 무기물 제거)시켜 제조한다. 전분 원료로는 감자, 고구마, 밀, 쌀, 옥수수, 칡, 타피오카 등이 이용되며, 그 중에 고구마가 세포 조직에서 전분 분리가 쉬워 비교적 소규모의 설비로도 제조할 수 있다.

2) 고구마 전분 제조

① 원료 : 고구마를 마쇄하여 체질 사별한 전분유를 침전 분리하여 물로 여러 번 정제하여 얻는다. 고구마 전분 원료로서 구비 조건은 다음과 같다.

- 전분의 함량이 높고 생고구마의 수확량이 많은 것
- 모양이 고른 것이 좋다. 특히 터진 곳이 있는 것은 모래가 들어갈 수 있어 좋지 않다.
- 전분입자가 고른 것
- 수확 후의 전분의 당화가 적은 것
- 당분, 단백질, 폴리페놀 성분 및 섬유가 적게 들어 있는 것

② 전분입자 분리법

- 탱크 침전법 : 침전 탱크에 8~12시간 정치하여 전분을 침전시킨 다음, 배수하고 전분을 분리하는 방법이다. 색이 좋아질 때까지 수세 정제한 후 30cm³ 가량의 크기로 절단하여 (생전분) 그늘에서 말려(수분 17~18%) 1번분을 얻는다.
- 테이블 침전법 : 경사진 목재나 콘크리트로 만든 홈통으로 흐르게 하여 흐르는 동안 비중 차이로 전분 입자를 침전시키는 방법이다. 단시간에 전분 앙금을 얻고 그 폐액을 연속으로 제거하는 장점이 있다.
- 원심분리법 : 원심력을 이용하는 방법으로 연속식 원심분리기가 사용된다. 전분을 신속히 분리할 수 있으며, 전분 입자와 불순물의 접촉 시간이 짧아 우수 제품을 얻는다.

③ 정제

1차 탱크에서 분리한 조전분은 아직 불순물이 들어 있고 색깔도 좋지 않으므로 물을 넣어 정제해야 한다. 식용고구마 전분은 물로 씻고 다시 침전시킨 것에 표백분이나 차아염소산소다 등으로 표백한 후 120mesh 정도로 분쇄하여 제품으로 한다.

④ 석회 처리 효과

고구마에 있는 펙틴은 사별조작을 방해하고, 전분유의 침전을 느리게 한다. 따라서 마쇄액에 0.5% 석회수를 첨가하여 pH를 5.5~6.5로 조절하면

- 석회와 펙틴이 결합하여 펙틴산칼슘이 되므로 전분미의 사별이 쉬워지고, 전분입자의 침전 분리가 빨라진다. 그 결과 전분수율이 10% 증가된다.
- 고구마 마쇄 후 발효 변질되어 pH 4.0까지 내려가는데 석회수를 넣어 알칼리성으로하면 단백질이 응고되지 않아 전분에 섞여들어 가는 것을 막을 수 있다.
- 산성일수록 고구마의 착색물질인 폴리페놀 성분이 전분입자에 잘 흡착되는데 알칼리성으로 함으로써 흡착이 적어져서 백도가 보통 6% 정도 높아진다.

3) 옥수수 전분

① 원료 : 옥수수 전분 원료로 쓰이는 품종은 마치종이 가장 적합하며 각질 전분부는 전분과 단백질이 견고하게 결합되어 있어 전분 분리가 어렵다. 마치종에는 각질 전분부가 많다.

② 제조법 : 옥수수 전분이 다른 전분의 제조와 다른 것은 원료를 아황산 용액에 침지하는 것이다.

순서는 옥수수 → 정선 → 아황산용액 침지(0.2~0.5%, 50℃, 48시간) → 분쇄 → 배아 분리 → 마쇄 → 사별(200메시) → 조전분유 → 전분입자 분리(침전법, 테이블법, 원심분리법) → 탈수 건조 → 전분 순이다.

- 아황산 침지 : 0.2~0.5% 아황산액이 사용되며, 옥수수 조직이 팽윤되고 전분과 단백질 결합을 연하게 하여 전분이 분리되기 쉽게 하고 미생물 번식을 억제하는 효과가 있다.
- 옥수수 진한 침지액(corn steep liquor) : 아황산 침지가 끝난 액에는 가용성분이 용출되어 있고, 젖산 발효로 생성된 젖산이 다량 함유되어 있다. 이때의 용액을 농축하여 얻은 액체를 corn steep liquor라 하고 페니실린이나 스트렙토마이신, 글루타민산 등의 발효, 효모 배양기로 이용된다.

③ 옥수수 전분 : 옥수수 전분은 건조 조건에 따라 다른 제품이 생산된다.
- Pearl starch : 77℃의 온도에서 20시간 건조한 것
- Crystal starch : 생전분을 1주간 계속 건조한 후 분쇄하여 만든 전분
- Powdered starch : 펄 스타치를 분쇄 사별한 전분
- Lump starch : 파우더드 스타치를 증기와 고압으로 처리하여 얻은 전분

(2) 절간서류

절간서류는 서류의 1차 가공품으로 고구마, 감자를 얇게 썰어 말린 것으로 생으로 말린 생절간과 쪄서 말린 증절간이 있다. 절간서류는 저장성이 우수하여 주정의 원료나 간식용으로 많이 만든다.

① 생절간 : 선별한 원료를 씻고 서절기로 절단하는데 절간의 두께는 0.3cm 정도가 좋다. 절간한 것을 물에 침지함으로써 건조가 빠르고 색이 희게 되며 저장성도 높아진다. 침지한 것을 보통 천일 건조하는데 대개 4~5일간 말려 수분이 12~13% 정도 되면 완성된다.

② 증절간
- 쪄서 건조시킨 것으로 증절간용의 고구마는 점질이며, 찔 때 전분이 당으로 변하기 쉬운 것이 좋다. 선별한 원료를 약 90분간 충분히 찌고, 뜨거울 때 박피하여 서절기로 6~7mm 정도 두께로 절단하여 4~5일간 햇볕에 건조한다.

• 증절간의 표면에 생긴 백분은 주로 엿당이고, 기타 가용성 전분, 자당 덱스트린, 전화당 및 인산염 등이다.

(3) 전분가공

전분은 직접 이용하는 외에 α화 전분, 산화전분, 덱스트린 등의 화공 전분으로 이용하는 가공 이용 방식과 물엿, 포도당을 만드는 가수분해 가공 이용 방식이 있다.

1) 전분당

전분당은 물엿과 포도당으로 나눌 수 있다. 엿에는 산으로 당화한 산당화엿과 전분을 맥아로 당화한 맥아엿 2가지가 있다. 이들은 가수분해 정도에 따라 성분이 달라지는데, 이들 비율을 당화율(D.E : Dextrose equivalent)이라 하며, 다음과 같이 표시한다.

$$D.E = \frac{직접환원당(포도당으로 표시)}{고형분} \times 100$$

전분은 분해도가 높아지면 포도당이 증가되어 단맛과 결정성이 증가되는 반면, 덱스트린은 감소되어 평균 분자량은 적어져 흡수성 및 점도가 적어진다. 평균 분자량이 적어지면 빙점이 낮아지고 삼투압 및 방부 효과가 커지는 경향이 있다.

2) 포도당

① 산당화 포도당 : 전분에 묽은산과 함께 가열하면 쉽게 가수분해되고, 수소이온 농도나 반응 온도가 높을수록 가수분해가 빠르다. 100g의 무수전분을 산가수분해하면 11g의 무수 D-glucose를 얻을 수 있다.

• 원료 전분 : 감자 전분도 사용할 수 있으나, 주로 고구마 전분이 쓰인다.

• 당화제 : 염산, 황산, 수산

• 중화제 : 탄산소다, 탄산칼슘

• 탈색제 : 골탄, 활성탄

② 효소당화 포도당 : 전분의 α-1,4 glucoside 결합을 끊는 효소, 즉 α, β-amylase가 이용된다. 산당화법에 비하여 다음과 같은 특징이 있다.

• 포도당의 순도가 높다.

• 쓴맛을 갖지 않는다.

• 당화액 전부를 제품화할 수 있다.

• 결정포도당의 수량이 많다.

• 진한 농도로 사입할 수 있다.

③ 당화효소 균주로 *Rhizopus delemar*(100% 분해), *Aspergillus niger*(80~90% 분해)가 쓰인다.

산당화법	살균료명	효소당화법
정제를 완전히 해야 한다.	원료전분	정제할 필요가 없다.
약 25%	당화전분농도	50%
약 90%	분해 한도	97% 이상
약 60분	당화 시간	48시간
내산 · 내압의 재료를 써야 한다.	당화의 설비	내산 · 내압의 재료를 쓸 필요가 없다.
쓴맛이 강하며 착색물이 많이 생긴다.	당화액의 상태	쓴맛이 없고, 이상한 생성물이 생기지 않는다.
활성탄 0.2~0.3%	당화액의 정제	0.2~0.5%(효소와 순도에 따른다)
이온교환수지		조금 많이 필요하다.
분해율을 일정하게 하기 위한 관리가 어렵고 중화가 필요하다.	관리	보온(55℃)만 하면 되고, 중화할 필요가 없다.
결정포도당은 약 70%, 분말액을 먹을 수 없다.	수율	결정포도당은 80% 이상이고, 분말포도당으로 하면 100%, 분말액은 먹을 수 있다.
–	가격	산당화법에 비하여 30% 정도 싸다.

3) 맥아엿

맥아엿은 곡물을 물에 침지하고 찌거나 전분을 호화시킨 다음, 여기에 맥아의 아밀라제를 가하여 만든 것으로서 주성분은 맥아당과 덱스트린이다. 맥아는 보리의 싹을 길러 만드는데 장맥아(보리 길이의 1.5~2배)가 엿 제조에 쓰이며, 발아 온도는 14~18℃가 좋다.

생맥아는 당화력이 강하고 건맥아는 저장력이 좋다. 맥아엿 제조용 맥아는 단백질이 많고 아밀라제 생산이 좋은 6조 대맥이 사용되고, 엿기름은 발아상자에서 여름철은 10~13cm, 겨울철은 15~20cm 두께로 쌓아 발아시킨다.

[맥아엿 제조공정]

02 두류 가공

콩은 단백질과 지방이 풍부하여 '밭에서 나는 소고기' 또는 '기적의 작물'로 알려져 있다. 원산지는 동북부아시아, 만주 지방으로 알려져 있고, 동양인들의 식물성 영양보급원으로 예부터 이용되고 있다. 풍부한 영양을 갖는 콩이지만 조직이 단단하여 소화가 좋지 않아 이를 개선하기 위해 가공하여 간장, 된장, 두부, 청국장, 콩나물 등으로 이용되며, 식용유로 콩기름을 만들어 사용한다.

 1. 두부류

콩단백질의 주성분인 글리시닌은 묽은 염류에 녹는 성질이 있는데 콩 중에는 인산칼륨 같은 염이 들어있어 콩을 마쇄하여 두유를 만들면 여기에 녹아 있게 된다. 이것을 70℃ 이상으로 가열하고 염화마그네슘($MgCl_2$), 염화칼슘($CaCl_2$), 황산칼슘($CaSO_4$) 등의 응고제를 첨가하면 글리신은 응고제의 Mg^{++}, Ca^{++} 등의 금속이온에 의해 응고하여 침전된다.

(1) 원료

① 콩 : 콩, 탈지콩(가열 압착박, hexane 탈지박)
② 간수 : 염화마그네슘($MgCl_2$)
③ 응고제 : 황산칼슘($CaSO_4 \cdot H_2O$), 염화칼슘($CaCl_2$), Glucono-δ-lactone
④ 소포제 : silicon, monoglyceride

(2) 두부 제조공정

① 보통 두부 : 콩은 철분이 없는 물로 여름에는 5~6시간, 봄, 가을에는 12시간, 겨울에는 24시간 수침한 후 마쇄하여 두미를 만들고 증자시킨 다음, 가열하여 응고시킨다. 두유의 응고 온도는 70~80℃가 적당하며, 응고 적온이 되면 간수 또는 응고제를 가하여 응고시킨다. 응고 시간은 15분이 좋다.

② 전두부 : 두유 전부가 응고되게 상당히 진한 두유를 만들어 응고시켜 탈수하지 않은 채 구멍이 없는 두부상자에 넣어 성형시킨다. 전두부는 콩의 영양소를 모두 보유하고 외관

이 매끈하다. 전두부에서 두유를 만들 때 원료콩에 가하는 물의 양은 5~5.5배로 하고, 응고 온도는 70℃, 응고제량은 두유 1kg당 5~6g 정도가 좋다.

③ 자루두부 : 자루두부는 전두부와 같이 진한 두유를 만들어 냉각시킨 것을 합성수지 주머니에 응고제와 함께 집어넣어 가열 응고시킨다. 자루두부의 응고 온도는 90℃에서 40분이 가장 좋다.

④ 동결두부 : 동결두부는 생두부를 얇게 썰어 일단 얼린 후에 냉장, 숙성시킨 다음, 녹여서 건조시켜 만든 두부 가공품인데, 수분이 10% 내외이며 수송이 편리하고 풍미와 저장성이 좋고, 단백질 및 지방이 풍부한 식품이다. 동결은 자연동결(-5~-2℃, 12시간)이나 인공동결(-10℃, 6시간 혹은 -18℃, 3시간)을 실시한다.

⑤ 튀김두부 : 얇게 썬 두부에서 탈수하여 단단하게 만든 후에 먼저 유채유, 낙화생유로 120℃에서 튀겨 잘 편 다음, 다시 180~200℃의 온도로 튀긴 것으로 수분이 적고, 기름이 덮여 있어 생두부보다 수송이 편리하고, 보존성이 높지만 장시간 보존은 어렵다.

2. 장류

된장, 간장, 청국장과 같은 장류 식품은 콩을 주원료로 하여 발효시킨 제품이고, 대표적인 우리의 전통식품으로 일상식생활에 필수 조미료로서 단백질 공급원으로도 기여하여 왔다. 메주와 누룩(koji)은 콩, 곡류 또는 밀가루, 감자 등의 전분질에 황국균(*Aspergillus*)을 번식시켜 제조한다.

(1) 원료

된장은 쌀 또는 보리 등의 전분질 원료와 콩과 소금을 주원료로 하고, 간장은 콩, 밀, 소금을 주원료로 하여 발효시켜 만든다. 고추장은 쌀, 밀가루, 보리 등의 전분질 원료와 콩, 소금, 고춧가루 등을 사용하여 만든다. 그리고 청국장은 콩, 소금 및 그 밖의 향신료를 원료로 사용하고 있다.

(2) 코지

된장, 간장은 물론 감주, 청주, 소주 등의 발효식품을 만들 때는 코지를 먼저 만들어 제조한다. 곡류나 콩에 코지균(*Aspergillus*)을 번식시키면 균에서 당과 단백질을 분해하는 효소가 분비되어 전분과 단백질을 가수분해한다. 코지를 원료와 용도에 따라 분류하면 다음과 같다.

1) 원료에 의한 분류

쌀코지, 보리코지, 밀코지, 콩코지 등이 있다.

2) 용도에 의한 분류

① 조미료 관계 코지 : 간장코지, 된장코지 등

② 주정 관계 코지 : 청주코지, 알코올코지, 소주코지 등

③ 감미료 기타 코지 : 감주코지, 제빵용코지 등

3) 코지의 제조 원리

코지균은 단백질 분해력이 강한 곰팡이인 *Aspergillus oryzae*와 *Asp. soja*로서 순수하게 분리하여 종국을 만들고, 이를 쌀 또는 보리 등의 코지 원료에 번식시켜 코지를 만든다. 코지균은 호기성이며 번식하는 동안 이산화탄소, 열, 수증기를 발산하게 된다. 코지 제조에는 코지균이 생성하는 amylase 및 protease 등 여러 가지 효소를 이용하여 전분 또는 탄수화물을 분해하는 것이 제국의 목적이다.

(3) 된장

간장을 뜨고 난 찌꺼기에 소금을 넣어 만든 재래식 된장은 품질이 낮고 영양분이 적어 개량식 된장을 설명하기로 한다. 된장은 사용하는 원료에 따라 쌀된장, 보리된장, 콩된장으로 분류한다.

[된장의 제조공정도]

찐콩 또는 쌀이나 보리로 만든 코지를 섞어서 물과 소금을 넣어 일정기간 숙성시킨 것이다. 콩이 많거나 코지가 적으면 효소작용이 약해 숙성이 늦어진다. 숙성을 빨라지게 하려면 소금을 적게 넣거나 뒤섞기를 해서 공기의 접촉을 좋게 하는 방법이 있다.

속양 된장은 소금을 적게 넣거나 효소 역가가 강한 미생물을 순수배양해서 쓰거나 숙성 온도를 30~40℃의 항온실 내에서 만든 것이다.

(4) 간장

용기에 소금물을 넣고 메주(koji)를 넣어 발효숙성 후 압착하여 국물과 찌꺼기로 나누고 국물은 80℃에서 30분간 달인다. 달이는 목적은 첫째 미생물 살균 및 효소파괴, 둘째 향미부여, 셋째 갈색 향상, 넷째 청징(단백질 응고, 앙금 제거) 등이다.

Koji는 단모균이 좋고, 감칠맛 성분인 glutamic acid는 장을 담근 후 8~9개월에 최고가 된다. 간장에는 재래식 간장, 개량식 간장, 아미노산 간장 등이 있다.

① 재래식 간장 : 가을에 콩으로 메주를 만들어 온돌방에서 띄운 다음, 햇볕에 말려서 간장을 담근다. 유용한 누룩곰팡이보다 잡균에 많이 오염되므로 질이 좋지 않다.

② 개량식 간장 : 콩과 밀로 간장 코지를 만들어 소금물에 담가서 발효시켜 제조한다. 이 코지가 찐콩에 특유한 풍미를 갖게 하고 균의 부착력을 향상시키기 위해 볶은 밀가루와 코지균을 섞은 후 배양한다. 이 코지 간장은 재래식보다 잡균 번식이 적고 맛과 향기가 좋다.

③ 아미노산 간장 : 단백질 원료를 염산으로 가수분해하여 가성소다나 탄산소다로 중화시켜 제조한 간장으로 화학 간장 또는 산분해 간장이라 하며, 풍미가 양조 간장에 떨어지는 것이 단점이다.

(5) 고추장

고추장은 우리나라 고유한 조미료로서 된장에 고춧가루를 섞어 만든다. 된장보다 단맛이 있고 구수한 맛, 짠맛 및 매운맛이 조화된 것이다. 원료는 고추, 찹쌀 또는 보리쌀, 소금 등이며, 숙성 온도는 30℃ 이하가 좋다. 이것은 코지균의 생육에 알맞고, 또 젖산균의 번식이 억제될 수 있는 온도이다.

(6) 청국장

청국장은 납두를 만들어 여기에 소금, 마늘, 고춧가루 등의 양념을 절구에 넣고 찧어 만든 조미식품이다. 메주콩을 삶아서 식히기 전에 그릇에 담아서 따뜻한 곳에 이불을 씌워 2~3일간 보온하면 *Bacillus natto*균이 번식하여 점진물이 많고 독특한 향기를 가진 발효물질로 변한다. 이 균은 40~42℃의 고온에서 발육되며 단백질 분해 효소, 당화 효소 등이 있으므로 소화율이 높다. 일반 가정에서는 볏짚의 야생 *natto*균을 이용하기도 한다.

03 과채류 가공

과실, 채소는 90% 내외의 수분을 함유하고 있으며, 영양상 열량소 또는 단백질원으로 의의가 적으나 여러 가지 비타민류 및 무기질의 공급원으로서 중요하며, 특수한 색소, 향기 및 맛 성분을 가지고 있다. 이들 식품은 신선한 상태로 식용하는 것이 가장 좋으나 농산물의 특징인 시기성이나 저장성이 약하여 적절한 저장과 가공이 수반되어야 한다. 통조림, 주스, 잼, 젤리, 마멀레이드, 토마토 퓨레와 케첩, 건조품, 과실주, 절임류, 탈삽감 등의 가공품 제조나 처리가 실시된다.

1. 과채류의 특성

(1) 과실의 특성

① 일반적으로 수분을 많이 함유하고 있어 저장성이 낮다.

② 포도당, 과당, 자당 등의 당분 및 만니트 등의 당알코올과 사과산, 주석산, 구연산 등의 유기산을 풍부하게 함유하여 조화된 맛을 준다.

③ 저급 지방산의 에틸, 아밀 또는 부틸에스테르 등의 방향 성분인 에스테르류를 비교적 많이 함유하고 있어 향기가 좋다.

④ 잘 익은 과실에는 안토시아닌계 색소, 카로티노이드계 색소, 플라보노이드계 색소를 함유하여 색깔이 아름다워 기호성을 돋운다.

⑤ 비타민 C, 카로틴, 비타민 B_1, B_2 등의 비타민류 및 무기염류를 비교적 많이 함유하여 영양적 의의가 크다.

⑥ 과실에 따라서는 펙틴이 많이 들어 있어 매끈한 촉감을 가질 뿐 아니라 잼, 젤리로 가공할 수 있다.

⑦ 비교적 적게 들어 있는 단백질은 과즙 중에 녹아 과실주스, 잼, 젤리 등으로 가공했을 때 제품을 흐리게 하지만, 끓이면 응고되어 표면에 쉽게 떠올라 제거할 수 있다.

⑧ 탄닌이 들어 있는 과실에는 제품의 색을 나쁘게 하는 경우가 있다.

(2) 채소의 특성

과실과 유사하나 무기질 중 특히 Ca이 많아 식물의 산성을 중화하는 점과 엽록소 함량이 많은 점이 과실과 다르다.

2. 과실 및 채소의 통조림, 병조림

통조림은 식품을 함석 용기나 유리병 속에 식물을 담아 공기를 빼고 밀봉한 후, 가열살균하여 부패 미생물을 사멸시키고, 조직 중에 함유된 효소들을 불활성화시킴으로써 음식물을 안전하게 저장하는 수단이다.

통조림, 병조림을 만드는 주요 공정은 준비된 식품 → 담는 과정 → 탈기 → 밀봉 → 살균 → 냉각 공정으로 구분한다.

(1) 복숭아 통조림

1) 제조공정

2) 원료

① 백도는 완숙 4일 전 수확, 관도종은 1~2일 전에 채취하여 약간 추숙 사용, 제핵기로 제핵을 한다.

② 핵 주위의 안토시안 색소에 의한 적색 부분도 제거, 제핵 후 산화되는 것을 방지하기 위해 찬물 또는 3%의 소금물에 담가둔다.

③ 열탕 박피는 끓는 물에 1분 내외, 증기이면 5~8분, 알칼리 박피는 1~2%의 끓는 NaOH액에서 30~60초 처리, 0.2% 구연산, 염산액으로 중화한다.

3) 선별 및 담기

최소 고형분량보다 5~10% 많이 담는다. 당액은 개관했을 때 18% 이상 되게 주입한다.

(2) 배 통조림

1) 제조공정

2) 원료

① 통조림용은 섬유가 적고 순백색이며 향기가 높은 서양배가 좋다.

② 녹색을 띠는 적기에 수확하여 21~24℃의 저장실에서 5~10일간 추숙시켜 과피가 녹색에서 담황색으로 변하고 방향이 생긴 것을 선별 사용한다.

③ 껍질을 벗기고 과심을 제거한 다음 산화 변색을 막기 위해 2~3% 소금물에 담아 둔다.

3) 선별 및 담기

규정량보다 10~15% 더 많이 담고, 당액은 개관했을 때 19% 이상 되게 주입한다.

(3) 감귤 통조림

1) 제조공정

2) 원료

① 완전히 익어 풍미가 좋고, 신선하며, 둥근 것보다 납작한 것이 좋고, 60~100g 정도로 씨가 없는 것이 적당하다.

② 속껍질 벗기기는 보통 산, 알칼리 박피법을 쓴다. 먼저 1~3%의 염산액에 20~30℃에서 30~150분 담그고 물로 씻은 다음 끓은 1~2% NaOH 용액에 15~30초 처리한 다음 물로 씻는다.

③ 껍질이 벗겨지면 흐르는 물에 6~16시간 담아 속껍질과 제품을 흐리게 하는 헤스페리딘 및 펙틴을 씻어낸다.

3) 선별 및 담기

내용 고형물의 약 20~30%를 더 많이 담는다. 당 농도는 개관할 때 19% 이상 되게 조절한다.

4) 감귤 통조림의 흐림

① 감귤 통조림이 흐리게 되고 심하면 유탁상이 되어 상품가치가 떨어지는 경우가 있다. 주원인은 헤스페리딘의 결정 때문이다.

② 방지법으로는 잔여 속껍질과 헤스페리딘(비타민 P) 및 펙틴질은 박리한 후 물로 충분히 씻어 제거시키고, CMC 첨가나 완숙 원료 사용, 고농도 시럽 사용, 장시간 가열, 재가열 등의 처리가 있다.

(4) 죽순 통조림

1) 제조공정

2) 원료

① 통조림용 죽순은 모양이 작으며 마디마디 사이가 짧고, 단백색이며, 육질이 부드럽고, 향기
와 풍미가 좋은 것이 적당하다.

② 칼, 절단기로 죽순 위 5~6cm 가량을 상처없게 비스듬히 자른다.

③ 열처리는 100℃의 물에서 40~60분간 삶은 후 물을 갈아주면서 24시간 수침시켜 수용성분
을 제거하고 특히 제품을 흐리게 하는 tyrosine을 용출시킨다.

(5) 그린피스 통조림

1) 제조공정

2) 원료

① 통조림용 품종은 알이 작고 둥근 알래스카종이 좋다.

② 그린피스는 단백질과 당분이 많이 들어 있어서 발효하기 쉬우므로 빨리 통조림하는 것이
좋다.

③ 깍지는 손이나 탈협기로 까고, 염수선(Be 10°)으로 완숙콩을 선별하여 청색 고정을 위하여
물 18ℓ에 10g의 황산동용액을 끓여 8~15분 열처리한다.

3) 선별 및 담기

주입액으로는 2~3%의 더운 소금물을 넣는다.

(6) 양송이 통조림

1) 제조공정

2) 원료

① 양송이 채취의 적기는 우산이 피기 12시간 전 정도가 좋고, 20~40cm 정도의 직경인 것을 채취하여 상처 없게 취급하고 그늘에서 보관한다.

② 금속제 용기 사용은 피하고, 채취한 후 30분~1시간 이내에 가공하는 것이 좋다.

③ 갈변 방지를 위하여 0.01% 아황산염을 사용한다.

3) 선별 및 담기

살균 시 감소되는 점을 감안하여 규정 고형량보다 10~15%를 담는다. 주입액은 2~3%, 염수에 150~200mg%, 비타민 및 glutamin 산을 첨가하여 사용한다.

3. 과실주스의 제조

과실의 성분은 대부분 수분으로 되어 있어 과육의 향기, 맛, 영양성분 대부분은 수분에 포함되어 즙액으로 나오게 된다. 이 즙액을 가열처리하여 살균(미생물, 효소 파괴)한 제품이 과일주스이다.

(1) 과일주스의 종류

1) 천연과실주스(과즙)

과실을 짠 것을 그대로 제품화한 것이다.

① 투명과실주스 : 사과, 배, 포도 주스 등

② 불투명과실주스 : 오렌지, 파인애플, 토마토 주스 등. 천연 과실주스에 들어있는 산, 향기성분, 비타민 C가 가장 중요한 성분이다. 천연 과실주스의 품질은 과실 특유의 향기성분의 함량, 비타민 C의 함량, 산과 당의 비율, 빛깔 등에 의해 결정된다.

2) 농축과일주스

천연 과일주스를 농축한 것으로 당, 산, 색소를 첨가하지 않은 것이다.

3) 가루주스

농축 과일주스를 건조하여 수분 1~3% 되는 가루로 한 것이다.

4) 과즙 함유 음료

천연 과즙에 물, 당, 산류, 향료, 착색물, 유화제 등을 가하여 과즙의 풍미를 살리도록 조미한 것으로 보통 soft drink beverage라 한다.

5) 기타

넥타(복숭아, 살구의 puree), squash(과육 조각, 가당한 것), 이산화탄소 주스(CO_2 첨가) 등이 있다.

(2) 천연 과실주스

1) 제조공정

2) 과즙의 추출

과즙을 부셔서 압착기로 짜는 것이 보통이나 감귤류는 먼저 박피나 절단하여 짜고 토마토, 사과, 포도, 배 등은 바로 부셔서 짠다. 그리고 딸기, 포도는 예비가열하여 자루에 넣어 수압기로 짠다.

3) 청징

대부분의 주스는 펙틴 등 기타 침전물을 함유하고 있어 여과만으로 투명한 과일주스를 얻기 어렵다. 따라서 투명과즙 제조 시 혼탁물인 펙틴, 섬유, 단백질 등을 분해, 응고, 침전시켜 제거해야 한다.

청징 방법 : 난백, 카제인, 젤라틴, 탄닌, 흡착제, 효소 등을 처리하여 실시

① 난백을 쓰는 법 : 2% 건조난백 용액을 사용하는데 과즙 10ℓ당 건조난백 100~200g을 첨가하여 교반 · 가온(75℃) 후 냉각 · 침전 · 여과한다.

② 카제인을 쓰는 법 : 4~5배 암모니아액에 카제인을 녹여 가열하여 암모니아를 발산 후, 2배 희석하여 사용한다.

③ 젤라틴 및 탄닌을 쓰는 법 : 과즙 100ℓ당 100g 탄닌 첨가 후 120~130g의 2% gelatin 용액을 넣어 교반하고 20시간 방치, 침전 후에 분리한다.

④ 규조토를 쓰는 법 : 과일주스 1ℓ에 대해 7~8g 규조토를 넣고 교반한다. 이 방법은 펙틴 외에 색소, 비타민 등도 흡착하므로 향기가 좋지 않은 결점이 있다.

⑤ 효소(pectinase) 처리 : pectinase, polygalacturonase 등의 펙틴 효소를 0.1% 첨가하여 pH 4.0, 온도 40℃로 조정하여 분해시킨다. 대체로 과즙은 가열한 후 효소 처리한다.

4) 탈기

① 착즙 과즙에는 1ℓ 중에 33~35ml의 공기가 함유되는데 이 중에 과즙의 품질 저하에 영향을 주는 산소량은 2.4~4.7ml 정도이다.

② 착즙 사별한 신선 과실에는 공기가 함유되어 탈기를 박막식이나 분무식으로 71~74 cmHg 의 높은 진공으로 처리한다.

5) 살균

① 과일주스를 그대로 두면 미생물이 생육되어 부패 발효가 일어나고, 또한 효소작용이 진행되어 품질이 저하되기 때문에 이것을 방지하기 위해 가열, 살균한다.

② 살균법 : 순간 살균, 보통 살균, 자외선 살균법 등이 있다.

(3) 사과주스

1) 제조공정

2) 원료

홍옥, 국광 및 왜금이 적당하다. 보통 국광 50~60%, 홍옥 · 왜금을 50~40% 섞어 쓴다. 완숙과, 병충해 및 곰팡이의 오염이 없는 품종을 사용한다.

3) 세척

과피의 잔류농약을 제거하기 위해 충분히 물로 씻거나 1%의 염산으로 씻고 물로 헹군다.

(4) 오렌지주스

1) 제조공정

2) 원료

하등은 쓴맛과 신맛이 강하여 상쾌한 향기를 가지고 있으므로, 이것에 적당하게 다른 밀감을 조합하면 좋다.

3) 선과, 씻기 및 착즙

선과한 원료의 껍질을 벗기거나 바로 2쪽으로 절단하여 착즙한다. 압착법으로 착즙하면 수량은 많으나 쓴맛 성분이 많이 섞여 들어간다.

4) 사별 및 조합

0.5mm 체로 10% 내외의 펄프가 주스 중에 현수되도록 사별한다. 펄프 조각이 너무 크면 너무 속히 침전되어 촉감이 나쁘게 되고 너무 고우면 맛이 적다.

5) 탈기, 살균, 밀봉, 냉각

93℃에서 20초 살균하여 밀봉 냉각한다.

(5) 포도주스

포도주스는 다른 과실주스에 비하여 주석을 침전시키는 공정과 투명과실주스에서는 펙틴 분해공정, 적색과실주스에서는 적색 색소를 용출시키는 조작이 더 추가된다.

1) 제조공정

2) 원료

콘코드(Concord)를 주로 하고, 캠벨어리(Campbell Early), 머스캣베일리 A(Muscat Bailey A)를 쓴다.

3) 가열 착즙

포도알은 과피 속의 색소로 녹여내기 위하여 이중솥으로 65℃로 가열한 후 착즙(수율 60%)한다.

4) 주석 제거

포도주스는 주석산 칼륨염이 많이 들어있다. 이것은 주스의 산도 저하, 색소 침착 등 풍미에 영향이 크므로 주석을 제거해야 한다. 자연침전, 탄산가스, 동결법, 농축여과 등이 있다.

5) 살균

80℃에서 30~40분간 살균한다.

4. 젤리, 마멀레이드 및 잼류

과실 그대로 또는 물을 가하여 가열하여 얻은 과즙에 설탕을 넣고 졸인 것이 젤리(Jelly)이고, 과실을 으깬 과육에 설탕을 넣어 졸인 것이 잼(Jam)이다. 젤리(과즙)에 과피 조각을 첨가하여 제조한 것을 마멀레이드(Marmalade)라 한다.

(1) 젤리(Jelly)

1) 제조공정

> **Jelly화의 3요소**
> 설탕(60~65%), 펙틴(1.0~1.5%), 유기산(0.3%, pH 3.0) 등

[pectin 함량이 일정할 때 Jelly화에 미치는 유기산과 당농도의 관계]

유기산량 (%)	Jelly화에 필요한 당분량(%)	Jelly중량 (g)	유기산량 (%)	Jelly화에 필요한 당분량(%)	Jelly중량 (g)
0.05	75.5	100	1.55	52.0	100
0.17	64.0	100	1.75	52.0	100
0.30	61.5	100	2.05	50.5	100
0.55	56.5	100	2.55	50.5	100
0.75	56.5	100	3.05	50.0	100
1.05	53.5	100	3.55	50.0	100
1.30	53.5	100	4.05	50.0	100

[산도가 일정할 때 Jelly화에 미치는 당분과 pectin 농도의 관계]

pectin %	0.50	0.75	0.90	1.00	1.25	1.50	1.75	2.00	2.75	4.20	5.50
Jelly화에 필요한 최소당분(%)	Jelly화가 되지 않는다.		65.0	62.0	54.0	52.0	51.0	49.5	48.0	45.0	43.0

2) Pectin 정량

① 펙틴이 알코올에 의하여 응고되어 침전되는 성질을 이용한 알코올 침전법이 있다.

② 시험관에 95%의 알코올과 동량의 과즙을 넣고 응고상태를 관찰, 판정한다.

③ 전체가 응고 덩어리가 생기면 펙틴이 많으므로 설탕량은 과즙의 1/2~1/3량 첨가하고, 덩어리가 작고 여러 개 생기면 펙틴량은 보통으로 과즙과 동량의 설탕을 첨가한다. 그리고 응고 덩어리가 적거나 없으면 펙틴량이 적은 것으로 이때는 과즙을 농축시키거나 펙틴이 많은 과즙이나 펙틴을 첨가한다.

3) Jam의 완성점 결정

온도 104~105℃, 당도(65%), 컵·스푼 검사를 한다.

4) 젤리점(Jelly point)을 측정하는 방법
 ① Cup test : 넣을 때 흩어지지 않는 것
 ② Spoon test : 스푼으로 떠서 볼 때 묽은 시럽상태가 되어 떨어지지 않고 은근히 늘어질 때
 ③ 온도계법 : 온도계로 104~105℃가 될 때
 ④ 당도계법 : 굴절당도계로 측정하여 65% 정도가 될 때
5) 마멀레이드에 첨가하는 오렌지 껍질은 flavanon 배당체인 쓴맛을 내는 naringin이 많아 뜨거운 물이나 알코올 또는 알칼리로 녹이고 무기산으로 분해시킨다.

(2) 잼(Jam)

(3) 과실버터(Fruit butter)

사과, 서양배, 복숭아, 살구 등을 사용하며 잼과 다른 점은 펄프 조직이 더 작고 더 농축된 점이다.

(4) 당과(Fruit candy)

과실 또는 채소를 당액에 넣어 가열한 후 침투시켜 보존성을 높인 당장품이다. 원료는 생식용 경우보다 1~2일 전에 수확한 과실을 사용하여 과육이 연화되면 0.5% 정도의 아황산액에 담가서 표백하여 조직을 단단하게 한 후 당액을 낮은 농도부터 서서히 올린다.
당액은 설탕 2, 포도당 1을 혼합하여 30% 당액을 만들어 쓴 다음, 40%, 70%로 농도를 높여 사용하고 45℃ 이하에서 건조시킨다.

(5) 우린감

감에는 단감과 떫은 감이 있는데 단감은 그대로 먹을 수 있으나, 떫은 감은 그대로 먹을 수 없어 완전히 익혀서 홍시로 하거나 인공적으로 탈삽하여 식용한다.
1) 감의 떫은맛과 탈삽기작
 ① 감의 떫은맛은 탄닌에 의한 것으로 주성분은 diosprin이다.
 ② 탈삽은 탄닌물질을 없어지게 하는 것이 아니고, 탄닌 세포 중의 가용성 탄닌이 불용성 탄닌으로 변화하게 되어 떫은맛을 느끼지 않게 되는 것이다.
2) 감의 탈삽 방법
 ① 온탕법 : 떫은 감을 35~40℃ 더운물에 12~24시간 유지
 ② 알코올법 : 떫은 감을 알코올과 함께 밀폐된 용기에 넣어 탈삽하는 방법

③ 탄산가스법 : 밀폐된 용기에 감을 넣고 CO_2 가스로 치환시켜 탈삽하는 방법으로 상압법과 가압법이 있다.

5. 토마토의 가공

토마토는 채소 중에서도 비타민 A, B, C 등을 특별히 많이 함유하고 있어 가장 영양가가 높다. 따라서 이들 가공에서는 영양분이 없어지지 않도록 주의해야 한다. 토마토 가공품에는 다음과 같은 것들이 있다.

(1) 토마토 솔리드 팩(Tomato solid pack)

완숙 토마토를 껍질을 벗기고 꼭지를 제거한 후, 원형 그대로 통(병)에 담고 토마토 퓨레나 당 시럽을 조금 주입하여 통조림으로 한 것이다.

(2) 토마토 퓨레(Tomato puree)

토마토를 펄핑하여 껍질, 씨 등을 제거한 후, 파쇄하여 얻은 펄프를 조미하지 않고 농축시킨 것으로 농축 정도에 따라 제품의 종류가 다르다.

① 저도 토마토 퓨레 : 전고형물 6.3% 이상
② 중도 토마토 퓨레 : 전고형물 8.37% 이상
③ 고도 토마토 퓨레 : 전고형물 12.0% 이상

(3) 토마토 페이스트(Tomato paste)

토마토 퓨레를 더 농축하여 전고형물을 25% 이상으로 한 것으로서 농도에 따라 저도 paste는 TS 25~29%, 중도 paste는 TS 29~33%, 고도 paste는 TS 33% 이상으로 한 것이다.

(4) 토마토케첩(Tomato ketchup)

토마토 퓨레에 여러 가지 향신료, 소금, 설탕, 식초 등의 조미료를 넣어 농축시킨 것으로 전고형물이 25%이다.

(5) 토마토 주스(Tomato juice)

토마토를 착즙하고 과피를 제거한 과즙에 소량의 소금을 첨가한 것이다.

(6) 칠리소스(Chili sauce)

토마토를 박피 후 가늘게 썰어 여기에 퓨레를 혼합하고 케첩과 같이 조미한 것으로 씨, 과육, 양파를 으깨어 혼합된 점이 케첩과 다른 점이다.

(7) 염화칼슘의 사용

① 완숙 토마토는 통조림 제조 중에 육질이 너무 허물어지기 쉬워 구연산 칼슘, 염화칼슘 등을 처리하여 과육의 연화를 방지한다.

② 칼슘 처리는 펙틴산과 반응하여 과육 속에서 gel을 형성하므로 가열하여도 세포조직을 보호하여 과육을 단단하게 유지한다.

③ 칼슘 사용량은 미국 통조림 규격에서 0.026% 이상 사용하지 못하게 되어 있다. 칼슘 사용은 토마토 솔리드 팩의 품질 유지에 대단히 중요하다.

 6. 건조 과실 및 건조 채소

(1) 건조 과실

과실을 적당한 방법으로 건조하여 수분을 제거한 다음, 단맛을 더하게 하는 동시에 특수한 풍미와 저장성을 가지도록 만든 것이다. 건조 과실은 수분함량이 24% 정도이고, 건조법은 천일 건조, 화력 건조, 열풍 건조 등이 있다. 과실을 건조하면 다음과 같은 이점이 있다.

① 가공 비용이 적게 든다.

② 부피를 축소할 수 있다.

③ 갈변을 방지할 수 있다.

④ 세균의 번식을 방지하여서 저장성을 보유할 수 있다.

⑤ 고유한 과실의 색을 선택하여 보유할 수 있다.

⑥ 운반이 간편하다는 등의 이점이 있다.

1) 알칼리 처리

과피에 납물질은 건조를 느리게 한다. 0.5~0.1%의 가성소다, 탄산소다, 석회 등 비점까지 가열한 용액에 과실을 5~15초 담가 물로 씻는다.

2) 유황훈증

사과, 복숭아, 살구 등은 산화효소(oxidase)가 많이 함유되어 건조 시 갈변하므로, 이 효소를 파괴하고 부패와 충해를 막기 위해 유황훈증을 한다. 사과는 원료 10kg에 30g의 황을 태워 15~30분간 처리한다.

(2) 건조 채소

건조 채소는 채소를 건조하게 저장해두었다가 신선한 채소가 없을 때 공급하기 위해 제조한다.

① 무말랭이 : 무를 썰어서 자연 건조시키는데 가급적 신속한 건조가 제품의 갈색화를 방지한다. 건조는 수분 10~12%로 약간 탄력이 있는 게 좋다.

② 건조 시금치 : 뿌리를 자르고 2~3분간 뜨거운 물로 데친 후 급랭하여 건조 상자에서 건조한다. 건조 채소를 데치기(blanching) 하는 목적은, 첫째 효소작용 불활성화, 둘째 조직의 유연화, 셋째 악취 제거 등이다.

7. 침채류

침채류는 채소류를 주원료로 하고, 여기에 소금, 고추장, 간장, 된장, 술지게미 및 쌀겨 중의 한두 가지 또는 여러 가지를 섞어서 담근 것으로 조리와 저장을 겸한 염장식품이다. 대표적인 것으로는 김치와 단무지가 있다. 침채류는 풍부한 섬유질과 무기질이 있고, 정장작용, 비타민 급원, 소화 효소에 의한 소화조장 등에 효과가 크다.

(1) 배추김치

(2) 단무지

(3) 피클

채소 또는 과일류를 소금, 식초 또는 향신료 등을 넣고 절인 것을 말하며, 원료로는 오이, 콜리플라워, 양파, 덜 익은 토마토를 주로 사용한다.

04 유지가공

유지는 공업용은 물론 식용으로도 우리들의 생활에 직접 간접으로 중요한 위치를 차지하고 있다. 식용유지는 크게 식물성 유지와 동물성 유지로 나누는데 우리나라에서 생산되는 식물성 유지 중 식용유는 쌀겨 기름, 면화씨 기름, 유채유, 참깨 기름, 콩기름, 들깨 기름, 고추씨 기름 등이 있고, 공업용 유지는 피마자 기름, 아마인유 등이 있다. 동물성 유지의 원료는 소 기름, 돼지 기름, 어유 등이 사용되고, 우리나라의 동물성 유지의 생산은 주로 해산물에 의존한다. 유지는 지방산과 글리세롤이 에스테르 결합한 트리글리세라이드(triglyceride)가 주성분이다.

1. 유지 채취법

유지를 채취하는 방법은 압착법, 추출법, 용출법이 있으며, 압착법, 추출법은 주로 식물성 유지의 채취에 사용되고, 용출법은 주로 동물성 유지의 채취에 사용된다.

(1) 용출법

원료를 가열하여 내용물을 팽창시켜 세포막을 파괴하고, 함유된 유지를 세포 밖으로 녹여 내는 방법이다. 직화, 열풍 및 이중으로 된 솥으로 가열하여 용출하는 건식법과 원료를 온수 또는 염수에 침지, 가열하여 용출시키는 습식법이 있다.

(2) 압착법

원료를 정선한 뒤 탈각하고 파쇄, 가열하여 압착한다. 콩, 유채, 깨, 쌀겨 등은 그대로 파쇄하나 아주까리, 면실 등과 같이 단단한 껍질을 가진 것은 탈각한다. 압착은 wedge press, screw press, hydraulic press 등이 있고, 연속 압착장치로는 expeller(압착기)가 있다.

(3) 추출법

원료를 휘발성 용제에 침지하여 유지를 유지 용제로 용해시킨 다음, 용제는 휘발시키고 유지를 채취하는 방법으로서 채유 효율이 가장 좋은 방법이다. 배지식, 배터리식, 연속 추출식 등 3가지 추출장치가 있다. 연속 추출식은 회전하는 나선에 의해 원료가 연속적으로 이동되며, 용제는 반대 방향으로 흐르게 한 것으로 여추식, 침지식, 여추침지병용식, 특수 방식 등이 있다.

1) 침출용제

유지 침출용제로는 석유벤젠, 벤젠, 핵산, 에탄올, 사염화탄소, 아세톤, 2유화탄소, 에틸알코올 등이 사용된다.

2) 용제 구비 조건

① 유지만 잘 추출되는 것

② 악취, 독성이 없는 것

③ 인화, 폭발하는 등의 위험성이 적은 것

④ 기화열 및 비열이 적어 회수가 쉬운 것

⑤ 가격이 쌀 것

3) 유지 추출장치

침출관, 증류관, 응축기, 용제 저장조의 4가지 부분으로 되어 있다.

2. 유지의 정제

채취한 원유에는 껌, 단백질, 점질물, 지방산, 색소, 섬유질, 탄닌, 납질물 그리고 물이 들어 있다. 이들 불순물을 제거하는 데 물리적 방법인 정치, 여과, 원심분리, 가열, 탈검처리와 화학적 방법인 탈산, 탈색, 탈취, 탈납공정 등이 병용된다.

(1) 탈검(Degumming process)

① 탈산하기 전에 조유에 함유된 인지질 같은 고무질을 제거하는 공정이다.

② 온수 혹은 수증기를 불어넣어 수화시키면 gum 물질들은 불용성이어서 정치나 원심 분리로 제거한다.

(2) 탈산(Deaciding process)

① 원유에는 언제나 유리지방산이 들어 있는데, 이것을 제거하는 것이 탈산이다.

② 유리지방산을 NaOH로 중화 제거하는 알칼리 정제법이 쓰인다. 이 방법은 유리지방산뿐만 아니라 비누분, 검질, 색소 등 대부분 불순물을 제거할 수 있다.

③ 기름 온도가 너무 높으면 검화가 되기 쉬우므로 상온($35℃$ 이하)으로 한다.

④ 탈산법 : 배지식, 연속식, 반연속식 등

(3) 탈색(Decoloring process)

① 원유에는 카로티노이드, 클로로필 등의 색소를 함유하고 있어 보통 황록색을 띤다. 이들을 제거하는 방법으로는 가열탈색법과 흡착탈색법이 있다.

② 가열법은 기름을 솥에 넣고 직화로 $200{\sim}250℃$로 가열하여 색소류를 산화분해하는 방법으로 기름의 산화가 일어나는 것이 단점이다.

③ 흡착법은 흡착제인 산성백토, 활성탄소, 활성백토 등이 있으나 주로 활성백토가 쓰인다. 사용량은 기름에 대해 1~2%로 보통 110℃로 가열 후 filter press로 여과한다.

(4) 탈취(Deodoring process)
① 기름 중의 알데히드, 케톤, 탄화수소 등 냄새 물질과 흙내음을 제거하는 것이다.
② 기름을 3~6mmHg의 감압하에서 200~250℃의 가열 증기를 불어넣어 냄새물질을 증류하여 제거한다.

(5) 탈납(Winterization)
① Salad oil 제조 시에만 실시하는데, 기름이 냉각 시 고체 지방으로 생성이 되는 것을 방지하기 위하여 탈취 전에 고체 지방을 제거하여 정제할 필요가 있다.
② 이 공정을 winterization 또는 dewaxing(탈납)이라 하고, 이 조작으로 제조한 기름을 winter oil이라 한다.

 3. 식용 유지의 용도

(1) 튀김용 기름
① 콩기름, 채종유가 가장 많이 사용되고, 이 밖에 미강유, 들기름, 참기름, 고추씨 기름 등도 쓰인다.
② 튀김용 기름의 조건
  • 튀길 때 거품이 나지 않고 열에 안정적일 것
  • 튀길 때 연기나 자극취가 나지 않을 것
  • 튀김유 발연점 210~240℃, 튀김 온도 160~180℃
  • 튀김 점도 변화가 적을 것

(2) Salad oil용 기름
① 색이 엷고, 냄새가 없을 것
② 저장 중 산패에 의한 풍미의 변화가 없을 것
③ 저온에서 탁하거나 굳거나 하지 않을 것
④ Salad oil 용으로는 면실유 외에 olive oil, 옥수수 기름, 콩기름, 채종유가 사용된다.

4. 식용 유지의 가공

(1) 경화유

불포화지방산은 식물성의 것으로는 반건성유 및 건성유에 많고, 동물성의 것으로는 어패류에 많다. 이와 같은 유지의 불포화지방산에 니켈을 촉매로 수소를 불어 넣으면 불포화지방산의 2중 결합에 수소가 결합해서 포화지방산이 되어 액체의 유지를 고체의 지방으로 변화시킬 수 있다. 이 고체 지방을 경화유라 한다.

일반적인 방법은 촉매를 섞은 유지를 내산성인 경화장치에 넣고 예열시켜 100~180℃에서 6~12 기압의 수소를 불어 넣어 반응시킨다. 이때 처음에는 140~150℃이고, 최종 200℃로 한다. 수소 첨가 반응은 발열(1kg 유지가 1.6kcal 생성)이므로 냉수로 온도를 조절한다. 경화 조건은 불순물이 적은 정제 기름, 촉매 독소를 함유하지 않은 순수한 수소 및 강력한 촉매 등 3가지이다.

(2) 마가린(Margarine)

마가린은 여러 가지 유지를 혼합하여 천연 버터의 융점에 가깝게 배합하여 유화제, 색소, 향료 등과 함께 이겨서 굳게 한 것이다. 마가린은 식용경화유(정제 동물성 지방), 면실유, 콩기름, 땅콩유 등을 배합, 융점(25~30℃)에서 발효유, 소금, 레시틴(유화제), 산화방지제(BHA, BHT), 향료, 착색제, 비타민 A 등을 첨가하여 굳게 한 것이다.

불포화지방의 함량에 따라 soft margarine과 hard margarine으로 구분한다. 천연 버터와 마가린은 휘발성 지방산의 함량에는 차이가 있으나, 그 밖의 성질은 거의 같다.

(3) 쇼트닝(Shortening)

쇼트닝은 돈지의 대용품으로 정제한 야자유, 소기름, 콩기름, 어유 등에 10~15%의 질소 가스를 이겨 넣어 만든다.

제조공정은 원료 → 배합 → 급랭 → 이기기 순이다. 쇼트닝의 특징은 쇼팅성, 유화성, 크리밍성 등이 요구되며, 넓은 온도 범위에서 가소성이 좋고, 제품을 부드럽고, 연하게 하여 공기의 혼합을 쉽게 한다.

05 유가공

1. 우유(Cow's milk)의 정의

우유는 젖소가 분만과 동시에 송아지의 영양과 발육을 위해 유선(mammary gland)에서 합성되어
분비되는 백색의 불투명한 분비물(secreation)을 말한다.

2. 우유 성분의 조성

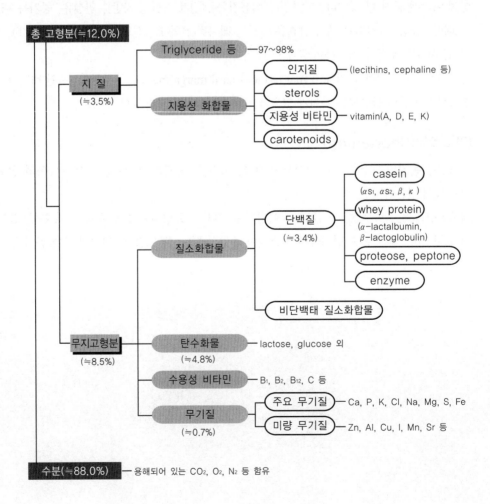

우유의 주성분은 수분, 지방, 단백질, 유당 및 회분이며, 이밖에 미량 성분으로 비타민, 효소, 색소, 가스, 면역체, 세포가 함유되어 있으며, 우유의 성분 조성은 앞의 도표와 같다. 우유의 성분 조성은 젖소의 품종, 개체, 연령, 기후, 사료, 환경적인 요인에 따라 영향을 받는다.

(1) 우유의 단백질

우유에는 약 3.0~3.9%의 단백질이 함유되어 있다. 단백질은 탈지유를 20℃, pH 4.6에서 응고되어 침전하는 부분을 casein이라 하며, 이때 용액 중에 남는 것을 유청 단백질(whey protein)이라 한다.

① casein은 우유의 주요 단백질의 일종인 인단백질이며, 총 단백질의 78~85%(단백질로는 2.6~3.2%) 정도이며, αs_1, αs_2, β 및 κ-casein이 있다.

② 유청 단백질은 α-락트알부민, β-락트글로블린, 혈청알부민, 면역단백질(immunoglobulin)이 있다.

③ 우유 중의 각 casein은 Ca이나 P, Mg, citric acid와 결합하여 calcium caseinate phosphate 결합체의 커다란 colloid 입자로 존재하며, 이것을 casein micelle 이라고 한다.

(2) 우유의 지질

유지질은 우유에 3.0~5.0% 함유되어 있고, 우유 성분 중에 중요한 성분의 하나로서 주로 지방산의 glycerine ester인 triglyceride, 즉 중성 지방이 총 지질의 약 97% 정도이다. 그리고 이밖에 glyceride, phospholipid, sterol, 기타 미량의 지용성 비타민과 유리지방산(free fatty acid) 등이 함유되어 있다.

① 우유와 모유에 있어서 지방산 함량의 차이를 보면 포화지방산은 우유가 60~70% 정도이고, 모유는 약 48% 정도이다. 불포화지방산은 우유가 25~35%이고, 모유는 54% 정도로 높다. 즉, 우유는 낙산(butyric acid)과 같은 저급 지방산(short chain fatty acid)의 함량이 많고, 반대로 linoleic acid와 같은 고급 불포화지방산(long chain unsaturated fatty acid)의 함량은 적은 편이다. 특별히 우유의 지방산에는 다른 식품의 지방에 함유되지 않은 낙산이 들어 있다.

② 우유의 지방구는 지름이 0.1~22µ으로서 평균 3µ이며, 지방구 표면을 싸고 있는 막을 지방구막이라고 한다. 막은 친수성으로서 지방을 유탁액(emulsion) 상태로 유지시켜 주며, 이 지방구막은 인지질, 단백질, 비타민 A, carotenoid, cholesterol, 각종 효소복합물로 되어 있다. 지방구면은 lipase에 의한 지방 분해작용에 대해 보호작용을 한다.

(3) 우유의 탄수화물

우유 탄수화물 중 유당(lactose)이 약 99.8% 정도 차지하며, glucose 0.07%, galactose 0.02%, oligosaccharide 0.004% 정도 존재한다. 우유 전체 성분 중에 유당 함량은 4.2~5.2%이며, 젖소의 품종과 동물의 종류에 따라 차이가 크다. 젖산 발효에 의해서 젖산이 생성되며 묽은 산이나

lactase(β-galactosidase)에 의해서 glucose와 galactose로 분해된다. 유당의 단맛은 설탕의 약 1/5 정도이고, 단당류로 분해되면 단맛이 증가한다.

① 생체 내의 유당은 β-galactosidase의 작용을 받아서 분해된다.

  ※ 유당의 생물학적작용

  • 발효에 의해 젖산과 방향성 물질 생성

  • cerebroside(당지질)의 구성당인 galactose의 공급원

  • 장내에서 젖산균의 발육에 이용되어 장내를 산성으로 유지함으로써 유해균의 증식을 억제하여 정장작용

  • 칼슘의 흡수를 촉진

② 유당은 용해가 낮기 때문에 그 결정화는 가당연유, 아이스크림 등의 안정성에 영향을 끼치고, 가열 시 갈변화 전구물질이 된다.

③ 유당불내증(lactose intolerance)은 우유를 섭취했을 때에 배가 아프거나 설사가 나는 증상으로, 소장에 있는 유당분해 효소에 의하여 분해되지 아니하고 대장 내의 세균에 의해 즉각 발효가 발생하여 gas와 산이 생겨 나타난다.

(4) 우유의 무기질

우유 중에는 무기질이 약 0.7% 정도 존재하며, 주로 이온상태와 염류상태로 존재한다. S 성분은 거의가 단백질에서 유리되고, P는 casein과 인지질에서 유래된다. 지방구 피막물질에 흡착되어 존재하며 유기산기는 염류의 구성성분으로 존재한다. 그러나 회화시키면 거의 소실된다. 모유와 우유의 무기질 조성은 다음 표와 같다.

[우유와 모유의 무기질 조성 비교]

종 류	Ca	P	Mg	Na	Cl	K
우유(g/ℓ)	1.25	0.94	0.12	0.58	1.03	1.38
모유(g/ℓ)	0.33	0.14	0.04	0.15	0.43	0.50

(5) 우유의 비타민

우유에는 거의 중요한 비타민이 모두 함유되어 있다. 지용성 비타민에는 A, D, E, K가 있고, 수용성 비타민은 B군과 비타민 C로 나눌 수 있다.

(6) 우유의 효소

우유 중에 약 20여종 존재한다.

  첫째, 유선 세포의 백혈구가 우유 분비 시에 파괴되어 우유 중에 함유된 것

  둘째, 혈액에서 유래된 것

  셋째, 유선에서 합성 분비된 것

  넷째, 우유 중 세균에 의해 생성된 것으로 구분된다.

1) 가수분해 효소
  ① lipase : 지방을 분해하여 글리세롤과 지방산으로 가수분해하는 효소이다. 천연적으로 활성을 갖는 피막 lipase와 casein이 결합되어 있는 유청 lipase가 있으며, 지방의 산패에 관여하는 것은 유청 lipase이다.
  ② protease : 단백질의 peptide결합을 가수분해하여 단백질 조각인 peptone, proteose, polypeptide, amino acid를 생산한다.
  ③ phosphotase : 인산의 monoester, diester 및 pyrophosphate의 결합을 분해하는 효소로 62.8℃에서 30분, 71~75℃에서 15~30초의 가열에 의하여 파괴되므로 저온 살균유의 완전살균여부 검정에 이용된다.
  ④ amylase : 전분을 가수분해하는 효소로 α-amylase와 β-amylas가 있으며 정상유보다 초유와 유방염유에 많다.
  ⑤ lactase : lactose를 분해시켜 glucose와 galactose를 생성한다.

2) 산화·환원효소
  ① catalase : 초유, 유방염유에 많이 들어 있고, 유방염유의 검출에 이용된다.
  $$2H_2O_2 \rightarrow 2H_2O + O_2$$
  ② peroxidase : 과산화수소의 존재 하에 물질의 산화를 촉매하는 효소로서, 특히 이상유에 많이 존재하고 우유의 고온가열 판정에 이용된다.
  $$H_2O_2 + AH_2 \rightarrow 2H_2O + A$$
  (AH$_2$는 수소공급체로서 amine, phenol류, 방향족산류)
  ③ xanthin oxidase : 모유에는 존재하지 않으므로 모유와 우유의 판별에 이용되는 효소이다.

3) Rennin(chymosin)
  우유의 응유 효소로서 송아지 제4 위에서 추출된 단백질 분해 효소로 κ-casein의 105와 106번 사이를 분해하여 para-κ-caseinate와 glycomacropeptide를 생성한다. 최적 온도는 40~41℃, 최적 pH는 5.35이다.

3. 시유(City milk, Market milk)

목장에서 생산된 생유(Raw milk)를 식품위생상 안전하게 처리하여 소비자가 마실 수 있도록 액체상태(Fluid state)로 상품화된 음용유를 말한다.

(1) 우유류 규격(식품공전, 2020년 11월 현재)
  ① 산도(%) : 0.18 이하(젖산으로서)
  ② 유지방(%) : 3.0 이상(다만, 저지방제품은 0.6~2.6, 무지방제품은 0.5 이하)
  ③ 세균수 : n=5, c=2, m=10,000, M=50,000

④ 대장균군 : n=5, c=2, m=0, M=10(멸균제품은 제외한다.)

⑤ 포스파타제 : 음성이어야 한다(저온장시간 살균제품, 고온단시간 살균제품에 한).

⑥ 살모넬라 : n=5, c=0, m=0/25g

⑦ 리스테리아 모노사이토제네스 : n=5, c=0, m=0/25g

⑧ 황색포도상구균 : n=5, c=0, m=0/25g

(2) 제조공정

수유 → 냉각 → 청정화 → 표준화 → 균질 → 살균(멸균) → 냉각 → 충전 · 포장 → 소비자

1) 원유검사

목장에서 집유한 원유를 가공처리하기 위하여 질이 좋은 원유를 선별, 저유하는 것을 말한다. 원유 검사는 원유의 위생 검사, 시설위생 검사, 위생관리 검사로 구분하여 실시한다. 원유 위생 검사는 수유 검사와 시험 검사로 구분하여 실시한다.

① 수유 검사 : 목장에서 수유하기 전에 실시하며 관능 검사, 비중 검사, 알코올 검사(또는 pH 검사) 및 진애 검사 등

② 시험 검사 : 수유 시 검사가 불가능한 검사 항목에 대하여 검사하며 적정산도 검사, 세균수 시험, 세균발육억제 물질 검사 및 성분 검사 등이 있으며, 15일에 1회 체세포 검사를 한다.

2) 여과 · 청정화

원유 중의 먼지, 흙, 깃털 등을 여과포와 쇠망 등으로 여과한 후에 백혈구, 체세포, 미생물 등은 청정기(clarifier)로써 원심분리시켜 여과한다.

3) 표준화(standardization)

① 목적 : 시유의 성분(표시) 규격에 맞도록 원유에 유지방, 무지고형분, 비타민, 무기질 등을 강화하여 함량을 조절시키는 데 있다.

② 지방 표준화(피어슨 공식)의 예제

• 지방함량이 목표 지방률보다 높을 경우(탈지유 첨가량)

$$y = \frac{x(p-r)}{(r-q)}$$

여기서, p : 원유의 지방률(%)

q : 탈지유의 지방률(%)

r : 목표 지방률(%)

x : 원유의 중량(kg)

y : 탈지유 첨가량(kg)

예제1

지방률이 3.5%인 원유 5,000kg을 0.1%의 지방률인 탈지유를 혼합시켜 지방률 3.1%의 표준화 우유로 만들 때 탈지유의 첨가량을 계산하시오.

3.5   3.1 - 0.1 = 3.0

        3.1

0.1   3.5 - 3.1 = 0.4

$$탈지유\ 첨가량(kg) = \frac{5,000 \times 0.4}{3} ≒ 667kg$$

• 원유의 지방률이 목표 지방률보다 낮을 경우(크림 첨가량)

p   (q-r)

    r

q   (r-p)

$$y = \frac{x(r-p)}{(q-r)}$$

여기서, p : 원유의 지방률(%)   q : 탈지유의 지방률(%)

      r : 목표 지방률(%)   x : 원유의 중량(kg)   y : 탈지유 첨가량(kg)

예제2

지방률이 3.1%인 원유 5,000kg을 지방률 35%의 크림을 혼합시켜 지방률 3.5%의 표준화 우유로 만들 때에 크림의 첨가량을 계산하시오.

3.1   35 - 3.5 = 31.5

      3.5

35   3.5 - 3.1 = 0.4

$$크림의\ 첨가량(kg) = \frac{5,000 \times 0.4}{31.5} ≒ 63.5kg$$

4) 균질화(Homogenization)

우유 중의 지방구에 물리적 충격을 가해 그 크기를 작게 분쇄하는 작업을 균질이라 한다.

① 목적 : creaming의 생성방지, 점도의 향상, 우유의 조직을 부드럽게 하고, 소화율을 높게 해 주고, 지방산화 방지 효과가 있다.

② 균질화 이론 : 우유가 고압으로 좁은 공간을 통과할 때 받는 힘으로 지방구가 미세화 되는데, 이때 우유 자체가 받는 충격(impact), 폭발(explosion), 전단(shearing), 공동(cavitation)작용에 의해 우유 지방구의 크기는 작아진다. 균질기 내의 우유의 온도는 50~60℃, 압력은 2,000~3,000lb/inch^2(140~210kg/cm^2)가 적당하다.

5) 살균과 멸균

우유의 살균은 원유가 가지고 있는 영양소의 손실을 최소화하는 범위 내에 각종 미생물을 사멸시키고 효소를 파괴하여 위생적으로 완전하게 하며 저장성을 높이기 위해 실시한다.

원유 중의 유해병원균인 우결핵균(Mycobacterium bovis), 블루셀라균(Brucella abortus), Q열병균(Coxiella burnetti) 등이 사멸되는 최소 온도 61.1℃에서 30분간을 기준으로 하여 가열, 사멸한다.

① 저온 장시간 살균법(Low Temperature Long Time pasteurization, LTLT)

61~63℃, 30분 유지하며, 우유, 크림, 주스 살균에 이용된다. 소규모 처리에 적당하고, 원유의 풍미와 세균류(젖산균)의 잔존율을 높일 경우에 효과적이다.

② 고온 단시간 살균법(high temperature short time pasteurization, HTST)

72~75℃, 15~17초 유지하며, 가열 방식은 평판열교환기(plate heat exchanger), 가열, 열교환, 냉각이 동시에 이루어지기 때문에 단시간 살균으로 효과적이다.

③ 초고온 순간 살균법(Ultra High Temperature pasteurization, UHT)

- 132~150℃, 2~7초 유지한다.
- 직접가열 방식 : 1차 예열(70℃) → 2차 예열(85℃) → 가열(132~150℃)
- 간접가열 방식 : 1차 예열(85℃) → 균질 → 2차 예열(100℃) → 살균(135℃)
- 우유의 이화학적인 성질의 변화를 최소화 하면서 미생물을 거의 사멸시킬 수 있는 방법이다.

④ 초고온 멸균법(ultra high temperature sterilizatim)

우유를 135~150℃에서, 1~15초 가열, 멸균시킨 것을 무균포장 시스템으로 포장, 밀봉한 것으로 UHT 멸균충전우유라 한다.

6) 충전 및 포장

살균 후 냉각된 우유는 청결한 용기에 위생적으로 충전되어야 한다.

① 유리병(glass bottle)

- 무색, 투명하며 내용물 확인이 가능하다.
- 약품 및 열에 안정이다.
- 회수가 가능하여 재사용이 용이하다.

② 종이(carton)

- 1회용으로 위생적이며, 광선 차단에 의한 비타민 보호와 일광취가 없다.
- 냉장 저장이 용이(열용량이 적기 때문에)하다.
- 운반이 용이하며, 자동판매기용으로 이용할 수 있다.

③ 플라스틱 병(plastic contanier)

- 1회용으로 위생적이며, 파손의 염려가 적다.
- 방수 및 방습성이 좋다.
- 가격이 저렴하고 취급이 간편하다.

4. 아이스크림(Ice cream)

Cream을 주원료로 하여, 그 밖의 각종 유제품에 설탕, 향료, 유화제, 안정제 등을 혼합시켜서 냉동, 경화시킨 유제품이다. 수분과 공기를 최대한 활용시킨 제품을 말한다.

(1) 아이스크림의 종류

① plain ice cream : 유지방 10% 이상으로 1가지 향료만 첨가한 것이다. 향료로는 바닐라, 초콜릿, 커피, 박하 등이 사용된다.

② nut ice cream : 유지방 8% 정도이며, plain ice cream에 견과류인 밤, 호두, 개암, 아몬드를 첨가한다.

③ fruit ice cream : 유지방 8% 정도이며, plain ice cream에 사과, 딸기, 바나나, 파인애플 등의 과즙을 직접 첨가한 것이다.

④ custard ice cream : 유지방 10% 이상으로 전란 또는 난황을 1.4~3.0% 첨가한 french ice cream, neopolitan ice cream이라고 한다.

⑤ mouse ice cream : 유지방 30% 정도이며, whipped cream에 설탕 향료를 첨가하여 제조하였다. 다공성의 조직을 가지고 있어서 부드러움이 크다.

⑥ ice milk : 유지방 3~6% 정도이며, 지방률이 낮다.

⑦ sherbet : 유고형분 3~5% 정도이며, 구연산, 주석산을 0.35% 첨가하여 산도를 0.3~0.4%로 제조한 것이다. 산미, 감미가 강하다.

⑧ water ice : 우유 성분이 없고, 설탕, 과즙, 향료를 혼합, 동결시킨 것으로서 ice candy, ice cake라고도 한다.

⑨ mellorine : 우유 지방 대신에 식물성 지방으로 만든 모조 아이스크림, 식물성 유지 6% 정도이다.

(2) 제조공정

원료 검사 → 표준화 → 혼합 · 여과 → 살균 → 균질 → 숙성 → 동결(-2~-7℃) → 충전 · 포장(soft icecream) → 경화(-15℃ 이하, hard ice cream)

1) 아이스크림 믹스 배합(mix 표준화)

아이스크림을 제조하기 위한 여러 가지 원료를 배합한 것을 아이스크림 믹스라 하며, 지방, 무지고형분, 전고형분, 설탕, 안정제, 유화제 등을 표준 조성표에 맞도록 원료를 배합한다.

① 우유 및 유제품
- 고지방 원료 : 크림, 전지연유, 전지분유, 버터 등
- 무지고형분 : 탈지유, 탈지분유, 버터밀크, 연유 등

② 감미료 : 감미료는 감미를 부여하고, 부드러운 조직을 만들어 주며, 총고형분을 증가시킨다. 당분은 12~18% 첨가, 설탕을 주로 사용하고 그 외에 포도당, 과당, 전화당 등이 사용된다.

③ 안정제
- 아이스크림의 경화와 형태를 유지하며, 얼음의 결정을 막으며, 조직을 부드럽게 하는 데 효과가 있다.
- 사용량 : 0.2~0.3% 정도
- 종류 : 알긴산 염, 젤라틴, 펙틴, 가라기난, gum류 등이 있고, 최근 CMC-Na(sodium carboxyl methyl cellulose)이 많이 사용된다. CMC-Na는 보수력이 높으며 0.15~0.18% 사용한다.

④ 유화제
- 유화작용을 높여주고, 거품성을 갖게 하여 조직을 더 부드럽게 해주는 기능이 있다.
- 종류 : monoglyceride, polyoxyethylene 유도체, glycerine, lecithin 등

믹스의 배합 예제
- 크림 : 지방 35%, 무지고형분 2.0%
- 탈지분유 : 지방 1.0%, 무지고형분 96%
- 원유 : 지방 3.4%, 무지고형분 8.6%일 경우를 표준화하여

※ 지방 10%, 무지고형분 10%, 설탕 15%, 펙틴 0.5% 조성분을 갖는 mix 1000g을 만들 경우

[믹스의 배합표]

	배합량	Fat(%)	SNF(%)	설탕(%)	안정제(%)	T.S
원유	X	3.4	8.6			12
탈지분유	Y	1.0	96			97
설탕	150g			15		15
펙틴	5g				0.5	0.5
크림	Z	35	2.0			37
합계(%)	1,000g	10	10	15	0.5	35.5

- 배합의 총량 : X+Y+Z=1000-(150+5) = 845 ──────────── ①
- 총 지방량 : 0.034X+0.01Y+0.35Z = 1,000×0.1 = 100 ───── ②
- 총 SNF량 : 0.086X+0.96Y+0.02Z = 1,000×0.1 = 100 ───── ③

식 ①, ②, ③를 연립방정식으로 풀면, X ≒ 567, Y ≒ 49, Z ≒ 229
즉, 원유는 567g, 탈지분유는 49g, 크림은 229g, 설탕 15g, 펙틴은 0.5g 혼합하면 된다.

---

2) 혼합 및 여과
① 탱크 내의 온도는 50~60℃로 유지한다.
② 혼합과정 : 혼합과정의 순서는 다음과 같다.
   낮은 점도를 갖는 액체원료(우유, 물 등) → 높은 점도를 갖는 액체원료(연유, 크림, 액당) → 쉽게 용해되는 고체 원료(설탕 등) → 분산성을 갖는 고체원료(전지분유, 탈지분유)
③ 탱크 안의 교반기의 속도를 480rpm으로 작동시켜 용해시킨다.

④ 각 원료가 잘 용해되면 금속망, 합성수지망을 통과시켜 이물질이나 용해되지 않는 덩어리를 제거한다.

3) 균질

① 균질기를 사용하여 믹스 중 지방구를 2㎛ 이하로 미세화시켜서 크림층 형성을 방지하고, 균일한 유화상태를 유지하는 데 목적이 있다.

② 균질 효과 : 아이스크림의 조직을 부드럽게 하고, 증용률을 향상시키고, 숙성 시간의 단축과 동결공정 중 지방의 응고 현상을 방지하고, 안정제, 유화제의 사용량을 절감할 수 있다.

4) 살균

① 저온 장시간 살균(LTLT, 68.3℃에서 30분), 고온 단시간 살균(HTST, 79.4℃에서 25초)을 이용한다.

② 살균 효과 : 혼합 원료의 완전한 용해, 유해균 사멸, 지방분해 효소의 가열에 의한 불활성화로 산패취 발생 억제, 풍미의 개량, ice cream 조직의 연성화(softness) 등을 할 수 있다.

5) 숙성과 향료 첨가

① 숙성 온도 0~4℃, 시간 4~25시간 정도, 교반기 속도 240rpm으로 한다.

② 숙성 목적
- 지방 성분들을 고형화 한다.
- 안정제에 의하여 gel화를 촉진시킨다.
- 점성을 증가시켜 제품의 조직이나 기포성의 개량을 돕는다.
- mix 중의 단백질의 수화(水和)를 증가하여 부피와 조직을 향상시키며, 잘 녹지 않는 거품이 일게 하는 성질을 부여한다.

③ 숙성할 때에 색소, 향료, 과즙을 일정량씩 넣으면서 혼합, 숙성시킨다(favoring).

6) 동결

① 아이스크림의 제조에 있어서 가장 중요한 공정이다. 숙성이 완료된 믹스를 교반하면서 (130~140rpm) 동결하여 반고체의 약간 유동성이 있는 상태로 한다.

② 동결 온도는 -2~-7℃ 정도이다.

③ 목적은 mix에 공기의 균일한 혼입과 mix를 동결시키는 데 있다.

④ 동결장치의 형태는 batch type과 연속식이 있다(soft ice cream).

7) 포장 · 경화

숙성, 동결된 아이스크림을 일정한 용기(carton box, plastic box)에 담아서 중심 온도가 -17℃ 이하가 되도록 동결, 경화시킨다(hard ice cream).

(3) 증용률(overrun, %)

아이스크림의 조직감을 좋게 하기 위해 동결 시에 크림조직 내에 공기를 갖게 함으로써 생긴 부피의 증가율을 말한다. 계산식은 다음과 같다.

$$\text{overrun(\%)} = \frac{\text{mix의 중량} - \text{mix와 같은 용적 ice cream의 중량}}{\text{mix와 같은 용적의 ice cream의 중량}} \times 100$$

$$= \frac{\text{아이스크림의 용적} - \text{본래 mix의 용적}}{\text{본래 mix의 용적}} \times 100$$

가장 이상적인 아이스크림의 증용률은 90~100% 사이가 좋다.

(4) 품질 결함과 원인

[아이스크림의 결함과 원인]

종 류	결함 내용	결함 원인
풍미(Flavor)	지방의 분해취, 사료취, 불결취, 금속취, 산미, 감미와 향료의 과부족	불완전한 우유 사용, 불완전한 가열처리(살균), 부적당한 감미제 사용, 부적당한 향료 사용
조직(Texture)	① 사상조직 현상(sandy texture) ② 가볍고 푸석푸석한 조직(light, fluffy) ③ 거칠고, 구상조직(coarse, icy) ④ 버터상 조직(buttery)	① 무지고형분의 과다 첨가, 유당결정이 클 때 ② 증용률의 과잉 ③ 완만 동결, 저고형분 ④ 부적당한 유화제 사용, 불완전한 균질 작업
몸체(Body)	① 취약한 몸체(crumbly boby) ② 수분이 많은 몸체(soggy, wet) ③ 약한 몸체(weak) ④ 고무상의 몸체(gummy)	① 안정제 및 유화제의 사용 부족, 높은 증용률 ② 낮은 증용률, 설탕의 과다 첨가, 안정제 및 유화제의 부족 ③ 안정제의 과다, 총고형분(T.S)의 부족
융해상태(Fusion)	기포, 유청의 분리, 응고상, 점질상	원료 배합의 불완전, 단백질과 무기질의 불균형, 높은 산도, 균질화의 불완전

5. 버터(Butter)

원유나 시유에서 유지방분(cream)을 분리한 것이나 발효시킨 것을 그대로 또는 이에 식품이나 첨가물 등을 가하여 각각 교반, 연압한 것을 말한다.

(1) 버터류의 성분 규격

[버터류의 성분 규격]

구 분	버 터	가공버터	버터오일
수분(%)	18.0 이하	18.0 이하	0.3 이하
유지방(%)	80.0 이상	30.0 이상	99.6 이상
산가	2.8 이하(단, 발효제품 제외)	2.8 이하(단, 발효제품 제외)	2.8 이하
지방의 낙산가	20.0±2	–	20.0±2

타르 색소	검출되어서는 안 됨	
대장균군	n=5, c=2, m=0, M=10	
살모넬라	n=5, c=0, m=0/25g	
리스테리아 모노사이토제네스	n=5, c=0, m=0/25g	
황색포도상구균	n=5, c=0, m=0/25g	
산화방지제 (g/kg)	부틸히드록시아니졸 디부틸히드록시톨루엔 터셔리부틸히드로퀴논	0.2 이하(병용할 때도 합계 0.2 이하)
	몰직자산 프로필 —	0.1 이하
보존료(g/kg)	데히드로초산나트륨 —	0.5 이하(데히드로초산으로서)

(2) 버터의 종류

1) 가염 유무에 따라

① 가염버터(salted butter) : 식염을 $1.5 \sim 2.0\%$ 첨가하여 제조한 버터

② 무염버터(unsalted butter) : 식염을 첨가하지 아니한 것, 제과용, 조리용, 심장질환자 급식용

2) 발효 유무에 따라

① 발효버터(ripend butter) : 유산균을 접종하여 발효시킨 버터, 산성버터라고도 한다.

② 비발효버터(unripend butter) : 발효시키지 않은 버터, 감성버터라고도 한다.

3) 그 외

분말버터, 강화버터, 거품버터, 재생버터, 유청버터 등이 있다.

(3) 제조공정

원료유 → 크림의 분리 → 크림의 중화 → 살균·냉각 → 숙성 → 교동 → 버터밀크 배제 → 수세 → 가염 및 연압 → 포장 → 저장

1) 크림의 분리

① 신선한 원유를 크림분리기로 분리하거나 크림 제품을 사용한다.

② 지방함량을 $30 \sim 40\%$ 범위로 조절한다.

2) 크림의 중화

① 크림의 산도가 높으면 살균할 때 casein이 응고하여 버터 속에 응고물질로 남게 되어 버터 생산량의 감소 원인이 된다.

② 중화 범위 : 원료 크림의 산도 $0.20 \sim 0.30\%$ 사이

③ 중화제 : Na_2CO_3, $NaHCO_3$, $NaOH$, CaO, $Ca(OH)_2$ 등

$$중화시켜야 할 젖산량(g) = 크림의 중량(kg) \times \frac{원료크림산도 - 목표산도}{100}$$

3) 살균

① 보통 75~85℃에서 5~10분   ② 90~98℃에서 15초간

4) 냉각

① 여름철 : 3~5℃   ② 겨울철 : 6~8℃

5) 숙성

① 크림을 비교적 낮은 온도에서 교동하기 전까지 냉각, 저장하는 과정이다.

② 숙성 효과

- 액상 유지방이 결정화되어 교동작업이 쉽다.
- 교동시간이 일정하게 된다.
- 교동 후 버터밀크로의 지방 손실이 감소된다.
- 버터에 수분이 과잉되지 않게 된다.
- 버터의 경도와 전연성을 항시 일정하게 유지해 준다.

③ 방법 : 겨울철에는 8 - 19 - 16법, 여름철에는 19 - 16 - 8법을 이용한다.

6) 색소 첨가버터

색소는 annatto, carotene 등을 0.001~0.02% 정도 첨가한다.

7) 교동(churnning)

크림에 기계적인 충격을 주어 지방구끼리 뭉쳐서 버터 입자가 형성되고, 버터밀크와 분리되도록 하는 작업이다.

① 교동이론

- 상전환설(phase inversion theory) : 크림의 지방구와 수상과의 경계면에 피막단백질이 있어 지방구가 서로 융합되는 것을 방지하지만, 교반작용에 의해 지방구 피막을 손상시켜 지방이 뭉쳐서 유지방이 물에 유화된 상태(O/W)에서 유지방에 물이 유화된 상태(W/O)로 상이전환되어 버터 입자를 형성한다는 이론이다.
- 포말선(form theory) : 교동작용에 의하여 기포가 생성하여 지방구가 기포 중으로 옮겨져 서로 쉽게 접촉하게 되고, 공기와 접촉하여 피막단백질이 변성되고 변성된 지방구의 피막단백질은 외부의 충격이 있을 때 쉽게 파괴되어 지방이 뭉쳐서 버터의 입자를 형성한다는 이론이다.

② 교동 온도 : 여름철 8~10℃, 겨울철 12~14℃

③ 크림의 지방함량 : 30~40%

④ 크림의 양 : 교동기 내의 크림 용량은 1/3~1/2

⑤ 교동기 회전수 : 20~35rpm으로 50~60분

8) 버터밀크의 배제

버터 입자 크기가 좁쌀 내지 콩알 크기(0.3~0.6mm) 정도가 되었을 때 교동 작업을 종료하고 약 5분 정도 기다렸다가 금속망에 교동된 크림을 넣고 버터밀크를 제거한다.

9) 수세

① 버터 입자를 수세함으로써 버터 입자에 부착된 버터밀크를 완전히 제거하여 버터의 경도를 증가시키고, 수용액의 특이취를 제거하여 보존성을 높인다.

② 수세용 물의 온도는 3~10℃이며, 위생상 양호한 물을 사용한다.

10) 가염

① 풍미의 향상과 보존성을 유지하게 한다.

② 습염법, 첨가량 2.0~2.2% 정도이다.

11) 연압

① 버터 덩어리를 만드는 조작이다.

② 연압목적
- 수분함량 조절과 분산
- 소금의 용해와 균일 분포
- 색소의 분산
- 버터 조직을 부드럽고 치밀하게 하여 기포의 생성을 억제

12) 충전 · 포장

① 포장할 때의 버터 온도는 10℃ 전후가 적당하다.

② 내 포장 : 성형된 버터를 유산지(parchment paper)로 포장

③ 중 포장 : 알루미늄박(aluminum foil)으로 포장

④ 외 포장 : 비닐이나 플라스틱 박스로 포장

(4) 증용률(overrun, %)

크림 또는 버터지방량에 대해서 버터의 중량과 크림의 지방량과의 차이를 백분율로 나타낸 것이며, 계산식은 다음과 같다.

$$증용률(\%) = \frac{버터의\ 중량(kg) - (크림의\ 중량 \times 크림의\ 지방률)}{크림의\ 중량 \times 크림의\ 지방률} \times 100$$

이론적으로는 증용률이 21~25% 정도로 나타나지만, 실제 가공에서는 교동 작업에서의 손실, 연압 작업을 할 때의 손실, 포장할 때의 손실 등으로 약 14~16% 정도로 된다.

(5) 버터의 품질 결함

① 풍미 결함(flavor defect) : 풍미 부족(flat), 쓴맛(bitter), 산취(sour), 파(onion), 마늘(garlic) 냄새, 고취(stale), 불결취(unclean), 기름 냄새(oily), 금속취(metalic), 지방산화취(rancid), 사료취, 가열취 등

② 조직 결함(body and texture defect) : 누수성(leaky, 물방울이 맺힘), 연약(weaky), 기름 반점(greasy), 끈적거림(sticky), 부스러기(crumbly), 분상(mealy), 사상(sandy) 등

③ 색소 결함(color defect) : 얼룩점(mottled), 파문상(wavy), 반점(speck), 둔색(dull), 표면의 퇴색(pale), 곰팡이에 의한 변색(molded butter) 등

6. 치즈(Cheese)

치즈는 크게 자연치즈와 가공치즈로 나눈다. 자연치즈는 원유 또는 유가공품에 유산균, 단백질 응유효소, 유기산 등을 가하여 응고시킨 후에 유청을 제거한 것이고, 가공치즈는 자연치즈를 주원료로 하여 이에 식품 또는 첨가물 등을 가한 후 유화시켜 제조한 것이다.

(1) 자연치즈의 정의

원유 또는 유가공품에 유산균, 응유효소, 유기산 등을 가하여 응고시킨 후 유청을 제거하여 제조한 것을 말한다. 또한, 유청 또는 유청에 원유, 유가공품 등을 가한 것을 농축하거나 가열 응고시켜 제조한 것도 포함한다.

(2) 가공치즈의 정의

자연치즈를 원료로 하여 이에 유가공품, 다른 식품 또는 식품첨가물을 가한 후 유화 또는 유화시키지 않고 가공한 것으로 자연치즈 유래 유고형분 18% 이상인 것을 말한다.

(3) 치즈의 규격

항목 \ 유형	자연치즈	가공치즈
대장균	n=5, c=1, m=10, M=100	–
대장균군	–	n=5, c=2, m=10, M=100
살모넬라	n=5, c=0, m=0/25g	
리스테리아 모노사이토제네스	n=5, c=0, m=0/25g	
황색포도상구균	n=5, c=2, m=10, M=100	
클로스트리디움 퍼프린젠스	n=5, c=2, m=10, M=100(비살균원유로 만든 치즈에 한한다)	
장출혈성 대장균	n=5, c=0, m=0/25g(비살균원유로 만든 치즈에 한한다)	
보존료(g/kg) : 다음에서 정하는 이외의 보존료가 검출되어서는 아니 된다.		
데히드로초산나트륨	0.5 이하(데히드로초산으로서)	
소브산 소브산칼륨 소브산칼슘	3.0 이하(소브산으로서 기준하며, 병용할 때에는 소브산 및 프로피온산의 사용량의 합계가 3.0 이하)	
프로피온산 프로피온산칼슘 프로피온산나트륨	3.0 이하(프로피온산으로서 기준하며, 병용할 때에는 프로피온산 및 소브산의 사용량의 합계가 3.0 이하)	

(4) 자연치즈의 분류(수분함량에 따라)

① 초경질치즈 : 수분함량 13~34%, Romano, Parmesan, Sapsago
② 경질치즈 : 수분함량 34~45%, Cheddar, Gouda, Edam 등

③ 반경질치즈 : 수분함량 45~55%, Brick, Munster, Limburger, Roqueforti, Gorgonzola 등

④ 연질치즈 : 수분함량 55~80%, Belpaese, Camembert, Brie, Cottage, Mozzarella, Mysost 등

(5) 자연치즈 제조공정

원료유 → 살균 · 냉각 → 스타터 첨가 → 발효 → 렌넷 첨가 → 응고 → 커드 절단 → 가온 → 유청 배제 → 퇴적 → 압착 → 가염 → 숙성

1) **원료유** : 선도 검사에 합격한 우유이거나 미생물 검사, 항생물질 검사, bacteriophage 검사 등에 합격한 우유

2) **살균 · 냉각**

① 살균 온도

- 72~75℃에서 15~16초 고온 단시간법이 주로 사용되나 63℃에서 30분 저온 장시간법도 이용된다.
- UHT법은 응고가 지연되기 때문에 잘 사용하지 않는다.

② 냉각 온도 : 30~35℃

3) **발효**

① 유산균을 제조량에 0.5~2% 첨가한다.

② 발효 시간은 치즈의 종류, 유질, 스타터 활력에 따라 다르지만 보통 20분~2시간 소요된다.

4) **응고**

① 원료유의 0.002~0.004%의 rennet를 첨가(2% 식염수에 용해)하여 잘 저어준다.

② 치즈 배트의 뚜껑을 덮고 정치한다.

③ 응고 시간 : 20~40분이 적당

5) **커드 절단**

① 절단 시기 : 칼, 손을 커드 속에 넣어서 살며시 위쪽으로 올렸을 때 커드가 깨끗이 갈라지고 투명한 유청이 약간 스며 나올 때

② 커드 칼을 이용하여 0.5~2cm 간격으로 입방체로 절단

③ 절단 목적 : 커드의 표면적을 넓게 하여 유청(whey) 배출을 쉽게 하고, 온도를 높일 때 온도의 영향을 균일하게 받도록 하기 위해 절단한다.

6) **가온**

① 절단된 입자의 응집화를 막기 위해 서서히 교반하면서 가온한다.

② 연질치즈는 35℃ 전후, 경질은 39℃ 전후이다. 가온 시에는 온도를 1℃ 상승하는 데 2~5분 소요되도록 서서히 가온한다.

③ 목적 : 유청 배출이 빨라지고, 수분 조절이 되고, 유산 발효가 촉진되고, 커드가 수축되어 탄력성 있는 입자로 된다.

7) **유청 제거** : 유청의 산도가 적당하게 상승하면 유청을 제거한다. 1차 유청의 반은 TA 0.14～ 0.15에서, 2차 나머지 유청은 TA 0.20～0.22에서 완전히 제거한다.

8) **틀에 넣기·압착** : 치즈 종류에 따라 성형 틀에 넣고 모양을 만들며, 지방의 유출을 방지하기 위 하여 천천히 가압시킨다.

9) **가염**

① 건염법(Cheddar, Blue, Camembert) : 커드 층에 직접 살포하는 것

② 습염법(Camembert, Brie, Limburger) : 성형된 치즈를 소금용액 탱크에 담궈 소금물이 스 며들게 하는 방법으로 염수농도 18～24ˊBe가 필요

10) **숙성**

① Camembert : 12～13℃, 기간은 14개월 이상

② Limburger : 15～20℃, 기간은 2개월

③ Gouda : 13～15℃, 기간은 4～5개월

④ Cheddar : 13～15℃, 기간은 6개월

(6) 가공치즈 제조공정

가공치즈는 살균하기 때문에 위생적이고, 보존성이 좋으며, 새로운 풍미와 조직의 치즈를 만들 수 있고, 경제적이고 소화 흡수가 좋다.

1) **제조원리**

$$\underset{\text{(Ca-paracaseinate)}}{\text{자연치즈}} + \underset{\text{(sodium citric acid, polyphosphate)}}{\text{유화염}} + \text{물} \xrightarrow{\text{가열}} \underset{\text{(Na-paracaseinate)}}{\text{가공치즈}}$$

2) **제조 방법**

원료치즈 선별 → 전처리 → 절단 및 분쇄 → 혼합(유화제 및 첨가물 첨가) → 용융 → 내포장 → 냉각 → 외포장

① 원료치즈 선별

• 자연치즈는 체다와 고다를 주체로 하여, 그 외 다양한 치즈를 혼합하여 사용할 수 있다.

• 품질을 균일하게 하기 위해서 원료치즈의 수분, 지방함량, 산도 및 숙성도를 파악해야 한다.

② 전처리 : 포장재의 제거, 린드의 제거 및 표면청정 등의 전처리를 한다.

③ 절단 및 분쇄 : 원료치즈, 버터 및 경화유 등을 절단기를 사용하여 적당한 크기로 절단한 후 퍼로 분쇄한다.

④ 혼합 : 분쇄된 원료 치즈, 버터 등과 유화제, 여러 가지 첨가물을 혼합한다.

⑤ 용융(유화) : 60～70℃에서 20～30분, 85℃에서 5분간 교반하면서 가열하여 용융, 유화 시킨다. 교반기 종류, 속도에 따라 조직이 달라진다.

⑥ 충전 및 내포장 : 유화를 마친 치즈는 온도가 50℃ 이하로 내려가기 전에 성형틀(mold)에 내 포장지를 넣고 충전 포장한다.

⑦ 냉각 : 빠르게 냉각하면 조직이 부드러워지고, 느리게 냉각하면 조직이 단단해진다.

⑧ 외포장

3) 유화제(복합인산염, polyphosphate)의 작용과 특성

① 이온교환작용 : Ca과 Na의 이온교환 능력, 이온교환 능력은 phosphate의 중합도와 관련이
   있다.
② pH 조절과 완충작용 : 가공치즈의 제조 시 pH 범위는 5.2~6.2이다.
③ Creaming effect(크리밍 효과) : 화학적 조성의 변화 없이 조직을 변화시킨다.
④ 보존기간, 맛, 색상 등에도 영향을 미친다.

7. 연유(Condensed milk)

원유 또는 저지방 우유를 그대로 농축한 것이거나 설탕을 가하여 농축한 것으로 농축유라고도 한다.

(1) 농축유류의 성분규격

[농축유의 성분규격]

항목＼유형	농축우유 탈지농축우유	가당연유	가당탈지연유	가공연유
수분(%)	–	27.0% 이하	29.0% 이하	–
유고형분(%)	22.0%	29.0% 이상	25.0% 이상	22.0% 이상
유지방분(%)	6.0% 이상(농축우유에 한)	8.0%	–	–
산도(%)	0.4 이하(젖산으로 농축우유에 한)	–	–	–
당분(유당포함%)	–	58.0 이하	58.0 이하	58.0 이하
세균수	n=5, c=2, m=10,000, M=50,000 (멸균제품의 경우 n=5, c=0, m=0)	n=5, c=2, m=10,000, M=50,000	n=5, c=2, m=10,000, M=50,000	n=5, c=2, m=10,000, M=50,000
대장균군	n=5, c=2, m=0, M=10(멸균제품은 제외.)	n=5, c=2, m=0, M=10	n=5, c=2, m=0, M=10	n=5, c=2, m=0, M=10
살모넬라	n=5, c=0, m=0/25g			
리스테리아 모노사이토제네스	n=5, c=0, m=0/25g			
황색포도상구균	n=5, c=0, m=0/25g			

(2) 종류

① 무당연유

생유 또는 시유를 2.3 : 1 비율로 농축하고, T.S 25.5% 이상, 유지방 7.0% 이상인 것이다.

무당연유 ┌ 전지무당연유 : 원유를 그대로 농축한 것
         └ 탈지무당연유 : 원유의 유지방을 0.5% 이하로 조정하여 농축한 것

② 가당연유

생유 또는 시유에 17% 전후의 설탕을 첨가하여 2.5 : 1 비율로 농축하고, T.S 28% 이상, 유지방 8.0% 이상, 당분 58% 이하인 것이다.

가당연유 ┌ 전지가당연유 : 원유에 설탕을 가하여 농축한 것
　　　　 └ 탈지가당연유 : 원유의 유지방을 0.5% 이하로 조정한 후에 설탕을 가하여 농축한 것

(3) 가당연유 제조공정

원유(수유 검사) → 저유 → 표준화(탈지유, 크림 첨가) → 예비가열 → 가당(설탕 첨가) → 살균 → 농축 → 냉각 → 담기 → 권체 → 포장 → 제품

1) **수유 검사** : 신선도 검사(관능 검사, 산도, methyleneblue 시험), 유방염유 검사, 알코올 시험, pH 측정 등이 있다.

2) **표준화** : 피어슨 식에 의한 표준화 작업으로 주로 지방률을 표준화한다.

3) **예비가열**

① 농축하기 전에 가열, 살균하는 공정으로 preheating 또는 fore warming이라 한다.

② 80℃에서 10~15분간 또는 110~120℃에서 순간 가열을 실시한다.

③ 예비가열의 효과

- 미생물과 효소 등을 살균, 실활시켜 제품의 보존성을 연장시킨다.
- 농축 시 가열면에 우유가 눌어붙는 것을 방지한다.
- 첨가한 당을 완전히 용해시킨다.
- 제품의 농후화(age thickening)를 억제한다.

4) **설탕 첨가** : 가당연유는 원유에 대하여 16~17%의 설탕을 첨가하여 단맛을 부여하고, 세균 번식을 억제하며 제품의 보존성을 부여한다.

5) **농축**

① 살균된 우유의 수분을 제거하여 고형분(TS)을 높이는 작업이다.

② 진공농축법이 많이 이용되며, 농축기 내의 우유 온도 51~56℃, 농축시간 10~20분, 진공도 635~660mmHg 정도이다.

③ 농축의 완성을 판단하는 지표는 비중 1.250~1.350, 30~40′ Be 정도이다.

④ 비중 측정시기를 아는 방법은 끓는 정도가 약해지고, 점도가 높고, 표면에 광택이 생기며, 거품의 모양 변화로 알 수 있다.

6) **냉각**

① 농축이 완료된 농축유는 농후화, 갈색화 방지를 위해 30분 내에 29~30℃로 신속하게 냉각한다.

② 유당이 냉각에 의해 결정화되는데, 이 결정이 적어도 10μ 이하의 미세결정이 되도록 하여 사상조직이 되지 않도록 하는 데 목적이 있다.

③ 이를 위하여 유당접종(seeding) 작업을 하여 20℃로 냉각시키면서 교반시킨다. 유당접종은 농축유량 0.04~0.05%로 한다.

7) 충전·포장

냉각 후에 12시간 정도를 방치하여 탈기한 후 살균, 냉각된 공관에 밀봉시켜 제품화한다.

(4) 가당연유의 품질 결함

① 가스발효(팽창관) : 내당성 알코올 발효효모로서 락산균 등에 의하여 가스를 생성한다.

② 과립생성 : 세균학적 원인으로 방지법에는 예비가열을 철저히 하고, 농축 시에 물의 혼입을 방지하며, 충전시 탈기를 충분히 한다.

③ 사상현상 : sandy 현상으로 유당의 결정 크기가 15μ 이상일 때 느끼는 현상이다.

④ 당침현상 : 통조림관 하부에 유당이 가라앉는 현상으로 유당결정 크기가 20μ 이상일 때 발생한다.

(5) 무당연유의 제조공정

원유(수유 검사) → 표준화 → 예비가열 → 농축 → 균질화 → 재표준화 → 파이롯트 시험(파이롯트용 멸균기 사용) → 충전 → 담기 → 멸균처리 → 냉각 → 제품

1) 무당연유와 가당연유와의 차이점

① 무당연유는 설탕을 첨가하지 않은 것이다.   ② 균질화 작업을 실시한다.

③ 멸균처리한다.   ④ 파이롯트 시험을 실시한다.

2) 균질

① 보존 중에 지방분리 현상을 방지하기 위해 균질화한다.

② 2단 균질기의 사용이 효과적이다.

③ 균질 압력 : 140~210kg/cm²(1단), 25kg/cm²(2단)

④ 균질 온도 : 50~60℃가 적당

3) 파이롯트 시험

농축 연유를 캔에 담아서 고온으로 살균할 때 제품의 멸균 효과와 잘못된 멸균 조작을 방지하기 위해, 일정량의 시료로 실제 멸균 조건의 안전성과 안정제의 첨가 유무를 결정한다.

4) 멸균

① 가당연유와 달리 무당연유는 설탕을 첨가하지 않아 보존성이 없으므로 고온으로 미생물이나 효소를 파괴하여 보존성을 높여야 한다.

② 멸균 온도와 시간은 115.5℃/15분, 121.1℃/7분, 126.5℃/1분으로 한다.

(6) 무당연유의 품질 결함

① 응고 현상 : 응유 효소와 젖산균의 잔존으로 발생한다.

② 이취(미) : 불완전한 멸균처리로 내열성 세균이 번식하여 신맛과 쓴맛을 낸다.

③ 가스발효(팽창관) : 멸균이 불완전하거나 권체의 불량으로 인하여 미생물에 오염되어 가스발효를 일으켜 발생된다.

④ 지방분리 현상 : 균질이 불완전하거나 고온에서 장시간 저장했을 때, 점도가 낮을 때 발생한다.

⑤ 침전 현상 : 제품의 저장 온도가 높을 경우에 발생한다.

⑥ 갈변화 : 과도한 멸균처리를 하거나 고형분이 너무 높을 때 발생한다.

⑦ 희박화 : 점도가 너무 낮은 경우에 일어나는 현상이다.

8. 분유(Powder milk)

원유 또는 탈지우유를 그대로 또는 첨가물 등을 가하여 각각 분말화한 것을 말한다.

(1) 분유의 성분 규격

[분유류의 성분 규격]

항목 \ 유형	전지분유	탈지분유	가당분유	혼합분유
수분(%)	5.0 이하			
유고형분(%)	95.0%	95.0% 이상	70.0% 이상	50.0% 이상
유지방분(%)	25.0% 이상	1.3% 이하	18.0% 이상	12.5% 이상 (탈지분유를 원료로 한 제품 제외)
당분(%, 유당제외)	–	–	25.0 이하	–
세균수	n=5, c=2, m=10,000, M=50,000			
대장균군	n=5, c=2, m=0, M=10			
살모넬라	n=5, c=0, m=0/25g			
리스테리아 모노사이토제네스	n=5, c=0, m=0/25g			

(2) 분유의 종류

1) 전지분유 : 원유를 분말화한 것이다.

2) 탈지분유 : 원유의 유지방을 부분적으로 제거하여 분말화한 것이다.

3) 가당분유 : 원유에 설탕을 가하여 분말화한 것이다.

4) 혼합분유

① 원유, 전지분유, 탈지유 또는 탈지분유에 곡분, 곡류가공품, 코코아 등의 식품 또는 첨가물 등을 가하여 분말상으로 한 것이다.

② 종류 : 조제분유, 복합조제분유, 영양강화분유, 인스턴트분유, 크림파우더, 맥아분유, 훼이 파우더, 버터밀크파우더 등

5) 조제분유

① 원유 또는 유가공품을 원료로 하여 모유의 성분과 유사하게 제조한 분말상의 것이다.

② 수분 5.0% 이하, 유성분 60.6% 이상, 유지방분 23.0% 이상, 세균수 4만 이하(g당), 대장균은 n=5, c=2, m=0, M=10이어야 한다.

(3) 제조공정(전지분유)

원료유 → 표준화 → 중화 → 청정·살균 → 여과 → 농축 → 예비가열 → 예비 농축 → 건조 → 냉각 → 사별 → 계량충전(질소가스치환) → 포장 → 저장

1) 원료유의 검사
신선도 검사(관능 검사, 외관 검사, 알코올 검사, 산도 검사, 비중 검사), 지방 검사, 세균 검사 등이다.

2) 표준화
제품의 규격에 따라 표준화한다.

3) 예열
① 예열의 목적
- lipase, peroxidase 등의 효소를 불활성화시킨다.
- 유해 세균 등을 사멸시킨다.
- 단백질의 열변성을 최소화하여 분유의 용해성을 향상시킨다.

② 예열의 방법
- HTST법 : 70~85℃에서 15~30초 살균
- UHT법 : 120~150℃에서 1~2초 살균

4) 예비농축
① 예열이 끝난 우유는 즉시 진공농축기에서 농축한다.
② 예비 농축의 목적
- 건조 능력을 향상시킨다.
- 제조 시간을 단축하여 열과 동력을 단축할 수 있다.

③ 농축기 온도는 50~60℃, 진공도는 635~660mmHg 정도이다.
④ 농축은 전고형분이 40~50% 정도될 때까지 농축한다.

5) 분무건조
① 건조실 내에 열풍을 불어넣고, 농축우유를 분무시키면 무수한 미세 입자가 되어 표면적이 크게 증가함으로써 수분이 순간적으로 증발한다.
② 공기 건조기의 공기 온도는 150~250℃, 공기 압력은 50~150kg/cm² 정도이다.

6) 충전·포장
냉각하여 20~30mesh의 체로 거친 입자를 제거한 다음, 계량하여 충전, 포장한다.

9. 발효유(Fermented milk)

우유, 산양유 및 마유 등과 같은 포유동물의 젖을 원료로 하여 젖산균이나 효모 또는 이 두 종류의 미생물을 이용하여 발효시킨 제품을 말한다.

(1) 발효유의 성분 규격

[발효유의 성분 규격]

항목 \ 유형	발효유	농후발효유	크림발효유	농후크림발효유	발효버터유	발효유분말
수분(%)	-	-	-	-	-	5.0% 이하
유고형분(%)	-	-	-	-	-	85% 이상
무지유고형분(%)	3.0 이상	8.0 이상	3.0 이상	8.0 이상	8.0 이상	
유지방(%)	-	-	8.0 이상	8.0 이상	1.5 이하	
유산균수 또는 효모수	1㎖당 10,000,000 이상	1㎖당 10,000,000 이상	1㎖당 10,000,000 이상	1㎖당 10,000,000 이상	1㎖당 10,000,000 이상	
대장균군	n=5, c=2, m=0, M=10					
살모넬라	n=5, c=0, m=0/25g					
리스테리아 모노사이토제네스	n=5, c=0, m=0/25g					
황색포도상구균	n=5, c=0, m=0/25g					

(2) 발효유의 종류

1) 젖산 발효유

   ① 젖산 발효에 의한 것으로서 산유라고도 한다.

   ② 종류 : 요쿠르트, 인공버터 밀크, acidophilus milk, calpis 등

2) 알코올 발효유

   ① 젖산균과 특수한 효모를 병용하여 유산발효와 알코올 발효시킨 것이다.

   ② 종류 : kumiss, kefir, leben 등

3) 제조 방법상의 분류 : 세트타입 요구르트, 스터드타입 요구르트, 드링크타입 요구르트 등

4) 제품의 물리적 성상에 따른 분류 : 액상 요구르트, 호상 요구르트 등

(3) 발효유의 제조

원료유 → 혼합 → 균질 → 살균 · 냉각 → 스타터 접종 → 충전 → 발효 → 냉각 → 제품

1) 원료유

   신선도 검사와 항생물질 검사에 합격한 원료를 사용한다.

2) mix의 혼합

  탈지분유, 설탕, 안정제를 일정량씩 평량하여 혼합하고, 용해한다.

3) 균질

  mix 온도 55~80℃, 균질 압력 80~250kg/cm²

4) 살균 · 냉각

  80~90℃에서 20~30분 실시하고, 곧바로 30~35℃로 냉각한다.

5) 스타터 첨가

  배양된 유산균 스타터를 제조량에 대해 2% 접종한다.

6) 발효

  ① 배양 온도

   • 보통 유산균 : 20~35℃, 14~20시간 배양

   • 고온 유산균 : 30~38℃, 6~8시간 배양

  ② 최종 산도가 0.7~0.9 정도 되면 냉각한다.

(4) 농후 발효유 제조

  ① 스터드 타입

   원료유 → 표준화 → 균질 → 살균 · 냉각 → 스타터 접종 → 벌크 배양 → 냉각 → 과육 혼합 → 충전 · 포장 → 제품

  ② 세트 타입

   원료유 → 표준화 → 균질 → 살균 · 냉각 → 스타터 접종 → 충전 · 포장 → 발효 → 냉각 → 제품

  ③ 드링크 타입

   원료유 → 표준화 → 균질 → 살균 · 냉각 → 스타터 접종 → 벌크 배양 → 냉각 → 커드 분쇄 → 과즙 혼합 → 충전 · 포장 → 제품

(5) 발효유의 영양가치

  ① 발효유의 원료인 우유성분 효과 : 우유 중에 함유된 유용한 영양물질인 단백질, 지방, 유당, 비타민, 무기질 등에 의한 효과이다.

  ② 살아있는 유산균의 건강증진 효과 : 유산균이 생성한 유산에 의해 장내 pH를 저하시켜 유해세균 억제, 유해물질 해독, 숙주의 면역력을 높이는작용을 한다.

  ③ 유산균 균체성분 효과 : 죽은 유산균으로부터 유리된 균체성분이 감염이나 암에 대한 저항력을 높여주고, 간기능 촉진, 장내 유해물질의 무독화 등을 한다.

  ④ 유산균작용에 의해 만들어지는 유효물질 : 유산균작용에 의해 생성된 유효물질인 유산, 펩톤, 펩다이드 등에 의해 장운동이 자극되어 장내 부패가 억제되고, Ca 흡수의 개선, 간기능 강화, 장분비가 촉진된다.

06 육류 가공

 ## 1. 원료육의 생산

(1) 도축 전처리(소, 돼지)
아무리 우수한 축육이라도 도축 전에 취급이 잘못되면 육질과 보존성에 문제가 생긴다.
- ① 휴식 : 장시간의 수송에 따라서 불안, 흥분 상태이기 때문에 약 12~24시간 안정과 휴식이 필요하다.
- ① 절식 : 물은 충분히 공급하지만 사료는 공급하지 않는다(급수는 도살 시 완전한 방혈과 고기 색을 좋게 하며, 저장성을 높인다).

(2) 도축 검사
축산물가공처리법에 의해 전문수의 검사관이 하여야 하며, 도축검사 신청을 받은 후에 생체 검사, 해체 검사, 시설 검사 및 특수 검사 등을 행한다.

(3) 가축의 도축 및 해체
고통은 짧게 주고, 기절시킨 후 완전 방혈시켜야 한다. 냉수를 뿌려서 오물을 제거하고, 체온을 떨어뜨려야만 도축 후의 방혈 작업이 순조롭고 육질이 양호하다.
1) 타액법
   - ① 동물의 앞이마를 강하게 타격을 가하여 도축한 후 방혈하는 방법이다.
   - ② 도축 대상 : 소, 돼지, 말 등
2) 사살법
   - ① 총살법이라고도 하며, 화약의 폭발력으로 철간이 뇌부위를 손상시키는 방법이다.
   - ② 도축 대상 : 주로 소, 말에 이용되나 양, 돼지에도 사용
3) 전살법
   - ① 머리에 약한 전류를 흘려서 그 충격으로 도축하는 방법으로서 이때의 전류는 0.3암페어의 70~90볼트의 교류 전류를 2~10초간 감전시킨다(80kg 이상 돼지의 경우).
   - ② 도축 대상 : 주로 돼지 도축에 이용
4) 가스마취법
   - ① CO_2 가스가 들어 있는 가스실에 가축을 넣어 도축하는 방법이다.
   - ② 도축 대상 : 주로 돼지에 이용
5) 자격법
   - ① 가축을 고정시키고 예리한 도구로 경동맥, 경정맥을 절개, 방혈시켜 빈혈사하게 하는 방법이다.
   - ② 도축 대상 : 양, 닭 등 온순한 소형 동물에 이용

6) 압살법
① 동물의 흉부를 강하게 압박하여 질식사하게 하는 방법이다.
② 도축 대상 : 토끼, 오리, 너구리, 여우 등에 이용

(4) 방혈
도축 직후에 날카로운 도구로 목동맥 또는 목정맥을 절단한 후에 뒷다리를 끌어올려서(현수) 짧은 시간에 방혈시켜야 한다.

(5) 도체분할
복부를 절개하여 내장을 적출하고, 머리와 다리끝을 절단한 후 도체의 척추 중앙을 전기톱으로 종단하면서 좌우 반쪽으로 도체를 만든다. 작업 중에 붙은 오염물질, 잔류 혈액을 깨끗이 씻어내고, 5~10℃ 냉장실에서 보관한다.

(6) 도체율과 정육률
① 도체육(지육, carcass) : 가축을 도살한 후에 2분체 또는 4분체의 뼈가 붙어 있는 고기 상태를 말한다.

$$도체율(지육률) = \frac{도체\ 무게(또는\ 지육\ 중량)}{생체\ 무게} \times 100$$

② 정육 : 도체에서 뼈를 제거한 순수한 가식부의 고기를 말한다.

$$정육률 = \frac{정육\ 무게}{도체\ 무게(또는\ 지육\ 중량)} \times 100$$

2. 우리나라 지육등급기준

육류등급제도는 거래의 공정성을 기하기 위하여 통일된 규격기준에 의해 육량과 육질을 구분하여 판정하는 육류의 규격제도를 말한다.

[도체 및 계란의 등급 요약]

소도체	육량등급	배최장근단면적, 등지방두께, 도체중량을 측정하여 육량지수에 의해 구분 A, B, C등급
	육질등급	근내지방도, 육색, 지방색, 조직감, 성숙도 등에 따른 구분 1^{++}, 1^{+}, 1, 2, 3 등급
돼지도체	1차 등급판정	도체의 중량과 등지방두께 등에 따라 1^{+}, 1, 2등급으로 1차 등급 부여
	2차 등급판정	• 외관 및 육질 판정 : 비육상태, 삼겹살 상태, 지방부착상태, 지방 침착도, 육색, 육조직감, 지방색, 지방질을 종합하여 1^{+}, 1, 2, 등외 등급으로 판정 • 결함 판정 : 방혈 불량, 이분할 불량, 골절, 척추 이상, 농양, 근출혈, 호흡기 불량, 피부 불량, 근육 제거, 외상 등 등급 하향
	최종 등급판정	1차 등급판정 결과와 2차 등급판정 결과 중 가장 낮은 등급으로 한다
닭도체	품질등급	외관, 비육상태, 지방부착, 잔털, 신선도, 외상, 뼈의 상태, 냄새 등에 따라 A, B, C로 판정하고 ① 전수등급판정, ② 표본등급판정 결과에 따라 1^{+}, 1, 2등급으로 최종 등급 부여
	중량규격	5~17호
계란	품질등급	1^{+}, 1, 2 등급
	중량규격	소란, 중란, 대란, 특란, 왕란

(1) 소도체 등급판정

1) 소도체의 육량등급 판정기준

등지방 두께, 배 최장근단면적, 도체의 중량을 측정하여 육량지수에 따라 다음과 같이 A, B, C 의 3개 등급으로 구분한다.

[별표1]   [육량등급 판정 기준]

품종	성별	육량지수		
		A등급	B등급	C등급
한우	암	61.83 이상	59.70 이상 ~ 61.83 미만	59.70 미만
	수	68.45 이상	66.32 이상 ~ 68.45 미만	66.32 미만
	거세	62.52 이상	60.40 이상 ~ 62.52 미만	60.40 미만
육우	암	62.46 이상	60.60 이상 ~ 62.46 미만	60.60 미만
	수	65.45 이상	63.92 이상 ~ 65.45 미만	63.92 미만
	거세	62.05 이상	60.23 이상 ~ 62.05 미만	60.23 미만

육량기준 지수(한우 암것의 예)
$$= [6.90137 - 0.9446 \times \text{등지방 두께(mm)} + 0.13805 \times \text{배최장근 단면적(cm}^2) + 0.54962 \times \text{도체중량(kg)}]$$
$$\div \text{도체중량(kg)} \times 100$$

2) 소도체의 육질등급 판정기준

근내지방도(Marbling), 육색, 지방색, 조직감, 성숙도에 따라 1^{++}, 1^{+}, 1, 2, 3의 5개 등급으로 구분한다.

① 근내지방도 : 등급판정부위에서 배최장근단면에 나타난 지방분포정도를 부도4(축산물등급 판정소 참조)의 기준과 비교하여 해당되는 기준의 번호로 등급을 구분한다.

[근내지방도 등급판정 기준]

근내지방도	예비등급
근내지방도 번호 7, 8, 9에 해당되는 것	1^{++} 등급
근내지방도 번호 6에 해당되는 것	1^{+} 등급
근내지방도 번호 4, 5에 해당되는 것	1등급
근내지방도 번호 2, 3에 해당되는 것	2등급
근내지방도 번호 1에 해당되는 것	3등급

② 육색 : 등급판정부위에서 배최장근단면의 고기색깔을 부도5(축산물등급판정소 참조)에 따른 육색기준과 비교하여 해당되는 기준의 번호로 등급을 구분한다.

[육색 등급판정 기준]

육색	등급
육색 번호 3, 4, 5에 해당되는 것	1^{++} 등급
육색 번호 2, 6에 해당되는 것	1$^+$ 등급
육색 번호 1에 해당되는 것	1등급
육색 번호 7에 해당되는 것	2등급
육색에서 정하는 번호 이외에 해당되는 것	3등급

③ 지방색 : 등급판정부위에서 배최장근단면의 근내지방, 주위의 근간지방과 등지방의 색깔을 부도6(축산물등급판정소 참조)에 따른 지방색기준과 비교하여 해당되는 기준의 번호로 등급을 구분한다.

[지방색 등급판정 기준]

지방색	등급
지방색 번호 1, 2, 3, 4에 해당되는 것	1^{++} 등급
지방색 번호 5에 해당되는 것	1$^+$ 등급
지방색 번호 6에 해당되는 것	1등급
지방색 번호 7에 해당되는 것	2등급
지방색에서 정하는 번호 이외에 해당되는 것	3등급

④ 조직감 : 등급판정부위에서 배최장근단면의 보수력과 탄력성을 별표1(축산물등급판정소 참조)에 따른 조직감 구분기준에 따라 해당되는 기준의 번호로 등급을 구분한다.

[조직감 등급판정 기준]

조직감	등급
조직감 번호 1에 해당되는 것	1^{++} 등급
조직감 번호 2에 해당되는 것	1$^+$ 등급
조직감 번호 3에 해당되는 것	1등급
조직감 번호 4에 해당되는 것	2등급
조직감 번호 5에 해당되는 것	3등급

⑤ 성숙도 : 왼쪽 반도체의 척추 가시돌기에서 연골의 골화정도 등을 별표2(축산물등급판정소 참조)에 따른 성숙도 구분기준과 비교하여 해당되는 기준의 번호로 판정한다.

3) 소도체의 육질등급판정

근내지방도, 육색, 지방색, 조직감을 개별적으로 평가하여 그 중 가장 낮은 등급으로 우선 부여하고, 성숙도 규정을 적용하여 별표3 규정에 따라 최종 등급을 부여한다.

[별표3]　　　　　　　　　　[성숙도에 따른 소도체 육질등급 최종 판정 기준]

육질등급	성숙도 구분기준	
	1~7	8~9
1++ 등급	1++ 등급	1+ 등급
1+ 등급	1+ 등급	1등급
1등급	1등급	2등급
2등급	2등급	3등급
3등급	3등급	4등급

4) 소도체의 최종 등급 표시

등급표시는 별표4와 같이 육질등급을 1++, 1+, 1, 2, 3으로 표시하고, 등외등급으로 판정된 경우에는 등외로 표시한다. 다만, 신청인 등이 희망하는 경우에는 육량등급도 함께 표시할 수 있다.

[별표4]　　　　　　　　　　　[소도체의 등급 표시 방법]

〈육질등급 표시〉

육질등급					등외등급
1++ 등급	1+ 등급	1등급	2등급	3등급	
1++	1+	1	2	3	등외

〈육질등급과 육량등급 함께 표시〉

구분		육질등급					등외등급
		1++등급	1+등급	1등급	2등급	3등급	
육량등급	A등급	1++A	1+A	1A	2A	3A	
	B등급	1++B	1+B	1B	2B	3B	
	C등급	1++C	1+C	1C	2C	3C	
	등외등급						등외

※ 등급 표시를 읽는 방법

예 1++A : 일투플러스에이 등급, 1+B : 일플러스비 등급, 3C : 삼씨 등급

(2) 돼지도체 등급판정

1) 돼지도체의 등급판정 방법

① 돼지도체 등급판정방법은 온도체 등급판정 방법으로 한다. 다만, 종돈개량, 학술연구 등의 목적으로 냉도체 육질측정방법을 희망할 경우 측정항목을 제공할 수 있다.

② 돼지도체 등급판정은 인력등급판정 또는 기계등급판정 중 한 가지를 선택하여 적용할 수 있다.

2) 돼지도체의 1차 등급 판정기준

① 돼지를 도축한 후 2분할된 좌반도체에 대하여 다음 항목을 측정하여 판정한다.
  - 도체중량 : 도체중량은 도축장경영자가 측정하여 제출한 도체 한 마리 분의 중량을 kg단위로 적용한다.
  - 인력등급판정 방법에 따른 등지방두께 : 등지방두께는 왼쪽 반도체의 마지막 등뼈와 제1허리뼈 사이의 등지방두께와 제11번 등뼈와 제12번 등뼈 사이의 등지방두께를 품질평가사가 측정자로 측정한 다음, 그에 대한 평균치를 mm 단위로 적용한다.
  - 기계적등급판정 방법에 따른 등지방두께 및 등심직경 : 등급판정보조장비인 초음파기계(Ultrafom, A-mode)를 사용하여 왼쪽 반도체의 제12등뼈와 제13등뼈 사이의 2분할 단면에서 복부방향으로 6cm지점 들어간 도체표면에 기계를 밀착시킨 상태에서 등지방두께와 등심직경의 최단거리를 mm 단위로 측정한다.

② 측정된 도체의 중량과 등지방두께 등을 이용하여 별표 7에 따라 1$^+$등급, 1등급 또는 2등급으로 1차 등급을 부여한다.

3) 돼지도체 2차 등급 판정기준

① 돼지도체 인력등급 판정
  - 외관 및 육질등급 판정은 별표 8의 기준에 따라 판정한다.
    - 외관 및 육질 판정은 비육상태, 삼겹살상태, 지방부착상태, 지방침착도, 육색, 육조직감, 지방색, 지방질을 종합하여 1+, 1, 2, 등외등급으로 판정한다.
  - 결함 판정은 별표 9의 기준에 따라 판정한다.
    - 방혈불량, 이분할불량, 골절, 척추이상, 농양, 근출혈, 호흡기불량, 피부불량, 근육제거, 외상 등으로 판정하고, 결함이 확인되는 경우 등급을 하향(최대 2등급까지)하거나 등외등급으로 2차 판정한다.

② 기계등급 판정의 2차 등급 판정 및 최종등급 판정은 인력등급 판정과 동일하게 적용한다.

4) 돼지도체의 최종등급 판정

1차 등급판정 결과와 2차 등급판정 결과 중 가장 낮은 등급으로 한다.

[별표7] [돼지도체 중량과 등지방두께 등에 따른 1차 등급판정 기준]

1차 등급	박피도체		탕박도체	
	도체중(kg)	등지방두께(mm)	도체중(kg)	등지방두께(mm)
1$^+$등급	이상 미만 83 - 93	이상 미만 17 - 25	이상 미만 74 - 83	이상 미만 12 - 20
1등급	80 - 83 83 - 93 83 - 93 93 - 98	15 - 28 15 - 17 25 - 28 15 - 28	71 - 74 74 - 83 74 - 83 83 - 88	10 - 23 10 - 12 20 - 23 10 - 23
2등급	1$^+$ · 1등급에 속하지 않는 것		1$^+$ · 1등급에 속하지 않는 것	

[별표8]   [돼지도체 외관, 육질 2차 등급판정 기준]

판정항목			1+등급	1등급	2등급
외관	인력	비육상태	도체의 살붙임이 두껍고 좋으며 길이와 폭의 균형이 고루 충실한 것	도체의 살붙임과 길이와 폭의 균형이 적당한 것	도체의 살붙임이 부족 하거나 길이와 폭의 균형이 맞지 않은 것
		삼겹살상태	삼겹살두께와 복부지방의 부착이 매우 좋은 것	삼겹살두께와 복부지방의 부착이 적당한 것	삼겹살두께와 복부지방의 부착이 적당하지 않은 것
		지방부착상태	등지방 및 피복지방의 부착이 양호한 것	등지방 및 피복지방의 부착이 적당한 것	등지방 및 피복지방의 부착이 적절하지 못한 것
	기계	비육상태	정육률 62% 이상인 것	정육률 60% 이상~62% 미만인 것	정육률 60% 미만인 것
		삼겹살상태	겉지방을 3mm 이내로 남긴 삼겹살이 10.2kg 이상이면서 삼겹살 내 지방비율 22% 이상~42% 미만인 것	겉지방을 3mm 이내로 남긴 삼겹살이 9.6kg 이상이면서 삼겹살 내 지방비율 20% 이상~45% 미만인 것. 단, 삼겹살상태의 1+등급 범위 제외	겉지방을 3mm 이내로 남긴삼겹살이 9.6kg 미만이거나, 삼겹살 내 지방비율 20% 미만인 것 또는 45% 이상인 것
		지방부착상태	비육상태 판정방법과 동일	비육상태 판정방법과 동일	비육상태 판정방법과 동일
육질		지방침착도	지방침착이 양호 한 것	지방침착이 적당 한 것	지방침착이 없거나 매우 적은 것
		육색	부도10의 No.3, 4, 5	부도10의 No.3, 4, 5	부도10의 No.2, 6
		육조직감	육의 탄력성, 결, 보수성, 광택 등의 조직감이 아주 좋은 것	육의 탄력성, 결, 보수성, 광택 등의 조직감이 좋은 것	육의 탄력성, 결, 보수성, 광택 등의 조직감이 좋지 않은 것
		지방색	부도11의 No.2, 3	부도11의 No.1, 2, 3	부도11의 No.4, 5
		지방질	지방이 광택이 있으며 탄력성과 끈기가 좋은 것	지방이 광택이 있으며 탄력성과 끈기가 좋은 것	지방이 광택도 불충분하며 탄력성과 끈기가 좋지 않은 것

[별표9]   [돼지도체 규격등급판정 결함의 종류]

항 목	등급 하향	등외등급
방혈불량	돼지 도체 2분할 절단면에서 보이는 방혈작업부위가 방혈불량이거나 반막모양근, 중간둔부근, 목심주위근육 등에 방혈불량이 있어 안쪽까지 방혈불량이 확인된 경우	각 항목에서 '등급하향' 정도가 매우 심하여 등외등급에 해당될 경우
이분할불량	돼지도체 2분할 작업이 불량하여 등심부위가 손상되어 손실이 많은 경우	
골 절	돼지도체 2분할 절단면에 뼈의 골절로 피멍이 근육 속에 침투되어 손실이 확인되는 경우	
척추이상	척추이상으로 심하게 휘어져 있거나 경합되어 등심 일부가 손실이 있는 경우	

농 양	도체 내외부에 발생한 농양의 크기가 크거나 다발성이어서 고기의 품질에 좋지 않은 영향이 있는 경우 및 근육내 염증이 심한 경우
근 출 혈	고기의 근육 내에 혈반이 많이 발생되어 고기의 품질이 좋지 않은 경우
호흡기불량	호흡기질환 등으로 갈비내벽에 제거되지 않은 내장과 혈흔이 많은 경우
피부불량	화상, 피부질환 및 타박상 등으로 겉지방과 고기의 손실이 큰 경우
기 타	기타 결함 등으로 육질과 육량에 좋지 않은 영향이 있어 손실이 예상되는 경우

5) 돼지도체의 등급표시

① 등급표시는 최종 등급판정결과 1⁺, 1, 2를 도체에 표시한다.

② 등외등급으로 판정된 경우에는 등외를 도체에 표시한다.

소고기 부위별 표시방법

부위명	표시방법
안 심	안심 또는 특등육
등 심	등심 또는 상등육
채 끝	채끝 또는 상등육
우 둔	우둔, 정육 또는 중등육
설 도	설도, 정육 또는 중등육
목 심	목심, 정육 또는 중등육
앞다리	앞다리, 정육 또는 중등육
양 지	양지 또는 보통육
사 태	사태 또는 보통육
갈 비	갈비

돼지고기 부위별 표시방법

부위명	표시방법
안 심	안심 또는 특등육
등 심	등심 또는 상등육
목 심	목심 또는 상등육
삼겹살	삼겹살
앞다리	앞다리 또는 중등육
뒷다리	뒷다리, 정육 또는 중등육
갈 비	갈비

9) 이상육 중 PSE육, DFD육

① PSE육(pale soft exdudative)
- 육색이 창백하고, 근육 조직이 단단하지 못하고, 흐늘거리며, 수분 분리가 많이 일어난다.
- 돼지고기 중 20% 정도에서 발생한다.
- PSE육은 조리 시 수분 손실이 많이 발생하기 때문에 다즙성(juiceness)이 떨어지고, 가공 육 제조 시 결착력이 낮고, 감량이 많은 결점이 있어 경제적 손실이 크다.

② DFD육(dark firm dry)
- 육색이 검고, 조직이 단단하며, 건조한 외관을 나타낸다.
- 쇠고기에서 주로 많이 발생하며 약 3% 정도이다.
- 원인은 도살 전의 피로, 운동, 절식, 흥분 등의 스트레스를 받았을 때에 근육 내의 글리코 겐(glycogen)이 고갈되어 근육 pH가 높은 상태로 유지되기 때문이다.

3. 식육의 화학적 성분 조성

식육은 수분이 50~70%로 가장 많고, 그 외 대부분 지방과 단백질이고, 탄수화물, 무기질, 비타민 및 조절 기능을 갖는 미량 성분들이 있다.

(1) 수분

가축의 종류, 연령, 부위에 따라 함량 차이가 있으며, 대체로 50~70%로 고기 중의 수분은 자 유수, 결합수로 존재한다. 수분함량이 많은 고기는 지방함량이 적다.

(2) 단백질

식육에 함유된 단백질은 약 70%의 구조단백질과 30%의 수용성 단백질, 육기질 단백질로 구성 되어 있다.

① 구조(염용성, 섬유상, 근원섬유) 단백질 : 고농도 염용액, 즉 0.6M KCl 용액에 추출되는 단백질, myosin, actin, tropomyosin, troponin, γ - actinin, β - actinin 단백질이 있다.

② 근장(수용성) 단백질 : 물 혹은 낮은 염용액, 즉 0.06M KCl 용액에 추출되는 단백질, myogen, globulin, X 단백질이 있다.

③ 결합조직(결체조직, 육기질) 단백질 : 동물체의 각세포, 조직, 장기 등을 결합, 연결시키거 나 싸서 보호하는 단백질로 교원섬유 단백질인 collagen, 탄성섬유 단백질인 elastin, 세망섬 유 단백질인 reticular가 있으며, 근초, 모세혈관벽, 힘줄의 구성을 이룬다.

(3) 지방

식육 중의 지방량과 조성은 동물의 종류, 연령, 성별, 부위별, 사육 조건에 따라 다르며, 축육의 지방은 축적지방과 조직지방으로 구분할 수 있다.

① 축적지방 : 피하, 근육 사이, 신장 주위, 망막 등에 존재(중성지질로 존재)

② 조직지방 : 장기, 뇌, 신경계 조직에 존재(콜레스테롤, 인지질, 당지질 함량이 높음)

(4) 탄수화물

Glycogen으로 소량 존재하며, 도살 후 근육의 사후변화 중 해당작용에 의해 점차 소실된다.

(5) 무기질

축육에는 1% 내외로 함유 주요 무기질은 K, Na, Mg, Ca, Zn, Fe, Cl, S, P 등이다.

(6) 비타민

지용성 비타민 A, D, E, K와 수용성 비타민 B복합체, C가 함유되어 있으며, 축육에는 비타민 B복합체의 우수한 공급원이고, 특히 돼지고기에는 비타민 B_1이 현저히 많다.

(7) 엑기스 물질

ATP, ADP, AMP, creatine, free amino acid, glycogen, succinic acid, glutathion, 엑기스 물질은 정미성을 가진다.

4. 근육의 구조 특성

근육은 동물 체중의 20~40%이며, 내부 구조에 따라 평활근, 심근 및 횡문으로 구분된다.

- 골격근은 횡문근이라고도 하며, 수축과 이완에 의하여 운동을 하는 기관인 동시에 에너지를 저장하고 있어서 식품으로서 매우 중요한 영양분을 가지고 있다. 골격근은 뼈주위에 붙어있는 고기로 주로 식용, 가공용, 식육의 대부분을 차지한다.
- 심근은 심장을 이루는 근육으로 횡문근이면서 불수의근의 특징이 있다.
- 평활근은 횡문의 무늬가 발달되지 아니한 근육으로 내장, 혈관, 생식기 등의 근육이다.

(1) 근육조직

1) 골격근(횡문근)

① 생체량의 30 ~ 40% 차지하고, 육가공 분야에 중요하다.

② 직경 10 ~ 110㎛ 근섬유로서 장축 방향으로 평형하게 다수가 모여서 다발을 이룬다.

③ 골격근에는 혈관, 신경섬유, 내근주막, 외근주막, 근섬유내막, 핵 등이 존재한다.

2) 골격근의 구성 단위

① 근육(muscle) : 수많은 개개의 섬유가 근속으로 묶여서 한 집합체를 구성한다.

② 근속(muscle bundle) : 근섬유의 다발이다.

③ 근섬유(muscle fibre) : 여러 개의 근원섬유가 모여서 이루어지며, 전체 체적의 75~92%를 차지한다.

④ 근원섬유(myofibrils) : 가늘고 긴 원통형의 막대 모양이며, 일반적으로 직경 1~2㎛, 근절과 근절 사이에 여러 개의 대(band)와 여러 개의 선(line)이 있다.

⑤ 초원섬유(myofilament) : 근원섬유의 구성 단위. 섬유의 한 가닥으로 여기에는 F-actin filament, myosin filament로 이루어졌다.

3) I-band(isotropic band)

① 명대, 편광으로 볼 때에 한번 굴절하기 때문에 단굴절성(isotropic)을 띤다.

② 50Å, thin filament, actin 성분으로 구성된다.

4) A-band(anisotropic band)

① 암대, 편광으로 볼 때에 이중으로 굴절하므로 복굴절성(anisotropic)을 띤다.

② 100~110Å, thick filament myosin 성분으로 구성된다.

5) Z-line

I 대의 중앙을 지나는 어두운 선이다.

6) 근절(sarcomere)

① 근육섬유의 반복되는 구조적 단위에서 근육의 수축과 이완의 순환이 일어나는 기본 단위이다.

② 2개의 인접한 Z선과 Z선 사이를 근절이라 한다.

(2) 결합조직

동물체의 각 세포나 장기 등을 결합하는 강인한 조직으로서 교원섬유와 근육조직의 근섬유 사이, 근주막의 내외, 근초, 혈관벽 등에 주로 탄성섬유 및 세망섬유 등으로 구분된다.

(3) 지방조직

피하, 장기의 주변, 복강 등에 부착되어 지방의 축적, 체온유지, 장기 보호 등의 역할을 하며 근육 내에 침착하여 맛, 연도, 고기의 결 등 육질에 영향을 준다.

5. 근육의 사후변화

가축이 도축되어 생명이 없는 상태가 되면 산소의 공급이 없어지고 근육 내에서는 혐기적인 효소의작용이 개시되어 해당작용(glycolysis)과 같은 생화학적 변화가 시작된다. 이어서 사후강직(rigor mortis)을 일으키고, 해경(release)에 의해서 자가소화(autolysis)가 일어나서 연화가 되면서 여기에 세균의 증식에 의해 부패(purtefaction)를 일으키게 되어 식육으로서의 가치를 완전히 잃게 된다.

(1) 해당작용

① 근육 등에 함유된 glycogen은 혐기적 대사(효소적 분해대사)에 의하여 분해되어 lactic acid 을 생성한다.

② 극한 산성인 pH 5.3~5.6 정도가 되어 미생물의 발육을 억제한다.

③ 단백질의 보수력 및 용해도가 저하되고, 육색이 창백해져 가공품의 원료육으로 부적당하다.

(2) 사후강직

① 동물이 죽으면 수분에서 수십 시간내 근육조직 내의 actin이 myosin A와 결합하여 근육 조직이 강하게 수축, 결합되며 육은 탄성을 잃고 경직성을 나타낸다.

② 사후강직 시 신전성이 떨어지고, ATP 함량이 감소되며, pH의 저하가 나타난다.

③ 강직개시 시간은 동물의 종류, 영양상태, 저장 온도, 피로도 등에 영향을 받으며, 일반적으로 소고기는 4~12시간, 돼지고기 1.5~3시간, 닭고기 수분~1시간에 강직이 개시된다.

(3) 사후강직 해제(해경)

① 경직 현상이 해제되어 근육은 다시 부드러운 상태로 되돌아 간다.

② 근절이 원래 길이로 복원되고 근원섬유의 소편화, 낮은 pH로 단백질의 변성 및 분해가 촉진된다. 또한 육질이 식용에 알맞게 향상되고, glycogen의 감소와 젖산의 증가, 유기태인산의 감소와 무기태인산의 증가, 산가의 증가, 가용성 질소의 증가, 아미노산의 양이 증가한다.

③ 경직 해제와 숙성은 4℃ 내외에서 소고기와 양고기의 경우는 7~14일, 돼지고기는 1~2일, 닭고기는 8~24시간에 완료된다.

(4) 부패

① 숙성에 의한 분해와 함께 세균의작용에 의한 분해로 부패가 일어난다. 그 분해물질은 amine류, 지방산류, oxy acid, keto acid, H_2S, CO_2, NH_3, H_2O, indole, skatole, methane, mercaptane이 생성된다.

② 아미노산의 분해 형식에 따른 유형은 탈탄산작용, 탈아미노산작용, 탈탄산 및 탈아미노 병행작용, 아미노산 발효 등이다.

 6. 식육 가공의 기본이론

(1) 염지(curing)

염지는 원료육에 소금 이외에 아질산염, 질산염, 설탕, 화학조미료, 인산염 등의 염지제를 일정량 배합, 만육시켜 냉장실에서 유지시키고, 혈액을 제거하고, 무기염류 성분을 조직 중에 침투시킨다.

1) 염지 목적

① 식육가공품에 염미를 부여하여 보존성 향상

② 보수력과 결착력의 증대

③ 독특한 발색과 풍미의 향상

2) 염지용 재료

① 소금 : 주성분은 NaCl 이고, 이외에 $MgCl_2$, $MgSO_4$, $CaSO_4$ 등 성분 함유

② 육색고정제 : 질산염($NaNO_3$), 아질산염($NaNO_2$), 질산칼륨(KNO_3), 아질산칼륨(KNO_2)가 있으며, 보조제로는 ascorbic acid가 있다.

③ 당류 : 설탕

④ 복합인산염

3) 염지 방법

① 건염법 : 일정한 양의 염지제를 고기에 직접 뿌리거나 문질러 염지하는 방법이다.

② 액염법(습염법) : 염지액을 만들어 염지액에 육을 침지하는 방법이다.

③ 염지액 주사법(stitch injection) : 염지액을 만들어 직접적으로 고기 조직에 대형주사기 등으로 주입시키는 방법으로 염지 시간을 단축할 수 있다.

④ 마사지 또는 덤블링 : 염지한 육을 massager 또는 tumbler 안에서 교반하여 염지 시간의 단축과 결착성을 향상시킨다.

⑤ 변압침투법 : 밀폐할 수 있는 용기에 육을 넣고 감압(vacuum) 또는 가압(pressure) 상태로 교대로 유지시켜 염지액을 침투시키는 촉진법이다.

⑥ 가온염지법(thermal curing) : 염지액의 온도를 50℃로 유지하여 염지하는 방법으로 염지 시간이 단축되는 방법으로 고기의 자가소화를 촉진하여 풍미, 연도 등이 좋아지는 이점이 있다.

4) 염지 온도와 기간

고기의 온도를 냉장 온도(2~4℃)로 유지하는 것이 좋고, 5℃가 넘으면 육질의 변화를 초래할 수 있으며, 염지 기간은 원료를 1kg에 5일 전후가 적당하다. 그러나 염지액 주사법, 가온염지법, 변압침투법 등은 염지 시간을 1/3~1/2로 단축시킨다.

(2) 염지 육색의 고정

1) 육색 고정제

육색 고정제는 KNO_3, KNO_2, $NaNO_3$, $NaNO_2$ 이며, 육가공 시 첨가하는 육색 고정 보조제는 ascorbic acid이다.

2) 질산염

질산염은 육중의 질산염 환원균에 의해 아질산염으로 환원되어 작용을 한다.

① KNO_3 → KNO_2

② $NaNO_3$ → $NaNO_2$

③ 질산염환원균 : *Achromobacter dentricum*, *Micrococcus epidermis*, *Micrococcus nitrificans*

3) 육색 고정의 기작

① $NaNO_3 \xrightarrow{\text{세균에 의한 환원작용}} NaNO_2 + H_2O$

② $\begin{array}{c}\text{환원형} - Mb \\ Oxy - Mb\end{array} \xrightarrow{\text{NaNO}_2\text{에 의한 산화}} Met - Mb \xrightarrow[\text{첨가된 환원제}]{\text{고기의 환원작용}} \text{환원형} - Mb$

③ $NaNO_2 + CH_3CHOHCOOH \longrightarrow HNO_2 + CH_3CHOHCOO \cdot Na$

④ $2HNO_2 \xrightarrow[\text{첨가된 환원제}]{\text{고기의 환원작용}} NO + NO_2 + H_2O$

⑤ $Mb + NO \longrightarrow Mb - NO + NO_2 + H_2O$

4) 가열에 의한 육색 안정화

Nitrosomyoglobin(MbNO)을 가열하면 단백질 부분의 globin이 열변성하여 nitrosomyochromogen 으로 된다. 이것이 안정된 적색 물질이며, 이렇게 된 고기를 cooked cured meat color(CCMC) 라 한다.

7. 훈연(Smoking)

(1) 훈연 목적

① 보존성 향상
② 특유의 색과 풍미 증진
③ 육색의 고정화 촉진
④ 지방의 산화 방지

(2) 연기성분의 종류와 기능

① phenol류 화합물은 육제품의 산화방지제로 독특한 훈연취를 부여, 세균의 발육을 억제하여 보존성을 부여한다.
② methyl alcohol 성분은 약간 살균 효과기 있으며, 연기성분을 육조직 내로 운반하는 역할을 한다.
③ carbonyls 화합물은 훈연색, 풍미, 향을 부여하고 가열된 육색을 고정한다.
④ 유기산은 훈연한 육제품 표면에 산성도를 나타내어 약간의 보존작용을 한다.

(3) 훈연 목재

① 수지함량이 적고, 향기가 좋으며, 방부성 물질이 많이 생성되는 나무 중에서 활엽수종으로 건조가 잘된 나무를 이용한다.
② 최근에는 나무 chip을 사용한다. 유해한 성분(dibenzenthracen, benzpyrene, 발암성 물질) 이 적은 떡갈나무, 너도밤나무, 참나무, 보리수, 단풍나무, 마호가니목재 등이 이용된다.
③ 색조는 황갈색, 적갈색, 황금색의 색조를 띠는 것이 좋으며, 침엽수종은 어둡고 검은색을 나타내므로 부적당하다.

(4) 훈연방법

훈연방법에는 냉훈법, 온훈법, 고온훈연법 등이 있으며, 이들을 [표]에 비교하였다.

[훈연방법 비교]

훈연방법		제품유형	온도(℃)	습도(%)	시간	풍미형성	색조	보존성
냉훈법	단기훈연	생햄(raw ham) 생소시지(raw sausage)	15~25	75~85	수일 ~ 수주	강하다	어둡다	장기간
	장기훈연	건조소시지 훈연 등지방						
온훈법		쿠키드 햄(cooked ham) 등심햄 단미품	25~45	80	수시간	약하다	중간	중간
고온 훈연법		소시지 비엔나소시지 후랑크소시지	50~90	85	1/2 ~ 2시간	매우 약하다	밝다	짧다

8. 향신료

식품에 향미를 부여하는 데 쓰이는 독특한 향미를 지닌 재료를 말하며, 주로 열대나 아열대 지역에서 생산되는 특유의 향기와 신미를 가진 식물의 꽃, 과실, 나무껍질, 뿌리, 잎 등을 주로 이용한다. 천연향신료는 4가지의 기능 분류로 나눈다.

① 교취작용 : 식육, 생선의 생취를 제거시키는 기능으로 마늘, 생강, 월계수 등을 이용한다.

② 부향작용 : 향미, 방향 부여, 계피, allspice, nutmeg 등을 이용한다.

③ 식욕증진작용 : 신미와 향으로 식욕을 증진시켜 주는 기능으로 후추, 겨자 등을 이용한다.

④ 착색작용 : 착색을 나타내게 하는 것으로 적등색(paprica), 적색(redpaper), 황색(turmeric) 등을 이용한다.

[향신료의 종류와 성분]

원료	일반명칭	주성분	이용부위
후추	black pepper white pepper	piperine chavicine	미숙과 숙과(껍질 제외)
고추	red pepper or cayenne	capsaicin, dihydrocapsaicin	숙과
생강	ginger	gingerol, zingerone	뿌리(근경)

양파	onion	allylpropyl disulfide	인경
겨자	mustard	sinalbin sinigrin	종자 인경
마늘	garlic	diallyl disulfide	껍질
계피	cinnamom	cinnamaldehyde eugenol	잎 미숙과
백미후추	allspice	eugenol	꽃망울
정향	clove	eugenol	종자(껍질 제외)
육두구	nutmeg mace	pinene myristicin	종자의 껍질
월계수	laurel	cineol	잎
소두구	cardamom	cineol	과실
사향	thyme	thymol, carvacrol	잎
살비아	sage	cineol, campher	잎
고수	coriander	linalool	과실
딜	dill	carvone	과실
마요람	majoram	cineol	잎
커민	cumin	cuminol	과실
미질향	rosemary	cineol	전초, 엽화
오레가노	oregano	thymol, carvacrol	전초
피망	paprika	β-carotene, capsaicin	과실

 9. 햄(Ham) 제조

햄이란, 돼지의 뒷다리 부위의 고기를 원료로 하여 정형을 한 후 염지, 훈연, 가열해서 제품화한 것을 말하며, 다른 부위를 사용하여 제조한 로인햄, 락스햄을 포함하여 햄이라 한다.

(1) 종류

① regular(bone in) ham : 돼지 볼기살을 뼈가 있는 채로 제조한 것
② boneless ham : regular 햄에서 뼈를 제거하고 제조한 것

③ press ham : 작은 고깃덩어리(육괴)를 서로 밀착시켜 한덩어리의 육괴로 제조한 것

④ 기타 : 등심햄(loin 부위), 어깨햄(boston butt 부위), shoulder ham(어깨부위), belly ham(아랫배 부분) 등이 있다.

(2) 일반적인 제조공정(Boneless ham)

원료육의 전처리 → 혈교 → 염지 → 수침 → 두루마리(정형) → 예비 건조·훈연 → 가열·냉각 → 포장 → 제품

1) 원료육의 전처리

돼지 뒷다리에서 뼈를 제거한 후 표면의 지방층 두께를 3~5mm로 정형시킨다.

2) 혈교(precuring)

① 1차적으로 핏물을 제거하는 작업

② 혈교 작업은 원료육 중량에 대하여 식염 2~3%, 질산칼륨 0.15~0.25%의 혼합염을 육의 표면에 바른 다음, 2~4℃에서 1~2일간 유지한다.

3) 염지(curing)

① 고기를 소금에 절이는 작업

② 염지 재료는 소금 이외에 아질산염, 질산염, 설탕, 화학조미료, 인산염, sodium ascorbic acid 등이고, 염지통에 쌓아 3~4℃에서 kg당 2~3일간 유지

4) 수침(soaking)

① 염지 후 육은 염지제의 분포가 균일하지 않거나 육 표면에 식염함량이 많아 육을 깨끗한 물에 넣어 염분을 제거하여 적당한 염미를 지니도록 하기 위한 작업이다.

② 수침은 5~10℃ 정도의 물속에 1kg당 10~20분간 유지한다.

5) 두루마리(정형) 작업

① 청결한 면포에너지방면이 접히도록 놓고 공간이 생기지 않도록 원통형으로 두루마리(wrapping) 한다.

② 스테인레스로 된 retainer이나 fiber casing을 이용하기도 한다.

6) 예비건조·훈연

훈연실에서 서로 표면이 닿지 않도록 사이를 띠운다. 예비 건조하여 훈연을 실시하는데 냉훈법은 15~25℃에서 5~7일간, 또는 열훈법은 60~65℃에서 2~3시간 실시한다.

7) 가열 및 냉각

① 훈연이 끝난 후 70~75℃의 탕 중에 넣고 중심 온도가 65℃ 도달한 다음 30분 가열한다.

② 본레스 햄의 경우 약 5~6시간 가열하며, 가열이 끝나면 빨리 10℃ 이하로 냉각해야 한다. 이유는 햄 표면의 주름 방지, 호열성 세균의 사멸 효과가 있다.

8) 외관검사, 포장

외관, 색깔, 내포장 상태, air pocket 여부, 탄력성 검사 후 내포장된 cellophane을 벗겨내고 비통기성, 방습성, 차광성의 필름(film)으로 진공 포장한다.

10. 소시지(Sausage) 제조

소시지는 염지시킨 육을 육절기로 갈거나 세절한 것에 조미료, 향신료 등을 넣고, 여기에 야채, 곡류, 곡분 등을 넣어 반죽 혼합한 것을 케이싱에 넣고 훈연하거나 삶거나 하여 가공한 것을 말하며, 각종 고기와 햄 또는 베이컨을 제조할 때에 나오는 자투리 고기를 주원료로 하고, 소, 돼지, 말, 산양, 토끼, 상어, 가다랭이 등과 가축의 부산물 내장, 심장 등을 원료육으로 이용한다. 식품공전상의 정의는 식육에 조미료 및 향신료 등을 첨가한 후 케이싱에 충전하여 냉동, 냉장한 것 또는 훈연하거나 열처리한 것으로 수분 70% 이하, 조지방 35% 이하의 것을 말한다.

(1) 종류

1) Domestic sausage
① 수분함량이 50% 이상으로 많으며 부드럽고, 오랫동안 저장할 수 없다.
② fresh sausage, smoked sausage, cooked sausage 등이 있다.

2) Dry sausage
① 미훈연 건조 sausage(hard 형) : 수분 35% 이하
② 훈연건조 sausage(hard 형) : 수분 35% 이하
③ 반건조 sausage(soft 형) : 수분 55% 내외

3) 기타
Pork sausage, frankfurt sausage, bologna sausage, winner sausage, mortadela sausage, liver sausage, head sausage, blood sausage, salami sausage, cerverat sausage 등이 있다.

(2) 제조공정(Domestic sausage)

원료육의 처리 → 염지 → 세절 → 유화 및 혼합 → 충전 → 건조, 훈연 → 가열, 냉각 → 포장 및 표시

1) 원료육의 처리
Ham, bacon 가공 후에 나온 잔육이나 적색 돼지고기가 주원료가 되며, 건, 인대, 연골, 뼈 등을 제거 및 절단하고, A급 지방은 세절하여 준비한다.

2) 염지
소금, NaNO₃(NaNO₂, 설탕, 중합인산염, 가는 얼음 등을 원료육과 meat mixer에서 잘 혼합시켜 2~3℃에서 2~3일간 염지, 유지한다.

3) 세절
염지 후 chopper로 고기입자 크기를 6mm 크기로 세절하며, 고기 온도가 10℃ 이상 상승하면 결착력이 떨어지므로 열 상승에 주의해야 한다.

4) 유화 및 혼합
① Silent cutter에 세절된 육을 넣고 더욱 곱게 세절하여 점착성을 생성시켜 전분, 분리 대두단백질, 화학조미료, 향신료를 넣고 혼합, 유화시킨다.

② 지방은 육이 충분히 결착력이 생기면 첨가한다. 이때에 얼음을 20% 정도 준비(넣는 양의 1/3씩 나누어 첨가), silent cutter 작동시간은 5~8분 이내, 육의 온도 9℃ 이내 유지한다.

5) 충전

유화, 혼합된 고기 반죽을 stuffer에 넣고 공기가 혼입되지 않도록 넣고, nozzle을 끼운 케이싱에 충전한다. 케이싱에 채우고 양끝을 단단히 매어 준다.

6) 건조 및 훈연

40~50℃에서 1시간 표면건조 실시한 후에 50~55℃에서 2~3시간 훈연을 실시한다.

7) 가열 및 냉각

① 가열이 필요한 제품은 70℃의 온수에서 1시간 이상 가열한다.

② 냉각은 25~30℃의 중심 온도가 되도록 냉수로 샤워를 실시하고, 1~4℃의 냉장실에 저장한다.

11. 베이컨(Bacon) 제조

베이컨은 돼지의 삼겹부위 또는 특정부위를 정형한 것을 염지한 후, 훈연하거나 열처리한 것으로 수분 60% 이하, 조지방 45% 이하의 제품이다. 원료육의 부위에 따라 복부육을 이용하여 가공한 bacon류, 등심육 또는 복부육이 붙어 있는 등심육을 가공한 loin bacon, 어깨육으로 가공한 shoulder bacon류가 있다.

(1) 제조공정

원료육의 선정 → 늑골골발 → 정형 → 염지 → 수세 → 건조, 훈연 → 냉각 → slice → 포장 → 냉각 → 제품

1) 원료육의 선정

돼지 도체 중에서 배 부위육을 선정하고, 지방층 껍질을 제거한 후 갈비뼈 골발, 장방형으로 정형한다.

2) 염지

① 베이컨의 염지는 건염법을 이용한다.

② 염지제는 원료 중량에 대해 소금 2~3.5%, 아질산염 0.01~0.02%, 질산염 0.15~0.25%, 설탕 1.3%, 향신료 0.6~1.0%를 혼합시켜 베이컨 표면에 마사지하면서 문지른 후에 비닐로 밀착시켜 덮은 다음, 냉장실에서 베이컨 중량당 4~5일 유지시킨다.

3) 수침, 정형

① 수침은 표면의 과도한 염분을 제거하고, 균일하게 분포시킬 목적으로 실시한다.

② 원료 중량의 10배가 되는 5℃의 물에 1~2시간 수침하고, 다시 마른 수건으로 물기를 제거한 후 다시 적당한 크기로 잘라 정형시킨다.

4) 건조, 훈연

① Bacon육의 결체조직 사이에 bacon pin을 꿰어 현수시킨다.

② 건조와 훈연은 여러 가지 조건에 있어서 다르나, 건조처리는 65℃에서 50분간 실시한 후 70℃에서 50~60분간 훈연 처리한다.

5) 냉각, 포장

① 훈연이 끝나면 실온에서 냉각시켜 2~3℃ 냉장실에서 12시간 정도 유지한다.

② slicer로 두께 2~3mm로 절편시켜 진공 포장하여 10℃ 이내의 저장고에서 유지, 유통시키며 유통기한은 15일 정도이다.

12. 축육통조림 제조

통조림의 제조공정은 축산물의 원료를 선택하여 전처리, 담기, 탈기, 밀봉, 살균(멸균), 냉각하여 제품화된다. 원료의 선택에서부터 냉각 공정까지 위생적으로 완벽하게 이루어져야 내용물의 선도는 물론 보존성을 연장시킬 수 있다. 특히 탈기, 밀봉, 살균공정을 통조림 제조 주요 3대 공정이라 한다.

(1) 제조공정

원료육 → 세절 → 혼합 → 염지 → 재혼합 → 담기 → 탈기 · 밀봉 → 살균 · 냉각 → 제품

1) 원료육의 처리

도축육은 신속하게 냉각(1~3℃ 수준)하여야 하고, 냉동육은 5~6℃에서 24시간 해동하여 보수력과 유화성을 유지시켜야 한다. 인대, 건을 제거하고, 근섬유의 방향과 직각으로 절단한다.

2) 세절, 혼합

Chopper로 세절하고 silent cutter에서 3mm 정도로 고기갈이를 한다. 질산염, 향신료, 소금, 아질산염을 넣고 혼합 후, 여기에 부재료인 향신료, 얼음을 넣고 고기갈이를 한다.

3) 염지

혼합된 육을 염지통에 넣어 비닐(vinyl)로 덮고, 2~4℃에서 12~24시간 유지한다.

4) 담기 · 권체 · 살균

① 담기 전에 염지된 육을 다시 silent cutter에서 1분간 고기갈이를 실시하고, 자동충전기로 통조림관에 담는다.

② 진공도 25inchHg 유지하며, 살균은 301－5호관의 경우는 121℃에서 60분간 실시한다.

5) 냉각, 검사

① 냉수 샤워로 냉각(30℃ 이하 유지)하며, 통조림 외관을 마른 헝겊으로 닦아서 건조시킨다.

② 표시기준에 의해 표시, 시료를 무작위로 채취하여 가온 검사를 실시한다.

건조육(jerky)은 식육류에 조미료 및 향신료 등을 첨가하여 건조하거나 열처리하여 건조한 것을 말하며, 수분함량이 55% 이하이다. 쇠고기를 주원료로 하며 여기에 양념의 종류, 염지 방법, 건조 방법, 용량에 따라 산포, 편포, 약포, 장포 등이 있다.

건조육을 가공하는 데 있어서 원료육의 전처리, 조미, 건조 과정은 제품의 색택, 조직감, 풍미 등에 큰 영향을 준다. 건조육은 기호성, 저장성 및 대중성이 좋기 때문에 비상식품, 간식용으로 폭넓게 활용할 수 있는 이점이 있다.

(1) 제조공정

원료 선정 → 전처리 → 동결 → 절편 → 염지 → 건조 → 방냉 → 포장 → 표시 → 제품

① 원료 선정과 처리 : 쇠고기의 볼기살, 사태살, 돼지고기 등심육, 이외 면육, 양육을 이용하고, 지방성분 힘줄을 제거하고, 정형한다.

② 동결 및 slicing : 정형된 원료육을 −20℃에서 6~7시간 동결하여 경화시키고, 육을 일정한 크기로 절편시킨다. **예** 4.0×60.0×100.0mm, T×W×L

③ 염지·숙성 : 염지제는 간장, 흑설탕, 질산나트륨, 복합인산염, 향신료 등을 혼합하여 건염법으로 뿌려 주면서 약 5~7분간 만육시킨다. 이것을 염지통에 넣어 실내 온도에서 12시간 정도 숙성시킨다.

④ 건조·방냉 : 열풍건조기로 1단계 건조 70℃에서 1시간, 2단계 건조 55℃에서 2~3시간, 3단계 건조 45℃에서 30~40분 건조시키며, 방냉실에서 18~20℃로 12시간 방냉시킨다.

⑤ 포장·표시 : 색택, 조직감 및 전체적인 기호성을 평가하여 품질에 이상이 없으면 방습성, 가스 비투과성, 내열성 포장지(nylon/LDPE)에 넣고 무진공 또는 진공 포장한다.

07 알가공

1. 계란의 구조와 조성

(1) 계란의 식품가치

1) 영양가치
  ① 계란은 완전식품으로서 단백질, 지질, 무기질, 비타민 등이 풍부하게 균형을 이루고 있다.
  ② 계란의 단백질은 모든 종류의 필수아미노산이 충분하게 함유되어 있어 단백질의 영양가를 비교하는 단백가가 가장 높다. 특히 methionine, cysteine 등과 같은 함황아미노산이 많다.
  ③ 계란의 지방은 대부분은 난황에 들어있고, 주요한 에너지원이 되며 지용성 비타민(A, D, E, K)이 풍부하다.

2) 이용상의 특성
  ① 응고성(coagulation) : 난백은 60℃, 난황은 65℃로 가열하면 응고하기 시작한다.
  ② 포립성(whipping ability) : 난백의 단백질에 의한 것으로 다공성 조직을 가진 케이크류 제조에 이용된다.
  ③ 유화성(emulsion ability) : 마요네즈는 난황의 유화성을 이용한 것이다.

(2) 계란의 구조

1) 난각과 난각막(egg shell and shell membrane)
  ① 난각은 전난 중의 9~12%를 차지하고, 다공성의 구조를 갖는다.
  ② 난각의 두께는 0.27~0.35mm 정도로서 보통 난각막과 같이 측정한다.
  ③ 난각막은 난각의 4~5%로 백색 불투명한 얇은 막이다.
  ④ 난각은 기공이 1cm²당 129.1±1.1개나 된다.

2) 난백(egg white, albumin)
  ① 난 중의 약 60%로서 난황을 둘러싸고 있으며, 외수양난백, 농후난백(thick albumin), 내수양난백으로 구성된다.
  ② 신선 난백의 pH는 7.5~8.0이다.

3) 난황(egg yolk)
  ① 난황은 난 중의 약 30%로서 배반을 중심으로 백색난황과 황색난황이 층을 이루고 있다.
  ② 신선 난황의 pH는 6.2~6.5이다.

(3) 화학적 조성(chemical composition)

1) 난각과 난각막

난각의 조성은 탄산칼슘($CaCO_3$) 96.4%, 탄산마그네슘($MgCO_3$) 1.5%, 인산칼슘($CaPO_3$) 0.18% 등이고 난각막의 주성분은 단백질로서 특히 cysteine이 많다.

2) 난백

① 난백은 87% 내외의 수분을 가지며 고형물의 90% 이상은 단백질이다.

② 지질함량은 생난백에 0.05%이고, 탄수화물은 glucose를 비롯한 fructose, manose, pentose 등의 당으로 대부분 단백질과 결합되어 있다.

③ 무기 성분은 S, K 외에 Na, Cl, Mg, Ca, P 등이 미량으로 들어 있고, 비타민은 지용성은 없고, 수용성 B류가 들어 있으나 C는 없다.

3) 난황막(vitelline membrane)

대부분 mucin, keratin, collagen, lysozyme 등이 단백질로 구성되며 지질, 당질도 함유된다.

4) 난황(yolk)

고형분이 약 50%로 높으며, 단백질 16%, 지질 32%, 무기성분 2%, 탄수화물 1%로 구성된다.

(4) 저장 중의 변화

1) 외관적 변화

① 농후난백의 수양화(thining) ② 난황계수의 감소 ③ 난중량 감소 ④ 난백의 pH 상승

2) 미생물학적 변화

① 산란 직후의 난 내용물은 무균상태에 가까우며, 미생물의 오염은 산란 후에 일어난다.

② 난각 표면에는 mucin 단백질의 박막인 큐티클이 있어 난각의 세공을 막고 미생물의 침입을 막는다.

③ 보통 알의 부패는 세균 및 냉장 중 호랭성균의 원인으로 생긴다.

2. 계란의 등급

계란의 등급판정은 품질 등급과 중량 규격으로 구분한다.

(1) 계란의 품질등급 판정기준

1) 계란의 품질등급판정을 위한 외관·투광 및 할란판정의 기준은 별표20과 같으며, 등급판정 신청된 롯트의 표본에 대한 등급판정 결과에(A, B, C, D) 따라 별표21과 같이 신청 롯트 전체에 등급을 부여(1$^+$, 1, 2)한다. 단, 살균액란 제조용 계란은 외관 및 할란판정만 실시한다.

2) 각 품질등급별 파각란 허용범위는 별표22와 같다.

[별표20] [계란의 품질기준]

판정항목		품질기준			
		A	B	C	D
외관판정	계란껍데기	청결하며 상처가 없고 계란의 모양과 계란껍데기의 조직에 이상이 없는 것	청결하며 상처가 없고 계란의 모양에 이상이 없으며, 계란껍데기의 조직에 약간의 이상이 있는 것	약간 오염되거나 상처가 없으며, 계란의 모양과 계란껍데기의 조직에 이상이 있는 것	오염되어 있는 것, 상처가 있는 것, 계란의 모양과 계란껍데기의 조직이 현저하게 불량한 것
투광판정	공기주머니 (기실)	깊이가 4mm 이내	깊이가 8mm 이내	깊이가 12mm 이내	깊이가 12mm 이상
	노른자	중심에 위치하며, 윤곽이 흐리나 퍼져 보이지 않는 것	거의 중심에 위치하며, 윤곽이 뚜렷하고 약간 퍼져 보이는 것	중심에서 상당히 벗어나 있으며, 현저하게 퍼져 보이는 것	중심에서 상당히 벗어나 있으며, 완전히 퍼져 보이는 것
	흰자	맑고 결착력이 강한 것	맑고 결착력이 약간 떨어진 것	맑고 결착력이 거의 없는 것	맑고 결착력이 전혀 없는 것
할란판정	노른자	위로 솟음	약간 평평함	평평함	중심에서 완전히 벗어나 있는 것
	진한흰자 (농후난백)	많은 양의 흰자가 노른자를 에워 싸고 있음	소량의 흰자가 노른자주위에 퍼져 있음	거의 보이지 않음	이취가 나거나 변색되어 있는 것
	묽은흰자 (수양난백)	약간 나타남	많이 나타남	아주 많이 나타남	
	이물질	크기가 3mm 미만	크기가 5mm 미만	크기가 7mm 미만	크기가 7mm 이상
	호우단위*	72 이상	60 이상~72 미만	40 이상~60 미만	40 미만

* "호우단위(Haugh Units)"라 함은 계란의 무게와 진한흰자의 높이를 측정하여 다음 산식에 따라서 산출한 값을 말한다.

호우단위(H.U) = $100\log(H+7.57-1.7W^{0.37})$ H:흰자높이(mm) W:난중(g)

[별표21] [계란 및 살균액란 제조용 계란의 품질등급 부여방법(제24조제1항 관련)]

〈계란 품질등급 부여방법〉

품질등급	등급판정 결과
1+등급	A급의 것이 70% 이상이고, B급 이상의 것이 90% 이상이며(나머지는 C급)
1등급	B급 이상의 것이 80% 이상이고, D급의 것이 5% 이하(기타는 C급)
2등급	C급 이상의 것이 90% 이상(기타는 D급)

[별표22] [파각란 허용범위(제24조제2항 관련)]

품질등급	파각란 허용범위
1+등급	7% 이하
1등급	9% 이하
2등급	9% 초과

(2) 계란의 중량 규격 기준

1) 계란의 중량규격은 계란의 무게에 따라 별표23과 같이 구분한다.

[별표23]   [계란의 중량규격(제25조제1항 관련)]

규 격	왕 란	특 란	대 란	중 란	소 란
중량	68g 이상	68g 미만~ 60g 이상	60g 미만~ 52g 이상	52g 미만~ 44g 이상	44g 미만

(3) 계란의 등급표시

1) 계란의 등급표시는 품질등급(1+, 1, 2)과 중량규격을 포장용기에 등급판정일자, 평가기관명 등과 함께 표시한다.

3. 계란의 선도검사

1) 외부적인 선도

1) 난형(egg shape)

$$E \cdot S = \frac{S}{L} \times 100 \quad (S : 단경, \quad L : 장경)$$

장경과 단경의 비가 4 : 3이 정상란이다.

2) 난각질

양호한 난각질은 난각 침착이 균일하고, 기공수 1cm²당 129±1.1개

3) 난각의 두께

0.31~0.34mm

4) 건전도(soundness)

항력 시험에서 난각파괴력은 계란 3.61~5.20kg, 꿩알 2.5kg, 타조알 55kg이다.

5) 청결도

청결상태에 따라서 4등급으로 분류(A, B, C, D급)한다.

6) 난각색

계란의 색은 백색, 갈색, 담색, 청색이며, 부패란은 푸른색을 띠면서 광택이 적은 색깔을 띤다.

7) 비중(specific gravity)

신선란은 1.0784~1.0914 사이이며, 1일 경과 시에 0.0017~0.0018씩 감소한다.

① A급란 : 11% 식염수에 가라앉는 난(신선란)

② B급란 : 11% 식염수에 뜨나, 10% 식염수에서는 약간 가라앉는 난(약간 신선란)

③ C급란 : 10% 식염수에 뜨고, 8% 식염수에 가라앉는 난(부패가능란)

④ 부패란 : 8% 식염수에 떠오른 난(묵은란)

8) 진음법

신선란은 내용물이 충만하여 소리가 나지 않고, 묵은란은 소리가 난다.

9) 설감법

신선란은 따뜻한 느낌(둔단면)이 들며, 묵은란은 차가운 느낌(둔단면)이 든다.

(2) 내부적인 선도

1) 투시 검사

투시 검사 기구를 사용하여 기실의 크기, 난백의 상태, 난황의 상태, 혈액, 이물질 등을 검사한다.

2) 할란 검사

① 난백계수(albumin index)

할란하여 평판 위에 놓고, 농후난백 높이(h)와 직경(d)을 구하여 농후난백 높이를 직경으로 나눈 수치이다. 신선란의 난백계수는 0.06 정도이다.

$$난백계수 = \frac{농후난백의 높이(h)}{농후난백의 직경(d)}$$

② Haugh 단위

- Hu $= 100\log[H + 7.57 - 1.7W^{0.37}]$ [H : 난백높이(mm), W : 난중량(g)]
- 계란의 품질기준 : 72 이상(A), 60~72(B), 40~60(C), 40 이하(D)

③ 난황계수(yolk index)

할란하여 평판 위에 놓고, 난황 높이(h)와 직경(d)을 구해서 난황 높이를 직경으로 나눈 수치이다. 신선란의 난황계수는 0.442~0.361 정도이다.

$$난황계수 = \frac{난황의 높이(h)}{난황의 직경(d)}$$

④ 난황편심도(yolk centering)

계란을 할란하여 유리판 위에 놓았을 때, 난백의 중심에 안정하게 위치되는 것을 1점, 난백의 바깥까지 나간 것을 10점으로 하여 편심도를 판정하며, 품질보다 난백의 수양화 정도를 나타낸다.

(3) 계란의 저장법

① 냉장법 : 1~0.5℃ 정도에서 저장한다.

② 냉동법 : 할란하여 −40℃로 급속 동결하며, −12℃로 저장한다.

③ 가스저장법 : CA 저장을 하고, CO_2 gas 3~5% 주입한다.

④ 도포법 : 톱밥, 재, 석회, 소금으로 도포한다.

⑤ 침지법 : 물유리, 석회수, 식염수, 재 등 용액에 침지한다.

⑥ 그 외 : 건조법, 염지법, 훈제법, 방습법 등이 있다.

4. 계란가공품 제조

1차 가공품(단순 가공)은 위생란, 액산란, 동결란 등으로 처리하고, 2차 가공품(고차 가공품)은 계란 음료, 마요네즈, 피단, 훈제란, 자비란, 염지란, egg nog, 과자류 등으로 가공한다.

(1) 위생란(sanitary egg) 처리

위생란은 양계장에서 생산된 계란을 grading and packing(GP) 처리공정을 거친 난을 말한다. 이 처리공정은 다음과 같은 과정을 거쳐 처리한다.

신선란 입하 → 급란 → 세척·소독 → 건조 → 검란 → 선별 → 포장 → 출하

(2) 액상란(liguid egg) 및 동결란

1) 액상란(liguid egg)

액상란은 전란액, 난백액, 난황액으로 구분하여 제조할 수 있다.
- 액상전란 : 제과, 제빵의 원료, 단체 급식조리용으로 이용된다.
- 액상난백 : 제과용, 수산연제품, 소시지 및 계란음료 제조의 원료로 이용된다.
- 액상난황 : 대부분 마요네즈 제조에 쓰이고, 일부는 제과, 면류, 이유식 등에 이용된다.

① 액상란의 제조와 동결

입수 → 검란 → 세란 → 난각 소독 → 세정 → 건조 → 할란 → 여과 → 균질화 → 살균 → 냉각 → 충전 → 출하

② 원료란 선별 : 신선하고, 깨끗하며, 난각 표면에 균열이 없는 정상란을 사용해야 한다. 투시 검사, 할란 검사를 실시하여 원료란을 선정한다.

③ 세정과 할란 : 통계란을 세정하고, 난각 표면을 살균, 할란하여 껍질, 알끈, 난황막 등을 제거한다.

④ 여과와 저온 살균
- 계란을 할란하여 껍질, 알끈, 난황막을 제거한 후, 난액을 여과하고, 살균한다.
- 살균은 60℃에서 3~4분간 유지한다.

⑤ 충전 : 5℃ 이하로 냉각시켜 스테인레스 관이나 플라스틱백 등 포장 용기에 주입하여 밀봉한다.

2) 동결란

① -35~-45℃로 급속 동결한 후에 -18~-20℃의 저장실에서 저장한다.

② 동결란 해동 : 5℃ 이하의 냉장실에서 46시간 이내, 10℃ 이하에서 24시간 이내로 해동하는 것이 바람직하다.

(3) 건조란(dried egg)

1) 특징

① 계란 전란액 중에 수분을 제거하면서 열에 의하여 건조시킨 것이다.

② 저장성이 크고, 수송 및 취급이 편리하나 유해균 오염, 지방산패, 용해도 저하에 유의해야 한다.

③ 유리 글루코스에 의해 건조시킬 때 갈변, 불쾌취, 불용화 현상이 일어나 품질 저하를 일으키기 때문에 탈당처리가 필요하다.

2) 건조란 종류

건조전란, 탈당건조전란, 건조조제전란, 탈당건조난황 등이 있다.

3) 공정

① 전처리 → 당제거 작업 → 건조 → 포장 → 저장

② 제품의 수분함량이 2~5% 이하가 되도록 한다.

(4) 마요네즈(Mayonnaise)

난황의 유화력을 이용하여 식용유에 식초, 겨자 가루, 후추 가루, 소금, 설탕 등을 혼합하여 유화시켜 만든 것으로 제품의 전체 구성 중에 식물성 유지 60%, 난황액 10~15% 정도이다. 제조방법은 다음과 같다.

> 난황 분리 → 균질 → 배합 → 교반 → 담기 → 저장 → 제품

(5) 피단(Pidan)

중국에서 주로 오리알을 사용한 난가공품이다. 알칼리와 염분을 난 내용물에 침투시켜 알칼리에 의해 난단백질을 응고시켜 제조한다. 이외에도 함단(kandan), 조단(zoodan), 참단(shiedan), 란(vineger egg) 등이 있다.

배합물은 탄산소다, 나뭇재, 소금, 생석회를 이용하며, 도포법과 침지법 2가지가 있다.

(6) 계란음료

난백을 난황 중에 효소로 단백질을 분해시킨 후, 유기산(구연산, 젖산, 주석산 등 0.3~0.5%), 향료, 감미료, 색소 등을 첨가한 후에 살균하여 제조한 것이다. 제조 방법은 다음과 같다.

> 원료란 → 할란 → 분리 → 난황 10% 첨가 → 가당 → 자가소화유도 → 시럽 첨가 → 유기산 첨가 → 가열 → 냉각 → 여과 → 향료 첨가 → 살균 → 제품

(7) 훈연란(Smoked egg)

훈연란은 생란을 가열하여 완숙, 응고시켜 난각질을 벗긴 뒤에 염용액과 조미액에 침지하여 그 액을 조직 내로 침투시킨 뒤, 다시 훈연시킨 것이다. 저장성, 풍미성, 색택, 훈연취 등이 양호한 제품이다. 제조 방법은 다음과 같다.

> 원료란 → 저숙, 껍질 제거 → 염지액 침지 → 냉훈 → 냉각 → 담기 → 제품

08 식품의 저장

1 식품의 저장 일반

1. 식품의 저장 방법

(1) 건조에 의한 식품저장

① 식품을 미생물의 생육에 필요한 수분함량 이하로 건조시키면 미생물에 의한 오염을 방지할 수 있다. 세균은 15% 이하의 수분에서 번식하지 못하나 곰팡이는 13%의 수분에서 발육할 수 있어서, 13% 이하의 수분함량까지 건조시켜야 한다.

② 식품을 건조시키면 무게와 부피가 작아져 수송이 간편해지고, 풍미, 색, 조직이 향상된다. 그러나 건조조건에 따라 영양성분 손실, 조직과 형상의 손상 등 품질을 저하시킬 수 있다.

(2) 가열살균에 의한 식품저장

식품을 가열하면 오염 미생물을 사멸시키거나 번식을 막을 수 있으며, 그 온도와 시간은 식품 종류, 성분, 물리적 성질에 따라 다르다.

1) 저온 살균법(pasteurization)

① 60~65℃에서 30분간, 68.3℃에서 20분간 가열하여 결핵균 같은 병원균을 살균한다.

② 시유 등을 살균한다.

2) 고온순간 살균법(HTST, High Temperature Short Time pasteurlzation)

① 71.1℃에서 15초간, 75℃에서 15초간 가열하면 병원균이 사멸된다.

② 면적이 적게 차지하고, 오염도 없으며, 가열취도 없다.

3) 간헐 살균(discontinuous sterilization)

① 1일 1회씩 100℃에서 20~25분간 연속 3일간 같은 시간에 반복적으로 가열살균하는 방법이다.

② 내열성 포자는 물론 세균이 완전히 멸균된다.

4) 고온 살균법(UHT : ultra high temperature)

① 130~150℃에서 2~5초간 살균하는 방법으로 내열성 균의 포자를 완전히 사멸시킨다.

② 최근 우유 살균에 많이 사용되며, vitamic C 등도 안전하고 신선한 상태로 유지가 가능하다.

(3) 저온에 의한 식품저장

식품의 온도를 낮게 하면 미생물의 생육 또는 효소작용이 억제되는데, 그 방법에는 냉장법, 냉동법 등이 있다.

① 냉장 : 0~10℃의 저장을 냉장이라고 하며, 냉장은 미생물 증식, 수확 후의 식물 조직의 대사작용, 도살 후의 동물 조직의 대사작용, 효소에 의한 지방산화의 갈변, 영양성분 소실 등 품질을 저하시키는 화학반응을 효과적으로 지연시킨다.

② 냉동 : 0℃ 이하(동결점 이하)에서의 저장을 냉동 저장이라고 하며, 미생물의 번식, 효소작용, 화학적작용, 수분 증발 등을 효과적으로 방지할 수 있고, 식품의 성분 변화도 대단히 적게 일어난다.

(4) 식염절임에 의한 식품저장

1) 소금의 방부력

① 소금의 방부력은 식품의 수분을 세균이 이용할 수 없게 하고, 삼투압에 의한 원형질 분리가 일어나 미생물의 세포를 파괴시킨다.

② 고농도의 식염용액은 미생물이 분비하는 단백질 분해 효소의작용을 저해함으로써 방부작용을 한다.

③ 식품의 세포에 원형질 분리를 일으켜 세포가 위축되어 수분이 빠져나가는 것도 저장성을 높이는 요인이 된다.

2) 염장방법

① 건염법(dry salting) : 식품에 소금을 뿌리는 것

② 염수법(brine salting) : 식품을 소금물에 담그는 것

(5) 당절임에 의한 식품저장

1) 당절임

① 식품에 당을 가하면 삼투압 차에 의하여 미생물들이 이용할 수 있는 수분을 감소시킴으로써 미생물의 성장을 억제시키는 방법으로 과일 제품, 농축유 저장에 쓰인다.

② 상온에서의 설탕의 용해도는 67%로 세균 번식은 억제되나 곰팡이, 효모는 견뎌 낼 수 있다.

2) 당류

① 당류는 분자량이 적고, 용해도가 높을수록 이상적이다.

② 잼과 같이 당이 비결정 상태인 것과 꿀, 초콜릿 같이 결정 상태로 되어 있는 것이 있다.

(6) 산 저장에 의한 식품저장

1) 산 저장

① 수소이온농도(pH)가 낮은 초산, 젖산, 구연산 등을 이용하여 식품을 저장하는 방법을 산장법(pickling)이라고 하며, 오이, 마늘, 김치, 토마토, 젖산음료, 탄산음료 등에 이용된다.

② 부패균은 산성에서 생육이 억제되어 pH 4.5 이하에서는 부패균의 발생이 어려워 산을 이용하여 식품을 저장할 수 있다.

2) 방부 효력

산의 방부 효력은 H$^+$의작용이 아니라 산화합물의 음이온 및 해리되지 않은 산의 분자와 관계되는 것으로 본다.

(7) 훈연(Smoking)

① 축육, 어패류 등의 저장 수단으로 목재를 불완전 연소시켜 생기는 연기를 고기류에작용시켜 수분을 제거하고 살균성 물질을 침투시켜 살균하거나 생육을 저지시키는 저장법이다. 그러나 근래에는 보존성보다는 풍미와 외관에 주목적을 두고 제조되고 있다.

② 훈연재는 수지가 많지 않고, 단단한 것이 좋으며, 고기에 훈연을 하면 특유의 맛과 냄새를 가진다.

③ 20~30℃에서 장시간 훈연하는 냉훈법과 50~70℃에서 단시간 훈연하는 온훈법 등이 있다.

(8) 기체 조절에 의한 식품저장

① 과일, 채소 저장 시 공기의 조성(CO$_2$, 산소 및 질소의 비율)을 변화시켜 생체 내의 효소 활성을 낮게 하여 미생물의 생육을 억제하는 것이 CA 저장(controlled atmosphere storage)이다.

② 질소와 같은 불활성 가스를 채워 식품의 호흡작용을 억제하고 식품의 호기성 세균의 번식을 억제하여 저장하는 것을 가스 저장(gas storage)이라고 하며, 과일, 채소 등 생활조직을 가진 식품에 불활성 가스를작용하면, 과숙 · 위축상태를 방지하여 신선한 상태를 오래 보존할 수 있다.

(9) 방사선 조사에 의한 식품저장

① 방사선의 생물학적작용을 이용하여 식품에 변질 또는 부패를 일으키는 미생물, 곤충, 효소 등을 사멸 또는 불활성화함으로써 식품을 보존하는 방법이다.

② 식품조사용으로 사용되는 방사선은 Co^{60}, Cs^{137} 등의 γ선과 여러 가지 가속장치에서 발생되는 고속도의 β선이다. 이 살균법은 살균 시에 열이 발생하지 않으므로 냉온살균(cold sterilization)이라고도 한다.

③ 방사선 살균은 투과성이 강하므로 식품 내부까지 살균할 수 있으나 식품의 맛과 향기가 변할 수 있다.

(10) 통조림과 병조림에 의한 저장

식품을 금속통이나 병에 넣고 탈기, 밀봉하여 가열살균한 후 냉각한 것이다. 통조림, 병조림은 살균에 의해 식품 속에 미생물을 완전 살균하거나 그 수를 줄이고, pH나 혐기적 조건을 조절함으로써 잔여 세균의 생육을 중지시킨다.

1) 밀봉기의 중요 3부분

롤(first roll, second roll), 척(chuck), 리프터(lifter)이다.

2) 통조림 제조의 3대 공정

통조림은 탈기, 밀봉, 살균의 3대 공정을 거쳐서 만든다. 주입액은 과실, 당시럽 18~19%, pH 3~4, 채소, 어육, 염수(1~2%액)이다.

① 탈기
- 관 내의 산소 제거로 관 내면의 부식 억제와 내용물의 산화를 방지하고, 열처리 중 관 파손을 방지하며, 타검이 용이하다.
- 호기성 균의 발아 억제 효과가 있다.
- 탈기방법 : 탈기함법(90~98℃, 8~15분), 진공시머법, 수증기분사법, 가스치환법 등

② 밀봉 : 시머의 척과 롤러의 작용으로 뚜껑의 curl과 관동의 flange를 서로 말아 넣고 압착시켜 완성한다.

③ 살균
- 100℃ 이하에서 살균처리하는 저온 살균과 100℃ 이상 살균하는 고온 살균이 있다.
- 살균 온도와 시간은 내용물에 따라 다르며, pH가 낮고 당분이 많은 과실, 잼 등은 100℃에서 20분 정도로 충분하지만 pH가 중성인 것은 115℃에서 80분의 가열이 필요하다.
- 포자 형성균이 존재하는 저산성 식품인 채소, 어육류는 100℃ 이상(121℃, 4분)의 고온 살균이 필요하다.

3) 통조림 식품의 변패

① 평면산패(Flat sour)
- 가스 생성 없이 산을 생성하는 현상이며, 타검 판정이 불가능하다.
- 살균 부족 또는 권체 불량이 원인이다.

② 플리퍼(Flipper)
- 관의 상하 양면이 두둑한 상태로 누르면 소리가 난다.
- 탈기 부족이 원인이다.

③ 스프링거(Springer)
- 플리퍼보다 심한 팽창으로 한 쪽을 누르면 반대쪽으로 튀어나온다.
- 내용물이 너무 많거나 식품과 용기의 화학반응으로 생긴 수소가 원인이다.

④ 팽창(Swell)
- 관 양면이 볼록하게 두드러진 것이며, 연팽창(soft swell)과 경팽창(hard swell)이 있다.
- 연팽창 : 양면이 팽창된 것으로 누르면 원상복귀 한다.
- 경팽창 : 양면이 심한 팽창으로 눌러지지 않는 상태를 말한다.
- 살균 부족, 수소 생성, 담기가 지나친 경우다.

⑤ 유착(adhesion) : 육의 일부가 통 내부에 부착된 것

2. 곡류의 저장

곡물의 저장은 성숙, 수확 후의 휴면상태에 있기 때문에 생리적으로 상당히 안정된 상태에 있는 것이다. 따라서 이와 같은 상태를 약화시키지 않고 저장하는 것이 가장 좋은 저장 방법이다. 그런데 자연적 조건하에서는 곡물 자체에 변화가 생기고, 외부에는 해충이나 미생물이 가해하게 된다. 곡물의 저장에는 적당한 수분함량(현미 15% 이하, 보리 13∼14% 이하)과 적당한 저장 온도(15℃ 이하)가 중요하다.

(1) 저장 중 피해요인

① 물리적 피해요인 : 온도, 습도 등
② 화학적 피해요인 : 수분, 효소, 산화 등
③ 생리적 피해요인 : 호흡, 발열 등
④ 생물학적 피해요인 : 해충, 미생물, 쥐 등

(2) 곡류 저장법

① 상온 저장 : 자연상태의 온도와 습도로 저장하는 방법으로 정조 저장, 현미 저장 등이 있다.
② 저온 저장 : 온도 15℃, 습도 70∼80%이며 냉동순환식, 직접 냉각식 등이 있다.
③ 사일로 : 곡류의 벌크(bulk) 저장(원맥상태로 무포장 저장)이다.
④ 밀폐 CA(controlled atmosphere) 저장 : 무포장 곡물을 저장함에 있어 통기가 되지 않은 밀폐 상태로 저장하는 방법이다.
⑤ 방사선 조사
⑥ 약품처리

3. 육류의 저장

살아있는 동물은 미생물의 침입을 막을 수 있는 저항력이 강하고, 세포 내의 각종 효소의 합성과 분해를 조절할 수 있으며, 체내의 산소 공급을 자화시키는 능력이 있다. 그러나 도살과 동시에 호기적 상태에서 혐기적 상태로 되기 때문에 해당작용으로 젖산과 무기인산이 생성되고, 단백질 응고로 사후 경직현상이 일어난다.

이 시기를 지나 해경과정을 거쳐 자체 효소에 의한 자가소화로 연화 숙성이 되고, 미생물의 번식으로 부패 변질육이 된다. 식육의 직접조리 시 숙성 과정의 신속한 처리가 요구되므로 저온처리시켜야 한다. 육제품 원료나 보관용은 사후경직 기간을 최대한 연장시켜야 하기 때문에 급속 동결하여 냉장(-18℃ 이하)한다. 육류 저장(경직기간 연장)의 방법은 다음과 같다.

(1) 냉장법

5℃ 급랭 지육, 온도 0 ~ −1℃, 습도 85 ~ 90%, 시간당 6 ~ 12회 냉기를 순환한다.

(2) 냉동법

온도 −30 ~ −40℃, 풍속 2~3m/초의 조건에서 급속동결하며, −18℃ 이하로 저장하는 방법이다.

(3) 염장법

마른간법, 물간법, 개량물간법, 개량마른간법, 변압염장법, 염수주사법, 압착염장법 등이 있다.

(4) 훈연법

① 온훈법 : 30 ~ 50℃에서 5 ~ 10시간
② 냉훈법 : 10 ~ 20℃에서 1 ~ 3주간
③ 열훈법 : 50 ~ 80℃에서 수시간

(5) 건조법

① 열풍, 감압, 동결 등

(6) 그 외 : 밀봉저장, CA 저장

4. 과실, 채소의 저장

과실과 채소는 육류나 어패류와는 달리 수확 후에도 생활작용을 하는 생체식품으로 수분함량이 높고, 특유한 맛, 향, 색을 갖고 있어 신선한 식품이다. 따라서 청과물의 저장 원리는 그 생활작용을 완만하게 영위시켜 수명을 연장함으로써 신선도를 최대한 유지하는 것이 중요하다.

(1) 청과물의 품질저하 원인

① 내적 요인
• 생활작용에 기인한 산소에 의한 화학 변화이다.
• 호흡작용은 호흡률, CO_2 발생, 생장작용, 추숙작용, 증산작용 등에 의한 화학성분 변화이다.
② 외적 요인 : 미생물 증식에 의해 부패(상처부위에 침입)와 곤충, 새 등의 식해(食害)를 들 수 있다.

(2) 청과물의 온도계수(Q_{10})

저장 온도가 10℃ 변동 시 여러 가지작용이 어떻게 변하는가를 나타내는 숫자이다. 예를 들면, 호흡량, 청과물 육질의 연화의 정도, 미생물의 작용을 보면 알 수가 있다. 보통 $Q_{10} = 2 ~ 3$이면, 온도가 10℃ 상승하고 변질이 2 ~ 3배 증가한다. 10℃ 낮아지면, 변질이 1/2 ~ 1/3로 낮아진다는 것이며, 호흡열은 674cal가 방출된다.

(3) 청과물의 예냉

청과물은 가급적이면 수확 직후에 빙결점 가까이 냉각시킴으로써 각종 생활작용의 속도를 지연시켜 청과물의 질적, 양적 변화를 방지하기 위함이다.

(4) 청과물의 냉장

청과물의 냉장 온도는 육류나 어류와는 달리 생명력을 유지할 수 있는 최적 온도로 해 주는 것이 좋다. 청과물은 종류에 따라 생장 또는 발아작용을 하는데, 이것은 품질을 저하시켜 상품가치를 떨어뜨리므로 5℃ 부근에서 냉온저장시켜 이 현상을 방지해야 한다.

바나나 같은 열대 과실은 수확하여 상당 기간 상온에서 추숙시켜야 식미가 생성된다. 청과물은 저장 중에 수분 증산으로 표면 광택이 없어지고, 주름이 생기며, 육질도 불량해지고, 신선미가 없어지는데 질적 변화와 중량도 15% 감소된다. 대부분의 청과물의 저장 최적 온도는 0℃ 부근에 있으며, 한편 빙결점은 −1~−2℃이고, 이보다 더 낮은 온도에서는 세포의 괴사를 일으켜 품질을 저하시킨다.

(5) 추숙

대부분 과실은 미숙기에서 완숙기에 가까워질 때, 또는 완숙기에서 호흡량이 한 시점에 증가하여 최고가 되었다가 차츰 감소된다. 이 현상을 전환기적 상승(climacteric rise, C.R.)이라고 한다.

추숙 현상이 있는 과실에서는 C.R.의 최성기 또는 그 직후 과실의 착색이나 연화가 생기고 먹을 수 있는 상태가 된다. 추숙의 정도는 저장 중의 온도, 공기 조성, 약품처리 등에 의해서 저지 또는 촉진시킬 수 있으므로 유통의 목적에 맞는 방법으로 추숙시키는 것이 좋다.

(6) 청과물의 저장

① 상온 저장 : 지상식, 반지하식, 지하식, 온도는 10℃ 정도 유지한다.
② 저온 저장 : 0℃에서 냉장하며, 80~85%의 습도, 빙의 저장은 −0.8~−1℃ 정도이다.
③ 냉동 저장 : −40℃에서 동결하며, −20℃ 이하로 저장한다.
④ CA 저장 : 산소, CO_2의 농도, 온·습도 등은 조절할 수 있는 시설에서의 저장이며, 냉장을 병용하면 유리하다.
⑤ 기타 : 플라스틱 필름 저장, 피막제 처리, 방사선 조사, 건조저장, 절임 등

5. 계란의 저장

계란은 일종의 생체식품이다. 두류나 종실류에 비하여 수분이 매우 많은 편(70%)에 속하므로 저장 중 온도의 영향을 크게 받는 식품이다. 계란은 과실류에 비하여 변질부패의 과정이 비교적 단순하며, 저장방법이 비교적 간단한 편이다.

(1) 계란의 저장 중 변화

계란은 저장 중에 중량 감소, 비중 감소, 알 표면의 감촉 변화, 난백의 pH 상승, 난황의 점도 저하, 부패현상 등의 변화가 생긴다.

(2) 계란의 저장법

냉장법, 냉동법(액란), 가스 저장, 도포 저장, 침지법, 건조법, 피단, 훈제 등이 있고, 이외에는 통 계란 저장이 있다.

 6. 우유의 저장

우유는 대부분의 수분(88% 정도)과 단백질, 지방, 탄수화물, 무기물, 비타민 등 영양소가 고르게 갖추어져 있어 완전식품이라 한다. 우유는 젖소의 유선 내 있을 때는 거의 무균상태이나 착유와 동시에 각종 세균에 오염되게 된다. 우유는 착유 직후의 일정기간 동안은 자가 살균작용이 있어 세균이 전혀 번식하지 않고 오히려 감소하는 경향이 있으나 그 유지 시간은 짧다.

(1) 살균방법

착유한 원유는 청결한 저유 탱크에서 냉각(5℃), 저온 보존해야 하고 원유는 수유 검사와 시험 검사를 하여 냉각 저유 탱크에 보관하면서 표준화, 균질화한 후 병원성 유해균(소결핵균)의 사멸 조건인 63~65℃에서 30분(저온 살균, LTLT), 72~75℃에서 15초(고온 단시간, HTST), 130~150℃에서 1~5초(고온 살균, UHT) 등으로 살균처리한다.

(2) 우유의 저장

냉각저온법, 보존제 첨가, 방사선 조사, 초음파 살균, 오존과 과산화수소 처리법 등이 있다.

(3) 각종 유제품의 저장

① 멸균우유 : 135~150℃에서 0.5~15초간 멸균처리(UHT)하여 용기에 무균적으로 충전한 우유로 수주~수개월 신선한 상태로 보존할 수 있다.

② 분유 : 우유에서 수분을 제거하고, 분말화하여 저장성을 갖게 한 것이다.

③ 연유 : 가당연유는 당농도가 높아 삼투압에 의해 방부력이 있으나 무당연유는 변질되기 쉬워 115~118℃로 살균처리 한다. 그러나 개관 후에는 변질의 우려가 있다.

④ 요구르트 : 우유에 젖산균을 배양하여 젖산 발효하게 하여 저장성을 갖게 한 것이다.

⑤ 치즈 : 우유의 단백질을 응고시켜 유용한 젖산균이나 곰팡이를 번식시켜 저장성을 갖게 한 것이다.

② 유통기한 설정방법

(1) 목적

이 고시는 식품 및 식품첨가물, 주문자상표부착수입식품 등, 건강기능식품의 유통기한 설정기준을 정함을 목적으로 한다.

(2) 유통기한 설정기준의 일반 원칙

1) 기본사항

① 식품 및 식품첨가물, 건강기능식품의 유통기한은 해당제품의 제조·가공업자가 설정하여야 하며, 이중 주문자상표부착수입식품 등의 유통기한은 식품등수입판매업자도 설정할 수 있다. 단, 식품첨가물은 유통기한을 표시하는 경우에 한한다.

② 식품등 및 건강기능식품제조·가공업자와 식품등수입판매업자는 포장재질, 보존조건, 제조방법, 원료배합비율 등 제품의 특성과 냉장 또는 냉동보존 등 기타 유통실정을 고려하여 위해 방지와 품질을 보장할 수 있도록 유통기한 설정을 위한 실험을 통하여 유통기한을 설정해야 한다.

③ 유통기한 설정실험을 수행하지 못하는 식품등 및 건강기능식품제조·가공업자와 식품등수입판매업자는 별지 제1호 서식에 따라 유통기한 설정실험 의뢰서를 작성하여 다음의 영업자 또는 기관에 의뢰할 수 있다.

　　㉠ 식품 등은 유통기한 설정실험이 가능한 타 국내외 식품 등 제조·가공업자, 건강기능식품은 타 건강기능식품제조업자

　　㉡ 식품관련 학과 설치 대학 및 대학 부설연구소

　　㉢ 「식품위생법 시행규칙」 제24조 제3항에 따라 식품의약품안전청장이 지정한 식품위생검사기관

④ ②목 및 ③목에 따라 식품등 및 건강기능식품의 유통기한 설정 실험을 하는 경우에는 유통기한 설정 실험을 수행할 수 있는 적절한 설비, 기계·기구 및 인력을 갖추어야 한다.

⑤ 실험에 사용되는 검체는 생산·판매하고자 하는 제품과 동일한 공정으로 생산한 제품으로 해야 한다.

⑥ 한국보건산업진흥원, 한국식품공업협회, 한국건강기능식품협회 및 관련 동업자조합 등은 유통기한 설정과 관련한 교육, 기술지도 및 자료제공 등을 할 수 있다.

⑦ 수출을 목적으로 하는 제품은 품목제조보고 시 유통기한설정사유서를 제출하지 아니하고 수입자가 요구하는 기준에 따라 유통기한을 정할 수 있다.

2) 유통기한 설정실험

① 실험계획

　　㉠ 유통기한 설정실험을 수행하기 위해서는 해당 제품의 특성을 충분히 반영하여 제품의

유통기한을 객관적으로 나타낼 수 있는 식품등 및 건강기능식품의 지표, 실험 시 저장조건, 검체 채취방법 및 유통기한 예측방법 등을 선정해야 한다.

    ⓛ 유통기한 설정실험 지표(실험항목)

        ⓐ 지표는 이화학적, 미생물학적 및 관능적 지표로 구분할 수 있다.

        ⓑ 식품의 경우 별표 2의 식품유형별 지표 및 제조·가공특성별 품질지표를 참고하여 식품의 특성을 잘 반영할 수 있는 지표를 선정한다. 건강기능식품의 경우 해당 품목의 기준 및 규격을 지표로 하며, 안전성 품질 유지 판단에 필요한 지표를 추가할 수 있다(예: 유지 함유제품의 경우 산가, 과산화물가 등).

        ⓒ 선정된 지표에 대한 "한계"를 각각 설정하여야 하고 한계는 수치로 나타낼 수 있다.

        ⓓ 한 제품이 별도로 포장된 두 가지 이상의 식품으로 구성되어 있는 경우, 각 구성 식품에 대해 적합한 지표를 선정해야 한다.

    ⓒ 실험 시 저장조건

        ⓐ 우리나라의 환경과 유통조건, 취급, 보관방법, 제품 특성을 종합적으로 고려하여 "실험 시 검체의 저장조건"을 선정해야 한다.

        ⓑ 저장 온도는 제품의 실제 보관 유통조건을 따른다.

         • 실온유통제품 : 실온이라 함은 1~35℃를 말하며, 원칙적으로 35℃를 포함하되 제품의 특성에 따라 봄, 가을, 여름, 겨울을 고려하여 선정해야 한다.

         • 상온유통제품 : 상온이라 함은 15~25℃를 말하며, 25℃를 포함하여 선정해야 한다.

         • 냉장유통제품 : 냉장이라 함은 0~10℃를 말하며, 원칙적으로 10℃를 포함한 냉장 온도를 선정해야 한다.

         • 냉동유통제품 : 냉동이라 함은 -18℃ 이하를 말하며 품질변화가 최소화 될 수 있도록 냉동 온도를 선정해야 한다.

         • 가속실험을 행하는 경우는 앞에서 정하는 유통조건 이외의 온도를 선정할 수 있다.

        ⓒ 온도 이외의 습도, 광선 등의 저장조건에 대해서는 통상적으로 사용되는 조건을 선정할 수 있다.

        ⓓ 저장기간은 설정 받고자하는 유통기한 이상 또는 이와 동등 이상의 가속실험기간으로 해야 한다.

    ⓓ 실험방법

        ⓐ 유통기한 설정실험 지표의 실험방법은 「식품의 기준 및 규격」, 「식품첨가물의 기준 및 규격」, 「건강기능식품의 기준 및 규격」에서 규정한 방법, AOAC 실험방법, Codex 실험방법, 학술진흥재단등재학술지 또는 과학기술논문인용색인(SCI)에 해당하는 학술지에 게재되었거나 게재 증명서를 제출한 논문에 기재되어 있는 실험방법에 따라 실험해야 한다.

② 실험수행

    ㉠ 검체채취 및 취급

        ⓐ 검체의 채취 및 취급은 식품 등은「식품의 기준 및 규격」제9. 검체의 채취 및 취급 방법에, 건강기능식품은「건강기능식품의 기준 및 규격」제Ⅰ.7 검체의 채취 및 취급에 따른다.

        ⓑ 검체를 분할하여서는 안 된다.

        ⓒ 검체 채취 후 바로 실험할 것을 권장하며, 만약 그러지 못할 경우에는 유통기한의 영향을 주지 않도록 보관해야 한다.

        ⓓ 검체에는 식별번호 등의 필요한 표시를 하여 검체의 분실 또는 혼돈되지 않도록 보관 관리해야 한다.

    ㉡ 시약, 시액, 기구 및 시설 등의 관리

        ⓐ 시약, 시액 및 표준용액의 용기에는 그 명칭을 표시하며, 필요에 따라서는 농도, 보관조건, 조제일자 및 사용기한 등을 표시하여야 한다.

        ⓑ 표준물질은 그 용기에 명칭, 순도, 입수원, 입수일자 등을 표시하고 변질이 가장 적은 조건하에서 보존해야 한다.

        ⓒ 변질 또는 사용기한이 지난 시약, 시액 및 표준용액, 순도가 저하된 표준물질 등을 사용하지 않도록 조치해야 한다.

        ⓓ 계측기 등의 정밀성을 요하는 장비는 정기적으로 검증해야 한다.

        ⓔ 기구는 실험의 목적에 가장 적합한 것을 사용하여야 하고, 사용 후에는 곧바로 세정 또는 멸균 등의 적절한 처리를 행하여 보관하여야 한다.

    ㉢ 실험실시

        ⓐ 해당 제품의 특성을 충분히 반영하여 실험을 수행하여야 한다.

        ⓑ 한 제품이 별도로 포장된 두 가지 이상의 식품으로 구성되어 있는 경우, 각 구성식품에 대해 별도의 실험을 수행하여야 한다.

        ⓒ 모든 실험은 원칙적으로 가속시험 및 수학적 모델의 적용이 가능하나 제품의 실제 유통조건 하에서의 유통기한 예측이 충분히 가능하도록 실시하여야 한다.

        ⓓ 실험담당자는 실험의 내용, 시약, 기구, 시설, 기초자료, 검체 등에 대한 내부관리를 정기적으로 점검해야 한다.

③ 실험 결과보고서 작성

    ㉠ 유통기한 설정실험을 수행하는 기관에서는 유통기한 예측결과가 포함된 실험결과보고서를 별지 제2호 서식에 따라 작성해야 한다.

    ㉡ 실험 결과보고서의 내용은 다음의 순서대로 작성해야 한다.

        ⓐ 표지

        ⓑ 실험 결과보고서 요약

        ⓒ 제품의 특성(제품 사진 포함)

ⓓ 실험방법

ⓔ 실험결과

ⓕ 결론

ⓖ 참고자료

3) 실험 결과보고서 제출

① 식품 등 및 건강기능식품제조·가공업자와 식품등수입판매업자는 제출된 실험 결과보고서를 근거로 하여 유통기한설정사유서를 별지 제3호 서식에 따라 작성해야 한다.

② 유통기한 설정실험 수행기관은 유통기한설정사유서의 근거 자료인 실험 결과보고서 내용은 허위사실이 없어야 한다.

(3) 유통기한 설정실험을 생략할 수 있는 경우

(2)에도 불구하고, 유통기한 설정실험을 생략할 수 있는 경우는 다음과 같다.

이 경우 별지 제3호 서식 유통기한 설정사유서 중 유통기한 설정근거란에 제품의 원료, 보존특성을 기재하고 유통기한 설정실험 생략 사유 및 그 근거를 제시하여야 한다.

1) 식품

① 별표 3 식품의 권장유통기간 이내로 유통기한을 설정하는 경우

② 「식품 등의 표시기준」 별지1 제1호가목5)에서 정한 유통기한 또는 품질유지기한 표시를 생략할 수 있는 식품에 해당하는 경우(다만, 식품 제조·가공업자가 유통기한을 표시하고자 하는 경우에는 제외)

③ 유통기한이 설정된 제품과 다음 각 항목 모두가 일치하는 신제품의 유통기한을 이미 설정된 유통기한 이내로 하는 경우

ㄱ 식품유형(「식품의 기준 및 규격」 제5. 식품별 기준 및 규격 중 식품유형 정의에 구체적인 식품종류가 나열되어 있는 경우에는 식품종류까지 동일하여야 한다. 예 : 과자류 – 과자 – 비스킷)

ㄴ 성상(예 : 분말, 건조물, 고체식품, 페이스트상, 시럽상, 액체식품 등)

ㄷ 포장재질(예 : 종이재, 합성수지재, 병, 금속캔, 파우치 등) 및 포장방법(예 : 진공포장, 밀봉포장 등)

ㄹ 보존 및 유통 온도

ㅁ 보존료 사용여부

ㅂ 유탕·유처리 여부

ㅅ 살균(주정처리, 산처리 포함) 또는 멸균방법

④ 유통기한 설정과 관련한 국내·외 식품관련 학술지 등재 논문, 정부기관 또는 정부출연기관의 연구보고서, 한국식품공업협회 및 동업자조합에서 발간한 보고서를 인용하여 유통기한을 설정하는 경우

2) 식품첨가물

유통기한이 설정된 제품과 다음 각 목 모두가 일치하는 신제품의 유통기한을 이미 설정된 유통
기한 이내로 하는 경우

① 「식품첨가물의 기준 및 규격」으로 고시한 품목명(혼합제제의 경우에는 원료성분명) 및 성상

② 포장재질 및 포장방법

③ 보존 및 유통 온도

3) 건강기능식품

① 유통기한이 설정된 제품과 다음 각 항목 모두가 일치하는 신제품의 유통기한을 이미 설정된
유통기한 이내로 하는 경우

㉠ 기능성원료 또는 식품유형(건강기능식품의 기준 및 규격의 소분류까지 동일하여야 한
다. 한편, 식품의 식품유형과 비교할 경우, 사용한 기능성 원료 또는 성분의 경시적 변
화 특성에 대한 자료를 추가로 제출하여야 한다)

㉡ 성상(예 : 캡슐, 정제, 분말, 과립, 액상, 환, 편상, 페이스트상, 시럽, 젤, 젤리,
바 등)

㉢ 포장재질(예 : 종이재, 합성수지재, 병, 금속캔, 파우치 등) 및 포장방법(예 : 진공포
장, 밀봉포장 등)

㉣ 보존 및 유통 온도

㉤ 보존료 사용여부

㉥ 유탕·유처리 여부

㉦ 살균 또는 멸균방법

② 유통기한 설정과 관련한 국내·외 식품관련 학술지 등재 논문, 정부기관 또는 정부출연기관
의 연구보고서, 한국식품공업협회, 한국건강기능식품협회 및 동업자조합에서 발간한 보고
서를 인용하여 유통기한을 설정하는 경우

③ 식품의 포장

식품포장 기술은 나뭇잎, 죽순 껍질, 동물 가죽, 풀 등의 원시적 포장 재료에서 19세기 초엽의 병조
림, 통조림 기술의 발달에 따라 장기 저장이 가능하게 되었다. 20세기 후반에는 합성 고분자 공업
의 발전으로 플라스틱 필름이 개발되어 경량성, 투명성, 유연성, 열접착성, 인쇄성 등의 특징을 지
니고 있어 통조림보다 더 많이 이용되고 있다.

식품의 포장, 저장은 식품을 기밀상태로 포장하여 미생물, 수분, 공기 등과 완전히 차단시켜 변패를
막고, 또 가열살균 처리나 불활성 가스로 대체 밀봉함으로써 식품을 안전하게 보존하게 하는 것이다.

1. 식품포장의 목적

① 저장성의 증가
② 취급상의 간편(인건비 절약)
③ 상품가치 향상
④ 위생적 취급 가능
⑤ 경제적

2. 식품포장 재료

(1) 유리

① 재질의 비활성, 투명성, 강도가 있고 자유롭게 형태를 만들 수 있으나 중량이 무겁고 파손되기 쉽다.
② 조미료 용기, 탄산음료 용기, 주류 용기 등에 이용된다.

(2) 금속용기

철판에 주석으로 도금한 양철관과 철판 표면에 금속 크롬을 입히고, 그 위에 크롬수산화물을 입힌 TFS관(tin free steel can, 무광석강판관) 등이 있다.

① 알루미늄관 : 탄산음료관, 맥주관, 유제품관 등으로 사용하며 차단성이 우수하다.
② TFS관
  • 유기산에 의해 부식되기 쉬우므로 통의 안쪽 면에 에나멜(enamel) 혹은 락카(lacquer)를 입히는 도장관(coated can)과 입히지 않은 백관(plain can)이 있다.
  • 맥주관, 탄산음료관, 액체 세제관, 조미료관 등으로 사용되고 있다.

(3) 종이 및 판지 용기

가볍고, 무균 충전포장이 가능하며, 처리와 개봉이 쉽고, 금속의 용출이나 냄새가 없으며, 그림 인쇄가 잘된다.

① 유연포장 : 그라프트지, 그라신지
② 강직포장 : 판지, 골판지, 접합지

(4) 플라스틱 필름과 용기

열, 압력에 의해 일정 모양으로 만드는 고분자 화합물이다.

① 폴리에틸렌 필름(polyethylene film) : 병, 튜브 등에 이용된다.
  • 저밀도 폴리에틸렌 : 반투명이며 가볍고 내한성이 강하다.
  • 중밀도 폴리에틸렌 : 수증기의 투과성이 적고 저밀도보다 얇다.

- 고밀도 폴리에틸렌 : 가스나 수증기 투과성이 적고, 내열성, 내한성이 강하다.
② 폴리에틸렌 클로라이드 필름(polyethylene chloride film)
  - 방습성, 내유성을 가지며 가스 투과성이 적다.
  - 내열성이 커서 고온 살균용 포장에 쓰일 수 있다.
③ 폴리에스테르 필름(polyester film) : 향기가 날아가는 것을 막는 데 알맞다.
④ 폴리프로필렌 필름(polypropylene film) : 가스투과성은 고밀도 폴리에틸렌과 비슷하다.

(5) 목재용기

나무상자, 도시락 재료, 나무통 등이 있다.

3. 포장재의 구비조건

① 인체에 유해성분의 혼입이 없어야 한다.
② 내용 식품의 부패를 방지할 수 있어야 한다.
③ 맛의 변화를 억제할 수 있어야 한다.
④ 내용물을 볼 수 있게 하여 소비자에게 안심을 주어야 한다.
⑤ 휴대하기 편리하고 폐기하기가 용이해야 한다.
⑥ 가격이 싸야 한다.

4. 각종 식품의 포장

① 식육, 어육 등의 천연식품 : 수분과 가스의 투과성이 없는 필름(film)이나 라미네이트시킨 것을 사용한다.
② 과실, 채소 등의 천연식품 : 가스투과성이 다소 있는 필름 재료를 사용한다.
③ 건조식품의 포장 : 흡습, 지방산패, 변색, 변미, 향기, 감소 등의 변패를 방지하는 플라스틱 필름 재료를 사용한다.
④ 가열식품의 포장 : 통조림법, 내열성 플라스틱 포장을 한다.
⑤ 냉동식품의 포장 : 방습성이 있고, 가스투과성이 낮고, 유연성이 있고 저온에서 경화되지 않아야 되며, 가열수축성이 있는 P.E 필름, cryovac 필름을 사용한다.

5. 포장 목적에 따른 재질의 종류

① 광선의 차단 : Al－foil, 종이류
② 향기, 취기의 차단 : Al－foil, vinylidene, chloride, polyester, polypropylene
③ 내유성 : Al－foil, cellophane, polyamide, polyester, vinylidene chloride
④ O_2 및 gas 차단 : Al－foil, polyester, polyamide, 방습 cellophane, vinylidene chloride
⑤ 수분 및 습기차단 : Al－foil, polypropylene, polyethylene, polyester, 방습 cellophane

출제예상문제

001 곡물의 도정
마찰작용(곡물끼리 부딪치는 현상), 찰리작용(마찰로 고체 표면을 벗기는 현상), 절삭작용(금강사, 숫돌, 롤러같이 단단한 물체로 깎는 현상), 충격작용(곡립에 충격을 주어 조직을 벗기는 현상) 등이 공동으로 이루어진다.

002 도정도와 도정율
• 도정도 : 쌀겨층이 벗겨진 정도에 따라 완전히 벗겨진 것을 10분도미, 쌀겨층이 반이 벗겨진 것을 5분도미로 표시
• 도정률 : 정미의 중량이 현미 중량의 몇 %에 해당하는가를 나타내는 방법
  – 현미 : 나락에서 왕겨층만 제거한 것 (도정율 100%)
  – 5분도미 : 겨층의 50%를 제거한 것 (도정율 96%)
  – 7분도미 : 겨층의 70%를 제거한 것 (도정율 94%)
  – 백미 : 현미를 도정하여 배아, 호분층, 종피, 과피 등을 없애고 배유만 남은 것(도정율 92%)
  – 배아미 : 배아가 떨어지지 않도록 도정한 것
  – 주조미 : 술의 제조에 이용되며 미량의 쌀겨도 없도록 배유만 남게 한 것 (도정율 75% 이하)

003 2번 해설 참조

004 1,000kg의 현미에서 940kg의 백미를 얻었으므로 94%의 도정률이다.

005 벼의 구조
• 왕겨층, 겨층(과피, 종피), 호분층, 배유 및 배아로 이루어져 있다.
• 현미는 과피, 종피, 호분층, 배유, 배아로 이루어져 있다. 즉, 현미는 벼에서 왕겨층을 벗긴 것이다.

006 도정률이 증가함에 따른 영양성분의 변화
• 섬유소, 회분, 비타민 등의 영양소는 손실이 커지고 탄수화물 양이 증가한다.
• 총 열량이 증가하고 밥맛, 소화율도 향상된다.

ANSWER
001 ④   002 ③   003 ②   004 ③
005 ③   006 ④

곡류 및 서류가공

001 곡물의 겨층 제거를 도정하는 원리에 속하지 않는 작용은?

① 찰리작용　　　　② 마찰작용
③ 충격작용　　　　④ 분쇄작용

002 다음의 쌀 중 도정도가 가장 큰 것은?

① 현미(玄米)
② 배아미(胚芽米)
③ 주조미(酒造米)
④ 정백미(精白米)

003 쌀의 도정도가 적은 것에서 큰 순서로 나열된 것은?

① 현미 → 7분도미 → 백미 → 5분도미
② 현미 → 5분도미 → 7분도미 → 백미
③ 현미 → 7분도미 → 5분도미 → 백미
④ 현미 → 백미 → 7분도미 → 5분도미

004 현미 1,000kg을 도정한 결과 겨 44kg, 쇄미 16kg을 얻었다면 이 쌀의 도정률은?

① 90%　　　　② 92%
③ 94%　　　　④ 96%

005 현미를 백미로 도정할 때 쌀겨층에 해당되지 않는 것은?

① 과피　　　　② 종피
③ 왕겨　　　　④ 호분층

006 현미의 도정률이 증가함에 따른 영양성분의 변화 중 옳지 않은 것은?

① 탄수화물의 양이 증가한다.
② 회분, 비타민의 손실이 커진다.
③ 소화율이 향상된다.
④ 총 열량이 감소된다.

007 백미성분 중 도정률이 높아짐에 따라 가장 큰 비율로 감소하는 것은?

① 탄수화물　　　　　② 지방
③ 단백질　　　　　　④ 비타민

008 쌀의 영양조성에서 가장 풍부한 성분은?

① 단백질　　　　　　② 섬유질
③ 지방　　　　　　　④ 당질

009 도정률에 따라 곡물의 성분 중 변화가 큰 것은?

① 단백질　　　　　　② 지방
③ 탄수화물　　　　　④ 수분

010 쌀의 영양강화법의 일종으로 벼를 쪄서 건조한 후 도정하는 방법은?

① cut back법　　　　② premix법
③ parboil법　　　　④ fartified rice법

011 쌀의 도정률을 결정하는 방법이 아닌 것은?

① 쌀겨 생산량으로 판단
② 쌀겨 층이 벗겨진 정도
③ 단백질의 증가에 의한 방법
④ 쌀의 색깔

012 곡류의 경도가 강한 것을 도정하는 데 효과적인 도정작용은?

① 찰리　　　　　　　② 마찰
③ 분쇄　　　　　　　④ 절삭

013 9분도미 판정법으로 바르게 설명된 것은?

① 배부와 상단부의 등겨 층이 완전히 벗겨진 것
② 측면의 등겨 층이 일부 벗겨진 것
③ 배부의 겨 층이 완전히 벗겨진 것
④ 고랑의 등겨 층이 완전히 벗겨진 것

---

007 현미의 도정
• 현미는 최외각층에 과피가 있고, 그 내부에 종피, 외배유, 내배유가 있는데 외피에 지방, 단백질, 비타민 등이 함유되어 있다.
• 특히 지방이 많이 함유되어 있어서 도정률이 높아지면 그만큼 지방이 많이 떨어져 나간다.

008 백미 100g 중에 함유된 성분 조성은 단백질 6.5%, 지방 0.9%, 당질 77.6%, 섬유질 0.4%, 수분 14.0%이며, 칼로리는 353cal이다.

009 7번 해설 참조

010 쌀의 영양 강화법
• parboil법은 인도 지역에서 개발을 시도한 것으로 벼를 수침하여 찐(100℃, 30분) 다음, 건조하면 배아나 겨층에 있는 비타민 B_1, B_2 등의 성분이 배유 속으로 이행되어 강화된다.
• Premix법은 쌀에 부족한 영양분 비타민 B_1, B_2 nicotinic acid 등을 진한 용액으로 만들어 쌀에 묻히고 단백질 피막을 입히는 것이다.

011 도정률(도)을 결정하는 방법
• 백미의 색깔
• 도정 시간
• 도정 횟수
• 전력소비량
• 생성된 쌀겨량
• 쌀겨층이 벗겨진 정도
• 염색법

012 절삭작용
• 높은 경도의 곡물 도정에 유효한 방법이다.
• 금강사 같은 금속 조각으로 곡류입자 조직을 깎아내는작용으로 연석과 연마가 있다.

013 쌀의 도정에 따른 분류
• 현미 : 벼에서 왕겨만 제거된 것
• 5분도미 : 측면 겨층을 어느 정도 벗긴 것
• 7분도미 : 배부의 겨층을 완전히 벗긴 것
• 8분도미 : 하단부 겨층을 완전히 벗긴 것
• 9분도미 : 배부와 상단부의 겨층을 완전히 벗긴 것
• 20분도미 : 고랑의 겨층을 완전히 제거하여 배유만 남은 것

ANSWER

007 ②　008 ④　009 ②　010 ③
011 ③　012 ④　013 ①

014 현미 = 92% 백미 + 8% 왕겨
8%의 겨 중 7분도미는 70% 도정했으므로, 8 × 0.7 = 5.6%
100 − 5.6 = 94.4%

015 MG(May Grunwaid) 시약으로 염색판정 시의 정백도
• 과피와 종피는 청색(현미)
• 호분층은 담녹색 내지 담청색(5분도미)
• 배유는 담청홍색 내지 담홍색(7분도미)
• 배아는 담황록색(10분도미)

016 α화미의 기본적인 제조
• 쌀을 묽은 식초산 용액에 침지한 후 밥을 지어 상압, 감압건조(80~130℃)시켜 수분이 5%가 되게 건조한 즉석식품이다.

017 쌀의 도정에 따른 종류
• 주조미 : 배유 이외의 성분을 제거하기 위하여 과도한 도정의 산물이다.
• 배아미 : 배아가 함유되어 있어서 영양소가 높지만, 식미와 소화율은 낮다.
• 알파미 : 쌀 전분에 가수 가열하여 α화시킨 후 고온에서 건조한 것이다.
• 백미 : 현미를 도정하여 배아, 호분층, 종피, 과피 등을 없애고 배유만 남은 것이다.

018 절단맥 가공
• 보리는 깊은 고랑이 있어 도정 후에도 정맥의 외관과 식미를 불량하게 하기 때문에 고랑을 따라 절단하여 도정하는 가공법이다.
• 절단면에 의한 흡수가 좋고, 모양이 작아져 쌀과 함께 밥을 짓는 것이 가능하다.

019
• 장맥아의 특징
  − 비교적 저온에서 발아
  − 보리 길이의 1.5~2배 키운 것
  − β-amylase 효소작용이 1.5배 강력
  − 식혜, 물엿 제조에 사용
• 단맥아의 특징
  − 고온에서 발아
  − 싹이 짧고, 보리 길이의 2/3~3/4
  − 녹말함량이 많다.
  − 맥주 제조에 사용

ANSWER

014 ③ 015 ④ 016 ④ 017 ①
018 ③ 019 ④

---

014 7분도미는 현미에서 몇 %의 백미를 생산하는가?

① 98.7% ② 96.6%
③ 94.4% ④ 93.3%

015 MG 염색법으로 도정도 판정 시 담홍 청색이 나타나면 몇 분도미인가?

① 현미와 5분도미
② 5분도미
③ 5분도미와 7분도미
④ 7분도미와 백미

016 α화미의 제조법으로 가장 적당한 방법은?

① 쌀을 증자한 후 양건
② 쌀을 증자한 후 음건
③ 쌀을 증자한 후 60℃ 공기 건조
④ 쌀을 증자한 후 80℃ 공기 건조

017 벼의 도정으로 생성된 쌀 중 영양소를 가장 많이 함유한 것은?

① 배아미 ② 주조미
③ 백미   ④ 알파미

018 보리의 식미 불량원인인 고랑, 색깔, 거친 섬유 등의 원료 결함을 개선하기 위한 가공 방법은?

① 혼수 가공
② 팽화 가공
③ 절단맥 가공
④ 압맥 가공

019 장맥아에 대한 설명 중 틀린 것은?

① 감주나 물엿 제조에 쓰인다.
② 당화력이 단맥아보다 강하다.
③ 저온 장시간 발아시킨 것이다.
④ 녹말 함량이 많다.

020 압맥의 제조공정 중 압편롤러 통과 전 전처리로서 맞는 처리순서는?

① 수분(14~16%) → 예열(10분) → 증기처리(40~60℃) → 수분(20~25%)
② 수분(14~16%) → 예열(20분) → 증기처리(60~80℃) → 수분(25~30%)
③ 수분(18~20%) → 예열(30분) → 증기처리(60~80℃) → 수분(30~40%)
④ 수분(20~25%) → 예열(40분) → 증기처리(60~80℃) → 수분(40~50%)

021 만할곡물에 속하는 것은?

① 콘밀　　　　　　　② 배아미
③ 압맥　　　　　　　④ 알파미

022 밀알 60개를 곡립 절단기로 절단 관찰할 때, 그 단면의 30% 이하가 분상질 20개, 초자질 20개, 중간질 20개였다. 이때의 밀의 초자율은?

① 30%　　　　　　　② 50%
③ 70%　　　　　　　④ 90%

023 조질 탱크에서 밀에 수분을 흡수시키는 데 제분(분상질 밀)에 가장 알맞은 수분함량은?

① 13~14%　　　　　② 14.5~16.5%
③ 16.5~18.5%　　　④ 18~20%

024 소맥제분 시 원맥 수분이 12%인 밀 100kg를 수분 16%가 되게 조절하려 할 때 첨가할 가수량은?

① 1.94kg　　　　　　② 2.94kg
③ 3.94kg　　　　　　④ 4.76kg

025 수분함량이 10%인 초자질 밀 2000kg을 수분함량이 15.5%가 되도록 하기 위하여 첨가하여야 할 물의 양은 약 얼마인가?

① 109kg　　　　　　② 117kg
③ 130kg　　　　　　④ 146kg

020　압맥의 제조공정 중 전처리
- 보리쌀 수분을 14~16%로 조정하여 압편기 상부의 예열통에서 20분 내외로 흘려 내리는데, 이때 증기로 간접적으로 60~80℃가 되게 단시간 가열한 후 재차 가열하여 수분 25~30%로 연화시킨다.

021　만할곡물
- 맛과 소화율을 높이기 위해 곡물을 여러 조각으로 쪼갠 것이다.
- 보통 콘밀(corn meal)이 제조된다.

022 절단면의 30% 이하 부분이 분상질이면 초자질 입자로 하고, 초자질 부분이 30% 이하면 분상질로 판정한다.
- 초자율
$$= \frac{(1 \times 초자질\ 개수) + (중간질\ 개수 \times 0.5)}{총\ 밀알수} \times 100$$
$$= \frac{(20 \times 1) + (20 \times 0.5)}{60} \times 100 = 50\%$$

023　제분 시 조질
- 조질탱크에서 밀기울이 너무 부서지지 않고, 배유가 가장 잘 부서지게 일정한 수분을 함유케 한다.
- 분상질 밀 13~14%, 중간질 밀 14.5%, 초자질 밀은 15~16%이다.

024　첨가할 가수량(kg)
$$= 밀가루 \times \left(\frac{100 - 원료수분}{100 - 목표수분} - 1 \right)$$
$$= 100 \times \left(\frac{100 - 12}{100 - 16} - 1 \right) = 4.76$$

025　첨가할 가수량(kg)
$$= 2000 \times \left(\frac{100 - 10}{100 - 15.5} - 1 \right) = 130$$

020 ②　021 ①　022 ②　023 ①
024 ④　025 ③

026 밀가루 시험법
• 색도, 입도, 제면시험, 제빵시험, 팽윤도 시험(swelling power test), amylograph(α–amylase작용력 측정), farinograph(밀가루 점탄성 측정), extensograph(반죽의 신장도 및 인장 항력 측정) 등이 있다.

027 밀가루 검사법
• 회분량 : 밀기울 혼입량을 측정한다.
• 산도 검사 : 변질 상태를 측정한다.
• 입도 측정 : 밀가루의 보수력과 균질성을 측정한다.

028 밀의 회분은 껍질인 밀기울에 많고, 배아부는 전분이 많아 회분량이 많으면(0.5% 이상), 껍질이 밀가루 중에 많다는 것을 알 수 있고, 제분율을 알 수 있다.

029 밀의 제분공정 순서
밀 → 정선 → 수분 첨가(조질) → 분쇄 → 사별 → 완성 → 제품

030 밀의 조질(調質)
• 밀알의 내부에 물리적, 화학적 변화를 일으켜서 밀기울부(외피)와 배젖(배유)이 잘 분리되게 하고 제품의 품질을 높이기 위하여 하는 공정이다.
• 템퍼링(tempering)과 컨디셔닝(conditioning)이 있다.

031 30번 해설 참조

---

026 다음 중 밀가루 품질시험법으로 적당하지 않은 것은?

① 면의 팽윤도 검사
② 프로테아제작용력 시험
③ 아밀라아제작용력 시험
④ 글루텐 함량 측정

027 밀가루 검사법으로 적당하지 않은 방법은?

① 산도   ② 회분함량
③ 입도   ④ 비중

028 밀가루의 품질등급 판정으로 회분함량을 기준하는 이유는?

① 밀기울에 전분이 많아서
② 배아부에도 회분이 많아서
③ 밀기울에 비타민, 미네랄이 많아서
④ 밀기울에 회분이 많기 때문

029 제분공정의 순서가 맞는 것은?

① 조질 → 사별 → 분쇄 → 정선
② 분쇄 → 정선 → 사별 → 조질
③ 정선 → 분쇄 → 사별 → 조질
④ 정선 → 조질 → 분쇄 → 사별

030 밀의 제분공정에서 조질(調質)이란?

① 외피의 분쇄를 쉽게 하기 위한 것
② 밀가루의 품질을 균일하게 하기 위한 것
③ 외피와 배유의 분리를 쉽게 하기 위한 것
④ 협잡물을 제거하기 위한 것

031 밀의 제분공정에서 가수(조질)하는 목적이 아닌 것은?

① 협잡물 제거
② 밀가루의 품질 향상
③ 배유의 분쇄조장
④ 외피와 배유의 분리 조장

032 제분공정에서 비중 차이에 의하여 제거되는 부분은?

① 글루텐(gluten)
② 배아(germ)
③ 배유(endosperm)
④ 밀기울(bran)

033 제분 시 자력분리기가 사용되는 공정은?

① 분쇄
② 운반
③ 세척
④ 정선

034 다음 중 제분율을 올바르게 나타낸 식은?

① $\dfrac{\text{제분중량}}{\text{원료밀 중량}} \times 100$

② $\dfrac{\text{제분중량}}{\text{밀가루 중량}} \times 100$

③ $\dfrac{\text{제분중량}}{\text{원료밀 중량} - \text{껍질중량}} \times 100$

④ $\dfrac{\text{제분중량}}{\text{원료밀 중량} - \text{화분}} \times 100$

035 밀가루 종류 중 강력분, 중력분 및 박력분을 구별하는 기준이 되는 단백질은 무엇인가?

① 알부민(albumin)
② 글루텐(gluten)
③ 글루코사민(glucosamine)
④ 아미노산(amino acid)

036 점탄성이 강한 반죽으로 만들려면 밀가루를 어떻게 하는 것이 좋은가?

① 혼합을 강하게 한다.
② 밀가루를 일정시간 숙성, 산화시킨다.
③ 회분함량이 많은 전분을 사용한다.
④ 글루텐 함량이 적은 강력분을 사용한다.

037 밀가루 품질 규정 시 밀기울 혼합률을 간접 측정할 수 있는 성분은?

① 섬유질
② 전분
③ 비타민 B₂
④ 회분

---

032 밀기울(bran)은 비중 차이에 의하여 분리 제거한다.

033 자력분리기는 원료를 정선 시 사면으로 흐르게 하고, 그곳에 말굽 모양 또는 막대기 모양의 영구자석을 장치하여 원료 속의 쇠붙이를 흡착 제거하는 장치이다.

034 밀의 제분율
• 원맥 품질, 제분 규모, 제분기 종류, 제분 목적 등에 따라 달라진다.
• 보통 80% 이하가 적당하며, 제분율이 낮은 밀가루가 상급품이고, 회분량이 적다.
• 제분율 $= \dfrac{\text{제분중량}}{\text{원료밀 중량}} \times 100$

035 밀가루의 품질을 결정하는 데 가장 중요한 것
• 글루텐(gluten) 함량이다.
• 글루텐 함량에 따라 밀가루 종류와 품질이 달라진다.
• 강력분은 13% 이상, 중력분은 10~13%, 박력분은 10% 이하이다.

036 점탄성이 강한 반죽을 만들려면
• 밀가루를 일정시간 숙성, 산화시키면 수분의 분포 및 글루텐 형성을 촉진시켜 반죽의 점탄성을 높여 준다.
• 소금을 사용하면 밀가루의 점탄성을 높여 준다.
• 글루텐 함량이 많은 강력분은 점탄성이 크다.

037 밀가루 품질
• 원맥 품질, 제분기 종류, 제분 기술, 용도에 따라 차이가 있다.
• 성분상으로 gluten과 회분량으로 평가한다.
• 밀의 회분은 배유부에 적고 껍질 부분에 많으므로 밀의 회분량을 측정함으로써 밀기울 양을 판정할 수 있다.

▌ANSWER▐ ························

032 ④ 033 ④ 034 ① 035 ②
036 ② 037 ④

038 밀가루의 분류
- 강력분 : 제빵용으로 건부량이 13% 이상이며, 특징은 점탄성이 커서 보장력이 크고 제빵 시에 부피가 커진다. 단백질 함량이 높으며 경질소맥을 원료로 한다.
- 중력분 : 제면용으로 경도가 중간 정도이며, 건부량은 10~13%이고, 특징은 중간질의 밀을 제분한 것이다.
- 박력분 : 과자 및 튀김용으로 적합한 밀가루이고, 건부량 10% 이하이다. 특징은 촉감이 부드럽고 연소질 소맥을 원료로 한다.

039 활성글루텐의 제조
- 배터(Batter)식의 연속식제조법(Continuous)과 마틴(Martin)식의 배치식제조법(Batch)으로 나누고 있다.
- 건조 방식에는 플래시드라이(Flash dry) 방식과 스프레이드라이(Spray dry) 방식 2가지가 대표적이다.
- 플래시드라이 방식은 열기류에 의해서 순간 건조되며 이 방법으로 제조된 활성글루텐은 글루텐단백질의 고차결합구조가 비교적 망가지지 않은 채로 남아있어, 탄력이 강한 제품이 생산되는 특징을 가지고 있다.

040 비타민C는 밀가루 반죽의 개량제로서 숙성 중 글루텐의 S-S결합으로 반죽의 힘을 강하게 하여 가스 보유력을 증가시키는 역할을 해 오븐팽창을 양호하게 한다.

041 Farinograph
- 밀가루를 이겨서 반죽을 만들었을 때 생기는 점탄성을 측정하는 장치이다.
- 밀가루 반죽의 faringogram을 구성하는 요소 : 반죽의 경도, 반죽의 형성 기간, 반죽의 안정도, 반죽의 탄성, 반죽의 약화도 등이다.

042 Faringograph는 밀가루 반죽 시 생기는 점탄성을 측정하는 데 이용된다.

---

038 밀가루 4kg을 사용하여 건조글루텐(건부량) 540g을 제조하였다. 이때의 건조글루텐 함량은 얼마이며, 이 밀가루는 박력분, 중력분, 강력분 중 어디에 분류되며, 주로 사용하는 용도는 무엇인가?

① 건조글루텐 함량 10.3% – 중력분 – 면류
② 건조글루텐 함량 12.5% – 중력분 – 국수
③ 건조글루텐 함량 13.5% – 강력분 – 식빵
④ 건조글루텐 함량 13.65% – 강력분 – 과자, 비스킷

039 활성 글루텐을 제조하는 데 가장 적합한 건조기는?

① 킬른 건조기(kiln dryer)
② 플래쉬 건조기(flash dryer)
③ 캐비닛 건조기(cabinet dryer)
④ 유동층 건조기(fluidezed bed dryer)

040 밀가루 반죽의 개량제로 비타민 C를 사용하는 주된 이유는?

① 향미를 부여하기 위하여
② 밀가루의 숙성을 위하여
③ 영양성의 향상을 위하여
④ 밀가루의 점도을 높이기 위하여

041 밀가루 반죽의 패리노그램(farinogram)을 구성하는 요소가 아닌 것은?

① 반죽의 경도
② 반죽의 안정도
③ 반죽의 호화도
④ 반죽의 탄성

042 Faringograph는 밀가루 품질 검사에 사용되는 기구인데 다음 중 설명이 맞는 것은?

① 밀가루의 점탄성 측정
② 밀가루의 색도 측정
③ 밀가루의 수분 측정
④ 밀가루 아밀라아제 활력 측정

 ANSWER

038 ③　039 ②　040 ②　041 ③
042 ①

043 반죽의 인장 항력 측정장치는?

① autoclave
② farinograph
③ amylograph
④ extensograph

044 마카로니 제조용 밀가루는 어떤 것이 좋은가?

① 준강력분
② 중력분
③ 강력분
④ 박력분

045 마카로니는 무슨 면인가?

① 신연면
② 선절면
③ 연면
④ 압출면

046 제분 가공 시 검사 방법과 항목이 잘못 연결된 것은?

① Swelling power 법 → 밀가루의 색도
② Extensograph 법 → 반죽의 신장도
③ Farinograph 법 → 반죽의 점탄성
④ Amylograph 법 → 전분의 호화특성

047 면류의 분류상 압출면에 속하지 않는 것은?

① 당면
② 마카로니
③ 건면
④ 해조면

048 당면을 만들 때 주로 사용하는 전분은?

① 감자 전분
③ 옥수수 전분
③ 쌀 전분
④ 고구마 전분

049 건면류를 제조할 때 소금을 사용하는 주목적이 아닌 것은?

① 제품의 변색 방지
② 밀가루의 점탄성 증진
③ 면선의 건조 속도 조절
④ 제품의 변질 방지

---

043 밀가루 시험 장치
- farinograph : 반죽의 점탄성 측정장치
- amylograph : 액화상태의 점도 측정 장치
- extensograph : 반죽의 인장 항력 및 반죽 신장도 측정장치
※ autoclave : 증자 살균장치

044 마카로니
- 압출면의 일종이다.
- 압출할 때 면대가 점성이 높고 잘 끊어지지 않도록 해야 하기 때문에 강력분이 사용된다.

045 면류의 종류
- 제조법에 따라 선절면, 신연면, 압출면, 즉석면이 있다.
  - 선절면 : 밀가루 반죽을 넓적하게 편 다음 가늘게 자른 것. 중력분을 사용하고 칼국수, 손국수 등에 이용
  - 신연면 : 밀가루 반죽을 길게 뽑아서 면류를 만든 것으로 소면, 우동, 중화면 등에 이용
  - 압출면 : 밀가루 반죽을 작은 구멍으로 압출시켜 만든 것. 강력분을 사용하고, 마카로니, 스파게티, 당면 등에 이용

046 제분 가공 시 검사방법
- paker 시험 : 밀가루 색도
- swelling power 시험 : 팽윤도 판정
- extensograph 시험 : 반죽의 신장도, 인장항력 측정
- farinograph 시험 : 밀가루 반죽 시 생기는 점탄성 측정
- amylograph 시험 : 전분의 호화 온도, 제빵에서 중요한 α-amylase의 역가, 강력분과 중력분 판정

047 압출면의 종류
- 당면, 마카로니, 아르긴면 및 해조면 등
  - 아르긴면은 알긴산 소다(5%)를 첨가하여 제조
  - 해조면은 탄산나트륨, 수산화나트륨 등으로 처리한 미역, 다시마 첨가
  - 건면은 국수가락을 건조시킨 것

048 당면
- 고구마 전분으로 만든 것이다.
- 고구마 전분 중에는 글루텐(gluten)이 없어 엉키는 성질이 없다.
- 동결시켜 제조하기 때문에 동면이라고도 한다.

049 건면 제조에서 소금을 사용하는 주목적
- 밀가루의 점탄성을 높인다.
- 면선의 건조 속도를 조절한다.
- 제품의 변질을 방지한다.
※ 조미 효과에 있는 것이 아니다.
※ 소금의 사용량은 밀가루의 3~4%이다.

050 면의 번수
- 면발의 굵기를 표시하는 것이다.
- 3cm 나비의 면대에서 나온 국수 가락 수, 즉 절치번수를 말한다.
- 번수가 적을수록 면선은 굵어진다.

051 당면
- 얼려서 만들기 때문에 동면이라고도 한다.
- 고구마 전분을 묽게 반죽하여 작은 구멍으로 압출하고, 열탕에서 호화한 후 동결, 건조한다.

052 메밀가루는 점성이 없으므로 밀가루를 혼합하여 접착제 역할을 하며, 그 밖에 달걀이나 호화 녹말을 넣기도 한다.

053 제빵 시 원료의 역할
- 설탕 : 효모의 영양원, 감미, 색, 조직의 유연화
- 지방 : 조직 유연화, 노화 방지, 저장성 부여, 반죽형성 용이
- 이스트 푸드 : 효모의 무기영양원, 글루텐 질 향상
- 소금 : 맛, 잡균번식 방지, 효모발효 조절

054 빵의 효모
- *Saccharomyces cerevisiae*가 사용된다.
- 반응식 : $C_6H_{12}O_6 \rightarrow 2C_2H_5OH + 2CO_2$
- 효모의 주역할은 반죽 속의 당을 양분으로 이용하여 알콜 발효를 일으키고 부산물로 이산화탄소를 생성한다.
- 생성된 탄산가스로 인해 빵의 부피를 크게 팽창시킨다.
- 알코올, 유기산 등은 빵의 풍미와 향기를 준다.

055 54번 해설 참조

---

050 면의 번수란?

① 3인치당 면의 가락수
② 3cm당 면의 가락수
③ 1cm당 면의 가락수
④ 1인치당 면의 가락수

051 당면 제조공정으로 옳은 것은?

① 반죽하여 선상으로 끓는 물에 삶아 동결 건조한다.
② 반죽하여 면대를 만든 후 절단 건조한다.
③ 반죽하여 관을 통해 압축 후 삶아 건조한다.
④ 반죽하여 선상으로 끓는 물에서 호화시켜 만든다.

052 메밀국수 제조 시에 밀가루를 혼합하는 이유는?

① 영양강화   ② 접착제
③ 흡습제   ④ 탄성제

053 제빵 시 빵을 부드럽게 하는 재료로 짝지어진 것은?

① 이스트 푸드 – 지방
② 지방 – 소금
③ 설탕 – 이스트 푸드
④ 설탕 – 지방

054 제빵용 효모에 관한 다음 설명 중 맞지 않는 것은?

① 균주는 *Saccharomyces fragilis* 사용
② 빵에 유기산, 케톤, 알데히드 등을 남겨 풍미와 향기를 준다.
③ 발효형식은 알코올 발효 형식
④ 450g 정도의 빵에 2000cm^3의 기공 형성

055 제빵 시에 효모가 관여하는 반응은?

① $C_6H_{12}O_6 \rightarrow 2C_3H_6O_3$
② $C_6H_{12}O_6 \rightarrow 2C_2H_5OH + 2CO_2$
③ $C_6H_{12}O_6 \rightarrow C_4H_8O_2 + 2CO_2 + 2H_2$
④ $C_6H_5OH + O_2 \rightarrow CH_3COOH + H_2O$

---

056 제분 숙성(aging)이란?

① 물을 흡수할 수 있는 능력이 큰 것
② 밀가루의 색을 조정하는 방법
③ 밀가루의 글루텐 탄성을 높이는 것
④ 빵을 장시간 동안 굽는 것

057 빵의 탄력성과 관계되는 것은?

① tyrosine
② gluten
③ lysine
④ gelatin

058 빵 제조에 직접 사용되지 않는 것은?

① 효모
② 표백제
③ 밀가루
④ 팽창제

059 빵의 제조에 있어서 소금의 역할이 아닌 것은?

① 빵의 풍미를 좋게 한다.
② 밀가루 글루텐의 탄력을 좋게 한다.
③ 효모의 발육을 조장시킨다.
④ 생면의 젖산 발효를 증산시킨다.

060 제빵 시 yeast food의 주된 역할은?

① 발효촉진제
② 팽창제
③ 안정제
④ 영양강화제

061 제빵에서 2%의 yeast로 5시간 발효했을 경우, 가장 좋은 결과를 얻는다고 가정했을 때, 발효시간을 4시간 단축시키려면 필요한 yeast의 양은?

① 2.5%
② 3.3%
③ 4.0%
④ 4.6%

062 빵 제조에 있어서 직접반죽법의 장점이 아닌 것은?

① 발효 중의 감량이 적어진다.
② 제품의 향기가 좋아진다.
③ 효모가 절약되고 조직이 좋은 빵을 얻는다.
④ 짧은 시간에 발효가 끝난다.

---

056 제분 숙성
• 제분 직후의 밀가루가 글루텐 함량이 많고 점탄성이 높기 때문에 숙성기간을 30~40일 저장하여 글루텐의 탄성을 증가시키는 것이다.

057 글루텐(gluten)
• 제빵 적성인 밀가루의 점성과 탄력성을 부여한다.
• 글루텐 함량이 많은 반죽은 강도가 커서 효소나 맥아로 처리하고, 글루텐을 부분 분해하여 반죽의 강도를 적게 한다.

058 빵 제조에 사용되는 재료는 밀가루, 효모, 팽창제, 설탕, 소금, 지방, 물, 이스트 푸드 등이 있다.

059 빵 제조에 있어서 소금의 역할
• 설탕과 함께 맛을 내게 한다.
• 잡균의 번식을 억제한다.
• 효모의 발효를 조절한다.
• 글루텐에 의한 물의 흡수를 증가시켜 노화를 방지하고 탄력성을 좋게 한다.

060 yeast food의 효과
• 효모의 무기영양원(염화암모늄, 황산칼슘, 취소산 칼륨)
• 글루텐(gluten)의 질을 좋게 함
• 빵을 잘 부풀게 함
• 소화제, 발효촉진제, 분질개량제가 들어 있음

061 발효시간을 단축시키려면 효모의 양을 증가시켜야 하므로 변경할 효모량을 계산하면,
변경할 yeast량
$$= \frac{정상적\ 효모량 \times 표준\ 발효시간}{변경할\ 발효시간}$$
$$= \frac{2 \times 5}{4} = 2.5\%$$

062 직접반죽법의 장점
• 발효시간이 짧다.
• 제품의 향기가 좋아진다.
• 발효 중 감량이 적어진다.
• 노력이 적게 든다.

063 제빵에서 설탕의 사용목적
- 효모의 영양원으로 발효를 촉진시킨다.
- 빵 빛깔과 질을 좋게 한다.
- 산화 방지, 노화 방지 등의 효과가 크다.
- 저장성을 좋게 한다.
※제빵에서 설탕은 유해균의 발효능력을 억제하지 못한다.

064 제빵공정 중 반죽을 발효시키는 목적
- 탄산가스의 발생으로 팽창작용을 한다.
- 유기산, 알코올 등을 생성시켜 빵 고유의 향을 발달시킨다.
- 글루텐을 발전, 숙성시켜 가스의 포집과 보유능력을 증대시킨다.
- 빵의 조직을 부드럽게 한다.

065 제빵 시 가스빼기의 목적
- 축적된 CO_2를 제거하고, 나머지 탄산가스를 고르게 퍼지게 한다.
- 신선한 공기의 공급에 의해 효모의 활동을 조장한다.
- 반죽 안팎의 온도를 균등하게 분포시킨다.
- 효모에게 새로운 당분을 공급하여 효모의 활동을 왕성하게 한다.

066 제빵의 방법
- 원료배합, 형식에 따라 직접반죽법과 스펀지법이 있다.
  - 스펀지법 : 스펀지 반죽과 본반죽으로 구분제조하며, 가볍고 조직 좋은 빵이 만들어지고 효모량도 적게든다.
  - 직접반죽법 : 원료 전부를 한꺼번에 넣어서 발효시키는 방법으로 짧은 시간 내에 발효 중의 감량이 적어지는 장점이 있다.

067 빵의 노화 방지
- 지방, 설탕 등의 첨가에 의해 방지할 수 있다.
- monoglyceride는 유화제로서 물과 유화를 조장하여 전분의 노화를 방지하여 빵의 품질 유지에 효과적이다.

068 비스킷 제조 시 팽창제는 원료 밀가루에 대해 0.5~2%를 사용한다.

---

063 제빵에서 설탕의 사용목적으로 틀린 것은?

① 노화 방지 및 저장성을 갖는다.
② 유해균의 발효기능 억제
③ 효모의 영양원
④ 빵 표피의 착색

064 제빵공정 중 반죽을 발효시키는 목적이 아닌 것은?

① 빵의 부피를 팽창시키기 위하여
② 빵에 고유한 풍미를 부여하기 위하여
③ 빵의 조직을 부드럽게 하기 위하여
④ 빵의 표피를 갈색으로 변하게 하기 위하여

065 빵 반죽 시 가스빼기의 목적이 아닌 것은?

① 반죽의 내외부 온도조절을 고르게 한다.
② 탄산가스 배출과 산소의 흡입을 촉진한다.
③ 빵의 모양을 좋게 한다.
④ 당분을 고르게 분산시켜 효모 활동을 활발하게 한다.

066 제빵의 방법 중 스펀지법의 장점이 아닌 것은?

① 효모량이 적게 든다.
② 가벼운 빵이 된다.
③ 제품의 향기가 강하다.
④ 빵의 조직이 좋다.

067 빵의 노화 방지에 유효한 첨가물은?

① yeast food
② 과붕산나트륨
③ 탄산암모늄
④ monoglyceride

068 비스킷을 제조할 때 밀가루에 대한 팽창제의 사용량은?

① 0.5~2%
② 3~4.2%
③ 3.8~4.5%
④ 6.2~8%

069 식빵의 품질평가에서 가장 큰 비중을 차지하는 것은?

① 풍미   ② 색깔
③ 맛   ④ 조직

070 비스킷(biscuit)의 제조공정 중 3가지 원리가 아닌 것은?

① 굽기   ② 냉각
③ 혼합   ④ 숙성

071 비스킷 제조 시 사용하지 않는 원료는?

① 소금   ② 연유
③ 효모   ④ 찬물

072 Hard biscuit 제조 원료 중 사용량이 특히 제한되는 것은?

① 소금   ② 지방
③ 전분   ④ 설탕

073 전분 점도의 성질을 잘못 설명한 것은?

① 전분 입자가 크면 점도가 크다.
② amylopectn 함량에 따라 점도의 변화가 다르다.
③ 전분 입자의 크기, 교반, 정지상태에 관계없이 점도는 일정하다.
④ 강하게 교반하면 점도는 약해진다.

074 전분제조용 원료 고구마의 구비 조건이 아닌 것은?

① 단백질 및 섬유질이 적은 것
② 고구마 모양이 고른 것
③ 당분이 많이 함유된 것
④ 전분입자가 고른 것

---

069 빵의 품질기준(미국식)
· 겉모양과 촉감(15)
· 내부의 색깔(15)과 조직(10)
· 풍미(30) 등을 종합평가
· 가장 비중이 큰 것은 맛이다.

070 비스킷의 제조공정
· 원료 → 혼합 → 성형 → 굽기 → 냉각 → 포장 → 제품
· 무발효 빵의 일종으로 원료를 혼합 성형 후 굽기 때문에 숙성은 필요 없다.

071 비스킷은 무발효 빵이므로 효모 대신에 베이킹파우더(baking powder)를 사용한다.

072 하드 비스킷 제조원료 중에 지방과 설탕을 적게 사용하여야 단단하고 저장성이 좋다. 제한물질은 지방첨가량이다.

073 전분의 점도
· 전분의 종류, 성분에 따라 차이가 있다.
· 전분 입자가 크면 점도는 크고, 강하게 교반하면 점도는 저하된다.
· Amylopectin으로 된 찰옥수수가 amylose가 들어 있는 메옥수수보다 점착성이 강하고, 냉각하였을 때도 점도 변화가 적고 보수성이 좋다.

074 전분제조용 원료 고구마의 구비 조건
· 전분의 함량이 높고, 생고구마의 수확량이 많은 것
· 모양이 고른 것
· 전분 입자가 고른 것
· 수확 후의 전분의 당화가 적은 것
· 당분, 단백질, 폴리페놀 성분 및 섬유가 적게 들어 있는 것

075 석회수 첨가 효과
• 착색물질인 polyphenol의 흡착을 억제하여 전분의 백도가 높아진다.
• 전분에 있는 pectin과 결합하여 pectin산 석회염을 형성하므로 전분미의 사별이 쉽다.
• 마쇄 직후 산성인 것이 알칼리성으로 되면서 단백질이 응고되지 않아 전분에 섞이지 않는다.

076 고구마에 들어 있는 수용성당분, 수용성 단백질과 폴리페놀성 물질 등은 녹말을 제조할 때에 녹말의 순도를 떨어뜨려 품질에 영향을 준다. 고구마 녹말의 입자 크기가 고르지 않으면 순도가 떨어진다.

077 전분 제조 시 석회처리
• 고구마 마쇄 시 폴리페놀 성분의 일부가 액 속에 녹아서 산화중합이 일어나 멜라닌 색소가 형성되어 착색된다.
• 전분 제조 시 마쇄액에 0.5% 석회수를 사용하여 pH 5.5~6.5로 조절하면, polyphenol의 흡착을 억제하여 전분의 백도가 높아지는데 보통 6% 정도 높아진다.
• 또한 펙틴산 석회염을 형성하고, 전분박의 교질을 파괴하여 전분수율(10~20% 향상)을 좋게 하고, 단백질의 혼입을 막아 순도를 높이게 된다.

078 전분의 노화
• 온도, 수분함량, 전분 분자의 크기와 형태, pH의 영향을 받는다.
  – 수분 30~60%에서 노화가 가장 잘 일어나며, 수분 10% 이하에서는 노화가 방지된다.
  – 온도 50~60℃ 이하에서 노화는 진행되고, 0℃ 부근에서 가장 빠르며, –10~–20℃는 노화를 억제한다.
  – 설탕, monoglycerides, diglycerides, 락토산나트륨 첨가는 노화 억제 효과가 있고, 황산마그네슘과 황산염들은 노화를 촉진한다.

079 전분유에서 전분 입자를 분리하는 방법에는 테이블법, 탱크 침전법, 원심분리법 등이 있다.

075 고구마 전분 제조공정 중에 마쇄 작업 시 석회수 첨가의 효과가 아닌 것은?

① 알칼리성으로 되어 단백질이 전분에 섞여 들어가는 것을 막는다.
② polyphenol의 흡착이 억제된다.
③ 전분에 결합한 단백질을 파괴하여 전분 분리를 촉진한다.
④ 전분의 pectin과 결합하여 pectin산 석회가 되어 전분미의 사별이 용이하다.

076 고구마 녹말 제조 시 녹말의 순도를 낮게 하는 요인과 거리가 먼 것은?

① 수지성분
② 고른 녹말입자
③ 단백질 함량
④ 탄닌 성분

077 고구마 전분 제조공정 중 마쇄 작업을 할 때 석회수를 첨가하는데 이렇게 하면 전분의 백도(百度)가 높아지는 이유는?

① 전분 입자의 수분이 많아지기 때문에
② 폴리페놀의 흡착이 적어지기 때문에
③ 단백질이 응고하지 않기 때문에
④ 석회가 펙틴과 결합되기 때문에

078 다음 중 전분의 노화 억제를 가장 적합하게 설명한 것은?

① 수분함량 10~15% 이하, 온도 –10~–20℃
② 수분함량 30~40% 이하, 온도 0~4℃
③ 수분함량 20~30% 이하, 온도 50~60℃
④ 수분함량 20~30% 이하, 온도 0~4℃

079 전분유(澱粉乳)에서 전분입자를 분리하는 방법이 아닌 것은?

① 테이블 침전법
② 원심 분리법
③ 탱크 침전법
④ 감압 농축법

 ANSWER
075 ③ 076 ② 077 ② 078 ①
079 ④

080 전분유를 경사면에 흐르게 하여 전분을 침전시켜 제조하는 방법은?

① 탱크침전법
② 테이블법
③ 원심분리법
④ 한외여과법

081 말토 덱스트린(maltodextrin)의 설명이 잘못된 것은?

① DE가 10~20이다.
② 올리고당의 조성이 다양한 특성이 있어 제과, 제빵 등에 널리 사용된다.
③ 과즙, 수프, 커피 등을 분말화하는 데에 부형제로 이용된다.
④ 흡습성이 커서, 굳은 덩어리가 지는 케이킹(caking)이 잘 일어난다.

082 옥수수 전분 제조 시 배아의 분리를 쉽게 하기 위하여 사용되는 것은?

① 황산
② 수산
③ 질산
④ 아황산

083 옥수수 전분 제조 시 전분 분리를 위해 쓰는 약품은?

① 염산(HCl)
② 개미산(HCOOH)
③ 아황산(H_2SO_3)
④ 초산(CH_3COOH)

084 당화율(dextrose equivalent)이란?

① [(고형분-포도당)/고형분]×100
② [(포도당-고형분)/고형분]×100
③ (고형분/포도당)×100
④ {[직접 환원당(포도당)]/고형분}×100

085 $D.E = \dfrac{A}{고형분} \times 100$이다. 이때의 A는?

① 직접 환원당(포도당으로서)
② 전체 환원당(설탕으로서)
③ 전체 환원당(포도당으로서)
④ 직접 환원당(설탕으로서)

080 전분 입자 분리법
• 전분유에는 전분, 미세 섬유, 단백질 및 그 밖의 협잡물이 들어 있으므로 비중 차이를 이용하여 불순물을 분리 제거한다.
• 분리법에는 탱크 침전법, 테이블법 및 원심 분리법이 있다.
  - 테이블법(tabling) : 입자 자체의 침강을 이용한 방법으로 탱크 침전법과 같으나 탱크 대신 테이블을 이용한 것이 다르다. 전분유를 테이블(1/1200 ~1/500 되는 경사면)에 흘려 넣으면 가장 윗부분에 모래와 큰 전분 입자가 침전하고 중간부에 비교적 순수한 전분이 침전하며 끝에 가서 고운 전분 입자와 섬유가 침전하게 된다.

081 말토 덱스트린
• 감미료, 향미료 등의 운반체(담체, carrier)로서 우수한 성질을 갖고 있다.
• 흡습성이 적고, 굳은 덩어리가 지는 케이킹(caking)이 잘 일어나지 않는다.
• maltodextrin의 DE는 10~20이다.

082 아황산 침지
• 옥수수를 선별기에서 불순물을 제거하고 0.2~0.5%의 아황산(H_2SO_3) 용액에 50℃로 유지하면서 담그면 조직이 부풀고 녹말에 결합한 단백질을 파괴하며 미생물의 번식을 억제시킬 수 있다.
• 이때 옥수수의 가용성 물질은 용출되는데 젖산균이 발육하여 당분을 젖산으로 변화시킨다.
• 이 젖산과 아황산은 단백질을 파괴하므로 녹말과 단백질의 결합을 느슨하게 하여 녹말 분리를 돕는다.

083 82번 해설 참조

084 당화율(DE, dextrose equivalent)
• 가수분해 정도를 나타내는 단위이다.
• $DE = \dfrac{직접환원당(포도당)}{고형분} \times 100$ 으로 나타낸다.

085 84번 해설 참조

086

$$DE = \frac{직접환원당(glucose)}{고형분} \times 100$$

$$45 = \frac{x}{450} \times 100$$

$$\therefore x = 202.5(g)$$

087 '1번분'이란
- 생전분을 자연 건조시켜 수분함량이 약 18%가 되도록 만든 것이다.
- 토육에서 분리한 2번분보다 품질이 우수하다.

088 결정포도당의 당화종점
- 보통 분해액을 작은 시험관에 넣고 시험관 벽을 따라 2배량의 무수알코올을 조용히 넣어 그 경계면이 희게 흐리지 않을 정도가 좋다.
- 이 정도까지 분해시키면 DE가 92~93이며 실제 공장에서 이 정도가 분해한 계이다.

089 전분 무게의 0.3% 당화 효소를 온수에 현수시켜 사용하는데 60℃ 이하가 되면 당화액이 시어지기 쉽고(45~50℃에서 신맛 생성되기 시작), 60℃ 이상이면 실활되기 쉽다.

090 전분에서 fructose 생산 과정에 소요되는 효소
- starch → Dextrin : α−amylase
- Dextrin → Glucese : gluco-anylase
- Glucose → Frucrose : glucoiso merose

091 산화전분의 특성
- 생전분보다 호화 온도가 낮다.
- 노화가 늦게 일어나 전분죽의 안정성이 증가된다.
- 전분의 분산성도 향상된다.

---

086 45% 전분유 1000ml를 산분해시켜 D.E 45가 되는 물엿 제조 시 생성된 환원당량은?

① 150g
② 176.4g
③ 202.5g
④ 284.0g

087 '1번분'이란 전분은?

① 수분 30~40%의 생전분
② 탱크 침전법에서 침전 → 정제 → 분쇄한 전분
③ 수분 18% 정도로 생전분을 자연 건조한 것
④ 침전 탱크의 하층에서 취한 전분

088 결정포도당(DE 92−93) 제조에서 전분의 당화종점을 판단하는 방법은?

① 분해액의 요오드 반응이 적색이 될 때
② 분해액에 40%의 알코올 첨가 시 침전이 생길 때
③ 분해액의 요오드 반응이 청색이 될 때
④ 분해액에 무수 알코올을 넣어 그 경계면이 희게 흐리지 않을 정도가 될 때

089 전분을 효소 당화할 때 당화액이 신맛을 나타내기 시작하는 온도는?

① 20~35℃
② 45~50℃
③ 55~60℃
④ 60~70℃

090 전분(starch)에서 fructose를 제조할 때 사용되는 효소들은?

① protease, α−amylase, glucoseisomerase
② cellulase, α−amylase, glucoseisomerase
③ α−amylase, glucoamylase, glucoseisomerase
④ pectinase, α−amylase, glucoseisomerase

091 산화전분의 특성을 잘못 설명한 것은?

① 생전분보다 호화 온도가 낮다.
② 전분의 분산성이 저하된다.
③ 노화 정도가 늦다.
④ 전분 죽(paste)의 안정성이 증가된다.

092 전분액화에 대한 설명으로 틀린 것은?

① 전분의 산액화는 효소액화보다 액화시간이 길다.
② 전분의 산액화는 제조경비가 적게 든다.
③ 전분의 산액화는 효소액화보다 백탁이 생길 염려가 적다.
④ 전분의 산액화는 연속 산액화 장치로 할 수 있다.

093 전분 유도체인 가교전분(cross-linked starch)을 설명한 것 중에서 옳지 않은 항목은?

① 전분 입자 안의 2개 OH기와 반응할 수 있는 시약을 작용시켜 만든다.
② 호화가 크게 억제된다.
③ 노화가 잘 일어나는 것이 단점이다.
④ 냉동과 해동에 대한 안전성이 높다.

094 전분 유도체인 ester starch의 설명을 잘못한 것은?

① 용해도, 투명도, 냉동, 해동에 대한 안정도가 높다.
② 파이, 샐러드 드레싱에 사용된다.
③ 냉수에 잘 용해되지 않는다.
④ 노화에 대한 안정성이 높다.

095 효소 당화 물엿의 설명이 잘못된 것은?

① 역합성 물질과 중간 생성물질이 생성되지 않아, 당액의 순도가 높다.
② 전분유에 내열성($85 \sim 90℃$)의 *Bacillus subtilis*를 가하여 액화시킨다.
③ 여름철에 캐러멜이 흘러내리지 않는다는 특성으로 캐러멜 원료로 많이 사용된다.
④ 당화액에 쓴맛이 있어, 정제하여야만 제품화 할 수 있다.

096 물엿의 점성에 기여하는 대표적인 물질은?

① 과당　　　　　　　② 덱스트린
③ 유당　　　　　　　④ 전분

097 효소에 의한 당화법에서 완전형 당화 효소를 분비하는 세균은?

① *Aspergillus oryzae*　　　② *Bacillus natto*
③ *Rhizopus delemer*　　　④ *Bacillus subtilis*

---

092 전분의 산액화가 효소액화보다 유리한 점
· 액화시간이 짧다.
· 호화 온도가 높은 전분에도 적용할 수 있다.
· 액의 착색이 덜 된다.
· 제조경비가 적게 든다.
· 운전조작이 쉽고 자동으로 조작할 수 있다.

093 가교전분은 노화가 잘 일어나지 않는다.

094 ester starch는 냉수에 잘 용해되기 때문에 식품용 증점제로 사용된다.

095 당화 물엿은 쓴맛을 함유하지 않아, 당화액 전부를 제품화 할 수 있다.

096 물엿
· 전분을 가수분해하되 포도당을 만드는 과정에서 당화를 중지시켜 dextrin과 당분이 일정한 비율(맥아당 : 덱스트린 = 2 : 1이 이상적)로 함유되게 하여 단맛과 점조도를 알맞게 맞춘 제품이다.
· 산당화 엿과 맥아 엿이 있다.

097 *Rhizopus delemer*는 전분을 100% 분해하는 당화 효소를 생성하고, 알코올을 제조하는 amylo법에 사용되기도 한다.

ANSWER

092 ① 　093 ③ 　094 ③ 　095 ④
096 ② 　097 ③

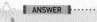
왼쪽 해설란

098
- 산당화엿 주성분 : dextrin+glucose
- 맥아엿 주성분 : dextrin+maltose

099 단관식을 사용한 산당화의 경우에는 2.0~2.5kg/cm²(134~138℃)에서 20~40분간 처리하는 것이 가장 적당하다.

100 맥아를 고르게 혼합한 후 55~60℃에서 5~8시간 당화시킨다.

101 산 당화법과 효소 당화법의 차이
- 산 당화법은 당화시간이 60분이지만, 효소 당화법은 48시간 소요된다.
- 산 당화법은 완전히 정제해야 하지만, 효소 당화법은 정제할 필요가 없다.
- 산 당화 전분 농도는 약 25%이고, 효소 당화법은 50% 정도이다.
- 산 당화법이 30% 정도 비싸다.

102 맥아로 물엿 제조
- 밥을 만들어 3배의 물을 가하여 55~60℃로 유지하고, 5~15% 건조 맥아 분말을 첨가하여 5~8시간 당화시켜 제조한다.
- 맥아 amylase의 최적 온도는 50~55℃이지만 엿 제조에서는 적당량의 덱스트린을 남겨야 하므로 당화온도는 약간 높은 55~60℃로 한다.
- 당화 온도가 50℃ 정도로 낮아지면 젖산균 등 산 생성균이 번식하여 신맛이 생성된다.

103 물엿
- 덱스트린과 맥아당의 혼합물이며, 비율은 덱스트린 10~20%, 맥아당 50~60%이다.
- 물엿의 단맛과 끈기는 덱스트린 함량에 좌우된다.
- 덱스트린은 맥아양을 적게 하고, 60~65℃에서 당화시간을 단축하면 생산량이 많아진다.
- 이상적인 비율은 맥아당 : 덱스트린 = 2 : 1이다.

오른쪽 문제란

098 산당화엿의 주성분은?

① dextrin+fructose
② dextrin+glucose
③ glucose+maltose
④ dextrin+maltose

099 일정량의 산을 첨가하고 산 당화 엿을 만들 때 가장 적당한 압력과 시간은?

① 0.5~1.0kg/cm²에서 20~30분간
② 0.5~1.0kg/cm²에서 30~40분간
③ 2~3kg/cm²에서 5~10분간
④ 2~3kg/cm²에서 30~40분간

100 엿기름으로 단술을 만들거나 코지로 고추장을 만들 때 가장 적당한 당화 온도는?

① 20℃   ② 30℃
③ 60℃   ④ 70℃

101 포도당 제조에서 산 당화법이 효소 당화법보다 더 좋은 이유로 맞는 것은?

① 가격이 싸다.
② 원료전분을 중화할 필요가 없다.
③ 정제할 필요가 없다.
④ 당화시간이 짧다.

102 맥아로 물엿을 제조할 때 당화 온도가 50℃ 정도로 낮아지면 어떻게 되는가?

① 젖산균 등이 번식하여 신맛이 생성된다.
② 부패균이 번식하여 쓴맛이 생성된다.
③ 당화가 촉진된다.
④ 당화 효소의 활성이 떨어진다.

103 물엿의 점성과 관계되는 것은?

① 녹말   ② 포도당
③ 덱스트린   ④ 과당

104 기능성 당의 조합이 잘못된 항목은?

① 비만 방지 : 자이로올리고당(xylooligosaccharide), 에리스리톨(erythritol)
② 충치예방 : 파라티노스(palatinose), 카플링당(coupling sugar)
③ 장내세균 조정 : 이소말토스(isomaltose), 갈락토올리고당(galactooligosaccharide)
④ 향기, 물성 개량 : 프락토올리고당(fructooligosaccharide)

105 분지올리고당의 설명 중 맞지 않는 것은?

① 흡습성이 매우 크고, 다른 당류의 결정화를 방지하는 효과가 크다.
② Aw=0.75로서 가공 중 미생물의 발육을 억제하는 효과가 크다.
③ 감미도가 설탕과 매우 유사하여, 설탕 대용품으로 사용할 수 있다.
④ 전분 안의 수소결합 생성을 억제하여 전분의 노화 방지 효과가 있다.

106 식이섬유 설명이 잘못된 것은?

① 포도당 89 : sorbitol 10 : citric acid 1을 고온 진공으로 반응시켜 만든다.
② 냉수에 잘 녹지 않는다.
③ 단맛이 전혀 없다.
④ 흡습성이 크다.

🍎 두류가공

107 대두 단백질의 주성분은?

① glutelin
② prolamine
③ glycinin
④ gluten

---

104 기능성 당
• fructooligosaccharide : 충치예방, 장내세균 조정
• 사이클로덱스트린(cyclodextrin), 자이로비오스(xylobiose) 등 : 향기와 물성 개량

105 분지올리고당
• 유용 장내세균인 *Bifidus*균을 증식시키는 증식인자로 알려져 기능식품으로 이용되고 있다.
• 비발효성 올리고당으로 알려져 있고, 간장, 된장, 청주에 소량 함유되어 있으며 감미도는 설탕의 1/2～1/4 정도이다.

106 식이섬유
• 인간의 소화 효소에 의해 분해되기 어려운 고분자의 성분이다.
• 물성 개선, 변비 방지의 효과가 있다.
• polydextrose 1g당 1kcal의 에너지를 발생시키는 저칼로리 소재이고, 냉수에도 잘 용해되는 특성이 있다.

107 대두 단백질의 주성분
• 묽은 염류에 가용성인 글리시닌(glycinin)이다.
• glycinin은 70℃ 이상에서 간수(MgCl_2, CaCl_2, CaSO_4)에 의하여 변성 응고되며 그 원리로 만든 것이 두부이다.

▐ ANSWER ▐ ··············
104 ④   105 ③   106 ②   107 ③

출제예상문제

108 두류가공품과 소화율

- 콩은 여러 가지 영양소를 가지는 이상적인 식품이지만 조직이 단단하여 그대로 삶거나 볶아서 먹으면 소화와 흡수가 잘 안 된다.
- 따라서 가공하여 소화율과 영양가를 높여서 먹는 것이 좋다.
- 중요한 콩의 가공품은 간장, 된장, 두부, 납두, 콩나물 등이 있다.

콩 및 콩제품	소화율 (%)	가공수율 (%)	영양량 (%)
볶은 콩	50~70	-	-
간장	98	35	34
된장	85	90	77
두부	95	-	-
납두	85	90	77
콩나물	55	75	42

109 콩의 영양 저해물질

- 대두에는 혈구응집성 독소이며 유해 단백질인 hemagglutinin이나 trypsin의 활성을 저해하는 trypsin inhibitor가 함유되어 있다.
- 그러므로 생 대두는 동물의 성장을 저해한다.
- ※ Gossypol은 면실유 박 중에 0.7~1.5%가 들어 있으며 lysine과 결합하여 복합체를 형성함으로서 생체가 이용할 수 있는 lysine을 감소시킨다.

110 생콩의 단백질 소화율이 낮은 이유

- 날콩이나 날콩 가루에는 단백질 분해 효소인 트립신의 작용을 방해하는 물질(트립신 저해제, trypsin inhibitor)이 있다.
- 트립신 저해제는 열에 약해 가열하면 감소하여 소화 활동에 영향을 미치지 않고 오히려 암이나 당뇨병을 예방하는 데 높은 효과가 있다고 한다.

111 두부가 응고되는 현상

- 두부는 콩 단백질인 glycinin을 70℃ 이상으로 가열하고 $MgCl_2$, $CaCl_2$, $CaSO_4$ 등의 응고제를 첨가하면 glycinin은 Mg^{++}, Ca^{++} 등의 금속 이온에 의해 변성(열, 염류) 응고하여 침전된다.

112 두유의 무기염류에 의한 응고

- 대두 단백질의 주성분은 묽은 염류에 가용성인 글리시닌(glycinin)이다.
- glycinin은 70℃ 이상에서 간수($MgCl_2$, $CaCl_2$, $CaSO_4$)에 의하여 변성 응고되는 원리로 만든 것이 두부이다.

113 두부 응고제에는 $MgSO_4$, $MgCl_2$, $CaCl_2$, $CaSO_4 \cdot H_2O$, glucono-δ-lactone 등이 있다.

▶ ANSWER ·············

108 ③ 109 ④ 110 ② 111 ①
112 ④ 113 ①

---

108 다음의 두류가공품 중 소화율이 가장 높은 것은?

① 콩나물   ② 납두
③ 두부   ④ 된장

109 콩의 영양 저해물질이 아닌 것은?

① 트립신 억제물(trypsin inhibitor)
② 적혈구응고제(hemagglutinin)
③ 지방산화효소(lipoxidase)
④ 고시폴(gossypol)

110 생콩을 먹으면 단백질 소화율이 낮은 이유는?

① 지방함량이 많기 때문
② 트립신 저해제 때문
③ 5탄당 복합체가 있기 때문
④ 단백질의 용해도 때문

111 두부가 응고되는 현상은 무엇에 의한 단백질 변성을 이용한 것인가?

① 금속이온
② 중금속
③ 촉매
④ 열

112 두유가 무기염류에 의하여 응고되는 것은 콩의 어떤 성분 때문인가?

① 아스코르빈산
② 글루텐
③ 미오신
④ 글리시닌

113 두부 응고제(간수)가 아닌 것은?

① KCl
② $MgSO_4$
③ $CaCl_2$
④ $MgCl_2$

114 다음은 두부 제조 시 사용하는 응고제와 제조된 두부의 특성을 연결한 것이다. 잘못된 것은?

① 염화마그네슘 – 응고시간이 더디다.
② 황산칼슘 – 두부 표면이 거칠 수도 있다.
③ 글루코노델타락톤 – 두부 조직이 부드럽다.
④ 염화칼슘 – 물 빠짐이 좋다.

115 두부의 응고제 중 황산칼슘($CaSO_4 \cdot 2H_2O$)의 특징이 아닌 것은?

① 반응이 완만하여 사용이 편리하다.
② 수율이 높지 않다.
③ 두부 표면이 거칠다.
④ 두부색깔이 좋다.

116 물에 잘 녹으며, 많은 양 사용 시 신맛을 낼 수 있는 두부 응고제는?

① 글루코노델타락톤($glucono-\delta-lactone$)
② 염화칼슘($CaCl_2$)
③ 황산칼슘($CaSO_4$)
④ 염화마그네슘($MgCl_2$)

117 다음의 두유 응고제의 설명 중 맞지 않는 사항은?

① 글루콘산 칼슘($calcium\ gluconate$) 응고제는 신맛이 나는 것이 단점이다.
② 글루콘산 칼슘은 산을 생성하지 않는 장점이 있다.
③ G.D.L은 지속적인 응고성이 장점이나, 신맛이 약간 날 염려가 있다.
④ G.D.L의 두유 응고 온도는 $85 \sim 90℃$이다.

114 두부 응고제
• 염화마그네슘($MgCl_2$) : 응고 반응이 빠르고 압착 시 물이 잘 빠진다.
• 황산칼슘($CaSO_4$) : 응고 반응이 염화물에 비하여 대단히 느리나 두부의 색택이 좋고, 보수성과 탄력성이 우수하며, 수율이 높다. 불용성이므로 사용이 불편하다.
• 글루코노델타락톤($glucono-\delta-lactone$) : 물에 잘 녹으며 수용액을 가열하면 글루콘산($gluconic\ acid$)이 된다. 사용이 편리하고, 응고력이 우수하고 수율이 높지만 신맛이 약간 있고, 조직이 대단히 연하고 표면을 매끄럽게 한다.
• 염화칼슘($CaCl_2$) : 칼슘분을 첨가하여 영양가치가 높은 것을 얻기 위하여 사용하는 것으로 응고시간이 빠르고, 압착 시 물이 잘 빠진다. 보존성이 좋으나 수율이 낮고, 두부가 거칠고 견고하다.

115 두부의 응고제로서 황산칼슘($CaSO_4$)의 특징
① 장점
• 두부의 색택이 좋다.
• 조직이 연하다.
• 보수성과 탄력성이 우수하다.
• 수율이 높다.
② 단점
• 응고 반응이 염화물에 비하여 대단히 느리다.
• 불용성이므로 사용이 불편하다.
• 두부 표면이 거칠다.

116 글루코노델타락톤
(GDL, $glucono-\delta-lactone$)
• 첨가 온도가 $85 \sim 90℃$이고, 수용성이므로 계속하여 생성된 락톤기가 글루콘산을 만들어 응고력이 지속된다.
• 수율이 높은 장점이 있으나, 약간의 신맛이 날 염려가 있다.
• 글루콘산 칼슘($calcium\ gluconate$)은 산을 생성하지 않기 때문에 신맛의 단점을 보완한 응고제로 사용되고 있다.

117 116번 해설 참조

ANSWER

114 ①   115 ②   116 ①   117 ①

출제예상문제

118 두부의 제조
- 원료콩을 씻어 물에 담가 두면 부피가 원료콩의 2.3~2.5배가 된다.
- 두유의 응고 온도는 70~80℃ 정도가 적당하다.
- 응고제 : 염화마그네슘(MgCl₂), 황산마그네슘(MgSO₄), 염화칼슘(CaCl₂), 황산칼슘(CaSO₄), glucono−δ −lactone 등
- 소포제 : 식물성 기름, monogly − ceride, 실리콘 수지 등

119 두미 제조
- 증자 솥 또는 증기 취임식 탱크 솥에서 가열하여 단백질을 용해시킨다.
- 가열시간은 보통 10~15분, 길어야 30분 정도이다.
- 마지막으로 생콩에 대하여 무게로 약 10배 물을 첨가하는 것이 좋다.

120 원료 콩에 대한 가수량
- 두부종류에 따라 각각 다르다.
- 보통 두부는 원료 콩의 10배, 전두부는 5~5.5배, 자루두부는 5배, 얼림두부는 15 배되는 물을 넣어 두미를 만드는 것이 이상적이다.

121 두부를 제조할 때 두유의 단백질 농도가 낮으면 두부가 딱딱해지고 두부의 색이 밝아진다.

122 두부 제품과 가수량

	가수량	응고 온도	응고시간
보통 두부	10배	70~80℃	15분
전두부	5~ 5.5배	70℃	0.5~ 1시간
자루두부	5배	90℃	40분
얼린두부	15배	60~70℃	−

---

118 두부 제조 시 두유를 응고시키는 데 가장 적당한 온도는?

① 40~50℃
② 50~60℃
③ 60~70℃
④ 70~80℃

119 두부 제조 시 원료콩에 대하여 몇 배의 물을 첨가하여 마쇄하는 것이 좋은가?

① 4배
② 8배
③ 10배
④ 12배

120 보통 두부 제조 시 원료 샘플에 대하여 무게로 약 몇 배의 물을 넣어 두미를 만드는 것이 이상적인가?

① 2배
② 4배
③ 7배
④ 10배

121 두부를 제조할 때 두유의 단백질 농도가 낮을 경우 나타나는 현상이 아닌 것은?

① 두부의 색이 밝아진다.
② 두부가 부드러워진다.
③ 가열변성이 빠르다.
④ 응고제와의 반응이 빠르다.

122 두부는 종류에 따라 원료 콩에 대한 물의 양이 각각 다르다. 다음 중 제품과 가수량이 잘못된 것은?

① 자루두부 : 원료 콩의 10배량
② 전두부 : 원료 콩의 5배량
③ 얼림두부 : 원료 콩의 15배량
④ 보통 두부 : 원료 콩의 10배량

ANSWER

118 ④　119 ③　120 ④　121 ②
122 ①

123 두부 제조를 설명한 것 중 틀린 것은?

① 원료 콩의 수침 팽윤 정도는 콩의 부피가 약 2.5배가 되도록 하면 된다.

② 두유의 응고 온도는 75℃ 정도가 적당하고 Mg염, Ca염 등이 응고제로 쓰인다.

③ 소포제로는 면실유나 실리콘수지 등이 쓰인다.

④ 탈수성형 때 훼이(whey)에 비타민 A가 유실되는 것이 바람직하지 못하다.

124 두부의 특성에 대한 설명 중 틀린 것은?

① 얼림두부는 인공동결 시 −15℃가 좋다.

② 튀김두부는 튀김 후 기름을 제거한다.

③ 포장두부는 포장과 함께 응고제를 첨가한다.

④ 일반 두부의 콩 침지 시 가수량은 원료 콩의 5배 정도이다.

125 두부의 종류에 대하여 올바르게 설명한 것은?

① 전두부 – 10배 정도의 물을 사용하며, 응고제를 넣고 단백질을 엉기게 한 다음 탈수·성형하여 만든다.

② 자루두부 – 보통 두부와 동일한 제조공정을 거치며 자루에 넣어서 만든다.

③ 인스턴트 두부 – 소비자가 보는 앞에서 직접 만들어서 바로 먹을 수 있다.

④ 유바 – 진한 두유를 가열하면 얇은 막이 형성되는데, 계속 가열하여 두꺼워진 막을 걷어 내어 건조한 것이다.

126 동결두부 제조에서 팽연초 처리에 주로 사용되는 것은?

① H₂SO₃ ② MgCl₂
③ Ammonia ④ CaSO₄

127 두부의 2단 동결법이란?

① 두부 표면의 겉마르기 방지법

② 중심은 급속 동결하고 표면을 서서히 얼리는 법

③ 두부 표면은 급속 동결시키고, 내부를 서서히 동결하는 법

④ 급속히 표면을 증발시키는 법

---

123 두부의 제조
• 원료 콩을 씻어 물에 담가 두면 부피가 원료 콩의 2.3~2.5배가 된다.
• 두유의 응고 온도는 70~80℃ 정도가 적당하다.
• 응고제 : 염화마그네슘($MgCl_2$), 황산마그네슘($MgSO_4$), 염화칼슘($CaCl_2$), 황산칼슘($CaSO_4$), glucono-δ-lactone 등
• 소포제 : 식물성 기름, monoglyceride, 실리콘 수지 등

124 원료 콩에 대한 가수량
• 두부의 종류에 따라 원료콩에 대한 각각 다르다.
• 보통 두부는 원료콩의 10배, 전두부는 5~5.5배, 자루두부는 5배, 얼림두부는 15배 되는 물을 넣어 두미를 만드는 것이 이상적이다.

125 두부의 종류
• 전두부 : 두유 전부가 응고되게 상당히 진한 두유를 만들어 응고시켜 탈수하지 않은 채 구멍이 없는 두부상자에 넣어 성형시킨다. 가수량은 5~5.5배로 하고, 응고제량은 두유 1kg당 5~6g 정도 사용하여 응고시킨다.
• 자루두부 : 전두부와 같이 진한 두유를 만들어 냉각시킨 것을 합성수지 주머니에 응고제와 함께 집어넣어 가열 응고시킨다.
• 인스턴트 두부 : 두유를 건조시켜 분말화 한 다음, 응고제를 혼합하여 편의성을 부여한 두부를 말한다.
• 유바 : 진한 두유를 가열할 때 표면에 생기는 얇은 막을 건져 내서 건조시킨 두부를 말한다.

126 동결두부 제조공정
• 생두부 → 동결 → 냉장 → 해동 → 건조 → 정형 → 팽연처리 → 포장 → 제품 순이다.
• 동결두부는 더운물을 부었을 때 물의 흡수가 좋아야 한다.
• 최근에는 중조 대신에 암모니아를 두부 조직 속에 흡착시키는 팽연처리를 한다.

127 두부의 2단 동결법
• 두부 표면을 먼저 급히 얼리고, 중심부는 서서히 얼리는 방법이다.
• 두부 내부의 얼음 결정이 조밀하면 건조 후 물을 흡수시켰을 때 단단해지는 것을 방지하기 위해서 사용하는 방법이다.

▐ ANSWER ▐
123 ④   124 ④   125 ④   126 ③
127 ③

128 코지 제조

- 쌀, 보리, 콩 등의 곡류 및 두류에 코지균인 *Aspergillus oryzae*(황국균)을 번식시킨다.
- 황국균은 번식하여 여러 종류의 가수분해 효소에 의해 전분과 단백질을 당류와 아미노산으로 분해한다.
- 국실 온도는 26∼27℃이다.
- 국실의 살균은 formalin이나 H_2SO_3이 쓰인다.

129 코지(koji) 제조의 목적

- 코지 중 amylase 및 protease 등의 여러 가지 효소를 생성하게 하여 전분 또는 단백질을 분해하기 위함이다.
- 원료는 순수하게 분리된 코지균과 삶은 두류 및 곡류이다.

130 코지(koji)

- *Aspergillus*균을 곡류(밀기울), 감자(전분) 등에 배양시켜 각종 효소를 생성하게 한 것으로 당화력, 단백질 분해력이 강하다.
- 된장, 간장용은 콩 단백질을 분해시켜야 하기 때문에 protease와 amylase의 활성이 강해야 한다.

131 가염 코지

- 코지 상자에서 다른 그릇에 모은 보리 코지에 소금을 섞어 두는 것을 가염 코지라 한다.
- 가염 코지를 만드는 목적
  - 코지(koji)균의 발육을 정지시킨다.
  - 잡균이 번식하는 것을 방지한다.
  - 발열을 방지하고 저장을 높인다.

132 국실 살균에는 포르말린이나 H_2SO_3 살균이 실시되며, 아황산 살균은 황을 태워서 gas로 하루 동안 처리한 후 충분히 환기시킨다.

133 된장의 숙성 중 변화

- 된장 중에 있는 코지 곰팡이, 효모, 그리고 세균 등의 상호작용으로 화학변화가 일어난다.
- 쌀·보리 코지의 주성분인 전분이 코지 곰팡이의 amylase에 의해 dextrin 및 당으로 분해되고 이 당은 다시 알코올발효에 의하여 알코올이 생기며 또 그 일부는 세균에 의하여 유기산을 생성하게 된다.
- 콩 및 쌀, 보리 코지 단백질은 코지균의 protease에 의하여 proteose, peptide 등으로 분해되고 다시 아미노산까지 분해되어 구수한 맛을 내게된다.

ANSWER

128 ③ 129 ④ 130 ④ 131 ④
132 ③ 133 ④

---

128 코지 제조와 관계없는 것은?

① 전분과 단백질이 분해되어 당과 아미노산 생산
② 코지실은 유황 또는 포르말린 소독 실시
③ 백국균 사용
④ 코지실 온도는 26∼27℃로 유지

129 콩 코지(제국)의 주목적은?

① 균일한 수분 분산으로 작업을 편리하게 하기 위하여
② 잡균의 번식을 방지하기 위하여
③ 향기를 좋게 하기 위하여
④ 강력한 효소를 얻기 위하여

130 코지 곰팡이는 다음 중 어느 효소의 역가가 커야 하는가?

① amylase 및 pectinase
② amylase 및 lipase
③ protease 및 isomerase
④ amylase 및 protease

131 가염 코지(koji)를 만드는 목적이 아닌 것은?

① 코지균의 발육정지 ② 잡균 번식 방지
③ 발열 방지 ④ 갈변 방지

132 국실 및 국실기구 살균으로 가장 적당한 것은?

① 5% H_2O_2액 살포
② 0.1% 승홍수 살포
③ 유황 훈증
④ 200ppm chlorine 살포

133 된장의 숙성 중 생성되지 않는 성분은?

① amino acid, ester
② maltose, glucose
③ organic acid, alcohol
④ GMP, TMP

134 된장 숙성 중 일반적으로 일어나는 화학변화와 관계가 먼 것은?

① 당화작용
② 알코올 발효
③ 단백질 분해
④ 탈색작용

135 다음은 된장의 숙성 중 변화에 대한 설명이다. 바르지 못한 것은?

① 전분은 코지 곰팡이의 아밀라아제에 의하여 덱스트린 및 당으로 분해된다.
② 단백질은 코지 곰팡이의 프로테아제에 의하여 아미노산으로까지 분해하여 구수한 맛을 내게 된다.
③ 알코올발효에 의하여 에테르가 생겨 된장의 향기를 이루게 된다.
④ 당의 일부는 세균에 의하여 유기산을 생성한다.

136 된장의 숙성에 대한 설명으로 맞지 않은 것은?

① 탄수화물은 아밀라아제의 당화작용으로 단맛이 생성된다.
② 분해된 당은 알코올발효에 의하여 알코올 등의 방향물질이 생성된다.
③ 단백질은 프로테아제에 의하여 아미노산으로 분해되어 구수한 맛이 생성된다.
④ 60~65℃에서 3~5시간 유지하여야 숙성이 잘 된다.

137 간장이나 된장 코지의 protease 활성이 가장 강한 균사는?

① 나선균   ② 주모균
③ 장모균   ④ 단모균

138 간장 양조에서 *Aspergillus*속은 어떤 것이 좋은가?

① 내압성일 것
② 지방 분해력이 강할 것
③ 산 분해력이 강할 것
④ 단백질 분해력이 강할 것

134 133번 해설 참조

135 된장의 숙성 중 변화
• 된장 중에 있는 코지 곰팡이, 효모, 그리고 세균 등의 상호작용으로 화학변화가 일어난다.
• 쌀·보리 코지의 주성분인 전분이 코지 곰팡이의 amylase에 의해 dextrin 및 당으로 분해되고 이 당은 다시 알코올발효에 의하여 알코올이 생기며 또 그 일부는 세균에 의하여 유기산을 생성하게 된다.
• 콩 및 쌀, 보리 코지 단백질은 코지균의 protease에 의하여 proteose, peptide 등으로 분해되고 다시 아미노산까지 분해되어 구수한 맛을 내게 된다.
• 이들이 결합하여 ester가 생겨 된장의 향기를 이루게 된다.
• 숙성 온도는 30~40℃의 항온실 내에서 만든다.

136 135번 해설 참조

137 간장이나 된장 코지
• 밀과 콩을 배합하여 황국균을 배양한 것이다.
• 국균(*Aspergillus oryzae*)은 색깔에 따라 황국균과 흑국균으로 나눈다.
• 균사는 단모균이 protease 활성이 더 크다.

138 간장 및 된장 코지에 사용되는 *Aspergillus*균은 콩 단백질을 분해시켜야 하기 때문에 protease와 amylase 활성이 강해야 한다.

139 간장 덧의 교반

- 온도, 습도를 고르게 하고, 코지 중의 효소용출을 촉진시켜 원료 분해를 빠르게 한다.
- 신선한 공기의 공급으로 효모 및 세균의 발육을 촉진시킨다.
- 간장 덧을 헤쳐서 덩어리를 부수어 안쪽과 바깥쪽을 뒤섞어 숙성이 균일하게 일어나게 한다.

140 양조간장의 glutamic acid 함량은 간장을 담근 후 8~9개월이 되면 최고가 된다.

141 간장 달이기

- 농축살균과 후숙 효과를 얻기 위해서이다.
- 우수 간장은 70℃, 보통 간장은 80℃ 이상에서 달인다.
- 간장을 달이는 주요목적
  - 미생물의 살균 및 효소 파괴
  - 단백질의 응고로서 생성된 앙금 제거
  - 향미(aldehyde, acetal 생성) 부여
  - 갈색을 더욱 짙게 함

142 141번 해설 참조

143 아미노산 간장

- 단백질을 염산으로 가수분해시킨 후 NaOH로 중화시켜 얻은 아미노산액을 원료로 만든 화학간장이다.
- 중화제는 수산화나트륨, 탄산나트륨이 쓰인다.
- 단백질 원료에는 콩깻묵, 글루텐 및 탈지대두박, 면실박 등이 있고, 동물성 원료에는 어류 찌꺼기, 누에, 번데기 등이 사용된다.
- ※ 코지는 천연 양조간장 제조 시 발효에 쓰인다.

144 아미노산 간장

- 단백질을 염산으로 가수분해시킨 후 NaOH로 중화시켜 얻은 아미노산액을 원료로 만든 화학간장이다.
- 중화제는 수산화나트륨 또는 탄산나트륨이 쓰인다.

ANSWER
139 ① 140 ④ 141 ① 142 ①
143 ③ 144 ④

139 간장 덧 관리에서 교반하는 직접적인 이유가 아닌 것은?
① 간장 제조 시 간장의 색이 좋게 된다.
② 숙성작용이 균일하게 일어나게 한다.
③ 효모와 세균의 번식 및 발효를 조장시킨다.
④ 코지 중의 효소 용출을 촉진시키고 산소를 공급시킨다.

140 양조간장에 감칠맛의 근원인 glutamic acid 함량이 최고에 달하는 시기는?
① 담근 후 1~2개월
② 담근 후 3~4개월
③ 담근 후 5~7개월
④ 담근 후 8~9개월

141 간장 제조 시 달이는 가장 중요한 목적은?
① 살균   ② 색택
③ 맛   ④ 향기

142 간장 달임의 주요 목적이 아닌 것은?
① 염의 농도를 조정
② 생간장 중의 미생물을 살균
③ 생간장에 잔존하는 국균 효소를 실활
④ 생간장의 향, 색을 부여

143 양조 간장과 달리 아미노산 간장 제조에서 사용되지 않는 것은?
① 염산   ② 탈지 대두박
③ 코지   ④ NaOH 액

144 아미노산 간장에 대한 설명으로 가장 알맞은 것은?
① 화학 간장에 발효 간장을 혼합한 것
② 간장 제조 시 대두를 많이 첨가한 것
③ 재래식 간장에 아민노산을 첨가한 것
④ 대두를 염산 등 산으로 분해한 후 소금, 착색제 등을 첨가한 것

145 아미노산 간장의 제조과정에서 중화에 대한 설명으로 맞지 않은 것은?

① 중화 온도가 너무 높으면 쓴맛이 생기므로 60℃ 이하에서 중화시켜야 한다.
② 단백질 분해가 끝난 분해액에 NaOH의 포화용액으로 중화시킨다.
③ 중화의 최적 pH는 6.5이며, 이 때 휴민(humin) 물질 침전량이 많아져 빛깔과 투명도가 좋아진다.
④ 단백질 분해가 끝난 분해액에 Na_2CO_3의 분말을 표면에 조금씩 뿌리면서 교반하여 CO_2의 발생이 없을 때까지 계속한다.

146 아미노산 간장은 단백질 원료를 무기염산으로 가수분해하여 만드는 데 사용되는 산은?

① 인산   ② 염산
③ 수산   ④ 황산

147 아미노산 간장의 설명 중 맞는 것은?

① 단백질 원료를 주로 황산으로 분해하고 KOH로 중화한다.
② 단백질 원료를 염산으로 분해하고 NaOH 또는 Na_2CO_3로 중화한다.
③ 중화할 때의 온도는 80℃에서 중화시킨다.
④ 고온 분해가 저온 분해보다 성분이나 풍미가 좋다.

148 산분해 간장의 제조공정에 속하지 않는 것은?

① 분해   ② 중화
③ 여과   ④ 발효

149 산분해간장용 원료로 주로 사용되는 것은?

① 고구마   ② 돼지감자
③ 탈지대두   ④ 쌀겨

145 아미노산 간장의 제조과정에서 중화의 최적 pH는 4.5이며, 이것은 휴민(humin) 물질의 등전점이 약 pH 4.5일 때 가장 침전량이 많아져 제품의 빛깔도 좋고 맑은 액을 얻을 수 있기 때문이다.

146 단백질 원료의 65~70%에 해당하는 22°Be'의 합성 염산을 사용하고, 중화제는 수산화나트륨(NaOH) 또는 탄산나트륨 (Na_2CO_3)을 사용한다.

147 아미노산 간장
• 단백질 원료를 염산으로 가수분해하고 NaOH 또는 Na_2CO_3로 중화하여 얻은 아미노산과 소금이 섞인 액체를 말한다.
• 중화할 때의 온도가 높으면 쓴맛이 생기므로 60℃ 이하에서 중화시켜야 한다.
• 저온 분해는 고온 분해에 비하여 노력이 더 들지만 성분, 풍미가 좋은 제품을 얻을 수 있다.

148 아미노산 간장
• 단백질 원료를 염산으로 가수분해하여 가성소다나 탄산소다로 중화시켜 제조한 간장으로 화학간장 또는 산분해 간장이라 한다.
• 제조공정 : 단백질 원료 → 산 분해 → 알칼리 중화 → 여과(1번액) → 용해 → 여과(2번액) → 용해 → 여과(3번액) → 가공(소금, 착색제, 기타) → 제품
• 발효 공정은 필요 없다.

149 아미노산 간장
• 단백질을 염산으로 가수분해 시킨 후 NaOH로 중화시켜 얻은 아미노산액을 원료로 만든 화학간장이다.
• 중화제는 수산화나트륨 또는 탄산나트륨을 쓴다.
• 단백질 원료에는 콩깻묵, 글루텐 및 탈지대두박, 면실박 등이 있고 동물성 원료에는 어류 찌꺼기, 누에, 번데기 등이 사용된다.

150
- 제국 시 온도는 32~33℃이다.
- 된장은 찐콩과 코지를 1 : 1로 섞어서 물과 소금을 넣어 일정기간 숙성시킨 것이다.
- 고추장은 원료 쌀에 콩 코지 가루와 소량의 소금, 고춧가루를 넣고 30℃ 내외로 유지하여 숙성시킨다.

151 고추장 제조 후의 숙성 적온은 코지 균의 생육 적온이며, 젖산균의 생육이 억제되는 30℃ 이하가 적당하다.

152 고추장 제조공정에서 코지를 넣고 60℃에서 3~5시간 유지하여 당화와 단백질 분해를 일으킨다. 60℃로 보온유지할 때 품온이 떨어지면 젖산균이 번식하여 시어질 수 있기 때문에 주의하여야 한다.

153 청국장을 제조할 때 볏짚을 이용하는 것보다 *Bacillus natto*를 직접 순수 배양하여 접종하면 점질물질 생성이 잘 되고 이취생성을 줄일 수 있다.

154 콩을 이용한 발효식품
- 된장은 찐콩에 쌀이나 보리로 만든 코지를 섞어서 물과 소금을 넣어 일정기간 숙성시켜 만든 것이다.
- 청국장은 찐콩에 납두균(*Bacillus natto*)을 번식시켜 납두를 만들어 여기에 소금, 마늘, 고춧가루 등의 향신료를 넣어 절구로 찧어 만든다.
- 템페는 인도네시아 전통발효식품으로 대두를 수침하여 탈피한 후 증자하여 종균인 *Rhizopus oligosporus*를 접종하여 둥글게 빚은 뒤 1~2일 발효시켜 제조하며 대두는 흰 균사로 덮여 육류와 같은 조직감과 버섯 향미를 갖는 제품이다.
※ 유부는 두부를 얇게 썰어 기름에 튀겨 만든다.

155 콩나물 성장에 따른 화학적 성분의 변화
- 지방은 발아 후기에 비교적 빨리 감소한다.
- 단백질은 전발아 기간 동안 약간 감소한다.
- 섬유소는 발아 10일 후에 2배로 증가한다.
- 수용성 단백태질소는 약 1/4로 감소한다.
- 콩 자체에는 없던 vit. C가 빠르게 증가하여 발아 7~8일에 최고치가 된다.
- vit. B군 중 B₂는 급속히 증가하여 10일 후에 3배로 증가 한다.

ANSWER
150 ④ 151 ③ 152 ③ 153 ④
154 ③ 155 ③

---

150 고추장 및 된장의 제조공정에 관한 설명이 틀린 것은?

① 제국의 온도는 32~33℃이다.
② 원료는 코지 콩, 고춧가루, 전분질, 소금물이다.
③ 숙성 온도는 30℃ 내외로 유지한다.
④ 코지는 콩류를 주로 사용한다.

151 고추장 제조 후 숙성 온도는?

① 10℃ 이하
② 20℃ 이하
③ 30℃ 이하
④ 35℃~45℃

152 고추장 제조 시 코지를 넣고 전분을 당화시킬 때 온도가 낮아지면 발생될 수 있는 현상은?

① 초산균의 번식으로 신맛이 생성된다.
② 효모의 번식으로 알코올이 생성된다.
③ 젖산균의 번식으로 신맛이 생성된다.
④ 대장균의 번식으로 CO_2가 생성된다.

153 콩을 이용하여 청국장을 제조하였으나 끈끈한 점질물이 생성되지 않고 부패가 진행되었다. 청국장이 제대로 발효되지 않은 이유가 아닌 것은?

① 지나치게 높은 온도에서 발효하였다.
② 볏짚을 물로 씻은 후 살균 처리하여 사용하였다.
③ 콩의 침지시간이 너무 길었다.
④ *Bacillus natto*를 직접 배양하여 첨가하였다.

154 콩을 이용하여 제조한 발효식품이 아닌 것은?

① 된장
② 청국장
③ 유부
④ 템페

155 콩나물 성장에 따른 화학적 성분의 변화를 설명한 것으로 맞지 않는 것은?

① 섬유소 함량의 증가
② 가용성 질소화합물의 감소
③ 지방함량의 증가
④ 비타민 C 함량의 증가

156 템페(tempeh)의 설명으로 맞지 않는 것은?

① 인도네시아의 전통 발효식품으로 시작되었다.
② 발효시키면 대두는 점질물질로 덮여 청국장과 같은 조직감을 갖는다.
③ 증자한 콩을 바나나 잎에 포장하여 2~3일 발효시켜 얻는다.
④ *Rhizopus* 속의 곰팡이에 의하여 만들어진다.

과채류 가공

157 과일의 특성에 관한 설명 중 틀린 것은?

① 과일에는 소량의 탄닌(tannin)이 들어 있는 경우 제품의 색을 흐리게 하지만, 쉽게 제거할 수 없다.
② 과일 중의 소량의 단백질은 과즙 중에 녹아 가공할 때 제품을 흐리게 하고 끓이면 응고되어 쉽게 제거할 수 있다.
③ 과일에는 저급 지방산의 에틸, 아밀 또는 부틸, 에스테르 등의 방향성분인 에스테르류를 비교적 많이 함유하고 있어 향기가 좋다.
④ 과일에 따라서는 펙틴(pectin)이 많이 들어 있어 매끈한 촉감을 가질 뿐 아니라 잼 및 젤리로 가공할 수 있다.

158 감귤류에 많은 유기산은?

① malic acid
② citric acid
③ fumaric acid
④ acetic acid

159 감의 떫은맛을 제거하는 탈삽의 원리는?

① Shibuol(diosprin)을 용출 제거
② Shibuol(diosprin)을 당분으로 전환
③ Shibuol(diosprin)을 불용성으로 변화
④ Shibuol(diosprin)을 분해

156 템페(tempeh)
• 인도네시아 전통발효식품이다.
• 대두를 수침하여 탈피한 후 증자하여 종균인 *Rhizophus oligosporus*를 접종하여 둥글게 빚은 뒤 1~2일 발효시키면 대두는 흰 균사로 덮여 육류와 같은 조직감과 버섯향미를 갖는다.
• 템페는 얇게 썰어 식염수에 담갔다가 기름에 튀겨서 먹거나 혹은 수프와 함께 먹는다.

157 과일의 특성
• 과일에 소량 들어 있는 탄닌(tannin)은 제품의 색을 흐리게 하지만 쉽게 제거할 수 있다.
• 과일 중에 비교적 적게 들어 있는 단백질은 과즙 중에 녹아 과실 주스, 잼, 젤리 등으로 가공하였을 때 제품을 흐리게 하지만, 끓이면 응고되어 표면에 쉽게 떠올라 이것을 제거할 수 있다.

158 감귤류에는 거의 대부분의 유기산이 citric acid 이고, 복숭아, 딸기 등에도 구연산이 함유되어 있다. 사과는 사과산이, 포도는 타타르산(tartaric acid)이 많다.

159 감의 탈삽의 원리
• 탄닌(tannin)의 주성분인 가용성 Shibuol(diosprin)을 불용성으로 변화시켜 떫은맛(삽미)을 느끼지 못하게 한다.

ANSWER

156 ② 157 ① 158 ② 159 ③

160 감의 탈삽기작

- 탄닌 물질이 없어지는 것이 아니고 탄닌 세포 중의 가용성 탄닌이 불용성으로 변화하게 되므로 떫은맛을 느끼지 않게 되는 것이다.
- 즉, 과실이 정상적 호흡을 할 때는 산소를 흡수하여 물과 이산화탄소가 되나 산소 공급을 제한하여 정상적 호흡작용을 억제하면 분자간 호흡을 하게 된다.
- 이때, 과실 중 아세트알데히드, 아세톤, 알코올 등이 생기며, 이들 화합물이 탄닌과 중합하여 불용성이 되게 한다.

161 160번 해설 참조

162 떫은감의 탈삽 방법

- 온탕법(35~40℃), 알코올법(밀폐 용기에 감을 주정처리), 탄산가스법(감을 CO_2로 충만시킴), 동결법(-20℃ 부근에서 냉동) 등이 있다.
- 탄산가스로 탈삽한 감의 풍미는 알코올법에 비하여 떨어지나 상처가 적고 제품이 단단하며 저장성이 높다.

163 162번 해설 참조

164 과일의 데치기의 목적

- 부피 감소·박피 용이
- 기포 제거·변색 및 변질 방지
- 이미·이취 제거
- 산화 효소의 불활성화
- 외관, 맛 변화의 방지
- 통·병조림 후 용액이 조여지는 것 방지 등

160
떫은감을 떫지 않게 하는 과정을 탈삽이라 한다. 탈삽의 원리를 가장 바르게 설명한 것은?

① 40℃의 온탕에서 떫은감을 담가 두면 더운 물에 의하여 탄닌을 제거하기 때문에 떫은맛이 없다.
② 탄닌 성분이 없어지는 것이 아니라, 산소 공급을 억제하면 분자간 호흡에 의하여 불용성 탄닌으로 변화되기 때문에 떫은맛을 느끼지 못하게 된다.
③ 통 속에 천과 떫은감을 층층이 놓고 소주나 알코올 등을 뿌려두면 탄닌이 제거되므로 떫은맛을 느끼지 못한다.
④ 밀폐된 곳에 떫은감을 넣고 탄산가스를 주입시키면 탄닌을 완전히 제거할 수 있어서 떫은맛이 없다.

161
감이 탈삽되는 것은?

① 탄닌이 없어지고 당이 생기기 때문
② 수용성 탄닌이 물에 녹아서
③ 떫은 탄닌이 불용성으로 되기 때문
④ 단맛이 생성되기 때문에

162
떫은감의 탈삽 방법으로 부적당한 것은?

① 온탕법
② 알코올법
③ 탄산가스법
④ 알데히드법

163
온탕법으로 감을 탈삽처리 할 때 가장 알맞은 온도는?

① 5~10℃   ② 35~40℃
③ 75~80℃   ④ 95~100℃

164
과실을 가공할 때 열처리(데치기, blanching)하는 이유가 아닌 것은?

① 변색 및 변질 방지
② 산화효소의 불활성화
③ 살균
④ 외피의 점질물 및 왁스(wax) 물질 제거

---

165 떫은 감의 탈삽법(脫澁法)으로 가장 적절한 방법은?

① 온수법
② 알코올법
③ 탄산가스법
④ 질소가스충진법

166 제핵한 복숭아의 산화 방지용으로 이용하는 용액은?

① 따뜻한 물
② 산 용액
③ 소금물
④ 알칼리 용액

167 과즙 제조 시 혼탁을 제거하기 위해 사용되는 효소는?

① amylase
② pectinase
③ isomorase
④ protease

168 과실주스의 청징법으로 좋지 않은 것은?

① 카제인이나 효소처리
② 난백처리
③ 주석산 처리
④ 젤라틴이나 탄닌 처리

169 과실주스가 혼탁한 것은 무슨 성분 때문인가?

① 당, 지방질
② 무기질, 효소
③ 유기산, 당질
④ 펙틴, 섬유소

170 건조과실 및 채소의 제조와 관계없는 것은?

① blanching
② NaOH
③ HCl
④ NaCl

171 과일을 알칼리 처리법(lye peeling)으로 박피할 때 가장 적합한 조건은?

① 1~3% NaOH 용액 90~95℃에서 1~2분간 담근 후 물로 씻는다.
② 3~5% NaOH 용액 50~60℃에서 1~2분간 담근 후 물로 씻는다.
③ 5~6% NaOH 용액 70~80℃에서 5분간 담근 후 물로 씻는다.
④ 7~8% NaOH 용액 60~75℃에서 1~2분간 담근 후 물로 씻는다.

165 162번 해설 참조

166 박피 제핵한 과육편은 산화, 변색되는 것을 방지하기 위하여 찬물이나 3% 소금물에 담가둔다.

167 과즙 제조 시 혼탁 제거
• 투명한 청징 주스(사과 주스)를 얻으려면 과즙 중의 펙틴(pectin)을 분해하여 제거해야 한다.
• 펙틴 분해 효소로는 Penicillum glaucum 등의 곰팡이가 분비하는 pectinase, polygalacturonase 등이 있다.

168 과즙의 청징법
• 난백 사용하는 방법
• 카제인을 사용하는 방법
• 젤라틴이나 탄닌을 사용하는 방법
• 규조토를 사용하는 방법
• 효소(pectinase)를 사용하는 방법
※ 흡착제 : 활성탄, 규조토, 산성 백토, 활성 백토 등

169 과실주스의 혼탁 원인
• 과즙은 펙틴, 섬유소, 검(gum)질 등의 부유물에 의해 점참성의 원인이 된다.

170 과실, 채소 중의 효소를 불활성시키기 위하여 수증기나 열탕 처리함으로써 건조나 저장 중의 변질을 막는다. 과실 박피에는 황산이나 염산, 가성소다(NaOH)와 탄산소다가 사용된다.

171 과일 박피 방법
• 칼(손)로 벗기는 법(hand peeling) : 손으로 칼을 이용하여 벗긴다.
• 열탕, 증기에 의한 법(steam peeling) : 열탕에 1분간 데치거나 증기를 2~3분작용시킨 후 냉각하여 박피한다.
• 알칼리 처리법(lye peeling) : 1~3% NaOH용액 90~95℃에서 1~2분 담근 후 물로 씻는다(법랑냄비 사용)
• 산처리(acid peeling) : 1~2% Hcl, H_2SO_4를 온도 80℃ 이상에서 1분간 담갔다가 꺼내 찬물에 담근 후 박피한다.
• 산 및 알칼리 처리법 : 1~2% 염산 또는 황산액에 일정시간 담근 후 찬물로 씻고, 2~3%의 끊는 NaOH용액에 담그면 껍질이 녹는다.
• 기계를 쓰는 법(mechanical peeling) : 기계적으로 박피기를 이용한다.

172 펙틴(pectin)
- 과즙, 젤리, 잼 등의 주성분으로 젤리화 3요소의 하나이다.
- 펙틴(pectin)은 덜 익은 과일에서는 불용성 protopectin으로 존재하나 익어감에 따라 효소작용에 의해 가용성 펙틴으로 변화한다.

173 과일의 팩틴과 산
- 펙틴이 많고 산이 적은 과실 : 앵두, 복숭아 등
- 펙틴이 적고 산이 많은 과실 : 살구, 딸기 등
- 산과 펙틴이 많은 과실 : 사과, 오렌지, 포도 등
- 산과 펙틴이 모두 적은 과실 : 서양배와 완숙 과실 등이며, 이들 과실과 복숭아는 잼의 원료로는 잘 사용하지 않는다.

174
젤리, 마멀레이드 및 잼류는 과실 중의 펙틴, 산 및 이것에 넣는 당분의 3가지 성분이 각각 일정한 농도와 비율로 되었을 때 젤리화가 된다.

175 젤리(Jelly)화의 강도에 관계가 있는 인자
- 펙틴(pectin)의 농도, pectin의 분자량, pectin의 ester화의 정도, 당의 농도, pH, 같이 들어 있는 염류의 종류 등

176 Jelly point를 형성하는 3 요소
- 설탕 60~65%, 펙틴 1.0~1.5%, 유기산 0.3%, pH 3.0 등이다.

177
잼, 젤리 등은 과실 중의 펙틴(1~1.5%), 산(0.3%, pH 3.0)과 첨가하는 당류(60~65%)가 일정한 농도와 비율을 이룰 때 젤리화가 된다.

172 잼(jam)이나 젤리(jelly)의 제조 원료성분은?
① glucose
② pectin
③ cellulose
④ protein

173 펙틴과 산의 양이 많은 과실은?
① 앵두
② 복숭아
③ 사과
④ 살구

174 잼 제조 시 젤리 응고에 필요한 성분이 아닌 것은?
① 산 ② 펙틴 ③ 전분 ④ 설탕

175 젤리화의 강도와 관계없는 인자는?
① 펙틴의 농도
② 펙틴의 분자량
③ pH
④ 음이온의 양

176 젤리화가 가장 강력한 유기산의 함량은?
① 0.01%
② 0.03%
③ 0.3%
④ 3%

177 젤리화의 요인이 아닌 것은?
① 염 ② 산 ③ 당류 ④ 펙틴

178 젤리화의 원리에 맞지 않는 것은?

① 1%의 천연 펙틴과 0.3%의 산과 65%의 당을 함유한 과즙 농축물은 쉽게 젤리화시킬 수 있다.

② 완전히 메톡실화된 폴리갈락투론산은 설탕만 적량 가하면 젤리화시킬 수 있다.

③ 저메톡실 펙틴으로는 적량의 당과 산이 함유된 농축물을 가열하여도 젤리화되지 않는다.

④ 완전히 디에스테르화된 펙틴으로는 적량의 산과 Ca^{++}이 존재하여도 설탕을 넣지 않으면 젤리화되지 않는다.

179 잼의 수분 분리 현상(synersis)을 일으키는 요인은?

① Ca 이온 과다
② 메톡실기 함량 과다
③ 산 과다
④ 당 함량 과다

180 Methoxyl기 함량이 7% 이하인 펙틴의 경우 젤리의 강도를 높이기 위하여 첨가하는 물질은 무엇인가?

① 칼슘
② 소금
③ 설탕
④ 인산

181 젤리화에 대한 설명 중 틀린 것은?

① 펙틴은 많으면 좋으나 보통 1%가 적당하다.
② 젤리화의 구성요소는 당, 산, 펙틴이다.
③ 설탕은 감미와 보존성을 높이나 젤리화에 큰 도움이 안된다.
④ 펙틴 분자가 완전히 methoxylation된 것이면 산이 필요치 않다.

182 Low methoxy pectin(LMP)에 대한 설명 중 바르지 못한 것은?

① 설탕 대신 칼슘 등을 넣으면 안정된 젤을 형성한다.
② 설탕을 넣지 않으면 젤을 형성하지 못한다.
③ Ca과 같은 다가이온이 펙틴 분자와 결합하여 안정된 젤(gel)을 형성한다.
④ 다이어트용 잼과 젤리에 이용될 수 있다.

178 저메톡실 펙틴의 젤리화에서 당의 함량이 적으면 칼슘을 많이 첨가하여야 한다. 칼슘의 필요량은 메톡실의 함량에 따라 다르다. 그 함량이 5.5~6.5%일 때 그 필요량이 가장 많고 그것보다 많거나 적거나 하면 소량으로 젤(gel)화된다.

179 잼의 수분 분리 현상(synersis)
• 젤리화의 적당한 pH는 3.0 전후이고, 맛을 고려하면 3.2~3.5 정도가 좋다.
• 2.8 이하의 산성에서는 잼의 수분이 분리되는 현상인 융해(이장, synersis) 현상이 일어난다.

180 펙틴 성분의 특성
• 저메톡실 펙틴(Lowmethoxy pectin)
 – Methoxy(CH_3O) 함량이 7% 이하인 것
 – 고메톡실 펙틴의 경우와 달리 당이 전혀 들어가지 않아도 젤리를 만들 수 있다.
 – Ca과 같은 다가이온이 펙틴 분자의 카르복실기와 결합하여 안정된 펙틴 젤을 형성한다.
 – methoxyl pectin의 젤리화에서 당의 함량이 적으면 칼슘을 많이 첨가해야 한다.
• 고메톡실 펙틴(High methoxy pectin)
 – Methoxy(CH_3O) 함량이 7% 이상인 것

181 젤리화
• 펙틴은 0.2%에서 응고가 시작되며 0.5%에서 완전하게 응고되고, 1% 정도가 적당하다.
• 산은 젖산으로 0.3%(pH 3.0)가 적당하며 맛을 고려하여 pH 3.2~3.5가 좋다.
• 당은 풍미와 색택을 개선하고 보존성을 높이며 젤리화에 중요한 역할을 한다. 보통 60~65%가 적당하다.

182 180번 해설 참조

ANSWER

178 ④   179 ③   180 ①   181 ③
182 ②

183 젤리화의 표준화 비율
• 당 60~65%, 펙틴 1~1.5%, 유기산 0.3% (pH 3.0)이다.

184 젤리점 측정법
• 컵 시험 : 농축물을 냉수를 담은 컵에 떨어뜨렸을 때 분산되지 않을 때가 완성점이다.
• 스푼 시험 : 농축물이 적당히 떨어질 때가 완성점이다.
• 온도계법 : 104~105℃가 될 때가 완성점이다.
• 당도계법 : 65% 될 때가 완성점이다.

185 가용성 고형분 함량이 65% 이상으로 농축되고, 많은 양의 산을 함유하고 있는 식품은 고농도의 삼투압과 낮은 pH 때문에 저장성이 좋고, 통(병)조림 포장으로 저장력이 크다.

186 Cut back 농축
• 농축 과일주스의 향기를 보충하는 방법이다.
• 농축 과즙에 소량의 신선한 과즙을 첨가하는 방법을 사용하는데 이것을 cut back process라 한다.
• 주로 오렌지 농축주스에 응용한다.

187 유황 훈증 목적
• 갈변 산화 효소가 많은 사과, 복숭아, 살구 등을 건조할 때 유황으로 처리하여 효소를 불활성 시켜 갈변을 막고, 부패 및 병충해를 막는 것이 목적이다.
• 훈증방법 : 원료과실 100kg에 300~400g의 유황을 밀폐실에서 30~60분간 연소시켜 실시한다.

188 감귤류의 쓴맛 성분
• 감귤류 등이 과피에 들어 있는 naringin은 주스 중에 쓴맛을 나게 하는 원인이다.
• 미생물이 분비하는 naringinase 라는 효소를 이용하여 제거할 수 있다.

189 피어슨 공식에 의하여

$$설탕(kg) = \frac{50kg \times (13-1.5)}{100-13}$$
$$= 6.61kg$$

183 젤리(Jelly) 표준제를 100g에서 펙틴, 산, 당의 양은?

① 1~1.5g, 0.3g, 60g
② 2~3g, 0.6g, 105g
③ 1~1.5g, 0.3g, 90g
④ 2~3g, 0.6g, 90g

184 젤리의 완성점(jelly point)을 결정하는 방법 중 맞지 않는 것은?

① 컵, 스푼 검사법
② 알코올 시험법
③ 당도계법
④ 온도계법

185 잼이나 젤리가 저장성이 높은 이유는?

① 고 당도에 의한 삼투압 때문이다.
② 과실 중의 유기산 때문이다.
③ 포장이 잘 되기 때문이다.
④ 수분함량이 적기 때문이다.

186 농축과실 주스 제조에 신선한 풍미를 주는 데 가장 적당한 농축법은?

① Cut back 농축법
② Foam mat 농축법
③ Spray 농축법
④ Vacuum 농축법

187 과실을 건조할 때 유황 훈증하는 목적이 아닌 것은?

① 산화 효소 파괴
② 방충 효과
③ 갈변 방지
④ 건조 촉진

188 오렌지 주스의 쓴맛을 제거하기 위하여 처리하는 효소는?

① lipase
② cellulase
③ naringinase
④ pectinase

189 산도를 조절한 오렌지 주스 50kg의 당분이 1.5%일 때, 13%의 당분 제품으로 만들려면 설탕은 얼마나 필요한가?

① 5.75kg
② 6.61kg
③ 7.25kg
④ 11.50kg

ANSWER

183 ① 184 ② 185 ① 186 ①
187 ④ 188 ③ 189 ②

190 포도과즙 가공과 관계없는 단위 조작은?

① 증류　　　　　　② 여과

③ 착즙　　　　　　④ 가열

191 포도 주스의 제조 시 주석 제거법 중 원료 또는 착즙액을 살균하지 않고 주석을 제거하는 방법은?

① 자연침전법　　　　② 동결법

③ 탄산가스법　　　　④ 농축여과법

192 복숭아 통조림 제조에서 박피에 쓰이는 것은 무엇인가?

① $NaHCO_3(1\sim3\%)$　　② $H_3PO_4(1\sim3\%)$

③ Citric acid$(1\sim3\%)$　　④ $NaOH(1\sim3\%)$

193 주스 제조공정 중에서 주석 제거가 필요한 것은?

① 오렌지 주스　　　　② 배 주스

③ 포도 주스　　　　　④ 사과 주스

194 토마토 주스의 제조공정 순서로 맞는 것은?

① 원료 → 가열 → 가염 → 파쇄 →
　 압착 → 균질화 → 살균 → 냉각

② 원료 → 파쇄 → 가열 → 압착 →
　 가염 → 균질화 → 살균 → 냉각

③ 원료 → 파쇄 → 가염 → 가열 →
　 압착 → 균질화 → 살균 → 냉각

④ 원료 → 파쇄 → 가열 → 가염 →
　 압착 → 균질화 → 살균 → 냉각

195 토마토 가공식품 중 전고형물이 25%이고 향신료, 조미료, 등을 넣어 농축시킨 제품은?

① 퓨레(puree)　　　　② 페이스트(paste)

③ 케첩(ketchup)　　　④ 주스(juice)

190　포도 주스의 제조공정
포도 → 씻기 → 제경 → 파쇄 → 가열 → 착즙 → 여과 → 분리 → 제품 순이다.

191　포도 주스의 제조 시 주석 제거법
• 자연침전법, 동결법, 탄산가스법, 농축여과법 등이 있다.
　– 탄산가스법 : 살균하지 않은 포도 주스를 밀폐용기에 담아 이것에 이산화탄소를 불어 넣어 미생물 번식을 억제하면서 주석을 제거하는 방법

192　박피방법
• 열탕처리와 약품처리가 있다.
• 이핵종은 열탕법으로, 점핵종은 알칼리($NaOH$ $1\sim3\%$) 처리로 박피한다.
• 박피 후 염산, 구연산용액으로 하고 중화 세척한다.

193　포도 주스에는 주석이 많이 들어 있어 이것이 저장 중에 석출하여 침전되어 상품가치를 떨어뜨리는 동시에 주스의 산도를 저하시키고 색소를 침착시키는 등 풍미에 영향이 크므로 착즙액에서 주석을 제거해야 한다.

194　토마토 주스의 제조공정
• 원료를 파쇄하여 가열한 다음 압착하고 가염 처리한다.
• 균질화시켜 살균한 후 냉각시킨다.

195　토마토 가공식품
• 토마토퓨레(puree) : 토마토를 펄핑하여 껍질, 씨 등을 제거한 즙액을 농축한 것으로 고형물 함량은 6~12%이다.
• 페이스트(paste) : 퓨레를 더 졸여서 전고형물을 25% 이상으로 한 것이다.
• 토마토케첩(ketchup) : 퓨레(puree)를 적당히 가열 농축하고(비중 1.06까지) 향신료, 조미료 등을 넣어 비중을 1.12~1.13으로 조정하며, 전고형물은 25~30% 되도록 농축시킨 것이다.
• 주스(juice) : 토마토를 착즙하는 동시에 과피를 제거한 액즙에 소량의 소금을 넣은 것이다.

196 토마토케첩이 검게 변하는 이유
- 케첩 제조 시 향신료 등의 첨가물이 들어갔을 때 철 및 구리와 접촉하게 되면 그 속에 들어 있는 탄닌(tannin)이 탄닌철로 변화하여 흑색이 되어 제품의 색깔을 나쁘게 한다.
- 케첩을 담는 용기로 철과 구리는 절대로 피해야 하는 이유는 장시간 가열하면 리코펜(lycopene)도 갈색으로 변하게 되기 때문이다.

197 토마토케첩을 제조할 때 철제 기구를 쓰면 탄닌과 반응하여 탄닌산철이 병조림 상부의 고리모양을 변하게 하여 상품가치를 저하시킨다.

198 196번 해설 참조

199 토마토 가공품의 고형물량
- 토마토 주스는 소량
- puree는 6~12%
- ketchup은 25~30%
- paste는 25% 이상

200 토마토케첩
- puree의 농축 정도에 따라 제품의 종류가 차이가 있다.
- 완성결정법은 비중계법, 굴절계(색도)법, pulp감량법, 유하속도법 등이 있다.
- 전고형물은 25~30% 되도록 한다.

201 Green peas의 숙도 선별에 이용되는 소금물의 농도는 10°Be'이다.

202 죽순 통조림의 즙액이 혼탁해지는 이유
- 주원인은 타이로신(tyrosine)이 용출되기 때문이다.
- 이것을 제거하기 위해서는 상당한 시간 물에 담근다(15시간 정도).

196 토마토 가공에 대한 설명으로 바르게 설명되지 않은 것은?

① 토마토 중의 색소는 적색을 나타내는 리코펜(lycopene)과 황색을 나타내는 카로틴(carotene)이 중요한 색소이다.
② 토마토의 껍질과 씨를 제거한 과육과 즙액인 토마토 펄프를 농축한 것을 토마토퓨레(puree)라 한다.
③ 토마토 펄프의 농축은 가급적 저온에서 단시간 내에 해야 한다.
④ 토마토케첩을 담는 용기는 철과 구리로 만든 것이 좋다.

197 토마토케첩 제조 기구로 철제를 쓰지 않는 이유는 무엇인가?

① 탄닌과 반응하기 때문
② 리코펜(lycopene)이 손실되기 때문
③ 카로틴이 손실되기 때문
④ 아미노산이 감소하기 때문

198 토마토케첩이 검게 변하는 가장 큰 이유는?

① 탄닌산철의 생성　　② 리코펜의 변화
③ 산화철의 생성　　　④ 카로틴의 변성

199 토마토 가공품 중 고형물의 함량이 가장 많은 것은?

① 페이스트(paste)　　② 퓨레(puree)
③ 주스(juice)　　　　④ 케첩(ketchup)

200 토마토케첩의 최저 총 고형물의 양은?

① 20%　　　　　　　② 25%
③ 33%　　　　　　　④ 35%

201 Green peas의 숙도 선별에 이용되는 소금물의 농도는?

① 4°Be'　　　　　　② 8°Be'
③ 10°Be'　　　　　④ 15°Be'

202 죽순 통조림에서 제품의 즙액이 혼탁해지는 이유는?

① 펙틴 물질 용출　　② 티로신(tyrosine) 용출
③ 색소 용출　　　　④ 탄닌 용출

203 과일에 많이 함유된 유기산은 어느 것인가?

① 염산   ② 아미노산
③ 식초산   ④ 사과산

204 고형분 15%의 사과 주스 100kg을 고형분 25%로 농축시키기 위해서는 얼마의 수분을 증발시켜야 하는가?

① 40kg   ② 60kg
③ 70kg   ④ 80kg

205 오렌지 주스의 농축에 적당한 농축기는?

① 박막식 증발기(film evaporator)
② 자연순환식 증발기(natural circulation evaporator)
③ 분무식 증발기(spray evaporator)
④ 원심식 증발기(centrifugal evaporator)

206 다음 중 CA 저장에 효과가 가장 큰 것은 어느 것인가?

① non-climacteric형 과실
② 후숙한 토마토
③ climacteric maximum이 지난 바나나와 서양배
④ climacteric rise 전의 사과와 바나나

207 채소류 가공품인 피클(pickle) 제조 시에 소금의 농도는?

① 2~3%   ② 4~5%
③ 6~7%   ④ 8~10%

208 침채류(沈菜類) 제조 시 정제염보다 호염으로 절이는 것이 좋은 이유는?

① 조직을 단단하게 하여 씹히는 맛을 좋게 해준다.
② 마그네슘과 칼슘이 함유되어 방부작용이 크다.
③ 숙성 속도를 빠르게 하고 맛을 좋게 해준다.
④ 비타민의 파괴를 방지한다.

---

203 과일에 함유된 성분
- 가용성 성분 : 수용성 단백질(albumin, globulin), 당류, 가용성 펙틴, 유기산, 무기염, 색소, 효소, 비타민 등이다.
- 당류 : 주로 포도당, 과당이며, 설탕도 있다.
- 유기산 : 사과산, 주석산, 구연산 등을 모두 함유한다.

204 고형분이 15%이면, 수분은 85%이고, 사과 주스는 85kg의 수분을 함유한다. 이것을 25%의 고형분으로 만들려면,
$25 : 15 = 75 : \chi$ $\chi = 45kg$
$85 - 45 = 40kg$
즉, 85kg 수분을 40kg 증발시켜야 한다.

205 과실 주스의 농축은 색, 향기, 맛 및 비타민 등의 손실이나 품질 변화가 적은 자연순환 증발기가 이상적이다.

206 climacteric rise
- 서양배, 사과, 바나나, 토마토, 감, 딸기와 같이 수확하여 후숙하는 사이 호흡작용이 높아지는 것을 말한다.
- 가스를 저장할 농산물을 climacteric rise가 일어나기 전에 저장고에 넣어야 한다.

207 피클(pickle) 제조 시에 사용하는 소금 농도는 여름철 10%, 겨울철 8%이다.

208 침채류 제조 시 절이는 목적
- 수분을 적당히 탈수하고 간을 베게하는 동시에 배추가 물러지지 않게 하기 위해서이다.
- 정제염 보다 호염으로 절이는 것이 좋은데 그 이유
  - 호염 중에는 마그네슘과 칼슘이 함유되어 있어서 배추의 팩틴질과 결합하여 아삭아삭한 맛을 더해주어 씹는 맛을 좋게 해준다.
  - 호염은 빛이 지나치게 검지 않은 것을 사용하고 정제염은 흰색인 것을 고른다.

209 환경 기체조절 저장(CA)
• 일반 대기성분과 탄산가스, 질소가스 등을 이용하여 식품을 저장하는 방법을 CA 저장이라고 한다.
• 저온으로 처리하면 더욱 효과적이고, 사과, 서양배, 계란, 소고기가 실용화되고 있다.
• 특히 저장고 내의 산소와 CO_2의 농도를 조절하여 과실, 채소의 저장에 많이 이용되고 있다.

210 녹차 제조공정 중 증숙의 목적
• 차엽에 유연성을 부여
• 산화효소 파괴
• 풋내 휘발

211 섬유조직으로 열에 부드럽게 되는 것을 분쇄하는 충격분쇄기인 hammer식, 초롱식, 각주식 등이 쓰인다.

212 Climacteric rise(C.R)
• 보통 대부분의 과실이 미숙기에서 완숙기에 가까워질 때 또는 완숙기 호흡량이 한때 증가하여 peak를 나타냈다가 그 후 차츰 감소되는 현상을 말한다.
• 서양배, 바나나, 사과, 망고, 파파야, 토마토 등의 청과물에서 나타난다.

213 템퍼링(tempering)
• 콘칭(conching)이 끝난 액체 초콜릿을 안정된 고체상의 지방으로 굳을 수 있도록 열을 가하게 되는데 이 공정을 말한다.
• 템퍼링은 초콜릿의 유지결정을 가장 안정된 형태의 분자구조를 만드는 단계로 초콜릿이 입안에서 녹을 때 부드러움을 느낄 수 있도록 하고 초콜릿의 블루밍(blooming) 현상을 방지하는 등의 중요한 과정이다.

214 유지 채취법
• 식물성 유지 : 압착법과 추출법 이용
• 동물성 유지 : 용출법 이용.
※ 착유율을 높이기 위해서 기계적 압착을 한 후 용매로 추출하는 방법이 많이 이용되고 있다.
※ 우지, 돈지, 어유, 경유 등의 용출법은 boiling process와 melting out process가 있다.

215 214번 참조

---

209 환경 기체조절 저장(controlled atmospheric storage, CA)을 많이 하는 것은?

① 생선 　　　　　② 과실
③ 김치 　　　　　④ 우유

210 녹차의 제조공정 중에서 증숙하는 목적이 아닌 것은?

① 산화 효소 파괴 　　② 풋내 휘발
③ 차엽에 유연성 부여 　④ 풍미부여

211 고추 등과 같은 섬유물질을 분쇄하는 데 회전 속도가 빠른 모터를 갖고 있는 마쇄기(mill)는?

① hammer mill 　　② ball mill
③ disc mill 　　　　④ crushing roll

212 Climacteric rise를 나타내는 청과물에 해당하는 것은?

① 서양배 　　　　② 감자
③ 오이 　　　　　④ 양파

213 초콜릿 제조 시 블루밍(blooming)을 방지하기 위한 공정은?

① 콘칭(conching) 　　② 템퍼링(tempering)
③ 성형(moulding) 　　④ 압착(pressing)

유지가공

214 유지의 채취방법 중 적당하지 않은 것은?

① 압착법 　　　　② 추출법
③ 용출법 　　　　④ 증류법

215 유지 채취방법 중 동물성 유지 채취에 가장 좋은 방법은?

① 압착법 　　　　② 용출법
③ 용매추출법 　　④ 연속추출법

ANSWER
209 ② 　210 ④ 　211 ① 　212 ①
213 ② 　214 ④ 　215 ②

216 유지 추출용매로 쓰이는 것은?

① toluene　　　　　② phenol
③ benzene　　　　　④ benzoic acid

217 식용유지 추출용매로 주로 사용되는 것은?

① 헥산(hexane)　　　② 에틸(ethyl)
③ 케톤(ketone)　　　④ 페놀(phenol)

218 식물성 유지를 추출할 때 착유율을 높이기 위한 방법으로 가장 적합한 것은?

① 기계적 압착을 한 후 용매로 추출한다.
② 용매로 먼저 추출한 후 기계적 압착을 한다.
③ 용매 추출방법으로만 추출한다.
④ 기계적 압착방법으로만 추출한다.

219 유지 채유 과정에서 열처리를 하는 근본적인 이유가 아닌 것은?

① 유지의 점도증가
② 원료의 수분조절
③ 산화효소의 불활성화
④ 착유 후 미생물의 오염 방지

220 경화유 제조에 사용되는 촉매는?

① Cu　　　　　② Ni
③ Mg　　　　　④ Fe

221 유지가공에 있어 수소첨가의 목적이 아닌 것은?

① 경화유 제조　　　　② 불쾌미 불쾌취 제거
③ 색깔 개선　　　　　④ 영양가 증대

222 샐러드 기름을 제조할 때 탈납처리(Winterization)는 어떤 목적으로 처리하는 방법인가?

① 냄새 제거　　　　　② 액성지방 제거
③ 고체 지방 제거　　　④ 수분 제거

216　식용유지 추출용매
• 헥산(hexane), 석유 에테르, 벤젠, 사염화탄소(CCl₄), 이황화탄소(CS₂), 아세톤, ether, ethanol, CHCl₃ 등
※ 추출법 : 원료를 유기 용매에 담그고 유지를 용제에 녹여서 그 용제를 휘발시켜 유지를 채취한다.

217　216번 참조

218　214번 참조

219　채유 시 가열처리를 하는 이유
• 세포막을 파괴하고, 단백질을 응고시켜, 유지의 점도를 낮게 하여 착유율을 높이는 데 있다.

220　경화유
• 불포화 지방산의 이중결합 부분에 Ni 등을 촉매로 수소를 부가시켜 포화지방산으로 만든 고체 지방이다.
• 불포화지방산의 냄새를 제거한 것이다.

221　경화유 제조공정 중 유지에 수소를 첨가하는 목적
• 글리세리드의 불포화 결합에 수소를 첨가하여 산화 안정성을 좋게 한다.
• 유지에 가소성이나 경도를 부여하여 물리적 성질을 개선한다.
• 색깔을 개선한다.
• 식품으로서의 냄새, 풍미를 개선한다.

222　탈납처리(Winterization)
• salad oil 제조 시에만 실시한다.
• 기름이 냉각 시 고체 지방으로 생성이 되는 것을 방지하기 위하여 탈취하기 전에 고체 지방을 제거하는 공정이다.
• dewaxing이라고도 한다.
• 주로 면실유에 사용되며, 면실유는 낮은 온도에 두면 고체 지방이 생겨 사용할 때 외관상 좋지 않으므로 이 작업을 꼭 거친다.

■ ANSWER ■
216 ③　217 ①　218 ①　219 ①
220 ②　221 ④　222 ③

223 222번 해설 참조

224 222번 해설 참조

225 탈산처리
- 원유에는 유리지방산이 0.5% 이상 함유되어 있다.
- 특히 미강유에는 10% 정도 함유되어 있어 산을 제거하기 위해서 탈산처리를 한다.
- 가장 많이 쓰이는 방법은 NaOH 용액으로 유리지방산을 중화하고 비누로 만들어 제거하는 알칼리 정제법이 있다.

226 유지의 탈색법
- 원유에는 카로티노이드, 클로로필 등의 색소를 함유하고 있어 보통 황록색을 띤다.
- 이들을 제거하는 방법으로는 가열탈색법과 흡착탈색법이 있다.
- 가열법은 기름을 200~250℃로 가열하여 색소류를 산화분해하는 방법이다.
- 흡착법은 흡착제인 산성백토, 활성탄소, 활성백토 등이 있으나 주로 활성백토가 쓰인다.

227 유지의 정제방법
- 원유에는 검, 단백질, 점질물, 지방산, 색소 섬유질, 탄닌, 납물질 등이 들어 있다.
- 물리적 방법 : 불순물 중에 흙, 모래, 원료의 조각 등과 같은 것은 정치법, 여과법, 원심분리법 등으로 쉽게 제거할 수 있다.
- 화학적 방법 : 단백질, 점질물, 검질 등과 같이 유지 중에 교질상태로 있는 것은 분리가 어려워 탈산법, 탈색법, 탈취법, 탈납법 등으로 제거하여야 한다.
- 유지의 정제공정은 중화 → 탈검 → 탈산 → 탈색 → 탈취 → 탈납(윈터화) 순이다.

228 227번 해설 참조

229 227번 해설 참조

---

223 동유처리법(winterization)은 어떤 기름에 주로 사용하는가?

① 면실유
② 대두유
③ 유채유
④ 미강유

224 탈납공정(dewaxing)에 관한 기술 중 잘못된 것은?

① 고체 지방을 제거하기 위한 것이다.
② 유리지방산을 제거하기 위한 것이다.
③ 탈취공정(deodering process) 전에 행한다.
④ 샐러드유(salad oil)를 만들기 위한 공정이다.

225 수산화나트륨을 가하여 유리되는 지방산을 비누화하여 제거하는 유지정제법은?

① 흡착법
② 알칼리법
③ 황산법
④ 활성탄법

226 다음 중 유지의 탈색방법으로 사용되지 않는 것은?

① 활성백토법
② 산성백토법
③ 활성탄법
④ 수증기 증류법

227 유지의 정제방법 중 화학적인 방법은?

① 정치법
② 여과법
③ 탈색법
④ 원심분리법

228 탈검, 탈산, 탈색, 탈취 등의 제조공정과 관계가 있는 것은?

① 유지의 추출
② 유지의 정제
③ 전분의 정제
④ 경화유 제조

229 유지의 정제공정으로 맞는 것은?

① 중화 → 탈취 → 탈색 → 탈검 → 탈납
② 탈색 → 탈검 → 중화 → 탈취 → 탈납
③ 탈검 → 탈취 → 중화 → 탈색 → 탈납
④ 중화 → 탈검 → 탈색 → 탈취 → 탈납

ANSWER

223 ①   224 ②   225 ②   226 ④
227 ③   228 ②   229 ④

230 식품의 가공 및 조리 시 튀김용 기름의 발연점은?

① 낮은 것이 좋다.
② 높은 것이 좋다.
③ 낮은 것이 좋으나 너무 낮으면 나쁘다.
④ 높은 것이 좋으나 너무 높으면 나쁘다.

231 천연 버터와 마가린의 가장 큰 차이점은?

① 휘발성 지방산   ② 요오드가
③ 검화가   ④ 산가

232 쇼트닝은 다음 중 어디에 속하는가?

① 전분가공품   ② 유지가공품
③ 설탕가공품   ④ 고기가공품

233 쇼트닝(shortening) 제조과정에서 필요 없는 공정은?

① 혼합   ② 냉각
③ 유화   ④ 배합

234 쇼트닝에 대한 설명으로 맞지 않는 것은?

① 광범위한 온도에서 끈기를 가지게 한다.
② 유지에 10~20%의 질소가스를 넣어 가소성을 좋게 한다.
③ 유지 80%에 물 및 우유제품 등을 약 20% 섞어 유화시켜 조제한다.
④ 제품의 촉감을 좋게 하고 잘 부서지도록 한다.

235 정제한 동물성 유지, 식물성 유지, 경화유 등을 급랭, 연화하여 가공한 크림상태 또는 고형상태의 것으로 정의되며, 제과·제빵 등에 널리 이용되는 제품의 명칭은?

① 쇼트닝(shortening)
② 마가린(margarine)
③ 라드(lard)
④ 마요네즈(mayonnaise)

---

230 발연점은 높아야 좋으며, 튀김 온도는 160~180℃보다 210~240℃가 좋다.

231 천연 버터와 마가린의 차이점
• 버터 중에는 마가린 보다 휘발성 지방산 함량이 훨씬 많다.
• Reichert-Meissel number는 수용성 휘발성 지방산을 중화에 필요한 0.1N KOH의 ㎖수로 표시하고 수용성 휘발성 지방산의 양을 나타낸다.
 – 일반유지는 1 정도이지만 버터는 30 정도로 높다.
 – 버터의 위조검정에 이용한다.

232 쇼트닝(shortening)
• 마가린(수분 40%)과 달리 수분이 거의 없는 100% 유지이다.
• 야자유, 돈지, 경화유 등의 원료 유지에 유화제를 첨가하고 10~20%의 N_2 gas를 갖게 하여 제품의 가소성을 좋게 한다.
• 특징은 쇼트닝성, 크림성, 유화성, icing성, 흡수성, frying성 등이 요구된다.
• 넓은 온도 범위에서 가소성이 좋고 제품을 부드럽고 연하게 하여 공기의 혼합을 쉽게 한다.

233 쇼트닝 제조공정
• 원료 → 배합 → 냉각 → 혼합의 순서로 되어 있다.
• 마가린 제조공정과 거의 유사하지만 유화 과정이 없으며, 혼합에 중점을 둔다.

234 232번 해설 참조

235 232번 해설 참조

236 쇼트닝의 가공 특성
· 가소성, 쇼트닝성, 크림성, 흡수성, 안정성 등을 들 수 있으나 용도에 따라 그 특성은 크게 달라진다.
  – 가소성(plasticity) : 고체와 같이 작은 힘에는 저항하지만 일정 이상의 힘(항복응력)에 대하여 유동을 일으키는 성질
  – 쇼트닝(shortening)성 : 비스킷, 쿠키 등을 제조할 때 제품이 바삭바삭하게 잘 부서지도록 하는 성질
  – 크리밍(creaming)성 : 빵 반죽이나 버터, 크림 제조 시 공기를 잘 부착시키도록 하는 성질
  – 안정성(consistency) : 광범위한 온도에서 끈기를 갖는 성질

237 쌀겨를 가열 건조하는 주된 이유
· 쌀겨 중에 들어 있는 유지 분해 효소인 lipase가 쌀겨 기름에작용하여 생기는 유리지방산은 식용유지에 불리하게작용하므로 제거해야 한다.
· 지방 분해를 억제하는 방법은 쌀겨를 바로 가열, 건조하여 lipase를 불활성으로 하는 동시에 수분을 2∼3% 정도로 하면 효과가 있다.

238 식물성 유지에는 동물성 유지보다 천연 항산화제가 많이 함유되어 산패가 잘 안되며, 항산화제로는 tocopherol(Vit E), 아스코르빈산(Vit C), gallic acid, quercetin, sesamol 등이 있다. 이들 물질은 산화 방지 보조물질(synergist)을 첨가하면 효과적이다.

239 232번 해설 참조

240 유지의 탈취 조건은 3∼6mmHg의 감압하에서 200∼250℃로 가열하고 수증기를 넣어 냄새를 제거한다.

236 쇼트닝의 가공 특성이 아닌 것은?

① 쇼트닝성 – 제품이 바삭바삭하게 되거나 바스러지기 쉬운 성질
② 크리밍성 – 공기를 잘 부착시키도록 하는 성질
③ 안정성 – 광범위한 온도에서 끈기를 갖는 성질
④ 전연성 – 제품 표면에 잘 펼쳐지는 성질

237 미강유 제조 시 쌀겨를 가열 건조하는 주된 이유는?

① 단백질을 변성시켜 착유량을 증가시키기 위하여
② lipase를 불활성화시켜 유리지방산의 생성을 억제하기 위하여
③ 섬유소를 파괴하여 착유를 용이하게 하기 위하여
④ protease를 불활성화하여 기름이 착색되는 것을 방지하기 위하여

238 식물성 유지가 동물성 유지보다 산패가 잘 일어나지 않는 이유는?

① 지방 분해 효소가 작게 들어 있다.
② 천연 항산화제와 산화 방지 보조물질이 들어 있다.
③ 당분함량이 높다.
④ 불포화도가 낮다.

239 가공유지 중 마가린보다 가소성이 더 우수한 제품은?

① 샐러드유   ② 드레싱
③ 쇼트닝   ④ 야자유

240 유지의 탈취 정제 시 적당한 가열 온도와 감압의 조건은?

① 80~180℃, 1~3mmHg
② 200~250℃, 1~3mmHg
③ 80~180℃, 3~6mmHg
④ 200~250℃, 3~6mmHg

241 식용유지의 정제 과정에서 활성백토, 활성탄 등 흡착제를 가하는 공정은?

① 탈산　　　　　　② 탈검
③ 탈취　　　　　　④ 탈색

242 유지 제조 시 탈검(degumming) 공정에서 주로 제거되는 성분은?

① phospholipid　　② aldehyde
③ ketone　　　　　④ wax

243 식용유를 제조할 때 탈검(degumming) 공정을 거치는데 탈검 공정의 주된 목적은?

① 인지질을 제거한다.
② 유리지방산을 제거한다.
③ 색소를 제거한다.
④ 휘발성 물질을 제거한다.

244 유지를 추출하여 얻은 중간물인 miscella를 증류할 때 관계가 없는 것은?

① 스트립퍼　　　　② 진공
③ 백토　　　　　　④ 수증기

245 경화유 제조 후 일어나는 물리적 성질의 변화 중 가장 중요한 것은?

① 빙점 하강　　　　② 빙점 상승
③ 융점 하강　　　　④ 융점 상승

246 트랜스지방에 대한 설명으로 옳지 않은 것은?

① 마요네즈는 옥수수유나 대두유 같은 식물성 유지를 사용하므로 트랜스지방 함량이 낮다.
② 커피 프림은 야자유를 100% 경화시켜 사용하므로 트랜스지방 함량이 높다.
③ 트랜스지방을 함유한 유지는 특유의 고소한 냄새와 맛을 내는 경화취를 가지고 있다.
④ 유지를 햇빛에 장시간 노출시키면 산패는 발생되지만 트랜스지방은 늘어나지 않는다.

---

241 식용유지의 탈색
• 원유에는 카로티노이드, 클로로필 등의 색소를 함유하고 있어 보통 황록색을 띤다.
• 제거 방법 : 가열탈색법, 흡착탈색법이 있다.
 − 가열법 : 기름을 200~250℃로 가열하여 색소류를 산화분해하는 방법
 − 흡착법 : 흡착제(산성백토, 활성탄소, 활성백토 등)가 있으나 주로 활성백토 사용

242 탈검 공정
• 불순물인 인지질(phospholipid) 같은 고무질이 주로 제거된다.
• 원유에 들어있는 불순물 중 인지질은 레시틴으로 정제 공정을 어렵게 하므로 탈산하기 전에 제거해야 한다.

243 242번 해설 참조

244 원료로부터 보통 추출법에서 얻은 miscella는 증발과 스트리핑의 2가지 단계로 용제를 제거한다. 추출기에서 추출된 miscella는 25~30%이나 용제를 증발시켜 90~95%로 한다.

245 경화유는 유지가 경화되어 요오드가가 점차 줄고, 녹는 온도가 높은 기름이 생성된다.

246 트랜스지방(trans fatty)
• 식물성 유지에 수소를 첨가하여 액체유지를 고체유지 형태로 변형한 유지(부분 경화유)를 말한다.
• 보통 자연에 존재하는 유지의 이중결합은 cis 형태로 수소가 결합되어 있으나 수소첨가 과정을 거친 유지의 경우에는 일부가 trans 형태로 전환된다. 이렇게 이중결합에 수소의 결합이 서로 반대방향에 위치한 trans 형태의 불포화 지방산을 트랜스지방이라고 한다. 일반적으로 쇼트닝과 마가린에 많이 함유되어 있다.
• 커피 프림에 사용하는 유지는 야자유이다. 야자유에는 포화지방산이 90% 정도 들어 있다. 프림에 사용할 때 야자유를 100% 경화시켜 사용하게 되는데 100% 경화시켰다는 말은 모든 지방이 포화지방산으로 전환되었다는 의미로 자체 포화지방산 함량이 높아 트랜스지방은 거의 존재하지 않는다.

| ANSWER |

241 ④　242 ①　243 ①　244 ③
245 ④　246 ②

247 초유의 특징

- 분만 후 일주일 이내에 착유한 우유를 초유(colostrum)라고 한다.
- 초유에는 정상유보다 단백질, 지방 및 회분함량은 많고 유당함량은 적다. 특히 단백질 중에서 글로블린 함량이 많다.
- 철분, 비타민 A의 함량이 많다.
- 가열에 의해 쉽게 응고되고, 때로는 혈액이 혼입되어 납유가 금지되고 있다.

248 우유의 명칭

- City milk : 살균 처리하여 소비자가 마실 수 있도록 상품화한 우유
- Raw milk : 목장에서 착유하여 살균 처리하지 않은 우유
- Skimmed milk : 우유 중의 지방성분을 일정수준 이하로 제거한 제품
- Whole milk : 원유 또는 시유에 지방을 가하거나 탈지하지 아니한 우유

249 우유를 정치해두면 지방이 많은 크림층이 위에 떠오르는데 이것을 분리한 나머지가 탈지유이다.

250 우유의 신선도 시험

- 산도 측정, 알코올 응고 시험, pH측정, TBA 시험(유지방 산화도 검사) 등
- ※ 비중측정 : 이물질(물이나 소금) 첨가 유무를 측정

251 알코올 검사

- 우유의 열에 대한 안정성과 산패 유무를 판정
- 산도가 높은 우유 판정
- 칼슘과 마그네슘에 대한 인산과 구연산의 비가 정상이 아닌 우유 판정
- 초유, 말기유, 유방염유 등을 검출함

252 Methylene blue 환원 시험

- 색소환원 시험법으로서 청색 색소가 환원되는 데 소요되는 시간에 의하여 세균 수의 양을 추정하는 간접세균수 확인시험법이다.

유가공

247 초유(colostrum)의 성질과 관계없는 것은?

① 회분함량이 많다.
② 글로블린 함량이 많다.
③ 단백질은 적지만 유당은 많다
④ 원료유로 부적당하여 납유 금지되어 있다.

248 목장에서 생산된 무처리된 상태의 우유를 무엇이라 하는가?

① City milk
② Raw milk
③ Skimmed milk
④ Whole milk

249 우유에서 지방분이 풍부한 크림을 분리해 낸 나머지 부분의 우유는?

① 유청
② 커드
③ 탈지유
④ 크림

250 우유의 신선도 시험과 관계가 없는 것은?

① 비중 측정
② 알코올 응고 시험
③ TBA 시험
④ 산도 측정

251 우유의 신선도 시험 중 알코올(alcohol) 응고 시험은 무엇과 관계 있나?

① 젖당(당도 측정)
② TBA 시험의 유지방
③ 응고 여부
④ 산응고

252 Methylene blue 환원 시험에 의하여 우유 중의 어떤 내용을 확인하는가?

① 총 세균수의 간접 측정
② 지방함량
③ 무기질 함량
④ peroxidase 활성도

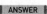

ANSWER

247 ③   248 ②   249 ③   250 ①
251 ④   252 ①

253 우유의 지방산 중 다른 식품에는 거의 없는 지방산은 어떤 것인가?

① stearic acid
② oleic acid
③ butyric acid
④ palmitic acid

254 지방구 막에 존재하면서 우유 내 지방구가 안정하게 유화(emulsion) 상태로 유지하는 데 크게 기여하는 성분은?

① 단백질
② triglyceride
③ 인지질
④ 유리지방산

255 Casein의 등전점은?

① pH 4.2
② pH 4.6
③ pH 4.9
④ pH 5.6

256 다음 중 우유의 단백질은?

① ovalbumin
② lactoglobulin
③ glutenin
④ oryzenin

257 다음 중 우유 응고에 관여하는 금속이온은?

① Mg^{2+}
② Ca^{2+}
③ Cu^{2+}
④ Fe^{2+}

258 유당(lactose)에 관한 설명이다. 맞지 않은 것은?

① Lactobacillus의 발육에 이용된다.
② 주로 포유동물 젖에 존재한다.
③ 유당 분해 효소는 β − galactosidase이다.
④ glucose와 fructose로 분해된다.

259 유당의 생물학적 기능에 관한 설명이다. 맞지 않은 것은?

① 정장작용
② 칼슘 흡수 촉진
③ 두뇌 발육 촉진
④ 당류 중 감미도가 가장 높음

---

253 우유의 지방산에는 특히 다른 식품의 지방에 들어 있지 않는 butyric acid(낙산, $CH_3(CH_2)_2 COOH$)가 3.1% 정도 함유되어 있다.

254 지방구 막
• 지방구 표면을 둘러싸고 있는 막이다.
• 막 구성성분 : 인지질, 단백질, 비타민 A, 카로티노이드, 콜레스테롤 및 각종 효소로 구성되어 있다.
• 특히 인지질이 친수성으로써 지방구를 유탁액(emulsion)상태로 유지시킨다.

255 카제인(casein)은 우유에 산을 가하여 pH를 4.6으로 하면 등전점에 도달하여 물에 녹지 않고 침전되므로 쉽게 분리할 수 있다.

256
• ovalbumin : 난백 단백질
• lactoglobulin : 우유의 유청 단백질
• glutenin : 밀 단백질
• oryzenin : 쌀 단백질

257 우유 응고의 원인은 가용성 카제인이 rennin에 의하여 수용성 paracasein이 된 다음, Ca^{2+}와 결합하여 불용성인 dicalcium paracaseinate를 형성하기 때문이다.

258 유당(lactose)의 특징
• α − D − glucose와 β − D − galactose로 결합된 이당류이다.
• 식물체에는 발견되지 않으며, 동물의 유즙에 존재한다.
• 모유에 5~7%, 우유에 4~6%로 함유되어 있다.
• 유당 분해 효소(β − galactosidase), 10% 염산에 의해 glucose와 galactose로 가수분해 된다.
• 젖산균 발효에 의해 젖산과 방향성 물질이 생성된다.

259 유당(lactose)의 생물학적 기능
• 젖산균 발효에 의해 젖산이 생성되고, 생성된 젖산에 의해 장내를 산성으로 유지한다.
• 유해 세균의 증식 억제(정장작용)를 한다.
• 뇌의 구성성분인 cereboside의 구성당인 galactose의 공급원(두뇌발육 촉진)이다.
• Ca과 단백질 흡수를 촉진시켜 성장기 어린이의 골격 형성에 도움을 준다.
• 당류 중 감미도는 가장 낮다(설탕의 1/5).

출제예상문제

260 유당 분해 효소 결핍증(lactose intolerance)
• 유당 분해 효소인 락타아제(lactase)가 부족하면 우유에 함유된 유당(lactose)이 소화되지 않는다. 이 소화되지 않은 유당이 소장에서 삼투 현상에 의해 수분을 끌어들임으로써 팽만감과 경련을 일으키고 대장을 통과하면서 설사를 유발하게 되는 현상을 말한다.

261 우유 지방은 저급 지방산의 포화지방산이 높기 때문에 검화가가 210∼235로서 높은 편이다.

262 우유 응고의 직접적 요인
• 산(acid)에 의한 응고
• 가열에 의한 응고
• 알코올(alcohol)에 의한 응고
• 염류에 의한 응고
• 효소(rennin)에 의한 응고 등

263 β−락토글로블린은 70℃ 이상 가열하면 κ−카제인, αS2−카제인과 복합체를 형성하여 우유의 응고를 지연시킨다.

264 우리나라 원유가격은 지방함량, 유단백, 세균수, 체세포수 등을 병행하여 1A, 1B, 2, 3, 4 등급으로 산정한다 (2018년 8월 1일).

265 우유의 산화취
• 지방이 공기, 광선, 중금속, 산화 효소, 레시친 같은 산화 촉진 물질이나 수분함량에 의해 발생된다.
• 비타민 C나 E 등의 항산화에 의해 억제될 수 있다.

---

260 유당 분해 효소 결핍증(유당불내증)에 직접적으로 관여하는 효소는?

① 헥소키나제(hexokinase)
② 라소자임(lysozyme)
③ 락타아제(lactase)
④ 락테이트 디하이드로게나제(lactate dehydrogenase)

261 우유 지방의 물리화학적 성질 중 설명이 잘못된 것은?

① 비중은 15℃ 기준에서 0.935∼0.944 사이이다.
② 융점은 30℃∼40℃ 사이로 37℃에서 완전히 융해된다.
③ 검화가는 저급 지방산이 적기 때문에 낮다.
④ polenske가는 1.2∼2.4로 식물성 지방에 비하여 낮다.

262 다음 중 우유를 응고시키는 직접적인 요인이 아닌 것은?

① 산에 의한 응고
② 알칼리에 의한 응고
③ 알코올에 의한 응고
④ rennin에 의한 응고

263 가열에 의해 κ−casein과 복합체를 형성하여 우유의 응고를 지연시키는 유청 단백질은?

① α−락트알부민
② β−락토글로블린
③ 혈청알부민
④ 면역글로블린

264 우리나라에서 원유 가격을 결정하는 항목이 아닌 것은?

① 유당
② 지방
③ 체세포수
④ 세균수

265 우유의 산화취는 우유 중의 어떤 성분이 산화되어 발생하며, 그 방지를 위해 사용되는 첨가물은?

① 단백질 − 비타민 K
② 단백질 − Ca(OH)₂
③ 지방 − 비타민 C
④ 지방 − NaCl

ANSWER
260 ③　261 ③　262 ②　263 ②
264 ①　265 ③

266 우유의 색소가 아닌 것은?

① carotene   ② riboflavin
③ xanthophyll   ④ anthocyanin

267 우유의 살균법으로 적당하지 않은 방법은?

① 저온 살균법
② 고온간헐 살균법
③ 초고온 순간 살균법
④ 고온 단시간 살균법

268 우유의 HTST 살균법의 온도는?

① 60~65℃   ② 70~75℃
③ 100~130℃   ④ 130~150℃

269 우유의 저온 살균에 가장 적합한 것은?

① 60~65℃, 15분   ② 60~65℃, 30분
③ 121℃, 15분   ④ 121℃, 30분

270 우유 처리 공정에서 균질화 목적으로 맞지 않은 것은?

① 효소의 불활성화   ② 커드의 연화
③ 지방구의 미세화   ④ 지방의 분리 방지

271 우유 가열 시 발생하는 유석 현상(milk stone)이 일어나는 원인이 아닌 것은?

① lactose   ② $Ca_3(PO_4)_2$
③ protein   ④ mineral

272 우유의 균질화 조작에서 알맞은 온도와 압력은?

① 50~60℃, 500~1,000psi
② 50~60℃, 2,000~3,000psi
③ 70~80℃, 3,500~4,000psi
④ 70~80℃, 4,500~5,000psi

---

266 우유의 색소
- 유백색 : 유지방구와 casein micelle 이 빛에 난반사 되어 유백색을 띤다.
- 미황색 : 지방에 녹아있는 carotene 이나 xanthophyll에 의한 것이다.
- 유청이 황록색을 띠는 것 : riboflavin 에 의한 것이다.
- ※ Anthocyanin은 식물의 꽃, 잎 중의 색소 배당체이다.

267 우유의 살균법
- 저온 살균법(LTLT) : 62~65℃에서 30분간 살균
- 고온 단시간법(HTST) : 72~75℃에서 15초간 살균
- 초고온법(UHT) : 130~150℃에서 0.5~5초간 살균
- 간헐 살균 : 90~95℃에서 하루에 1번 30~60분간씩 3일간 반복하여 살균하는 방법으로 우유 살균에는 사용하지 않는 방법

268 267번 해설 참조

269 267번 해설 참조

270 우유의 균질
- 우유에 물리적 충격을 가하여 지방구 크기를 작게 분쇄하는 작업이다.
- 우유를 균질화시키는 목적
  - 지방구의 분리를 방지(creaming의 생성을 방지)한다.
  - 우유의 점도를 높인다.
  - 부드러운 커드가 된다.
  - 조직을 균일하게 한다.
  - 소화율을 높게 한다.
  - 지방산화 방지 효과가 있다.

271 유석(乳石) 현상
- 우유를 고온으로 가열할 때 접촉하는 금속 표면에 형성되는 현상으로 저온 가열 시는 단백질 성분이, 고온 가열 시에는 무기질이 성분이 주원인이 된다.
- 유석 형성 초기에는 $Ca_3(PO_4)_2$의 유석 결정핵이 발생하여 여기에 주로 단백질이 침착되어 점차적으로 커진다.
- 무기질 성분으로는 Ca, P, Mg, S 성분들이다.

272 우유의 균질화 조건은 50~60℃에서 2,000~3,000psi 압력으로 실시한다.

 ANSWER

266 ④   267 ②   268 ②   269 ②
270 ①   271 ①   272 ②

273 우유류 규격(식품공전, 2022년 11월 현재)
- 산도(%) : 0.18 이하(젖산으로서)
- 유지방(%) : 3.0 이상
- 세균수 : n=5, c=2, m=10,000, M=50,000
- 대장균군 : n=5, c=2, m=0, M=10(멸균제품은 제외)
- 포스파타제 : 음성이어야 한다(저온장시간, 고온단시간 살균제품에 한)
- 살모넬라 : n=5, c=0, m=0/25g
- 리스테리아 모노사이토제네스:n=5, c=0, m=0/25g
- 황색포도상구균:n=5, c=0, m=0/25g

274 우유는 5℃ 정도에서 저온 저장해야 한다. 멸균 제품은 무균 포장한 경우 7주 정도이다.

275 우유의 지방함량 측정
- 우유의 지방구는 단백질에 둘러싸여 있어서 ether, 석유 ether 등의 유기 용매로는 추출이 어렵기 때문에 91~92% 농황산으로 지방 이외의 물질을 분해한 후 지방을 원심 분리하여 측정한다.
- 이 방법으로는 Babcock법과 Gerber법이 있다.

276 무지고형분(SNF) 함량(%)

무지 고형분(%) $= \frac{L}{4} + (0.2 \times F)$

위 식에서 L은 비중계 수치이고, F는 지방률이다.

$\frac{33}{4} + (0.2 \times 4) = 9.05\%$

277 우유의 가수여부 판정
- 우유의 빙점 : −0.53~−0.57 이며, 평균 −0.54이다. 원유의 가수여부를 판정하는 데 이용
- 우유의 비중 : 1.027~1.034이며, 평균 1.0320이다. 우유에 가수하면 비중이 낮아지므로 우유의 가수여부를 판정하는 데 이용
- 우유의 점도 : 1.5~2.0cp(cm poise)이고, 우유에 가수하면 점도가 낮아진다.
※ 우유의 적정 산도 : 0.14~0.18%이며, 평균 0.16%이다. 우유의 산패유무 판정에 주로 이용

278 우유는 유리병, 종이 카톤, 플라스틱 용기에 포장하는 것이 일반적이다.

ANSWER

273 ④ 274 ② 275 ④ 276 ③
277 ③ 278 ② 279 ④

273 우리나라 식품공전상 우유류 규격으로 맞지 않은 것은?
① 지방 3.0% 이상
② 세균수 n=5, c=2, m=10,000, M=50,000
③ 포스파타제 음성
④ 대장균 음성

274 살균우유(시유)의 유통에 가장 적당한 온도는 얼마인가?
① 0℃   ② 5℃
③ 10℃   ④ 20℃(실온)

275 우유의 지방함량 측정방법은?
① Kjeldahel법
② Bertrand법
③ Alcohol test법
④ Babcock법

276 우유의 비중계 눈금이 33일 때 우유 지방함량이 4%이면 무지 고형분을 얼마인가(소수점 2자리)?
① 8.13   ② 8.80
③ 9.05   ④ 9.10

277 물 탄 우유의 판별법으로 부적당한 것은?
① 빙결정 측정   ② 비중 측정
③ 산도 측정   ④ 점도 측정

278 우유의 포장용기 재료로 적당하지 않은 것은?
① 종이   ② 스테인리스스틸
③ 유리   ④ 플라스틱

279 크림(cream) 분리에 영향을 주는 요인 중 잘못된 것은?
① 우유의 온도
② 우유의 지방률
③ 우유의 유입량
④ 우유의 유당함량

280 크림(cream) 분리의 조건과 거리가 먼 것은?

① 우유의 온도
② 지방율
③ 지방입자의 크기
④ 크림의 농도

281 산도 0.35%인 cream 100kg를 소석회로 중화하여 0.25%의 산도가 되도록 할 때 중화시켜야 할 젖산량과 소석회의 양은?(단, 소석회의 분자량 : 74, 젖산의 분자량 : 90)

① 젖산 100g, 소석회 35g
② 젖산 75g, 소석회 41g
③ 젖산 100g, 소석회 41g
④ 젖산 75g, 소석회 35g

282 아이스크림의 제조공정으로 맞는 것은?

① 살균 → 숙성 → 냉동 → 균질화
② 살균 → 균질화 → 냉동 → 숙성
③ 살균 → 숙성 → 균질화 → 냉동
④ 살균 → 균질화 → 숙성 → 냉동

283 아이스크림 제조 시 향과 색소 등의 적절한 첨가 시기는?

① 배합공정에서 첨가
② 여과 후 균질화하기 전
③ 살균이 끝난 후 숙성시키기 전
④ 숙성이 끝난 후 동결시키기 전

284 아이스크림 제조 시 안정제 첨가의 주요한 기능이 아닌 것은?

① 아이스크림의 풍미를 향상시킨다.
② 제품의 조직과 body를 좋게 하여 준다.
③ 효과적인 부피를 제공하여 준다.
④ 아이스크림 얼음 입자의 성장을 방지한다.

285 아이스크림 제조 시 주로 사용되는 안정제는?

① pectin
② monoglycerie
③ sodium alginate
④ sucrose

---

279 크림 분리에 영향을 주는 요인
• 우유의 온도
• 지방구의 크기 및 지방율
• 우유의 유량량
• 크림분리기의 disc 회전수
• 디스크의 크기

280 279번 해설 참조

281
① 중화해야 할 젖산의 양(g)

$$= \frac{\text{크림중량(g)} \times \text{중화시킬 산도(\%)}}{100}$$

$$= \frac{100000 \times (0.35 - 0.25)}{100} = 100g$$

② 중화에 필요한 소석회의 양(g)

$$= \frac{\text{중화할 젖산량} \times \text{소석회의 분자량}}{\text{젖산의 분자량}}$$

$$= \frac{100 \times 74}{2 \times 90} = 41.1g$$

282 아이스크림 제조공정
혼합 조제 → 살균 → 균질화 → 숙성 → 동결 → 충진 → 포장 → 경화 → 제품

283 아이스크림 제조 시 향과 색소 및 산류 등은 살균하기 전 믹스에 첨가하면 향이 휘발되거나 변색되기 때문에 숙성이 끝난 후 동결시키기 전에 첨가하는 것이 좋다.

284 안정제의 첨가 기능
• 아이스크림의 경화와 형태를 유지한다.
• 빙결정의 형성을 억제 또는 감소시킨다.
• 부드러운 조직의 유지에 도움을 준다.
• 제품이 녹는 것을 지연시킨다.
• 증용률을 증가시켜 준다.

285 아이스크림 제조 시 사용되는 안정제는 pectin, gelatin, CMC-Na, vegetable gum, sodium alginate 등이 있다.

ANSWER

280 ④ 281 ③ 282 ④ 283 ④
284 ① 285 ①

286 아이스크림의 종류
- Mouse : 유지방 30%, whipping cream에 설탕, 향료 등을 첨가
- Custard : 유지방 10%, 난 혹은 난황을 1.4~3% 첨가
- Sherbet : 유고형분 3~5%, 구연산, 주석산 0.35% 첨가(산도 0.3~0.4)
- Plain : 유지방 10%, 바닐라, 커피, 초콜릿 등의 향료를 한 종류만 첨가한 일반 아이스크림

287 아이스크림용 안정제
- 기능
  - 아이스크림의 경화와 형태를 유지한다.
  - 얼음의 결정을 막는다.
  - 조직을 부드럽게 한다.
- 종류
  - 단백질계 : 젤라틴
  - 탄수화물계 : 전분(전분은 잘 사용하지 않음), 알긴산 나트륨 등
  - 그 외 : agar, 섬유소, arabia gum, karaya gum, pectin 등

288 아이스크림의 증용률(overrun)
- 아이스크림의 조직감을 좋게 하기 위해 동결 시 크림(cream) 조직 내에 공기를 갖게 함으로써 생긴 부피 증가율이다.
- 보통 90~100%이다.

289 overrun(%)
$$= \frac{\text{아이스크림의 부피} - \text{믹스의 부피}}{\text{믹스의 부피}} \times 100$$
이므로 $\frac{9,684-5,000}{5,000} \times 100 = 93.7\%$

290 아이스크림 품질에서 사상조직(sandiness)의 원인
- 무지고형분의 과잉, 유화제 부족 등에 의해 유당결정 및 얼음결정이 생겨 입에서 모래 씹는 것 같은 감촉을 준다.

291 버터(butter)
- 우유에서 분리한 크림을 교동하여 지방을 엉키게 한 다음 이것을 모아 연압하여 남아 있는 물이 지방에 분산되도록 유화시킨 것이다.

---

286 난(卵) 고형분이 1.4% 이상 함유한 icecream은?

① Mouse icecream
② Custard icecream
③ Sherbet
④ Plain icecream

287 다음 아이스크림의 안정제 중 잘 사용하지 않는 것은?

① 펙틴
② 젤라틴
③ 전분
④ 아라비아 검

288 아이스크림 제조에 있어서 가장 적당한 증용률(overrun)의 범위는?

① 50±10%
② 60±10%
③ 70±10%
④ 90±10%

289 아이스크림을 만들 때에 원료 혼합물(mix)의 부피가 5,000ml이었고, 제조 후에 총 부피가 9,684ml이었다. 오버런(overrun)을 계산하면?

① 93.7
② 91.4
③ 94.2
④ 90.4

290 아이스크림 품질평가 중 큰 유당결정이 생겨 입에서 모래 같은 감촉을 주는 경우를 무엇이라고 하는가?

① buttery body
② crumbly body
③ fluffy body
④ sandiness

291 버터에 대하여 바르게 설명한 것은?

① 우유에 지방을 모아 고화시킨 것이다.
② 식용유를 고화시킨 것이다.
③ 우유에 단백질을 모아 고화시킨 것이다.
④ 대두의 지방을 모아 고화시킨 것이다.

ANSWER

286 ② 287 ③ 288 ④ 289 ①
290 ④ 291 ①

292 자연버터(natural butter)란 무엇인가?

① 대두지방을 고화(固化)시킨 것

② 우유 중의 casein 단백질을 따로 모아서 고화시킨 것

③ 식물성 지방들을 모아서 고화시킨 것

④ 우유 중의 cream(fat) 성분을 모아서 고화시킨 것

293 다음 중 버터의 일반적인 제조공정으로 알맞은 것은?

① 원료유 → 크림 분리 → 살균 → 연압 → 중화 → 교동 → 노화

② 원료유 → 크림 분리 → 살균 → 연압 → 중화 → 노화 → 교동

③ 원료유 → 크림 분리 → 살균 → 중화 → 연압 → 교동 → 노화

④ 원료유 → 크림 분리 → 중화 → 살균 → 숙성 → 교동 → 연압

294 산도 0.35%인 크림 100kg을 소석회로 중화시켜 산도 0.20%로 할 때, 필요한 소석회량은?(단, 젖산분자량 90.08, 소석회 74.09)

① 51g

② 61g

③ 71g

④ 81g

295 버터에는 발효 버터와 생 버터가 있다. 다음 중 맞는 것은?

① 전자는 가열살균한 버터이고, 후자는 살균하지 않은 버터이다.

② 전자는 유지방 함량이 많고, 후자는 유지방 함량이 적다.

③ 전자는 우유 지방으로 만든 버터이고, 후자는 양젖으로 만든 버터이다.

④ 유산발효를 거쳐 만든 것이 발효 버터이고, 발 효과정 없이 연속식 버터제조기로 만든 것이 생 버터이다.

---

292 자연버터(natural butter)는 원료유에서 분리한 크림(cream)을 butter churn에서 교반한 후에 우유 지방구를 파괴하여 지방구 입자만을 뭉쳐 고화시켜 만든 제품이다.

293 버터의 일반적인 제조공정
· 크림 분리 → 중화 → 살균 → 숙성 → 색소 첨가 → 교동 → 수세 → 가염 → 연압 → 포장 → 저장 순이다.

294
· 중화할 산의 양
$$= \frac{100 \times (0.35 - 0.20)}{100} = 0.15(kg)$$
· 중화에 필요한 소석회량
$$= \frac{0.15 \times 74.09}{2 \times 90.08} = 0.061 kg = 61(g)$$

295 버터(butter)
· 우유에서 분리한 크림을 교동하면 지방 구막이 파괴되어 지방만 좁쌀 크기로 엉기게 된다. 이것을 연압하여 버터 덩어리로 만든 것이 생 버터(비발효 버터)이다.
· 크림을 유산균으로 유산 발효시켜 교동, 연압하여 만든 것이 발효 버터이다.

296 버터의 제조
- 연압(working) : 가염한 버터를 가압하여 버터 덩어리로 만드는 조작
- 연압 목적 : 치밀한 조직을 만들고, 첨가한 식염의 용해를 촉진시켜 버터 전체에 균일하게 분포시키고, 잔존 버터 밀크를 제거하는 데 있다.
- 연압시간 : 보통 60~80분, 연압시간이 길수록 단단한 조직이 만들어진다.

297 Butter의 교동(churning)
- 크림에 기계적인 충격을 주어 지방끼리 뭉쳐서 버터 입자가 형성되고 버터 밀크와 분리되도록 하는 작업이다.

298 교동의 조건
- 교동의 가장 중요한 조건은 크림 및 교동 온도 설정이다.
- 교동 온도 : 여름철 8~10℃, 겨울철 12~14℃
- 크림의 지방함량 : 30~40%
- 교동기 내의 지방량 : 1/3~1/2 정도
- 교동기 회전수 : 20~35rpm으로 50~60분

299 연압(working)의 목적
- 버터에 알맞은 점조성 부여
- 첨가된 식염의 용해 촉진
- 버터 입자 중에 수분 분산
- 제품의 수분함량 조절

296 버터 제조과정의 설명 중에서 옳지 않게 설명한 것은?

① 교동(churning) 작업은 크림의 지방구들이 뭉쳐서 버터의 작은 입자를 형성하고, 버터 밀크와 분리되도록 하기 위하여 교동기에서 50분간 20~45rpm 속도로 기계적인 충격을 주는 작업이다.

② 수세(washing) 과정은 버터 입자에 부착해 있는 버터 밀크의 제거와 경도 증가, 특이취 제거, 보존성 향상을 위하여 버터의 전체에 물을 뿌리고 교동기를 몇 번 회전시킨 다음 배수한다.

③ 연압(working)이란 버터 조직이 부드럽게 되도록 연압기를 이용하는데, 연압은 시간이 길수록 더욱 부드러운 조직을 얻을 수가 있다.

④ 버터 제품의 평균 조성은 지방 80% 이상, 수분 16% 내외, 무기질 2%, 식염 1.5% 정도이고 나머지는 단백질을 주체로 하는 성분으로 되어 있다.

297 버터의 제조공정 중 교동공정(churning process)의 목적은?

① 분리한 크림의 살균
② 소금의 용해 촉진
③ 발효크림의 지방구 응집(버터입자 형성)
④ 발효크림의 냉각

298 버터 제조 시 교동(churning)에 영향을 주는 요인과 거리가 먼 것은?

① 크림의 온도
② 교동기의 회전수
③ 크림의 식염함량
④ 크림의 양

299 버터의 제조공정 중 연압공정(working process)의 주 목적과 관련성이 가장 적은 것은?

① 점조성 부여
② 식염용해 촉진
③ 수분함량 조절
④ 버터입자 냉각

ANSWER

296 ③ 297 ③ 298 ③ 299 ④

300 버터의 풍미나 향기의 주성분은?

① oleic acid　　　　② stearic acid

③ butyric acid　　　④ myristic acid

301 8.8kg 지방을 함유하는 크림으로 10kg의 버터를 만들 때 overrun은?

① 13.63%　　　　② 16.30%

③ 26.90%　　　　④ 31.91%

302 버터 제조과정에서 발생되는 부산물은?

① lactose　　　　② butter milk

③ ethanol　　　　④ acetic acid

303 치즈를 제조할 때 젖산과 렌넷(rennet)을 이용하여 단백질과 지방을 응고·분리하여 얻는 것은?

① cream　　　　② whey

③ skim milk　　　④ curd

304 치즈 제조 시 렌넷(rennet)을 이용하는 목적은?

① 유단백질 응고　　② 젖당 분해

③ 유지방 분해　　　④ 카제인 발효

305 치즈 제조 시에 필요한 응유효소인 Rennet의 대용 효소를 생산하는 곰팡이는?

① *Penicillium chrysogenum*

② *Rhizopus japonicus*

③ *Absidia ichtheimi*

④ *Mucor pusillus*

---

300 버터의 풍미는 butyric acid 등 휘발성 저급지방산에 의한 것이다.

301 overrun(%) =

$$\frac{버터의\ 생산량-(크림의\ 중량 \times 크림의\ 지방율)}{크림의\ 중량 \times 크림의\ 지방율} \times 100$$

$$= \frac{10-8.8}{8.8} \times 100 = 13.63\%$$

302 버터 제조과정에서 생산되는 부산물
- skim milk : 발효유 제조, 탈지분유 제조, 탈지 가당연유 제조, 음료용의 원료로 이용
- butter milk : 아이스크림, 제과, 제빵, 발효유, 분말 버터밀크, 사료용, 치즈용으로 이용

303 커드(curd)
- 우유를 렌넷(rennet), 젖산균, 유기산 등을 이용하여 지방과 단백질을 응고·분리해서 얻는다.
- 커드에서 유청을 제거하고 미생물로 발효시켜 숙성한 것이 치즈이다.

304 치즈 제조
- 젖산균과 렌넷(rennet)으로 우유단백질을 응고시켜 유청을 제거하고 압착하여 제조한다.
- 렌넷은 송아지의 제4 위에서 추출한 우유 응유 효소(rennin)로서 최적 응고 pH 4.8, 온도 40~41℃이다.

305 Rennet의 대용품
- 동물성
 - pepsin : 돼지 위에서 추출
 - trypsin : 소의 췌장, 돼지 췌장에서 추출
- 식물성
 - papain : 파파야 과실에서 추출
 - ficine : fig tree(무화과 과즙)
 - bromeline : pine apple
- 미생물
 - *Mucor*속 : *M. pusillus var.*, *M. meihei*
 - *Bacillus*속 : *B. subtilis*, *B. mesentericus*, *B. cereus*

ANSWER

300 ③　301 ①　302 ②　303 ④
304 ①　305 ④

306 치즈(cheese)
- 우유를 젖산균에 의하여 발효시키고, 레닛 등의 응류 효소를 가하여 응고시킨 후에 유청을 제거한 다음 가온, 가압하여 얻어진 응고물(curd) 또는 숙성시킨 식품이다.

307 curd 가온(cooking) 목적
- Whey 배출이 빨라진다.
- 수분 조절이 된다.
- 유산 발효가 촉진된다.
- curd가 수축되어 탄력성 있는 입자가 된다.

308 자연치즈의 숙성도
- 우유의 주요 단백질인 카제인은 Ca-caseinate의 형태로 존재하는 데 레닌에 의하여 dicalciumparacaseinate으로 분해되어 치즈가 만들어진다.
- 불용성인 디칼슘파라카제인은 치즈의 숙성이 진행됨에 따라 수용성으로 변하며, 그 비율이 점차 증가됨으로 수용성 질소화합물의 양은 치즈의 숙성도를 나타낸다.

309 커드(curd)를 잘게 잘라서 1 ~ 2% 식염을 첨가 · 혼합하여 압착기로 성형한 것이 생치즈(green cheese)이고, 이것을 미생물이나 효소로 5 ~ 15℃에서 숙성, 이용한다.

310 Roquefort cheese
- 프랑스 로크포르가 원산지이고 곰팡이(penicillium roqueforti)로 숙성시킨 반경질 치즈이다.

311 유화제(복합인산염)작용과 특성
- 이온 교환 : Ca과 Na 교환 능력
- pH 조절 및 완충작용 : 가공치즈 제조 시 pH 범위는 5.2 ~ 6.2
- Creaming effect : 화학적 조성의 변화 없이 조직을 변화
- 보존기간, 맛, 색상에도 영향을 미친다.

ANSWER

306 ② 307 ③ 308 ③ 309 ②
310 ④ 311 ④

---

306 치즈에 대한 설명으로 가장 적당한 것은?

① 치즈는 우유의 지방을 응고시켜 제조한다.
② 치즈는 우유의 단백질을 렌닛(rennet) 또는 젖산균으로 응고시켜 얻은 커드(curd)를 이용한다.
③ 커드를 모은 후에 맛과 풍미를 좋게 하기위하여 식염을 커드량의 5 ~ 7% 첨가한다.
④ 치즈 숙성 시의 피막제는 호화전분을 사용한다.

307 Cheese 제조 시 curd 가온(cooking) 목적으로 맞지 않는 것은?

① Whey 배출이 빨라진다.
② 수분조절이 된다.
③ 유산 발효가 억제 된다.
④ Curd가 수축되어 탄력성 있는 입자가 된다.

308 자연치즈의 숙성도와 가장 관련이 있는 성분은?

① 유당
② 유리지방산
③ 수용성 질소
④ 무기물

309 치즈를 제조할 때 가장 적당한 숙성 온도는 얼마인가?

① 0 ~ 4℃
② 5 ~ 15℃
③ 16 ~ 25℃
④ 26 ~ 35℃

310 곰팡이를 이용하여 제조하는 치즈는?

① Parmesan chesse
② Cheddar chesse
③ Brick chesse
④ Roquefort chesse

311 가공치즈 제조에 사용되는 유화제(복합인산염)의작용과 특성이 맞지 않는 것은?

① 이온 교환
② pH 조절
③ Creaming effect
④ 수분 조절

312 발효유 제조에 사용되는 스타터(Starter)는?

① 고초균   ② 유산균

③ 코지균   ④ 황국균

313 젖산 발효액으로부터 젖산을 침전법으로 분리하려고 할 때, 무엇을 첨가하여 침전시키는가?

① $MgSO_3$ ② $CaCO_3$

③ Na_2CO_3 ④ H_3PO_4

314 다음 중 알코올 발효유에 해당되지 않는 것은?

① Bifidus milk   ② Leben

③ Kefir   ④ Kumiss

315 마유(馬乳)를 발효시켜 만든 대표적인 식품은?

① Yoghurt   ② Kefir

③ Calpis   ④ Kumiss

316 Lactase가 우유 중의 β-lactose를 분해시켜 생성시킨 물질은?

① $\beta-galactose + \beta-glucose$

② $\beta-1,6-glucoside$

③ $\beta-1,4-glucoside$

④ $\beta-1,5-glucoside$

317 연유 제조 시 예비가열(preheating)하는 목적과 맞지 않는 것은?

① 효소 파괴   ② 설탕 용해 촉진

③ 제품의 농후화   ④ 유해 미생물 파괴

318 분유 제조 시 주로 이용되는 건조장치는?

① 동결 건조기   ② 피막 건조기

③ Tube형 건조기   ④ 분무 건조기

---

312 스타터(starter)
- 치즈, 버터 및 발효유 등의 제조에 사용되는 특정 미생물의 배양물로서 발효유 제품 제조에 사용되는 스타터는 유산균이 이용된다.
- 발효유 제조에 주로 사용되는 유산균 종류는 *Lactobacillus casei*, *L. bulgaricus*, *L. acidophilus*, *Strepto-coccus thermophilus* 등이 있다.

313 $CH_3CHOHCOOH + CaCO_3 \rightarrow CH_3CHOHCOOCa(침전) + HCO_3$

314 최종산물에 따른 발효유의 분류
- 젖산 발효유 : 유산균에 의하여 유산 발효시켜 제조한 것
  - Bifidus milk, 요구르트, 인공버터밀크, calpis 등이 있다.
- 알코올 발효유 : 유산균과 효모에 의하여 유산 발효와 알코올 발효를 시켜 제조한 것.
  - Leben, kefir, kumiss 등이 있다.

315 쿠미스(Kumiss)
- 중앙아시아 지역에서 마유를 알코올 발효시킨 전통 발효유로써 최근에는 우유로 많이 제조하고 있다.
- 젖산균과 효모를 병용하여 젖산 발효와 알코올 발효를 시킨 것으로 젖산 0.6~1.0%, 알코올 0.7~2.5%, 탄산가스 0.5~0.9% 함유한다.

316 우유 중의 lactose는 Lactase 작용에 의해 가수분해되어 galactose와 glucose가 생성된다.

317 연유 제조 시 예비가열의 목적
- 효소의 불활성화
- 설탕 용해 촉진
- 유해 세균 살균
- 우유가 가열면에 눌어 붙는 것을 방지
- 우유 제품의 농후화를 억제

318 분무 건조의 특징
- 액체 식품을 가열된 chamber 내에 안개 모양으로 분무시켜 건조하는 방법으로 증발 면적을 넓혀서 순간적으로 건조된다.
- 분유, 즉석 커피, 분말 과즙, 분말 향료, 커피프리머 등 이용분야가 넓다.

312 ②	313 ②	314 ①	315 ④
316 ①	317 ③	318 ④	

319 가당의 목적
• 연유에 감미를 준다.
• 설탕 용액에 의해 세균 번식을 억제한다.
• 제품의 보존성을 높인다.

320 무당연유의 제조공정
• 원유(수유검사) → 표준화 → 예비가열 → 농축 → 균질화 → 재표준화 → 파이롯트시험 → 충전 → 담기 → 멸균처리 → 냉각 → 제품
• 무당연유가 가당연유와 다른점(제조상)
 – 설탕을 첨가하지 않는다.
 – 균질화 작업을 한다.
 – 멸균처리를 한다.
 – 파이롯트 시험을 한다.

321 연유의 진공농축 장점
• 감압 하에서 농축하므로 수분 증발이 빠르다.
• 저온에서 농축되므로 열 변성이 방지될 수 있다.
• 밀폐된 관 내에서 이루어지므로 우유 오염을 막을 수 있다.
• 열효율이 크다.
• 농후화를 억제한다.

322 접종량 계산
$$2,000 \times \frac{0.02}{100} = 0.4\text{kg}$$

323 분유에 첨가되는 재료(3회로 나누어 첨가)
• 예비가열 시에 당류, 니코틴산, 비타민 B_{12}
• 분무건조 전에 비타민 A, D
• 분무건조 후에 당류, 탄산칼슘, 철염, 비타민 B_1, C 등

324 분유의 저장
• 분유는 수분이 적기 때문에 미생물의 생육이 어려우므로 상온에서 보관할 수 있으나, 분유 중의 지방이 산화되어 풍미의 저하를 가져온다.
• 탈지분유는 약 3년간 보존할 수 있고, 전지분유는 6개월에 불과하다.
• 분유류의 수분함량은 5% 이하이어야 한다.

ANSWER
319 ④ 320 ② 321 ② 322 ①
323 ① 324 ③

319 가당연유 제조 시 가당 목적에 맞지 않는 것은?

① 연유에 단맛을 준다.
② 세균의 번식을 억제한다.
③ 연유의 보존성을 준다.
④ 연유에 젖산발효를 유도한다.

320 무당연유의 제조공정에 대한 설명으로 틀린 것은?

① 당을 넣지 않는다.
② 예열공정을 하지 않는다.
③ 균질화를 한다.
④ 가열멸균을 한다.

321 연유공정 중 진공농축 실시의 장점이 아닌 것은?

① 감압 농축하기 때문에 수분 증발이 빠르다.
② 열효율이 적다.
③ 감압 하에 저온에서 농축되므로 열 변성이 방지된다.
④ 밀폐된 관내에서 이루어지므로 우유 오염이 방지된다.

322 연유량 2,000kg에 대한 유당 접종량을 계산하면?(단, 접종량은 0.02% 수준으로 한다.)

① 0.4kg   ② 0.6kg
③ 0.5kg   ④ 0.3kg

323 조제 분유를 제조할 때 첨가되지 않는 것은?

① 전분   ② 비타민
③ 탄산칼슘   ④ 젖당

324 분유에 대한 설명으로 맞지 않는 것은?

① 분유는 생유를 농축한 후 분무 건조한 것이다.
② 전지분유는 원유의 지방함량을 조절하지 않고 그대로 분말화 한 것이다.
③ 장기저장에 적합한 분유의 수분함량은 9~10%이다.
④ 조제분유는 우유를 원료로 하여 모유의 성분과 유사하게 성분을 조성하여 분말화한 것이다.

325 분유의 품질에 관여하는 지표가 아닌 것은?

① 기포성
② 용해도
③ 지방분해취
④ 입자의 크기

326 모유의 성분 조성과 비슷하게 변경시킨 분유는?

① 강화분유
② 조제분유
③ 전지분유
④ 혼합분유

327 우유를 건조시켜 분유를 제조하려고 한다. 건조 방법으로 적당한 것은?

① 동결건조
② 열풍건조
③ 분무건조
④ 피막건조

328 분무식 열풍건조장치(spray dryer)의 주요부분이 아닌 것은?

① 동결장치 및 응축기
② 제품회수장치
③ 분무장치(atomizer)
④ 열풍공급장치

329 유아용 조제분유를 제조할 때 특히 보장되어야 하는 것으로 옳은 것은?

① α-유당, 카제인(casein), 지방
② β-유당, 비타민, 무기염류
③ α-유당, 덱스트린(dextrin)
④ 카제인(casein)과 비타민 B군

330 유아용 조제분유의 특징이 아닌 것은?

① 비타민(vitamin)의 강화
② 유당의 모유화
③ 지질의 감소화
④ 단백질의 모유화

331 우유가공품에 해당되지 않는 것은?

① margarin
② yoghurt
③ butter
④ cheese

---

325 분유의 품질
• 분유의 입자 : 모양과 크기, 기포, 밀도 등
• 분유성분의 상태 : 지방, 유당, 단백질 등
• 분유의 색 : 갈색화, 카라멜화
• 분유의 용해도
• 분유의 보존성 : 지방분해취, 지방산화취, 고취

326 분유의 종류
• 강화분유 : 유아에 필요한 영양소를 강화한 분유
• 조제분유 : 모유의 성분 조성과 비슷하게 조제한 분유
• 전지분유 : 전유(whole milk)를 건조시켜 만든 분유
• 혼합분유 : 원유, 전지 또는 탈지유에 곡분, 곡류가공품 등을 가하여 건조한 분유

327 분무건조(spray drying)의 과정
• 건조실 내에 열풍을 불어 넣고, 열풍 속으로 농축우유를 분무시키면 분무된 우유는 미세 입자가 되어 표면적이 크게 증가하여 수분이 순간적으로 증발한다.
• 실제 우유의 건조에 분무건조가 가장 많이 이용되고 있다.

328 분무식 열풍건조장치(spray dryer)에는 건조실, 분무장치(atomizer), 열풍공급장치, 제품회수장치로 되어 있다.

329 모유와 우유에 α-유당과 β-유당은 평형상태를 유지한다. 첨가하는 유당은 α-, β-평형유당이나 평형에 달하는 시간이 짧은 β-유당이다. β-유당은 bifidus의 증식과 변을 좋게 한다.

330 유아용 분유의 특징은 비타민(vitamin) 강화, 유당, 단백질, 지질, 미량 성분 및 무기질의 모유화에 있다.

331
• 요구르트(yoghurt), 버터(butter), 치즈(cheese)류는 우유를 원료로 한 유가공품이다.
• 마가린(margarin)은 주로 식물성 지방으로 만들어지는데 일반적으로 지방이 8.2%, 식염 1.5%, 수분 16.4% 정도이다.

왼쪽 해설 단

332 각종 유제품의 단백질 함량은 우유 약 3~3.9%, 발효유(호상) 약 7~10%, 분유(전지) 약 22~25%, 버터 약 0.5~2%, 치즈 약 25~30%이다.

333 소도체 등급 판정[축산물등급판정 세부 기준]
• 육량등급 : 배최장근단면적, 등지방두께, 도체중량을 육량지수에 의해 A, B, C 등급으로 판정
• 육질등급 : 근내지방도, 육색, 지방색, 조직감, 성숙도 등에 따라 1⁺⁺, 1⁺, 1, 2, 3 등급으로 판정
※ 소도체의 최종 등급표시 : 육질등급을 1⁺⁺, 1⁺, 1, 2, 3 등급으로 표시하고 등외등급으로 판정된 경우에는 등외로 표시한다. 신청인 등이 희망하는 경우는 육량등급도 함께 표시 할 수 있다.

334 333번 해설 참조

335 근육의 사후변화
• 동물이 죽으면 해당작용이 일어나 사후강직이 되고 이어 해경이 일어난다. 그리고 자가소화가 일어나 육질이 연하고 풍미가 증가된다. 그런 후에 부패현상이 이어진다.
• 자가소화 : 근육 자체의 효소에 의해서 단백질이 아미노산까지 분해되어 평형상태에 달하며, 미생물의작용에 의해 분해가 더 진행된다.

336 골격근 단백질 19.0% 중
• 근원섬유 단백질(구조 단백질) 11.5%
• 근장 단백질(수용성 단백질) 5.55
• 육기질 단백질(결합조직 단백질) 2.0% 정도 함유

337 육류의 동결 저장
• 저장 기간이 길어지면 여러 가지 요인에 의해 품질변화가 일어난다.
• 건조에 따른 감량, 표면 경화에 의한 동결상(육세포 파괴), 표면 점질물질의 생성(slime), 곰팡이의 변색, bone taint현상, 변색, 드립발생, 지질의 산화(산패) 등이 나타난다.

338 교원섬유인 콜라겐(collagen)
• 가죽, 피부, 힘줄 등에 많다.
• 가수분해에 의하여 젤라틴(gelatin)으로 되어 소화성이 좋아진다.

---

332 단백질 함량이 가장 많은 유제품은?
① 치즈　　② 분유　　③ 발효유　　④ 버터

 육류 가공

333 소고기 육량등급을 판정하기 위한 기준이 아닌 것은?
① 등지방 두께　② 배최장근단면적　③ 도체 중량　④ 근내지방도

334 소고기 육질등급을 판정하기 위한 기준이 아닌 것은?
① 육색　② 배최장근단면적　③ 지방색　④ 근내지방도

335 고기 자체의 효소에 의하여 단백질이 아미노산까지 분해되는 현상은?
① 자가소화　② 가수분해　③ 해동　④ 사후강직

336 신선한 축육 골격근에 제일 많은 단백질은?
① 불용성 단백질　② 근원섬유 단백질　③ 근장 단백질　④ 육기질 단백질

337 고기의 신선도를 유지하기 위하여 동결 저장할 경우 저장 기간이 길어지면 발생할 수 있는 변화가 아닌 것은?
① 근육조직 손상　② 동결상　③ 산패　④ 부피감소

338 결체 조직인 콜라겐(collagen)은 가수분해에 의하여 어떤 물질로 되는가?
① gelatin　② albumin　③ elastin　④ actin

 ANSWER
332 ①　333 ④　334 ②　335 ①
336 ②　337 ④　338 ①

339 Pale Soft Exudative(PSE)육의 설명 중 잘못된 것은?

① 돼지고기에서 주로 발생하여 20% 정도가 나타난다.
② 육색이 창백하고 단단하지 못하다.
③ 수분 분리가 잘 발생하며 결착력이 낮고 감량이 크다.
④ 육색이 검고 조직이 단단하다.

340 소고기보다 돈육에 더 많은 vitamin은?

① vit. A
② vit. B₁
③ vit. C
④ vit. D

341 근육의 수축·이완에 관여하는 근원섬유 단백질이 아닌 것은?

① elastin
② myosin
③ actin
④ troponin

342 도축 동물근육에 함유한 육색소 성분은 주로 무엇인가?

① 안토시안
② 카로틴
③ 헤모글로빈
④ 미오글로빈

343 Dark Firm Dry(DFD)육의 설명 중 잘못된 것은?

① 육색이 검고, 조직이 단단하며, 건조한 외관을 나타낸다.
② 수분 분리가 잘 발생하며 결착력이 낮고 감량이 크다.
③ 쇠고기에서 주로 많이 발생하며 약 3% 정도이다.
④ 근육 내의 글리코겐(glycogen) 고갈로 근육 pH가 높은 상태이다.

344 살아있는 돼지의 도살 전 pH는?

① 5.5~6.0
② 7.0~7.4
③ 6.3~6.5
④ 7.7~8.1

345 육류를 가열할 때, H₂S의 발생량이 가장 클 때는?

① 근육이 중성일 때
② 근육이 산성일 때
③ 근육이 알칼리성일 때
④ 탈기가 불완전할 때

339 PSE육의 특징
· 고기색이 지나치게 창백하다.
· 조직이 단단하지 못하고 흐늘거린다.
· 수분 분리가 발생하여 조리 시 수분 손실이 많아 결착력이 떨어져 가공육으로 사용이 부적당하다.
· 우리나라 돼지고기 중 20% 정도 발생한다.

340 축육은 비타민 B복합체의 우수한 공급원이나 지용성 비타민과 비타민 C는 적다. 특히 돼지고기에는 비타민 B₁이 현저히 많다.

341 근육 단백질
· 근육의 수축, 이완에 관여하는 단백질 : myosin, actin
· 조절 기능을 갖는 조절단백질 : tropomyosin, troponin, α-actinin, γ-actinin, β-actinin, connection

342 살아 있는 동물의 근육에는 hemoglobin(혈액의 주색소), myoglobin(근육의 주색소)이 있다. 방혈 등에 의해서 hemoglobin이 감소되어 myoglobin은 높아지게 된다.

343 DFD육의 특징
· 육색이 검고, 조직이 단단하다.
· 특히 소고기에서 많이 발생한다.
· 최종 pH가 6.0 이상으로 높다.
· 균에 오염되기 쉽다.
· 높은 보수력을 갖고 있다.

344 살아 있는 동물의 근육 pH는 7.0~7.4이나 도살 직후에는 혐기적 상태에서 낮아져 pH 6.3~6.5로 되고, 극한 산성(ultimate pH)은 5.3~5.6 부근에서 최고의 경직(rigor)을 나타낸다.

345 육류를 가열하면
· 황 함유 단백질이 분해되면서 H₂S가 유리되어 흑변 원인이 된다.
· 이것은 알칼리성에서 더욱 심하고, 어육(고등어·참치)이 축육보다 발생량이 많고, 연체류는 더욱 발생량이 많다.

ANSWER

339 ④ 340 ② 341 ① 342 ④
343 ② 344 ② 345 ③

이미지는 페이지 상단의 헤더 이미지입니다.

346 육색고정제(발색제)
· NaNO₃, NaNO₂, KNO₃, KNO₂를 주로 사용하며 육색고정 보조제로는 ascorbic acid가 있다.
· 육색소를 고정시켜 고기 육색을 그대로 유지하는 것이 주목적이고 또한 풍미를 좋게 하고, 식중독 세균인 *Clostridium botulium*의 성장을 억제하는 역할을 한다.

347 346번 해설 참조

348 고기의 숙성 중에 육질의 변화
· glycogen의 감소와 젖산의 증가
· 유기태 인산물의 감소와 무기태 인산의 증가
· 가용성 질소의 증가
· 아미노산 양의 증가 등

349 사후강직의 기작
① 당의 분해(glycolysis)
· 글리코겐의 분해 : 근육 중에 저장된 글리코겐은 해당작용에 의해서 젖산으로 분해되면서 함량이 감소한다.
· 젖산의 생성 : 글리코겐이 혐기적 대사에 의해서 분해되어 젖산이 생성된다.
· pH의 저하 : 젖산 축적으로 사후근육의 pH가 저하된다.
② ATP의 분해 : ATP 함량은 사후에도 일정 수준 유지되지만 결국 감소한다.

350 사후강직(Rigor mortis)
· 동물이 죽으면 수분에서 수 시간이 지나 근육이 강하게 수축, 경화되고, 육의 투명도도 떨어져 흐려지게 되는데 이런 현상을 사후강직(rigor mortis)이라 한다.
· 사후에 근육에서는 ATP가 소실되어 myosin filament와 actin filament 간에 서로 미끄러져 들어가 근육이 수축하게 되고, 또한 actin과 myosin 간에 강한 결합(actomyosin)이 일어나서 경직이 지속된다.

346 돈육을 이용한 가공품 제조 시 사용하는 발색제가 아닌 것은?

① NaNO₃   ② KNO₃
③ NaNO₂   ④ CuSO₄

347 햄이나 베이컨을 만들 때 질산염과 아질산염이 첨가된 염지액을 처리한다. 질산염과 아질산염의 기능과 관계가 가장 깊은 것은?

① 수율 증진
② 정균작용
③ 독특한 향기의 생성
④ 고기색의 고정

348 고기의 숙성에 대한 설명 중 틀린 것은?

① 도살 후 고기의 pH 변화는 주로 젖산이나 인산의 생성 때문이다.
② 고기의 glycogen양은 숙성 중 변하지 않는다.
③ 산소의 공급이 충분한 경우에는 젖산 생성량이 적어진다.
④ 고기의 숙성은 온도가 높아지면 빨리 진행된다.

349 사후강직 중에 일어나는 현상으로 옳은 것은?

① 글리코겐(glycogen) 함량이 증가한다.
② ATP 함량이 감소한다.
③ 사후근육의 pH가 높아진다.
④ 젖산이 분해되고, 알칼리 상태가 된다.

350 동물 근육인 식육은 사후경직 현상을 일으키는데 이때 관여하는 성분은?

① 휘발성 염기질소   ② ptomine
③ trimethylamine   ④ actomyosin

351 근육의 사후변화 중 pH에 대한 설명으로 바르지 않은 것은?

① 사후 pH의 저하는 미생물의 번식을 억제하는 효과가 있어 고기 보존상 도움을 준다.

② 도체의 체온이 아직 높은 상태에서 pH가 급속히 떨어지면 육단백질의 변성이 많이 일어나 단백질의 용해도가 저하된다.

③ 사후 pH가 높을 때에는 보수력이 높고 미생물의 번식이 억제된다.

④ 사후 pH가 높을 때에는 육색이 검어서 늙은 가축의 고기나 부패육으로 오해를 받기 쉬워 신선육으로서의 가치가 떨어진다.

352 도살 후 일반적으로 최대 경직시간이 가장 짧은 육은?

① 소고기
② 양고기
③ 돼지고기
④ 닭고기

353 육류의 초기 부패판정 기준 pH는?

① pH 4.0~4.5
② pH 4.6~5.2
③ pH 5.3~6.0
④ pH 6.2~6.4

354 일반적으로 정상육의 사후강직 중 최종 pH는?

① 약 1.5
② 약 3.5
③ 약 5.5
④ 약 8.5

355 식육 연화제로 이용하지 않는 물질은?

① papain
② ficin
③ lipase
④ bromelin

356 식육의 연화제로 많이 쓰이는 물질은?

① 파파인
② 카제인
③ 인산염
④ 간장

351 사후근육의 pH가 증가함에 따라 보수력이 증가하지만 미생물의 생육, 증식의 억제 효과는 떨어진다.

352 도살 후 최대 경직시간
• 양고기 및 소고기 : 4~12시간,
• 돼지고기 : 1.5~3시간
• 닭고기 : 수분~1시간

353 육의 pH변화
• 신선한 육의 pH는 7.0 부근이지만 사후강직 동안 pH가 낮아진다. 그 후 부패가 진행됨에 따라 암모니아 및 염기성 아민이 발생되어 pH는 다시 높아진다.
• 식육류는 대개 등전점이 pH 5.0 부근이고, 극한 산성에서는 pH 5.3~5.6이다. 초기 부패를 나타내는 pH는 6.2~6.4 부근이다.

354 일반적으로 정상육의 사후강직 초기 pH는 7.1~7.30이다. 해당작용을 포함한 생화학적 반응으로 젖산이 축적되어 사후강직 중 최종 pH는 5.5~5.7 범위까지 떨어진다.

355 식육 연화제
• 육의 유연성을 높이기 위하여 단백질 분해 효소를 이용해서 거대한 분자구조를 갖는 단백질의 쇄(chain)를 절단하는 방법이다.
• 종류 : 파인애플에서 추출한 브로멜린(bromelin), 파파야에서 추출한 파파인(papain), 무화과에서 추출한 피신(ficin), 키위에서 추출한 엑티니딘(actinidin) 등이 있다.
• 식육 연화제로 가장 많이 쓰이는 단백질 분해 효소는 파파인(papain)이다.
※ lipase는 지방 분해 효소이다.

356 355번 해설 참조

┌─ **ANSWER** ···························

351 ③   352 ④   353 ④   354 ③
355 ③   356 ①

357 육색소 고정
· KNO₃나 NaNO₂가 존재하면 염지 중 질산환원균에 의하여 NO₂가 되고, 이 것이 젖산과작용, NO를 유리한다.
· 이것이 Mb과 결합하여 nitrisoMb 으로 변화되어 고유의 선홍색 고기 색깔을 나타내며, 이것이 가열되면 nitrosomyochromogen(색원체)으로 변화한다.

358 육가공 시 복합 인산염의 첨가 효과
· 금속이온의 봉쇄작용에 의한 산화 억제 보조 역할
· 계면활성작용
· pH 완충작용
· 보수성의 증가
· 발색 보조 효과
· 미생물의 증식 억제 효과 등

359 육고기를 염지하는 주된 목적
· 육색소를 고정시켜 신선한 고기색 유지
· 육단백질의 용해성을 높여 보수성, 결착성 증가
· 보존성을 향상시키고, 독특한 풍미를 갖도록 한다.

360 육가공에서 수침(soaking) 목적
· 육 표면의 과도한 염분을 제거
· 염분을 육 중에 균일하게 분포
· 원료육 표면의 오염물질 제거
· 수침 : 5~10℃의 깨끗한 물속에 원료육 1kg당 보통 10~20분간

361 Paprika는 ham, sausage, bacon 제품의 육색을 보다 선홍색으로 착색시키기 위해 사용한다.

362 polyphosphte(중합인산염)의 역할
· 햄, 소시지, 베이컨이나 어육연제품 등에 첨가한다.
· 단백질의 보수력을 높이고, 결착성을 증진시키고, pH 완충작용, 금속이온차단, 육색을 개선시킨다.

357 육제품의 색은 발색제와 고기 색소의 결합에 의해서 형성되는데 이 때 결합하는 물질은?

① NO
② NO₂
③ NO₂⁻
④ NO₃⁻

358 고기 가공에 있어 인산염을 첨가하는 효과에 대해 타당치 아니한 것은?

① 발색 보조 역할
② pH 완충작용
③ 보수성 증가
④ 영양 증대

359 육고기를 소금에 절여 염지(curing)하는 주된 목적과 관련성이 가장 적은 것은?

① 신선한 육색소 유지
② 보존성 향상
③ 보수성 및 결착성 증가
④ 자가소화 촉진

360 육가공에서 수침(soaking)을 하는 목적이 아닌 것은?

① 과도한 염분을 제거한다.
② 염지제를 균일하게 분포시킨다.
③ 원료육 표면의 오염물질을 씻어낸다.
④ 육의 변색을 방지한다.

361 식육 가공에 이용하는 향신료의 사용 목적에 따른 설명 중 잘못된 것은?

① nutmeg, clove는 방향성 물질이다.
② paprika는 ham, sausage의 색을 보다 희게 한다.
③ red pepper는 식욕 증진성으로 쓴다.
④ sage, thyme는 탈취성을 갖는다.

362 육가공에 있어서 육질의 결착력과 보수성을 높이기 위해 가해지는 것은?

① M.S.G
② Vitamin C
③ polyphosphate
④ ascorbic acid

363 훈연의 목적이 아닌 것은?

① 제품의 색과 향미의 향상
② 건조에 의한 저장성 향상
③ 연기의 방부성분에 의한 잡균 방지
④ 식육의 pH를 내림으로 잡균오염 방지

364 냉훈법보다 온훈법이 더 좋은 이유가 아닌 것은?

① 더 연하다.
② 색깔이 더 밝다.
③ 맛이 좋다.
④ 저장성이 있다.

365 훈연처리법 중 냉훈법의 주목적은?

① 지방 산화 방지   ② 완전살균
③ 저장성 부여   ④ 풍미 부여

366 식육의 훈연재로서 적당하지 않은 것은?

① 소나무, 향나무, 전나무
② 참나무, 굴참나무
③ 단풍나무, 떡갈나무
④ 떡갈나무, 왕겨, 옥수수속

367 훈연방법의 특징 중 적당치 않은 설명은?

① 냉훈법은 15℃~25℃로 유지한 것으로 풍미가 좋고 보존성이 길다.
② 온훈법은 약한 풍미와 보존성은 중간 정도이다.
③ 열훈법은 풍미가 매우 약하고 보존성이 짧다.
④ 배훈법은 널리 이용되는 방법으로 보존성이 가장 길다.

368 육색고정 과정에서 질산염을 아질산염으로 환원시키는 질산염 환원균이 아닌 것은?

① *Achromobacter dentricum*
② *Micrococus epidermis*
③ *Micrococcus nitrificans*
④ *Acetobacter aceti*

---

363 훈연의 주요목적
· 제품에 연기성분을 침투시켜 보존성 향상
· 특유의 색과 풍미 증진
· 육색의 고정화 촉진
· 지방 산화 방지 등

364 훈연 방법 비교

	냉훈법	온훈법	고온훈연법
온도	15~20	25~45	50~90
시간	수일~수주	수시간	1/2~2시간
풍미	강	약	매우 약
보존성	장기간	중간	짧음
색조	어둡다	중간	밝다

365 냉훈법은 15~25℃, 1~3주간으로 훈연 기간이 길어 건조도가 높아져 (수분함량 35~40% 이하) 저장성이 높은 제품을 얻을 수 있다.

366 식육의 훈연 재료
· 수지가 적은 벚나무, 단풍나무, 참나무, 떡갈나무, 너도밤나무, 굴참나무 등의 목재, 톱밥, 대패밥, chip 등의 형태로 사용된다.
· 수지가 많은 침엽수인 소나무, 뽕나무, 전나무 등은 훈연 재료로 부적당하다.

367 배훈법은 가열 온도 90℃ 이상으로 보존성이 짧아 이용이 적다.

368 육색고정 과정
· 질산염은 보통 육 중에 존재하는 질산염 환원균에 의해 아질산염으로 환원된다.
· KNO_3 → KNO_2, $NaNO_3$ → $NaNO_2$ 로 된다.
· *Acetobacter aceti*는 초산 생성균 이다.

 ANSWER · · · · · · · · · · · · · · · · ·

363 ④   364 ④   365 ③   366 ①
367 ④   368 ④

369 질산칼륨(초석, KNO₃)
- 무색의 투명한 백색결정성 분말로서 육 가공품의 발색제로 효과가 있다.
- 근육 속의 myoglobin이 질산칼륨의 아질산 변화로작용되어 선적색이 된다.

370 햄 제조 시 염지방법
- 건염법, 액염법, 염지주사법 등이 있고 주로 건염법으로 실시한다.
- 염지 온도는 4~5℃의 냉장 온도로 유지하는 것이 효과적이다.

371 Press ham은 베이컨이나 각종 ham을 만들 때 나오는 잔육을 다른 육과 함께 혼합해서 소량의 결합육으로 압력을 가하여 결합, 밀착시켜 제조한다.

372 건염법은 고기의 표면에 식염, 질산칼륨, 설탕, 향료 등의 혼합물을 비벼서 염지하는 방법이다.

373 햄(ham)
- 돼지의 뒷다리(허벅지) 살을 원료로 성형 → 염지 → 훈연 → 가열하여 제품화한다.
- 종류 : regular ham(뼈가 있는 것), boneless ham(뼈를 제거한 것), shoulder ham(어깨살 사용한 것), press ham(돈육과 우육을 혼합한 저급품) 등이 있다.

374 베이컨(bacon)
- 돼지의 삼겹 부위에 염지제 및 향신료를 건염법으로 처리하여 염지한 다음, 훈연하거나 열처리한 것이다.
- 복부육을 가공한 것을 베이컨류, 등심육을 가공한 것을 로인(loin) 베이컨, 어깨부위를 가공한 것을 숄더(shoulder) 베이컨이라 한다.

369 식육 가공에서 발색제로 사용되는 것은?

① 질산 마그네슘
② 질산 칼륨
③ 황산 칼륨
④ 황산 마그네슘

370 햄 제조에 대한 설명으로 맞지 않는 것은?

① 훈연은 제품의 향미, 외관, 색깔, 보존성을 증진시킨다.
② 염지 온도는 20℃ 정도에서 하는 것이 효과적이다.
③ 염지방법은 건염법, 액염법, 염지주사법 등이 있다.
④ 훈연방법은 냉훈법, 온훈법, 고온훈연법 등이 있다.

371 Press ham용 원료 고기는?

① 다른 육제품의 가공 후 남은 부스러기 고기
② 소의 배살 고기
③ 돼지의 어깨살 고기
④ 돼지의 옆구리 고기

372 고기 가공에서 혼합 조제한 염지 재료를 직접 원료육의 표면에 비벼서 염지하는 방법은?

① 침지법
② 습염법
③ 건염법
④ 피클링법

373 Ham은 돼지의 어느 부분의 고기살을 이용하는가?

① 앞다리
② 옆구리 뱃살
③ 등심
④ 허벅지

374 로인(loin) 베이컨 제조에 주로 사용되는 돼지의 부위는?

① 뒷다리
② 등심육
③ 어깨
④ 옆구리

ANSWER

369 ②　370 ②　371 ①　372 ③
373 ④　374 ②

375 Silent cutter의 용도를 잘 설명한 것은?

① 고기를 곱게 갈아서 결착력을 높이는 기계
② 교반 및 혼합을 높이는 기계
③ 육제품의 casing에 쓰는 기계
④ 고기의 세절에 쓰이는 기계

376 소시지 제조 시 silent cutter나 emulsifier를 사용해서 얻을 수 있는 효과가 아닌 것은?

① 세절(cutting)
② 혼합(blending)
③ 이기기(kneading)
④ 유화 결착력의 파괴

377 더메틱 소시지(훈연소시지)의 일반적인 제조공정을 바르게 설명한 것은?

① 원료육 → 만육, 조미 → 건조, 훈연 → 충전 → 삶기, 냉각
② 원료육 → 만육, 조미 → 충전 → 건조, 훈연 → 삶기, 냉각
③ 원료육 → 충전 → 만육, 조미 → 삶기, 냉각 → 건조, 훈연
④ 원료육 → 건조, 훈연 → 만육, 조미 충전 → 삶기, 냉각

378 다음 소시지의 종류 중 가정용 소시지(domestic sausage)류에 해당되지 않는 것은?

① 생소시지(fresh sausage)
② 간장소시지(liver sausage)
③ 훈연소시지(smoked sausage)
④ 여름소시지(summer sausage)

379 등심고기를 원료로 만든 햄은?

① 피크닉 햄   ② 롤드 햄
③ 로스 햄   ④ 프레스 햄

---

375 사일런트 커터(Silent cutter)
• 소시지(sausage) 가공에서 일단 만육된 고기를 더욱 곱게 갈아서 고기의 유화 결착력을 높이는 기계이다.
• 첨가물을 혼합하거나 이기기(kneading) 등 육제품 제조에 꼭 필요하다.

376 375번 해설 참조

377 훈연소시지의 일반적인 제조공정은 원료육 → 염지 → 만육 → 충전 → 건조 → 훈연 → 가열 → 냉각 순이다.

378 Domestic sausage의 종류
• fresh sausage, smoked sausage, cooked sausage, pork sausage, bologna sausage, frank-furt sausage, winner sausage, live sausage 등이 있다.
※ Summer sausage는 dry sausage 이다.

379 Roast ham은 돼지의 등심고기를 소금에 염지하여 조미한 후에 다듬고, 건조, 훈연하여 열탕 처리한 것이다.

380 Smoked dry sausage류
- 훈연 온도와 시간에 차이가 있다.
  - cervelat(summer sausage) : 10~20℃에서 1~3일간
  - Morotadella : 70℃에서 12시간
  - thuringer : 43℃에서 12시간, 그리고 50℃에서 4시간 훈연하며 저장성이 좋은 제품이다.

381 Bacon 염지 작업
- 염지제를 일정량 섞어 원료육 표면에 마사지하면서 바른다.
- 맨 바닥에는 지방층이 바닥쪽으로 향하게 한다.
- 염지 용기 위쪽에는 지방면이 위로 향하게 하고, 그 위를 눌러준다.
- 가능한 한, 공기 접촉을 방지하기 위해 vinyl로 밀착시켜 꼭 덮는다.
- 염지실은 냉장 온도로 유지시켜 원료육 1kg당 4~5일의 비율을 유지한다.

382 dry sausage
- 수분함량을 35% 이하로 건조한 소시지로 저장성이 높다.
- 일반 소시지는 수분 70% 정도
- 반건조 소시지는 수분 55% 이하

383 베이컨(Bacon)
- 돼지의 삼겹 부위 또는 특정 부위를 정형한 것을 염지한 후 훈연하거나 열처리 한 것으로
- 수분 60% 이하, 조지방 45% 이하의 제품이다.
- 원료육의 부위에 따라 복부육을 가공한 bacon류, 등심육을 가공한 loin bacon, 어깨육을 가공한 shoulder bacon류가 있다.

384 난황계수
- 난황계수 = $\dfrac{난황높이}{난황폭}$

$0.5 = \dfrac{\chi}{3}$ ∴ $\chi = 1.5cm$

- 신선란의 난황계수는 0.361~0.442이다.

---

380 Dry sausage의 일반적인 제법 설명 중 적당치 못한 것은?

① 원료육 → 세절 → 염지 → 혼합 → 충전 → 건조 → 훈연 → 건조 → 제품
② hard type과 soft type으로 나누며, soft type은 cooling 한다.
③ casing은 돼지창자, 소창자를 이용한다.
④ 저장성이 상당히 낮다.

381 Bacon 염지 작업에 관한 설명 중 적당하지 않은 것은?

① 염지실은 실온(20±2℃)으로 유지시켜 염지기간을 단축시킨다.
② 염지 용기 바닥면에 지방층이 향하게 쌓는다.
③ 공기접촉을 피하도록 vinyl 등으로 꼭 밀착시킨다.
④ 염지제를 골고루 혼합하여 원료 표면에 잘 문질러 실시한다.

382 장기간 저장할 목적으로 제조하는 소시지는?

① fresh sausage
② cooked sausage
③ dry sausage
④ bologna sausage

383 돼지의 갈비살 부위를 원료로 만든 제품은?

① 베이컨
② 소시지
③ 프레스 햄
④ 로스햄

알가공

384 난황계수가 0.5이고 난황폭이 3cm일 때, 노른자의 높이와 신선도를 맞게 표시한 것은?

① 높이 0.5cm인 부패란
② 높이 0.5cm인 신선란
③ 높이 1.5cm인 신선란
④ 높이 1.5cm인 부패란

■ ANSWER ············
380 ④ 381 ① 382 ③ 383 ①
384 ④

385 계란이 오래되면 어떻게 되는가?

① 비중이 무거워진다
② 점도가 감소한다.
③ pH가 하락한다.
④ 껍질이 두꺼워진다.

386 계란의 신선도 검사와 관계없는 것은?

① 외관법
② 진음법
③ 건조법
④ 비중법

387 계란의 품질등급을 결정하는 요소가 아닌 것은?

① 난각상태
② 난백의 수양화
③ 난황과 난백의 점도
④ 기실의 크기

388 계란의 중량규격으로 맞지 않는 것은?

① 왕란 68g 이상
② 대란 58g 미만~52g 이상
③ 중란 52g 미만~44g 이상
④ 소란 44g 미만

389 비중에 의한 계란의 선도 판정 내용 중 잘못된 것은?

① 8% 식염수에 떠오르는 것은 산란 직후의 알로 신선하다.
② 11%의 식염수 용액에 즉시 가라앉는 것은 신선란이다.
③ 11% 식염수 용액에 떠오르고 10% 식염수에서 가라앉는 것은 약간 신선하다.
④ 10% 식염수 떠오르고 8% 식염수에서 가라앉는 것은 부패 의심이 있다.

---

385 계란을 저장 중에 중량 감소, 비중 감소, 난백의 pH 상승, 난황의 점도 저하 등의 변화가 생긴다.

386 할란시키지 않고 선도를 판정하는 방법으로 외관법, 진음법, 설감법, 투시법, 비중법 등이 있다.

387 계란의 품질등급 기준
• 외관판정 : 난각상태
• 투광 판정 : 기실크기, 난황의 위치 및 윤곽, 난백의 투명도 및 결착력
• 할란 판정 : 난황의 높이, 농후난백의 양, 난백의 수양화, 이물질, 호우단위 등
• 계란의 품질등급은 1+, 1, 2, 3 등급으로 판정

388 계란의 중량 규격[축산물등급판정 세부 기준]
• 왕란 68g 이상, 특란 68g 미만~60g 이상, 대란 60g 미만~52g 이상, 중란 52g 미만~44g 이상, 소란 44g 미만

389
• 8% 식염수에서 뜨는 것은 묵은 알, 부패란이다.
• 신선란의 비중은 1.0784~1.0914이며, 시간이 하루가 경과됨에 따라 매일 0.0017~0.0018씩 감소하게 된다.

390 저장 중 계란의 pH 변화
• 계란은 저장 중 난각 구멍을 통하여 CO_2가 방출된 채로 10일 경과하면 pH가 9.0~9.7로 높아진다.

391 난각의 조성은 $CaCO_3$ 93.7%, $Ca(PO_4)_2$ 0.8%, $MgCO_3$ 1.3%, 유기물질 4.2% 정도이다.

392 난백 구성 단백질
• ovalbumin, conalbumin, ovomucoid, lysozyme, ovoglobulin, ovomucin, avidin, ovoinhibitor, flavoprotein 등 적어도 13종 이상 함유된다.
※ lipovitellin은 난황 단백질이다.

393 난백 단백질
• 아비딘(avidin) : 난백 단백질 중의 함량은 0.05%로 미량이나 난황 중 biotin과 결합하여 비타민을 불활성화 시킨다.
• 오보뮤신(ovomucin) : 난백 단백질 중 1.5~2.9%를 차지하는 불활성 단백질이며, 인플루엔자 바이러스에 의한 적혈구의 응집 반응을 억제하는 물질이다.
• 오보글로불린(ovoglobulin) : 난백 단백질 중 8.0~8.9% 차지하며, 기포성이 우수한 포립제 역할을 한다.
• 오보뮤코이드(ovomucoid) : 단백질 분해 효소인 trypsin의 분해작용을 저해하는 trypsin inhibitor로작용한다.

394 Conalbumin
• 난백 단백질로 ovotransferrin이라고 한다.
• 열 응고 온도가 53~55℃로 가장 낮다.
• Fe^{3-}, Cu^{2+}, Zn^{2+} 등의 금속이온들과 결합하는 능력이 있어서 철요구성 미생물배지에 난백을 첨가하면 미생물은 철분을 이용할 수 없게 되어 미생물의 생육을 저지한다.

390 계란의 pH에 대한 설명 중 잘못된 것은?

① 신선 난백의 pH는 6.6~6.7 정도이다.
② 신선 난황의 pH는 6.32 정도이다.
③ 난백의 pH는 저장 중 CO_2의 상실로써 pH가 9.0~9.7로 높아진다.
④ 계란은 저장 중 pH의 변화가 발생하지 아니한다.

391 계란의 난각 구성물질 중 가장 풍부한 성분은?

① $Ca(PO_4)_2$
② $MgCO_3$
③ $CaCO_3$
④ organic matters

392 난백 단백질에 해당되지 않는 것은?

① ovalbumin
② ovomucoid
③ flavoprotein
④ lipovitellin

393 생 계란을 다량 섭취 시 난백 단백질 중 비오틴(biotin)과 결합하여 비타민(vitamin)을 불활성화 시키는 비타민 결핍증의 원인물질은?

① 아비딘(avidin)
② 오보뮤신(ovomucin)
③ 오보글로불린(ovoglobulin)
④ 오보뮤코이드(ovomucoid)

394 Fe, Cu, Zn 등의 금속이온들과 결합하는 능력이 있어서 철요구성 미생물의 생육을 저지할 수 있는 난 단백질은?

① Ovomucoid   ② Conalbumin
③ Lysozyme   ④ Ovalbumin

ANSWER

390 ④ 391 ③ 392 ④ 393 ①
394 ②

395 동결란(frozen egg)에 대한 설명 중 적당하지 못한 것은?

① 동결란은 동결전란, 동결난황, 동결 난백으로 구분한다.
② 살균 처리한 난액을 −20℃ ∼ −30℃로 급속 동결 처리한다.
③ 난황의 경우에 glycerine, 식염, 설탕 등을 첨가하여 점도의 증가를 방지한다.
④ 동결란 제품은 총 생균수 50,000/g 이하, 대장균군은 10이어야 한다.

396 액란을 냉동 저장하였다가 해동하면 덩어리로 뭉치는 현상을 젤(gel)화라고 하는데 이를 방지하기 위하여 소금 또는 설탕을 첨가한다. 액란의 냉동에 의한 젤화가 생기는 주 원인으로 가장 적합한 것은?

① 지방의 응고로 인하여
② 얼음 입자가 녹지 않아서
③ 액란의 유화상태가 파손되어서
④ 단백질의 응집에 의하여

397 동결란 제조 시 젤(gel)화가 일어나 품질이 저하된다. 이를 방지하기 위하여 첨가되는 물질이 아닌 것은?

① 소금　　　　　　② 설탕
③ 글리세린　　　　④ 인산

398 다음 중 오래된 계란에서 나타나는 현상이 아닌 것은?

① 비중은 수분 증발과 기실의 확대로 인해서 가벼워진다.
② 난각은 두꺼워지고 점도는 상승한다.
③ pH는 알칼리 쪽으로 높아진다.
④ 난황계수는 감소하는 경향이 있다.

399 건조 난백을 제조할 때 분무하기 전 효모 등을 이용하여 당분을 제거하기 위해 발효시키는 목적은?

① 갈변 방지　　　　② 산화 방지
③ 제품의 풍미 증진　④ FeS에 의한 녹색 방지

---

395 동결란 제품에서 대장균군은 음성이어야 한다.

396 액란을 동결 저장하였다가 해동하면
- 난황의 단백질이 응집하여 젤(gel)화되어 교반해도 분산되지 않고, 기계적으로 미세하게 마쇄하면 황색 반점이 분산된 모양으로 된다.
- 난황의 저온 보존 시 젤화를 방지하기 위해서 설탕이나 식염농도 10% 정도 첨가 후 −10℃이하에서 보존하는 방법과 단백질 분해 효소인 protease가 유효하게 이용되고 있다.

397 동결란 제조 시 젤(gel)화 방지
- 현재 가장 널리 쓰이는 것은 설탕이나 식염농도 10% 정도 첨가 후 − 10℃ 이하에서 보존하는 것이다.
- 이외에 glycerin, diethylene-glycol, sorbitol, gum류, 인산염 등도 효과가 있으나 사용되지 않는다.

398 오래된 계란에서 나타나는 현상
- 난각의 두께는 0.31∼0.34mm 정도이며, 저장기간이 지남에 따라 얇아지고 계란의 점도도 감소한다.
- 난황 계수는 저장 중 감소되는데 그 이유는 난백에서 난황으로 수분이 이행되기 때문이다.

399 건조란 제조 시 탈당처리
- 계란의 난황에 0.2%, 난백에 0.4%, 전란 중에 0.3% 정도의 유리 글루코오스가 존재하며 분무건조 과정에 이 유리 글루코스가 아미노기와 반응하여 maillard 반응이 나타난다.
- 이 반응 결과 건조란은 갈변, 불쾌취, 불용화 현상이 일어나 품질저하를 일으키기 때문에 탈당처리가 필요하다.
- 탈당처리 방법에는 자연발효에 의한 방법, 효모에 의한 방법, 효소에 의한 방법 등이 있다.

 ANSWER

395 ④　396 ④　397 ④　398 ②
399 ①

400 399번 해설 참조

401 계란의 유화성
• 난황과 난백 양쪽에서 갖고 있다.
• 난황의 유화성이 난백에 비하여 상당히 크다.
• 난황의 유화성은 O/W(oil in water) 형의 emulsion이 생성된다.

402 계란의 응고성
• 난백은 60℃에서 응고가 시작되고, 난황은 65℃ 전후에서 응고가 시작된다.
• 계란을 통째로 65℃ 전후로 가열하면 난백보다 난황성분이 더 견고하게 응고하게 된다.

403 마요네즈(mayonnaise)
• 난황의 유화력을 이용하여 식용유에 식초, 겨자가루, 후추가루, 소금, 설탕 등을 혼합하여 유화시켜 만든다.
• 제품의 전체 구성 중 식물성 유지 65~90%, 난황액 3~15%, 식초 4~20%, 식염 0.5~1% 정도이다.
• 사용되는 기름은 주로 olive oil, 면실유, 콩기름, 옥수수기름 등이다.
• 제조 방법 : 난황 분리 → 균질 → 배합 → 교반 → 담기 → 저장 → 제품 순이다.

404 403번 해설 참조

405 403번 해설 참조

400 계란의 분무건조 과정에 갈변물질은?

① 난백의 glucose
② 난황의 carotene
③ 난황의 lecithin
④ 난각의 $CaCO_3$

401 계란의 유화성에 대한 설명 중 틀린 것은?

① 유화성은 난황, 난백 성분을 모두 가지고 있다.
② 유화성은 난황 성분만을 가지고 있다.
③ 난황의 유화성을 이용한 것은 마요네즈 제조이다.
④ 난황의 유화성은 보통 O/W형의 emulsion이 생성된다.

402 계란의 응고성에 대한 설명 중 잘못된 것은?

① 난백은 60℃ 전후에서 응고가 시작된다.
② 난황은 65℃ 전후에서 응고가 시작된다.
③ 계란을 통째로 65℃ 전후로 가열하면 난황 성분이 더 견고하게 응고된다.
④ 계란을 통째로 65℃ 전후로 가열할 경우 난백 성분이 더 견고하게 응고된다.

403 다음 마요네즈 제조에 쓰이는 재료 중 가장 큰 비율을 가진 것은?

① 향신료
② 난황
③ 조미료
④ 식물유

404 마요네즈 제조 시 유화제 역할을 하는 것은?

① 난황
② 식용유
③ Salads oil
④ 난백

405 마요네즈(Mayonnaise)의 제조방법의 설명 중 틀린 것은?

① 난황을 분리하여 원료로 사용한다.
② 난황과 난백을 분리하여 일정 비율로 혼합하여 식초와 식용유를 넣어서 만든다.
③ 난황을 분리하여 식초와 혼합하고 식용유와 나머지 식초를 넣으면서 유화, 균질화 한다.
④ 마요네즈의 배합비는 대체적으로 난황 10%, 조미료 3.5%, 향신료 1.5%, 식초 10%, 식용유 75% 정도이다.

406 마요네즈 제조의 재료에 속하지 않는 것은?

① 식초, 후추
② 설탕, 소금
③ 식용유
④ 우유

407 다음 중 발효시켜 만든 알 가공품은?

① 마요네즈
② 피단
③ 아이스크림
④ 달걀 가루

408 피단 제조에 있어 관여되지 않는작용은?

① 침투작용
② 응고작용
③ 발효작용
④ 휴면작용

🍉 수산물 가공

409 수산가공품의 종류가 잘못 연결된 것은?

① 염장품 – 굴비
② 동건품 – 마른 명태(황태)
③ 연제품 – 부들어묵, 판붙이 어묵, 게맛어묵
④ 해조가공품 – 카라기난, 알긴산

410 해조류에 존재하는 알긴산의 특성은?

① 조체 중에 대부분이 불용성인 Ca염으로 존재한다.
② 조체 중에 대부분이 수용성인 Ca염으로 존재한다.
③ 조체 중에 대부분이 불용성인 질산염으로 존재한다.
④ 조체 중에 대부분이 수용성인 Na염으로 존재한다.

411 빙장새우의 표면에 흑색 반점이 생기는 이유는?

① 효소 반응에 의한 색소의 형성 때문에
② 껍질색소가 표면에 노출하기 때문에
③ 황화수소에 의한 혈액색소의 변색 때문에
④ 껍질의 주성분인 키틴의 산화 때문에

406 403번 해설 참조

407 피단(pidan)
• 중국에서 오리알을 이용한 난 가공품이다.
• 생석회, 소금, 나무 태운 재, 왕겨 등을 반죽(paste) 모양으로 만들어 난 껍질 표면에 6~9mm 두께로 바르고, 왕겨에 굴려 항아리에 넣고, 공기가 통하지 않도록 밀봉시켜 15~20℃에서 5~6 개월간 발효, 숙성시켜 제조한다.

408 피단(pidan)
• 중국에서 오리알로 만든 제품이다.
• 알 속에 소금과 함께 알칼리성 염류를 침투시켜 난황과 난백을 응고시키고 숙성 발효시킨 조미 계란이다.

409 굴비는 선도가 좋은 조기를 그대로 물간이나 마른 간을 한 다음 건조시킨 수산건제품이다.

410 알긴산(alginic acid)
• 해조류인 미역, 감태, 모자반 등의 갈조류의 세포막 사이를 채우고 있는 D-mannuronic acid(M)와 L-guluronic acid(G)가 다양한 비율로 결합된 polyuronic 다당류이다.
• 알긴산 조체 중에서는 대부분이 Ca염으로 존재하는데 이 Ca염은 물에 불용성이다.

411 빙장새우의 표면에 흑색 반점이 생기는 이유
• tyrosine이 tyrosinase의 효소적 산화를 받아 DOPA, DOPA quinone으로 되고, 다시 산화, 중합 등의 변화를 거쳐 melanin을 생성하기 때문이다.

412 물고기의 화학적 선도 감정법
• 휘발성 염기질소 측정, trimethyla-mine 측정, 휘발성 환원성물질 측정, pH 값에 의한 방법 등이 있다.

413
• 마른 미역이나 다시마 표면에 나타나는 백분의 주성분은 mannite이고, 아미노산이나 염화카리가 소량 섞여 있다.
• taurine은 자건 전복에 백분이고, tyrosine은 조미건제품이나 방어의 훈제 유적 통조림에 생성되는 백분이다.

414 holothurin
• 해삼의 독성분이다.
• 수용성이고 열에 약한 용혈성 독소이며 백만분의 1정도의 농도로서 어류를 죽이는 효과가 있다.

415
• 마른 전복의 백분의 주성분은 taurine 이다.
• betaine은 상쾌한 감미를 가진 물질로 오징어, 문어, 새우 등의 무척추 동물의 근육에 많이 함유되어(엑스분의 5~11%) 있다.

416 chitin 질은 게, 가재 등의 갑각류 또는 곤충 등의 껍질에 많이 들어 있다.

417 황화수소 생산균에 의하여 생성되는 황화수소가 환원형 미오글로빈에작용하여 적자색의 황화미오글로빈을 생성하고, 이것이 더욱 산화되어 녹변한다.

418
• 뱀장어의 혈청은 보통 어류와 달라서 청자자색이며, 혀에 닿으면 타 붙는 것 같은 자극이 있는데 이 독성물질을 ichthyotoxin이라 한다.
• tytamin은 문어, holothurin은 해삼, tetrodotoxin은 복어의 독성분이다.

412 물고기의 선도 감정법 중 화학적 방법에 속하지 않는 것은?

① 트리메틸아민 측정
② 휘발성 염기질소 측정
③ 어육의 전기전도도 측정
④ 수소이온 농도의 측정

413 건조미역, 다시마 등의 표면에 생기는 백분은?

① melanin
② taurine
③ tyrosine
④ mannite

414 패류의 대각근을 마비시키는 해삼의 독은?

① muscarine
② venerupin
③ holothurin
④ tetrodotoxin

415 마른 전복의 표면에 생성되는 백분의 주성분은?

① mannite
② taurine
③ betaine
④ sorbitol

416 다음 중 연결이 서로 잘못된 것은?

① 고래의 연골-chondromucoid
② 상어비늘 및 난각막-pseudo keratin
③ 패각 및 진주-conchiolin
④ 해면동물의 골격-chitin

417 황다랭이나 날개다랭이를 통조림했을 때 녹변육(green meat) 생성과 가장 관계가 깊은 것은?

① trimethylamine
② indole
③ H_2S
④ hemoglobin

418 뱀장어의 혈청에 들어 있는 독성분은?

① ichthyotoxin
② tytamin
③ holothurin
④ tetrodotoxin

419 어육을 자연 건조할 때 일어나는 변화를 잘못 설명한 것은?

① 지방질이 산화된다.
② 육단백질의 용해도가 높아진다.
③ 휘발성 염기질소량이 많아진다.
④ 부피가 감소하고 육질이 감소한다.

420 스쿠알렌(squalene)과 관계없는 것은?

① 탄화수소이다.
② 어유 중의 불검화물의 중요성분이다.
③ 상어간유 중에 많이 함유되어 있다.
④ 비타민 A의 전구물질이다.

421 신선한 생선에 그 함량이 많은 물질은?

① V.B.N
② TMAO
③ TMA
④ IMP

422 게 보일드통조림의 청변 원인물질은?

① 헤모글로빈(hemoglobin)과 황화수소
② 미오글로빈(myoglobin)과 황화수소
③ 액토미오신(actomyosin)과 황화수소
④ 헤모시아닌(hemocyanin)과 황화수소

423 경골어류는 체내의 질소 성분을 어떤 형태로 배설하는가?

① 요소
② 요산
③ 암모니아
④ 아민

424 다음 중 해조류에서 얻을 수 없는 성분은?

① carrageenan
② alginic acid
③ inulin
④ mannitol

419 어육을 자연 건조할 때 일어나는 변화
• 일종의 산패, 부패 초기로 볼 수 있다. 따라서 자동산화가 일어나고, 휘발성 염기질소량이 많아져 부피의 감소와 함께 육질이 경화된다.
• 단백질의 용해도는 산패되어 감에 따라 낮아진다.

420 스쿠알렌(squalene)
• 불포화 탄화수소이다.
• 어유 중의 불검화물의 중요 성분이다.
• 심해성 상어의 간유에는 70~90% 정도 함유된다.
• cholesterol의 전구체이다.
※ 심해성 상어류에는 불검화물 중에 탄화수소를 가지고 있는데 포화탄화수소로 pristane이 있고, 불포화 탄화수소로는 squalene이 있다.

421 TMAO(Trimethylamine oxide)
• 신선한 생선에 많이 함유되어 있는 대표적 물질로 생체 내에서 NH_3^+ 해독물질로서 또는 요소와 함께 삼투압 조절 물질로서 이용된다.
※ TMA는 어류의 신선도가 떨어짐에 따라 증가하고 특히 어취의 주성분으로 존재한다.

422 헤모시아닌(hemocyanin)
• 갑각류의 새우, 게, 연체동물의 물오징어, 문어, 달팽이 등의 혈장에 함유된다.
• 고등동물의 헤모글로빈과 생리작용은 같지만 pyrrole핵을 함유하지 않고 또한 철 대신에 1분자 당 2원자의 구리를 함유한다.
• 구리함량은 종류에 따라 0.17~0.38% 정도이다.
• Hemocyanin의 환원형은 무색, oxy형은 청색이다.

423 경골어류는 배설의 형태에 있어서 암모니아의 형태로 배설하고 해산 연골어류에서는 요소의 형태로 배설한다.

424 해조류에서 얻을 수 있는 성분
• carrageenan은 홍조류에서 추출된다.
• alginic acid는 갈조류에서 추출된다.
• mannitol은 갈조류에서 얻어지는 만니꿀의 주요 성분이다.
※ inulin은 다알리아 뿌리나 돼지감자 등에 들어 있는 저장성 다당류이다.

▌ANSWER▐ ••••••••••••••••

| 419 ② | 420 ④ | 421 ② | 422 ④ |
| 423 ③ | 424 ③ | | |

425 암모니아를 체외로 배출하는 형태
- 생체 내에서 질소화합물의 최종 대사 생성물의 하나로 생성되는 암모니아는 동물에 따라 배설형태가 다르다.
- 해산 경골어, 수서 무척추 동물 및 담수산 어류 등은 직접 암모니아 형태로 배설하나 해산 연골어에서는 요소의 형태로 배설한다.
- 경골어의 근육에는 요소가 극히 적으나 연골어의 근육에는 다량 함유된다.

426 엑스분(extractives)
- 잘게 썰은 근육을 물로 추출하면 여러 가지 성분이 용출되는데, 이 추출액에서 단백질, 지질, 색소, 기타 고분자 화합물을 제거한 나머지 즉 유리아미노산, 유기산, 저분자질소화합물, 저분자탄수화물 등을 통틀어 엑스분이라 한다.
- TMAO, urea, betaine, nucleotide, 유기산 및 당류 등이 여기에 속한다.

427 엑스분의 함량은 개략적으로 어류에서는 1~5%, 연체류에서는 4~8%, 갑각류에서는 6~10% 정도이다.

428 엑스분의 함량은 개략적으로 어류에서는 1~5%, 연체류에서는 4~8%, 갑각류에서는 6~10% 정도로 갑각류에 가장 많다

429 배건품은 도미, 복어, 모래무지, 붕장어, 가자미 등을 한 번 구워서 건조시킨 것이다.

430 염장 간고등어의 저장원리는 소금에 의한 높은 삼투압으로 미생물 세포의 원형질 분리가 일어나 생육이 억제되든가 사멸되어 저장성이 높아진다.

---

425 연골어류 탈아미노화 된 암모니아를 체외로 배설하는 형태는?

① 히스타민 배설형
② 암모니아 배설형
③ 요산 배설형
④ 요소 배설형

426 엑스분(extractives)에 속하지 않는 것은?

① 유리아미노산
② 유기산
③ TMAO
④ 단백질

427 연체류의 엑스분(extractives)의 함량은?

① 1~5%
② 6~10%
③ 4~8%
④ 8~12%

428 다음 중 엑스분의 함량이 비교적 많은 것은?

① 연골어
② 경골어
③ 갑각류
④ 연체류

429 수산 건제품의 처리방법에 대한 설명으로 틀린 것은?

① 자건품 : 수산물을 그대로 또는 소금을 넣고 삶은 후 말린 것
② 배건품 : 수산물을 그대로 또는 간단히 처리하여 말린 것
③ 염건품 : 수산물에 소금을 넣고 말린 것
④ 동건품 : 수산물을 동결 · 융해하여 말린 것

430 염장 간고등어의 저장원리는?

① 삼투압   ② 경건조
③ 진공   ④ 훈연

ANSWER
425 ④   426 ④   427 ②   428 ③
429 ②   430 ①

식품의 저장

431 과실, 채소 등의 생체 저장법으로 가장 좋은 방법은?

① 가스 냉장법
② 당장법
③ 동결 저장법
④ 염장법

432 신선한 식품을 냉장고에 저온저장하면 저장기간을 연장할 수 있다. 저온저장의 효과로 틀린 것은?

① 미생물의 증식 속도를 느리게 한다.
② 수분 손실을 막는다.
③ 대사작용 속도를 느리게 한다.
④ 효소 및 화학 반응 속도를 느리게 한다.

433 건조식품의 저장 중 곰팡이의 피해를 방지하는 데 필요한 수분함량은?

① 13% 이하
② 15% 이하
③ 17% 이하
④ 20% 이하

434 감압건조에서 공기 대신 불활성 기체를 치환하여 사용한다. 그 가장 큰 이유는?

① 건조시간의 단축
② 비용의 감소
③ 산화 방지
④ 표면건조 방지

435 탄수화물이 풍부한 쌀, 보리 등의 곡류에서 발생할 수 있는 아플라톡신(aflatoxin) 생성의 최적 조건은?

① 수분 16% 이상, 온도 25~30℃, 상대습도 80~85%
② 수분 16% 이하, 온도 35~40℃, 상대습도 100%
③ 수분 70% 이상, 온도 0~5℃, 상대습도 80~85%
④ 수분 10% 이하, 온도 5~15℃, 상대습도 50~65%

431 청과물의 호흡
• 저농도(1~5%)의 산소 하에서 또는 적당 농도(2~10%) 탄산가스 하에서 억제되어 품질의 변화가 방지된다.
• 이 원리를 이용하는 방법을 CA 냉장법이라며 청과물 저장에 많이 이용된다.

432 식품의 저온저장 효과
• 미생물의 증식 속도를 느리게 한다.
• 수확 후 식물조직의 대사작용과 도축후 동물조직의 대사작용 속도를 느리게 한다.
• 효소에 의한 지질의 산화와 갈변, 퇴색, 자기소화(autolysis), 영양성분의 소실 등 품질을 저하시키는 화학 반응 속도를 느리게 한다.
• 수분 손실로 인한 감량이 일어난다.

433 건조식품의 저장 중 곰팡이
• 수분이 가장 적은 곳에서도 생육할 수 있는 미생물이 곰팡이다.
• 곰팡이는 수분함량에 따라 *Mucor*와 *Rhizopus*는 30% 이상, *Penicillium*은 30% 정도에서 번식하고, *Aspergillus*는 20% 이하에서도 번식하는데 *Asp. glaucus*는 13% 정도에서도 생육한다.

434 다공질 건조지방성 식품(전지분유 등)의 산화 방지를 위해서 불활성기체인 질소 가스를 치환하여 산소량을 제거하여 저장성을 높인다.

435 아플라톡신(aflatoxin)
• *Asp. flavus*가 생성하는 대사산물이다.
• 탄수화물이 풍부하고, 기질수분이 16% 이상, 상대습도 80~85%, 최적 온도 30℃이며 땅콩, 밀, 쌀, 보리, 옥수수 등의 곡류에 오염되기 쉽다.
• 간암을 유발하는 강력한 간장독 성분이다.

ANSWER

431 ① **432** ② **433** ① **434** ③
435 ①

436 포말건조(foam drying)
- 액체식품에 1% 내외의 식용 가능한 발포제 즉 CMC(carboxyl methyl cellulose), MC(methyl cellulose), monoglyceride, 알부민 등의 점조제나 계면활성제를 넣고 공기나 압축질소가스를 혼입하여 거품을 일으켜 건조 표면적을 크게 한 다음 벨트에 약 1/8인치 두께로 펴서 열풍건조기에 통과시켜 건조시키는 방법이다.
- 건조 속도가 빠르고 원상복구가 잘 되어 제품의 질이 우수한 것이 특징이며
- 과일주스 건조에 많이 이용된다.

437 동결건조(Freeze-Drying)
- 식품을 동결시킨 다음 높은 진공 장치 내에서 액체상태를 거치지 않고 기체상태의 증기로 승화시켜 건조하는 방법이다.
- 일반의 건조방법에서 보다 훨씬 고품질의 제품을 얻을 수 있다.

438 동결 건조법
① 장점
- 위축 변형이 거의 없으므로 외관이 양호하다.
- 효소적 또는 비 효소적 갈변이나 화학반응이 거의 없으므로 향, 맛, 색 및 영양가의 변화가 거의 없다.
- 제품의 변성이 적고, 조직이 다공질이므로 물에 담갔을 때 복원성이 좋다.
- 품질의 손상없이 2~3%, 정도의 저 수분으로 건조할 수 있다.
② 단점
- 다공질이므로 흡습하기 쉽다.
- 지방이나 색소의 산화가 용이하다.
- 저 수분, 다공질이어서 부스러지기 쉽다.
- 포장이나 수송이 곤란하다.

439 동결곡선(freezing curve)이란
- 식품 동결에 있어서 냉동 시간과 온도 변화와의 관계 곡선을 말한다.

440 얼음결정 최대 생성대
- 식품을 냉동시키는 과정에서 −1~−7℃ 온도 범위를 말한다.
- 이 온도 범위를 천천히 통과하게 되는 완만동결 시 얼음결정 입자가 성장, 증대되어 육세포뿐만 아니라 미생물의 세포 자체도 파괴되어 미생물수가 50~90%까지 감소하는 경우가 있다.

---

436 포말건조에 대한 설명으로 맞지 않는 것은?

① 건조 속도는 느리지만 원상복구가 잘되어 제품의 질이 우수하다.
② 건조 전에 체표면적을 넓히기 위해 안정제를 첨가한다.
③ 건조 온도는 55~90℃이다.
④ 주로 액체 식품의 건조에 이용된다.

437 복원성이 좋고 제품의 품질 및 저장성을 향상시키기 위한 건조방법으로 가장 적합한 것은?

① 가압건조
② 동결건조
③ 감압건조
④ 분무건조

438 동결 진공건조 제품의 장점이라고 할 수 없는 것은?

① 향, 맛, 색 및 영양가의 변화가 거의 없다.
② 위축 변형이 거의 없어 외관이 양호하다.
③ 저장 중 변질이 적고, 포장이나 수송이 용이하다.
④ 물에 담갔을 때 복원성이 좋다.

439 식품의 동결곡선이란 무슨 뜻인가?

① 식품의 함유수분에 대한 빙결정 생성량의 비율
② 식품 내의 수분이 70% 빙결되었을 때의 비율
③ 냉동시간에 따른 빙결정의 크기와 수
④ 냉동시간과 온도와의 관계

440 식품을 동결하는 경우 냉동 곡선에서 얼음결정 최대 생성대의 온도 범위로 가장 적절한 것은?

① 5~10℃
② 0~5℃
③ −7~−1℃
④ −10~−7℃

441 냉동식품을 해동시키면 액즙이 식품의 조직에 흡수되지 않고 유출된다. 이 액즙을 무엇이라고 하는가?

① thaw
② drip
③ melt
④ glaze

442 다음 가공품 중 지방의 산화가 적게 발생하는 것은?

① 통조림 식품
② 소건품
③ 자건품
④ 염장품

443 사과의 CA 저장에서 조절 · 관리하여야 하는 공기의 조성은?

① 질소, 산소와 탄산가스
② 질소와 탄산가스
③ 산소와 질소
④ 산소와 탄산가스

444 신선 식품의 저장에 CA 저장방법이 많이 사용된다. 사과를 CA 저장하려면 어떤 조작이 필요한가?

① 상온을 유지한다.
② 공기 중 산소의 대부분을 N_2가스로 치환하여 산소함량을 낮게 유지한다.
③ 사과를 개별적으로 유연성 필름으로 포장한다.
④ 효소를 파괴하고 충해를 막기 위하여 주기적으로 훈증 처리한다.

445 C.A 저장이 유리한 식품은?

① 과실, 채소
② 생선
③ 육류
④ 소맥분

446 다음 중에서 저장성이 가장 우수한 제품은?

① 자건품
② 염건품
③ 통조림제품
④ 소건품

447 삼투압 원리를 적용하여 가공한 식품이 아닌 것은?

① 자반고등어
② 젤리
③ 오이피클
④ 황태

---

441 드립(drip)
• 동결식품 해동 시 빙결정이 녹아 생성된 수분이 동결 전 상태로 식품에 흡수되지 못하고 유출되는 액즙이다.
• 드립이 유출되면 수용성 성분이나 풍미물질이 함께 빠져나와 상품가치가 저하되고 무게가 감소된다.
• 동결 온도가 낮을수록 동결기간 짧을수록, 저온 완만 해동 시(식육류), 열탕 중 급속해동(채소, 야채류)시킬수록 drip이 적다.

442 통조림식품은 제조공정 중 탈기공정이 있기 때문에 산화에 따른 내용물의 색택, 향미, 영양가의 열화가 방지되고, 지방산화가 억제된다.

443 청과물의 호흡은 저농도의 산소(1~5%)와 CO_2(2~10%) 하에서 억제되어 품질의 변화를 방지하는 방법으로 청과물 저장에 이용된다.

444 과실의 CA 저장법
• 실내 온도를 0~4℃의 저온으로 하여 CO_2 농도를 5%, O_2 농도를 3%, N_2 농도를 92%로 유지되게 조절하는 것이다.
• CA 저장에 가장 적합한 과일은 사과, 서양배, 바나나, 감, 토마토 등이다. 사과, 복숭아, 살구 등은 산화 효소의 활성도가 높아 그대로 건조하면 갈색으로 변한다.
• 유황으로 훈증하면 효소를 파괴하고, 부패 및 충해를 막을 수 있다.

445 과실의 CA 저장법(controlled atmosphere storage)
• 실내 온도 0~4℃의 저온, CO_2 농도 5%, O_2 농도 3%, N_2 농도 92%로 유지, 조절한다.
• CA 저장에 가장 적합한 과일은 사과, 서양배, 바나나, 감, 토마토 등이고 비교적 적합한 것은 매실, 딸기, 양송이, 당근, 복숭아, 포도 등이다
• 부적당한 과실은 레몬, 오렌지 등이다.

447 삼투압 원리를 이용한 저장법
• 미생물은 주위의 삼투압이 높으면 탈수되고, 반대로 주위의 삽투압이 낮아지면 물이 침투하여 사멸한다.
• 염장법과 당장법이 있다.
• 김치류, 젓갈, 간고등어, 잼, 젤리, 가당연유, 피클 등에 이용된다.

ANSWER

441 ② 442 ① 443 ④ 444 ②
445 ① 446 ③ 447 ④

왼쪽 해설

448 동결률(freezing ratio)
- 식품은 빙결점에서 얼기 시작하여 공정점에서 동결이 완료된다. 이때 빙결점 사이의 어떤 온도에 있어서 식품 중의 수분이 동결한 비율을 동결률이라 한다.
- 즉 동결점하에서 초기의 수분함량에 대하여 빙결정으로 변한 비율을 말한다.
- 동결률 = $(1 - \dfrac{식품의\ 빙결점}{식품의\ 온도}) \times 100$

449 즉석식품(instant food)
- 즉시 사용이 가능하고, 저장성이 있으며 수송과 휴대가 간편하고 조리 시에 시간과 노력을 줄이기 위해 만들어진 가공식품을 말한다.
- 단, 통조림, 병조림, 건조식품 등은 바로 먹을 수 있으나 즉석식품에 포함시키지 않는다.

450 곡류 저장 시 외부적으로 피해를 주는 것은 해충이나 미생물이고, 그 중 해충은 곡물 저장 중 가장 큰 피해를 주는 요소이다.

451 밀폐된 창고에 곡류를 넣고 불활성 gas 등을 충진시켜 저장하는 경우 O_2 부족으로 각종 저장 효과가 있으나 혐기성 미생물은 O_2 부족상태에서도 생육이 잘 되어 발육을 억제할 수 없다.

452 표면피막경화(case hardening) 현상
- 공기 온도가 높고, 상대습도가 낮을 때에 수분함량이 큰 식품 내부에서 외부쪽으로 확산되는 수분 양보다 더 많은 수분이 식품의 표면에서 증발하여 제거될 때 일어난다.

453 사과, 복숭아, 살구 등은 산화 효소의 활성도가 높아서 그대로 건조하면 갈색으로 변한다. 유황으로 훈증하면 효소를 파괴하고, 부패 및 충해를 막을 수 있다.

오른쪽 문제

448 동결률(freezing ratio)이란?
① 식품의 수분과 빙결 시의 비율
② 식품의 수분이 동결된 기초율
③ 식품의 함유수분에 대한 빙결 수분량의 비율
④ 식품의 수분이 70% 정도 빙결되었을 때

449 다음 식품에서 즉석식품(instant food)에 해당되지 않는 항목은?
① corn flake
② 통조림, 병조림, 건조식품
③ 커피, 분유
④ 컵라면, 카레, 냉동조리식품, 수프

450 곡류를 저장할 때 가장 피해가 큰 것은?
① 해충　　　　② 바이러스
③ 세균　　　　④ 곰팡이

451 곡류를 기밀 저장할 때의 현상이 아닌 것은?
① 혐기성 미생물의 발육이 억제된다.
② 산소에 의한 곡류의 화학적 변패가 방지된다.
③ 곡물 자체의 호흡이 정지한다.
④ 밀폐되면 산소 부족으로 곤충의 번식이 억제된다.

452 Case hardening이란 어떤 것인가?
① 표면 증발에 비하여 내부 확산이 빠를 때
② 내부 확산에 비하여 표면 증발이 빠를 때
③ 표면 증발과 내부 확산 속도가 같을 때
④ 내부 확산과 표면 증발의 속도에는 관계없이 식품의 성분에 의하여 일어난다.

453 유황훈증 효과가 아닌 것은?
① 방부 효과
② 효소 파괴
③ 건조
④ 방충 효과

454 건조식품에서 가장 문제가 되는 것은?

① yeast   ② mold

③ bacteria   ④ virus

455 곡류의 저장 시에 변질을 방지하기 위한 수분함량은?

① 20% 이상   ② 18~20%

③ 15~18%   ④ 13% 이하

456 소금 절임은 육류, 어류, 채소 등 여러 식품의 저장성을 향상시키기 위하여 사용되는 저장방법 중의 하나이다. 소금 절임의 저장 효과의 주 원인은?

① 소금에서 해리된 염소이온
② 수분 활성도의 증가
③ 삼투압 저하
④ 단백질 가수분해 효소작용 증가

457 통(병)조림의 부패와 관련되는 4대 공정이 순서대로 된 것은?

① 탈기 → 밀봉 → 살균 → 냉각
② 자숙 → 밀봉 → 탈기 → 냉각
③ 밀봉 → 냉각 → 살균 → 탈기
④ 탈기 → 살균 → 냉각 → 밀봉

458 밀봉기의 3요소가 아닌 것은?

① lifter   ② roll

③ chuck   ④ clincher

459 다음 중 탈기의 목적과 효과가 아닌 것은?

① 호기성 세균 및 곰팡이의 발육을 억제
② 가열살균 시 공기 팽창으로 인한 밀봉부의 파손 방지
③ 진공도를 낮추어 통의 팽창 방지
④ 내용물의 향미, 색택, 영양가 등의 열화 방지

---

454 건조식품에 가장 문제가 되는 미생물
• 수분이 가장 적은 곳에서도 생육할 수 있는 것은 곰팡이이다. *Aspergillus*는 수분이 적은 곳에서도 번식하는데, *Asp. glaucus*는 13% 정도에서도 생육한다.
• 세균은 30~40% 생육이 억제되고, 효모는 세균보다 저항력이 강하다.

455 곡류의 CO_2 발생량은 수분함량이 13% 이하에서는 미미하나 13% 이상이면 서서히 증가하다가 15% 이상이면 급격하게 증가하여 변질된다.

456 소금 절임의 저장 효과
• 고 삼투압으로 원형질 분리
• 수분활성도의 저하
• 소금에서 해리된 Cl^-의 미생물에 대한 살균작용
• 고농도 식염용액 중에서의 산소 용해도 저하에 따른 호기성세균 번식 억제
• 단백질 가수분해 효소작용 억제
• 식품의 탈수

457 통조림의 제조공정
• 원료 → 선별 → 씻기 → 조제(데치기, 씨빼기, 박피, 가미) → 담기 → 조미액 넣기 → 탈기 → 밀봉 → 살균 → 냉각 → 검사 → 제품
• 주요 4대 공정 : 탈기 → 밀봉 → 살균 → 냉각

458 밀봉기(seamer)의 주요 부분
• 리프터(lifter), 척(chuck), 제1 및 제2 시밍롤(seaming roll)이다.

459 탈기의 목적
• 산소를 제거하여 통내면의 부식과 내용물과의 변화를 적게 한다.
• 가열살균 시 관 내 공기의 팽창에 의하여 생기는 밀봉부의 파손을 방지한다.
• 유리산소의 양을 적게 하여 호기성 세균 및 곰팡이의 발육을 억제한다.
• 통조림한 내용물의 색깔, 향기 및 맛 등의 변화를 방지한다.
• 비타민 기타 영양소가 변질되고 파괴되는 것을 방지한다.
• 통조림 양쪽이 들어가게 하여 내용물의 건전여부의 판별을 쉽게 한다.

ANSWER

454 ②   455 ④   456 ①   457 ①
458 ④   459 ③

460 통조림의 최적 살균 조건
- 내용물의 성질과 조성
- 내용물에 잔존하는 세균의 형태와 수
- 내용물에서 예상되는 열 저항성이 큰 미생물
- 열저항성이 큰 미생물의 치사기간
- 열의 동력학 등을 고려하여 결정

461 seaming(권체) 작업
하단부에 lifter가 있어 관을 올려놓고 뚜껑을 덮고 난 뒤 → 상단에서 chuck(턱)이 아래로 눌러 주고 → 측면에서 제1 roll이 관의 flange를 꺾어 감아 주고 → 제2 roll이 나오면서 완전하게 밀봉시켜 주는 것이다.

462 반자동 밀봉기(semitro seamer)의 밀봉 능력은 1분에 25개 정도이다.

463 통조림관의 마크 표시방법
① OYSO : 상단
- OY : 원료의 품종
- SO : 조리방법
② MS9 : 중단
- M : 살재임의 형태, 원료의 크기
- S9 : 공장허가번호
③ 5D28 : 하단
- 제조년월일

465 TFS관(tin free steel can)
① 장점
- 도막의 접착이 좋다.
- 황화변색을 잘 일으키지 않는다.
- 주석을 사용하지 않아 값이 싸다.
- 주석을 사용하지 않아 232℃ 이상 고온 단시간 열처리를 할 수 있다.
② 단점
- 납땜이 잘 안 된다.
- 양철에 비해 광택이 떨어진다.
- 외면에 녹이 스는 것을 방지하기 위해 도장이 필요하다.

---

460 통조림의 최적 살균 조건을 설정할 때에 고려사항에서 먼 것은?

① 함유 미생물의 열 저항성과 치사기간
② 내용물의 성질과 조성
③ 내용물에 잔존하는 세균의 형태와 수
④ 통조림의 크기

461 통조림 밀봉기의 조절순서는?

① seaming chuck → lifter → 제1 roll → 제2 roll
② lifter → 제2 roll → chcuk → 제1 roll
③ seaming chuck → 제1 roll → 제2 roll → lifter
④ lifter → 제1 roll → lifter → 제2 roll

462 Semitro seamer의 operation에 있어서 can과 seaming chuck의 회전수 비율이 맞는 것은?(can : chuck)

① 1 : 10   ② 1 : 15
③ 1 : 20   ④ 1 : 25

463 통조림관 마크 표시방법으로 틀린 것은?

① 상단 : 원료품종, 조리법
② 중단 : 원료크기 공장허가번호
③ 하단 : 대소형태
④ 하단 : 제조년월일

464 통조림 뚜껑의 찍힌 마크에서 제조년월일은 몇 호 활자로 이루어졌는가?

① 4호   ② 5호
③ 6호   ④ 7호

465 무도석 강판관(TFS)의 장점이 아닌 것은?

① 황화변색을 잘 일으키지 않는다.
② 주석을 사용하지 않아 값이 싸다.
③ 도막의 접착이 좋다.
④ 양철에 비하여 금속광택이 좋다.

💡 **ANSWER**

460 ④ 461 ① 462 ④ 463 ③
464 ① 465 ④

466 관의 내압 시험을 hand can tester로 할 때 307경 이하의 원형 관이 견디어야 하는 최저압력은?

① 0.5kg/cm²
② 1.0kg/cm²
③ 2.1kg/cm²
④ 3.5kg/cm²

467 Lap 부에 cover hook의 수하부 길이가 hook 길이 몇 % 이상일 때 불량 밀봉으로 보는가?

① 30%
② 50%
③ 60%
④ 70%

468 Retort의 bleeder를 설명한 것으로 맞는 것은?

① 살균종료 후 증기 배출장치
② retort 내의 공기 제거장치
③ 돌출 변형관을 방지하기 위한 장치
④ 증기와 더불어 혼입되는 공기를 제거하는 장치

469 통조림 살균법으로 가장 많이 쓰이는 방법은?

① 증기 살균법
② 전기 살균법
③ 방사선 살균법
④ 가압증기 가열살균법

470 Retort의 vent를 맞게 설명한 것은?

① 살균 종료 후 증기 배출장치이다.
② 증기 도입 시 retort 내의 공기 배출장치이다.
③ retort 내 응축한 수분 제거장치이다.
④ retort 내의 증기순환장치이다.

471 retort 내의 가열살균 압력이 커서 관의 탄성 한계를 넘을 때 생기는 변형관은?

① flipper관
② buckled관
③ swell관
④ panneled관

---

467 외관 조사로써 lap 부의 수하가 큰 것은 cover hook을 벗겨서 수하부 길이를 측정한다. 그 결과 hook 길이의 50% 이상이 되면 밀봉력이 감소하므로 불량 밀봉으로 볼 수 있다.

468 retort 내의 공기 제거장치는 vent이고, 증기와 더불어 혼입되어 들어오는 공기를 제거하는 장치는 bleeder이다.

469 살균법의 종류
• 수증기 살균법(외부로부터 열을 가함), 전기 살균법(전기로 열을 발생시켜 살균), 방사선 살균법(이온방사선에 살균) 등
• 그러나 현재까지는 경제적, 효율적으로 가열증기 살균법이 가장 많이 사용되고 있다.

470 살균 시 retort 내에 공기가 남아 있으면 온도 분포가 불균일하게 되어 살균 부족상태의 통조림이 되는 경우가 있으므로 도입 시에는 vent를 열어 retort 내의 공기를 완전히 배출시켜야 한다.

471 통조림 식품의 변패
• flipper : 관의 상하양면이 두둑한 상태로 누르면 소리가 난다(탈기 부족).
• buckled : 돌출 변형관으로 retort 내 압력이 통조림관 외압보다 낮아 권체 부위가 돌출
• swell : 관의 양면이 상하로 볼록하게 부풀어 있는 상태
• panneled : 위축 변형관으로 retort 내 압력이 통조림관 압력보다 크면 위축 변형

ANSWER

466 ③ 467 ② 468 ④ 469 ④
470 ② 471 ④

472 통조림의 기계적 탈기법
- 진공밀봉기로 감압된 장치 속에서 탈기와 빌봉을 동시에 실시하는 방법
- 장점 : 가열처리가 곤란한 통조림에 사용, 소요 면적이 적고, 증기 절약, 위생적 취급이 용이 한 점 등
- 단점 : 탈기가 불충분하여 밀봉 후 관 내 진공도가 저하됨

473 밀봉 외부검사
- Vee : 뚜껑의 curl부가 말려들어 가지 않고, 밀봉부 하부에 처져 V자형 돌기로 나타난 것
- Lip : body hook이 밀봉부 밑으로 빠져 나온 것
- Weaved seam : 밀봉부 측면 또는 하연이 균일하게 밀봉되지 않고 파형으로 되어 있으며 밑봉부 하연이 관동에 잘 밀착되어 있지 않은 것
- Cover hook : 밀봉부의 내부를 검사하는 것이다.

474 양단부분을 lap으로 하여 이중 밀봉하면 양철판이 7겹으로 줄어들어 밀봉하기 쉽다.

475 제1 seaming roll은 뚜껑의 curl 부를 관동의 flonge 밑으로 말아 부어 겹쳐 굽히는작용을 하며, 제2 seaming roll은 이것은 더욱 압착하여 밀봉을 완성시키는작용을 한다.

476 밀봉 외부검사
- lip : body hook이 밀봉부 밑으로 빠져 나온 것
- drooping(수하) : lip 부가 밀봉부 밑으로 쳐지는 것
- Vee : 뚜껑의 curl 부가 말려들어 가지 않고, 밀봉부 하부에 처져 V자형 돌기로 나타난 것

477 립(lip) 상태는 body hook이나 cover hook이 권체 내로 서로 말려들어 가지 않고 빠져나와 있는 상태이다.

---

472 통조림의 기계적 강제탈기가 가열탈기보다 유리한 이유가 아닌 것은?

① 공기가 완전히 제거된다.
② 가열처리가 어려운 원료처리에 유리하다.
③ 소규모 시설로서 대량생산이 가능하다.
④ 식품의 원형 유지가 가능하다.

473 이중 권체의 권체 외부 검사가 아닌 것은?

① Vee
② lip
③ cover hook
④ weaved seam

474 이중 밀봉할 때 lap 부위는 양철판이 몇 겹으로 겹치는가?

① 5겹　　　　　　　② 6겹
③ 7겹　　　　　　　④ 8겹

475 통조림을 밀봉할 때 뚜껑을 이중으로 겹쳐지게 하는 단계는?

① chuck와 제1 roll
② lifter와 제1 roll
③ chuck와 제2 roll
④ 제2 rollr과 lifter

476 통조림에서 body hook의 일부가 밀봉부 밑으로 빠져 나와 있는 것을 무엇이라 하는가?

① drooping　　　　　② lip
③ cut－over　　　　　④ Vee

477 이중 밀봉에 립(lip)이 생기는 원인이 아닌 것은?

① 척(chuck)이 마모되었다.
② 제2 롤이 너무 강하게 압착되었다.
③ 제1 롤이 마모되었다.
④ 리프터(lifter)의 압상력이 너무 강하다.

ANSWER

472 ①　473 ③　474 ③　475 ①
476 ②　477 ①

478 통조림 제조 시 밀봉부가 이중 밀봉이 되지 않았으나 외관상 밀봉된 것처럼 보이는 것은?

① 수하(drooping)
② 의사밀봉(false seam)
③ 혀출(lip)
④ 족출(Vee)

479 동요살균의 설명으로 틀린 것은?

① 살균 작업이 용이하다.
② 살균시간이 단축된다.
③ 통조림 중심부 열의 침투 속도가 빠르다.
④ 통조림 내부에 열이 균일하게 전달된다.

480 TRT(Thermal Reduction Time)의 설명으로 가장 옳은 것은?

① 일정온도에서 생균수를 1/10로 감소시키는 데 요하는 가열시간
② 일정온도에서 일정농도의 생균을 사멸시키는 데 요하는 가열시간
③ 일정온도에서 생균을 전부 사멸시키는 데 요하는 가열시간
④ 일정온도에서 생균을 10^{-n}까지 감소시키는 데 요하는 가열시간

481 Come-up time을 설명한 것은?

① retort 내의 공기 제거에 소요되는 시간
② retort의 증기를 배출시켜 압력계가 0이 될 때까지의 시간
③ retort의 살균 온도에서 증기 배출 시까지의 시간
④ retort 내 온도가 살균 온도에 도달되는 소요시간

482 Flat sour를 일으키는 균은 어느 것인가?

① 호열세균   ② 호냉세균
③ 사상균   ④ 효모균

478 밀봉 외부검사
· drooping(수하): lip부가 밀봉부 밑으로 쳐지는 것
· false seam(의사밀봉) : 밀봉부가 이중 밀봉이 되지 않았지만 외관상 밀봉된 것처럼 보이는 것
· lip(혀출) : body hook이 밀봉부 밑으로 빠져 나온 것
· Vee(족출) : 뚜껑의 curl 부가 말려들어가지 않고, 밀봉부 하부에 쳐져 V자형 돌기로 나타난 것

479 동요살균법의 살균 효과
· 열 전달이 빠르고, 고온을 이용한다.
· 실지 살균 작업이 어려운 단점이 있다.

480 TRT(thermal reduction time)이란
· 일정온도에서 생균을 10^{-n}까지 감소시키는 데 필요로 하는 가열시간을 말한다.

481 come-up time
· 통조림을 retort 내에서 가열, 살균할 때 증기를 도입하고부터 살균 온도에 달할 때까지 시간을 말한다.

482 Flat sour
· 통의 외관은 팽창 등의 아무런 이상이 없으나 개관하여 보면 식물이 신맛을 내는 것을 말한다.
· 외관은 정상(flat)이나 내용은 산성 반응이라는 점에서 flat sour라고 한다.
· 내열성 유포자 세균인 *Bacillus stearothermophilus*, *Bacillus coagullans*에 의한다.

ANSWER
478 ②   479 ①   480 ④   481 ④
482 ①

483 플래트 사우어(flat sour)란
• 가스의 생산이 없어도 산을 생성하는 현상을 말한다.
• 호열성균은 이와 같은 변패를 일으키는 특성이 있다.
• 통조림의 살균 부족 또는 권체 불량 등으로 누설 부분이 있을 때 발생한다.

484 통조림 식품의 변패
• flipper : 관의 뚜껑과 밑바닥은 거의 편평하나 한쪽 면이 약간 부풀어 있어 누르면 소리를 내며 원상태로 되돌아가는 정도의 변패관이다.
• Flat sour : 내용물에서 가스가 생기지 않고 산도만 증가하는 것을 말하며 변패되는 경우라도 통조림의 외관은 정상
• springer : flipper 보다 심하게 팽창되어 있어 손끝으로 누르면 반대쪽 면이 소리를 내며 튀어나오는 상태의 팽창관이다.
• Swell : 관의 양면이 모두 단단하게 팽창한 것으로 나온 부분을 강하게 눌러서 약간 들어가게 느껴지는 soft swell과 눌러도 들어가지 않은 hard swell이 있다.
• Hydrogen swell : 부패균의작용에 의하지 않고 식물이 통벽의 함석판과작용하여 침식되어 수소가스가 발생하여 팽창한 것이다.

485 484번 해설 참조

486 냉점의 위치
• 액상의 대류가열식품은 용기 아래쪽 수직 축상에 그 냉점이 있다.
• 잼 같은 반고형 식품은 전도 · 가열되어 수직 축상 용기의 중심점 근처에 냉점이 있다.
• 육류, 생선, 잼은 전도 · 가열되고 액상은 대류와 전도가열에 의한다.

487
• D값 : 균수를 1/10로 줄이는 데 걸리는 시간으로 0.26분
• 1/10¹⁰ 수준으로 감소(10배)시키는 데 걸리는 시간
0.26×10=2.6분

ANSWER
483 ① 484 ④ 485 ① 486 ③
487 ②

---

483 Flat sour의 설명 중 가장 적합한 것은?

① 주로 고온균(*Thermophilus*)에 의하여 일어나며 외관상 변화는 거의 없다.
② *Lactobacillus*에 의하여 일어나며 산과 다량의 가스(gas)를 발생한다.
③ 살균이 충분할 때 주로 발생한다.
④ 당분을 영양으로 하여 다량의 산을 생성하는 미생물이 번식된다.

484 통조림 외관은 정상이나 내용물이 변패되어 있는 불량관은?

① swell
② springer
③ flipper
④ flat sour

485 이상 통조림으로서 초기에 발생되는 팽창관이며 팽창된 부분을 누르면 원상태로 쉽게 돌아가는 것을 무엇이라고 하는가?

① flipper swell
② hydrogen swell
③ hard swell
④ springer swell

486 통조림을 가열살균할 때 관 내에서 가장 열전달이 늦은 부분(냉점)이 통의 중심부에 있는 것은?

① 소고기soup 통조림
② 복숭아 통조림
③ 사과잼 통조림
④ 오렌지주스 통조림

487 어떤 통조림 식품에 *Cl. botulinum*($D_{121.1}$ = 0.26분)의 포자가 오염되어 있다. 이 통조림식품을 121.1℃에서 가열하여 미생물수를 초기수준의 $1/10^{10}$ 수준으로 감소시키는 데 걸리는 시간은?

① 2.98분
② 2.60분
③ 2.20분
④ 1.96분

488 *Clostridium botulinum* 포자현탁액을 121.1℃에서 열처리하여 초기농도의 99.999%를 사멸시키는데 1.4분이 걸렸다. 이 포자의 D121.1은 얼마인가?

① 0.24분   ② 0.28분
③ 1.00분   ④ 2.24분

489 저산성 식품의 통조림은 일반적으로 어떤 방법으로 살균하는가?

① 저온 살균   ② 상압 살균
③ 고압 살균   ④ 간헐 살균

490 가열살균이 종료된 통조림을 냉각하는 방법은?

① 잠시 두었다가 냉각한다.
② 급속히 냉각한다.
③ 천천히 냉각한다.
④ 공기 중에 방치 냉각한다.

491 불량 통조림 중 미생물에 기인되지 않은 것은 어느 것인가?

① hydrogen swell
② flat sour
③ springer
④ flipper

492 통조림을 냉각시키는 목적이 아닌 것은?

① struvite의 생성 및 성장 방지
② 호열성 세균의 발육 정지
③ 과열에 의한 조직 연화 방지
④ paneling 방지

493 통조림의 가열살균 시 가장 쉽게 변하는 영양소는?

① 지방   ② 비타민
③ 무기물   ④ 아미노산

---

488 D값
• 균을 90% 사멸시키는 데 걸리는 시간, 균수를 1/10로 줄이는 데 걸리는 시간
• 포자 초기농도(N_0)를 1이라하면 99.999%를 사멸시켰으므로 열처리 후의 생균의 농도(N)는 0.00001 N_0이다 (100−99.999=0.001%).

$$D_{121.1} = \frac{t}{\log(N_0/N)}$$
$$= \frac{1.4}{\log(N_0/0.00001N_0)}$$
$$= \frac{1.4}{5} = 0.28분$$

(t : 가열 시간, N_0 : 처음 균수,
N : t시간 후 균수)

489
• 식품의 pH가 4.5 이하인 과실이나 과실주스 통조림과 같은 산성 식품에는 식품의 변패나 식중독을 일으키는 세균이 자라지 못하므로 곰팡이나 효모류만 살균하면 살균 목적을 달성할 수 있는 데, 이런 미생물은 끓는 물에서 살균되므로 비교적 낮은 온도에서 살균한다.
• 식품의 pH가 4.5 이상인 곡류나 육류 등의 통조림은 내열성 유해포자 형성 세균이 잘 자라기 때문에 이를 살균하기 위하여 100℃ 이상의 온도에서 고온가압 살균(Clostridium botulinum의 포자를 파괴할 수 있는 살균조건)해야 한다.

490 살균 후 통조림을 급랭시키는 이유
• 가열살균한 통조림은 가능한 한 급속히 냉각시켜야 한다.
• 과열에 의한 조직 연화 방지, 변색 방지, struvite 성장 억제, 호열균(50～55℃)의 번식을 막기 위해서이다.
• 냉각은 38℃ 정도로 자체 열로 통 표면의 수분이 건조될 때까지 한다.

491 484번 해설 참조

492 490번 해설 참조

493 통조림 가열살균은 저장성이 높지만 식품의 색, 조직, 향미, 영양가의 변화가 쉽다. 그 중 손실이 큰 영양소는 수용성 비타민(B, C)이다. 비타민 D는 내열성이다.

▌ ANSWER ▐ ··············

488 ②   489 ③   490 ②   491 ①
492 ④   493 ②

494 통조림 검사의 순서
외관 검사 → 타검 검사 → 진공 검사 →
가온 검사 → 관능 검사

495 통조림 제품의 검사
• 외관검사, 타검, 가온검사 및 개관검사
  등이 있다.

496 통조림에서 탁음이 나는 원인
• 탈기부족, 관 내에서 가스발생, 살균부
  족, 기온이나 기압의 변화, 밀봉 불완
  전 등이다.
※ 내용 총량이 부족할 때에는 맑은 청음
  이 난다.

**497 익스팬션 링(expansion ring)
을 만드는 이유**
• 통조림을 밀봉한 후 가열살균할 때 내부
  팽압으로 뚜껑과 밑바닥이 밖으로 팽출
  하고 냉각하면 다시 복원하는데 내부
  압력에 견디고 복원을 용이하게 하여
  밀봉부에 비틀림이 생기지 않도록 하기
  위해서이다.

498 통조림 검사 시 사용하는 기구
• 진공계 : 통조림 관내의 진공도 측정에
  사용
• seaming micrometer과 seaming
  scale : 통조림의 밀봉부(T) 치수 측정
  에 사용
※ 당도계 : 시럽 조제 시 당도조절과 제
  품의 당분 검사에 사용

499 진공도 검사
• 통조림용 진공계(vacuum tester)를
  사용하여 실온에서 실시한다.
• 원형관 및 각관에 대해서는 뚜껑의 역
  류(expansion ring)의 돌기부에, 타
  원관에 대해서는 관의 장경부에 진공계
  끝을 밀착, 삽입시켜서 측정한다.

**500 살균 공정의 적정여부 판단은 가
온 검사로 내용물이 무균인지 아닌지를 검
사하는 방법이다.**

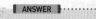
ANSWER
494 ③ 495 ② 496 ④ 497 ④
498 ② 499 ③ 500 ④

494 통조림 검사의 순서가 옳은 것은?

① 타검 검사 → 외관 검사 → 개관 검사 → 진공 검사
② 외관 검사 → 진공 검사 → 타검 검사 → 개관 검사
③ 외관 검사 → 타검 검사 → 진공 검사 → 개관 검사
④ 타검 검사 → 진공 검사 → 외관 검사 → 개관 검사

495 일반 통조림 제품의 검사가 아닌 것은?

① 외관 검사   ② 살균 검사
③ 타검 검사   ④ 개관 검사

496 통조림 검사 중 타검 결과 탁음의 원인이 아닌 것은?

① 살균 부족   ② 관 내에서의 가스 발생
③ 탈기 부족   ④ 내용 총량의 부족

497 통조림의 뚜껑에 있는 익스팬션 링(expansion ring)을 만드는
가장 큰 이유는?

① 충격을 흡수할 수 있게 하기 위해서이다.
② 상하의 구별을 쉽게 하기 위해서이다.
③ 밀봉 시 관통과의 결합을 쉽게 하기 위해서이다.
④ 내부 압력의 완충작용을 하기 위해서이다.

498 통조림 검사 시 사용되지 않는 기구는?

① 진공계   ② 굴절 당도계
③ 시밍 게이지   ④ 시밍 마이크로미터

499 통조림의 진공도를 재는 진공계(vacuum tester)를 꽂는 곳은?

① can body
② flange
③ expansion ring
④ knotch

500 살균 공정의 적정 여부를 판단하는 방법은?

① 타관 검사   ② 진공도 검사
③ 외관 검사   ④ 가온 검사

501 통조림 관 내면의 부식을 억제하는 요인은?

① 황화합물
② 수분
③ 유기산
④ 당류

502 제1 seaming roll과 제2 seaming roll의 모양 설명으로 맞는 것은?

① 제1 seaming roll의 홈은 폭이 좁고 깊다.
② 제1 seaming roll의 홈은 폭이 넓고 얕다.
③ 제2 seaming roll의 홈은 폭이 좁고 얕다.
④ 제2 seaming roll의 홈은 폭이 넓고 깊다.

503 120℃에서 D값이 240초인 세균 포자의 Z값이 10℃라면 130℃에서의 이 세균 포자의 D값은?

① 18초
② 24초
③ 32초
④ 40초

504 통조림 살균 시 Z값에 관하여 가장 잘 설명한 것은?

① 이 값이 클수록 온도 상승에 따른 살균 효과가 커진다.
② 사멸율의 10배 변화에 상당하는 가열 온도의 변화량이다.
③ 일정한 농도의 미생물의 250℉ 때의 치사점이다.
④ 치사시간을 대수로 나타낸 값이다.

505 D값(decimal reduction time)에 대한 설명을 바르게 한 것은?

① 일정온도 하에서 미생물을 100% 사멸시키는 데 요하는 가열시간이다.
② 일정온도 하에서 미생물을 90% 사멸시키는 데 요하는 가열시간이다.
③ 일정온도 하에서 미생물을 50% 사멸시키는 데 요하는 가열시간이다.
④ 일정온도 하에서 미생물을 10% 사멸시키는 데 요하는 가열시간이다.

506 Can body의 두께는 0.229mm, 덮개의 두께는 0.243mm, G는 0.15mm, 공차 ±0.05mm일 때, seaming의 두께(T)값은?

① 1.10~1.18mm
② 1.20~1.28mm
③ 1.29~1.39mm
④ 1.38~1.45mm

---

501 통조림 관 내면의 부식을 촉진시키는 요인은 산소, 유기산, 황, 황화합물 등이다. 한편 당류를 25% 가당하면 pH에 관계없이 관의 부식을 현저히 억제한다.

502
· 제1 seaming roll의 홈은 폭이 좁고 깊다.
· 제2 seaming roll의 홈은 폭이 넓고 얕다.

503 Z-value
· 가열치사 시간이나 사멸률(lecthal rate) 1/10 또는 10배의 변화에 상당하는 가열 온도의 변화량이다.
· 이 값이 클수록 온도 상승에 따른 살균 효과가 적어진다.
· 미생물의 내열성은 Z-value, 즉 250℉(121℃)에서 미생물을 사멸시키는 데 소요되는 시간(분)과 Z-value 즉 가열치사곡선이 1log cycle을 지나는데 필요한 온도수(℉의 경우)의 두 가지로 나타낸다.

504 503번 해설 참조

505 D값(decimal reduction time, DRT 90% 사멸시간)
· 일정온도 하에서 균 농도가 1/10까지 감소하는 데 필요한 가열시간을 D값이라고 한다.
· 미생물의 D값이 크면 내열성이 큼을 의미하며, 따라서 D값은 미생물의 내열성의 지표로 사용할 수 있다.

506 seaming의 두께(T)값
· T = 3tc + 2tb + G(tb : 관동양철 두께, tc : 관뚜껑의 양철 두께, G : 밀봉 내부의 양철과 양철 사이의 간격치수의 합)
· T = (3×0.243) + (2×0.229) + 0.15 ± 0.05 = 1.29~1.39

507 cover hook의 주름도
- 밀봉의 경도를 나타내는 것이다.
- roll의 압착력이 강하면 눌려 없어지고 약하면 많아지게 된다.
- 대형관일수록 주름이 적어지고 관경에 따라 주름의 허용한계가 다르다.

508 cut over의 원인
- chuck와 roll의 관계위치 부적당
- 제2 roll의 압착력이 과도할 때
- lift의 조절이 강할 때
- chuck의 마모 및 파손
- lap부의 땜납 과량

509 관용도료
- 에폭시수지계 도료 : 알코올 음료관에 사용
- 페놀수지계 도료 : 어류, 육류에 사용
- 비닐수지계 도료 : 맥주 및 음료의 표면 코팅에 사용
- 유성수지계(R-enamel) 도료 : 내산성이 강하여 과일류 통조림 관에 사용

510
- C-에나멜관 : 내산성 도료로 강산성 식품 통조림에 좋다.
- 페놀계 도료관 : 내유황성 관으로 어류, 육류 통조림에 좋다.
- epoxy 도료관 : 알코올 음료관으로 사용한다.

511 복숭아, 배, 밀감 등의 담색과실의 통조림은 전면 도장관보다 백관이나 부분 도장관을 사용하는 경우가 많은데 이것은 가열처리로 일어나는 암색화를 방지하고 내용물의 맛을 보호하기 위해서이다.

512 100 : 80=X : 250
X=25,000/80=313g 을 담으면 고형량 250g을 얻을 수 있다.

513
- 알칼리성 식품 : 새우, 게와 같은 수산식품, 특히 알칼리 가공한 그린피스, 오래 묵은 달걀 등
- 저산성 식품 : pH가 5.0~6.8의 범위에 있는 육류, 어류, 유제품 및 채소 등의 식품
- 산성 식품 : pH 4.5~3.7 범위에 있는 복숭아, 서양배, 오렌지, 살구, 토마토 등의 과실, 식초를 가한 감자 샐러드 등의 식품

ANSWER

507 ④ 508 ③ 509 ④ 510 ④
511 ③ 512 ② 513 ③

---

507 다음 cover hook의 주름도에 대한 설명으로 틀린 것은?

① 주름의 정도는 roll의 압착력에 따라 다르다.
② 관경에 따라 주름의 허용한계가 다르다.
③ 주름도는 0에서 10까지의 등급으로 나눈다.
④ 일반적으로 대형 관일수록 보통 주름이 많아진다.

508 Cut over가 생기는 원인으로 틀린 것은?

① chuck와 roll의 접촉 불량
② seaming roll과 lifter의 조절이 강할 때
③ flange의 기능 불량
④ seaming roll의 조절 불량

509 내산성이 강하여 과실 통조림 용기에 많이 사용되는 관용 도료는?

① 에폭시수지계 도료   ② 페놀수지계 도료
③ 비닐수지계 도료   ④ 유성수지계 도료

510 딸기잼과 같은 강산성 식품은 어떤 종류의 공관을 사용하는 것이 좋은가?

① epoxy 수지 도료관   ② 페놀계 도료관
③ 올레온수지 도료관   ④ C-enamel관

511 백관(plain can)을 사용할 수 있는 것은 다음 중 어느 제품인가?

① 고등어 통조림   ② 딸기잼
③ 복숭아 통조림   ④ 굴 보일드 통조림

512 원료에 대한 제품 개관 고형량이 20% 감량된다고 할 때, 개관 고형량을 250g으로 하려면 원료 몇 g을 담아야 하는가?

① 213g   ② 313g
③ 413g   ④ 473g

513 통조림식품의 내용물에 대한 조건으로 적당한 것은?

① 과일·야채류에서는 어느 것이나 중성이 좋다.
② 육류 통조림은 산성이 좋다.
③ 과실류 통조림은 중성일수록 맛이 좋다.
④ 어류 보일드 통조림은 중성 또는 약산성이 좋다.

514 복숭아 통조림에 제조공정 중 원료처리 순서가 옳은 것은?

① 절단 → 제핵 → 박피 → 정형 → 자숙
② 절단 → 박피 → 자숙 → 제핵 → 정형
③ 절단 → 제핵 → 정형 → 박피 → 자숙
④ 절단 → 제핵 → 자숙 → 박피 → 정형

515 양송이 통조림의 제조공정 순서가 올바르게 된 것은?

① 양송이 — 대 절단 — 고르기 — 씻기 — 데치기 — 식히기
② 양송이 — 고르기 — 씻기 — 대 절단 — 식히기 — 데치기
③ 양송이 — 대 절단 — 고르기 — 데치기 — 씻기 — 식히기
④ 양송이 — 대 절단 — 고르기 — 씻기 — 식히기 — 데치기

516 감귤 통조림 제조에서 섬유소와 펙틴을 박피하기 위해 처리하는 약제로 가장 적당한 것은?

① HCl과 NaOH
② H_2SO_4와 $CaCO_3$
③ KCl과 H_2SO_4
④ NaOH와 K_2CO_3

517 감귤류로 과실음료 통조림을 제조했을 때 용액의 혼탁을 유발하는 가장 관계가 깊은 물질은?

① pectin, hesperidin
② 단백질, vitamin C
③ tannin, phenol
④ 고무질, amino acid

518 과실주스나 과실넥타 통조림을 만들 때 사용되지 않는 기계는?

① 압착기(presser)
② 펄퍼(pulper)
③ 피니셔(finisher)
④ 균질기(homogenizer)

519 양송이 통조림 제조 시 양송이를 24시간 이상 방치할 때, 갈변 방지제로 사용하는 것은?

① 0.01% 염화나트륨
② 0.01% 아황산염
③ 0.01% 염화칼슘
④ 0.01% 탄산나트륨

520 방사선 살균에 이용되는 energy는 가열살균에 필요한 energy보다 훨씬 적어 식품의 품온에 거의 영향을 주지 않고 강력한 살균 효과를 나타내기 때문에 냉살균(무열살균)이라 한다.

521 방사선 조사식품
· 방사선에 의한 살균작용은 주로 방사선의 강한 에너지에 의하여 균체의 체내 수분이 이온화되어 생리적인 평형이 깨지며 대사기능 역시 파괴되어 균의 생존이 불가능해진다.
· 대량처리가 가능할 뿐만 아니라 침투성이 강하기 때문에 포장이나 용기 속에 밀봉된 식품을 그대로 조사시킬 수 있는 특징이 있다.
· 냉동식품, 생선, 날고기 등 가열을 하지 않은 식품의 살균에 이용된다.
· 발아 억제, 살충, 살균, 숙도조정 등의 목적으로 방사선(γ선 · β선 · X선 등)을 조사한 식품이다.
· 방사선 조사식품은 방사선이 식품을 통과하여 빠져나가므로 식품 속에 잔류하지 않는다.

522 방사선 조사에 의해 식품의 색, 맛, 향기, 조직 등이 변하여 영양소의 손실이 발생되지만, 열작용이 없기 때문에 비타민의 파괴는 가장 적다.

523 식품의 살균력이 강한 방사선
· 식품성분을 이온화시키는 힘은 X-선이 가장 강하고 β, α-선의 순이다.
· 투과력은 $\gamma > \beta > \alpha$의 순이며, 투과 살균력이 가장 강한 것은 γ선으로 식품의 심부까지 조사 가능하다.

524 살균에 필요한 방사선량을 계산하는 방법
· 지표균(*Cl. botulinum*)의 수를 10^{-1}(즉 1/10)로 감소시키는 데 필요한 방사선량, 즉 Dm 값은 먼저 실험에 의해 결정하고, 식품의 살균 수준을 얻는 데 필요한 Dm값을 곱해서 계산한다.
· 예를 들어, Dm값이 0.37M rads이고, 10^{-12}의 세균 불활성화 수준을 얻으려면, $(-12) \div (-1) = 12$, 0.37Mrads×12 = 4.44Mrads의 방사선 조사량이 필요하게 된다.

525 rad 단위
· 100energy가 1g의 기질에 흡수된 양이다.
· 1rad는 0.97 roentgen이다.
· 전자선(β-선)과 전자파(γ-선)에 쓰이는 단위이다.

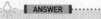

ANSWER
520 ③ 521 ④ 522 ① 523 ③
524 ④ 525 ④

---

520 식품의 살균에 이용되는 방사선 조사의 특성을 설명한 것은?

① 초음파 살균
② 장파장의 광선 살균
③ 무열 살균
④ 비전리작용

521 방사선 조사를 이용한 식품저장에서 방사선 조사를 하는 목적이 아닌 것은?

① 숙도조절
② 발아 억제
③ 살균
④ 품질 향상

522 식품의 방사선 살균 때 일어나는 현상이 아닌 것은?

① 비타민 파괴
② 색, 조직 등 변화
③ 영양가 파괴
④ 냄새물질의 형성

523 식품의 살균력이 가장 강한 방사선은?

① α - 선
② β - 선
③ γ - 선
④ X - 선

524 방사선 살균에서 Dm값이 0.37M rads인 경우 10^{-12}의 살균 효과를 얻고자 할 때, 필요한 방사선의 양은 몇 M rads인가?

① 0.37
② 0.37×10^{-12}
③ 0.45
④ 4.5

525 1rad는 몇 roentgen인가?

① 0.60
② 0.65
③ 0.87
④ 0.97

526 유통기한 설정 시 품질변화의 지표물질이 갖추어야 할 사항이 아닌 것은?

① 관능적 품질평가 지표는 제외한다.
② 측정이 용이하고 재현성이 있어야 한다.
③ 위생적인 특성이 고려되어야 한다.
④ 영양적인 특성이 고려되어야 한다.

527 식품의 유통기한 설정 시 품질저하가 0차 반응 속도일 때와 관련된 설명으로 틀린 것은?

① 품질 저하 속도는 물질농도에 비례하여 변한다.
② 일정시간 경과 후 남아있는 품질지표물질은 그 시간과 직선적인(linear) 역비례 관계에 있다.
③ 신선 과일 및 채소의 효소적 분해 반응이 해당된다.
④ 건조곡물의 비효소적 갈변 반응이 해당된다.

528 유통기한 설정 시 품질변화의 지표물질이 갖추어야 할 사항이 아닌 것은?

① 이화학적인 지표로 객관적이어야 하며 관능적인 지표는 제외한다.
② 측정이 용이하고 재현성이 있어야 한다.
③ 낮은 반응차수(n=0, 1)를 가져야 한다.
④ 영양적인 특성이 고려되어야 한다.

529 유통기한 설정 시 반응 속도의 온도 의존성에 관한 설명으로 틀린 것은?

① 반응 속도는 온도가 증가하면 직선적(liner)으로 증가한다.
② Q_{10}이 2인 식품이 50℃에서 유통기한이 2주일 때 30℃에서는 8주이다.
③ 온도 의존성은 특히 가속저장방법으로부터 유통기한예측에 적용된다.
④ 온도 의존성은 일반적으로 아레니우스(Arrhenius)식으로 표현된다.

526 유통기한 설정을 위한 품질지표
• 식품의 특성에 따라 이화학적, 미생물학적, 관능적지표로써 설정되어야 한다.
• 이들 품질지표는 다음 특성을 갖추어야 한다.
① 측정이 용이하고 재현성이 있을 것
② 관능적 품질평가와 잘 일치할 것
③ 낮은 반응차수(n=0, 1)를 가질 것
④ 위생적인 특성을 고려할 것
⑤ 영양직인 특성을 고려할 것

527 식품의 유통기한 설정 시 물질의 품질 저하 속도가 반응물의 농도에 관계없이 일정한 반응을 나타내는 경우 0차 반응(n=0)을 따르게 되며, 반응물의 농도에 지수적으로 감소하는 반응을 나타내는 경우 1차 반응(n=1)을 따르게 된다.

528 526번 해설 참조

529 반응 속도는 온도가 증가하면 직선적(liner)으로 감소한다.

ANSWER

526 ① 527 ① 528 ① 529 ①

530 유통기한은 식품이 포장되어서 소비되기까지의 기간을 의미하며 이 기간 동안 제품의 품질은 소비에 적당한 수준으로 유지되어야 한다.

530 식품의 날짜표시(date marking)에 대한 설명으로 가장 부적당한 것은?

① 유통기한(Sell by date)은 소비자에게 식품을 판매 가능한 최종일을 말한다.
② 유통기한은 그 날짜 이후의 가정에서 평상적인 보관기간을 고려할 필요가 없다.
③ 일반적으로 소비기한이 지난 식품은 거래할 수 없다고 보아야 한다.
④ 소비기한(Use by date)은 소비자가 기대하는 식품품질을 유지할 수 있는 최종일을 말한다.

531 통조림 제품에 있어서 연도의 표시는 끝 숫자만을, 10월·11월·12월의 월 표시는 각각 O·N·D로, 1일 내지 9일의 표시는 그 숫자의 앞에 ○을 표시할 수 있다.

531 제조일표시를 하고자 하는 축산물과 아이스크림류의 제조일 표시 기준으로 틀린 것은?

① 아이스크림류는 제조 "연월" 만을 표시할 수 있다.
② 통조림 제품의 연도 표시는 끝자리의 두자리 숫자를, 10월·11월·12월의 월표시는 각각 O, D, N으로 할 수 있다.
③ 유통기한을 표시하는 경우에는 제조일을 표시하지 아니 할 수 있다.
④ 포장 후 멸균 및 살균 등과 같이 별도의 제조공정을 거치는 제품은 최종공정을 마친 시점에 제조년월일을 표시할 수 있다.

🍎 식품의 포장

532 식품포장용 재료의 조건
• 소비자에게 호감을 주기위한 투명성 및 표면광택
• 수분 이동의 제어
• 가스 및 증기이동에 대한 제어
• 광범위한 사용 온도 범위
• 독성 성분이 존재하지 않을 것
• 저렴한 가격
• 완충작용에 의한 기계적 보호
• 환경친화적인 요소 등이다.

532 식품 포장용 재료의 조건으로 적합하지 않은 것은?

① 가스 및 증기이동에 대한 제어
② 독성 성분이 존재하지 않을 것
③ 제한된 사용온도 범위
④ 환경친화적 재료

533 품질을 유지하기 위한 성질로 내수성, 내유성을 가지고 있어야 한다.

533 식품 포장재료에 요구되는 기본 성질에 대한 설명으로 틀린 것은?

① 품질을 유지하기 위한 성질로 친수성, 친유성, 광택성이 있다.
② 식품을 보호하는 성질로 가스투과도, 투습도, 광차단성, 자외선방지, 보향성이 있다.
③ 상품가치를 높이는 성질로 투명성, 인쇄적성, 밀착성이 있다.
④ 포장 효과 및 생산성을 높이는 성질로 밀봉성, 기계적성, 내한성, 내열성, 위조 방지가 있다.

ANSWER

530 ② 531 ② 532 ③ 533 ①

534 식품포장 재료의 용출시험 항목이 아닌 것은?

① 포름알데히드(formaldehyde)
② 페놀(phenol)
③ 잔류농약
④ 중금속

535 PVDC(polyvinylidene chloride) 필름이 부패하기 쉬운 어육류 식품 포장에 좋은 이유가 되지 않는 것은?

① 내열성, 풍미 보호성이 우수
② 태양 광선에 저항성이 좋아 고기의 변색 방지에 좋다.
③ 내 약품성과 내유성의 식품 포장에 좋다.
④ 높은 gas 투과성

536 기체 비투과성, 방습성 등이 좋으며, 열수축성이 커서 햄, 소시지 등의 단위 포장에 주로 사용되는 포장 재료는?

① PE(polyethylene)
② PVC(polyvinyl chloride)
③ PVDC(polyvinylidene chloride)
④ OPP(oriented polypropylene)

537 폴리에틸렌의 특성이 아닌 것은?

① 방습성이 좋다.
② gas 투과성이 크다.
③ 사용 시 저장기간이 길다.
④ 내유성이 좋다.

538 비닐 resin 막의 특성이 아닌 것은?

① 열에 강하다.
② 인쇄가 잘 된다.
③ gas투과성이 없다.
④ 밀봉이 잘 된다.

539 방습 cellophane film의 특성으로 적당하지 않은 것은?

① 내유성 우수   ② 방습성 우수
③ 인쇄적성이 양호   ④ 광선 차단성 우수

---

534 식품 기구 및 용기 포장의 용출시험 항목[식품공전]
① 합성수지제 : 중금속, 과망간산칼륨소비량, 증발잔류물, 페놀, 포름알데히드, 안티몬, 아크릴로니트릴, 멜라민 등
② 셀로판 : 비소, 중금속, 증발잔류물
③ 고무제 : 페놀, 포름알데히드, 아연, 중금속, 증발잔류물
④ 종이제 또는 가공지제 : 비소, 중금속, 증발잔류물, 포름알데히드, 형광증백제

535 PVDC의 특성
• 내열성, 풍미, 보호성이 우수
• 투명을 요하는 식품의 포장
• 내약품, 내유성이 우수
• 광선 차단성이 좋아 햄, 소시지 등 육제품의 포장에 사용
• gas의 투과성과 흡습성이 낮아 진공포장 재료로 사용

536 535번 해설 참조

537 폴리에틸렌(polyethylene)의 특성
• 탄성이 크다.
• 반투명이며 가볍고 강하다.
• 인쇄 적성이 불량하다.
• 방습성이 좋다.
• gas 투과성이 크다.
• 저온과 유기약품에 안정하다.
• 내유성이 불량하다.
• 열접착성이 우수하다.

538 비닐 resin 막의 특성
• 냄새, 맛, 독성이 없다.
• gas 투과성이 약해 밀봉이 잘 된다.
• 열에 약하나 off set 인쇄가 잘 된다.

539 방습 cellophane
• 보통 셀로판의 결점을 보완하여 방습성, 내유성은 좋으나 광선 차단이 안 된다.
• 햄, 소시지 포장에 쓰인다.

 ANSWER ....

534 ③   535 ④   536 ③   537 ④
538 ①   539 ④

540 PVC 필름이 위생상 나쁘다고 하는 것은 성형 조제로 쓰이는 vinyl chloride monomer의 유출, 가소제 및 안정제가 그 원인으로 모두 발암물질이 된다.

541 냉동식품 포장 재료
· 내한성, 방습성, 내수성이 있어야 한다.
· gas 투과성이 낮아야 한다.
· 가열 수축성이 있어야 한다.
· 종류 : 저압 폴리에틸렌, 염화 비닐리렌 등이 단일 재료로써 사용한다.

542 541번 해설 참조

543 콜라겐(collagen) 케이싱
· 젤라틴과 젤리를 원료로 한 천연 동물성 단백질인 콜라겐을 대량생산 방식으로 분자상의 용액에 가용성화한 것이다.
· 콜라겐은 천연 케이싱과 같이 식용가능하다.

544 식품 포장재료의 성질에 의한 분류
① 습기나 수분의 차단성을 필요로 할 때
AI-foil, vinyliden chloride, polypropylene, polyethylene, polyester, 방습 cellophane
② O_2 등 가스의 차단성을 필요로 할 때
AI-foil, vinyliden chloride, 방습 cellophane, polyester, polyamide
③ 내유성을 필요로 할 때
AI-foil, vinyliden chloride, cellophane, polyester, polyamide
④ 향기, 취기의 차단성을 필요로 할 때
AI-foil, vinyliden chloride, polypropylene, polyester, polycarbonate, 방습 cellophane
⑤ 광선의 차단성을 필요로 할 때
AI-foil, 종이
⑥ 열접착성을 좋게 할 때
polyethylene

545 kraft paper
· 침엽수의 아황산 pulp로부터 만들며
· 기계적 강도가 크고, 질기며, 광선을 차단한다.

---

540 PVC(polyvinyl chloride) 필름이 식품 포장에 위생상 적합하지 않은 이유는?

① 중합 촉매 때문
② 가소제나 안정제 때문
③ 열과 반응 압력 때문
④ vinyl chloride의 원료 때문

541 냉동식품 포장재로 지녀야 할 성질이 아닌 것은?

① 유연성이 있을 것
② 방습성이 있을 것
③ 가열 수축성이 있을 것
④ 가스 투과성이 높을 것

542 냉동 포장재로 가장 적합한 것은?

① 염화비닐리덴   ② 염산고무
③ 염화비닐   ④ 폴리에스테르

543 식육제품을 주로 포장하는 식용이 가능한 식품 포장재(casing)는?

① 셀룰로오스(cellulose) 케이싱
② 셀로판(cellophane) 케이싱
③ 콜라겐(collagen) 케이싱
④ 크레할론(kreharon) 케이싱

544 지방이 많은 식품의 포장재로 가장 적합하지 않은 것은?

① 염화비닐리덴(vinyliden chloride)
② 폴리에스테르(polyester)
③ 종이(paper)
④ 폴리아미드(polyamide)

545 우유의 포장용 tetra pack 중에서 광선을 차단하는 재료는?

① poly ester
② kraft paper
③ ionomer resin coating
④ polyethylene

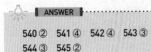

■ ANSWER ■
540 ② 541 ④ 542 ④ 543 ③
544 ③ 545 ②

546 Polyethylene film으로 과실류를 포장할 때의 설명으로 맞지 않는 것은?

① 위생적인 이점이 있다.
② 과실류의 호흡이 억제되어 저장 효과가 크다.
③ 위생적이고 미생물 오염은 적으나 자가 소화가 일어나 좋지 않다.
④ 미생물의 오염을 막아 저장 효과를 얻는다.

547 식품 포장용 착색 필름이 소시지 같은 육제품의 광선(300~600μm) 투과를 차단시켜 변색을 방지하는 데 효과가 큰 색상은?

① 황색　　　　　　② 적색
③ 백색　　　　　　④ 청색

548 플라스틱 포장재료 중 방습성이 크고 열 접착성이 좋은 것은?

① polyester film　　② polyethylene
③ plain cellophane　④ nylon 6

549 플라스틱 포장재료의 물성 특징에 대한 설명으로 틀린 것은?

① 폴리에틸렌필름(PE)은 기체투과도가 낮아 산화 방지 용도로 사용된다.
② 폴리에스테르필름(PET)은 내열성이 강하여 레토르트용으로 사용된다.
③ 폴리프로필렌필름(PP)은 인쇄적성이 좋기 때문에 표면층 필름으로 사용된다.
④ 폴리스티렌필름(PS)은 내수성, 내산성, 내알카리성이 우수하여 유산균음료 포장에 사용된다.

550 다음 중에서 내산성이 가장 약한 포장재료는 어느 것인가?

① vinyl resin film　　② Al-foil
③ polyester film　　　④ polyethylene film

551 동결 건조한 당근을 포장할 때 포장재의 조건 중 특히 강조할 성질은?

① 광선투과성　　　② 투명성
③ 방습성　　　　　④ 내한성

---

546 P.E film 포장
· 가볍고 투명해서 좋으나 가스 투과성과 습기 투과성이 있다.
· 청과물과 같은 호흡작용이 심한 식품의 포장에 적합하다.

547 흡수 스펙트럼으로 보아 효과가 기대되는 색조는 적색계통이며, 황색계통은 별로 효과가 없다.

548 폴리에틸렌(polyethylene)의 특성
· 탄성이 크다.
· 반투명이며 가볍고 강하다.
· 인쇄 적성이 불량하다.
· 방습성이 좋다.
· gas 투과성이 크다.
· 저온과 유기약품에 안정하다.
· 내유성이 불량하다.
· 열접착성이 우수하다.

549 폴리에틸렌필름(PE)은 수분차단성이 좋으며 내화학성 및 가격이 저렴한 장점이 있는 방면 기체 투과성이 큰 특징이 있다.

550 Al-foil
· 방습 · 방수성이 좋고, 열에 강하며, gas 투과성도 없으나, 산 알칼리에는 약하다.
· 초절임 식품이나 산이 많은 식품 등에는 이용할 수 없다.

551 동결 건조식품을 포장할 때 가장 중요한 것은 외부의 습기 차단이다.

ANSWER
546 ②　547 ②　548 ②　549 ①
550 ②　551 ③

552 Polyester의 특징
· 내열성(150℃)이 강하여 가열식품이나 냉동식품의 포장에 적합
· 장점 : 질기고, 광택이 있으며, 무색 투명하며, 사용 온도의 범위가 넓어 −60℃에서도 경화되지 않고, 150℃로 가열해도 연화하지 않는다.
· 단점 : 열 접착이 안되고, impuls 접착만 될 수 있다.

553 라미네이션(적층, lamination)
· 보통 한 종류의 필름으로는 두께가 얼마가 됐든 기계적 성질이나 차단성, 인쇄적성, 접착성 등 모든 면에서 완벽한 필름이 없기 때문에 필요한 특성을 위해 서로 다른 필름을 적층하는 것을 말한다.
· 인장강도, 인쇄적성, 열접착성, 빛 차단성, 수분차단성, 산소차단성 등이 향상 된다.

554 녹차의 비타민C의 산화 방지를 위해서는 질소가스를 치환 포장한다.

555 환경기체조절포장(MAP : Modified Atmosphere Packaging)
· 폴리에틸렌 필름이나 피막제를 이용하여 원예 생산물을 외부 공기와 차단하고 생산물의 호흡에 의한 산소 농도의 저하와 이산화탄소 농도의 증가로 품질 변화를 억제하는 기술이다.
· 이때 사용하는 필름이나 피막제는 가스 확산을 저해하므로 MA 처리는 극도로 압축된 CA 저장이라 할 수 있다.
· 생물에 있어서 활성기체로 O_2나 CO_2가 적절히 이용되고 있으며, 또 O_2가 존재하면 분자같은 지방식품은 산패가 일어나므로 N_2 가스 등으로 치환시켜 보존한다.

556 고주파의 가열원리
· 식품에 사용되는 주파수(전자레인지는 915 혹은 2450MHz)는 식품표면으로부터 약 3.81㎝(1.5 인치) 가량 뚫고 들어가서 물, 지방, 당분자들을 활성화시키는데 이것은 물, 지방 혹은 당분자 속의 쌍극자와 상호작용하는 하전의 진동 때문이다. 에너지파를 받은 분자들은 진동하여 분자간에 충돌과 마찰이 생기는데 이 때 생긴 열이 표면은 물론 식품 내부로 전달된다.
· 식품에 사용되는 주파수는 금속을 통과하지 않고 표면에만 국한된다.

ANSWER ·············
552 ④   553 ④   554 ②   555 ①
556 ④

---

552 내열성이 가장 강한 포장재료는?

① polyvinylidene chloride
② polyethylene
③ vinyl resin
④ polyester

553 라미네이션 필름(lamination film)을 사용하는 목적으로 맞지 않은 것은?

① 인쇄적성의 향상
② 밀봉성의 증대
③ 수분 차단성의 향상
④ 원가의 절감

554 가스치환을 이용한 식품 포장에서 이용되는 식품, 봉입가스, 목적 등의 연결이 잘못된 것은?

① 도시락 – CO_2 – 세균의 생육 억제
② 녹차 – CO_2 – 비타민C 산화 방지
③ 감자칩 – N_2 – 유지 산화 방지
④ 식용유 – N_2 – 유지 산화 방지

555 환경기체조절포장(MAP, modified atmosphere packaging)과 관계가 먼 것은?

① H_2 ② N_2
③ O_2 ④ CO_2

556 식품가공에 사용되는 고주파에 대한 설명으로 맞지 않는 것은?

① 전자레인지는 고주파의 가열원리를 이용한 것이다.
② 고주파는 파장의 길이에 따라 단파, 초단파, 극초단파로 구분된다.
③ 주파수가 높은 전파일수록 파장은 짧다.
④ 식품에 사용되는 주파수는 물을 포함한 식품성분과 금속을 통과한다.

식품 공학

557 식품가공에서의 단위조작기술이 아닌 것은?

① 건조
② 농축
③ 가열살균
④ 품질관리(QC)

558 안지름 2.5㎝의 파이프 안으로 21℃의 우유가 0.10㎥/min의 유속으로 흐를 때 이 흐름의 상태를 어떻게 판정하는가?(단, 우유의 점도 및 밀도는 각각 2.1 × 10⁻³Pa · S 및 1029kg/㎥이다)

① 층류   ② 중간류
③ 난류   ④ 경계류

559 상업적 살균법을 가장 잘 설명한 것은?

① 고온살균을 말한다.
② 저온 살균을 말한다.
③ 식품공업에서 제품의 유통기간을 감안하여 문제가 발생하지 않을 수준으로 처리하는 부분 살균을 말한다.
④ 간헐 살균을 말한다.

560 주스를 1000kg/h로 10℃에서 80℃까지 열교환 장치를 사용하여 가열하고자 한다. 주스의 비열이 3.90kJ/kg · k일때 필요한 열에너지는?

① 300000kg/h
② 273000kg/h
③ 233000kg/h
④ 180000kg/h

561 농축 과즙을 제조할 때 진공농축에 가장 알맞은 온도는?

① 70～80℃
② 50～60℃
③ 30～40℃
④ 10～20℃

---

557 식품가공에 이용되는 단위조작
• 액체의 수송, 저장, 혼합, 가열살균, 냉각, 농축, 건조에서 이용되는 기본공정으로서, 유체의 흐름, 열전달, 물질이동 등의 물리적 현상을 다루는 것이다.
• 그러나 전분에 산이나 효소를 이용하여 당화시켜 포도당이 생성되는 것과 같은 화학적인 변화를 주목적으로 하는 조작을 반응조작 또는 단위공정이라 한다.

558 레이놀드수(Re)=Dvp/u(지름×속도×압력/점도)
• 관의 단면적 = (π/4)×D² = 3.14/4 × (0.025m)² = 4.9 × 10⁻⁴m²
• 관 내 우유의 유속(유속/관의 단면적) = 0.10/60s × 1/ 4.9×10⁻⁴m² = 3.4m/s
• Re = 0.025m × 3.4m/s × 1029kg/m³ / 2.1 × 10⁻³Pa · S = 41650
• Re〈2100 : 층류, 2100〈Re〈4000 : 중간류, Re〉4000: 난류
• 즉, 레이놀드수(Re)가 4000보다 크므로 난류이다.

559 상업적 살균법
• 가열에 의해 식품고유의 성분이 변화되어 품질을 저하시키기 때문에 식품품질이 가장 적게 손상되면서 미생물학적으로 안전성이 보장 되는 수준까지 살균하는 방법이다.
• 보통 100℃ 이하 70℃ 이상 조건에서 살균하며 주로 산성의 과일 통조림에 이용된다.

560 1000 × (80 − 10) × 3.90 = 273000kg/h

561 농축 과즙을 제조할 때 진공농축은 감압(진공도 74cm 전후)과 낮은 온도(50～60℃)에서 과일주스를 얇은 막 또는 거품상태로 하여 농축한다. 감압함으로써 증발능력이 높아지고 공기에 노출되지 않은 채 저온으로 처리되므로 품질이 저하되는 것을 최소한으로 막을 수 있다.

 ANSWER

557 ④   558 ③   559 ③   560 ②
561 ②

562

562 D값 : 균을 90% 사멸시키는 데 걸리는 시간, 균수를 1/10로 줄이는 데 걸리는 시간

포자 초기농도(N_0)를 1이라하면 99.999%를 사멸시켰으므로 열처리 후의 생균의 농도(N)는 0.00001 N_0이다(100−99.999 = 0.001%, 0.001/100 = 0.00001).

$$D_{121.1} = \frac{t}{\log(N_0/N)}$$
$$= \frac{1.2}{\log(N_0/0.00001N_0)}$$
$$= \frac{1.2}{5} = 0.24분$$

(t : 가열 시간, N_0 : 처음 균수, N : t시간 후 균수)

563 살균 온도의 변화 시 가열치사시간의 계산

$$F_0 = F_T \times 10^{\frac{T-121}{Z}}$$

F_0 : T=121℃에서의 살균시간
F_T : 온도 T에서의 살균시간
이 공식에 의해 138℃에서 5초이므로

$$F_{121} = 5 \times 10^{\frac{138-121}{8.5}} = 500초$$

564 치사율 값 계산식 :
$L = 10^{-(121.1-t/z)}$
$L = 10^{-(121.1-127)/10}$
$L = 10^{0.59}$
$L = 3.89$

565 (1400−862) × 0.028
= 15.064 $\ell/m^2 \cdot h$

566 플랑크 방정식 θ = λρ/t−ta × {(Pa/hs) + (Ra²/k)}
(λ: 융해잠열, ρ: 식품밀도, t: 빙점, ta: 송풍공기 온도, hs: 대류열전달계수, a: 지름, k:식품열전도도)
평판일 때 : P=1/2, R=1/8
긴 원통형 : P=1/4, R=1/16
육각형, 구형 : P=1/6, R=1/24
λ=250, ρ=1000, a=0.07, hs=0.05, k=0.0012
θ=250×1000/(−1.25)−(−15) × {(1/6 × 0.07 × 1/0.05) + (1/24 × (0.07)² × 1/0.0012} = 7327
h단위로 환산하면 7327 / 3600 = 2.035 약 2.04 h

---

562 *Clostridium botulinum* 포자현탁액을 121.1℃에서 열처리하여 초기농도의 99.999%를 사멸시키는데 1.2분이 걸렸다. 이 포자의 $D_{121.1}$은 얼마인가?

① 0.28분 　　　　② 0.24분
③ 1.00분 　　　　④ 2.24분

563 z값이 8.5℃인 미생물을 순간적으로 138℃까지 가열시키고 이 온도를 5초 동안 유지한 후에 순간적으로 냉각시키는 공정으로 살균 열처리를 할 때, 이 살균공정의 F_{121}값은?

① 125초 　　　　② 250초
③ 375초 　　　　④ 500초

564 *B. stearothermophilus*(z=10℃)를 121.1℃에서 열처리하여 균농도를 1/10000로 감소시키는데 15분이 소요되었다. 살균온도를 127℃로 높여 15분간 살균한다면 균의 치사율은 몇 배 커지겠는가?

① 3.89배 　　　　② 4.34배
③ 5.45배 　　　　④ 6.25배

565 1%w/v NaCl 수용액을 역삼투 공정에 투입하여 1400kPa의 압력에서 조업할 때 투과액의 배출속도를 예측하면 얼마인가? (단, 막의 투과계수는 0.028 $\ell/m^2 \cdot h \cdot kPa$이고 1%w/v NaCl의 삼투압은 862kPa이다.)

① 5.34$\ell/m^2 \cdot h$ 　　　　② 6.23$\ell/m^2 \cdot h$
③ 7.53$\ell/m^2 \cdot h$ 　　　　④ 15.06$\ell/m^2 \cdot h$

566 구모양의 식품이 송풍식으로 냉동되고 있다. 식품의 초기온도는 10℃이며 송풍공기의 온도는 −15℃이다. 식품은 지름 7㎝, 밀도 1000kg/m³ · K이며, 빙점은 −1.25℃이고 융해잠열은 250kJ/kg이다(단, 냉동식품의 열전도도는 1.2W/m · K, 대류열전달계수는 50W/m² · K이다.). 이때 냉동시간은 얼마인가?

① 2.04h 　　　　② 3.14h
③ 3.54h 　　　　④ 4.04h

567 동결에 대한 설명 중 틀린 것은?

① 공기냉동법은 완만동결에 속한다.

② 송풍동결법은 −40 ~ −30℃의 냉풍을 강제 순환시키는 급속동결이다.

③ −40 ~ −25℃로 냉각시킨 금속판 사이에 식품을 넣고 압착하면서 동결시키는 것은 금속판 접촉 냉동법이다.

④ 최대 빙결정 생성대를 통과하는 시간이 35분 이상이면 급속동결에 속한다.

568 냉동사이클의 순서가 맞는 것은?

① 팽창 – 증발 – 압축 – 응축

② 팽창 – 압축 – 응축 – 증발

③ 팽창 – 증발 – 응축 – 압축

④ 팽창 – 응축 – 증발 – 압축

569 개체식품에 냉각공기를 강하게 불어 넣어 냉동시키려는 물체를 떠 있는 상태로 냉동시키는 것은?

① 액체질소 냉동

② 유동층 냉동

③ 침지 냉동

④ 간접접촉 냉동

570 20℃의 물 1톤을 24시간 동안 −15℃의 얼음으로 만드는데 필요한 냉동능력은 약 얼마인가?

① 2.36 냉동톤

② 2.10 냉동톤

③ 1.78 냉동톤

④ 1.35 냉동톤

---

567 동결방식
- −1~−5℃ 사이의 온도범위로 동결율이 70~80%에 달하는 최대 빙결정생성대의 통과시간에 따라 분류할 수 있다.
- 일반적으로 급속동결이라 하면 이 최대 빙결정생성대를 30~35분 정도에 통과하는 동결방식 또는 품온강하(0~−15℃로)의 진행이 0.6~4cm/hr되는 동결속도를 갖는 동결방식을 말한다.

568 냉동의 원리에서 냉매는 냉동장치 내에서 압축, 응축, 팽창, 증발의 4가지 과정을 반복하면서 장치 내를 순환하여, 온도가 낮은 증발기에서 열을 빼앗아서 온도가 높은 응축기로 열을 이동시키는 역할을 한다.

569 냉동방법
- 완만동결법 : Dry ice 동결법, 공기동결법, 반송풍동결법 등
- 급속동결법
  - 액체질소동결법 : −196℃에서 증발하는 액체질소를 이용한 동결법
  - 유동층 냉동 : wire conveyer 벨트에 제품을 실어 냉동실로 보내면서 (제품은 벨트 위에 떠서 유동층을 형성하며 지나가게 된다) 벨트 하부로부터 −35~−40℃냉각 공기를 불어주어 냉동시키는 방법
  - 접촉식 동결법 : 제품을 −30~−40℃의 냉매가 흐르는 금속판 사이에 넣어 접촉하도록 하여 동결하는 방법
  - 침지식 동결법 : −25~−50℃ 정도의 brine에 제품을 침지시켜서 동결하는 방법
  - 송풍동결법 : 제품을 −30~−40℃의 냉동실에 넣고 냉풍을 3~5m/sec의 속도로 송풍하여 단시간에 동결하는 방법

570 냉동톤(RT)
- 0℃의 물1톤을 24시간 내에 0℃의 얼음으로 만드는 데 필요한 냉동능력
- 물의 동결잠열은 79.68kcal/kg 이므로 1톤은
  79.68 ×1000 = 79680kca l/24h
  (=3320kcal/h)
- 얼음의 비열은 0.5Kcal/kg.℃
  (20×(1)+(15×0.5)+79.68=107.18
- 동결 시 제거되는 전체 에너지=1톤×1000×107.18=107180kcal
- 냉동톤으로 환산하면 107180/79680 =1.345
  약 1.35냉동톤

ANSWER ················

567 ④ **568** ① **569** ② **570** ④

571 최대 얼음결정생성대

- 일반적으로 −1〜−5℃의 범위이다.
- 짧은 시간(보통 30분까지)에 최대 얼음 결정생성대를 통과하게 하는 냉동법을 급속냉동이라 하고 그 이상의 시간이 걸리는 냉동법을 완만동결이라고 한다.
- 동결 속도는 식품 내에 생기는 얼음결정의 크기와 모양에 영향을 준다.
- 완만동결을 하면 굵은 얼음결정이 세포 사이사이에 소수 생기게 되지만 급속동결을 하면 미세한 얼음결정이 세포내에 다수 생기게 된다.
- 완만동결을 하면 세포벽이 파손되어 해빙 시 얼음이 녹는 물과 세포 내용물이 밖으로 흘러나오게 되어 식품은 원상태로 되돌아가지 못한다.

572 냉동부하

- 물체를 냉동시키기 위해 제거되어야 할 열량
  5000kg×0.063W=315kW,
  W=J/s 이므로 315kJ/s와 같다.
- h단위로 바꾸려면 분자에 3600을 곱한다.
  315kW × 3600 = 1134kJ/h
  (W=J/s, 1J=0.24cal,
  1kJ=240cal, kW=3600kJ/h)

573 전도(conduction)는 고체 또는 정지된 유체 내에 온도차가 있을 경우 분자의 열전운동에 의하여 에너지가 전달되는 과정이다.

574 분무건조(spray drying)

- 건조실 내에 열풍을 불어 넣고 열풍 속으로 농축우유를 분무시키면 우유는 미세 입자가 되어 표면적이 크게 증가하여 수분이 순간적으로 증발한다.
- 열풍 온도는 150〜250℃이지만 유적이 받는 온도는 50℃ 내외에 불과하여 분유는 열에 의한 성분변화가 거의 없다.
- 실제 액체식품의 건조에 분무건조가 가장 많이 이용 되고 있다.

575 열풍건조(대류형 건조)

- 식품을 건조실에 넣고 가열된 공기를 강제적으로 송풍기나 선풍기 같은 기기에 의해 열풍을 불어 넣어 건조시키는 방법이다.
- 열풍건조기에는 킬른(Kiln)식 건조기, 캐비넷 혹은 쟁반식 건조기(cabinet or tray dryer), 터널식 건조기(tunnel dryer), 컨베이어 건조기(conveyor dryer), 빈 건조기(bin dryer), 부유식 건조기(fluidized bed dryer), 회전식 건조기(rotary dryer), 분무건조기(spray dryer), 탑 건조기(tower dryer) 등이 있다.
- ※ 드럼 건조기(drum dryer)는 열판접촉에 의한 건조기 형태이다.

ANSWER

571 ① 572 ④ 573 ① 574 ④
575 ③

---

571 식품을 급속 냉동하면 완만 냉동한 것 보다 냉동식품의 품질(특히 texture)이 우수하다고 밝혀졌다. 그 이유로 가장 적합한 것은?

① 세포 내외에 미세한 얼음 입자가 생성된다.
② 냉동에 소요되는 시간이 길다.
③ 해동이 빨리 이루어진다.
④ 오래 보관할 수 있다.

572 5℃에서 저장중인 양배추 5000kg의 호흡열 방출에 의한 냉동부하는? (단, 5℃에서 양배추의 저장 시 열 방출량은 63W/ton이다.)

① 315kJ/h
② 454kJ/h
③ 778kJ/h
④ 1134kJ/h

573 물질의 이동없이 분자의 운동에 의하여 열이 전달되는 현상은?

① 전도
② 확산
③ 대류
④ 복사

574 다음 건조장치 중 액체식품을 건조하는 데 가장 적합한 것은?

① 터널 건조기(tunnel drier)
② 유동층 건조기(fluidized−bed drier)
③ 기류 건조기(flash drier)
④ 분무 건조기(spray drier)

575 다음 중 대류형 건조기(convection type dryer)에 해당되지 않는 것은?

① 트레이 건조기(tray dryer)
② 터널 건조기(tunnel dryer)
③ 드럼 건조기(drum dryer)
④ 컨베이어 건조기(conveyor dryer)

576 복원성이 좋고 제품의 품질 및 저장성을 향상시키기 위한 건조방법으로 가장 적합한 것은?

① 가압건조
② 동결건조
③ 상압건조
④ 진공감압건조

577 동결방법의 특징에 대한 설명으로 틀린 것은?

① 침지식동결법(immersion freezing) : 급속동결방법으로 brine이 식품 내에 침입하므로 미리 포장한다.
② 접촉동결법(contact freezing) : 동결 속도가 빠르지만 동결장치 면적이 크다.
③ 공기동결법(air freezing) : 동결이 완만히 진행되나 한 번에 대량처리가 가능하다.
④ 액체질소동결법(liquid nitrogen freezing) : 급속동결로 품질향상에 좋으나, 경비가 과다하다.

578 동결진공 건조법의 공정에 속하지 않는 것은?

① 식품의 동결
② 건조실 내의 감압
③ 승화열의 공급
④ 건조실 내에 수증기의 송입

579 25℃의 공기(밀도 1.149kg/m³)를 80℃로 가열하여 10m³/s 의 속도로 건조기 내로 송입하고자 할 때 소요 열량은? (단, 공기의 비열은 25℃에서는 1.0048kJ/kg · K, 80℃에서는 1.0090kJ/kg · K이다.)

① 636kW
② 393kW
③ 318kW
④ 954kW

---

576 동결건조(Freeze-Drying)
• 식품을 동결시킨 다음 높은 진공장치 내에서 액체상태를 거치지 않고 기체상태의 증기로 승화시켜 건조하는 방법이다.
• 일반의 건조방법에서 보다 훨씬 고품질의 제품을 얻을 수 있다.
• 동결된 상태에서 승화에 의하여 수분이 제거되기 때문에 건조된 제품은 가벼운 형태의 다공성 구조를 가지며, 원래 상태를 유지하고 있어 물을 가하면 급속히 복원이 될 뿐 아니라 비교적 낮은 온도에서 건조가 일어나므로 열적 변성이 적고, 향기성분의 손실이 적은 장점이 있다.

577 접촉동결법(contact freezing)
• -40~-30℃로 냉각된 냉매가 흐르는 금속판 사이에 식품을 넣고 밀착시켜 동결하는 방법이다.
• 동결 속도가 빠르고 제품의 모양이 균일하고 동결능력에 비해서 동결장치의 면적이 작다.

578 동결진공 건조법
• 건조하고자 하는 식품의 색, 맛, 방향, 물리적 성질, 원형을 거의 변하지 않게 하며, 복원성이 좋은 건조식품을 만드는 가장 좋은 방법이다.
• 미리 건조식품을 -30~-40℃에서 급속히 동결시켜 진공도 1~0.1mmHg 정도 진공을 유지(감압)하는 건조실에 넣어 얼음의 승화에 의해서 건조한다.

579 열량
= 1.149kg/m³ × 10 × (1.0048
+1.009)/2 × 55
= 1.149 × 10 × 1.0069 × 55
= 636.3kW

ANSWER ··········

576 ② 577 ② 578 ④ 579 ①

왼쪽 설명란

580 습량기준 함수율

• 물질 내에 포함되어 있는 부분을 그 물질의 총무게로 나눈 값

• $m = \dfrac{Wm}{Wt} = 100(\%)$

m : 습량기준 함수율(%w,b)
Wm : 물질 내 수분의 무게(g)
Wt : 물질의 총무게(g)

건량기준 함수율

• 완전히 건조된 물질의 무게에 대한 수분의 백분율

• $M = \dfrac{Wm}{Wd} = 100(\%)$

M : 건량기준 함수율(%w,b)
Wd : 완전히 건조된 물질의 무게(g)

• $M = \dfrac{80}{20} \times 100 = 400(\%)$

581 상대습도(%, RH)

• 공기 중 실제 수증기량(P)와 포화수증기압(Po)의 상대적 비율

$RH = \dfrac{P}{Po} \times 100 = Aw \times 100$

$Aw = \dfrac{RH}{100}$

• 즉 그 상대습도와 평형을 이루고 있는 식품의 수분활성도의 100배 값이다.

$Aw = \dfrac{60}{100} = 0.6$

582 건량기준 함수율(%)

$= \dfrac{\text{수분의 무게}}{\text{건조된 물질의 무게}} \times 100$

건량기준 함수율(%)$= \dfrac{55}{45} \times 100 = 122.2\%$

583 온도계수(Q10)

• 저장 온도가 10℃ 변동 시 여러 가지작용이 어떻게 변하는가를 나타내는 숫자이다.
• 예를 들면 호흡량, 청과물 육질의 연화의 정도, 미생물의작용을 보면 보통 $Q_{10} = 2 \sim 3$이면 온도가 10℃ 상승하고 변질이 $2 \sim 3$배 증가하며, 10℃ 낮아지면 변질이 $1/2 \sim 1/3$로 낮아진다.
• Q_{10}값이 낮을 경우 온도의 변화가 안정성에 적은 영향을 준다는 것을 의미한다.

584 추출잔사에 잔존된 유지량

• 콩 200kg(유지율 20%) 중에 함유하고 있는 유지량 : 40kg
• 미셀라 200kg(유지율 2%) 중에 함유하고 있는 유지량 : 4kg

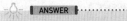

580 ② 581 ② 582 ④ 583 ④
584 ③ 585 ④

오른쪽 문제

580 습량기준으로 수분함량이 80%인 사과의 수분을 건량기준의 수분함량으로 환산하면 얼마인가?

① 567% 　　　② 400%
③ 233% 　　　④ 100%

581 38.35% H_2SO_4 수용액이 담긴 밀폐용기 내의 곶감을 보관하였더니 평형상태에서 중량의 변화가 없었다. 곶감의 수분활성도는? (단, 38.35% H_2SO_4 수용액의 상대습도는 60%)

① 0.62 　　　② 0.60
③ 61.65 　　　④ 60.00

582 고형분 함량이 45%인 농축오렌지 주스의 건량기준 수분함량은 약 얼마인가?

① 55% 　　　② 72%
③ 102% 　　　④ 122%

583 Q_{10}값은 온도의 안정성에 대한 지침으로 사용될 수 있는 데 Q_{10}값이 낮을 때의 의미로 가장 적합한 것은?

① 온도가 낮을수록 저장일수가 짧다.
② 온도가 높을수록 안전성이 크다.
③ 온도의 변화가 안정성에 매우 큰 영향을 준다.
④ 온도의 변화가 안정성에 비교적 적은 영향을 준다.

584 20% 유지성분을 함유하는 콩 200kg을 2%의 유지를 함유하는 용매 미셀라(miscella) 200kg으로 추출한 결과 20%의 유지를 함유하는 미셀라 160kg을 얻었다. 이때 추출잔사에 잔존된 유지량은 몇 kg인가?

① 8.2kg 　　　② 9.6kg
③ 12.0kg 　　　④ 15.2kg

585 다음의 막분리공정 중 치즈훼이(whey)로부터 유당(lactose)을 회수하는데 적합한 공정은 어느 것인가?

① 정밀여과 　　　② 한외여과
③ 전기투석 　　　④ 역삼투

586 저압을 이용하여, 염류와 같은 저분자 물질은 막을 투과시키지만 단백질과 같은 고분자 물질은 투과시키지 못한다. 또한 고분자 물질을 각각 저·중·고분자 물질로 분리시킬 수 있는 특징을 지니고 있는 막 분리법은?

① 정밀여과법　　　　　② 한외여과법
③ 역삼투법　　　　　　④ 전기투석법

587 다음의 막분리공정 중 발효시킨 맥주의 효모를 제거하여 저장성을 부여함으로써 향미가 우수한 맥주의 생산에 이용되는 공정은 어느 것인가?

① 정밀여과　　　　　　② 한외여과
③ 전기투석　　　　　　④ 역삼투

588 원통형 저장탱크에 밀도가 0.917g/㎤인 식용유가 5.5m 높이로 담겨져 있을 때, 탱크 밑바닥이 받는 압력은 얼마나 되는가? (단, 탱크의 배기구가 열려져 있고 외부 압력이 1기압이다.)

① $0.495 \times 10^5 \, Pa$　　② $0.990 \times 10^5 \, Pa$
③ $1.013 \times 10^5 \, Pa$　　④ $1.508 \times 10^5 \, Pa$

589 식품을 분쇄하려면 식품조직을 파괴할 수 있는 힘이 작용하여야 한다. 분쇄에 작용하는 힘이 아닌 것은?

① 충격력　　　　　　　② 압축력
③ 전단력　　　　　　　④ 공동력

590 분쇄시료를 주로 마찰력과 전단력에 의해 분쇄하는 분쇄기는?

① 로울 분쇄기　　　　　② 디스크 밀
③ 햄머 밀　　　　　　　④ 볼 밀

591 분쇄기를 선정할 때 고려할 사항은 아닌 것은?

① 원료의 크기　　　　　② 원료의 특성
③ 원료의 영양성분　　　④ 습·건식의 구별

• 총 유지량의 합 : 40kg+4kg = 44kg
• 추출결과 미셀라 160kg(유지율 20%) 중에 함유하고 있는 유지량 : 32kg
• 잔존된 유지량
　= 총 유지량의 합 – 결과물의 유지량
• 잔존된 유지량 : 44kg – 32kg
　= 12kg

585　역삼투(reverse osmosis)법
• 본래 바닷물에서 순수를 얻기 위해 시작된 방법으로서 반투막을 사이에 두고 고농도의 염류를 함유하고 있는 유청 쪽에 압력을 주어 물 쪽으로 염류를 투과시켜 탈염, 농축시킨다.
• 유청 중의 단백질을 한외여과법으로 분리하고 투과액으로부터 유당을 회수하기 위해 역삼투법으로 농축한 후 농축액에서 전기영동법에 의해 회분을 제거하는 종합공정을 이용한다.

586　한외여과(ultrafiltration)
• 정밀여과와 역삼투의 중간에 위치하는 것으로 고분자 용액으로부터 저분자 물질을 제거한다는 점에서 투석법과 유사하다.
• 한편 물질의 분리에 농도차가 아닌 압력차를 이용한다는 점에서는 역삼투압과 근본적으로 동일하다.
• 역삼투압은 고압을 이용하며 염류 및 고분자 물질 모두를 배제시킬 수 있다. 반면에 한외여과는 저압을 이용하여, 염류와 같은 저분자 물질은 막을 투과시키지만 단백질과 같은 고분자 물질은 투과시키지 못한다.
• 한외여과는 고분자 물질을 각각 저·중·고분자 물질로 분리시킬 수 있는 특징을 지니고 있다.

587 숙성된 맥주는 여과하여 투명한 맥주로 만든다. 여과기에는 면여과기, 규조토여과기, schichten여과기, 정밀여과기(microfilter) 등이 있다. 정밀여과기(microfilter)는 millipore filter라고도 하며 직경 0.8~1.4μ의 미세한 구멍이 있는 cellulose ester나 기타의 중합체로 만든 막으로 써 여과하는 것이며 효모도 완전히 제거된다.

588
P=pgh(압력=밀도×중력가속도×높이)
0.917×5.5×9.8=49.4263
1기압(1atm)=101.3kPa을 더하면 약 150.8kPa이고,
단위를 바꾸면 150800Pa 이므로 1.508×10^5Pa이 된다.

◀ ANSWER ▶

586 ②　587 ①　588 ④　589 ④
590 ②　591 ③

589 분쇄는 각 성분의 분리와 혼합을 쉽게 하여 건조나 용해성을 높이고 기호성 증가를 목적으로 고체물질에 압축, 충격, 마찰, 비틀림(전단)의 힘을 가하여 성분의 변화없이 그 입도의 크기를 작게 하는 것이다.

590 디스크 밀(disc mill)은 분쇄시료를 좁은 간격에 투입되면 디스크가 회전할 때 생기는 마찰력과 전단력에 의해 분쇄된다.

591 분쇄기를 선정할 때 고려할 사항
• 원료의 크기, 원료의 특성, 분쇄 후의 입자 크기, 입도분포, 재료의 양, 습·건식의 구별, 분쇄 온도 등이다.
• 특히 열에 민감한 식품의 경우에는 식품 성분의 열분해, 변색, 향기의 발산 등도 고려해야 한다.

592 혼합기에서 입자들은 대류(convection), 확산(diffusion), 전단(shear stress)작용 등 복합적인 혼합작용에 의해 혼합되는 동시에 입자들의 성질의 차이에 의해 분리되기도 한다. 고체-고체 혼합은 입자나 분체를 다루며 물질의 크기, 비중, 점착성, 유동성, 응집성 등과 같은 물성이 혼합조작에 영향을 준다. 균일한 혼합물을 얻기 위하여 가능한 각 성분 입자들의 밀도, 모양, 크기 등을 비슷하게 조합해야 한다.

593 물리적 성질이 비슷한 고체 입자의 혼합에 알맞다. 그러나 고체 입자의 모양, 크기, 밀도 등에 차이가 있을 경우는 고체 입자 사이에 분리되는 경우가 있어 문제가 된다.

594 고점도의 물체를 혼합할 때는 점도가 낮은 액체처럼 impeller에 의해 유동성이 생성되지 않으므로 물체와 혼합시키는 날개가 직접적으로 접촉해야 한다. 따라서 pan mixer가 가장 우수하며 고정식과 회전식의 두 가지가 있다.

---

592 혼합기에서 고체-고체 입자를 혼합할 때 혼합조작에 영향을 주는 물성과 거리가 먼 것은?

① 물질의 크기
② 비중
③ 흡습성
④ 유동성

593 물리적 성질이 비슷한 고체-고체 입자의 혼합에 알맞은 혼합기는?

① 텀블러 혼합기
② 스크루 혼합기
③ 리본 혼합기
④ Z-blade 혼합기

594 Paste와 같이 점도가 대단히 큰 물질의 혼합용 기계는?

① turbine agitator
② pan mixer
③ propeller agitator
④ paddle agitator

Part 4

식품미생물학

01 미생물 일반

1. 미생물의 분류와 위치

미생물이란 인간의 육안으로는 볼 수 없고, 현미경(microscope)을 사용하여 볼 수 있는 미세한 생물의 일군을 총칭한다. 그러나 어떤 종류는 현미경으로써도 그의 존재를 확인할 수 없고, 전자현미경에 의해서만 볼 수 있는 생물과 육안으로 충분히 관찰할 수 있는 버섯과 미역까지를 포함한 생물군을 미생물이라 한다.

(1) 미생물의 분류와 위치

[Haeckel의 3계설에 의한 분류]

[원시핵 세포와 진핵 세포의 차이점]

보존료명	원핵세포(procaryotic cell)	진핵세포(Eucaryotic cell)
유전적 구조		
염색체수	1	> 1
핵막	없다	있다
분열	무사분열	유사분열
생식	감수분열이 없다	규칙적인 과정에서는 감수분열을 행함
원형질 구조		
ribosome	70s	80s
mitochondria	없다	있다
golgi체, 소포체, 인	없다	있다
size	3μ 이하(작다)	2~100μ 정도(크다)
화학적 조성		
원형질	없다	sterol 존재
세포벽	peptidoglycan 존재	없다
미생물 종류	Bacteria, 방선균, 남조류	진균류(곰팡이, 효모), 조류, 원생동물

(2) 미생물의 분류

[미생물의 분류 단계]

※ 미생물의 분류는 식물분류방법과 같다.

영 어 명	위 계 명	위계의 의미
division	1 부(문)	~mycota
subdivision	2 아부(아문)	~mycotina
class	3 강	~mycetes
subclass	4 아강	~mycetidae
order	5 목	~ales
suborder	6 아목	~ineae
family	7 과	~aceae
subfamily	8 아과	~oideae
tribe	9 족	~eae
subtribe	10 아족	~inae
genus	11 속	부정
species	12 종	부정
subspecies	13 아종	부정
variety	14 변종	부정
individual	15 개체	부정

(3) 미생물의 명명법(nomenclature)

① Linne의 2기명법에 의하여 속, 종을 표기한다.

② ISM의 규칙에 따라 명명하고 인정 승인을 받아야 한다.

③ 반드시 라틴어를 표시하되, 인쇄 시 이탤릭체로 써야 한다.

④ 쓰는 순서는 다음과 같다.

⑤ 다만, 같은 균이 여러 가지일 때는 번호를 붙인다.

2. 미생물의 균체성분

보통 미생물 세포가 가지는 원소의 종류는 C, H, O, P, K, N, S, Ca, Fe, Mg 등을 함유하고 분자상으로는 저분자 물질인 수분으로부터 고분자 물질인 핵산과 단백질에 이르기까지 광범위한 물질이 들어 있어 생명유지를 한다.

(1) 수분

① 식물 세포와 같이 75~85% 정도이다.

② 수분은 곰팡이가 85%, 세균 80%, 효모 75% 정도 함유한다.

(2) 무기질 함량

① 무기질은 세균이 1~14%, 효모 6~11%, 곰팡이 5~13% 정도 함유하고 있다.

② 대표적 무기질은 P이다. K, Mg, Ca, Cl, Fe, Zn, S 등이 상당히 존재하며, Na, Mn, Al, Cu, Ni, B, Si 등 미량 원소도 함유한다. 특히 철세균은 Fe, Mn을 다량 함유한다.

(3) 유기물

① 단백질, 당류, 지방, 핵산 등이 존재한다.

② 탄수화물은 세균 12~18%, 효모 25~60%, 곰팡이 8~40% 정도 함유한다.

③ 단백질은 세포의 구성물질로 대부분의 세포질을 이루며, 질소량은 세균 8~15%, 효모 5~10%, 곰팡이 12~17% 정도 함유한다.

④ 지방은 세균 5%, 효모 10~25% 함유하고 있으며, 40~50%의 지방을 함유한 미생물도 있다.

(4) 미생물 생육에 필요영양분

① energy원 　　　　　　② 탄소원
③ 질소원 　　　　　　　④ vitamin
⑤ 무기질 등

3. 미생물의 증식

(1) 증식도의 측정

① 건조 균체량 : 미생물 균체를 배양액으로부터 여과 또는 원심분리에 의하여 모아서 가열, 감압 등의 방법으로 건조시킨 후 건조균체를 칭량하는 방법이다.

② 원심 침전법(packed volume) : 미생물 배양액을 packed volume 측정용 원심분리기에 넣어 3,000rpm으로 15~20시간 원심분리하여 원심분리된 균체를 생리식염으로 세척하고 다시 원심분리한다. 이러한 조작을 3회 반복하여 침전되는 균체량을 눈금으로 읽는다. 이 방법은 매우 간단하고 빠르나 정확도가 낮으므로 비탁법과 병행하면 정확한 균체량을 측정할 수 있다.

③ 총균 계수법 : Thoma의 혈구계수반(haematometer)을 이용하여 현미경으로 미생물을 직접 계수하는 방법으로 이때 0.1% methylene blue로 염색하면 생균과 사균까지 구별할 수 있다. 염색이 된 것은 사균이고 되지 않은 것은 생균이다. 효모의 경우에 잘 이용되는 방법이다.

④ 비탁법(turbidometry) : 배양된 미생물을 일정한 양의 증류수에 희석해 광전비색계(spectrophotometer)를 이용하여 탁도(turbidity)를 측정한다. 이 원리는 균체가 전혀 없는 증류수와 비교하여 광학적 밀도(optical density O.D)를 측정함으로써 균체량을 정확하게 알 수 있는 방법이다.

⑤ 생균 계수법 : 미생물을 평판배양하여 미생물 계수기(colony counter)로 직접 계수하는 방법이다.

⑥ 균체 질소량 : 균체를 구성하고 있는 질소의 양을 정량하여 균체량으로 환산하는 방법이다. 이 방법은 균체량과 질소량은 비례한다는 전제조건 하에 측정하는 방법이다. 그러나 균체의 증식은 배양 조건에 따라 많은 차이가 있으므로 정확한 방법이 될 수는 없다.

⑦ DNA량 정량법 : DNA량을 정량함으로써 미생물의 증식도를 정확히 측정할 수 있다.

(2) 증식의 세대시간

① 세대기간(generation time) : 1개의 미생물 세포가 2개로 증식하는 데 필요로 하는 시간을 말하며, 이 세대시간은 미생물의 종류, 환경에 따라 차이는 있으나 일반적으로 30분 이하이다.

② 세대시간을 계산하는 공식

$$\text{총균수} = \text{기균수} \times 2^{\text{세대기간}}$$
$$b = a \times 2^n$$

(3) 미생물의 증식곡선(growth curve)

미생물의 증식과 대사는 여러 가지 환경 조건에 의해서 촉진되기도 하고, 저해되는 등의 영향을 받게 된다. 세균과 효모의 증식곡선은 일반적으로 4가지 시기로 나눌 수 있다.

1) 유도기(잠복기, lag phase)

① 미생물이 새로운 환경(배지)에 적응하는 데 필요한 시간이다.

② 이 시기에는 증식은 거의 일어나지 않고, 세포 내에서 핵산(RNA)이나 효소단백의 합성이 왕성하고, 호흡활동도 높으며, 수분 및 영양물질의 흡수가 일어난다.

③ DNA 합성은 일어나지 않는다.

2) 대수기(증식기, logarithimic phase)

① 세포는 급격히 증식을 시작하여 세포 분열이 활발하게 되고, 세대시간도 짧고, 균수는 대수적으로 증가한다.

② 이 시기에는 RNA는 일정하고, DNA가 증가하고, 세포의 생리적 활성이 가장 강하고 예민한 시기이다.

③ 이때의 증식 속도는 환경(영양, 온도, pH, 산소 등)에 따라 결정된다.

3) 정상기(정지기, stationary phase)

① 이 시기의 생균수는 최대 생육량에 도달하고, 배지는 영양물질의 고갈, 대사생성물의 축적, pH의 변화, 산소부족 등으로 새로 증식하는 미생물수와 사멸되는 미생물수가 같아진다.

② 더 이상의 증식은 없고, 일정한 수로 유지된다.

③ 포자를 형성하는 미생물은 이때 형성된다.

4) 사멸기(감수기, death phase)

① 환경의 악화로 증식보다는 사멸이 진행되어 균체가 대수적으로 감소한다.

② 생균수보다 사멸균수가 증가된다.

(4) 미생물의 증식과 환경

1) 화학적인 요인

① 수분

- 미생물의 영양세포는 75~85%의 수분으로 구성되어 있고, 세포 내에서 각 물질의 여러 가지 화학 반응은 물에 녹아 있는 상태에서만 이루어지기 때문에 반드시 필요한 물질이다.

- 자유수(free water) : 열역학적 운동이 자유로운 물, 물리적 방법으로 쉽게 제거되는 물, 건조시키면 쉽게 제거될 수 있는 물, 미생물이 이용할 수 있는 물이다.

- 결합수(bound water) : 식품 중의 단백질 또는 탄수화물과 수소 결합된 수분으로 미생물은 이용할 수 없다.

② 산소

- 곰팡이와 효모는 일반적으로 산소를 생육에 필요로 하지만 세균은 요구하는 것과 오히려 저해받는 것이 있다.

- 산소 요구 정도에 따라서 다음과 같이 나누어진다.

 - 편성호기성균 : 산소가 있는 곳에서만 생육

 - 통성호기성균 : 산소가 있거나 없거나 발육

 - 미호기성균 : 대기압보다 산소분압이 낮은 곳에서 잘 증식

 - 편성혐기성균 : 산소가 없어야 잘 발육

③ CO_2

- 독립 영양균의 탄소원으로 이용된다.

- 대부분 미생물은 생육 저해물질로서 작용하며, 살균 효과가 있다.

④ pH

- pH는 미생물의 생육, 체내의 대사, 화학적 활성도에 영향을 미친다.

- 일반적으로 곰팡이와 효모는 pH 5.0~6.5로 약산성에서 잘 생육하고, 세균과 방사선균은 pH 7.0~7.5 부근에서 잘 생육한다.

⑤ 식염(염류)

- 미생물의 생육을 위해서는 K, Mg, Mn, S, Ca, P 등의 무기염류가 필요하며, 이들 염류는 효소 반응, 세포막의 평행유지, 균체내의 삼투압조절 등의 역할을 한다.

- 비호염균(nonhalophiles) : 소금 농도 2% 이하에서 생육이 양호한 균

- 호염균(halophiles) : 소금 농도 2% 이상에서 생육이 양호한 균

- 미호염균(slight halophiles) : 2~5% 식염 농도에서 생육이 양호한 균
- 중등도호염균(moderate halophiles) : 5~20% 식염 농도에서 생육이 양호한 균
- 고도호염균(extreme halophiles) : 20~30% 식염 농도에서 생육이 양호한 균

⑥ 화학약품

2) 물리학적인 요인

① 온도
- 온도는 미생물의 생육 속도, 세포의 효소 조성, 화학적 조성, 영양 요구 등에 가장 큰 영향을 미치는 물리적 환경요인이다.
- 생육 가능 온도에 따라 3가지 그룹으로 나눈다.

[미생물의 생육 온도(℃)]

생육 온도	저온균	중온균	고온균
최저	-7~0	15	40
최적	12~18	25~37	50~60
최고	25	45~55	75

② 압력
- 미생물은 보통 상압(1기압)에서 생활하며, 다소의 기압 변동에는 별다른 영향을 받지 않는다.
- 자연계에 일반세균은 30℃, 300기압에서 생육에 저해를 받고, 400기압에서는 생육이 거의 정지된다.
- 심해세균은 600기압에서도 생육 가능한 균도 있다(호압세균).

③ 광선
- 광합성 미생물을 제외한 대부분의 미생물은 대부분 어두운 장소에서 잘 생육하며, 태양 광선은 모든 미생물 생육을 저해한다.
- 태양광선 중에서 살균력을 가지는 것은 단파장의 자외선(2,000~3,000Å) 부분이며, 가시광선(4,000~7,000Å), 적외선(7,500Å)은 살균력이 대단히 약하다.
- 자외선 중에서 가장 살균력이 강한 파장은 2,573Å 부근이다. 이것은 핵산(DNA)의 흡수대 2,600~2,650Å에 속하기 때문이다.

1. 곰팡이(Mold, Mould)류

곰팡이는 사상으로 분기되어 있는 균사(hyphae)가 모인 균사체(mycelium)로 되어 있고, 광합성능이 없으며, 균사나 포자를 만들어 증식하는 다세포 미생물을 총칭한다.

(1) 곰팡이의 형태

곰팡이는 균사, 균사체, 자실체, 포자로 구성되어 있다.

1) 균사(Hyphae)

여러 개의 분기된 사상의 다핵의 세포질로 되어 있는 구조이고, 곰팡이의 영양 섭취와 발육을 담당하는 기관이다.

① 균사에서 격벽(격막 septum, 복수 septa)이 있다.

② 균사는 기질(substrate)의 특성에 따라 기중균사(submerged hyphae), 영양균사(vegetative hyphae), 기균사(aerial hyphae)로 분류한다.

2) 균총(Colony)

균사체와 자실체를 합쳐서 균총이라 한다. 균사체(mycelium)는 균사의 집합체이고, 자실체(fruiting body)는 포자를 형성하는 기관이다.

① 균총은 종류에 따라 독특한 색깔을 가진다.

② 곰팡이의 색은 자실체 속에 들어 있는 각자의 색깔에 의하여 결정된다.

3) 포자(Spore)

곰팡이의 번식과 생식을 담당하는 기관이다.

① 고등식물의 씨앗(seed)에 해당한다.

② 곰팡이의 종류가 다르면 포자의 종류도 다르다.

(2) 곰팡이의 증식

곰팡이의 증식은 보통 포자를 만들어 포자에 의해 이루어진다. 곰팡이 포자에는 무성생식에 의해 만들어지는 포자와 유성생식에 의해 만들어지는 포자가 있다. 곰팡이의 증식은 주로 무성생식에 의해 이루어지나 어떤 특정한 환경, 특정한 경우에 유성생식으로 증식하기도 한다.

① 무성생식(asexual reproduction) : 무성포자(asexual spore)로 발아하여 균사를 형성한다. 무성포자에는 포자낭포자(sporangiospore), 분생포자(conidiospore), 후막포자

(chlamydospore), 분열포자(oidium)가 있다.

② 유성생식(sexual reproduction) : 2개의 다른 성세포가 접합하여 2개의 세포핵이 융합하는 것으로 그 결과 형성된 포자는 유성포자(sexual spore)다. 유성포자에는 접합포자(zygospore), 자낭포자(ascospore), 담자포자(basidiospore), 난포자(oospore)가 있다.

1) 무성포자(Asexual spore)

① 포자낭포자(sporangiospore)

- 대표적인 무성포자로 포자낭 안에서 생기는 포자
- 포자낭 속에 무성포자를 형성하므로 내생포자(endospore)라고도 한다.
- 내생포자를 형성하는 곰팡이들을 조상균류(phycomycetes)라 한다.
- 대표적인 조상균류 : *Mucor*(털곰팡이), *Rhizopus*(거미줄곰팡이), *Absidia*(활털곰팡이) 등

② 분생포자(conidiospore)

- 균사의 끝에 생기는 포자
- 균사에서 뻗은 분생자병 위에 여러 개의 경자를 만들어 그 위에 분생포자를 외생한다. 외생포자(exospore)라고도 한다.
- 외생포자를 형성하는 곰팡이는 자낭균류(Ascomycetes)와 불완전균류의 일부가 있다.
- 대표적인 자낭균류 : *Aspergillus*(누룩곰팡이), *Penicillium*(푸른곰팡이), *Monascus*(홍국곰팡이), *Neurospore*(빨간곰팡이) 등

③ 후막포자(chlamydospore)

- 균사의 끝 혹은 중간이 두텁게 되어 내구성의 포자가 형성된다.
- 특징적으로 격막을 갖는다.
- 후막포자를 형성하는 곰팡이는 불완전균류 중의 *Scopulariopsis*속이 있다.

④ 분절포자(arthrospore)

- 균사 자체에 격막이 생겨 균사 마디가 끊어져 내구성 포자가 형성된다. 분열자(oidium)라고도 한다.
- 분열포자는 불완전균류 *Geotrichum*과 *Moniliella* 속에서 볼 수 있다.

2) 유성포자(Sexual spore)

① 접합포자(zygospore)

- 2개의 다른 균사가 접합하여 양쪽의 균사와의 사이에 격막이 형성되고, 융합되어 두꺼운 접합자(zygote)를 만든다.
- 접합자 속에 접합포자를 형성한다.
- *Mucor*, *Rhizopus*속 등이 있는 접합균류(Zygomycetes)에서 볼 수 있다.

② 자낭포자(ascospore)

- 다른 두 균사가 접합하여 자낭(ascus)을 만들고, 자낭 속에 자낭포자를 7~8개 내생하게 된다.

- 자낭균류에서 볼 수 있다.
- 자낭포자를 둘러싸고 있는 측사(側絲, paraphysis)의 끝에 자낭과(ascocarp)가 형성되는데 자낭과는 형태에 따라 다음 3가지가 있다.

자낭과 ──┬── 폐자기(cleistothecium) : 완전 구상
　　　　　├── 피자기(perithecium) : 입구가 조금 열린 상태
　　　　　└── 나자기(apothecium) : 완전히 열린 상태

③ 담자포자(basidiospore)
- 자웅이주 또는 자웅동주의 2개의 균사가 접합하여 담자기(basidium)를 형성하고 끝에 있는 4개의 경자에 담자포자를 1개씩 형성한다.
- 담자균류(Basidiomycetes)에서 볼 수 있다.
- 주로 버섯에 많다.

④ 난포자(oospore)
- 다른 두 균사가 접합하여 조란기를 형성하여 조정기 중의 웅성 배우자와 조란기 중의 자성 배우자가 융합하여 난포자를 형성한다.
- 난균류(Oomycetes)에서 볼 수 있다.

(3) 조상균류

1) 조상균류(Phycomycetes)의 특징
① 균사에 격막이 없다.
② 무성생식 시에는 내생포자, 즉 포자낭 포자를 만들고 유성생식 시에는 접합포자를 만든다.
③ 균사의 끝에 중축이 생기고 여기에 포자낭이 형성되며 그 속에 포자낭 포자를 내생한다.

2) 주요한 조상균류의 곰팡이
① *Mucor*속(털곰팡이)

*Mucor*속의 특징은 가근과 포복지가 없고, 포자낭병의 형태에 따라 3가지로 대별한다.
- monomucor : 가지 모양으로 분기한 것
- racemomucor : 포도상으로 분기한 것
- cymomucor : 가축상으로 분기한 것

ⓐ *Mucor rouxii* : 전분당화력이 강하고 알코올 발효력도 있다. 포자낭은 $20 \sim 30\mu$, 포자낭병은 1mm 이하이며, 일명 amylomyces α라고 한다. 생육 적온은 $30 \sim 40℃$, cymomucor에 속한다.

ⓑ *Mucor mucedo* : 야채, 과일, 마분 등에 잘 생육하며 대표적인 털곰팡이로서 포장낭병의 길이가 3cm 이상이고, 직경은 $100 \sim 200\mu$, 생육 적온은 $20 \sim 25℃$, monomucor에 속한다.

ⓒ *Mucor hiemalis* : pectinase 분비력이 강하고, 포자낭병의 길이는 $1 \sim 2$cm, 직경은

$50\sim80\mu$이며, 중축은 난형, 균총은 황회색으로 후막포자를 형성한다. Monomucor에 속한다.

    ⓐ *Mucor racemosus* : 과일, 채소 등에 많이 생육하며, 균총은 회백색, 회황색이고, 생육 적온은 $20\sim25℃$, racemomucor에 속한다.

    ⓜ *Mucor pusillus* : 고초(枯草)에 많다. 치즈 응유 효소의 생산균주로 유망, recemomucor 에 속한다.

② *Rhizopus*속(거미줄 곰팡이속)

*Rhizopus*속의 특징은 가근과 포복지가 있고, 포자낭병은 가근에서 나오며, 중축바닥 밑에 자낭을 형성한다.

    ㉠ *Rhizopus nigricans*(빵곰팡이)

- 대표적인 거미줄곰팡이이다.
- 빵, 곡류, 과일 등에 잘 발생한다.
- 포자낭병의 길이 5cm, 구형, 직경 200μ이다.
- 균총은 회흑색, 접합포자를 만든다.
- 대량의 fumaric산을 생산하기도 한다.

    ㉡ *Rhizopus javanicus*

- 전분당화력이 강하여 amylo법의 당화균으로 이용되어 amylo균이라고도 한다.
- 균총은 백색, amylo균, 포자낭은 둥글고 표면에 가시, 자낭이 발달되어 있다.
- 생육 적온은 $36\sim40℃$이다.

    ㉢ *Rhizopus delemar*

- 전분당화력이 강하여 포도당 제조와 당화 효소(glucoamylase) 제조에 사용되며, amylo 균이다.
- 균총은 회갈색이다.
- 포자낭은 군생이다.
- 생육 적온은 $25\sim30℃$이다.

    ㉣ *Rhizopus japonicus*

- 전분당화력이 강하며 raffinose를 발효한다.
- 일명 amylomyces β라고 한다.
- amylo균이다.
- 생육 적온은 $30℃$이다.

    ㉤ *Rhizopus tonkinensis*

- 포도당을 발효시켜 lactic acid, fumaric acid를 만든다.
- 일명 amylomyces γ(amylo균)라고 한다.
- 생육 적온은 $36\sim38℃$이다.

Rhizopus속과 Mucor속의 차이점

① Rhizopus는 포자낭병과 중축의 경계가 뚜렷하지 못하다.
② Rhizopus는 포복균사를 가지고 있어 번식이 빠르다.
③ Rhizopus는 포자낭병에서 하나의 포자낭을 만든다.
④ Rhizopus는 가근을 가지며 포자낭병은 반드시 가근 위에 착생한다.

③ Absidia속(활털곰팡이 속)

　　㉠ 포복지의 중간에서 포자낭병이 생긴다.

　　㉡ 균총의 색깔은 백색 ~ 회색이다.

　　㉢ 흙 속에 많으며 동물의 병원균으로서 부패된 통조림에서도 분리되므로 유해균이다.

(4) 자낭균류

1) 자낭균류(Ascomycetes)의 특징

　① 균사에 격막이 있다.

　② 무성생식 시에는 외생포자, 즉 분생포자를 만든다.

　③ 유성생식 시에는 자낭포자를 만든다.

　④ 분생포자병의 끝에 정낭을 만들고, 여기에 경자가 매달려 그 끝에 분생포자를 외생한다.

　⑤ 대표적인 자낭균류 : *Aspergillus*, *Penicillium*, *Monascus*, *Neurospora*

2) 주요한 자낭균류의 곰팡이

　① *Aspergillus*(누룩곰팡이)

　　㉠ *Aspergillus*의 특징

　　　• 된장, 간장, 술 등의 양조공업에 대부분 이 속이 이용된다.

　　　• 누룩(국)을 만드는 데 사용되므로 누룩곰팡이, 국곰팡이 또는 국균이라고 한다.

　　　• 균총의 색은 백색, 황색, 흑색 등으로 색깔에 의하여 백국균, 황국균, 흑구균 등으로 나누기도 한다.

　　　• 특히 강력한 당화 효소와 단백질 분해 효소 등을 분비한다.

　　　• 병족세포(柄足細胞, foot cell)를 만들어 여기에서 분생포자(conidiospore)를 만든다. 특히 정낭의 형태에 따라 균종을 구별할 수 있다.

　　㉡ *Aspergillus glaucus*

　　　Asp. *repens*, *Asp*. *ruber*, *Asp*. *chevaleri* 등은 고농도의 설탕이나 소금에서도 잘 증식되어 식품을 변패시킨다.

　　㉢ *Aspergillus oryzae*

　　　• 전분 당화력과 단백질 분해력이 강해 간장, 된장, 청주, 탁주, 약주 제조에 이용된다.

　　　• 분비 효소는 amylase, maltase, invertase, cellulase, inulinase, pectinase, papain, trypsin, lipase이다.

- 황국균이라고 한다.
- 생육 온도는 25~37℃이다.

     ② *Aspergillus sojae*
- 단백질 분해력 강하며 간장 제조에 사용된다.
- *Asp. oryzae*와 형태학적으로 비슷하나 포자의 표면에 작은 돌기가 있어 구별된다.

     ⑩ *Aspergillus niger*
- 전분 당화력(β-amylase)이 강하고, pectin 분해 효소(pectinase)를 많이 분비하며, glucose로부터 gluconic acid, oxalic acid, citric acid 등을 다량으로 생산하므로 유기산 발효공업에 이용된다.
- 균총은 흑갈색으로 흑국균이라고 한다.
- 경자는 2단으로 복경이다.

     ⑪ *Aspergillus awamori*
- 전분 당화력이 강하여 일본 Okinawa에서 소주제조용 국균으로 사용된다.
- 균총은 진한 회색으로 흑국균이다.

     ⑫ *Aspergillus flavus*
- 발암물질인 aflatoxin을 생성하는 유해균이다.

② *Penicillium*(푸른곰팡이)

     ㉠ *Penicillium*의 특징
- 항생물질인 penicillin의 생산과 cheese 숙성에 관여하는 유용균이 많으나 빵, 떡, 과일 등을 변패시키는 종류도 많다.
- *Aspergillus*와 달리 병족세포와 정낭을 만들지 않고, 균사가 직립하여 분생자병을 발달시켜 분생포자를 만든다.
- 포자의 색은 청색 또는 청녹색이므로 푸른곰팡이라고 한다.

     ㉡ *Penicillium chrysogenum*
- 미국의 melon으로부터 분리된 균으로 penicillin 생산에 이용된다.
- 균총은 선록색~회갈색이다.

     ㉢ *Pen. notatum*
- Flemming에 의해 처음으로 penicillin을 발견하게 한 균이다.
- 현재는 penicillin 공업에 이용하지 않는다.

     ㉣ *Pen. roqueforti*
- 푸른 치즈인 Roqueforti cheese의 숙성과 향미에 관여한다.
- 치즈의 casein을 분해하여 독특한 풍미를 부여한다.

     ㉤ *Pen. camemberti*
- Camemberti cheese의 숙성과 향미에 관여한다.
- 균총은 양털 모양, 청록색, 회록색이다.

     ⓑ *Pen. citrinum*

- 황변미의 원인균으로 신장장애를 일으키는 유독색소인 citrinin($C_{13}H_{14}O_5$)을 생성하는 유해균이다.

     ⓢ *Pen. expansum*

- 사과 및 배의 연부병을 일으킨다.

③ *Monascus*(홍국곰팡이)

     ㉠ *Monascus purpureus*

- 균사가 선홍색이다.
- 중국의 남부, 말레이시아반도 등지에서 홍주의 원료인 홍국을 만드는 데 이용한다.

④ *Neurospora*

     ㉠ *Neurospora sitophila*

- 비타민 A의 원료로 이용된다.
- 무성포자를 생성하며 홍색의 분생자를 갖고 있다.

2. 효모(酵母, Yeast)류

진핵세포 구조를 갖는 고등미생물 중에서 단세포의 미생물을 효모라고 한다. 효모는 약한 산성에서 잘 증식하며, 생육 최적 온도는 중온균(25~30℃)이다.

식품 중 탁주, 약주, 소주, 청주, 맥주, 포도주 등 주류와 식빵 제조에 효모가 이용된다.

(1) 효모의 분류와 형태

1) 효모의 분류

효모는 포자를 형성할 수 있는 유포자 효모와 포자 형성 능력이 없는 무포자 효모로 크게 분류한다.

2) 효모의 기본 형태

효모는 종류에 따라 형태가 다르다.

① 난형(Cerevisiae type) : *Saccharomyces cerevisiae*(맥주효모)

② 타원형(Ellipsoideus type) : *Saccharomyces ellipsoideus*(포도주효모)

③ 구형(Torula type) : *Torulopsis versatilis*(간장후숙에 관여)

④ 레몬형(Apiculatus type) : *Saccharomyces apiculatus*

⑤ 소시지형(Pastorianus type) : *Saccharomyces pastorianus*

⑥ 위균사형(Pseudomycellium) : *Candida*속 효모

(2) 효모의 세포구조

1) 세포벽(cell wall)

① glucan, mannan 등의 탄수화물, 단백질, 지방 등으로 구성되어 있다.

② 두께 : $0.1 \sim 0.4\mu$

2) 세포질막(cytoplasmic membrane)

① 반투막(삼투압)으로 되어 있다.

② 물질의 이동과 투과를 담당한다.

3) 세포질(cytoplasm) : 단백질을 함유한다.

4) 세포핵(nucleus)

① 가장 중요한 기관으로 생명의 근원이다.

② 핵산(nucleic acid), 단백질 등으로 구성되어 있다.

5) 미토콘드리아(mitochondria)

① 호흡 효소를 함유하고 있다.

② 세포의 호흡을 담당한다.

6) 저장립(granule) : 세포의 영양소 저장기관(사람의 간)이다.

7) 액포(vacule) : 세포의 노폐물 저장소이다.

8) 탄생흔(birthscar) : 모세포로부터 생긴 흔이다.

9) 출아흔(budscar) : 출아할 때 생긴 낭세포가 부착되었던 곳이다.

(3) 효모의 증식

효모 증식은 일반적으로 무성생식과 일부의 유성생식이 있다.

1) 무성생식

① 출아법(budding)

• 효모의 증식은 대부분 출아법에 의하여 일어난다.

• 효모의 세포가 성숙하면 세포벽의 일부로부터 돌기가 생겨 아세포(bud cell)가 되고, 이것

이 성숙하여 1개의 효모 세포가 되어 모세포로 분리된다.

- 출아 위치에 따라 양극출아와 다극출아 형태가 있다.

② 분열법

- 세균와 같이 이분열법에 의해 증식한다.
- 세포의 중간에 격막이 생겨 동시에 2개의 새로운 세포를 증식하는 방법으로 분열효모(fission yeast)라고 한다.
- 가장 대표적인 분열효모는 Schizosaccharomyces이다.

③ 출아분열법(budding – fission)

- 출아와 분열을 동시에 행하는 효모이다.
- 일단 출아된 다음 모세포와 낭세포 사이에 격막이 생겨 분열되는 효모이다.

2) 유성생식

두 세포가 접합하여 포자를 형성, 세포 자신이 자낭 역할을 하므로 유자낭 포자효모라고 한다.

① Saccharomyces형

- 배수체(2n)가 길고 반수체기가 짧다.
- 일반적인 효모세포는 2배체(2n) 자낭포자 형성 직전에 감수분열을 2회 행하여 보통 4개의 1배체(1n)의 자낭포자를 형성한다.
- 이 자낭 포자는 발아하여 1배체의 영양세포가 되고, 몇 회 출아법으로 증식한 후 2개의 세포가 접합하여 대형의 2배체의 영양세포가 된다.

② Saccharomycodes형

- 포자가 발아와 동시에 자낭 내에서 접합하여 배수체 세포가 된다.
- 형성된 1배체의 자낭포자는 자낭 안에서 2개의 포자가 접합하여 핵융합한 후 발아하여 2배체의 영양세포로 증식한다.

③ Schizosaccharomyces형

- 배수체기는 접합자에서만 존재하고 대부분 반수체로 존재한다.
- 반수체(1n) 영양세포가 접합하여 접합관을 형성한다.
- 양쪽의 세포의 핵이 융합하여 접합자(2n) 감수분열을 일으켜 세포 내로 이동한 후 포자를 형성한다.

(4) 효모의 생리작용

효모는 호기성 및 통성 혐기성균으로 혐기상태나 호기상태의 좋은 조건에서 생육이 가능하다. 당액에 효모를 첨가하여 호기적 조건으로 배양하면 당을 자기증식에만 이용하여 CO_2와 H_2O만 생성하게 된다. 그러나 혐기적 조건으로 배양하면 발효작용에 의해 당을 energy로 이용하기 위해 유기물질을 생성한다.

효모는 당액 중에 혐기적으로 배양하면 알코올을 생성하므로 양조공업에 이용된다. 더욱이 발효작용의 조건을 달리하면 목적하는 물질이 달라진다. 여기에는 3가지 형식이 있으며 이것을 Neuberg의 발효형식이라 한다.

1) 제1 발효형식

① 호기적 발효(호흡작용, 산화작용)
  - 효모를 호기적 상태에서 배양하면 한 분자의 포도당이 여섯 분자의 산소에 의하여 완전히 산화하게 된다.
  - 이때 CO_2와 H_2O가 각각 여섯 분자씩 생성되고, 686cal와 32분자의 ATP가 생성된다.

$$C_6H_{12}O_6 + 6O_2 \xrightarrow[\text{호기상태}]{\text{효모}} 6H_2O + 6CO_2 + 686cal + 32ATP$$

② 혐기적 발효(alcohol 발효)
  - 주류 발효는 효모를 이용한 혐기적 발효이다.
  - 한 분자의 포도당으로부터 두 분자의 ethyl alcohol과 두 분자의 탄산가스, 그리고 58cal의 에너지와 두 분자의 ATP가 생성된다.

$$C_6H_{12}O_6 \xrightarrow[\text{혐기상태}]{\text{효모}} 2C_2H_5OH + 2CO_2 + 58cal + 2ATP$$

이 2가지 발효형식을 Neuberg의 '제1 발효형식'이라 한다.

2) 제2 발효형식

  - 효모를 혐기적 상태로 발효하면 alcohol이 생성된다.
  - 이때 알칼리를 첨가해 주면 알코올 생산량은 줄어들고, glycerol(glycerine)이 생성된다.
  - 발효액의 pH를 5~6으로 하고, 아황산나트륨을 가하면 Neuberg의 '제2 발효형식'이 된다.

$$C_6H_{12}O_6 \xrightarrow[\text{H}_2\text{O, Na}_2\text{SO}_3]{\text{효모}} \underset{\text{(glycerol)}}{C_3H_5(OH)_3} + \underset{\text{(acetaldehyde)}}{CH_3CHO} + CO_2 \uparrow$$

3) 제3 발효형식

  - 중탄산나트륨($NaHCO_3$), 제2 인산나트륨(Na_2HPO_4) 등을 가하여 pH를 8 이상의 알칼리성으로 발효시키면 제3 발효형식이 된다.
  - 제2 발효형식과 같이 glycerol이 다량 생성되며, 소량의 알코올과 초산까지 생성된다.

$$2C_6H_{12}O_6 + H_2O \xrightarrow[\substack{\text{NaHCO}_3 \\ \text{Na}_2\text{HPO}_3}]{\text{효모}} \underset{\text{(glycerol)}}{2C_3H_5(OH)_3} + \underset{\text{(acetic acid)}}{CH_3COOH} + \underset{\text{(ethanol)}}{C_2H_5OH} + 2CO_2$$

(5) 효모의 종류

■ 유포자 효모(Ascosporogenous yeasts)
  자낭균류의 반자낭균류에 속하는 효모균류이다.

1) *Schizosaccharomyces*속

① *Schizosaccharomyces pombe*

- Africa 원주민의 pombe술에서 분리된 효모로 알코올 발효력이 강하다.

- glucose, sucrose, maltose를 발효하며, dextrin, inulin도 발효한다. Mannose는 발효하지 않는다.

2) *Saccharomycodes*속

① *Saccharomycodes ludwigii*

- 떡갈나무의 수액에서 분리된 효모이다.

- glucose, sucrose는 발효하고, maltose는 발효하지 않으며, 질산염을 동화하지 않는다.

3) *Saccharomyces*속

① 특징

- 발효공업에 가장 많이 이용되는 효모이다.

- 세포는 구형, 난형 또는 타원형이다.

- 무성생식은 다극출아법에 의하여 증식하며, 유성적으로 증식하기도 한다.

② *Saccharomyces cerevisiae*

- 영국의 맥주 공장에서 분리된 상면발효효모로 맥주 효모, 청주 효모, 빵 효모 등에 주로 이용된다.

- glucose, fructose, mannose, galactose, sucrose를 발효하나 lactose는 발효하지 않는다.

③ *Sacch. carlsbergensis*

- Carlsberg 맥주 공장에서 최초로 순수 배양된 균이다.

- 맥주의 하면효모로 생리적 성질은 *Sacch. cerevisiae*와 비슷하다.

- Lodder의 제2판에서 *Sacch. uvarum*에 통합

④ *Sacch. ellipsoideus*

- 전형적인 포도주 효모이다.

- 포도 과피에 존재한다.

⑤ *Sacch. sake* : 일본의 청주 양조에 사용되는 청주 효모이다.

⑥ *Sacch. pastorianus*

- 난형, 소시지형 효모이다.

- 맥주에 오염되면 불쾌한 냄새를 내는 유해효모이다.

⑦ *Sacch. diastaticus*

- Dextrin, 녹말을 분해 발효하는 효모이다.

- 맛을 싱겁게 하는 유해효모이다.

⑧ *Sacch. coreanus*

- 우리나라 약주, 탁주 효모로 누룩에서 분리된다.
- 젤라틴(gelatin)을 용해하지 않는다.

⑨ *Sacch. mali-duclaux*

- 사과주에서 분리한 상면효모이다.

⑩ *Sacch. fragilis*와 *Sacch. lactis*

- Lactose를 발효할 수 있는 젖산 발효성 효모이다.
- kefir(馬乳酒)와 치즈에서 분리한다.

⑪ *Sacch. rouxii*

- 18% 이상의 소금 농도에서 생육하는 내삼투압성 효모이다.
- 간장의 주된 발효효모로 간장의 특유한 향미를 부여한다.

⑫ *Sacch. mellis*

- 고농도 당에서 생육하는 내삼투압성 효모이다.
- 잼(jam), 설탕 등에서 번식하여 품질을 악화시키는 유해균이다.

4) *Zygosaccharomyces*속

① 소금과 당분에 잘 견딘다.

② *Zygosaccharomyces major*와 *Zygosacch. soyae*

- 간장의 제조에 이용되는 하면효모이다.
- 고농도의 소금 용액에 잘 견딘다.

5) *Pichia*속

① 산막효모이며, 유해균, 산염의 자화 능력이 없고 위균사를 잘 만든다.

② *Pichia membranefaciens*

- 발효성이 없으나 알코올을 영양원으로 왕성하게 생육한다.
- 맥주나 포도주의 유해균이다.

6) *Hansenula*속

① 산막효모이며, 알코올 발효력은 약하나 알코올로부터 에스테르를 생성하여 포도주에서 방향을 부여한다. *Pichia*속과 달리 산염을 자화하는 능력이 있다.

② *Hansenula anomala*

- 자연에 널리 분포되어 있고, 모자형의 포자가 형성된다.
- 일본 청주의 방향 생성에 관여하는 청주 후숙효모이다.

7) *Debaryomyces*속

① 표면에 돌기가 있는 포자를 형성하고, 내염성의 산막효모가 많으며, 내당성이 강하다.

② *Debaryomyces hansenii* : 치즈, 소시지 등에서 분리된 균이다.

■ 무포자 효모(Asporogenous yeasts)

유성적으로나 무성적으로 포자 형성 능력이 없는 효모균이다.

1) *Torulopsis*속

① 특징

- 무포자 효모의 대표적인 속이다.

- 난형, 구형으로 균사를 형성하지 않는다.

- 맥주, 포도주, 된장, 간장 등의 변패의 원인이 된다.

② *Torulopsis casoliana* : 15~20%의 고농도 식염에서 생육하는 고내염성 효모

③ *Torulopsis bacillaris* : 55% 당을 함유한 꿀에서 분리한 균으로 고내당성 효모

④ *Torulopsis versatilis* : 내염성 효모로서 간장에 특유한 풍미를 부여하는 유용균

2) *Candida*속

① 특징

- 출아에 의해 무성적으로 증식한다.

- 위균사를 현저히 형성한다.

- 구형, 계란형, 원통형이다.

- 산막효모이다.

② *Candida utilis*

- pentose 당화력과 vitamin B_1 축적력이 강하여 사료효모 제조에 사용된다.

- 균체는 inosinic acid의 원료로 사용된다.

③ *Candida tropicalis*

- 사료효모로 이용된다.

- 균체 단백질 제조용의 석유효모로서 이용된다.

④ *Candida lipolytica*

- 탄화수소를 탄소원으로 생육한다.

- 균체를 사료효모 또는 석유단백질의 제조에 사용된다.

- 석유효모로서 사용된다.

3) *Rhodotorula*속

① 특징

- Carotenoid 색소를 생성한다.

- 적색효모로 당류의 발효성은 없으나 산화적으로 자화한다.

② *Rhodotorula glutinis* : 50%의 지방을 축적하는 유지효모

③ *Rhodotorula gracilis* : 35~60%의 지방을 축적하는 유지효모

3. 세균(Bacteria)류

(1) 세균의 형태와 특성

세균은 분류학상 분열균류에 속하고, 다른 부류의 미생물과 달리 원시핵 세포를 가지고 있는 원시핵균에 속한다. 크기는 구균지름 0.5μ, 간균이 보통 0.2~0.5×1.0~2.0μ 정도이다. 세균은 그람 염색에 의하여 양성 또는 음성을 나타내는 것으로 크게 분류한다.

1) 세균의 기본 형태

세균의 기본 형태는 구균, 간균, 나선균의 3가지 종류가 있다.

① 구균(coccus, cocci) : 단구균(monococcus), 쌍구균(diplococcus), 4연구균(tetracoccus pediococcus), 8연구균(octacoccus, sarcina), 연쇄상구균(streptococcus), 포도상구균(staphylococcus) 등

② 간균(bacillus) : 단간균(short rod bacteria), 장간균(long rod bacteria), 방추형(clostridium), 주걱형(plectridium), 호형(vibrio) 등

③ 나선균(spirillum) : spring type, spirillum type 등

2) 세균 세포의 외부 구조

편모(flagellum, flagella)는 주로 세균에만 있는 운동기관으로서 편모의 유무와 종류는 세균 분류의 기준이 된다.

① 단모균 : 세포의 한 끝에 1개의 편모가 부착된 것

② 양모균 : 세포의 양 끝에 각각 1개씩 편모가 부착된 것

③ 속모균 : 세포의 한 끝 또는 양 끝에 다수의 편모가 부착된 것

④ 주모균 : 균체 주위에 많은 편모가 부착되어 있는 균

3) 세균 세포의 내부 구조

① 세포벽(cell wall)

• 주성분은 mucopeptide로 되어 있다.

• 세포벽의 화학적 조성에 따라 염색성이 달라진다.

• 일반적으로 그람양성세균은 그람음성세균에 비하여 mucopeptide 성분이 많다.

② 협막(capsule)

• 세균 세포벽을 둘러싸고 있는 점질물질(slime)이다.

• 화학적 성분은 다당류(polysaccharide)와 polypeptide의 중합체(polymer)이다.

③ 세포막(cell membrance)

• 단백질과 지질로 구성되어 있다.

• 선택적 투과성 막으로 세포 내외로 물질의 이동을 통제한다.

④ Ribosome

• 세포의 단백질 합성기관이다.

- 분자량 2.7×106 정도의 작은 과립이다.
⑤ 색소포(chromatophore)
- 광합성 색소와 효소를 함유하고 있다.
- 광합성을 하거나 효소작용을 하는 주체이다.
⑥ 세포핵(nucleus)
- 세균의 유전의 중심체이며, 생명 현상이 주체이다.
- 핵 속의 염색체를 가지고 있어 유전을 담당한다.
- 중심 물질은 DNA이다.

4) 세균의 포자
- 대부분의 세균은 포자를 형성하지 않지만, 생육 환경이 악화되면 세포 내에 포자(endospore)를 형성하는 세균이 있다.
- 포자 형성균으로 호기성의 *Bacillus*속과 혐기성의 *Clostridium*속이 있다.
- 포자는 내열성이 강하여 살균하기 어렵다.

5) 그람 염색성(Gram stain)
- 그람이 고안해낸 분별 염색법이다.
- 그람 염색이 되는 세균을 gram positive라 하고, 그람 염색이 되지 않는 세균을 gram negative라 한다.
- 그람 염색은 세균 분류의 가장 기본이 되며, 염색성에 따라 화학구조, 생리적 성질, 항생물질에 대한 감수성과 영양요구성 등이 크게 다르다.

(2) 세균의 분류

세균의 분류는 Bergeys Manual of Determinative Bacteriology 제8판(1974) 분류에 따라 원시핵세포계(kingdom procaryotae)를 남조문(division cyanobacteria)과 세균문(division bacteria)으로 대별하고, 세균의 형태와 gram 염색성, 산소 의존성, 포자의 형성유무, 편모의 유무와 종류 등 5가지를 기준으로 하여 19부문(19 part)으로 분류한다.

세균은 그 종류가 대단히 많으므로 학문적인 분류보다는 용도에 따라 분류하는 것이 보편적이다. 즉 그 세균이 어떤 물질을 생산하고 어디에 사용하느냐에 따라 다음과 같이 5가지로 대별한다.

1) 젖산균(lactic acid bacteria)
- 당을 발효하여 다량의 젖산을 생성하는 세균을 젖산균이라고 한다.
- 젖산균은 그람양성, 무포자, 간균 또는 구균이고, 통성 혐기성 또는 편성 혐기성균이다.
- 구균은 *Streptococcus*, *Diplococcus*, *Pediococcus*, *Leuconostoc*속이고, 간균은 *Lactobacillus*속으로 분류한다.

젖산균에는 당류로부터 젖산만을 생성하는 정상발효젖산균(homo lactic acid bacteria)과 젖산 이외의 알코올, 초산 및 CO_2 가스 등 부산물을 생성하는 이상발효젖산균(hetero lactic acid bacteria)의 2가지가 있다.

- Home type

$$C_6H_{12}O_6 \longrightarrow 2CH_3CHOHCOOH$$

- Hetero type

$$C_6H_{12}O_6 \longrightarrow CH_3CHOHCOOH + C_2H_5OH + CO_2$$

$$2C_6H_{12}O_6 + H_2O \longrightarrow 2CH_3CHOHCOOH + CH_3COOH + C_2H_5OH + 2CO_2 + 2H_2$$

① 정상젖산균

- ㉠ *Streptococcus lactis*
  - 쌍구균 또는 연쇄상 구균이며, 우유 중에 잘 생육한다.
  - 생육 적온은 30℃, yoghurt, butter, cheese 제조에 starter로 사용된다.
- ㉡ *Sc. cremoris* : 생육 온도는 28℃, yoghurt, butter, cheese 제조에 starter로 사용된다.
- ㉢ *Lactobacillus bulgaricus*
  - 간균이고, 연쇄상으로 생육 적온은 40~50℃이다.
  - yoghurt 제조에 사용된다.
- ㉣ *L. acidophilus*
  - 유아의 장내에서 분리된 젖산간균이다.
  - 생육 적온은 37℃, 정장작용이 있어 정장제로서 이용된다.
- ㉤ *L. delbrueckii*
  - 곡류 등에 부착되어 있는 호열성 젖산간균으로서 생육 적온은 45~50℃이다.
  - 유당을 발효하지 않으며 포도당, maltose, sucrose 등으로부터 젖산을 생성한다.
- ㉥ *L. plantarum*
  - 식물계 널리 분포하고 있는 젖산간균으로 생육 적온은 30℃이다.
  - 야채의 pikle, 김치 등에 잘 번식한다.

② 이상젖산균

- ㉠ *L. fermentum*
  - 젖산간균으로 생육 최적 온도는 41~42℃이다.
  - 포도당, 과당, 맥아당, sucrose, lactose, mannose, galactose, raffinose 등을 발효하여 젖산과 부산물로 초산, 알코올, CO_2를 생성시킨다.
- ㉡ *L. heterohiochii* : 일본 청주를 부패시키는 hiochii균으로 생육 적온은 25~30℃이다.
- ㉢ *Leuconostoc mesenteroides*
  - 쌍구균 또는 연쇄상구균으로 생육 최적 온도는 21~25℃이다.
  - dextran 생산에 이용된다.
- ㉣ *Pediococcus halophilus*

- 15%의 식염 존재 하에 생육하며, pH 9.0에서 생육한다. 생육 최적 온도는 25~30℃이다.
- 호염균으로 간장, 된장 제조에 중요한 젖산균이다.

2) 초산균(acetic acid bacteria)

에탄올을 산화발효하여 acetic acid를 생성하는 세균을 식초산균이라 한다. 분류학상으로는 *Acetobacter*속에 속하는 호기성 세균이다.

초산균은 그람음성, 무포자, 간균이고, 편모는 주모인 것과 극모인 것의 2가지가 있다. 초산균은 alcohol 농도가 10% 정도일 때 가장 잘 자라고, 5~8%의 초산을 생성한다. 18% 이상에서는 자랄 수 없고 산막(피막)을 형성한다.

① *Acetobacter aceti*
- 포도당, 알코올, glycerol을 동화하여 초산을 생성하는 식초산의 유용균으로 유명하다.
- 8.75% 초산 생성, 생육 적온은 30℃이다.

② *Acetobacter schuetzenbachii*
- 독일의 식초 공장에서 분리한 속초용균으로 균막을 형성하지 않는다.
- 알코올로부터 식초를 잘 생성하지만 포도당으로부터는 조금밖에 생성시키지 않는다.
- 생육 적온은 25~27.5℃이다.

③ *Acetobacter xylinum*
- 포도과즙 중에 생육하며, 식초 양조에 유해한 균이다.

④ *Acetobacter suboxydans*
- 사과 과즙 중 포도당을 산화하여 glucon산을 생성하는 능력이 강한 균종이다.
- Glucon산의 제조에 이용된다.

3) 프로피온산균(propionic acid bacteria)

당류 또는 젖산을 발효하여 propionic acid를 생성하는 균을 말한다. 그람양성, 통성 혐기성, 무포자, 단간균 또는 구균이고 균총은 회백색이다. Cheese 숙성에 관여하여 cheese에 특유한 향미를 부여한다.

다른 세균에 비하여 성장 속도가 매우 느리며, 생육인자로 propionic aicd와 biotin을 요구한다.

① *Propionibacterium shermanii*
- Swiss cheese 숙성에 관여한다.
- 구멍을 만들고, 풍미를 부여한다.

② *Propionibacterium freudenreichii*
- cheese 숙성에 관여하여, 풍미를 부여한다.
- 비타민 B_{12}를 생산한다.

4) 포자형성균(spore forming bacteria)

포자를 형성하는 세균은 part 15의 Bacillaceae과에 속하는 *Bacillus*, *Clostridium*,

Sporolactobacillus, *Sporosarcina*, *Plectridium*속이 있다. 이들 세균은 모두 내생포자인 자낭포자를 형성한다. 내구성이 강하여 간헐멸균해야 한다.

① *Bacillus*(호기성 포자형성세균)
- 그람양성, 호기성, 때로는 통성혐기성, 유포자 간균이다.
- 단백질 분해력이 강하며, 단백질 식품에 침입하여 산 또는 gas을 생성한다.
  ㉠ *Bacillus subtilis*(고초균)
    - 마른풀 등에 분포하며, 고온균으로서 α-amylase와 protease를 생산한다.
    - 항생물질인 subtilin을 만든다.
  ㉡ *Bacillus natto*(납두균, 청국장균)
    - 일본 청국장인 납두에서 분리되었다.
    - 생육인자로 biotin을 요구한다.
  ㉢ *Bacillus mesentericus*(마령서균) : 감자, 고구마를 썩게 하는 균이다.
  ㉣ *Bacillus polymyxa*
    - 산 또는 gas, 특히 ammonia를 많이 생성한다.
    - 항생물질인 polymyxin을 생성한다.
② *Clostridium*(혐기성 포자형성세균)
- 그람양성, 편성혐기성, 유포자 간균이다.
- 고기나 통조림 등에 혼입하여 식품을 부패하여 품질을 저하시킨다.
- Catalase는 대부분 음성이며, 단백질 분해력이 있고, 당화성과 발효성을 가지고 있어 butyric acid, 초산, CO_2, H_2 및 알코올, acetone 등을 생성한다.
  ㉠ *Clostridium butyricum*
    - 운동성, 당을 발효하여 butyric acid를 생성한다.
    - cheese로부터 분리된 균으로 최적 온도는 35℃이다.
  ㉡ *Clostridium sporogenes* : 육류 등의 부패에 관여하며, 육류의 식중독 원인균으로 유명하다.
  ㉢ *Clostridium botulinum*
    - *Cl. sporogenes*와 비슷한 생리적, 형태적 특성을 가졌다.
    - 강력한 식중독 원인균으로 사망률이 대단히 높다.

5) 부패세균
① 대장균형 세균(Coli form bacteria)
- 동물이나 사람의 장내에 서식하는 세균을 통틀어 대장균이라 한다.
- 대장균은 제8부(Enterobacteriacease과)에 속하는 12속을 말한다. 대표적인 대장균은 *Escherichia coli*, *Acetobacter aerogenes*이다.

- 대장균은 그람음성, 호기성 또는 통성혐기성, 주모성 편모, 무포자 간균이고, lactose를 분해하여 CO_2와 H_2 gas을 생성한다.
- 대장균 자체는 인체에 그다지 유해하지는 않으나 식품위생지표균으로서 중요하다. 대장균이 검출되었다는 것은 병원성 및 식중독 세균들인 장티푸스균, *Salmonella* 식중독균, 이질균 등의 병원균이 오염되어 있다는 것을 뜻한다.
  - ㉠ *Escherichia coli* : 포유동물의 변에서 분리되었으며, 식품의 일반적인 부패세균이다.
  - ㉡ *Acetobacter aerogenes* : 본래 식물이 기원이며, 포유동물 변에서 분리된다.
② *Pseudomonas*
- 제7부(Pseudomonadaceae과)에 속한다. 그람음성, 무포자 간균, 호기성이며 내열성은 약하다. 특히 형광성, 수용성 색소를 생성하고, 비교적 저온균으로 20℃에서 잘 자란다.
- 육, 유가공품, 우유, 달걀, 야채 등에 널리 분포하여 식품을 부패시키는 부패세균이다. 대표적인 것으로는 *Pseudomonas fluorecens. Pseudomonas aeruginas*이다.

 ## 4. 방선균(Actinomycetes)

(1) 방선균의 형태와 특성

세균문(門) 중 제17부 Actinomycetales목(방선균목) 중에서 결핵균과(Mycobacteriaceae과)를 제외한 것을 방선균이라 한다. 방선균은 하등미생물 중에서 가장 형태적으로 조직분화의 정도가 진행된 균사상 세균이다.

세균과 곰팡이의 중간적인 미생물로 균사를 뻗치는 것으로 포자를 만드는 것 등은 곰팡이와 비슷하다. 주로 토양에 서식하며 흙냄새의 원인이 된다. 특히, 방선균은 항생물질을 만든다.

(2) 방선균의 증식

방선균은 무성적으로 균사가 절단되어 구균과 간균과 같이 증식하며 또한 균사의 선단에 분생포자를 형성하여 무성적으로 증식한다.

(3) 방선균의 분류와 종류

분류학상 Bergys Manual의 제8판에 의하면 part 17의 Actinomycetales목에 속하며, 식품미생물학에 관계있는 중요한 속은 다음과 같다.

1) Actinomyceteaceae
2) Mycobacteriaceae

Mycobacterium tuberculosis : 결핵균

3) Nocardiaceae

4) Streptomycetaceae

① *Streptomyces griseus* : Streptomycin 생산균, gelatin 등의 단백질 분해력이 강하다.

② *Streptomyces aureofaciens* : Aureomycin의 생산균이다.

③ *Streptomyces venezuelze* : Chloramphenicol의 생산균이다.

④ *Streptomyces kanamyceticus* : Kanamycin의 생산균이다.

 5. 버섯

(1) 버섯의 분류

1) 특징

① 버섯은 거대한 유성자실체로 되어 있고, 균사나 포자를 형성하는 미생물이다.

② 버섯은 분류학상 대부분 담자균류에 속하고, 일부는 자낭균류에 속한다.

③ 버섯은 분류학상 명명이 아니고 통속어이다.

2) 버섯의 구분

편의상 버섯은 식용버섯, 약용버섯, 독버섯, 무용버섯으로 대별한다.

(2) 버섯의 형태

1) 특징

① 버섯의 형태는 곰팡이와 비슷하며 자실체, 균사체, 균사로 된 고등미생물이다.

② 일반적인 형태는 균사로부터 아기버섯(균뇌, young body)이 생성되어, 아기버섯의 피막이 성장에 따라 파열되어 균병(stem)이 형성된다.

③ 아기버섯은 성숙함에 따라 균병 밑부분에 각포(volva)가 된다.

2) 형태

① 균병 선단에 곰팡이 자실체와 비슷한 삿갓(cap)이 생긴다.

② 이 삿갓 밑에는 균습(gills)과 삿갓을 받치는 균륜(ring)이 있다.

③ 균습에는 육안으로 볼 수 없는 담자포자를 생성한다.

(3) 버섯의 증식

① 버섯은 대부분 포자에 의해서 증식한다.

② 담자균류는 자웅동주 혹은 이주의 2개의 균사가 접합하여 담자기(basidia)가 되고, 그 끝에는 보통 4개의 경자를 형성하여 각각 1개의 담자포자를 형성한다.

③ 자낭균류는 자웅동주 혹은 이주의 2개 균사가 접합하여 접합한 곳에서 공 모양으로 팽대하여 자낭포자를 형성한다.

(4) 버섯의 종류

① 표고버섯(*Contimellus edodes*)
- 사물기생하며, 밤나무, 참나무에 기생한다.

② 송이버섯(*Tricholoma matsutake*)
- 소나무 실뿌리에 생물기생하며, 식용버섯을 대표하는 버섯이다.

③ 느타리버섯(*Pleurotus ostreatus*)
- 떡갈나무, 전나무에 많이 기생하며, 인공재배가 쉽다.

④ 싸리버섯(*Clavaria botrytis*)
- 침엽수, 활엽수가 있는 지상에 잘 자란다.

⑤ 목이버섯(*Auricularia polytrica*)
- 침엽수의 고목에서 생육한다.

⑥ 양송이버섯(*Mushroom, Agaricus bisporus*)
- 삿갓은 살이 두텁고, 균병은 굵으나 삿갓과 균병의 육질의 차이가 있어 분리되기 쉽다.
- 향기는 적으나 맛이 좋아 인공재배하여 통조림으로 사용된다.

(5) 독버섯

1) 독버섯의 성분

독버섯의 규정은 명확하지 않다. 그중 중요한 몇 가지 버섯의 독성분을 보자.

① Muscarine
- 광대버섯(*Amanita muscaria*)의 독성분이다.
- 독성이 강하여 치사량은 인체에 피하주사로 3~5mg, 경구투여로 0.5g이다.
- 중독증상 : 1.5~2시간에 나타나며, 호흡곤란, 구토, 설사를 일으킨다.

② Amanitine
- 알광대버섯(*Amanita phalloides*)의 독성분이다.
- Amanitine은 환상 peptide 구조이며, α, β, γ-amanitine이 알려져 있다.
- 가장 독성이 강한 것은 α-amanitine으로 치사량은 0.1 mg/kg이다.
- 중독증상 : 6~12시간에 나타나며, 콜레라와 비슷한 증상으로 설사, 혼수 상태에 빠지기도 한다.

③ Psilocin, Psilocybin
- 끈적버섯에 들어 있는 환상작용 물질이다.

④ Pilzatropin
- 웃음버섯에 들어 있는 성분으로 뇌장애를 일으키는 물질이다.

2) 독버섯 감별법

① 악취가 있는 것이다.

② 색깔이 선명하거나 곱다.

③ 균륜이 있다. 양송이는 균륜이 존재하나 식용버섯이다.

④ 줄기가 세로로 갈라진 것이다.

⑤ 쪼개면 우유 같은 액체가 분비되거나 표면에 점액이 있는 것이다.

⑥ 조리할 때 은수저를 넣으면 검게 변색하는 버섯이다.

 ## 6. Bacteriophage

(1) Bacteriophage의 정의

1) Virus

동식물의 세포나 미생물의 세포에 기생하고, 숙주세포 안에서 증식하는 여과성 입자(직경 0.5μ 이하)를 virus라 한다.

2) Virus의 종류

① 동물 virus : 인간에서 발병원인이 되는 소아마비 virus와 천연두 virus, 곤충에 기생하는 곤충 virus 등

② 식물 virus : 담배 모자이크병 virus 등

③ 세균 virus : 대장균 등에 기생하는 virus 등

3) Bacteriophage의 정의

Virus 중 특히 세균의 세포에 기생하여 세균을 죽이는 virus를 bacteriophage(phage)라고 한다.

(2) Phage의 특징

① 생육 증식의 능력이 없다.

② 한 phage의 숙주균은 1균주에 제한되어 있다(phage의 숙주 특이성).

③ 핵산 중 대부분 DNA만 가지고 있다.

(3) Phage의 증식

① phage가 흡착되어 세포벽을 용해한다.

② phage의 DNA가 숙주 세포 내에 주입된다.

③ phage DNA와 단백질이 합성된다.

④ phage가 성숙한다.

⑤ 용균과 phage가 용출된다.

(4) Phage의 예방대책

숙주 세균과 phage의 생육조건이 거의 일치하기 때문에 일단 감염되면 대처하는 방법은 거의 없다. 그러므로 예방하는 것이 최선의 방법이다.

① 공장과 그 주변환경을 미생물학적으로 청결히 하고, 기기의 가열 살균, 약품 살균을 철저히 한다.

② phage의 숙주 특이성을 이용하여 숙주를 바꾸어 phage 증식을 사전에 막는 starter rotation system을 사용한다. 특히 치즈 제조에 사용되는데, 즉 starter를 2균주 이상 조합하여 매일 바꾸어 사용한다.

③ 약재 사용방법으로써 chloramphenicol, streptomycin 등 항생물질의 저농도에 견디고 정상 발효하는 내성균을 사용한다.

03 미생물의 분리보존 및 균주개량

1 미생물의 분리보존

1. 미생물의 분리

(1) 정의

자연계에는 형태, 생리적 특성, 여러 가지 종류의 물질을 생성할 수 있는 부가적 성질 등 서로 다른 미생물이 서식하고 있다. 많은 미생물로부터 특정한 성질 또는 능력을 가진 균주를 순수하게 분리하여 우리가 원하는 성질이나 능력을 최대한 발휘시키는 것을 미생물의 분리라 한다.

(2) 미생물의 확보

① 직접 자연계에서 균을 확보
② 미생물 보존기관에서 분양 받음

(3) 방법

> 시료의 채취 → 집적배양(enrichment) → 순수 분리 → 검색 → 배양 → 동정 및 명명

1) 시료의 채취
   ① 분리 조건 결정 : 목적하는 미생물의 생리적 특성을 미리 예측할 수 있을 경우에는 미생물의 영양, 온도, 산소량, 염농도, pH 등 여러 인자를 고려하여 분리조건을 결정한다.
   ② 적당한 분리원의 선택 : 분리원으로는 토양, 해수, 오니, 퇴비, 분뇨 등을 사용하고 분리 목적에 적합한 균의 생리적 특성과 생태적인 분포를 고려하여 분리원을 선택한다.

2) 집적배양
   ① 직접분리법(direct isolation) : colony가 서로 충분히 분리되어 외관이 대표적이라고 생각되는 colony를 선택 예 빨리 자라는 균 선별
   ② 집적 배양법(enrichment culture) : 분리하려는 미생물이 소수로 존재할 때, 선별 액체 배지와 선별 조건을 이용하여 미생물을 선택적으로 성장시키는 방법
      예 *Escherichia*(항온동물에 존재, 소화기관의 담즙산에 대해 내성)와 *Aerobacter*(공기 중 존재) : 45℃ 또는 bile salts 첨가

3) 순수 분리기술

① 획선 평판 배양법(Streaked plate culture) : 평판 접시에 약 60도로 구부린 화염멸균한 백금이를 시료액에 적셔서 획선한 후 그은 선의 끝 부분을 획선 반복, 획선에 의한 균이 감소되는 것을 이용한다.

② 도말 평판 배양법(Spread plate culture) : 균을 단계적으로 희석한 후 시료액 0.1ml을 떨어뜨리고 유리 spreader로 배지표면을 골고루 도말하여 시료액을 잘 건조시킨다.

③ 희석 진탕 배양법(Dilute shake culture) : 균을 단계적으로 희석한 후 배지와 녹은 한천을 섞은 후 굳치고 배양(혐기균 선별)한다.

④ 단일세포분리법(Single cell isolation) : 현미경하에서 micromanipulator(500-1000배 배율에서 효과적으로 미생물을 분리하는 기계) 이용한다.

⑤ 막분리법(Membrane filter method) : 균수가 극히 적은 하천수 등에서 균을 분리한다.

4) 검색

많은 미생물들로부터 관심있는 미생물만 순수 분리하는 고도의 선별과정 : 저해환 생성법 사용

① 항생제 생산균 : 미리 피검균(시험균)을 접종시켜 둔 한천평판에 생산성을 검토하려는 균을 중복하여 접종하면 알 수 있다.

② 약리활성물질 생산균 : 인체의 대사계의 key 효소함유 배지에 약리활성물질을 넣고 저해지역 측정

③ 생육인자 생성균 : 아미노산 생산균의 경우 영양요구성 균주(auxotroph)가 포함된 배지 위에 아미노산 생산균을 도말

④ 다당균 생산균 : 점질물을 분리하는 colony 선별

⑤ 유기산 생성균 : pH 지시약 함유 배지로 색깔변화를 조사하거나 CaCO₃ 함유배지로 용해정도 측정

⑥ 세포 외 효소 생성균 : 색깔 형성이나 투명환 관찰

예) Amylase : soluble starch의 분해 → iodine 염색

　　 Protease : casein의 용해 → 투명환

　　 Cellulase : cellulose의 용해 → 투명환

5) 동정 및 명명

① 동정 : 대상 미생물의 성질조사 결과로부터 분류체계에 따른 그 미생물의 분류 상의 위치 결정

② 명명 : 동정의 결과 새로운 미생물에 대하여 명명법에 따라 학명이 주어짐

2. 미생물의 보존

미생물 보존의 목적은 한 균주를 오염되지 않게 변화나 변이없이 가능한 한 원래의 분리된 그 상태를 순수하게 그대로 유지하는 것이다. 많은 보존방법들이 미생물 균주를 보존하는 데 사용할 수 있으나 하나의 방법에 의해서 모든 종류의 균주를 보관할 수 없다.

(1) 미생물 보존의 원리

미생물 보존의 원리는 세포 내에 함유되어 있는 수분을 조절함과 동시에 이 수분들이 관여하여 일어나는 생체대사를 조절하기 위하여 환경을 조절하는 것이다.

1) 대사 반응을 저하시키는 방법
 ① 저온 유지 : 계대 보존법
 ② 산소 제한 : 파라핀 중층법
 ③ 영양분 제한 : 현탁 보존법

2) 수분을 한정시켜 대사 반응을 정지시키는 방법
 ① 수분의 이동을 정지시키는 방법 : 냉동 보존법
 ② 수분을 제거시키는 방법 : 건조 보존법, 동결건조 보존법, 담체 보존법

3) 유의 사항
 ① 생존율 : 장기간 생존 가능하고, 보존 중 사멸을 방지할 것
 ② 형질 유지 : 보존 중 변이같은 형질변화가 없을 것
 ③ 경제성 : 비교적 적은 비용으로 보존 가능할 것
 ④ 간편성 : 보존 시료 조제의 조작이나 용기가 가능한 한 간단한 할 것
 ⑥ 안전성 : 오염이 되지 않고 접종원으로 반복사용이 가능 할 것

(2) 균주의 보존법

1) 계대 보존법
 ① 평판접시, 사면(slant), 천자(stab)를 사용하여 1~2 개월에 한 번씩 정기적으로 계대하여 냉장고 또는 실온에서 보관하는 단기 보존방법이다.
 ② 배지는 탄수화물, 단백질 등 영양분이 풍부하지 않은 것을 사용
 ③ 문제점 : 유전적 변이가 일어나기 쉽고 작업이 많고 잡균 오염가능성이 크고 균주 착오가 일어나기 쉽다.

2) 파라핀 중층법
 ① Cap tube 중에 사면배지, 천자배지에 살균된 파라핀을 중층하여 냉장 또는 실온보관
 ② 계대보존법을 개선한 방법으로 산소를 제한하여 대사를 억제하고 수분 증발을 방지하여 장기간 보존 가능

3) 현탁 보존법

① 세포 또는 포자를 유기 영양원이 함유되지 않은 완충액 등에 현탁

② 곰팡이, 효모, 방선균 등 동결건조에 의하여 장기보존이 어려운 경우 사용

4) 담체 보존법

대부분의 균체는 건조 시 사멸하지만 포자 형성 균주와 같은 특수한 경우에는 적당한 용제에 건조시켜 보존하면 대사기능이 정지되어 휴지 상태로 장기간 생존한다.

① 토양 보존법

㉠ 토양을 건조한 후 2회 정도 살균한 후 무균 검사를 하고 균액을 첨가한다.

㉡ 포자 형성 세균, 방선균, 곰팡이에 사용

② 모래 보존법, silica gel 보존법

㉠ 바다모래를 산, 알칼리, 물로 잘 세척하여 건열 멸균을 한다.

㉡ 균 배양액을 넣고 모래와 잘 혼합하여 진공건조 후 상압에서 밀봉하여 보존한다.

5) 동결 건조법

① 미생물의 장기보존방법 중 가장 보편적인 방법(ATCC ; American Type Culture Collection)

② 균액조제

㉠ 액체 배양 : 배양액을 원심분리하여 상등액은 버리고 분산매를 대신 채워서 균일한 균액을 얻는다.

㉡ 고체 배양 : 대수기를 지나 포자가 형성되면 분산매를 고체배지에 붓고 loop로 긁어서 포자액을 얻는다.

③ 방법

㉠ 조제된 균액을 미리 준비된 앰플에 주사기나 긴 모세관으로 연결된 스포이드를 이용하여 넣고 앰플입구를 면전한다.

㉡ Dry ice와 에탄올을 이용하여 균액을 동결시켜 수분을 고정시킨다(-78℃).

㉢ 동결건조기를 진공상태로한 후 앰플의 면전을 제거한 후 앰플을 동결건조기에 연결시킨다.

㉣ 진공건조를 한 후 burner를 이용하여 화염으로 봉하고 냉장고에 보존한다.

④ 분산매: 동결 과정과 동결 후 건조 과정에서 완충작용 및 보호작용을 한다.

탈지유 10%, 탈지유 5%, 포도당 5%, 전분 20%

6) 냉동 보존법

① 건조조건에서 생존율이 현저히 떨어지는 균, 포자 형성이 어려운 곰팡이, 미세조류, 원생동물, 동식물세포, 적혈구, 암세포, 정자 등 보존에 사용

② 미생물의 적용범위, 생존기간, 형질의 안정성 등이 뛰어난 보존법

③ 분산매: 20% glycerol, 10% dimethylsulfoxide, 탈지유, 혈청

④ 보존 온도

　　㉠ -20℃ : 냉동고(재결정화, 높은 염농도로 인한 용해 등 심한 피해 존재)

　　㉡ -70℃ : Deep freezer

　　㉢ -196℃ : 액체질소

⑤ 완만동결 : 급속히 동결시키면 세포 내에 얼음 결정이 생겨 생존율이 저하될 수 있다.

7) 건조 보존법

① 동결에 의한 장해를 받는 미생물에 사용(NCIB 영국, IFO 일본)

② 생존율이 좋고 장기보존이 가능 : 갑작스러운 온도 하강으로 균사멸 위험성 감소

③ 분산매와 균액제조 : 동결건조와 동일

2 미생물의 유전자 조작

유전자의 여러 가지 기능을 분석하거나 특정 유전자를 작용시켜 단백질이나 펩티드를 발현시키기 위해서는 유전자를 특별한 효소로 절단해 연결하거나 또는 이렇게 하여 만든 재조합 DNA를 세포에 넣어 증식시키지 않으면 안 된다. 이와 같이 인위적으로 유전자를 재조합하는 조작을 유전자 조작이라고 한다.

(1) 유전자 조작의 개요

① 유전자 DNA를 세포에서 분리하여 정제하여 이것에 적당한 제한 효소를 작용시켜 특정한 유전자를 함유한 작은 단편을 만들어 분리한다. 목적의 유전자 DNA를 다량으로 얻기 어려울 때에는 세포에서 mRNA를 분리하여 여기에서 목적하는 유전자에 대응하는 mRNA에 상보적인 DNA(cDNA)를 만든다.

② Passenger DNA에서 유래하는 세포와 동종 혹은 이종의 세포에서 그 세포질 중에 존재하여 자율적으로 증식하는 환상 2본쇄의 DNA를 분리 정제한다. 보통 플라스미드, 파지 DNA, 미토콘드리아(mitochondria) DNA 또는 어떤 종류의 바이러스 DNA 등이 사용되며 이것을 벡터라고 한다.

③ 벡터(vector) DNA의 한 곳을 제한 효소로 절단하고 여기에 DNA 연결 효소(ligase)를 작용시켜 passenger DNA를 결합시켜 재조합체(Recombinant)를 만든다. 벡터를 절단할 때에는 그 자신의 자율적 증식에 필요한 부위를 파손시키지 않도록 제한 효소를 선택하지 않으면 안된다.

④ 원래의 벡터가 생존, 증식될 수 있는 세포 중에 재조합 DNA(Recombinant DNA)를 주입하여 세포의 증식과 함께 증폭시킨다.

⑤ 증폭된 재조합체를 추출, 정제하여 목적으로 하는 유전자 부위를 끊어내어 모으고 이것을 유

전자구조의 해석 등의 실험에 공급한다. 이것을 DNA 클로닝이라고 한다. 또는 숙주세포 중에 발현시켜 목적으로 하는 유용단백질을 얻는다.

1) 유전자 조작에 필요한 주요 효소

① 제한 효소 : DNA 분자 내에서 특정 염기서열을 인식 절단하는 효소

② 알칼리 포스파타아제 : DNA와 RNA의 5'말단의 인산기를 제거해 주는 효소

③ 폴리뉴크레오타이드 키나아제 : 인산기를 붙여 주는 효소

④ T4-DNA 리가아제 : 이인산에스터 공유결합 형성

2) 유전자 조작의 산업적 이용 분야

① 단백질의 대량생산 : 인슐린, 생장호르몬, 인터페론

② 백신개발 : 인플루엔자, 간염

③ 혈액응고인자, 혈관생성억제제 등의 대량생산

④ 새로운 항생물질의 생산

⑤ 유전병 환자의 원인규명과 치료제 개발

⑥ 유용한 유기화합물을 산업적으로 생산

⑦ 효소의 대량생산

⑧ 품종 육종

⑨ 발효공정의 개선

(2) 세포융합(cell fusion, protoplast fusion)

세포융합(cell fusion, protoplast fusion)이란 서로 다른 형질을 가진 두 세포를 융합하여 두 세포의 좋은 형질을 모두 가진 새로운 우량 형질의 잡종세포를 만드는 기술을 말한다.

1) 세포융합 유도과정

① 세포의 protoplast 화 또는 spheroplast화

② protoplast의 융합

③ 융합체(fusant)의 재생(regeneration)

④ 재조합체의 선택, 분리의 단계

2) 포마토(pomato)

포마토는 감자와 토마토의 플로토플라스트를 폴리에틸렌글리콜로 처리한 후, 알칼리성의 고농도 칼슘 용액으로 처리하여 세포를 융합시키고 그 융합 세포를 배양기에 키워서 식물체로 한 것이다. 이 식물체의 지상부에 토마토의 열매가 열리고 지하부의 줄기가 감자와 같이 되면 그야말로 일석이조인 셈이다.

3) 인공 키메라 동물

유전학이나 발생학에서는 2개 또는 그 이상의 수정란에서 유래하는 동물의 복합 개체를 키메라(chimera)라고 부른다.

(3) 돌연변이

생물의 유전적 변화를 넓은 의미로 변이라고 하며 이중에서 유전자 조작에 의하거나 분리의 법칙 등에 의하지 않는 유전자상의 변화를 돌연변이라 부른다. 즉, DNA의 염기서열의 변화에 의하여 유전정보에 변화가 생기는 경우를 말한다.

1) 자연돌연변이

자연적으로 일어나는 변이로 낮은 빈도($10^{-8} \sim 10^{-9}$)로 발생한다.

2) 인공돌연변이

여러 가지 변이원을 사용하여 물리적, 화학적으로 처리함으로써 발생한다.

 참고

돌연변이원(Mutagen)

① 방사선 : 전자기파, 소립자, X−선, 감마선, 알파선, 베타선, 자외선 등

② 화학적 돌연변이원(화학물질)

- 삽입성물질(intercalating agent) : purine*pyrimidine pair와 유사하므로 DNA stacking 사이에 끼게 된다. acridine orange, proflavin, acriflavin
- 염기유사물(base analogue) : 정상적인 뉴클레오티드와 매우 유사한 화합물로 자라고 있는 DNA 사슬에 쉽게 끼어들 수 있다. 5−bromouracil, 2−aminopurine
- DNA 변형물질(DNA modifying agent) : DNA와 반응하여 염기를 화학적으로 변화시켜 딸세포의 base pair를 변화시킨다. Nitrous acid, Hydroxylamine(NH_2OH), alkylating agent(EMS)

---

3) 유전자 돌연변이

① 미스센스 돌연변이(missense mutation) : DNA의 염기가 다른 염기로 치환되면 polypeptide 중에 대응하는 아미노산이 야생형과는 다른 것으로 치환되거나 또는 아미노산으로 번역되지 않은 짧은 peptide사슬이 된다. 이와 같이 야생형과 같은 크기의 polypeptide 사슬을 합성하거나 그중의 아미노산이 바뀌어졌으므로 변이형이 표현형이 되는 것

② 점 돌연변이(Point mutation) : 보통 염기쌍치환과 프레임쉬프트 같은 DNA 분자 중의 단일 염기쌍 변화로 인한 돌연변이의 총칭

③ 넌센스 돌연변이(nonsense mutation) : UAG, UAA, UGA codon은 nonsense codon이라고 불리어지며 이들 RNA codon에 대응하는 aminoacyl tRNA가 없다. mRNA가 단백질로 번역될 때 nonsense codon이 있으면 그 위치에 peptide 합성이 정지되고 야생형보다 짧은 polypeptide 사슬을 만드는 변이

④ 격자이동 돌연변이(frameshift mutation) : 유전자 배열에 1개 또는 그 이상의 염기가 삽입되거나 결실됨으로써 reading frame이 변화되어 전혀 다른 polypeptide chain이 생기는 돌연변이

4) DNA의 수복기구

① 광회복(photoreactivation) : 자외선에 의해 pyrimidine dimer의 생성(C-C, T-T, C-T) 가시광선(300-480nm)에 의하여 활성화되는 효소, 즉 PR 효소(photoreactivating enzyme or DNA photolyase)에 의해서 thymine dimer가 끊어진다.

② 제거수복(excision repair) : DNA 선상을 움직이는 효소가 한쪽 가닥에서 몇 개의 염기와 함께 이합체(dimer)를 절단 → DNA polymerase와 ligase가 반대쪽 가닥을 주형으로 사용하여 새로운 nucleotide를 만들어 그 gap(틈)을 채운다.

③ 재조합 수복(recombination repair) : 복제와 재조합에 의한 수복이다. 복제 중 gap 발생 시 유전자 재조합에 의해 gap을 수복하는 반응이다.

④ SOS 수복(transdimer synthesis) : error-prone repair system이다. DNA가 자외선이나 화학물질 등에 의해 DNA 손상이 막대하여 정상적인 복제가 저해될 때, 세포는 많은 단백질들을 유도시키는 반응을 촉진하게 된다.

5) DNA 수선

DNA 수선 방식은 손상복귀(damage reversal), 손상제거(damage removal), 손상무시(damage tolerance) 세 가지가 있다.

① DNA 손상복귀(damage reversal)

• Photoreactivation(광활성화) : 빛에 의한 pyrimidine dimers의 제거

• single-strand break의 연결 : X-ray나 peroxide와 같은 화학물질은 DNA의 절단유도

② DNA 손상제거(damage removal)

• Base excision repair : 손상된 염기를 deoxyribose에서 제거

• Mismatch repair : DNA replication이 끝난 후 복제의 정밀도(accuracy)를 검사하는 과정

• Nucleotide excision repair : DNA가닥에 나타난 커다란 (bulky) 손상을 치유

③ DNA 손상무시(damage tolerance)

• Recombinational repair : 유사한 DNA나 sister chromatid를 이용한 recombination을 통하여 daughter-strand에 생긴 gap을 수선하는 방식

• Mutagenic repair : pyrirmdine dimmer 등에 의하여 복제가 정지된 DNA polymerase가 dimmer 부분에 대한 특이성을 변화시켜 반대편에 아무 nucleotide나 삽입하여 복제를 계속하는 방법

001 세균
- 엽록소가 없고, 분열균류에 속한다.
- 너비가 1μ 이하의 단세포 생물이고, 세균 여과기를 통과하지 못한다.
- 대부분은 세포 분열에 의하여 증식한다.

002 생물계에 있어서 미생물의 분류상 위치(원생생물)
(1) 고등미생물
  ① 원생동물
  ② 균류
    ㉠ 점균류(변형균류)―아메바
    ㉡ 진균류
      • 조상균류―곰팡이(*Mucor*, *Rhizopus*)
      • 순정균류
      – 자낭균류 – 곰팡이, 효모
      – 담자균류 – 버섯, 효모
      – 불완전균류 – 곰팡이, 효모
  ③ 지의류
  ④ 조류
(2) 하등미생물
  ① 분열 균류 : 세균, 방선균
  ② 남조류 : 청록세균
(3) Virus

003 원핵세포의 특징
- 핵막, 인, 미토콘드리아가 없다.
- mesosome에 호흡 효소를 가지고 있다.
- 세포벽은 mucocomplex로 되어 있다.

004 하등미생물
- 원핵세포로 되어 있다.
- 세균, 방선균, 남조류 등이 있다.

005 고등미생물
- 진핵세포로 되어 있다.
- 균류, 일반조류, 원생동물 등이 있다.
- 진균류
  – 조상균류 : 곰팡이(Mucor, Rhizopus.)
  – 순정균류
    ㈀ 자낭균류 – 곰팡이, 효모
    ㈁ 담자균류 – 버섯, 효모
    ㈂ 불완전균류 – 곰팡이, 효모

미생물 일반

001 미생물에 관한 설명 중 틀린 것은?
① 곰팡이는 일반적으로 포자로 증식한다.
② 세균은 단세포로서 대부분 세균 여과기를 통과하는 여과성 균체이다.
③ 원생동물은 최하등의 단세포 생물이다.
④ 바이러스는 생세포에만 생육하여 일반 광학현미경으로 볼 수 없다.

002 미생물의 분류에서 진균류에 속하지 않는 것은?
① 버섯, 효모
② 곰팡이
③ 세균, 방사선균
④ 담자 균류와 불완전 균류

003 원핵세포(procaryotic cell)와 관계가 없는 것은?
① 핵막이 없다.
② 인이 있다.
③ 미토콘드리아 대신 mesosome을 가지고 있다.
④ 세포벽은 muco 복합체로 되어 있다.

004 원시핵 세포를 갖는 것은?
① 남조류
② 고등미생물
③ 곰팡이, 효모
④ 남조류 이외의 조류

005 다음에서 진핵세포(ceucaryotic cell)에 속하지 않는 것은?
① 조균류
② 담자균류
③ 분열균류
④ 불완전균류

ANSWER
001 ② 002 ③ 003 ②
004 ① 005 ③

006 진핵세포의 설명 중 틀린 것은?

① 핵막(nuclear membrane)이 있다.
② mitochondria가 있다.
③ 메소좀(mesosome)을 가지고 있다.
④ 효모와 곰팡이는 진핵세포로 되어 있다.

007 진핵세포와 원시핵세포에 공통적으로 존재하는 것은?

① 인
② 핵막
③ 세포질
④ 미토콘드리아

008 진핵세포(고등미생물)에 속하는 것은?

① 구자류
② 유자류
③ 남조류
④ 녹조류(chlorella)

009 미생물의 크기에 따라 배열한 것 중 그 차례가 맞는 것은?

① 세균 > 효모 > 바이러스 > 곰팡이
② 곰팡이 > 효모 > 세균 > 바이러스
③ 효모 > 바이러스 > 세균 > 곰팡이
④ 바이러스 > 효모 > 세균 > 곰팡이

010 다음 미생물의 생육 곡선에서 b의 시기를 무엇이라 하는가?

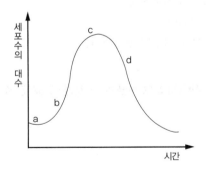

① 대수 증식기로서 균수가 시간에 비례하여 증식하는 시기
② 대수 증식기로서 균수가 시간에 반비례하여 증식하는 시기
③ 대수 증식기로서 세포분열이 지연된 시기
④ 유도기로서 세포분열이 왕성한 시기

---

006 진핵세포
• 핵막, 인, 미토콘드리아를 가지고 있다.
• 곰팡이, 효모, 조류, 원생동물 등은 고등미생물군에 속한다.

007 핵막, 인, 미토콘드리아는 원시핵세포에는 없고, 진핵세포에 있다.

008 녹조류인 chlorella는 진핵세포에 속하고, 남조류, 구자류, 유자류는 원시핵 세포에 속한다.

009 미생물의 크기
• 세균 크기 : 직경과 폭이 0.5~1.0μ이다.
• 효모 크기 : 평균 8~7×6~5μ으로, 큰 것은 10~8μ, 작은 것은 3~2.2μ 정도이다.
• 곰팡이 균체의 기본요소는 폭 2~10μ의 균사(hyphae)이다.
• 바이러스는 광학현미경으로 볼 수 없는 초여과성 입자(직경 0.5μ)를 말한다.

010 미생물의 증식과 대사
• 여러 가지 환경에 의해서 촉진되기도 하고 저해되는 등 영향을 받게 된다.
• 세균과 효모의 증식곡선은 4가지 시기로 나눌 수 있다.
  - 유도기 : 미생물이 새로운 환경에 적응하는 시기
  - 대수기 : 세포 분열이 활발하게 되고 균수가 대수적으로 증가하는 시기
  - 정상기 : 영양물질의 고갈, 대사생성물의 축적, 산소 부족 등으로 생균수와 사균수가 같아지는 시기
  - 사멸기 : 환경 악화로 증식보다 사멸이 진행되어 생균수보다 사멸균수가 증가하는 시기

ANSWER

006 ③ 007 ③ 008 ④ 009 ②
010 ①

011 대수기
• 세포수가 급격히 증가하고, 대사물질이 세포질 합성에 가장 잘 이용되는 시기이다.
• 세포질의 합성 속도는 생균의 증가율과 일치하고, 세대 시간도 가장 짧아지고 일정해진다.
• 세균의 경우는 이 대수기에서 일정의 생육 속도로 세포가 분열하여 n세대 후 세포수는 2^n으로 된다.

012 생육 곡선은
• 유도기 → 대수기 → 정지기 → 사멸기의 순으로 진행된다.
• 유도기는 균이 새로운 환경에 적응하는 시기이며, 균의 접종량에 따라 그 기간의 장단이 있으며, 각종 효소단백질이 합성되는 시기로 세포가 성장하는 시기이다.

013 미생물의 생육곡선에서 정상기간 형성되는 이유
• 배지 중의 영양물질이 소비되고 배지 자체의 pH가 변화되며, 또한 대사산물이 축적되고 산소의 부족 등 생육환경이 악화되어 균의 발육이 저해되면서 사멸 세포가 증가되어 결국에는 정지된다.
• 정상기는 보통 수 시간에서 수 일간 계속되고, 내생 포자를 형성하는 세균에서는 일반적으로 이 시기에 포자가 형성된다.

014 유도기에 일어나는 세포의 변화
• 균이 새로운 환경에 적응하는 시기이다.
• RNA 함량이 증가하고, 세포대사 활동이 활발하게 되고 각종 효소단백질을 합성하는 시기이다.
• 세포의 크기가 2~3배 또는 그 이상으로 성장하는 시기이다.

015 총균수 = 초기균수×2^세대기간
30분씩 3시간이면 세대기간은 6
초기균수 5이므로
5×2^6=320

016
$$세대기간(G) = \frac{분열에 소요되는 총시간(t)}{분열의 세대(n)}$$
30분씩 3시간이면
$$세대기간(G) = \frac{180}{30} = 6$$
총 균수=초기균수×2^세대기간
1×2^6=64

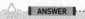
ANSWER
011 ② 012 ④ 013 ④ 014 ③
015 ④ 016 ②

---

011 미생물의 증식곡선에 세포의 생리적 활성이 강하고 세포의 크기가 일정하며 세균수가 급격히 증가하는 기(期)는?

① 유도기   ② 대수기
③ 정상기   ④ 사멸기

012 유도기(lag phase)에 대한 설명으로 옳지 않은 것은?

① 새로운 환경에 적응하려고 한다.
② 어느 범위 내에서 접종량에 따라 그 장단이 있다.
③ 각종 효소의 단백질을 합성하는 시기이다.
④ 대수 증식기 다음에 일어난다.

013 발효 미생물의 일반적인 생육곡선에서 정상기(stationary phase)가 형성되는 이유가 아닌 것은?

① 영양분의 고갈
② 대사산물의 축적
③ 포자의 형성
④ pH의 변화 등의 불리한 환경조건으로 생균수가 증가하지 않기 때문

014 다음 중 유도기에 일어나는 세포의 변화가 아닌 것은?

① RNA 함량이 증가한다.
② 간균 세포의 크기가 길어진다.
③ 최대 속도로 분열된다.
④ 핵산 합성과 단백질 합성이 왕성하다.

015 30분마다 분열하는 세균의 최초 세균수가 5개일 때 3시간 후의 세균수는?

① 90개   ② 120개
③ 240개   ④ 320개

016 *Bacillus natto*(1개)가 30분마다 분열한다면 3시간 후에는 몇 개가 되는가?

① 10개   ② 64개
③ 1024개   ④ 2048개

017 미생물의 생육곡선에서 세포 내의 RNA는 증가하여 대사활성이 활발하고 DNA가 일정한 시기는?

① 유도기
② 대수기
③ 정상기
④ 사멸기

018 주정발효는 주로 어느 대사에서인가?

① EMP 경로
② HMP 경로
③ TCA 회로
④ Glyoxalate 회로

019 EMP 경로에서 생성되지 않는 물질은?

① Acetate
② Ethanol
③ Lactate
④ Glycerol

020 세대시간(generation time)이란?

① 유도기에서 사멸기까지의 시간
② 정상기에서 사멸기까지의 시간
③ 대수기에서 사멸기까지의 시간
④ 분열이 끝나서 다음 분열이 끝날 때까지 요하는 시간

021 10개의 효모를 배지에 접종하여 72시간 배양한 다음 균수를 측정하였더니 그 수가 640개였다. 세대수와 평균 세대 시간은 얼마인가?

① 세대수=6, 평균 세대시간=12
② 세대수=4, 평균 세대시간=12
③ 세대수=2.5, 평균 세대시간=19.2
④ 세대수=7.5, 평균 세대시간=6.4

---

017 유도기
• 균은 형태적 변화 외에 RNA 함량은 증가하고, 세포대사 활성이 왕성해지고, DNA은 일정하다.
• 세포가 새로운 환경에서 증식하는 데 필요한 단백질을 합성하는 시기이다.

018 주정발효는 glucose로부터 EMP 경로를 거쳐 생성된 pyruvic acid가 CO_2의 이탈로 acetaldehyde로 되고 다시 환원되어 주정(alcohol)을 생성하게 된다.

019 EMP 경로는 포도당을 혐기적 조건하에서 발효하여 2 lactate, ethanol, glycerol 등을 생성하는 당분해 과정이다.

020 세대시간(generation time)
• 세균과 효모의 생육 속도(분열 속도)는 1개의 세포가 분열을 시작하여 2개의 세포가 되는 데 소요되는 시간을 말한다.
• 최초의 균수를 a개로 하면 분열 횟수 n과 균수 b의 관계는 $b = a \times 2^n$로 표시된다.

021 세대수와 평균세대시간
• 균수=최초 균수$\times 2^{세대수}$
• 세대수 $640=10 \times 2^n$ $64=2^n$
∴ n=6(세대수)
• 평균 세대시간 72÷6=12(시간)

022 균수 = 최초균수 ×2세대수
세대수 180÷30=6
b=12×2⁶=768

022 균수 = 최초균수 $\times 2^{세대수}$
세대수 $180 \div 30 = 6$
$b = 12 \times 2^6 = 768$

023 영양세포의 원형질
• 수분 90%, 단백질 7~10%, 지질 1~2%, 그 밖의 유기물 1~1.5%, 무기이온 1~1.5% 함유되어 있다.
• 복잡한 콜로이드 상태로 되어 있어 브라운 운동이나 원형질 유동성을 나타낸다.

024 citric acid 생성의 대사
• 구연산은 당으로부터 해당작용에 의하여 pyruvate가 생성되고, 또 oxalo-acetic acid와 acetyl CoA가 생성된다.
• 이 양자를 citrate synthetase의 촉매로 축합하여 citric acid를 생성하게 된다.

025 TCA cycle
• 호기적 당산화 과정이다.
• 1회전하는 사이에 1mole의 acetyl CoA가 산화되어 CO_2와 H_2O로 된다($C_6H_{12}O_6 \rightarrow 2CH_3COCOOH \rightarrow 6CO_2 + 6H_2O$).
• 이때 1mole의 glucose는 32mole의 ATP를 ADP에서 생성되어 에너지가 방출된다.

026 중온세균(mesophiles)의 온도 범위
• 최저 온도는 0~7℃이고 최적 온도는 25~37℃이며, 최고 온도는 35~45℃이다.
• 대부분의 세포, 효모, 곰팡이가 중온균에 속한다.

027 *Nitrosomonas*는 독립영양의 아질산균으로 NH_3를 아질산으로 산화하여 에너지를 획득한다.

028 무기 영양균의 에너지원에 따른 분류
• 광합성균
$2H_2S + CO_2 \rightarrow 2S + (CH_2O) + H_2O$
• 화학합성균
$6H_2 + 2O_2 + CO_2 \rightarrow 5H_2O + (CH_2O)$
$2H_2S + O_2 \rightarrow 2S + 2H_2O$
$2NH_3 + 3O_2$
$\rightarrow 2HNO_2 + 2H_2O + 79cal$
• 기생균(기생영양균)은 에너지가 숙주세포에 의하여 공급되는 것으로 동식물에 기생하여 생활을 영위한다.

ANSWER

022 ④ 023 ④ 024 ① 025 ③
026 ③ 027 ① 028 ②

출제예상문제

022 세대시간이 30분인 어떤 미생물 12마리를 3시간 배양하면 몇 개가 되는가?

① 620개   ② 630개
③ 640개   ④ 768개

023 영양세포 원형질 속에 가장 많이 포함되어 있는 성분은?

① 단백질   ② 당분
③ 지방   ④ 수분

024 미생물 공업에 있어서 citric acid 생성의 대사 과정 중 oxaloacetic acid는 다음 어느 것으로부터 만들어지는가?

① pyruvic acid   ② malic acid
③ α-ketoglutaric acid   ④ succinic acid

025 미생물의 에너지 생성 반응으로서 중요한 것은?

① HMP 경로   ② EMP 경로
③ TCA 회로   ④ Urea 회로

026 중온세균(mesophiles)의 온도 범위는?

① 0~5℃   ② 20~25℃
③ 25~37℃   ④ 37~45℃

027 종속영양균이 아닌 것은?

① *Nitrosomonas*   ② *Azotobacter* 속
③ *Clostridium* 속   ④ *Rhizobium* 속

028 무기 영양 세균의 energy 획득 반응이 아닌 것은?

① $6H_2 + 2O_2 + CO_2 \rightarrow 5H_2O + (CH_2O)$
② $C_2H_5OH + 3O_2 \rightarrow 2CO_2 + 3H_2O$
③ $H_2S + O \rightarrow H_2O + S$
④ $2NH_3 + 3O_2 \rightarrow 2HNO_2 + 2H_2O$

029 광합성 무기물 이용균(photolithotroph)과 관계없는 것은?

① 녹색황세균과 홍색황세균이 이에 속한다.
② 보통 H_2S를 수소수용체로 한다.
③ 황세균은 기질에 황화수소를 이용한다.
④ 통성 혐기성균이다.

030 동식물의 세포보다 미생물의 세포 내에 비교적 많이 함유되어 있는 것은?

① 인산(phosphoric acid)
② 지방산(fatty acid)
③ 아미노산(amino acid)
④ 핵산(nucleic acid)

031 효소와 부활물질과의 관계가 아닌 것은?

① amylase - Ca^{++}
② arginase - Mn^{++}, Cu^{++}
③ carboxylase - Mg^{++}, Co^{++}
④ phenolase - Cu^{++}

032 미생물의 세포질 유전자의 구성물질은?

① FAD ② NAD
③ TPN ④ DNA

033 저온성 세균으로 알맞은 것은?

① *Pseudomonas* 속 세균
② *Salmonella* 속 세균
③ *Lactobacillus* 속 세균
④ *Corynebacterium* 속 세균

034 산소가 없어도 생성 가능한 균은?

① 고초균, 초산균 ② 대장균, 비브리오균
③ 납두균, 황국균 ④ 낙산균, 고초균

---

029 광합성균
- 광합성 무기물 이용균과 광합성 유기물 이용균으로 나눈다.
- 세균의 광합성 무기물 이용균
  - 편성 혐기성균으로 수소수용체가 무기물이다.
  - 대사에는 녹색 식물과 달라 보통 H_2S를 필요로 한다.
  - 녹색황세균과 홍색황세균으로 나누어지고, 황천, 오수, 토양 등에서 발견된다.
  - 황세균은 기질에 황화수소 또는 분자 상황을 이용한다.

030 핵산(nucleic acid)
- 세포 내 단백질의 대부분을 차지하고 RNA와 DNA가 있다.
- 미생물은 일반적으로 세포 내에 핵산을 많이 함유하는데 세균 포자의 RNA 및 DNA 함량은 영양세포의 약 반분에 지나지 않는다.

031 효소의 부활(activation)
- 효소의작용이 어떤 물질의 첨가로 촉진되는 현상을 말한다.
- 이와 같은작용을 가진 물질을 활성제라 한다.
  - 예를 들면, carboxylase에 Mg^{++} 이온을 첨가하면 활성도가 높아진다.
  - Amylase와 trypsin에 대한 Ca^{++} 이온 등은 부활물질은 아니지만 어떤 물질을 첨가함으로써 효소의 실활(失活)을 방지할 수 있다.

032 미생물의 세포질에 있는 DNA
- 세포핵의 세포 분열, 증식 등 유전에 관여하는 유전자의 구성물질로서 주로 핵 중에 들어 있다.
- ※ TPN은 dehydrogenase의 coenzyme이고, FAD와 NAD도 수소 전달체로서작용한다.

033 *Pseudomonas* 속 세균
- 증식 속도가 빠르고, 호랭 세균(최적 온도 20℃ 이하)이다.
- 어패류, 고기류, 육가공 제품, 생육, 계란, 채소 등 여러 식품에 대한 부패 세균이다.
- 특히 저온에서 호기적으로 저장되는 식품의 부패에 제일 큰작용은 한다.

034 산소 요구성에 따른 분류
- 호기성균 : 산소가 없으면 생육하지 못하는 균(고초균, 결핵균, 초산균)이다.
- 혐기성균 : 산소의 존재로 생육이 저해되는 균(낙산균, *Clostridium botulinum*)이다.
- 통성 혐기성 균 : 산소가 있거나 없거나 생육하는 균(대장균, 비브리오균, 유산균)이다.

ANSWER

029 ④ 030 ④ 031 ① 032 ④
033 ① 034 ②

035 TCA cycle의 경로
- citrate → cis-aconitate → Isocitrate → oxalosuccinate → α-ketoglutarate → succinyl-S-CoA → succinate → fumarate → L-malate → oxaloacetatecitrate 의 과정을 거친다.

036 산소의 요구성에 따른 분류
- 편성 호기성균(절대호기성균) : 유리산소의 공급이 없으면 생육할 수 없는 균
  - 곰팡이, 산막효모, *Acetobacter*, *Micrococcus*, *Bacillus*, *Sarcina*, *Achromobacter*, *Pseudomonas* 속의 일부
- 통성 혐기성균 : 산소가 있거나 없거나 생육하는 균
  - 대부분의 효모와 세균으로 *Enterobacteriaceae*, *Staphylococcus*, *Aeromonas*, *Bacillus* 속의 일부
- 절대 혐기성균(편성혐기성균) 산소가 없어야 잘 발육하는 균
  - *Clostridium*, *Bacteriodes*, *Desulfotomaculum* 속 등

037 종속영양균
- 생물에만 기생하여 생활하는 활물기생균과 생물이 아닌 유기물에만 생육하는 사물기생균이 있다.
- 대부분 필수유기대사 산물을 합성할 능력이 없기 때문에 하나 이상의 필수대사 산물을 요구한다.
- 유기물을 탄소원으로 하고 질소원으로는 무기 또는 유기의 질소화합물을 이용한다.

038
세포내에서의 단백질을 합성하는 곳은 ribosome이고, 호흡은 mitochondria에서 일어난다.

039 광합성균
- 광합성 무기물 이용균과 광합성 유기물 이용균으로 나눈다.
- 세균의 광합성 무기물 이용균
  - 편성 혐기성균으로 수소수용체가 무기물이다.
  - 대사에는 녹색 식물과 달리 보통 H2S를 필요로 한다.
  - 녹색황세균과 홍색황세균으로 나누어지고, 황천, 오수, 토양 등에서 발견된다.
  - 황세균은 기질에 황화수소 또는 분자상황을 이용한다.

040 생물그룹의 에너지원과 탄소원
- 독립영양 광합성 생물 : 태양광, CO2
- 종속영양 광합성 생물 : 태양광, 유기물
- 독립영양 화학합성생물 : 화학 반응, CO2
- 종속영양 화학합성생물 : 화학 반응, 유기물

---

035 유리 질소고정균이나 질산염 동화균은 모두 아미노산을 생합성하기 위해 N 화합물을 NH_3로 환원한다. 다음 중 TCA cycle의 성분은?

① α-keto glutaric acid와 fumaric acid
② pyruvic acid와 alanine
③ citric acid와 aspartic acid
④ keto acid와 stearic acid

036 곰팡이는 산소의 요구성으로 보아 어느 것에 분류되는가?

① 편성 호기성   ② 통성 혐기성
③ 편성 혐기성   ④ 약 호기성

037 종속영양균(heterotrophic microbe)의 탄소원과 질소원에 관한 설명 중 옳은 것은?

① 탄소원으로 유기물을, 질소원으로 유기 또는 무기질소화합물을 이용한다.
② 탄소원으로 무기물을, 질소원으로 유기 또는 무기질소 화합물을 이용한다.
③ 탄소원과 질소원 모두 무기물만으로써 생육한다.
④ 탄소원과 질소원 모두 유기물만으로써 생육한다.

038 효모 세포 내에서의 단백질 생합성이 일어나는 곳은?

① ribosome   ② nucleus membrane
③ mitochondria   ④ cytoplasm

039 세균의 광합성에 있어서 수소 공여체가 될 수 있는 것은?

① H_2S ② H_2O
③ CO_2 ④ CH_3COOH

040 독립영양 광합성생물(photoautotrophs)이 탄소원으로 이용하는 것은?

① $KHCO_3$ ② $C_6H_{12}O_6$
③ CO_2 ④ CH_4

041 Operon설에서 억제물이나 유도물질이 다음 중 어느 것과 결합하는가?

① 조절유전자
② 작동유전자
③ 구조유전자
④ m-RNA

042 $A \xrightarrow{EA} B \rightarrow C \rightarrow P$의 대사경로에서 최종생산물 P가 배지에 다량 측정되었을 때, P가 A → B로 되는 반응에 관여하는 효소 EA의 생합성을 억제하는 것을 무엇이라고 하는가?

① feedback repression
② feedback inhibition
③ competitive inhibition
④ activation

043 단백질 합성의 근원이 되는 아미노산 합성을 위해 필수적인 영양소는?

① 탄소원
② 질소원
③ 무기염류
④ 생육인자

044 미생물 대사산물을 효율적으로 대량 생산하기 위한 요건이 아닌 것은?

① 대사조절 기구의 해제
② 목적 반응계 이외로 부반응이 정지될 것
③ 대사 반응에 관여하는 효소의 활성이 낮을 것
④ 기질이 세포로의 투과가 충분할 것

045 고층 한천배양(staleculture)에서 배지의 표면보다도 약간 하층에서 더욱 잘 생육하는 균은?

① 미 호기성균
② 통성 혐기성균
③ 편성 혐기성균
④ 편성 호기성균

046 협막과 점질층의 구성물이 아닌 것은?

① polypeptide
② 다당류
③ 지질
④ 인산

041 operater gene과 구조유전자 복합체를 operon이라 하고, 조절유전자는 유도물질이나 억제물과 특이적으로 결합하여 m-RNA에 유전 정보를 전사하거나 억제한다.

042 Feedback repression
• 최종산물이 DNA의 전사, mRNA 합성의 제어 단백질인 repressor(억제제)와 결합하여 이것을 활성화시켜 전사를 억제하여 효소 생산을 중지시킴으로써 생합성을 저해하는 메커니즘을 말한다.

043 종속영양균의 생육에 필요한 영양소
• 탄소원, 질소원, 무기염류, 생육인자가 필요하다.
• 탄소원으로서는 glucose 등의 당류를 필요로 하고 질소원으로서는 질산 및 NH_3 등의 무기염이나 아미노산 등을 요구한다. 어떤 종류의 미생물은 비타민 등 생육인자를 요구하는 것도 있다.
  – 질소원은 단백질 합성의 소재가 되는 각종 아미노산의 생합성을 위해서 반드시 필요하고, 배지 중의 질소원의 양에 따라 그 미생물의 증식량은 영향을 받게 된다.

044 대사 산물을 효율적으로 대량 생산하기 위한 조건
• 대사 제어의 해제와 대사 조절을 목적 물질의 생성에 유리하게 변경하여 대사 반응이 효율적으로 진행될 것
• 기질이 대사 반응계로 들어가기 위하여 세포로의 투과가 충분할 것
• 기질 및 전구물질이 목적 반응계 이외로 흐르는 부반응을 끝낼 것
• 생성물이 분해 또는 변화하지 않고, 그 반응을 끝낼 것
• 생성물이 세포 외로 투과 배출하여 세포 내의 반응계에서의 농도를 낮게 할 것 등이다.

045 미 호기성균
• 적은 양의 산소를 요구하며, 산소의 양이 많아질 때 생육이 억제되는 균이다.
• 젖산균이 있으며, 생육에는 대기압 보다 낮은 산소 분압이 필요하다.

046
• 협막은 일부 세균과 남조류의 세포벽이 점액이나 고무상으로 둘러싸여 있다.
• 협막과 점질층의 화학성분은 다당류를 주체로 하는 것과 polypeptide, 지질로 된 것이 있다.

ANSWER

041 ① 042 ① 043 ② 044 ③
045 ① 046 ④

왼쪽 해설 칼럼

047 미생물의 생육 온도 범위
- 저온균의 최적 온도는 15 ~ 30℃, 최고 온도 30 ~ 40℃이다.
- 중온균의 최적 온도는 25 ~ 37℃이고, 최고 온도는 45 ~ 55℃이다.
- 고온균의 최적 온도는 45 ~ 60℃이며, 최고 온도는 70 ~ 80℃이다.

048 세균의 당 농도 0.5 ~ 2% 정도가 알맞고, 효모나 곰팡이의 당 농도는 2 ~ 10%가 보통이다.

049 TCA 회로는 EMP 경로 등에 의해 생성된 pyruvic acid가 호기적으로 완전 산화되어 CO_2와 H_2O로 된다.
$$C_6H_{12}O_6 \xrightarrow{EMP} 2CH_3COCOOH \xrightarrow{TCA} 6CO_2 + 6H_2O$$

050 흑국균은 곰팡이로 균사 또는 포자에 의해 번식하므로 분열기간을 잴 수 없다.

051 미생물이 탄소원으로 많이 이용하는 당질
- 효모, 곰팡이, 세균 등 일반적인 미생물의 탄소원으로서는 glucose, dextrose, fructose 등 단당류와 설탕, 맥아당 등의 2당류가 잘 이용되고, xylose, arabinose 등의 5탄당, Lactose, raffinose 등과 같은 oligosaccharide을 이용하기도 한다.
- 젖당은 장내 세균과 유산균의 일부에 잘 이용되나 효모의 많은 균주는 이용하지 못한다.

052 수분활성도(A_w)를 낮추는 방법
- 용질을 가한다 : 식염, 설탕 등 첨가
- 용매를 줄인다 : 건조시키거나 소금 첨가
- 동결시킨다 : 냉동 온도를 조절

053 영양요구성에 의한 미생물의 구분
- 독립 영양균 : 유기물이 필요하지 않고, 광에너지, 무기물, 탄산가스를 이용, 암모니아, 황 등에 의해 에너지를 획득하는 미생물
  - 유황세균, 질화세균, 수소세균, 철세균 등
- 종속 영양균 : 무기물을 이용하지 못하고 유기화합물을 필요로 하는 미생물
  - *Azotobacter* 속, 대장균, *Pseudomonas* 속, *Clostridium* 속, *Acetobacter butylicum* 등
  - 활물 기생균과 사물 기생균

오른쪽 문제

047 생육 온도에 따른 미생물의 대별 시 thermophile의 최적 생육 온도의 범위에 해당하는 것은?

① 30 ~ 40℃
② 45 ~ 60℃
③ 70 ~ 80℃
④ 80 ~ 90℃

048 미생물의 영양소에 대한 다음 설명 중 틀린 것은?

① 세균은 일반적으로 당 농도 5 ~ 10%가 발육의 최적이다.
② 자력 영양균은 CO_2를 탄소원으로 이용한다.
③ 효모와 곰팡이는 당 농도 2 ~ 10%가 발육의 최적이다.
④ 타력 영양균은 유기물을 energy원으로 이용한다.

049 $C_6H_{12}O_6 + 6O_2 \rightarrow 6CO_2 + 6H_2O + 688cal$는 다음 어느 작용인가?

① 발효작용
② 호흡작용
③ 증식작용
④ 증산작용

050 분열기간을 측정할 수 없는 균은?

① 유산균
② 흑국균
③ 젖산균
④ 대장균

051 미생물이 탄소원으로서 많이 이용되는 당질은 무엇인가?

① lactose
② xylose
③ glucose
④ raffinose

052 식품 중에 미생물의 발육을 억제하기 위하여 수분활성도(A_w)를 낮추는 방법으로 쓰이지 않는 것은?

① 건조시킨다.
② 소금을 첨가한다.
③ 동결시킨다.
④ 항생제를 첨가한다.

053 생육에 유기물을 필요로 하지 않고, 무기물만으로 생육하는 미생물은?

① 종속 영양균
② 독립 영양균
③ 활물 기생균
④ 사물 기생균

ANSWER

047 ②	048 ①	049 ②	050 ②
051 ③	052 ④	053 ②	

054 최적 pH가 틀린 것은?

① *Asp. niger* = 7.0
② *Sacch. cerevisiae* = 5
③ *Bac. subtilis* = 7
④ *E. coli* = 7

055 미생물의 생리적 조건에 대한 식염의작용이 아닌 것은?

① Cl⁻작용
② 산소 용해도 감소
③ 삼투압으로 인한 원형질 분리
④ 효소의 활성 증대

056 *Lactobacillus leichmanii*는 어떤 생육인자를 정량할 때 이용하는가?

① 비타민 B_1
② 비타민 B_6
③ 비타민 B_{12}
④ 비오틴(biotin)

057 미생물의 증식도 측정방법으로 부적합한 것은 무엇인가?

① 총균 계수법
② 증식세대 측정량
③ 원심침전법
④ 균체질소량

058 미생물의 생육에 필요한 무기원소로서 미량으로 필요한 것은?

① K
② Ca
③ Mg
④ Mn

059 미생물에서 무기염류의 역할과 관계가 없는 것은?

① 물질대사의 보효소
② 핵산의 구성분
③ 세포의 구성분
④ 세포 내의 삼투압 조절

054 미생물의 최적 pH
- *Sacch. cerevisiaes* : pH 4.0~5.0
- *Bac. subtilis* : pH 6.8~7.2
- *E. coli* : pH 6.0~8.0
- *Asp. niger* : pH 3.0~6.0

055 식염이 세균의 증식을 억제하는 이유
- 삼투압 때문에 원형질의 분리를 일으킨다.
- 탈수작용으로 세포 내의 수분을 빼앗는다.
- 효소의 활성을 저해하여 대사계를 혼란시킨다.
- 산소 용해도를 감소시킨다.
- 세포의 CO_2 감수성을 높인다.
- Cl⁻의작용 때문이다.

056 일반적으로 세균, 곰팡이, 효모의 많은 것들은 비타민류의 합성 능력을 가지고 있다. 유산균류는 비타민 B군을 요구한다.
※ 유산균이 요구하는 비타민류
- vit. B_1 : *L. fermentii*
- vit. B_2 : *L. casei*, *L. lactis*
- vit. B_6 : *L. casei*, *str. faecalis*
- vit. B_{12} : *L. leichmanii*, *L. casei*
- Biotin : *Leuc. mesenteroides*
- folic acid : *L. casei*

057 미생물의 증식도 측정법
- 건조균체량, 균체질소량, 원심침전법 (packed volume), 광학적 측정법, 총균 계수법, 생균 계수법, 생화학적 방법 등

058 무기염류
- 세포의 구성성분, 물질대사의 보효소, 세포내 삼투압의 조절에 중요하며, 또한 배지의 완충작용에도 중요한 역할을 한다.
- Ca, Na, P, Mg, K, S 등은 대량으로 필요한 다량 원소이다.
- Fe, Mn, F, Zn, Cu, Co, Mo 등은 일반적으로 극미량을 필요로 하는 미량 원소들이다.

059 미생물에서 무기염류의 역할
- 세포의 구성분
- 물질대사의 보효소
- 세포 내의 pH 및 삼투압 조절 등

◆ ANSWER ▶ ....

054 ① 055 ④ 056 ③ 057 ②
058 ④ 059 ②

060 미생물 생육에 필요한 생육인자
- 미생물의 종류에 따라 다르나 아미노산, purine 염기, pyrimidine 염기, vitamin 등이다.
- 미생물은 세포 내에서 합성되지 않는 필수 유기화합물들을 요구한다.
- 일반적으로 세균, 곰팡이, 효모의 많은 것들은 비타민류의 합성 능력을 가지고 있으므로 합성배지에 비타민류를 주지 않아도 생육한다.
- 영양요구성이 강한 유산균류는 비타민 B군을 주지 않으면 생육하지 않는다.

061 미생물이 생산하는 효소의 특징
- 생체 유기촉매로서 일반 무기촉매와 다른 점은 단백질로 구성되어 있으므로 단백질의 특유한 성질을 갖고 있다.
- 따라서 강산, 강알칼리, 고온, 고압, 중금속 등에 의하여 변성되어 효소활성을 잃게 된다.

062 미생물의 생육에 필요한 무기원소
- P, S, Mg, K, Na, Ca, 등을 비교적 많이 필요로 하며, 그 이외에 Fe, Mg, Co, Zn, Cu, Mo, Cl 등은 극히 미량으로 필요로 한다.
- S은 methionine, cystine 등의 아미노산의 중요한 구성성분으로서작용한다.

063
미생물은 거의 상압 하에 서식하고 있으므로 강한 압력은 별로 받지 못하며, 다소 기압의 변화에도 그 생육에 별로 영향을 받지 않는다.

064 페니실린(penicillins)
- 베타−락탐(β−lactame)계 항생제이다.
- 보통 그람양성균에 의한 감염의 치료에 사용한다.
- lactam계 항생제는 세균의 세포벽 합성에 관련 있는 세포질막 여러 효소(carboxypeptidases, transpeptidases, entipeptidases)와 결합하여 세포벽 합성을 억제한다.

065 미생물과 압력
- 일반세균은 압력에 내성이 강해 생육을 억제하는 방법으로는 적당하지 못하다. 그러나 가압에 의해서는 생육 속도에 영향을 줄 수는 있다.
- 세균은 300기압에서부터 생육은 서서히 저해받아 400기압에서는 생육이 거의 정지된다.

---

060 미생물생육에 필요한 생육인자(growth factor)에 해당되지 않는 것은?

① 비타민
② 세포 내에서 합성되지 않는 필수 유기화합물
③ purine , pyrimidine 염기
④ 탄소원, 질소원

061 다음 중 미생물이 생산하는 효소의 특징이 아닌 것은?

① 생체 촉매로서 무기 촉매와 같은 특성이 있다.
② 한 효소는 어떤 기질이나 여러 반응을 촉매할 수 없다.
③ 한 효소는 한 효소에 맞는 최적 온도와 최적 pH를 갖는다.
④ 효소는 고분자 물질로서 열이나 금속에 의해 변성응고 된다.

062 미생물의 성장에 비교적 많이 필요한 무기원소이며 메티오닌, 시스테인 등 아미노산의 구성성분인 것은?

① S   ② Ca
③ Co   ④ Fe

063 미생물의 생리로 보아 증식에 큰 영향을 받지 않는 환경 요소는?

① 온도   ② 압력
③ 광선   ④ 수분

064 미생물의 증식을 억제하는 항생물질 중 세포벽 합성을 저해하는 것은?

① streptomycin
② tetracycline
③ penicillin
④ chloramphenicol

065 미생물의 생육을 억제하는 방법으로 가장 옳지 못한 것은?

① 온도의 변화   ② 압력의 변화
③ 수분의 변화   ④ pH의 변화

▶ **ANSWER** ◀

060 ④   061 ①   062 ①   063 ②
064 ③   065 ②

066 다음 중 건조식품에 문제가 되는 미생물은?

① virus
② yeast
③ bacteria
④ mold

067 미생물의 증식에서 아포의 설명이 잘못된 것은 어느 것인가?

① 일시적 방어장치이다.
② 세포질의 일부가 농축되어 생긴 것이다.
③ 증식과 직접 관계가 있다.
④ 정상기에 생성된다.

068 세균의 영양세포에는 없고 포자에만 함유된 물질은?

① muco complex
② teichoic acid
③ glucan
④ dipicolinic acid

069 공기를 좋아하는 균으로 알맞은 것은?

① 통성 혐기성
② 호기성
③ 혐기성
④ 미 호기성

070 산소가 있으나 없으나 잘 자라는 균은?

① 통성 혐기성균
② 편성 혐기성균
③ 편성 호기성균
④ 통성 호기성균

071 혐기성 미생물이 산소가 전혀 없는 조건에서 전자전달체로 이용하여 생육할 수 있는 화합물은 다음 중 어떤 것인가?

① $CaCO_3$
② $NaNO_3$
③ $NaSO_3$
④ KH_2PO_4

072 호기성 세균이 산소가 없을 때 대용할 수 있는 것은?

① SO_3^-
② CO_3^-
③ NO_3^-
④ PO_4^-

---

066 미생물의 생육과 수분활성도
• 미생물이 식품 속에 들어 있는 수분을 어느 정도까지 이용할 수 있는가를 나타내는 것이 수분활성도(Aw)이다.
• Aw 한계를 보면 세균은 0.86, 효모는 0.78, 곰팡이는 0.65 정도이다.

067 미생물의 증식에서 포자
• 내생 포자를 형성하는 세균은 일반적으로 정상기에 포자가 형성되고, 효소 분비도 대수기 후반에 걸려 일어나는 경우가 많다.
• 저항력이 대단히 강하며, 식품 공업에서 변질의 요인이 되고 있다.

068 세균 포자
• 수분함량이 대단히 적고, dipicolinic acid은 5~12% 함유하고 있다.
• dipicolinic acid은 영양세포에 발견되지 않는다.

069 산소의 요구성에 따른 분류
• 혐기성균 : 산소를 싫어하는 균
• 통성 혐기성균 : 산소가 있으나 없으나 생육하는 미생물
• 편성 호기성균 : 산소가 절대로 필요한 경우의 미생물
• 편성 혐기성균 : 산소가 절대로 존재하지 않을 때 증식이 잘되는 미생물
• 호기성균 : 산소가 없으면 생육할 수 없는 균
• 미 호기성균 : 대기 중의 산소 분압보다 낮은 분압일 때 더욱 잘 생육되는 미생물

070 69번 해설 참조

071 혐기성 호흡은 호기성 호흡과 같은 생리학적 대사과정을 갖는다. 다만 전자전달계에서 최종 전자를 받는 물질이 산소 분자 대신에 질산염, 황산염, 탄산염 등과 같은 무기물이다. 질산염, 황산염 및 탄산염은 최종 전자 받개로 이용되면서 물질의 지구화학적 순환과정에 참여하게 된다.

072 호기성 세균이 산소가 없을 때 대용할 수 있는 것은 질산이온(NO_3^-)이다.

---

073 미생물의 생육에 직접적으로 관계하는 요소가 아닌 것은?

① 수분 ② 탄소
③ 산소 ④ pH

074 건조에 대한 저항성이 강한 순으로 미생물의 종류를 나열한 것은?

① 곰팡이 – 세균 – 효모 ② 세균 – 곰팡이 – 효모
③ 효모 – 세균 – 곰팡이 ④ 곰팡이 – 효모 – 세균

 식품미생물

075 곰팡이(mold)의 번식 순서로 옳은 것은?

① 자실체 – 균사체 – 포자 – 균사 – 균총
② 균총 – 균사 – 균사체 – 자실체 – 포자
③ 포자 – 균사 – 균사체 – 자실체 – 균총
④ 포자 – 자실체 – 균총 – 균사체 – 균사

076 다음 중에서 곰팡이의 구조와 관련되지 않은 것은?

① 균총 ② 균사체
③ 자실체 ④ 편모

077 곰팡이에 대한 설명으로 틀린 것은?

① 곰팡이는 주로 포자에 의해서 번식한다.
② 곰팡이의 포자에는 유성포자와 무성포자가 있다.
③ 곰팡이의 무성포자에는 난포자, 접합포자, 담자포자, 자낭포자 등이 있다.
④ 포자는 적당한 환경 하에서는 발아하여 균사로 성장하며 또한 균사체를 형성한다.

078 곰팡이를 분류할 때 가장 먼저 고려해야 할 사항은?

① 산소 요구도
② 균총의 색깔
③ 포자의 생성 유무
④ 균사의 격벽(septa)의 유무

079 균사 내에 격막(septa)이 없는 것은?

① *Monascus anka*
② *Rhizopus javanicus*
③ *Penicillium glaucum*
④ *Aspergillus niger*

080 곰팡이 균사에 격벽이 있는 것은?

① *Mucor* 속, *Rhizopus* 속
② *Aspergillus* 속, *Penicillium* 속
③ *Mucor* 속, *Aspergillus* 속
④ *Mucor* 속, *Absidia* 속

081 곰팡이 균총(colony)의 색깔은 곰팡이의 종류에 따라 다르다. 이 균총의 색깔은 어느 것에 의해서 주로 영향을 받게 되는가?

① 포자
② 기중균사(영양균사)
③ 기균사
④ 격막(격벽)

082 Rhizopus의 형태가 아닌 것은?

① 포자낭을 형성한다.
② 후막포자를 만들고 균총은 회백색이다.
③ 포자낭병은 두 개의 마디 사이에서 발생한다.
④ 가근을 가지고 있다.

083 곰팡이의 유성포자 종류에 속하지 않는 것은?

① 접합포자(zygospore)
② 자낭포자(ascospore)
③ 담자포자(basidiospore)
④ 후막포자(chlamydospore)

084 곰팡이의 분생포자는 다음 중 어느 것인가?

① 내생포자
② 후막포자
③ 출아포자
④ 외생포자

085 곰팡이의 무성생식 포자가 아닌 것은?

① 내생포자
② 후막포자
③ 자낭포자
④ 출아포자

---

079 진균류(Eumycetcs)의 분류
격벽의 유무에 따라 조상균류와 순정균류로 분류한다.
• 조상균류 : 균사에 격벽(격막)이 없다.
 - 호상균류 : 곰팡이
 - 난균류 : 곰팡이
 - 접합균류 : 곰팡이(*Mucor* 속, *Rhizopus* 속, *Absidia* 속)
• 순정균류 : 균사에 격벽이 있다.
 - 자낭균류 : 곰팡이(*Monascus* 속, *Neurospora* 속), 효모
 - 담자균류 : 버섯, 효모
 - 불완전균류 : 곰팡이(*Aspergillus* 속, *Penicillium* 속, *Trichoderma* 속), 효모
※ *Rhizopus javanicus*는 격막이 없으며 녹말의 당화력과 알코올 발효력이 강한 amylo균이다.

080 79번 해설 참조

081 균총(colony)
• 균사체와 자실체를 합쳐서 균총(colony)이라 한다.
• 균사체(mycelium)는 균사의 집합체이고, 자실체(fruiting body)는 포자를 형성하는 기관이다.
• 균총은 종류에 따라 독특한 색깔을 가진다.
• 곰팡이의 색은 자실체 속에 들어 있는 각자의 색깔에 의하여 결정된다.

082 *Rhizopus*속
• 포복지와 가근을 가지고 있다.
• 가근에서 포자낭병을 형성하고, 중축바닥 밑에 포자낭을 형성한다.

083 곰팡이 포자
• 유성포자 : 두 개의 세포핵이 융합한 후 감수 분열하여 증식하는 포자
 - 난포자, 접합포자, 담자포자, 자낭포자 등
• 무성포자 : 세포핵의 융합이 없이 단지 분열 또는 출아증직 등 무성적으로 생긴 포자
 - 외생포자(*Pen*, *Asp*., 분생포자), 내생포자(*Mu*. *RH*., 포자낭포자), 분절포자(유절포자), 후막포자 등

084 분생포자
• 분생자병인 생식균사의 말단에 착생하는 포자이다.
• *Aspergillus*속과 *Penicillium*속 곰팡이에서 볼 수 있고, 포자가 그냥 노출되어 있으므로 외생포자라고도 한다.

085 83번 해설 참조

086 84번 해설 참조

087 분절포자
- 불완전균류 *Geotrichum*속과 *Moniliella* 속에서 흔히 볼 수 있다.
- 균사 자체에 격막이 생겨 균사 마디가 끊어져 내구성 무성포자(유절포자, geotricum spore)가 형성된다.
- 분열자(oidium)라고도 한다.

088 *Penicillium*속과 *Aspergillus* 속 곰팡이는 생식균사인 분생자 병의 말단에 분생포자를 착생하여 무성적으로 증식한다. 포자가 밖으로 노출되어 있어 외생포자라고도 한다.

089 접합균류
- 유성적으로 2개의 배우자낭이 융합하여 이루어지고, 접합포자(zygospore)를 형성한다.
- 무성적으로 포자낭을 형성하여 그 안에 포자낭포자를 형성한다.

090 접합균류
- 유성적으로 2개의 배우자낭이 융합하여 이루어지고, 접합포자(zygospore)를 형성한다.
- 무성적으로 포자낭을 형성하여 그 안에 포자낭포자를 형성한다.
- 곰팡이에서 접합균류는 *Mucor* 속, *Rhizopus* 속, *Absidia* 속 등이 있다.
- ※ *Aspergillus* 속, *Penicillium* 속 등은 불완전균류이다.

091 자낭균류
- 유성포자를 자낭 중에 보통 8개씩 내장한다.
- 균사에 격벽이 있고, 격벽은 구멍이 있다.
- 격벽 근처에 새의 부리 모양 돌기(취상돌기, clamp connection)가 있는 것은 담자균류이다.

---

086 외생포자인 분생포자에 속하는 것은?

① *Mucor* 속, *Rhizopus* 속
② *Aspergillus* 속, *Penicillium* 속
③ *Thamnidium* 속
④ *Absidia* 속

087 분절포자(arthrospore)를 갖는 것은?

① 외생포자(exospore)
② 포자낭포자(sporangiospore)
③ 유절포자(geotricum spore)
④ 홍국균(monascus spore)

088 푸른곰팡이(Penicillium)가 무성적으로 형성하는 포자는?

① 분생포자 ② 포자낭포자
③ 후막포자 ④ 접합포자

089 접합균류와 관계가 있는 것은?

① 가근(rhizoid) ② 경자(sterigmata)
③ 병족세포(foot cell) ④ 포자낭(sporangium)

090 다음 중 접합균류(Zygomycotina)에 속하지 않는 곰팡이는?

① *Absidia* 속 ② *Penicillium* 속
③ *Rhizopus* 속 ④ *Mucor* 속

091 자낭균류에 대한 설명 중 잘못된 것은?

① 균사에 있는 격벽은 간단한 구조로 구멍이 있다.
② 격벽 근처에 새의 부리 모양의 돌기가 있다.
③ 자낭을 갖고 있다.
④ 자낭 속에 자낭포자가 생긴다.

ANSWER

086 ② 087 ③ 088 ① 089 ④
090 ② 091 ②

092 균사의 격막(septa) 유무로써 분류한 것은?

① 조균류와 불완전균류
② 조균류와 자낭균류
③ 담자균류와 자낭균류
④ 불완전균류와 점균류

093 균사에 격막이 없는 것은?

① 조상균류　　　　② 자낭균류
③ 담자균류　　　　④ 불완전균류

094 자낭균류 자낭과의 유형에서, 성숙했을 때 자실층이 외부로 노출되는 것은?

① 폐자기　　　　② 나자기
③ 정낭　　　　　④ 피자기

095 포자낭병(sporangiophore)이 포복지(stolen)의 중간 부분에서 분지되는 곰팡이는?

① *Mucor mucedo*　　② *Rhizopus delemar*
③ *Absidia licheimi*　④ *Aspergillus glaucus*

096 다음에서 설명하는 균종은 무엇인가?

> • 코지 곰팡이의 대표적인 균종이다.
> • 전분당화력이 강하여 청주, 된장, 간장, 감주 등의 제품에 이용된다.
> • 처음에는 백색이나 분생자가 착생하면 황색에서 황녹색으로 되고 더 오래되면 갈색을 띤다.

① *Aspergillus awamori*
② *Aspergillus oryzae*
③ *Aspergillus niger*
④ *Aspergillus flavus*

097 *Aspergillus* 속과 *Penicillium* 속의 분생자두(分生子頭)의 차이점은?

① 정낭(vesicle)　　　② 경자(sterigmata)
③ 분생자(conidia)　　④ 분생자병(conidiophore)

---

092 조상균류는 균사에 격막이 없고, 자낭균류는 균사에 격막이 있다.

093 담자균류, 자낭균류, 불완전균류의 균사에는 격막이 있고, 조상균류나 접합균류의 균사에는 격막이 없다.

094 자낭균류 자낭과
• 외형에 따라 3가지 형태로 분류한다.
　– 폐자기(폐자낭각, cleistothecium) : 완전 구상으로 개구부가 없는 상태
　– 피자기(자낭각, perithecium) : 플라스크 모양으로 입구가 약간 열린 상태
　– 나자기(자낭반, apothecium) : 성숙하면 컵모양으로 내면이 완전히 열려 있는 상태

095 *Absidia* 속의 균사체
• *Rhizopus*속과 같이 포복성으로 기질과 접합한 점에서 분지되어 가근이 생긴다.
• 포자낭병은 포복지 중간 부위에서 생긴다.

096 *Aspergillus oryzae*(황국균)
• 국균 중에서 가장 대표적인 균종이다.
• 전분당화력이 강하므로 간장, 된장, 청주, 탁주, 약주, 감주 등의 제조에 사용한다.
• colony의 색은 초기에는 백색이나 분생자가 착생하면 황색에서 황녹색으로 되고 더 오래되면 갈색을 띤다.
• 생육 온도는 25～37℃이다.

097 *Aspergillus* 속은 *Penicillum* 속과는 달리 분생자병의 선단에 정낭을 형성하며, 정낭 주위에 경자가 생성되어 그 끝에 분생자가 착생한다.

098 *Aspergillus niger*(흑국균)
- 구연산을 비롯해 글루콘산, 옥살산, 호박산 등 유기산 제조에 이용된다.
- pectinase를 분비하므로 과즙 청징제 생산에 이용되는 흑국균이다.
- 분비 효소는 α-amylase, glucoamylase, invertase, pectinase이다. 생육적온은 35~37℃이다.

099
- *Mucor* 속은 균사에서 포장낭병이 성립되고 그의 선단이 팽대하여 중축으로 되고 주위에 구상의 포자낭을 형성, 그 속에 다수의 포자낭 포자를 형성한다.
- *Rhizopus* 속은 *Mucor* 속과 비슷하지만, 수 cm까지 포복지를 가진 점과 포복지에 가근을 형성하는 *Mucor* 속과 구별된다.

100 *Absidia*는 가근과 가근 사이의 중앙부위 균사에서 포자낭병이 생성된다.

101 *Absidia* 속의 균사체
- *Rhizopus*속과 같이 포복성으로 기질과 접합한 점에서 분지되어 가근이 생긴다.
- 포자낭병은 가근과 가근 사이의 포복지 중간 부위에서 생긴다.
- 포자낭은 서양배 모양이고 중축은 반구형 또는 원추형이다.
- 포자는 소원형 또는 난형으로 무색 혹은 청녹색을 나타낸다.
- 녹말당화력이 있어서 고량주의 국에서 분리되기도 한다.

102 진균류(Eumycetcs)
- 조상균류 : *Rhizopus, Mucor, Absidia, Tarnnicdium* 속 등
- 자낭균류 : *Aspergillus, Penicillium, Monascus, Neurospora* 속 등

103 *Mucor* 속의 특징
- 대표적인 접합균류이고, 털곰팡이이다.
- 균사에서 포자낭병이 직립되어 포자낭을 형성한다.
- 포자낭병은 monomucor, racemomucor, cymomucor 3종류가 있다.
- 균사에 격막이 없다.
- 유성, 무성으로 내생포자를 형성한다.
- *Mucor rouxii*는 amylo법에 의한 알코올 제조에 의한 알코올 제조에 처음 사용된 균으로 포자낭병은 cymomucor에 속한다.

098 *Aspergillus niger*의 특징이 아닌 것은?

① 구연산을 비롯해 글루콘산, 옥살산, 호박산 등 유기산제조에 이용된다.
② pectinase를 분비하므로 과즙 청징제 생산에 이용된다.
③ 아플라톡신(aflatoxin)을 생성한다.
④ 분생자의 색깔이 흑갈색이다.

099 포자낭 포자를 무성적으로 형성하는 것은?

① *Mucor* 속, *Rhizopus* 속
② *Mucor* 속, *Aspergillus* 속
③ *Rhizopus* 속, *Aspergillus* 속
④ *Aspergillus* 속, *Penicillium* 속

100 다음 *Rhizopus*와 *Absidia*의 설명 중 틀린 것은?

① *Rhizopus*는 가근과 포복지를 갖는다.
② *Absidia*는 포자낭병이 가근 위에 생성된다.
③ *Rhizopus*는 격벽이 없다.
④ *Absidia*는 가근과 가근 사이에서 포자낭병이 생성된다.

101 활털곰팡이(*Absidia*속)에 대한 설명으로 옳은 것은?

① 대칭과 비대칭으로 포자낭병을 형성한다.
② 폐자기를 형성하는 특징이 있다.
③ 소포자낭을 형성한다.
④ 가근과 가근 사이의 포복지 중간에 포자낭병이 있다.

102 조상균류가 아닌 것은?

① *Mucor*   ② *Rhizopus*
③ *Absidia*   ④ *Monascus*

103 *Mucor* 속에 대한 설명이다. 잘못된 것은?

① 대표적인 접합균류로 기균사가 털모양이다.
② 포자낭병의 분지 여부, 길이, 중축 형태, colony 형태, 색깔로 균종을 구별한다.
③ 포자낭병은 monomucor, racemomucor, cymomucor의 3종류가 있다.
④ *Mucor rouxii*는 monomucor에 속한다.

104 진균류를 조상균류와 순정균류로 분류하는 것은?

① 격막의 유무
② 자낭포자 생성유무
③ 핵 형성유무
④ 편모상태

105 다음 곰팡이 속들 중 불완전균류가 아닌 것은?

① *Cladosporium* 속
② *Aspergillus* 속
③ *Mucor* 속
④ *Trichoderma* 속

106 고구마 연부(soft decay)의 원인균은?

① *Rhizopus. niger*
② *Rh. delemar*
③ *Rh. nigricans*
④ *Rh. flavus*

107 전분 당화력이 강해서 유기산 생성 및 소주 제조에 사용되는 곰팡이는?

① *Asp. tamari*
② *Pen. citrinum*
③ *Mon. purpurens*
④ *Rhizopus* 속

108 분생자병과 끝에 직접 분기하여 경자가 빗자루나 붓모양의 취상체를 형성하는 것은?

① *Aspergillus* 속
② *Mucor* 속
③ *Rhizopus* 속
④ *Penicillium* 속

109 *Penicillium* 속과 *Aspergillus* 속의 특징이 잘못 짝지어진 것은?

① *Penicillium* ― 항생물질 생산
   Aspergillus ― 당화 효소 생산
② *Penicillium* ― 황변미의 원인
   Aspergillus ― 고농도의 설탕식품 변패
③ *Penicillium* ― 치즈 제조
   Aspergillus ― 양조공업
④ *Penicillium* ― 병족 세포
   Aspergillus ― 정낭

110 가근과 포복지를 갖는 곰팡이는?

① 조상균류
② 불완전균류
③ 담자균류
④ 분열균류

---

104 조상균류는 격벽이 없고, 순정균류는 격벽이 있다.

105 곰팡이 속들 중 불완전균류
• *Aspergillus* 속, *penicillum* 속, *Cladosporium* 속, *Fusarium* 속, *Trichoderma* 속, *Monilia* 속 등이 있다.
※ *Mucor* 속은 조상균류에 속한다.

106 *Rh. nigricans*
• 대표적인 거미줄곰팡이다.
• 연부(軟腐)의 원인이고, 딸기 등의 과일, 곡류, 빵의 부패 원인균이다.

107 *Rhizopus* 속은 대부분 pectin 분해력과 전분질 분해력이 강하므로 당화 효소 및 유기산 제조용으로 이용되는 균종이 많다.

108 *Penicillium* 속은 *Aspergillus* 속과 분류학상 가까우나 분생자병 끝에 정낭을 만들지 않고, 직접 분기하여 경자가 빗자루 모양으로 배열하고 취상체(penicillus)를 형성하는 점이 다르다.

109
• *Aspergillus* 속은 균사의 일부가 팽대한 병족 세포에서 분생자병이 수직으로 분지하고, 선단이 팽대하여 정낭(vesicle)을 형성하며, 그 위에 경자와 아포자를 착생한다.
• *Penicillium*은 병족 세포가 없고 취상체(Penicillus)를 형성한다.

110 가근(rhizoid)과 포복지(stolon)를 갖고 있는 곰팡이는 *Rhizopus* 속 (거미줄 곰팡이속) 등으로 조상균류(Phycomycetes)에 속한다.

왼쪽 해설

111 *Rhizopus delemar* 등에 의해서 대량 생산되는 glucoamylase는 전분의 비환원성 말단으로부터 glucose를 절단하는 당화형 amylase이다.

112 Aflatoxin
· 곰팡이로부터 생산되는 곰팡이 독으로 강력한 발암물질이다.
· aflatoxin을 분비하는 곰팡이 : *Asp. flavus, Asp. parasiticus, Asp. nomius* 등

113 *Penicillium citrinum*
· 황변미의 원인균으로 알려져 있다.
· 신장장애를 일으키는 유독한 황색색소 시트리닌(citrinin, $C_{13}H_{14}O_5$)을 생성한다.

114 *Mucor rouxii*
· 중국 누룩에서 분리되었다.
· 전분 당화력이 강하며, α-amylo법에 의한 알코올 제조에 이용된다.
· 생육적온은 30~40℃이다.

115 *Asp. oryzae*(황국균)
· 누룩곰팡이로서 대표적인 국균으로 청주, 된장, 간장, 감주, 절임류 등의 양조공업, 효소제 제조 등에 오래 전부터 사용해온 곰팡이다.
· 녹말 당화력, 단백질 분해력도 강하고 특수한 대사산물로서 koji acid를 생성하는 것이 많다.
※ *Rhizopus japonicus*는 일본산 코오지에서 분리되었다.
※ *Sacch. sake*는 일본 청주 효모이다.

116 *Trichoderma* 속
· 불완전균류에 속하는 곰팡이다.
· cellulase 생성력이 강하여 효소 생산에 이용되기도 한다.

117 *Monascus purpureus*
· 중국과 말레이 지역에서 홍주의 제조에 사용하는 홍곡에 중요한 곰팡이이다.
· 우리나라 누룩에서도 많이 검출된다.
· 집락은 적색이나 적갈색이다.

118 *Absidia* 속은 녹말 당화력이 있어서 고량주 국에서 분리되기도 한다.

---

111 *Rhizopus delemar*가 생산하는 당화 효소는?
① α – amylase　② glucoamylase
③ β – amylase　④ γ – amylase

112 Aflatoxin을 분비하지 않는 곰팡이는?
① *Aspergillus flavus*　② *Aspergillus oryzae*
③ *Aspergillus parasiticus*　④ *Aspergillus nomius*

113 황변미의 원인이 되는 균으로서 유독한 색소 시트리닌을 생산하는 균주가 속해있는 속은?
① 활털곰팡이 속　② 푸른곰팡이 속
③ 거미줄곰팡이 속　④ 누룩곰팡이 속

114 Amylo법에 이용되며, 특히 전분 당화력이 강한 곰팡이는?
① *Mucor rouxii*　② *Mucor mucedo*
③ *Mucor hiemalis*　④ *Mucor pusillus*

115 간장, 된장, 청주 등 코지 제조에 이용되는 코지(koji) 곰팡이는?
① *Rhizopus japonicus*　② *Saccharomyces sake*
③ *Mucor mucedo*　④ *Aspergillus oryzae*

116 Cellulase 생산력이 강한 곰팡이는?
① *Monascus purpureas*　② *Trichoderma viride*
③ *Penicillium notatum*　④ *Cladosporium herbarum*

117 분홍색 색소를 생성하는 누룩곰팡이로 홍주의 발효에 이용되는 것은?
① *Monascus purpureus*　② *Neurospora crassa*
③ *Aspergillus awamori*　④ *Botrytis cinerea*

118 중국 고량주에서 분리한 곰팡이는?
① *Asp. oryzae*　② *Rh. delemar*
③ *Ab. lichtheimi*　④ *Mu. mucedo*

ANSWER
111 ②　112 ②　113 ②　114 ①
115 ④　116 ②　117 ①　118 ③

119 흑국균으로 불리며 pectin 분해 효소인 pectinase를 만들고 유기산 공업(구연산)에 이용되는 곰팡이는?

① *Aspergillus niger*
② *Aspergillus glaucus*
③ *Aspergillus flavus*
④ *Aspergillus oryzae*

120 마분에서 분리한 곰팡이는?

① *Mucor hiemalis*   ② *Mucor racemosus*
③ *Mucor rouxii*   ④ *Mucor mucedo*

121 구연산을 생성하는 곰팡이는?

① *Asp. niger*   ② *Bac. natto*
③ *Asp. oryzae*   ④ *Asp. sojae*

122 후막포자를 만드는 삼(森) 정련 곰팡이는?

① *Mucor hiemalis*
② *Mucor racemosus*
③ *Rhizopus delemar*
④ *Rhizopus nigricans*

123 피자기속에 자낭포자가 4~8개가 순서대로 나열되어 있고 분생자가 반달 모양으로 빵조각 등에 생육하여 연분홍색을 띠므로 붉은빵곰팡이라고도 하며, 미생물 유전학의 연구재료로도 많이 사용되는 곰팡이 속은?

① *Aspergillus* 속   ② *Absidia* 속
③ *Neurospora* 속   ④ *Penicillium* 속

124 *Botrytis* 속에 대한 설명으로 옳은 것은?

① 사과에 번식하여 신맛이 상승한다.
② 배에 번식하여 단맛이 감소한다.
③ 포도에 번식하면 신맛이 없어지고 단맛이 상승한다.
④ 채소류에 번식하여 고사시킨다.

---

119 *Asp. niger*(흑국균)
• pectin 분해력이 가장 강하다.
• 주스 청징제, 유기산 공업에 이용된다.

120 *Mucor mucedo*
• 마분곰팡이로 중축이 서양배 모양이다.
• 접합포자는 흑색 구형이며 식품공업에는 이용성이 없다.

121
• *Bac. natto* : 대두(콩)의 단백질 전분을 분해하며, 장류(청국장, 된장 등) 제조에 사용된다.
• *Asp. niger*는 전분 당화력이 강하고, 당액을 발효하며, 구연산이나 글루콘산을 많이 생산하는 균주이다.
• *Asp. oryzae*는 전분 당화력과 단백질 분해력이 강하다.
• *Asp. sojae*는 단백질 분해력이 강하다.

122 *Mucor hiemalis*
• 토양에 번식하고, 후막포자를 형성한다.
• Pectinase 분비력이 강하고 삼(森) 정련에 이용된다.

123 *Neurospora* 속
• 대부분 자웅이체로 갈색 또는 흑색의 피자기를 만들고 그중에 원통형의 자낭 안에 4~8개의 자낭을 형성한다.
• 무성세대는 오랜지색 또는 담홍색의 분생자가 반달모양의 덩어리로 되어 착색하며 타진나무, 옥수수심, 빵조각에 생육하여 연분홍색을 띠므로 붉은 곰팡이라고 한다.
• *Neurospora crassa*는 미생물 유전학의 연구재료로 많이 쓰인다.

124 *Botrytis cinerea*
• 포도 수확기에 포도에 번식하면 신맛이 없어지고 수분이 증발하여 단맛이 증가하므로 귀부포도주 양조에 이용된다.
• 이 균에 의해 생성된 글리세린과 글루콘산 등의 여러 가지 물질은 복잡한 풍미의 포도주를 만든다.
• 귀부 포도로 만든 와인은 단맛과 향기가 풍부해 디저트 와인으로 주로 마신다.

125 효모의 기본형태
- 난형(Cerevisiae type) : *Saccharomyces cerevisiae*(맥주 효모)
- 타원형(Ellipsoideus type) : *Saccharomyces ellipsoideus*(포도주 효모)
- 구형(Torula type) : *Torulopsis versatilis*(간장 후숙에 관여)
- 레몬형(Apiculatus type) : *Saccharomyces apiculatus*
- 소시지형(Pastorianus type) : *Saccharomyces pastorianus*
- 위균사형(Pseudomycellium) : *Candida*속 효모

126 효모의 세포벽
- 효모의 세포형을 유지하고 세포 내부를 보호한다.
- 주로 glucan, glucomannan 등의 고분자 탄수화물과 단백질, 지방질 등으로 구성되어 있다.
- 두께가 0.1∼0.4μ 정도 된다.

127 효모(yeast)의 증식방법
- 대부분 출아법(budding)으로서 증식한다.
- 출아방법 : 다극출아와 양극출아 방법이 있다.
- 종에 따라서는 분열, 포자 형성 등으로 생육하기도 한다.

128 효모는 출아, 분열 및 양자 혼합의 출아분열 등의 영양 증식과 자낭포자의 형성의 2가지 방법으로 증식한다.

129 효모(yeast)
- 진핵세포의 고등미생물로 진균류에 속한다.
- 대부분의 효모는 출아법(budding)으로써 증식하고 출아방법은 다극출아와 양극출아방법이 있다.
- 종에 따라서는 분열, 포자 형성 등으로 생육하기도 한다.
- 유기 탄소원으로 당질, 탄화수소를 필요로 한다.
- Torulopsis 속은 무포자 효모로서 다극성 출아 증식을 한다.

130 유포자 효모의 생활환
- 충분한 영양을 섭취하여 왕성하게 번식하는 시대와 주위의 환경이 불리하여 포자를 형성하는 시대가 있다.
- 염색체가 반수체(1배체, haploid, n)인 기간과 배수체(2배체, diploid, 2n)인 기간이 있다.

131 효모의 미토콘드리아
- 직경 0.3∼1μ, 길이 0.4∼3μ 과립으로서 세포 내에는 여러 개 존재한다.
- 고등동식물의 미토콘드리아와 같이 호흡계 효소가 집합되어 존재하는 장소로서 여러 물질을 산화하여 ATP를 만든다.

ANSWER

125 ③	126 ①	127 ③	128 ②
129 ④	130 ③	131 ②	

125 다음 중에서 효모의 기본형태에 속하지 않는 것은?

① 난형   ② 타원형
③ 코마형   ④ 위균사형

126 효모의 세포벽에 일반적으로 가장 많이 들어 있는 화합물은?

① Glucomannan   ② Protein
③ Lipid   ④ Glucosamine

127 대표적인 효모(yeast)의 증식방법은?

① 이분법   ② 다분법
③ 출아법   ④ 포자법

128 효모의 증식과 관계가 없는 것은?

① 출아법   ② 분생포자 형성
③ 출아분열법   ④ 자낭포자 형성

129 효모에 대한 설명 중 옳지 않은 것은?

① 대부분 출아법으로 증식한다.
② 진핵세포이며 단일세포로 되어 있다.
③ 유기 탄소원을 필요로 한다.
④ Torulopsis 속은 대표적인 유포자 효모이다.

130 효모의 생활환(life cycle)은 접합에 의해서 2배체가 된다. 유포자 효모(sporogenous yeast)의 영양세포는 보통 몇 배체인가?

① 1배체   ② 2배체
③ 1배체 또는 2배체   ④ 3배체

131 효모에 있어서 호흡계 효소를 함유하고 있는 곳은?

① 핵   ② 미토콘드리아
③ 액포   ④ 세포질막

132 효모의 미세구조를 볼 때 다음 중 효모와 관련이 없는 부분은?

① 액포가 있다.
② 핵섬유와 핵 부위가 있다.
③ 핵은 핵막으로 둘러 싸여 있다.
④ 세포벽 안에는 원형질막이 있다.

133 효모의 무성포자에 속하지 않는 것은?

① 분절포자(arthrospore)
② 동태접합(isogamic conjugation)
③ 사출포자(ballistospore)
④ 위접합(pseudocopulation)

134 다음 효모 중 모자형의 포자를 형성하는 것은 어느 것인가?

① *Bullera* 속
② *Debaryomyces* 속
③ *Hansenula* 속
④ *Cryptococcus* 속

135 무포자 효모는 다음 중 어느 것인가?

① *Pichia menbranaefacieus*
② *Bullera allba*
③ *Torulopsis utilis*
④ *Debaryomyces hansenii*

136 다음의 효모 중 무포자 효모가 아닌 것은?

① *Rhodotorula* 속
② *Shizosaccharomyces* 속
③ *Torulopsis* 속
④ *Candida* 속

137 효모의 무성포자에 속하는 것은?

① *Sacch. cerevisiae*
② *Schizosacch. pombe*
③ *Debaryomyces sp.*
④ *Nadsonia sp.*

---

132 효모의 내부구조
• 세포벽(cell wall)과 내측에 세포질 막을 가지며, 그 내부에 세포질이 충만되어 있다.
• 세포질 중에는 핵, 액포, mitochondria, ribosome, 지방립 등이 존재한다.
• 핵은 핵막으로 싸여져 내부에 인 (nucleolus) 및 염색체(chromosome)가 들어 있어 생명현상의 충주적인 역할을 하는 중요한 기관이다.

133 효모가 무성적으로 포자를 형성하는 경우
• 단위생성, 위접합, 사출포자, 분절포자 및 후막포자 등이 있다.
  – 단위생식 : *Saccharomyces cerevisiae* 단일 세포가 직접 포자를 형성한다.
  – 위접합 : *Schwanniomyces* 단위 생식으로 포자를 형성한다.
  – 사출포자 : 영양세포 위에서 돌출한 콩팥모양으로 떨어져 나간다. *Bullera*, *sporobolomyces*, *sporidiobolus*속 등
  – 분절포자(후막포자) : 위 균사 말단에서 분절포자 형성한다. *Endomycopsis*, *Hansenula*, *Nematospora*, *Candida Trichosporon*속 등

134
• *Hansenula*의 자낭포자는 구형, 토성형, 모자형이고, 산막효모로서 KNO_3를 동화한다.
• *Pichia* 속도 모자형이지만, KNO_3를 동화하지 않는다.

135 *Torulopsis* 속
• 무포자 효모로서 다극성 출아증식을 한다.
• inositol을 동화하지 않는다.

136 무포자 효모
• *Cryptococcus* 속, *Torulopsis* 속, *Candida*속, *Rhodotorula* 속, *Kloeckera* 속 등이 있다.
※ *Shizosaccharomyces* 속은 자낭 속에 4~8개의 포자를 내장하는 유포자 효모이다.

137 효모의 유성포자
• 동태접합과 이태접합이 있다.
• 동태접합은 배우자간에 접합자를 만든다.
• 이태접합은 크기가 다른 세포간의 접합으로 자낭을 형성한다.
※ *Sacch. cerevisiae*는 무성생식은 출아법에 의하며 효모가 접합 후 자낭 포자를 형성하여 유성적으로 증식하기도 한다.

138 불완전 효모류

ANSWER

132 ② 133 ② 134 ③ 135 ③
136 ② 137 ①

- 무포자효모목 : *Candida*, *Crypto-coccus*, *Kloeckera*, *Rhodoto-rula*, *Torulopsis* 속
- 사출포자효모목 : *Sporobolomyces* 속

139 *Candia* 속은 출아에 의하여 무성적으로 증식하고 위균사를 형성하는 특징이 있다.

140 Saccharomyces형 유성생식
- 빵 효모 등의 일반적인 효모의 세포는 2배체(2n)이지만 자낭포자 형성 직전에 감수 분열을 2회 행하여 보통 4개의 1배체(1n)의 자낭포자를 세포 내에 만든다.
- 이 자낭포자는 그대로 발아하여 1배체의 작은 영양세포가 되어 몇 회 출아법으로 증식한 후 2개의 세포가 접합하여 대형의 2배체의 영양세포가 되어 다시 자낭포자를 형성한다.
- 영양세포(2n) → 자낭포자 형성(1n) → 포자발아(1n) → 접합자(2n) → 대형의 영양세포(2n)

141 불완전 효모균류
① Cryptococacaeae과
- 자낭, 사출포자를 형성하지 않는 불완전균류에 속한다. *Candida* 속, *Kloeclera* 속, *Rhodotorula* 속, *Torulopsis* 속, *Cryptococcus* 속 등
② Sporobolomycetaceae과(사출포자효모)
- 사출포자 효모는 돌기된 포자병의 선단에 액체 물방울(소적)과 함께 사출되는 무성포자를 형성한다. *Bullera* 속, *Sporobolomyces* 속, *Sproidiobolus* 속 등

142 효모의 무성포자는 단위생식, 위접합, 사출포자, 분절포자 등이 있다.

143 분열법
- 세포의 원형질이 양분되면서 격막이 생겨 2개의 세포로 분열(fission)하는 방법이다.
- *Shizosaccharomyces* 속은 분열효모이다.

138 다음 중 불완전 효모류에 속하는 것은?
① *Pichia* 속
② *Saccharomyces* 속
③ *Torulopsis* 속
④ *Hansenula* 속

139 다음 중 포자를 형성하지 않는 것은?
① *Saccharomyces cerevisiae*
② *Schizosaccharomyces pombe*
③ *Candida utilis*
④ *Hansenula anonala*

140 자낭에서 포자가 나와 포자발아를 한 후 포자끼리 접합하여 2배체를 형성하는 효모 속은?
① *Nadsonia* 속
② *Debaryomyces* 속
③ *Candida* 속
④ *Saccharomyces* 속

141 다음 중 사출포자를 형성하지 않는 효모는?
① *Torulopsis* 속
② *Bullera* 속
③ *Sporobolomyces* 속
④ *Sproidiobolus* 속

142 효모의 유성포자에 속하는 것은?
① 단위생식
② 위접합
③ 사출포자
④ 동태접합 – 이태접합

143 효모의 증식에서 분열법(fission)으로 분열하는 것은?
① *Mucor* 속
② *Shizosaccharomyces* 속
③ *Candida* 속
④ *Endomyces* 속

ANSWER
138 ③   139 ③   140 ④   141 ①
142 ④   143 ②

144 포도주 제조에 쓰이는 효모는?

① *Saccharomyces sake*

② *Saccharomyces fragilis*

③ *Saccharomyces pastorianus*

④ *Saccharomyces ellipsoideus*

145 크실로오스(xylose)를 자화(資化)하며 아황산 폐액에 배양되는 효모는?

① *Candida lipolytica*　　② *Candida tropicalis*

③ *Candida utilis*　　④ *Candida vini*

146 자일로스(xylose)를 잘 동화하므로 사료효모로 사용되며 탄화수소 자화성이 강하여 석유 효모도 사용되는 균주는?

① *Saccharomyces cerevisiae*

② *Candida tropicalis*

③ *Hansenula anomala*

④ *Shizosaccharomyces pombe*

147 다음 중에서 양극 출아로 번식하는 효모는 어느 것인가?

① *Hanseniaspora* 속　　② *Saccharomyces* 속

③ *Canaida* 속　　④ *Tourlopsis* 속

148 식용 또는 사료용 효모로 사용되며 어떤 종은 병원성일 수도 있는 것은?

① *Candida* 속　　② *Torulopsis* 속

③ *Cryptococcus* 속　　④ *Hansenula* 속

149 리파아제(lipase) 생성력이 있어서 버터와 마가린의 부패에 관여하는 효모는?

① *Candida lipolytica*　　② *Candida versatilis*

③ *Candida utilis*　　④ *Candida tropicalis*

150 식품 중에 번식하는 효모는?

① *Escherichia*　　② *Arizona*

③ *Saccharomyces*　　④ *Proteus*

144
- *Sacch. sake* : 일본 청주 효모
- *Sacch. fragilis* : Lactose을 발효하는 젖산발효성 효모
- *Sacch. pastorianus* : 맥주에 불쾌한 취기를 주는 유해 효모
- *Sacch. ellipsoideus* : 포도주 효모

145 *Candida utilis*
- pentose 중 크실로오스(xylose)를 자화한다.
- 아황산 펄프, 폐액 등을 기질로 배양하여 사료효모, inosinic acid 및 guanylic acid 제조의 원료로서 사용된다.

146 *Candida tropicalis*
- 세포가 크고, 짧은 난형으로 위균사를 잘 형성한다.
- 이들은 자일로스(Xylose)를 잘 동화하므로 사료효모로 사용된다.
- 탄화수소 자화성이 강하여, 균체 단백질 제조용 석유 효모로서 사용되고 있다.

147 양극 출아 효모
- 세포의 양극에서만 출아하는 효모
- *Hanseniaspora* 속, *Wickerhamia* 속, *Nadsonia* 속, *Kloechera* 속, *Trigonopsis* 속이 있다.

148 *Candida* 속
- 대부분 다극출아를 한다.
- 위균사를 만들고 알코올 발효력이 있는 것도 있다.
  - *Candida tropicalis*는 식, 사료효모이며, 또한 이들은 탄화수소 자화성이 강하여 균체 단백질 제조용 석유 효모로서 주목되고 있다.
  - *Candida albicans*는 사람의 피부, 인후 점막 등에 기생하여 candidiasis를 일으키는 병원균도 있다.

149 *Candida lipolytica*
- 탄화수소를 탄소원으로 생육하므로 석유를 사용하여 대량으로 배양하여 균체를 사료효모 또는 석유단백질 제조에 사용된다.
- 강한 리파아제(lipase) 생성력이 있어서 버터와 마가린의 부패에 관여한다.

150
- *Arizona* 균, *Escherichia*, *Freundii*, *Proteus* 등 : 식품을 감염시켜 식중독을 일으킬 수 있는 세균류이다.
- *Saccharomyces* : 식품 중에 번식하는 효모로서 발효공업에 이용된다.

ANSWER

144 ④　145 ③　146 ②　147 ①
148 ①　149 ①　150 ③

151 *Saccharomyces* 속의 특징
• 알코올 발효력이 강한 것이 많다.
• 각종 주류의 제조, 알코올의 제조, 제빵 등에 이용되는 효모는 거의 이 속에 속하며, 효모 중에서 가장 중요한 속이다.
• 효모 형태 : 구형, 달걀형, 타원형, 원통형으로 다극출아를 하는 자낭포자 효모이다.

152 *Kluyveromyces* 속
• 다극출아를 하며 보통 1~4개의 자낭포자를 형성한다.
• 이 효모는 lactose를 발효하여 알코올을 생성하는 특징이 있는 유당발효성 효모이다.

153 *Sacch. cerevisiae*의 특징
• 처음 영국의 Edinburg 맥주 공장에서 분리된 알코올 발효력이 강한 상면발효의 맥주 효모이다.
• 맥주, 포도주, 청주, 알코올, 빵 등의 제조에 사용되는 유효한 효모이다.

154 *Saccharomyces*속의 특징
• 발효공업에 가장 많이 이용된다.
• 세포는 구형, 난형 또는 타원형이고, 위균사를 만드는 것도 있다.
• 무성생식은 출아법 또는 다극출아법에 의하여 증식하며, 접합 후 자낭포자를 형성하여 유성적으로 증식하기도 한다.
• 빵 효모, 맥주 효모, 알코올 효모, 청주 효모 등이 있다

155
① *Pichia* 속의 특징
• 자낭포자가 구형, 토성형, 모자형이다.
• 에탄올을 소비하고, 당 발효성이 없거나 미약하다.
• KNO₃을 동화하지 않는다.
• 주류나 간장에 피막을 형성하는 유해 효모이다.
② *Hansenula* 속의 특징
• 산막효모이다.
• 알코올로부터 ester를 생성하지 못하는 것이 많다.
• KNO₃을 동화한다.

156 *Torulopsis* 속의 특징
• 세포는 일반적으로 소형의 구형 또는 난형이며 대표적인 무포자 효모이다.
• 황홍색 색소를 생성하는 것이 있으나 carotenoid 색소는 아니다.
• *Candida* 속과 달리 위균사를 형성하지 않는다.
• *Crytococcus* 속과 달리 전분과 같은 물질을 생성하지 않는다.
• 내당성 또는 내염성 효모로 당이나 염분이 많은 곳에서 검출된다.

151 알코올 발효력이 강해 주류, 알코올 제조, 제빵 등 발효공업에 이용되는 대부분의 효모가 거의 이 속에 포함되고, 효모 중에서 가장 중요한 속은 어느 것인가?

① *Pichia* 속
② *Saccharomyces* 속
③ *Schizosaccharomyces* 속
④ *Torulopsis* 속

152 유당(lactose)을 발효하여 알코올을 생성하는 유당발효성 효모는?

① *Torulopsis* 속
② *Kluyveromyces* 속
③ *Candida* 속
④ *Pichia* 속

153 *Saccharomyces cerevisiae*와 가장 관계가 깊은 것은?

① 피막 형성
② 알코올 제조
③ 유지 생산
④ 젖산 생성

154 *Sacchramyces* 속에 대한 설명으로 맞지 않는 것은?

① 자낭포자를 형성한다.
② 다극출아법으로 분열한다.
③ 위균사를 형성하지 않는다.
④ 발효공업에 가장 많이 이용되는 효모이다.

155 *Pichia* 속과 *Hansenula* 속의 차이점은?

① *Hansenula* 속은 질산염을 동화한다.
② 포도당의 분해력은 *Pichia* 속이 약하다.
③ *Hansenula* 속은 산막효모이다.
④ *Pichia* 속의 포자는 구형이다.

156 *Torulopsis* 속과 다른 효모의 비교 설명으로 맞지 않는 것은?

① *Rhodotorula* 속과 달리 carotenoid색소를 생성하지 않는다.
② *Debaryomyces* 속과 달리 내염성이 약하다.
③ *Candida* 속과 달리 위균사를 형성하지 않는다.
④ *Crytococcus* 속과 달리 전분과 같은 물질을 만들지 않는다.

ANSWER

151 ②　152 ②　153 ②　154 ③
155 ①　156 ②

157 사료효모로 이용되며 탄화수소 자화성이 강한 효모는?

① *Nadsonia fulvescens*
② *Candida tropicalis*
③ *Torulopsis versatilis*
④ *Lipomyces starkeyi*

158 Amylo법에 의한 주정발효에 사용하는 효모균은?

① *Saccharomyces cerevisiae*
② *Saccharomyces coreanus*
③ *Saccharomyces formosensis*
④ *Saccharomyces thermantitonum*

159 빵효모 세포는 형태학적으로 어느 것에 속하는가?

① 난형   ② 막대형
③ 구형   ④ 균사형

160 위균사형으로 carotenoid 색소를 생성하는 효모인 것은?

① *Torulopsis* 속   ② *Pichia* 속
③ *Candida* 속   ④ *Rhodotorula* 속

161 위균사를 형성할 수 없는 것은?

① *Pichia*   ② *Candida*
③ *Torulopsis*   ④ *Saccharomyces*

162 위균사형 효모로 사료효모나 이노신산(inosinic acid)의 제조 원료로 사용되는 것은?

① *Saccharomyces lactis*
② *Rhodotorula glutinis*
③ *Candida utilis*
④ *Hansenula anomala*

---

157 *Candida tropicalis*
• 세포가 크고, 짧은 난형이다.
• 위균사를 잘 형성하고, 이들은 탄화수소 자화성이 강하다.
• 균체 단백질 제조용 석유 효모로서 사용되고 있다.

158
• *Saccharomyces cerevisiae* : 상면발효효모, 맥주 효모, 청주 효모, 빵 효모 등이 여기에 속한다.
• *Sacch. coreanus* : 한국의 약·탁주 효모로서 누룩에서 분리한다.
• *Sacch. formosensis* : 대만에서 분리한 효모로서 알코 제조에 이용된다.
• *Sacch. thermantitonum* : 전분으로부터 알코올을 제조하는 amylo법에 사용되는 유용균으로 내열성이 강하다.

159 cerevisiae 형 효모
• 효모의 기본형 중의 하나로써 달걀형으로 맥주 효모, 빵 효모, 청주 효모 등 유포자 효모는 거의 이 모양에 속한다.
• *Saccharomyces cerevisiae* : 맥주 효모, 청주 효모, 빵 효모 등이 대부분 이 효모에 속한다.

160 *Rhodotorula* 속의 특징
• 원형, 타원형, 소시지형, 위균사를 만든다.
• carotenoid 색소를 생성하여 적황색 내지 홍색을 띤다.
• 점성, 당류발효성이 없으면서 산화성 자화를 한다.
• 육류, 침채류에 적색 반점을 형성하고, 식품 착색의 원인균이다.

161 위균사를 형성하는 효모
• *Pichia, Candida, Saccharomyces, Roclotorula, Endomycopsis, Trichosporoon* 속 등
※ *Torulopsis* 속은 위균사를 형성하지 않는다.

162 위균사를 형성하는 효모
• *Pichia, candida, Roclotorula* 속 등이다.
• *Candida utilis*는 pentose 당화력과 vitamin B_1 축적력이 강하여 사료효모 제조에 사용되고 균체는 inosinic acid의 원료로 사용된다.

163 *Rhodotorula* 속의 특징
- 원형, 타원형, 소시지형이 있다.
- 위균사를 만든다.
- 출아 증식을 한다.
- carotenoid 색소를 현저히 생성한다.
- 빨간 색소를 갖고, 지방의 집적력이 강하다.
- *Rhodotorula glutinis*는 적색을 띠며 건조중량으로 35～60%에 상당하는 다량의 지방을 축적하는 유지효모이다.

164 163번 해설 참조

165 *Saccharomyces diastaticus*
- dextrin이나 전분을 분해해서 발효하는 효모이다.
- 맥주양조에 있어서는 엑스분(고형물)을 감소시키므로 유해균으로 취급한다.

166 *Sacch. rouxii*
- 18%의 식염, 잼같은 고농도의 내삼투압성 효모(osmophilic yeast)이다.
- 세포는 구형, 난형, 알코올 발효력은 약하다.
- Glucose, matlose.는 발효하고, sucrose. galactose. fructose.는 발효하지 못한다.

167 *Zygosaccharomyces japonicus*
- *Z. soja*, *Z. major* 등과 *Sacch. rouxii*로 Lodder에 의해 통합 분류되었다.
- *Sacch. rouxii*는 간장이나 된장의 발효에 관여하는 효모로서, 18% 이상의 고농도의 식염이나 잼같은 당농도에서 발육하는 내삼투압성 효모이다.

168 산막효모의 특징
- 다량의 산소를 요구하고, 액면에 발육하며 피막을 형성하고, 산화력이 강하다.
- 산막효모에는 *Hansenula*속, *Pichia*속, *Debaryomyces*속 등이 있다.
- 이들은 다극출아로 증식하는 효모가 많고 대부분 양조공업에서 알코올을 분해하는 유해균으로작용한다.

163 효모 중 지방이 많고 빨간 색소를 갖는 것은 어느 것인가?

① *Bullera* 속
② *Candida* 속
③ *Rhodotorula* 속
④ *Debaryomyces* 속

164 지방을 축적하는 유지효모는?

① *Saccharomyces fragilis*
② *Torulopsis versatilis*
③ *Rhodotorula glutinis*
④ *Saccharomyces rouxii*

165 전분을 분해하여 발효하는 능력이 있는 효모는?

① *Sacch. cerevisiae*
② *Sacch. sake*
③ *Sacch. diastaticus*
④ *Sacch. pastorianus*

166 고농도(18%) 식염, 잼 같은 높은 농도의 내삼투압성 효모인 것은?

① *Sacch. carlsbergensis*
② *Sacch. cerevisiae Var. ellipsoideus*
③ *Sacch. rouxii*
④ *Sacch. coreanus*

167 고농도의 식염에서 가장 잘 견디는 효모는?

① *Zygosaccharomyces japonicus*
② *Zygosaccharomyces priovianus*
③ *Zygosaccharomyces mellis acid*
④ *Zygosaccharomyces mandahuricus*

168 산막효모의 특징을 설명한 것으로 바르지 못한 것은?

① 알코올 발효력이 강하다.
② 대부분 양조과정에서 유해균으로작용한다.
③ 산화력이 강하다.
④ 다극출아로 증식하는 효모가 많다.

ANSWER

163 ③   164 ③   165 ③   166 ③
167 ①   168 ①

169 산막효모인 것은?

① *Lipomyces starlceyi*

② *Hansenula anomala*

③ *Debaryomyces hanenii*

④ *Saccharomyces coreanus*

170 산막효모의 특징을 잘못 설명한 것은?

① 산소를 요구한다.

② 산화력이 강하다.

③ 액의 내부에 발육한다.

④ 피막을 형성한다.

171 대표적인 맥주의 하면효모(bottom yeast)는?

① *Saccharomyces cerevisiae*

② *Saccharomyces ellipsoideus*

③ *Saccharomyces carlsbergensis*

④ *Saccharomyces sake*

172 세균의 세포벽 구성에 관계가 있는 것은?

① pectin layer

② inulin layer

③ peptide layer

④ isomaltose layer

173 세균 세포의 구조에서 다른 세균에 부착하여 DNA가 이동하는 통로로 이용되는 것은?

① 편모
② (성)선모

③ 세포막
④ 협막

174 세균세포의 협막과 점질층의 구성물질은?

① DNA
② 펙틴(pectin)

③ 콜라겐
④ 뮤코(muco) 다당류

---

169 *Hansenula* 속
• 액체 배양 시 액면에 분상 피막을 형성하여 생육하는 산막효모이다.
• *Hansenula anomala*는 양조공업에서 알코올을 분해하는 유해균이다.

170 산막효모
① 산막효모의 특징
• 산소를 요구한다.　• 산화력이 강하다.
• 액면에 발육하며 피막을 형성한다.
• 산막효모 : *Hansenula*속, *Pichia*속, *Debaryomyces*속
② 비산막효모의 특징
• 산소요구가 적다.　• 발효력이 강하다.
• 액의 내부에 발육한다.
• 비산막효모 : *Saccharomyces* 속, *Schizosaccharomyces* 속

171
• *Sacch. cerevisiae* : 맥주의 상면효모
• *Sacch. ellipsoideus* : 전형적인 포도주 효모
• *Sacch. sake* : 일본 청주 효모
• *Sacch. carlsbergensis* : 맥주의 하면효모

172 세균의 세포벽
• 보통 세균 세포벽의 기본 화학적 구조인 peptide-glucan은 세균 세포벽의 견고성을 유지해 주고 gram 양성균에서 세포벽의 주요 성분이다.
– gram 양성균의 세포벽 : peptido-glycan 이외에 teichoic acid, 다당류, 아미노당류 등으로 구성된 mucopolysaccharide을 함유하고 있다.
– gram 음성균의 세포벽 : 지질, 단백질, 다당류를 주성분으로 하고 있으며, 각종 여러 아미노산을 함유하고 있다.

173 세균 세포의 구조와 기능
• 편모 : 운동력
• 선모(pilli) : 유성적인 접합과정에서 DNA의 이동통로와 부착기관
• 세포막 : 투과와 수송능
• 협막(점질층) : 건조와 기타 유해요인에 대한 세포의 보호
• 세포벽 : 세포의 기계적 보호
• 메소솜 : 세포의 호흡능이 집중된 부위로 추정
• 리보솜 : 단백질 합성

174 협막(slime layer)
• 대부분의 세균세포벽은 점성물질로 둘러싸여 있는데, 이것을 협막 또는 점질층(slime layer)이라고 한다.
• 협막의 화학적 성분은 다당류, poly-peptide의 중합체, 지질 등으로 구성되어 있으며 균종에 따라 다르다.

▌ ANSWER ▐ ┈┈┈┈┈┈┈┈┈┈┈

169 ②　170 ③　171 ③　172 ③

173 ②　174 ④

175 육류의 표면을 착색시키는 세균과 색소

- *Serratia marcescens* : 적색
- *Pseudomonas fluorescens* : 회녹색
- *Staphylococcus aureus* : 황색
- *Micrococcus varians* : 적색

176 세균의 번식
- 세균은 무성생식하며 분열법으로 증식한다.
- 간균이나 나선균은 먼저 세포가 신장하여 2배 정도로 길어지고, 중앙에 격막이 생겨 2개의 세포로 분열하게 된다.

177 세균 세포
- 원시핵 세포이다.
- 대부분 직경이나 폭이 0.5~1.0로 크기가 작다.
- 세포질 내에 막으로 싸여진 핵과 mitochondria를 가지지 않는다.

178 원시핵 세포를 가지는 미생물은 세균, 남조류, 방사선균 등이 있다. 세균, 방사선균은 분열균류에 속한다.

179 *Torulopsis versatilis*, *Candida utilis*는 효모이고, *Botrytis cinerea*는 곰팡이이고 *Streptococcus lactis*는 세균이다. 세균은 원시핵세포를 가지는 미생물이다.

180 순정균류에는 자낭균류, 담자균류, 불완전균류 등이 있다

181 진균류
- 순정균류와 조상균류로 분류한다.
  - 순정균류 : 자낭균류(효모, 곰팡이), 담자균류(버섯, 효모), 불완전균류(곰팡이, 효모) 등
  - 조상균류 : 곰팡이(*Rhizopus*, *Mucor*) 등

182 미생물 명칭의 속명(genus) 이하

175 육류의 표면을 착색시키는 세균과 색소가 바르게 연결된 것은?

① *Serratia marcescens* － 녹색
② *Pseudomonas fluorescens* － 청색
③ *Staphylococcus aureus* － 황색
④ *Micrococcus varians* － 흑색

176 세균의 번식에 대한 설명으로 옳은 것은?

① 세균은 유성생식(sexual reproduction)을 한다.
② 세균은 출아법(budding)으로 번식한다.
③ 세균은 분열법(fission)으로 번식한다.
④ 세균은 접합(zygote)으로 번식한다.

177 세균의 특징을 설명한 것으로 틀린 것은?

① 광 에너지를 이용하여 생활을 영위하는 광합성 세균도 있다.
② 단세포로 되어 있고 이분법으로 분열한다.
③ 보통 한 개의 핵을 가지고 있다.
④ 아포를 형성하며 좋지 못한 환경에서도 잘 견딘다.

178 세균은 분류학상 어디에 속하는가?

① 진균류   ② 분열균류
③ 불완전 균류   ④ 조균류

179 원시핵 세포를 가지는 미생물은?

① *Torulopsis versatilis*   ② *Botrytis cinerea*
③ *Candida utilis*   ④ *Streptococcus lactis*

180 균류의 분류에서 순정균류에 속하는 것은?

① 분열균류   ② 점균류
③ 조상균류   ④ 자낭균류

181 균류에서 순정균류에 속하지 않는 것은?

① 자낭균류 － 곰팡이, 효모
② 담자균류 － 버섯, 효모
③ 접합균류 － 곰팡이, 세균
④ 불완전균류 － 곰팡이, 효모

182 세균의 속명(屬名) 약자 표기 중 옳은 것은 어느 것인가?

① *Aspergillus niger - Asp. niger*

② *Saccharomyces sake - Sc. sake*

③ *Escherichia coli - Esch. coli*

④ *Bacillus natto - Ba. natto*

183 내생포자를 맺지 않는 세균은?

① *Clostridium*　　② *Bacillus*

③ *Sporolactobacillus*　　④ *Pseudomonas*

184 포자형성 세균이 아닌 것은?

① *Bacillus* 속　　② *Coccus* 속

③ *Sporosarcina* 속　　④ *Clostridium* 속

185 세균의 포자에 대한 설명 중 틀린 것은?

① 비교적 열에 강하다.

② 운동기관이다.

③ *Bacillus* 속은 아포를 갖는다.

④ 상당히 건조에 강하다.

186 *Clostridium botulinus* 설명 중 틀린 것은?

① 편성 호기성 세균이다.

② 통조림에 잘 번식하는 세균이다.

③ 포자를 형성하는 세균이다.

④ 혐기성 gram 양성 간균이다.

187 호기성 포자형성 세균은?

① *Clostridium*　　② *Bacillus*

③ *Aerobacter*　　④ *Vibrio*

188 내열성 균을 가지는 것은?

① *Salmonella*　　② *Pediococcus*

③ *Clostridium*　　④ *Lactobacillus*

는 이탤릭체로 표기하고, 학명(속·종명)은 다음과 같이 약자 표기한다.

• *Asperillus(Asp.)*, *Bacillus(Bac.)*, *Closteridium(Cl.)*, *Escherichia (E.)*, *Lactobacillus(L.)*, *Leucono stoc(Leuc.)*, *Micrococcus(Mc.)*, *Mucor(M.)*, *Pediococcus(Pc.)*, *Penicillium(Pen.)*, *Pseudo monas(Ps.)*, *Rhizopus(R.)*, *Saccharomyces(Sacch.)*, *Strept ococcus(Sc.)*, *Staphylococcus(S taphy.)* 등으로 표시한다.

183 포자 형성균

• 무성적으로 내생포자를 형성한다.

• 주로 간균이다.

• 종류
　– 호기성균의 *Bacillus* 속
　– 혐기성균의 *Clostridium* 속
　– 드물게 *Sporosarcina* 속
　– 이외에도 *Sporolactobacillus* 속, *Desulfotomaculum* 속

184 183번 해설 참조

185 세균의 포자

• 포자 형성균 : 호기성의 *Bacillus*속과 혐기성의 *Clostridium*속에 한정되어 있다.

• 포자는 비교적 내열성 강하다.

• 포자에는 영양세포에 비하여 대부분 수분이 결합수로 되어 있어서 상당한 내건조성을 나타낸다.

186 *Clostridium botulinus*의 특징

• 혐기성 gram 양성 간균이다.

• 포자를 형성하는 세균이다.

• gelatin 액화력이 있다.

• 포자는 내열성인 것이 많다.

• 고기나 통조림 등에 번식하며 식중독을 일으킨다.

187 포자형성 세균

• 주로 간균이다.

• 호기성 세균인 *Bacillus* 속

• 혐기성인 세균인 *Clostridium* 속

• 드물게 *Sporosarcina* 속

188 *Clostridium* 속

• 그람양성 혐기성 유포자 간균이다.

• 단백질 분해성이 강하다.

• 보편적으로 1개의 세균 안에 1개의 포자를 형성한다.

• 포자는 내열성일 뿐만 아니라 내구기관으로서 특성을 가진다.

■ ANSWER ■ ···

182 ①　183 ④　184 ②　185 ②
186 ①　187 ②　188 ③

189 편모(flagella)

- 세포막에서 시작되어 세포벽을 뚫고 밖으로 뻗어 나와 있는 단백질로 구성되어 있는 구조이다.
- 지름은 20nm, 길이는 15~20μm 이다.
- 세균의 운동기관이다.
- 주로 간균이나 나선균에만 있으며, 구균에는 거의 없다.
- 위치에 따라 극모, 주모로 대별한다.
- 극모는 다시 단극모, 양극모, 주속모로 나눈다.
  - 극모(polar flagella) : 세균 세포의 한 쪽에만 편모가 난 것
  - 주모 : 세포 주위에 무수히 편모가 난 것

190 189번 해설 참조

191 세균의 세포벽

- gram 양성균의 세포벽 : peptidoglycan 이외에 teichoic acid, 다당류 아미노당류 등으로 구성된 mucopolysaccharide을 함유하고 있다.
- Gram 음성균의 세포벽 : 지질, 단백질, 다당류를 주성분으로 하고 있으며, 각종 여러 아미노산을 함유하고 있다. 일반 양성균에 비하여 lipopolysaccharide, lipoprotein 등의 지질 함량이 높고, glucosamine 함량은 낮다.

192

- 그람양성세균 : *Micrococcus*, *Staphylococcus*, *Streptococcus*, *Leuconostoc*, *Pediococcus*, *Sarcina*, *Bacillus*, *Clostridium*, *Lactobacillus* 속 등이 있다.
- 그람음성세균 : *Pseudomonas*, *Gluconobacter*, *Acetobacter*, *Escherichia*, *Salmonella*, *Enterobacter*, *Erwinia*, *Vibrio* 속 등이 있다.

193 세균의 지질다당류 (lipopolysaccharide)

- 그람음성균의 세포벽 성분이다.
- 세균의 세포벽이 음(−)전하를 띄게 한다.
- 지질 A, 중심 다당체(core polysaccharide), O항원(O antigen)의 세 부분으로 이루어져 있다.
- 독성을 나타내는 경우가 많아 내독소로 작용한다.

---

189 균체 주위에 편모(flagella)를 가진 것은?

① 단극모균
② 주모균
③ 극속모균
④ 양모균

190 세균의 편모에 관한 설명으로 틀린 것은?

① 편모는 운동기관으로 단백질이 98%로 되어 있다.
② 간균보다 구균에서 많이 볼 수 있다.
③ 편모가 없는 것도 있다.
④ 극모는 단모, 양모, 속모로 나눈다.

191 Gram 양성 및 음성균의 세포벽 성분함량에 관한 설명 중 맞는 것은?

① 양성균은 chitosan이 많고, 음성균은 glucan, mannan이 많다.
② 양성균은 chitin이 많고, 음성균은 peptide glucan이 많다.
③ 양성균은 mucopetide와 chitosan이 많고, 음성균은 lipoprotein, 다당류가 많다.
④ 양성균은 mucopetide, teichoic acid가 많고, 음성균은 지질, lipoprotein이 많다.

192 다음 중 그람양성 균은?

① *Escherichia coli*
② *Acetobacter aceti*
③ *Pseudomonas aeruginosa*
④ *Streptococcus cremoris*

193 그람음성 세균의 세포벽을 구성하는 물질 중 내독소(endotoxin)로 작용하는 물질은?

① 펩티도글리칸(peptidoglycan)
② 테이코산(teichoic acid)
③ 지질(lipid A)
④ 펩티드(peptide)

194 내염성이 강하고 김치에 존재하는 젖산균은?

① *Leuconostoc mensenteroides*
② *Streptococcus lactis*
③ *Pediococcus halophilus*
④ *Lactobacillus bulgaricus*

195 가열살균을 제대로 하지 않은 통조림에서 볼 수 있는 미생물은?

① *Clostrium botulinum*
② 장염 *Vibrio*균
③ 포도상구균
④ *Salmonella*균

196 Swiss 치즈 숙성에 관여하여 CO_2를 생성하여 치즈에 구멍을 내는 세균은?

① *Bacillus matto*
② *Propionibacterium shermanii*
③ *Propionibacterium . freudeneichii*
④ *Bacillus subtilis*

197 쌀밥에 잘 번식하는 세균은?

① 부패균
② 젖산균
③ 고초균
④ 부티르산균

198 *Bacillus subtilis*의 성질이 아닌 것은?

① subtilin을 생산한다.
② amylase와 protease를 생산한다.
③ 포자를 생성한다.
④ biotin을 필요로 한다.

199 *Bacillus natto*의 필수 영양원은?

① Vitamin B_1 ② biotin
③ niacin   ④ riboflavin

194 *Pediococcus halophilus*는 내염성이 강하고 김치, 장유, 양조에 중요한 젖산균이다.

195 *Cl. botulinum*
• 혐기적 조건에서 잘 번식한다.
• 원인식품은 소시지, 육류, 특히 통조림과 밀봉식품이며, 살균이 불충분한 경우에 생성한다.
※ *Vibrio*균의 원인식품은 생선회가 대표적이다.
※ 포도상구균은 화농성 염증을 가진 조리사가 감염원이다.
※ *Salmonella*균은 세균성 식중독으로 발열이 심하다. 전파 원인은 사람, 가축을 포함한 포유동물들의 2차감염이 우려된다.

196 Propionic acid bacteria
• 당류나 젖산을 발효하여 propionic acid, acetic acid, CO_2, 호박산 등을 생성하는 혐기성균이다.
• Pantothenic acid와 biotin을 생육인자로 요구한다.
• *Propionibacterium shermanii*는 swiss치즈 숙성 시 CO_2를 생성하여 치즈에 구멍을 형성하는 세균이다.

197 *Bacillus subtilis*의 특징
• 고초균으로 gram 양성, 호기성, 통성 혐기성 간균이다.
• 내생포자를 형성, 내열성이 강하다.
• 85~90℃의 고온 액화 효소로 protease와 α-amylase를 생산한다.
• Subtilin이라는 항생물질도 생산하지만 biotin은 필요로 하지 않는다.
• 취반 후에 공중 낙하균이나 식기 등에서 2차 오염으로 세균은 많아지며, 이 중에서도 *Bacillus* 속이 제일 많고 효모, *Micrococcus* 속, gram 음성균 등도 오염된다.

198 197번 해설 참조

199 *Bacillus natto*
• 청국장 제조에 관여하는 고초균이다.
• *Bacillus subtilis*와 형태적으로 같으나 biotin의 요구성이 다르다.

💡 | ANSWER | ··

194 ③   195 ①   196 ②   197 ③
198 ④   199 ②

200 젖산 발효형식
- 정상발효젖산균(homo type) : 당을 발효하여 젖산만 생성하는 균
  - 대부분의 *Lactobacillus* 속(*L. bulgaricus, L. delbruckii, L. acidophilus, L. casei, L. homohiochii* 등), *Streptococcus* 속(*Sc. lactis, Sc. cremoris* 등), *Pediococcus* 속(*Pc. cerevisiae, Pc. acidilactici* 등) 등이 있다.
- 이상발효젖산균(hetero type) : 젖산 이외에 여러 가지 부산물을 생성하는 균
  - 일부의 *Lactobacillus* 속(*L. fermentum, L. heterohiochii*), *Leuconostoc* 속(*Leuc. mesenteoides*), 일부의 *Pediococcus* 속(*Pc. halophilus*) 등이 있다.

201 200번 해설 참조

202 *L. fermenti*는 이상젖산균(hetero type)이다.

203 *L. delbrueckii*는 젖산을 만드는 그람양성, 간균으로서 젖산 제조에 실용균이지만 lactose을 발효하지 못한다.

204 homo형 젖산균은 glucose을 발효하여 젖산만을 생성하고 다른 부산물은 거의 생성하지 않는다.

205 $C_6H_{12}O_6 \rightarrow 2CH_3CHOHCOOH$ (정상젖산발효, homo type lactic acid bacteria)

200 발효유 제조에서 이상젖산발효균은?

① *Streptococcus cremoris*
② *Leuconostoc mesenteroides*
③ *Lactobacillus bulgaricus*
④ *Lactobacillus thermophilus*

201 젖산균에서 정상젖산균(homo type)인 것은?

① *L. casei*, *L. acidophilus*
② *L. fermentum*
③ *Pediococcus sp*.
④ *Leuconostoc mesenteroides*

202 정상발효젖산균이 아닌 것은?

① *Lactobacillus fermenti*
② *Streptococcus thermophilus*
③ *Lactobacillus delbrueckii*
④ *Lactobacillus bulgaricus*

203 다음 유산균 중 유당(Lactose)을 발효하지 못하는 균은?

① *Lactobacillus bulgaricus*
② *Lactobacillus thermophilus*
③ *Lactobacillus delbrueckii*
④ *Lactobacillus acidophilus*

204 정상발효젖산균(homo lactic acid bacteria)이 당분으로부터 생성하는 것은?

① $2C_2H_5OH$, $2CO_2$
② $2CH_3CHOH$, C_2H_5OH, CO_2
③ $CH_3CHOHCOOH$, $2C_2H_5OH$, CH_3COOH, CO_2, H_2
④ $CH_3CHOHCOOH$

205 다음 젖산발효에서 정상 젖산발효식인 것은 어느 것인가?

① $C_6H_{12}O_6 \rightarrow CH_3CHOH + C_2H_5OH + CO_2$
② $C_6H_{12}O_6 \rightarrow 2CH_3CHOHCOOH$
③ $C_6H_{12}O_6 \rightarrow CH_3CHOHCOOH$
④ $C_6H_{12}O_6 \rightarrow CH_3COOH + H_2O$

206 요구르트 제조 시에 사용되는 균은?

① *Lactobacillus bulgaricus*

② *Aspergillus niger*

③ *Aspergillus flavus*

④ *Lactobacillus delbrueckii*

207 다음 젖산발효에서 이상젖산발효식인 것은?

① $C_6H_{12}O_6 \rightarrow 2CH_3CHOHCOOH$

② $C_6H_{12}O_6 \rightarrow CH_3CHOHCOOH + C_2H_5OH + CO_2$

③ $C_6H_{12}O_6 \rightarrow CH_3CHOH + 2CO_2$

④ $C_6H_{12}O_6 \rightarrow CH_3COOH + H_2O$

208 Neuberg의 제2발효형식으로 맞는 것은?

① $C_6H_{12}O_6 \rightarrow CH_3CH_2OH + CH_3COOH + CO_2 + H_2$

② $C_6H_{12}O_6 \rightarrow 2CH_3CH_2OH + 2CO_2$

③ $2C_6H_{12}O_6 \xrightarrow{\text{alkali}} 2C_3H_5(OH)_3 + CO_3COOH + C_2H_5OH + 2CO_2$

④ $C_6H_{12}O_6 \xrightarrow{\text{Na}_2\text{SO}_3} C_3H_5(OH)_3 + CH_3CHO + CO_2$

209 장내 증식이 양호하여 정장제로 이용되는 젖산균은?

① *Lactobacillus acidophilus*

② *Lactobacillus plantarum*

③ *Streptococcus cremoris*

④ *Streptococcus lactis*

210 Yoghurt에서 분리했고 젖산 제조, 정장제, 피혁의 탈석회제로 쓰여지는 젖산균은?

① *Lactobacillus delbruckii*

② *Lactobacillus bulgaricus*

③ *Lactobacillus homohiochi*

④ *Lactobacillus plantarum*

206 발효유제품에 사용되는 젖산균
- cheese의 starter : *Streptococcus lactis, Str. cremoris* 등
- butter의 starter : *L. bulgaricus*
- yoghurt의 starter : *L. bulgricus, Str. thermophilus* 등

207 hetero type bacteria 발효형식
- $C_6H_{12}O_6 \rightarrow CH_3CHOHCOOH + C_2H_5OH + CO_2$
- $2C_6H_{12}O_6 + H_2O \rightarrow 2CH_3CHOHCOOH + C_2H_5OH + CH_3COOH + 2CO_2 + 2H_2$

208 Neuberg 발효형식(제1, 2, 3 형식)
- 제1발효형식 :
$C_6H_{12}O_6 \rightarrow 2CH_5OH + 2CO_2$
(pH 산성~미산성)
- 제2발효형식 :
$C_6H_{12}O_6 \rightarrow C_3H_5(OH)_3 + CH_3CHO + $ glycerol
$CO_2(Na_2SO_3$ 첨가)
- 제3발효형식
$2C_6H_{12}O_6 + H_2O \rightarrow 2C_3H_5(OH)_3 + $ glycerol
(알칼리인 경우)
$CH_3COOH + C_2H_5OH + 2CO_2$
※ Neuberg 2, 3 발효형식의 주생산물은 glycerol이므로 글리세롤 발효라 한다.
 - Na_2SO_3를 첨가하는 방법(Neuberg의 제2발효형식)
 - $NaHCO_3$, Na_2HPO_4 등의 알칼리를 첨가하는 방법(Neuberg의 제3발효형식)

209 *L. acidophilus*
- 유아 장내에서 분리된 젖산균이다.
- 장내에서 증식이 양호하며, 다른 잡균을 억제하는 정장작용이 있으므로 정장제로서 이용된다.

210 *Lactobacillus bulgaricus*
- 우유 중에 존재하고 유당에서 대량의 젖산을 생산한다.
- 젖산균 중 산의 생성이 가장 빨라 yoghurt 제조에 널리 이용된다.
- 장내에 증식하여 젖산에 의해 유해세균의 생육을 억제하여 정장작용을 하므로 정장제로 이용된다.
- 피혁의 탈석회제로도 이용된다.

ANSWER

206 ① 207 ② 208 ④ 209 ①
210 ②

211 Streptococcus faecalis
- 사람이나 동물의 장관에서 잘 생육하는 장구균의 일종이다.
- 분변 오염의 지표가 된다.
- 젖산균제재나 미생물정량에 이용된다.

212 Acetobacter 속(초산균)
- ethanol을 산화 발효하여 초산을 생성하는 세균의 총칭이다.
- 액체 배양 시 액면에 피막을 형성하는 호기적인 간균이다.

213 Escherichia coli(대장균)
- 일반적으로 gram 음성, 호기성 또는 통성 혐기성의 무포자 간균이다.
- 젖당이나 galactose를 발효하여 산과 가스를 생성한다.
- Citrobacter 속, Enterobacter 등의 균들도 여기에 속한다.

214 병원성 대장균 O157:H7의 의미
- 대장균은 혈청형에 따라 다양한 성질을 지니고 있다.
- O항원은 균체의 표면에 있는 세포벽의 성분인 직쇄상의 당분자 (lipopolysaccharide)의 당의 종류와 배열방법에 따른 분류로서 지금까지 발견된 173종류 중 157번째로 발견된 것이다.
- H항원은 편모부분에 존재하는 아미노산의 조성과 배열방법에 따른 분류로서 7번째 발견되었다는 의미이다.
- H항원 60여종이 발견되어 O항원과 조합하여 계산하면 약 2,000여종으로 분류할 수 있다.

215 Vibrio균
- 해수세균으로 원인식품은 대부분 어패류와 그 가공품이다.
- 특히 생선회, 다진 고기, 초밥 등을 생식했을 때 감염된다.

216 대장균
- 동물이나 사람의 장내에 서식하는 세균을 통틀어 대장균이라 한다.
- 그람음성, 호기성 또는 통성혐기성, 주모성 편모, 무포자 간균이고, lactose를 분해하여 CO_2와 H_2 가스를 생성한다.
- 대표적인 대장균은 Escherichia coli, Acetobacter aerogenes이다.

211 사람이나 동물의 장관에서 잘 생육하는 장구균의 일종이며 분변오염의 지표가 되는 균은?

① Streptococcus cremoris
② Streptococcus faecalis
③ Streptococcus lactis
④ Streptococcus thermophilus

212 액체 배지에서 초산균의 특징은?

① 피막을 형성치 않으며 혐기성이다.
② 피막을 형성하고 호기성이다.
③ 피막을 형성하고 혐기성이다.
④ 피막을 형성치 않으며 호기성이다.

213 Escherichia coli의 성질이 아닌 것은?

① 동물 장내에 기생한다.
② gram 음성이다.
③ 통성 혐기성 균이다.
④ 포자 형성 균이다.

214 대장균 O157 : H7이라는 균의 명칭 중 O와 H의 설명으로 맞는 것은?

① O : 편모항원, H : 체성항원
② O : 체성항원, H : 편모항원
③ O : 협막항원, H : 편모항원
④ O : 체성항원, H : 협막항원

215 다음 중 분뇨에 의해 오염되지 않은 균은 어느 것인가?

① Salmonella type
② Vibrio cholera
③ Shigella dysenteriae
④ Trigonopsis

216 유당(lactose)을 분해하여 CO_2와 H_2가스를 생성하는 세균은?

① 대장균　　　　　　② 초산균
③ 젖산균　　　　　　④ 고초균

217 식품위생상 세균학적 지표로 이용되고 있는 것은?

① 아크로모 박타　　　② 형광균

③ 초산균　　　　　　　④ 대장균

218 식초 제조법 중 속초법으로 주로 사용하는 것은 무엇인가?

① Acetobacter aceti

② Acetobacter schuetzenbachii

③ Acetobacter suboxydans

④ Acetobacter xylinum

219 식초 제조 시 유해한 세균인 것은?

① Acetobacter aceti

② Acetobacter schutzenbachii

③ Acetobacter oxydans

④ Acetobacter xylinum

220 버터, 치즈 제조에 starter로 사용한 균주는?

① Bac. natto　　　　② A. gluconicum

③ Sc. cremoris　　　④ Sacch. cerevisiae

221 Bacillaceae과 세균의 설명으로 틀린 것은?

① 편모로 운동하고 그람양성이다.

② 포도당을 분해하여 산과 가스를 생성한다.

③ 포자형성 간균이다.

④ 내열성이 대단히 강하다.

222 다음에 열거해 놓은 세균 속 중 Entero bacteriaceae과에 속하지 않는 것은?

① Eschrichia 속　　　② Salmonella 속

③ Streptococcus 속　　④ Shigella 속

223 식염농도 10~20% alcohol, pH 등에 중요한 역할을 하는 구균은?

① 연쇄상구균(Streptococcus)　② 사련구균(Pediococcus)

③ 단구균(Monococcus)　　　　④ 쌍구균(Diplococcus)

---

217 대장균군은 식품위생상 분뇨 오염의 지표균인 동시에 식품에서 발견되는 부패 세균이기도 하며, 음식물, 음료수 등의 위생 검사에 이용된다.

218

• Acetobacter aceti : 포도당, 알코올, glycerol를 동화하여 초산을 생성하는 식초산균이다.

• A. schuetzenbachii : 독일 식초공장에서 분리한 속초용균이고, 균막을 형성하지 않은 것이 특징이다.

• A. suboxydans : glucon산 제조에 이용된다.

• A. xylinum : 식초양조에 유해균이다.

219 A. xylinum

• 초산생성력은 약하고 초산을 분해하여 불쾌취를 생성한다.

• 액면에 두꺼운 cellulose 피막을 만드는 식초 양조의 유해균이다.

※ Acetobacter oxydans, A. aceti, A. schutzenbachii는 식초의 양조에 사용된다.

220 버터, 치즈의 starter로 가장 많이 이용하는 유산균은 Sc. cremoris와 Sc. lactis 등이다.

221 Bacillaceae과 세균

• 내생포자를 형성하는 gram 양성의 간균이다.

• 주모를 가지며 운동성인 것이 많다.

• 호기성 내지 통성 호기성인 Bacillus 속과 혐기성인 Clostridium 속이 있다.

222 대장균형 세균(Coli form bacteria)

• 동물이나 사람의 장내에 서식하는 세균을 통틀어 대장균이라 한다.

• 대장균은 제8부(Enterobacteriacease과)에 속하는 12속을 말한다.

• 이 과에서 식품과 관련이 있는 속은 Eschrichia 속, Enterobacter 속, Klebslella 속, Citrobacter 속, Erwinia 속, Serratia 속, Proteus 속, Salmonella 속 및 Shigella 속 등이다.

• 대장균은 그람음성, 호기성 또는 통성혐기성, 주모성 편모, 무포자 간균이고, lactose를 분해하여 CO_2와 H_2 gas을 생성한다.

223 Pediococcus(연구균) 속

• 맥주 변패 원인균으로 발견되었다.

• 근래에는 발효야채, 간장, 된장 등에서도 분리되고 있다.

• 호염균으로 15% 식염에서 생육한다.

224 *Penicillium roquefortii*는 푸른 곰팡이 치즈로 유명한 roquefortii 치즈의 숙성과 향미에 관여한다.

225 청주 술밑에 사용되는 젖산균은 *Leuconostoc mesenteroides*와 *L. sake*으로 포도주, 맥주 양조에도 관여하여 특유한 향미를 부여한다.

226
- *Bacillus natto*는 일본의 청국장인 납두로부터 분리된 호기성 포자 형성균으로 생육인자는 biotin을 필요로 한다.
- *Bacillus cereus*는 식중독의 원인균이다.
- *Bacillus mesentericus*는 *Bac. subtilis*와 비슷, *Bac. coagulans*는 유포자 젖산균이다.

227 젖산균
- 버터, 요구르트, 치즈, 젖산균음료, 김치류, Silage, 젖산의 제조, 청주와 간장 양조에 중요한 역할을 한다.
- 특히 정장제로서 젖산균제제, 아미노산이나 비타민의 미생물 정량에도 사용되는 균군이다.

228 김치에 많이 존재하는 젖산균
- 김치의 발효 젖산균인 *L. plantarum*, *L. brevis*이다.
- 이것은 간장, 된장에도 산미, 향기성분이다.
- ※ *Sc. thermophilus*, *L. casei*와 *L. acidophilus* 등은 yoghurt, cheese의 제조에 이용되는 젖산균이다.

229 227번 해설 참조

230 Bacillaceae과에는 호기성 간균인 *Bacillus* 속, *Sporolactobacillus* 속과 혐기성 간균인 *Clostridium* 속 등이 있다.

---

224 치즈발효에 사용되는 균은?

① *Penicillium roqueforti*
② *Penicillium citrinium*
③ *Penicillium chrysoyenum*
④ *Penicillium notatum*

225 청주 술밑에 사용하는 젖산균은?

① *Leu. mesenteroides*　　② *Str. thermophilus*
③ *L. bulgaricus*　　　　　④ *L. casei*

226 청국장 제조에 쓰이는 균은?

① *Bacillus mesentericus*　② *Bacillus cereus*
③ *Bacillus coagulans*　　④ *Bacillus natto*

227 아미노산의 정량이나 비타민의 정량에 이용되는 균은?

① 고초균　　　　　　② 초산균
③ 젖산균　　　　　　④ 프로피온산균

228 김치에 많이 존재하는 젖산균은?

① *Sc. thermophilus*　　② *L. casei*
③ *L. acidophilus*　　　④ *L. plantarum*

229 미생물을 이용한 비타민의 정량에 가장 널리 이용하는 균은?

① *Bacillus subtilis*(고초균)　② *E. coli*
③ *Lactobacillus*　　　　　　④ *Acetobacter*

230 *Clostridium* 속은 어느 과에 속하는가?

① Bacillaceae 과
② Peptococcaceae 과
③ Lactobacillaceae 과
④ Micrococcaceae 과

ANSWER

224 ①　225 ①　226 ④　227 ③
228 ④　229 ③　230 ①

231 *Pseudomonas* 속의 특징이 아닌 것은?

① 혐기적으로 저장되는 식품의 부패에 주로 관여한다.
② 단백질, 유지 가수분해력이 강한 종이 많다.
③ 많은 균종이 저온에서 잘 증식한다.
④ 수용성의 형광색소를 생성하는 종도 있다.

232 쌀밥에서 쉰내를 내거나 식빵이 끈적끈적해지며 불쾌한 냄새를 내는 점질화(rope) 현상을 일으키는 미생물은?

① *Bacillus* 속
② *Penicillium* 속
③ *Rhizopus* 속
④ *Aspergillus* 속

233 콩과식물의 뿌리에 기생하며, 공중질소를 고정시켜서 콩과식물의 생육에 도움을 주는 뿌리혹박테리아는?

① *Gluconobacter* 속
② *Rhizobium* 속
③ *Acetobacter* 속
④ *Nitrobacter* 속

234 유리상태의 유황을 이용하여 생육하는 유황세균은?

① *Aspergillus niger*
② *Thiobacillus thioxidans*
③ *Penicillium oxalicum*
④ *Serratia marcescens*

235 *Clostridium butyricum*이 장내에서 정장작용을 나타내는 이유는?

① 항생물질을 생성하기 때문이다.
② 유기산을 생성하기 때문이다.
③ 강한 포자를 형성하기 때문이다.
④ 비타민을 합성하기 때문이다.

236 취상돌기(clamp connection)를 가진 균은?

① 자낭균
② 접합균
③ 담자균
④ 조상균

---

231 *Pseudomonas* 속
• 그람음성, 무포자 간균, 호기성이며 내열성은 약하다.
• 특히 형광성, 수용성 색소를 생성하고, 비교적 저온균으로 20℃에서 잘 자란다.
• 육, 유가공품, 우유, 달걀, 야채 등에 널리 분포하여 식품을 부패시키는 부패세균이다.
• *Pseudomonas* 속이 부패균으로서 중요한 생리적 성질
  – 증식 속도가 빠르다.
  – 많은 균종이 저온에서 잘 증식한다.
  – 암모니아 등의 부패생산물의 생산능력이 크다.
  – 단백질, 유지의 분해력이 크다.
  – 일부의 균종은 색소도 생성한다.
  – 대부분 균종은 방부제에 대하여 저항성이 강하다.

232 *Bacillus*(고초균)
• 단백질 분해력이 강하며 단백질 식품에 침입하여 산 또는 가스를 생성한다.
• *Bacillus subtilis*는 밥, 빵 등을 부패시키고 끈적끈적한 점질물질을 생산한다.

233 *Rhizobium* 속
• 질소를 고정하는 그람음성 토양세균이다.
• 고등식물의 뿌리에 공생하여 유리질소를 고정하는 박테리아로 식물체로부터 탄수화물 등을 흡수하여 공기 중의 질소를 고정하여 콩과 식물의 생육을 돕는다.
• 자연계에서 질소의 순환에 중요한 구실을 하며 콩과 식물의 뿌리혹박테리아로 특히 유명하다.

234 유황세균
• *Thiobacillus*에 속하는 균이다.
• 유화수소와 유리상태의 유황을 이용하여 생육한다.
• *Thiobacillus thioxidans*, *Thiobacillus ferroxidans* 등이 있다.

235 *Clostridium butyricum*
• 그람양성 유포자 간균으로 운동성이 있다.
• 당을 발효하여 butyric acid를 생성하고, cheese나 단무지 등에서 분리된다.
• 최적 온도는 35℃이다.
• 생성된 유기산은 장내 유해세균의 생육을 억제하여 정장작용을 나타낸다.
• 장내 유익한 균으로 유산균과의 공생이 가능하고 많은 종류의 비타민 B군 등을 생성하여 유산균이 이용할 수 있게 한다.

236 담자균의 2차 균사에서 2개의 1핵 균사가 접합하여 세포질은 융합하지만 핵은 융합하지 않고 세포 분열 시 취상돌기를 형성한다.

ANSWER

231 ①　232 ①　233 ②　234 ②
235 ②　236 ③

왼쪽 칼럼 (해설)

237 방선균
- 하등미생물(원시핵 세포) 중에서 가장 형태적으로 조직분화의 정도가 진행된 균사상 세균이다.
- 세균과 곰팡이의 중간적인 미생물로 균사를 뻗치는 것, 포자를 만드는 것 등은 곰팡이와 비슷하다.
- 주로 토양에 서식하며 흙냄새의 원인이 된다.
- 특히 방선균은 대부분 항생물질을 만든다.
- $0.3 \sim 1.0 \mu$ 크기이고 무성적으로 균사가 절단되어 구균과 간균과 같이 증식하며 또한 균사의 선단에 분생포자를 형성하여 무성적으로 증식한다.

238 Streptomycin을 생산하는 방선균은 *Streptomyces griseus*이다.

239 236번 해설 참조

240 버섯의 성분
- 채소류와 일반 성분이 비슷하다.
- 생 것의 수분은 90%, 조단백질 함량 1.8% 내외이다.
- 고형물의 주성분은 탄수화물이고, 당질이 60% 이상 차지하고 있다.
- 비타민류로서는 비타민 B_1, B_2, nicotin 산이 많이 함유되어 있다. 그리고 ergosterol을 비교적 많이 함유하고 있는 것이 특징이다. 송이버섯, 표고버섯에는 0.08% 정도 함유되어 있다.

241 버섯
- 대부분의 분류학상 담자균류에 속한다.
- 담자균은 여러 개의 담자기를 형성하고 그 선단에 보통 4개의 경자가 생겨 그 위에 담자포자가 1개씩 외생한다.
- 균사는 격막이 있고 세포질에는 chitin 질을 갖는다.
- 담자균류는 이(hetero)담자균류와 동(homo)담자균류가 있다.

242 버섯균사의 뒷면 자실층의 주름살에는 다수의 담자기가 형성되고, 그 선단에 보통 4개의 경자가 있고 담자포자를 1개씩 착생한다.

243 3차 균사는 2차 균사가 발육하여 조직분화를 일으켜 버섯으로서의 형태를 갖추게 되는 시기이다. 즉, 이때부터 버섯으로 취급된다. 식용버섯의 경우 버섯을 채취하는 시기는 핵융합이 이루어지기 전(3차 균사)이라야 한다.

ANSWER

237 ④	238 ②	239 ②	240 ④
241 ②	242 ①	243 ③	

오른쪽 칼럼 (문제)

237 방선균에 대한 설명으로 옳지 않은 것은?

① 항생물질을 생산하는 종이 많다.
② 원시핵 세포 생물이다.
③ 주로 토양에 서식하며 흙냄새의 원인균이다.
④ 포자를 형성하지 않는 세균이다.

238 항생물질과 그 항생물질의 생산에 이용되는 균이 잘못 연결된 것은?

① Chloramphenicol – *Streptomyces venezuelae*
② Streptomycin – *Streptomyces aureus*
③ Teramycin – *Streptomyces rimosus*
④ Kanamycin – *Streptomyces kanamyceticus*

239 담자균류 균사의 특징인 균반(취상돌기, clamp connection)이 형성되는 시기는?

① 1차 균사 ② 2차 균사
③ 3차 균사 ④ 4차 균사

240 버섯의 성분 중 가장 특징적인 것은?

① protein ② mineral
③ vitamin ④ ergosterol

241 버섯에 대한 설명 중 틀린 것은?

① 대부분은 담자균류에 속한다.
② 담자균류는 균사에 격막이 없다.
③ 4개의 담자포자를 외생한다.
④ 동담자균류와 이담자균류가 있다.

242 다음의 버섯 각 부위 중 담자기(basidium)가 형성되는 곳은?

① 주름(gills) ② 균륜(ring)
③ 자주(stem) ④ 균사체(mycelium)

243 버섯의 균사 중 식용할 수 있는 것은?

① 제1차 균사 ② 제2차 균사
③ 제3차 균사 ④ 제4차 균사

244 버섯이 형성하는 포자는?

① 자낭포자　　　　　　② 담자포자
③ 접합포자　　　　　　④ 후막포자

245 송이버섯목, 목이균목 등과 같은 대부분의 버섯은 미생물 분류학상 어디에 속하는가?

① 접합균류　　　　　　② 자낭균류
③ 편모균류　　　　　　④ 담자균류

246 버섯에 포자가 있는 곳은?

① 갓　　　　　　　　　② 주름
③ 각호　　　　　　　　④ 균륜

247 설사, 호흡곤란, 경련, 마비 등을 일으키는 버섯의 독성분은?

① Neurine　　　　　　② Muscarine
③ Amanitatoxin　　　　④ Phaline

248 버섯 재배의 설명이 틀린 것은?

① 1차 균사의 생육 온도는 25~27℃이다.
② 자실체의 발생과 생육의 최적 온도는 15℃ 내외이다.
③ 버섯의 가장 좋은 배양기는 퇴비이다.
④ 1차 자실체의 최적 습도는 모두 80~90%이다.

249 독버섯의 감별법으로 맞지 않은 것은?

① 줄기가 세로로 찢어지면 독이 있다.
② 색깔이 아름다우면 유독하다.
③ 쓴맛이나 신맛이 나면 유독하다.
④ 찢었을 때 유즙같은 액즙을 분비하거나 표면에 점액이 있으면 유독하다.

250 곤충이나 곤충의 번데기에 기생하는 동충하초균 속인 것은?

① *Botrytis* 속　　　　② *Neurospora* 속
③ *Gibberella* 속　　　④ *Cordyceps* 속

---

244 241번 해설 참조

245 241번 해설 참조

246 버섯균사의 뒷면 자실층의 주름살 (gill)에는 다수의 담자기가 형성되고, 그 선단에 보통 4개의 병자가 있고 담자 포자를 한개씩 착생한다.

247 버섯의 독성분
• neurine는 마비, 유연, 호흡장해, 설사, 경련 등을 일으킨다.
• muscarine는 유연, 발한, 위경련, 구토, 설사를 일으킨다.
• amanitatoxin은 내열성이 강한 물질로 복통, 심한 설사를 일으킨다.
• phaline은 용혈작용이 있다.

248 버섯 재배
• 버섯 재배용 배양기는 버섯의 종류에 따라 다르며, 버섯 재배에서 가장 중요한 것은 온도와 습도 조건이다.
• 제1차 균사의 생육 온도는 25~27℃가 적당하고, 자실체의 발생과 생육의 최적 온도는 15℃ 내외이다.
• 제1차 균사나 자실체 습도는 모두 80~90%가 알맞다.

249 버섯의 감별법
• 쓴맛, 신맛이 나면 유독하다.
• 줄기에 마디가 있으면 유독하다.
• 균륜이 칼날 같거나, 악취가 나면 유독하다.
• 줄기가 부서지면 유독하다.
• 끓일 때 은수저의 반응($H_2S+Ag \rightarrow Ag_2S$)으로 흑색이 나타나면 유독하다.
※ 줄기가 세로로 찢어지는 것은 독이 없다.

250 동충하초균 속
• 대표적인 속으로는 자낭균(Ascomycetes)의 맥간균과(Clavicipitaceae)에 속하는 Cordyceps 속이 있다.
• 이밖에도 불완전 균류의 *Paecilomyces* 속, *Torrubiella* 속, *Podonecitria* 속 등이 있다.

▌ ANSWER ▐ ················
244 ②　245 ④　246 ②　247 ①
248 ③　249 ①　250 ④

251 muscaridine은 뇌증상을 일으켜 일시적으로 미친 상태가 된다.

252 조류(algae)
- 바닷물에 서식하는 해수조와 담수 중에 서식하는 담수조가 있다.
- 세포 내에 엽록체를 가지며, 공기 중의 CO_2와 물로부터 태양에너지를 이용하여 포도당을 합성하는 광합성 미생물이다.
- 남조류는 특정한 엽록체가 없고 엽록소가 세포 전체에 분포한다.

253
- 조류는 엽록체를 가지고 광합성을 하지만 남조식물에는 특정의 엽록체가 없고 엽록소는 세포 전체에 분산되어 있다.
- 조류의 광합성은 기타 식물과 본질적으로 같은 것이고, 빛은 chlorophyll 혹은 carotenoid 등의 색소에 흡수된다.

254 홍조류(red algae)
- 엽록체를 갖고 있어 광합성을 하는 독립영양생물이다.
- 거의 대부분의 식물이 열대, 아열대 해안 근처에서 다른 식물체에 달라붙은 채로 발견된다.
- 세포막은 주로 셀룰로오스와 펙틴으로 구성되어 있으나 칼슘을 침착시키는 것도 있다.
- 홍조류가 빨간색이나 파란색을 띠는 것은 홍조소(phycoerythrin)와 남조소(phycocyanin)라는 2가지의 피코빌린 색소들이 엽록소를 둘러싸고 있기 때문이다.
- 김, 우뭇가사리 등이 홍조류에 속한다.

255 Chlorella의 특징
- 구형 또는 난형의 단세포 녹조류인데 한 개의 오목한 엽록체와 1 핵, 1 pyrenoid를 가지고 있다.
- 양질의 단백질을 대량 함유하고 있으므로 식사료화를 시도하고 있으며, 소화율이 다른 균보다 떨어진다.
- 크기는 2~12 정도의 구형 또는 난형이다.
- 현미경뿐만 아니라 눈으로도 볼 수 있다.
- 건조물 중 단백질이 40~50% 정도이고, 비타민 A와 C가 많다.
- 태양 에너지의 이용률은 농작물에서는 겨우 1.2%인데 Chlorella는 이에 비하여 5~10배 이상이다.
- 자주 쓰이는 종류는 *Chlorella ellipsoidea*, *Chlorella pyrenoidosa* 등이다.

251 버섯에서 신경 이상 증상을 나타내는 성분은?

① amanitine
② muscarine
③ muscaridine
④ pilzatropin

252 조류에 관한 설명 중 틀린 것은?

① 해수조와 담수조가 있다.
② 남조류는 특정한 염색체를 가지며 엽록소는 엽록체 구조 속에만 있다.
③ 색소의 성상, 종류, 생식방법으로 분류한다.
④ 광합성작용

253 일반적으로 조류는 세포 내 엽록체를 갖고 광합성을 한다. 특정의 엽록체가 없고 세포 전체에 엽록소가 분산되어 있는 조류는?

① 갈조류
② 홍조류
③ 남조류
④ 녹조류

254 홍조류에 대한 설명으로 잘못된 것은?

① 엽록체를 갖고 있어 광합성을 하는 독립영양생물이다.
② 열대 및 아열대 지방의 해안에 주로 서식하며 한천을 추출하는 원료가 된다.
③ 세포막은 주로 셀룰로오스와 알긴으로 구성되어 있다.
④ 클로로필 이외에 피코빌린이라는 색소를 갖고 있다.

255 클로렐라(chlorella)는 어느 부류에 속하는가?

① 홍조류
② 갈조류
③ 녹조류
④ 염색조류

💡 **ANSWER**

251 ③ 252 ② 253 ③ 254 ③
255 ③

256 클로렐라(chlorella)에 관한 설명 중 맞는 것은?

① 건조물은 약 50%가 단백질이고 아미노산과 비타민이 풍부하다.
② 태양 에너지의 이용률은 일반 재배식물과 같다.
③ 클로렐라는 현미경으로만 볼 수 있고 담수에서 자란다.
④ 소화율이 다른 균체보다 높다.

257 다음 중 virus에 대하여 감수성이 있는 것은 어느 것인가?

① 곰팡이   ② 세균
③ 효모   ④ 버섯

258 박테리오파지에 대한 설명 중 틀린 것은 어느 것인가?

① 지름 0.5μ 이하의 여과성 미생물이다.
② 주로 당질과 지질로 되어 있다.
③ 세균에 기생하는 바이러스를 말한다.
④ 독자적으로 증식·생육 능력이 없고 기생성이다.

259 Bacteriophage는 다음 어느 것에 속하는가?

① 바이러스   ② 곰팡이
③ 방선균   ④ 세균

260 용균성 박테리오파아지(virulent bacteriophage)의 증식과정으로 바르게 된 것은?

① 흡착 – 용균 – 침입 – 핵산 복제 – phage 입자 조립
② 흡착 – 침입 – 용균 – phage 입자 조립 – 핵산 복제
③ 흡착 – 침입 – 핵산 복제 – phage 입자 조립 – 용균
④ 흡착 – 용균 – 침입 – phage 입자 조립 – 핵산 복제

261 식품공장의 phage 대책으로 옳지 않은 것은?

① 공장 주변을 미생물학적으로 청결히 한다.
② 사용용기의 살균처리를 철저히 한다.
③ 2종 이상의 균주 조합계열을 만들어 2~3일마다 바꾸어 사용한다.
④ 공장 내의 공기를 자주 바꾸어 준다.

256 255번 해설 참조

257 virus
• 동식물의 세포나 세균, 세포에 감염하여 기생적으로 증식한다.
• 그 중에서 세균에 기생하는 바이러스를 박테리오파지라 한다.

258 Bacteriophage(phage)
• 두부에는 DNA와 RNA 중 어느 한 쪽의 핵산과 단백질이 나선상으로 늘어서 있다.
• 그 내부의 중심초는 속이 비어 있다.
• 세균 세포에 기생하여 증식하고 독자적인 대사 기능을 갖지 못한다.

259 phage는 세균에 기생하는 virus의 일종이고, 크기는 0.2~0.4μ이다.

260 바이러스
• 동식물의 세포나 세균세포에 기생하여 증식한다.
• 광학현미경으로 볼 수 없는 직경 0.5μ 정도로 대단히 작은 초여과성 미생물이다.
• 바이러스 증식과정 : 부착(attachment) → 주입(injection) → 핵산복제(nucleic acid replication) → 단백질 외투의 합성(synthesis of protein coats) → 조립(assembly) → 방출(release) 순이다.

261 phage 오염 예방대책
• 공장과 그 주변 환경을 청결히 한다.
• 장치나 기구의 가열살균 또는 약제로 철저히 살균한다.
• phage 숙주특이성을 이용하여 2균 이상을 매번 바꾸어 starter rotation system을 행한다.
• chloramphenicol, streptomycin 등 항생물질의 낮은 농도에 견디고 정상 발효를 행하는 내성 균주를 사용하기도 한다.

262 최근 미생물을 이용하는 발효공업 즉, yoghurt, amylase, acetone butanol, glutamate, cheese, 납두, 항생물질, 핵산관련 물질의 발효에 관여하는 세균과 방사선균에 phage의 피해가 자주 발생한다.

263 젖산균 음료 제조 시 파지 오염 방지를 위하여 파지의 숙주특이성을 이용 starter를 2종 이상 조합하여 계열을 만들어 2~3일마다 이 조합을 변화시켜 바꾸어서 phage의 오염을 대비한다.

264 bacteriophage(phage)
· 파지(phage)에는 독성파지(virulent phage)와 용원파지(temperate phage)의 두 종류가 있다.
· 독성파지(virulent phage) :
– 숙주세포 내에서 증식한 후 숙주를 용균하고 외부로 유리한다.
– 독성파지의 phage DNA는 균체에 들어온 후 phage DNA의 일부 유전정보가 숙주의 전사효소(RNA polymerase)의 작용으로 messenger RNA를 합성하고 초기 단백질을 합성한다.
· 용원파지(temperate phage) :
– 세균 내에 들어온 후 숙주 염색체에 삽입되어 그 일부로 되면서 증식하여 낭세포에 전하게 된다.
– phage가 염색체에 삽입된 상태를 용원화(lysogenization)되었다 하고 이와 같이 된 phage를 prophage라 부르고, prophage를 갖는 균을 용원균이라 한다.

265 용원파지(phage)
· 바이러스 게놈이 숙주세포의 염색체와 안정된 결합을 해 세포 분열 전에 숙주세포 염색체와 함께 복제된다.
· 이런 경우 비리온의 새로운 자손이 생성되지 않고 숙주를 감염시킨 바이러스는 사라진 것 같이 보이지만, 실제로는 바이러스의 게놈이 원래의 숙주세포가 새로 분열할 때마다 함께 전달된다.
· 용원균은 보통 상태에서는 일반 세균과 마찬가지로 분열, 증식을 계속한다.

266 *Aspergillus sojae*
· 국균의 대표종이다.
· *Aspergillus oryzae*와 유사하고, 단백질 분해력이 강해 간장 제조에 사용된다.

---

262 Phage에 의한 피해가 없는 발효공업은 어느 것인가?

① 핵산관련 물질의 발효
② alcohol 발효
③ 항생물질 발효
④ 낙농식품 발효

263 젖산 음료를 발효시킬 때 2종 이상의 균주를 혼합 사용하는 이유는?

① 다른 세균의 오염을 방지하기 위하여
② 우유에 오염된 항생제를 발견하기 위하여
③ 박테리오파지의 오염에 대비하여
④ 맛을 좋게 하기 위해

264 독성 파지(virulent phage)에 대한 설명 중 틀린 것은?

① 살아있는 세균에 기생한다.
② 세균에 주입된 DNA는 세균 세포 내에서 새로이 합성된다.
③ 세균에 주입된 DNA는 염색체에 부착하여 세균의 증식에 따라 합성한다.
④ 용균작용이 있다.

265 파지(phage)에 감염되었으나 그대로 살아가는 세균세포를 무엇이라고 하는가?

① 용원성세포
② 숙주세포
③ 비론(viron)
④ 조혈세포

266 다음 중에서 간장 제조에 주로 쓰이는 간장 곰팡이는?

① *Aspergillus awamorii*
② *Aspergillus glancus*
③ *Aspergillus sojae*
④ *Aspergillus niger.*

ANSWER

262 ② 263 ③ 264 ③ 265 ①
266 ③

267 간장이나 된장 덧에서 젖산을 생성하는 대표적인 균은?

① *Lactobacillus bulgaricus*
② *Pediococcus halophilus*
③ *Lactobacillus acidophilus*
④ *Streptococcus lactis*

268 간장의 발효에 주로 관여하는 미생물로만 되어 있는 것은?

① *Candida utilis* , *Saccharomyces cerevisiae*
② *Pediococcus halophilus* , *Saccharomyces rouxii*
③ *Lactobacillus bulgaricus* , *Hansenula anomala*
④ *Clostridium butylicum* , *Aspergillus awamori*

269 청국장 발효의 최적 온도는?

① 10℃ 전후   ② 20℃
③ 30℃ 전후   ④ 40℃

270 청국장 제조에 사용하는 세균은?

① *Bac* . *natto* , *Bac* . *subtilis*
② *Bac* . *mesenteroides*
③ *Bac* . *coagulans* , *B* . *cirulans*
④ *Bac* . *megaterium*

271 간장을 부패시켜 품질을 저하시키는 균은?

① *Zygosaccharomyces major*
② *Zygosaccharomyces sojae*
③ *Zygosaccharomyces japonicus*
④ *Zygosaccharomyces cerevisiae*

272 김치의 숙성 중에 많이 출현하는 세균은?

① *Lactobacillus brevis*   ② *Lactobacillus bulgaricus*
③ *Lactobacillus acidophilus*   ④ *Lactobacillus casei*

273 젖산균 제제로 이용되는 균주는?

① *L* . *casei*   ② *L* . *bifidus*
③ *L* . *bulgaricus*   ④ *L* . *plantarum*

274 이상발효(hetero type)균은 *L. fermentum*, *L. heterohiochii*, *Leuconostoc mesenteroides* 등이 있다.

275 치즈 제조와 관련된 젖산균은 *Sc. cremoris*, *Sc. thermophilus*, *L. helveticus*, *L. bulgaricus*, *L. lactis*, *Micrococcus*가 있다.

276 침채류의 주 젖산균
- *Lactobacillus plantarum*으로 우유, 치즈, 버터, 곡물, 토마토 등에서 분리되는 젖산균이다.
- 우리나라 김치 발효에 중요한 역할을 한다.

277 *Streptococcus lactis*는 우유 중에 보통 존재하는 대표적인 젖산균으로 버터, 치즈 제조의 starter로서 중요하다.

278
- 전분 당화액, 당밀 제조에는 *L. delbrueckii*가 이용된다.
- 버터, 치즈에는 *Str. cremoris*, *Sc. lactis*, *L. bulgaricus*, *L. acidophilus*, *L. casei* 등이 이용된다.

279 *Penicillium roguefortii*와 *Pen. camemberi*는 cheese의 숙성과 향미에 관여하여 cheese에 독특한 풍미를 준다.

---

274 발효유 제조에서 이상젖산발효균은?

① *Sc. cremoris*
② *Leuc. mesenteroides*
③ *L. bulgaricus*
④ *Sc. thermophilus*

275 다음에서 식품과 관련 제조 균주의 연결이 틀린 것은?

① 맥주 – *Saccharomyces carlsbergensis*
② 치즈 – *Aspergillus niger*
③ 식빵 – *Saccharomyces cerevisiae*
④ 포도주 – *Saccharomyces ellipsoideus*

276 김치의 주요 젖산균은?

① *Lactobacillus plantarum*
② *Lactobacillus thermophilus*
③ *Lactobacillus delbruekii*
④ *Lactobacillus acidophilus*

277 버터 제조에 이용되는 세균은?

① *Streptococcus lactis*
② *Lactobacillus bulgaricus*
③ *Lactobacillus acidophilus*
④ *Streptococcus thermophilus*

278 우유나 유청으로 버터, 치즈 제조에 사용되는 균류는?

① *Sc. cremoris*, *Sc. lactis*
② *Bac. natto*, *Bac. subtilis*
③ *Sacch. cerevisiae*
④ *Acetobacter aceti*

279 치즈의 숙성에 쓰이는 곰팡이는?

① *Penicillium*   ② *Mucor*
③ *Aspergillus*   ④ *Absidia*

ANSWER

274 ②   275 ②   276 ①   277 ①
278 ①   279 ①

280 유산균 음료와 관계없는 것은?

① 스타터를 첨가한다.
② 10^3/ml 이상의 생균을 함유해야 한다.
③ 사용균은 *Lactobacillus*, *Streptococcus* 속 등이다.
④ 정장작용을 한다.

281 치즈 숙성에 관여하는 균은?

① *Penicillium notatum*
② *Penicillium citrinium*
③ *Penicillium camemberti*
④ *Penicillium chrysogenum*

282 다음 중 치즈의 발효, 숙성에 관여하는 미생물이 아닌 것은?

① *Streptococcus cremoris*
② *Propionibacterium shermanii*
③ *Rhizopus nigricans*
④ *Penicillium roqueforti*

283 접합포자를 형성하며 amylo법으로 ethyl alcohol을 제조할 때 당화에 쓰이는 균은?

① *Monascus purpureus*
② *Rhizopus javanicus*
③ *Aspergillus niger*
④ *Mucor rouxii*

284 다음 발 효과정 중에 산소의 공급이 필요하지 않은 것은?

① 구연산(citric acid) 발효
② 글루탐산(glutamic acid) 발효
③ 젖당(lactic acid) 발효
④ 호박산(succinic acid) 발효

285 치즈 제조 시 필요한 응유효소의 생산 균주는?

① *Mucor pusillus*   ② *Mucor racemosus*
③ *Mucor rouxii*   ④ *Mucor mucedo*

---

280 유산균 음료는 10^6/mℓ 이상의 생균을 함유해야 한다.

281
• *Pen. camemberti*는 프랑스의 유명한 cammbert cheese의 숙성과 향미에 관여한다.
• *Pen. notatum*는 Fleming에 의해 처음 penicillium을 발견한 균이다.
• *Pen. citrinum*는 황변미에서 분리된 균이다.
• *Pen. chrysogenum*는 penicillin 생산균이다.

282
• *Streptococcus cremoris* : 일반 치즈의 스타터로 사용
• *Propionibacterium shermanii* : 스위스 에멘탈치즈의 스타터로 치즈 눈을 형성하고 특유의 풍미를 생성시키기 위해 사용
• *Penicillium roqueforti* : 프랑스 로크포르치즈의 곰팡이 스타터로 사용
• *Rhizopus nigricans* : 맥아, 곡류, 빵, 과일 등 여러 식품에 잘 발생하고, 고구마 연부병의 원인균

283 *Mucor rouxii*
• 인도네시아의 국으로부터 분리된 털곰팡이의 대표적인 것이다.
• 전분의 당화력이 강하며, 알코올 발효력도 강하여 amylomyces α라 불리운다.
• amylo법에 의한 알코올 제조에 사용되는 이른바 amylo균이다.

284 젖산 발효는 포도당이 혐기적 발효하여 젖산이나 에탄올이 생성되는 당의 분해(해당, glycolysis) 과정이다.

285
• *Mucor mucedo*는 흑색으로 마분에 잘 발생하며 오랜지색을 띤 유해균이다.
• *M. rouxii*는 당화력이 강하여 amylo법에 의한 알코올 제조에 사용되고 있다.
• *M. racemosus*는 자연계에 널리 분포되어 채소, 과일 등에 많이 생육한다.
• *Mucor pusillus*는 cheese 제조에 이용되는 강력한 응유 효소를 생산한다.

286 요구르트 제조에서 *Streptococcus thermophilus*, *Lactobacillus bulgaricus* 등의 유산균을 이용하여 대량의 발효유를 생산한다.

287 *Acetobacter* 속(초산균)의 특징
- Ethyl alcohol을 산화하여 초산을 생성하는 세균을 식초산 균이라 칭하며, 이 균은 액면에 피막을 형성하는 호기적인 간균이다.
- 10% 전후의 알코올 농도에서 생육하며, 5~8%의 초산을 생성하므로 식초 제조에 이용되는 유용 세균이다.
- 이 중에 *Acetobacter oxydans*, *Acetobacter aceti*는 식초 양조에 사용된다.

288 살라미(salami) : 소고기, 돼지고기, 소금, 향료 등을 세절, 혼합하여 케이싱에 충전하고 젖산발효 및 건조시켜 제조한 대표적인 발효소시지

289 *Pseudomonas* 속
- 그람음성, 무포자 간균, 호기성이며 내열성은 약하다.
- 특히 형광성, 수용성 색소를 생성하고, 비교적 저온균으로 20℃에서 잘 자란다.
- 육, 유가공품, 우유, 달걀, 야채 등에 널리 분포하여 식품을 부패시키는 부패 세균이며, 특히 저온에서 호기적으로 저장되는 식품의 부패에 가장 큰작용을 한다.

290 유산균은 yoghurt, butter, cheese, 유산균 음료, 김치류 silage, dextrin의 제조, 아미노산이나 비타민의 정량에도 사용되는 중요한 균이다.

291 *Leuconostoc mesenteroides*
- 쌍구 또는 연쇄의 헤테로형 젖산균이다.
- 설탕에서 대량의 점질물을 만들어 제당 공장에서 파이프를 막을 수 있는 유해균이다.
- 이 점질물은 dextran이고, 대용혈장으로 사용된다.

292
- *Saccharomyces cerevisiae*는 맥주, 포도주, 청주, 빵 등의 제조에 사용하며 상면발효의 맥주 효모이다.
- *Aspergillus oryzae*는 황국균으로 청주, 된장, 간장 등의 제조에 쓰이는 곰팡이다.
- *Bacillus natto*는 납두균으로 청국장 제조에 쓰인다.
- *Penicillium citrinum*은 황변미의 원인균으로 유독 황색 색소인 citrinin을 생성한다.

ANSWER

286 ③	287 ③	288 ①	289 ①
290 ③	291 ③	292 ②	

---

286 균체를 직접 이용하는 식품은?

① 아이스크림 　　　② 치즈
③ 요구르트 　　　　④ 버터

287 세균을 이용하여 만들어지는 제품은?

① 과실주 　　　　② 탁주
③ 식초 　　　　　④ 발효 사료

288 육제품과 젖산균을 이용하여 발효시켜 제조한 식품은 어느 것인가?

① 살라미 　　　　② 사우어크라우트
③ 템페 　　　　　④ 요구르트

289 생육 온도의 특성으로 볼 때 시판 냉동식품에서 발견되기 가장 쉬운 균속은?

① *Pseudomonas* 속 　　② *Bacillus* 속
③ *Aspergillus* 속 　　　④ *Candida* 속

290 미생물을 이용한 비타민의 정량에 가장 널리 이용하는 균은?

① 초산균(*Acetobacter*)
② 방선균(*Actinomyces*)
③ 유산균(*Lactobacillus*)
④ 고초균(*Bacillus subtilis*)

291 *Leuconostoc mesenteroides*에 의한 dextran 발효의 기질로 주로 사용되는 것은?

① lactose
② maltose
③ sucrose
④ melibiose

292 식품 가공에 유용한 미생물이 아닌 것은?

① *Saccharomyces cerevisiae*
② *Penicillium citrinum*
③ *Bacillus natto*
④ *Aspergillus oryzae*

293 다음 중 빵, 육류, 우유 등에 생육하여 붉은 색을 띠게 하는 세균은?

① *Staphylococcus aureus*
② *Serratia marcescens*
③ *Chromobacterium lividum*
④ *Pseudomonas fluorescens*

294 부패된 통조림에서 균을 분리하여 배양하였더니 유당(lactose)을 발효하였다. 어떤 균에 오염된 것인가?

① *Proteus morganii*
② *Salmonella typhosa*
③ *Leuconostoc mesenteroides*
④ *Escherichia coli*

295 소맥분 중에 존재하며 빵의 점질화(slime), 숙면의 변패 등에 관여하는 주요 원인균은?

① *Bacillus licheniformis*
② *Aspergillus oryzae*
③ *Pseudomonas aeruginosa*
④ *Rhizopus nigricans*

 미생물의 분리보존 및 균주개량

296 일반적으로 사용되는 생산균주의 보관방법이 아닌 것은?

① 저온(냉장)보관
② 상온보관
③ 냉동보관
④ 동결건조

---

293 색소 생성균
• 세균의 균체 또는 포자가 색을 띠거나 수용성 혹은 지용성 색소를 균체 외로 생성하는 세균들을 색소 생성균이라고 한다.
  – *Serratia marcescens*은 적색(빵, 육류, 수산연제품, 우유, 계란 등에)을 띠고 *Chromobacterium lividum*은 녹청색(저장고기 등에)을 띤다.
  – *Pseudomonas fluorescens*는 형광색소(계란, 닭고기 등에)를 띤다.
  – *Staphylococcus aureus*는 주황이나 황색색소(고기, 육제품 등에)를 띤다.
  – *Micrococcus varians*는 황색이나 적색(어육, 우유 등에)을 띤다.

294 대장균(*E. coli*)
• 포유동물이나 사람의 장내에 서식하는 대표적인 균종이다.
• 그람음성, 호기성 또는 통성혐기성, 무포자 간균이다.
• 생육 최적 온도는 30~37℃이며 비운동성 또는 주모를 가진 운동성 균으로 lactose를 분해하여 CO_2와 H_2 gas을 생성한다.
• 대장균 자체는 인체에 그다지 유해하지는 않으나 식품위생 지표균으로서 중요하다.

295 점질화(slime) 현상
• *Bacillus subtilis* 또는 *Bacillus licheniformis*의 변이주 협막에서 일어난다.
• 밀의 글루텐이 이 균에 의해 분해되고, 동시에 amylase에 의해서 전분에서 당이 생성되어 점질화를 조장한다.
• 빵을 굽는 중에 100℃를 넘지 않으면 rope균의 포자가 사멸되지 않고 남아 있다가 적당한 환경이 되면 발아 증식하여 점질화(slime) 현상을 일으킨다.

296 균주의 보존법
• 계대배양 보존법
• 유동파라핀 중층 보존법
• 동결보존법
  – 냉동고 : 최고 −20℃, 최저−80℃
  – 드라이아이스 : 액상, −70℃
  – 액체질소 : 액상−196℃,
  – 기상 : −150~170℃
• 동결건조 보존법
• 건조법

◀ ANSWER ▶

293 ② 294 ④ 295 ① 296 ②

297 발효 후 배양물의 정제에서 주된 분리방법에는 침전법, 염석법, 용매 추출법, 흡착법 등이 있다.

298 평판 배양법은 미생물의 순수 분리뿐만 아니라 식품 중의 오염 미생물 등을 조사할 때도 사용된다.

299 호기성 내지 통성 호기성균의 순수 분리법
• 평판배양법(plate culture method), 묵즙 점적배양법, Linder씨 소적배양법, 현미경 해부기(micro-manipulator) 이용법 등이 있다.
※ 모래배양법(토양배양법)은 acetone-butanol균과 같이 건조해서 잘 견디는 세균 또는 곰팡이의 보존에 쓰인다.

300 효모의 분류 동정
• 형태학적 특징, 배양학적 특징, 유성생식의 유무와 특징, 포자형성 여부와 형태, 생리적 특징으로써 질산염과 탄소원의 동화성, 당류의 발효성, 라피노스(raffinose) 이용성, 피막형성 유무 등을 종합적으로 판단하여 분류 동정한다.

301 염기배열 변환의 방법에는 염기첨가(addition), 염기결손(deletion), 염기치환(substitution) 등이 있다.

302 5-Bromouracil(5-BU)
• thymine의 유사물질이고 호변변환(tautomeric shift)에 의해 케토형(keto form) 또는 엔올형(enol form)으로 존재한다.
• keto form은 adenine과 결합하고, enol form은 guanine과 결합한다.
• A:T에서 G:C로 돌연변이를 유도한다.

297 발효 후 배양물의 정제에서 주된 분리방법이 아닌 것은?

① 침전법 　　　　　　　② 염석법
③ 용매 추출법 　　　　　④ 여과법

298 미생물의 순수 분리에 적합한 배양은?

① 액체 배양 　　　　　　② 천자 배양
③ 소적 배양 　　　　　　④ 평판 배양

299 미생물의 순수 분리방법이 아닌 것은?

① 평판 배양법
② Lindner의 소적 배양법
③ 현미경 해부기를 이용하는 방법
④ 모래배양법(토양배양법)

300 효모균의 분류 동정(同定)과 관계없는 것은?

① 포자형성의 여부와 모양　② 라피노스(raffinose) 이용성
③ 편모염색 　　　　　　　　④ 피막형성 유무

301 돌연변이에 대한 설명으로 옳지 않은 것은?

① 번역 시 어떠한 아미노산도 대응하지 않는 triplet(UAA, UAG, UGA)을 갖게 되는 변이를 nonsense 변이라 한다.
② DNA상 nucleotide 배열의 변화는 단백질의 아미노산 배열에 변화를 일으킨다.
③ nucleotide에서 염기쌍 변화에 의한 변이에는 치환, 첨가, 결손 및 역위가 있다.
④ 돌연변이의 근본 원인은 DNA상의 nucleotide 배열의 변화이다.

302 돌연변이원에 대한 설명 중 틀린 것은?

① 알킬(alkyl)화제는 특히 구아닌(guanine)의 7위치를 알킬(alkyl)화 한다.
② NTG(N-Methyl-N'-nitro-nitrosoguanidine)는 DNA 중의 구아닌(guanine) 잔기를 메틸(methyl)화 한다.
③ 아질산은 아미노기가 있는 염기에 작용하여 아미노기를 이탈시킨다.
④ 5-Bromouracil(5-BU)은 보통 엔올(enol)형으로 아데닌(adenine)과 짝이 되나 드물게 케토(keto)형으로 되어 구아닌(guanine)과 짝을 이루게 된다.

303 다음 중에서 미생물의 인공변이에 이용되지 않는 것은?

① nitrogen mustard   ② X선

③ 적외선   ④ 자외선

304 다음 중 변이유기제(變異誘起劑)가 아닌 물질은?

① 자외선   ② 아질산(HNO_2)

③ H_2S ④ nitrosoguanidine

305 다음 중 세균의 유전적 재조합 방법이 아닌 것은?

① 돌연변이(mutation)

② 형질전환(transformation)

③ 형질도입(transduction)

④ 접합(conjugation)

306 유전자 재조합에서 목적하는 DNA 조각을 숙주세포의 DNA 내로 도입시키기 위하여 사용하는 자율 복제기능을 갖는 매개체를 무엇이라 하는가?

① 중합 효소(polymerase)

② 벡터(vector)

③ 마커(marker)

④ 프라이머(primer)

307 특정유전자 서열에 대하여 상보적인 염기서열을 갖도록 합성된 짧은 DNA 조각을 일컫는 용어는?

① 프라이머(primer)

② 벡터(vector)

③ 마커(marker)

④ 중합 효소(polymerase)

308 미생물의 변이균주 중 영양 요구주(auxotrophic mutant)란?

① 질소원과 무기질의 일정 비율이 요구된다.

② 특별한 영양물질이 필요없고, 여러 가지 물질의 혼합비가 요구된다.

③ 탄소원과 질소원의 일정비율이 요구된다.

④ 특정 영양물질을 절대적으로 요구한다.

---

303 돌연변이원(mutagen)

• 인공적으로 균을 처리해서 그 형체 성질을 변화시키는 방법을 인공돌연변이라고 하고, 이것이 일어나게 하는 것을 변이 유기제(mutagen)라고 한다.

• 여기에는 자외선, X선, γ선(Co^{60}) 조사, nitrogen mustard, acenaphthene, camphor, acryflavin, nitrosoguanidine 등이 있다.

304 인공적으로 돌연변이를 일으키는 수법으로는 자외선이나 방사선 조사, 아질산(HNO^2) 처리, nitrosoguanidine 등과 같은 alkyl화제의 처리가 알려져 있다.

305 세균의 유전적 재조합(genetic recombination)

• 형질전환(transformation), 형질도입 (transduction), 접합 (conjugation) 등이 있다.

306 운반체(Vector)

• 유전자 재조합 기술에서 원하는 유전자를 일정한 세포(숙주)에 주입시켜서 증식시키려면 우선 이 유전자를 숙주세포 속에서 복제될 수 있는 DNA에 옮겨야 한다. 이때의 DNA를 운반체(벡터)라 한다.

• 운반체로 많이 쓰이는 것에는 플라스미드(plasmid)와 바이러스(virus)의 DNA 등이 있다.

307 프라이머(primer)

• 특정 유전자 서열에 대하여 상보적인 짧은 단선의 유전자 서열 즉, oligonucleotide로 PCR진단, DNA sequencing 등에 이용할 목적으로 합성된 것이다.

• DNA 중합 효소에 의해 상보적인 유전자 서열이 합성될 때 전체 유전자 서열 중에서 primer에서 부터 합성이 시작되는 기시절이 된다.

• 일반적으로 20~30base-pair의 길이로 합성하여 사용한다.

308 미생물의 영양요구성 변이균주 (auxotroph)

• 평판 배지에서 25~30℃로 2일간 배양 시에 완전 배지, 보족 배지에는 생육되나 최소 배지에는 생육되지 않은 colony를 찾아내어 완전 배지에 이식하는 균을 말한다.

• 이 변이주는 특정한 영양물질을 절대적으로 요구한다.

309 DNA가 다른 세포에 전달되는 양

식(3가지 방식)
- 형질전환(transformation)은 공여세포로부터 유리된 DNA가 직접 수용세포 내로 들어가 일어나는 DNA 재조합 방법으로, A라는 세균에 B라는 세균에서 추출한 DNA를작용시켰을 때 B라는 세균의 유전형질이 A라는 세균에 전환되는 현상을 말한다.
- 형질도입(transduction)은 숙주세균 세포의 형질이 phage의 매개로 수용균의 세포에 운반되어 재조합에 의해 유전형질이 도입된 현상을 말한다.
- 접합(conjugation)은 두 개의 세균이 서로 일시적인 접촉을 일으켜 한 쪽 세균이 다른 쪽에게 유전물질인 DNA를 전달하는 현상을 말한다.

310 세포융합(cell fusion, protoplast fusion)
- 서로 다른 형질을 가진 두 세포를 융합하여 두 세포의 좋은 형질을 모두 가진 새로운 우량형질의 잡종세포를 만드는 기술이다.
- 세포융합 과정
  ① 세포의 protoplast화 또는 spheroplast화
  ② protoplast의 융합
  ③ 융합체(fusant)의 재생(regeneration)
  ④ 재조합체의 선택, 분리

311 세포융합의 방법
- 미생물의 종류에 따라 다르다.
- 공통되는 과정은 적당한 한천 배지에서 증식시킨 적기(보통 대수증식기로부터 정상기로 되는 전환기)의 균체를 모아서 sucrose나 sorbitol와 같은 삼투압 안정제를 함유하는 완충액에 현탁하고 세포벽 융해 효소로 처리하여 protoplast로 만든다.
- 이때의 효소로서는 효모의 경우 달팽이의 소화 효소(snail enzyme), Arthrobacter luteus가 생산하는 zymolyase 그리고 β-glucuronidase, laminarinase 등이 사용된다.

312 제한 효소(restriction enzyme)
- 세균 속에서 만들어져 DNA의 특정 인식부위를 선택적으로 분해하는 효소를 제한 효소라고 한다.
- 세균의 세포 속에서 제한 효소는 외부에서 들어온 DNA를 선택적으로 분해함으로써 병원체를 없앤다.
- 세균의 세포로부터 분리하여 실험실에서 유전자를 포함하고 있는 DNA 조각을 조작하는 데 사용할 수있다.

---

309 공여세포로부터 유리된 DNA가 직접 수용세포 내로 들어가 일어나는 DNA 재조합 방법을 무엇이라 하는가?

① 형질전환(transformation)
② 형질도입(transduction)
③ 접합(conjugation)
④ 세포융합(cell fusion)

310 세포융합(cell fusion)의 유도절차로 바르게 된 것은?

① 재조합체 선택 및 분리 → 융합체의 재생 → protoplast의 융합 → 세포의 protoplast화
② 세포의 protoplast화 → protoplast의 융합 → 융합체의 재생 → 재조합체 선택 및 분리
③ protoplast의 융합 → 세포의 protoplast화 → 융합체의 재생 → 재조합체 선택 및 분리
④ 융합체의 재생 → protoplast의 융합 → 재조합체 선택 및 분리 → 세포의 protoplast화

311 효모의 protoplast 제조 시 세포벽을 분해시킬 수 없는 것은?

① snail enzyme
② β-glucuronidase
③ laminarinase
④ β-glucosidase

312 제한 효소(restriction enzyme)에 대해 맞게 설명한 것은?

① DNA 조각들을 연결시키는 효소
② 특정 염기서열을 가진 소량의 DNA 단편을 대량 합성하는 데 사용되는 효소
③ 최종 산물의 존재에 의해 활성이 억제, 제한되는 효소
④ DNA의 두가닥 사슬의 특정 염기배열을 식별하여 절단하는 효소

 ANSWER

309 ① 310 ② 311 ④ 312 ④

313 미생물의 유전에 관계되는 현상 중 바이러스에 의한 것은?

① 형질도입(transduction)
② 형질전환(transformation)
③ 재조합(recombination)
④ 치환(substitution)

314 다음 중 DNA의 수복기구가 아닌 것은?

① 염기수복
② 광회복
③ 제거수복
④ 재조합수복

 미생물의 실험법

315 현미경 취급 시의 틀린 조작은?

① 태양광선을 쓸 때는 직사광선을 피한다.
② 렌즈에는 직접 손을 대지 않는다.
③ 왼손으로 경주를 잡고 오른손으로 경각을 잡고 운반한다.
④ 처음에 조동 나사를 움직여 상을 찾은 다음 미동 나사로 선명한 상을 찾는다.

316 높은 배율에서 현미경 관찰을 할 때 cedar oil을 사용하는 데 그 주된 이유는?

① 대물 렌즈가 슬라이드 글라스와 부딪치는 것을 막기 위하여
② 투과하는 광을 한 곳에 모으기 위하여
③ 균체를 한 곳에 모으기 위하여
④ 물체를 선명하게 보기 위하여

317 무염색 세균의 관찰은 어떤 현미경을 사용하는 것이 좋은가?

① 광학 현미경
② 해부 현미경
③ 위상차 현미경
④ 전자 현미경

318 미생물 수를 측정하는 데 이용되는 것은?

① haematometer
② water bath
③ dry oven
④ test tube

313 형질도입(transduction)
• 어떤 세균 내에 증식하든 bacterio-phage가 그 세균의 염색체 일부를 빼앗아 방출하여 다른 새로운 세균 숙주 속으로 침입함으로서 처음 세균의 형질이 새로운 세균의 균체 내에 형질이 전달되는 현상을 말한다.
• *Salmonella typhimurium*과 *Escherichia coli* 등에서 볼 수 있다.

314 DNA의 수복기구
① 광회복(photoreactivation)
② 제거수복(exison repair)
③ 재조합수복(recornbination repair)
④ SOS 수복(transdimer systhesis)

315 현미경 취급법
• 오른손으로 경주를 잡고서 왼손으로 경각을 잡아서 운반한다.
• 현미경을 들여다 보면서 조동나사를 움직여 서서히 경통을 위로 하여 상을 찾아 낸다.
• 다음 미동나사를 약간 회전하여 선명한 상을 찾는다.

316 cedar oil을 사용하는 이유
• 높은 배율의 현미경 관찰 시 cedar oil의 집광력을 이용해서 빛을 한 곳에 모으기 위해서이다.

317 빛은 굴절률이 높은 물체를 통과할 때에 속도가 늦어지는 성질, 즉 위상이 늦어지는 성질이 있다. 이 위상의 빛을 명암으로 바꾸는 장치를 가진 것이 위상차 현미경인데 무염색 세균의 관찰시 위상차 현미경을 사용한다.

318
• haematometer : 현미경으로 직접 미생물(특히 효모)수를 측정할 때 사용한다.
• water bath : 미생물 배양 시 배지 온도 유지에 사용된다.
• test tube : 배지의 제조에 많이 사용되고, 균의 보존 및 운반에 사용된다.
• dry oven : 보통 유리기구의 멸균·건조에 사용된다. 면전된 시험관, petridish 등

◀ ANSWER ▶

313 ① 314 ① 315 ③ 316 ②
317 ③ 318 ①

출제예상문제

319 현미경으로 직접 균수를 측정하는 방법
- 세균의 경우는 눈금이 있는 Petroff Hausser 계산판을 사용한다.
- 효모의 경우는 Thoma의 haematometer를 사용한다.

320 고정염색의 표본 순서
- smearing (도말) → drying(건조) → firming(고정) → staining(염색) → washing(수세) → drying(건조) → specimen(표본) 순이다.

321
식품의 살균에 필요한 가열 조건은 가열 온도, 가열시간, 식품의 pH, 물의 유무, 공존물질, 열전도도, 변패 미생물의 종류, 오염도 등이 있다.

322 미생물 살균방법
- 화염(불꽃) 살균법, 건열 살균법, 증기 살균법(고압증기 살균법), 가압증기 살균법, 여과 제균법, 전기적 살균법, 약품에 의한 살균법, 방사선 살균법 등
- α, β, γ 등의 방사선을 식품 중에 조사(照射)하면 온도 상승이 적고, 이른바 냉살균(cold sterilization)이 된다. 한편 대량처리가 가능하다.

323 건열멸균
- 약 160℃에서 30~60분 가열하는 방법이다.
- 솜마개한 시험관이나 플라스크, petri dish, 피펫, 핀셋, 유발 등 고열에 의하여 파손되지 않는 기구류를 살균하는 데 쓰이는 방법이다.

324 323번 해설 참조

325 고압증기 멸균
- 121℃, 15분~20분 행하는 멸균법이다.
- 조제한 배양기는 건열 살균한 시험관 또는 플라스크에 넣고 koch의 증기 살균기 또는 고압솥에서 한다.

ANSWER
| 319 ③ | 320 ① | 321 ① | 322 ② |
| 323 ② | 324 ④ | 325 ② | |

---

319 Haematometer는 미생물 실험에서 어느 경우에 사용하는가?

① turbidity를 측정
② 균체의 크기 측정
③ 총균수를 측정
④ 용존 산소를 측정

320 현미경 관찰을 위한 고정염색 표본을 만들 때의 조작 순서로 옳은 것은?

① 도말 – 건조 – 고정 – 염색 – 수세 – 건조 – 표본
② 도말 – 고정 – 건조 – 수세 – 염색 – 건조 – 표본
③ 도말 – 고정 – 염색 – 건조 – 수세 – 건조 – 표본
④ 도말 – 고정 – 수세 – 고정 – 염색 – 건조 – 표본

321 식품의 살균에 필요한 가열 조건으로 맞는 것은 어느 것인가?

① 가열온도, 물의 유무, 공존물질
② 식품의 pH, 가열 온도, 배지성분
③ 공존물질, 식품의 pH, 배지성분
④ 가열 온도, 배지성분, 공존물질

322 다음 중 살균법에 해당하지 않는 것은?

① 건열 살균법
② 냉각 살균법
③ 여과 제균법
④ 방사선 살균법

323 보통 건열멸균의 조건으로 알맞은 것은?

① 110℃에서 20분
② 160℃에서 30 ~ 60분
③ 121℃에서 15 ~ 20분
④ 90℃에서 15초

324 유리기구의 멸균에는 어느 방법이 좋은가?

① 화염멸균
② 증기멸균
③ 전기적 멸균
④ 건열멸균

325 다음에서 생균수 측정용 한천 배지의 멸균법으로 알맞은 것은?

① 전기멸균을 한다.
② 고압증기멸균을 한다.
③ 건열멸균을 한다.
④ 자외선 살균을 한다.

326 가열해서는 안 되는 액체나 분해되기 쉬운 성분의 배지를 멸균할 때나 바이러스 유제나 독소액으로부터 균을 제거할 때 사용하는 멸균법은?

① 자외선멸균
② 여과멸균
③ 약품에 의한 멸균
④ 고압증기멸균

327 미생물에 직접 또는 간접으로도 거의 영향을 주지 못하는 것은?

① α-선, β-선
② 가시광선, 적외선
③ α-선, X선
④ 자외선, 중성자

328 전자 및 전리 방사선이 미생물을 살균시키는 주된 이유는?

① RNA의 파괴
② 탄수화물의 파괴
③ 단백질의 파괴
④ DNA의 파괴

329 살균법으로 승홍($HgCl_2$)은 몇 %로 사용하는가?

① 0.1
② 0.3
③ 0.5
④ 0.7

330 단백질과 결합하여 살균작용을 하는 것은?

① 알코올
② 염소 가스
③ 과산화수소
④ 표백분

331 그람(gram) 염색에 사용되지 않는 약품은?

① 루고올(lugol)액
② 메틸레드(methyl red)
③ 메틸 바이올렛(methyl violet)
④ 알코올(alcohol)

332 그람(gram) 염색에 쓰이지 않는 것은?

① lugol solution
② methylene blue
③ crystal violet
④ safranin

326 막여과(membrane filter)법
• 미생물이 통과할 수 없는 막으로 가열해서는 안 되는 배지나 용액 등을 여과시켜 제균하는 여과 멸균법이다.

327
• 가시광선과 적외선은 미생물의 살균력은 거의 없다.
• 자외선은 살균력이 강하므로 미생물 살균에 이용되고, 자외선 중에서 2573Å 부근 파장이 가장 살균력이 강하다.
• X선(5~10Å), γ-선(X선보다 짧다), β-선, α-선, 중성자 등의 방사선은 어느 것이나 직·간접으로 미생물에 영향을 미친다.

328 미생물에 자외선, X선, γ선, 방사선(Cs^{137}, Co^{60} 등) 등은 생명을 지배하는 가장 중요한 핵산(DNA)의 thymine에 작용하여 살균작용과 동시에 변이를 일으킨다.

329 0.1% 승홍수로 무균상자의 내부, 배지를 넣는 초자기구의 외변, 목재 가구 및 손의 살균에 사용한다.

330 살균제의 살균작용
• H_2O_2, $KMnO_4$, 표백분 : 산화작용
• H_2SO_4, HCHO : 환원작용
• $HgCl_2$, $AgNO_3$, $CuSO_4$, alcohol, phenol 등 : 단백질의 변성작용

331 gram 염색법
• 일종의 rosanilin 색소, 즉 crystal violet, methyl violet 혹은 gentian violet으로 염색시켜 옥도로 처리한 후 acetone이나 알코올로 탈색시키는 것이다.
• 사용되는 약품은 lugol액, carbolic gentian violet, 수산암모늄액 등이다.
※ 메틸레드는 pH 4.4~6.2에서 변색하는 지시약이다.

332 331번 해설 참조

333 gram 염색 순서
- A액(crystal violet액)으로 1분간 염색 → 수세 → 물흡수 → B액(lugol 액)에 1분간 담금 → 수세 → 흡수 및 완전 건조 → 95% ethanol에 30초 색소 탈색 → 흡수 → safranin 액으로 10초 대비 염색 → 수세 → 건조 → 검경

334 편모 염색
- 편모에 은을 침착시키는 방법이다.
- 염기성 fuchin 색소를 침착시키는 방법이다.

335 그람 염색(gram stain)
- 세균의 분류학상 아주 중요한 지표가 된다.
- 이 염색 결과에서 양성균과 음성균을 구별해 세균을 분류한다.

336 그람 염색의 결과
- 그람양성균 : 연쇄상구균, 쌍구균(폐염구균), 4련구균, 8련구균, 포도상구균, *Bacillus* 속(탄저균, 고초균), *Clostridium* 속(파상풍균, 가스탄저균균, *Botulinus* 균), *Corynebacterium* 속(*Piphtherin* 균), *Mycobacterium* 속(결핵균, 나병균), 젖산간균 등
- 그람음성균 : *Aerobacter* 속, *Neisseria* 속(임균, 수막염균), *Escherhchia* 속(대장균), *Salmonella* 속(장티푸스균, 파라티푸스 균), *Pseudomonas* 속, *Vibrio* 속(콜레라균) 등

337 균주의 보존법
- 보통 보존법
- 당액 중 보존법으로 효모의 보존
- paraffin seal법으로 곰팡이의 보존
- 토양 중의 보존으로 방선균의 보존
- 모래 배양법으로 포자를 형성하는 미생물의 보존
- 동결 건조법으로 미생물의 장기보존 등이 있다.

338 세포벽의 주성분은 peptidoglycan이고, 세포벽의 화학적 조성에 따라 염색성이 달라진다. 일반적으로 그람양성균은 그람음성균에 비하여 peptidoglycan 성분이 많다.

---

333 그람(gram) 염색 순서는?

① lugol − crystal violet − 95% ethanol − safranin
② crystal violet − lugol − 95% ethanol − safranin
③ 95% ethanol − lugol − safranin − crystal violet
④ safranin − 95% ethanol − lugol − crystal violet

334 다음 염색법 중 잘못 연결된 것은?

① 협막염색 − 힛스법
② 편모 염색 − 그람 염색법
③ 아포 염색 − 묄러법
④ 항산성 염색법 − 특수 염색법

335 그람 염색은 어떤 미생물의 분류에 쓰이는가?

① 단세포 조류 　　② 효소
③ 곰팡이 　　④ 세균

336 그람 염색의 결과를 기술한 것 중 바르게 짝지어진 것은?

① 연쇄상구균 − 양성
② 살모넬라속 − 양성
③ 보툴리누스 − 음성
④ 장구균 − 음성

337 균주 보관법이 아닌 것은?

① 당액 중 보존법
② 방사선에 의한 보존
③ 동결건조 보존
④ 토양 중 보존

338 세균의 그람 염색과 직접 관계되는 것은 어느 것인가?

① 원형질막 　　② 세포벽
③ 세포막 　　④ 핵막

ANSWER

333 ②　334 ②　335 ④　336 ①
337 ②　338 ②

339 Lipopolysaccharide를 함유하고 있는 세포벽은 어느 것인가?

① 그람양성균　　　　② 곰팡이
③ 그람음성균　　　　④ 효모

340 곰팡이의 합성 배양기로 알맞은 것은?

① beef extract bouillon
② peptone water
③ Czapek – dox
④ yeast water

341 세균 배양용 고체 한천 배지의 한천 농도는?

① 0.5%　　　　　　② 1.0%
③ 1.5%　　　　　　④ 3.0%

342 효모나 곰팡이 배지로서 적당하지 않은 것은?

① 혈청 배양기
② Czapek – Dok 배지
③ 맥아즙
④ 간장 배양기

343 대장균 검사에 주로 사용되는 배지는?

① lactose bouillon 배지
② koji 즙 배지
③ beef extract bouillon 배지
④ malt extract 배지

344 곰팡이와 효모의 최적 배지의 pH는?

① pH 4~6　　　　　② pH 7~8
③ pH 2~3　　　　　④ pH 9~10

345 MPN이라고 하며, 연속적으로 희석된 시료를 배지에 접종하여 미생물 증식 여부를 판단한 후 확률론적으로 균수를 선정하는 방법은?

① 직접 현미경법　　　② 최확수법
③ 평판배지법　　　　④ 멤브레인 필터법

339 세포벽의 구성성분
• 그람(gram) 음성균의 세포벽은 peptidoglycan 5~10% 정도와 LPS(lipopolysaccharide), protein, lipid 등이 함유되어 있다.
• 그람양성균의 세포벽은 peptidoglycan이 90% 정도와 teichoic acid, 다당류가 함유되어 있다.

341 고체 한천 배지
• 통성 혐기성 세균의 보존이나 일반세균 및 효모의 생태, 생리작용의 관찰을 위하여 사용한다.
• 고체 한천 배양기의 조제 시 약 2%(여름 2~2.5%, 겨울 1.5%)의 한천을 가하고 교반하면서 가열, 용해한다.

342 혈청 배양기
• 세균, 특히 병원균에 널리 쓰인다.
• 신선한 동물 혈액에서 혈청을 분리하고 무균 여과기로 제균하거나 클로로포름을 가하여 수주일간 냉장고에 보관하면서 사용할 때는 가열하여 용매만 제거한다.

343 대장균 검사용 배지
• 액체 배지(유당 bouillon 배지, BGLB 배지)와 고체 배지(deoxy cholate 배지)가 사용된다.

344 일반적으로 세균은 중성 부근인 최적 pH 7.0~8.0, 곰팡이와 효모는 최적 pH 4.0~6.0이다. 그러나 Thiobacillus는 2.0~2.8의 아주 낮은 pH에서도 생육하는 세균도 있다.

345 최확수법(MPN: Most probable number)
• 수단계의 연속한 동일희석도의 검체를 수개씩 유당부이온 발효관에 접종하여 대장균군의 존재 여부를 시험하고 그 결과로부터 확률론적인 대장균군의 수치를 산출하여 이것을 최확수(MPN)로 표시하는 방법이다.
• 최확수란 이론상 가장 가능한 수치를 말한다.

346 대장균
• 동물이나 사람의 장내에 서식하는 세균을 통틀어 대장균이라 한다.
• 그람음성, 호기성 또는 통성혐기성, 주모성 편모, 무포자 간균이고, lactose를 분해하여 CO_2와 H_2 gas을 생성한다.
• 대장균군 분리동정에 lactose을 이용한 배지를 사용 한다.

347 미생물 배양에 필요한 질소원
• 보통 무기태 혹은 유기태의 질소화합물을 배지 중에 질소로서 0.1~0.5% 첨가하면 충분하다.
• 전자는 황산암모늄, 인산암모늄, 암모늄, 질산염, 아질산염류가 있고, 후자에는 요소, peptone, meat extract 등이다.

348
• 젤라틴 고체 배지는 겨울철에는 15~20%, 여름철에는 20~25%를 액체 배지에 첨가한다. 10~15℃로 보온처리하는 것이 바람직하고, 젤라틴 배지의 분주 시에는 보온 깔때기를 쓴다.
• 혐기성균의 접종에는 천자 배양으로 행해야 하는데, 백금으로는 불가능하므로 백금선을 사용해야 한다.
• 천칭의 왼편에 분동을 오른편에 시료를 올려놓는 것이 원칙이다.
• pH meter로는 아주 정확한 pH 측정이 가능하다.

349 백금선
• 미생물의 이식이나 혐기성 세균의 천자 배양 시 사용한다.
• 백금 부분을 비스듬히 하여 불꽃 중에 넣어 달구고, 다음에 손잡이의 알루미늄 부분도 화염 중에 가볍게 통과시켜 살균한다.

350 고층 한천 배지에 있어서 각종 미생물의 생육상태
• 호기성균은 배지 표면에 생육한다.
• 혐기성균은 배지의 심층부에 생육한다.
• 통성 혐기성균은 배지의 표면과 심층부 위에 관계없이 균일하게 생육한다.
• 미 호기성균은 배지의 표면 보다 약간 하층에서 생육한다.

346 대장균군 분리동정에 이용되는 당질은?

① 포도당
② 젖당
③ 맥아당
④ 과당

347 미생물을 배양할 때 생육에 필요한 질소원의 양은 배지 중의 N으로 보통 얼마인가?

① 0.01~0.05%
② 0.1~0.5%
③ 1.0~2.0%
④ 5.0~10.0%

348 미생물의 배양에 관한 설명으로 옳지 않은 것은?

① 젤라틴 배지의 분주 때에는 보온 깔때기를 쓴다.
② 혐기성균의 접종에는 천자배양을 한다.
③ 천칭의 왼편에 분동을 오른편에 시료를 올린다.
④ 액체 배지는 pH 시험지로 재는 것이 pH 미터의 것보다 정확하다.

349 미생물의 이식 실험에 관한 설명이 가장 부적절한 것은?

① 백금선은 불꽃에 직접 살균 후 냉각하여 사용한다.
② 백금선은 끓여서 소독한 후 사용한다.
③ 백금선은 백금 대신에 일반 철사를 사용하기도 한다.
④ 백금선의 냉각수는 살균 증류수가 좋다.

350 고층 한천 배양에서 배지의 표면보다 약간 하층에서 더욱 생육되었다. 이 균은?

① 미 호기성균
② 편성 혐기성균
③ 통성 혐기성균
④ 편성 호기성균

351 미생물의 순수 분리법이 아닌 것은?

① 점적 배양법

② 사면 배양법

③ 평판 배양법

④ micromanipulator를 이용하는 방법

352 혐기적 배양에 속하는 것은?

① 액체 배양   ② 평판 배양

③ 소적 배양   ④ 천자 배양

353 천자 배양에 가장 적합한 균은?

① 혐기성균   ② 호염성균

③ 호기성균   ④ 호열성균

354 다음 중에서 효모의 당류 이용성 실험인 것은 어느 것인가?

① 린더(Lindner)의 소적 발효법

② 옥사노 그래피(Auxanography)법

③ 듀람관(Durhamtube)법

④ 마이슬씨(Meissel)법

355 당류의 발효성 실험법으로 적합하지 않은 것은?

① 린드너(Lindner)법

② 듀람관(Durham tube)법

③ 아인혼관(Einhorn tube)법

④ 알킬화(Alkyl)법

356 영양요구변이주(auxotroph)의 균주분리법이 아닌 것은?

① 직접법(Replica법)   ② 여과법

③ 농축법   ④ 흡착법

---

351 미생물의 순수 분리법
- 호기성 내지 통성 호기성균의 순수 분리법은 평판배양법(plate culture method), 묵즙 점적배양법, Linder씨 소적배양법, 현미경 해부기(micro-manipulator) 이용법 등이 있다.
- 사면배양법(streak-culture)은 주로 호기성균의 순수배양에 이용된다.

352 천자 배양
- 혐기적인 *Clostridium* 등의 세균 보존이나 일반세균, 효모의 생태, 생리작용의 관찰을 위하여 사용한다.
- 백금선이 이용된다.

353 352번 해설 참조

354
- 효모의 당류 이용성(자화성) 실험법은 Auxanography, 액체 배지가 있다.
- 효모의 당류 발효성 실험법은 Einhorn관 법, Durham관 법, Meissel씨 정량법, Lindner의 소적발효 시험법이 있다.

355 효모의 당류 발효성 실험
- Einhorn관법, Durham관법, Meissel씨 정량법, Lindner의 소적 발효 시험법이 있다.

356 영양요구변이주(auxotroph)의 균주분리법
① 농축법
② 여과법
③ 직접법(replica 법)
④ sandwich technique

Part 5

생화학 및 발효학

01 효소

1. 효소의작용 – 촉매작용(특히 생체 촉매)

① 고분자 물질을 세포 내로 넣기 위한 세포 외 소화
② 저분자화 된 물질의 세포 내로의 수송
③ 에너지 공급을 위한 세포 내에서의 산화환원
④ 생합성에 쓰이는 기질의 전환조립

2. 효소의 본체

① 효소단백질은 단순단백질 혹은 복합단백질의 형태로 존재한다.
② 복합단백질에 분류된 효소의 경우, 저분자 화합물(coenzyme)과 결합해야 활성화된다.
③ 단백질 부분은 apoenzyme이라 하며, apoenzyme과 보조효소(coenzyme)가 결합하여 활성을 나타내는 상태를 holoenzyme이라고 한다.
  • apoenzyme + coenzyme → holoenzyme
④ 단순단백질계 효소는 보조효소를 필요로 하지 않는다.
  • pepsin, chymotrypsin 등

3. 효소의 명명

① Substrate(기질)의 이름 뒤에 −ase를 붙여 명명한다.
  예 amylase : amylose를 가수분해   urease : urea를 분해
② 오래 전부터 사용되는 관용명은 그대로 사용한다.
  예 pepsin, trypsin, chymotrypsin, catalase 등

4. 효소의 분류

(1) 산화환원 효소(Oxidoreductase)

① $AH_2 + B \rightarrow A + BH_2$

② 산화환원 반응에 관여

③ 탈수소 효소(dehydrogenase), 산화 효소(oxidase) 등

(2) 전이 효소(Transferase)

① $AX + B \rightarrow A + BX$

② 관능기의 전이, 즉 methyl기, acetyl기, amino기 등을 다른 물질로 전이하는 반응을 촉매

③ 아미노기 전이 효소(aminotransferase= transaminase) 등

(3) 가수분해 효소(Hydrolase)

① $AB + H_2O \rightarrow AH + BOH$

② Ester 결합, amide 결합, peptide 결합 등의 가수분해를 촉매(생체 내에서 탈수 생성된 고분자 물질에 수분을 가하여 분해하는 효소)

③ peptidase, lipase 등

(4) 탈이 효소(Lyase)

① $AB \rightarrow A + B$

② 비가수분해적으로 분자가 2개의 부분으로 나뉘는 반응에 관여

③ 탈탄산 효소(decarboxylase), 탈수 효소(dehydratase) 등

(5) 이성화 효소(Isomerase)

① 분자 내 변화를 일으켜 이성체로 만들어 주는 효소

② 분자 내 전이반응의 mutase 등

(6) 합성 효소(Ligase)

① ATP의 고에너지를 이용하여 물질을 합성하는 효소

② $A + B + ATP \rightarrow AB + ADP + P$

③ 합성 효소인 synthetase 등

(1) 온도

(2) pH

(3) 기질농도

기질농도가 낮을 때의 효소 반응은 반응 속도가 기질농도에 비례하지만, 어느 일정치에 달하면 일정해진다(반응 속도와 기질농도가 무관).

(4) 효소농도

효소농도가 높을수록 효소 반응은 신속히 일어난다.

6. 저해제(Inhibitor)

효소와 결합하여 그 활성을 저하 또는 실활시키는 물질을 말한다.

(1) 비가역적 저해(Irreversible inhibition)

효소와 공유결합을 형성하여 효소 활성을 저해하는 경우이다.

 Cyanide 화합물(CN화물) − 호흡 효소를 저해

(2) 가역적 저해(Reversible inhibition)

① 경쟁적 저해(길항적 저해, Competitive inhibition)

기질과 저해제가 서로 경쟁하여 기질을 물리치고 저해제가 결합함으로써 저해작용을 한다.
저해제는 기질과 유사 구조를 보인다.

예 Succinate dehydrogenase의 기질인 succinic acid와 구조가 비슷한 malonic acid가
TCA cycle을 저해

② 비경쟁적 저해(비길항적 저해, Noncompetitive inhibition)

저해제가 효소 또는 효소기질 복합체에 다같이 결합하여 저해하는 경우이다. 저해제는 기질
과 구조상 유사하지 않다.

예 Hg, Ag, Cu 등의 중금속 − Urease, papain 등의 효소단백질과 염을 만들어 효소를 불
활성화 시킴으로써 저해

③ 반경쟁적 저해(반길항적 저해, Uncompetitive inhibition)

저해제가 효소에는 결합하지 않고 효소−기질 복합체에만 결합하는 경우이다.

예 KCN

7. 효소의 기질 특이성

(1) 절대적 특이성(Absolute specificity)

효소가 특이적으로 한 종류의 기질에만 작용하고, 한 가지 반응만을 촉매하는 경우이다.

예 Urease − urea(요소)만을 분해

Peptidase − Peptide 결합을 분해

Maltase − maltose 만을 분해

(2) 군 특이성(Group specificity)

효소가 특정한 작용기를 가진 기질군에 작용하는 특이성이다.

예 Phosphatase 군 − 반드시 인산기를 가진 기질군에 작용 가능.

(3) 결합 특이성(Linkage specificity)

효소가 특정의 화학결합 형태에 대하여 갖는 특이성이다.

예 Esterase – ester 결합을 가수분해

(4) 입체적 특이성(Stereo specificity) = 광학적 특이성(Optical specificity)

효소가 기질의 입체이성체(광학이성질체)의 상위에 따라 어느 한쪽 이성체에만 작용하는 특이성이다.

예 Maltase – maltose 분해 시 α–glycoside는 가수분해 하지만 β–glycoside는 분해 못함

　　　Emulsin(β–glycosidase)은 β–glycoside만 분해하며 α–glycoside는 분해 못함

8. 부활체(Activator) = 부활물질

(1) 효소활성을 강화시켜 주는 물질을 말한다.

① 효소활성[없음 → 있음] : 효소작용의 발현

② 효소활성[약함 → 강함] : 효소작용의 강화

Kinase(활소) – 불활성 상태의 zymogen을 활성화시켜 주는 효소

Zymogen(불활성)	Activator	Enzyme(활성)
• Pepsinogen(위액) • Trypsinogen(췌액) • Chymotrypsinogen(췌액)	• 위액의 산(acid) 또는 유리 pepsin • 장활소(enterokinase) • active trypsin	• Pepsin(위에서 단백질 분해) • Trypsin(소장에서 단백질 분해) • Chymotrypsin(소장에서 단백질 분해)

9. Coenzyme(보조 효소, 보효소, 조효소)

보조 효소	관련 Vt.	기　　능
NAD, NADP	Aniacin	산화환원 반응
FAD, FMN	Vt. B_2	산화환원 반응
Lipoic acid	Lipoic acid	수소, acetyl기 전이
TPP	Vt. B_1	탈탄산 반응(CO_2 제거)
CoA	Pantothenic acid	acyl기, acetyl기의 전이
PALP	Vt. B_6	Transamination
Biotin	Biotin	Carboxylation(CO_2 전이)
Cobamide	Vt. B_{12}	methyl기 전이
THFA	Folic acid	탄소 1개의 화합물 전이

02 탄수화물

1. 정의

화학적으로 분자구조 내에 polyhydroxy aldehyde나 polyhydroxy ketone을 가지는 물질 또는 그 유도체이다.

2. 분포

자연계에 널리 분포되어 있으며 주로 식물체에 존재한다. 동식물의 에너지원이다

3. 구성원소

C, H, O

4. 명명

- 단당류, 소당류 : ~ose
- 다당류 : ~an

5. 일반식

$(CH_2O)_n$, $C_m(H_2O)_n$ (m=n : 단당류, m≠n : 이당류)

> **참고** **Carbonyl compound**
> - aldehyde기 소유 → aldose(~ose로 명명) 첫 번째 C에 aldehyde기, 마지막 C에 제1급 alcohol기
> - ketone기 소유 → ketose(~ulose로 명명) 2번 C에 ketone기, 첫 번째와 마지막 C에 제1급 alcohol기

6. 탄수화물의 분류

(1) Monosaccharide(단당류) : 더 이상 분해될 수 없는 단순 당이다.

① Diose(이탄당) : Aldose – glycolaldehyde(=glycolose)

② Triose(삼탄당) : Aldose – glyceraldehyde(=glycerose)　　Ketose – dihydroxyacetone

③ Tetrose(사탄당) : Aldose – erythrose, threose　　Ketose – erythrulose

④ Pentose(오탄당) : Aldose – ribose, xylose, arabinose　　Ketose – ribulose, xylulose

⑤ Hexose(육탄당) : Aldose – glucose, mannose, galactose　　Ketose – fructose

⑥ Heptose(칠탄당) : Ketose – sedoheptulose

(2) Oligosaccharide(소당류) : 분해에 의해서 단당이 2~9개 생성되는 당이다.

① Disaccharide(이당류) : 분해에 의해서 단당이 2개 생성되는 당이다.

- maltose, lactose, sucrose

② Trisaccharide(삼당류) : 분해에 의해서 단당이 3개 생성된다.

- raffinose(melitose)

③ Tetrasaccharide(사당류) : 분해에 의해서 단당이 4개 생성된다.

- stachyose

(3) Polysaccharide(다당류) : 수십, 수천 개의 단당으로 이루어진 당이다.

① Homopolysaccharide = Simple polysaccharide(단순 다당류) : 분해에 의해서 생성되는 단당류가 1종류만으로 이루어진 것이다.

- D – glucose polymer(glucan) : starch, glycogen, cellulose
- D – fructose polymer(fructan) : inulin
- D – galacturonic acid polymer : pectin

② Heteropolysaccharide = Complex polysaccharide(복합 다당류) : 분해에 의해서 생성되는 단당류가 2종류 이상인 다당이다.

- pectin, glucomannan 등

7. 부제탄소와 광학적이성(질)체 분류

(1) 부제탄소(= 비대칭탄소, Asymmetric carbon)

탄소에 결합되어 있는 4개의 원자나 원자단이 모두 다른 것을 말한다.

(2) 광학적이성(질)체(거울상이성체, Optical isomer)

부제탄소에 의해 생기는 이성질체이다.

① D, L – form

㉠ 광학적 이성질체의 개수 : 2^n

ⓛ 부제탄소가 없으면 광학적 이성질체도 없다.

ⓒ 당질은 D-form을 기본형으로 쓴다.

→ 이유 : 자연계에 존재하는 당질은 거의 D-form이므로(예외 : L-rhamnose)

② α, β-form

• C_1 : anomeric carbon(아노머 탄소)

8. 변선광(Mutarotation)

단당류 및 그들 유도체는 수용액 상태에서 호변이성을 일으켜 선광도가 시간의 경과와 더불어 변화하여 어느 평행상태에 도달하면 일정치의 선광도를 나타내는 현상을 말한다.

(1) 대상

① 단당류 및 그들 유도체　　　② 환원성 이당류

(2) D-Glucose의 호변선광

(평형상태)

α-D-Glucose ⟷ equilibrium ⟷ β-D-Glucose
113°　　　　　　　+52.2°　　　　　　+19°

9. Epimer

• 두 물질 사이에 1개의 부제탄소상의 배위(배치, configuration)가 다른 두 물질을 서로 epimer라 한다.

• D-glucose와 D-mannose 및 D-glucose와 galactose는 각각 epimer 관계에 있으나 D-mannose와 D-galactose는 epimer가 아니다.

10. 탄수화물(단당류)의 성질

(1) 결정성 : 대개 무색 또는 백색의 결정체이며, 감미가 있다.

(2) 용해성 : 대체로 물에 잘 녹는다(−OH기가 많으므로 잘 녹음).

① methanol, ethanol, acetone에는 난용

② ether, chloroform, benzene에는 불용

(3) 감미도 : Sucrose를 기준으로 한다.

Fructose(150) > Invert sugar(110) > Sucrose(100) > Glucose(75) > Maltose(60) > Glycerol, Sorbitol(48) > Mannitol(45) > Xylose(40) > Galctose(33) > Lactose(27)

(4) 산화 : 주로 aldose의 반응이다.

① 약산화제로 산화 : Aldehyde기가 카르복실기로 산화되어 일염기산인 aldonic acid가 생성된다.

② 강산화제로 산화 : Aldehyde기와 제1급 alcohol기가 카르복실기로 동시에 산화되어 이염기산인 saccharic acid(aldaric acid)가 생성된다(당산).

③ Aldehyde기를 보호시키고, 선택적으로 제1급 alcohol기만 카르복실기로 산화시키면, 일염기산인 uronic acid가 생성된다(특이 효소 또는 $KMnO_4$ 사용).

　　예 Glucose → Glucuronic acid(해독제)

　　　 Galactose → Galacturonic acid(pectin의 주성분)

(5) 환원당(Reducing sugar)

① 개념 : 당이 수용액 중에서 유리상태의 aldehyde기, ketone기가 존재할 경우 Fehling 시약, Benedict 시약 등을 환원하는 성질(Hemiacetal성 −OH기가 존재하면 환원성이 있음)

② 대상 : 모든 단당류 및 일부 이당류(maltose, lactose)

　　※ Sucrose는 비환원당(nonreducing sugar)이다.

(6) 당 알코올(Sugar alcohol) 형성

① 개념 : 단당류를 Na − amalgam으로 환원시키면 당 알코올(sugar alcohol)을 형성한다.

　　• Aldehyde기 → 제1급 alcohol기 ┐ 로 변하여 생성되는 다가 알코올을 당 알코올

　　• Ketone 기 → 제2급 alcohol기 ┘ (sugar alcohol)이라 한다.

② 명명 : 어미에 ~itol 또는 ~it를 붙인다.

③ 성질 : 감미는 있으나 환원성은 없다.

④ 생성 예 : Aldose는 1종류, Ketose는 2종류를 형성한다.

　　㉠ Aldose

D−glucose → D−sorbitol / D−sorbit / D−glucitol 보다 약함
• 단맛은 glucose 보다 약함
• 곶감의 하얀가루
• 방부효과 있음(candy, gum에 이용)
• 당뇨환자용 설탕대용품 → 혈당으로 전환 안됨

D−mannose → D−mannitol / D−mannit
• 미역, 다시마에 생기는 하얀가루
• 당뇨환자용 설탕대용품

　　㉡ Ketose

D−fructose　−OH기 우축 → D−sorbitol

　　　　　　−OH기 좌축 → D−mannitol

(7) Glycoside(배당체)

① pyranose 혹은 furanose환을 가진 당류의 glycoside성 −OH기(hemiacetal 성 −OH기)의 수소 원자가 다른 당류가 아닌 화합물의 −OH기와 물 한 분자를 잃고 ether 같은 결합을 한 것이다.
  - 당에 결합된 비당 부분을 aglycone이라 한다.
  - 천연에 존재하는 배당체는 거의 ß−form이 많다.

② 배당체(ß−형) 가수분해효소 : emulsin

③ 배당체의 형성 : 당의 종류에 따라 명명
  ex) Glucose ⇒ glucoside(식품 중에 가장 많음)

④ 배당체의 분류 : aglycone의 종류에 따라
  ㉠ Alcohol 또는 phenol 배당체 : salicin(버드나무 껍질)
  ㉡ Nitrile 배당체(독소 배당체) : amygdalin(고편도=청매실 종자)
  ㉢ Isocyanate배당체 : sinigrin(무, 마늘, 겨자 등의 매운맛 성분)
  ㉣ Anthocyan 배당체 : 꽃, 과실, 야채류의 적색, 청색 또는 자색의 수용체
  ㉤ Flavone 배당체−식물체의 황색 또는 orange색
    ex) hesperidin−감귤류의 과즙 또는 껍질

 11. 주요 탄수화물

(1) 단당류(Monosaccharide)

1) 5탄당(Pentose)

각종 식물체에 유리상태로 존재하지 않고, 주로 다당류 또는 핵산과 같은 중합체들의 구성단위로 존재한다. 발효는 되지 않는다.

① Ribose(RNA의 구성당), deoxyribose(DNA의 구성당) − 핵산의 구성당

② Arabinose : colloid 성질 유지(식품에 점성을 줄 때 사용)

③ Xylose(목당, 木糖, wood sugar) : 식물체에 널리 분포
  - Xylan(xylose의 다당류 형태) : 당뇨병 환자의 감미료로 쓰임

2) 6탄당(Hexose) − 식품학상 가장 중요한 단당류이다.

① 포도당(glucose, dextrose/우선성의 대표라는 뜻)
  - 분포 : 과실류, 서류, 동물의 혈액(0.1% = 100mg%)
  - 설탕, 벌꿀, 전화당의 주성분 → D−glucose + D−fructose
  - 물엿의 주성분 → D−glucose + D−glucose(맥아당)

② Galactose : lactose, raffinose, stachyose, agar, arabia gum의 구성당이다.
  - Cerebroside(당지질)의 조성분이다.

③ Mannose : mannan, galactomannan의 구성단위이다.

④ Fructose(과당)

- 분포 : Sucrose, 전화당(invert sugar)의 주성분이며, 저장용 탄수화물 inulin(돼지감자에 많음)의 구성단위
- 성질 : 단맛이 가장 강하며, 상쾌함(청량음료 등의 감미료로 이용)이 있고, 용해도가 가장 크며, 강한 흡습 조해성 때문에 결정형으로 존재하기 어렵다.

(2) 과당류(소당류, Oligosaccharide)

1) 이당류(Disaccharide)
$C_{12}H_{24}O_{12}$에서 $-H_2O$, 탈수중합하여 $C_{12}H_{22}O_{11}$의 분자식을 가진다.

① Maltose(맥아당, 엿당, malt sugar)
- maltase에 의해 분해 → glucose(포도당) 2분자 생성($\alpha-1,4$ 결합)
- 환원당
- 엿기름(malt) 또는 발아 중의 곡류에 많음. 물엿의 주성분

② Lactose(유당, 젖당, milk sugar)
- lactase에 의해 분해 → glucose + galactose($\beta-1,4$ linkage)   • 환원당
- 포유동물의 젖에만 함유   • 매우 약한 단맛

③ Sucrose(자당, 설탕, 백당, saccharose, cane sugar)
- sucrase(saccharase, invertase)에 의해 분해 → glucose + fructose
- 비환원당(감미의 표준물질로 사용)
- 분포 : 과실류, 채소류, 사탕수수, 사탕무 등에 많다.
- 전화(Inversion) : glucose + fructose의 등량혼합물 → 전화당(invert sugar)이라 한다.
- 설탕의 가열에 의한 변화 : 180℃ 전후에서 녹기 시작 → 자극적인 냄새와 쓴맛을 생성한다.⇒ 이 현상을 caramelization이라고 하며, 이때 생성된 caramel은 간장 등 가공식품의 갈색 착색제로 이용된다.

2) 3당류(Trisaccharide)
- Raffinose = galactose + sucrose = galactose + glucose + fructose(비환원당)
- 분포 : 두류(대두) – 두류가공식품 섭취 시 일어나는 장내 가스 발생의 원인이다.

(3) 다당류(Polysaccharide)

1) 다당류의 분류
① 단순다당류(Homopolysaccharide, Homoglucan, Simple polysaccharide) 한 종류의 단당류로 구성된 다당류이다.
  ㉠ Glucose polymer(= Glucan) : Glucose만으로 이루어진 다당
  - Starch(녹말, 전분) : 식물성 저장 다당류
  - Glycogen : 동물성 저장 다당류
  - Cellulose : 식물체의 골격구조
  ㉡ Fructose polymer(= Fructan) : Fructose만으로 이루어진 다당
  - Inulin : 식물성 저장 다당류

② 복합다당류(Heteropolysaccharide, Heteroglucan, Complex polysaccharide)

두 종류 이상의 단당류로 구성된 다당류이다.

- Pectin-galacturonic acid polymer
- Heparin
- Chondroitin sulfate
- Hyaluronic acid
- Chitin

2) 단순다당류

① 전분(녹말, starch)

 ㉠ 전분의 분자구조(기본 구성당은 $\alpha-D-glucose$이다)

- amylose : $\alpha-1,4-$glycosidic bond(직쇄상 구조) $\Rightarrow 20\sim25\%$
- amylopectin : $\alpha-1,4$(main)$+\alpha-1,6-$bond(branch) $\Rightarrow 75\sim80\%$

 ㉡ Amylose

- $\alpha-glucose$의 $\alpha-1,4-bond$만으로 형성된 직쇄상의 고분자 중합체
- $\alpha-1,4-bond$의 결합각도($109°28'$) 때문에 glucose가 시계방향으로 6개씩 휘어 감기는 형태의 $\alpha-helix$로 알려진 코일상 분자형태를 소유하고 있다.
- I_2 정색반응 : 청색

 ㉢ Amylopectin

- $\alpha-glucose$의 main chain으로 $\alpha-1,4$ bond, side chain(branch)으로 $\alpha-1,6$ bond를 가짐
  cf) glycogen(간, 근육에 존재)은 amylopectin과 구조가 비슷하지만 가지 길이가 짧고 가지가 많은 것이 특징이다.
- I_2 정색 반응 : $\alpha-helix$ 구조가 매우 짧아 I_2가 들어갈 자리가 없어 원래 I_2색인 적자색이 나타난다.

 ㉣ 전분 분해 효소들

- $\alpha-amylase$
  cf) Endoenzyme(random하게 절단) 예 $\alpha-amylase$
    Exoenzyme(규칙적으로 절단) 예 $\beta-amylase$
  - 분포 : 타액(saliva), 췌장액, 발아중인 종자, 일부 미생물 등에 존재
  - 성질 : $\alpha-amylase$는 전분 분자 중의 $\alpha-1,4-bond$를 무작위로 가수분해(환원성, 비환원성 말단에 관계없이 무작위로 절단) $\Rightarrow$ Endoenzyme
- $\beta-amylase$
  - 분포 : 곡류, 두류, 엿기름, 타액, 일부 미생물에 존재
  - 성질 : 비환원성 말단에서부터 maltose 단위로 $\alpha-1,4-bond$만을 가수분해하는 효소 $\Rightarrow$ Exoenzyme
- Debranching enzyme $\Rightarrow \alpha-1,6-amyloglycosidase$: $\alpha-1,6-bond$의 분해, 즉 가지구조 분해 효소

② Glycogen

- 동물체 내 저장 $\begin{cases} \text{간(liver glycogen)} : 6\% \\ \text{근육(muscle glycogen)} : 0.7\% \end{cases}$

- amylopectin 분자와 구조 유사(가지가 짧고 많음)
- I_2 정색반응 : 적갈색

③ Cellulose(섬유소)
- 구조 : β-glucose의 β-1,4 bond로 결합자체가 꼬여 있으므로 α-helix를 만들지 않고 직선 구조를 이룬다.
- 식품으로서의 가치
  - 반추동물은 위에 존재하는 미생물이 cellulase 분비 → 소화 가능
  - 연동작용 촉진 : 인체의 장을 자극하여 연동작용 촉진 → 음식물의 소화와 이동 용이

④ Inulin
- 분포 : 식물체의 저장성 다당류로서 돼지감자, 다알리아, 민들레, 우엉의 뿌리에 많다.
- 구조 : fructose 28~38개가 β-1,2-bond로 중합된 다당류
- 효소 inulase에 의해 가수분해(체내에는 없음)

⑤ 한천(Agar-agar)
- 해조류(특히 홍조류)의 세포성분 : 소화는 안 되나 변비 예방에 효과
- 성분 : 직선상의 agarose(70)와 가지 구조의 agaropectin(30)으로 구성
- 미생물의 고형 배지로 사용 : 세균에 대한 저항성이 있기 때문
- 겔(Gel, 젤) 형성력이 아주 강하다.
- 빵, 과자, 우유, 유제품의 안정제로 이용된다.

3) 복합다당류

① Pectin(Pectic substance)
- 식물체의 세포막과 세포막 사이에 존재(일종의 연결물질) : 채소, 과실류 조직의 가공, 저장 중 조직의 유지, 신선도 유지에 기여(식품 성분 간의 유착 방지-식품의 아삭아삭한 맛)
  예 사과
  ※ protopectin(미숙과) → pectin(완숙과) → pectic acid(과숙과)
- 구조 : Pectic acid의 methyl ester
  Pectic acid : polygalacturonic acid
- 주스 제조 시 pectin이 없어야 깨끗한 주스 제조 가능 : Pectin 감소를 위해 반대이온을 갖는 전해질, 금속이온을 가하면 불용성 염을 형성하여 침전, 제거해 준다.
- Gel화 하는 성질 : 잼, 젤리의 제조가 가능하다.

② Hemicellulose
- 복합다당류로서 xylose가 주성분이며, glucuronic acid, galacturonic acid가 구성성분이다.
- 가열, 산, 알칼리에 의해 쉽게 가수분해 된다.
- 과실, 채소, 두류의 조직 → (삶거나 가공, 조리) → 급속한 연화

③ Alginic acid
- 해조류(특히 갈조류)의 세포질 성분 예 미역
- Gel 형성 능력(한천과 유사) : 아이스크림, 치즈의 안정제로 사용된다.

03 탄수화물의 대사

1. 당 대사

① 혐기적 조건(anaerobic condition) : 해당(解糖, EMP, Glycolysis)
② 호기적 조건(aerobic condition) : TCA cycle(구연산 회로), 주로 energy 발생
③ 기타의 당질대사 과정 : HMP shunt 등

2. 당의 흡수 속도

모든 탄수화물은 단당류 상태에서 체내 흡수가 가능하다.
Galactose 110 > Glucose 100 > fructose 43 > mannose 19 > pentose 9~15이며, 숫자는 흡수 속도를 나타낸다.

3. 포도당의 대사경로

① Glycolysis(해당, 혐기적 분해, Embden-Meyerhof Pathway, EMP 경로, Anaerobic glycolysis, 혐기적 해당)
  • Hexose가 분해해서 triose로 변하며, 분해 과정에서 에너지가 발생된다.
② Glycogenesis : Glucose로부터 glycogen이 되는 과정이다.
  • Glucose → Glycogen(간에 6 %, 근육에 0.7 % 저장)
③ Glycogenolysis : Glycogen이 glucose로 분해되는 과정이다.
  • 혈당치가 아무리 떨어져도 liver glycogen은 glucose가 될 수 있으나 muscle glycogen은 glucose가 될 수 없다. 그 이유는 muscle glycogen에는 glucose-6-phosphatase라는 효소가 없기 때문이다.
  • Muscle glycogen은 반드시 EMP 경로로 들어가야만 한다.
④ Gluconeogenesis : 당류 이외의 물질, 예를 들면 단백질, amino acid, lactate, pyruvate 등으로부터 glucose가 생성되는 것이다.
  예 protein → alanine → pyruvate → glucose

4. 포도당의 처리

① 저장(Glycogenesis) : 항상 쓸 수 있게 glycogen 상태로 저장이 가능하다(간, 근육).

② 산화(Energy 발생)

　　Glucose → E.M.P → TCA cycle을 거치는 동안 CO_2와 H_2O로 완전 산화

③ 지방으로의 변환이 가능

　　Glucose → Pyruvate → Acetyl CoA → Fatty acid → Lipid(피하에 축적)

④ 다른 당으로 이행이 가능 : 필요한 양이 있으면 변한다.

　　㉠ Ribose
　　　 Deoxyribose 〉 Nucleic acid 합성에 이용

　　㉡ Glucosamine
　　　 Galactosamine 〉 물렁뼈 형성

　　㉢ Glucuronic acid : 해독제

⑤ 필요한 아미노산으로의 변환

5. 혈당(血糖, Blood sugar)

혈액 속에 들어 있는 당을 말한다. 혈액 속의 당은 거의 D-glucose이지만, 소량의 glucose phosphate, 미량의 다른 hexose도 존재한다.

D-glucose의 양에 따라 혈당이 고혈당 또는 저혈당이 되며, 정상적인 혈당의 양은 70～100mg/dl 로 되어 있다. 식후 혈당량은 130mg/dl로 급격한 상승을 가져오는데 1～2시간 후 정상적으로 되돌 아오게 된다. 혈당량은 들어오고 나오는 양이 같아야 하며, 적으면 저혈당, 많으면 고혈당이 된다.

Hyper state >	Normal state >	Hypo state
고혈당	정상	저혈당
당뇨(Glycosuria)		
Insulin ←	췌장호르몬 →	Glucagon

6. EMP 경로(Embden-Meyerhof Pathway)

= 혐기적 해당(解糖)과정(Anaerobic Glycolysis)

7. 알코올 발효(Alcoholic fermentation)

① 대상 : 효모(yeast)

② 알코올 발효 경로를 통해서 glucose가 2분자의 ethanol과 2분자의 CO_2 가스로 분해되며 동시에 2개의 ATP가 생성된다.

③ Pyruvic acid를 대사하는 pyruvate decarboxylase는 pyruvic acid를 탈탄산, 즉 CO_2를 제거하여 acetaldehyde의 형성을 촉매하며, alcohol dehydrogenase라는 효소는 acetaldehyde를 ethanol로 환원하는 반응을 촉매한다.

8. TCA cycle(Tricarboxylic acid cycle, 구연산 회로)

04 지질

1. 정의

① 물에 녹지 않는다(불용).
② 지방용제에는 잘 녹는다(ether, chloroform, benzene, 이황화탄소(CS_2), 사염화탄소(CCl_4) 등).
③ 지방산의 ester 또는 ester 결합을 형성할 수 있는 물질이다.
④ 생물에 이용이 가능한 유기화합물이다.

2. 기능

① 저장 영양소이다(1g당 9cal의 열량을 공급하는 energy의 축적물질).
② 열에 대한 절연체 구실을 한다.
③ 충격에 대한 방어작용을 한다.
④ 세포막의 구성성분(특히 필수지방산)이다.

3. 분류

(1) 단순지질(Simple lipid)

① 중성지방(TG = triglyceride, glyceride, neutral fat)

$$TG \xrightarrow[\text{lipase}]{\text{분해}} \text{3분자의 지방산 + 1분자의 glycerol (ester 결합)}$$

$$
\begin{array}{llcl}
CH_2-OH & HOOC-R_1 & & CH_2-O \cdot OC-R_1 \\
| & & & | \\
CH-OH \quad + & HOOC-R_2 & \xrightarrow{-3H_2O} & CH-O \cdot OC-R_2 \\
| & & & | \\
CH_2-OH & HOOC-R_3 & & CH_2-O \cdot OC-R_3 \\
\text{glycerol} & \text{F. A. (3분자)} & & \text{triglyceride(지방)}
\end{array}
$$

실온에서 $\begin{cases} \text{액체상태 油(oil) : 식물성 지방(vegetable oil)} \\ \text{고체상태 脂(fat) : 동물성 지방(animal fat)} \end{cases}$

② 진성 납(True wax, Wax)

$$Wax \xrightarrow{\text{분해}} 고급포화지방산 + 고급지방족 1가 alcohol과의 ester$$

(2) 복합지질(Compound lipid)

배합 조직을 함유한다.

① 인지질(phospholipid) : 지방산+글리세롤+인산(배합족)

② 당지질(glycolipid, cerebroside) : 당질(배합족) 함유

③ 황지질(sulfolipid) : 황(배합족) 함유

④ 단백지질(proteolipid) : 단백질이 배합족

(3) 유도지질(Derived lipid)

상기 지질의 가수분해 산물이다.

① 지방산(Fatty acid) : 대표적인 유도지질이며, 천연에 존재하는 지방산은 거의 우수(짝수)이다.

② 고급 alcohol

③ 지용성 Vt.(A, D, E, K, F)

4. 지방산(Fatty acid)

(1) 포화지방산(Saturated fatty acid)

 palmitic acid, stearic acid

(2) 불포화지방산(Unsaturated fatty acid)

 oleic acid, linoleic acid, linolenic acid, arachidonic acid

5. 지방의 성질

(1) 용해성

물에 불용이며, 유기용매(ether, alcohol, benzene 등)에는 가용이다.

(2) 비중

물보다 가볍다(0.91~0.97).

(3) 순수 지방

① 무미, 무취, 무색이다.

② 부패 지방에서 나는 나쁜 냄새의 본체 : 휘발성 지방산(volatile fatty acid)

③ 유지의 과열 시 나는 최루성 냄새 : acrolein(acrylaldehyde)

4) 수소 첨가(이중결합의 반응)

① 이중결합이 있는 불포화 지방산에 Ni 촉매로 이중결합이 없어진다.

- 불포화 지방 $\xrightarrow[\text{Ni촉매}]{+H_2}$ 포화지방산

- Oleic acid($C_{18:1}$) $\xrightarrow[\text{Ni}]{+2H_2}$ Stearic acid ($C_{18:0}$)

② 식품에의 응용으로 이 처리법을 경화법(경화유 제조법)이라 한다.

- 액체지방(불포화 지방산) $\xrightarrow[\text{Ni}]{+H_2(\text{고체화})}$ Margarine
  (면실유, 옥수수유, 해바라기유, 채종유)　　　　　　　　(인조 butter)

6. 지방의 분석

(1) 물리적 측정법

① 비중
② 융점과 응고성
③ 굴절률

(2) 화학적 측정법

1) 목적

① 탄소의 길이를 알 수 있다(고급, 저급 지방산 판정 가능).
② 이중결합의 유무를 알 수 있다(포화, 불포화지방산).
③ 휘발성 지방산의 양을 알 수 있다(양이 많을수록 부패가 빠름).
④ 유리지방산의 양을 조사할 수 있다(양질의 지방과 나쁜 지방을 알 수 있다).

2) 방법

① 산가(Acid value)
  - 유지 1g 중에 존재하는 유리지방산을 중화하는 데 필요한 KOH의 mg수로 나타낸 것이다.
  - 신선유(fresh oil)에는 유리지방산 함량이 적다.
  - 산패지방일수록 유리지방산 함량이 높다.
② 요오드가(Iodine value)
  - 유지 100g 중의 불포화 결합에 부가되는 I_2의 g의 수를 나타낸 값이다.
  - 지방의 불포화도(이중결합의 수)를 알아내는 것이다.
  - 불포화지방산이 많은 지방일수록 요오드가는 높아진다.
    - 건성유 130 이상 : 아마인유, 동유(桐油) - 도료

– 반건성유 100~130 : 대두유, 면실유, 채종유 – 식용, 비누재료

　　　– 불건성유 100 이하 : 올리브유, 낙화생유, 피마자유 – 식용, 비누, 화장품 원료

　③ 검화가(Sponification value) : 유지 1g에 함유된 유리지방을 중화하고 ester를 검화하는 데
　　필요한 KOH의 mg 수

　④ Ester value : 유지 1g 중의 ester를 검화하는 데 필요한 KOH의 mg 수

　⑤ Acetyl value : 1g의 시료에 함유된 유리수산기를 acetyl화 하는 데 필요한 초산을 중화하는
　　데 요하는 KOH의 mg 수

　⑥ 과산화물가 : 시료에 KI를 가한 경우 유리되는 I_2를 시료 1kg에 대한 mg당량으로 나타낸 것

7. 필수지방산(Essential fatty acid)

세포막의 구성성분으로 중요하다.

- Linoleic acid : ω – 6계 지방산
- Linolenic acid : ω – 3계 지방산
- Arachidonic acid : ω – 6계 지방산(linoleic acid로 합성 가능)
- linoleic acid(ω – 6계)　→　arachidonic acid(ω – 6계)　→　PG (Prostaglandin)
　($C_{18:2}$)　　　　　　　　　　($C_{18:4}$)

8. Steroid

(1) Cyclopentanoperhydrophenanthrene(steroid 핵) 골격구조 소유
1) 생리작용

　① sterol 형성　　　　　　　　　　　　② 담즙산(bile acid) 형성

　③ 성호르몬(Sex hormone)　　④ Vt. D　　⑤ 심장독

(2) Sterol

　① Steroid 핵 소유

　② 고체 alcohol의 의미

　③ 자연계에 유리 또는 ester 상태로 존재(3번 C의 −OH기가 ester화 가능)

　④ 분류

　　- Zoosterol(동물성 sterol) : cholesterol, 7−dehydrocholesterol

　　- Phytosterol(식물성 sterol) : stigmasterol, sitosterol

　　- Mycosterol(균성 sterol) : ergosterol

1) Cholesterol(Sterin)
   ① 분자식 : $C_{27}H_{45}OH$(상온에서 고체상태)
   ② 특징 : 해독 능력
   ③ 체내 과잉 시 성인병 유발(결핍 시에도 문제 유발)
2) 7-dehydrocholesterol(Pro vit. D_3)
   ① 자외선에 의해 Vit. D_3가 된다.
   ② 포유동물의 장기, 피부에 많다.
3) Sitosterol, stigmasterol
   ① 식물유(油), 특히 콩기름에 많다.
   ② 밀, 옥수수 같은 곡류의 배아, 배아유에 함량이 높다.
4) Ergosterol(Pro vit. D_2)
   ① 자외선에 의해 Vit. D_2가 된다.
   ② 처음 맥각(ergot)에서 분리하였다.
   ③ 그 후 버섯류, 곰팡이, 효모 등에서 분리가 가능하였고, 주로 하등물질에서 분리가 가능하여 균성 sterol이라 한다.

(3) 담즙산(Bile acid)

1) Cholesterol의 최종 대사산물

   Cholesterol이 적으면 담즙산 분비가 저조하여 지방 소화에 어려움이 생기며, 반대로 cholesterol이 많으면 성인병을 유발한다.

2) 주성분
   ① Cholic acid이다.
   ② 담즙산은 담즙 중에서 glycine, taurine과 같이 peptide 결합으로 존재한다.
   $\begin{cases} \text{Cholic acid + glycine} \rightarrow \text{glycocholic acid} \\ \text{Cholic acid + taurine} \rightarrow \text{taurocholic acid} \end{cases}$
   ③ 담즙산의 성질
   • 용해성 : 물에 난용이다.
   • 표면장력 강하작용 : 물의 표면작용을 강하시키면서 지방을 유화시킴 → lipase와의 지방접촉 촉진

05 지질의 대사

1. 지질의 소화와 흡수

(1) 완전 가수분해설(Lipolytic hypothesis)

- Lipid $\xrightarrow{\text{lipase}}$ 3분자의 fatty acid + 1분자의 glycerol로 완전 가수분해되어 흡수된다.

(2) 부분 가수분해설(Partition hypothesis)

- Lipase로 완전 가수분해가 되지 않고 monoglyceride, diglyceride 등으로 부분 가수분해 되어, 일단 가수분해된 fatty acid, glycerol이 그대로 흡수된다.

2. Fatty acid의 β-oxidation(β-산화) cycle

= Fatty acid cycle(지방산 회로) = Lynen's cycle

(1) 장소

mitochondria의 matrix

(2) 결론

① Fatty acid β-oxidation cycle을 1회전 할 때마다 1분자의 acetyl CoA와 탄소수 2개가 더 적은 acyl CoA를 생성한다.

② 맨 마지막 회전에서는 acetyl CoA가 한번에 2분자를 생성한다.

[지방산 β-산화과정]

3. Ketogenesis(Ketone body 생성과정)

(1) Ketone body가 생성되는 곳은 간장과 신장이다.

$$CH_3-CO\sim SCoA$$
$$CH_3-CO\sim SCoA$$
acetyl CoA 2분자

$\xrightarrow{\text{CoASH}}$ $CH_3-CO-CH_2-CO\sim SCoA$
acetoacetyl CoA

succinic acid
succinyl CoA

$CH_3-CO-CH_2-COOH$
acetoacetic acid

CO_2 → CH_3COCH_3
acetone

$NADH_2$ → NAD

$CH_3-CH-CH_2-COOH$
|
OH
β−hydroxybutyric acid

(2) Ketone body 3대 물질

acetoacetic acid, β−hydroxybutyric acid, acetone

4. Cholesterol의 작용

저장소는 간이며, 혈장 cholesterol의 급원이다.

(1) Phospholipid와 더불어 세포의 구성성분으로 중요

① 원형질막의 구성성분 : Cholesterol, Phospholipid, Protein

(2) 불포화 지방산의 운반체 역할

(3) Bile acid의 전구체 : Cholesterol의 최종산물

(4) Steroid hormone의 전구체

① Progesterone　　② Androgen　　③ Testosterone　　④ Corticoid

5. Cholesterol의 생합성

acetyl CoA $\longrightarrow$ acetoacetyl CoA $\longrightarrow$ HMG − CoA

ADP　ATP

Squalene $\longleftarrow$ 5 − Phosphomevalonic acid $\longleftarrow$ mevalonic acid

Lanosterol $\longrightarrow$ Zymosterol $\longrightarrow$ Desmosterol $\longrightarrow$ Cholesterol

06 단백질 및 아미노산

1. 단백질 및 아미노산

protein $\xrightarrow[\text{가수분해}]{\text{acid or alkali}}$ amino acid(약 20여종)

$\longrightarrow$ 고분자 물질 (반투막 통과 못함)

N(질소)의 양 : 약 16% → 질소계수 100/16 = 6.25

2. Amino acid의 일반식

NH$_2$-CH-COOH

$|$

Ⓡ

① -NH$_2$기와 -COOH기가 α-탄소에 결합(α-amino acid)

② 천연의 amino acid는 L-form

3. 여러 가지 특징적인 아미노산

① 함황 amino acid (3가지) : Cysteine, Cystine, Methionine

② S-S bond 보유 amino acid : Cystine(Cys-Cys)

③ Indole 핵 보유 amino acid : Tryptophan

④ Benzene 핵 함유 amino acid : Tyrosine, Phenylalanine, Tryptophan

⑤ Imidazole기(핵) 보유 amino acid : Histidine

⑥ 중성 amino acid : Alanine, Isoleucine, Leucine, Glycine, Proline, Phenylalanine, Tryptophan, Valine, Cysteine, Methionine, Serine, Threonine, Tyrosine

⑦ 산성 amino acid : Aspartic acid, Glutamic acid

⑧ 염기성 amino acid : Lysine, Arginine, Histidine

⑨ α-amino acid가 아닌 것 : Proline, Hydroxyproline

4. 필수 아미노산(Essential amino acid)

체내에서 합성할 수 없으므로 반드시 외부 또는 음식물로부터 섭취해야 하는 아미노산으로 Isoleucine, Leucine, Lysine, Methionine, Phenylalanine, Threonine, Tryptophan, Valine 등이 있다.

① Histidine : 유아에게 요구됨. 최근에는 성인에게도 요구되는 것이 확인

② Arginine : 성장기 어린이에게 요구

5. Amino acid의 용해성

① 대개의 amino acid는 물에 쉽게 녹는다.

② Alcohol, ether에는 녹지 않지만 묽은 산 또는 alkali에는 녹는다.

예외 Tyrosine, cystine은 물에 난용이다.

　　Proline, hydroxyproline은 alcohol에 가용이다.

6. Amino acid의 맛

① 단맛 : Gly, Ala, Val, Pro, Hyp, Ser, Trp, His

② 쓴맛 : Ile, Arg

③ 감칠맛 : Glutamic acid의 Na염

④ 무미 : Leu

7. Peptide의 구조

$$R_1 \qquad R_2 \qquad R_3 \qquad\qquad R_n$$
$$| \qquad\quad | \qquad\quad | \qquad\qquad |$$
$$NH_2-CH-CO-NH-CH-CO-NH-CH-CO-\cdots\cdots-NH-CH-COOH$$

① peptide 결합에 의해 n개의 amino acid로 구성된 protein

N-말단 아미노산 - 두 번째 잔기 - 세 번째 잔기·············· - C - 말단 아미노산

(N-terminal amino acid, 　　　　　　　　　　　　　(C-terminal amino acid,

amino 말단 amino acid) 　　　　　　　　　　　　　Carboxyl 말단 amino acid)

⇒ Protein의 amino acid sequence

* Peptide는 구성 amino acid의 수에 따라 di-, tri-, tetra-, polypeptide로 분류

예 tripeptide : Glutathione(amino acid를 세포막 안으로 이동시켜 줌)

구성 amino acid-Glutamic acid, cysteine, glycine

Glutamyl - cysteinyl - glycine

예 Polypeptide : Insulin (51개 amino acid로 구성)

8. Protein의 구조(Structure of Protein)

(1) 1차 구조(Primary structure) = 화학구조Chemical structure)

Peptide bond에 의한 polypeptide chain의 amino acid sequence의 선형적 배열

(2) 2차 구조(Secondary structure)

한 줄의 polypeptide chain의 기하학적 배위를 논하는 경우의 배열

① 병풍구조(β - 구조) - 수소결합

② α - helix(α - 나선구조)

③ random coil

(3) 3차 구조(Tertiary structure)

입체적 공간구조(구상 단백질과 섬유상 단백질로 나뉨)를 가진다.

2차 구조에서처럼 β - 구조, α - helix, random coil이 모두 등장하나 완전한 입체구조를 이루며,
이때 입체구조에 결정적 역할을 하는 것은 -s-s-bond이다.

1) 3차 구조를 형성하는 결합의 형태
   ① -s-s-bond(공유 결합)   ② 수소 결합
   ③ 염 결합   ④ 소수 결합   ⑤ peptide 결합

(4) 4차 구조Quaternary structure)

1) Subunit 구조
3차 구조 단백질이 몇몇 모여서 만든 집합체이다.
  예 Phosphorylase − 2개의 동일한 subunit(1개만 있으면 활성 없음)
     Hemoglobin − 이질 4차 구조 형성(α−subunit, β−subunit 각 2개)

9. 단백질의 말단결정법

(1) N−말단결정법(amino 말단결정법)

  ① Sanger 법(화학적 정량법)
    • 단백질 중에 존재하는 유리 아미노기 → FDNB(fluoro−2,4−dinitro benzene [= DNFB(2,4−dinitrofluorobenzene)] 시약과 같이 결합 → DNP (dinitrophenyl) 유도체 생성
    • DNP 유도체를 HCl로 가수분해 → Chromatography법으로 동정 → 분리, 정량 가능
  ② Edman 법(화학적 정량법)
    N−말단 잔기를 phenylisothiocyanate로 표시 → 다른 amino acid 잔기들 사이의 peptide 결합을 파열시킴 없이(가수분해 시키지 않고) peptide로부터 한번에 하나의 잔기씩 순차적으로 분리, 동정(Sanger 법의 단점 개선)
  ③ Dansyl chloride 법
    아미노말단 잔기를 확인하는 데 사용되는 또 하나의 방법으로 펩티드 사슬의 유리 아미노말단과 염화단실이 반응하여 단실아미노산 유도체를 생성하면 이것을 산 가수분해시킨다.

(2) Carboxyl 말단결정법(C−말단결정법)

  ① Hydrazine 분해법 → Hydrazinolysis
    단백질이나 그 부분 분해산물을 無水 hydrazine과 같이 가열 → C 말단 amino기가 hydrazide로 → 분리, 동정
  ② 환원법
    단백질에 LiAlH4, LiBH4, AlH4 등을 작용 → −COOH기가 carbinol로 환원 → carbinol을 분해시켜 동정
  ③ 기타 시약
    • Carboxypeptidase A (Bovine pancrease)
    • Carboxypeptidase B (Porcine pancrease)
    • Carboxypeptidase Y (Yeast)

10. 단백질의 분류

(1) 용해도에 따른 분류

1) 단순단백질(Simple protein)

가수분해에 의해 α-amino acid나 그 유도체만 생성한다.

예 albumin − ovalbumin(계란), lactalbumin(젖)

globulin − ovoglobulin(계란), lactoglobulin(젖)

glutelin − oryzenin(쌀), glutenin(밀), prolamine − zein(옥수수)

hordein(보리), gliadin(밀)

histone − 동물성에만 존재, 핵의 DNA와 공존

protamine − salmine(연어, salmon)

albuminoid − keratin(머리털, 뿔), collagen(뼈, 가죽)

2) 복합단백질(Conjugated protein = Compound protein)

Simple protein + 특수 배합족

① 핵단백질(nucleoprotein) = 단백질(histone, protamine)+핵산(nucleic acid)

② 당단백질(Glycoprotein, mucoprotein) = 단백질+당류

③ 인단백질(Phosphoprotein) = 단백질+인산

④ 색소단백질(Chromoprotein)

- Heme 화합물(porphyrin−Fe 착염) : hemoglobin, myoglobin, cytochrome, catalase, peroxidase

- Porphyrin−Mg 착염 : chlorophyll

- Flavin protein : flavin 계 enzyme(황색)

⑤ 금속단백질(Metalloprotein) = 단백질+금속

- 철단백질 − Fe 착염 그대로

- 구리단백질 − hemocyanin

- 코발트단백질 − cyanocobalamine(Vt. B_{12})

- 아연단백질 − insulin

3) 유도단백질(Derived protein)

① 1차 유도단백질 − 응고단백질

② 2차 유도단백질 − 제1차 유도단백질이 다시 분해되어 amino acid이 되기 전까지의 중간 물질

- proteose − 단백질이 acid, enzyme에 의해 분해된 것

- peptone − proteose가 더 분해된 것

- peptide − 2개 이상의 amino acid가 결합된 것

(2) 분자 형태에 의한 분류

① 구상 단백질 : 가용성(Soluble globular protein)

　예 gelatin, myosin, fibrinogen, zein 등

② 섬유상 단백질 : 불용성(Insoluble fibrous protein)

　예 collagen, 머리털 등

$$\text{collagen(불용성)} \xrightarrow[\triangle]{+H_2O} \text{gelatin(가용성)} \xrightarrow[\substack{\triangle \\ (130℃\ 이상)}]{} \text{collagen}$$

　　• 구성 amino acid : glycine, proline, hydroxyproline

　　• 구조 : 3중 나선구조

11. 단백질의 성질

(1) 맛, 냄새, 색깔

① 순수 단백질일수록 무미, 무취　　② 색깔은 다양

③ 태울 때 특이한 냄새가 난다.

(2) 용해성

① 물에 가용 : albumin, histone, protamine

② 묽은 염류용액 : albumin, globulin, histone, protamine만 가용

③ 묽은 산용액 : albuminoid만 제외하고 모두 가용

(3) 고분자 화합물 → 거대 분자

① 반투막을 통과하지 못한다.

② Dialysis(투석) : 저분자 물질(무기질, 염류 등)을 제거할 수 있다. 셀로판지를 이용한다.

(4) 자외선 흡수 spectrum

① 단백질은 280nm에서 흡수 극대되고 240nm에서 흡수 극소되어 파장은 240~280nm가 된다.

② 흡수 원인 : Benzene 핵 소유 amino acid가 있을 때(방향족 amino acid-Tyr, Trp, Phe)

(5) 단백질의 효소 분해 단백질

① 분해 효소 : pepsin, trypsin, papain(단백질의 구조 결정에 많이 쓰임)

(6) 단백질의 변성(Denaturation)

① 단백질이 어떤 원인에 의해서 고차구조가 변하는 것이다.

$$\text{천연 단백질} \xrightarrow[\text{효소학적, 생물학적 원인}]{\text{물리적, 화학적}} \text{변성 단백질}$$

② 변성에 반드시 필요한 물질 : 물

변성 단백질과 생단백질과의 차이점

1. 물리, 화학적 성질
   ① 변성 단백질이 되면 용해도가 감소되고, 응고 또는 gel화가 일어난다.
   ② 선광도 변화, 분자량 및 분자형태의 변화, 등전점(isoelectric point) 이동 현상이 발생한다.
2. 생물학적 성질
   ① 항원성 소실과 효소활성 소실이 일어난다.
3. 구조적인 면
   ① 생단백질 : 규칙적인 배열을 가짐
   ② 변성 단백질
     • 구조 파괴(구조 변이)가 일어나 불규칙적인 산만한 배열을 가짐
     • 원래의 생단백질이 갖는 수소결합, 이온결합, disulfide 결합(−s−s−결합) 등이 파괴된다.

생단백질   변성   변성 단백질

∴ 변성 단백질은 수소결합 등의 구조파괴로 인하여 소화가 더 잘 된다.

12. Proteolytic enzyme(단백질 분해 효소)

(1) Endopeptidase

큰 분자의 내부와 동시에 끝에작용하여 본래 물질보다는 작으나 상당히 큰 물질로 분해 시키는 효소를 말한다.

① 위액 중의 pepsin(위에서의 단백질 분해) ◄— 위액의 acid로 가수분해 / 유리 pepsin의작용으로 분비(불활성) — pepsinogen

② 췌액 중의 trypsin(소장에서의 단백질 분해) ◄— enterokinase — trypsinogen

③ 췌액 중의 chymotrypsin(소장에서의 단백질 분해) ◄— active trypsin — chymotrypsinogen

(2) Exopeptidase

큰 물질의 끝에만작용하여 그 물질의 구성단위 물질을 하나씩 분해하는 효소를 말한다.

① 췌액 중의 carboxypeptidase
② 장액 중의 aminopeptidase
③ 장액 중의 tripeptidase
④ 장액 중의 dipeptidase

07 단백질 및 아미노산의 대사

 1. 단백질 대사(Metabolism of protein)

[단백질과 아미노산의 대사경로]

 2. 아미노산 대사(Metabolism of amino acid)

탄소골격으로부터 질소의 이탈 반응을 말한다.

(1) 탈아미노 반응(Deamination)

$$R-\underset{\underset{NH_2}{|}}{CH}-COOH \xrightarrow[\substack{FAD \quad FADH_2}]{\text{L-amino acid oxidase}} R-\underset{\underset{NH}{\|}}{C}-COOH \xrightarrow[\substack{H_2O \quad NH_3 \\ \quad \text{ammonia}}]{\substack{\text{비효소적 반응} \\ (\text{효소 없음})}} R-\underset{\underset{O}{\|}}{C}-COOH$$

L-amino acid   Imino acid α-Keto acid

(2) 아미노기 전이 반응(Transamination)

$$
\begin{array}{c}
\underset{\substack{|\\ \text{CH}_2 \\ | \\ \text{CH}-\text{NH}_2 \\ | \\ \text{COOH}}}{\text{COOH}} + \underset{\substack{|\\ \text{CH}_2 \\ | \\ \text{CH}_2 \\ | \\ \text{C}=\text{O} \\ | \\ \text{COOH}}}{\text{COOH}}
\xrightleftharpoons[\text{PALP}]{\substack{\text{Aspartate aminotransferase}\\ \text{GOT (Glutamate oxaloacetate transaminase)}}}
\underset{\substack{|\\ \text{CH}_2 \\ | \\ \text{C}=\text{O} \\ | \\ \text{COOH}}}{\text{COOH}} + \underset{\substack{|\\ \text{CH}_2 \\ | \\ \text{CH}_2 \\ | \\ \text{C}-\text{NH}_2 \\ | \\ \text{COOH}}}{\text{COOH}}
\end{array}
$$

Aspartic acid α-Ketoglutaric acid   Oxaloacetic acid   Glutamic acid

$$
\underset{\substack{|\\ \text{CH}-\text{NH}_2 \\ | \\ \text{COOH}}}{\text{CH}_3} + \alpha\text{-Ketoglutaric acid}
\xrightleftharpoons[\text{PALP}]{\substack{\text{alanine aminotransferase}\\ \text{GPT (Glutamate pyruvate transaminase)}}}
\underset{\substack{|\\ \text{C}=\text{O} \\ | \\ \text{COOH}}}{\text{CH}_3} + \text{Glutamic acid}
$$

Alanine   Pyruvic acid

3. 탈탄산 반응(Decarboxylation)

Aspartic acid $\xrightarrow{\text{CO}_2}$ β-alanine(pantothenic acid의 구성성분)

Tyrosine $\xrightarrow{\text{CO}_2}$ Tyramine(부패독, 자궁수축)

DOPA $\xrightarrow{\text{CO}_2}$ DOPAmine(adrenaline)

Histidine $\xrightarrow{\text{CO}_2}$ Histamine(부패독, 혈관수축)

Tryptophan $\xrightarrow{\text{CO}_2}$ Tryptamine(부패독)

Lysine $\xrightarrow{\text{CO}_2}$ Cadaverine(부패독)

4. 질소의 행로

(1) Amination(Amino acid 생성)

탈아미노기 전이의 역반응으로,
당질 대사산물인 α-keto acid와
결합하여 amino acid를 만든다.

α-Ketoglutaric acid   Glutamic acid

(2) Amidation(산 amide 형성)

NH_3의 유독성 때문에 세포에 축적되면 독성작용을 나타낸다. NH_3의 해독작용의 하나로 glutamine을 합성한다.

(3) NH_3의 직접 배설

신장에서 이탈된 amino기로 인하여 생성된 NH_3가 생리적으로 필요가 없을 때 그냥 배설(소변 속의 NH_3의 약 40% 차지)한다.

(4) Urea cycle(Ornithine cycle) – 요소의 합성과정

① Urea 합성 : 간(간에서 deamination에 의해 생성된 NH_3)

② 간 이외의 조직에서 생성된 NH_3는 glutamine 형태로 간으로 운반된 후 다시 NH_3로 되어 urea 합성에 이용된다.

arginase-Urea 생성 효소

arginase가 없는 동물은 NH_3를 요소 이외의 형태로 배설한다.

예 조류, 파충류 – Uric acid

어류 – NH_3으로 배설

(5) Creatine의 생성

Arginine Ornithine

Glycine Guanido acetic acid
(= Guanidino acetic acid)

(간장)

ADP ATP

Mg^{++}

Creatine kinase
(근육)

$$NH=C\underset{CH_3}{\overset{NH-\textcircled{P}}{\underset{N-CH_2-COOH}{}}}$$

Creatine phosphate

$$NH=C\underset{CH_3}{\overset{NH_2}{\underset{N-CH_2-COOH}{}}}$$

Creatine

$$NH=C\underset{CH_3}{\overset{NH-CO}{\underset{N-CH_2}{}}} \longrightarrow Urine(배설)$$

Creatinine

① Creatine phosphate

근육, 뇌에 다량 함유되는 고에너지 인산결합의 저장체로서 중요하다. 탈인산으로 creatinine이 된다.

② Creatine

간장에서 합성되어 혈액에 의해 근육 또는 뇌 등에 운반되며, 거기서 인산화되어 creatine phosphate로서 저장된다.

③ Creatinine

Creatine의 무수물(탈수물질)로서 creatine phosphate의 탈인산으로 생성된다. 아미노산 질소의 배설형으로 중요하며, 소변으로 약 1~1.5g/日 정도 배설(신장환자는 10배 이상 배설)된다.

5. 무질소 부분의 변화(α-keto acid의 변화)

(1) Amino acid의 재합성

① Transamination

② Amination

(2) TCA cycle로 진입 : energy 발생

(3) Gluconeogenesis

① Glycogenic amino acid(glucose 생성 amino acid)

  alanine → pyruvic acid

② Ketogenic amino acid(직접적으로 ketone body 생성)

  Leucine → acetyl CoA

(4) 지질로 합성

6. 질소의 출납(Nitrogen balance)

(1) 체내의 질소 배설

오줌, 대변의 질소만을 고려하며 젖, 땀, 타액, 콧물, 표피 이탈물, 월경, 손톱, 발톱 등은 무시한다.

① 요소(Urea) : 단백질 대사의 최종산물, 신장에서 배설

② Ammonia(NH_3)

③ 요산(Uric acid) : Purine체의 대사 최종산물

  • 요산 생성량 : 정상인 1g/日

  • 통풍(Gout) : 요산이 15~20g/日 이상 배설 시 걸리는 질병이다. 요산대사이상증(요산 과잉 형성)으로 관절이나 연골에 요산염이 침착되어 관절염을 일으킨다.

④ Creatinine : creatine 대사의 최종산물

(2) Nitrogen balance

① 질소평형(Nitrogen equilibrium)

  • 섭취 질소 = 배설 질소

  • 정상 성인이 정상적인 식사를 했을 때의 상태를 말한다.

② 정질소 출납(Positive nitrogen balance)

  • 섭취 질소 > 배설 질소

  • 새로운 조직이 합성될 경우에 필수적이며, 성장기 어린이, 임신부, 회복기의 환자 등이 해당된다.

③ 부질소 출납(Negative nitrogen balance)

  • 섭취 질소 < 배설 질소

  • 단백질의 섭취 부족상태를 말하며, 기아, 영양 부족, 위장 질환자 등이 해당된다.

  • 실제로 필수 아미노산(essential amino acid)의 결핍으로 일어난다.

08 핵산

1. 핵산의 구성성분과 분류

2. 천연에 존재하는 nucleotide와 그 기능

(1) 핵산 구성의 기본 단위

① RNA, DNA
② mononucleotide가 중합된 고분자 화합물(polynucleotide)

(2) 생체 내에서 고에너지의 저축, 운반체로서작용

① 근육의 수축과 같은 기계적인 일
② 단백질 합성과 같은 화학적인 일
③ 능동 수송과 같은 침투적인 일
④ 신경자극 전달과 같은 전기적인 일–ATP가 가장 중요

(3) 보효소로서작용

① NAD(nicotinamide adenine dinucleotide)

② NADP(nicotinamide adenine dinucleotide phosphate)

③ FAD(flavin adenine dinucleotide)

④ FMN(flavin mononucleotide)

⑤ CoA(coenzyme A)

3. DNA와 RNA의 비교

	DNA(Deoxyribonucleic acid)	RNA(Ribonucleic acid)
구성 성분	• 인산(H_3PO_4) • 당(Pentose) : 2-D-deoxyribose • 염기(Base) Purine base : Ⓐ Ⓖ 　　　　　　 Pyrimidine base : Ⓒ Ⓣ	• 인산(H_3PO_4) • 당(pentose) : D-ribose • 염기(Base) Purine base : Ⓐ Ⓖ 　　　　　　 pyrimidine base : Ⓒ Ⓤ
외양	백색의 견사상	분말상
구조	2본의 deoxyribonucleotide 사슬이 A=T, G≡C의 소수결합으로 중합되어 이중나선구조를 형성	1본의 ribonucleotide 사슬이 A-U, G-C의 수소결합으로 중합되어 국부적인 이중나선구조 형성
기능	① 세포 분열 시 염색체 형성 → 유전형질 전달 ② 단백질 합성 시 아미노산의 배열 순서 (sequence)의 지령을 m-RNA(전달 RNA)에 전달 ⇒ 유전자의 본체	① t-RNA(transfer RNA, 전이 RNA) : 활성 amino acid를 ribosome의 주형(template)으로 운반 ② m-RNA(messenger RNA, 전달 RNA) : DNA에서 주형을 복사하여 단백질의 amino acid sequence(배열 순서)를 전달규정 ③ r-RNA(ribosome RNA) : m-RNA에 의하여 전달된 정보에 따라 t-RNA에 옮겨진 amino acid를 결합시켜 단백질을 합성하는 장소를 형성

4. 단백질의 생합성

(1) Amino acid의 활성화(ATP가 꼭 필요)

- 활성화 효소 : amino acyl t-RNA synthetase

(2) 활성화한 아미노산과 t-RNA와의 결합

- amino acyl t-RNA 생성

(3) DNA를 복사한 m-RNA의 합성

- 이 m-RNA는 단백질 합성에서 주형(template)의 역할을 함

(4) Ribosome 위에서 m-RNA와 t-RNA와의 결합 → 합성

- 단백질과 RNA로 되어 있는 ribosome은 단백질 합성 장소로 쓰인다.
- amino acid t-RNA는 주형인 m-RNA의 지시에 따라 ribosome 위에서 늘어서 유리 amono기 말단부터 점차 결합한다(GPT가 관여).

참고　① Ribosome : 공장의 공작대　　　　　　② m-RNA : 제작하려는 기계의 설계도
　　　③ amino acyl t-RNA : 조립할 재료(활성단계 ATP 필요)　④ GTP : 동력 자원
　　　⑤ enzyme : 공원

1. 비타민의 정의

미량으로 동물의 영양을 지배하여 정상적인 생체대사와 생리 기능을 촉매하는 유기화합물이다. 체내에서 합성이 불가능하기 때문에 반드시 음식을 통해서 섭취해야만 한다. 주로 보효소(coenzyme)로서작용하며, 생리적작용으로서 비타민과 hormone은 비슷(vt. C의 경우 사람에게는 비타민이지만 개, 쥐에서는 hormone으로작용)하다.

2. 비타민의 분류

(1) 용해도에 따른 분류

① 수용성 : Vt. B_1, B_2, B_6, B_{12}, niacin, folic acid, C 등

② 지용성 : Vt. A, D, E, K, F

(2) 물리화학적 성질에 따른 분류

① 불포화 alcohol : Vt. A, D

② phenol 핵 : Vt. E

③ 당류 : Vt. C

④ 함황 Vt. : Vt. B_1, Biotin

⑤ 인과 Co 화합물 : Vt. B_{12}

3. 장내 미생물에 의하여 합성 가능한 비타민

Vt. B_6, Vt. K_1, pantothenic acid

4. 지용성 비타민

(1) Vt. A(Axerophtol : 건조안염 예방인자)

• Rhodopsin 합성에 관여(눈의 시각에 필요)한다.

- Vt. A는 β−ionone ring(환)을 소유한다.
- Pro vt. A 중에서는 2개의 β−ionone ring을 가진 β−carotene이 vt. A의 효력이 가장 강하다.

1) 결핍증

야맹증(Night blindness, nyctalopia), 안구건조증, 각막 연화증, 피부염, 성장지연

2) 분포

① 식물성 : 황색 채소, 과실, 녹색 엽채소

② 동물성 : butter, 간, 신장

(2) Vt. D.(Calciferol : 항구루병 인자)

$$Ergosterol(Pro\ Vt.\ D_2) \xrightarrow[\text{(자외선)}]{U.\ V.} Vt.\ D_2$$

$$7-dehydrocholesterol(Pro\ Vt.D_3) \xrightarrow[\text{(자외선)}]{U.\ V.} Vt.\ D_3$$

1) 생리작용

Ca과 P의 대사를 조절한다.

① Ca과 P의 장내 흡수를 촉진하여 Ca 보유량을 높인다.

② 조직 중의 인산을 동원하여 Ca과 결합시켜 뼈에 침착시킨다.

③ 상피소체 hormone과 같이 Ca, P 대사의 정상 대사를 협력한다.

2) 결핍증

① Rickets(구루증, 특히 어린이), 어른의 경우 골연화증, 임산부, 수유부의 골격이나 치아의 탈피

3) 분포

① Ergosterol : 버섯, 맥각, 효모 등의 식물류, 동물체의 피하지방, 장기 등

② 7−dehydrocholesterol : 동물체의 피부, 장기

(3) Vt. E(Tocopherol : 항불임인자)

1) 생리작용

① 항산화작용 − antioxidants로서작용

② 체조직 성분 합성에 관여(정상 성장 유지)

③ 생식 기능에 관여

④ 간세포의 정상 유지

2) 결핍증

① 생식기능 장해

② 근육기능 장해

3) 분포

곡물의 배아유(소맥, 쌀의 배아유)에 많다. 일반 식물유

(4) Vt. K(Phylloquinone : 혈액응고 인자)

① 혈액응고에 관여한다.

② 장내 세균에 의하여 합성이 가능하다.

③ 결핍증은 거의 드물다.

④ 분포 : 식물성 식품으로 시금치, 해조류, 콩기름 등에 많다.

(5) Vt. F(Essential Fatty acids)

세포 내의 막(membrane) 구조체 형성에 관여한다.

---

5. 수용성 비타민

(1) Vt. B$_1$(Thiamine : 항각기병 인자, Aneurin : 항신경염 인자)

1) 생리작용

① 탄수화물로부터 칼로리를 섭취하면 Vt. B$_1$의 요구량이 증가한다.

Pyruvic acid 산화에 가장 필요한 Vt.이다.

② 마늘 속의 alliine $\xrightarrow{\text{alliinase}}$ allicin+thiamine $\xrightarrow{\hspace{2cm}}$ allithiamine

Vt. B$_1$의 흡수 높음

③ 보효소 : TPP(Thiamine pyrophosphate) 형성

④ Thiaminase : thiamine을 파괴하며, 조개, 민물고기, 고사리, 버섯에 많다.

2) 결핍증

각기병(beri-beri), 신경염을 유발하여 중추신경 장애, 식욕감퇴, 권태감, 위장장해, 심장기능 장애 등을 일으킨다.

3) 분포

• 곡물의 배아, 두류, 녹엽류에 많다.

• 효모, 대두, 땅콩, 돈육 등에 많다.

• 도정과 수세에 따라 소실될 우려가 높다.

(2) Vt. B$_2$(Riboflavin, lactoflavin : 성장촉진 인자)

① Flavoprotein의 보결분자족(prosthetic group)

② 보효소(FAD, FMN) 형성

③ 알코올중독 예방

④ 결핍증 : 구각염, 설염, 성장지연, 안면 피부염 등

⑤ 분포 : 우유에 특히 많다. 간, 신장, 심장, 난백, 효모에 많다.

(3) Vt. B$_6$(Pyridoxine, adermin : 항pellagra 인자)

1) 생리작용

　① pellagra성 피부염의 치료에 유효

　② 보효소 PALP(pyridoxal phosphate) 형성

　③ 장내 세균에 의해 합성 가능

2) 분포

　① 간, 난황, 효모에 많다.

(4) Nicotinic acid(Niacin : Nicotinamide 항 pellagra 인자)

1) 생리작용

　① Pellagra의 치료와 예방에 유효

　　• 옥수수를 주식으로 하는 지방에 pellagra병이 많은데 옥수수 단백질 zein 속에는 tryptophan이 없기 때문이다.

　　• 60mg의 tryptophan은 1mg의 nicotinic acid가 된다.

　　※ Tryptophan은 serotonin의 전구물질이다.

　② 보효소(NAD, NADP) 형성

2) 결핍증

　• Pellagra, 소화장해, 설사, 설염 등

　• 개에서는 흑설병(black tongue) 유발

3) 분포

　효모, 간, 계란, 우유, 토마토 등

(5) Pantothenic acid(항 피부염인자)

1) 생리작용

　Coenzyme A의 구성성분이다.

$$\text{Aspartic acid} \xrightarrow{\quad CO_2 \quad} \beta-\text{alanine} + \text{pantoic acid} = \text{pantothenic acid}$$

2) 결핍증

　성장 정지, 체중 감소, 피부, 우모의 병변(닭), 신경계 장해

3) 분포

　특히 royal jelly에 많다.

(6) Biotin(Vt. H : 항피부염 인자)

① 항난백 장해인자(antieggwhite injury factor)라고도 하며, 그것은 생난백 중에 존재하는 염기성 단백질인 avidin과 결합하여 독성이 없어지기 때문이다.

② 분포 : 난황, 간, 신장, 토마토, 과실, 효모 등

(7) Inositol(항지간 인자)

과실, 야채, 효모, 곡물 등에 분포되어 있다.

(8) Para-aminobenzoic acid[PABA : 항백발성 인자(anti-grayhair factor)]

① 장내 미생물에 의해 합성된다.

② Sulfanilamide제를 투여하면 PABA와 길항하여 장내 세균 번식을 억제한다.

③ Folic acid의 구성성분이다.

④ 분포 : 동물의 간, 신장 등에 많다.

(9) 엽산(Folic acid, folacin, Vt. M : 항빈혈 인자)

1) 생리작용

① Folic acid의 구성성분이다.

  • Amino acid로서 glutamic acid, Vt.으로서 PABA

② 장내 미생물에 의해 합성된다.

③ Pyrimidine base 전구체

2) 결핍증

(악성) 빈혈, 백혈구 감소, 구강변화, 설사 등

3) 분포

돼지나 소의 간, 야채류 등에 많다.

(10) Vt. B_{12}(Cyanocobalamin : 항악성빈혈 인자)

1) 생리작용 : 장내 세균에 의해 합성된다.

① 적색 결정상 – Co 착염 때문

② 식물계에는 없다(단, 해초에는 있다).

③ 금속원소(Co) 보유

2) 결핍증

악성 빈혈, 신경질환, 간질환, 간장해 등

3) 분포

동물의 간, 신장, 근육, 젖, 치즈, 계란 등에 많다.

(11) Vt. C(Ascorbic acid : 항괴혈병 인자)

1) 성질

① 환원성이 가장 강한 비타민이며, 당류의 일종(당 유도체 – 6탄당)이다.

2) 생리작용

① Ascorbic acid oxidase에 의하여 산화, 분해된다.

•양파, 호박, 오이, 당근 등에 분포

② Collagen 생성에 필요하다.

③ Vt. C가 결핍되면 proline으로부터 hydroxyproline의 생성이 억제되어 collagen 생성도 억제된다.

3) 결핍증

① 괴혈병, 모세혈관, 잇몸이나 피하의 출혈, 연골, 결합조직의 위약화

4) 분포

① 야채, 양배추, 과실, 밀감에 많으며 모유에도 많다.

② 개, 쥐, 토끼, 비둘기 등에서는 합성이 가능하다.

(12) Vt. L(최유인자, 유즙분비 control 인자)

① 유즙분비를 조절하는 인자이다.

10 발효공학

1. 주류

청주, 맥주, 과실주, 증류주 등은 주류로서 당질을 알코올 발효시켜 만든 술이다. 주세법 제1조에 의하면 주류라 함은 주정과 알코올 1° 이상의 음료를 말한다. 제2조에서는 주류의 분류를 열거했다.

① **양조주**

발효에 의하여 직접 또는 청징시켜 마시는 술로서 EX분(엑기스)이 많이 함유된 술이다.

② **단발효주**

원료 속의 주성분이 당류로서 과실 중의 당류를 효모에 의하여 알코올 발효시켜 만든 술이다.

③ **복발효주**

전분질을 아밀라아제(amylase)로 당화시킨 뒤 알코올 발효를 거쳐 만든 술이다.

④ **단행복발효주**

맥주와 같이 맥아의 아밀라아제(amylase)로 전분을 미리 당화시킨 당액을 알코올 발효시켜 만든 술이다.

⑤ **병행복발효주**

청주와 같이 아밀라아제(amylase)로 전분질을 당화시키면서 동시에 발효를 진행시켜 만든 술이다.

⑥ **증류주**

양조주 또는 그 술의 찌꺼기를 증류하여 주정 함량을 높인 술이다.

⑦ **재제주**

양조주 또는 증류주를 다시 가공하여 만든 술이다.

(1) 맥주

1) 맥주의 종류

　① 발효시키는 효모의 종류에 따른 분류

　　㉠ 상면 발효맥주

　　　• 상면 발효효모(*Saccharomyces cerevisiae*)로 발효한다.

　　　• 지역 : 영국, 캐나다, 독일의 북부지방

　　㉡ 하면 발효맥주

　　　• 하면 발효효모(*Saccharomyces carsbergensis*)로 발효한다.

　　　• 지역 : 한국, 일본, 미국

　② 맥아즙 농도에 따른 분류

　　맥아즙 농도에 따라 2~5% Einfachbier, 7~8% Schankbier, 11~14% Vollbier, 16% 이상 Starkbier로 분류한다.

　③ 맥주의 색깔에 따른 분류

　　㉠ 농색 맥주 : Muchener Bier, Porter, Stout

　　㉡ 담색 맥주 : Pilsener Bier, Dortnund Bier, Korea Bier, Mild Ale

　　㉢ 중간색 맥주 : Wiener Bier

2) 맥주의 양조 공정

3) 맥주의 원료

　① 맥주용 보리

　　㉠ 맥주용 보리의 조건

　　　• 입자의 형태가 고르고, 전분질이 많고, 단백질이 적은 것이 좋다.

　　　• 수분이 13% 이하인 것이 좋다.

　　　• 곡피가 엷고, 발아력이 균일하고, 왕성한 것이 좋다.

　　㉡ 종류

　　　• 두 줄 보리 : 입자가 크고, 곡피가 엷어 맥주 양조에 적합하며, 우리나라에서는 Golden melon을 주로 사용한다.

- 여섯 줄 보리 : 주로 미국에서 많이 사용한다.
  - ⓒ 품종
    - 유럽 : Kenia, Union, Amsel, Procter, Balder, Wisa
    - 일본 : Golden melon, Swanhals, Hakada 2호
- ② 호프(Hop)
  - ㉠ 맥주에 특유한 고미와 향미를 부여한다.
  - ㉡ 저장성을 높인다.
  - ㉢ 거품의 지속성, 항균성 등의 효과와 불안정한 단백질을 침전 제거하고 청징에 도움을 준다.
  - ㉣ 유효성분
    - 호프(hop)의 향기성분 : 유지성 humulene
    - 쓴맛의 주성분 : humulon, lupulon
- ③ 물
  - ㉠ 담색 맥주는 염류가 대단히 적고, 경도가 낮은 물이 적합하다.
  - ㉡ 농색 맥주는 경도가 높고, 산도가 낮은 물이 적당하다.
- ④ 맥아 제조(malting)
  - ㉠ 목적
    - 당화 효소, 단백질 효소 등 맥아 제조에 필요한 효소들을 활성화 또는 생합성시키는 데 있다.
    - 맥아의 배조에 의해서 특유의 향미와 색소를 생성시키며, 동시에 저장성을 부여하는 데 있다.
  - ㉡ 방법
    - 수확 후 6~8주일 충분히 후숙시킨 보리를 15℃에서 약 35시간 수침하여 발아에 필요한 수분인 42~45%가 되게 흡수시킨다.
    - 수침한 보리를 14~18℃에서 담색맥아는 7~8일간, 농색맥아는 8~11일간 발아시킨다.
    - 발아가 끝나고 건조시키지 않은 맥아를 녹맥아(green malt)라 한다.
    - 발아정지는 뿌리눈의 신장이 담색 맥주용 맥아일 때는 보리 길이의 1~1.5배 정도, 농색 맥주용 맥아는 약 2~2.5배 정도가 가장 양호하다.
- ⑤ 배조(Kilning)
  - ㉠ 배조란, 녹맥아의 수분함량 42~45%에서 8~10%로 하는 건조와 다시 1.5~3.5%로 하는 배초(焙焦, curing)를 병행하여 행하는 공정을 말한다.
  - ㉡ 녹맥아는 저장성이 없으므로 배 함으로써 건조시켜 부패 변질을 방지하여 저장성을 부여하고, 녹맥아의 생장을 억제하고, 뿌리눈의 이탈을 용이하게 하기 위해서 행한다.

4) 맥주의 제조
- ① 맥아즙 제조
  - ㉠ 맥아의 뿌리를 제거하여 분쇄한 후 물을 가하여 62~65℃에서 당화시킨다.

ⓛ 당화가 끝나면 여과하여 여과 맥아즙에 0.3~0.5% 호프(hop)를 첨가하여 1~2시간 끓여서 유효성분을 추출시킨다.

ⓒ 끓인 후 호프(hop)를 제거하여 냉각시킨다.

ⓔ 하면발효 맥주용 맥아즙은 5~10℃까지, 상면발효 맥주용 맥아즙은 10~20℃까지 냉각시킨다.

② 주발효

맥주의 발효공정은 주발효와 후발효로 구별된다. 주발효는 일반적으로 개방식 탱크(tank)에서 후발효는 밀폐식 탱크에서 행한다.

㉠ 청징된 맥아즙을 발효 탱크에 넣는다.

ⓛ 하면발효 맥주는 하면발효효모인 *Saccharomyces carsbergensis*를 접종시켜 5~10℃에서, 상면발효 맥주는 상면발효효모인 *Saccharomyces cerevisiae*를 접종시켜 10~20℃에서 10~12일간 발효시킨다.

ⓒ 발효성 당류로부터 알코올을 생성시킨다.

ⓔ 담색 맥주일 때는 5~8℃에서 8~12일간, 농색 맥주일 때는 7~12℃에서 9~13일간 발효시켜 최종적으로 4~5℃에서 발효를 종료시킨다.

③ 후발효

㉠ 주발효가 끝난 맥주는 담백하고 CO_2 가스(gas)가 포화되어 있지 않다.

ⓛ 이 맥주로부터 침전된 효모를 제거하고, 밀폐된 발효 탱크에 넣어 0~2℃에서 1~3개월간 후발효시킨다.

ⓒ 후발효 시에 맥주의 특유한 향미를 완숙시키며 0.4%의 CO_2 가스를 맥주 중에 포화시킨다.

④ 여과 및 살균

㉠ 후발효 및 숙성 후 여과하여 투명한 맥주로 한다.

ⓛ 여과하여 청징된 맥주를 그대로 통에 넣은 것이 생맥주이며, 68℃에서 20~40초간 순간 살균하여 압력 하에서 병조림한 것이 병맥주이다.

(2) 포도주

포도 과즙을 효모에 의해서 알코올 발효시켜 제조한 것이다.

1) 포도주의 종류

① 적포도주 : 적색 또는 흑색 포도의 과즙을 함께 발효시켜 포도주 중에 안토시아닌 색소가 용출된 것이다.

② 백포도주 : 적색의 포도 과피를 제거하거나 녹색 포도를 원료로 하여 발효시킨 것이다.

③ 생포도주 : 과즙의 당분을 거의 완전히 발효시켜 당분을 1% 이하로 낮게 한 것이다.

④ 감미 포도주 : 비교적 당도가 높은 과즙을 사용하여 당분을 완전히 발효시키지 않았거나 알코올 농도가 높은 브랜디를 첨가하여 발효를 중지시켜서 감미도를 높게 한 포도주이다.

⑤ 발포성 포도주 : 포도주 중에 CO_2를 용해시킨 것으로 마개를 따면 거품이 발생한다.

⑥ 비발포성 포도주 : 거품이 발생하지 않는 일반적인 포도주이다.

⑦ 식탁용 포도주 : 14% 이하의 알코올을 함유한 생포도주로 식사 중에 음용한다.

⑧ 식후 포도주 : 14~20% 정도의 알코올과 상당량의 설탕을 함유한 포도주로서 식사 후에 디 저트(dessert)와 함께 마시는 포도주이다.

2) 적포도주

① 포도의 품종

- *Cabernet sauvignon, Pinot noir*종이 대표적이다.
- 포도를 완숙시켜 발효성 당분을 최대한 함유시키고, 과즙의 당 농도는 21~22%가 양호하다.

② 포도주 효모

- *Saccharomyces cerevisiae var. ellipsoideus*

③ 적포도주의 제조공정

㉠ 으깨기 및 제경

- 포도는 씨가 부서지지 않게 으깨기를 하여 줄기를 분리한다.
- 과피와 과육을 분리한다.

㉡ 과즙의 개량

- 포도 으깨기를 행한 포도즙액을 안전하게 발효시키기 위해 메타중아황산칼리($K_2S_2O_2$)를 SO_2로써 100~200ppm 첨가한다.
- 과즙의 당도를 24~25% 정도로 보당한다.

 아황산 첨가의 효과

▶ **장점**
- 유해균의 사멸 또는 증식 억제
- 과피나 종자의 성분을 용출시킴
- 주석의 용해도를 높여 석출 촉진
- 술덧의 pH를 내려 산도를 높임
- 안토시안(anthocyan)계 적색 색소의 안정화
- 백포도주에서의 산화 효소에 의한 갈변 방지

▶ **단점**
- 과잉 사용 시 포도주의 향미 저하, 후숙 방해
- 기구에서 Cu와 같은 금속이온의 용출이 많아져 포도주 변질, 혼탁의 원인이 된다.

㉢ 발효(주발효)

- 효모균은 순수 배양된 주모를 과즙의 2~10% 첨가한다.
- 발효 온도는 25℃ 내외가 적당하다. 즉 20~25℃에서 7~10일, 15℃에서 3~4주일 정도면 알맞다.
- 적포도주는 과피 중의 적색 색소와 탄닌(tannin)을 용출시켜 적색을 띠게 하고 떫은맛을 내게 하는 것이 중요한 발효관리이다.

　　　　ⓔ 박의 분리와 후발효
　　　　　　• 주발효가 끝나면 과피, 종자 등의 박(粕)을 분리한 후 10℃ 이하에서 서서히 후발효를 행한다.
　　　　　　• 후발효는 1~2%의 남아있는 잔당을 0.2% 이하가 될 때까지 후발효를 행한다.
　　　　ⓜ 앙금질과 저장
　　　　　　• 후발효하는 동안 효모, 주석, 주석산, 칼슘, 단백질, 펙틴질, 탄닌 등이 침전하여 앙금이 생긴다.
　　　　　　• 앙금질을 행하여 혼탁되어 있는 술을 통 속에 넣어 10~15℃, 저온에서 1~5년 동안 저장하면 청징되어 향미가 형성된다.
　3) 백포도주
　　① 포도의 품종
　　　　Delaware, Niagara, Neomuscat, Golden queen 등
　　② 과즙의 개량
　　　　발효 후의 잔당이 약 2% 정도 것이 보통이므로, 적도포주보다 2% 정도 더 당을 가한다.
　　③ 발효
　　　　적포도주와 다른 점은 과피와 과경을 발효 전에 분리하여 과즙만을 발효시키므로 발효 중 캡(cap)이 형성되지 않기 때문에 캡 조작이 필요없다.

(3) 사과주

사과 중의 당분을 이용하여 발효시킨 술로서 사이다(cider)라고 한다.

　1) 원료
　　① 사과주 원료로서는 당 함량이 많고, 산을 상당히 함유한 품종이 좋다.
　　② 사과 품종 : 홍옥, 국광, *Delicious, Jonathan, Newton, Stayman winesap, Rome beauty* 등
　2) 성분
　　① 탄닌, 산류, 펙틴, 회분 및 당분 등이며 당의 함량은 7~15%이다.
　　② 사과 중에 존재하는 당은 glucose(포도당), fructose(과당) 및 sucrose(자당)로 이 중에서 fructose(과당)이 가장 많다.
　3) 효모
　　　*Saccharomyces cerevisiae var. ellipsoideus*와 *Kloeckera apiculata* 등을 사용한다.
　4) 제조공정
　　① 과즙조제 : 압착한 과즙을 여과하여 당도를 24~25%가 되도록 보당한다.
　　② 발효 : 실온에서 10~14일에 주발효가 끝나며, 알코올 함량은 2.0~2.5% 정도이다.
　　③ 앙금질과 후발효
　　　　• 주발효가 끝나면 앙금과 액면의 부유물을 분리하기 위해 앙금질을 행한다.
　　　　• 실온 8~10℃에서 후발효를 행하고, 2~3개월 경과한 후 2차 앙금질을 행한다.

④ 저장 : 저장실 안의 온도는 8℃ 이하가 좋고, 2~3개월 후면 제품화 할 수 있다.

(4) 청주

쌀, 국과 물을 주원료로 하여 국균, 젖산균, 효모 등에 의하여 발효한 술로서 당화와 알코올 발효가 술덧 중에서 동시에 일어나는 병행복발효주다.

일본, 한국에서 양조되는 대표적인 양조주이다.

1) 원료

① 물
   - 제품의 80% 이상을 차지하므로 주질에 가장 큰 영향을 미친다.
   - Fe이 적은 경수가 좋고, P, Ca 등이 부족할 때 이들 염류를 첨가해야 한다.

② 백미

   75%까지 정백된 쌀로 단백질과 지방분이 적은 것이 좋다.

③ 종국
   - 황국균인 *Aspergillus oryzae*을 사용한다.
   - 찐 주미에 목회를 3~5% 혼합시켜 10~20%의 순수 배양한 황국균을 살포한 후, 27~28℃에서 5일간 충분히 포자를 착생시킨다.

목회 사용 목적

① 주미에 잡균 번식을 방지한다.   ② 무기물질을 공급한다.   ③ 포자 형성이 잘 되게 한다.

④ 국(Koji)
   ㉠ 찐쌀에 황국균을 번식시켜 당화 효소(amylase)을 다량 생성시키는 것이 주 목적이다.
   ㉡ 제법
      - 주조미를 씻은 후에 수침시켜 27~30% 수분이 흡수되면 물을 뺀 후 찐다.
      - 찐 백미를 국실에서 40℃까지 냉각시켜 황국균을 0.1% 정도 접종시킨 후, 다시 30~32℃로 36~45시간 배양시켜 균이 쌀 전체에 번식되면 방냉하여 정지시킨다.

⑤ 주모
   - 안전한 청주 발효를 진행시키기 위해서 건전한 청주 효모균체를 많이 생성시키는 것을 주모라고 한다. 적당량의 유산이 필요하다.
   - 청주 효모는 *Saccharomyces cerevisiae*이고, 이 효모는 Ca와 pantothenic acid를 생육에 필요로 한다.

2) 청주 발효(술덧 발효)

청주의 알코올 발효는 주모와 국과 찐쌀, 물을 초첨, 중첨, 유첨 순으로 3번에 나누어 첨가하여 술덧(moromi)을 만들어 10~18℃에서 20일간 발효시킨다. 그러면 전분질은 당화 효소에 의해 당화되고 당은 주모에 의해 알코올 발효가 되어 알코올 농도 20% 전후가 된다.

3) 제성 및 앙금질

① 발효가 끝난 술덧을 자루에 넣어 청주와 술 찌꺼기를 분리한다.

② 혼탁한 청주를 30~40일간 정치하여 부유물을 침전시켜 청징된 청주를 떠내어 옮김으로써 앙금질을 행한다.

③ 맑아진 청주를 55~60℃로 5~15분간 저온 살균한다. 그 목적은 다음과 같다.
- 효소류를 파괴시킨다.
- 청주효모, 젖산균, 화락균, 기타 잡균을 멸균시킨다.
- 당분과 아미노산(amino acid)의 상호작용으로 자연숙성을 촉진시킨다.

4) 저장과 제품화

살균이 끝난 청주는 15~17℃에서 저장, 주세법상 알코올 함량은 16%이다.

(5) 약 · 탁주

우리나라의 술의 역사 중 가장 오래된 것이 탁주이고, 탁주에 용수를 넣어서 거르는 것이 약주이다.

1) 탁주

전분질 원료, 즉 쌀, 옥수수, 밀가루 등을 당화 과정과 발 효과정을 동시에 행하는 병행복발효주 일종이다. 제법은 청주와 비슷하나 청주보다 고온에서 단시간에 발효하기 때문에 미완성 술덧이 된다. 미발효된 전분은 많은 양의 당류를 함유함으로써 어떤 주류보다 영양학적으로 높은 칼로리(calorie)을 가진 술이다.

① 원료
- ㉠ 물 : 수온이 일정하고, 오염되지 않은 양질의 물이 좋다.
- ㉡ 백미, 옥수수, 감자, 밀 등이 사용된다.
- ㉢ 발효제로서는 입국, 분국, 곡자 등이 있다.
  - 입국 : 청주와 거의 같은 방법으로 곡립에 균을 배양시킨 국을 사용한다. 입국 제조에는 *Aspergillus kawachii*(백국균)를 사용한 것이다.
  - 분국 : 밀기울을 주로 하여 *Aspergillus shirousamii*와 *Rhizopus* 속균을 배양시켜 분상 상태의 국을 사용한 것이다.
  - 곡자 : 밀을 조분쇄하여 물을 가해 반죽하여 일정한 형태로 성형한 후, 국실에 넣고 곰팡이를 착생시켜 자연 배양한 국을 사용한 것이다. 주된 균주는 *Mucor, Rhizopus* 속이다.
- ㉣ 주모

    멥쌀을 청주에서와 같이 수침, 증자하여 냉각하여 두고서, 누룩 입국을 수국으로 만들어 찐 멥쌀을 넣어서 배양한 탁주 효모인 *Saccharomyces coreanus*를 혼합하여 27~28℃에서 10~15일간 숙성시킨다.

② 발효(술덧)
- ㉠ 찐 밀가루와 입국, 물을 혼합한 후 여기에 주모를 2~5% 첨가한다.

    ⓒ 품온 24℃ 전후로 24시간 둔 후 적당한 비율로 찐 밀가루와 분국, 곡자, 물을 첨가하고, 30℃에서 발효시킨다.

    ⓒ 탁주의 담금은 초첨, 유첨의 2단 담금을 행한다.

  ③ 제성

    가장 왕성한 발효가 끝나면 물을 부어서 체로 술 찌꺼기를 분리한다. 주정 함량은 6 ~ 7%이다.

2) 약주

탁주의 제법과 비슷하지만, 제조상 다른 점은 탁주보다 저온인 15 ~ 20℃에서 발효시키기 때문에 발효시간이 더 길어 10 ~ 14일 걸린다. 약주는 독특한 향기를 가지고 있고 산미가 강하고 알코올 함량은 11%이다.

(6) 증류주(spirit)

증류주는 전분 혹은 당질을 원료로 하여 발효시킨 양조주를 증류하여 만든 술로 알코올 농도 20 ~ 35%이고, 무색 투명하다. 발효형식에 따라 3종류로 분류한다.

1) 병행복발효주를 증류한 것

  ① 증류식 소주

    ㉠ 우리나라 재래식 소주로서 발효액을 단식 증류기에 의하여 증류한 소주를 말한다.

    ⓒ 소주용 곰팡이는 흑국균인 *Aspergillus awamorii* 혹은 *Aspergillus usamii*를 사용한다.

    ⓒ 원료 : 옥수수, 감자 등을 사용한다.

    ⓔ 30℃ 정도의 발효 온도로 발효시켜 증류한다.

  ② 희석식 소주

    ㉠ 고구마, 감자 등 전분질 원료와 폐당밀을 발효시켜 연속 증류기에 의하여 증류한 94%의 알코올을 함유한 주정을 물에 첨가하여 희석시킨 술이다.

    ⓒ 알코올 이외의 불순물이 적고 향기도 적다.

  ③ 고량주

    ㉠ 수수를 주원료 하여 만든 증류주이다.

    ⓒ 파쇄한 수수를 증강하고, 분쇄한 누룩을 혼합한 후 물을 부어 반고체 상태로 만든다.

    ⓒ 이것을 땅 속에 묻은 발효조에 넣고, 뚜껑에 진흙을 발라 밀봉하여 혐기적 발효를 9~10일간 시킨다.

    ⓔ 발효 온도는 대략 34 ~ 45℃를 유지한다.

    ⓜ 알코올 함량은 45%로서 미산성이며, 특유한 고량주 향기를 가진다.

    ⓗ 누룩에 번식된 곰팡이는 *Aspergillus* 외에 *Rhizopus, Mucor* 등이 혼합되어 당화된다.

2) 단행복발효주를 증류한 것

  ① 위스키(Whisky)

    ㉠ 산지에 의한 분류

      • Scotch Whisky : 스코틀랜드에서 제조

- Irish Whisky : 아일랜드에서 제조
- Canadian Whisky : 캐나다에서 제조
- American Whisky : 미국에서 제조

ⓛ 원료에 의한 분류
- 맥아 위스키 : 곡류를 발아시킨 맥아만으로 제조한 술
- 곡류 위스키 : 맥아 이외에 감자, 호맥, 밀, 옥수수 등에 맥아를 첨가하여 당화, 발효시켜 증류하여 후숙시킨 술

ⓒ 증류기에 의한 분류
- 단식 증류위스키 : 발효액을 단식 증류기로 증류하여 후숙시킨 술
- 연속식 증류위스키 : 발효액을 연속식 증류기로 증류하여 후숙시킨 술

ⓔ 맥아 위스키
대표적인 위스키이고, 제조공정은 맥주 제조공정과 거의 비슷하나 몇 가지 다른 점이 있다.
- 맥아 제조 시 : 맥아의 유근의 신장도가 보리의 3/4(0.7∼0.8배) 정도로 한다.
- 배조공정 시
  - 녹맥아 이탄(토탄, peat)의 연기를 통과시킴으로써 smoked flavor의 특유한 향기를 부여한다.
  - 제법 : 맥아로부터 맥아즙을 만들고 여과하여 냉각한 후, 발효력이 강한 *Saccharomyces* 속의 효모를 넣어 30℃ 전후로 3∼4일 발효시킨다. 발효액을 단식 증류기로 증류하면 알코올 농도가 18∼22% 정도가 되고, 재증류하여 60∼70%로 조절한다. 이것을 삼나무로 만든 통에 넣어 3년 동안 숙성시키고, 숙성된 위스키를 알코올 40∼43%로 조절하여 시판한다.

② 보드카
러시아의 유명한 증류주로 라이맥과 보리의 맥아를 이용하여 양조한 그레인위스키(grain whisky)에 속하고, 알코올은 40% 정도이다.

③ 진(Gin)
영국, 캐나다 등지가 주산지다. 옥수수를 보리맥아로 당화시켜 발효한 후 증류를 하거나 잣을 넣고 재증류한 술로서 알코올 함량은 37∼50%인 것은 드라이진(dry gin)이고, 드라이진에 2∼3% 설탕과 1∼2.5% 글리세린(glycerin)을 첨가하여 스위트진(sweet gin)을 만든다.

3) 단발효주를 증류한 것
과실주를 증류하여 장기간 저장하여 후숙시킨 증류주를 말한다.

① 브랜디(Brandy)
ⓐ 포도, 사과, 버찌 등 과실주를 증류한 것을 총칭한다.
ⓑ 단식 증류기로 증류하여 5∼10년간 나무통에 넣어서 숙성시킨다.
ⓒ 알코올 함량 60%이다.

② 럼(Rum)

ⓐ 고구마 즙액이나 폐당밀을 발효시켜서 증류한 술이다.

　　ⓑ 증류액은 5년 이상 나무통에 넣어 숙성시킨다.

　　ⓒ 알코올 함량 45~53%이다.

2. 대사생성물의 생성

(1) 유기산 발효

알코올을 산화하여 초산을 생성하는 발효이다.

1) 초산(acetic acid) 발효

① 초산균

　ⓐ 초산균은 생육 및 산의 생성 속도가 빠르며, 수율이 높고 내산성이어야 한다.

　ⓑ 초산 이외의 여러 방향성 물질을 생성하고, 초산을 산화하지 않아야 한다.

　ⓒ 일반적으로 식초공업에 사용하는 유용균은 *Acetobacter. aceti*, *Acet. acetosum*, *Acet. oxydans*, *Acet. rancens*가 있으며, 속초균은 *Acet. schuetzenbachii*가 있다.

② 초산 발효기작

　ⓐ 호기적 조건에서는 에탄올(ethanol)을 알코올탈수소 효소에 의하여 산화 반응을 일으켜 아세트알데하이드(acetaldehyde)가 생산되고, 다시 아세트알데하이드는 탈수소 효소에 의하여 초산이 생성된다.

$$\overset{\overset{\text{NAD} \quad \text{NADH}_2}{\curvearrowright}}{}$$
$$CH_3CH_2OH \longrightarrow CH_3CHO \xrightarrow{H_2O} CH_3COOH$$

　ⓑ 혐기적 조건에서는 2분자의 아세트알데하이드가 aldehydemutase에 의하여 촉매되어 초산과 에탄올을 생산하게 된다.

$$\overset{\overset{\text{2NAD} \quad \text{2NADH}_2}{\curvearrowright}}{}$$
$$2CH_3CH_2OH \xrightarrow{H_2O} 2CH_3CHO \xrightarrow{+H_2O} CH_3COOH + CH_3CH_2OH$$

즉, $2CH_3CH_2OH \xrightarrow{+H_2O} CH_3COOH + CH_3CH_2OH + 2H_3$

　ⓒ 초산이 더욱 산화되면 H_2O와 CO_2 가스로 완전 분해된다.

$$CH_3COOH \xrightarrow{2O_2} 2H_2O + 2CO_2$$

③ 생산 방법

　ⓐ 정치법(orleans process)

　　• 발효통을 사용한다.

　　• 대패밥, 목편, 코르크 등을 채워서 산소(공기) 접촉 면적을 넓혀준다.

　　• 수율은 낮고, 기간도 길다.

ⓛ 속양법(generator process)

- 발효탑(generator)을 사용한다.
- Frings의 속 법이라고도 하며, 대패밥은 탱크의 최상부까지(45cm) 채운다.

ⓒ 심부배양법(submerged aeration process)

- Frings의 acetator라 부른다.
- 원료와 초산균의 혼합물에 공기를 송입하면서 교반하여 급속히 발효덧을 초산화시킨다.

2) 글루콘산(gluconic acid) 발효

글루콘산은 포도당(glucose)을 직접 $1/2mol$의 산소로 산화하여 얻을 수 있다. 글루콘산은 구연산과 젖산의 대용으로 산미료로 사용되고, 피혁 공업에도 사용되고 있다.

① 생산균 : 사용균주는 *Aspergillus niger, Asp. oryzae, Penicillium chrysogenum, Pen. perpurogenum* 등의 곰팡이와 *Acetobacter gluconicum, Aceto. oxydans, Gluconobacter*속과 *Pseudomonas*속 등의 세균도 있다.

② 발효기작

$$D-glucose \xrightarrow[\text{Glucose oxidase}]{\frac{1}{2}O_2} D-glucono-\delta-lactone \xrightarrow{\text{비효소적}} D-gluconic\ acid$$

3) 젖산(lactic acid) 발효

포도당을 혐기적으로 해당작용에 의하여 분해되어 젖산을 생성하는 발효를 젖산 발효라 한다.

① 젖산균

ⓐ 간균과 구균이 있다.

ⓑ 간균은 *Lactobacillus*속이 있으며, 구균은 *Streptococcus, Pediococcus, Leuconostoc*속의 세균이 있다.

ⓒ 젖산은 L, D, DL형이 있는데 L-형이 인체에 이용된다.

② 젖산 생성 : 젖산 발효에 이용되는 당류로서는 6탄당과 5탄당이 있다. 6탄당으로부터 젖산생성과정은 다음과 같다.

ⓐ 정상 젖산 발효(Homo Lactic acid fermentation) : 당으로부터 젖산만 생성하는 발효

$$C_6H_{12}O_6 \longrightarrow 2CH_3CHOHCOOH$$

- Homo 젖산 세균은 *Lactobacillus delbruckii, L. bulgaricus, L. casei, Streptococcus lactis* 등이 있다.

ⓑ 이상 젖산 발효(Hetero Lactic acid fermentation) : 당으로부터 젖산과 그 외의 부산물 (알코올, 초산, CO_2, H_2 등)을 생성하는 발효

$$C_6H_{12}O_6 \longrightarrow CH_3CHOHCOOH + C_2H_5OH + CO_2$$

$$2C_6H_{12}O_6 \longrightarrow 2CH_3CHOHCOOH + CH_3COOH + C_2H_5OH + 2CO_2 + 2H_2$$

- Hetero 젖산 세균은 *L. fermentum, L. heterohiochii, Leuconostoc mesenteroides* 등이 있다.

③ 젖산생성 조건 : 10% 당농도, pH $5.5 \sim 6.0$, 발효 온도는 $45 \sim 50℃$에서 소비당의 $80 \sim 90\%$의 젖산을 얻게 된다.

4) 구연산(citric acid) 발효

구연산은 식품과 의약품에 널리 이용되고 산미료, 특히 탄산음료에 사용되기도 한다.

① 생산균 : *Aspergillus niger, Asp. saitoi* 그리고 *Asp. awamori* 등이 있으나 공업적으로 *Asp. niger*가 사용된다.

② 구연산 생성기작 : 구연산은 당으로부터 해당작용에 의하여 피루브산(pyruvic acid)이 생성되고, 또 옥살초산(oxaloacetic acid)과 acetyl CoA가 생성된다. 이 양자를 citrate sythetase의 촉매로 축합하여 시트르산(citric acid)를 생성하게 된다.

③ 구연산 생산 조건

    ㉠ 배양 조건으로는 강한 호기적 조건과 강한 교반을 해야 한다.

    ㉡ 당 농도는 $10 \sim 20\%$이며, 무기영양원으로는 N, P, K, Mg, 황산염이 요하다.

    ㉢ 최적 온도는 $26 \sim 35\,^{\circ}\mathrm{C}$이고, pH는 염산으로 조절하며 pH $3.4 \sim 3.5$이다.

    ㉣ 수율은 포도당 원료에서 106.7% 구연산을 얻는다.

5) 호박산(succinic acid) 발효

호박산은 구연산과 같이 식품 조미료로 이용되기도 하며, 향료 및 염료 공업에 이용되기도 한다.

① 생산균 : 곰팡이인 *Mucor rouxii*와 세균인 *Escherichia coli, Aerobactor aerogenes, Brevibacterium flavum* 등이 이용된다.

② 호박산(숙신산)

    ㉠ 숙신산(succinic acid)은 당으로부터 피루브산(pyruvic acid)이 생성된다.

    ㉡ TCA cycle의 역방향인 옥살초산(oxaloacetic acid), 사과산(malic acid), 푸마르산 (fumaric acid)을 거쳐 탈수소 효소에 의하여 환원되어 호박산이 합성된다.

③ 생산 : 호박산은 *Brevibacterium flavum*으로 포도당으로부터 30% 이상 생산할 수 있다.

6) 푸마르산(fumaric acid) 발효

푸마르산은 합성수지의 원료이며, 아미노산인 aspartic acid의 제조 원료로 사용되고 있다.

① 생산균 : *Rhizopus nigricans*와 *Asp. fumaricus*가 사용된다.

② 푸마르산(fumaric acid) 생성기작 : 포도당으로부터 생성된 피루브산(pyruvic acid)이 옥살초산(oxaloacetic acid)를 거치면서 사과산을 fumarate hydratase에 의하여 탈수되어 푸마르산을 합성한다.

③ 생산 : 푸마르산의 생산은 대당수율이 약 60%에 달한다.

7) 프로피온산(propionic acid) 발효

프로피온산은 향료와 곰팡이의 생육 억제제 등으로 사용되고, 치즈 숙성에 관여하기도 한다.

① 생산균

    ㉠ *Propionibacterium freudenreichii*와 *Propionibacterium Shermanii* 등이 사용된다.

    ㉡ 이들 균은 pantothenic acid와 biotin을 생육인자로 요구한다.

② 프로피온산 생성기작

    ㉠ 당 혹은 젖산으로부터 생성된 피루브산은 옥살초산, 사과산, 푸마르산을 거쳐 숙신산 (succinic acid)이 생성된다.

    ㉡ 숙신산을 succinate decarboxylase의 촉매로 탈탄산 되어 프로피온산(propionic acid)을 생합성한다.

③ 생산 : 30℃에서 3일간 액내 배양으로 60%(대당)의 수율을 얻는다.

8) 사과산(malic acid) 발효

① 생산균 : *Asp. flavus*(당), *Lac. brevis*(fumaric acid에서)

② malic acid 생성기작 : Fumaric acid에서 100%, 탄화수소에서는 70%가 생성된다.

$$\text{Fumaric acid} \xrightarrow[\text{fumarase}]{+H_2O} \text{malic acid}$$

(2) 아미노산 발효

아미노산(amino acid)은 단백질을 구성하는 기본 화합물로서 영양학적으로 중요한 물질이다. 아미노산 발효란 미생물을 이용하여 아미노산을 생산하는 제조공정을 총칭한다.

1) 아미노산의 발효형식

미생물에 의한 아미노산의 생산방식은 다음과 같다.

① 직접법

    ㉠ 야생균주에 의한 방법

        일반 토양에서 분리, 선택하여 얻은 야생주로서 특정의 배양 조건에서 아미노산 발효를 하는 것이다.

        예 L-glutamic acid, L-valine, L-alanine, L-glutamine 등

    ㉡ 인공변이주(영양요구 변이주)에 의한 방법

        UV나 Co^{60} 조사에 의하여 인위적으로 대사를 시킨 변이주를 유도하여 이를 사용하여 특정의 배양 조건에서 아미노산 발효를 하는 것이다.

② 전구체의 첨가법 : 전구체를 첨가하여 대사의 방향을 조장하여 목적하는 아미노산을 발효시키는 것이다.

    예 L-isoleucine, L-threonine, L-tryptophan, L-aspartic acid 등

③ 효소적 방법 : 특정 기질에다 효소를 작용시켜 아미노산을 얻는 방법이다.

    예 L-aspartic acid, L-tyrosine, L-phenylalanine 등

2) Glutamic acid 발효

① 생산균 : *Corynebacterium glutamicum*, *Brev. flavum*, *Brev. lactofermentum*, *Microb. ammoniaphilum*, *Brev. thiogentalis*

② 생산

    ㉠ Glutamic acid의 축적은 배양 과정에서 통기량, 배양액의 pH, NH_3의 양, acetic acid 양에 영향을 받으며, biotin의 양에 큰 영향을 받는다.

    ㉡ Glutamic acid 생산균의 생육 최적 biotin양은 약 10~25r/l가 요구되나 glutamic acid 축적의 최적 biotin양은 1.0~2.5r/l를 요구한다.

③ 배양 조건

    ㉠ 탄소원 : 포도당, 설탕, 과당, 맥아당, ribose 등

    ㉡ 질소원 : 황산암모늄, 염화암모늄, 인산암모늄, 암모니아수, 요소 등

    ㉢ 무기염

      • 양이온 : K^+, Mg^+, Fe^{++}, Mn^{++} 등

      • 음이온 : PO_4^{--}, SO_4^{--}, Cl^- 등

④ 생육인자 : biotin

⑤ pH : 7.0~8.0(미알칼리)

⑥ 통기교반 : 당질은 호기적

⑦ 온도 : 최적 온도는 30~35℃

3) Lysine 발효

① 생산균 : *Cory. glutamicum*으로부터 Co^{60}과 자외선 조사에 의하여 homo serine 영양요구 변이주를 만들어 사용한다.

② 발효 : 최근 공업적으로 lysine 발효는 one stage 방법과 two stage 방법이 있다.

    ㉠ One stage 방법

      • *Cory. glutamicum*의 homo serine 영양요구 변이주로서 직접 발효시켜 lysine을 생산하는 방법이다.

      • 탄소원으로는 폐당밀, 질소원으로는 NH_4를 첨가하면서 28℃에 96시간 정도 배양하면 다량의 lysine을 생산할 수 있다.

    ㉡ Two stage 방법

      • *E. coli*의 lysine 영양요구 변이주로 다량의 diamino pimelic acid를 생산시키는 제1단계가 있다.

      • 탄소원으로는 글리세롤(glycerol), 질소원으로는 ammonium phosphate를 첨가하여 중성에서 배양한다.

      • 다음 단계로 *Aerobacter aerogenes* 균체의 diaminopimelate decarboxylase에 의하여 생산한 diamino pimelate를 28℃에서 24시간 탈탄산시켜 lysine을 생산하는 제2단계가 존재한다.

(3) 핵산

1) 핵산과 지미 성분

핵산관련 물질 중에서 5'-IMP, 5'-GMP, 5'-dIMP 및 5'-dGMP 등과 6-hydroxy- 5'-purine nucleotide가 정미성이 있는 것들이다. 이들 화합물은 생체 내의 핵산합성에 중요한 역할을 한다. 조미료로서 이용가치가 있는 것은 GMP와 IMP이고, 이들은 단독으로 사용되기 보다 MSG(Mono Sodium Glutamate)에 소량 첨가함으로써 감칠맛이 더욱 상승된다.

지미성 핵산관련 물질은 다음의 조건을 갖추어야 한다.

① nucleoside, 염기에는 정미성을 가진 것이 없고 nucleotide만 정미성분을 가진다.

② purine계 염기만이 정미성이 있고, pyrimidine계의 것은 비정미성이다.

③ 당은 ribose나 deoxyribose에 관계없이 정미성을 가진다.

④ 인산은 당의 5'의 위치에 있지 않으면 정미성이 없다.

⑤ purine염기의 6의 위치 탄소에 -OH가 있어야 정미성이 있다.

2) 정미성 핵산 물질의 생산방법

① RNA를 미생물 효소로 분해하는 법 : 효모 균체에서 미생물 효소로 RNA를 분해하여 5-nucleotide을 얻는 방법이다.

  ㉠ 제조공정

   • 원료 RNA는 아황산 펄프폐액 혹은 폐당밀에 *Candida*속 효모를 배양시키면 RNA을 함유한 효모균체가 된다.

   • 효모 RNA를 추출하고 5'-phosphodiesterase로 RNA를 분해하면 AMP, GMP, UMP, CMP가 생성된다.

   • 이들을 분리정제하여 GMP는 직접 조미료를 사용하고, AMP는 adenilate deaminase로 deamination시켜 IMP를 얻어 조미료로 사용된다.

  ㉡ RNA 분해 효소 생산균

   Penicillium citrinum(푸른곰팡이)와 *Streptomyces aureus*(방선균)이 이용된다.

② 발효와 합성을 결합하는 법

  ㉠ 제조공정

   Purine nucleotide을 생합성하는 계로는 2가지가 있다.

   • de novo 합성계

   ※ AICAR(5-amino-imidazolcarboxydiamide riboside)

ⓒ Salvage 합성계

$$\text{Purine base} \xrightarrow[\substack{+\text{PRPP}}]{+\text{Ribose}} \text{Nucleoside} \xrightarrow{+\text{Pi}} \text{Nucleotide}$$

※ PRPP(5'-phosphoriboxyl-1-pyrophosphate)

② 사용균주 : *Bacillus subtilis*

③ 직접발효법 : 미생물을 직접 배양액에 발효시켜 nucleotide를 축적시키기 위해서는 다음 조건이 요구된다.

ⓐ feedback 저해 현상을 제거할 것

ⓑ 생성된 nucleotide를 다시 분해하여 nucleoside로 만드는 phophatase 혹은 nucleotidase 활성이 대단히 미약할 것

ⓒ 균체내에서 생합성된 nucleotide를 균체외로 분비 촉진시켜야 한다. 사용균주는 *Corynebacterium glutamicum*과 *Bervibacterium ammoniagenes*가 사용된다.

(4) 효소 생산

공업적으로 효소 생산에 사용되는 미생물에는 세균, 방선균, 곰팡이, 효모, 조균류, 자낭균류 등이 있다. 세균과 효모는 발육과 효소의 생산 속도가 빠르기 때문에 1～2일에 배양이 완료되고, 곰팡이와 효모는 균체가 크기 때문에 균체분리가 용이하다는 장점이 있다.

[대표적인 효소 생산]

	미생물	효 소
곰팡이	*Aspergillus oryzae*	Amylase
	Aspergillus niger	Protease
	Rhizopus delmer	Amylase
세 균	*Bacillus subtilis*	Amylase
효 모	*Saccharomyces cerevisiae*	Amylase
방사선균	*Streptomyces griseus*	Invertase

1) 효소의 생산 방식

미생물 효소의 생산 방식에는 액체 배양과 고체 배양이 있다.

① 액체배양법

ⓐ 배지성분을 물에 풀어 녹이고, 멸균 후 종균을 접종하여 배양하는 방식이다.

ⓑ 액침통기배양(submerged culture)과 정치배양식(surface culture)이 있다.

ⓒ 액침통기배양식은 잡균의 오염이 적고, 배양 조건의 조절이 용이하고, 장소와 노력의 요구가 적으며, 원료에 대한 생산량이 높다.

② 고체배양법

　　㉠ 밀기울 등 고형물에 물과 부족한 영양분을 보충적으로 첨가하여 가열, 살균한 후 종균을 접종하여 배양하는 방식이다.

　　㉡ 국개식(tray method)과 회전 드럼식(rotary drum method)이 있다.

　　㉢ 방열이 안되므로 온도 관리가 중요하고, 잡균 오염 결점이 있으나 고농도 효소를 회수할 수 있는 이점이 있다.

2) 효소의 분리 · 정제

　① 코지에서 효소 추출

　　㉠ 코지를 분쇄한 후, 추출통에 넣고 위에서 물을 가하여 밑에서 추출액을 채취한다.

　　㉡ 최근에는 코지와 물은 counter current에서 추출하는 연속추출장치를 이용한다.

　② 균체에서 효소 추출 : 균체 내 효소는 먼저 균체를 파괴시켜야 한다. 일반적으로 다음 방법이 이용된다.

　　㉠ 자가소화법

　　　• 균체에서 ethyl acetate나 toluene 등을 첨가한다.

　　　• 20~30℃에서 자가소화시키면 균체 밖으로 효소가 용출된다.

　　㉡ 동결 융해법 : dry ice로 동결건조한 후, 용해시켜 원심분리하여 세포 조각을 제거

　　㉢ 초음파 처리법 : 초음파 발생 장치에 의해 10~60KHz의 초음파를 발생시켜 균체를 파괴하는 방법

　④ 기계적 파괴법 : 균체를 유발이나 homogenizer로 파괴하여 추출하는 방법

　⑤ 건조 균체의 조제 : acetone을 가하여 씻어 버리고 acetone을 건조, 제거하거나 동결균체를 그대로 동결건조하여 조제

　③ 효소의 정제 : 효소의 정제법은 다음의 방법을 여러 개 조합하여 행한다.

　　㉠ 유기용매에 의한 침전, 염석에 의한 침전, 이온교환 chromatography, 특수 침전(등전점 침전, 특수시약에 의한 침전), gel 여과, 전기영동, 초원심분리 등이 있다.

　　㉡ 이 중에 acetone이나 ethanol에 의한 침전과 황산암모늄에 의한 염석침전법이 공업적으로 널리 이용된다.

3) 고정화 효소(효소의 고체 촉매화)

효소는 일반적으로 물에 용해한 상태에서는 불안정하여 비교적 빨리 실활하게 된다. 그러므로 효소의 활성을 유지시키면서 물에 녹지 않는 담체(carrier)에 효소를 물리적, 화학적 방법으로 부착시켜 고체촉매화한 고정화 효소(또는 불용성 효소)를 공업적으로 이용하고 있다.

일반적으로 고정화 효소의 제법은 편의상 다음 3가지 방법으로 대별한다.

① 담체결합법 : 물불용성의 담체에 효소를 결합시키는 방법이다.

  ㉠ 공유결합법

    물에 불용성인 담체와 효소를 공유 결합에 의해 고체촉매화 한다.

    • Diazo법 : 아미노기를 가지는 불용성 담체를 묽은 염산과 아질산나트륨으로 diazonium 화합물로 만들어 효소단백을 diazo결합시키는 방법이다.

    • Peptide법 : 효소단백질 중의 lysine의 ε-amino기 또는 N말단의 α-amino기와의 peptide 결합을 형성시켜 고체촉매화 하는 것이다.

    • Alkyl화법 : 효소단백질 중 lysine의 ε-amino기 또는 N말단의 α-amin기, tyrosine의 phenol성 수산기 혹은 cysteine의 -SH를 halogen과 같은 관능기를 가진 담체를 사용하여 alkyl화시켜 고체촉매화시키는 방법이다.

  ㉡ 이온결합법

    • 이온교환기를 가진 불용성이며, 담체에 효소와 이온결합시켜 효소 활성을 유지시킨 그대로 고체촉매화시키는 방법이다.

    • 이온교환성 담체 : DEAE-cellulose, CM-cellulose, TEAE-cellulose, Sephadex, Dowex-50 등

  ㉢ 물리적 흡착법

    활성탄, 산성백토, 표백토, Kaolinite 등의 담체에 효소단백을 물리적으로 흡착시켜 고체촉매화 한다.

② 가교법(cross linking method) : 2개의 관능기를 가진 시약에 의하여 효소단백질 자체를 가교화시켜 고체촉매화하는 방법이다.

③ 포괄법(entrapping method) : 효소 자체에는 결합 반응을 일으키지 않고, gel의 가는 격자 중에 효소를 집어넣는 격자형과 반투석막성의 polymer의 피막으로 효소를 피복시키는 microcapsule type으로 나눈다.

3. 균체 생산

(1) 식 · 사료효모

1) 원료

탄소원으로 폐당밀, 아황산 펄프(pulp)폐액, 목재 당화액, 낙농폐액 등을 이용했으나, 최근에는 석유미생물 개발로 n-paraffin을 탄소원으로 사용되고 있다.

2) 균류

식용효모 혹은 사료효모의 제조는 *Endomyces, Hansenula, Saccharomyces, Candida, Torulopsis, Oidium*속 등이 이용된다. 그러나 실제적으로는 *Candida utilis, Torulopsis utilis, Toulopsis utilis Var. major* 등이 사용된다.

3) 균의 배양

① 질소원으로 암모니아수, 요소, 과인산석회, KCl, MgSO$_4$ 등의 무기염을 첨가한다.

② 일반적으로 균체 증식에 필요한 산소는 배양액 중에 용존되어 있는 산소만 이용하므로 균체의 산소 요구량은 대단히 크다. 그러므로 waldhof형 발효조에서 배양한다.

4) 분리 및 건조

배양이 끝난 배양액을 원심분리하여 균체와 액을 분리하고 균체는 압착, 탈수하여 건조시킨다.

5) 영양학적 가치

① 아황산 펄프 폐액으로부터 제조한 효모는 단백질, 비타민, 당류, 무기물 등이 풍부하여 영양학적 가치는 대단히 높다.

② 단백질 함유량은 *Saccharomyces cerevisiae*는 42~53%이며, *Torulopsis utilis*는 50% 정도이다.

③ 다양한 아미노산을 함유하며, 특히 리신(lysine) 함량이 높은 것이 특징이다. 소화율은 80% 정도이다.

(2) 빵 효모의 생산

빵 효모의 제조는 식용효모의 제조와 거의 비슷하며 충분한 무균공기를 불어넣어 효모 세포의 증식이 최대로 되게 한다.

1) 원료

① 폐당밀(주원료) : 폐당밀에는 사탕수수 당밀과 사탕무 당밀이 있다. 사탕수수 폐당밀이 사탕무 폐당밀보다 당 함량이 높다.

② 보리 : 종효모 배양에 일부 사용(폐당밀과 보리의 비는 9 : 1 정도) 한다.

③ 맥아근 : 맥아근에는 aspargine이 많이 함유되어 있어 술덧의 여과를 도와주는 중요한 원료이다.

④ 무기질(부원료) : 당밀은 0.2~0.4%의 질소를 함유하고 있으나 대부분 자화되기 어려운 형태로 존재하므로 황산암모늄, 암모니아수, 요소 등의 질소원을 별도 첨가한다.

2) 균주

빵효모로 *Sacch. cerevisiae* 계통의 유포자 효모가 사용된다.

3) 배양

① 충분한 공기를 공급할 수 있는 통기 탱크배양을 한다.

② 배양 온도는 25~26℃가 가장 양호하나, 30℃ 이상되면 오히려 균의 증식이 저해 받게 된다.

③ 잡균 오염 방지를 위해 pH 4~5로 항상 일정하게 유지해야 한다.

4) 효모의 분리

① 배양액은 약 3000rpm으로 10분간 원심분리하여 효모균체를 분리한다. 효모 수량은 12시간 배양으로 사용한 당밀에 대하여 100%를 얻을 수 있다.

② 원심분리기로부터 균체를 모아 10℃ 이하로 냉각하면서 냉수로 섞은 후, 압력여과기(filter press)에 의하여 압착, 탈수하여 소량의 물과 레시틴(lecithin), 식물성기름, 지방산 에스테르(ester) 등의 유화제를 분무시키면서 성형시킨다.

③ 빵효모는 수분함량이 66~68%이며, 포장 후 0~4℃ 냉장고에 저장해야 한다.

[빵효모의 제조공정]

(3) 미생물 유지

1) 유지 미생물

보통 미생물의 균체는 2~3%의 지방을 함유하지만, 특정 미생물은 60% 이상의 유지를 축적하는 것이 있다.

[유지생산 미생물]

사상균	균 명	원 료	배 양 법	유지함량 (건물량%)	유지 생산율(%)
세 균	Nocardia	n-Paraffin	심부배양	78	57
	Pseudomonas aeruginosa	n-Paraffin	심부배양	–	5.3
효 모	Trichosporon pullulans	당밀, 펄프 폐액	정치또는심부배양	31~45	10~12
	Candida reukaufii	포도당, 당밀	심부배양	8~25	1~15
	Lipomyces starkeyi	포도당	심부배양	50~63	12~13
	Rhodotorula gracilis	포도당	심부배양	61~79	15~21
	Cryptococcus terricolus	포도당	심부배양	71	23
불완전균	Geotricum candidum	Whey	정치배양	25~42	12~19
	Fusarium lini	펄프폐액	심부배양	50	12~15
	Fusarium bulbigenum	포도당	심부배양	25~50	8~15
사상균	Penicillium spinulosum	자당	심부배양	63.8	16.1
	Asperillus nidulans	포도당, 자당	심부배양	61	17.2
	Mucor circinelloides	포도당	심부배양	46~65	10~14
녹조균	Chlorella pyrenoidosa	CO_2	–	85	–

2) 유지생산 조건

일반적으로 유지를 다량 생산하는 미생물의 유지 생산량은 배양 조건에 따라 현저히 다르다.

① 질소원의 농도와 C/N비
  - 일반적으로 배양기 중에 질소화합물이 많으면 세포는 단백질 함량이 많아지고, 질소화합물이 결핍되면 유지가 축적된다.
  - 탄수화물 농도가 높아질수록 유지의 축적이 많아진다.

② 유지는 기질인 당류가 환원된 상태의 물질이므로 미생물에 유지가 생성하기 위해서는 충분한 산소 공급이 필요하다.

③ 온도 : 유지 생성 적온은 그 미생물의 생육 최적 온도와 일치한다. 25℃ 전후가 많다.

④ pH
  - 최적 pH는 미생물 종류에 따라 다르다.
  - 효모류는 3.5~6.0, 사상균은 중성 내지 미알칼리성이다.

⑤ 염류
  - 염류의 영향은 균주에 따라 다르다.
  - *Asp. nidulans*는 Na, K, Mg, SO_4, PO_4 등의 이온량의 비를 조절하면 유지함량 25~26%이던 것을 유지함량 51%까지 증대시킬 수 있다.

⑥ 기타 : ethanol, acetic acid 등이 유지함량을 증대시키고, 비타민 B group을 요구하는 것도 있다.

효소

왼쪽 단

001 효소
- 생체 내 반응에 촉매작용을 하며, 활성화 에너지가 낮고, 기질 특이성이 높으며, 온화한 조건에서작용한다.
- 효소의 성질은 단백질이 갖고 있는 일반적인 성질과 공통된다. 그리고 효소는 특수한 기질 분자와 결합하여 효소의 활성 위치에 꼭 들어맞는 특이성을 갖고 있다.

002 효소의 특이성
- 절대적 특이성 : 특이적으로 한 종류의 기질에만 촉매하는 경우
- 상대적 특이성 : 어떤 기질에는 우선적으로작용하고 다른 기질에는 약간만 반응할 경우
- 광학적 특이성 : 효소가 기질의 광학적 구조의 상위에 따라 특이성을 나타내는 경우

003 가역적 저해
- 경쟁적 저해작용(competitive inhibition) : 효소단백질의 활성 부위에 대하여 기질과 경쟁적으로 결합하여 저해작용을 나타내며, k_m치는 보통보다 커지고 V_{max}는 변함이 없다.
- 비경쟁적 저해는 k_m치는 변함이 없고, V_{max}는 저하된다.

004
$$\frac{[E]}{ES} = \frac{k_m}{[S]}$$
로 표시되는 것은 ES-복합체의 생성과 분해 속도가 같은 상태이다.
- k_m은 최대 속도의 1/2이 되었을 때의 기질농도 [S]로도 표시한다.
- 효소-기질의 복합체(ES-Complex)의 해리정수로도 표시되는 k_m은 Michaelis 상수이기도 하다.

005 속도가 최대 속도(V_{max})의 1/2일 때의 기질농도는 [S]이고, 단위는 mole/liter를 쓰는 Michaelis constant (k_m)은 ES의 생성 정수와 해리 정수의 비로서 나타낸다.

오른쪽 단

001 효소에 관한 설명으로 맞지 않는 것은?

① 효소는 생체 내 반응을 촉매한다.
② 한 개의 효소는 몇 가지 기질의 특이성을 갖는다.
③ 단백질 외에 다른 물질이 결합된 것도 있다.
④ Apoenzyme+coenzyme=holoenzyme

002 효소의 특이성이 아닌 것은?

① 절대적 특이성
② 선택적 특이성
③ 상대적 특이성
④ 광학적 특이성

003 효소작용에 있어 경쟁적 방해작용에 관한 설명으로 맞는 것은?

① k_m치는 보통보다 커진다.
② V_{max}는 보통보다 커진다.
③ k_m치는 변함없다.
④ V_{max}는 보통보다 적다.

004 k_m에 관한 설명이다. 틀린 것은?

① ES-복합체의 해리정수
② 최대 속도(V_{max})
③ Michaelis 상수
④ 기질정수

005 미카엘리스 상수(Michaelis constant)를 바르게 설명한 것은?

① [S]=k_m이라면 V=2V이다.
② ES 복합체의 기질정수이다.
③ k_m가 결정되더라도 [S]에서 V%를 측정할 수 없다.
④ k_m의 단위는 mole/liter이다.

 ANSWER

001 ② 002 ② 003 ① 004 ④
005 ④

006 Michaelis constant Km의 값이 낮은 경우는 무엇을 의미하는가?

① 기질과 효소의 친화력이 크다.
② 기질과 효소의 친화력이 작다.
③ 기질과 저해제가 경쟁한다.
④ 기질과 저해제가 결합한다.

007 효소의 미켈리스-멘텐(Michaelis-Menten) 반응 속도에 기질농도[S]=Km일 때 효소 반응 속도 값이 15mM/min이다. Vmax는?

① 5mM/min
② 7.5mM/min
③ 25mM/min
④ 30mM/min

008 아래의 대사경로에서 최종 생산물 P가 배지에 다량 축적되었을 때 P가 A→B로 되는 반응에 관여하는 효소 EA의작용을 저해시키는 현상을 무엇이라고 하는가?

$$A \xrightarrow{EA} B \rightarrow C \rightarrow D \rightarrow P$$

① feed back repression
② feed back inhibition
③ competitive inhibition
④ noncompetitive inhibition

009 Feedback inhibition의 설명이다. 관계없는 것은?

① 최종 반응 억제
② 최종산물의 생성억제
③ 최초 반응 억제
④ Allosteric enzyme

010 저해제가 효소와는 결합하지 않고 효소-기질복합체에만 결합하는 경우를 무엇이라고 하는가?

① 경쟁적 저해   ② 상대성 저해
③ 반경쟁적 저해   ④ 비경쟁적 저해

---

006 Michaelis 상수 Km
• 반응 속도 최대 값의 1/2일 때의 기질 농도와 같다.
• Km은 효소-기질 복합체의 해리 상수이기 때문에 Km값이 작을 때에는 기질과 효소의 친화성이 크며, 역으로 클 때는 작다.
• Km값은 효소의 고유 값으로서 그 특성을 아는데 중요한 상수이다.

007 Michaelis-Menten 식
• [S]=Km이라면 V=1/2Vmax이 된다.
• 15mM/min = 1/2Vmax
• Vmax = 30mM/min

008 Feedback inhibition(최종산물 저해)
• 최종 생산물이 그 반응 계열의 최초 반응에 관여하는 효소 EA의 활성을 저해하여 그 결과 최종 산물의 생성, 집적이 억제되는 현상을 말한다.
※Feedback repression(Feedback 억제)은 최종 생산물에 의해서 효소 EA의 합성이 억제되는 것을 말한다.

009 최종산물 저해(feedback inhibition)
• 최종산물이 그 반응 계열의 최초 반응에 관여하는 효소 반응을 저해하여 그 결과 최종산물의 생성, 집적이 억제되는 현상을 말한다.

010 반경쟁적 저해
• 기질과 결합하여 있는 효소에만 결합하여 효소 반응을 저해하는 것이다.
• 저해제가 효소와는 결합하지 않고 효소-기질복합체에만 결합하는 경우이다.

006 ①   007 ④   008 ②   009 ①
010 ③

011 활성자리(active site)
- 효소의 한 부분으로, 기질과 결합하여 화학 반응을 일으키는 자리를 의미한다.
- 활성 부위 또는 촉매 부위라고도 불린다.
- 즉, 효소는 활성자리를 통해 효소-기질 복합체를 형성한다.
- 일반적으로 활성자리는 효소 표면상의 주머니나 홈 등의 갈라진 형태를 띠고 있다.
- 활성자리의 아미노산과 같은 잔기가 기질을 인식하여 옳은 기질에 효소가 붙을 수 있도록 돕는다.

012 효소 반응에 영향을 미치는 인자
- 온도, pH(수소이온농도), 기질농도, 효소의 농도, 저해제 및 부활제 등이다.

013 효소 촉매 반응의 속도에 영향을 주는 인자
- 기질의 농도 : 효소농도가 일정하고 기질의 농도가 낮을 경우의 반응 속도는 기질농도에 비례하지만 어느 범위를 넘으면 정비례되지 않는다.
- 효소의 농도 : 기질의 농도가 일정하고 반응 초기의 효소 반응 속도는 효소의 농도에 직선적으로 비례 증가한다.
- 온도의 영향 : 반응 온도의 상승과 더불어 증대되나 열에 의하여 변성이나 불활성화가 일어나면 그 속도는 감소한다.
- pH의 영향 : 효소는 단백질이므로 그의 성질은 pH에 따라 영향을 받는다.

015 효소의 분류
- 산화환원 효소(oxidoreductase)
  - 수소 원자나 전자의 이동 또는 산소 원자를 기질에 첨가하는 반응을 촉매하는 효소이다.
  - 산화환원 효소 : catalase, peroxidase, polyphenoloxidase, ascorbic acid oxidase 등
- 전이 효소(transferase)
  - 메틸기, 아미노기, 인산기 등을 한 기질에서 다른 기질로 전달하는 반응을 촉매한다.
  - 전이 효소 : methyltransferase, carboxyltransferase, acyltransferase 등
- 가수분해 효소(hydrolase)
  - 물 분자의 개입으로 복잡한 유기화합물의 공유 결합을 분해한다.
  - 가수분해 효소 : polysaccharase, oligosaccharase, protease, lipase 등
- 기제거 효소(lyase)
  - 가수분해 이외의 방법으로 기질에서 카르복실기, 알데히드기, H_2O, NH_3

011 효소작용의 기전 중 활성 부위(active site)에 관한 설명 중 잘못된 것은?

① 저해제가 효소와 결합하면 활성 부위의 모양이 변한다.
② 기질은 효소의 활성 부위에 결합한다.
③ 효소의 표면에 있는 효소작용의 기능적 장소이다.
④ 효소의 작용을 방해하는 저해제가 결합하는 장소이다.

012 효소의 반응 속도에 영향을 미치는 요소와 가장 거리가 먼 것은?

① 저해제
② 수소이온농도
③ 기질의 농도
④ 반응액의 용량

013 효소 촉매 반응의 속도에 크게 영향을 미치는 인자와 관계없는 것은?

① 온도
② 습도
③ 효소의 농도
④ 기질의 농도

014 $2H_2O_2 \rightarrow 2H_2O + O_2$ 반응에 관여하는 catalase가 함유하는 금속 ion은?

① Mn^{++}
② Zn^{++}
③ Fe^{++}
④ Mg^{++}

015 효소의 분류에 따른 기능이 잘못 연결된 것은?

① transferases – 관능기의 전이를 촉매
② lyases – 비가수분해로 화학기의 이탈 반응을 촉매
③ isomerases – 산화환원 반응을 촉매
④ ligases – ATP를 분해시켜 화학결합을 형성하는 반응을 촉매

016 다음 효소 중 가수분해 효소가 아닌 것은?

① carboxy peptidase
② raffinase
③ phosphatase
④ fumarate hydratase

017 Hydrolase에 속하지 않는 효소는?

① protease
② amylase
③ lipase
④ cytochrome oxidase

018 Zymogen에 관한 설명으로 옳은 것은?

① 효소의 촉매
② 효소의 저해제
③ 효소의 전구체
④ 효소 분비를 촉진하는 호르몬

019 효소의 불활성화된 전구체를 지모겐이라고 한다. 다음 중 지모겐이 아닌 것은?

① trypsinogen
② chymotrypsinogen
③ pepsinogen
④ phosphorylase

020 전분의 α-1.6-glucoside 결합을 가수분해하는 효소는?

① α-amylase
② β-amylase
③ cellulase
④ glucoamylase

등을 분리하여 기질에 이중 결합을 만들거나 반대로 이중 결합에 원자단을 부가시키는 반응을 촉매한다.
– 아미노산에 카르복실기가 이탈하여 아민이 생성되는 반응을 들 수 있다.
• 이성화 효소(isomerase)
– 광학적 이성체(D형 ↔ L형), keto ↔ enol 등의 이성체 간의 전환 반응을 촉매한다.
– glucose isomerase에 의해서 glucose가 fructose로 전환된다.
• 합성 효소(ligase, synthetase)
– ATP, GTP 등의 고에너지 인산화합물의 pyro 인산 결합의 절단 반응과 같이 2종의 기질 분자의 축합 반응을 촉매한다.
– acetyl CoA synthetase에 의해 초산으로부터 acetyl CoA를 생성한다.

016 가수분해 효소(hydrolase)
• 물 분자의 개입으로 복잡한 유기화합물의 공유결합을 분해한다.
• Carboxy peptidase, Raffinase, Invertase, polysaccharase, protease, lipase, maltase, phosphatase 등은 가수분해 효소이다.
※ fumarate hydratase는 lyase(이중 결합을 만들거나 없애는 효소)이다.

017 가수분해(hydrolase) 효소
• carbohydrase, esterase, protease 및 aminase의 4가지가 있다.
– carbohycrase에는 amylase, cellulase, hemicellulase, invertase, maltase가 있다.
– esterase에는 lipase, phosphatase, sulphatase, lecithinase 등이 있다.
※ cytochrome oxidase는 산화 효소이다.

018 zymogen(proenzyme)
• 생체 세포 내에서 불활성의 상태로 존재 또는 분비하는 효소를 말한다.
• 효소 trypsin은 trypsinogen의 형태로, pepsin은 pepsinogen의 형태로, chymotrypsin은 chymotrypsinogen 형태로 분비된다.

019 18번 해설 참조

020
• α-amylase : amylose와 amylopectin의 α-1,4-glucan 결합을 내부에서 불규칙하게 가수분해시키는 효소로서 액화형 amylase라고도 한다.

- β-amylase : amylose와 amylopectin의 α-1,4-glucan 결합을 비환원성 말단에서 maltose 단위로 규칙적으로 절단하여 덱스트린과 말토스를 생성시키는 효소로서 당화형 amylase라고도 한다.
- cellulase : cellulose의 β-1,4-glucan 결합을 가수분해하여 cellobiose나 glucose를 생성한다.
- glucoamylase : amylose와 amylopectin의 α-1,4-glucan 결합을 비환원성 말단에서 glucose 단위로 차례로 절단하는 효소로 α-1,4 결합 외에도 분지점의 α-1,6-glucoside 결합도 서서히 분해한다.

021 20번 해설 참조

022 이성화 효소(glucose isomerase)
- aldose와 ketose 간의 이성화 반응을 촉매하며 미생물에서 D-glucose에서 D-fructose을 변환하는 효소이다.
- 특히 D-glucose로부터 D-fructose를 생성하는 포도당 이성질화 효소는 감미도가 높은 D-fructose의 공업적인 제조에 이용된다.
- 정제포도당에 고정화된 이성화 효소(glucose isomerase)를 처리하여 과당(fructose)으로 전환시켜 42%의 이성화당(high-fructose corn syrup, HFCS)을 얻는다.

023 22번 해설 참조

024 Glucose oxidase
- glucose를 산화해서 gluconic acid를 생성하는 균체의 효소이다.
- catalase와 같이 사용하면 효과적이다.
- 생산균 : *Aspergillus niger, Penicillium notatum, Penicillium chrysogenum, Penicillium amagasakiensis* 등
- 식품 중의 glucose 또는 산소를 제거하여 식품의 가공, 저장 중의 품질저하를 방지할 수 있다.
- 이용성
  - 난백 건조 시 갈변 방지
  - 밀폐포장 식품 용기내의 산소를 제거하여 갈변이나 풍미저하 방지
  - 통조림에서 철, 주석의 용출 방지
  - 주류, 맥주, 청주나 유지 등 산화를 받기 쉬운 성분을 함유한 식품의 산화 방지

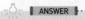

ANSWER

021 ① 022 ② 023 ③ 024 ③
025 ④ 026 ①

---

021 Amylose chain의 비환원성 말단에서 2당류 단위로 분해하여 maltose를 생성하는 효소는?

① β-amylase
② protease
③ α-amylase
④ glucoamylase

022 포도당으로부터 과당을 제조할 때 쓰이는 미생물 효소는?

① xylose isomerase
② glucose isomerase
③ glucoamylase
④ β-amylase

023 HFCS(High Fructose Corn Syrup) 55의 생산에 이용되는 효소는?

① α-amylase
② glucoamylase
③ glucose isomerase
④ glucose oxidase

024 포도당과 산소를 제거하고 산화에 의한 식품의 갈변 방지에 이용되는 효소는?

① α-amylase
② cellulase
③ glucose oxidase
④ glucose isomerase

025 Glucoamylase에 대한 설명으로 틀린 것은?

① 전분의 α-1,4결합을 비환원성 말단으로부터 glucose 단위로 절단한다.
② 전분의 α-1,6 결합도 절단할 수 있는 효소이다.
③ 전분으로부터 단당류인 glucose를 생성하는 효소이다.
④ 생산균에는 Bacillus subtilis와 Rhizopus delemar가 있다.

026 invertase에 대한 설명으로 틀린 것은?

① 활성 측정은 sucrose에 결합되는 산화력을 정량한다.
② 가수분해와 fructose의 전달 반응을 촉매한다.
③ saccharase라고도 한다.
④ sucrose를 다량 함유한 식품에 첨가하면 결정 석출을 막을 수 있다.

027 다음 중 RNA를 가수분해하는 효소는?

① ribonuclease
② polymerase
③ deoxyribonuclease
④ nucleophosphatase

028 Nucleotidase가 분비되는 곳은?

① 타액
② 위액
③ 췌액
④ 장액

029 다음 중 산성 amino산의 carboxyl기와 benzen핵을 가진 amino기와의 peptide결합에작용하여 단백질 분해작용을 용이하게 하는 효소는?

① carboxylase
② pepsin
③ trypsin
④ chymotrypsin

030 nicotinamide에 관한 설명으로 틀린 것은?

① NADH 또는 NADPH의 구성요소가 된다.
② 아미노기 전이 반응에서 중요한 역할을 한다.
③ alcohol dehydrogenase의 전자수용체의 구성요소가 된다.
④ 개의 흑설병(blacktongue)을 예방하는 물질이다.

031 조효소로 사용되면서 산화환원반응에 관여하는 비타민으로 짝지어진 것은?

① 니코틴산, 티아민
② 엽산, 비타민 B_{12}
③ 리보플라빈, 니코틴산
④ 리보플라빈, 엽산

– 생맥주 중의 호기성 미생물의 번식 억제
– 식품공업, 의료에 있어서 포도당 정량에 이용

025 glucoamylase의 특징
• 전분의 α-1,4결합을 비환원성 말단으로부터 glucose를 절단하는 당화형 amylase이다.
• 전분의 α-1,6결합도 절단할 수 있는 효소이다.
• 전분을 거의 100% glucose로 분해하는 효소이다.
• 생산균은 *Rhizopus delemar*이다.

026   invertase(sucrase, saccharase)
• sucrose를 glucose와 fructose로 가수분해하는 효소이다.
• Sucrose를 분해한 전화당은 sucrose보다 용해도가 높기 때문에 당의 결정 석출을 방지할 수 있고 또 흡수성이 있으므로 식품의 수분을 적절히 유지할 수가 있다.
• 인공벌꿀 제조에도 사용된다.
• Invertase의 활성측정은 기질인 sucrose로부터 유리되는 glucose 농도를 정량한다.

027   ribonuclease
• RNA분자에 들어 있는 뉴클레오티드 사이의 인산에스테르결합을 절단해서 모노뉴클레오티드나 올리고뉴클레오티드를 생성하는 효소이다.

028   Nucleotidase (nucleophoshatase)
• 소장의 소화 효소로서 nucleotide를 nucleoside와 인산으로 분해한다.
• 이들 효소는 세포의 분비 효소로 nucleoside에작용해 perine 또는 pyrimidine 염기와 pentose, 인산으로 분해한다.

029   Pepsin의 특이성은 낮고, 아미노산 잔기 사이의 peptide결합 부분을 가수분해한다.

030   nicotinamide
• NAD(nicotinamide adenine dinucleotide), NADP(nicotinamide adenine dinucleotide phosphate)의 구성 성분으로 되어 있다.
• 주로 탈수소 효소의 보효소로써 작용한다.

031 보조 효소의 종류와 그 기능

보조 효소	관련 비타민	기능
NAD, NADP	Niacin	산화환원 반응
FAD, FMN	Vit. B_2	산화환원 반응
Lipoic acid	Lipoic acid	수소, acetyl기의 전이
TPP	Vit. B_1	탈탄산 반응 (CO_2 제거)
CoA	Pantothenic acid	acyl기, acetyl기의 전이
PALP	Vit. B_6	아미노기의 전이반응
Biotin	Biotin	Carboxylation (CO_2 전이)
Cobamide	Vit. B_{12}	methyl기 전이
THFA	Folic acid	탄소 1개의 화합물 전이

032 thiamin pyrophosphate(TPP)
• 수용성 비타민인 B_1(thiamin)은 당 대사에 필수적이며 조직에서 ATP, Mg^{2+}의 존재하에서 thiamin pyrophosphokinase에 의해서 thiamin pyrophosphate(TPP)로 인산화 된 상태로 존재한다.
• TPP는 cocarboxylase라고도 부른다.

033 효소도 일종의 단백질이므로 가열, 강산, 강알칼리, 유기용매를 처리하면 단백질이 변성된다. 5℃ 냉장처리는 효소의 보존방법이다.

034 D(+)-glyceraldehyde
• 부제탄소원자가 1개인 가장 간단한 당이다.
• 광학적 이성체를 구별하는 표준 화합물로 쓰인다.

035 부제 탄소원자(asymmetric carbon atom)
• 탄소의 결합수 4개가 각각 다른 원자 또는 기에 연결되는 탄소를 말한다.
• glucose는 4개의 부제탄소 원자가 존재한다.
• 당의 광학적 이성체 수는 2^n으로 표시하며 이의 반수는 D형, 반수는 L형이다.
• Glucose는 4개의 부제탄소 원자가 있으므로 $2^4=16$의 광학적 이성체가 가능하다.

036 anomer(α,β이성체)
• 단당이 환상구조가 되면 C_1이 새롭게 부제탄소 원자가 되면서 입체구조만 다른 1쌍의 입체 이성질체가 생긴다. 그로인

ANSWER

032 ④ 033 ④ 034 ④ 035 ③
036 ③ 037 ②

---

032 다음 중 Co-carboxylase로 되는 것은?

① α-lipolic acid
② pantothenic acid
③ riboflavin
④ thiamine

033 효소단백질의 변성시험으로 부적당한 조건은?

① 8℃ 요소액(urea) 처리
② 알칼리 처리
③ 고온처리
④ 5℃ 냉장처리

탄수화물 및 대사

034 탄수화물의 광학적 이성체를 구별하는 데 쓰이는 표준화합물은?

① D-glucose
② D-fructose
③ L-glucose
④ D(+)-glyceraldehyde

035 Glucose의 부제탄소원자는 몇 개인가?

① 1개
② 3개
③ 4개
④ 5개

036 α와 β-D-glucose 같은 한 쌍의 입체 이성체를 무엇이라 하는가?

① pyranose
② acetal
③ anomer
④ furanose

037 다음 구조식을 가진 육탄당은?

① 포도당
② 프락토오스
③ 만노오스
④ 갈락토오스

```
        CH₂OH
        |
        C=O
        |
   HO-C-H
        |
    H-C-OH
        |
    H-C-OH
        |
        CH₂OH
```

038 Glucose와 galactose는 epimer 관계에 있다. 이것은 무엇을 의미하는가?

① 이들은 서로 비대칭성을 갖는다.
② 이들은 서로 이성체이다.
③ 이들은 분자 내에 단 1개의 탄소 배열상태가 서로 다르다.
④ 1개는 aldose이고 1개는 ketose이다.

039 셀리바노프 시험(Seliwanoff's test/시약 : resorcinol−HCl 용액)은 다음 중 어떤 것에서 양성의 정색 반응을 나타내는가?

① 포도당(D−glucose)
② 과당(D−fructose)
③ 갈락토오스(D−galactose)
④ 만노스(D−mannose)

040 이당류가 분해되어 galactose가 나오는 것은?

① lactose
② maltose
③ sucrose
④ trehalose

041 Glucose의 중합체가 아닌 다당류는?

① starch
② glycogen
③ inulin
④ cellulose

042 다음 중 셀로바이오스(cellobiose)를 구성단위로 하는 것은?

① 전분
② 글리코겐
③ 펙틴
④ 섬유소

해 생긴 에피머형인 1쌍의 입체 이성질체를 말한다.
• C_1의 OH가 오른쪽(아래)에 있으면 α −D-glucose
• C_1의 OH가 왼쪽(위)에 있으면 β −D-glucose

038 에피머(epimer)
• 두 물질 사이에 1개의 부제 탄소상 구조만이 다를 때 이들 두 물질을 서로 epimer라 한다.
• D−glucose와 D−mannose 및 D−glucose와 galactose는 각각 epimer 관계에 있으나 D −mannose와 D−galactose는 epimer가 아니다.

039 셀리바노프 시험(Seliwanoff's test)
• D−fructose 등의 케토오스를 검출하는 시험이다.
• 케토오스의 비색 정량에서 D−fructose는 양성의 정색 반응을 나타낸다.
• 케토오스는 일반적으로 알도오스보다 염산에 의해 더 빨리 탈수 반응을 일으켜 푸르푸탈 유도체로 되고 이것이 m − 디히드록시벤젠과 반응하여 붉은 색의 축합물을 만든다.

040
• lactose : β−D−galactose + α −D−glucose
• maltose : α−glucose + β −glucose
• sucrose : α−D−glucose + β −D−fructose
• trehalose : α−glucose + α −glucose

041 Inulin
• fructose의 중합체로 돼지감자, 다알리아의 구근에 존재하는 저장성 다당류이다.
• 산 또는 inulase에 의해 가수분해되면 fructose와 극소량의 glucose가 생성된다.

042 셀로바이오스(cellobiose)
• 섬유소는 β−D−glucose가 β−1,4 결합(cellobiose의 결합 방식)을 한 것으로 직쇄상의 구조를 이루고 있다.
• β−glucosidase와 cellulase는 cellulose의 β−1,4 glucan을 가수분해하여 cellubiose와 glucose를 생성한다.

ANSWER

038 ③　039 ②　040 ①　041 ③
042 ④

043 Glycogen의 분해과정에서 간과 근육에 저장된 glycogen은 효소 glycose-6-phosphatase의 유무에 의해 각기 다르다. 따라서 합성과 분해과정은 다르게 된다.

044 Glycogen
· 동물세포의 저장 다당류로서 그 구조는 기본적으로 amylopectin과 같지만 가지가 더 많고 가지의 길이가 짧은 것이 다르다.
· 주로 간(6%)에 함유되어 있고, 근육 (0.7%)에는 약간 함유되어 있다.

045 광합성 과정
① 제1 단계 : 명반응
· 그라나에서 빛에 의해 물이 광분해되어 O_2가 발생되고, ATP와 $NADPH_2$가 생성되는 광화학 반응이다.
② 제2 단계 : 암반응(calvin cycle)
· 스트로마에서 효소에 의해 진행되는 반응이며 명반응에서 생성된 ATP와 $NADPH_2$를 이용하여 CO_2를 환원시켜 포도당을 생성하는 반응이다.
· 칼빈회로(Calvin cycle)
 – 1단계 : CO_2 의 고정
  $6CO_2 + 6\,RuDP + 6\,H_2O \rightarrow 12\,PGA$
 – 2단계 : PGA의 환원 단계

  $$12PGA \xrightarrow[\text{12ADP}]{\text{12ATP}} \xrightarrow[\text{12NADP}]{\text{12NDPH}_2} 12DPGA$$
  $12PGAL + 12H_2O$
 – 3단계 : 포도당의 생성과 RuDP의 재생성 단계
  $2PGAL \longrightarrow$ 과당2인산 $\longrightarrow$ 포도당 $C_6H_{12}O_6$
  $$10PGAL \xrightarrow[\text{6ADP}]{\text{6ATP}} 6RuDP$$
※ 광합성에 소요되는 에너지는 햇빛(가시광선 영역)이다. 엽록체 안에 존재하는 엽록소에서는 특정한 파장의 빛(청색파장(450nm 부근)과 적색파장 영역(650nm 부근))을 흡수하면 엽록소 분자 내 전자가 들떠서 전자전달계에 있는 다른 분자에 전달된다.

046 45번 해설 참조

047 광합성 명반응에서는 수소전달분자(NADP)에 수소가 흡수되어 $NADPH_2$로 되고, ADP와 Pi를 결합하여 ATP를 생성한다.

ANSWER
043 ④ 044 ① 045 ③ 046 ①
047 ①

043 Glycogen의 설명 중 옳지 않은 것은?

① 체내 축적에는 지방의 경우에 비하여 물이 더 많이 보유된다.
② $\alpha-1,6-$glycoside 결합이 곁가지로 있다.
③ 체내 축적량이 적다.
④ glycogen의 합성과 분해과정은 같다.

044 Glycogen 함량이 가장 많은 조직은?

① 간장
② 신장
③ 근육
④ 췌장

045 광합성 반응에 대한 설명 중 옳지 않은 것은?

① 엽록소(chlorophyll)와 더불어 카로티노이드(carotenoids), 피코빌린(phycobilins) 색소가 필요하다.
② 암반응과 광반응으로 나눌 수 있다.
③ 단파장(400nm) 이하인 자외선이 가장 효과적으로 광합성을 일으킨다.
④ 광합성에서도 화학삼투작용에 의해 ATP를 생산한다.

046 광합성의 명반응(light reaction)에서 생성되어 암반응(dark reaction)에 이용되는 물질은?

① ATP
② NADH
③ O_2
④ PGAL

047 녹색식물의 광합성 과정이다. 이 중에서 명반응의 생성물은 무엇인가?

① $NADPH_2$와 ATP
② CO_2와 H_2O
③ Carbohydrate
④ NADP와 ADP

048 광합성 중 암반응에서 CO_2를 탄수화물로 환원시키는 데 필요한 것은?

① NADPH와 ADP
② NADP와 ATP
③ NADPH와 ATP
④ NADP와 NADPH

049 다음 중 해당과정(glycolysis)을 바르게 설명한 것은?

① glucose에서 CO_2와 H_2O로 분해
② pyruvic acid에서 CO_2와 H_2O로 분해
③ glucose에서 2분자의 젖산을 생성
④ glycogen에서 pyruvic acid까지 분해

050 탄수화물의 혐기적 대사과정은?

① EMP pathway
② TCA cycle
③ HMP shunt
④ Creatine cycle

051 생체 내에서 glucose가 혐기적 해당과정을 거쳐 최종 생성되는 물질은?

① succinic acid
② acetic acid
③ lactic acid
④ CO_2

052 Fructose-6-ⓟ가 fructose-1,6-diⓟ로 될 때 관여하는 효소는?

① pyruvate kinase
② aldolase
③ phosphofructokinase
④ hexokinase

053 해당과정 중 ATP가 소모되는 반응은?

① fructose-6-ⓟ → fructose-1,6-diⓟ
② 2-phosphoglycerate → phosphoenol pyruvate
③ fructose-1,6-diⓟ → glyceraldehyde-3-ⓟ
④ glucose-6-ⓟ → fructose-6-ⓟ

048 45번 해설 참조

049 해당과정은 glycogen이 생체 내에서 혐기적으로 분해되어 pyruvic acid까지 분해되는 과정이다.

050 생체 내에서 해당과정
• 혐기적인 경우와 호기적인 경우로 구분된다.
• 혐기적 조건에서는 glucose가 pyruvic acid를 거쳐 2분자의 젖산이 형성되는 과정이다. 이 과정을 EMP라 한다.
• EMP 과정
① 초기의 인산화
② glycogen의 합성
③ 3탄당으로 변화
④ 산화과정
⑤ pyruvic acid를 거쳐 젖산이 생성된다.

051 Glucose가 심한 운동을 했을 경우처럼 혐기적 해당과정을 거치면 2분자의 lactic acid가 생성된다. 그러나 산소량이 충분하면 젖산의 생성 축적량이 감소된다.

052
• 해당과정의 첫 단계로서 당이 산화 분해되려면 인산화되어야 한다.
• 이 반응은 ATP가 요구된다.
fructose-6-ⓟ+ATP

Mg++ | phosphofructokinase

fructose-1,6-diⓟ+ADP

053 52번 해설 참조

ANSWER

048 ③ 049 ④ 050 ① 051 ③
052 ③ 053 ①

055 Pentose phosphate pathway(HMP shunt)

- glucose-6-phosphate가 먼저 산화 되어 6-phosphogluconolactone 으로 되고, 탈탄산되어 ribulose-5-phosphate를 거쳐 ribose-5-phosphate가 된다.
- 이 경로의 특색으로는 EMP 경로에서 는 NAD가 사용되었으나 여기에서는 NADP가작용하여 2분자의 NADPH 를 생성한다.

056 hexokinase

- 포도당(glucose)의 인산화는 ATP의 존재로 hexokinase와 Mg^{++}에 의해 서 glucose-6-phosphate을 생성 한다.
- hexokinase의작용은 성장호르몬이나 glucocoticoid에 의하여 저해된다.
- Insulin은 이 저해를 제거한다.

057 혐기적 해당과정 중 생성되는 ATP 분자(glucose→2pyruvate)

반응	중간 생성물	ATP 분자수
1. hexokinase	-	1
2. phosphofructokinase	-	-1
3. glyceraldehyde 3-phosphate dehydrogenase	2NADH	5
4. phosphoglycerate kinase	-	2
5. pyruvate kinase	-	2
total		7

058 당의 호기적 산화는 해당과정에 서 생성된 pyruvic acid가 acetyl CoA 에 의해 활성화되어 TCA cycle(citric acid cycle)이라고 하는 호기적 산화경 로를 거쳐 CO_2와 H_2O로 완전하게 분해 된다.

059 Pyruvate가 호기적 탈탄산 반 응에 의해 Acetyl CoA로 될 때 관여하 는 것으로는 coenzyme A, NAD$^+$, lipoic acid, FAD, Mg^{++}, thiamine pyrophosphate(TPP) 등이다.

---

054 근육 glycogen의 분해과정에서 glucose-6-phosphate가 glucose로 되지 못하는 이유는?

① hexokinase의 부족
② glucose-6-phosphatase의 부족
③ glycogen synthase의 부족
④ pyruvate dehydrogenase의 부족

055 Pentose phosphate pathway의 첫 시발물질은?

① D-glucose-6-phosphate
② α-D-glucose
③ Xylulose-5-phosphate
④ 6-phosphogluconic acid

056 ATP+glucose → ADP+glucose-6-Ⓟ의 반응을 촉매하는 효소는?

① fructokinase   ② aldolase
③ hexokinase   ④ isomerase

057 포도당 1mole이 혐기상태에서 해당작용될 때 몇 mole의 ATP가 생성되는가?

① 2mole   ② 5mole
③ 12mole   ④ 31mole

058 탄수화물의 호기적 산화과정은 어떤 회로를 거치는가?

① Urea cycle
② Embden-Meyerhof pathway
③ Pentose phosphate pathway
④ Tricarboxylic acid cycle

059 Pyruvate의 호기적 탈탄산작용에 필요한 것은?

① FAD
② NADP
③ Pyridoxal phosphate
④ Cytochrome

ANSWER

054 ②   055 ①   056 ③   057 ①
058 ④   059 ①

060 Acetyl CoA 1분자가 TCA cycle에서 완전 산화될 때 NADH₂와 FADH₂는 각각 몇 분자가 생성되는가?(NADH₂ : FADH₂)

① 1 : 2
② 2 : 1
③ 3 : 1
④ 4 : 1

060 TCA cycle 주된 반응
• acetyl CoA＋3NAD＋FAD＋GDP＋Pi＋2H₂O → 2CO₂＋3NADH₂＋FADH₂＋GTP＋2H⁺＋CoA

061 TCA cycle이 시작되는 물질은?

① pyruvic acid
② glucose－6－phosphate
③ lactic acid
④ glucose

061 TCA cycle(호기적 해당과정)
• 해당과정에서 생성된 pyruvic acid는 미토콘드리아로 운반되어 거기서 이산화탄소와 물로 완전히 분해된다.
• pyruvic acid는 탈 탄산되어 acetyl CoA로 전환되어 oxaloacetic acid와작용해서 citric acid를 생성함으로써 진행된다.

062 말론산(Malonate)이 TCA cycle을 억제하는 이유는?

① succinate의 대사작용을 억제하기 때문
② fumarate의 대사작용을 억제하기 때문
③ acetate와 oxaloacetate의 축합을 억제하기 때문
④ cis－aconitate의 대사작용을 억제하기 때문

062 Succinate dehydrogenase는 succinic acid를 fumaric acid로 산화하는 효소이지만, malonic acid는 succinic acid와 그 구조가 비슷하여서 이 효소와 결합한다. 그리하여 malonic acid를 가하면 succinate dehydrogenase가 succiic acid를 fumaric acid로 산화하는 활성이 저하된다. 그러므로 malonate는 TCA cycle을 억제한다.

063 TCA cycle에서 acetyl CoA 한 분자가 산화할 때 몇 개의 고에너지 인산결합(high energy phosphate bond)이 만들어지는가?

① 10개
② 12개
③ 14개
④ 16개

063 Acetyl CoA 한 분자가 TCA cycle에서 완전히 산화될 때 10개의 고에너지 인산결합이 생성된다.

064 동물체 내에서 탄수화물의 혐기적 대사과정인 glycolysis(A)와 호기적 대사과정인 TCA cycle(B)에 관여하는 효소들이 존재하는 곳은?

① A에 관여하는 효소는 cytosol에, B에 관여하는 효소는 mitochondria에 위치한다.
② A에 관여하는 효소는 mitochondria에, B에 관여하는 효소는 cytosol에 위치한다.
③ A에 관여하는 효소와 B에 관여하는 효소 둘 다 mitochondria에 위치한다.
④ A에 관여하는 효소와 B에 관여하는 효소 둘 다 cytosol에 위치한다.

064 해당반응(Glycolysis)은 세포 내의 가용성인 세포질에 녹아 있는 11종의 효소에 의하여 진행되고, TCA cycle에 관계하는 효소들은 mitochondria에 위치되어 있다.

ANSWER

060 ③　061 ①　062 ①　063 ①
064 ①

065 Glucose가 완전히 산화되었을 때 생성되는 ATP의 수
- 혐기적 대사에 의해 7 ATP가 생성된다.
- 호기적 대사(pyruvic acid 완전 산화)에 의해 25 ATP가 생성된다.
  $2CH_3COCOOH+5O_2$
  $\rightarrow 6CO_2+4H_2O+25ATP$,
  pyruvate → citrate(×2)5ATP,
  isocitrate
  → oxalosuccinate(×2)5ATP,
  α-ketoglutarate
  → succinyl CoA(×2)-5ATP,
  succinyl CoA → succinate(×2)2ATP,
  succinate → fumarate(×2)3ATP,
  malate → oxaloacetate(×2)5ATP
- 총 합계 32ATP가 생성된다.

066
- 탈수소 효소에는 pyridine계 효소와 flavine계 효소가 있다.
- Pyridine계 효소는 단백질 부분에서 쉽게 유리되는 조효소로서 pyridine nucleotide인 nicotinamide adenine dinucleotide(NAD)나 nicotinamide adenine dinucleotide phosphate (NADP)를 가지고 있다.

067 Pyruvate가 탈탄산하여 acetyl coA로 산화되는 반응은 lipoic acid, TPP, Mg⁺⁺, CoA, NAD 등에 의해 진행된다.

068 Kreb's cycle
- pyruvic acid가 citrate를 거쳐 cis-aconitate, oxalosuccinate, α-ketoglutarate, succinate, fumaratae, malate, oxloacetate에 이르는 회로이다.

069 구연산은 당으로부터 해당작용에 의하여 pyruvate가 생성되고, 또 oxaloacetic acid와 acetyl CoA가 생성된다. 이양자를 citrate synthase의 촉매로 축합하여 citric acid를 생성하게 된다.

070 당질대사에 vitamin B₁(thiamine)이 많이 소모된다. Vitamin B₁은 thiamine pyrophosphate(TPP) 혹은 diphosphothiamine(DPT)으로 되어 cocarboxylase, cotransketolase로서 당질대사에 관여한다.

---

065 Glucose 한 분자가 완전히 산화되었을 때 생성되는 ATP의 수는 몇 개인가?
① 8개
② 18개
③ 24개
④ 32개

066 탈수소 효소의 활성도를 측정할 때 일반적으로 사용되는 물질은?
① NADPH₂
② TPN
③ NAD
④ FAD

067 Pyruvate가 탄산가스를 잃어버리고 acetyl CoA로 산화되는 반응에 관여하는 pyruvate dehydrogenase complex의 보조 효소로작용하지 않는 물질은?
① FAD
② NAD
③ PALP
④ TPP

068 크렙스회로(Kreb's cycle)와 관계없는 것은?
① lactic acid
② pyruvic acid
③ fumaric acid
④ α-ketoglutaric acid

069 Citrate synthase의작용에 의해 acetyl CoA와 어떤 물질이 작용하여 구연산이 생성되는가?
① malate
② pyruvate
③ oxaloacetate
④ isocitrate

070 당질의 대사에 특히 많이 필요한 비타민은?
① biotin
② riboflavin
③ niacin
④ thiamine

ANSWER
065 ④ 066 ① 067 ③ 068 ①
069 ③ 070 ④

071 Pyruvic acid에서 oxaloacetic acid로 변화되는 데 필요한 보조 효소는?

① 비타민 C
② riboflavin
③ tocopherol
④ biotin

072 Insulin이 혈당을 감소시키는 기작과 관계없는 것은?

① 지방으로의 전환 반응 촉진
② 단백질에서의 당 산생 저해
③ glucose의 산화 촉진
④ 당의 신형작용 촉진

073 생체 내 산화환원 반응이 일어나는 곳은?

① 세포벽(cell wall)
② 미토콘드리아(mitochondria)
③ 골지체(golgi apparatus)
④ 리보솜(ribosome)

074 다음 중 ATP를 합성하는 기관은?

① 마이크로솜(microsome)
② 리소솜(lysosome)
③ 미토콘드리아(mitochondria)
④ 핵(nucleus)

075 ATP(Adenosine triphosphate)가 고에너지 화합물인 이유는?

① ATP는 화학구조상 음전하가 몰려있고 여러 가지 공명체가 존재하므로 에너지를 많이 저장할 수 있기 때문이다.
② 탄수화물 대사에서 해당작용과 시트르산 회로를 통해 많이 생성되기 때문이다.
③ 열량을 많이 생산하는 지방의 산화에 의해 많이 생산되기 때문이다.
④ 물과작용하여 가수분해가 잘 되기 때문이다.

---

071 Pyruvic acid에서 oxaloacetic acid로 변화되는 반응은 Pyruvate caboxylase, ATP, Mg^{++}, biotin 등에 의해서 진행된다.

072 Insulin은 당 대사에 필수적인 인자로서 다음과 같은작용을 한다.
• glucose의 지방으로서 전환 반응을 촉진
• glucose의 산화 촉진
• glycogen 생성 촉진 및 다른 호르몬에 의한 glycogenolysis 저해
• 단백질에서의 당산생 저해
• ketone body의 과잉생성 저해
• 세포 외액의 glucose를 세포막으로 통과시켜 세포 내에 들어가게 하는 sugar transfer mechanism에 관여

073 산화적 인산화(호흡쇄, 전자전달계) 반응
• 진핵세포 내 미토콘드리아의 matrix와 cristae에서 일어나는 산화환원 반응이다.
• 이 반응에 있어서 산화는 전자를 잃은 반응이며 환원은 전자를 받는 반응이다.
• 이 반응을 촉매하는 효소계를 전자전달계라고 한다.

074 ATP의 생성
• 주로 세포의 미토콘드리아 내에서 전자전달계를 수반한 산화적 인산화 반응에 의한다.
• 그러나 그 전 단계에서 영양소의 소화, 흡수물이 혐기적인 해당계에 들어가 보다 더 저분자화되는 때의 인산화 반응에 의해서도 약 5%를 넘지 않은 양이지만 생성된다.

075 ATP(고에너지 인산화합물)
• 세포의 에너지 생성계와 요구계 사이에서 중요한 화학적 연결을 하는 운반체로 전구체로부터 생체분자합성, 근 수축, 막 운동 등에 사용된다.
• ATP가 가수분해 시 표준 자유에너지 감소 값을 갖는 이유
 – pH 7에서 ATP의 세 개의 인산기는 네 개의 음전하를 갖기 때문에 정전기적 반발력이 발생한다.
 – ATP 말단 부분의 형태는 정전기적으로 불리하기 때문에 두 인원자는 산소 원자의 전자쌍과 경쟁한다.

ANSWER

071 ④ 072 ④ 073 ② 074 ③
075 ①

ADP와 Pi는 공명에 의해 전체적으로 에너지 수준이 낮아지므로 안정화된다.
- ATP 가수분해의 역반응은 ADP와 Pi 사이의 음전하 반발로 정반응보다 일어나기 어렵다.
- ATP의 β, γ의 인원자는 강한 electron-withdrawing 경향 때문에 phosphoric anhydride 결합이 잘 분해된다.
- ADP와 Pi는 ATP보다 수화가 더 잘 일어난다.

076 생체 내 고에너지 화합물

결합양식	대표적 화합물
β-Keto acid	Acetoacetic acid
Thiol ester	Acetyl CoA
Pyrophosphate	ATP
Guanidine phosphate	Creatine phosphate
Enol phosphate	Phosphoenol pyruvic acid
Acyl phosphate	Diphosphoglyceric acid의 1위 인산

077 세포내 미토콘드리아에서 진행되는 전자전달계

① 먼저 탈수소 효소에 의해 기질 H_2의 2H 원자가 NAD에 옮겨져 $NADH_2$로 된다.
② 다시 2H 원자는 FAD로 이행되어 환원형의 $FADH_2$로 된다.
③ $FADH_2$로 이행되어 온 2H 원자는 ubiquinone(UQ)을 환원하여 hydroquinone(UQH_2)으로 된다.
④ 여기에서 cristae에 존재하는 cytochrome b(heme 단백질)에 의해 산화되어 $2H^+$를 떼어내 산화환원을 전자전달로 변화시킨다.
⑤ 전자가 cytochrome c_1, a, a_3와 순차 산화환원 된다.
⑥ Heme 단백질 최후의 cytochrome a_3의 전자가 산소분자 O_2로 옮겨진다.
⑦ 이때 $1/2O_2$가 $2H^+$와 반응하여 H_2O를 생성한다.
※ 전자전달계 중 산화적 인산화가 일어나는 장소
- $NADH_2$와 FAD의 사이
- cytochrome b와 cytochrome c_1 사이
- cytochrome a와 a_3의 사이의 3군데이고 각각 1분자씩의 ATP를 생성한다.

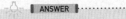

ANSWER

076 ① 077 ① 078 ③ 079 ①
080 ③

---

076 생체 내 고에너지 화합물과 거리가 먼 것은?

① porphyrin
② pyrophosphate
③ acyl phosphate
④ β-Keto acid

077 미토콘드리아에서 진행되는 전자전달계에서 ATP가 합성될 때 수소의 최종 공여체와 수용체를 바르게 연결한 것은?

① cytochrome a_3 - O_2
② cytochrome b - H_2O
③ cytochrome c - H_2
④ cytochrome c_1 - O_3

078 산화환원 효소계의 보조인자(조효소)가 아닌 것은?

① NADH + H
② NADPH + H^+
③ 판토텐산(Panthothenate)
④ FAD

생체의 산화환원

079 산화적 인산화 반응의 연합해제로 영향을 받는 것은 무엇인가?

① ATP 생성
② ATPase 활성
③ 전자교환
④ 발열 반응

080 Oxidative phosphorylation(산화적 인산화)에서 특수한 기질은 무엇인가?

① AMP
② GDP
③ ADP
④ ATP

081 High energy 화합물에 속하지 않는 인산염은 무엇인가?

① acetoacetic acid
② $1,3-$diphosphoglycerate
③ adenosine $-5'-$triphosphate
④ glyceraldehyde $-3-$phosphate

082 X$-$ⓟ$+$ADP $\rightarrow$ X$+$ATP 반응에 관여하는 효소는?

① reductase
② hydrolase
③ kinase
④ lyase

083 ATP 1mole이 발생하는 열량은 얼마인가?

① 10kcal
② 9kcal
③ 7kcal
④ 3kcal

084 다음 중 고에너지 인산화합물이 아닌 것은?

① GDP
② ADP
③ CDP
④ TMP

085 근육 내에서의 energy 축적상태는 무엇인가?

① fructose $-6-$phosphate
② GDP
③ creatine phosphate
④ AMP

078
산화환원 효소계의 보조인자(조효소)는 NAD⁺, NADP⁺, FMN, FAD, ubiquinone(UQ. Coenzyme Q), cytochrome, L-lipoic acid 등이 있다.

079 산화 반응으로 생기는 free energy가 ATP로서 저장되는 현상을 산화적 인산화 반응이라 하며, 연합해제(uncoupling)는 어떤 물질에 의해서는 전자 전달이 방해되지 않으나, 다만 ATP 생성 반응만 크게 방해받는 현상을 말한다. 즉, ATP생성은 중지되나 호흡은 계속되는 현상을 말한다.

080
• 산화적 인산화(Oxidative phospho-rylation)는 NADH의 산화와 공역하에서 ATP를 생산하는 과정을 말한다.
• ADP는 creatin phosphate에서 고 energy 인산결합을 이루고 ATP로서 재생된다.

081 고에너지 화합물
• 체내에서 생성된 energy의 대부분은 고energy 인산결합에 저장되어 그것은 생체내반응에 이용된다.
• acetoacetic acid, acetyl CoA, ATP, creatine phosphate, phosphenol pyruvate, diphosphoglyceric acid 등이 있다.

083 ATP는 인산과 ADP가 고에너지 결합을 한 것이다. 이 결합에 필요한 energy는 ATP 1mole당 약 7kcal 정도이다.

084 해당과정에서 생성되는 phos-phoenolpyruvate와 $1,3-$diphosphoglycerate, 근육에서 일시적 고에너지 저장형인 creatine phos-phate도 고에너지 인산화합물이다.

085 생체 내에서 생성된 과잉의 고에너지 인산은 ATP에서 creatine에 옮겨져 creatine phosphate의 형태로 근육이나 간장에 저장된다.
Creatine ⓟ $+$ADP
　　　↓ creatine kinase
creatine$+$ATP
는 가역적 반응으로 이루어진다.
• 근육 활동은 ATP를 ADP와 인산으로 가수분해할 때 생성되는 에너지를 이용하는 것이다.
• ADP는 곧 creatine phosphate에서 고에너지 인산을 받아 ATP로 재생된다.

081 ④　082 ①　083 ③　084 ④
085 ③

086 다음 회로의 이름은?

$$Creatine \textcircled{P} + ADP \xrightleftharpoons[]{creatine\ kinase} creatine + ATP$$

① TCA cycle   ② Lehninger 회로

③ Lohmann 회로   ④ EMP 회로

087 전자전달계에 대한 설명으로 틀린 것은?

① NADH dehydrogenase에 의해 NADH로부터 2개의 전자를 수용하여 FMN에 전자를 전달함으로써 개시된다.

② Flavoprotein(FeS)은 전자를 수용하여 Fe^{3+}를 Fe^{2+}로 환원시킨다.

③ 전자전달의 결과 ADP와 Pi로부터 총 7개의 ATP가 합성된다.

④ 최종 전자수용체인 산소는 물로 환원된다.

088 생체 내에서 전자전달 연쇄 반응에 의한 생물학적 산화과정은 어느 것인가?

① ribosome

② mitochondria

③ nuclear

④ endoplasmic reticulum

089 Cytochrome의 구조에서 가장 필수원소는?

① Cu   ② Na

③ Mg   ④ Fe

090 Flavoprotein과 cytochrome b 사이에서 전자전달을 촉매하는 것은?

① ubiquinone   ② ADP

③ cytochrome a   ④ FAD

091 전자전달 연쇄과정에서 최종 과정($\frac{1}{2}O_2 \rightarrow H_2O$)의 cytochrome인 것은?

① cytochrome b   ② cytochrome c

③ cytochrome a   ④ cytochrome a_3

---

087 전자전달계

• 전자전달의 결과 ADP와 Pi로부터 ATP가 합성되는 곳은 3군데이고 각각 1분자씩의 ATP를 생성한다.
  – $NADH_2$와 FAD의 사이
  – cytochrome b와 cytochrome c_1 사이
  – cytochrome $a(a_3)$와 O_2의 사이

088 Mitochondria의 cristae 전자전달계에서 호기적으로 인산화한다.

089 시토크롬(cytochrome)

• 혐기적 탈수소 반응의 전자 전달체로서 작용하는 복합단백질로 heme과 유사하여 Fe 함유 색소를작용 족으로 한다.

• 이 효소는 cytochrome a, b, c 3종이 알려져 있으며 C가 가장 많이 존재한다.

• Cytochrome c는 0.34~0.43%의 Fe을 함유하고, heme 철의 $Fe^{2+} \rightleftarrows Fe^{3+}$의 가역적 변환에 의하여 세포 내의 산화환원 반응의 중간 전자전달체로 서작용한다.

• Cytochrome c의 산화환원 반응에서 특이한 점은 수소를 이동하지 않고 전자만 이동하는 것이다.

090 77번 해설 참조

091 cytochrome에서는 전자만이 cytochrome b → c_1 → c → a → a_3로 옮겨지는데 최후에 전자를 받은 cytochrome a_3는 cytochrome oxidase에 의하여 $\frac{1}{2}O_2 \rightarrow H_2O$를 생성하고 산화과정이 끝나게 된다.

ANSWER

086 ③   087 ③   088 ②   089 ④
090 ①   091 ④

092 다음 보기의 차이점을 바르게 설명한 것은?

> Mitochondria에서 일어나는 호흡 연쇄 반응에서의 전자전달(A)과 chlorophast에서 일어나는 광합성 Hill 반응에서의 전자전달(B)

① (A)는 산화환원 전위차가 낮은 곳에서 높은 곳으로 전자전달이 일어나지만 (B)는 반대이다.
② (A), (B) 모두 산화환원 전위차가 낮은 곳에서 높은 곳으로 전자전달이 일어난다.
③ (A), (B) 모두 산화환원 전위차가 높은 곳에서 낮은 곳으로 전자전달이 일어난다.
④ (A)는 산화환원 전위차가 높은 곳에서 낮은 곳으로 전자전달이 일어나며, (B)는 그 반대이다.

093 다음 중 전자전달 사슬에 관여하지 않는 물질은?

① NAD
② FMN
③ cytochrome
④ PALP

094 글루코네오제네시스(Gluconeogenesis)라 함은 무엇을 의미하는가?

① 포도당이 혐기적으로 분해하는 과정
② 포도당이 젖산이나 아미노산으로부터 합성되는 대사과정
③ 포도당이 산화되어 ATP를 합성하는 과정
④ 포도당이 지방이나 아미노산으로 전환되는 과정

095 HMP 경로의 중요한 생리적 의미는?

① 핵산 대사를 촉진시킨다.
② 저혈당과 피로회복에 도움을 준다.
③ 조직 내로의 혈당 침투를 촉진시킨다.
④ 지방산과 스테로이드 합성에 이용되는 NADPH를 생성한다.

096 핵산의 생합성에 필요한 당을 공급해 주는 과정은?

① TCA cycle
② EMP scheme
③ Pentose phosphate pathway
④ Urea cycle

---

092 호흡 연쇄 반응에서의 전자전달은 mitochondria와 chloroplast에서 광합성 Hill 반응이 일어나는데 모두 산화환원 전위차가 낮은 곳에서 높은 곳으로 전자 전달이 일어난다.

093 세포내 전자전달계에서 보편적인 전자 운반체는 NAD$^+$, NADP$^+$, FMN, FAD, ubiquinone(UQ. Coenzyme Q), cytochrome, 수용성 플라빈, 뉴클레오티드 등이다.

094 글루코네오제네시스 (gluconeogenesis)
• 당생성(glucogenesis)이라고도 하며 세포 속에서 다른 종류의 화합물로부터 포도당과 같은 탄수화물을 만드는 것이다.
• 당신생에 이용되는 물질로는 음식물 산화과정의 마지막 단계인 트리카르복실산회로(TCA회로)에 관계하는 화합물, 젖산(lactate)이나 피루브산(pyruvate)과 여러 가지 아미노산이 있다.
• 당신생은 주로 간과 신장에서 일어나는데 예를 들면 격심한 근육운동을 하고 난 뒤 회복기 동안 간에서 젖산을 이용한 혈당 생성이 매우 활발히 일어난다.

095 Pentose phosphate(HMP) 경로의 중요한 기능
• 여러 가지 생합성 반응에서 필요로 하는 세포질에서 환원력을 나타내는 NADPH를 생성한다. NADPH는 여러 가지 환원적 생합성 반응에서 수소 공여체로작용하는 특수한 dehydrogenase들의 보효소가 된다. 예를 들면 지방산, 스테로이드 및 glutamate dehydrogenase에 의한 아미노산 등의 합성과 적혈구에서 glutathione의 환원 등에 필요하다.
• 6탄당을 5탄당으로 전환하며 3-, 4-, 6- 그리고 7탄당을 당 대사경로에 들어 갈 수 있도록 해 준다.
• 5탄당인 ribose 5-phosphate를 생합성하는데 이것은 RNA 합성에 사용된다. 또한 deoxyribose 형태로 전환되어 DNA 구성에도 이용된다.
• 어떤 조직에서는 glucose 산화의 대체 경로가 되는데, glucose 6-phosphate의 각 탄소원자는 CO_2로 산화되며, 2개의 NADPH분자를 만든다.

096 95번 해설 참조

 ANSWER

092 ② 093 ④ 094 ② 095 ④
096 ③

097
글리코겐의 합성이 일어날 때에 glycogen synthetase 분자는 phosphorylase에 의해 먼저 탈인산화되어 분자를 활성화한다.

098 포도당이 글리코겐으로 변환되는 과정
- 글루코오스는 hexokinase의 촉매작용으로 glucose-6-phosphate가 되고, phospoglucomutase의작용으로 glucose-1-phosphate가 된다.
- 여기에서 glucose-1-phosphate은 UDP-glucose pyrophosphorylase와 UTP(uridine triphosphate), Mg++에 의해 UDP-glucose가 된다.
- UDP-glucose는 글리코겐 합성 효소의작용으로 primer에 α-1,4결합한다.
- 그러나 그것만으로는 직쇄 성분만 되기 때문에 가지 제조 효소(아밀로 (1,4→1,6) transglucosidase)의 촉매에 의해 가지구조를 가진 글리코겐이 생성된다.

099 지질(lipid)의 분류
- 단순지질 : 고급 지방산과 glycerol의 ester인 fats, 고급 지방산과 고급 지방족 1가 alcohol과의 ester인 wax가 있다.
  – wax는 깃털, 털, 피부, 잎, 과일 등의 보호막에 들어 있다.
- 복합지질 : 지방산과 여러 alcohol의 ester에 다른 원자단이 결합된 것으로서 인지질, 당지질, 유황지질, 단백지질 등이 있다.
- 유도지질 : 지질의 가수분해로 얻어지는 것으로 fatty acid, 고급 alcohol, 탄화수소, 비타민 D, E, K 등이 있다.

100 탄소수 12개 이상의 지방산을 고급 지방산이라 하고, 물에는 불용성이나 묽은 NaOH나 KOH 용액에서는 염(비누)을 형성한다. 저급 지방산은 휘발성이다.

101 필수지방산
- 동물의 세포는 linoleic acid, linolenic acid, arachidonic acid와 같이 −CH=CH−CH=CH−CH=CH−와 같은 구조를 가진 지방산을 말한다.
- 체내에서 합성할 수 없기 때문에 음식물을 통해서 섭취해야 한다.

097 생체 내 글리코겐 대사에 대한 설명으로 틀린 것은?

① 탈인산화된 glycogen synthetase는 비활성형이다.
② glycogen synthetse는 UDP-glucose로부터 α-1,4 결합으로 전이시킨다.
③ 글리코겐을 분해하는 가인산 분해 효소(phosphorylase)는 phosphorylase kinase에 의해 활성화된다.
④ 근육세포는 glucose-6-phosphatase를 함유하지 않아 glucose-6-phosphate를 유리 glucose로 바꿀 수 없다.

098 글리코겐(glycogen)의 합성에 이용되는 nucleotide는?

① NAD
② NADP
③ UTP
④ FMN

지질 및 대사

099 다음 중 고급 지방산과 고급 알코올로 이루어진 물질은?

① 단백지질
② wax
③ cholesterol
④ 당지질

100 다음 중 고급 지방산은 어느 것인가?

① CH_3COOH
② $C_{15}H_{31}COOH$
③ $C_5H_{11}COOH$
④ $C_9H_{19}COOH$

101 다음 중 필수지방산이 아닌 것은 어느 것인가?

① linoleic acid
② linolenic acid
③ oleic acid
④ arachidonic acid

ANSWER
097 ① 098 ③ 099 ② 100 ②
101 ③

102 다음 중 비타민 F에 해당하지 않는 지방산은?

① arachidic acid   ② arachidonic acid

③ linoleic acid   ④ linolenic acid

103 다음 다가불포화지방산(polyunsaturated fatty acid) 중 가장 많은 이중결합을 가진 지방산은?

① arachidonic acid   ② linoleic acid

③ linolenic acid   ④ DHA

104 프로스타글란딘(prostaglandin)의 생합성에 이용되는 지방산은?

① 미리스틱산(myristic acid)

② 올레산(oleic acid)

③ 아라키돈산(arachidonic acid)

④ 팔미트산(palmitic acid)

105 인지질에 대한 설명으로 틀린 것은?

① glycerine 1분자, fatty acid 2분자, choline, 인산이 결합된 것이다.

② 수용성 물질, 지용성 물질 모두와 친화력을 갖고 있어 세포 내외의 지방의 통과를 가능하게 한다.

③ 지방구 내에 많이 존재한다.

④ cephaline은 신경조직에서 많이 발견된다.

106 다음 중 인지질이 아닌 것은 어느 것인가?

① cholesterol   ② plasmalogen

③ lecithin   ④ sphingomyelin

107 인지질인 lecithin은 어떤 물질로 구성되어 있는가?

① glycerol, 지방산, 인산, serine

② glycerol, 지방산, 인산, ethanolamine

③ glycerol, 지방산, 인산, choline

④ glycerol, 지방산, 인산, inositol

---

102 비타민 F
- 불포화지방산 중에서 리놀산(linoleic acid), 리놀레인산(linolenic acid) 및 아라키돈산(arachidonic acid) 등 사람을 포함한 동물체내에서 생합성되지 않는 필수지방산이다.

103 다가불포화지방산
- arachidonic acid : $C_{20:4}$
- linoleic acid : $C_{18:2}$
- linolenic acid : $C_{18:3}$
- DHA(docosahexaenoic acid) : $C_{22:6}$

104 프로스타글란딘(prostaglandin)의 생합성
- 20개의 탄소로 이루어진 지방산 유도체로서 20-C(eicosanoic) 다가 불포화 지방산(즉 arachidonic acid)의 탄소 사슬 중앙부가 고리를 형성하여 cyclopentane 고리를 형성함으로써 생체 내에서 합성된다.
- 동물에서 호르몬 같은 다양한 효과를 지닌 생리활성물질 호르몬이 뇌하수체, 부신, 갑상선과 같은 특정한 분비샘에서 분비되는 것과는 달리 프로스타글란딘은 신체 모든 곳의 세포막에서 합성된다.
- 심장혈관 질환과 바이러스 감염을 억제할 수 있는 강력한 효과로 인해 큰 관심을 끌고 있다.

105 인지질(phospholipids)
- glycerine 1분자, fatty acid 2분자 및 choline, 인산이 결합된 지질이다.
- 지방구막에 많이 존재한다.

106 인지질(phospholipids)
- lecithin, cephalin, sphingomyelin, plasmalogen, lipositol 등
※ 당지질 : cerebreside, ganglioside 등

107
Lecithin은 glycerol 1분자, 지방산 2분자, 인산 1분자, choline 1분자로 구성되어 있다.

출제예상문제

109 콜레스테롤(cholesterol)
- 동물의 뇌, 근육, 신경조직, 담즙, 혈액 등에 유리상태 또는 고급 지방산과 ester를 형성하여 존재한다.
- 인지질과 함께 세포막을 구성하는 주요 성분이다.
- 성호르몬, 부신피질, 담즙산, 비타민 D 등의 전구체이다.

110 Cholesterol의 역할
- 세포의 구성성분으로 불포화지방산의 운반체
- 담즙산, steroid hormone, 비타민 D의 전구체

111 sterol의 종류
- 동물성 sterol : 가장 대표적인 것은 cholesterol이며, 이밖에 coprosterol, 7-dehydrocho-lesterol, lanosterol 등이 있다.
- 식물성 sterol : stigmasterol, sito-sterol 등이 있다.
- 균류(효모, 곰팡이, 버섯)의 sterol : ergosterol이 있다.

112 담즙산의 기능
- 간에서 만들어져 담즙 중에 존재한다.
- 지질을 유화시키고 장의 운동을 왕성하게 한다.
- 위액의 HCl을 중화하고 배설물의 운반체로서 음식물 중의 혼합물이나 체내의 생성물(독물, 담즙색소, 약제, 구리 등)을 제거한다.

113 담즙산
- 유리상태로 배설되지 않고 glycine이나 taurine과 결합하여 glycocholic acid, taurocholic acid의 형태로 장관 내에서 분비된다.
- cholesterol의 최종 대사산물로서 간장에서 합성되어 담즙으로 담낭에 저장된다.

114 지방산의 β-산화
- 1회전할 때마다 2분자의 탄소가 떨어져 나간다.
- 지방산의 -COOH 말단기로부터 두 개의 탄소 단위로 연속적으로 분해되어 acetyl CoA를 생성한다.
- mitochondria에서 일어난다.

108 Phospholipid가 세포막의 구성성분으로 중요한 이유는?

① 인산 ester 결합을 하고 있다.
② 단백질과 결합되어 있다.
③ 극성과 비극성 부분을 함께 갖고 있다.
④ glycerol이 있다.

109 다음 중 cholesterol로부터 생성될 수 없는 물질은?

① porphyrine   ② aldosterone
③ 비타민 D   ④ 담즙산

110 Cholesterol의 역할과 관계없는 것은?

① 비누화   ② 남성호르몬
③ 담즙산의 전구체   ④ 비타민 D의작용

111 다음 중 동물성 sterol은 무엇인가?

① coprosterol   ② sitosterol
③ stigmasterol   ④ ergosterol

112 담즙산의 기능으로 맞지 않는 것은?

① 장의 운동을 촉진   ② 당질의 소화
③ 유화작용   ④ 약물 및 독소 등의 배설작용

113 담즙산과 가장 관계가 깊은 것은 다음 중 어느 것인가?

① pyruvic acid
② lactic acid
③ glycerophosphoric acid
④ glycocholic acid

114 지방산의 β-산화에 관한 설명으로 맞지 않는 것은?

① β-산화를 하면 지방산은 탄소수가 2개 적은 acyl-CoA가 된다.
② acetyl CoA를 생성한다.
③ β-산화의 주생성물은 acetoacetic acid이다.
④ mitochondria에서 일어난다.

ANSWER

108 ③   109 ①   110 ①   111 ①
112 ②   113 ④   114 ③

115 지방산화과정에서 일반적으로 일어나는 β-oxidation의 설명으로 틀린 것은?

① acyl-CoA는 carnitine 과 결합하여 mitochondria 내부로 이동된다.
② 세포의 세포질 속으로 운반된 지방산은 CoA와 ATP에 의해서 활성화된다.
③ 짝수지방산은 산화 후 acetyl CoA만을 생성하지만 홀수지방산은 acetyl CoA와 propionic acid를 생성한다.
④ 포화지방산의 산화에는 isomerization과 epimerization의 보조적인 반응이 필요하다.

116 다음 중 지방산이 분해되어 마지막에 생기는 기본 단위의 물질은 무엇인가?

① acetyl CoA
② acetoacetic acid
③ lactic acid
④ succinyl CoA

117 지방산의 β-산화에 관여하지 않는 효소는?

① thiokinase
② citrate synthase
③ acyl dehydrogenase
④ β-ketoacyl thiolase

118 지방산의 β산화 과정에서 탄소는 몇 분자씩 산화 분해되는가?

① 2
② 3
③ 4
④ 5

119 Palmitic acid가 아세틸-CoA까지 산화되는 동안 몇 mol의 ATP가 생성되는가?

① 28mol
② 33mol
③ 35mol
④ 129mol

---

115 지방산 산화 반응의 3단계
① 활성화
  FFA가 ATP와 CoA 존재 하에 acyl-CoA synthetase (thiokinase)에 의해 acyl-CoA로 활성화 된다.
② mitochondria 내막 통과
  mitochondria 외막을 통과해 들어온 long-chain acyl-CoA은 mitochondria 외막에 있는 carnitine palmitoyl-transferase I에 의해 acylcarnitine이 되고 mitochondria 내막에 있는 carnitine-acylcarnitine translocase에 의해 안쪽으로 들어와 한 분자의 carnitine과 교환된다.
③ β-oxidation에 의한 분해
  carboxyl 말단에서 2번째 (α)탄소와 3번째 (β)탄소 사이 결합이 절단되어 acetyl CoA가 한 분자씩 떨어져 나오는 cycle을 반복한다. 홀수 개의 탄소로 된 지방산은 최종적으로 acetyl CoA와 함께 propionyl-CoA(C_2) 한 분자를 생산한다.

• 불포화지방산의 산화
  이중결합($\triangle^3$-cis, $\triangle^4$-cis)이 나오기까지 β-oxidation이 진행되다가 이중결합의 위치에 따라 이성화 반응, 산화, 환원 등을 거쳐 최종적으로 $\triangle^2$-trans-enoyl-CoA로 전환되어 β-산화로 처리된다.

• 포화지방산의 β산화
  Fatty acid + ATP + CoA → Acyl-CoA + PPi + AMP
  포화지방산 산화는 이성화를 거치지 않고 β-산화가 일어난다.

116 천연지방산은 대부분 우수 탄소화합물이므로 분해되면 전부 acetyl CoA가 되지만, 기수 탄소화합물은 최종적으로 탄소가 3개인 propionic acid가 된다.

117 지방산의 β-산화에 관여하는 효소
• acyl CoA synthetase (thiokinase), enoylhydrase, acyl dehydrogenase, β-hydroxy acyl dehydrogenase, β-keto acyl thiolase가 있다.

118 β-산화과정에 의해서 1회전할 때마다 2분자의 탄소가 떨어져 나간다.

119 Palmitic acid는 탄소수가 16이므로 β-산화를 7회전하고 난 뒤의 생성된 ATP 수를 계산하면 된다.
∴ 5×7-2(최초 활성 시)=33ATP

115 ④ 116 ① 117 ② 118 ①
119 ②

120 케톤체(ketone body)

- 단식, 기아상태, 당뇨병, 저탄수화물 식이를 하게 되면 저장지질이 분해되어 acetyl CoA를 생성하게 되고 과잉 생성된 acetyl CoA는 간에서 acetyl CoA 2분자가 축합하여 아세토아세트산(acetoacetate), β-히드록시부티르산(β-hydroxybutyrate), 아세톤(acetone) 등의 케톤체를 생성하게 된다.
- 케톤체는 당질을 아주 적게 섭취하는 기간 동안에 말초조직과 뇌에서 대체 에너지로 이용한다.
- 혈중에 케톤체 농도가 너무 높게 되면 ketoacidosis가 되어 혈중 pH가 낮게 된다.
- 식욕부진, 두통, 구통 등의 증상이 나타난다.

121 120번 해설 참조

122 ketosis란

- 당질대사장해(당뇨병, 기아 등)의 경우는 간 glycogen의 감소로 지방 분해가 촉진되어 간의 처리 능력 이상으로 acetyl coA를 생성한다.
- 과다한 acetyl CoA를 간이 분해할 수 없게 되어 과잉의 acetyl CoA를 ketone체로 만들어 혈류로 들어가 간의 조직에서 이용되나 케톤체가 과잉으로 생성되면 혈중 농도가 증가되는데 이 상태를 ketone증, 즉 ketosis라 한다.

123 산패된 지방의 냄새

- 지방의 산화에 의해서 휘발성 지방산, aldehyde, ketone 등의 자극물이 생겨 좋지 못한 냄새와 맛을 발생시킨다.
- ※ acrolein은 유지를 150℃ 정도로 가열하면 자극성 연기를 내면서 분해되기 시작하는데 이때의 자극성 원인물질을 말한다.

124 지질 합성

① 지방산의 합성
- 간장, 신장, 지방조직, 뇌 등 각 조직의 세포질에서 acetyl CoA로부터 합성된다.
- 거대한 효소복합체에 의해서 이루어진다. 효소복합체 중심에 ACP(acyl carrier protein)이 들어 있다.
- acetyl CoA가 ATP와 비오틴의 존재하에서 acetyl CoA acrboxylase의작용으로 CO_2와 결합하여 malonyl CoA로 된다.

---

120 지방질이 몸 안에서 불완전하게 산화 분해되어 생기는 중간 대사산물을 무엇이라 하는가?

① 케톤체
② 젖산
③ 초산
④ 아미노산

121 케톤체(kotone body)에 관한 설명 중 맞지 않은 것은?

① acetyl CoA가 잘 이용이 안되면 축합하여 만들어지기도 한다.
② ketone체는 주로 근육에서 만들어진다.
③ 이들은 말초조직에서 쉽게 산화된다.
④ ketone체는 산성이므로 이들의 축적은 acidosis가 된다.

122 ketosis란 무엇인가?

① 지방대사의 부진
② 당질대사의 부진
③ 단백질대사의 부진
④ 요소대사의 부족

123 산패된 지방의 냄새는 무슨 성분에 의한 것인가?

① glycerine
② phenol
③ 휘발성 지방산(VFA)
④ acrolein

124 지질 합성에 관한 설명으로 잘못된 것은?

① 지질의 합성은 세포질에서 일어난다.
② 지질의 합성은 acetyl CoA로부터 시작된다.
③ 거대한 효소복합체에 의해서 이루어진다.
④ NADH가 사용된다.

125 다음 중 지방산 생합성의 기본 단위 물질은?

① acetoacetic acid

② propionic acid

③ succinyl CoA

④ acetyl CoA

126 생체 내에서 합성되지 않는 지방산은?

① oleic acid

② linoleic acid

③ palmitic acid

④ caproic acid

127 지방산 합성에 필요한 인자들로 옳은 것은?

① 비오틴 – NAD^+

② FAD – acetyl CoA

③ acetyl CoA – NADPH

④ NAD^+ – 지방산 합성 효소

128 acetyl CoA로부터 생합성될 수 없는 물질은?

① 담즙산

② 엽산

③ 지방산

④ 콜레스테롤

- 이 malonyl CoA와 acetyl CoA가 결합하여 탄소수가 2개 많은 지방산 acyl CoA로 된다.
- 이 반응이 반복됨으로써 탄소수가 2개씩 많은 지방산이 합성된다.
- 지방산합성에는 지방산 산화과정에서는 필요 없는 NADPH가 많이 필요하다.
- 생체 내에서 acetyl CoA로 전환될 수 있는 당질, 아미노산, 알코올 등은 지방산 합성에 관여한다.

② 중성지방의 합성
- 중성지방은 지방대사산물인 글리세롤로부터 또는 해당과정에 있어서 글리세롤-3-인산으로부터 합성된다.
- acyl-CoA가 글리세롤-3-인산과 결합하여 1,2-디글리세라이드로 된다. 여기에 acyl-CoA가 결합하여 트리글리세라이드가 된다.

125 천연 지방산은 대부분 짝수 개의 탄소원자(우수탄소)이므로 분해 반응의 반복으로 전부 acetyl CoA로 분해되어 지방산 생합성이 되지만, 기수탄소의 지방산은 최후에 3탄소의 propionic acid가 남게 된다.

126 Linoleic, linolenic, arachidonic acid와 같이 –CH=CH–CH=CH–CH=CH–와 같은 구조를 가진 지방산과 이의 glyceride는 체내에서 합성하지 않으므로 필수 지방산(essential fatty acid)이라 한다.

127 지방산 생합성
- 간과 지방조직의 세포질에서 일어나며 malonyl-CoA를 통해 지방산 사슬이 2개씩 연장되는 과정이다.
- 즉, palmitic acid 1분자를 합성하는데 지방산 합성 효소(fatty acid synthase)에 의하여 이루어지며 acetyl CoA 1분자, malonyl-CoA 7분자, ATP 7분자, NADPH 14분자가 필요하다.
- 지방산 합성에 필요한 대량의 NADPH는 주로 hexose monophosphate(HMP) 경로로부터 공급된다.

128 acetyl CoA로부터 지방산(fatty acid), 콜레스테롤(cholestero), 담즙산(bile acid), ketone body, citric acid 등이 만들어지고, 엽산(folic acid)는 수용성 비타민으로 acetyl CoA로부터 만들어지지 않는다.

129 지방산 생합성

- 간과 지방조직의 세포질에서 일어나며 말로닐-ACP(malonyl-ACP)를 통해 지방산 사슬이 2개씩 연장되는 과정이다.
- 지방산 생합성 중간체는 ACP(acyl carrier protein)에 결합되며 속도 조절단계는 acetyl CoA carboxylase 가 관여한다.

130 지방산 생합성은 간과 지방조직의 세포질에서 일어나며 말로닐-ACP(malonyl-ACP)를 통해 지방산 사슬이 2개씩 연장되는 과정이다. 지방산 생합성 중간체는 ACP(acyl carrier protein)에 결합되며 속도 조절단계는 acetyl CoA carboxylase가 관여한다.

131 프로스타글란딘 (prostaglandin)의 생합성
- 20개의 탄소로 이루어진 지방산 유도체로서 20-C(eicosanoic) 다가 불포화 지방산(즉 arachidonic acid)의 탄소 사슬 중앙부가 고리를 형성하여 cyclopentane 고리를 형성함으로써 생체 내에서 합성된다.
- 동물에서 호르몬 같은 다양한 효과를 지닌 생리활성물질 호르몬이 뇌하수체, 부신, 갑상선과 같은 특정한 분비샘에서 분비되는 것과는 달리 프로스타글란딘은 신체 모든 곳의 세포막에서 합성된다.
- 심장혈관 질환과 바이러스 감염을 억제할 수 있는 강력한 효과로 인해 큰 관심을 끌고 있다.

132 대장균에서의 지방산 생합성
- microsome에서 일어난다.
- 먼저 acetyl CoA와 CO_2가 biotin, Mn^{++}, ATP의 도움으로 carboxylase의 작용에 의해 탄산화되어 malonyl CoA로 축합된다.
- 이것은 다시 1분자의 acetyl CoA로, 이것은 D-β-hydroxybutyl CoA로, ciscrotonyl CoA로, 그리고 다시 butyryl CoA로 변성된다.

133 인지질의 생합성에 관여하는 요소
- 1,2-diglyceride, choline phosphate, CDP-choline, choline, choline kinase, choline phosphate cytidyltransferase, choline phosphate transferase, ATP 및 CTP 등이 관여한다.

129 지방산의 생합성 속도를 결정하는 효소는?

① ACP-아세틸기 전이 효소(ACP-acetyl transferase)
② 아세틸-CoA 카르복실화 효소(acetyl CoA carboxylase)
③ 시트르산 분해 효소(Citrate lyase)
④ ACP-말로닐기 전이 효소(ACP-malonyl transferase)

130 지질합성과정에서 Malonyl-CoA 합성에 관여하는 효소는?

① acetyl CoA dehydrogenase
② acetyl CoA carboxylase
③ Acyl-CoA synthase
④ Fatty acid synthase

131 prostaglandin의 생합성에 이용되는 지방산은?

① stearic acid
② oleic acid
③ arachidonic acid
④ palmitic acid

132 대장균에서의 지방산은 지방산 생성 효소에 의해서 생합성되며 이 효소의 기질로 acetyl CoA와 다음 어느 물질이 쓰여지는가?

① succinyl-CoA
② butyl-CoA
③ palmityl-CoA
④ malonyl-CoA

133 인지질의 생합성에 관여하는 요소 중 불필요한 것은?

① choline phosphate
② kinase, transferase, ATP 및 CTP
③ phospholipase A, B, ATP 및 CTP
④ 1, 2-diglyceride

134 콜레스테롤 생합성의 중간체는?

① 베타히드록시-부티르산
② 호박산
③ 아세톤
④ 메발론산

135 사람 체내에서의 콜레스테롤(cholesterol) 생합성 경로를 순서대로 표시한 것으로 옳은 것은?

① acetyl CoA→L-mevalonic acid→lanosterol→squalene→cholesterol
② acetyl CoA→L-mevalonic acid→squalene→lanosterol→cholesterol
③ acetyl CoA→squalene→lanosterol→L-mevalonic acid→cholesterol
④ acetyl CoA→lanosterol→L-mevalonic acid→cholesterol

136 cholesterol 합성에 관여하는 HGM-CoA(beta-hydroxy-beta-methylglutaryl-CoA) redutase의 인산화(불활성화)와 탈인산화(활성화)에 관여하는 호르몬이 순서대로 바르게 짝지어진 것은?

① glucagon - insulin
② insulin - glucagon
③ thyroxine - androgen
④ androgen - thyroxine

137 다음 중에서 항지간인자(lipotropic factor)가 아닌 것은?

① choline   ② threonine
③ methionine   ④ betaine

🍎 단백질 및 대사

138 다음 아미노산 중 광학활성이 없는 것은?

① valine   ② glycine
③ serine   ④ alanine

---

134 cholesterol의 생합성 경로
• acetyl CoA → L-mevalonic acid → squalene → lanosterol → cholesterol의 단계를 거친다.

135 사람 체내에서 콜레스테롤(Cholesterol)의 생합성 경로
• acetyl CoA→HMG CoA→L-mevalonate→mevalonate pyrophosphate→isopentenyl pyrophosphate→dimethylallyl pyrophosphate→geranyl pyrophosphate→farnesyl pyrophosphate→squalene→lanosterol→cholesterol

136 cholesterol의 합성
• 포유동물에서 cholesterol의 합성은 세포 내의 cholesterol 농도와 glucagon, insulin 등의 호르몬에 의해서 조절된다.
• cholesterol 합성의 개시단계는 3-히드록시-3-메틸글루타린 CoA 환원효소(HMG CoA reductase)가 촉매하는 반응이다.
• 이 효소의 작용은 세포의 콜레스테롤 농도가 크면 억제된다.
• 이 효소는 인슐린에 의해서 활성화되지만 글루카곤에 의해서 불활성화 된다.

137 항지간인자(lipotroopic factor)
• 간지질의 이동을 촉진하는 물질을 말하며, 지간을 예방, 치료하는 데 쓰인다.
• 항지간인자에는 choline, methionine, inositol, betaine 등이 있다.

138 Glycine은 부제탄소(asymmetric carbon) 원자가 없어 광학활성이 없다.

| ANSWER |

134 ④   135 ②   136 ①   137 ②
138 ②

139 아미노산의 종류
- 중성 아미노산 : glycine, L-alanine, L-valine, L-leucine, L-serine, L-cystine, L-tyrosine 등
- 산성 아미노산 : L-aspartic acid, L-glutamic acid 등
- 염기성 아미노산 : L-lysine, L-arginine, L-histidine 등

140
Cystine은 disufide결합(-S-S-)을 한 아미노산이고, 2개의 cysteine으로 이루어져 있다.

141 아미노산의 종류
- 어떤 종류의 아미노산은 carboxyl기, amino기 이외의 기를 갖는다.
- tyrosine은 phenol기, cysteine은 thiol기, arginine은 guanidium기, histidine은 imidazole기, tryptophan은 indol기, phenylalanine은 benzene기, proline은 imino기를 갖고 있다.

142 Tryptophan의 분해산물
- Tryptophan은 N-formyl-kynurenine이 되고, 이것은 가수분해되어 kynurenine이 된다.
- Kynurenine은 산화되어 3-hydroxylkynurenine이 되고, 3-hydroxy kynurenine은 또 산화되어 anth-ranilic acid와 alanine으로 된다.

143 Peptide 결합
- 한 아미노산의 carboxyl기(-COOH)와 다른 아미노산의 amino기(-NH₂)가 탈수축합 반응이 일어나 amide(-CO-NH-)를 형성하여 결합하는 것을 peptide라 한다.

144 필수 아미노산(essential amino acid)
- 생체 내에서 합성되지 않으므로 반드시 식품에 의해 공급되어야 하는 아미노산이다.
- 발린, 류신, 이소류신, 트레오닌, 페닐알라닌, 트립토판, 메티오닌, 리신, 히스티딘, 아르기닌이 알려져 있다.

ANSWER

139 ④   140 ③   141 ④   142 ②
143 ④   144 ②

---

139 다음 중 중성 아미노산은?

① arginine
② aspartic acid
③ glutamic acid
④ glycine

140 Disulfide 결합을 한 아미노산은?

① histidine   ② methionine
③ cystine   ④ cysteine

141 Imino기를 갖고 있는 아미노산은?

① serine   ② histidine
③ tryptophan   ④ proline

142 Tryptophan의 분해산물이 아닌 것은?

① kynurenine
② leucine
③ alanine
④ anthranilic acid

143 Peptide 결합을 설명한 것 중 틀린 것은?

① 1개의 아미노산에 있는 amino기와 다른 아미노산에 있는 carboxyl기의 결합이다.
② 두 아미노산의 peptide결합을 dipeptide라 한다.
③ 수많은 amino acid가 결합한 것을 polypeptide라 한다.
④ 같은 아미노산에 있는 α-amino기와 carboxyl기의 결합이다.

144 필수 아미노산의 설명으로 적합한 것은?

① 생체의 필수적인 성분이므로 배설되지 않는다.
② 생체 내에서 합성되지 않으므로 식품에 의해 공급되어야 한다.
③ 신장에 의해서만 합성되고, 다른 기관에서는 일체 만들어질 수 없다.
④ D-amino acid의 산화 효소에 의한 대사산물이다.

145 아미노산에 대한 다음 설명 중 잘못된 것은?

① 아미노산 중에서 −S−S−결합을 형성하는 것은 cystine이다.
② 부제탄소가 없는 아미노산은 alanine이다.
③ 체내에서 nicotinic acid로 이행하는 아미노산은 tryptophan 이다.
④ 쌀의 단백질 중에 결핍되는 아미노산은 lysine이다.

146 아미노산에서 양(+) 및 음(−)전하의 이온이 같을 때 용액의 pH를 무엇이라고 하는가?

① 등전점   ② 전기영동
③ 쌍자이온   ④ 평형점

147 pK가 5인 −COOH 기가 있는 물질 1mole을 물 1L에 용해시킨 후 pH를 5로 조절했을 때 몇 mole이 −COO⁻ 형태로 이온화되는가?

① 0.1mole   ② 0.3mole
③ 0.5mole   ④ 1.0mole

148 Glycine의 pk_1=2.5, pk_2=9.60일 경우 등전점 값은?

① 3.43   ② 5.97
③ 6.05   ④ 8.68

149 다음 설명 중 ninhydrin의 정색 반응에 관계되는 것은?

① peptide에만 정색 반응한다.
② 아미노산, peptide 및 단백질에 정색 반응한다.
③ 등전점에서 정색이 된다.
④ 다당류와 단백질에 정색 반응한다.

150 다음 중 xanthoprotein 반응과 관계가 있는 아미노산은?

① tryptophan
② cysteine
③ threonine
④ glutamine

---

145 글리신(glycine)은 중성 아미노산으로 아미노산 중에서 부제탄소원자를 가지지 않는 유일한 것으로, 광학이성질체가 존재하지 않는다.

146 등전점(isoelectric point)
• 아미노산은 그 용액을 산성 혹은 알칼리성으로 하면 양이온, 음이온의 성질을 띤 양성 전해질로 된다. 이와 같이 양하전과 음하전을 이루고 있는 아미노산 용액의 pH를 등전점이라 한다.
• 아미노산의 등전점보다 pH가 낮아져서 산성이 되면, 보통 카르복시기가 감소하여 아미노기가 보다 많이 이온화하므로 분자는 양전하를 얻어 양이온이 된다.
• 반대로 pH가 높아져서 알칼리성이 되면 카르복시기가 강하게 이온화하여 음이온이 된다.

148 등전점(isoelectric point)
• 단백질은 산성에서는 양하전으로 해리되어 음극으로 이동하고, 알칼리성에서는 음하전으로 해리되어 양극으로 이동한다. 그러나 양하전과 음하전이 같을 때는 양극, 음극, 어느 쪽으로도 이동하지 않은 상태가 되며, 이때의 pH를 등전점이라 한다.
• Glycine의 pK_1(α−COOH)=2.5, pK_2(−NH₃⁺)=2.96일 때 이것의 평균값(2.5+9.60)/2=6.05가 Glycine의 등전점이다.

149 Ninhydrin 반응
• 아미노산의 중성 용액(또는 약산성 용액)을 ninhydrin과 함께 가열하면 CO_2를 정량적으로 발생하면서 청색을 띤다.
• 이 반응은 β−amino산, 단백질, peptide에 양성이며, 아미노산의 종류에 따라 색이 달라진다.

150 Xanthoprotein 반응
• ben−zene핵을 가진 아미노산에 기인된 반응이다.
• Tyrosine, tryptophan, phe−nylalanine을 가진 단백질이 양성반응을 나타낸다.

151 구상 단백질은 peptide 결합이 측쇄결합에 의하여 구부러져 구상을 이루고 있으며, 영양원으로 이용되는 단백질이다.

152 체내에서 단백질은 소화 분해되어 아미노산 형태로 흡수 이용된다. 드물게 peptide나 단백질의 미립자로 흡수되기도 한다.

153 Globulin
• 물이나 30~50% 염류 용액에는 녹지 않고, 묽은 염류 용액에는 녹는 단백질이다.
• 밀 중에 많으며 물에 녹지 않으나 묽은 산이나 알칼리 용액에는 녹는다.
※ Prolamine과 albumin은 물에 녹기 쉽고 고농도의 염류 용액에서 침전된다.

154 당단백질(glycoproteins)
• 단순단백질과 당 및 유도체와 결합한 단백질이다.
• asparagine, serine, threonine와 같은 아미노산과 당과의 공유결합에 의하여 이루어진 단백질이다.

155 핵산단백질
• 단순단백질에 핵산이 결합된 고분자 화합물을 말한다.
• 단백질 부분은 protamine, histone, 기타 단순염기성 단백질이 차지한다.
• 핵산부분은 당류, 인산, purine, pyrimidine 염기 등이 결합되어 있다.

156 Collagen의 구조
• 분자 길이 약 300nm, 직경 약 1.5nm의 막대 모양의 형태이고, 분자량은 약 300KDa이다.
• Glycine, proline, alanine이 풍부하고, cystein과 tryptophan은 없다.

157 histone
• 물, 알칼리 및 묽은 산 에 녹으며 묽은 NH_4OH로 침전된다.
• arginine, lysine, histidine을 함유한 염기성 단백질이다.
※ histone과 protamine은 염기성 단백질로 단순단백질이다.
※ keratin(손톱 등), collagen(결합조직), elastin(대동맥) 등은 경단백질 또는 섬유상 단백질(scleroprotein)로 albuminoid라고도 한다.

ANSWER ·················

151 ④   152 ④   153 ①   154 ③
155 ①   156 ②   157 ④

---

151 영양원으로 가장 좋은 단백질은?

① 섬유상 단백질
② 다각형 단백질
③ 부정형 단백질
④ 구상 단백질

152 인체 내의 소화기관에서 흡수되는 단백질의 최소 단위 물질은?

① polypeptide
② proteose
③ peptone
④ amino acid

153 물에는 녹지 않고 묽은 염류용액에 녹는 단백질은?

① globulin   ② albumin
③ glutelin   ④ protamin

154 당단백질을 이루고 있는 아미노산은?

① alanine, leucine, serine
② aspartic aicd, glutamic acid
③ serine, asparagine, threonine
④ arginine, lysine, threonine

155 다음 중 핵산이 결합된 단백질은?

① protamine   ② gluteine
③ albumin   ④ arginine

156 Collagen에는 어떤 아미노산이 많이 함유되어 있는가?

① tyrosine   ② proline
③ tryptophan   ④ lysine

157 염기성 단백질은?

① globulin   ② collagen
③ polypeptide   ④ histone

158 Heme을 구성성분으로 갖지 않은 단백질은?

① albumin

② cytochrome

③ hemoglobin

④ myoglobin

159 혈장과 혈청의 차이점은?

① fibrinogen 함량

② myoglobin 함량

③ hemoglobin 함량

④ 철분 농도

160 균체단백질을 사료로 사용할 때 부족되기 쉬운 amino acid는?

① tryptophan

② valine

③ isoleucine

④ lysine

161 생체 내에서 단백질의 기능과 관계가 없는 것은?

① 구조 단백질　　② 산소운반

③ 에너지 저장　　④ 면역

162 단백질의 흡수 spectrum에 대한 설명으로 옳지 않은 것은?

① 단백질의 최대 흡수 파장은 260nm 부근이다.

② carboxyl기나 imidazole기의 존재도 알 수 있다.

③ 단백질의 자외선 흡수는 방향족 아미노산에 의한다.

④ 단백질의 자외선 흡수는 260~280nm이다.

163 강한 산이나 염기로 처리하거나 열, 계면활성제, 유기용매 등을 가하여 단백질의 생물학적 활성이 파괴되는 현상은?

① 정제(purification)

② 응고(coagulation)

③ 결정화(crystalization)

④ 변성(denaturation)

• 단백질의 변성에 영향을 주는 요소
 – 물리적작용 : 가열, 동결, 건조, 교반, 고압, 조사 및 초음파 등
 – 화학적작용 : 묽은 산, 알칼리, 요소, 계면활성제, 알코올, 알칼로이드, 중금속, 염류 등

164 단백질 변성 시
• 단백질의 가수분해 효소의작용을 받기 쉽다.
• 단백질이 효소일 때는 그 활성을 잃는다.
• 등전점에서 용해도가 감소한다.
• 용액의 활성이 커진다.
• 분자 중의 측쇄의 기의 반응성이 변화한다.
• 수소결합이 절단된다.

165 단백질은 amino acid가 peptide결합으로 형성된 고분자 화합물로써 단백질이 가수분해하면 peptide 결합을 형성하고 있던 유리 carboxyl기와 유리 amino기가 증가하게 되고 pH는 효소의작용, 최적 pH인 8~9의 알칼리성으로 된다.

166 단백질의 구조
• 1차 구조 : 아미노산의 조성과 배열 순서를 말한다.
• 2차 구조 : 주로 α-helix 구조와 β-병풍구조를 말한다.
• 3차 구조 : 2차구조의 peptide 사슬이 변형되거나 중합되어 생성된 특이적인 3차원 구조를 말한다.
• 4차 구조 : polypeptide 사슬이 여러 개 모여서 하나의 생리기능을 가진 단백질을 구성하는 polypeptide 사슬의 공간적 위치관계를 말한다.

167 Cystine의 −S−S−결합에 의해서 횡적인 결합을 이루고 있는 단백질의 polypeptide 교차결합(cross-linkage)에 performic acid를 처리하면, −S−S−결합이 산화되어 다른 cysteic acid 잔기의 구성성분인 2개의 sulfonic acid를 만든다. 이와 같이 하여 변형된 단일 polypeptide를 분리한 후 그 구조를 결정한다.

168 단백질의 2차 구조
• 주된 결합은 수소결합으로서, 여러 아미노산으로 연결된 polypeptide chain 사슬 내부의 carboxyl기와 imino기 사이에 수소결합이 형성되어 나선형의 구조를 형성한다.
• β-병풍구조는 사슬 사이에 수소결합에 의해 배열되어 있다.

164 변성 단백질이 갖는 성질 중 틀린 것은?

① 등전점에서 용해도 증가
② 수소결합의 파괴
③ 생물학적 활성의 감소
④ 가수분해 효소의작용을 받기 쉽다.

165 단백질을 가수분해하면?

① 유리 카르복실기(carboxyl group)가 감소된다.
② 아미노기(amino group)가 감소된다.
③ 유리 아미노기가 증가된다.
④ Peptide 결합이 형성된다.

166 단백질의 1차 구조에 대한 설명으로 옳은 것은?

① 단백질의 아미노산 서열에 의한 직쇄구조
② α-나선형(helix)의 구조
③ 단백질의 입체구조
④ disulfide 결합에 의한 입체구조

167 단백질의 구조를 확인하기 위하여 performic acid로 단백질을 산화시키는 이유는?

① peptide 결합을 분해시키기 위하여
② −S−S−결합을 끊기 위하여
③ C−말단 및 N−말단을 고정하기 위하여
④ 단백질을 변성시키기 위하여

168 단백질의 2차 구조를 이루게 하는 주된 화학결합은?

① 공유결합
② 이온결합
③ 수소결합
④ sulfide 결합

ANSWER
164 ① 165 ③ 166 ① 167 ②
168 ③

169 단백질의 3차 구조를 유지하는 데 크게 기여하는 것은?

① 이온결합
② 수소결합
③ van der waals 결합
④ disulfide 결합

170 3중 나선구조를 가진 단백질은?

① albumin
② keratin
③ 항체단백질
④ collagen

171 Insulin의 구조를 바르게 나타낸 것은?

① 1차 구조
② 2차 구조
③ 3차 구조
④ 4차 구조

172 인슐린(Insulin)의 두 peptide chain을 연결하는 아미노산은?

① cystine
② valine
③ phenylalanine
④ leucine

173 다음 단백질의 C-terminal 분석에 이용되는 방법은?

① Hydrazinolysis법
② Edman의 phenylisothiocyanate법
③ Starch gel eletrophoresis 법
④ Sangor의 FDNB 법
   (1-fluoro-2,4-dinitro benzene)

174 단백질의 구조를 연구하는 실험에서 fluoro-dinitro benzene(FDNB)이 쓰이는 것은?

① C-말단 결정
② N-말단 결정
③ 1차 구조 결정
④ 2차 구조 결정

175 Gel 여과(filtration)와 관계있는 것은?

① Dowex
② Sephadex
③ Amberlite
④ Silica gel

---

169 단백질의 3차 구조
- polypeptide chain이 복잡하게 겹쳐서 입체구조를 이루고 있는 구조이다.
- 이 구조는 수소결합, disulfide 결합, 해리 기간의 염결합(이온결합), 공유결합, 비극성간의 van der waals 결합에 의해 유지된다.
- 특히 disulfide 결합은 입체구조의 유지에 크게 기여하고 있다.

170 Collagen의 구조
- 3개 나선형 사슬이 밧줄처럼 꼬여져 있으며, 이 나선의 1회전은 3단위의 아미노산을 가진다.
- 피부, 건(tendon), 인대 그리고 세포로 이루어진 구조적 뼈대 등으로 이루어져 있다.

171 4차 구조의 단백질
- 3차 구조가 구성 단위(subunit)이므로 각 단위가 해리 되어도 활성은 상실되지 않는다.
- 4차 구조는 가장 복잡한 구조로서 insulin은 1~2개의 subunit로 구성되어 있다.

172 Insulin은 2개의 peptide chain이 cystine에 의해 연결되어 dimer 혹은 polymer를 형성함으로써 호르몬 활성을 갖을 수 있다.

173 Hydrazine분해법
- 단백질이나 그 분해산물을 무수 hydrazine(N_2H_4)과 가열하면 carboxyl기와 amino기가 탈수·축합되어 hydrazide가 된다.
- 그러므로 carboxyl기의 유리말단 아미노산 결정이 가능하다.

174 FDNB
- 유리의 α-아미노기를 갖는 polypeptide 사슬의 말단, 즉 아미노말단의 아미노잔기를 확인하는 데 사용된다.
- 이 시약은 펩티드사슬의 아미노말단기를 황색의 2,4-Di-nitrophenyl (DNP) 유도체로서 표시할 수 있다.
※ C-말단 결정에는 hydrazine이 사용된다.

175 Sephadex
- 글루코오스의 사슬 모양 중합체인 덱스트란에 분자가교를 가한 겔여과용 지지체이다.
- 구슬 모양으로 제조되고 주로 gel 여과용으로 사용된다.
- 분자가교의 정도에 따라 gel의 분획능력이 달라진다.

| ANSWER | ....

169 ④	170 ④	171 ④	172 ①
173 ①	174 ②	175 ②	

176 염기성 아미노산의 일종인 lysine 은 NH₂(CH₂) 4CH(NH₂)COOH의 구조로 되어 있고, 탈탄산(decarboxylation)되면 독성이 강한 cadaverine(NH₂(CH₂)5NH₂)이 형성된다.

177
- 산화적 탈아미노 반응 : FMN/FAD, NAD
- 요소회로 : ATP
- 아미노기 전이 반응 : PALP
- 탈탄산 반응 : PALP

178 탈아미노 반응
- amino acid의 amino기(-NH₂)가 제거되어 α-keto acid로 되는 반응을 말한다.
- 탈아미노 반응으로 유리된 NH_3^+의 일반적인 경로
  - keto acid와 결합하여 아미노산을 생성
  - α-ketoglutarate와 결합하여 glutamate를 합성
  - glutamic acid와 결합하여 glutamine을 합성
  - carbamyl phosphate로서 세균에서는 carbamyl kinase에 의하여 합성
  - 간에서 요소회로를 거쳐 요소로 합성

179 Phenylalanine, tyrosine은 fumaric aicd를 경유하며 산화된다.

180 Amino transferase(아미노기 전이 효소)
- 아미노산의 α-amino기를 keto acid에 전이시켜 아미노산은 keto acid로 되고, keto acid는 아미노산으로 변하게 하는 반응이다.
- 아미노기 전이 효소의 보조 효소는 PALP(pyridoxal phosphate)이다.

181 아미노산 생합성계
- glutamic acid 계열 : proline, hydroxyproline, ornithine, citrulline, arginine이 생합성
- aspartic acid 계열 : lysine, homoserine, threoine, isoleucine, methionine이 생합성
- pyruvic acid 계열 : alanine, valine, leucine이 생합성
- 방향족 amino acid 계열 : phenylalanine, tyrosine, tryptophane이 생합성

ANSWER

176 ② 177 ③ 178 ④ 179 ①
180 ① 181 ①

---

176 Lysine이 탈탄산(decarboxylation)되면 다음 중 어떤 성분이 형성되는가?

① histamine
② cadaverine
③ tyramine
④ cystathione

177 아미노산으로부터 아미노기가 제거되는 반응과 조효소를 바르게 연결한 것은?

① 산화적 탈아미노 반응(PALP)과 요소회로(NADPH)
② 아미노기 전이 반응(FMN/FAD)과 탈탄산 반응(PALP)
③ 아미노기 전이 반응(PALP)과 산화적 탈아미노 반응(FMN/FAD, NAD)
④ 탈탄산 반응(NADP)과 요소회로(MADP)

178 아미노산의 탈아미노 반응으로 유리된 NH_3^+의 일반적인 경로가 아닌 것은?

① α-keto acid와 결합하여 아미노산을 생성
② 해독작용의 하나로서 glutamine을 합성
③ α-ketoglutarate와 결합하여 glutamate를 합성
④ 간에서 당신생(gluconeogenesis)과정을 거침

179 Amino acid는 중간 경로를 거쳐 TCA cycle로 들어가 산화되지만 phenylalanine은 다음 중 어느 것을 거쳐 TCA cycle에 들어가는가?

① fumaric acid
② citric acid
③ ketoglutaric acid
④ succinyl CoA

180 아미노기 전이 효소(transferase)의 보조 효소는 무엇인가?

① PALP
② TPP
③ FAD
④ NAD

181 미생물에 의한 아미노산 생성 계열 중 aspartic acid 계열에 속하지 않는 것은?

① valine
② isoleucine
③ homoserine
④ methionine

182 체내에서 분해되어 ketone기를 가진 ketone체를 생성하는 아미노산은?

① cysteine   ② valine

③ methionine   ④ leucine

183 다음 중 케토제닉 아미노산(ketogenic amino acid)은 어느 것인가?

① 알라닌(alanine)

② 프롤린(proline)

③ 로이신(leucine)

④ 메티오닌(methionine)

184 glycogenic amino acid가 아닌 것은?

① L − glutamic acid

② L − alanine

③ L − methionine

④ L − leucine

185 Amino acid는 중간 경로를 거쳐 TCA cycle로 들어가 산화되지만 phenylalanine은 다음 중 어느 것을 거쳐 TCA cycle에 들어가는가?

① fumaric acid

② citric acid

③ ketoglutaric acid

④ succinyl CoA

186 아미노산의 대사과정 중 메틸기(CH_3^-) 공여체로서 중요한 구실을 하는 아미노산은?

① 알라닌(alanine)

② 글리신(glycine)

③ 시스테인(cysteine)

④ 메티오닌(methionine)

---

182 지질의 중간대사의 산물인 ketone기를 직접적으로 생성하는 ketone체를 생성하는 amino acid는 leucine이다.

183 Glucose와 glycogen를 합성하는 아미노산을 glucogenic 아미노산이라 불리고, ketone체를 생성하는 아미노산을 ketogenic 아미노산이라 불리며 그 분류는 다음과 같다.

Glycogen (glycogenic amino acids)	Fat (ketogenic amino acid)	Both glycogen and fat (glycogenic and ketogenic amino acids)
L−alanine L−arginine L−aspartate L−cystine L−glutamate L−glycine L−histdine L−hydroxyprline L−methionine L−proline L−serine L−threonine L−valine	L−leucine	L−isoleucine L−lysine L−phenylalanine L−tyrosine L−tryptophan

184
- glycogenic amino acid : glycine, alanine, vaine, serine, threonine, arginine, glutamic acid, aspartic acid, histidine, cysteine, cystine, proline 등
- ketogenic amino acid : leucine
- glycogenic and ketogenic amino acids : isoleucine, lysine, phenylalanine, tyrosine, tryptophan 등

185 Phenylalanine, tyrosine은 fumaric aicd를 경유하며 산화된다.

186 아미노산의 대사과정 중 아미노산으로부터 특정 생성물의 전환
- 알라닌(alanine) : β−alanine은 pantothenic acid의 구성성분
- 글리신(glycine) : heme, purine, glutathione의 합성, glycine과의 포합반응, creatine의 합성
- 시스테인(cysteine) : coenzyme A 합성에 있어 분자말단의 thio-ethanolamine 성분의 전구물질로작용하며, taurocholic acid를 형성하는 taurine의 전구물질
- 메티오닌(methionine) : S-adenosylmethionine의 형태로서 이것은 체내에 있어서 메틸기(CH_3^-)의 주공급원

187 요소의 합성과정
- ornithine이 citrulline로 변성되고, citrulline은 arginine으로 합성되면서 urea가 떨어져 나오는 과정을 urea cycle이라 한다.
- 아미노산의 탈아미노화에 의해서 생성된 암모니아는 대부분 간에서 요소회로를 통해서 요소를 합성한다.

188 요소회로의 최종 반응
- arginine은 간에 존재하는 arginase와 Mn^{++}에 의하여 가수분해 되어 urea와 ornithine으로 된다.
- arginase가 없는 동물에서는 NH_3를 요소이외의 형태로 배설한다.
- 조류에서는 요산으로, 어류에서는 NH_3로 배설한다.

189 단백질 대사의 최종산물은 요소이며, 간에서 형성되어 혈액을 통하여 신장으로부터 배설된다.

190 Glutathione
- tripeptide로서 γ-glutamyl cysteiny glycine이다.
- 아미노산을 γ-glutamyl transferase라 부르는 막결합 효소가 세포막을 통과하여 세포 내로 운반하고 세포 내로 운반할 때는 glutathione(GSH)이라 부르는 효소를 이용한다.

191 세포 내에서 단백질을 합성하는 장소를 ribosome이라고 한다. mRNA는 DNA에서 주형을 복사하여 단백질의 아미노산 배열 순서를 전달 규정한다.

192 단백질의 생합성
- 세포 내 ribosome에서 이루어진다.
- mRNA는 DNA에서 주형을 복사하여 단백질의 아미노산 배열 순서를 전달 규정한다.
- t-RNA은 다른 RNA와 마찬가지로 RNA polymerase(RNA 중합 효소)에 의해서 만들어진다.
- aminoacyl-tRNA synthetase에 의해 아미노산과 tRNA로부터 aminoacyl-tRNA로 활성화되어 합성이 개시된다.

187 요소 회로(Urea cycle)에 관계없는 것은 무엇인가?
① arginine
② methionine
③ ornithine
④ citrulline

188 요소회로의 최종 반응에서 arginine을 urea와 ornithine으로 분해하는 효소는?
① arginase
② kinase
③ catalase
④ urease

189 인체 내에서 단백질(질소)대사의 최종산물은?
① creatine
② urea
③ ammonia
④ uric acid

190 아미노산을 운반하는 물질은?
① cystathione
② carnitine
③ histamine
④ glutathione

191 포유류 동물세포에서 protein 합성이 가장 활발하게 일어나는 곳은?
① mitochondria
② endoplasmic reticulum
③ lysosome
④ ribosome

192 단백질의 생합성에 대한 설명으로 틀린 것은?
① 리보솜(ribosome)에서 이루어진다.
② 아미노산의 배열은 DNA에 의해 결정된다.
③ 각각의 아미노산에 대한 특이한 t-RNA가 필요하다.
④ RNA 중합 효소에 의해서 만들어진다.

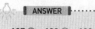
ANSWER
187 ② 188 ① 189 ② 190 ④
191 ④ 192 ④

193 단백질의 생합성에 있어서 중요한 첫 단계 반응은?

① 아미노산의 carboxyl group의 활성화
② peptidyl tRNA 가수분해 후 단백질과 tRNA 유리
③ peptidyl tRNA의 P site 이동
④ 아미노산의 환원

194 단백질 합성 시 anti codon site를 갖고 있어 m-RNA에 해당하는 아미노산을 운반해 주는 것은?

① DNA
② r-RNA
③ NAD
④ t-RNA

195 단백질 생합성에서 시작 코돈(initiation codon)은?

① UGA
② AGU
③ AUG
④ AAU

196 DNA로부터 단백질 합성까지의 과정에서 t-RNA의 역할에 대한 설명으로 옳은 것은?

① m-RNA 주형에 따라 아미노산을 순서대로 결합시키기 위해 아미노산을 운반하는 역할을 한다.
② 핵 안에 존재하는 DNA정보를 읽어 세포질로 나오는 역할을 한다.
③ 아미노산을 연결하여 protein을 직접 합성하는 장소를 제공한다.
④ 합성된 protein을 수식하는 기능을 한다.

197 유전자 정보의 전달과정에서 관여하는 핵산물질이 아닌 것은?

① DNA
② t-RNA
③ m-RNA
④ NAD

---

193 단백질 생합성에서 첫 단계 반응
- N-말단 쪽에서 C-말단 쪽으로 아미노산이 순차적으로 결합함으로써 진행된다.
- 이 때 아미노산은 tRNA의 3'-OH 말단에 카르복시기가 결합한 aminoacyl-tRNA의 형태로 활성화되어 단백질 생합성 장소인 ribosome으로 운반된다.

194 단백질 합성
- 생체 내에서 DNA의 염기서열을 단백질의 아미노산 배열로 고쳐 쓰는 작업을 유전자의 번역이라 한다. 이 과정은 세포질 내의 단백질 리보솜에서 일어난다.
- 리보솜에서는 mRNA(messenger RNA)의 정보를 근거로 이에 상보적으로 결합할 수 있는 tRNA(transport RNA)가 날라 오는 아미노산들을 차례차례 연결시켜서 단백질을 합성한다.
- 아미노산을 운반하는 tRNA는 클로버 모양의 RNA로 안티코돈(anticodon)을 갖고 있다.
- 합성의 시작은 메티오닌(Methionine)이 일반적이며, 합성을 끝내는 부분에서는 아미노산이 결합되지 않는 특정한 정지 신호를 가진 tRNA가 들어오면서 아미노산 중합 반응이 끝나게 된다.
- 합성된 단백질은 그 단백질이 갖는 특정한 신호에 의해 목적지로 이동하게 된다.

195
단백질 생합성을 개시하는 코돈(initiation codon)은 AUG이고, ribosome과 결합한 mRNA의 개시 코돈(AUG)에 anticodon을 가진 methionyl-tRNA가 결합해서 개시 복합체가 형성된다.

196 194번 해설 참조

197 유전자 정보의 전달에 관여하는 핵산물질
- DNA : 단백질 합성 시 아미노산의 배열 순서의 지령을 m-RNA에 전달하는 유전자의 본체
- t-RNA : 활성 amino acid를 ribosome의 주형(template)쪽으로 운반
- m-RNA : DNA에서 주형을 복사하여 단백질의 아미노산의 배열 순서를 전달 규정
※ NAD : 산화환원 반응을 촉매하는 탈수소 효소(dehydrogenase)의 보조효소

198
- RNA의 구조는 하나의 ribonucleotide 사슬이 꼬여서 아데닌과 우라실(uracil), 구아닌과 시토신의 수소결합으로 조립되므로 국부적으로 2중 나선 구조를 형성한다.
- B-DNA의 사슬은 위에서 아래로 오른쪽으로 감은 이중나선구조를 갖고 있다.
- DNA 이중나선에서 아데닌(adenine)과 티민(thymine)은 2개의 수소결합, 구아닌(guanine)과 시토신(cytosine)은 3개의 수소결합으로 연결되어 있다.

199 Nucleotide의 구성성분
- 인산(H_3PO_4), 5탄당(deoxyribose, ribose), 염기(pyrimidine, purine)

200 핵산을 구성하는 염기
- pyrimidine의 유도체 : cytosine(C), uracil(U), thymine(T) 등
- purine의 유도체 : adenine(A), guanine(G) 등

201 핵산의 가수분해물
- 핵산의 기본 단위는 nucleotide이고, nucleotide를 가수분해하면 함질소 염기, 당분, 인산이 생성된다.
- 3개의 특정한 성분으로 구성된 핵산은 pyrimidine이나 purine의 유도체인 질소를 함유한 hetero cyclic base, 5탄당, 인산 한 분자로 이루어져 있으며, 가수분해하면 이들 구성성분으로 분해된다.

202 핵단백질
- 단순단백질에 핵산이 결합한 고분자 화합물이다.
- protamine은 어류의 정자 핵 중에서 DNA와 결합형으로 존재하고 histone은 동물의 체세포 핵이나 정자 핵 중에서 DNA와 결합형으로 존재한다.
- 이들은 염기성 단백질로서 arginine과 lysine의 함량이 높다.

핵산 및 대사

198 핵산에 대한 설명으로 옳은 것은?

① RNA의 이중나선은 각 가닥의 방향이 서로 반대이다.
② B-DNA의 사슬은 왼손잡이 이중나선구조를 갖고 있다.
③ RNA는 알칼리 용액에서 가열하면 빠르게 분해된다.
④ DNA 이중나선에서 아데닌(adenine)과 티민(thymine)은 3개의 수소결합으로 연결되어 있다.

199 Nucleotide를 구성하는 성분이 아닌 것은?

① H_3PO_4
② 아미노산
③ deoxyribose
④ 염기

200 핵산을 구성하는 염기의 성분으로 틀린 것은?

① A – adenine
② G – guanine
③ U – uracil
④ C – cytochrome

201 핵산의 가수분해 산물이 아닌 것은 다음 중 무엇인가?

① uracil
② purine
③ pentose
④ 인산

202 핵산과 결합하여 존재하는 단백질은?

① lysine
② glycine
③ albumin
④ protamine 또는 histone

203 핵 단백질의 가수분해 순서는?

① 핵단백질 → nucleotide → nucleoside → base → 핵산
② 핵단백질 → nucleoside → 핵산 → nucleotide → base
③ 핵단백질 → nucleoside → nucleotide → 핵산
④ 핵단백질 → 핵산 → nucleotide → nucleoside → base

204 DNA와 RNA의 pentose와 nucleotide의 연결되어 있는 위치는?

① 2와 3
② 2와 4
③ 3과 4
④ 3과 5

205 DNA와 RNA에서 nucleotide는 어떤 결합으로 이루어져 있는가?

① glycosidic acid
② hydrophobic bond
③ phosphate ester bond
④ phosphodiester bond

206 Nucleotide로 구성된 보효소가 아닌 것은?

① ATP
② TPP
③ FAD
④ NADP

207 보효소로서의 유리 nucleotide와 그작용을 잘못 연결한 것은?

① ADP/ATP : 인산기 전달
② UDP-glucose : lactose의 합성
③ GDP/TP : phospholipid 합성
④ IDP/ITP : α-ketoglutarate 산화의 에너지 공급

---

203 핵단백질의 가수분해 순서

① 핵 단백질(nucleoprotein)은 핵산(nucleic acid)과 단순단백질(histone 또는 protamine)로 가수분해 된다.
② nucleic acid(polynucleotide)은 RNase나 DNase에 의해서 mononucleotide로 가수분해 된다.
③ nucleotide는 nucleotidase에 의하여 nucleoside와 인산(H_3PO_4)으로 가수분해 된다.
④ nucleoside는 nucleosidase에 의하여 염기(purine이나 pyrmidine)와 당(D-ribose나 D-2-Deoxyribose)으로 가수분해 된다.

204 DNA deoxyribonucleotide의 3′탄소가 다음 deoxyribonucleotide의 5′탄소와의 phosphodiester 결합하여 5′→3′의 방향으로 연결된다. RNA경우도 마찬가지다.

205 204번 해설 참조

206 Nucleotide로 구성된 보효소
- ATP : adenosine triphosphate
- cAMP : cyclic adenosine 5'-phosphate
- IMP : inosine 5'-phosphate
- NADP : nicotinamide adenine dineucleotide phosphate
- FAD : flavin adenine dineucleotide
※ TPP : thiamine pyrophosphate

207 보효소로서의 유리 nucleotide와 그작용

염기	활성형	작용
Adenine	ADP, ATP	에너지 공급원, 인산 전이화
Hypoxanthine	IDP/ITP	CO₂의 동화(oxaloacetic carboxylase), α-ketoglu-tarate 산화의 에너지 공급
Guanine	GDP/GTP	α-ketoglutarate 산화와 단백질 합성의 에너지 공급
Uracil	UDP-glucose UDP-galactose	Waldenose, lactose의 합성
	UDP-galactosamine	Galactosamine 합성
Cytosine	CDP-choline	Phospholipid 합성
	CDP-ethanolamine	Ethanolamine 합성
Niacine +Adenine	NAD, NADH₂	산화환원
	NADP, NADPH₂	산화환원
Flavin +Adenine	FMN, FMNH₂	화합 환원
	FAD, FADH₂	산화환원
Pantotheine +Adenine	Acyl CoA	Acyl기 전이

ANSWER

203 ④ 204 ④ 205 ④ 206 ②
207 ③

208 Glycogen은 glucose로부터 만들어지는 것으로 다른 당은 일단 glucose 모양으로 변하지 않으면 glycogen의 구성단위가 되지 못한다. 따라서 galactose가 glucose로 될 때 직접 G-1-®가 되지 못하고 UDP-glucose가 개재되며 UDP-glucose는 무기인산과 반응하여 UTP와 G-1-®가 된다.

209 정미성을 가지고 있는 nucleotide

• 5'-guanylic acid(guanosine-5'-monophosphate, 5'-GMP), 5'-inosinic acid(inosine-5'-monophosphate, 5'-IMP), 5'-xanthylic acid(xanthosine-5'-phosphate, 5'-XMP)이다.
• XMP<IMP<GMP의 순서로 정미성이 증가한다.
※5'-cytidylic acid는 정미성이 없다.

210 핵산계 정미물질의 제조에 있어서 원료핵산을 얻는 데 쓰는 균주는 *Saccharomyces cerevisiae*가 적당하다.

211 효모 생산(RNA)에서 지미성분의 생성 방법

• 효모핵산을 5'-phosphodiesterase에 의하여 분해하는 방법
• 미생물의 RNA와 DNA를 자기분해하여 nucleoside와 nucleotide를 균체 밖으로 배출시키는 방법
• 화학적으로 핵산염기에서 미생물로 nucleoside를 생합성시키는 방법

212 핵산 분해법에 의하여 5'-nucleotide를 생산하는 데 주원료로 쓰이는 것은 ribonucleic acid, deoxyribonucleic acid, 효모 균체 중 핵산 등이 있다.

213 purine 고리 생합성에 관련이 있는 아미노산 : glycine, aspartate, glutamine, fumarate 등이다.

214 purine base는 xanthine oxidase에 의해 탈아미노산되어 xanthine으로 된 다음 요산(uric acid)을 형성한다.

---

208 Glycogen 합성에 이용되는 nucleotide는 무엇인가?

① FAD 　　　　② NAD
③ ATP 　　　　④ UTP

209 다음 중 정미성이 없는 물질은 무엇인가?

① 5'-cytidylic acid 　　② 5'-inosinic acid
③ 5'-guanylic acid 　　④ 5'-xanthylic acid

210 핵산계 정미물질의 제조에 있어서 원료핵산을 얻는 데 가장 적당한 균주는 무엇인가?

① *Stretococcus thermophilus*
② *Bacillus subtilis*
③ *Aspergillus niger*
④ *Saccharomyces cerevisiae*

211 효모생산(RNA)에서 지미 성분을 얻고자 할 때 어떤 효소를 작용시켜야 하는가?

① phosphotransferase 　② 2'-phosphodiesterase
③ 3'-phosphodiesterase ④ 5'-phosphodiesterase

212 핵산 분해법에 의한 5'-nucleotide의 생산에 주원료로 쓰이지 않는 것은 무엇인가?

① adenylic acid 　　　② deoxyribonucleic acid
③ 효모균체 중 핵산 　④ ribonucleic acid

213 핵산의 구성성분인 purine 고리 생합성에 관련이 없는 아미노산은?

① glycine 　　　② tyrosine
③ fumarate 　　④ glutamine

214 Purine base에서 uric acid의 형성을 촉매하는 효소는?

① adenylic acid deaminase
② uricase
③ xanthine oxidase
④ nuclease

215 퓨린(purine)분해대사의 최종 생성물은?

① uric acid　　　　　② orotic acid
③ nucleic acid　　　　④ urea

216 핵산의 구성성분인 purine base의 생합성 시작물질은?

① glycine　　　　　② phosphoric acid
③ ribose　　　　　④ pyrimidine

217 핵산의 대사산물인 purine체의 분해산물이 아닌 것은 무엇인가?

① histidine　　　　　② uric acid
③ allantoin　　　　　④ xanthine

218 핵산의 무질소 부분 대사에 대한 설명으로 옳은 것은?

① 인산은 대사 최종산물로서 무기인산염 형태로 소변으로 배설된다.
② 간, 근육, 골수에서 요산이 생성된 후 소변으로 배설된다.
③ NH₃를 방출하면서 분해되고 요소로 합성되어 배설된다.
④ pentose는 최종적으로 분해되어 allantoin으로 전환되어 배설된다.

219 피리미딘(pyrimidine) 유도체로서 핵산 중에 존재하지 않는 것은?

① 시토신(cytosine)
② 우라실(uracil)
③ 티민(thymine)
④ 구아닌(guanine)

220 Pyrimidine이 생합성될 때의 출발물질은 무엇인가?

① ribose − 5' − phosphate
② ADP
③ carboxyl phosphate
④ D − deoxyribose

---

215 퓨린 분해대사
• 사람 등의 영장류, 개, 조류, 파충류 등의 퓨린(purine)은 요산(uric acid)으로 분해되어 오줌으로 배설된다.
• 즉, 퓨린 유도체인 adenine과 guanine은 대사를 거쳐 uric acid가 되어 소변으로 배설된다.

216 purine체의 골격인 원자 혹은 원자단은 다른 대사물의 glycine, NH_3, CO_2, formate, glutamine 등에서 합성된다.

217 인체 내에서 purine체는 탈아미노 반응에 의하여 xanthine을 거쳐 요산으로 산화된다. 또 요산은 포유류와 파충류 체내에서 분해되면 allantoin으로 되어 배설되고, 물고기는 요소로 배설되지만 중풍증과 같이 병적인 상태에서는 관절에 축적되는 경우도 있다.

218 핵산의 무질소 부분 대사
• 인산은 음식물 또는 체내 급원으로부터 쉽게 얻어지고, 대사 최종산물로서 무기인산염으로 되어 소변으로 배설된다.
• ribose와 deoxyribose는 glucose와 다른 대사 중간물로부터 직접 얻어진다.
• pentose의 분해경로는 명확치 않으나 최종적으로 H_2O와 CO_2로 분해된다.

219 DNA를 구성하는 염기
• 피리미딘(pyrimidine)의 유도체 : cytosine(C), uracil(U), thymine(T) 등
• 퓨린(purine)의 유도체 : adenine (A), guanine(G) 등
※DNA 이중나선에서
　− 아데닌(adenine)과 티민(thymine) : 2개의 수소결합
　− 구아닌(guanine)과 시토신(cytosine) : 3개의 수소결합

220 Pyrimidine의 생합성
• Pyrimidine체의 골격 원자단은 NH_3, CO_2, aspartic acid 등의 저분자 화합물이다.
• 먼저 CO_2와 NH_3로부터 carboxyl phosphate를 생성하고, 이것은 다시 aspartate와 축합한 다음 또 폐환, 산화 등의 과정을 거쳐 uracil이 생성된다.

221 DNA 이중나선에서 염기쌍
- 아데닌(adenine)과 티민(thymine)은 2개의 수소결합(A:T)
- 구아닌(guanine)과 시토신(cytosine)은 3개의 수소결합(G:C)
- DNA 염기쌍은 A:T, G:C의 비율이 1:10이다.

222 DNA는 adenine, guanine, cytosine, thymine 등으로 구성되어 있다.

223
- Thymine과 adenine은 2개의 수소결합을 형성하고, guanine과 cytosine은 3개의 수소결합을 형성한다. 이 수소결합들의 배열과 거리는 염기들 사이의 강한 상호작용을 이루는 데 제일 적합한 것이다.

224
- DNA를 구성하는 염기
  - 피리미딘(pyrimidine)의 유도체 : cytosine(C), thymine(T), uracil(U)
  - 퓨린(purine)의 유도체 : adenine(A), guanine(G)
- DNA 이중나선에서
  - 아데닌(adenine)과 티민(thymine) : 2개의 수소결합으로 연결
  - 구아닌(guanine)과 시토신(cytosine) : 3개의 수소결합으로 연결

225 DNA가 2개 이상의 poly nucleotide purine 사슬이 이중나선구조를 하고 있는 것은 purine과 pyrimidine 염기에 있는 adenine과 thymine, guanine과 cytosine 사이의 수소결합에 의하여 이루어진다.

226 세포가 분열할 때 DNA는 자신과 동일한 DNA를 복제(replication)하는데 DNA의 2중 나선구조가 풀려 한 가닥의 사슬로 되고 DNA polymerase가 작용한다. chromosomal DNA 이외에 작고 동그란 DNA인 plasmid가 있다. 이 DNA는 세포 내의 복제 장비를 이용해서 chromosomal DNA와는 상관없이 자가복제(self-replication)할 수 있다.

221 DNA에 대한 설명으로 틀린 것은?

① DNA는 이중나선구조로 되어 있다.
② DNA염기간의 결합에서 A와 T는 수소 3중 결합, G와 C는 수소 이중결합으로 되어 있다.
③ DNA에는 유전정보가 저장되어 있다.
④ DNA분자는 중성에서 음(−) 전하를 나타낸다.

222 DNA에 들어 있지 않은 것은 무엇인가?

① adenosine
② guanine
③ adenine
④ cytosine

223 DNA의 2중 나선과 관계가 있는 수소결합은 어느 것인가?

① C=T, A≡G
② A=T, C≡G
③ A≡C, G=T
④ T=C, A≡T

224 DNA 분자의 purine과 pyrimidine 염기쌍 사이를 연결하는 결합은?

① 이온결합
② 수소결합
③ 공유결합
④ 인산결합

225 DNA의 2중 나선형 구조의 구조적 안정성은 무엇인가?

① 겹쳐 쌓인 purine과 pyrimidine 핵 사이의 소수성 결합 때문이다.
② purine과 pyrimidine 염기 사이의 수소결합 때문이다.
③ 인접한 purine 염기 사이의 수소결합 때문이다.
④ 인접한 pyrimidine 염기 사이의 수소결합 때문이다.

226 다음 중 자가복제(self-replication)가 가능한 것은?

① DNA
② r-RNA
③ t-RNA
④ m-RNA

227 어떤 미생물의 DNA를 분리하여 분석한 결과 단편의 염기농도가 A=991개, G=456개였다면 G+C의 염기의 개수는?

① 912개
② 1447개
③ 1535개
④ 1982개

228 DNA의 함량은 260nm의 파장에서 자외선의 흡광 정도로 측정할 수 있다. 이러한 흡광은 DNA의 구성성분 중 어느 물질의 성질에 기인한 것인가?

① 염기(base)
② 인산결합
③ 리보오스(ribose)
④ 데옥시리보오스(deoxyribose)

229 아래의 유전암호(genetic code)에 대한 설명에서 (   ) 안에 알맞은 것은?

유전암호는 단백질의 아미노산 배열에 대한 정보를 (   )상의 3개 염기 단위의 연속된 염기배열로 표기한다.

① DNA
② rRNA
③ tRNA
④ mRNA

230 DNA 중합 효소는 $15s^{-1}$의 turnover number를 갖는다. 이 효소가 1분간 반응하였을 때 중합되는 뉴클레오티드(nucleotide)의 개수는?

① 15
② 180
③ 900
④ 1800

231 t-RNA에 대한 설명으로 틀린 것은?

① 활성화된 아미노산과 특이적으로 결합한다.
② 역코돈(anti-codon)을 가지고 있다.
③ codon을 가지고 있어 r-RNA와 결합한다.
④ codon의 정보에 따라 m-RNA와 결합한다.

227 DNA 조성에 대한 일반적인 성질 (E. Chargaff)
① 한 생물의 여러 조직 및 기관에 있는 DNA는 모두 같다.
② DNA 염기조성은 종에 따라 다르다.
③ 주어진 종의 염기 조성은 나이, 영양상태, 환경의 변화에 의해 변화되지 않는다.
④ 종에 관계없이 모든 DNA에서 adenine(A)의 양은 thymine(T)과 같으며(A=T) guanine(G)은 cytosine(C)의 양과 동일하다(G=C).
※ A의 양이 991개이면 T의 양도 991개이고, AT의 양은 1,982가 되며, G의 양이 456개이면 C의 양도 456개이고 GC의 양은 912개가 된다.

228
• DNA의 염기(base)는 방향족고리화합물의 하나이다.
• OD 260nm의 파장에서는 DNA의 염기가 잘 흡수할 수 있는 빛의 파장이다.
• DNA의 파장에 따른 흡광도를 조사해보면 260nm에서 높은 흡광도를 보이는 것을 알 수 있다.

229 유전암호(genetic code)
• DNA를 전사하는 mRNA의 3염기 조합 즉 mRNA의 유전암호의 단위를 코돈(codon, triplet)이라 하며 이것에 의하여 세포 내에서 합성되는 아미노산의 종류가 결정된다.
• 염색체를 구성하는 DNA는 다수의 뉴클레오티드로 이루어져 있다. 이 중 3개의 연속된 뉴클레오티드가 결과적으로 1개의 아미노산의 종류를 결정한다.
• 이 3개의 뉴클레오티드를 코돈(트리플렛 코드)이라 부르며 뉴클레오티드는 DNA에 함유되는 4종의 염기, 즉 아데닌(A)·티민(T)·구아닌(G)·시토신(C)에 의하여 특징이 나타난다.
• 이 중 3개의 염기 배열에 따라 특정 정보를 가진 코돈이 조립된다. 이 정보는 mRNA에 전사되고, 다시 tRNA에 해독되어 코돈에 의하여 규정된 1개의 아미노산이 만들어진다.

230 뉴클레오티드(nucleotide)의 개수
• $15s^{-1}$의 turnover number는 1초에 15개의 뉴클레오티드(nucleotide)를 붙인다는 의미이다.
• 1분간(60초) 반응시키면
  $15 \times 60 = 900$

231 t-RNA
• sRNA(soluble RNA)라고도 한다.
• 일반적으로 클로버잎 모양을 하고 있고 핵산 중에서는 가장 분자량이 작다.

- 5′말단은 G, 3′말단은 A로 일정하며 아미노아실화 효소(아미노아실 tRNA리가아제)의작용으로 이 3′말단에 특정의 활성화된 아미노산을 아데노신의 리보오스 부분과 에스테르결합을 형성하여 리보솜으로 운반된다.
- mRNA의 염기배열이 지령하는 아미노산을 신장중인 펩티드사슬에 전달하는 작용을 한다.
- tRNA분자의 거의 중앙 부분에는 mRNA의 코돈과 상보적으로 결합할 수 있는 역코돈(anti-codon)을 지니고 있다.

232 단백질 합성에 관여하는 RNA
- t-RNA(sRNA)는 활성아미노산을 ribosome의 주형쪽에 운반한다.
- r-RNA는 m-RNA에 의하여 전달된 정보에 따라 t-RNA에 옮겨진 amino산을 결합시켜 단백질 합성을 하는 장소를 형성한다.
- m-RNA는 DNA에서 주형(template)을 복사하여 단백질의 amino acid 배열 순서를 전달 규정한다.

233 232번 해설 참조

234 핵산 가수분해 효소
- RNA만을 가수분해하는 효소는 ribonuclease이다.
- RNA, DNA를 가수분해하는 효소는 phosphodiesterase, nuclease이다.
- DNA만을 가수분해하는 효소는 deoxyribonuclease 등이다.

235 RNA의 구성성분
- adenine, guanine, cytosine, uracil, D-ribose, 인산 등으로 구성되어 있다.
- adenine과 guanine은 가수분해되어 hydroxanthine과 xanthine을 형성한다.

236 비타민의 용해성에 따른 분류
- 지용성 비타민
  - 유지 또는 유기용매에 녹는다.
  - 생체 내에서는 지방을 함유하는 조직 중에 존재하고 체내에 저장될 수 있다.
  - 비타민 A, D, E, F, K 등이 있다.
- 수용성 비타민
  - 체내에 저장되지 않아 항상 음식으로 섭취해야 한다.
  - 혈중농도가 높아지면 소변으로 쉽게 배설된다.
  - 비타민 B군과 C군으로 대별된다.

ANSWER
232 ②   233 ③   234 ④   235 ②
236 ②   237 ③

232 단백질 합성에 있어서 주형(template)이 되는 것은 무엇인가?

① t-RNA
② m-RNA
③ r-RNA
④ DNA

233 아미노산 배열 순서를 전달 규정하는 것은?

① DNA
② r-RNA
③ m-RNA
④ t-RNA

234 RNA를 가수분해하는 효소는?

① isomerase
② ribonucleotidyl transferase
③ deoxyribonuclease
④ ribonuclease

235 산에 의한 RNA의 가수분해 산물은?

① adenine, uracil, D-dexoyribose
② cytosine, uracil, D-ribose
③ uracil, cytosine, D-dexoyribose
④ guanine, thymine, D-ribose

비타민 및 호르몬

236 다음 중 지용성 비타민이 아닌 것은?

① 비타민 A   ② 비타민 C
③ 비타민 K   ④ 비타민 E

237 Vitamin A의 전구체와 관계없는 것은?

① α-carotene   ② γ-carotene
③ purine   ④ cryptoxanthine

238 다음 vitamin 중 시황과 밀접한 관계가 있는 것은?

① A

② D

③ E

④ B_6

239 결핍되면 Ca와 P의 적당한 배합 침착이 저해되어 뼈의 발육, 특히 석회화를 느리게 하는 비타민은?

① 비타민 D

② 비타민 K

③ 비타민 B_2

④ ascorbic acid

240 ergosterol이 자외선에 의해 변하는 물질의 이름은?

① 비타민 D_2

② 비타민 B_2

③ 비타민 E

④ 비타민 B_6

241 Vitamin E가 가지고 있는 핵은 무엇인가?

① β-ionone

② steroid

③ tocol

④ thymine

242 산화에 의한 생체막의 손상을 억제하며, 대표적인 항산화제로 이용되는 비타민은?

① 비타민 A

② 비타민 B

③ 비타민 K

④ 비타민 E

243 간장에서 비타민 K_3으로 전환될 수 있는 것은?

① 비타민 B

② α-tocopherol

③ menadione

④ 비타민 A

244 Vitamin K의 주된 기능은 무엇인가?

① prothrombin의 생합성

② Ca 대사에 관여

③ 망막의 기능 유지

④ thrombin의 합성 방해

---

237 provitamin A
- 카로테노이드계 색소 중에서 provitamin A가 되는 것은 β-ionone 핵을 갖는 caroten류의 α-carotene, β-carotene, γ-carotene과 xanthophyll류의 cryptoxanthin이다.
- 이들 중 비타민 A로서의 효력은 β-carotene이 가장 크다.

238 Vit. A는 시각 회로에 관여하는 것으로 opsin 단백질과 결합하여 rhodopsin을 형성한다. Rhodopsin에 빛이 닿으면 불안정한 transretinene과 opsin과의 혼합물로 분해되는 것을 시황(視黃)이라 한다.

239 비타민 D가 결핍되면
- Ca와 P의 적당한 배합 침착이 저해되어 뼈의 발육 특히 석회화를 늦게 한다.
- 어린이에서는 구루증(rickets)이며, 어른의 경우에는 골연화증이 된다.

240 비타민 D는 자외선에 의해
- 식물에서는 에르고스테롤(ergosterol)에서 에르고칼시페롤(D_2)이 형성된다.
- 동물에서는 7-디하이드로콜레스테롤(7-dehydrocholesterol)에서 콜레칼시페롤(D_3)이 형성된다.

241 Vit. E(tocoperol : 항불임인자)
- tocol 핵을 갖고 있으며 환의 CH_3 기의 수와 위치에 따라 α, β, γ, δ-tocopherol의 4종이 있다.

242 비타민 E(토코페롤)
- 산화에 의한 생체막의 손상을 억제한다.
- 혈액 속에 포함되어 있는 혈소판의 기능을 원활히 해 준다.
- 세포막을 보호하며 말초혈관의 혈액 순환을 수월하게 해 준다.
- 동맥혈관 벽의 세포막 손상을 예방한다.
- 세포성분의 산화를 막아 과산화지질의 형성을 막으므로 노화를 방지한다.

243 비타민 K
- 식물성 식품에 함유되어 있는 필로퀴논(phylloquinone, 비타민 K_1)과 육류와 생선 기름 등 동물성 식품에 존재하는 메나퀴논(menaquinone, 비타민 K_2)이 있다.
- 메나디온(menadione, 비타민 K_3)은 지용성 합성물로서 비타민 K의 전구체이다.

244 Vit. K의 주요 생리작용
- 혈액응고, 이뇨작용, 생체산화(vit K_3), 간에서 prothrombin의 생성에 관여한다.

245 비타민 K(phylloquinone)
· 혈액응고에 관계한다.
· 결핍증은 혈액응고를 저해하지만 성인의 경우 장내 세균에 의하여 합성되므로 결핍증은 드물다.

246 비타민의 용해성에 따른 분류
① 지용성 비타민
· 유지 또는 유기용매에 녹는다.
· 생체 내에서는 지방을 함유하는 조직 중에 존재하고 체내에 저장될 수 있다.
· 비타민 A, D, E, F, K 등이 있다.
  ※토코페롤(E)
② 수용성 비타민
· 체내에 저장되지 않아 항상 음식으로 섭취해야 한다.
· 혈중농도가 높아지면 소변으로 쉽게 배설된다.
· 비타민 B군과 C군으로 대별된다.
  ※리보플라빈(B₂), 코발라민(B₁₂), 나이아신(B₃)

247 비타민 B₁은 thiazol환에 −OH기가 있어 ester를 형성한다.

248 비타민 B₆(pyridoxine)
· PLP(pyridoxal phosphate 혹은 pyridoxamine)로 변환 되어 주로 아미노기 전이 반응에 있어서 보효소로서 역할을 한다.

249 비타민 B₁₂(Cobalamin)
· 주로 동물성 식품에 많이 존재하며, 일부 해조류를 제외한 식물성 식품에는 거의 없다.
· 장내 세균에 의해 합성되므로 대변으로 많이 배설된다.

250 Niacin(nicotinic acid)
· 질소를 함유하고 있으며 생체에서 조효소로써 수소의 운반에 관여한다.
· 생체 내에서 tryptophan이 niacin으로 전환되어 이용된다.

251 Niacin
· 탈수소 효소의 조효소인 NAD 및 NADP의 구성성분이다.
· 체내에서 산화 환원 반응에 중요한 역할을 한다.

ANSWER
245 ④ 246 ④ 247 ① 248 ③
249 ③ 250 ① 251 ①

245 간에서 프로트롬빈을 비롯한 여러 가지 혈액응고인자를 합성하고 정상수준을 유지하기 위해 필요한 비타민은?

① 비타민 A
② 비타민 D
③ 비타민 E
④ 비타민 K

246 다음 중 수용성 비타민이 아닌 것은?

① 리보플라빈
② 코발라민
③ 나이아신
④ 토코페롤

247 황(S)을 함유한 비타민은?

① 비타민 B₁
② 비타민 B₂
③ 비타민 B₆
④ 비타민 B₁₂

248 아미노산 대사에 필수적인 비타민으로 알려진 비타민 B₆의 종류가 아닌 것은?

① 피리독살(pyridoxal)
② 피리독사민(pyridoxamine)
③ 피리미딘(pyrimidine)
④ 피리독신(pyridoxine)

249 비타민 B₁₂에 대한 설명으로 틀린 것은?

① Co^{2+} 이온을 함유하고 있는 적색의 비타민이다.
② 부족하면 거대적아구성 빈혈을 일으킨다.
③ 자연계에서는 동물만 합성할 수 있다.
④ 핵산생성에 관여한다.

250 다음 보기의 설명에 맞는 비타민은 어느 것인가?

· 성분 중에 질소가 들어 있다.
· Tryptophan이 생체 내에서 이것으로 전환되어 이용된다.
· 생체에서 조효소로서 수소를 운반하는 데 관여한다.

① niacin
② riboflavin
③ vitamin B₆
④ vitamin E

251 나이아신의 조효소 형태와 관련이 없는 것은?

① FAD
② NADP
③ NAD
④ NADPH

252 다음 비타민 중 tryptophan으로부터 생합성될 수 있는 것은?

① niacin

② pantothenic acid

③ riboflavin

④ pyridoxal

253 Folic acid와 관계있는 결핍증은?

① 펠라그라

② 야맹증

③ 괴혈병

④ 거대혈구성 빈혈

254 Pantothenic aicd와 관계없는 것은?

① steroid의 합성분해

② 지방산 산화

③ calcification

④ Co－enzyme A

255 비오틴의 결핍증이 잘 나타나지 않는 이유는?

① 지용성 비타민으로 인체 내에 저장되므로

② 일상생활 중 자외선에 의해 합성되므로

③ 아비딘 등의 당단백질의 분해산물이므로

④ 장내세균에 의해서 합성되므로

256 비타민과 그의 결핍증의 연결이 옳지 않은 것은?

① thiamine : beri－beri(각기병)

② niacin : pellagra(피부병)

③ vitamin C : 불임증

④ vitamin B$_{12}$: 빈혈

257 provitamin과 vitamin과의 연결이 틀린 것은?

① β－carotene － 비타민 A

② tryptophan － niacin

③ glucose － biotin

④ ergosterol － 비타민 D$_2$

252 Niacin은 사람, 개, 말, 토끼, 쥐와 어떤 미생물 등에서는 tryptophan으로부터 합성된다.

253 Folic acid(엽산)의 결핍증은 악성 빈혈, 백혈구 감소, 성장부진 등이다.

254 Pantothenic acid
• 생체 내에서 coenzyme A로 합성되어 고급 지방산의 대사, steroid, porphrin, 호르몬 등의 합성 분해에 관여한다.
※ Calcification은 Vit. D와 관련이 있다.

255 비오틴(biotin)
• 지용성 비타민으로 황을 함유한 비타민이다.
• 자연계에 널리 분포되어 있으며 동물성 식품으로 난황, 간, 신장 등에 많고 식물성 식품으로는 토마토, 효모 등에 많다.
• 장내 세균에 의해 합성되므로 결핍되는 일은 드물다.
• 생 난백 중에 존재하는 염기성 단백질인 avidin과 높은 친화력을 가지면서 결합되어 효력이 없어지기 때문에 항난백인자라고 한다.
• 결핍되면 피부염, 신경염, 탈모, 식욕감퇴 등이 일어난다.

256 비타민과 그의 결핍증
• 항괴혈병인자 : 비타민 C
• 항빈혈인자 : folic acid, vitamin B$_{12}$ 및 B$_{13}$
• 항불임인자 : 비타민 E(tocopherol)
• 항구루병인자 : vitamin D(calciferol)
• 혈액응고인자 : 비타민 K
• 항pellagra인자 : 비타민 B$_6$, niacin
• 항피부염인자 : pantothenic acid, biotin, 비타민 F
• 향신경염인자 : thiamine
• 성장촉진인자 : riboflavin

257 비오틴(biotin)
• 비오시틴(biocytin)이라는 단백질에 결합된 조효소 형태로 존재한다.
• biocytin은 혈액과 간에서 효소에 의해 가수분해되어 biotin으로 유리된다.

출제예상문제

258 비타민과 보효소의 관계

- 비타민 B₁(thiamine) : ester를 형성하여 TPP(thiamine pyrophosphate)로 되어 보효소로서 작용
- 비타민 B₂(riboflavin) : FMN(flavin mononucleotide)와 FAD(flavin adenine dinucleotide)의 보효소 형태로 변환되어 작용
- 비타민 B₆(pyridoxine) : PLP (pyridoxal phosphate 혹은 pyridoxamine)로 변환 되어 주로 아미노기 전이 반응에 있어서 보효소로서 역할
- Niacin : NAD(nicotinamide adenine dinucleotide), NADP(nicotinamide adenine dinucleotide phosphate)의 구성성분으로 되어 주로 탈수소 효소의 보효소로서 작용

260 비타민 C의 합성

- 포도당이 간세포에서 몇 단계를 거쳐서 L-굴로노-γ-락톤(L-gulono-γ-lactone)이라는 물질이 되고, 그 물질이 L-굴로노-γ-락톤 산화 효소(L-gulono-γ-lactone oxidase)에 의해 최종적으로 비타민 C(L-ascorbic acid)로 바뀌게 된다.
- 대부분의 동물은 비타민C를 간세포(hepatocytes)에서 합성 가능하지만 사람과 영장류, 기니아피그, 과일나무 박쥐, 일부 조류, 일부 어류(송어, 잉어, 은연어) 등은 합성하지 못한다.
- 이들이 비타민 C를 합성하지 못하는 이유는 간 효소인 L-gulono-γ-lactone oxidase가 결손 되었기 때문이다.

261 Ca 및 P의 대사에 관여하는 호르몬은 부갑상선으로 신장 요세관에서 무기인산의 재흡수를 저하시켜 소변 중에 P의 배설이 많아지고 혈장 중의 농도는 저하된다.

262

- Glycogen의 생성 반응은 주로 간에서 일어나며, 이 반응에는 insulin이 관여한다.
- Epinephrine은 glycogen 분해에 관여하므로 간장에서 insulin과 함께 glycogen의 함량을 조절한다.

263 갑상선 기능 저하증은 creatinism이나 점액수송(myxedema) 등으로 나타난다. 갑상샘이 커지는 병은 Goiter라고 하며, 보통 지방병성 갑상선종, 갑상선 기능 항진증 등이 있다.

 ▌ANSWER▐ ....

258 ③   259 ②   260 ②   261 ④
262 ④   263 ①

---

258 비타민과 보효소의 관계가 틀린 것은?

① 비타민 B₁ - TPP
② 비타민 B₂ - FAD
③ 비타민 B₆ - THF
④ Niacin - NAD

259 척추동물의 결합조직 내의 콜라겐을 구성하고 있는 proline 잔기에 대한 효소적 수산화 반응의 보조인자로 작용하는 비타민은?

① vitamin B₁   ② vitamin C
③ vitamin P   ④ vitamin K

260 사람과 원숭이가 비타민 C를 합성하지 못하는 이유는?

① 장내 세균에 의해 합성을 방해받기 때문이다.
② L-gulono-oxidase 효소가 없기 때문이다.
③ 아비딘 단백질이 비오틴과 결합하여 합성을 방해하기 때문이다.
④ 세포에 합성을 방해하는 항생물질이 있기 때문이다.

261 부갑상선이 대사를 조절하는 것은 어느 물질인가?

① 인
② 칼슘과 마그네슘
③ 칼슘과 철
④ 칼슘과 인

262 Glycogenesis를 증가시키는 것은 무엇인가?

① epinephrine과 thyroxin
② thyroxin
③ insulin과 epinephrine
④ insulin

263 갑상선의 기능 장해와 관계없는 것은?

① Addison씨 병   ② Goiter
③ Creatinism   ④ Myxedema

264 부신피질 hormone의 기능으로 옳지 않은 것은?

① 당질, 지방질, 단백질 대사에 관여
② 소염 및 최염작용
③ 골격근의 혈관 확장
④ 전해질대사에 관여

265 생식 현상에 관여하지 않는 hormone은?

① FSH
② Oxytocin
③ TSH
④ Progesterone

266 항생물질인 페니실린의 세포 내작용 기작으로 옳은 것은?

① 영양물질 수송에 관여하는 세포막 합성저해
② 세포벽, 세포질에 존재하는 지질(lipid) 생합성 저해
③ 세포벽 합성과정 중의 transpeptidation 저해
④ 리보솜에작용하여 단백질 합성 저해

267 Cyclic AMP와 가장 관계가 깊은 것은?

① 고energy 화합물
② 핵산의 구성성분
③ 보조 효소
④ 호르몬의 전달물질

268 호르몬인 predonisolone의 생성에 관여하지 않는 미생물은?

① *Arthrobacter simplex*
② *Bacillus pulvifaciens*
③ *Mycobacterium*
④ *Gibberella fujikuroi*

264 Corticoid는 부신피질 hormone인데, 전해질, 물의 대사 및 당질, 단백질, 지방대사를 조정하고 염증, 감염에 저항성, 성호르몬을 분비한다.

265 생식 현상에 관여하는 hormone
• FSH(Follicle stimulating hormone)은 난소여포를 발육, 성숙시켜 배란을 준비시키고, 정자 형성을 촉진시킨다.
• Oxytocin은 자궁 근육의 수축작용으로 분만을 촉진시킨다.
• Progesterone은 황체에서 산출되는 hormone이며 임신말기 이것이 쇠약할 때에 분만이 이루어진다.
※ TSH는 갑상샘 자극 hormone이며, 갑상샘 기능 조정에 중요한 인자다.

266 penicillin, cephalosporin C의 주된 항균작용기작
• pepti-doglycan 생합성의 최종 과정인 transpeptidase를 저해하여 그 가교 형성(cross-link)을 비가역적으로 저해하기 때문이다.
• 이 저해의 이유로서는 이들의 구조가 peptidoglycan의 D-Ala-D-Ala 말단과 유사하므로 기질 대신에 이들 항생물질이 효소의 활성 중심과 결합하기 때문이다.

267
• 호르몬은 합성된 위치에서 특정한 조직 내에 운반되고, 그곳에서 또다른 cyclic AMP의 생성을 촉진한다.
• Cyclic AMP의 세포 내 농도는 주로 adenyl cyclase와 cyclic AMP에작용하는 특수한 phosphodiesterase에 의하여 조절된다.

268 predonisolone의 생성
• coritisone이나 hydrocortisone 으로부터 수백 효력이 강한 predoni-sone이나 predonisolone을 얻으려면 *Arthrobacter simplex*, *Bacillus pulvifaciens*, *Corynebacterium*, *Mycobacterium*, *Fusarium*, *Didymella*, *Ophiobolus* 등을 이용하여 C_1의 탈수소 반응을 진행시킨다.
※ 곰팡이 *Gibberella fujikuroi*은 식물 호르몬 일종인 gibberellin의 생성에 관여한다.

ANSWER
264 ③   265 ③   266 ③   267 ④
268 ④

269 세포막의 기능

- 각각의 세포 개체를 유지시켜 주고 세포 내용물을 보호하는 중요한 역할을 하는 것 외에 필요한 영양소나 염류를 세포 내로 운반하거나 또는 노폐물을 세포외로 배출하는 등 물질의 출입에 관여하며 세포 전체의 대사를 제어한다.
- 인슐린 등의 호르몬을 식별하여 결합하며, 그 수용체는 막을 통과시켜 세포내의 효소계 기능을 조절한다.
- 그 외에 세포막에는 특이항원 부위가 있으며, 세포 상호를 식별할 수 있는 기능이 있다.
- 세포막이 물질을 수송하는 주된 수단으로서 수동수송과 능동수송이 있다.

270 meselson 실험

- M. Meselson과 F. Stahl에 의해 DNA복제가 반보존적으로 이루어진다는 것을 최초로 증명(1958)되었다.
- ^{15}N을 포함하는 배지에서 대장균을 배양한 후 ^{14}N을 포함하는 통상의 배지로 옮겨 여러 시간 후에 균체에서 DNA를 추출하여 염화세슘 평형 밀도구배 원심분리법을 시행하여 부유밀도에 따라 DNA을 분리한다.
- 그 결과 그림과 같이 ^{15}N만을 포함하는 중(重) DNA가 ^{14}N을 포함하는 배지로 옮겨 1세대 후에는 ^{15}N와 ^{14}N을 등량 포함하는 잡종 분자로 변화하고, 2세대 후에는 잡종 분자와 ^{14}N만으로 구성되는 경(輕) DNA를 등량으로 얻을 수 있다(중 DNA 2 : 경 DNA 6 비율).

271 DNA 염기에 변화를 일으키는 물질

- nitroso 화합물은 alkyl화제로서 DNA에작용하여 DNA를 손상하여(돌연변이) 발암을 일으키게 된다.
- Nitrosoamine, Nitrogen mustard, Dimethylnitrosamine 등은 alkyl화제로 DNA를 손상하여 발암을 일으킨다.
- 가장 강력한 발암물질은 Nitrosoa-mine(N-nitrosodiethylamine)으로 그 TD50(50%의 동물에게 종양을 일으키는 용량: mㅁol/㎏ 체중)은 0.000630이다.

272 벡터(vector)

- 유전자 재조합 기술에서 원하는 유전자를 일정한 세포(숙주)에 주입시켜서 증식시키려면 우선 이 유전자를 숙주세포 속에서 복제될 수 있는 DNA에 옮겨야 한다.

■ ANSWER ■

269 ④　270 ③　271 ③　272 ①

---

269 세포막의 특성에 대한 설명으로 틀린 것은?

① 물질을 선택적으로 투과시킨다.
② 호르몬의 수용체(receptor)가 있다.
③ 표면에 항원이 되는 물질이 있다.
④ 단백질을 합성한다.

270 DNA가 반보존적으로 유전된다는 meselson 실험에서 2세대 후 ^{14}N과 ^{15}N의 비율은?

① 1 : 1
② 1 : 2
③ 1 : 3
④ 3 : 1

271 DNA 염기에 변화를 일으키는 물질이 아닌 것은?

① Nitrogen mustard
② Nitrosoamine
③ Ammonium phosphate
④ Dimethylnitrosamine

272 재조합 DNA에 이용되는 cloning vector(plasmid)의 구비조건으로 틀린 것은?

① 분자량이 크고 plasmid DNA의 검출이나 분리·정제가 용이할 것
② 제한 효소에 의한 적당한 절단 부위가 있을 것
③ 재조합형 plasmid DNA를 세포에 도입했을 때 plasmid 보유균을 선택할 수 있는 유전 marker가 있을 것
④ 절단 부위에 이종 DNA를 삽입하여도 복제능력을 잃지 않을 것

273 제한 효소(restriction enzyme)를 올바르게 설명한 것은?

① DNA 조각들을 연결시키는 효소
② 특정 염기서열을 가진 소량의 DNA 단편을 대량 합성하는 데 사용되는 효소
③ 최종산물의 존재에 의해 활성이 억제·제한되는 효소
④ DNA의 두 가닥 사슬의 특정 염기배열을 식별하여 절단하는 효소

 발효공학

274 미생물의 발효배양을 위하여 필요로 하는 배지의 일반적인 성분이 아닌 것은?

① 질소원
② 무기염
③ 탄소원
④ 수소이온

275 조작형태에 따른 발효형식의 분류에 해당되지 않는 것은?

① 회분배양
② 고체배양
③ 유가배양
④ 연속배양

이때의 DNA를 운반체(백터)라 한다.
• 운반체로 많이 쓰이는 것에는 플라스미드(plasmid)와 바이러스(용원성 파아지, temperate phage)의 DNA 등이 있다.
• 운반체로 사용되기 위한 조건
 – 숙주세포 안에서 복제될 수 있게 복제 시작점을 가져야 한다.
 – 정제과정에서 분해됨이 없도록 충분히 작아야 한다.
 – DNA 절편을 클로닝하기 위한 제한효소 부위를 여러 개 가지고 있어야 한다.
 – 재조합 DNA를 검출하기 위한 표지(marker)가 있어야 한다.
 – 숙주세포 내에서의 복제(copy)수가 가능한 한 많으면 좋다.
 – 선택적인 형질을 가지고 있어야 한다.
 – 제한 효소에 의하여 잘려지는 부위가 있어야 한다.
 – 하나의 숙주세포에서 다른 세포로 스스로 옮겨가지 못하는 것이 더 좋다.

273 제한 효소(restriction enzyme)
• 세균 속에서 만들어져 DNA의 특정 인식부위(restriction site)를 선택적으로 분해하는 효소를 말한다.
• 세균의 세포 속에서 제한 효소는 외부에서 들어온 DNA를 선택적으로 분해함으로써 병원체를 없앤다.
• 제한 효소는 세균의 세포로부터 분리하여 실험실에서 유전자를 포함하고 있는 DNA 조각을 조작하는 데 사용할 수 있다. 이 때문에 제한 효소는 DNA 재조합 기술에서 필수적인 도구로 사용된다.

274 미생물을 증식하기 위한 배지는 미생물에 따라 그 조성이 다르다. 그러나 공통적으로 탄소원, 질소원, 무기염류, 증식인자 및 물 등이 필요하다.

275 발효형식(배양형식)의 분류
① 배지상태에 따라 액체배양과 고체배양
• 액체배양 : 표면배양(surface culture), 심부배양(submerged culture)
• 고체배양 : 밀기울 등의 고체 배지 사용
 – 정치배양 : 공기의 자연환기 또는 표면에 강제통풍
 – 내부 통기배양(강제통풍배양, 퇴적배양) : 금속 망 또는 다공판을 통해 통풍
② 조작상으로는 회분배양, 유가배양, 연속배양

 ANSWER

273 ④ 274 ④ 275 ②

- 회분배양(batch culture) : 제한된 기질로 1회 배양
- 유가배양(fed-batch culture) : 기질을 수시로 공급하면서 배양
- 연속배양(continuous culture) : 기질의 공급 및 배양액 회수가 연속적 진행

276 연속배양의 장단점

	장점	단점
장치	장치 용량을 축소할 수 있다.	기존 설비를 이용한 전환이 곤란하여 장치의 합리화가 요구된다.
조작	작업시간을 단축할 수 있다. 전공정의 관리가 용이하다.	다른 공정과 연속시켜 일관성이 필요하다.
생산성	최종 제품의 내용이 일정하고 인력 및 동력 에너지가 절약되어 생산비를 절감할 수 있다.	배양액 중의 생산물 농도와 수득율은 비연속식에 비하여 낮고, 생산물 분리 비용이 많이 든다.
생물	미생물의 생리, 생태 및 반응기구의 해석수단으로 우수하다.	비연속배양 보다 밀폐성이 떨어지므로 잡균에 의해서 오염되기 쉽고 변이의 가능성이 있다.

277 회분식 배양(batch culture)

- 처음 공급한 원료기질이 모두 소비될 때까지 발효를 계속하는 방법이다.
- 기질의 농도, 대사생성물의 농도, 균체의 농도 등이 시간에 따라 계속 변화한다.
- 작업시간이 길지만 조작의 간편성 때문에 대부분의 발효공업이 회분식 배양 형식을 택하고 있다.

278 미생물의 배양법

- 정치배양(stationary culture) : 호기성균은 액량을 넓고 얇게, 혐기성균은 액층을 깊게 배양한다.
- 진탕배양(shaking culture) : 호기성균을 보다 활발하게 증식시키기 위하여 액체배지에 통기하는 방법이다. 진탕배양법은 왕복진탕기(120~140rpm)나 회전진탕기(150~300rpm) 위에 배지가 든 면전플라스크를 고정시켜 놓고 항온에서 사카구치 플라스크를 쓴다.
- 사면배양(slant culture) : 호기성균의 배양에 이용되며 백금선으로 종균을 취해서 사면 밑에서 위로 가볍게 직선 또는 지그재그로 선을 긋는 방법이다.
- 통기교반배양 (submerged culture) : 호기성 미생물 균체를 대량으로 얻고자 할 때 사용한다. 발효조 내의 배양액에 스파저를 통해서 무균공기를 주입하는 동시에 교반하여 충분히 호기적인 상태가 되도록하여 배양하는 방법이다. 주로 Jar fermentor를 이용하여 진탕배양한다.

 ANSWER ··············

276 ④   277 ②   278 ④

276 연속배양의 장점이 아닌 것은?

① 장치 용량을 축소할 수 있다.
② 전공정의 관리가 용이하다.
③ 생산성이 증가한다.
④ 배양액 중 생산물의 농도가 훨씬 높다.

277 회분배양의 특징이 아닌 것은?

① 다품종 소량 생산에 적합하다.
② 작업시간을 단축할 수 있다.
③ 잡균오염에 대처하기가 용이하다.
④ 운전조건의 변동 시에 쉽게 대처할 수 있다.

278 호기성 미생물을 사용하여 균체를 다량 생산하고자 할 때 많은 양의 배지를 사용한다. 가장 적당한 배양방법은?

① 정치배양법
② 진탕배양법
③ 사면배양법
④ 통기교반배양법

279 통기배양 시의 공기 송입장치는?

① baffle plate
② paddle
③ sparger
④ turbine

280 발효장치 중 기계적인 교반에 의해 산소가 공급되는 통기교반형 배양장치가 아닌 것은?

① Air-lift형 발효조
② 표준형 발효조
③ Waldhof형 발효조
④ Vogelbusch형 발효조

281 주정 제조 시 단식 증류기와 비교하여 연속식 증류기의 일반적인 특징이 아닌 것은?

① 연료비가 많이 든다.
② 일정한 농도의 주정을 얻을 수 있다.
③ 알데히드(aldehyde)의 분리가 가능하다.
④ fusel유의 분리가 가능하다.

---

279 공기 송입장치
• 통기배양 시 공기는 sparger를 통해서 액내에 분산 취입된다.
• Tube형, ring형, 방사형 등이 있다.

280 발효조
• 통기교반형 발효조, 기포탑형 발효조, 유동층 발효조 등이 있다.
• 통기교반형 발효조
 – 기계적으로 교반한다.
 – 교반과 아울러 폭기(aeration)를 하여 세포를 부유시키고 산소를 공급하며, 배지를 혼합시켜 배지 내의 열전달을 효과적으로 이루어지게 한다.
 – 미생물뿐만 아니라 동물세포 및 식물세포의 배양에 사용할 수 있다.
 – 표준형 발효조, Waldhof형 발효조, Acetator와 cavitator, Vogelbusch형 발효조
• 기포탑형 발효조(air lift fermentor)
 – 산소 공급이 필요한 호기적 배양에 사용되는 발효조이다.
 – 공기방울을 작게 부수는 기계적 교반을 하지 않고 발효조 내에 공기를 아래로부터 공급하여 자연대류를 발생시킨다.
• 유동층 발효조
 – 응집성 효모의 덩어리가 배지의 상승운동에 의하여 현탁상태로 유지된다.
 – 탑의 정상에 있는 침강장치에 의하여 탑 본체로 다시 돌려보내게 되므로 맑은 맥주를 얻을 수 있다.

281 주정의 증류장치
• 단식 증류기
 – 고형물(흙, 모래, 효모, 섬유, 균체)이나 불휘발성 성분(호박산, 염류, 단백질, 탄수화물)만이 제거된다.
 – 알데히드류나 에스테르류 또는 fusel류, 휘발산(개미산. 초산) 등은 제거되지 않고 제품 중에 남게 되어 특이한 향미성분으로 기능을 한다.
 – 비연속적이며, 증류 시간이 경과함에 따라 농도가 낮아져서 균일한 농도의 주정을 얻을 수 없다.
 – 연료비가 많이 드는 등 비경제적이다.
• 연속식 증류기
 – 알코올을 연속적으로 추출할 수 있고 일정한 농도의 주정을 얻을 수 있다.
 – 고급 알코올(fusel oil), 알데히드류, 에스테르류 등의 분리가 가능하다.
 – 생산 원가가 적게 든다.
 – 방향성분을 상실할 수 있다.

ANSWER

279 ③　**280** ①　**281** ①

282 생산물의 생성 유형
· 증식 관련형 : 에너지대사 기질의 1차 대사경로(분해경로)
  – 균체생산(SCP 등), 에탄올 발효, 글루콘산 발효 등
· 중간형 : 에너지대사 기질로부터 1차 대사와는 다른 경로로 생성(합성경로)
  – 유기산, 아미노산, 핵산관련 물질
· 증식 비관련형 : 균의 증식이 끝난 후 산물의 생성
  – 항생물질, 비타민, glucoamylase 등

283 항생제는 미생물이 만들어내는 천연 발효산물이고, 합성 항생제는 항생제 성분의 전부를 화학적으로 합성한 항생제이다.

284 발효주
· 단발효주 : 원료속의 주성분이 당류로서 과실 중의 당류를 효모에 의하여 알코올 발효시켜 만든 술이다. **예** 과실주
· 복발효주 : 전분질을 아밀라아제제(amylase)로 당화시킨 뒤 알코올 발효를 거쳐 만든 술이다.
  – 단행복발효주 : 맥주와 같이 맥아의 아밀라아제(amylase)로 전분을 미리 당화시킨 당액을 알코올 발효시켜 만든 술이다. **예** 맥주
  – 병행복발효주는 청주와 탁주 같이 아밀라아제(amylase)로 전분질을 당화시키면서 동시에 발효를 진행시켜 만든 술이다. **예** 청주, 탁주

285 284번 참조

286 284번 참조

287 284번 참조

282 생산물의 생성 유형 중 생육과 더불어 생산물이 합성되는 증식 관련형(growth associated) 발효산물이 아닌 것은?

① SCP(Single Cell Protein)
② 에탄올
③ 글루콘산
④ 비타민

283 산업적으로 미생물에 의해 생산되는 중요한 발효산물과 거리가 먼 것은?

① 미생물 균체(microbial cell)
② 합성 항생제(synthetic antibiotic)
③ 변형 화합물(transformed compound)
④ 대사산물(metabolite)

284 주정발효에 대한 설명 중 틀린 것은?

① 단발효주의 원료는 꼭 당화해야 한다.
② 단행복발효주의 원료는 꼭 당화해야 한다.
③ 병행복발효주의 원료는 당화와 알코올 발효가 병행된다.
④ 복발효주는 단행복과 병행복발효주로 나눈다.

285 양조주 중 알코올 발 효과정만을 거친 것은?

① 단발효주 – 포도주
② 복발효주 – 탁주
③ 증류주 – 럼
④ 혼성주 – 인삼주

286 단행복발효주에 속하는 것은?

① 포도주   ② 맥주
③ 약주   ④ 청주

287 다음 중 병행복발효주에 속하는 것은?

① 소주   ② 청주
③ 포도주   ④ 맥주

ANSWER

282 ④   283 ②   284 ①   285 ①
286 ②   287 ②

288 다음 중 제조방법에 따라 병행복발효주에 속하는 것은?

① 맥주   ② 약주
③ 사과주   ④ 위스키

289 증류주에 속하는 것은?

① 소주   ② 막걸리
③ 맥주   ④ 청주

290 주류와 원료의 관계가 잘못된 것은?

① 청주 – 정백미
② 소주(희석식) – 고구마
③ 럼주 – 당밀
④ 브랜디 – 맥아

🍉 주류 및 발효식품

291 우리나라에서 맥주용 보리로 사용하는 품종은 어느 것인가?

① Imperial   ② Golden melon
③ Protex   ④ Chevalier

292 맥주 발효에서 보리를 발아한 맥아를 사용하는 목적이 아닌 것은?

① 보리에 존재하는 여러 종류의 효소를 생성하고 활성화시키기 위하여
② 맥아의 탄수화물, 단백질, 지방 등의 분해를 쉽게 하기 위하여
③ 효모에 필요한 영양원을 제공해 주기 위하여
④ 발효 중 효모 이외의 균의 성장을 저해하기 위하여

293 맥아 아밀라제의 당화에 적합한 온도는?

① 40~55℃   ② 60~65℃
③ 65~75℃   ④ 75~80℃

288 284번 참조

289 증류주
• 양조주 또는 그 술의 찌꺼기를 증류하여 주정함량을 높인 술로서 EX분 함량이 적은 것이 특징이다.
• 증류식 소주, 희석식소주, 위스키, 브랜디가 있다.

290 브랜디(Brandy)
• 포도, 사과, 체리 등 과일을 주 원료로 해서 만들어진 와인을 증류시킨 술이 브랜디이다.

291 맥주용 보리 품종
• Golden melon은 우리나라 제주도에서 주로 재배하는 품종이다.
• Imperial, Chevalier, Union, Protex 등은 구미품종이다.

292 맥주 발효에서 맥아를 사용하는 목적
• 당화 효소, 단백질 효소 등 맥아 제조에 필요한 효소들을 활성화 또는 생합성시킨다.
• 맥아의 배조에 의해서 특유의 향미와 색소를 생성시키며, 동시에 저장성을 부여한다.
• 맥아의 탄수화물, 단백질, 지방 등의 분해를 쉽게 한다.
• 효모에 필요한 영양원을 제공해 준다.

293 맥아 amylase
• 60~65℃에서 발효성 당을 더욱 많이 분해한다.
• 70~75℃에서는 녹말의 분해가 빠르지만 60~65℃에서 dextrin 생성이 많다.
• 40~45℃에서는 함질소 물질이 가장 잘 분해된다.

◀ ANSWER ▶ ⋯⋯⋯⋯⋯⋯⋯⋯

288 ②   289 ①   290 ④   291 ②
292 ④   293 ②

294 호프의 효과
- 호프는 맥주에 고미와 상쾌한 향미를 부여하고, 거품의 지속성, 항균성 등의 효과가 있다.
- Hop의 tannin은 양조 공정에서 불안정한 단백질을 침전을 제거하고, 맥주의 청징에도 도움이 된다.

295 hop 첨가 시기
- 당화가 끝나면 곧 여과하여 여과 맥아즙에 0.3~0.5%의 hop을 첨가한 다음, 1~2시간 끓여 유효성분을 추출한다.

296 humulon은 고미의 주성분이지만, 맥아즙이나 맥주에서 거의 용해되지 않고, 맥아즙 중에서 자비될 때 iso화되어 가용성의 isohumulon으로 변화되어야 비로소 맥아즙과 맥주에 고미를 준다.

297 맥주 제조 시 hop의 기능
- 고미와 상쾌한 향미 부여
- 거품의 지속성, 항균성 등의 효과

298 hop유
- terpene류가 함유되어 지방산과 ester를 형성하여 저장 중 이들 ester는 서서히 가수분해되어 향기가 발생한다.
- 맥아즙에 넣고 끓이면 대부분은 휘발하고 방향성인 소량의 hop 유가 남아서 맥주에 특유한 향기를 부여한다.

299 맥아 제조공정
- 정선기 → 침지조(침맥) → 발아관 → 건조실(배조) 등의 순서로 이행되어 제조된다.
- 세척, 침맥, 발아, 배조를 자동 연속화한 장치들이 고안되고 있다.

300 우리나라 맥주는 하면맥주인 담색 맥주이다.

---

294 맥주 제조 시 첨가되는 hop의 효과로서 틀린 것은?

① 효모의 증식을 촉진시켜 알코올 농도를 높인다.
② 항균 효과가 있다.
③ 맥주의 거품에 관여한다.
④ 맥주 특유의 향미를 부여한다.

295 다음 중 맥주 제조공정에서 hop 첨가 시기로 옳은 것은?

① 맥아 제조 – 분쇄 후
② 당화 후 – 자비와 같이
③ 발효 – 저장과 같이
④ 발효 후 – 여과와 같이

296 맥주에서 주로 고미를 부여하는 성분은?

① isohumulon
② lupulon
③ humulon
④ hop tannin

297 맥주 제조 시 hop의 기능은?

① 고미 부여
② 효모 증식 촉진
③ 알코올 농도를 높임
④ 착색 효과

298 맥주에 특유한 향기를 주는 hop 성분의 근원물질은?

① hop 유
② hop 수지
③ lupulon
④ hop 탄닌

299 맥아 제조공정 순서가 가장 옳게 배열된 것은 어느 것인가?

① 정선기 → 침지조 → 발아관 → 건조실
② 발아관 → 침지조 → 정선기 → 건조실
③ 정선기 → 발아관 → 침지조 → 건조실
④ 침지조 → 발아관 → 정선기 → 건조실

300 우리나라 맥주는 어디에 속하는가?

① 담색 맥주
② 진한 맥주
③ 농색 맥주
④ 중등색 맥주

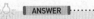
ANSWER
294 ① 295 ② 296 ① 297 ①
298 ① 299 ① 300 ①

301 맥아즙의 자비 목적으로 틀린 것은?

① 불쾌취 제거
② Hop 성분 침출
③ 단백질 석출(제거)
④ 효소를 불활성화시킴

302 맥주의 hop 중 특히 향기성분을 부여하는 것은?

① hop oil
② humulon
③ hop 수지
④ lupulon

303 맥주 후발효의 목적이 아닌 것은?

① 발효성 엑기스 분을 완전히 발효시킨다.
② 발생된 CO_2를 저온 하에서 필요한 양만 맥주에 녹인다.
③ 맥주 혼탁의 원인물질을 석출시켜 제거한다.
④ 맥주 고유의 색깔을 진하게 착색시킨다.

304 맥주 발효에 대한 다음 설명 중 틀린 것은?

① 효모는 Saccharomyces 속을 이용한다.
② 병행 복발효주이다.
③ 두 줄 보리를 사용한다.
④ 단맥아를 사용한다.

305 상면효모와 하면효모를 설명한 것 중 잘못된 것은?

① 상면효모의 발효액은 혼탁하다.
② 상면효모는 소량의 효모점질물(polysaccharide)을 함유한다.
③ 하면효모는 발효작용이 빠르다.
④ 하면효모는 균체가 산막을 형성하지 않는다.

306 맥주 제조공정 중 당화의 주요 목적은?

① 거품의 생성 유지, 방부작용
② 유해 효모 증식 억제, 유해 세균 살균
③ 당분의 생성, 수용성 아미노산의 생성
④ 맥주 특유의 향미 생성, 알코올 생성

301 맥아즙의 자비목적
• 맥아즙의 소정농도로 농축
• hop의 유효성분 침출
• 응고성 단백질 석출
• 맥아즙 살균 및 효소 실활 등
※ 맥아즙은 5~6℃로 냉각한다(담색 맥주).

302 맥주의 hop
• hop oil은 hop 방향의 주체가 된다.
• humulon은 맥주 고미의 주체이다.
• lupulon은 고미가 거의 없다.

303 후발효의 목적
• 발효성의 엑기스 분을 완전히 발효시킨다.
• 발생한 CO_2를 저온에서 적당한 압력으로 필요량만 맥주에 녹인다.
• 숙성되지 않는 맥주 특유의 미숙한 향기나 용존되어 있는 다른 gas를 CO_2와 함께 방출시킨다.
• 효모나 석출물의 침전 분리 : 맥주의 여과가 용이하다.
• 거친 고미가 있는 hop 수지의 일부 석출 분리 : 세련, 조화된 향미로 만든다.
• 맥주의 혼탁 원인물질을 석출·분리한다.

304
• 효소력이 센 맥아가 요구될 때는 장맥아를 쓰고, 맥주용 맥아는 효소와 전분이 요구되므로 단맥아를 쓴다.
• 맥주 양조는 단행 복발효주에 속한다.

305 하면효모는 발효작용이 늦고, 상면효모는 발효작용이 빠르다.

306 맥주 제조공정 중 당화의 주요목적
• 맥아 중의 당화 효소(α-amylase, β-amylase)에 의하여 당류를 생성시킨다.
• 특히 녹맥아에 많은 단백질 분해 효소(proteinase, peptidase)에 의하여 불용성 단백질을 분해하여 수용성 아미노산 등을 생성시키는 것이다.

ANSWER

301 ① 302 ① 303 ④ 304 ②
305 ③ 306 ③

307 맥주 제조용 보리의 침맥
• 보리껍질과 배유 사이의 공기를 제거하고 발아에 필요한 수분을 공급하면서 곡립의 색소나 효모의 저해물질을 침출시키는 데 목적이 있다.
• 침맥 흡수량은 담색맥아는 대략 42~44%, 농색맥아는 44~46%가 적당하다.
• 수온이 높을수록 침맥시간이 단축되지만 20℃ 이상에서 침맥할 경우 발아에 유해한 미생물의 번식이 될 수 있으므로 냉수 침맥법(12~16℃)을 실시한다. 온수침맥은 20~30℃의 물을 사용하므로 시간이 단축되는 장점이 있다.

308 보리의 발아
• 적당한 온도, 습도, 산소 공급으로 이루어진다.
• 발아 최적 온도는 3~4℃, 최고 30℃이지만 균등한 발아를 위한 최적 온도는 14~18℃이다.
• 발아에 필요한 보리의 함수량은 대략 45% 정도가 적당하다.

309 배조
• 녹맥아의 건조와 배초(焙焦)를 병행하는 작업이다.
• 농색맥아는 수분을 1.5%, 담색맥아는 3.5%까지 감소시킨다.

310 맥아즙의 공정
• 맥아 분쇄, 담금, 맥아즙 여과, 맥아즙 자비와 hop 첨가, 맥아즙 여과이다.
• 여기서 맥아즙 제조의 주목적은 맥아를 당화시키는 데 있다.

311 과일주 향미
• 과일주는 과즙을 천연 발효시켜 숙성 여과한 술로 과일 자체의 향미가 술의 품질에 많은 영향을 준다.
• 과일주 향미는 알코올과 산이 결합하여 여러 esters를 형성한다.
• Ethyl alcohol, amyl alcohol, isobutyl alcohol, butyl alcohol 등과 malic acid, tataric acid, succinic acid, lactic acid, capric acid, caprylic acid, caproic acid, acetic acid 등의 ethylacetate, ethylisobutylate, ethylsuccinate가 주 ester류이다.

307 맥주 제조용 보리의 보편적인 침맥 방법은 무엇인가?

① 냉수 침맥
② 온수 침맥
③ 냉온수 침맥
④ 고온 침맥

308 맥주용 제맥아 작업상 균등 발아를 할 수 있는 적온은?

① 4~5℃
② 6~12℃
③ 14~18℃
④ 22~30℃

309 녹맥아(함수율 42~45%)의 배조(焙操)는 농색맥아와 담색맥아의 수분을 각각 몇 %까지 내리는 것이 적당한가?

① 농색맥아 : 1.5%, 담색맥아 : 3.5%
② 농색맥아 : 2.5%, 담색맥아 : 5%
③ 농색맥아 : 4.5%, 담색맥아 : 6%
④ 농색맥아 : 6%, 담색맥아 : 8%

310 맥아즙 제조의 주목적은?

① 당화
② 효모의 생산
③ 변질 방지
④ 효모의 증식

311 과일주 향미의 주성분이라고 할 수 있는 것은?

① 알코올(alcohol)
② 에테르 유도체(ether derivatives)
③ 에스테르 및 유도체(esters and derivatives)
④ 카보닐 화합물(carbonyl compound))

ANSWER

307 ① 308 ③ 309 ① 310 ①
311 ③

312 포도주 발효에 있어서 가장 적합한 효모는?

① *Candida tropicalis*
② *Torulopsis cerevisiae*
③ *Saccharomyces cerevisiae*
④ *Saccharomyces diastaticus*

313 포도주 제조과정에서 앙금에서 떠내기를 하는 목적은?

① 주정을 많이 생성하기 위해서
② 저장성을 높이기 위해서
③ 산을 제거하고 효모를 왕성하게 발육시키기 위해서
④ 침전물을 제거하고 늙은 효모 냄새를 방지하기 위해서

314 포도주 제조 시 잡균의 증식을 억제시키거나 살균시키기 위해서 첨가하는 것은?

① $K_2S_2O_5$
② $NaNO_3$
③ KH_2PO_4
④ NH_4NO_3

315 포도주 제조 중 아황산 첨가의 목적이 아닌 것은?

① 에탄올만 생성하는 과정으로 하기 위해서
② 포도주 발효 시에 유해균의 사멸 및 증식 억제를 위해서
③ 포도주의 산화 방지를 위해서
④ 적색 색소의 안정화를 위해서

316 포도주 제조공정 중 아황산을 첨가하는 공정은 어느 것인가?

① 과즙 개량 공정
② 후발효 공정
③ 으깨기 공정
④ 앙금질 공정

---

312 포도주 효모
• *Saccharomyces cerevisiae* (*Sacch. ellipsoideus*)에 속하는 것
• 발효력이 왕성하고 아황산 내성이 강하며 고온에 견디는 것

313 포도주 제조과정에서 앙금 떠내기
• 후발효가 끝난 포도주는 발효통에 채우고 방치하면 효모, 주석, 단백질, 고무질, pectin질, tannin류 등이 침전하여 앙금이 생긴다.
• 이 앙금을 분리하여 청징을 시키는 앙금질을 하여 포도주를 용기와 접촉시킴으로서 산화를 촉진시켜 숙성을 조장시킨다.

314 포도주 제조 중 아황산 첨가
• 포도 과피에는 포도주 효모 이외에 야생효모, 곰팡이, 유해세균(초산균, 젖산균)이 부착되어 있으므로 과즙을 그대로 발효하면 주질이 나빠질 수 있다.
• 으깨기 공정에서 아황산을 가하여 유해균을 살균시키거나 증식을 저지시킨다.
• 아황산을 첨가하는 목적
  – 유해균의 사멸 또는 증식 억제
  – 술덧의 pH를 내려 산소를 높임
  – 과피나 종자의 성분을 용출시킴
  – 안토시안(anthocyan)계 적색색소의 안정화
  – 주석의 용해도를 높여 석출 촉진
  – 산화를 방지하여 적색색소의 산화, 퇴색, 침전을 막고, 백포도주에서의 산화 효소에 의한 갈변 방지
• 아황산에는 아황산나트륨, 아황산칼륨, 메타중아황산칼륨($K_2S_2O_5$) 등이 있다.

315 314번 해설 참조

316 314번 해설 참조

317 포도주의 발효 온도
- 발효기간 동안 27℃ 이하로 유지해야 한다.
- 우량품질의 것은 20℃ 이하에서 발효시켜야 한다.
- 여름철 저장, 숙성 적온은 15~20℃이다.

318 적포도주용 포도
- 색이 붉고 선명해야 하며, 과즙은 18% 이상의 당도와 0.4~0.6%의 유기산이 함유되어야 한다.
- 설탕을 가하여 21~24%의 당농도를 유지하는 것이 좋다.

319 포도주 발효
- 발효 온도는 15℃에서 3~4주간이고, 20~25℃에서는 7~10일이다. 30℃에서는 수일만에 주발효가 끝난다.
- 포도주 발효(주발효)에서 발효정지 또는 늦어지면 통기하거나 인산암모늄 0.02%를 첨가한다.

320 적포도주의 후발효
- 포도주 박을 분리하면 1~2%의 발효성 당분이 함유되어 있으므로 21.5 ~29.4℃에서 7~11일간 밀폐 용기에 넣고 발효시켜 최종 당분이 0.2% 이하가 되도록 하는 것이 후발효이다.
- 발효가 지연되면 통기하거나 인산암모늄 0.02%를 첨가하면 효과적이다.

321 철분 등 금속제 기구에서 금속이온의 용출되거나 과산화가 일어나면 포도주의 변질 혼탁의 원인이 된다.

322 사과주 효모
- *Sacch. maliducleaux*는 방향을 주는 효모
- *Sacch. malirisler*는 좋은 맛을 주는 효모
※ 사과 과피에는 *Sacch. cerevisiae var. ellipsoideus*와 *Kloeckera apiculata* 등 효모균이 붙어 있다.

323 사과주에서 산의 역할
- 제품의 풍미 향상
- 항산화제의작용
- 과즙의 갈변 방지
※주로 사과산, 구연산 등이다.

324 사과주에서 탄닌의 역할

---

317 포도주의 발효 적온은?

① 20℃ 이하   ② 30℃ 이하
③ 40℃ 이하   ④ 50℃ 이하

318 적포도주용 포도 과즙의 당 농도는 몇 %로 조정하는 것이 좋은가?

① 12~15%   ② 16~20%
③ 21~24%   ④ 24~28%

319 포도주 발효에서 발효가 정지되거나 늦어지면 어떻게 하는가?

① 통기하거나 인산암모늄 0.02% 정도를 첨가한다.
② 발효조를 밀폐하거나, 인 1~5% 정도를 첨가한다.
③ 온도를 갑자기 저하시킨다.
④ 온도를 갑자기 상승시킨다.

320 적포도주의 후발효 적온과 기간은?

① 8~10℃, 10~14일
② 14~19℃, 9~12일
③ 22~29℃, 7~11일
④ 32~35℃, 3~5일

321 포도주에 철분이 용해되었을 때 미치는 영향은 무엇인가?

① 색이 좋아진다.
② 여과를 용이하게 된다.
③ 혼탁의 원인이 된다.
④ 향미가 좋아진다.

322 사과주에 방향을 주는 효모는?

① *Sacch. maliducleaux*   ② *Sacch. delbrueckii*
③ *Sacch. cremoris*   ④ *Sacch. cerevisiae*

323 사과주에서 산의 역할이 아닌 것은?

① 혼탁 방지   ② 풍미 향상
③ 갈변 방지   ④ 항산화제의 작용

324 사과주에서 tannin의 역할이 아닌 것은?

① 단백질 침전   ② 청징 효과

③ 저장성 증가   ④ 산도 조절

325 담황갈색의 감미 혼성주는?

① 이강주   ② 매실주

③ 백일주   ④ 두견주

326 탁·약주 제조 시 당화과정을 담당하는 미생물은?

① *Aspergillus*   ② *Saccharomyces*

③ *Lactobacillus*   ④ *Penicillium*

327 약·탁주 양조 시 입국(粒麴)의 목적이 아닌 것은?

① 전분질의 당화   ② 향미 부여

③ 오염 방지   ④ 주정 발효

328 약·탁주용 곡자의 적당한 사용 시기는?

① 1단 담금 시

② 2단 담금 시

③ 주모의 담금

④ 어느 때 사용해도 좋다.

329 막걸리 제조방법은?

① 병행복발효주

② 단행복발효주

③ 혼성주

④ 단발효주

330 약·탁주의 주모로서 적당한 것은?

① 곡자주모

② 술덧주모

③ 수국주모

④ 증식주모

- 단백질을 침전시켜 청징 효과가 있다.
- 저장성을 높이는작용을 한다.

325 이강주(梨薑酒)
- 담황갈색의 감미 주정 음료이다.
- 배, 생강, 계피 등을 첨가하여 제조한 혼성주이다.

326 탁·약주 제조용 입국
- 전부 백국을 사용하고 있다.
- 이는 황국보다 산생성이 강하므로 술덧에서 잡균의 오염을 방지할 수 있다.
- 현재 널리 사용되고 있는 백국균은 흑국균의 변이주로서 *Aspergillus kawachii*이다.
- 입국의 중요한 세 가지 역할은 녹말의 당화, 향미부여, 술덧의 오염방지 등이다.

327 입국(粒麴)의 목적
- 전분이 당화되면서 효모균이 자연적으로 번식한다.
- 동시에 젖산균이 번식하여 젖산이 생성됨으로써 그 산에 의해 잡균번식이 억제된다.
- koji의 향미는 술의 품위를 높여 준다.

328 약·탁주용 곡자의 사용 시기
- 곡자는 내산성이고 당화력이 약하므로 입국만으로 담금하는 1단 담금 시에는 사용하지 않고, 산의 농도가 많이 희석되는 2단 담금 때에 사용해야 한다.
- 곡자는 많은 효모를 가지고 있으므로 주모의 모체 역할을 겸한 발효제의 일종이다.

329 병행복발효주
- 당화과정과 발 효과정을 병행해서 양조하는 술이다.
- 청주와 탁주 등에서 볼 수 있다.

330 약·탁주의 주모
- 효모균을 증식시키기 위하여 사용한다.
- 약주는 찐쌀에 누룩과 물을 혼합한 수국 주모를 사용한다.

331 좋은 청주 코지를 제조하기 위해서는 적당한 온도와 습도로 조절된 공기를 원료 증미 층을 통하게 하여 발생된 열과 탄산가스를 밖으로 배출시키고 품온 조절과 산소공급을 적당히 해야 한다.

332 앙금질이 끝난 청주를 가열(火入)하는 목적
- 앙금질이 끝난 청주는 60~63℃에서 수 분간 가열(火入)한다.
- 가열하는 목적은 변패를 일으키는 미생물의 살균, 잔존하는 효소의 파괴, 향미의 조화 및 숙성의 촉진 등이다.

333 옥수수는 산을 첨가(황산, 염산)하여 pH를 4.6으로 낮추지 않으면 점도가 떨어지지 않아 증자가 어렵다. 즉, 옥수수는 산을 첨가하여 pH를 4.6으로 낮추어야 증자가 잘 된다.

334 청주 주모에 증식되는 미생물
- 담금 시 사용한 물이나 koji에서 유래된 질산 환원균이 작용하여 술밑 중의 질산을 아질산으로 환원한다. 이 아질산은 야생효모의 증식을 저지시키는 작용을 한다.
- 이어서 koji에서 유래된 젖산균이 증식하여 산이 생성된다. 이 젖산에 의해 질산 환원균은 점차 사멸한다.
- 젖산균도 자신이 생산한 젖산과 효모에 의한 알코올에 의해 도태되어 마침내 술밑은 순수한 상태로 된다.
- 아질산 반응이 소실되고 젖산이 0.5% 정도에 달하였을 때 순수 배양한 종효모를 $10^5 \sim 10^6$ 효모수/술밑 1g이 되도록 첨가하면 효모는 급속히 증식을 시작한다.

335
- 중수(中垂) : 청주 압조(狎槽)에서 나오는 유출액
- 황주(荒走) : 청주의 발효 후 착양(搾揚)에서 처음 나오는 백탁액

336 청주 증미로 좋은 것
- 청주 원료인 쌀은 입자가 크고 연하며 탄수화물 함량이 많고 지방과 단백질의 함량이 적은 것이 좋다.
- 이들 쌀을 골라 25% 이상 도정하여 찐 것으로 외강내연인 것이 가장 좋다.

331 다음의 청주 제조에 대한 설명으로 잘못된 것은?

① 쌀, 코지, 물을 주 원료로 제조되는 병행복발효주이다.
② 코지는 황국균인 *Aspergillus oryzae*가 사용된다.
③ 좋은 코지를 제조하기 위해서는 산소와의 접촉을 차단해야 한다.
④ 청주효모는 *Saccharomyces cerevisiae*를 사용한다.

332 앙금질이 끝난 청주를 가열(火入)하는 목적과 관계가 없는 것은?

① 저장 중 변패를 일으키는 미생물의 살균
② 청주 고유의 색택형성 촉진
③ 용출되어 잔존하는 효소의 파괴
④ 향미의 조화 및 숙성의 촉진

333 주정에서 옥수수와 같은 곡류의 증자 시 옳은 조치는?

① 증자 시 pH를 8.6으로 올린다.
② 증자 시 pH를 4.6으로 내린다.
③ pH는 필요 없다.
④ 탄산칼슘을 넣는다.

334 청주 주모에 증식되는 미생물의 순서로 맞는 것은?

① 질산 환원균, 젖산균, 효모균
② 젖산균, 질산 환원균, 효모균
③ 효모균, 젖산균, 질산 환원균
④ 효모균, 질산 환원균, 젖산균

335 청주 압조에서 나오는 유출액은?

① 수조　　　　　　　　② 착양
③ 황주　　　　　　　　④ 중수

336 청주 증미로 좋은 것은?

① 외연내연인 것　　　　② 외강내강인 것
③ 외연내강인 것　　　　④ 외강내연인 것

ANSWER
331 ③　332 ②　333 ②　334 ①
335 ④　336 ④

337 소주는 다음 중 어디에 속하나?

① 단발효주
② 단행복발효주
③ 병행복발효주
④ 증류주

338 고량주의 제법으로 옳은 것은?

① 누룩은 보리와 팥을 사용
② 술덧과 숙성 술덧을 분리 증자
③ 쌀과 수수로 제조
④ 옥수수와 쌀로 제조

339 원료 증자와 숙성 술덧 증류를 동시에 같이 행하는 것은?

① 소주
② 브랜디
③ 청주
④ 고량주

340 소주를 제조할 때 가장 많이 사용되는 미생물은 무엇인가?

① *Asp . awamori*
② *Asp . oryzae*
③ *Sacch . ellipsoideus*
④ *Sacch . cerevisiae*

341 소주 제조용 누룩으로 가장 적당한 것은?

① 추곡
② 분곡
③ 조곡
④ 백곡

342 젖산균을 이용한 식품이 아닌 것은?

① 치즈
② 요구르트
③ 포도주
④ 김치

337 증류주
• 양조주 또는 그 술의 찌꺼기를 증류하여 주정의 함량을 높인 술로써 EX분 함량이 적은 것이 특징이다.
• 증류식 소주, 희석식 소주, 위스키, 브랜디가 있다.

338 고량주는 수수를 주원료로 하고, 누룩은 보리와 팥을 사용한다.

339 고량주의 양조 순서
① 주원료인 수수를 이미 발효가 끝난 술덧과 혼합한다.
② 이것을 증류 장치가 있는 시루에 넣어 수수의 증강과 술덧의 증류를 동시에 한다.
③ 술덧의 주성분이 전부 유출되고, 동시에 혼합한 세 원료의 증강이 충분히 되었을 때 꺼내어 식힌다.
④ 여기에 빻은 누룩의 적당량을 혼합하여 담금을 하는 것이 보통이다.

340 소주용 제국
• 처음에는 흑국, 백국, 및 황국을 모두 사용하였으나, 최근에는 흑국균(*Asp. awamori*)을 주로 사용한다.
• 흑국을 사용할 때는 흑국균 자체가 구연산을 생산하므로 제1차 담금을 흑국과 같은 양의 물을 넣어서 술밑을 만든다.

341 조국
• 원료밀을 거칠게 부순 것을 말한다.
• 그 중에서 특히 소주용으로 제조하여 증류를 쉽게 하기 위한 것을 추곡이라 한다.

342 젖산균을 이용한 식품
• 치즈 : 우유에 유산균, 단백질 응유 효소, 유기산 등을 가하여 응고시킨 후에 유청을 제거하여 제조한 것
• 요구르트 : 우유, 산양유 및 마유 등과 같은 포유동물의 젖을 원료로 하여 젖산균이나 효모 또는 이 두 종류의 미생물을 이용하여 발효시켜 제조한 것
• 김치 : 소금에 절인 배추나 무 따위를 고춧가루, 파, 마늘 따위의 양념에 버무린 뒤 *Leuconostoc mesenteroides* 등의 젖산균에 의해 발효과정을 거쳐 제조한 것
※포도주 : 포도과즙을 효모(*Saccharomyces ellipsoideus*)에 의해서 알코올 발효시켜 제조한 것

343 *Leuconostoc mesenteroides*
- 그람양성, 쌍구균 또는 연쇄상 구균이다.
- 생육 최적 온도는 21~25℃이다.
- 설탕(sucrose)액을 기질로 dextran 생산에 이용된다.
- 내염성을 갖고 있어서 김치의 발효 초기에 주로 발육하는 균이다.

344 초산균을 선택하는 일반적인 조건
- 산 생성 속도가 빠르다.
- 산 생성이 많으며, 가능한 한 초산을 다시 산화하지 않는다.
- 초산 이외의 유기산류나 향기성분인 에스테르류를 생성한다.
- 알코올에 대한 내성이 강하며, 잘 변성되지 않는 것이 좋다.

345 초산 발효는 *Acetobacter* 속의 세균을 이용하여 알코올을 산화하여 초산을 생산한다.

346 식초 양조에서 종초에 쓰이는 초산균의 구비 조건
- 산 생성 속도가 빠르고, 생성량이 많으며, 가능한 한 다시 초산을 산화하지 않는다.
- 초산 이외의 유기산류나 에스테르류를 생성한다.
- 알코올에 대한 내성이 강하며, 잘 변성되지 않는 것이다.

347 식초 양조에 이용되는 초산균
- *Acetobacter aceti*는 포도당, 알코올, glycerol을 동화하여 초산을 생성하는 식초산의 유용균으로 유명하다.
- *Acetobacter schutzenbachii*은 속초용균으로 11.5%의 많은 초산을 생성하며 균막을 형성한다. 포도과즙 중에 생육하고 식초 양조에 유해한 균이다.
- *Acetobacter oxidans*은 하면발효맥주에서 분리되고 병맥주를 혼탁시키기도 한다. 균주에 따라 7.6%의 acetate, 8%의 gluconate을 생산하는 것이 있고, 생성 초산은 재분해하지 않는다.
- *Acetobacter vini acetati*은 포도주 식초 양조에 이용되는 초산균이다.

348 $C_2H_5OH + O_2 \rightarrow CH_3COOH + H_2O$의 식에서 C_2H_5OH의 분자량 46, CH_3COOH의 분자량 60이므로,
46 : 60 = 200 : X
X = 260.9g

343 설탕용액에서 생장할 때 dextran을 생산하는 균주는?
① *Leuconostoc mesenteroides*
② *Aspergillus oryzae*
③ *Lactobacillus delbrueckii*
④ *Rhizopus oryzae*

344 식초 제조에 이용하는 세균의 특성이 아닌 것은?
① 알코올에 대한 내성이 강할 것
② 내산성일 것
③ 초산을 산화할 것
④ 산생산이 많을 것

345 초산균을 사용하여 식초를 만들 때에 주원료는?
① 포도당 　② 당밀
③ ethyl alcohol　④ 녹말

346 다음 중 종초(種醋)가 갖추어야 할 구비 조건이 맞지 않는 것은?
① 내구성이 강해야 한다.
② 산의 생성 속도와 양이 좋아야 한다.
③ 초산을 산화 분해해야 한다.
④ 방향성 에스테르와 불휘발산을 생성해야 한다.

347 다음 초산균 중 포도주 식초 양조에 이용되는 것은?
① *Acetobacter aceti*
② *Acetobacter schutzenbachii*
③ *Acetobacter oxydans*
④ *Acetobacter vini acetati*

348 ethyl alcohol 200g을 초산 발효시켜 얻을 수 있는 이론적 초산량은?
① 180g　② 100.2g
③ 240g　④ 260.9g

ANSWER
343 ① 344 ③ 345 ③ 346 ③
347 ④ 348 ④

349 직접 산화에 의하여 유기산을 발효하는 것은?

① 구연산 발효
② 식초산 발효
③ 호박산 발효
④ 푸말산 발효

350 다음 발 효과정 중에 산소의 공급이 필요치 않은 것은?

① 구연산 발효
② 글루탐산 발효
③ 초산 발효
④ 젖당 발효

351 심부 배양법(submerged fermentation)으로 구연산(citric acid)을 생산하는 과정에서 발효액 조제 중 현재 가장 중요시되고 있는 것은?

① Fe^{++}량의 조절
② pyruvate량의 조절
③ Cu^{++}량의 조절
④ thiamine의 조절

352 미생물을 이용한 아미노산 발효법의 종류로서 틀린 것은?

① 전구체 첨가에 의한 발효법
② 격자법에 의한 발효법
③ Analoge 내성 변이주에 의한 발효법
④ 영양요구 변이주에 의한 발효법

353 구연산을 발효한 후, 균체를 분리한 액에 무엇을 가해야 구연산을 분리할 수 있는가?

① $CaCO_3$
② Na_2CO_3
③ H_2PO_4
④ $MgSO_4$

354 구연산의 생산에 관여하는 주요 곰팡이는?

① *Aspergillus oryzae*
② *Aspergillus niger*
③ *Aspergillus glaucus*
④ *Aspergillus flavus*

355 구연산 발효 시 철분의 저해를 방지하기 위해 첨가하는 금속 이온은?

① Ca
② Cu
③ Mg
④ Na

---

349 초산 발효
• 알코올을 직접산화에 의하여 초산을 생성한다.
• 호기적 조건에 의해서는 에탄올을 알코올 탈수소 효소에 의하여 산화 반응을 일으켜 아세트알데하이드가 생산되고, 다시 아세트알데하이드는 탈수소 효소에 의하여 초산이 생성된다.

350 젖산 발효로 혐기적 발 효과정에 의하여 유산균이 유당을 발효하여 유산을 생성시킨다.

351 심부 배양법으로 구연산을 생산하는 과정에서 발효액 조제 중 가장 중요시 되는 것은 Fe ion의 양을 조절하여 생기는 isocitric acid를 억제시켜 구연산의 수율을 높이는 데 있다.

352 미생물을 이용한 아미노산 제조법
• 전구체 첨가에 의한 발효법
• Analoge 내성 변이주에 의한 발효법
• 영양 요구 변이주에 의한 발효법
• 효소법에 의한 아미노산 발효법
• 야생주를 이용하는 방법

353 구연산 분리방법
• 발효액을 가열한 후 $CaCO_3$를 가하고, 중화하여 구연산 석회를 침전시킨다.
• 침전물에 다량의 황산을 가하여 구연산을 유리시키고, 황산석회로 분리한다.
• 그런 후 농축하여 유리의 구연산으로 회수한다.

354 *Asp. niger*
• 산성에 강한 곰팡이고 흑국균이다.
• Pectin 분해 효소(pectinase)를 많이 분비하며, 포도당으로부터 gluconic acid, oxalic acid, citric acid 등의 유기산을 다량 분비한다.
※ 구연산 발효생산균은 산 생산량이나 부생산물 등을 고려하여 흑국균인 *Asp. niger*가 이용되나 *Asp. awamori*, *Asp. saitoi*를 이용하기도 한다.

355 *Asp. niger* 등에 의한 구연산 발효
• 배지 중에 Fe^{++}, Zn^{++}, Mn^{++} 등의 금속 이온량이 많으면 산생성이 저하된다.
• 특히 Fe^{++}의 영향이 크다.

• Fe++ 등의 금속함량을 줄이기 위하여
  – 미리 원료를 이온교환수지로 처리한다.
  – 2~3%의 메탄올, 에탄올, 프로판올과 같은 알코올을 첨가한다.
  – Fe++의 농도에 따라 Cu++의 첨가량을 높여 준다.

357 Glutamic acid 발효 시 사용되는 균주
• *Cory. glutamicum*, *Brev. flavum*, *Brev. lactofermentum*, *Microb. ammoniaphilum*, *Brev. thiogemitalis* 등이 있다.

358 Glutamic acid 발효 배지에 첨가되는 미량 생육인자 중에는 biotin을 요구하는 특성이 있으나 biotin 양을 제한할 때 glutamic acid가 다량 축적된다.

359 n-paraffin으로부터의 구연산 생산에 이용되는 미생물
• *Arthrobacter* 속의 세균, *Candida* 속의 효모, *Penicillin* 속의 곰팡이가 우수한 생산균이다.
• 이 중에서도 *Candida lipolytia*는 Fe^{2+}의 양을 조절함으로써 부생하는 isocitric acid를 억제하여 원료에 대해서 140~150% 구연산을 생성 측적할 수 있다.

360 해당계(EMP 경로)와 TCA cycle 상의 유기산류는 oxaloacetic acid를 제외하고는, 대개의 미생물에서는 많은 양의 산이 축적되나 구연산과 젖산이 많이 쓰인다.

361 *Asp. oryzae*의 특징
• 황국균으로 청주, 간장, 된장 등 제조에 사용되는 코지 곰팡이의 대표적 균종이다.
• 효소 활성이 강하여 추출하여 소화제로 이용한다.
• 특수대사 산물로 kojic acid를 생산한다.
• 녹말 당화력, 단백질 분해력 강하며, protease, amylase, pectinase 생산한다.

362 발효액 중의 균체를 분리하고, 젖산과 구연산은 생석회, 소석회, 탄산칼슘으로 중화하여 젖산칼슘과 구연산칼슘으로서 회수하고, 황산으로 젖산, 구연산으로 분해하여 농축하면 제품이 된다.

---

356 젖산 발효액으로부터 젖산을 침전분리 하려 할 때 가장 적합한 첨가 물질은?

① $CaCO_3$ ② Na_2SO_4
③ Na_2CO_3 ④ KOH

357 Glutamic acid의 생산 균주는?

① *Rhodotorula glutinis*
② *Corynebacterium glutamicum*
③ *Cory. amagasakii*
④ *Candida utilis*

358 Glutamic acid 생산균의 생육 필수인자는?

① folic acid ② riboflavin
③ niacin ④ biotin

359 n-paraffin에서 구연산을 발효법으로 만들 경우 사용되는 균은?

① *Aspergillus* 균 ② *Penicillin* 균
③ *Saccharomyces* 균 ④ *Candida* 균

360 해당계 분해 및 TCA 회로와 관련되는 유기산 발효의 종류는?

① 젖산 발효 ② 식초산 발효
③ T-주석산 발효 ④ Fatty acid 발효

361 쌀을 배지로 한 고체 배지에 *Asp. oryzae*에 의해 생성되고 유기산으로 살미제, 살충제로 이용되고 있는 것은?

① lactic acid ② citric acid
③ kojic acid ④ Tartaric acid

362 젖산, 구연산은 발효액에서 실제로 어떤 형태로 만들어 회수하는가?

① 마그네슘염 ② 칼슘염
③ 나트륨염 ④ 칼륨염

ANSWER

356 ① 357 ② 358 ④ 359 ④
360 ① 361 ③ 362 ②

363 정상 발효형식(homo type)와 관계없는 것은?

① glucose → 2 lactic acid
② *Lactobacillus acidophilus*
③ *Lactobacillus delbrueckii*
④ glucose → lactic acid + ethanol + CO_2

364 정상형 젖산 발효에서 포도당 1kg에 의해 생성되는 젖산의 양은?

① 1000g
② 1500g
③ 2000g
④ 2500g

365 다음 젖산균 중 Hetero균은 어느 것인가?

① *Lactobacillus bulgaricus*
② *Lactobacillus delbruckii*
③ *Streptococcus cremoris*
④ *Leuconostoc mesenteroides*

366 김치에서 주로 나타나는 젖산균은?

① *Lactobacillus casei*
② *Lactobacillus plantarum*
③ *Lactobacillus bulgaricus*
④ *Lactobacillus acidophilus*

367 다음 중 발효방법과 미생물의 연결이 틀린 것은?

① lactate 발효 – *Streptococcus lactis*
② citrate 발효 – *Aspergllillus niger*
③ α–ketoglutarate 발효 – *Pseudomonas fluorescence*
④ itaconate 발효 – *Streptococcus cremoris*

---

363 유산 발효형식
① 정상 발효형식(homo type) : 당을 발효하여 젖산만 생성
• EMP경로(해당과정)의 혐기적 조건에서 1mole의 포도당이 효소에 의해 분해되어 2mole의 ATP와 2mole의 젖산 생성된다.
• $C_6H_{12}O_6$ ㄱ → $2CH_3CHOHCOOH$
  포도당 2ATP   젖산
• 정상 발효 유산균은 *Str. lactis, Str. cremoris, L. delbruckii, L. acidophilus, L. casei, L. homohiochii* 등이 있다.
② 이상 발효형식(hetero type) : 당을 발효하여 젖산 외에 알코올, 초산, CO_2 등 부산물 생성
• $C_6H_{12}O_6$ →
  $CH_3CHOHCOOH+C_2H_5OH+CO_2$
• $2C_6H_{12}O_6+H_2O$ →
  $2CH_3CHOHCOOH+C_2H_5OH+$
  $CH_3COOH+2CO_2+2H_2$
• 이상 발효 유산균은 *L. brevis, L fermentum, L. heterohiochii, Leuc., mesenteoides, Pediococcus halophilus* 등이 있다.

364 363번 해설 참조

365 363번 해설 참조

366
• *Lactobacillus plantarum* : 침채류의 주 젖산균
• *Lactobacillus casei, Lactobacillus bulgaricus, Lactobacillus acidophilus* 등 : 발효유 제조에 주로 이용

367 itaconate 발효는 매실 식초로부터 분리한 *Aspergllillus itaconicus*를 이용하여 sucrose 농도가 높은 배지에서 itaconic acid를 생산하는 발효법이다.

출제예상문제

368 전분질 원료, 특히 고구마 원료의 고압 증자를 장시간 하면
- 당의 분해로 알코올 수득률이 저하되고, amylo균 등에 대한 저해물질이 생성된다.
- 즉, 고구마는 상당량의 β-amylase가 있어서 증자 시에 순간적으로 강력하게작용하므로 효소의작용을 충분히 이용하도록 증자 조건을 정해야 한다.

369 주정 발효에 있어서 원료의 당화
- 녹말질 원료(곡류, 고구마 등)는 녹말을 산 혹은 효소에 의하여 가수분해(당화)시켜 발효성 당류로 분해해야 한다. 여기에는 국법, 아밀로법, 산당화법이 있다.
  - 국법 : Aspergillus usamii, Asp. awamorii 등을 증식시켜 당화 효소로 이용
  - 아밀로법 : Mucor rouxii, Rhizopus delemer, Rh. japvanicus 등의 곰팡이를 이용하여 당화
- 당밀원료는 당화하지 않는다.

370 주모(술밑)
- 주류 발효 시 효모 균체를 건전하게 대량 배양시켜 발효에 첨가하여 안전한 발효를 유도시키기 위한 물료이다.
- 주모에는 다량의 산이 존재하므로 유해균의 침입, 증식을 방지시킬 수 있는 특징이 있다.

371 당밀 원료의 제조공정
당밀→희석→발효 조성제→살균→발효→증류→제품의 순이다.

372 전분질 원료의 제조공정
원료→수세(건조)→증자(호정화)→당화→발효→증류→제품의 순이다.

---

368 전분질 원료에서 주정 제조 시 고압 증자를 장시간 할 때의 단점은?

① pH 조정 불량
② 호화 불량
③ 알코올 수득률 저하
④ 잡균 침입

369 주정 발효 생산에 있어서 곰팡이를 이용하여 당화하는 것이 아닌 것은?

① 당밀
② 옥수수
③ 고구마
④ 쌀겨, 밀기울

370 주류 발효 시, 안전한 발효를 유도시키기 위하여 건전한 효모 균체를 많이 번식시킨 것을 무엇이라고 하는가?

① 종국
② 주모(술밑)
③ 술덧
④ 앙금

371 당밀의 원료에서 주정을 제조하는 일반 과정은?

① 원료 – 희석 – 살균 – 당화 – 효모 접종 – 발효 – 증류
② 원료 – 희석 – 살균 – 효모 접종 – 발효 – 증류
③ 원료 – 증자 – 살균 – 효모 접종 – 발효 – 증류
④ 원료 – 증자 – 살균 – 당화 – 효모 접종 – 증류

372 전분질 원료에서 주정을 제조할 경우의 제조과정으로 옳은 것은?

① 호정화 → 증류 → 당화 → 발효
② 호정화 → 당화 → 발효 → 증류
③ 산당화 → 증류 → 호정화 → 발효
④ 산당화 → 발효 → 호정화 → 증류

ANSWER ....
368 ③   369 ①   370 ②   371 ②
372 ②

373 알코올 발효에 쓰이지 않는 균은?

① *Rhizopus delemer*
② *Bacillus subtilis*
③ *Saccharomyces cerevisiae*
④ *Aspergillus oryzae*

374 주정발효는 어느 대사경로를 거쳐 ethyl alcohol이 생합성되는가?

① EMP
② TCA
③ HMP
④ DCA

375 전분질로부터 amylo법에 의한 주정제조에 이용된 곰팡이는?

① *Mucor mucedo*
② *Mucor rouxii*
③ *Rhizopus nigricans*
④ *Aspergillus flavus*

376 Hilderbrandt−Erb(two stage)법은?

① 고농도 담금법이다.
② 증류 폐액에 효모를 배양하는 것이다.
③ 발효 후 효모를 분리하는 것이다.
④ 연속발효법이다.

377 당밀의 특수 발효법 중 two stage법이란?

① 발효가 끝난 후 효모를 분리하여 다음 발효에 사용하는 방법
② 고정 효모법으로 몇개의 구획된 발효조 안에서 발효하는 방법
③ 내당성 효모를 순양하여 고농도로 발효하는 방법
④ 효모를 증류 폐액으로 배양하여 사용하는 방법

373
- *Rhizopus delemer* : Amylo법에 의한 알코올 제조에 사용되는 이른바 amylo균이고, 전분 당화력이 강하여 포도당 제조에 사용된다.
- *Bacillus subtilis* : 고초균으로 α−amylase와 protease를 강력히 생산한다.
- *Sac. cerevisiae* : 맥주, 포도주, 청주, 알코올, 빵 등의 제조에 사용되는 유효한 효모로서 상면 발효의 맥주 효모이다.
- *Asp. oryzae* : 코지 곰팡이의 대표적인 황국균으로 청주, 된장, 감주, 절임류 등의 제품에 오래 전부터 중요시된 곰팡이다.

374 주정 발효
- 전분 혹은 당류를 효모에 의하여 발효시켜 ethyl alcohol을 생성하는 것이다.
- 즉, 주정 원료를 곰팡이에 의하여 포도당으로 당화시키고, 포도당은 효모에 의하여 해당작용(EMP경로)으로 발효되어 pyruvic acid가 생성되고 pyruvic acid는 혐기적으로 alcohol dehydrogenase에 의하여 ethyl alcohol이 생합성된다.

375 *Mucor reuxii*
- 전분 당화력이 강하고, 알코올 발효력도 있으므로
- amylo법에 의한 알코올 제조에 처음 사용된 균이다.

376 Hilderbrandt−Erb법(two stage)
- 당밀 폐액 중에서 증류하는 동안 비발효성 물질의 가수분해로 생기는 당분으로 충분히 효모균이 증식할 수 있기 때문에 호기 배양법으로 증류 폐액에 효모균을 번식시키면 발효에 필요한 효모량을 충분히 얻을 수 있다.
- 효모 증식에 소비되는 발효성당의 손실을 방지한다.
- 폐액의 BOD를 저하시킬 수 있다.

377 376번 해설 참조

ANSWER

373 ② 374 ① 375 ② 376 ②
377 ④

378 Reuse법
- 발효가 끝난 후 효모를 분리하여 다음 발효에 사용
- 고농도 담금, 당소비 절감
- 원심 분리로 잡균 제거에 용이
- 폐액의 60% 재이용

※ Two stage법
- 증류 폐액에 효모를 배양하여 사용
- 당소비 절감
- 폐액의 BOD 처리

379 amylo법의 장단점
- 장점
  - 순수 밀폐 발효이므로 발효율이 높다.
  - 코지(koji)를 만드는 장소와 노력이 전혀 필요 없다.
  - 다량의 담금이라도 소량의 종균으로 가능하므로 담금을 대량으로 하여 대공업화 할 수 있다.
  - koji를 쓰지 않으므로 잡균의 침입이 없다.
- 단점
  - 당화에 비교적 장시간 걸린다.
  - 곰팡이를 직접 술덧에 접종하므로 술덧의 점도가 관계된다.
  - 점도를 낮추면 결국 담금 농도는 묽어진다.

380 연속 배양의 장점
- 장치의 용량을 축소할 수 있다.
- 작업시간의 단축, 전공정의 관리가 용이하다.
- 에너지 절약으로 생산비를 경감할 수 있다.
- 미생물의 생리, 생태 및 반응 기구의 해석수단으로 우수하다.

381 주정 발효 시
- 당화작용이 필요한 원료 : 섬유소, 곡류, 고구마 · 감자 전분
- 당화작용이 필요 없는 원료 : 당밀, 사탕수수, 사탕무

382 주정발효
- 전분 혹은 당류를 효모에 의하여 발효시켜 ethyl alcohol을 생성하는 것이다.
- 주정 발 효과정
  - 주정 원료를 곰팡이에 의하여 포도당으로 당화시킨다.
  - 포도당은 효모에 의하여 해당작용(EMP경로)으로 발효되어 pyruvic acid가 생성된다.
  - pyruvic acid는 혐기적으로 alcohol dehydrogenase에 의하여 ethyl alcohol이 생합성된다.

378 Reuse법은?

① 폐액의 60% 사용법
② 발효가 끝난 후 효모를 분리하여 재사용하는 법
③ 증류 폐액에 효모 배양법
④ 고농도 담금법

379 주정 제조 중 amylo process의 장점이 아닌 것은?

① 제국 장소와 노력이 필요 없다.
② 발효율이 높다.
③ 코지(koji)를 쓰지 않으므로 코지로부터 오는 잡균 오염이 없다.
④ 대량으로 담금할 수 없다.

380 연속 배양의 장점에 관한 설명 중 틀린 것은?

① 잡균의 오염을 막을 수 있다.
② 발효 시간이 단축된다.
③ 전공정의 관리가 용이하다.
④ 발효장치의 용량을 줄일 수 있다.

381 비당화 발효법으로 알코올 제조가 가능한 원료는?

① 섬유소
② 곡류
③ 당밀
④ 고구마 · 감자 전분

382 주정 발효($C_6H_{12}O_6 \rightarrow 2CO_2 + 2C_2H_5OH$)는 주로 어느 대사에서 인가?

① EMP 경로
② HMP 경로
③ TCA 회로
④ DCA 회로

ANSWER

378 ② 379 ④ 380 ① 381 ③
382 ①

383 Jar. fermentor에서 균을 배양할 때 발효조 내의 압력을 옳게 표현한 것은?

① 대기압보다 높아야 한다.
② 대기압과 같게 하여야 한다.
③ 대기압보다 낮아야 한다.
④ 발효조의 압력에 상관없다.

384 주정 제조에서 효모균 증식에 소비되는 발효성 당의 손실을 방지하고 폐액의 BOD를 떨어뜨릴 수 있는 이점이 있는 특수 발효법은?

① 고농도 술덧 발효법
② Hilderbrandt−Erb법(Two stage법)
③ Urises de Melle법(Reuse법)
④ 연속 발효법

385 amylo 법에 의한 주정 발효에 사용하는 효모균은?

① *Saccharomyces formosensis*
② *Saccharomyces coreanus*
③ *Saccharomyces cerevisiae*
④ *Saccharomyces peka*

386 당밀 원료에서 주정을 제조하는 일반적인 과정으로 옳은 것은?

① 원료 → 희석 → 살균 → 효모 접종 → 발효 → 증류
② 원료 → 희석 → 당화 → 살균 → 효모 접종 → 발효 → 증류
③ 원료 → 살균 → 증자 → 효모 접종 → 발효 → 증류
④ 원료 → 증자 → 살균 → 효모 접종 → 당화 → 증류

387 알코올 발효의 원료로 전분을 이용할 경우 곰팡이 효소를 이용하는 방법은?

① 맥아법
② 산당화법
③ 국법
④ 합성법

---

383 Jar. fermentor에서 균을 배양할 때

• 발효조 내의 압력은 대기압(외기압)보다 높아야 한다.
• 반대로 발효조의 내부 압력이 외기압보다 낮으면, 외부에서 공기가 흡입되어 잡균이 침입할 우려가 있으므로 어느 정도 높게 내부 압력을 유지할 필요가 있다.

384
• Hilderbrandt−Erb 법(Two stage 법) : 효모의 증식에 소비되는 발효성 당의 손실을 방지하고, 폐액의 BOD를 떨어뜨릴 수 있어서 폐액처리가 문제되는 공장에서는 유리한 방법이다.
• Urises de Melle법(Reuse법) : 발효가 끝난 후 효모균을 분리하여 그대로 다음 발효에 재차 사용하여 효모 증식에서 오는 당의 소비를 절약하는 방법이다.

385 amylo법에 의한 주정 발효에 사용되는 효모는 고온에 견딜 수 있는 *Saccharomyces thermantitonum*, *Saccharomyces peka* 등이 적합하다.

386 당밀 원료의 제조과정
• 당밀 → 희석 → 발효 조성제 → 살균 → 발효 → 증류 → 제품의 순이다.
• 당밀 원료에서 주정을 제조할 때 당화과정이 필요없다.

387 알코올 발효법
① 전분이나 섬유질 등을 원료로 이용하여 맥아, 곰팡이, 효소, 산을 이용하여 당화시키는 방법
② 당화방법
• 고체국법(피국법, 밀기울 코지법)
 − 고체상의 코지를 효소제로 사용
 − 밀기울과 왕겨 6:4로 혼합한 것에 국균(*Asp. oryza*, *Asp. shirousami*) 번식시켜 국 제조
 − 잡균 존재(국으로부터 유래)때문 왕성하게 단시간에 발효
• 액체국법
 − 액체상의 국을 효소제로 사용
 − 액체배지에 국균(*A. awamori*, *A. niger*, *A. usami*)을 번식시켜 국 제조
 − 밀폐된 배양조에서 배양하여 무균적 조작이 가능, 피국법보다 능력이 감소

ANSWER

383 ① 384 ② 385 ④ 386 ①
387 ③

- amylo법
  - koji를 따로 만들지 않고 발효조에서 전분원료에 곰팡이를 접종하여 번식시킨 후 효모를 접종하여 당화와 발효가 병행해서 진행
- amylo 술밑 · koji 절충법
  - 주모의 제조를 위해서는 amylo법, 발효를 위해서는 국법으로 전분질 원료를 당화
  - 주모 배양 시 잡균오염 감소, 발효속도 양호, 알코올 농도 증가
  - 현재 가장 진보된 알코올 발효법으로 규모가 큰 생산에 적합

388 1mol glucose를 효모에 의하여 EMP경로로 발효시키면 2mol의 pyruvic acid가 생성되고, 2mol pyruvic acid는 혐기적으로 각각 2mol의 ethanol과 2mol의 lactic acid가 생성된다.

389 포도당 1kg으로부터 이론적인 ethanol 생성량
$C_6H_{12}O_6 \rightarrow 2C_6H_5OH + 2CO_2$
(180)   (2×46)
180 : 46×2 = 1000 : X
∴ X = 511.1g

390 1mol glucose를 효모에 의하여 EMP경로로 발효시키면 2mol의 ethanol이 생성되고, ethanol은 호기적 조건에서는 2mol의 acetic acid가 생성된다.

391 Gay Lusacc식에 의하면 이론적으로는 glucose로부터 51.1%의 수득률로 알코올이 생성된다.

392 Gay Lusacc식에 의하면
- 이론적으로는 glucose로부터 51.1%의 알코올이 생성된다.
- $C_6H_{12}O_6 \rightarrow 2C_2H_5OH + 2CO_2$
  위 식에서 이론적인 ethanol 수득률이 51.1%이므로
  1000×51.1/100 = 511g

388 1mol의 glucose를 효모로 발효시켜 EMP 경로로 발효되었을 때 몇 mol의 ethanol이 생기는가?

① 1mol
② 2mol
③ 3mol
④ 4mol

389 포도당 1kg에서 생성될 수 있는 Ethanol은?(C=12, H=1, O=16)

① 180(glucose) : 2×46(Eth.) = 103 : χ
② 180(glucose) : 46(Eth.) = 103 : χ
③ 92(glucose) : 46(Eth.) = 103 : χ
④ 92(glucose) : 2×46(Eth.) = 103 : χ

390 1mole의 포도당을 발효시켰을 때, 생성되는 ethanol과 acetic acid는 몇 mole인가?

① 1mole의 ethanol과 1mole의 acetate
② 2mole의 ethanol과 2mole의 acetate
③ 3mole의 ethanol과 3mole의 acetate
④ 4mole의 ethanol과 4mole의 acetate

391 Ethanol 생성식 $C_6H_{12}O_6 \rightarrow 2C_2H_5OH + 2CO_2$에서 glucose 100g을 발효시켜 얻을 수 있는 ethanol 량은?

① 71.1g
② 51.1g
③ 41.1g
④ 31.1g

392 탄소원으로 포도당 1kg에 *Saccharomyces cerevisiae*를 배양하여 발효시켰을 때 얻어지는 ethyl alcohol의 이론적인 생성량은? (단, 원자량 : H=1, C=12, O=16)

① 421g
② 511g
③ 642g
④ 784g

393 glucose 180g을 발효시켜 얻을 수 있는 ethanol의 이론적 수량은?(C=12, H=1, O=16)

① 83g   ② 82g
③ 92g   ④ 93g

394 Glucose 1kg으로부터 얻어지는 이론적인 초산 생성량은?

① 537g   ② 557g
③ 600g   ④ 667g

395 술덧의 전분함량 16%에서 얻을 수 있는 탁주의 알코올 도수는?

① 약 8도   ② 약 18도
③ 약 28도   ④ 약 45도

396 식초 제조를 위해 *Streptococcus lactis*를 사용했을 때 식초가 생성되지 않았다. 옳은 이유는?

① 배양 온도가 옳지 않았다.
② pH가 맞지 않았다.
③ 젖산균 사용
④ 구연산균 사용

397 알코올 발효에 있어서 $CH_3CHO \rightarrow CH_3CH_2OH$ 반응에 관여하는 alcohol dehydrogenase의 Coenzyme은?

① FAD   ② NAD
③ TPP   ④ ADP

398 코지(koji) 제조의 목적은?

① 당화   ② pH 조절
③ 냄새와 색을 양호하게   ④ 효소 생성

399 물과 주정 혼합물의 공비점은?

① 비점이 78.15℃ 응축점이 78.3℃이다.
② 비점이 78.15℃ 응축점이 97.2℃이다.
③ 비점이나 응축점 다같이 78.15℃이다.
④ 공비혼합물의 조성에 따라 다르다.

---

393 $C_6H_{12}O_6 \rightarrow 2C_2H_5OH + 2CO_2$ 의 식에서 이론적인 ethanol 수득률이 51.1%이므로
$180 \times 51.1/100 = 91.98g$

394 포도당으로부터 초산생성 반응식
· $C_6H_{12}O_6 \rightarrow 2C_2H_5OH + 2CO_2$
   (180)   (2×46)
· $C_2H_5OH + O_2 \rightarrow CH_3COOH + H_2O$
   (46)   (60)
① 포도당 1kg으로부터 이론적인 ethanol 생성량
  $180 : 46 \times 2 = 1000 : x$
  $x = 511.1g$
② 포도당 1kg으로부터 초산생성량
  $180 : 60 \times 2 = 1000 : x$
  $x = 666.6g$

395 Gay Lusacc식에서
· glucose로부터 이론적인 ethanol 수득률은 51.1%이다.
· 전분 함량 16%에서 얻을 수 있는 탁주의 알코올 도수
  $16 \times 51.11/100 = 8.2%$
  약 8%

396 *Streptococcus lactis*는 젖산균으로 발효유 제조에 주로 이용되고, 식초 제조에 이용되는 초산균은 *Acet. aceti*, *Acet. acetosum*, *Acet. oxydans*, *Acet. schutzenbachii* 등이다.

397 $CH_3CHO \rightarrow CH_3CH_2OH$ 반응식에서 NAD는 alcohol dehydrogenase의 Coenzyme이다.

398 찐쌀에 국균을 번식시키면 국균(*Aspergillus*)이 분비하는 효소의 작용으로 쌀 중의 성분을 분해하고, 특히 전분을 당분으로 만들어 발효시켜 각종 효소를 생산하는 것이다.

399 주정과 물의 혼합액의 주정 농도는 97.2v/v%(95.75 w/v%)로서 비점이나 응축점은 78.15℃이다.

ANSWER
393 ③   394 ④   395 ①   396 ③
397 ②   398 ④   399 ③

출제예상문제

400 공비점
- 알코올 농도는 97.2%, 물의 농도는 2.8%이다.
- 비등점과 응축점이 모두 78.15℃로 일치하는 지점이다.
- 이 이상 가열하여 끓이더라도 농도는 높아지지 않는다.
- 99% 알코올을 가열 냉각하면 오히려 농도는 낮아진다.
- 97.2 v/v% 이상의 농도는 탈수법으로 한다.

402 연속식 증류기의 장치를 작업상 구분하면
- 첫째, 술덧의 증류 잔사와 묽은 주정의 분리
- 둘째, 초류 구분의 분리 및 aldehyde 분리
- 셋째, 후류 구분의 분리 및 fusel oil 분리
- 넷째, 정류

403 402번 해설 참조

404 퓨젤유(fusel oil)
- 알코올 발효의 부산물인 고급 알코올의 혼합물이다.
- 불순물인 fusel oil은 술덧 중에 0.5~1.0% 정도 함유되어 있다.
- 주된 성분은 n-propyl alcohol(1~2%), isobutyl alcohol(10%), isoamyl alcohol(45%), active amyl alcohol(5%)이며 미량 성분으로 고급 지방산의 ester, furfural, pyridine 등의 amine, 지방산 등이 함유되어 있다.
- 이들 fusel oil의 고급 알코올은 아미노산으로부터 알코올 발효 시의 효모에 의한 탈아미노기 반응과 동시에 탈카르복시 반응에 의해서 생성되는 aldehyde가 환원되어 생성된다.

405 Acetone butanol이 생성균주는 *Clostridium acetobutylicum*와 *Cl. saccharoacetobutylicum*이 사용된다.

---

400 주정 생산 시 공정인 증류에 있어 공비점(K점)에 관한 설명으로 옳은 것은?

① 공비점에서의 알코올 농도는 97.2%(v/v), 물의 농도는 2.8%이다.
② 공비점 이상의 알코올 농도는 어떤 방법으로도 만들 수 없다.
③ 99%의 알코올을 끓이면 발생하는 증기의 농도가 높아진다.
④ 공비점이란 술덧의 비등점과 응축점이 88.15℃로 일치하는 지점이다.

401 에틸 알코올 발효 조건에서 배지의 pH가 알칼리성이거나 또는 아황산나트륨을 첨가할 때 주로 생성되는 것은?

① 글리세린　　　　② 에틸 알코올
③ 부틸 알코올　　　④ 초산

402 주정의 제조에 있어서 fusel oil은 어느 공정에서 분리하는가?

① 증류　　　　　　② 초류
③ 후류　　　　　　④ 정류

403 주정의 제조에 있어서 알데히드(aldehyde)는 어느 공정에서 분리되는가?

① 숙성 술덧의 증류 시
② 초류(初留) 구분의 분리 시
③ 후류(後留) 구분의 분리 시
④ 정류(精留) 시

404 주정 발효 시 술덧에 존재하는 성분으로 불순물인 퓨젤유(fusel oil)의 성분이 아닌 것은?

① methyl alcohol
② n-propyl alcohol
③ isobutyl alcohol
④ isoamyl alcohol

405 Acetone butanol 발효에 사용되는 균주는?

① *Lactobacillus*　　② *Luconostoc*
③ *Bacillus*　　　　④ *Clostridium*

ANSWER

400 ①　401 ②　402 ③　403 ②
404 ①　405 ④

406 amino acid 발효와 균주 간에 관계가 없는 것은?

① lysine 발효와 *Brevibacterium flavum*

② valine 발효와 *Aerobacter cloacae*

③ isoleucine 발효와 *Escherichia coli*

④ asparticacid 발효와 *Escherichia coli*

407 *Coryebacterium glutamicum*에 biotin을 과량 넣어 발효하였더니 균체 및 젖산이 많이 생산되었다. 이 배지를 사용하여 glutamic acid를 생산할 때 첨가하는 것은?

① 페니실린 ② 포도당
③ 엽산 ④ 효소

408 Glutamic acid 발효 시 원료당의 흡수를 높이기 위하여 첨가하는 것은?

① 포도당 ② 페니실린
③ 염산 ④ 이스트 추출물

409 다음 중 미생물의 발육 인자가 되지 않는 것은 어느 것인가?

① paraaminobenzoic acid

② inositol

③ benzoic acid

④ biotin

410 글루탐산(glutamic acid) 발효에서 통기가 부족될 때 생성되는 물질은?

① lactic acid

② lysine

③ fumarate

④ α−ketoglutaric acid

411 글루탐산 발효 시 사용되는 생산 균주는?

① *Micrococcus glutamicus*

② *Bacillus subtilis*

③ *Micrococcus cryophilus*

④ *Aspergillus oryza*

406 amino acid 발효와 균주
• lysine 발효 균주로는 *Coryne-bacterium glutamicum*, *Brevibacterium flavum* 등이 있다.
• valine 발효 균주는 *Aerobacter cloacae*, *A. aerogenes* 등이 관여한다.
• isoleucine 발효 균주는 *Bacillus subtilis*가 관여한다.
• Aspartic acid 발효 균주는 *Escherichia coli*, *Bacillus subtilis* 등이 관여한다.

407 비오틴(biotin)의 농도가 높을 경우 배양 시간의 적당한 시기에 penicillin을 첨가하여 효율적으로 글루탐산의 생성이 축적되도록 한다.

408 glutamic acid 발효 시
• 포도당과 설탕이 가장 좋은 탄소원이고, 배지의 당 농도는 일반적으로 5~10%이나 공업적인 생산에서는 당 농도를 12~16%까지 높여 발효시킨다.
• 이렇게 함으로써 glutamic acid는 6~8%의 높은 농도 발효액을 얻을 수 있다.

409 미생물의 발육 인자
• biotin, inositol, VB_1, VB_6, pantothenic acid, para-aminopenobenzoic acid 등이 있다.
※ benzoic acid는 살균성이 상당히 강해서 미생물이 생육할 수 없다.

410 글루탐산(glutamic acid) 발효
• 산소의 공급이 필요한데 산소가 부족할 때는 젖산이나 호박산으로 되고, 과도할 경우는 α−ketoglutaric acid로 발효 전환을 일으킨다.

411 글루탐산(glutamic acid) 발효에 사용되는 균주
• *Corynebacterium glutamicum* (*Micrococcus glutamicus*), *Brevibacterium flavum*, *Brev. divaricatum*, *Brev. lactofermentum*, *Microbacterium ammoniaphilum* 등이 있다.

412 글루탐산(glutamic acid) 생산균

- biotin의 suboptimal 조건하에서 글루탐산(glutamic acid)의 정상 발효가 이루어진다.
- 배지 중의 biotin 농도는 0.5~2.0r/ℓ가 적당하나 이보다 많으면 균체만 왕성하게 증가되어 젖산만 축적하고 glutamic acid는 생성되지 않는다.

413 글루탐산(glutamic acid) 발효 조건에서

- biotin 첨가량이 적으면 생육하지 않으므로 글루탐산이 축적되지 않고, biotin 농도가 높으면 당 대사는 EMP가 주 경로이다.
- Biotin을 과량 첨가하면 글루탐산의 축적은 거의 없고, 균체의 증식과 젖산 생성이 왕성해진다.

414 lysine 직접 발효 시 변이주 이용

- 탄소원과 질소원을 함유하는 배지에서 1가지 균주를 배양하여 리신(lysine)을 직접 생성하고, 축적하는 방법에 사용하는 변이주에는 3종류가 있다.
  - 영양요구성 변이주(homoserine 요구성 변이주, threonine+methionine 요구성 변이주)
  - threonine, methionine 감수성 변이주
  - lysine analog 내성 변이주

415 homoserine은 영양요구성 변이주로 리신(lysine)을 직접 발효시킬 때 첨가하는 물질이다.

416 미생물을 이용한 아미노산 제조법

- 야생주에 의한 발효법 : glutamic acid, L-alanine, valine
- 영양요구성 변이주에 의한 발효법 : L-lysine, L-threonine, L-valine, L-ornithine, L-citrulline
- Analog내성 변이주에 의한 발효법 : L-arginine, L-histidine, L-Tryptophan
- 전구체첨가에 의한 발효법 : glycine→L-serine, D-threoine →isoleucine
- 효소법에 의한 아미노산의 생산 : L-alanine, L-aspartic acid

 ▌ ANSWER ▌ ┄┄┄┄┄┄

412 ④ 413 ④ 414 ③ 415 ④
416 ①

---

412 다음 중 글루탐산(glutamic acid) 생산균은 어떤 성질을 갖고 있는가?

① biotin이 많으면 세포벽이 두꺼워질 뿐 글루탐산의 생산에는 관계가 없다.
② biotin은 증식에 필요하고 글루탐산 생산은 biotin이 적을수록 많다.
③ biotin이 많을수록 증식이 잘되고 글루탐산의 축적도 많아진다.
④ 최적량의 biotin 존재 하에서 최대의 글루탐산을 생산한다.

413 글루탐산(glutamic acid) 발효 조건에 있어서 영양원에 관한 설명 중 틀린 것은?

① biotin의 농도가 높으면 당 대사는 EMP가 주경로이다.
② biotin의 농도가 높으면 균체 증식이 높다.
③ biotin의 농도가 높으면 젖산만 축적한다.
④ biotin의 농도가 높으면 글루탐산의 축적이 많아진다.

414 리신(lysine) 발효에서 변이주를 이용하는 직접 방법이 아닌 것은?

① homoserine 요구성 변이주
② threonine, methionine 감수성 변이주
③ oleic acid 요구성 변이주
④ lysine analog 내성 변이주

415 영양요구성 변이주로 리신(lysine)을 직접 발효할 때 첨가해야 할 물질은?

① glutamic acid   ② serine
③ methionine   ④ homoserine

416 다음 중 미생물 발효로 생산하는 아미노산이 아닌 것은?

① L-Cystine
② L-threonine
③ L-Valine
④ L-Tryptophan

417 아미노산 발효의 종류가 아닌 것은?

① 야생균주 이용법
② 영양요구 변이주에 의한 발효법
③ Analog 내성 변이주에 의한 발효법
④ D.L－Lysine 합성법

418 glutamic acid 발효 생산균의 특징이 아닌 것은?

① Gram 음성이다.
② 운동성이 없다.
③ Biotin 요구성이다.
④ 포자를 형성하지 않는다.

419 비오틴(Biotin) 과잉 배지에서 glutamic acid 발효 시 첨가하여 주는 물질은 무엇인가?

① 리보플라민(riboflavin)
② 티아민(Thiamin)
③ 페니실린(Penicillin)
④ 비타민(Vitamin) C

420 핵산분해법에 의한 5'-nucleotides의 생산에 주원료로 쓰이지 않는 것은 무엇인가?

① Ribonucleic acid
② Deoxyribonucleic acid
③ 효모균제 중 핵산
④ Guanylic acid

421 소고기의 맛난 맛 성분인 5'-이노신산(5'-inosinic acid)의 전구물질(precusor)은?

① 하이포크산틴(hypoxanthin)
② 구아닐산(5'-guanylic acid)
③ 아데닐산(5'-adenylic acid)
④ 이노신(inosine)

---

417 416번 해설 참조

418 glutamic acid 발효 생산균의 특징
• 호기성이다.
• 구형, 타원형 내지 단간균이다.
• 운동성이 없다.
• 포자를 형성하지 않는다.
• Gram 양성이다.
• 생육인자로서 biotin을 요구한다.

419 glutamic acid 발효 시 penicillin 첨가
• biotin 과잉 함유 배지에서 배양 도중에 penicillin을 첨가함으로써 대량의 glutamic acid의 발효 생산이 가능하다.
• Penicillin의 첨가 효과를 충분히 발휘하기 위해서는 첨가시기(약 6시간 배양 후)와 적당량(배지 1㎖당 1～5IU) 첨가하는 것이 중요하다.

420 핵산분해법에 의한 5'-nucleotides의 생산에 주원료로 쓰이는 것은 ribonucleic acid, deoxyribonucleic acid, 효모균제 중 핵산 등이 있다.

421 생체 내에서 중요한작용을 하는 것은 5'-이노신산이다. 중요한 퓨린뉴클레오티드인 5'-아데닐산, 5'-구아닐산은 5'-이노신산을 거쳐서 생합성 된다. 또 ADP와 ATP는 5'-아데닐산이 인산화된 것이므로, 5'-이노신산은 ADP와 ATP의 전구체이다. 5'-이노신산은 핵산, 조효소, ATP 등을 합성하는 데 중요한 물질이다. 동물의 근육 속에는 5'-아데닐산이 다량으로 함유되어 있는데, 동물이 죽은 후에는 5'-아데닐산디아미나아제가작용하여 5'-이노신산으로 변한다. 5'-이노신산은 음식의 맛을 강하게 하므로 그 나트륨염이 화학조미료로 사용되고 있다.

ANSWER
417 ④　418 ①　419 ③　420 ④
421 ③

출제예상문제

422 정미성을 가지고 있는
nucleotide
- 5'-guanylic acid(guanosine-5'-monophosphate, 5'-GMP), 5'-inosinic acid(inosine-5'-monophosphate, 5'-IMP), 5'-xanthylic acid(xanthosine-5'-phosphate, 5'-XMP)이다.
- XMP〈IMP〈GMP의 순서로 정미성이 증가한다.
※ 5'-adenylic acid(adenosine-5'-phosphate, 5'-AMP)는 정미성이 없다.

423 핵산관련 물질이 정미성을 갖기 위해서는
- 고분자 nucleotide, nucleoside 및 염기 중에서 mononucleotide만 정미 성분을 가진다.
- purine계 염기만이 정미성이 있고 pyrimidine계는 정미성이 없다.
- 당은 ribose나 deoxyribose에 관계 없이 정미성을 가진다.
- ribose의 5'의 위치에 인산기가 있어야 정미성이 있다.
- purine염기의 6의 위치 탄소에 – OH가 있어야 정미성이 있다.

424 리보오스(D-ribose)
- 핵산(RNA), ATP(adenosine triphosphate), riboflavin(vit. B₂) 및 NAD, CoA 등 조효소(coenzyme), 핵산계 조미료인 IMP, GMP 등의 구성 성분이다.
- 효모에 의하여 발효되지 않는다.

425 정미성 핵산(뉴클레오티드)의 제조 방법
① RNA를 미생물 효소로써 또는 화학적 으로 분해하는 방법(RNA 분해법)
② purine nucleotide 합성의 중간체를 배양액 중에 축적시킨 다음 화학적으로 nucleotide를 합성하는 방법(발효와 합성의 결합법)
③ 생화학적 변이주를 이용하여 당으로부 터 직접 nucleotide를 생산하는 방법 (de novo 합성)

426 핵산의 무질소 부분 대사
- 인산은 음식물 또는 체내 급원으로부터 쉽게 얻어지고, 대사 최종산물로서 무기

422 다음 중 정미성이 없는 Nucleotide는?

① 5′- Deoxyguanylic acid
② 5′- Deoxyadenylic acid
③ 5′- Deoxyinosinic acid
④ 5′- Deoxyxanthylic acid

423 핵산관련 물질의 정미성(呈味性)에 관한 내용 중 틀린 것은?

① Ribose의 5' 위치에 인산기가 붙는다.
② Monoucleotide에 정미성이 있다.
③ 정미성은 pyrimidine계의 것에는 있으나, purine계의 것에 는 없다.
④ Nucleotide의 당은 deoxyribose, ribose이다.

424 효모에 의하여 발효되지 않으며 핵산계 조미료인 IMP, GMP 등의 구성성분을 이루는 당은?

① 리보오스(ribose)
② 만노오스(mannose)
③ 갈락토오스(galactose)
④ 글루코오스(glucose)

425 정미성 핵산의 제조방법이 아닌 것은?

① RNA 분해법
② DNA 분해법
③ 생화학적 변이주를 이용하는 방법
④ Purine nucleotide 합성의 중간체를 축적시켜 화학적으로 합성하는 방법

426 핵산의 무질소 부분 대사에 대한 설명으로 옳은 것은?

① 인산은 대사 최종산물로서 무기인산염 형태로 소변으로 배 설된다.
② 간, 근육, 골수에서 요산이 생성된 후 소변으로 배설된다.
③ NH₃를 방출하면서 분해되고 요소로 합성되어 배설된다.
④ pentose는 최종적으로 분해되어 allantoin으로 전환되어 배 설된다.

427 미생물 균체를 이용한 정미성 핵산 물질을 얻는 데 가장 유리한 미생물은?

① 효모
② 세균
③ 방선균
④ 곰팡이

428 다음 대사산물의 회수방법 중 특히 항생물질 생산에 중요한 방법은?

① 염석법
② 침전법
③ 흡착법
④ 용매추출법

429 발효에 관여하는 미생물에 대한 설명 중 옳지 않은 것은?

① 글루타민산 발효에 관여하는 미생물은 주로 세균이다.
② 당질을 원료로 한 구연산 발효에는 주로 곰팡이를 이용한다.
③ 항생물질 스트렙토마이신(streptomycin)의 발효 생산은 주로 곰팡이를 이용한다.
④ 초산 발효에 관여하는 미생물은 주로 세균이다.

430 세포벽 합성(cell wall synthesis)에 영향을 주는 항생물질은?

① Streptomycin
② Oxytetracycline
③ Chloramphenicol
④ Penicillin G

인산염으로 되어 소변으로 배설된다.
• ribose와 deoxyribose는 glucose와 다른 대사 중간물로부터 직접 얻어진다.
• pentose의 분해경로는 명확치 않으나 최종적으로 H_2O와 CO_2로 분해된다.

427 RNA는 모든 생물에 널리 존재하지만 RNA의 공업적 원료로서는 미생물 중에서도 효모균체 RNA가 이용되고 있다. RNA 원료로서 효모가 가장 적당하다는 것은 RNA의 함량이 비교적 높고 DNA가 RNA에 비하여 적으며 균체의 분리, 회수가 용이할 뿐 아니라 아황산펄프폐액, 당밀, 석유계 물질 등 값싼 탄소원을 이용할 수 있다는 등의 이유 때문이다.

428 미생물 대사산물
• 대사산물의 종류
  – 균체 내 물질 : 핵산, 비타민, 일부의 효소, 항생제 등
  – 균체 외 물질 : 아미노산, 구연산, 알코올, 효소(amylase, protease 등) 항생제(penicillin, streptomycin 등) 등
• 대사산물의 회수방법
  – 침전법 : glutamic acid 등의 등전점 침전
  – 염석법 : 효소 등의 고분자 단백질이나 peptide류에 거의 한정
  – 용매추출법 : 항생물질의 정제에 있어서 극히 중요한 방법
  – 흡착법 : streptomycin의 정제이며 항생물질 이외에도 아미노산, 핵산관련 물질, 효소, 유기산 분리

429 스트렙토마이신(streptomycin)은 당을 전구체로 하는 항생물질의 대표적인 것으로 그 생합성은 방선균인 *Streptomyces griceus*에 의해 D－glucose로부터 중간체로서 myoinositol을 거쳐 생합성 된다.

430 벤질페니실린(페니실린G)
• 산에 불안정하여 위를 통과하면서 대부분 분해되므로 충분한 약효를 얻기 위해서는 근육 내 주사로 투여해야 한다.
• 일부 반합성 페니실린은 산에 안정하기 때문에 경구 투여할 수 있다.
• 모든 페니실린류는 세균의 세포벽 합성을 담당하고 있는 효소의 작용을 방해

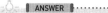

■ ANSWER ■ ....

427 ① **428** ④ **429** ③ **430** ④

하고 또한 유기체의 방어벽을 부수는 다른 효소를 활성화시키는 방법으로 그 효과를 나타낸다. 그러므로 이들은 세포벽이 없는 미생물에 대해서는 효과가 없다.

431 페니실린(penicillins)
- 베타-락탐(β-lactame)계 항생제로서, 보통 그램 양성균에 의한 감염의 치료에 사용한다.
- lactam계 항생제는 세균의 세포벽 합성에 관련 있는 세포질막 여러 효소(carboxypeptidases, transpeptidases, entipeptidases)와 결합하여 세포벽 합성을 억제한다.

432 비타민
- 지용성 비타민 : 비타민 A, D, E, K
- 수용성 비타민 : 비타민 B_1, B_2, B_6, B_{12} 및 C

433
serine을 glycine으로 전환시키는데 folic acid(엽산)가 관여하며, transferlase로는 pyridoxal phosphate (PALP)를 보효소로 필요하다.

434
nicotinic acid(niacin)은 조효소로 수소를 운반하고, B_2의 복합체에서 분리된 것으로 tryptophan에서 niacin으로 전환되어 이용된다.

435
vitamin B_{12}의 분자구조는 분자 속에 코발트(Co)를 가지고 있다.

436 vitamin B_{12}의 생산균
- *Streptomyces griseus, Streptomyces olivaceus, Propionibacter freudenreichii, Streptomyces fradiae, Bacillus megaterium* 등이다.

437 Vitamin C(L-ascorbic acid)의 특징
- 강력한 환원력을 가지고 있어서 효과적인 항산화제 역할을 한다.
- 야채, 과실, 과즙 등의 갈색화 방지를 위하여 널리 사용되고 있다.
- 생체 내에서는 산화환원계에작용한다.
- 결핍증은 괴혈병을 유발한다.

---

431 β-lactam 계열의 항생물질인 것은?

① penicillin
② tetracycline
③ mitomycin
④ kanamycin

432 기름에 녹지 않는 것은?

① 비타민 B_1, B_2 및 C
② 비타민 E
③ 비타민 A
④ 비타민 D

433 세린을 글리신으로 전환시키는 데 소요되는 비타민에 해당되는 것은?

① 엽산+피리독살포스페이트
② 엽산+비타민 B_{12}
③ 피리독살페이트+비타민 B_6
④ 비타민 B_{12}+나이아신

434 아미노산인 트립토판이 전구체인 비타민은?

① 비타민 B_2
② 나이아신
③ 비타민 A
④ 비타민 B_{12}

435 Vitamin B_{12}의 분자구조와 가장 관계가 깊은 것은?

① Mg
② Co
③ Mo
④ Mn

436 Vitamin B_{12}의 생산균은?

① *Lactobacillus casei*
② *Streptomyces olivaceus*
③ *Streptococcus faecalis*
④ *Clostridium botulinum*

437 다음 중 항산화제로 사용되는 vitamin은?

① vitamin B_1
② vitamin B_2
③ vitamin C
④ folic acid

438 비타민(Vitamin) C 생산과 가장 관계가 있는 것은?

① Glycine 발효
② Propionic acid 발효
③ Glutamic acid 발효
④ Sorbose 발효

439 포도당의 이성체이면서 산, 알칼리에 안정하고 동물의 근육 안에 있는 비타민의 하나인 근육 설탕(muscle sugar)은?

① inositol
② choline
③ biontin
④ riboflavin

440 발효법으로 생산하는 식물 호르몬은?

① xanthan
② dextrin
③ gibberellin
④ seratin

441 다음 미생물 중 비타민(vitamin) 생산균이 아닌 것은?

① *Eremothecium ashbyii*
② *Penicillium roquefortii*
③ *Streptomyces olivaceus*
④ *Streptomyces fradiae*

442 Vitamin B₂의 생산 균주가 아닌 것은?

① *Eremothecium ashbyii*
② *Asbbya gossypii*
③ *Candida flaveri*
④ *Pseudomonas denitrificans*

443 효소 생산에서 지미성분을 얻고자 할 때, 어떤 효소를 작용시켜야 하는가?

① 2 - phosphodiesterase
② 3 - phosphodiesterase
③ 5 - phosphodiesterase
④ phosphodiesterase

---

438 비타민 C의 발효
· Reichsten의 방법으로 합성되고 있다.
· 이 중에서 중간체인 D-sorbitol로부터 L-sorbose로의 산화는 화학적 방법에 의하면 라세미 형이 생성되어 수득량이 반감하기 때문에 산화세균인 Acetobacter suboxydan, Gluconobacter roseus 등을 이용하여 90% 이상의 수득률로 L-sorbose를 생성한다.

439 근육당인 inositol
· 포도당의 이성체이면서 산, 알칼리에 매우 안정하다.
· 동물의 근육 안에 있는 비타민의 하나이다.

440 발효법으로 생산되는 식물 생장 호르몬은 gibberellin과 herminthosporiul 등이 있다.

441
· *Eremothecium ashbyii* : vitamin B₂를 생성한다.
· *Streptomyces fradiae, Streptomyces olivaceus* : 모두 vitamin B₁₂의 생산균이다.
· *Penicillium roquefortii* : 푸른곰팡이 치즈인 roquefortii cheese의 숙성과 향미에 관여한다.

442 Vit. B₂(riboflavin)
· 생체 내에서 호흡계의 수소전달체로서 중요한 역할을 한다.
· 자낭균류에 속하는 *Eremothecium ashbyii*와 *Asbbya gossypii* 그리고 *Pseudomonas denitrificans*는 많은 flavin을 균체 내에 축적하므로 공업적으로 비타민 B₂의 생산 균주로 이용된다.

443 RNA의 효소 분해
· RNA는 nucleotide가 C_3'와 C_5'간의 phosphodiester 결합에 의해서 중합된 polynucleotide이다. 따라서 RNA를 가수분해 하면 nudeotide를 얻을 수 있다.
· 5'-phosphodiesterase로 가수분해 하면 GMP, UMP, CMP 등 정미성분을 얻을 수 있다.
· *Penicillium citrinum* 등의 곰팡이, *Streptomyces aureus* 등의 방선균, 세균, 분완전균, 효모 등 많은 미생물에 의해서 5'-phosphodiesterase가 생산된다.

444 고정화 효소의 제법

- 담체 결합법, 가교법, 포괄법의 3가지 방법이 있다.
  - 담체 결합법은 공유 결합법, 이온 결합법, 물리적 흡착법이 있다.
  - 포괄법은 격자형, microcapsule 법이 있다.

445 담체 결합법
- 물에 녹지 않은 담체에 효소 또는 미생물을 물리·화학적 방법으로 결합시켜 고체 촉매화하는 방법이다.
- 그 결합 양식에 따라 공유 결합법, 이온 결합법, 물리적 흡착법으로 나눈다.
- 이 중 공유 결합법이 가장 많은 종류의 효소에 이용되고 있다.

446 효소 생산에 있어서 일반적인 배양법
- 보통 곰팡이를 균주로 할 경우에는 고체 배양으로 한다.
- 세균, 효모, 방사선균 경우에는 액체 배양으로 한다.
- 효소 역가는 액체 배양법이 고체 배양법보다 높다.

447 amylase를 생산하는 미생물
- *Asp. niger, Asp. oryzae, B. mesentericus, B. subtilis, Rhizopus delemar, R. oryzae, Endomycopsis fibuliger* 등이 있다.

448 hemicellulase는 식물 세포막 성분 중 셀룰로오스를 제외한 갖가지 다당류 혼합물인 헤미셀룰로오스를 가수분해하는 효소이다.

449 naringinase와 hesperidinase
- *Asp. niger*가 생산한다.
- naringinase는 귤 등의 과피의 쓴맛을 제거한다.
- hesperidinase는 과즙의 백탁 방지에 이용된다.

444 효소의 고정화법으로 적당치 않은 것은?

① 포괄법
② 가교법
③ 담체 결합법
④ 흡착법

445 효소의 고정화 방법 중 담체 결합법에 속하지 않는 것은?

① 가교법
② 공유 결합법
③ 이온 결합법
④ 물리적 흡착법

446 효소 생산에 있어서 일반적으로 고체 배양법으로 생산하지 않는 것은?

① *Rhizopus delemar*에 의한 glucoamylase의 생산
② *Streptomyces griseus*에 의한 protease의 생산
③ *Aspergillus oryzae*에 의한 amylase의 생산
④ *Trichoderma viride*에 의한 cellulase의 생산

447 다음 미생물 중 amylase를 생산하지 않는 것은 어느 것인가?

① *Bacillus mesentericus*
② *Acetobacter suboxydans*
③ *Aspergillus oryzae*
④ *Rhizopus delemar*

448 겉보리의 외피에 존재하는 섬유질 다당류를 분해하는 효소는?

① glucoamylase
② hemicellulase
③ cellulase
④ melibiase

449 Naringinase. Hesperedinase 생성 균주는?

① *Bac. subtilis*
② *Asp. oryzae*
③ *Asp. niger*
④ *Sacch. pombe*

450 요소 분해 효소(urease)의 저해물질을 제거하기 위한 첨가제로 가장 적당한 것은?

① CaCO₃   ② AgNO₃

③ H₂S   ④ KMnO₄

451 전분을 glucose로 거의 100% 분해시키는 Rhizopus delemar가 생성하는 효소는?

① cellulase   ② glucoamylase

③ β – amylase   ④ dextrinase

452 미생물이 생산하는 효소 중 포도당을 과당으로 만들 때 쓰이는 효소는?

① glucoamylase

② glucose isomerase

③ xylose isomerase

④ glucocidase

453 리보핵산의 3',5' – phosphodiester 결합을 가수분해하여 정미물질을 생산하는 효소는?

① 3' – phosphoesterase

② 3' – phosphodiesterase

③ 5' – phosphoesterase

④ 5' – phosphodiesterase

454 5'–IMP를 직접생산하기 위한 생산균으로서 갖추어야 할 성질이 아닌 것은?

① SAMP synthetase와 IMP dehydrogenase의 두 효소의 결여 혹은 미약

② 5'–IMP에 대한 세포 투과성의 감소

③ 5'–IMP에 생합성계에 대한 조절기구의 해제

④ 5'–IMP 분해 효소의 결여

455 균체 내 효소를 추출하는 방법 중 가장 부적당한 것은?

① 초음파 파쇄법   ② 기계적 마쇄법

③ 염석법   ④ 동결 융해법

450 요소 분해 효소 urease의 저해물질을 제거하기 위한 첨가제로는 H₂S가 적당하다.

451 *Rhizopus delemar*가 생성하는 효소는 glucoamylase이고, 전분을 glucose로 거의 분해시킨다.

452 glucose isomerase
· glucose를 이성화해서 fructose로 만드는 효소이며 xylan에 의해 유도된다.
· *Bacillus megaterum*이나 *Strpetomyces albus* 등이 생산한다.
· *Strpetomyces albus*의 균주를 이용하여 밀기울, corn steep liquor 등으로 된 배지에서 30℃, 약 30시간 배양한다.

453 RNA의 효소 분해
· RNA는 nucleotide가 C3'와 C5'간의 phosphodiester 결합에 의해서 중합된 polynucleotide이다. 따라서 RNA를 가수분해하면 nucleotide를 얻을 수 있다.
· 핵산분해 효소인 5'– phosphodiesterase 혹은 nuclease의 효소로 RNA를 분해하면 AMP, GMP, UMP, CMP가 생성된다.
· GMP는 직접 조미료(정미물질)로 사용되고, AMP는 deamination시켜 IMP를 얻어 정미물질로 사용된다.
· MP, CMP는 정미물질이 되지 못한다.

454 5'–IMP(5'inosinic acid)를 직접 생산하기 위한 생산 균으로서의 갖추어야 할 성질
· SAMP synthetase와 IMP dehydrogenase의 두 효소의 결여 내지 미약하다.
· 5'–IMP의 생합성계에 대한 조절 기구의 해제이다.
· 5'–IMP에 대한 세포 투과성의 증가 등을 생각할 수 있다.

455 균체 외 효소는 균체를 제거한 배양액을 그대로 정제하면 되나 균체 내 효소는 세포의 마쇄, 세포벽 용해 효소처리, 자기소화, 건조, 용제처리, 동결융해, 초음파 파쇄, 삼투압 변화 등의 방법으로 효소를 유리시켜야 한다.

ANSWER

450 ③   451 ②   452 ②   453 ④
454 ②   455 ③

456 다음 중 효소의 정제법이 아닌 것은?

① 염석에 의한 침전
② acetone이나 ethanol에 의한 침전
③ 라이소자임(lysozyme) 처리법
④ 이온교환 크로마토그래피(chromatography)

457 사상균에서 발견되며 식품의 갈변방지, 밀폐포장 식품의 산소제거 등에 이용되는 효소는?

① protease
② pectinase
③ glucoamylase
④ glucose oxidase

458 액체 배양법에 의하여 효소를 생산하고자 한다. 다음 중 관계없는 것은?

① 액체 배양법은 세균, 효모 배양에 적합하다.
② 고체 배양법보다 일반적으로 역가가 떨어진다.
③ 대량의 박(粕)이 부생된다.
④ 좁은 면적을 활용할 수 있다.

459 다음은 단세포 단백질(single-cell protein) 생산의 기질과 미생물을 나타낸 것이다. 잘못 연결된 것은?

① n-paraffin - fungi
② methane - yeast
③ methanol - bacteria
④ CO_2 - algae

460 균체를 배양한 SCP(single cell protein)를 식·사료로 이용하고자 한다. 배양 원료와 이용 균주를 잘못 연결한 것은?

① 폐당밀 – *Saccharomyces cerevisiae*
② 아황산 펄프 폐액 – *Candida tropicalis*
③ 메탄올 – *Leuconostoc mesenteroides*
④ 석유 – *Candida lipolytica*

461 전분으로부터 포도당을 제조하고자 한다. 여기에 필요한 당화용 효소인 glucoamylase를 생성시키는 데 사용되지 않는 균주는?

① *Endomycopsis fibliger*
② *Aspergillus niger*
③ *Aspergillus awamori*
④ *Candida albicans*

462 다음 중에서 효모에 대한 발효성 당만을 짝지은 것은?

① glucose, fructose, galactose
② fructose, sucrose, starch
③ galactose, maltose, starch
④ arabinose, xylose, cellulose

463 효모 배양액의 적당한 온도는?

① 10~22℃　　② 26~30℃
③ 32~40℃　　④ 42~48℃

464 효모에 의한 발효성 당의 탄산가스를 계측할 수 있는 것은?

① durham　　② einhorn tube
③ spectrometer　　④ mass flask

465 연속 배양의 장점 중 틀린 것은?

① 발효장치의 용량을 줄일 수 있다.
② 발효시간 단축
③ 생산비 절감
④ 잡균의 오염을 막을 수 있다.

- methanol : bacteria
- ethanol : yeast
- CO_2 : algae

460 균체단백을 제조할 때 배양 원료와 이용 균주
- 폐당밀 : *Saccharomyces cerevisiae*
- 아황산 펄프 폐액 : *Candida utilis*, *Candida utilis var. major*, *Candida tropicalis* 등
- 석유계 탄화수소 : *Candida tropicalis*, *Candida lipolytica*, *Candida tintermedia* 등
※ *Leuconostoc mesenteroides* : 이상발효 젖산균이고, dextran제조에 이용된다.

461 당화 효소인 glucoamylase를 생성시키는 데 사용 균주는 *Asp. awamori*, *Asp. oryzae*, *Asp. niger*, *Asp. usami*, *Rhizopus delemar*, *Endomycopsis fibliger* 등이 있다.

462 glucose, fructose, mannose, galactose 등은 감미 무색 화합물로 이러한 당은 효모에 의하여 발효되고, 강한 환원력을 가지고 있다.

463 효모 배양 중 배양액
- pH는 3.5~4.5 범위에서 배양하는 것이 안전하다.
- pH가 높으면 잡균이 오염되기 쉽다.
- 적당한 온도는 26~30℃이다.
- 효모균의 번식이 왕성하면 온도가 상승하므로 냉각시켜야 한다.

464 효모에 의한 알코올 발효 실험
- 당액에서 발생하는 CO_2량으로 측정한다.
- 측정법 : Einhorn tube에 의한 방법, Lindner의 소발효법, Meissel의 중량법, Hayduck의 용량법 및 검압법 등
- 일반적으로 Einhorn 관법이 사용된다.

465 효모 연속배양법
- 유가법을 더 장기간 행하며 유가액과 같은 양의 배양액을 연속적으로 빼내고, 이것을 숙성포에서 숙성시키는 것이다.
- 이 방법은 수득량이 높아져 좋지만 장시간 계속적으로 배양하기 때문에 오염되기 쉽다.

ANSWER

460 ③　461 ④　462 ①　463 ②
464 ②　465 ④

466 발효 빵에 사용되는 효모는 *Saccharomyces cerevisiae*인데, 발효 빵이 부푸는 이유는 *Sacch. cerevisiae*의 EMP 경로에서 탈탄산 반응의 CO_2 때문이다.

467 효모의 증식상태

$\chi_2 = \chi_1 e^{\mu(t_2-t_1)}$ 단, χ_1, χ_2는 각각 시간 t_1, t_2에 있어서의 효모량이다. μ는 단위 균체량당 증식 속도를 나타내며, 효모는 세대 시간에 역비례한다. 그러므로,

$\mu = \dfrac{2.303\log(\chi_1/\chi_2)}{(t_2-t_1)}$

$= \dfrac{2.303\log(10^3/10^2)}{10}$

$= 0.2303$

468 빵 효모의 배양 중 배지의 pH

• 배양기간 중에는 항상 pH를 일정하게 유지시켜 주어야 한다.

• 빵 효모의 최적 pH는 균주에 따라 약간 다르지만, 보통 3.5~4.5 범위에서 배양하는 것이 안전하다.

• 효모는 이정도의 산성에서는 영향을 받지 않으나, 세균에서는 이 보다 중성 혹은 알칼리성을 좋아하는 것이 많고 잡균 오염의 억제에 효과가 크기 때문이다.

• pH가 너무 낮으면 효모의 색깔이 변하게 되므로 배양기간 중에는 항상 pH를 일정하게 유지시키지 않으면 안 된다.

469 효모생산의 배양관리

• 온도 : 최적 온도는 일반적으로 25~26℃이다.

• pH : 일반적으로 pH: 3.5~4.5의 범위에서 배양하는 것이 안전하다.

• 당 농도 : 당 농도가 높으면 효모는 알코올 발효를 하게 되고 균체 수득량이 감소한다. 최적 당 농도는 0.1% 전후이다.

• 질소원 : 증식기에는 충분한 양이 공급되지 않으면 안 되나 배양 후기에는 질소농도가 높으면 제품효모의 보존성이나 내당성이 저하하게 된다.

• 인산농도 : 낮으면 효모의 수득량이 감소되고 너무 많으면 효모의 발효력이 저하되어 제품의 질이 떨어지게 된다.

• 통기교반 : 알코올 발효를 억제하고 능률적으로 효모균체를 생산하기 위해서는 배양 중 충분한 산소공급을 해야 한다. 매분 배양액의 약 1/10량의 공기를 통기한다.

---

466 발효 빵이 부푸는 이유는 어떤 미생물의 무슨작용 때문인가?

① *Lactobacillus brevis*가 TCA cycle에서 생성되는 CO_2 때문이다.

② *Propionibacterium shermanii*가 TCA cycle에서 생성된 CO_2 때문이다.

③ *Saccharomyces cerevisiae*의 EMP scheme에서 탈탄산 반응의 CO_2 때문이다.

④ *Pseudomonas fluoresence* 탈 amino 반응의 NH_3 때문이다.

467 빵 효모 발효 시 발효 1시간 후($t_1=1$)의 효모량이 10^2g, 발효 11시간 후($t_2=11$)의 효모량이 10^3g이라면 단위 균체량 당의 증식 속도(μ)는 얼마인가?

① 0.0303/h

② 0.2303/h

③ 0.3301/h

④ 0.4301/h

468 빵 효모의 배양에 있어서 배지의 pH를 4 정도로 하는 주된 이유는?

① 빵 효모의 풍미가 좋아진다.

② 배양 중의 잡균 오염을 억제한다.

③ 빵 효모 제품의 발효력이 향상된다.

④ 빵 효모의 증식에 적당하다.

469 효모생산의 배양관리 중 가장 부적당한 것은?

① 배양 중 포말(formal) 도수, 온도, pH 등을 측정한다.

② pH는 5.5 ~ 6.5 범위에서 안정하다.

③ 배양 온도는 일반적으로 25~26℃이다.

④ 매분 배양액의 약 1/10량의 공기를 통기한다.

ANSWER ·······································

466 ③   467 ②   468 ②   469 ②

470 균체 내 효소의 추출법으로 적당치 않은 것은?

① 효소처리법
② 동결융해법
③ 추출기법
④ 초음파 파쇄법

471 빵 효모의 배양에 있어서 알코올 발효를 억제하고 효모의 증식을 촉진하기 위해서 사용하는 방법은?

① 통기하여 배지의 당 농도를 낮게 한다.
② 통기하지 않고 배지의 당 농도를 높게 한다.
③ 통기하지 않고 배지의 당 농도를 낮게 한다.
④ 통기하여 배지의 당 농도를 높게 한다.

472 빵 효모(*Sacch. cerevisiae*) 균주의 구비조건이 아닌 것은?

① 장기간에 외관이 손상되지 않아야 한다.
② 생화학적 성질이 우수해야 한다.
③ 발효력이 강하여 밀가루의 팽창력이 우수해야 한다.
④ 자가 소화에 대한 내성이 적어야 한다.

473 빵 효모 제조 시 압착 효모를 그대로 사용할 경우 첨가하는 것은?

① glycerine
② lecithin
③ glucose
④ glycine

474 *Saccharomyces cerevisiae*를 사용하여 glucose를 발효시킬 때의 설명으로 틀린 것은?

① 통기 발효 시 반응산물은 $6CO_2$, $6H_2O$이다.
② 혐기적 발효 시 반응산물은 $2CH_3CH_2OH$, $2CO_2$이다.
③ 통기 발효할 때는 혐기적 발효 때보다 효모의 균체가 많이 생긴다.
④ 빵 효모를 생산할 때는 혐기조건하에서 발효시킨다.

475 *Candida* 속의 무포자 효모가 가장 잘 자화할 수 있는 normal-paraffin은?

① $C_1 \sim C_7$
② $C_8 \sim C_{13}$
③ $C_{14} \sim C_{18}$
④ $C_{19} \sim C_{24}$

470 균체 내 효소의 추출법
• 기계적 파쇄법, 압력차법, 초음파 파쇄법, 동결융해법, 자기소화법, 효소처리법, 삼투압차법, 건조 균체의 조제법 등이 있다.

471
• 효모는 무산소 상태에서는 알코올 발효를 하지만, 산소의 공급이 충분하면 산화적 대사과정으로 호흡을 하게 되어 증식의 속도가 현저히 증가된다.
• 효모는 배양액 중의 당 농도가 높으면, 호기적 조건 하에서도 알코올 발효를 일으켜 균체의 대략 수량은 감소된다. 거꾸로 당이 부족하면 자기 소화를 일으켜 제품의 품질이 떨어진다.

472 빵 효모(*Sacch. cerevisiae*) 구비조건
• 발효력이 강하여 밀가루 반죽의 팽창력이 우수해야 한다.
• 물에 잘 분산되어야 한다.
• 생화학적 성질이 일정해야 한다.
• 자가소화에 대한 내성이 있어서 보존성이 좋아야 한다.
• 장기간에 걸쳐 외관이 손상되지 않아야 한다.
• 당밀 배지에서 증식 속도가 빠르고 수득률이 높아야 한다.

473
• 압착기에서 나온 효모는 수분함량이 약 70%이며, 건조 효모 제조에 사용하거나 그대로 쓰기도 한다.
• 압착 효모를 그대로 사용할 경우에는 혼합기에서 혼합하며, 이때 lecithin을 첨가하지만 건조 효모를 만들 때는 첨가하지 않는다.

474 빵 효모를 생산할 때는 배양 중 충분한 산소를 공급해 주어야 한다.

475 효모에서는 일반적으로 n-paraffin의 $C_{14} \sim C_{18}$의 것이 $C_9 \sim C_{13}$의 것보다 자화가 잘되고 C_8 이하의 것은 거의 자화가 잘 되지 않는다. 세균은 $C_9 \sim C_{22}$에서 탄소수가 높은 것일수록 자화를 잘한다.

출제예상문제

476 pentose를 함유한 목재 당화액이나 아황산 펄프 폐액을 원료로 식·사료효모를 제조할 경우 가장 적합한 효모는 pentose의 이용성이 높아야 하므로, *Torulopsis utilis*가 적당하다.

477 균주의 보존법
• 계대배양 보존법
• 유동파라핀 중층 보존법
• 동결보존법
 – 냉동고 : 최고 −20℃, 최저 −80℃
 – 드라이아이스 : 액상 −70℃
 – 액체 질소 : 액상 −196℃,
   기상 −150~170℃
• 동결건조 보존법
• 건조법

478 활성 슬러지법(activated-sludge method)
• 활성 오니법이라고도 하며 하수 중에 존재하는 분해 가능한 유기물과 부유물질을 미생물을 이용하여 제거시키는 방법이다.
• 이러한 생물학적 처리공정은 미생물 성장 조건에 따라서 호기성 분해와 혐기성 분해로 대별할 수 있다.
• 활성오니 중의 호기성균으로는 *Zooglea*, *Aerobacter*, *Pseudomonas*, *Alcaligenes*, *nitrosomonas*, *Bacillus* 등이 사용되고, 원생동물로는 protozooa가 사용된다.
• 이들 미생물에 의해 폐수 중의 유기물은 산화 분해되어 H_2O나 CO_2 등의 무기물로 정화된다.

479 미생물에 의한 유기질 산업폐수 분해
• 호기적 처리법 : 호기성균에 의한 유기물의 산화 분해능을 이용한 것으로 최근에 광범위하게 응용되고 있다. 여기에는 활성오니법, 살포여상법이 있다.
• 혐기적처리법 : 혐기상태에서 미생물에 의해 유기물을 분해하는 방법이다. 여기에는 소화 발효(액화 발효)법, 메탄 발효(가스 발효)법이 있다.

480 생물학적 폐수처리법
• 호기적 처리법
 – 활성오니법 : 활성오니라 불려지는 flock 상태의 호기적 미생물군을 이용하여 유기물을 분해하고 처리한 다음 오니를 침전시키고 상징액을 방류하는 방법이다.
 – 살수여상법 : 직경 5~10㎝의 쇄석,

476 목재 당화액이나 아황산 펄프 폐액을 이용하여 식·사료효모를 제조할 때 가장 적합한 효모균은?

① *Torulopsis utilis*
② *Endomyces vernalis*
③ *Candida arborea*
④ *Saccharomyces fragilis*

477 일반적으로 사용되는 생산균주의 보관방법이 아닌 것은?

① 저온(냉장)보관
② 상온보관
③ 냉동보관
④ 동결건조

478 활성오니법(activated sludge process)으로 폐수를 처리할 때, 활성오니를 구성하는 미생물이 아닌 것은?

① *Aerobacter*속
② *Clostridium*속
③ *Pseudomonas*속
④ *Nitrosomonas*속

479 산업폐수의 처리방법 중 호기적 처리법인 것은?

① 메탄발효법
② 산발효법
③ 소화발효법
④ 활성오니법

480 폐수처리 시에 메탄발효에 의하여 유기물을 처리하는 방법은?

① 활성오니법
② 살수여상법
③ 혐기적 처리법
④ 호기적 처리법

ANSWER

476 ① 477 ② 478 ② 479 ④
480 ③

481 미생물에 의한 원유의 탈황법이 아닌 것은?

① 데바다법
② 산화환원법
③ 환원법
④ 휘발법

482 유기질의 혐기적 분해 시 발생하는 최종산물은?

① NH_3
② CH_4
③ CO_2
④ SO_2

벽돌, 코우크스 또는 도기제 원통을 2~3cm의 두께로 깔고 그 표면에 호기성 세균이나 원생동물의 피막을 형성케 한 여상에 회전 살수기로써 폐수를 살포하면 폐수 중의 유기물이 흡착되어 정화하게 되는 방법이다.

• 혐기적 처리법
 - 메탄 발효에 의해서 유기물을 처리하는 방법이다.
 - 미생물을 늪이나 하수의 밑바닥에 고여 있는 오니를 폐수에 가하여 집식 배양한다.
 - 유기물은 먼저 산생성균에 의해서 유기산, 알코올, 알데히드 등으로 분해되고 다시 메탄 생성균에 의해서 메탄이나 탄산가스로 분해된다.

481 미생물에 의한 원유의 탈황법
• 환원법 : 원리는 화학적 수소탈황법과 같으나 미생물에 의하면 고온, 고압을 필요하지 않고, 촉매재생이 필요 없다. 미생물 중에서 분자상 수소를 활성화하는 효소를 생산하는 것을 이용하여 최종적으로 황화수소 또는 mercaptan으로써 제거시키는 방법이다.
• 산화법 : 호기성 황세균을 배양하여 산화적으로 원유 중의 유기황화합물을 무기황화합물(황산)로 하여 이것을 이온 교환수지로 제거하거나 칼슘, 바리움염으로 침전시키는 방법이다.
• 산화환원법 : 원유 중 유기황 화합물을 미생물로 호기적 조건하에서 산화시켜 생긴 황산을 다른 미생물로 혐기적 조건하에서 환원시켜 황화수소로서 제거하는 방법이다.
• 데바다법 : 황을 전연 함유치 않은 염류 용액에 당류를 가하고 다시 원유를 첨가하고 균을 접종하여 증식에 필요한 황을 원유에서 섭취케 하는 Strawinski의 방법으로 미생물에 의한 탄화수소의 소비를 막는 이점이 있다.

482 메탄(CH_4)
• 무색, 무취인 가연성 기체
• 유기질의 혐기적 분해 시 발생하는 최종산물
• 가장 간단한 유기 화합물
• 천연 가스의 주성분

2020년 제1회 기출문제

				수험번호	성명
자격종목 **식품기사**	종목코드	시험시간 **2시간 30분**	형별 **B**		

---

1 과목 **식품위생학**

1 인체의 감염경로는 경구감염과 경피감염이며, 대변과 함께 배출된 충란은 30℃ 전후의 온도에서 부화하여 인체에 감염성이 강한 사상유충이 되고, 노출된 인체의 피부와 접촉으로 감염되어 소장상부에서 기생하는 기생충은?

① 구충   ② 회충
③ 요충   ④ 편충

🍽 **십이지장충(구충, *Ancylostoma duodenale*)**
• 감염경로
 – 수정란은 분변과 함께 배출되어 30℃ 전후에서 습도만 맞으면 약 2주야 정도에 부화하여 자충이 된다.
 – 2~3일 경과 후 첫 번째 탈피, 1주 정도 후 두 번째 탈피 후 감염형의 피낭자충이 된다.
 – 자충은 폐에 들어간 후 기관, 식도를 거쳐 소장에서 성충이 되어 기생한다.
 – 피낭자충으로 오염된 식품, 물을 섭취하거나(경구) 피낭자충이 피부를 뚫고 들어가(경피) 감염된다.
• 저항력 : 충란은 70℃의 가열로 즉시 사멸되며, 직사광선 하에서도 죽는다. 70% 알코올에서는 5분 정도에서 살충된다.
• 증상 : 빈혈, 뇌빈혈, 저항력 저하로 감염병에 걸리기 쉽다.
• 예방 : 오염된 흙과 접촉하는 것, 특히 맨발로 다니는 것을 피하며 채소를 충분히 세척, 가열할 것

2 아래의 설명에 해당하는 인수공통감염병은?

> – 주로 소, 산양, 돼지 등의 유산과 불임증을 유발시킨다.
> – 사람에게 감염되면 파상열을 일으킨다.

① 결핵   ② 탄저
③ 돈닥독   ④ 브루셀라병

🍽 **브루셀라병(Brucellosis, 파상열)**
• 소, 양, 돼지 등에서는 유산을 일으킨다.
• 인체에 감염되면 경련, 관절염, 간 및 비장의 비대, 오한, 발열, 가끔 신경성 동통 증상이 생긴다.

3 식품첨가물의 지정절차에서 첨가물 사용의 기술적 필요성 및 정당성에 해당하지 않는 것은?

① 식품의 품질을 보존하거나 안정성을 향상
② 식품의 영양성분을 유지
③ 특정 목적으로 소비자를 위하여 제조하는 식품에 필요한 원료 또는 성분을 공급
④ 식품의 제조ㆍ가공 과정 중 결함 있는 원재료를 은폐

🍽 **식품첨가물의 지정절차에서 고려되는 사항**
• 식품의 안정성 향상
• 정당성
• 식품의 품질 보존, 관능적 성질 개선
• 식품의 영양성분 유지
• 식품에 필요한 원료 또는 성분 공급
• 식품의 제조, 가공 및 저장 처리의 보조적 역할

4 방사선 조사(照射)식품과 관련된 설명으로 틀린 것은?

① 방사선 조사량은 Gy로 표시하며, 1Gy=1J/kg이다.
② 사용 방사선의 선원 및 선종은 ^{60}CO 의 감마선이다.
③ 식품의 발아억제, 숙도조절 등의 효과가 있다.
④ 조사식품을 원료로 사용한 경우는 제조·가공한 후 다시 조사하여야 한다.

🐚 **식품의 방사선 조사**
• 방사선에 의한 살균작용은 주로 방사선의 강한 에너지에 의하여 균체의 체내 수분이 이온화되어 생리적인 평형이 깨어지며 대사기능 역시 파괴되어 균의 생존이 불가능해 진다.
• 방사선 조사식품은 방사선이 식품을 통과하여 빠져나가므로 식품 속에 잔류하지 않는다.
• 방사능오염식품은 방사능물질에 의해 오염된 식품으로서 방사선조사식품과는 전혀 다른 것이다.
• 방사선 조사된 원료를 사용한 경우 제품을 조사 처리하지 않으면 방사선 조사 마크를 표시하지 않아도 된다.
• 일단 조사한 식품을 다시 조사하여서는 아니 되며 조사식품을 원료로 사용하여 제조·가공한 식품도 다시 조사하여서는 아니 된다.
• 조사식품은 용기에 넣거나 또는 포장한 후 판매하여야 한다.
• 방사선량의 단위는 Gy, kGy이며(1Gy = 1J/kg), 1Gy는 100rad이다.
• 1990년대 WHO/IAEA/FAO에서 "평균10kGy 이하로 조사된 모든 식품은 독성학적 장해를 일으키지 않고 더 이상의 독성 시험이 필요하지 않다"라고 발표했다.

5 식용 패류 중 마비성 독소의 축적과정과 관계가 깊은 것은?

① 플랑크톤
② 해양성 효모
③ 패류기생 바이러스
④ 내염성균

🐚 **패류독소**
• 조개, 홍합, 바지락 등과 같은 패류에 축적된 독으로 패류에는 영향을 미치지 않으나 사람이 섭취했을 경우 식중독을 일으키게 된다.

• 이 독소(마비성)는 자연독의 하나로 패류가 섭취하는 플랑크톤과 밀접한 관계가 있다.
• 이 유독 플랑크톤은 수온, 영양염류, 일조량 등 여러 원인에 따라 발생하나 특히 수온의 영향을 가장 많이 받는다.
• 수온이 9℃ 내외가 되는 초봄에 발생하기 시작하여 4월 중순경 수온이 15~17℃ 정도 되면 최고치에 도달한다.

6 염화비닐(Vinyl chloride) 수지를 주성분으로 하는 합성수지제의 기구 및 용기에 사용되는 가소제로 문제가 되는 것은?

① 염화비닐
② 프탈레이트
③ 크레졸 인산 에스테르
④ 카드뮴

🐚 **염화비닐 수지에 사용되는 가소제**
• 폴리염화비닐의 성형성과 경도를 개선하기 위하여 경질 폴리염화비닐에는 가소제를 소량, 연질 폴리염화비닐에는 30~50% 첨가한다.
• 가소제로는 프탈산디부틸(DBP), 프탈산디옥틸(DOP) 등의 프탈산에스테르, 에폭시화 지방산에스테르, 인산에스테르 등이 쓰인다.
• 염화수소 발생을 막기 위하여, 발생한 염화수소와 반응하여 연쇄반응을 억제하는 스테아르산의 아연, 칼슘염, 말레산디옥틸주석과 같은 주석화합물이나 에폭시화합물 등 안정제가 소량 첨가된다.

7 다음 중 허용 살균제 또는 표백제가 아닌 것은?

① 고도표백분
② 차아염소산나트륨
③ 무수아황산
④ 옥시스테아린

🐚 **현재 허용되어 있는 살균제 및 표백제**
• 살균제 : 차아염소산 나트륨(sodium hypochlorite), 차아염소산 칼슘(calcium hypochlorite, 고도표백분), 오존수(ozone water) 차아염소산수(hypochlorous acid water), 이산화염소(수)(chlorine dioxide), 과산화수소(hydrogen peroxide), 과산화초산 등 7종
• 표백제 : 메타중아황산나트륨(sodium metabisulfite), 메타중아황산칼륨(potassium metabisulfite), 무수아황산(sulfur dioxide),

산성아황산나트륨(sodium bisulfite), 아황산나트륨(sodium sulfite), 차아황산나트륨(sodium hyposulfite) 등 6종
* 옥시스테아린은 식용유지류(모조치즈, 식물성크림 제외)에 사용하는 안정제, 거품제거제이다.

8 식품취급자가 화농성 질환이 있는 경우 감염되기 쉬운 식중독균은?

① 장염 *vibrio*균
② *Botulinus*균
③ *Salmonella*균
④ 황색 포도상구균

🍊 **포도상구균 식중독**
- 원인균 : *Staphylococcus aureus*(황색 포도상구균)이며, 그람 양성, 무포자 구균이고, 통성 혐기성 세균이다.
- 독소 : enterotoxin(장내 독소)은 내열성이 강해 100℃에서 1시간 가열하여도 활성을 잃지 않으며, 120℃에서 20분간 가열하여도 완전 파괴되지 않고, 기름 중에서 218~248℃로 30분 이상 가열하여야 파괴된다.
- 감염원 : 주로 사람의 화농소나 콧구멍 등에 존재하는 포도상구균, 조리인의 화농소 등이다.
- 원인식품 : 우유, 크림, 버터, 치즈, 육제품, 난제품, 쌀밥, 떡, 김밥, 도시락, 빵, 과자류 등의 전분질 식품이다.
- 임상증상 : 주증상은 급성 위장염 증상이며 발열은 거의 없고, 구역질, 구토, 복통, 설사 등이다.
- 10^6균 이상 다량 섭취 시 발병한다.

9 다음 중 리케치아에 의한 식중독은?

① 성홍열
② 유행성 간염
③ 쯔쯔가무시병
④ 디프테리아

🍊 **감염병**
- 세균성 질환 : 성홍열, 디프테리아, 장티푸스 등
- 리켓치아성 질환 : 발진열, 쯔쯔가무시병 등
- 바이러스성 질환 : 유행성 간염, 급성 회백수염, 유행성 출혈열 등

10 식품의 안전성과 수분활성도(Aw)에 관한 설명으로 틀린 것은?

① 비효소적 갈변 : 다분자수분층보다 낮은 Aw에서는 발생하기 어렵다.
② 효소 활성 : Aw가 높을 때가 낮을 때보다 활발하다.
③ 미생물의 성장 : 보통 세균 증식에 필요한 Aw는 0.91정도이다.
④ 유지의 산화반응 : Aw가 0.5~0.7이면 반응이 일어나지 않는다.

🍊 **식품의 안전성과 수분활성도(Aw)**
- 수분활성도(water activity, AW) : 어떤 임의의 온도에서 식품이 나타내는 수증기압(Ps)에 대한 그 온도에 있어서의 순수한 물의 최대수증기압(Po)의 비로써 정의한다.
- 효소작용 : 수분활성이 높을 때가 낮을 때보다 활발하며, 최종 가수분해도도 수분활성에 의하여 크게 영향을 받는다.
- 미생물의 성장 : 보통 세균 성장에 필요한 수분활성은 0.91, 보통 효모, 곰팡이는 0.80, 내건성 곰팡이는 0.65, 내삼투압성 효모는 0.60이다.
- 비효소적 갈변 반응 : 다분자 수분층보다 낮은 Aw에서는 발생하기 어려우며, Aw 0.6~0.7의 범위에서 반응 속도가 최대에 도달하고 Aw 0.8~1.0에서 반응 속도가 다시 떨어진다.
- 유지의 산화반응 : 다분자층 영역(Aw 0.3~0.4)에서 최소가 되고 다시 Aw가 증가하여 Aw 0.7~0.8에서 반응 속도가 최대에 도달하고 이 범위보다 높아지면 반응 속도가 떨어진다.

11 감염을 예방하기 위해서는 은어와 같은 민물고기의 생식을 피하는 것이 가장 좋은 기생충은?

① 간디스토마
② 폐디스토마
③ 요코가와흡충
④ 광절열두조충

🍊 **요코가와흡충**
㉠ 특징
- 동양각지, 우리나라 섬진강 유역 등에 많이 분포한다.
- 사람, 포유동물 등이 종말숙주이다.
㉡ 기생장소
- 공장 상부
㉢ 감염경로
- 제1중간숙주 : 다슬기
- 제2중간숙주 : 은어, 잉어

12 바이러스성 식중독의 병원체가 아닌 것은?

① EHEC바이러스

② 로타바이러스A군

③ 아스트로바이러스

④ 장관 아데노바이러스

👐 **바이러스성 식중독**

• 노로바이러스, 로타바이러스, 아트로바이러스, 장관아노바이러스, 간염A바이러스, 사포바이러스

* 장출혈성 대장균(EHEC) : O-157, O-26, O-111 등 생물학적 변이를 일으킨 병원성 세균으로 베로톡신 등 치명적인 독소를 지니고 있다.

13 유가공품 · 식육가공품 · 알가공품의 대장균 확인시험에서 (   ) 안에 알맞은 내용은?

> 최확수법에서 가스생성과 형광이 관찰된 것은 대장균 추정시험 양성으로 판정하고 대장균의 확인시험은 추정시험 양성으로 판정된 시험관으로부터 EMB배지(또는 MacConkey Agar)에 이식하여 37℃에서 24시간 배양하여 전형적인 집락을 관찰하고 그람염색, MUG시험, IMViC시험, 유당으로부터 가스생성시험 등을 검사하여 최종 확인한다.
> 대장균은 MUG시험에서 형광이 관찰되며, 가스생성, 그람음성의 무아포간균이며, IMViC시험에서 "(   )"의 결과를 나타내는 것은 대장균(E. coli) biotype 1로 규정한다.

① − − − −

② − − + +

③ + + − −

④ + + + +

👐 **대장균 확인시험[식품공전, 대장균 정량시험]**

• 최확수법에서 가스생성과 형광이 관찰된 것은 대장균 추정시험 양성으로 판정하고 대장균의 확인시험은 추정시험 양성으로 판정된 시험관으로부터 EMB배지(또는 MacConkey Agar)에 이식하여 37℃에서 24시간 배양하여 전형적인 집락을 관찰하고 그람염색, MUG시험, IMViC시험, 유당으로부터 가스 생성시험 등을 검사하여 최종확인한다.

• 대장균은 MUG시험에서 형광이 관찰되며, 가스생성, 그람음성의 무아포간균이며, IMViC시험에서 " + + − − "의 결과를 나타내는 것은 대장균(E. coli) biotype 1로 규정한다.

14 다음 중 열가소성 수지는?

① polyvinyl chloride(PVC)

② phenol 수지

③ melamine 수지

④ epoxy 수지

👐 **열가소성 수지**

• 가열하면 가공하기 쉽고 냉각하면 굳어지는 열에 의해 재성형이 가능한 수지를 말한다.

• 열가소성 수지에는 폴리에틸렌, 폴리아미드, 염화비닐수지(PVC), 폴리스타이렌, ABS수지, 아크릴수지 등이 있다.

15 식품원료 중 식물성 원료(조류 제외)의 총아플라톡신 기준은? (단, 총아플라톡신은 B_1, B_2, G_1, G_2의 합을 말한다.)

① 20 $\mu g/kg$ 이하

② 15 $\mu g/kg$ 이하

③ 5 $\mu g/kg$ 이하

④ 1 $\mu g/kg$ 이하

👐 **곰팡이독소 기준[식품공전]**

• 총아플라톡신(B_1, B_2, G_1 및 G_2의 합)

대상식품	기준(μg/kg)
곡류, 두류, 땅콩, 견과류	15.0 이하 (단, B_1은 10.0 이하)
곡류가공품 및 두류가공품	
장류 및 고춧가루 및 카레분	
육두구, 강황, 건조고추, 건조파프리카	
밀가루, 건조과일류	
영아용 조제식, 영 · 유아용 곡류조제식, 기타 영 · 유아식	− (B_1은 0.10 이하)

16 도자기, 법랑기구 등에서 식품으로 이행이 예산되는 물질은?

① 납   ② 주석

③ 가소제   ④ 안정제

👐 **유약의 위생상 문제점**

• 도자기, 법랑기구 등에 사용하는 유약에는 납, 아연, 카드뮴, 크롬 등의 유해 금속성분들이 포함되어 있다.

• 유약의 소성온도가 충분치 않으면 초자화 되지 않으므로 산성식품 등에 의하여 납 등이 쉽게 용출되어 위생상 문제가 된다.

17 먹는물(수돗물)의 안전성을 확보하기 위한 방편으로 관리되고 있는 유해물질로서, 유기물 또는 화학물질에 염소를 처리하여 생성되는 발암성 물질은?

① 트리할로메탄
② 메틸알코올
③ 니트로사민
④ 다환방향족 탄화수소류

🍳 **트리할로메탄(trihalomethane)**
- 물속에 포함돼 있는 유기물질이 정수과정에서 살균제로 쓰이는 염소와 반응해 생성되는 물질이다.
- 유기물이 많을수록, 염소를 많이 쓸수록, 살균과정에서의 반응과정이 길수록, 수소이온농도(pH)가 높을수록, 급수관에서 체류가 길수록 생성이 더욱 활발해진다.
- 발암성 물질로 알려져 세계보건기구(WHO)나 미국, 일본, 우리나라 등에서 엄격히 규제하고 있으며 미국, 일본, 우리나라 등 트리할로메탄에 대한 기준치를 0.1ppm으로 정하고 있다.

18 식품첨가물 중 유화제로 사용되지 않는 것은?

① 폴리소르베이트류
② 글리세린지방산에스테르
③ 소르비탄지방산에스테르
④ 몰포린지방산염

🍳 **유화제(계면활성제)**
- 혼합이 잘 되지 않은 2종류의 액체 또는 고체를 액체에 분산시키는 기능을 가지고 있는 물질을 말한다.
- 친수성과 친유성의 두 성질을 함께 갖고 있는 물질이다.
- 현재 허용된 유화제 : 글리세린지방산에스테르(glycerine fatty acid ester), 소르비탄지방산에스테르(sorbitan fatty acid ester), 자당지방산에스테르(sucrose fatty acid ester), 프로필렌클리콜지방산에스테르(propylene glycol fatty acid ester), 대두인지질(soybean lecithin), 폴리소르베이트(polysorbate) 20, 60, 65, 80(4종) 등이 있다.
- * 몰포린지방산염(morpholine fatty acid salt)은 과일 또는 채소의 표면피막제이다.

19 다음 중 잔존성이 가장 큰 염소제 농약은?

① Aldrin
② DDT
③ Telodrin
④ γ – BHC

🍳 **유기염소제**
- 독성은 강하지 않으나 대부분 안정한 화합물로 되어 있어 체내에서 분해되지 않아 동물의 지방층이나 신경 등에 축적되어 만성 중독을 일으킨다.

토양 중 유기염소제의 경시변화

농약명	95% 소실 소요기간(년)
DDT	10
dieldrin	8
γ-BHC	6.5
Telodrin	4
Aldrin	3

20 식품제조시설의 공기살균에 가장 적합한 방법은?

① 승홍수에 의한 살균
② 열탕에 의한 살균
③ 염소수에 의한 살균
④ 자외선 살균등에 의한 살균

🍳 **자외선 살균법**
- 열을 사용하지 않으므로 사용이 간편하다.
- 살균효과가 크다.
- 피조사물에 대한 변화가 거의 없다.
- 균에 내성을 주지 않는다.
- 살균효과가 표면에 한정된다.
- 지방류에 장시간 조사 시 산패취를 낸다.
- 식품공장의 실내공기 소독, 조리대 등의 살균에 이용된다.

(cardiolipin) 등
* 세레브로시드(cerebrosides)은 당지질 일종이다.

21 다음 provitamin A 중 Vitamin A의 효과가 가장 큰 것은?

① α-carotene ② β-carotene
③ γ-carotene ④ Cryptoxanthin

🍊 **provitamin A**
- 카로테노이드계 색소 중에서 β-ionone 핵을 갖는 carotene류의 α-carotene, β-carotene, γ-carotene과 xanthophyll류의 cryptoxanthin이다.
- 이들 색소는 동물 체내에서 vitamin A로 전환되므로 식품의 색소뿐만 아니라 영양학적으로도 중요하다.
- 특히 β-카로틴은 생체 내에서 산화되어 2분자의 비타민 A가 되기 때문에 α- 및 γ-카로틴의 2배의 효력을 가지고 있다.

22 철(Fe)에 대한 설명으로 틀린 것은?

① 철은 식품에 헴형(heme)과 비헴형(non-heme)으로 존재하며 헴형의 흡수율이 비헴형보다 2배 이상 높다.
② 비타민 C는 철 이온을 2가철로 유지시켜 주어 철이온의 흡수를 촉진한다.
③ 두류의 피틴산(phytic acid)은 철분 흡수를 촉진한다.
④ 달걀에 함유된 황이 철분과 결합하여 검은색을 나타낸다.

🍊 곡류의 피틴산(phytic acid)은 철분(Fe) 흡수를 억제한다.

23 다음 중 인지질이 아닌 것은?

① 레시틴(lecithin)
② 세팔린(cephalin)
③ 세레브로시드(cerebrosides)
④ 카르디오리핀(cardiolopin)

🍊 **인지질(phospholipid)**
- 중성지방(triglyceride)에서 1분자의 지방산이 인산기 또는 인산기와 질소를 포함한 화합물로 복합지질의 일종이다.
- 종류 : 레시틴(lecithin), 세팔린(cephalin), 스핑고미엘린(spingomyelin), 카르디오리핀

24 단백질 변성에 따른 변화가 아닌 것은?

① 단백질분해효소에 의해 분해되기 쉬워 소화율이 증가한다.
② 단백질의 친수성이 감소하여 용해도가 감소한다.
③ 생물한적 특성들이 상실된다.
④ -OH, -COOH, C=O기 등이 표면에 나타나 반응성이 감소한다.

🍊 **단백질의 변성(denaturation)**
- 단백질 분자가 물리적 또는 화학적 작용에 의해 비교적 약한 결합으로 유지되고 있는 고차구조가 변형되는 현상을 말한다.
- 대부분 비가역적 반응이다.
- 단백질의 변성에 영향을 주는 요소
  - 물리적 작용 : 가열, 동결, 건조, 교반, 고압, 조사 및 초음파 등
  - 화학적 작용 : 묽은 산, 알칼리, 요소, 계면활성제, 알코올, 알칼로이드, 중금속, 염류 등
- 단백질 변성에 의한 변화
  - 용해도가 감소
  - 효소에 대한 감수성 증가
  - 단백질의 특유한 생물학적 특성을 상실
  - 반응성의 증가
  - 친수성 감소

25 식품성분의 가공 중 발생하는 냄새성분 변화에 대한 설명으로 틀린 것은?

① 불포화지방산이 많이 있는 유지가 열분해되면 alcohol, aldehydes, ketones 등이 많이 발생한다.
② 마늘이나 양파 등이 함유된 재료를 가열하면 황함유 휘발성분이 발생한다.
③ 설탕물을 150~180℃의 고온으로 가열하면 5탄당에서는 furfural이, 6탄당에서는 5-hydroxymethyl furfural이 주로 형성된다.
④ 가오리나 홍어 저장 시 발생하는 자극성 냄새는 요소가 미생물에 의해 분해되어 트리메탈아민을 생성하기 때문이다.

연골어의 자극취
- 상어나 홍어 등 연골어의 자극취는 체액에 약 2% 정도 함유된 요소가 세균의 작용으로 분해되어 암모니아가 발생하여 생긴다.
- 이 암모니아는 선도가 상당히 저하되었을 때 생긴다.

26 사카린나트륨의 구조식은?

①

②

③

④

27 식품의 관능검사 중 특성차이검사에 해당하는 것은?

① 단순차이검사　② 일-이점검사
③ 이점비교검사　④ 삼점검사

식품의 관능검사
- 차이식별검사
  - 종합적인차이검사 : 단순차이검사, 일-이점검사, 삼점검사, 확장삼점검사
  - 특성차이검사 : 이점비교검사, 순위법, 평점법, 다시료비교검사
- 묘사분석
  - 향미프로필 방법
  - 텍스쳐프로필 방법
  - 정량적 묘사 방법
  - 스펙트럼 묘사분석
  - 시간-강도 묘사분석
- 소비자 기호도 검사
  - 이점비교법
  - 기호도척도법
  - 순위법
  - 적합성 판정법

28 당근에서 카로티노이드(carotenoids)를 분석하는 방법에 대한 설명으로 틀린 것은?

① 카로티노이드는 빛에 의해 쉽게 분해되므로 암소에서 실험을 진행한다.
② 당근 시료에서 카로티노이드를 분리하기 위해 수용액상에서 끓여 용출시킨다.
③ 카로티노이드는 산소에 의해 쉽게 산화되므로 질소가스를 공급한다.
④ 분리된 카로티노이드는 보통 역상 HPLC 또는 분광광도계를 활용하여 정량한다.

carotenoid
- 당근에서 처음 추출하였으며, 등황색, 황색, 적색을 나타내는 지용성 색소들이다.
- 고추, 토마토, 수박, 오렌지, 차엽 등의 식물에 존재하는 것과 우유, 난황, 새우, 게, 연어 등 동물에 존재하는 것이 있다.

29 그림과 같이 y축 방향으로 2cm 떨어져서 평행하게 놓여진 두 평면 사이에 에탄올(μ +1.77cP, 0℃)이 담겨져 있다. 밑면을 20cm/s의 속도로 x축 방향으로 움직일 때 y축 방향으로 작용하는 전단 응력은?

① $0.177 dyne/cm^2$
② $0.354 dyne/cm^2$
③ $0.531 dyne/cm^2$
④ $0.708 dyne/cm^2$

전단응력(τ)
$$\tau = -\mu(dv/dy)$$
$$= -1.77cP \times (-20cm \cdot s)/2cm$$
$$= 17.7cP/s \times [(0.01dyne \cdot s/cm^2)/cP]$$
$$= 0.177dyne/cm^2$$

30 삶은 달걀의 난황 주위가 청록색으로 변색
되는 주요 원인은?

① 비타민C가 산화되어 노른자의 철
   (Fe)과 결합하기 때문
② 열에 의하여 타닌(tannin)이 분해되
   어 철(Fe)이 형성되기 때문
③ 달걀 흰자의 황화수소(H_2S)가 노른자
   의 철(Fe)과 결합하여 황화철(FeS)을
   생성하기 때문
④ 단백질의 구성성분인 질소가 산화되기
   때문

🐾 달걀을 삶으면 난황 주위가 청록색으로 변색 되
는 원인
• 난백의 황화수소(H_2S)가 난황의 철(Fe)과 결합하
  여 황화철(FeS)을 생성하기 때문에 난백과 난황의
  계면이 암색화(청록색)가 되는 원인이 되고, 또 일종
  의 삶은 달걀냄새도 난다.
• 난백의 pH가 높아지면 cysteine 등 함황단백질의
  분해에 의하여 황화수소가 발생된다.

31 1M NaCl, 0.5M KCl, 0.25M HCl이
준비되어 있다. 최종 농도 0.1M NaCl,
0.1M KCl, 0.1M HCl 혼합수용액
1000mL를 제조하고자 할 때 각각 첨가되
어야 할 시약의 부피는 얼마인가?

① 1M NaCl 용액 50mL, 0.5M KCl
   100mL, 0.25M HCl 200mL를 첨
   가 후 물 650mL를 첨가한다.
② 1M NaCl 용액 75mL, 0.5M KCl
   150mL, 0.25M HCl 300mL를 첨
   가 후 물 475mL를 첨가한다.
③ 1M NaCl 용액 100mL, 0.5M
   KCl 200mL, 0.25M HCl 400mL
   를 첨가 후 물 300mL를 첨가한다.
④ 1M NaCl 용액 125mL, 0.5M
   KCl 250mL, 0.25M HCl 500mL
   를 첨가 후 물 120mL를 첨가한다.

🐾 혼합수용액 제조
• 1M NaCl → 0.1M NaCl
  1,000×(0.1/1) = 100ml

• 0.5M KCl → 0.1M KCl
  1,000×(0.1/0.5) = 200ml
• 0.25M HCl → 0.1M HCl
  1,000×(0.1/0.25) = 400ml

32 채소류의 이화학적 특성으로 틀린 것은?

① 파의 자극적인 냄새와 매운 맛 성분은
   주로 황화아릴 성분이다.
② 마늘에서 주로 효용성이 있다고 알려
   진 성분은 알리신이다.
③ 오이의 쓴맛 성분은 쿠쿠르비타신
   (cucurbitacin)이라고 하는 배당체
   이다.
④ 호박의 황색 성분은 클로로필
   (chlorophyll)계통의 색소이다.

🐾 호박의 황색 성분은 카로테노이드(carotenoid)
계 색소인 carotene에 기인하며 비타민 A의 좋은
급원이 된다.

33 수분활성치(Aw)를 저하시켜 식품을 저장
하는 방법만으로 나열된 것은?

① 동결저장법, 냉장법, 건조법, 염장법
② 냉장법, 염장법, 당장법, 동결저장법
③ 냉장법, 건조법, 염장법, 당장법
④ 염장법, 당장법, 동결저장법, 건조법

🐾 수분활성도를 낮추는 법
• 식염, 설탕 등의 용질 첨가(염장법, 당장법)
• 농축, 건조에 의한 수분제거(건조법)
• 냉동 등 온도 강하(동결저장법)

34 훈제품 제조와 관련된 설명으로 틀린 것은?

① 연기성분 중에는 페놀 성분도 포함되
   어 있다.
② 연기성분 중 포름알데히드, 크레졸은
   환원성 물질로 지방산화를 막아 준다.
③ 질산칼륨을 첨가하는 이유는 아질산
   염을 거쳐서 산화질소가 유리되는 것
   을 방지하기 위한 것이다.
④ 생성된 산화질소는 미오글로빈과 결합
   후 가열과정을 통하여 니트로소미오
   크로모겐으로 변화한다.

육색고정

- 육색고정제인 질산염을 첨가하면 질산염 환원균에 의해 아질산염이 생성되고 이 아질산염은 myoglobin과 반응하여 metmyoglobin이 생성된다.
- 동시에 아질산염은 ascorbic acid와 반응하여 일산화질소(NO)가 생성되고 또 젖산과 반응하여 일산화질소가 생성된다. 이 일산화질소는 육 중의 myoglobin과 반응하여 nitrosomyoglobin이 형성되어 육가공품의 선명한 적색을 유지하게 된다.

35 NaOH의 분자량이 40일 때 NaOH 30g의 몰수는?

① 0.65 ② 0.75
③ 1.33 ④ 10

몰농도

- 용액 1ℓ 속에 함유된 용액의 분자량이다.
- 1몰 = 40
- NaOH 30g의 몰수 = 30/40 = 0.75

36 다음 중 단순지질은?

① phosphatide
② glycolipid
③ sulfolipid
④ triglyceride

지질의 분류

- 단순지질 : 지방산과 글리세롤, 고급 알코올이 에스테르 결합을 한 물질이다.
  - 중성지방(triglyceride) : 지방산과 glycerol의 ester 결합
  - 진성납(wax) : 지방산과 고급 지방족 1가 알코올과의 ester 결합
- 복합지질 : 지방산과 글리세롤 이외에 다른 성분(인, 당, 황, 단백질)을 함유하고 있는 지방이다.
  - 인지질(phospholipid) : 인산을 함유하고 있는 복합 지질
  - 당지질(glycolipid) : 당을 함유하고 있는 복합 지질
  - 유황지질(sulfolipid) : 유황을 함유하고 있는 복합 지질
  - 단백지질(lipoprotein) : 지방산과 단백질의 복합체
- 유도지질 : 단순 지질과 복합 지질의 가수분해로 생성되는 물질을 말한다.
  - 유리지방산, 고급알코올, 탄화수소, 스테롤, 지용성 비타민 등

37 흑겨자의 매운 맛과 관련 깊은 성분은?

① 캡사이신(capsaicin)
② 알릴 이소티오시아네이트(allyl isothiocynate)
③ 글루코만난(glucomannan)
④ 알킬 머르캅탄(alkyl mercaptan)

흑겨자, 고추냉이의 매운맛 성분은 allylisothiocynate이다.

38 선식 제품과 같은 분말 제품의 경우 용해도가 낮아서 소비자들이 식용하고자 녹일 때 잘 용해되지 않는다. 이를 개선하고자 할 때 어떤 방법이 가장 바람직한가?

① 가열처리하여 용해도를 증가시킨다.
② 분무건조기를 이용하여 엉김현상(agglomeration)을 유도한다.
③ 유화제 및 물성 개량제를 첨가한다.
④ 습윤 조절제 및 연화 방지제를 첨가한다.

인스턴트화

- 분무 건조된 입자 표면에 다시 수분을 공급하여 괴상(clumpy)로 단립화(agglomerates)시켜 그 괴상을 그대로 재건조(redries)하고 냉각(cools), 정립(sizes)하여 물리적으로 친수성의 분말 제품을 만드는 것이다(A-R-C-S).
- 인스턴트화한 제품은 온수나 냉수에 습윤성, 분산성, 용해성이 좋은 제품을 만들 수 있다.

39 관능검사에서 사용되는 정량적 평가 방법 중 3개 이상 시료의 독특한 특성 강도를 순서대로 배열하는 방법은?

① 분류법 ② 등급법
③ 순위법 ④ 척도법

관능검사에서 사용되는 정량적 평가방법

- 분류(classification) : 용어의 표준화가 되어 있지 않고 평가 대상인 식품의 특성을 지적하는 방법
- 등급(grading) : 고도로 숙련된 등급 판단자가 4~5단계(등급)로 제품을 평가하는 방법
- 순위(ranking) : 3개 이상 시료의 독특한 특성 강도를 순서대로 배열하는 방법
- 척도(scaling) : 차이식별 검사와 묘사분석에서 가장 많이 사용하는 방법으로 구획척도와 비구획척도로 나누어지며 항목척도, 직선척도, 크기 추정척도 등 3가지가 있음

40 유중수적형(W/O) 교질상 식품은?

① 마가린(margarine)
② 우유(milk)
③ 마요네즈(mayonnaise)
④ 아이스크림(ice cream)

☞ **유화(emulsification)**
- 분산매와 분산질이 모두 액체인 콜로이드 상태를 유화액(emulsion)이라 하고 유화액을 이루는 작용을 유화라 한다.
- 수중유적형(O/W) : 물속에 기름이 분산된 형태.
  – 우유, 마요네즈, 아이스크림 등
- 유중수적형(W/O) : 기름 중에 물이 분산된 형태.
  – 마아가린, 버터 등

3 과목 식품가공학

41 연어, 송어 등의 어육에 들어 있는 색소는?

① 클로로필
② 카로티노이드
③ 플라보노이드
④ 멜라닌

☞ **연어와 송어의 적색육**
- 연어와 송어 등의 육이 적색(주황)을 띠는 것은 카로티노이드(carotenoid)계 색소인 아스타잔틴(astaxanthin) 때문이다.

42 고기의 해동강직에 대한 설명으로 틀린 것은?

① 골격으로부터 분리되어 자유수축이 가능한 근육은 60~80%까지의 수축을 보인다.
② 가죽처럼 질기고 다즙성이 떨어지는 저품질의 고기를 얻게 된다.
③ 해동강직을 방지하기 위해서는 사후강직이 완료된 후에 냉동해야 한다.
④ 냉동 및 해동에 의하여 고기의 단백질과 칼슘결합력이 높아져서 근육수축을 촉진하기 때문에 발생한다.

☞ **해동강직(thaw rigor)**
- 사후강직 전의 근육을 동결시킨 뒤 저장하였다가 짧은 시간에 해동시킬 때 발생하는 강한 수축현상을 말한다.
- 최대 경직기에 도달하지 않았을 때 동결한 근육은 해동함에 따라 남아있던 글리코겐과 ATP의 소비가 다시 활발해져서 최대경직에 이르게 된다.
- 해동 시 경직에 도달하는 속도가 훨씬 빠르고 수축도 심하여 경도도 높고 다량의 드립을 발생한다.
- 이것을 피하기 위해서는 최대 경직기 후에 동결하면 된다.
- 저온단축과 마찬가지로 ATP 존재 하에 수축이라는 점에서 동결에 의한 미토콘드리아와 근소포체의 기능저하에 따른 유리 Ca^{++}의 증대에 기인된다.

43 유가공품에 대한 설명 중 틀린 것은?

① 가공버터는 제품 중 유지방분의 함량이 제품의 지방함량에 대한 중량비율로서 50% 이상이어야 한다.
② 버터(butter)에서 처닝(chunning)이란 지방구막 형성 단백질을 파괴시켜 지방구들을 서로 결합시키는 공정이다.
③ 아이스크림(ice cream)에서 오버런(over run)%는 80~100%가 가장 적합하다.
④ 발효유는 식품첨가물을 첨가하지 않고 천연으로 만든 것이다.

☞ **발효유의 정의[식품공전]**
- 발효유라 함은 원유 또는 유가공품을 유산균 또는 효모로 발효시킨 것이거나, 이에 식품 또는 식품첨가물을 가한 것을 말한다.

44 라미네이트 필름에 대한 설명 중 옳은 것은?

① 알루미늄박만을 포장재료로 사용한 것이다.
② 종이를 사용한 것이다.
③ 두 가지 이상의 필름, 종이 또는 알루미늄박을 접착시킨 것을 말한다.
④ 셀로판을 사용한 포장재료를 말한다.

- 보통 한 종류의 필름으로는 두께가 얼마가 됐든 기계적 성질이나 차단성, 인쇄적성, 접착성 등 모든 면에서 완벽한 필름이 없기 때문에 필요한 특성을 위해 서로 다른 필름을 적층하는 것을 말한다.
- 인장강도, 인쇄적성, 열접착성, 빛 차단성, 수분 차단성, 산소 차단성 등이 향상 된다.

45 경화유 제조 시 수소첨가의 주된 목적이 아닌 것은?

① 기름의 안정성을 향상시킨다.
② 경도 등 물리적 성질을 개선한다.
③ 색깔을 개선한다.
④ 소화가 잘 되도록 한다.

🦀 유지의 경화
- 액체 유지에 환원 니켈(Ni) 등을 촉매로 하여 수소를 첨가하는 반응을 말한다.
- 수소의 첨가는 유지 중의 불포화지방산을 포화지방산으로 만들게 되므로 액체 지방이 고체 지방이 된다.
- 경화유 제조 공정 중 유지에 수소를 첨가하는 목적
  - 글리세리드의 불포화 결합에 수소를 첨가하여 산화 안정성을 좋게 한다.
  - 유지에 가소성이나 경도를 부여하여 물리적 성질을 개선한다.
  - 색깔을 개선한다.
  - 식품으로서의 냄새, 풍미를 개선한다.
  - 융점을 높이고, 요오드가를 낮춘다.

46 신선한 식품을 냉장고에 저온 저장할 때 저온저장의 효과가 아닌 것은?

① 미생물의 발육 속도를 느리게 한다.
② 저온균을 살균한다.
③ 호흡 작용 속도를 느리게 한다.
④ 효소 및 화학 반응속도를 느리게 한다.

🦀 식품의 저온저장 효과
- 미생물의 증식 속도를 느리게 한다.
- 수확 후 식물조직의 대사작용과 도축 후 동물조직의 대사작용 속도를 느리게 한다.
- 효소에 의한 지질의 산화와 갈변, 퇴색, 자기소화(autolysis), 영양성분의 소실 등 품질을 저하시키는 화학 반응속도를 느리게 한다.
- 수분 손실로 인한 감량이 일어난다.

47 식품첨가물로 사용되는 hexane에 대한 설명으로 틀린 것은?

① 주로 n-헥산(C_6H_{14})을 함유한다.
② 석유 성분 중에서 n-헥산의 비점부근에서 증류하여 얻어진 것이다.
③ 유지류를 비롯해 향료 및 그 외 성분의 추출 등에 사용된다.
④ 무색투명한 비휘발성 액체이다.

🦀 헥산(hexane)은 무색투명한 휘발성 액체이다.

48 전분액화에 대한 설명으로 틀린 것은?

① 전분의 산액화는 효소액화보다 액화시간이 짧다.
② 전분의 산액화는 연속 산액화 장치로 할 수 있다.
③ 전분의 산액화는 효소액화보다 백탁이 생길 염려가 크다.
④ 산액화는 호화온도가 높은 전분에도 작용이 가능하다.

🦀 전분의 산액화가 효소액화보다 유리한 점
- 액화시간이 짧다.
- 호화온도가 높은 전분에도 적용할 수 있다.
- 액의 착색이 덜 된다.
- 제조경비가 적게 든다.
- 운전조작이 쉽고 자동으로 조작할 수 있다.

49 유당분해효소결핍증에 직접적으로 관여하는 효소는?

① 락토페록시다제(lactoperoxidase)
② 리소자임(lyxozyme)
③ 락타아제(lactase)
④ 락테이트 디하이드로지나제(lactate dehydrogenase)

🦀 유당분해효소 결핍증(lactose intolerance)
- 유당분해 효소인 락타아제(lactase)가 부족하면 우유에 함유된 유당(lactose)이 소화되지 않는다. 이 소화되지 않은 유당이 소장에서 삼투현상에 의해 수분을 끌어들임으로써 팽만감과 경련을 일으키고 대장을 통과하면서 설사를 유발하게 되는 현상을 말한다.
- 동양인의 90%, 흑인의 75%, 서양인의 25%에서 나타나며 태어날 때부터 이 질환이 있는 경우도 있으나 대개 어른이 되어 생긴다.

50 훈연의 목적이 아닌 것은?

① 향기의 부여
② 제품의 색 향상
③ 보존성 향상
④ 조직의 연화

🐚 **육가공의 훈연**
• 훈연목적
 – 보존성 향상
 – 특유의 색과 풍미증진
 – 육색의 고정화 촉진
 – 지방의 산화방지
• 연기성분의 종류와 기능
 – phenol류 화합물은 육제품의 산화방지제로 독특한 훈연취를 부여, 세균의 발육을 억제하여 보존성 부여
 – methyl alcohol 성분은 약간 살균효과, 연기성분을 육조직 내로 운반하는 역할
 – carbonyls 화합물은 훈연색, 풍미, 향을 부여하고 가열된 육색을 고정
 – 유기산은 훈연한 육제품 표면에 산성도를 나타내어 약간 보존 작용

51 두부의 제조 원리로 옳은 것은?

① 콩 단백질의 주성분인 글리시닌(glycinin)을 묽은 염류용액에 녹이고 이를 가열한 수 다시 염류를 가하여 침전시킨다.
② 콩 단백질의 주성분인 베타-락토글로불린(β-lacto globulin)을 묽은 염류용액에 녹이고 이를 가열한 후 다시 염류를 가하여 침전시킨다.
③ 콩 단백질의 주성분인 알부민(albumin)을 묽은 염류용액에 녹이고 이를 가열한 후 다시 염류를 가하여 침전시킨다.
④ 콩 단백질의 주성분인 글리시닌(glycinin)을 산으로 침전시켜 제조한다.

🐚 **두부의 제조 원리**
• 두부는 콩 단백질인 글리시닌(glycinin)을 70℃ 이상으로 가열하고 $MgCl_2$, $CaCl_2$, $CaSO_4$ 등의 응고제를 첨가하면 glycinin(음이온)은 Mg^{++}, Ca^{++} 등의 금속이온에 의해 변성(열, 염류) 응고하여 침전된다.

52 스테비오사이드(stevioside)의 특성이 아닌 것은?

① 설탕에 비하여 약 200배의 감미를 가지고 있다.
② pH 변화와 열에 안정하다.
③ 장시간 가열 시 산성에서는 안정하나 알칼리성에서는 침전이 형성된다.
④ 비발효성이다.

🐚 **스테비오사이드(stevioside)**
• diterpene 배당체이다.
• 백색의 흡습성 결정 분말이다.
• 내열성, 내산성, 내알칼리성을 갖고 있으며 발효가 일어나지 않는다.
• 설탕의 약 200배의 감미를 가지고 있으며 맛도 설탕과 비슷하다.

53 다음은 강하게 혼합시키는 교반기의 용기 벽면에 설치된 방해판(baffle plate)에 대한 그림이다. 위의 그림은 측면도이고, 아래 그림은 위에서 내려다 본 평면도이다. 방해판의 역할에 대한 A와 B의 비교 설명 중에서 그 원리가 틀린 것은?

A : 방해판이 없을 때 B : 방해판이 있을 때

① B – 액체의 흐름이 용기 벽면의 방해판에 부딪혀 난류 상태가 되므로 교반 효과가 향상된다.
② B – 액체의 흐름이 소용돌이가 생기지 않아 공기가 혼입되지 않는다.
③ A – 고체입자가 있을 때는 회전하는 원심력에 의하여 입자가 용기 벽 쪽으로 밀려나게 된다.
④ A – 교반 날개가 회전하면 액체가 일정한 방향으로만 돌아가므로 교반 효율이 높아진다.

🍲 방해판(baffle plate)이 없이 교반 날개가 회전하면 액체가 일정한 방향으로만 돌아가므로 교반 효율이 떨어진다.

54 동결 건조에서 승화열을 공급하는 방법으로 이용할 수 없는 것은?

① 접촉판으로 가열하는 방식
② 열풍으로 가열하는 방식
③ 적외선으로 가열하는 방식
④ 유전(誘電)으로 가열하는 방식

🍲 **동결진공 건조에서 승화열을 공급하는 방법**
• 접촉판으로 가열하는 방식
• 복사열판으로 가열하는 방식
• 적외선으로 가열하는 방식
• 유전(誘電)으로 가열하는 방식

55 자일리톨(xylitol)에 대한 설명으로 틀린 것은?

① 자작나무, 떡갈나무, 옥수수 등 식물에 주로 들어있는 천연 소재의 감미료로 청량감을 준다.
② 자일로스에 수소를 첨가하여 제조하는 기능성 원료이다.
③ 자일리톨은 입 안의 충치균이 분해하지 못하는 6탄당 구조를 갖고 있다.
④ 한 번에 40g 이상 과량으로 섭취할 경우 복부팽만감 등의 불쾌감을 느낄 수 있다.

🍲 **자일리톨(xylitol)**
• 자작나무나 떡갈나무 등에서 얻어지는 자일란, 헤미셀룰로즈 등을 주원료로 하여 생산된다.
• 5탄당 알콜이기 때문에 충치세균이 분해하지 못한다.
• 치면 세균막의 양을 줄여주고 충치균(*S. mutans*)의 숫자도 감소시킨다.
• 천연 소재 감미료로 설탕과 비슷한 단맛을 내며 뛰어난 청량감을 준다.
• 채소나 야채 중에 함유되어 있으며 인체 내에서는 포도당 대사의 중간물질로 생성된다.

56 열교환장치를 사용하여 시간당 우유 5500kg을 5℃에서 65℃까지 가열하고자 한다. 우유의 비열이 3.85kJ/kg·K일 때 필요한 열에너지의 양은?

① 746.6kW   ② 352.9kW
③ 240.6kW   ④ 120.2kW

🍲 **열에너지**
• 5500×60×3.85/3600=352.92kW
(시간당이므로 sec. 단위로 바꾸면 60sec.× 60min.=3600)

57 밀감을 통조림으로 가공할 때 속껍질 제거 방법으로 적합한 것은?

① 산처리
② 알칼리처리
③ 열탕처리
④ 산, 알칼리 병용처리

🍲 **감귤 통조림제조 시 속껍질 제거 방법**
• 속껍질은 산·알카리 박피법을 이용하여 제거한다.
• 먼저 1~3%의 염산액(HCl) 중에 20~30℃에서 30~150분 담그어 과육이 연해져서 약간 노출이 되면, 물로 잘 씻고 끓은 1~2%의 가성소다(NaOH) 용액에 15~30초 처리한 다음 물로 씻는다.

58 과실주스 또는 과육에 설탕을 첨가하여 농축한 제품에 대한 설명 중 틀린 것은?

① 젤리(Jelly)는 과일주스에 설탕을 넣고 농축, 응고시킨 제품
② 과일 버터(Fruit butter)는 펄핑(pulping)한 과일의 과육에 향료, 다른 과일즙 등을 섞어서 반고체가 될 때까지 농축시킨 제품
③ 프리저스(Preserve)는 과일을 절단하거나 원형그대로 끓여서 농축한 제품
④ 마멀레이드(Mamalade)는 과육에 설탕을 첨가하여 적당한 농도로 농축한 제품

🍲 **마멀레이드(marmalade)**
• 젤리 속에 과일의 과육 또는 과피의 조각을 섞은 것으로, 젤리와는 달리 이들 고형물이 과일주스로 이루어진 부분과 분명히 구별된다.

59 곡물의 도정방법에서 건식도정과 습식도정 중 습식도정에만 해당되는 설명으로 옳은 것은?

① 겨와 배아가 배유로부터 분리된다.
② 곡물 중 함수량을 줄인 후 도정하는 것이다.
③ 배유로부터 전분과 단백질을 분리할 목적으로 사용될 수 있다.
④ 쌀, 보리, 옥수수에 사용한다.

🍞 **곡물의 도정 방법**
• 건식 도정(dry milling)
 – 건조곡류를 그대로 도정하여 겨층을 제거
 – 최종제품의 크기(meal, grit, 분말)에 따라 분류
 – 옥수수, 쌀, 보리 도정에 이용
* 필요에 따라 소량의 물을 첨가 가능
• 습식도정(wet milling)
 – 물에 침지한 후 도정
 – 주로 배유를 단백질과 전분으로 분리할 경우 사용

60 콩의 영양을 저해하는 인자와 관계가 없는 것은?

① 트립신 저해제(trypsin inhibitor) – 단백질 분해효소인 트립신의 작용을 억제하는 물질
② 리폭시게나제(lipoxygenase) – 비타민과 지방을 결합시켜 비타민의 흡수를 억제하는 물질
③ Phytate(inositol hexaphosphate) – Ca, P, Mg, Fe, Zn 등과 불용성 복합체를 형성하여 무기물의 흡수를 저해시키는 작용을 하는 물질
④ 라피노스(raffinose), 스타키오스(stachyose) – 우리 몸 속에 분해효소가 없어 소화되지 않고, 대장 내의 혐기성 세균에 의해 분해되어 N_2, CO_2, H_2, CH_4 등의 가스를 발생시키는 장내 가스인자

🍞 **콩의 영양을 저해하는 인자**
• 대두에는 혈구응집성 독소이며 유해 단백질인 hemagglutinin이나 trypsin의 활성을 저해하는 trypsin inhibitor가 함유되어 있으므로 생 대두는 동물의 성장을 저해한다.
• 리폭시게나제(lipoxygenase)는 콩의 비린내 원인물질로서 리놀산과 리놀렌산 같은 긴 사슬의 불포화지방산 산화과정에 관여함으로써 유발되는 것으로 알려져 있다.
• Phytate은 P, Ca, Mg, Fe, Zn 등과 불용성 복합체를 형성하여 무기물의 흡수를 저해 시키는 작용을 한다.

4 과목 식품미생물학

61 홍조류(red algae)에 속하는 것은?

① 미역　　② 다시마
③ 김　　　④ 클로렐라

🍞 **조류(Algae)**
• 규조류 : 깃돌말속, 불돌말속 등
• 갈조류 : 미역, 다시마, 녹미채(톳) 등
• 홍조류 : 우뭇가사리, 김
• 남조류 : Chroococcus속, 흔들말속, 염주말속 등
• 녹조류 : 클로렐라

62 식품작업장에서 식품안전관리인증기준(Hazard Analysis Critical Control Point)을 적용하여 관리하는 경우 물리적 위해요소에 해당하는 것은?

① 위해미생물
② 기생충
③ 돌조각
④ 항생물질

🍞 **물리적 위해요소(Physical hazards)**
• 원료와 제품에 내재하면서 인체의 건강을 해할 우려가 있는 인자 중에서 돌조각, 유리조각, 쇳조각, 플라스틱조각 등

63 효모에 의하여 이용되는 유기 질소원은?

① 펩톤
② 황산암모늄
③ 인산암모늄
④ 질산염

🐾 **질소원(nitrogen source)**
• 질소원은 균체의 단백질, 핵산 등의 합성에 반드시 필요하며 배지 상의 증식량에 큰 영향을 준다.
• 유기태 질소원 : 요소, 아미노산, 펩톤, 아미드 등은 효모, 곰팡이, 세균, 방선균에 의해 잘 이용된다.
• 무기태 질소원
　－암모늄인 황산암모늄, 인산암모늄 등은 효모, 곰팡이, 방선균, 대장균, 고초균 등이 잘 이용할 수 있다.
　－질산염은 곰팡이나 조류는 잘 이용하나, 효모는 이를 동화시킬 수 있는 것과 없는 것이 있어 효모 분류기준이 된다.

64 **Heterocaryosis를 가장 잘 설명한 것은?**

① 접합으로 한 균사의 핵과 다른 균사의 핵이 공존
② 한 균사와 다른 핵과 접합하여 공존
③ 한 개의 핵이 다른 핵과 접합
④ 한 균사의 두 개의 핵이 공존

🐾 **이질핵형성(Heterocaryosis)**
• 곰팡이에 있어서 균사 또는 홀씨의 한 개의 세포 속에 유전적으로 다른 핵이 2개 이상 들어 있는 형상을 말한다.
• 균사의 융합에 의해서 만들어진다.

65 **돌연변이에 대한 설명 중 틀린 것은?**

① 자연적으로 일어나는 자연돌연변이와 변이원 처리에 의한 인공돌연변이가 있다.
② 돌연변이의 근본적 원인은 DNA의 nucleotide 배열의 변화이다.
③ 염기배열 변화의 방법에는 염기첨가, 염기결손, 염기치환 등이 있다.
④ Point mutation은 frame shift에 의한 변이에 복귀돌연변이(back mutation)가 되기 어렵다.

🐾 점돌연변이(point mutation)는 긴 염기군의 결손, 중복 등의 염색체 변화에 비하여 변이에 의해서 잃어버린 유전기능을 회복하는 복귀돌연변이(back mutation)가 되기 쉬운 것이 특징이다.

66 다음 표의 반응은 생화학 돌연변이체를 이용한 amino-acid의 생성에 관한 것이다. 최종생성물인 P3을 얻고자 할 때 어느 영양요구주가 가장 적합한가? (단, 여기서 생성물 P4는 P1의 생성을 feedback 억제한다고 가정한다.)

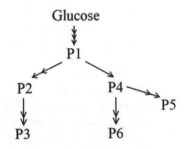

① P1 요구주
② P2 요구주
③ P4 요구주
④ P6 요구주

67 **파아지(phage)에 대한 대책으로 적합하지 않은 것은?**

① 연속교체법(rotation system)을 이용한다.
② 살균을 철저하게 한다.
③ 내성균주를 사용하여 발효를 한다.
④ 생산균주를 1종으로 제한한다.

🐾 **phage의 예방대책**
• 공장과 그 주변 환경을 미생물학적으로 청결히 하고 기기의 가열살균, 약품살균을 철저히 한다.
• phage의 숙주특이성을 이용하여 숙주를 바꾸어 phage 증식을 사전에 막는 starter rotation system을 사용, 즉 starter를 2균주 이상 조합하여 매일 바꾸어 사용한다.
• 약재 사용 방법으로서 chloramphenicol, streptomycin 등 항생물질의 저농도에 견디고 정상 발효하는 내성균을 사용한다.
* 숙주세균과 phage의 생육조건이 거의 일치하기 때문에 일단 감염되면 살균하기 어렵다. 그러므로 예방하는 것이 최선의 방법이다.

68 담자균류의 특징과 관계가 없는 것은?

① 담자기
② 경자
③ 정낭
④ 취상돌기

👉 버섯
- 대부분 분류학상 담자균류에 속하며, 일부는 자낭균류에 속한다.
- 버섯균사의 뒷면 자실층(hymenium)의 주름살(gill)에는 다수의 담자기(basidium)가 형성되고, 그 선단에 보통 4개의 경자(sterigmata)가 있고 담자포자를 한 개씩 착생한다. 담자가 생기기 전에 취상돌기(균반, clamp connection)를 형성한다.
- 담자균류는 균사에 격막이 있고 담자포자인 유성포자가 담자기 위에 외생한다.
- 담자기 형태에 따라 대별
  - 동담자균류 : 담자기에 격막이 없는 공봉형태를 지닌 것
  - 이담자균류 : 담자기가 부정형이고 간혹 격막이 있는 것
- 식용버섯으로 알려져 있는 것은 거의 모두가 동담자균류의 송이버섯목에 속한다.
- 이담자균류에는 일부 식용버섯(흰목이버섯)도 속해 있는 백목이균목이나 대부분 식물병원균인 녹균목과 깜부기균목 등이 포함된다.
- 대표적인 동충하초속으로는 자낭균(Ascomycetes)의 맥간균과(Clavicipitaceae)에 속하는 *Cordyceps* 속이 있으며 이 밖에도 불완전 균류의 *Paecilomyces* 속, *Torrubiella* 속, *Podonectria* 속 등이 있다.

69 다음 곰팡이 중 가근(假根, rhizoid)이 있는 것은?

① *Aspergillus* 속
② *Penicillium* 속
③ *Rhizopus* 속
④ *Mucor* 속

👉 *Rhizopus*속의 특징
- 거미줄 곰팡이라고도 한다.
- 조상균류(Phycomycetes)에 속하며 가근(rhizoid)과 포복지(stolon)를 형성한다.
- 포자낭병은 가근에서 나오고, 중축바닥 밑에 자낭을 형성한다.
- 포자낭이 구형이고 영양성분(배지)이 닿는 곳에 뿌리 모양의 가근(rhigoid)을 내리고 그 위에 1~5개의 포자낭병을 형성한다.

- 균사에는 격벽이 없다.
- 유성, 무성 내생포자를 형성한다.
- 대부분 pectin 분해력과 전분분해력이 강하므로 당화효소와 유기산 제조용으로 이용되는 균종이 많다.
- 호기적 조건에서 잘 생육하고, 혐기적 조건에서는 알코올, 젖산, 퓨마르산 등을 생산한다.

70 출아(budding)로 영양증식을 하는 효모 중에서 세포의 어느 곳에서나 출아가 되는 다극 출아(multilateral budding)를 하는 것은?

① *Hanseniaspora* 속
② *Kloeckera* 속
③ *Nadsonia* 속
④ *Saccharomyces* 속

👉 *Saccharomyces*속
- 구형, 달걀형, 타원형 또는 원통형으로 다극출아를 하는 자낭 포자효모이다.

71 전분을 효소로 분해하여 포도당을 제조할 때 사용하는 미생물 효소는?

① *Aspergillus*의 α-amylase와 acid protease
② *Aspergillus*의 glucoamylase와 transglucosidase
③ *Bacillus*의 protease와 α-amylase
④ *Aspergillus*의 α-amylase와 *Rhizopus*의 glucoamylase

👉 전분을 포도당으로 분해하는 미생물 효소
- α-amylase : amylose와 amylopectin의 α-1,4-glucan 결합을 내부에서 불규칙하게 가수분해시키는 효소이다. 생산균은 *Aspergillus oryzae*, *Bacillus subtilis*, *Bacillus licheniformis* 등
- glucoamylase : 전분을 거의 100% glucose로 분해하는 효소이다. 생산균은 *Rhizopus delemar* 등

72 ATP를 소비하면서 저농도에서 고농도로 농도구배에 역행하여 용질분자를 수송하는 방법은?

① 단순 확산(simple diffusion)
② 촉진 확산(facilitated diffusion)
③ 능동 수송(active transport)
④ 세포 내 섭취작용(endocyosis)

🥢 **능동수송(active transport)**
- 세포막의 수송단백질이 물질대사에서 얻은 ATP를 소비하면서 농도 경사를 거슬러서(낮은 농도에서 높은 농도 쪽으로) 물질을 흡수하거나 배출하는 현상이다.
- 적혈구나 신경세포의 Na^+-K^+펌프, 소장에서의 양분 흡수, 신장의 세뇨관에서의 포도당 재흡수 등의 예가 있다.

73 최초 세균수는 a이고 한 번 분열하는데 3시간이 걸리는 세균이 있다. 최적의 증식조건에서 30시간 배양 후 총균수는?

① $a \times 3^{30}$
② $a \times 2^{10}$
③ $a \times 5^{30}$
④ $a \times 2^5$

🥢 **총균수 계산**
- 총균수=초기균수×$2^{세대기간}$
  3시간 씩 30시간이면 세대수는 10
  초기균수 a이므로
  총균수=$a \times 2^{10}$

74 단백질과 RNA로 구성되어 있으며 단백질 합성을 하는 것은?

① 미토콘드리아(mitochondria)
② 크로모좀(chromosome)
③ 리보솜(ribosome)
④ 골지체(golgi apparatus)

🥢 **리보솜(ribosome)**
- 단백질 합성이 일어나는 곳이다.
- 이것은 진핵과 원핵세포의 세포질에 들어 있다.

75 일반적인 간장이나 된장의 숙성에 관여하는 내삼투압성 효모의 증식 가능한 최저 수분활성도는?

① 0.95   ② 0.88
③ 0.80   ④ 0.60

🥢 **수분활성도(water activity, Aw)란**
- 어떤 임의의 온도에서 식품이 나타내는 수증기압(Ps)에 대한 그 온도에 있어서의 순수한 물의 최대 수증기압(Po)의 비로써 정의한다.
- 최적 이하로 되면 유도기의 연장, 생육 속도 저하 등이 일어난다.
- 미생물 성장에 필요한 최소한의 수분활성
  - 보통 세균 : 0.91
  - 보통 효모, 곰팡이 : 0.80
  - 내건성 곰팡이 : 0.65
  - 내삼투압성 효모 : 0.60
* 식품 중의 수분은 주위환경 조건에 따라 변동하므로 함수량을 %로 표시하지 않고, 대기 중의 상대습도까지 고려한 수분활성도로써 표시한다.

76 미생물 생육곡선(growth curve)과 관련한 설명으로 옳은 것은?

① 배양시간 경과에 따른 균수를 측정하고 세미로그 그래프에 표시한다.
② 온도의 변화에 따른 미생물 수 변화를 확인하여 그래프로 그린 것이다.
③ 곰팡이의 경우는 포자의 수를 측정하여 생육정도를 비교한다.
④ 대사산물 생산량에 따라 유도기-대수기-정지기-사멸기로 분류한다.

🥢 **미생물 생육곡선**
- 배양시간의 경과에 따른 생균수 또는 총균수의 변화를 확인하여 그래프로 그린 것이다.
- 곰팡이의 경우에는 균사가 연속해서 자라서 길어지기 때문에 균체 수에 의한 세대시간을 계산할 수 없으므로 일반적으로 균체량의 증가로서 생육정도를 비교한다.
- 세포수에 따라 유도기-대수기-정지기-사멸기로 분류한다.

77 알코올 발효에 대한 설명 중 틀린 것은?

① 미생물이 알코올을 발효하는 경로는 EMP경로와 ED경로가 알려져 있다.

② 알코올 발효가 진행되는 동안 미생물 세포는 포도당 1분자로부터 2분자의 ATP를 생산한다.

③ 효모가 알코올 발효하는 과정에서 아황산나트륨을 적당량 첨가하면 알코올 대신 글리세롤이 축적되는데, 그 이유는 아황산나트륨이 alcohol dehydrogenase활성을 저해하기 때문이다.

④ EMP경로에서 생산된 pyruvic acid는 decarboxylase에 의해 탈탄산되어 acetaldehyde로 되고 다시 NADH로부터 alcohol dehydrogenase에 의해 수소를 수용하여 ethanol로 환원된다.

🐾 **효모 알콜 발효 과정에서 아황산나트륨 첨가**

• 효모에 의해서 알콜 발효하는 과정에서 아황산나트륨을 가하여 pH 5~6에서 발효시키면 아황산나트륨은 포촉제(trapping agent)로서 작용하여 acetaldehyde와 결합한다.

• 따라서 acetaldehyde의 환원이 일어나지 않으므로 glycerol-3-phosphate dehydrogenase에 의해서 dihydroxyacetone phosphate가 $NADH_2$의 수소수용체로 되어 glycerophosphate를 생성하고 다시 phosphatase에 의해서 인산이 이탈되어 glycerol로 된다.

78 세균세포의 협막과 점질층의 구성물질인 것은?

① 뮤코(muco) 다당류
② 펙틴(pectin)
③ RNA
④ DNA

🐾 **협막 또는 점질층(slime layer)**

• 대부분의 세균세포벽을 둘러싸고 있는 점성물질을 말한다.

• 협막의 화학적 성분은 다당류, polypeptide의 중합체, 지질 등으로 구성되어 있으며 균종에 따라 다르다.

79 저온살균에 대한 설명 중 틀린 것은?

① 식품 중에 존재하는 미생물을 완전히 살균하는 것이다.

② 가열이 강하면 품질 저하가 현저한 식품에 이용된다.

③ 저온 살균 후 혐기상태 유지나 고염, 식염 등의 조건을 이용할 수 있다.

④ 최소한의 온도(통상 100℃ 이하)가 살균에 적용된다.

🐾 **저온살균**

• 100℃ 이하의 온도에서 살균하는 방법이다.

• 보통 60~70℃에서 수분 또는 수 십분 가열하는 방법으로 과실, 과즙, 주류, 간장 등에 사용된다.

• 모든 균을 사멸시킬 수는 없으나 알코올이나 유기산이 함유된 식품에 효과가 크다.

• 모든 병원성 미생물과 일정한 저장 조건에서 생육이 가능한 일부의 변패 미생물을 사멸시키는 것이 목적이다.

80 효모를 분리하려고 할 때 배지의 pH로 가장 적합한 것은?

① pH 2.0~3.0 ② pH 4.0~6.0
③ pH 7.0~8.0 ④ pH 10.0~12.0

🐾 **미생물의 최적 pH**

• 곰팡이와 효모의 최적 pH 5.0~6.5
• 세균, 방선균의 최적 pH 7.0~8.0

5 과목 생화학 및 발효학

81 효소의 작용에 대한 설명 중 틀린 것은?

① 단백질로 구성되어 있다.
② 특정기질에 선택적 촉매반응을 한다.
③ 온도에 영향을 받는다.
④ 한 효소는 주로 2개 이상의 기질에 촉매 반응한다.

🐾 **효소의 기질 특이성**

• 효소는 일반적으로 각자 특정의 기질에만 작용하게 된다.
• 이를 효소의 기질 특이성이라 한다.

82 위스키에 대한 설명 중 틀린 것은?

① 위스키는 제법에 따라 스카치(Scotch)형과 아메리카(American)형으로 대별된다.

② 아메리칸 위스키는 미국에서 생산되는 위스키이다.

③ 맥아(malt) 위스키는 대맥 맥아로만 만든 위스키이다.

④ 곡류(grain) 위스키는 맥아 이외에 옥수수, 라이맥을 사용하여 단식증류기로 증류한 것이다.

🐾 **곡류(grain) 위스키**
- 맥아 이외에 옥수수, 라이맥을 사용하여 연속식증류기로 증류한 것이다.
- 비교적 향이 덜하며 부드럽고 순한 맛이 특징이다.

83 효소의 직접적인 촉매작용의 메커니즘으로 제시되지 않는 것은?

① 근접 변형효과   ② 공유결합 촉매

③ 산-염기 촉매   ④ 조효소 효과

84 진핵세포의 DNA와 결합하고 있는 염기성 단백질은?

① albumin   ② globulin

③ histone   ④ histamine

🐾 **핵산과 결합되는 단백질**
- 기본적으로 진핵생물의 DNA 분자들은 히스톤(histone)이라고 하는 염기성 단백질과 결합되어 있다.
- DNA와 히스톤의 복합체를 염색질(chromatin)이라고 부른다.
- histone 분자가 유전물질의 DNA 사슬 한 분절과 결합하고 있는 단위체를 뉴클레오솜이라고 한다.

85 아미노산 대사에 필수적인 비타민으로 알려진 비타민 B_6의 종류가 아닌 것은?

① 피리독신(pyridoxine)

② 피리독사민(pyridoxamine)

③ 피리딘(pyridine)

④ 피리독살(pyridoxal)

🐾 **비타민 B_6(pyridoxine)**
- 천연에 존재하는 비타민 B_6는 pyridoxine, pyridoxal, pyridoxamine의 3가지 종류로서 모두 pyridine 유도체이다.
- PLP(pyridoxal phosphate)로 변환 되어 주로 아미노기 전이반응에 있어서 보효소로서 역할을 한다.

86 맥주 발효에서 맥아를 사용하는 목적과 거리가 먼 것은?

① 당화과정에 필요한 효소들을 생성 또는 활성화

② 맥주의 향미와 색깔에 관여

③ 효모에 필요한 영양원 제공

④ 유해 미생물의 생육 억제

🐾 **맥주 발효에서 맥아를 사용하는 목적**
- 당화효소, 단백질효소 등 맥아 제조에 필요한 효소들을 활성화 또는 생합성 시킨다.
- 맥아의 배조에 의해서 특유의 향미와 색소를 생성시키며, 동시에 저장성을 부여한다.
- 맥아의 탄수화물, 단백질, 지방 등의 분해를 쉽게 한다.
- 효모에 필요한 영양원을 제공해 준다.

87 5'-뉴클레오타이드를 공업적으로 분해법에 의해 제조하기 위하여 사용되는 RNA 원료는 효모를 사용한다. 이 원료로서 사용되는 효모의 특징이 아닌 것은?

① RNA의 함량이 높다.

② RNA/DNA의 비율이 낮다.

③ 균체의 분리 및 회수가 간단하다.

④ RNA 유출 후 균체단백질 이용이 가능하다.

🐾 **RNA 분해법으로 5'-nucleotide 공업적 생산**

㉠ RNA는 모든 생물에 널리 존재하지만 RNA의 공업적 원료로서는 미생물 중에서도 효모균체 RNA가 이용되고 있다.

㉡ RNA 원료로서 효모(*Candida utilis*, *Hansenula anomala* 등)가 가장 적당하다. 그 이유는
- RNA의 함량이 비교적 높다.
- RNA/DNA의 비율이 높다.
- 균체의 분리 및 회수가 용이하다.
- 아황산펄프폐액, 당밀, 석유계 물질 등 값싼 탄소원을 이용할 수 있다

88 세포 내 리보솜(ribosome)에서 일어나는 단백질 합성과 직접적으로 관여하는 인자가 아닌 것은?

① rRNA
② tRNA
③ mRNA
④ DNA

🐾 **단백질 합성에 관여하는 RNA**
- m-RNA는 DNA에서 주형을 복사하여 단백질의 아미노산(amino acid) 배열 순서를 전달 규정한다.
- t-RNA(sRNA)는 활성아미노산을 리보솜(ribosome)의 주형(template) 쪽에 운반한다.
- r-RNA는 m-RNA에 의하여 전달된 정보에 따라 t-RNA에 옮겨진 amino acid를 결합시켜 단백질 합성을 하는 장소를 형성한다.
* DNA는 단백질 합성 시 아미노산의 배열순서의 지령을 m-RNA에 전달하는 유전자의 본체이다.

89 사람 체내에서의 콜레스테롤 생합성 경로를 순서대로 표시한 것은?

① acetyl CoA → L-mevalonic acid → squalene → lanosterol → cholesterol
② acetyl CoA → lanosterol → squalene → L-mevalonic acid → cholesterol
③ acetyl CoA → squalene → lanosterol → L-mevalonic acid → cholesterol
④ acetyl CoA → lanosterol → L-mevalonic acid → squalene → cholesterol

🐾 **사람 체내에서 콜레스테롤(Cholesterol)의 생합성 경로**
acetyl CoA → HMG CoA → L-mevalonate → mevalonate pyrophosphate → isopentenyl pyrophosphate → dimethylallyl pyrophosphate → geranyl pyrophosphate → farnesyl pyrophosphate → squalene → lanosterol → cholesterol

90 파지(phage)를 운반체로 하여 공여균의 유전자를 수용균에 운반시켜 수용균의 염색체 내 유전자와 재조합시키는 유전자재조합 기술법은?

① 형질전환(transformation)
② 접합(conjugation)
③ 형질도입(transduction)
④ 세포융합(cell fusion)

🐾 **유전물질 전달방법**
- 형질전환(transformation) : 공여세포로부터 유리된 DNA가 직접 수용세포 내로 들어가 일어나는 DNA 재조합 방법으로, A라는 세균에 B라는 세균에서 추출한 DNA를 작용시켰을 때 B라는 세균의 유전형질이 A라는 세균에 전환되는 현상을 말한다.
- 형질도입(transduction) : 숙주세균 세포의 형질이 phage의 매개로 수용균의 세포에 운반되어 재조합에 의해 유전 형질이 도입된 현상을 말한다.
- 접합(conjugation) : 두 개의 세균이 서로 일시적인 접촉을 일으켜 한 쪽 세균이 다른 쪽에게 유전물질인 DNA를 전달하는 현상을 말한다.
* 세포융합(cell fusion)은 2개의 다른 성질을 갖는 세포들을 인위적으로 세포를 융합하여 목적하는 세포를 얻는 방법이다.

91 피루브산(pyruvic acid)을 탈탄산하여 아세트알데히드(acetaldehyde)로 만드는 효소는?

① lactate dehydrogenase
② pyruvate carboxylase
③ pyruvate decarboxylase
④ alcohol dehydrogenase

🐾 **피루브산 탈탄산효소(pyruvate decarboxylase)**
- EMP경로에서 생산된 피루브산(pyruvic acid)에서 이산화탄소(CO_2)를 제거하여 아세트알데하이드(acetaldehyde)를 만든다.
- 이 반응을 촉매하는 인자로는 TPP와 Mg^{2+}이 필요하다.

92 사람과 원숭이가 비타민 C를 합성하지 못하는 이유는?

① 장내 세균에 의해 방해받기 때문이다.
② L-Gulonolactone oxidase 효소가 없기 때문이다.
③ avidin 단백질이 비오틴과 결합하여 합성을 방해하기 때문이다.
④ 세포에 합성을 방해하는 항생물질이 있기 때문이다.

🐌 **비타민C의 합성**
• 포도당이 간세포에서 몇 단계를 거쳐서 L-굴로노-γ-락톤(L-gulono-γ-lactone)이라는 물질이 되고, 그 물질이 L-굴로노-γ-락톤 산화효소(L-gulono-γ-lactone oxidase)에 의해 최종적으로 비타민 C(L-ascorbic acid)로 바뀌게 된다.
• 대부분의 동물은 비타민 C를 간세포(hepatocytes)에서 합성 가능하지만 사람과 영장류, 기니아피그, 과일나무 박쥐, 일부 조류, 일부 어류(송어, 잉어, 은연어) 등은 합성하지 못한다.
• 이들이 비타민 C를 합성하지 못하는 이유는 간 효소인 L-gulono-γ-lactone oxidase가 결손 되었기 때문이다.

93 산업용 미생물 배지 제조시 사용되는 질소원으로 적합하지 않은 것은?

① 사탕수수 폐당밀
② 요소
③ 암모늄염
④ 콩가루

🐌 **질소원(nitrogen source)**
• 질소원은 균체의 단백질, 핵산 등의 합성에 반드시 필요하며 배지 상의 증식량에 큰 영향을 준다.
• 유기태 질소원 : 요소, 아미노산, 펩톤, 아미드 등은 효모, 곰팡이, 세균, 방선균에 의해 잘 이용된다.
• 무기태 질소원
  – 암모늄인 황산암모늄, 인산암모늄 등은 효모, 곰팡이, 방선균, 대장균, 고초균 등이 잘 이용할 수 있다.
  – 질산염은 곰팡이나 조류는 잘 이용하나, 효모는 이를 동화시킬 수 있는 것과 없는 것이 있어 효모 분류기준이 된다.

94 맥주제조 시 후발효가 끝난 맥주의 한냉혼탁(cold haze)을 방지하기 위하여 사용되는 식물성 효소는?

① 파파인(papain)
② 펙티나아제(pectinase)
③ 레닛(rennet)
④ 나린진나아제(naringinase)

🐌 **맥주의 혼탁**
• 맥주는 냉장 상태에서 후발효와 숙성을 거치는데, 대부분의 맥주는 투명성을 기하기 위해 이때 여과를 거친다. 하지만 여과에도 불구하고 판매되는 과정 중에 다시 혼탁되는 경우가 있는데, 이는 혼탁입자의 생성 때문이다.
• 혼탁입자는 polyphenolic procyandian과 peptide 간의 상호작용으로 유발되며, 탄수화물이나 금속 이온도 영향을 미친다.
• 맥주의 혼탁입자의 방지를 위해 프로테아제(protease)가 사용되고 있다.
* 파파인(papain) : 식물성 단백질 분해효소로 고기 연화제, 맥주의 혼탁방지에 사용된다.

95 Glutamic acid를 발효하는 균의 공통된 특징은?

① 혐기성이다.
② 포자 형성균이다.
③ 생육인자로 biotin을 요구한다.
④ 운동성이 있다.

🐌 **글루탐산을 생산하는 균주의 공통적 성질**
• 호기성이다.
• 균의 형태는 구형, 타원형 단간균이다.
• 운동성이 없다.
• 포자를 형성하지 않는다.
• 그램 양성균이고 catalase 양성이다.
• 생육인자로서 비오틴을 요구한다.

96 정미성 nucleotide가 아닌 것은?

① GMP

② XMP

③ IMP

④ AMP

🐥 정미성을 가지고 있는 nucleotide
- 5'-guanylic acid(guanosine5'-monophosphate, 5'-GMP), 5'-inosinic acid(inosine-5'-monophosphate, 5'-IMP), 5'-xanthylic acid(xanthosine5'-phosphate, 5'-XMP)이다.
- XMP⟨IMP⟨GMP의 순서로 정미성이 증가한다.
* 5'-adenylic acid(adenosine-5'-phosphate, 5'-AMP)는 정미성이 없다.

97 운동 중 근육 활동으로 생성되는 과잉의 젖산을 포도당으로 합성하는 당신생(gluconeogenesis)이 일어나는 기관은?

① 근육

② 간

③ 신장

④ 췌장

🐥 당신생(gluconeogenesis)
- 비탄수화물로부터 glucose, glycogen을 합성하는 과정이다.
- 당신생의 원료물질은 유산(lactic acid), 피루브산(pyruvic acid), 알라닌(alanine), 글루타민산(glutamic acid), 아스파라긴산(aspartic acid)과 같은 아미노산 또는 글리세롤 등이다.
- 해당경로를 반대로 거슬러 올라가는 가역반응이 아니다.
- 당신생은 주로 간과 신장에서 일어나는데 예를 들면 격심한 근육운동을 하고 난 뒤 회복기 동안 간에서 젖산을 이용한 혈당 생성이 매우 활발히 일어난다.

98 제빵 발효와 관련된 설명 중 틀린 것은?

① 발효빵에 사용되는 건조효모는 압착효모에 비해 발효력이 우수하나 반드시 냉장보관을 하여야 한다.

② 효모는 발효성 당을 분해하여 에탄올과 이산화탄소를 만들어 반죽을 팽창시킨다.

③ 밀가루에 포함된 단백질은 단백질 가수분해에 의해 가수분해되어 질소원으로 이용된다.

④ 빵효모는 이산화탄소 발생량을 기준으로 최적 활성은 30℃ 정도이다.

🐥 건조효모
- 발효빵에 사용되는 건조효모는 압착효모(생이스트)에 비해 발효력이 우수하고 보존성이 좋아 냉장보관하지 않아도 된다.

99 포도당(glucose) 1kg을 사용하여 알코올발효와 초산발효를 진행시켰다. 알코올과 초산의 실제 생산수율은 각각의 이론적 수율의 90%와 85%라고 가정할 때 실제 생산될 수 있는 초산의 양은?

① 1.304kg

② 1.1084kg

③ 0.5097kg

④ 0.4821kg

🐥 포도당으로부터 초산의 실제 생산수율
㉠ 포도당 1kg으로부터 실제 ethanol 생성량
- $C_6H_{12}O_6 \rightarrow 2C_2H_5OH + 2CO_2$
  (180)   (2×46)
  180 : 46 × 2 = 1000 : x
  $x = 511.1g$
- 수율 90%일 때 ethanol 생성량 = 5111×0.90 = 460g
㉡ 포도당 1kg으로부터 초산생성량
- $C_2H_5OH + O_2 \rightarrow CH_3COOH + H_2O$
  (46)   (60)
  46 : 60 = 460 : x
  $x = 600g$
- 수율 85%일 때 초산 생성량 = 600×0.85 = 510g(0.510kg)

100 광합성 과정에서 CO_2의 첫 번째 수용체가 되는 것은?

① Ribulose-1,5-disphosphate

② 3-Phosphoglyceraldehyde

③ 3-Phosphoglyceric acid

④ Sedoheptulose 1,7-diphosphate

광합성 과정

㉠ 제1 단계 : 명반응
- 그라나에서 빛에 의해 물이 광분해되어 O_2가 발생되고, ATP와 $NADPH_2$가 생성되는 광화학 반응이다.

㉡ 제2 단계 : 암반응(calvin cycle)
- 스트로마에서 효소에 의해 진행되는 반응이며 명반응에서 생성된 ATP와 $NADPH_2$를 이용하여 CO_2를 환원시켜 포도당을 생성하는 반응이다.
- 칼빈회로(Calvin cycle)
  - 1단계 : CO_2의 고정

    $6CO_2 + 6\ RuDP + 6\ H_2O \rightarrow 12\ PGA$
  - 2단계 : PGA의 환원 단계

    $12\ PGA \xrightarrow[\ \ 12ATP\ \curvearrowright\ 12ADP\ \ ]{} 12\ DPGA \xrightarrow[\ 12NADPH_2\ \curvearrowright\ 12NADP\ ]{} 12\ PGAL + 12\ H_2O$
  - 3단계 : 포도당의 생성과 RuDP의 재생성 단계

    $2\ PGAL \xrightarrow{\quad\quad\quad} 과당2인산 \xrightarrow{\quad\quad\quad} 포도당\ C_6H_{12}O_6$

    $10\ PGAL \xrightarrow[\quad 6ATP\ \curvearrowright\ 6ADP\quad]{} 6RuDP$

  *3-phosphoglycerate(PGA), ribulose-1,5-diphosphate(RuDP), diphosphoglycerate(DPGA), glyceraldehyde-3-phosphate(PGAL)은 광합성의 암반응(Calvin cycle)의 중간생성물이다.

2020년 제1회 B형									
01	02	03	04	05	06	07	08	09	10
①	④	④	④	①	②	④	④	③	④
11	12	13	14	15	16	17	18	19	20
③	①	③	①	②	①	①	④	②	④
21	22	23	24	25	26	27	28	29	30
②	③	③	④	④	④	③	②	①	③
31	32	33	34	35	36	37	38	39	40
③	④	④	③	②	④	②	②	③	①
41	42	43	44	45	46	47	48	49	50
②	④	④	③	④	②	④	③	③	④
51	52	53	54	55	56	57	58	59	60
①	③	④	②	③	②	④	④	③	②
61	62	63	64	65	66	67	68	69	70
③	③	①	①	④	③	④	③	③	④
71	72	73	74	75	76	77	78	79	80
④	③	②	③	④	①	③	①	①	②
81	82	83	84	85	86	87	88	89	90
④	④	④	③	③	④	②	④	①	③
91	92	93	94	95	96	97	98	99	100
③	②	①	①	③	④	②	①	③	①

2021년 제1회 기출문제

		수험번호	성명
자격종목 **식품기사**	종목코드	시험시간 **2시간 30분**	형별 **B**

1 과목 식품위생학

1 식품위생 검사에서 대장균을 위생지표세균으로 쓰는 이유가 아닌 것은?

① 대장균은 비병원성이나 병원성 세균과 공존할 가능성이 많기 때문에

② 대장균의 많고 적음은 식품의 신선도 판정의 기준이 되기 때문에

③ 대장균의 존재는 분변 오염을 의미하기 때문에

④ 식품의 위생적인 취급 여부를 알 수 있기 때문에

☝ **대장균의 위생지표세균으로서의 의의**
• 대장균의 존재는 식품이 분변에 오염되었을 가능성과 분변에서 유래하는 병원균의 존재 가능성을 판단할 수 있다.
• 식품의 위생적인 취급 여부를 알 수 있다.
• 대장균은 비병원성이나 병원성 세균과 공존할 가능성이 많다.
• 특수한 가공식품에 있어서 제품의 가열, 살균 여부의 확실성 판정지표가 된다.
• 비교적 용이하게 신뢰할 수 있는 검사를 실시할 수 있다.

2 식중독 증상에서 cyanosis 현상이 나타나는 어패류는?

① 섭조개, 대합
② 바지락
③ 복어
④ 독꼬치

☝ **복어 중독**
• 복어의 난소, 간, 창자, 피부 등에 있는 tetrodotoxin 독소에 의해 중독을 일으킨다.
• 중독증상은 지각이상, 호흡장애, cyanosis 현상, 운동장애, 혈행장애, 위장장애, 뇌증 등의 증상이 일어난다.
• tetrodotoxin의 특징
 – 약 염기성 물질로 물에 불용이며 알칼리에서 불안정하다.
 – 즉, 4% NaOH에 의하여 4분 만에 무독화되고, 60% 알코올에 약간 용해되나 다른 유기용매에는 녹지 않는다.
 – 220℃ 이상 가열하면 흑색이 되며, 일광, 열, 산에는 안정하다.

3 일반적으로 페놀이나 포름알데히드의 용출과 관련이 없는 포장 재료는?

① 페놀 수지
② 요소 수지
③ 멜라민 수지
④ 염화비닐 수지

☝ **염화비닐 수지**
• 주성분이 polyvinylchloride로서 포르말린의 용출이 없어 위생적으로 안전하다.
• 투명성이 좋고, 착색이 자유로우며 유리에 비해 가볍고 내수성, 내산성이 좋다.
* 최근 요소(urea)나 페놀(phenol, 석탄산) 등을 축합한 열경화성 합성수지제의 식기가 많이 쓰이는데 축합, 경화가 불안전한 것은 포름알데히드와 페놀이 용출되어 문제가 되고 있다.

4 소독제와 그 주요 작용의 조합이 틀린 것은?

① 크레졸 – 세포벽의 손상
② $Ca(OCl)_2$ – 산화작용
③ 에탄올 – 탈수, 삼투압으로 미생물 수축
④ 페놀 – 단백질 변성

에탄올(Ethyl alcohol)

- 삼투능력으로 세균 표면의 막을 뚫고, 세균내부에 들어가서 단백질을 응고시켜 세균을 죽게 한다.
- 순수 에탄올은 세균의 단백질을 응고시키는 능력은 매우 좋으나 순간적으로 세균 표면의 단백질을 응고시켜서 세균의 외벽에 단단한 막을 형성시키게 됨으로써 세균의 내부까지 에탄올이 침투하는 것을 방해한다.
- 순수 에탄올에 비하여 70%~75% 정도의 에탄올은 서서히 세균 외벽의 단백질을 응고시킴에 따라 에탄올이 내부까지 침투할 수 있기 때문에 더 효과적으로 세균을 죽일 수 있다.

5 프탈레이트에 대한 설명으로 틀린 것은?

① 폴리염화비닐의 가소제로 사용된다.

② 환경에 잔류하지는 않아 공기, 지하수, 흙 등을 통한 노출은 없다.

③ 내분비계 교란(장애) 물질이다.

④ 식품용 랩 등에 들어있는 프탈레이트가 식품으로 이행될 수 있다.

프탈레이트계 가소제

- 프탈레이트류는 폴리염화비닐(PVC) 등 플라스틱을 유연하게 만드는 데 사용되는 가소제이다.
- 프탈레이트계 가소제의 종류 : DEHP(di(2-ethylhexyl) phthalate), DBP(dibutyl phthalate), BBP(butyl benzyl phthalate), DINP(di-isononyl phthalate), DNOP(di-n-octyl phthalate), DIDP(di-iso-decyl phthalate).
- 간이나 신장 등에 치명적 손상을 줄 우려 때문에 그간 논란이 돼 왔다.
- 세계 각국은 6종의 프탈레이트(프탈산에스테르)계 가소제를 1999년부터 내분비계 장애(환경호르몬) 추정물질로 관리해 왔다.
- 프탈레이트류는 건축 자재를 통한 공기 흡입, 화장품류를 통한 피부 노출, PVC 튜브 등의 의료기기 사용으로 인한 노출, 어린이용품을 통한 노출, 물 또는 식품의 섭취 등의 다양한 경로를 통하여 인체에 노출된다.

6 바다 생선회를 원인식으로 발생한 식중독 환자를 조사한 결과 기생충의 자충이 원인이라면 관련이 깊은 것은?

① 선모충 ② 동양모양선충

③ 간흡충 ④ 아니사키스충

아니사키스(Anisakis)의 자충

- 고래, 돌고래, 물개 등의 바다 포유류의 제1 위에 기생하는 회충의 일종이다.
- 제1 중간 숙주인 갑각류이고, 이를 잡아먹는 제2 중간 숙주인 해산어류의 내장, 복강, 근육조직에서 유충이 되고 최종 숙주를 생식하면 감염된다.

7 식품 및 축산물 안전관리인증기준에서 중요관리점(CCP) 결정 원칙에 대한 설명으로 틀린 것은?

① 농·임·수산물의 판매 등을 위한 포장, 단순처리 단계 등은 선행요건이 아니다.

② 기타 식품판매업소 판매식품은 냉장 냉동식품의 온도 관리 단계를 CCP로 결정하여 중점적으로 관리함을 원칙으로 한다.

③ 판매식품의 확인된 위해요소 발생을 예방하거나 제거 또는 허용 수준으로 감소시키기 위하여 의도적으로 행하는 단계가 아닐 경우는 CCP가 아니다.

④ 확인된 위해요소 발생을 예방하거나 제거 또는 허용 수준으로 감소시킬 수 있는 방법이 이후 단계에도 존재할 경우는 CCP가 아니다.

식품위해요소중점관리기준에서 중요관리점(CCP) 결정 원칙

- 기타 식품판매업소 판매식품은 냉장·냉동식품의 온도 관리 단계를 중요관리점으로 결정하여 중점적으로 관리함을 원칙으로 하되, 판매식품의 특성에 따라 입고검사나 기타 단계를 중요관리점 결정도(예시)에 따라 추가로 결정하여 관리할 수 있다.
- 농·임·수산물의 판매 등을 위한 포장, 단순처리 단계 등은 선행요건으로 관리한다.
- 중요관리점(CCP) 결정도(예시)

| 질문 1 | 이 단계가 냉장·냉동식품의 온도 관리를 위한 단계이거나, 판매식품의 확인된 위해요소 발생을 예방하거나 제거 또는 허용 수준으로 감소시키기 위하여 의도적으로 행하는 단계인가? | → 아니오 (CCP아님) |

↓(예)

| 질문 2 | 확인된 위해요소 발생을 예방하거나 제거 또는 허용 수준으로 감소시킬 수 있는 방법이 이후 단계에도 존재하는가? | → 아니오 (CCP) |

(예) → (CCP 아님)

8 소독제와 소독 시 사용하는 농도의 연결이 틀린 것은?

① 석탄산 : 3~5% 수용액
② 승홍수 : 0.1% 수용액
③ 알코올 : 36% 수용액
④ 과산화수소 : 3% 수용액

🐾 **에탄올(Ethyl alcohol)**
• 삼투능력으로 세균 표면의 막을 뚫고, 세균 내부에 들어가서 단백질을 응고시켜 세균을 죽게 한다.
• 순수 에탄올은 세균의 단백질을 응고시키는 능력은 매우 좋으나 순간적으로 세균 표면의 단백질을 응고시켜서 세균의 외벽에 단단한 막을 형성시키게 됨으로써 세균의 내부까지 에탄올이 침투하는 것을 방해한다.
• 순수 에탄올에 비하여 70%~75% 정도의 에탄올은 서서히 세균 외벽의 단백질을 응고시킴에 따라 에탄올이 내부까지 침투할 수 있기 때문에 더 효과적으로 세균을 죽일 수 있다.

9 방사성 핵종과 인체에 영향을 미치는 표적 조직의 연결이 옳은 것은?

① ^{137}Cs : 갑상선   ② ^3H : 전신
③ ^{131}I : 뼈   ④ ^{80}Sr : 근육

🐾 **방사선의 장애**
• 조혈기관의 장애, 피부점막의 궤양, 암의 유발, 생식기능의 장애, 백내장 등이다.
• 인체에 침착하여 장애를 주는 부위를 보면 주로 Cs-137는 근육, Sr-90는 뼈, S는 피부, I-131는 갑상선, Co는 췌장, Ru-106는 신장, H-3는 전신 등이다.

10 식품의 조리 및 가공 중이나 유기물질이 불완전 연소되면서 생성되는 유해물질과 관계 깊은 것은?

① polycyclic aromatic hydrocarbon
② zearalenone
③ cyclamate
④ auramine

🐾 **다환방향족탄화수소(polycyclic aromatic hydrocarbons, PAHs)**
• 2개 이상의 벤젠고리가 선형으로 각을 지어 있거나 밀집된 구조로 이루어져 있는 유기화합물이다.
• 화학연료나 담배, 숯불에 구운 육류와 같은 유기물의 불완전 연소 시 부산물로 발생하는 물질이다.
• 식품에서는 굽기, 튀기기, 볶기 등의 조리·가공 과정에 의한 탄수화물, 지방 및 단백질의 탄화에 의해 생성되며,
• 대기오염에 의한 호흡 노출 및 가열조리 식품의 경구 섭취가 주요 인체 노출경로로 알려져 있다.
• 독성이 알려진 화합물로는 benzo(a)pyrene 외 50종으로 밝혀졌고, 그중 17종은 다른 것들에 비해 해가 큰 것으로 의심되고 있다.
• 특히 benzo(a)pyrene, benz(a)anthracene, dibenz[a,h]anthracene, chrysene 등은 유전독성과 발암성을 나타내는 것으로 알려져 있다.

11 식중독균인 클로스트리디움 보툴리늄균의 일반 성상 중 잘못된 것은?

① Gram 양성의 아포 형성균이다.
② 편성 혐기성균이다.
③ 열에 안정적이며 가열로 파괴하기 어렵다.
④ 독소는 매우 독성이 강하다.

🐾 **보툴리늄균(Botulinus) 식중독**
• 원인균
  – Clostridium botulinum이다.
  – 그람 양성 편성 혐기성 간균이고, 주모성 편모를 가지며 아포를 형성한다.
  – A, B형 균의 아포는 내열성이 강해 100℃에서 6시간 정도 가열하여야 파괴되고, E형 균의 아포는 100℃에서 5분 가열로 파괴된다.
• 독소 : neurotoxin(신경독소)으로 균의 자기융해에 의하여 유리되며 단순단백으로 되어 있고 특징은 열에 약하여 80℃에서 30분간이면 파괴된다.
• 감염원
  – 토양, 하천, 호수, 바다흙, 동물의 분변
  – A~F형 중에서 A, B, E, F형이 사람에게 중독을 일으킨다.
• 원인식품 : 강낭콩, 옥수수, 시금치, 육류 및 육제품, 앵두, 배, 오리, 칠면조, 어류훈제 등
* 세균성 식중독 중에서 가장 치명률이 높다.

12 식품을 저장할 때 사용되는 식염의 작용 기작 중 미생물에 의한 부패를 방지하는 가장 큰 이유는?

① 나트륨 이온에 의한 살균작용
② 식품의 탈수작용
③ 식품용액 중 산소 용해도의 감소
④ 유해세균의 원형질 분리

🖐 소금 절임의 저장효과
• 고삼투압으로 원형질 분리
• 수분활성도의 저하
• 소금에서 해리된 Cl⁻의 미생물에 대한 살균작용
• 고농도 식염용액 중에서의 산소 용해도 저하에 따른 호기성세균 번식 억제
• 단백질 가수분해효소 작용 억제
• 식품의 탈수작용

13 기생충 질환과 중간 숙주의 연결이 잘못된 것은?

① 유구조충 – 돼지
② 무구조충 – 양서류
③ 회충 – 채소
④ 간흡충 – 민물고기

🖐 기생충과 중간 숙주
• 유구조충(갈고리촌충) : 돼지고기
• 무구조충(민촌충) : 소고기
• 회충 : 채소
• 간디스토마(간흡충) : 민물고기

14 식품에 첨가했을 때 착색효과와 영양강화 현상을 동시에 나타낼 수 있는 것은?

① 엽산(folic acid)
② 아스코르빈산(ascorbic acid)
③ 캐러멜(caramel)
④ 베타카로틴(β-carotene)

🖐 베타카로틴(β-carotene)
• carotenoid계의 대표적인 색소로서 vitamin A의 전구물질이며 영양강화 효과를 갖는 물질이다.
• 천연색소로서 마아가린, 버터, 치즈, 과자, 식용유, 아이스크림 등의 착색료로 사용한다.

15 위해평가과정 중 '위험성 결정 과정'에 해당하는 것은?

① 위해요소의 인체 내 독성을 확인
② 위해요소의 인체 노출 허용량 산출
③ 위해요소가 인체에 노출된 양을 산출
④ 위해요소의 인체용적 계수 산출

🖐 위해평가의 과정[식품위생법 시행령 제4조]
• 위해요소의 인체 내 독성을 확인하는 위험성 확인 과정
• 위해요소의 인체 노출 허용량을 산출하는 위험성 결정과정
• 위해요소가 인체에 노출된 양을 산출하는 노출평가 과정
• 위험성 확인과정, 위험성 결정과정 및 노출평가과정의 결과를 종합하여 해당 식품 등이 건강에 미치는 영향을 판단하는 위해도 결정과정

16 황색포도상구균 검사방법에 대한 설명으로 틀린 것은?

① 종균배양 : 35~37℃에서 18~24시간 종균배양
② 분리배양 : 35~37℃에서 18~24시간 배양(황색불투명 집락 확인)
③ 확인시험 : 35~37℃에서 18~24시간 배양
④ 혈청형시험 : 35~37℃에서 18~24시간 배양

🖐 황색포도상구균 검사(정성시험)
• 증균배양
 – 검체를 TSB배지에 접종하여 35~37℃에서 18~24시간 증균배양
• 분리배양
 – 증균배양액을 난황첨가 만니톨식염한천배지 또는 Baird-Parker 한천평판배지에 접종하여 35~37℃에서 18~24시간 배양
 – 황색불투명 집락을 나타내고 주변에 혼탁한 백색 환이 있는 집락
• 확인시험
 – 보통한천배지에 접종하여 35~37℃에서 18~24시간 배양

17 식품에 사용할 수 있는 표백제가 아닌 물질은?

① 차아황산나트륨(sodium hyposulfite)
② 안식향산나트륨(sodium benzoic acid)
③ 무수아황산(sulfur dioxide)
④ 메타중아황산칼륨(potassium metabisulfite)

💭 **표백제(6종)**
• 식품의 색을 제거하기 위해 사용되는 식품첨가물이다.
• 메타중아황산나트륨(sodium metabisulfite), 메타중아황산칼륨(potassium metabisulfite), 무수아황산(sulfur dioxide), 산성아황산나트륨(sodium bisulfite), 아황산나트륨(sodium sulfite), 차아황산나트륨(sodium hyposulfite) 등

18 합성수지제 식기를 60℃의 더운물로 처리해서 용출시험을 한 결과, 아세틸아세톤 시약에 의해 녹황색이 나타났을 때 추정할 수 있는 함유 물질은?

① methanol
② formaldehyde
③ Ag
④ phenol

💭 **포름알데히드 용출시험[식품공전]**
• 합성수지제 식기를 60℃로 가열한 침출용액을 가득 채워 시계접시로 덮고 60℃를 유지하면서 때때로 저어가며 30분간 방치한 액을 비커에 옮겨 시험용액으로 한다.
• 시험용액 5㎖를 시험관에 취하고 이에 아세틸아세톤시액 5㎖를 가하여 섞은 후 비등수욕 중에서 10분간 가열하고 식힌 다음 파장 425nm에서 흡광도를 측정한다.

19 식품의 점도를 증가시키고 교질상의 미각을 향상시키는 고분자의 천연물질 또는 그 유도체인 식품첨가물이 아닌 것은?

① methyl cellulose
② sodium carboxymethyl starch
③ sodium alginate
④ glycerin fatty acid ester

💭 **호료(증점제)**
• 식품의 점도를 증가시키는 식품첨가물이다.
• 알긴산 나트륨(sodium alginate), 알긴산 프로필렌글리콜(propylene glycol alginate), 메틸셀룰로오스(methyl cellulose), 카복시메틸셀룰로오스 나트륨(sodium carboxymethyl cellulose), 카복시메틸셀룰로오스 칼슘(calcium carboxymethyl cellulose), 카복시메틸스타치 나트륨(sodium carboxymethyl starch), 카제인(casein), 폴리아크릴산 나트륨(sodium polyacrylate) 등 49품목이다.

20 돼지를 중간 숙주로 하며 인체 유구낭충증을 유발하는 기생충은?

① 간디스토마
② 긴촌충
③ 민촌충
④ 갈고리촌충

💭 **유구조충(*Taenia solium*)**
• 돼지고기를 생식하는 민족에 많으며 갈고리촌충이라고도 한다.
• 감염경로
  – 분변과 함께 배출된 충란이 중간 숙주인 돼지, 사람, 기타 포유동물에 섭취되어 소장에서 부화되어 근육으로 이행한 후 유구낭충이 된다.
  – 사람이 돼지고기를 섭취하면 감염되며, 소장에서 성충이 된다.
  – 충란으로 오염된 음식물 직접 환자의 손을 통해 섭취하여 감염된다.
• 예방 : 돼지고기 생식, 불완전 가열한 것의 섭취를 금한다.
• 증상 : 성충이 기생하면 오심, 구토, 설사, 소화장애, 낭충이 뇌에 기생하면 뇌증을 일으킨다.

2 과목 식품화학

21 다음 식품 중 가소성 유체가 아닌 것은?

① 토마토케첩
② 마요네즈
③ 마가린
④ 액상커피

💭 **가소성 유체(plastic fluid)**
• 가소성의 유동성을 나타내는 유체 또는 반고체는 일정한 크기의 전단력이 작용할 때까지 변형이 일어나지 않으나 그 이상의 전단력이 작용하면 뉴턴 유체와 같은 직선관계를 나타낸다.
• 밀가루 반죽과 같은 것, 토마토케첩, 마요네즈, 마가린, whipped cream, whipped egg white, 토핑 등이 있다.

22 펙트산(pectic acid)의 단위 물질은?

① galactose

② galacturinic acid

③ mannose

④ mannuroinc acid

🍎 **펙트산(pectic acid)**
- 100~800개 정도의 α-D-galacturonic acid 가 α-1, 4 결합에 의하여 결합된 중합체이다.
- 분자 속의 carboxyl기에 methyl ester가 전혀 존재하지 않는 polygalacturonic acid이다.
- 비수용성의 물질이다.

23 유기산의 이름이 잘못 짝지어진 것은?

① 호박산 : isoamylic acid

② 사과산 : malic acid

③ 주석산 : tartaric acid

④ 구연산 : citric acid

🍎 **유기산의 이름**
- 호박산 : succinic acid
- 사과산 : malic acid
- 주석산 : tartaric acid
- 구연산 : citric acid
- 젖산 : lactic acid
- 초산 : acetic acid

24 난백의 가장 주된 단백질은?

① 라이소자임(lysozyme)

② 콘알부민(conalbumin)

③ 오브알부민(ovalbumin)

④ 오보뮤코이드(ovomucoid)

🍎 **오브알부민(ovalbumin)**
- 난백단백질의 약 54%를 차지하고 있는 단백질로서 가열에 의해서 난백이 변성 응고할 때의 주 역할을 한다.
- *콘알부민(conalbumin)은 난백단백질의 12~13%, 오보뮤코이드(ovomucoid)는 11%, 라이소자임(lysozyme)은 3.5%를 차지한다.

25 찻잎을 발효시키면 어떤 작용에 의해 theaflavin이 생성되는가?

① polyphenol oxidase 효소 작용

② glucose oxidase 효소 작용

③ 마이야르(maillard) 반응

④ 아스타크산틴(astaxanthin) 생성 반응

🍎 **식품의 가공 중 변색**
- 녹차를 발효시키면 polyphenol oxidase에 의해 theaflavin이라는 적색색소가 형성된다.
- 감자를 깎았을 때 갈변은 주로 tyrosinase에 의한 변화이다.
- 새우와 게를 가열하면 아스타크산틴(astaxanthin)이 아스타신(astacin)으로 변화되어 붉은색을 나타낸다.

26 쌀을 도정함에 따라 그 비율이 높아지는 성분은?

① 오리제닌(oryzenin) ② 전분

③ 티아민(thiamin) ④ 칼슘

🍎 **도정률이 높아짐에 따라**
- 지방, 섬유소, 회분, 비타민 등의 영양소는 손실이 커지고 탄수화물 양이 증가한다.
- 총열량이 증가하고 밥맛, 소화율도 향상된다.

27 콩을 분쇄하는 동안 콩 비린내를 생성하게 하는 효소는?

① 폴리페놀옥시다아제(polyphenol oxidase)

② 리폭시게나아제(lipoxygenase)

③ 해미셀룰라아제(hemicellulase)

④ 헤스페리디나아제(hesperidinase)

🍎 **리폭시게나제(lipoxygenase)**
- 콩의 비린내 원인 물질로서 리놀산과 리놀렌산 같은 긴 사슬의 불포화지방산 산화 과정에 관여함으로써 유발되는 것으로 알려져 있다.

28 산화 안정성이 가장 낮은 지방산은?

① arachidonic acid

② linoleic acid

③ stearic acid

④ palmitic acid

🍎 **유지의 산패**
- 유지분자 중 2중 결합이 많으면 활성화되는 methylene기($-CH_2$)의 수가 증가하므로 자동산화속도는 빨라진다.
- 2중 결합이 가장 많은 arachidonic acid가 가장 산패가 빠르다.
- arachidonic acid($C_{20:4}$), linoleic acid($C_{18:2}$), stearic acid($C_{18:0}$), palmitic acid($C_{16:0}$)

29 유화제는 한 분자 내에 친수성기와 소수성기를 같이 지니고 있다. 다음 중 상대적으로 소수성이 큰 것은?

① −COOH   ② −NH₂
③ −CH₃   ④ −OH

🐾 **유화제 분자내의 친수기와 소수기**
· 극성기(친수성기) : −OH, −COOH, −CHO, −NH₂
· 비극성기(소수성기) : −CH₃와 같은 alkyl기
  (R=CₙH₂ₙ₊₁)
* 물과 친화력이 강한 콜로이드에는 −OH, −COOH 등의 원자단이 있다.

30 클로로필(chlorophyll)을 알칼리로 처리하였더니 피톨(phytol)이 유리되고 용액의 색깔이 청록색으로 변했다. 다음 중 어느 것이 형성된 것인가?

① pheophytin
② pheophorbide
③ chlorophyllide
④ chlorophylline

🐾 **클로로필은 알칼리의 존재하에서 가열하면**
· 먼저 phytyl ester 결합이 가수분해되어 선명한 녹색의 chlorophyllide가 형성된다.
· 다시 methyl ester 결합이 가수분해 되어 진한 녹색의 수용성인 chlorophylline을 형성한다.

31 어류가 변질되면서 생성되는 불쾌취를 유발하는 물질이 아닌 것은?

① 트리메틸아민(trimethylamine)
② 카다베린(cadaverine)
③ 피페리딘(piperidine)
④ 옥사졸린(oxazoline)

🐾 **어류의 비린내 성분**
· 선도가 떨어진 어류에서는 트리메틸아민(trimethylamine), 암모니아(ammonia), 피페리딘(piperidine), δ−아미노바레르산(δ−aminovaleric acid) 등의 휘발성 아민류에 의해서 어류 특유의 비린내가 난다.
· piperidine는 담수어 비린내의 원류로서 아미노산인 lysine에서 cadaverine을 거쳐 생성된다.

32 식품 가공에서 요구되는 단백질의 기능성과 가장 거리가 먼 것은?

① 호화   ② 유화
③ 젤화   ④ 기포생성

🐾 **단백질의 기능성**
· 용해도, 수분흡수력, 유지흡수력, 유화성, 기포성, 젤형성력, 응고성, 점성 등으로 분류한다.
· 이런 특성으로 인하여 단백질 식품이 다양한 식품 가공에 사용되고 있다.

33 탄수화물 급원식품이 120℃ 이상 고온에서 튀기거나 구워질 때 생성되며, 아래와 같은 구조를 가진 발암가능 물질은?

① 아크릴아마이드(acrylamide)
② 니트로소 화합물(N−nitroso compound)
③ 이환 방향족 아민(heterocyclic amine)
④ 에틸카바메이트(ethylcarbamate)

🐾 **아크릴아마이드(acrylamide)**
· 무색의 투명 결정체이다.
· 감자, 쌀 그리고 시리얼 같은 탄수화물이 풍부한 식품을 제조, 조리하는 과정에서 자연적으로 생성되는 발암 가능 물질로 알려져 있다.
· 아크릴아마이드의 생성 과정은 정확히 밝혀지지 않았으나 자연 아미노산인 asparagine이 포도당 같은 당분과 함께 가열되면서 아크릴아마이드가 생성되는 것으로 추정되고 있다.
· 120℃보다 낮은 온도에서 조리하거나 삶은 식품에서는 아크릴아마이드가 거의 검출되지 않는다.
· 일반적으로 감자, 곡류 등 탄수화물 함량이 많고 단백질 함량이 적은 식물성 원료를 120℃ 이상으로 조리 혹은 가공한 식품이 다른 식품군에 비해 아크릴아마이드 함량이 높다.

34 식품 내 수분의 증기압(P)과 같은 온도에서의 순수한 물의 수증기압(Po)으로부터 수분활성도를 구하는 식은?

① P − Po   ② P × Po
③ P ÷ Po   ④ Po − P

- 어떤 임의의 온도에서 식품이 나타내는 수증기압 (Ps)에 대한 그 온도에 있어서의 순수한 물의 최대 수증기압(Po)의 비로써 정의한다.
- $Aw = \dfrac{P_S}{P_O} = \dfrac{N_w}{N_w+N_S}$

  P_S : 식품 속의 수증기압

  P_O : 동일온도에서의 순수한 물의 수증기압

  N_w : 물의 몰(mole)수

  N_S : 용질의 몰(mole)수

35 아래의 두 성질을 각각 무엇이라 하는가?

> A : 잘 만들어진 청국장은 실타래처럼 실을 빼는 것과 같은 성질을 가지고 있다.
>
> B : 국수반죽은 긴 끈 모양으로 늘어나는 성질을 갖고 있다.

① A : 예사성, B : 신전성
② A : 신전성, B : 소성
③ A : 예사성, B : 소성
④ A : 신전성, B : 탄성

🍎 식품의 리올로지(rheology)
- 청국장, 납두 등에서와 같이 실처럼 물질이 따라오는 성질을 예사성(spinability)이라 한다.
- 국수반죽과 같이 대체로 고체를 이루고 있으며 막대기 모양 또는 긴 끈 모양으로 늘어나는 성질을 신전성(extesibility)이라 한다.
- 젤리, 밀가루 반죽처럼 외부의 힘에 의해 변형된 물체가 외부의 힘이 제거되면 본 상태로 돌아가는 현상을 탄성(elasticity)이라 한다.
- 외부에서 힘의 작용을 받아 변형이 되었을 때 힘을 제거하여도 원상태로 되돌아가지 않는 성질을 소성(plasticity)이라 한다.

36 전분의 호정화에 대한 설명으로 옳은 것은?

① α-전분을 상온에 방치할 때 β-전분으로 되돌아가는 현상
② 전분에 묽은 산을 넣고 가열하였을 때 가수분해 되는 현상
③ 160~170℃에서 건열로 가열하였을 때 전분이 분해되는 현상
④ 전분에 물을 넣고 가열하였을 때 점도가 큰 콜로이드 용액이 되는 현상

🍎 전분의 호정화(dextrinization)
- 전분에 물을 가하지 않고 160~180℃ 이상으로 가열하면 열분해되어 가용성 전분을 거쳐 호정(dextrin)으로 변화하는 현상을 말한다.
- 토스트, 비스킷, 미숫가루, 팽화식품(puffed food) 등은 호정화된 식품이다.

37 식품의 산성 및 알칼리성에 대한 설명 중 틀린 것은?

① 알칼리생성 원소와 산생성 원소 중 어느 쪽의 성질이 큰가에 따라 알칼리성 식품과 산성식품으로 나뉜다.
② 식품이 체내에서 소화 및 흡수되어 Na, K, Ca, Mg 등의 원소가 P, S, Cl, I 등의 원소보다 많은 경우를 생리적 산성식품이라 한다.
③ 산성식품을 너무 지나치게 섭취하면 혈액은 산성 쪽으로 기울어 버린다.
④ 대표적인 생리적 알칼리성 식품은 과실류, 해조류 및 감자류이다.

🍎 식품의 산성 및 알칼리성
- 알칼리성 식품 : Ca, Mg, Na, K 등의 원소를 많이 함유한 식품. 과실류, 야채류, 해조류, 감자, 당근 등
- 산성 식품 : P, Cl, S, I 등 원소를 함유하고 있는 식품. 고기류, 곡류, 달걀, 콩류 등

38 아래의 질문지는 어떤 관능검사 방법에 해당하는가?

> - 이름 :   • 성별 :   • 나이 :
>
> R로 표시된 기준시료와 함께 두 시료(시료 352, 시료647)가 있습니다. 먼저 R시료를 맛본 후 나머지 두 시료를 평가하여 R과 같은 시료를 선택하여 그 시료에 (V)표 하여 주십시오.
>
> 시료352 (   )   시료647 (   )

① 단순 차이 검사
② 일-이점 검사
③ 삼점 검사
④ 이점 비교 검사

🍎 관능검사
- 단순 차이 검사 : 두 개의 검사물들 간에 차이 유무를 결정하기 위한 방법으로 동일 검사물의 짝과 이질 검사물의 짝을 제시한 후 두 시료 간에 같은지 다른지를 평가하게 하는 방법이다.

- 일-이점 검사 : 기준 시료를 제시해주고 두 검사물 중에서 기준 시료와 동일한 것을 선택하도록 하는 방법으로 이는 기준시료와 동일한 검사물만 다시 맛보기 때문에 삼점 검사에 비해 시간이 절약될 뿐만 아니라 둔화 현상도 어느 정도 방지할 수 있다. 따라서 검사물의 향미나 뒷맛이 강할 때 많이 사용되는 방법이다.
- 삼점 검사 : 종합적 차이 검사에서 가장 많이 쓰이는 방법으로 두 검사물은 같고 한 검사물은 다른 세 개의 검사물을 제시하여 어느 것이 다른지를 선택하도록 하는 방법이다.
- 이점 비교 검사 : 두 개의 검사물을 제시하고 단맛, 경도, 윤기 등 주어진 특성에 대해 어떤 검사물의 강도가 더 큰지를 선택하도록 하는 방법으로 가장 간단하고 많이 사용되는 방법이다.

39 케톤기를 가지는 탄수화물은?

① mannose ② galactose
③ ribose ④ fructose

👅 **과당(fructose fruit sugar : Fru)**
- ketone기($-C=O-$)를 가지는 ketose이다.
- 천연산의 것은 D형이며 좌선성이다.

40 관능검사에 대한 설명 중 틀린 것은?

① 관능검사는 식품의 특성이 시각, 후각, 미각, 촉각 및 청각으로 감지되는 반응을 측정, 분석, 해석한다.
② 관능검사 패널의 종류는 차이식별 패널, 특성묘사 패널, 기호조사 패널 등으로 나뉜다.
③ 특성묘사 패널은 재현성 있는 측정 결과를 발생시키도록 적절히 훈련되어야 한다.
④ 보통 특성묘사 패널의 수가 가장 많고 기호조사 패널의 수가 가장 적게 필요하다.

👅 **관능검사 패널**
- 차이식별 패널
  - 원료 및 제품의 품질 검사, 저장 시험, 원가 절감 또는 공정 개선 시험에서 제품 간의 품질 차이를 평가하는 패널이다.
  - 보통 10~20명으로 구성되어 있고 훈련된 패널이다.
- 특성묘사 패널
  - 신제품 개발 또는 기존 제품의 품질 개선을 위하여 제품의 특성을 묘사하는 데 사용되는 패널이다.
  - 보통 고도의 훈련과 전문성을 겸비한 요원 6~12명으로 구성되어 있다.
- 기호조사 패널
  - 소비자의 기호도 조사에 사용되며, 제품에 관한 전문적 지식이나 관능검사에 대한 훈련이 없는 다수의 요원으로 구성된다.
  - 조사 크기 면에서 대형에서는 200~20,000명, 중형에서는 40~200명을 상대로 조사한다.
- 전문 패널
  - 경험을 통해 기억된 기준으로 각각의 특성을 평가하는 질적검사를 하며, 제조 과정 및 최종 제품의 품질 차이를 평가, 최종 품질의 적절성을 판정한다.
  - 포도주 감정사, 유제품 전문가, 커피 전문가 등

3 과목 **식품가공학**

41 면류의 가공에 대한 설명으로 틀린 것은?

① 곡분 또는 전분 등을 주원료로 한다.
② 당면은 전분 80% 이상을 주원료로 제조하여야 한다.
③ 생면은 성형 후 바로 포장한 것이나 표면만 건조시킨 것이다.
④ 유탕면은 생면을 주정 처리 후 건조하여 건면으로 제조한 것이다.

👅 **유탕면**
- 생면을 기름(팜유나 대두유)에 튀겨 제조한 것이다.

42 유지의 구분 중 나머지 셋과 다른 하나는?

① 올리브유 ② 팜유
③ 동백유 ④ 낙화생유

👅 **식용유의 분류**
㉠ 액체기름
- 식물성 기름
  - 건성유 : 아마인유, 호두기름, 송진유, 동유, 홍화유, 들기름 등
  - 반건성유 : 채유, 참기름, 미강유, 옥수수기름, 면실유 등
  - 불건성유 : 낙화생유, 올리브유, 피마자유, 동백유 등
- 동물성 기름
  - 해산동물유 : 해수유, 고래기름 등
  - 어유 : 정어리기름, 청어기름 등
  - 간유 : 대구 간유, 상어간유 등
㉡ 고체지방
- 식물성 지방 : 팜유, 야자유 등
- 동물성 지방 : 우지, 돈지, 양지 등
- 가공지방 : 마가린, 쇼트닝 등

43 25℃의 공기(밀도 1.149kg/m³)를 80℃로 가열하여 10m³/s의 속도로 건조기 내로 송입하고자 할 때 소요 열량은?(단, 공기의 비열은 25℃에서는 1.0048KJ/Kg·K, 80℃에서는 1.0090KJ/Kg·K이다.)

① 636kW   ② 393kW
③ 318kW   ④ 954kW

🍎 **소요 열량**
• 열량=질량×비열×온도차
  $=1.149kg/m^3 \times 10 \times (1.0048+1.009)/2 \times 55$
  $=1.149 \times 10 \times 1.0069 \times 55 = 636.3kW$

44 전분입자를 분리하는 방법이 아닌 것은?

① 탱크 침전식   ② 테이블 침전식
③ 원심 분리식   ④ 진공 농축식

🍎 **전분 분리법**
• 전분유에는 전분, 미세 섬유, 단백질 및 그 밖의 협잡물이 들어 있으므로 비중 차이를 이용하여 불순물을 분리 제거한다.
• 분리법에는 탱크 침전법, 테이블법 및 원심 분리법이 있다.
  – 침전법 : 전분의 비중을 이용한 자연 침전법으로 분리된 전분유를 침전 탱크에서 8~12시간 정치하여 전분을 침전시킨 다음 배수하고 전분을 분리하는 방법이다.
  – 테이블법(tabling) : 입자 자체의 침강을 이용한 방법으로 탱크 침전법과 같으나 탱크 대신 테이블을 이용한 것이 다르다. 전분유를 테이블(1/1200~1/500되는 경사면)에 흘려 넣으면 가장 윗부분에 모래와 큰 전분 입자가 침전하고 중간부에 비교적 순수한 전분이 침전하며 끝에 가서 고운 전분 입자와 섬유가 침전하게 된다.
  – 원심 분리법 : 원심 분리기를 사용하여 분리하는 방법으로 순간적으로 전분 입자와 즙액을 분리할 수 있어 전분 입자와 불순물의 접촉 시간이 가장 짧아 매우 이상적이다.

45 정미기의 도정작용에 대한 설명으로 틀린 것은?

① 마찰식은 마찰과 찰리 작용에 의한다.
② 마찰식은 주로 정맥과 주조미 도정에 쓰인다.
③ 통풍식은 마찰식 정미기의 변형으로 백미도정에 널리 쓰인다.

④ 연삭식의 도정원리는 롤(roll)의 연삭, 충격 작용에 의한다.

🍎 **정미기의 도정작용**
• 마찰식은 추의 저항으로 쌀이 서로 마찰과 찰리 작용을 일으켜 도정이 된다. 현재 식용 정백미 도정에 쓰인다.
• 통풍식은 횡형원통마찰식 정미기의 변형으로 된 압력계 정미기이다. 현재 식용 백미 도정에 널리 쓰인다.
• 연삭식은 롤(roll)의 연삭, 충격작용에 의하여 도정이 된다. 연삭식은 수형식과 횡형식이 있는데 주로 식용미는 횡형식을 사용하나 주조미는 수형식을 사용한다. 연삭식은 도정력이 크고 쇄미가 적어 정미, 정맥은 물론 모든 도정에 사용할 수 있으므로 만능 도정기라고도 한다.

46 소시지 가공에 사용되는 기계 장치는?

① 사일런트 커터(silent cutter)
② 해머밀(hammer mill)
③ 프리저(freezer)
④ 볼밀(ball mill)

🍎 **사일런트 커터(silent cutter)**
• 소시지(sausage) 가공에서 일단 만육된 고기를 더욱 곱게 갈아서 고기의 유화 결착력을 높이는 기계
• 첨가물을 혼합하거나 이기기(kneading) 등 육제품 제조에 꼭 필요하다.

47 유지의 정제 방법이 아닌 것은?

① 탈산   ② 탈염
③ 탈색   ④ 탈취

🍎 **유지의 정제**
• 채취한 원유에는 껌, 단백질, 점질물, 지방산, 색소, 섬유질, 탄닌, 납질물 그리고 물이 들어 있다.
• 이들 불순물을 제거하는데 물리적 방법인 정치, 여과, 원심분리, 가열, 탈검처리와 화학적 방법인 탈산, 탈색, 탈취, 탈납 공정 등이 병용된다.
  – 알칼리정제(alkali refining) : 수산화나트륨 용액으로 유리지방산을 중화 제거하는 방법. 이 방법은 유리지방산뿐만 아니라 생성된 비누분과 함께 껍질, 색소 등도 흡착 제거된다.
  – 저온처리(탈납, winterization) : salad oil 제조 시에만 하는 것으로 탈취하기 전에 저온 처리하여 고체지방을 제거하는 공정
  – 탈검(degumming) : 불순물인 인지질(lecithin) 같은 고무질을 주로 제거하는 조작. 더운물 또는 수증기를 넣으면 이들 물질이 기름에 녹지 않게 되므로 정치법 또는 원심분리법을 사용하여 분리할 수 있다.
• 유지의 정제공정 : 원유 → 정치 → 여과 → 탈검 → 탈산 → 탈색 → 탈취 → 탈납(윈터화) 순이다.

48 통조림 내에서 가장 늦게 가열되는 부분으로 가열살균 공정에서 오염 미생물이 확실히 살균되었는가를 평가하는 데 이용되는 것은?

① 온점   ② 냉점

③ 비점   ④ 정점

🍳 **냉점(cold point)**
- 포장 식품에 열을 가했을 때 그 내부에는 대류나 전도열이 가장 늦게 미치는 부분을 말한다.
- 액상의 대류가열 식품은 용기 아래쪽 수직 축상에 그 냉점이 있고, 잼 같은 반고형 식품은 전도·가열되어 수직 축상 용기의 중심점 근처에 냉점이 있다.
- 육류, 생선, 잼은 전도·가열되고 액상은 대류와 전도가열에 의한다.

49 수확된 농산물의 저장 중 호흡작용에 대한 설명으로 틀린 것은?

① 일반적으로 농산물의 호흡열을 제거하여 온도 상승을 억제하는 것이 저장에 유리하다.

② 수확되기 전보다는 약하지만 살아있는 한 호흡작용을 계속 한다.

③ 일반적으로 곡류가 채소류보다 호흡작용이 왕성하다.

④ 호흡작용에 의한 발열은 화학작용으로 당의 대사 과정을 통하여 방출된다.

🍳 **농산물의 저장 중 호흡작용**
- 수확된 농산물은 영양 보급이 끊어진 후에도 호흡작용은 계속하게 되며, 시간이 경과함에 따라 점차 약해진다.
- 일반적으로 곡류가 채소류보다 호흡작용이 약하다.
- 호흡작용은 온도, 습도, 공기 조성, 미생물, 빛, 바람과 같은 환경요인에 의해 좌우되며, 그중에서도 온도의 영향이 가장 크다.
- 표면적이 클수록 호흡량이 증가하고 중량과는 연관이 없다.

50 떫은 감의 탈삽 기작과 관계가 없는 것은?

① 가용성 탄닌(tannin)의 불용화

② 감세포의 분자간 호흡

③ 탄닌(tannin)물질의 제거

④ 아세트알데히드(acetaldehyde), 아세톤(acetone), 알코올(alcohol) 생성

🍳 **탈삽기작**
- 탄닌 물질이 없어지는 것이 아니고 탄닌 세포 중의 가용성 탄닌이 불용성으로 변화하게 되므로 떫은맛을 느끼지 않게 되는 것이다.
- 즉, 과실이 정상적으로 호흡할 때는 산소를 흡수하여 물과 이산화탄소가 되나 산소의 공급을 제한하여 정상적인 호흡 작용을 억제하면 분자간 호흡을 하게 되는데 이때 과실 중 아세트알데히드, 아세톤, 알코올 등이 생기며 이들 화합물이 탄닌과 중합하여 불용성이 되게 한다.

51 48%의 소금(질량%)을 함유한 수용액에서 수분활성도는(Aw)? (단, NaCl 분자량 58.5이다.)

① 0.75   ② 0.78

③ 0.82   ④ 0.90

🍳 **수분활성도**
- $Aw = \dfrac{N_w}{N_w + N_s}$

P_s : 식품 속의 수증기압
P_o : 동일온도에서의 순수한 물의 수증기압
N_w : 물의 몰(mole)수
N_s : 용질의 몰(mole)수

$$Aw = \dfrac{\dfrac{52}{18}}{\dfrac{52}{18} + \dfrac{48}{58.5}}$$

$$Aw = \dfrac{2.89}{2.89 + 0.82} = 0.78$$

52 cream separator로서 가장 적합한 원심분리기는?

① tubular bowl centrifuge

② solid bowl centrifuge

③ nozzle discharge centrifuge

④ disc bowl centrifuge

🍳 **원심분리법에 의한 크림 분리기(cream separator)**
- 원통형(tubular bowl type)과 원추판형(disc bowl type) 분리기가 있다.
- 원추판형(disc bowl type) 분리기가 많이 이용되고 있다.

53 건제품과 그 특성의 연결이 틀린 것은?

① 동건품 - 물에 담가 얼음과 함께 얼린 것

② 자건품 - 원료 어패류를 삶아서 말린 것

③ 염건품 - 식염에 절인 후 건조시킨 것

④ 소건품 - 원료 수산물을 날것 그대로 말린 것

🍎 **수산 건조식품**
- 자건품 : 수산물을 그대로 또는 소금을 넣고 삶은 후 건조한 것
- 배건품 : 수산물을 한 번 구워서 건조한 것
- 염건품 : 수산물에 소금을 넣고 건조한 것
- 동건품 : 수산물을 동결 · 융해하여 건조한 것
- 소건품 : 원료 수산물을 조미하지 않고 그대로 건조한 것

54 가당 연유의 예열 목적이 아닌 것은?

① 미생물 살균 및 효소 파괴를 위해

② 첨가한 설탕을 완전히 용해시키기 위해

③ 농축 시 가열면의 우유가 눌어붙는 것을 방지하여 증발이 신속히 되도록 하기 위해

④ 단백질에 적당한 열변성을 주어서 제품의 농후화를 촉진시키기 위해

🍎 **가당연유의 살균(preheating) 목적**
- 미생물과 효소 등을 살균, 실활시켜 제품의 보존성을 연장시키기 위해
- 첨가한 설탕을 완전히 용해시키기 위해
- 농축 시 가열면에 우유가 눌어붙는 것을 방지하여 증발이 신속히 되도록 하기 위해
- 단백질에 적당한 열변성을 주어서 제품의 농후화(age thickening)를 억제시키기 위해

55 분무건조법의 특징과 거리가 먼 것은?

① 열변성하기 쉬운 물질도 용이하게 건조 가능하다.

② 제품형상을 구형의 다공질 입자로 할 수 있다.

③ 연속으로 대량 처리가 가능하다.

④ 재료의 열을 빼앗아 승화시켜 건조한다.

🍎 **분무건조(spray drying)**

- 액체 식품을 분무기를 이용하여 미세한 입자로 분사하여 건조실 내에 열풍에 의해 순간적으로 수분을 증발하여 건조, 분말화시키는 것이다.
- 열풍 온도는 150~250℃이지만 액적이 받는 온도는 50℃ 내외에 불과하여 건조제품은 열에 의한 성분변화가 거의 없다.
- 열에 민감한 식품의 건조에 알맞고 연속 대량 생산에 적합하다.
- 우유는 물론 커피, 과즙, 향신료, 유지, 간장, 된장과 치즈의 건조 등 광범위하게 사용되고 있다.

56 멸치젓 제조 시 소금으로 절여 발효할 때 나타나는 현상이 아닌 것은?

① 과산화물가(peroxide value)가 증가한다.

② 가용성 질소가 증가한다.

③ 맛이 좋아진다.

④ 생균수가 15~20일 사이에 급격히 감소하다가 점차 증가한다.

🍎 **멸치젓을 소금으로 절여 발효하면**
- 산가, 과산화물가, 카보닐가(peroxide value), 가용성질소 등은 증가한다.
- pH는 발효 초기(15~20일) 약간 낮아(산성화)졌다가 이후 거의 변화가 없다.
- 미생물은 호염성 또는 호기적, 편성 혐기성균이며 생균수는 15~20일 사이에 급격히 증가하다가 점차로 감소한다.

57 콩 가공 과정에서 불활성화시켜야 하는 유해성분은?

① 글로블린(globulin)

② 레시틴(lecithin)

③ 트립신저해제(trypsin inhibitor)

④ 나이아신(niacin)

🍎 **콩의 영양을 저해하는 인자**
- 트립신 저해제(trypsin inhibitor), 적혈구응고제(hemagglutinin), 리폭시게나제(lipoxygenase), Phytate(inositol hexaphosphate), 라피노스(raffinose), 스타키오스(stachyose)등이다.

58 우유의 초고온순간처리법(UHT)으로서 가장 알맞는 조건은?

① 121℃에서 0.5~4초 가열
② 121℃에서 5~9초 가열
③ 130~150℃에서 0.5~5초 가열
④ 130~150℃에서 4~9분 가열

👩‍🍳 **우유의 살균법**
- 저온장시간살균법(LTLT) : 62~65℃에서 20~30분
- 고온단시간살균법(HTST) : 71~75℃에서 15~16초
- 초고온순간살균법(UHT) : 130~150℃에서 0.5~5초

59 사후강직 전의 근육을 동결시킨 뒤 저장하였다가 짧은 시간에 해동시킬 때 많은 양의 drip을 발생시키며 강하게 수축되는 현상은?

① 자기분해　　② 해동강직
③ 숙성　　　　④ 자동산화

👩‍🍳 **해동강직(thaw rigor)**
- 사후강직 전의 근육을 동결시킨 뒤 저장하였다가 짧은 시간에 해동시킬 때 발생하는 강한 수축 현상을 말한다.
- 최대 경직기에 도달하지 않았을 때 동결한 근육은 해동함에 따라 남아있던 글리코겐과 ATP의 소비가 다시 활발해져서 최대경직에 이르게 된다.
- 해동 시 경직에 도달하는 속도가 훨씬 빠르고 수축도 심하여 경도도 높고 다량의 드립을 발생한다.
- 이것을 피하기 위해서는 최대 경직기 후에 동결하면 된다.
- 저온 단축과 마찬가지로 ATP 존재 하에 수축이라는 점에서 동결에 의한 미토콘드리아와 근소포체의 기능 저하에 따른 유리 Ca^{++}의 증대에 기인된다.

60 콩단백질의 특성에 대한 설명으로 틀린 것은?

① 콩 단백질은 묽은 염류용액에 용해된다.
② 콩을 수침하여 물과 함께 마쇄하면, 인산칼륨 용액에 콩 단백질이 용출된다.
③ 콩 단백질은 90%가 염류용액에 추출되며, 이 중 80% 이상이 glycinin이다.
④ 콩 단백질의 주성분인 glycinin은 양(+)전하를 띠고 있다.

👩‍🍳 **콩 단백질의 특성**
- 콩 단백질의 주성분은 음전하를 띠는 glycinin이다.
- 콩 단백질은 묽은 염류용액에 용해된다.
- 콩을 수침하여 물과 함께 마쇄하면, 인산칼륨 용액에 의해 glycinin이 용출된다.
- 두부는 콩 단백질인 glycinin을 70℃ 이상으로 가열하고 $MgCl_2$, $CaCl_2$, $CaSO_4$ 등의 응고제를 첨가하면 glycinin(음이온)은 Mg^{++}, Ca^{++} 등의 금속이온에 의해 변성(열, 염류) 응고하여 침전된다.

4 과목　식품미생물학

61 생육온도에 따른 미생물 분류 시 대부분의 곰팡이, 효모 및 병원균이 속하는 것은?

① 저온균　　　② 중온균
③ 고온균　　　④ 호열균

👩‍🍳 **증식온도에 따른 미생물의 분류**

종류	최저온도 (℃)	최적온도 (℃)	최고온도 (℃)	예
저온균 (호냉균)	0~10	12~18	25~35	발광세균, 일부 부패균
중온균 (호온균)	0~15	25~37	35~45	대부분 세균, 곰팡이, 효모, 초산균, 병원균
고온균 (호열균)	25~45	50~60	70~80	황세균, 퇴비세균, 유산균

62 곰팡이 포자 중 유성포자는?

① 분생포자
② 포자낭포자
③ 담자포자
④ 후막포자

👩‍🍳 **곰팡이 포자**
- 유성포자 : 두 개의 세포핵이 융합한 후 감수분열하여 증식하는 포자
  - 난포자, 접합포자, 담자포자, 자낭포자 등이 있다.
- 무성포자 : 세포핵의 융합이 없이 단지 분열 또는 출아증식 등 무성적으로 생긴 포자
  - 포자낭포자(내생포자), 분생포자, 후막포자, 분열포자 등이 있다.

63 편모에 관한 설명 중 틀린 것은?

① 주로 구균이나 나선균에 존재하며 간균에는 거의 없다.

② 세균의 운동기관이다.

③ 위치에 따라 극모와 주모로 구분된다.

④ 그람염색법에 의해 염색되지 않는다.

👉 **편모(flagella)**
- 세균의 운동기관이다.
- 편모는 위치에 따라 극모와 주모로 대별한다.
- 극모는 단모, 속모, 양모로 나뉜다.
- 주로 간균이나 나선균에만 존재하며 구균에는 거의 없다.
- 편모의 유무, 수, 위치는 세균의 분류학상 중요한 기준이 된다.

64 미생물의 성장곡선에서 세포분열이 급속하게 진행되어 최대의 성장 속도를 보이는 시기는?

① 유도기   ② 대수기

③ 정체기   ④ 사멸기

👉 **대수기(증식기, logarithimic phase)**
- 세포는 급격히 증식을 시작하여 세포 분열이 활발하게 되고, 세대시간도 가장 짧고, 균수는 대수적으로 증가한다.
- 대사물질이 세포질 합성에 가장 잘 이용되는 시기이다.
- RNA는 일정하고, DNA가 증가하고, 세포의 생리적 활성이 가장 강하고 예민한 시기이다.
- 이때의 증식 속도는 환경(영양, 온도, pH, 산소 등)에 따라 결정된다.

65 다음 중 균사에 격막을 갖지 않는 균은?

① *Aspergillus niger*

② *Pnicillum notatum*

③ *Mucor hiemalis*

④ *Aspergillus sojae*

👉 **진균류(Eumycetes)**
- 격벽의 유무에 따라 조상균류와 순정균류로 분류
- 조상균류 : 균사에 격벽(격막)이 없다.
  - 호상균류 : 곰팡이
  - 난균류 : 곰팡이
  - 접합균류 : 곰팡이(*Mucor* 속, *Rhizopus* 속, *Absidia* 속)
- 순정균류 : 균사에 격벽이 있다.
  - 자낭균류 : 곰팡이(*Monascus* 속, *Neurospora* 속), 효모

- 담자균류 : 버섯, 효모
- 불완전균류 : 곰팡이(*Aspergillus* 속, *Penicillium* 속, *Trichoderma* 속), 효모

66 발효에 관여하는 미생물에 대한 설명 중 틀린 것은?

① 글루타민산 발효에 관여하는 미생물은 주로 세균이다.

② 당질은 원료로 한 구연산 발효에는 주로 곰팡이를 이용한다.

③ 항생물질 스트렙토마이신(streptomycin)의 발효 생산은 주로 곰팡이를 이용한다.

④ 초산 발효에 관여하는 미생물은 주로 세균이다.

👉 **스트렙토마이신(streptomycin)**
- 당을 전구체로 하는 대표적인 항생물질이다.
- 생합성은 방선균인 *Streptomyces griseus*에 의해 D-glucose로부터 중간체로서 myoinositol을 거쳐 생합성된다.

67 식품으로부터 곰팡이를 분리하여 맥아즙 한천(Malt agar)배지에서 배양하면서 관찰하였다. 균총의 색은 배양시간이 경과함에 따라 백색에서 점차 청록색으로 변화하였으며, 현미경 시야에서 격벽이 있는 분생자병, 정낭 구조가 없는 빗자루 모양의 분생자두, 구형의 분생자를 관찰할 수 있었다. 이상의 결과로부터 추정할 수 있는 이 곰팡이의 속명은?

① *Aspergillus*속   ② *Mucor*속

③ *Penicillium*속   ④ *Trichoderma*속

👉 **Penicillium속의 특징**
- 항생물질인 penicillin의 생산과 cheese 숙성에 관여하는 유용균이 많으나 빵, 떡, 과일 등을 변패시키는 종류도 많다.
- *Aspergillus*와 달리 병족세포와 정낭을 만들지 않고, 균사가 직립하여 분생자병을 발달시켜 분생포자를 만든다.
- 포자의 색은 청색 또는 청녹색이므로 푸른곰팡이라고 한다.

68 비타민 B$_{12}$를 생육인자로 요구하는 비타민 B$_{12}$의 미생물적인 정량법에 이용되는 균주는?

① *Staphylococcus aureus*

② *Bacillus cereus*

③ *Lactobacillus leichmanii*

④ *Escherichia coli*

🍳 **영양요구성 미생물**
- 일반적으로 세균, 곰팡이, 효모의 많은 것들은 비타민 류의 합성 능력을 가지고 있으므로 합성배지에 비타민 류를 주지 않아도 생육하나 영양요구성이 강한 유산균 류는 비타민 B군을 주지 않으면 생육하지 않는다.
- 유산균이 요구하는 비타민류

비타민류	요구하는 미생물(유산균)
biotin	*Leuconostoc mesenteroides*
vitamin B$_{12}$	*Lactobacillus leichmanii* *Lactobacillus lactis*
folic acid	*Lactobacillus casei*
vitamin B$_1$	*Lactobacillus fermentii*
vitamin B$_2$	*Lactobacillus casei* *Lactobacillus lactis*
vitamin B$_6$	*Lactobacillus casei* *Streptococcus faecalis*

69 청량음료에서 곰팡이 발생의 원인으로 옳지 않은 것은?

① 탄산가스 농도 과다

② 보존 중 병의 불량

③ 타전 불량

④ 핀 홀(pin hole) 형성

🍳 **탄산음료의 미생물 변패**
- 탄산음료는 탄산가스에 의하여 미생물의 생육은 억 제되거나 살균된다.
- 이는 탄산가스에 의한 혐기적 환경과 pH 저하로 미 생물 생육환경에 알맞지 않기 때문이다.

70 산업적인 글루탐산 생성균으로 가장 적합한 것은?

① *Corynebacterium glutamicum*

② *Lactobacillus plantarum*

③ *Mucor rouxii*

④ *Pediococcus halophilus*

🍳 **glutamic acid 발효에 사용되는 생산균**
- *Corynebacterium glutamicum*을 비롯하 여 *Brev. flavum*, *Brev. lactofermentum*, *Microb. ammoniaphilum*, *Brev. thiogentalis* 등이 알려져 있다.

71 분열에 의해서 증식하는 효모는?

① *Saccharomyces*속

② *Candida*속

③ *Torulaspora*속

④ *Schizosaccharomyces*속

🍳 **효모의 증식**
- 대부분의 효모는 출아법(budding)으로서 증식하 고 출아 방법은 다극출아와 양극출아 방법이 있다.
- 종에 따라서는 분열, 포자 형성 등으로 생육하기도 한다.
- 효모의 유성포자에는 동태접합과 이태접합이 있고, 효모의 무성포자는 단위생식, 위접합, 사출포자, 분 절포자 등이 있다.
  - *Saccharomyces*속, *Hansenula*속, *Candida*속, *Kloeckera*속, *Torulaspora*속 등은 출아법에 의해서 증식
  - *Schizosaccharomyces*속은 분열법으로 증식

72 내생포자의 특징이 아닌 것은?

① 대사반응을 수행하지 않음

② 고온, 소독제 등에서 생존이 가능

③ 1개의 세포에서 2개의 포자 형성

④ 일부 그람 양성균이 형성하는 특별한 휴면세포

🍳 **세균의 포자(spore)**
- 영양 조건이 변화하여 생육조건이 악화되면 세포 내 에 포자를 형성한다.
- 포자는 무성적으로 이루어지며 보편적으로 1개의 세균 안에 1개의 포자를 형성한다.
- 포자는 몇 층의 외피를 가진 복잡한 구조로 되어 있 어서 내열성일 뿐만 아니라 내구기관으로서의 특징 을 가진다.
- 포자 내의 수분 함량은 대단히 적고 대부분의 수분 은 결합수로 되어 있어서 내건조성을 나타낸다.
- 포자 형성균으로는 그람 양성균인 호기성의 *Bacillus*속과 혐기성의 *Clostridium*속에 한정되어 있다.

73 바이로이드(viroid)의 설명으로 틀린 것은?

① 바이로이드는 작은 구형의 한 가닥 RNA로서 알려진 감염체 중에 가장 작다.

② 외피 단백질이 없고 그 세포 외 형태는 순수한 RNA이다

③ 바이로이드는 그 복제가 전적으로 숙주의 기능에 의존한다.

④ 단백질을 암호화하는 유전자를 가지고 있다.

🐾 **바이로이드 병원체 특성**

- 핵산(RNA)으로만 구성되어 있고, 핵산과 단백질로 구성된 바이러스와 비슷한 전염 특성을 갖고 있다.
- 바이로이드는 크기가 작고 분자량이 바이러스보다 더욱 작으며 식물세포를 감염할 수 있는 리보핵산(RNA)으로 스스로 복제하고 병을 일으킬 수 있다.
- RNA의 분자량이 바이로이드는 110,000~130,000인데 비하여 바이러스는 1,000,000~10,000,000이다.
- 바이러스의 RNA는 단백질 껍데기에 들어있는데 비해 바이로이드의 RNA는 껍데기가 없이 노출된 상태로 존재한다.
- 바이로이드 RNA는 약 250~400개의 뉴클레오타이드로 만들어진 크기가 작은 핵산이며, 따라서 이 핵산은 바이로이드가 복제하는 데 필요한 복제효소 가운데 단 하나도 만들 수 없을 정도로 적은 정보만을 가지고 있다.
- 바이로이드는 핵단백질이 아닌 노출된 RNA로 존재하므로 분리, 순화에 있어 어려움이 크며 전자 현미경으로 병원체를 확인하기도 힘들다.

74 60분마다 분열하는 세균의 최초 세균수가 5개일 때 3시간 후의 세균수는?

① 40개　　② 90개
③ 120개　　④ 240개

🐾 **총균수**

- 총균수=초기균×2^세대기간
  60분씩 3시간이면 세대수는 3
  초기균수 5이므로 5×2³=40

75 미생물의 증식에 관한 설명 중 틀린 것은?

① 영양원 배지에 처음 접종하였을 때 증식에 필요한 각종 효소단백질을 합성하며 세포수 증가는 거의 나타나지 않는다.

② 접종 후 일정 시간이 지나면 세포는 대수적으로 증가한다.

③ 생육 정지 상태에서는 어느 정도 기간이 경과하면 다시 증식이 대수적으로 이루어진다.

④ 사멸기는 유해한 대사산물의 축적, 배지의 pH 변화 등에 의해 나타난다.

🐾 **정상기(stationary phase)**

- 생균수는 일정하게 유지되고 총균수는 최대가 되는 시기이다.
- 일부 세포가 사멸하고 다른 일부의 세포는 증식하여 사멸수와 증식수가 거의 같아진다.
- 영양물질의 고갈, 대사생산물의 축적, 배지 pH의 변화, 산소공급의 부족 등 부적당한 환경이 된다.
- 생균수가 증가하지 않으며 내생포자를 형성하는 세균은 이 시기에 포자를 형성한다.

76 효모의 산업적인 이용에 적합하지 않은 것은?

① 식사료로 이용　　② 리파아제 생산
③ 글리세롤 생산　　④ 항생물질 생산

🐾 **효모의 산업적인 이용**

- 식·사료용 단백질, 비타민, 핵산 관련 물질, 리파아제, 글리세롤 등의 생산에 이용된다.
- 주류의 양조, 알코올 제조, 제빵 등에도 이용되고 있다.
- *항생물질의 생산에 이용되는 미생물은 대부분 방선균(방사성균)이다.

77 돌연변이에 대한 설명으로 틀린 것은?

① DNA 분자 내의 염기서열을 변화시킨다.

② DNA에 변화가 있더라도 표현형이 바뀌지 않는 잠재성 돌연변이(silent mutation)가 있다.

③ 모든 변이는 세포에 있어서 해로운 것이다.

④ 유전자 자체의 변화에 의해 자연적으로 발생하기도 한다.

🐾 **돌연변이(mutation)란**

- DNA의 염기 배열이 원 DNA의 염기 배열과 달라졌을 때 흔히 쓰는 말이다.
- DNA의 염기 배열 변화로 일어나는 돌연변이는 대부분의 경우 생물체의 유전학적 변화를 가져오게 된다.
- 대부분 불리한 경우로 나타나지만 때로는 유익한 변화로 나타나는 경우도 있다.

78 종속영양균의 탄소원과 질소원에 관한 설명 중 옳은 것은?

① 탄소원과 질소원 모두 무기물만으로써 생육한다.
② 탄소원으로 무기물을, 질소원으로 유기 또는 무기 질소 화합물을 이용한다.
③ 탄소원으로 유기물을, 질소원으로 유기 또는 무기 질소 화합물을 이용한다.
④ 탄소원과 질소원 모두 유기물만으로서 생육한다.

🐚 **종속영양 미생물**
- 모든 필수대사 산물을 직접 합성하는 능력이 없기 때문에 다른 생물에 의해서 만들어진 유기물을 이용한다.
- 탄소원, 질소원, 무기염류, 비타민류 등의 유기화합물은 분해하여 호흡 또는 발효에 의하여 에너지를 얻는다.
- 탄소원으로는 유기물을 요구하지만 질소원으로는 무기태 질소나 유기태 질소를 이용한다.

79 알코올 발효능이 강한 종류가 많아 주류 제조에 이용되는 것은?

① 세균
② 효모
③ 곰팡이
④ 박테리오파지

🐚 **효모(yeast)의 특성**
- 진핵세포의 구조를 가지며 출아법(budding)에 의하여 증식하는 균류이다.
- 당질원료 이외의 탄화수소를 탄소원으로 하여 생육하는 효모가 발견되어 단세포단백질의 생산이 실용화되고 있다.
- 알코올 발효능이 강한 균종이 많아서 주류의 양조, 알코올 제조, 제빵 등에 이용되고 있다.
- 식·사료용 단백질, 비타민, 핵산 관련 물질 등의 생산에도 중요한 역할을 하고 있다.

80 그램(gram) 염색한 결과 균체가 탈색하지 않고 (청)자색으로 염색된 상태로 있는 균속은?

① *Escherhchia*속
② *Salmonella*속
③ *Pseudomonas*속
④ *Bacillus*속

🐚 **그람염색 결과 판정**
- 자주색(그람 양성균) : 연쇄상구균, 쌍구균(폐염구균), 4련구균, 8련구균, *Staphylococcus*속, *Bacillus*속, *Clostridium*속, *Corynebacterium*속, *Mycobacterium*속, *Lactobacillus*속, *Listeria*속 등
- 적자색(그람 음성균) : *Aerobacter*속, *Neisseria*속, *Escherhchia*속(대장균), *Salmonella*속, *Pseudomonas*속, *Vibrio*속, *Campylobacter*속 등

5과목 생화학 및 발효학

81 pH가 낮은 탄산음료에 들어 있는 아미노산들의 형태는?

① 대부분 양이온(+전하)을 띤 상태로 존재한다.
② 대부분 음이온(−전하)을 띤 상태로 존재한다.
③ 대부분 전하를 띠지 않는 중성 상태로 존재한다.
④ 대부분 음이온(−전하)과 양이온(+전하)을 모두 띤 양성전하(zwitterion) 상태로 존재한다.

🐚 **등전점(isoelectric point)**
- 아미노산은 그 용액을 산성 혹은 알칼리성으로 하면 양이온, 음이온의 성질을 띤 양성 전해질로 된다. 이와 같이 양하전과 음하전을 이루고 있는 아미노산 용액의 pH를 등전점이라 한다.
- 아미노산의 등전점보다 pH가 낮아져서 산성이 되면, 보통 카르복시기가 감소하여 아미노기가 보다 많이 이온화하므로 분자는 양(+)전하를 얻어 양이온이 된다.
- 반대로 pH가 높아져서 알칼리성이 되면 카르복시기가 강하게 이온화하여 음이온이 된다.

82 지방간의 예방인자이며, 생체 내에서는 세린과 에탄올아민으로부터 합성되는 비타민 B복합체는?

① biotin
② choline
③ pantothenic acid
④ tocopherol

🌰 콜린(choline)

- 세포막을 구성하고 있는 인지질의 성분으로 필수적이며, 신경조직에는 이 인지질이 많이 함유되어 있다.
- 생체 내에서는 유리형으로 존재하는 외에 결합형으로서 인지질 포스파티딜콜린(레시틴), 신경전달물질인 아세틸콜린의 구성 성분으로서 중요한 화합물이다.
- 유리형은 많은 동물·식물조직, 특히 뇌, 담즙, 난황 등에 함유되어 있다.
- 비타민B 복합체의 하나로 결핍되면 지방이 축적되는 지방간이나 신장병변을 일으키며 신장장애, 성장 억제 등도 나타난다.
- 세포 중에는 세린에서 에탄올아민을 거쳐 메틸화하여 합성된다. 콜린은 아세틸 CoA와 반응하여 아세틸콜린이 된다.
- 인지질로는 CDP-콜린을 거쳐 합성된다. 콜린은 항지방간 인자로 발견된 것으로 필수아미노산의 하나인 메티오닌도 이러한 작용을 한다.

83 효모 배양 시 효모의 최고 수득량을 얻는 당의 공급 방식은?

① 효모의 당 동화비율보다 낮은 비율로 공급한다.
② 효모의 당 동화비율보다 높은 비율로 공급한다.
③ 효모의 당 동화비율과 관계없이 배양 초기에 많이 공급한다.
④ 효모의 당 동화비율과 같은 비율로 공급한다.

🌰 효모 배양 시

- 배양액 중의 당농도가 높으면 호기적 조건하에서도 알코올발효를 하게 되며 그 결과 균체의 대당수득률은 감소한다.
- 반대로 당이 부족하면 자기소화가 일어나고 제품의 질이 나빠진다.
- 따라서 당농도는 당 동화비율과 같은 비율로 공급한다. 최적 당농도는 약 0.1% 전후이지만 실제 0.5~1% 정도의 당농도에서 배양되고 있다.

84 invertase에 대한 설명으로 틀린 것은?

① 활성 측정은 sucrose에 결합되는 산화력을 정량한다.
② sucrase 또는 saccharase라고도 한다.
③ 가수분해와 fructose의 전달반응을 촉매한다.

④ sucrose를 다량 함유한 식품에 첨가하면 결정 석출을 막을 수 있다.

🌰 invertase(sucrase, saccharase)

- sucrose를 glucose와 fructose로 가수분해하는 효소이다.
- Sucrose를 분해한 전화당은 sucrose보다 용해도가 높기 때문에 당의 결정 석출을 방지할 수 있고 또 흡수성이 있으므로 식품의 수분을 적절히 유지할 수가 있다.
- 인공벌꿀 제조에도 사용된다.
- Invertase의 활성 측정은 기질인 sucrose로부터 유리되는 glucose 농도를 정량한다.

85 요소회로(Urea cycle)에 관여하지 않는 아미노산은?

① 오르니틴(ornithine)
② 아르기닌(arginine)
③ 글루타민산(glutamic acid)
④ 시트룰린(citrulline)

🌰 요소의 합성과정

- ornithine이 citrulline로 변성되고 citrulline은 arginine 으로 합성되면서 urea가 떨어져 나오는 과정을 urea cycle이라 한다.
- 아미노산의 탈아미노화에 의해서 생성된 암모니아는 대부분 간에서 요소회로를 통해서 요소를 합성한다.

86 t-RNA에 대한 설명으로 틀린 것은?

① 활성화된 아미노산과 특이적으로 결합한다.
② anti-codon을 가지고 있다.
③ codon을 가지고 있어 r-RNA와 결합한다.
④ codon의 정보에 따라 m-RNA와 결합한다.

🌰 t-RNA

- sRNA(soluble RNA)라고도 한다.
- 일반적으로 클로버잎 모양을 하고 있고 핵산 중에서는 가장 분자량이 작다.
- 5'말단은 G, 3'말단은 A로 일정하며 아미노아실화 효소(아미노아실 tRNA리가아제)의 작용으로 이 3'말단에 특정의 활성화된 아미노산을 아데노신의 리보오스 부분과 에스테르결합을 형성하여 리보솜으로 운반된다.

- mRNA의 염기 배열이 지령하는 아미노산을 신장중인 펩티드사슬에 전달하는 작용을 한다.
- tRNA분자의 거의 중앙 부분에는 mRNA의 코돈과 상보적으로 결합할 수 있는 역코돈(anti-codon)을 지니고 있다.

87 TCA 회로(tricarboxylic acid cycle)에서 생성되는 유기산이 아닌 것은?

① citric acid　② lactic acid
③ succinic acid　④ malic acid

🖎 유기산 생합성 경로
- 해당계(EMP)와 관련되는 유기산 발효 : lactic acid
- TCA회로와 관련되는 유기산 발효 : citiric acid, succinic acid, fumaric acid, malic acid, itaconic acid
- 직접산화에 의한 유기산 발효 : acetic acid, gluconic acid, 2-ketogluconic acid, 5-ketoglucinic acid, kojic acid
- 탄화수소의 산화에 의한 유기산

88 주정발효 시 술밑의 젖산균으로 사용하는 것은?

① *Lactobacillus casei*
② *Lactobacillus delbrueckii*
③ *Lactobacillus bulgaricus*
④ *Lactobacillus plantarum*

🖎 주정 발효 시 술밑제조
- 국법에서는 잡균오염을 억제하고 안전하게 효모를 배양하기 위해서 증자술덧은 먼저 젖산 술밑조로 옮겨서 55~60℃에서 밀기울 코지를 첨가한다.
- 48℃에서 젖산균(*Lactobacillus delbrueckii*)을 이식하여 45~48℃에서 16~20시간 당화와 동시에 젖산발효를 시킨다.
- pH 3.6~3.8이 되면 90~100℃에서 30~60분 가열 살균한 다음 30~33℃까지 냉각하여 효모균을 첨가하여 술밑을 배양한다.

89 당밀 원료로 주정을 제조할 때의 발효법인 Hildebrandt-Erb법(two-stage method)의 특징이 아닌 것은?

① 효모증식에 소모되는 당의 양을 줄인다.
② 폐액의 BOD를 저하시킨다.

③ 효모의 회수비용이 절약된다.
④ 주정농도가 가장 높은 술덧을 얻을 수 있다.

🖎 당밀의 특수 발효법
㉠ Urises de Melle법(Reuse법)
- 발효가 끝난 후 효모를 분리하여 다음 발효에 재사용하는 방법이다.
- 고농도 담금이 가능하다.
- 당 소비가 절감된다.
- 원심 분리로 잡균 제거에 용이하다.
- 폐액의 60%를 재이용한다.
㉡ Hildebrandt-Erb법(Two stage법)
- 증류폐액에 효모를 배양하여 필요한 효모를 얻는 방법이다.
- 효모의 증식에 소비되는 발효성 당의 손실을 방지한다.
- 폐액의 BOD를 저하시킬 수 있다.
㉢ 고농도 술덧 발효법
- 원료의 담금 농도를 높인다.
- 주정 농도가 높은 숙성 술덧을 얻는다.
- 증류할 때 많은 열량이 절약된다.
- 동일 생산 비율에 대하여 장치가 적어도 된다.
㉣ 연속 발효법
- 술덧의 담금, 살균 등의 작업이 생략되므로 발효 경과가 단축된다.
- 발효가 균일하게 진행된다.
- 장치의 기계적 제어가 용이하다.

90 세포막의 특성에 대한 설명으로 틀린 것은?

① 물질을 선택적으로 투과시킨다.
② 호르몬의 수용체(receptor)가 있다.
③ 표면에 항원이 되는 물질이 있다.
④ 단백질을 합성한다.

🖎 세포막의 기능
- 각각의 세포 개체를 유지시켜 주고 세포 내용물을 보호하는 중요한 역할을 한다.
- 필요한 영양소나 염류를 세포 내로 운반하거나 또는 노폐물을 세포 외로 배출하는 등 물질의 출입에 관여하며 세포 전체의 대사를 제어한다.
- 인슐린 등의 호르몬을 식별하여 결합하며, 그 수용체는 막을 통과시켜 세포 내의 효소계 기능을 조절한다.
- 그 외에 세포막에는 특이 항원 부위가 있으며, 세포 상호를 식별할 수 있는 기능이 있다.
- 세포막이 물질을 수송하는 주된 수단으로서 수동수송과 능동수송이 있다.

91 미생물 발효의 배양 형식 중 운전 조작방법에 따른 분류에 해당되지 않는 것은?

① 회분배양
② 액체배양
③ 유가배양
④ 연속배양

🍎 **발효형식(배양형식)의 분류**
① 배지상태에 따라 액체배양과 고체배양
- 액체배양 : 표면배양(surface culture), 심부배양 (submerged culture)
- 고체배양 : 밀기울 등의 고체 배지 사용
  - 정치배양 : 공기의 자연 환기 또는 표면에 강제통풍
  - 내부 통기배양(강제통풍배양, 퇴적배양) : 금속망 또는 다공판을 통해 통풍
② 조작상으로는 회분배양, 유가배양, 연속배양
- 회분배양(batch culture) : 제한된 기질로 1회 배양
- 유가배양(fed-batch culture) : 기질을 수시로 공급하면서 배양
- 연속배양(continuous culture) : 기질의 공급 및 배양액 회수가 연속적 진행

92 다음 중 균체 외 효소가 아닌 것은?

① amylase
② protease
③ glucose oxidase
④ pectinase

🍎 **균체 내 효소와 균체 외 효소**
㉠ 균체 내 효소
- 합성되어 미생물의 세포 내에 그대로 머물러 있는 효소이다.
- 균체의 성분을 합성한다.
- glucose oxidase, uricase, glucose isomerase 등이다.
㉡ 균체 외 효소
- 미생물이 생산하는 효소 중 세포 밖에 분비되는 효소이다.
- 기질을 세포 내에 쉽게 흡수할 수 있는 저분자량의 물질로 가수분해한다.
- amylase, protease pectinase 등의 가수분해 효소가 많다.

93 조효소로 사용되면서 산화환원반응에 관여하는 비타민으로 짝지어진 것은?

① 엽산, 비타민 B_{12}
② 니코틴산, 엽산
③ 리보플라빈, 니코틴산
④ 리보플라빈, 티아민

🍎 **보조 효소의 종류와 그 기능**

보조 효소	관련 비타민	기능
NAD, NADP	Niacin	산화환원반응
FAD, FMN	Vit. B_2	산화환원반응
Lipoic acid	Lipoic acid	수소, acetyl기의 전이
TPP	Vit. B_1	탈탄산반응(CO_2 제거)
CoA	Pantothenic acid	acyl기, acetyl기의 전이
PALP	Vit. B_6	아미노기의 전이 반응
Biotin	Biotin	Carboxylation (CO_2 전이)
Cobamide	Vit. B_{12}	methyl기 전이
THFA	Folic acid	탄소 1개의 화합물 전이

94 혐기적 조건에서 근육조직의 에너지 전달물질은?

① Phosphoenolpyruvate
② Creatine phosphate
③ 1,3-Bisphosphoglycerate
④ Oxaloacetate

🍎 **근육조직에 저장된 에너지 형태**
- 척추동물 근육 중에 함유된 creatine phosphate은 고에너지 결합 ADP에서 ATP을 가역적 반응으로 생성한다.

$$\text{creatine phosphate+ADP} \xrightleftharpoons[]{\text{creatinekinase}} \text{creatine+ATP}$$

95 DNA로부터 단백질 합성까지의 과정에서 t-RNA의 역할에 대한 설명으로 옳은 것은?

① m-RNA 주형에 따라 아미노산을 순서대로 결합시키기 위해 아미노산을 운반하는 역할을 한다.
② 핵 안에 존재하는 DNA 정보를 읽어 세포질로 나오는 역할을 한다.
③ 아미노산을 연결하여 protein을 직접 합성하는 장소를 제공한다.
④ 합성된 protein을 수식하는 기능을 담당한다.

🐾 단백질 합성
- 생체 내에서 DNA의 염기서열을 단백질의 아미노산 배열로 고쳐 쓰는 작업을 유전자의 번역이라 한다. 이 과정은 세포질 내의 단백질 리보솜에서 일어난다.
- 리보솜에서는 mRNA(messenger RNA)의 정보를 근거로 이에 상보적으로 결합할 수 있는 tRNA(transport RNA)가 날라 오는 아미노산들을 차례차례 연결시켜서 단백질을 합성한다.
- 아미노산을 운반하는 tRNA는 클로버 모양의 RNA로 안티코돈(anticodon)을 갖고 있다.
- 합성의 시작은 메티오닌(methionine)이 일반적이며, 합성을 끝내는 부분에서는 아미노산이 결합되지 않는 특정한 정지 신호를 가진 tRNA가 들어오면서 아미노산 중합반응이 끝나게 된다.
- 합성된 단백질은 그 단백질이 갖는 특정한 신호에 의해 목적지로 이동하게 된다.

96 1몰의 포도당으로 생성하는 알코올의 이론적인 수득량을 %로 나타낸다면?

① 약 51.1%   ② 약 56.0%
③ 약 62.4%   ④ 약 75.0%

🐾 Gay Lusacc식에 의하면
- 이론적으로는 glucose로부터 51.1%의 알콜이 생성된다.
- $C_6H_{12}O_6 \rightarrow 2C_2H_5OH + 2CO_2$의 식에서
- 이론적인 ethanol 수득률이 51.1%이므로 1000×51.1/100=511g이다.
- 실제 수득률이 95%이므로 알코올 생산량은 511×0.95=486g이다.

97 주정발효의 원료로서 돼지감자에 많이 들어 있는 이눌린(Inulin)을 이용하고자 할 때 처리할 공정에 대한 설명으로 옳은 것은?

① 전분의 처리 시와 같게 처리해도 무방하다.
② 액화 시 이눌린 가수분해효소 (Inulinase)를 처리해야 한다.
③ *Saccharomyces* 효모 대신 *Torulopsis* 효모로 당화시켜야 한다.
④ 액화효소로 Invertase를 과량 첨가해야 한다.

🐾 주정발효의 원료로서 돼지감자 사용할 때
- 이눌린(Inulin)은 과당의 중합체이므로 적당한 방법으로 가수분해하면 과당을 얻을 수 있을 뿐 아니라 당화액은 좋은 발효원료가 된다.
- 이눌린은 돼지감자의 구근에 많이 함유되어 있다.
- 돼지감자를 주정발효 원료로서 사용할 때에는 그 자체의 효소를 이용하거나 미생물이 생산하는 inulase를 이용하여 당화시키든가 산당화법에 의해서 당화할 필요가 있다.

98 비탄수화물(non carbohydrate)원에서부터 포도당 혹은 글리코겐(glycogen)이 생합성 되는 과정은?

① glycolysis
② glycogenesis
③ glycogenolysis
④ gluconeogenesis

🐾 당신생(gluconeogenesis)
- 비탄수화물로부터 glucose, glycogen을 합성하는 과정이다.
- 당신생의 원료 물질은 유산(lactatic acid), 피루브산(pyruvic acid), 알라닌(alanine), 글루타민산(glutamic acid), 아스파라긴산(aspartic acid)과 같은 아미노산 또는 글리세롤 등이다.
- 해당 경로를 반대로 거슬러 올라가는 가역반응이 아니다.
- 당신생은 주로 간과 신장에서 일어나는데, 예를 들면 격심한 근육운동을 하고 난 뒤 회복기 동안 간에서 젖산을 이용한 혈당 생성이 매우 활발히 일어난다.

99 한개 유전자-한개 폴리펩티드(One gene-one polypeptide)이론에 대하여 옳게 설명한 것은?

① 어떤 한 가지 유전자는 어떤 특별한 폴리펩타이드만을 생합성하는 유전정보를 주는 것이다.

② 각 효소의 합성은 특별한 유전자에 의하여 촉매된다.

③ 각 폴리펩타이드는 특별한 반응을 촉매한다.

④ 각 유전자는 이 유전자에 해당하는 특별한 효소에 의해서 생합성된다.

🖐 **한개 유전자-한개 폴리펩티드(One gene-one polypeptide)이론**

• 유전자에 대한 초기 학설은 "하나의 유전자는 하나의 단백질을 생산한다(One gene one protein theory)" 그 후에는 "하나의 유전자는 하나의 폴리펩티드 사슬을 형성하는 데 관여한다(One gene one polypeptide theory)"고 하였다.

• 최근의 학설은 하나의 유전자가 여러 개의 폴리펩타이드 생산에 기여한다고 변하고 있다.

100 일차대사산물을 높은 효율로 얻기 위한 방법 중에서 그 기작이 다른 것은?

① 영양요구성 변이 이용
② analogue 내성 변이 이용
③ feedback 내성 변이 이용
④ 세포막 투과성의 개량 이용

🖐 **일차대사산물을 높은 효율로 얻기 위한 방법**

• 영양요구성 변이 이용, analogue 내성 변이 이용, feedback 내성 변이 이용

2021년 제1회 A형									
01	02	03	04	05	06	07	08	09	10
②	③	④	③	②	④	①	③	②	①
11	12	13	14	15	16	17	18	19	20
③	②	②	④	②	④	②	②	④	④
21	22	23	24	25	26	27	28	29	30
④	②	①	③	①	②	②	①	③	③
31	32	33	34	35	36	37	38	39	40
④	①	①	③	①	③	②	②	④	④
41	42	43	44	45	46	47	48	49	50
④	②	①	④	②	①	②	②	③	③
51	52	53	54	55	56	57	58	59	60
②	④	①	④	④	④	③	③	②	④
61	62	63	64	65	66	67	68	69	70
②	③	①	②	③	③	③	③	①	①
71	72	73	74	75	76	77	78	79	80
④	③	④	①	③	④	③	③	②	④
81	82	83	84	85	86	87	88	89	90
①	②	④	①	③	③	②	②	④	④
91	92	93	94	95	96	97	98	99	100
②	③	③	②	①	①	②	④	①	④

	수험번호	성명

자격종목	종목코드	시험시간	형별
식품기사		2시간 30분	B

과목 1 식품위생학

1 식품에 사용되는 기구 및 용기, 포장의 기준 및 규격으로 틀린 것은?

① 전류를 직접 식품에 통하게 하는 장치를 가진 기구의 전극은 철, 알루미늄, 백금, 티타늄 및 스테인리스 이외의 금속을 사용해서는 안 된다.

② 기구 및 용기, 포장의 식품과 접촉하는 부분에 사용하는 도금용 주석 중 납은 0.10% 이하여야 한다.

③ 기구 및 용기, 포장 제조 시 식품과 직접 접촉하지 않는 면에도 인쇄해서는 안 된다.

④ 기구 및 용기, 포장의 식품과 접촉하는 부분에 제조 또는 수리를 위하여 사용하는 금속 중 납은 0.1% 이하 또는 안티몬은 5.0% 이하여야 한다.

🍎 **기구 및 용기·포장의 기준 및 규격[식품공전]**

• 용기·포장의 제조 시 인쇄하는 경우는 인쇄 잉크를 충분히 건조하여야 하며, 내용물을 투입 시 형태가 달라지는 합성수지 포장재는 톨루엔이 2mg/m² 이하여야 한다.

• 또한, 식품과 접촉하는 면에는 인쇄하지 않아야 한다.

2 다음 중 수용성인 산화방지제는?

① Ascorbic acid
② Butylated hydroxy anisole (BHA)
③ Butylated hydroxy toluene (BHT)
④ Propyl gallate

🍎 **산화방지제**

• 유지의 산패에 의한 이미, 이취, 식품의 변색 및 퇴색 등을 방지하기 위하여 사용하는 첨가물이며 수용성과 지용성이 있다.
  - 수용성 산화방지제 : 주로 색소의 산화 방지에 사용되며 erythrobic acid, ascorbic acid 등이 있다.
  - 지용성 산화방지제 : 유지 또는 유지를 함유하는 식품에 사용되며 propyl gallate, BHA, BHT, ascorbyl palmitate, DL-α-tocopherol 등이 있다.

• 산화방지제는 단독으로 사용할 경우보다 2종 이상을 병용하는 것이 더욱 효과적이며, 구연산과 같은 유기산을 병용하는 것이 효과적이다.

3 자연독 식중독 중 곰팡이와 관련이 없는 것은?

① 황변미독
② 맥각독
③ 아플라톡신
④ 셉신

🍎 **자연독 식중독**

• 동물성 자연독에 의한 중독 : 복어독, 시가테라독 등
• 식물성 자연독에 의한 중독 : 감자독, 버섯독 등
• 곰팡이 독소에 의한 중독 : 황변미독, 맥각독, 아플라톡신 등
* 셉신(sepsin)은 부패한 감자의 독성분이다.

4 치즈에 대한 기준 및 규격으로 틀린 것은?

① 자연치즈는 원유 또는 유가공품에 유산균, 응유효소, 유기산 등을 응고시킨 후 유청을 제거하여 제조한 것이다.

② 모조치즈는 식용유지가공품이다.

③ 가공치즈는 모조치즈에 식품첨가물을 가해 유화시켜 가공한 것이나 모조치즈에서 유래한 유고형분이 50% 이상인 것이다.

④ 모조치즈는 식용유지와 단백질 원료를 주원료로 하여 이에 식품 또는 식품첨가물을 가하여 유화시켜 제조한 것이다.

🌀 **가공치즈[식품공전]**
- 자연치즈를 원료로 하여 이에 유가공품, 다른 식품 또는 식품첨가물을 가한 후 유화 또는 유화시키지 않고 가공한 것으로 자연치즈 유래 유고형분 18% 이상인 것을 말한다.

5 방사선 조사식품에 대한 설명으로 틀린 것은?

① 식품을 일정 시간 동안 이온화 에너지에 노출시킨다.

② 발아 억제, 숙도 지연, 보존성 향상, 기생충 및 해충 사멸 등의 효과가 있다.

③ 일반적으로 식품을 포장하기 전에 조사 처리를 하고 그 후 건조 또는 탈기한다.

④ 한번 조사 처리 한 식품은 다시 조사하여서는 아니 된다.

🌀 **식품의 방사선 조사**
- 방사선에 의한 살균작용은 주로 방사선의 강한 에너지에 의하여 균체의 체내 수분이 이온화되어 생리적인 평형이 깨어지며 대사기능 역시 파괴되어 균의 생존이 불가능해진다.
- 방사선 조사식품은 방사선이 식품을 통과하여 빠져나가므로 식품 속에 잔류하지 않는다.
- 방사능 오염식품은 방사능 물질에 의해 오염된 식품으로써 방사선 조사식품과는 전혀 다른 것이다.
- 방사선 조사된 원료를 사용한 경우 제품을 조사 처리 하지 않으면 방사선 조사 마크를 표시하지 않아도 된다.

- 일단 조사한 식품을 다시 조사하여서는 아니 되며 조사식품을 원료로 사용하여 제조·가공한 식품도 다시 조사하여서는 아니 된다.
- 조사식품은 용기에 넣거나 포장한 후 판매하여야 한다.
- 방사선량의 단위는 Gy, kGy이며(1Gy = 1J/kg), 1Gy는 100rad이다.
- 1990년대 WHO/IAEA/FAO에서 "평균 10kGy 이하로 조사된 모든 식품은 독성학적 장해를 일으키지 않고 더 이상의 독성 시험이 필요하지 않다."라고 발표했다.

6 식품위생 분야 종사자 (식품을 제조, 가공하는 데 직접 종사하는 사람)의 건강진단 항목이 아닌 것은?

① 장티푸스(식품위생 관련 영업 및 집단급식소 종사자만 해당한다.)

② 폐결핵

③ 전염성 피부질환(한센병 등 세균성 피부질환을 말한다.)

④ 갑상선 검사

🌀 **식품위생 분야 종사자의 건강진단 항목[식품위생 분야 종사자의 건강진단규칙 제2조]**

대상	건강진단 항목	횟수
식품 또는 식품첨가물(화학적 합성품 또는 기구 등의 살균·소독제는 제외한다.)을 채취·제조·가공·조리·저장·운반 또는 판매하는 데 직접 종사하는 사람. 다만, 영업자 또는 종업원 중 완전 포장된 식품 또는 식품첨가물을 운반하거나 판매하는 데 종사하는 사람은 제외한다.	・장티푸스(식품위생 관련 영업 및 집단급식소 종사자만 해당한다.) ・폐결핵 ・전염성 피부질환(한센병 등 세균성 피부질환을 말한다.)	년 1회

7 다음 설명과 관계 깊은 식중독균은?

- 호염성 세균이다.
- 60℃ 정도의 가열로도 사멸하므로, 가열 조리 하면 예방할 수 있다.
- 주 원인식품은 어패류, 생선회 등이다.
---

① 살모넬라균

② 병원성 대장균

③ 장염비브리오균

④ 캠필로박터균

🐚 **장염 비브리오균(*Vibrio parahaemolyticus*)**
- 그람음성 무포자 간균으로 통성 혐기성균이다.
- 증식 최적온도는 30~37℃, 최적 pH는 7.5~8.5이고, 60℃에서 10분 이내 사멸한다.
- 감염원은 근해산 어패류가 대부분(70%)이고, 연안의 해수, 바다벌, 플랑크톤, 해초 등에 널리 분포한다.
- 잠복기는 평균 10~18시간이다.
- 주된 증상은 복통, 구토, 설사, 발열 등의 전형적인 급성 위장염 증상을 보인다.
- 장염 비브리오균 식중독의 원인식품은 주로 어패류로 생선회가 가장 대표적이지만, 그 외에도 가열 조리된 해산물이나 침채류를 들 수 있다.

8　**식품위생법상 식품 위생감시원의 직무가 아닌 것은?**

① 식품 등의 위생적 취급 기준의 이행 지도
② 출입 및 검사에 필요한 식품 등의 수거
③ 중요관리점(CCP) 기록 관리
④ 행정 처분의 이행 여부 확인

🐚 **식품위생감시원의 직무[식품위생법 시행령 17조]**
- 식품 등의 위생적 취급 기준의 이행 지도
- 수입 · 판매 또는 사용 등이 금지된 식품 등의 취급 여부에 관한 단속
- 표시 기준 또는 과대 광고 금지의 위반 여부에 관한 단속
- 출입 · 검사 및 검사에 필요한 식품 등의 수거
- 시설 기준의 적합 여부의 확인 · 검사
- 영업자 및 종업원의 건강진단 및 위생교육의 이행 여부의 확인 · 지도
- 조리사 · 영양사의 법령 준수 사항 이행 여부의 확인 · 지도
- 행정 처분의 이행 여부 확인
- 식품 등의 압류 · 폐기 등
- 영업소의 폐쇄를 위한 간판 제거 등의 조치
- 그 밖에 영업자의 법령 이행 여부에 관한 확인 · 지도

9　**미생물에 의한 품질 저하 및 손상을 방지하여 식품의 저장 수명을 연장시키는 식품첨가물은?**

① 산화 방지제
② 보존료
③ 살균제
④ 표백제

🐚 **보존료**
- 미생물의 증식에 의해서 일어나는 식품의 부패나 변질을 방지하기 위하여 사용되는 식품첨가물이며 방부제라고도 한다.
  - 산화방지제(항산화제) : 유지 또는 이를 함유한 식품은 보존 중에 공기 중의 산소에 의해서 산화하여 산패한다. 즉, 유지의 산패에 의한 이미, 이취, 식품의 변색 및 퇴색 등을 방지하기 위하여 사용되는 첨가물이다.
  - 살균료 : 식품 중의 부패세균이나 기타 미생물을 단시간 내에 박멸시키기 위해 사용하는 첨가물로 음식물용 용기, 기구 및 물 등의 소독에 사용하는 것과 음식물의 보존 목적으로 사용하는 것이 있다.
  - 표백제 : 식품의 가공이나 제조 시 일반 색소 및 발색성 물질을 탈색시켜 무색의 화합물로 변화시키기 위해 사용되고 식품의 보존 중에 일어나는 갈변, 착색 등의 변화를 억제하기 위하여 사용되는 첨가물이다.

10　**식품 가공을 위한 냉장 · 냉동 시설 설비의 관리 방법으로 틀린 것은?**

① 냉장 시설은 내부 온도를 10℃ 이하로 유지한다.
② 냉동 시설은 −18℃ 이하로 유지한다.
③ 온도 감응 장치의 센서는 온도가 가장 낮게 측정되는 곳에 위치하도록 한다.
④ 신선편의식품, 훈제연어, 가금육은 5℃ 이하로 유지한다.

🐚 **냉장 · 냉동 시설 · 설비 관리[HACCP, 선행요건]**
- 냉장 시설은 내부의 온도를 10℃ 이하(다만, 신선편의식품, 훈제연어, 가금육은 5℃ 이하 보관 등 보관 온도 기준이 별도로 정해져 있는 식품의 경우에는 그 기준을 따른다.), 냉동 시설은 −18℃ 이하로 유지하고, 외부에서 온도 변화를 관찰할 수 있어야 하며, 온도 감응 장치의 센서는 온도가 가장 높게 측정되는 곳에 위치하도록 한다.

11 HACCP에 대한 설명으로 틀린 것은?

① 위험 요인이 제조, 가공 단계에서 확인되었으나 관리할 CCP가 없다면 전체 공정 중에서 관리되도록 제품 자체나 공정을 수정한다.

② CCP의 결정은 "CCP 결정도"를 활용하고 가능한 CCP 수를 최소화하여 지정하는 것이 바람직하다.

③ 모니터된 결과 한계 기준 이탈 시 적절하게 처리하고 개선 조치 등에 대한 기록을 유지한다.

④ 검증은 CCP의 한계 기준의 관리 상태 확인을 목적으로 하고 모니터링은 HACCP 시스템 전체의 운영 유효성과 실행 여부 평가를 목적으로 수행한다.

🦐 **검증(verification)이란**
• 안전관리기준(HACCP) 관리 계획의 유효성과 실행 여부를 정기적으로 평가하는 일련의 활동(적용 방법과 절차, 확인 및 기타 평가 등을 수행하는 행위를 포함한다.)을 말한다.

12 식품의 기준 및 규격(총칭)에 의거하여 방사성 물질 누출 사고 발생 시 관리해야 할 방사성 핵종 중 우선 선정하는 대표적 방사성 오염 지표 물질 2가지는?

① 라듐, 토륨
② 요오드, 세슘
③ 플루토늄, 스트론튬
④ 라돈, 우라늄

🦐 **방사성 물질 누출 시 가이드라인 발표[WHO]**
• 원자력 발전소 사고로 누출되는 주요 방사성 핵종은 세슘과 요오드이다.
• 공기 중이나 음식, 음료 등에 이 같은 물질이 포함된 경우 사람들은 방사성 핵종에 직접적으로 노출될 수 있다.
• 이하 생략

13 다음 중 먹는물의 건강상 유해 영향 유기물질 검사 항목이 아닌 것은?

① 디클로로메탄   ② 벤젠
③ 톨루엔   ④ 시안

🦐 **건강상 유해 영향 유기물질에 관한 기준[먹는물의 수질기준]**
• 페놀은 0.005mg/L를 넘지 아니 할 것
• 다이아지논은 0.02mg/L를 넘지 아니 할 것
• 파라티온은 0.06mg/L를 넘지 아니 할 것
• 카바릴은 0.07mg/L를 넘지 아니 할 것
• 트리클로로에틸렌은 0.03mg/L를 넘지 아니 할 것
• 디클로로메탄은 0.02mg/L를 넘지 아니 할 것
• 벤젠은 0.01mg/L를 넘지 아니 할 것
• 톨루엔은 0.7mg/L를 넘지 아니 할 것
• 이하 생략

건강상 유해 영향 무기물질에 관한 기준
• 납은 0.01mg/L를 넘지 아니 할 것
• 불소는 1.5mg/L(샘물 · 먹는샘물 및 염지하수 · 먹는염지하수의 경우에는 2.0mg/L)를 넘지 아니 할 것
• 비소는 0.01mg/L(샘물 · 염지하수의 경우에는 0.05mg/L)를 넘지 아니 할 것
• 셀레늄은 0.01mg/L(염지하수의 경우에는 0.05mg/L)를 넘지 아니 할 것
• 수은은 0.001mg/L를 넘지 아니 할 것
• 시안은 0.01mg/L를 넘지 아니 할 것
• 이하 생략

14 A군 β-용혈성 연쇄상구균에 의해서 발병하는 발열성 경구감염병은?

① 디프테리아   ② 성홍열
③ 전염성설사증 ④ 천열

🦐 **성홍열(Scarlet fever)**
• 원인균
 – A군 β-용혈성 연쇄상구균(*Streptococcus pyogenes*)의 감염에 의하여 발병한다.
 – 이 균은 발적독소(erythrogenic toxin)를 생산한다.
 – 그람양성 구균이며 포자를 형성하지 않는다.
• 잠복기 및 증상
 – 잠복기는 4~7일이다.
 – 갑자기 40℃ 내외의 발열을 일으키는 급성 감염병이다.
 – 두통과 인후통이 일어난다. 편도선이 붓고 혀도 빨갛게 된다.
• 감염 경로
 – 급성발진기나 회복기의 환자 또는 보균자와 직접 호흡 접촉에 의하여 감염되는 것이 보통이다.
 – 감염자의 인후 분비물에 오염된 음식물에 의해서도 감염된다.
 – 5월에 가장 많이 발생하고 주로 6~7세의 아이들에게 많다.

15 미생물이 성장할 수 있는 수분활성도의 일 반적인 최소 한계점은?

① 0.71   ② 0.61
③ 0.81   ④ 0.51

🌾 미생물의 성장에 필요한 최소한의 수분활성도 (Aw)
• 보통 세균 0.91, 보통 효모 · 곰팡이 0.80, 내건성 곰팡이 0.65, 내삼투압성 효모 0.60이다.

16 식품을 경유하여 인체에 들어왔을 때 반감 기가 길고 칼슘과 유사하여 뼈에 축적되며, 백혈병을 유발할 수 있는 방사성 핵종은?

① 스트론튬 90   ② 바륨 140
③ 요오드 131   ④ 코발트 60

🌾 식품 오염에 문제가 되는 방사선 물질
• 생성률이 비교적 크고
　- 반감기가 긴 것 : Sr-90(28.8년), Cs-137(30.17년) 등
　- 반감기가 짧은 것 : I-131(8일), Ru-106(1 년), Ba-140(12.8일) 등
＊ Sr-90은 주로 뼈에 침착하여 28.8년이란 긴 유효 반감기를 가지고 있기 때문에 한번 침착되면 장기 간 조혈기관인 골수를 조사하여 장애를 일으킨다.

17 식품위생법상 위생 검사 등의 식품위생검사 기관이 아닌 것은?

① 식품의약품안전평가원
② 지방식품의약품안전청
③ 시도보건환경연구원
④ 보건소

🌾 식품위생검사기관[식품위생법 시행규칙 9조]
• 식품의약품안전평가원, 지방식품의약품안전청, 보 건환경연구원

18 자연독을 함유하고 있는 식물과 독소의 연 결 중 틀린 것은?

① 독버섯 – 아마니타톡신 (amanitatoxin)
② 피마자 – 리신(ricin)
③ 독미나리 – 테물린(temuline)
④ 목화씨 – 고시풀(gossypol)

🌾 독미나리의 독성분은 시큐톡신(cicutoxin)이다.

19 어패류가 감염원이 아닌 기생충은?

① 선모충
② 간디스토마
③ 유극악구충
④ 고래회충

🌾 기생충과 매개 식품
• 채소를 매개로 감염되는 기생충 : 회충, 요충, 십이 지장충, 동양모양선충, 편충 등
• 어패류를 매개로 감염되는 기생충 : 간디스토마(간 흡충), 페디스토마(폐흡충), 요코가와흡충, 광절열 두조충, 아니사키스 등
• 수육을 매개로 감염되는 기생충 : 무구조충(민촌 충), 유구조충(갈고리촌충), 선모충 등

20 기생충에 감염됨으로써 일어나는 피해에 대 한 설명으로 가장 거리가 먼 것은?

① 영양물질의 손실
② 조직의 파괴
③ 자극과 염증 유발
④ 유행성 간염

🌾 기생충에 의한 장애
• 영양물질의 유실(조충류 등에 의한 비타민 B_{12}의 탈 취로 빈혈을 일으킨다.)
• 조직의 파괴(어떤 유충은 폐, 뇌, 망막 등의 모세혈 관을 파괴한다.)
• 기계적 장애(사상충의 림프관 폐쇄로 오는 elephantiasis)
• 자극과 염증(기생충에 의한 특정 조직의 자극으로 비정상적인 증식)
• 미생물 침입의 조장(회충, 아메바성 이질 등의 경우)
• 유독성 물질의 산출(말라리아, sleeping sickness 등의 경우에서 유독물질의 산출)

21 우유 단백질 간의 이황화결합을 촉진시키는 데 관여하는 것은?

① 설프하이드릴(sulfhydryl)기
② 이미다졸 (imidazole)기
③ 페놀(phenol)기
④ 알킬(alkyl)기

🖐 우유 중 함황아미노산인 cysteine을 함유하고 있는 단백질이 가열에 의해 −SH(sulfhydryl)기가 생성되어 가열취의 원인이 된다.

22 식품 관련 유해물질인 니켈에 대한 설명으로 틀린 것은?

① 각종 주방기구의 제조에 사용될 수 있다.
② 식품에 포함된 니켈의 대부분이 소화 기관을 통해 흡수되고, 인체 흡수 경로는 주로 식품 섭취에 기인한다.
③ 농산물, 가공식품을 통해 섭취될 수 있다.
④ 고농도 니켈에 노출되면 폐 또는 부비(강)암, 신장독성, 기관지 협착 등이 발생한다.

🖐 **니켈의 인체 흡수 경로**
• 식품 : 농산물, 가공식품 등을 통해 섭취될 수 있으며 식품 조리 과정을 통해 조리기구로부터 식품으로 이행될 가능성도 있다.
• 식수 : 상수도관, 금속 수도관이 부식되면 니켈이 용출되어 식수로 유입될 수 있으며, 지하수에도 존재할 수 있다.
• 담배 : 담뱃잎에 축적된 니켈은 흡연을 통해 흡수될 수 있다(전자담배는 니켈 농도 4배).
• 도금제품 : 동전이나 니켈 도금된 시계, 귀걸이, 목걸이, 안경, 핸드폰 등의 장신구나 생활용품을 사용할 경우 피부 접촉을 통해 체내에 흡수될 수 있다.
• 대기 : 호흡기를 통해 미세먼지나 흙을 들이마심으로써 니켈에 노출될 수 있다.

23 육류나 육류 가공품의 육색소를 나타내는 주된 성분으로 근육세포에 함유되어 있는 것은?

① 미오글로빈
② 헤모글로빈
③ 베탈라인
④ 사이토크롬

🖐 **육색소(meat color)**
• 미오글로빈(myoglobin) : 동물성 식품의 heme 계 색소로서 근육의 주 색소
• 헤모글로빈(hemoglobin) : 동물성 식품의 heme 계 색소로서 혈액의 주 색소
* 베탈라인(betalain) : 사탕무와 레드비트에 붉은색 색소
* 시토크롬(cytocrome) : 혐기적 탈수소 반응의 전자 전달체

24 단당류 중 glucose와 mannose는 화학구조적으로 어떤 관계인가?

① anomer
② epimer
③ 동위원소
④ acetal

🖐 **에피머(epimer)**
• 탄소 사슬의 끝에서 두 번째의 C에 붙는 H와 OH가 서로 반대로 붙어 있는 이성체
• 즉, D−glucose와 D−mannose 또는 D−glucose와 D−galactose에서와 같이 히드록시기의 배위가 한 곳만 서로 다른 것을 epimer라 한다.

25 식품 등의 표시기준에 의한 알코올과 유기산의 열량 산출 기준은?

① 알코올은 1g당 4kcal, 유기산은 1g당 4kcal를 각각 곱한 값의 합으로 한다.
② 알코올은 1g당 9kcal, 유기산은 1g당 2kcal를 각각 곱한 값의 합으로 한다.
③ 알코올은 1g당 7kcal, 유기산은 1g당 3kcal를 각각 곱한 값의 합으로 한다.
④ 알코올은 1g당 4kcal, 유기산은 1g당 2kcal를 각각 곱한 값의 합으로 한다.

🖐 **열량의 산출 기준[식품등의 표시기준]**
• 영양 성분의 표시 함량을 사용("00g 미만"으로 표시되어 있는 경우에는 그 실제 값을 그대로 사용한다.)하여 열량을 계산함에 있어 탄수화물은 1g당 4kcal를, 단백질은 1g당 4kcal를, 지방은 1g당 9kcal를 각각 곱한 값의 합으로 산출하고, 알코올 및 유기산의 경우에는 알코올은 1g당 7kcal를, 유기산은 1g당 3kcal를 각각 곱한 값의 합으로 한다.

26 아밀로오스 분자의 비환원성 말단으로부터 maltose 단위로 가수분해시키는 효소는?

① α-amylase
② β-amylase
③ glucoamylase
④ amylo-1,6-glucosidase

☞ β-amylase
- amylose와 amylopectin의 α-1,4-glucoside 결합을 비환원성 말단부터 maltose 단위로 절단하는 효소이다.
- dextrin과 maltose를 생성하는 효소로서 당화형 amylase라고 한다.
- 이 효소는 α-1,6 결합에 도달하면 작용이 정지된다.

27 효소에 의한 과실 및 채소의 갈변을 억제하는 방법으로 가장 관계가 먼 것은?

① 데치기(blanching)
② 최적 조건(온도, pH 등)의 변동
③ 산소의 제거
④ 철, 구리 용기 사용

☞ 효소적 갈변 방지법
- 열처리(blanching) : 데치기와 같이 고온에서 식품을 열처리하여 효소를 불활성화한다.
- 산의 이용 : pH를 3 이하로 낮추어 효소 작용을 억제한다.
- 산소의 제거 : 밀폐 용기에 식품을 넣은 다음 공기를 제거하거나 질소나 탄산가스를 치환한다.
- 당류 또는 염류 첨가 : 껍질을 벗긴 과일을 소금물에 담근다.
- 효소 작용 억제 : 온도를 −10℃ 이하로 낮춘다.
- 금속 이온 제거 : 구리 또는 철로 된 용기나 기구의 사용을 피한다.
- 아황산가스, 아황산염 등을 이용한다.

28 알라닌(alanine)이 strecker 반응을 거치면 무엇으로 변하는가?

① acetic acid
② ethanol
③ acetamide
④ acetaldehyde

☞ 스트렉커 반응(strecker reaction)
- Maillard 반응(비효소적 갈변 반응)의 최종 단계에서 일어나는 스트렉커(Strecker) 반응은 α-dicarbonyl 화합물과 α-amino acid와의 산화적 분해 반응이다.
- 아미노산은 탈탄산 및 탈아미노 반응이 일어나 본래의 아미노산보다 탄소수가 하나 적은 알데히드(aldehyde)와 상당량의 이산화탄소가 생성된다.
- alanine이 Strecker 반응을 거치면 acetaldehyde가 생성된다.

29 다음 중 환원당이 아닌 것은?

① 맥아당
② 유당
③ 설탕
④ 포도당

☞ 환원당과 비환원당
- 단당류는 다른 화합물을 환원시키는 성질이 있어 $CuSO_4$의 알칼리 용액에 넣고 가열하면 구리이온과 산화 환원반응을 한다.
- 당의 알데히드(R-CHO)는 산화되어 산(R-COOH)이 되고 구리이온은 청색의 2가 이온($CuSO_4$)에서 적색의 1가 이온(Cu_2O)으로 환원된다.
- 이 반응에서 적색 침전을 형성하는 당을 환원당, 형성하지 않은 당을 비환원당이라 한다.
- 환원당에는 glucose, fructose, lactose가 있고, 비환원당은 sucrose이다.

30 관능검사 방법 중 종합적 차이 검사에 사용하는 방법이 아닌 것은?

① 일-이점 검사
② 삼점 검사
③ 단일 시료 검사
④ 이점 비교 검사

☞ 식품의 관능검사
- 차이식별검사
  - 종합적인차이검사 : 단순차이검사, 일-이점검사, 삼점검사, 확장삼점검사
  - 특성차이검사 : 이점비교검사, 순위법, 평점법, 다시료비교검사
- 묘사 분석
  - 향미프로필 방법
  - 텍스쳐프로필 방법
  - 정량적 묘사 방법
  - 스펙트럼 묘사분석
  - 시간-강도 묘사분석
- 소비자 기호도 검사
  - 이점비교법
  - 기호도척도법
  - 순위법
  - 적합성 판정법

31 전분의 호화와 노화의 관계 요인에 대한 설명으로 틀린 것은?

① 수분이 많을수록 호화가 잘 일어나며 적으면 느리다.
② 알칼리 염류는 팽윤을 지연시켜 gel 형성 온도, 즉 호화 온도를 높여 준다.
③ 설탕은 자유수의 탈수와 수소결합 저하의 역할로 노화를 억제한다.
④ 전분의 팽윤과 호화는 적당한 범위의 알칼리성으로 촉진된다.

🐘 **호화에 미치는 영향**
• 수분 : 전분의 수분 함량이 많을수록 호화는 잘 일어난다.
• Starch 종류 : 호화는 전분의 종류에 큰 영향을 받는데, 이것은 전분 입자들의 구조의 차이에 기인한다.
• 온도 : 호화에 필요한 최저 온도는 대개 60℃ 정도다. 온도가 높으면 호화의 시간이 빠르다. 쌀은 70℃에서는 수 시간 걸리나 100℃에서는 20분 정도이다.
• pH : 알칼리성에서는 팽윤과 호화가 촉진된다.
• 염류 : 일부 염류는 전분 알맹이의 팽윤과 호화를 촉진시킨다. 일반적으로 음이온이 팽윤제로서 작용이 강하다(OH^- 〉 CNS^- 〉 Br^- 〉 Cl^-). 한편, 황산염은 호화를 억제한다.

32 뉴턴 유체에 해당하지 않는 것은?

① 물
② 유탁액
③ 청량음료
④ 식용유

🐘 **뉴턴(Newton) 유체**
• 전단응력이 전단 속도에 비례하는 액체를 말한다.
• 즉, 층밀림 변형력(shear stress)에 대하여 층밀림 속도(shear rate)가 같은 비율로 증감할 때를 말한다.
• 전형적인 뉴턴유체는 물을 비롯하여 차, 커피, 맥주, 탄산음료, 설탕시럽, 꿀, 식용유, 젤라틴 용액, 식초, 여과된 주스, 알코올류, 우유, 희석한 각종 용액과 같이 물 같은 음료 종류와 묽은 염용액 등이 있다.

33 식품과 그 식품이 함유하고 있는 단백질이 서로 잘못 연결된 것은?

① 소맥－프롤라민(prolamine)
② 난백－알부민(albumin)
③ 우유－글루텔린(glutelin)
④ 옥수수－제인(zein)

🐘 **우유 단백질**
• 우유의 주된 단백질은 카제인(casein)이다.
• 카제인은 우유 중에 약 3% 함유되어 있으며 우유 단백질 중의 약 80%를 차지한다.

34 관능검사법의 장소에 따른 분류 중 이동수레(mobile serving cart)를 활용하여 소비자 기호도 검사를 수행하는 방법은?

① 중심지역 검사   ② 실험실 검사
③ 가정사용 검사   ④ 직장사용 검사

🐘 **관능검사법에서 소비자 검사**
• 검사 장소에 따라 실험실검사, 중심지역검사, 가정사용검사로 나눌 수 있다.
• 중심지역검사 방법의 부가적인 방법으로 이동 수레를 이용하는 방법과 이동실험실을 이용하는 방법이 있다.
  – 이동수레법 : 손수레에 검사할 제품과 기타 필요한 제품을 싣고 고용인 작업실로 방문하여 실시하는 것이다.
  – 이동실험실법 : 대형 차량에 실험실과 유사한 환경을 설치하여 소비자를 만날 수 있는 장소로 이동해 갈 수 있는 방법으로, 이동수레법에 비해 환경을 조절할 수 있고 회사 내 고용인이 아닌 소비자를 이용한다는 것이 장점이다.

35 식품에 존재하는 수분에 대한 설명 중 틀린 것은?

① 어떤 임의의 온도에서 식품이 나타내는 수증기압을 그 온도에서 순수한 물의 수증기압으로 나눈 것을 수분활성도라고 한다.
② 수용성 단백질, 설탕, 중성지질, 포도당, 비타민 E로 구성된 식품에서 수분활성도에 영향을 미치지 않는 성분은 중성지질과 비타민 E이다.

③ 식품 내 수용성 물질과 수분은 주로 이온결합을 통해 수화(hydration) 상태로 존재한다.

④ 결합수는 식품 성분과 수소결합으로 연결되어 있어 탈수나 건조 등에 의해 쉽게 제거되지 않는다.

👉 식품 내 수용성 물질과 수분은 주로 수소결합을 통해 수화(hydration) 상태로 존재한다.

36 식품 중 단백질 변성에 대한 설명 중 옳은 것은?

① 단백질 변성이란 공유결합 파괴 없이 분자 내 구조 변형이 발생하여 1, 2, 3, 4차 구조가 변화하는 현상이다.

② 결합조직 중 collagen은 가열에 의해 gelatin으로 변성된다.

③ 어육의 경우 동결에 의해 물이 얼음으로 동결되면서 단백질 입자가 상호 접근하여 결합되는 염용(salting-in) 현상이 주로 발생한다.

④ 우유 단백질인 casein의 경우 등전점 부근에서 가장 잘 변성이 되지 않는다.

👉 **단백질 변성**
- 단백질의 변성(denaturation)이란 단백질 분자가 물리적 또는 화학적 작용에 의해 비교적 약한 결합으로 유지되고 있는 고차구조(2~4차)가 변형되는 현상을 말한다.
- 어육의 경우 동결에 의해 물이 얼음으로 동결되면서 단백질 입자가 상호 접근하여 결합되는 염석(salting out) 현상이 주로 발생한다.
- 우유 단백질인 casein의 경우 등전점 부근에서 가장 잘 변성이 일어난다.

37 식품의 변색 반응에 대한 설명 중 연결이 옳지 않은 것은?

① 설탕의 가열 : caramelization → caramel

② 새우, 게의 가열 : astaxanthin → astacin

③ 된장의 갈색 착색 : aminocarbony 반응 → melanoidine

④ 절단 사과의 갈색 변색 : tyrosinase 에 의한 산화 → melanin

👉 **효소에 의한 식품의 변색**
- 사과, 배, 가지, 고구마 등을 절단하면 이들 식품에 함유된 catechin, gallic acid, chlorogenic 등의 phenol성 물질이 polyphenol oxidase에 의해서 산화되어 갈색의 melanin 색소를 형성하게 된다.
- 야채나 과일류 특히 감자 등을 절단하면 monophenol 화합물인 tyrosine이 tyrosinase 에 의해 산화되어 dihydroxy phenylalanine (DOPA)을 거쳐 O-quinone phenylalanin (DOPA-quinone)이 되고 다시 산화, 계속적인 축합·중합반응을 통하여 흑갈색의 melanin색소를 형성하게 된다.

38 옥수수를 주식으로 하는 저소득층의 주민들 사이에서 풍토병 또는 유행병으로 알려진 질병의 원인을 알기 위하여 연구한 끝에 발견된 비타민은?

① 나이아신　　　② 비타민 E
③ 비타민 B_2　　④ 비타민 B_6

👉 **나이아신(niacin)**
- 결핍되면 사람은 pellagra에 걸린다.
- Pellagra는 옥수수를 주식으로 하는 지방에서 많이 볼 수 있는데, 옥수수는 niacin이 부족할 뿐만 아니라 이에 들어 있는 단백질인 zein에 tryptophan 함량이 적기 때문이다.

39 분자식은 $C_6H_{14}O_6$이며 포도당을 환원시켜 제조하고 백색의 알맹이, 분말 또는 결정성 분말로서 냄새가 없고 청량한 단맛이 있는 식품첨가물은?

① D-sorbitol　　② Xylitol
③ inositol　　　④ D-dulcitol

👉 **솔비톨(sorbitol)**
- 분자식은 $C_6H_{14}O_6$이며 포도당을 환원시켜 제조한다.
- 백색의 결정성 분말로서 냄새가 없다.
- 6탄당이며 감미도는 설탕의 60% 정도이다.
- 상쾌한 청량감을 부여한다.
- 일부 과실에 1~2%, 홍조류 13% 함유한다.
- 비타민 C의 원료로 사용된다.
- 습윤제, 보습제로 이용된다.
- 당뇨병 환자의 감미료로 이용된다.

40 각 식품별로 분산매와 분산상 간의 관계가 순서대로 연결된 것은?

① 마요네즈 : 액체 – 액체
② 우유 : 고체 – 기체
③ 캔디 : 액체 – 고체
④ 버터 : 고체 – 고체

👌 **식품에서의 교질(colloid) 상태**

분산매	분산질	분산계	식품의 예
기체	액체	에어졸	향기부여 스모그
	고체	분말	밀가루, 전분, 설탕
액체	기체	거품	맥주 및 사이다 거품, 발효 중의 거품
	액체	에멀션	우유, 생크림, 마가린, 버터, 마요네즈
	고체	현탁질	된장국, 주스, 전분액, 수프
		졸	소스, 페이스트, 달걀흰자
		겔	젤리, 양갱
고체	기체	고체거품	빵, 쿠키
	액체	고체겔	한천, 과육, 버터, 마가린, 초콜릿, 두부
	고체	고체교질	사탕과자, 과자

---

3 과목 식품가공학

41 난백분의 제조법에 대한 설명 중 틀린 것은?

① 난액 중 흰자위만을 건조 시켜 가루로 만든 것이다.
② 난백분은 당 성분을 제거한 후 건조시킨다.
③ 흰자위를 분리 즉시 그대로 건조시켜야 용해도가 높고 색도 좋아진다.
④ 건조시키기 전에 발효시키면 흰자위의 분리가 용이하다.

👌 **건조란**
• 유리 글루코스에 의해 건조시킬 때 갈변, 불쾌취, 불용화 현상이 나타나 품질 저하를 일으키기 때문에 제당 처리가 필요하다.
• 제당 처리 방법 : 자연 발효에 의한 방법, 효모에 의한 방법, 효소에 의한 방법이 있으며 주로 효소에 의한 방법이 사용되고 있다.
• 공정은 전처리 → 당 제거 작업 → 건조 → 포장 → 저장의 과정을 거친다.
• 제품의 수분 함량이 2~5% 이하가 되도록 한다.

42 감의 떫은맛을 제거한 침시를 만들 때 사용하는 방법이 아닌 것은?

① 온탕법
② 알코올법
③ 효소법
④ 탄산가스법

👌 **떫은 감의 탈삽 방법**
• 온탕법 : 떫은 감을 35~40℃ 물속에 12~24시간 유지시켜서 탈삽하는 방법
• 알코올법 : 떫은 감을 알코올과 함께 밀폐 용기에 넣어 탈삽하는 방법
• 탄산가스법 : 떫은 감을 밀폐된 용기에 넣고 공기를 CO_2로 치환하는 방법
• 동결법 : -20℃ 부근에서 냉동시켜 탈삽하는 방법
• 이외에 γ-조사, 카바이트, 아세트알데히드, 에스테르 등을 이용하는 방법이 있다.
* 탄산가스로 탈삽한 감의 풍미는 알코올법에 비하여 떨어지나 상처가 적고 제품이 단단하며 저장성이 높다.

43 식품의 소비기한 설정에 관한 설명으로 틀린 것은?

① 소비기한 설정 시 품질 변화의 지표 물질은 반응 속도에서 높은 반응차수를 갖는 것이 바람직하다.
② 장기간 유통 조건하에서 관능검사를 통하여 소비기한을 설정할 수 있다.
③ 유통 중 품질 변화를 반응 속도론에 근거하여 수학적으로 예측하여 소비기한을 설정할 수 있다.
④ 소비기한 설정의 조건 인자에는 저장 시간, 수분 함량, 온도, pH 등이 있다.

👌 **식품의 소비기한 설정**
• 식품의 소비기한 설정 시 물질의 품질 저하 속도가 반응물의 농도에 관계없이 일정한 반응을 나타내는 경우 0차 반응(n = 0)을 따르게 한다.
• 반응의 농도에 지수적으로 감소하는 반응을 나타내는 경우 1차 반응(n = 1)을 따르게 한다.

44 육류 가공 시 보수성에 영향을 미치는 요인과 가장 거리가 먼 것은?

① 근육의 pH
② 유리아미노산의 양
③ 이온의 영향
④ 근섬유간 결합 상태

45 과일 주스 제조 시에 혼탁을 방지하기 위하여 사용되는 효소는?

① protease
② amylase
③ pectinase
④ lipase

46 유지 용제 추출법에 사용되는 용제의 구비 조건으로 틀린 것은?

① 유지 및 기타 물질을 잘 추출할 것
② 유지 및 착유박에 나쁜 냄새 및 독성이 없을 것
③ 기화열 및 비열이 작아 회수하기가 쉬울 것
④ 인화 및 폭발하는 등의 위험성이 적을 것

47 다음 중 도정도 결정에 사용되는 방법이 아닌 것은?

① 색에 의한 방법
② 도정 시간에 의한 방법
③ 생성되는 쌀겨량에 의한 방법
④ 추의 무게를 측정하는 방법

48 평판의 표면 온도는 120℃이고 주위 온도는 20℃이며 금속 평판으로부터의 열플럭스 속도가 1000W/m²일 때, 대류열전달계수는?

① 50W/m²℃
② 30W/m²℃
③ 10W/m²℃
④ 5W/m²℃

49 일반적인 CA 저장 설비 장치가 아닌 것은?

① 냉각 장치
② N_2 흡수 장치
③ CO_2 흡수 장치
④ 온도, 습도 센서

50 두부 제조 시 소포제를 어떤 공정에서 사용하는가?

① 침지
② 마쇄
③ 응고
④ 가열

51 20℃의 물 1kg을 −20℃의 얼음으로 만드는 데 필요한 냉동부하는? (단, 물의 비열은 1.0 kcal/kg℃, 얼음의 비열은 0.5kcal/kg℃, 물의 융해잠열은 79.6kcal/kg℃이다.)

① 100kcal　　② 110kcal
③ 120kcal　　④ 130kcal

👆 **냉동부하**
Q = C · M · ΔT(열량 = 비열 · 열량 · 온도차)
Q = G · r(열량 = 질량 · 잠열)
① 20℃ 물 → 0℃ 물
　1kcal/kg × 1kg × (20℃ − 0℃) = 20kcal
② 0℃ 물 → 0℃ 얼음
　79.6kcal/kg × 1kg = 79.6kcal
③ 0℃ 얼음 → −20℃ 물
　0.5kcal/kg × 1kg × {0℃ − (−20℃)} = 10kcal
∴ 냉동부하 : 20kcal + 79.6kcal + 10kcal
　= 109.6kcal

52 반경질치즈 제조 시 일반적인 수율은?

① 15%　　② 20%
③ 7%　　④ 10%

👆 반경질치즈의 일반적인 생산 수율은 9~11% 정도이다.

53 유지의 융점에 대한 설명 중 틀린 것은?

① 지방산의 탄소수가 증가할수록 융점이 높다.
② cis형이 trans형보다 높다.
③ 포화지방산보다 불포화지방산으로 된 유지가 융점이 높다.
④ 탄소수가 짝수 번호인 지방산은 그 번호 다음 홀수 번호 지방산보다 융점이 높다.

👆 **유지의 융점**
• 포화지방산이 많을수록 그리고 고급지방산이 많을수록 높아진다.
• 불포화지방산 및 저급지방산이 많을수록 융점이 낮아진다.
• 포화지방산은 탄소수의 증가에 따라 융점은 높아진다.
• 불포화지방산은 일반적으로 2중 결합의 증가에 따라 융점이 낮아진다.
• 단일 glyceride보다 혼합 glyceride가 한층 융점이 낮아진다.
• trans형이 cis형보다 융점이 높다.
• 동일한 유지에서도 서로 다른 결정형이 존재한다.
• α형의 융점이 가장 낮고, β형이 가장 높으며 β′형은 중간이다.

54 아미노산 간장 제조에 사용되지 않는 것은?

① 코지　　② 탈지대두
③ 염산용액　　④ 수산화나트륨

👆 **산분해간장용(아미노산 간장)**
• 단백질을 염산으로 가수분해하여 만든 아미노산액을 원료로 제조한 간장이다.
• 단백질 원료를 염산으로 가수분해시킨 후 가성소다(NaOH)로 중화시켜 얻은 아미노산액을 원료로 만든 화학간장이다.
• 중화제는 수산화나트륨 또는 탄산나트륨을 쓴다.
• 단백질 원료에는 콩깻묵, 글루텐 및 탈지대두박, 면실박 등이 있고 동물성 원료에는 어류 찌꺼기, 누에, 번데기 등이 사용된다.

55 아래 설명에 해당하는 성분은?

> − 인체 내에서 소화되지 않는 다당류이다.
> − 향균, 항암 작용이 있어 기능성 식품으로 이용된다.
> − 갑각류의 껍질 성분이다.

① 섬유소　　② 펙틴
③ 한천　　④ 키틴

👆 **키틴(chitin)**
• 갑각류의 구조형성 다당류로서 바닷가재, 게, 새우 등의 갑각류와 곤충류 껍질층에 포함되어 있다.
• N−acetyl glucosamine들이 β−1,4 glucoside 결합으로 연결된 고분자의 다당류로써 영양성분은 아닌 물질이다.
• 향균, 항암 작용, 혈중 콜레스테롤 저하, 고혈압 억제 등의 효과가 있다.

56 전분의 효소가수분해 물질 중 DE (dextrose equivalent) 20 이하의 저당화당인 제품은?

① glucose(포도당)
② starch syrup(물엿)
③ maltodextrin(말토덱스트린)
④ fructose(과당)

👆 **DE(당화율)[식품공전]**
• 액상포도당의 D.E는 80.0 이상, 물엿의 D.E는 20.0 이상, 기타 엿의 D.E는 10.0 이상, 덱스트린의 D.E는 20.0 미만이다.

57 피부 건강에 도움을 주는 건강기능식품 원료가 아닌 것은?

① 알로에 겔
② 쏘팔메토열매추출물
③ 엽록소 함유 식물
④ 클로렐라

🦪 **피부 건강에 도움을 주는 건강기능식품 기능성 원료[식품안전나라, 2022년]**
① 인정된 기능성 원료
　• AP콜라겐 효소분해펩타이드
　• 소나무껍질추출물 등 복합물
　• 저분자콜라겐펩타이드
　• 쌀겨추출물
　• 지초추출분말
　• 홍삼 · 사상자 · 산수유복합추출물
　• 이하 생략
② 고시형 원료
　• 엽록소 함유 식물
　• 클로렐라
　• 스피루리나
　• 알로에 겔
　• 곤약감자추출물
　• 이하 생략

58 다음 패리노그래프 중 강력분을 나타내는 것은?

🦪 **패리노그래프**
• 밀가루 반죽 시 생기는 점탄성을 측정하는 그래프이다.
• 그림 ①은 준강력분, ②는 중력분, ③은 강력분, ④는 박력분을 나타낸다.

59 발효유 제품 제조 시 젖산균 스타터 사용에 대한 설명으로 틀린 것은?

① 우리가 원하는 절대적 다수의 미생물을 발효시키고자 하는 기질 또는 식품에 접종시켜 성장하도록 하므로 원하는 발효가 반드시 일어나도록 해 준다.

② 원하지 않는 미생물의 오염과 성장의 기회를 극소화한다.
③ 균일한 성능의 발효미생물을 사용함으로써 자연발효법에 의하여 제조되는 제품보다 품질이 균일하고, 우수한 제품을 많이 생산할 수 있다.
④ 발효미생물의 성장 속도를 조정할 수 없어서 공장에서 제조 계획에 맞출 수 없다.

🦪 **젖산균 스타터(starter)란**
• 치즈, 버터 및 발효유 등의 제조에 사용되는 특정 미생물의 배양물로써 발효시키고자 하는 식품에 접종시켜 발효가 반드시 일어나도록 해 준다.
• 발효유제품 제조에 사용되는 스타터는 유산균이 이용된다.
• 발효유 제조에 사용되는 유산균 종류는 *Lactobacillus casei*, *L. bulgaricus*, *L. acidophillus*, *Streptococcus thermophilus* 등이 있다.
• 배지의 고형물의 함량, 미생물의 양 등을 조절하여 발효미생물의 성장 속도를 조정할 수 있어서 공장에서 제조 계획에 맞추어 작업할 수 있다.

60 농축장치를 사용하여 오렌지주스를 농축하고자 한다 원료인 오렌지주스는 7.08%의 고형분을 함유하고 있으며, 농축이 끝난 제품은 58% 고형분을 함유하도록 한다 원료 주스를 100kg/h의 속도로 투입할 때 증발 제거되는 수분의 양(W)과 농축 주스의 양(C)은 얼마인가?

① W = 75.0kg/h, C = 25.0kg/h
② W = 25.0kg/h, C = 75.0kg/h
③ W = 87.8kg/h, C = 12.2kg/h
④ W = 12.1kg/h, C = 87.8kg/h

🦪 **증발된 수분 함량**
• 초기 주스 수분 함량 : 100kg/h × (100 − 7.08) ÷ 100 = 92.92kg/h
　초기 주스 고형분 함량 : 100 × 0.0708 = 7.08kg/h
• 수분 함량 42%인 농축주스 : 7.08 × 100 ÷ (100 − 42) = 12.2kg/h(C)
• 증발된 수분 함량 : 100 − 12.2 = 87.8kg/h(W)

61 효모의 Protoplast 제조 시 세포벽을 분해시킬 수 없는 효소는?

① β-glucosidase
② β-glucuronidase
③ laminarinase
④ snail enzyme

🐌 **세포융합의 방법**
- 미생물의 종류에 따라 다르나 공통되는 과정은 적당한 한천배지에서 증식시킨 적기(보통 대수증식기로부터 정상기로 되는 전환기)의 균체를 모아서 sucrose나 sorbitol와 같은 삼투압 안정제를 함유하는 완충액에 현탁하고 세포벽 융해효소로 처리하여 protoplast로 만든다.
- 세포벽 융해 효소 : 효모의 경우 달팽이의 소화 효소(snail enzyme), *Arthrobacter luteus*가 생산하는 zymolyase 그리고 β-glucuronidase, laminarinase 등이 사용된다.

62 Gram 양성균에 해당되지 않는 것은?

① Streptococcus lactis
② Escherichia coli
③ Staphylococcus aureus
④ Lactobacillus acidophilus

🐌 **그람염색**
- 자주색(그람 양성균) : 연쇄상구균, 쌍구균(폐염구균), 4련구균, 8련구균, *Staphylococcus*속, *Bacillus*속, *Clostridium*속, *Corynebacterium*속, *Mycobacterium*속, *Lactobacillus*속, *Listeria*속 등
- 적자색(그람 음성균) : *Aerobacter*속, *Neisseria*속, *Escherhchia*속(대장균), *Salmonella*속, *Pseudomonas*속, *Vibrio*속, *Campylobacter*속 등

63 광합성 무기영양균(phtolithotroph)의 특징이 아닌 것은?

① 에너지원을 빛에서 얻는다.
② 탄소원을 이산화탄소로부터 얻는다.
③ 녹색황세균과 홍색황세균이 이에 속한다.
④ 모두 호기성균이다.

🐌 **광합성 무기영양균(photolithotroph)의 특징**
- 탄소원을 이산화탄소로부터 얻는다.
- 광합성균은 광합성 무기물 이용균과 광합성 유기물 이용균으로 나눈다.
- 세균의 광합성 무기물 이용균은 편성 혐기성균으로 수소 수용체가 무기물이다.
- 대사에는 녹색 식물과 달라 보통 H_2S를 필요로 한다.
- 녹색 황세균과 홍색 황세균으로 나누어지고, 황천이나 흑화니에서 발견된다.
- 황세균은 기질에 황화수소 또는 분자 상황을 이용한다.

64 조류(algae)에 대한 설명으로 틀린 것은?

① 엽록소를 가지는 광합성 미생물이다.
② 남조류를 포함하여 모든 조류는 진핵세포 구조로 되어 있어 고등미생물에 속한다.
③ 갈조류와 홍조류는 조직 분화를 볼 수 있는 다세포형이다.
④ 녹조류인 클로렐라는 단세포 미생물로 단백질 함량이 높아 미래의 식량으로 기대되고 있다.

🐌 **조류(algae)**
- 분류학상 대부분 진정핵균에 속하므로 세포의 형태는 효모와 비슷하다.
- 종래에는 남조류를 조류에 분류했으나 이는 원시핵균에 분류하므로 세균 중 청녹세균에 분류하고 있다.
- 갈조류, 홍조류 및 녹조류의 3문이 여기에 속한다.
- 보통 조류는 세포 내에 엽록체를 가지고 광합성을 하지만 남조류에는 특정의 엽록체가 없고 엽록소는 세포 전체에 분산되어 있다.
- 바닷물에 서식하는 해수조와 담수 중에 서식하는 담수조가 있다.
- *Chlorella*는 단세포 녹조류이고 양질의 단백질을 대량 함유하므로 식사료화를 시도하고 있으나 소화율이 낮다.
- 우뭇가사리, 김은 홍조류에 속한다.

65 주정공업에서 glucose 1ton을 발효시켜 얻을 수 있는 에탄올의 이론적 수량은?

① 180kg   ② 511kg
③ 244kg   ④ 711kg

🐌 **포도당으로부터 에탄올 생성**
- 반응식
$$C_6H_{12}O_6 \longrightarrow 2C_6H_5OH + 2CO_2$$
$$(180) \qquad\qquad (2\times46)$$
- 포도당 1ton으로부터 이론적인 ethanol 생성량
180 : 46 × 2 = 1000 : x   x = 511.1kg

66 다음 중 정상발효 젖산균(homo fer-mentative lactic acid bacteria)은?

① *Lactobacillus fermentum*

② *Lactobacillus brevis*

③ *Lactobacillus casei*

④ *Lactobacillus heterohiochi*

👆 **젖산 발효 형식**
- 정상 발효 형식(homo type) : 당을 발효하여 젖산만 생성
  - EMP 경로(해당과정)의 혐기적 조건에서 1mole의 포도당이 효소에 의해 분해되어 2mole의 ATP와 2mole의 젖산 생성된다.
  - $C_6H_{12}O_6 \longrightarrow 2CH_3CHOHCOOH$
    포도당 2ATP   젖산
  - 정상발효 유산균 : *Str. lactis*, *Str. cremoris*, *L. delbruckii*, *L. acidophilus*, *L. casei*, *L. homohiochii* 등
- 이상발효형식(hetero type) : 당을 발효하여 젖산 외에 알코올, 초산, CO_2 등 부산물 생성
  - $C_6H_{12}O_6 \rightarrow CH_3CHOHCOOH + C_2H_5OH + CO_2$
  - $2C_6H_{12}O_6 + H_2O \rightarrow 2CH_3CHOHCOOH + C_2H_5OH + CH_3COOH + 2CO_2 + 2H_2$
  - 이상 발효 유산균 : *L. brevis*, *L fermentum*, *L. heterohiochii*, *Leuc.*, *mesenteoides*, *Pediococcus halophilus* 등

67 다음 발효 과정 중 제조공정에서 박테리오파아지에 의한 오염이 발생하지 않는 것은?

① 초산 발효　　② 젖산 발효

③ 아세톤-부탄올 발효　　④ 맥주 발효

👆 **최근 미생물을 이용하는 발효 공업**
- yogurt, amylase, acetone, butanol, glutamate, cheese, 납두, 항생물질, 핵산 관련 물질의 발효에 관여하는 세균과 방사선균에 phage의 피해가 자주 발생한다.

68 다음 중 효모의 설명 중 틀린 것은?

① 산막효모에는 *Debaryomyces*속, *Pichia*속, *Hansenula*속이 있다.

② 산막효모는 산화능이 강하고 비산막효모는 알코올 발효능이 강하다.

③ 맥주 상면발효효모는 raffinose를 완전발효하고 맥주 하면발효효모는 raffinose를 1/3만 발효한다.

④ 야생효모는 자연에 존재하는 효모이고, 배양효모는 유용한 순수 분리 한 효모이다.

👆 **효모**
- 산막효모에는 *Debaryomyces*속, *Pichia*속, *Hansenula*속이 있고, 비산막효모에는 *Saccharomyces*속, *Schizosaccharomyces*속 등이 있다.
- 산막효모는 산소를 요구하고 산화력이 강하고 비산막효모는 산소 요구가 적고 알코올 발효력이 강하다.
- 맥주 상면발효효모는 raffinose, melibiose를 발효하지 않고, 하면 발효효모는 raffinose를 발효한다.
- 야생 효모는 자연에 존재하는 효모로 과실, 토양 중에서 서식하고 유해균이 많다. 배양 효모는 유용한 순수 분리 한 효모로 주정 효모, 청주 효모, 맥주 효모, 빵 효모 등의 발효 공업에 이용된다.

69 수확 직후의 쌀에 빈번한 곰팡이로 저장 중 점차 감소되어 쌀의 변질에는 거의 관여하지 않는 것으로만 묶여진 것은?

① *Alternaria, Fusarium*

② *Aspergillus, Penicillium*

③ *Alternaria, Penicillium*

④ *Asprergillus, Fusarium*

👆 **쌀 저장 중 미생물의 영향**
- 수확 직후의 쌀에는 세균으로서 *Psudomonas*속이 특이적으로 검출되고 곰팡이로써는 기생성의 불완전균의 *Helminthosporium*, *Alternaria*, *Fusarium*속 등이 많으나 저장 시간이 경과됨에 따라 이러한 균들은 점차 감소되어 쌀의 변질에는 거의 영향을 주지 않는다.

70 재조합 DNA를 제조하기 위한 DNA의 절단에 사용하는 효소는?

① 중합 효소　　② 제한 효소

③ 연결 효소　　④ 탈수소 효소

👆 **제한 효소(restriction enzyme)**
- 세균 속에서 만들어져 DNA의 특정 인식 부위(restriction site)를 선택적으로 분해하는 효소를 말한다.
- 세균의 세포 속에서 제한 효소는 외부에서 들어온 DNA를 선택적으로 분해함으로써 병원체를 없앤다.
- 제한 효소는 세균의 세포로부터 분리하여 실험실에서 유전자를 포함하고 있는 DNA 조각을 조작하는 데 사용할 수 있다. 이 때문에 제한 효소는 DNA 재조합 기술에서 필수적인 도구로 사용된다.

71 미생물의 영양원에 대한 설명으로 틀린 것은?

① 종속 영양균은 탄소원으로 주로 탄수화물을 이용하지만 그 종류는 균종에 따라 다르다.

② 유기태 질소원으로 요소, 아미노산 등은 효모, 곰팡이, 세균에 의하여 잘 이용된다.

③ 무기염류는 미생물의 세포 구성 성분, 세포 내 삼투압 조절 또는 효소 활성 등에 필요하다.

④ 생육인자는 미생물의 종류와 관계없이 일정하다.

🐚 **미생물의 영양원**
- 미생물 생육에 필요한 생육인자는 미생물의 종류에 따라 다르나 아미노산, purine 염기, pyrimidine 염기, vitamin 등이다. 미생물은 세포 내에서 합성되지 않는 필수 유기화합물들을 요구한다.
- 일반적으로 세균, 곰팡이, 효모의 많은 것들은 비타민류의 합성 능력을 가지고 있으므로 합성배지에 비타민류를 주지 않아도 생육하나 영양요구성이 강한 유산균류는 비타민 B군을 주지 않으면 생육하지 않는다.
- *Saccharomyces cerevisiae*에 속하는 효모는 일반적으로 pantothenic acid를 필요로 하며 맥주 하면효모는 biotin을 요구하는 경우가 많다.

72 일반적으로 미생물의 생육 최저 수분 활성도가 높은 것부터 순서대로 나타낸 것은?

① 곰팡이 〉 효모 〉 세균
② 효모 〉 곰팡이 〉 세균
③ 세균 〉 효모 〉 곰팡이
④ 세균 〉 곰팡이 〉 효모

🐚 **미생물이 이용하는 수분**
- 주로 자유수(free water)이며, 이를 특히 활성 수분(active water)이라 한다.
- 활성 수분이 부족하면 미생물의 생육은 억제된다.
- Aw 한계를 보면 세균은 0.86, 효모는 0.78, 곰팡이는 0.65 정도이다.

73 접합균류에 속하는 곰팡이 속은?

① *Mucor*속　　② *Aspergillus*속
③ *Neurospore*속　④ *Agaricus*속

🐚 **진균류(Eumycetes)**
- 격벽의 유무에 따라 조상균류와 순정균류로 분류
- 조상균류 : 균사에 격벽(격막)이 없다.
  - 호상균류 : 곰팡이
  - 난균류 : 곰팡이
  - 접합균류 : 곰팡이(*Mucor*속, *Rhizopus*속, *Absidia*속)
- 순정균류 : 균사에 격벽이 있다.
  - 자낭균류 : 곰팡이(*Monascus*속, *Neurospora*속), 효모
  - 담자균류 : 버섯, 효모
  - 불완전균류 : 곰팡이(*Aspergillus*속, *Penicillium*속, *Trichoderma*속), 효모

74 미생물 생육에 영향을 미치는 환경 요인에 대한 설명으로 옳은 것은?

① 외부 환경 조건이 불리해도 영양소만 풍부하면 미생물은 잘 자란다.

② 미생물은 생육 최적 온도에서 생육 속도가 가장 빠르다.

③ 온도가 낮아지면 세포 내 효소 활성이 점점 증가하여 생육 속도가 빨라진다.

④ 온도가 낮아지면 세포막의 유동성이 좋아져 생육 속도가 빨라진다.

🐚 **미생물 생육에 영향을 미치는 환경 요인**
- 미생물의 성장은 물리화학적 환경 조건에 따라 큰 영향을 받는다. 따라서 외부 환경이 불리해지면 영양물질이 풍부해도 미생물은 잘 자라지 못한다.
- 온도가 낮아지면 세포막의 유동성이 저하되어 생육 속도가 느려진다.
- 온도가 낮아지면 세포 내 효소 활성이 점점 감소하여 생육 속도가 느려진다.

75 요구르트(yogurt) 제조에 이용하는 젖산균은?

① *Lactobacillus bulgaricus*와 *Streptococcus thermophilus*

② *Lactobacillus plantarum*와 *Acetobacter aceti*

③ *Lactobacillus bulgaricus*와 *Streptococcus pyogenes*

④ *Lactobacillus plantarum*와 *Lactobacillus homohiochi*

🐚 **yogurt 제조에 이용되는 젖산균**
- *L. bulgaricus*, *Sc. thermophilus*, *L. casei*와 *L. acidophilus* 등이다.

76 *Aspergillus*속과 *Penicillium*속 곰팡이의 가장 큰 형태적 차이점은?

① 분생포자와 균사의 격벽
② 영양균사와 경자
③ 정낭과 병족세포
④ 자낭과 기균사

☞ *Aspergillus*속과 *Penicillium*속의 차이점
• *Penicillium*속과 *Aspergillus*속은 분류학상 가까우나 *Penicillium*속은 병족세포가 없고, 또한 분생자병 끝에 정낭(vesicle)을 만들지 않고 직접 분기하여 경자가 빗자루 모양으로 배열하여 취상체(penicillus)를 형성하는 점이 다르다.

77 다음 미생물 중 최적의 pH가 가장 낮은 균은?

① *Bacillus subtilis*
② *Clostridium botulinum*
③ *Escherichia coli*
④ *Saccharomyces cerevisiae*

☞ 미생물의 최적 pH
• 세균은 중성부근인 최적 pH 7.0~8.0
• 곰팡이와 효모는 최적 pH 4.0~6.0
• *Thiobacillus*는 2.0~2.8

78 바이러스에 대한 설명으로 틀린 것은?

① 일반적으로 유전자로서 RNA나 DNA 중 한 가지 핵산을 가지고 있다.
② 숙주세포 밖에서는 증식할 수 없다.
③ 일반세균과 비슷한 구조적 특징과 기능을 가지고 있다.
④ 완전한 형태의 바이러스 입자를 비리온(virion)이라 한다.

☞ 바이러스
• 동식물의 세포나 세균세포에 기생하여 증식하며 광학현미경으로 볼 수 없는 직경 0.5μ 정도로 대단히 작은 초여과성 미생물이다.
• 미생물은 DNA와 RNA를 다 가지고 있는데 반하여 바이러스는 DNA나 RNA 중 한 가지 핵산을 가지고 있다.

79 미생물의 증식도 측정에 관한 설명 중 틀린 것은?

① 총균계수법 측정에서 0.1% methylene blue로 염색하면 생균은 청색으로 나타난다.
② 곰팡이와 방선균의 증식도는 일반적으로 건조 균체량으로 측정한다.

③ Packed volume법은 일정한 조건으로 원심 분리 하여 얻은 침전된 균체의 용적을 측정하는 방법이다.
④ 비탁법은 세포현탁액에 의하여 산란된 광의 양을 전기적으로 측정하는 방법이다.

☞ 미생물의 증식도 측정
• 총균계수법 측정에서 0.1% methylene blue로 염색하면 사균은 청색으로 나타난다.
• 곰팡이와 방선균의 증식도는 비탁법 등 다른 방법으로는 측정하기 어려우므로 건조균체량으로 측정한다.

80 진핵세포의 구조에 관한 설명으로 틀린 것은?

① 복수의 염색체 내에 히스톤이라는 핵단백질이 있다.
② 큰 단위체 50S와 작은 단위체 30S인 리보솜을 갖는다.
③ ATP를 생산하는 미토콘드리아를 갖는다.
④ 중심섬유는 2개의 쌍으로 되어 있고 외위섬유는 2개의 쌍으로 된 9개의 조의 형태로 된 편모를 갖는다.

☞ 원시핵세포(하등미생물)와 진핵세포(고등미생물)의 비교

	원핵생물 (procaryotic cell)	진핵생물 (eucaryotic cell)
핵막	없다.	있다.
인	없다.	있다.
DNA	단일분자, 히스톤과 결합하지 않는다.	복수의 염색체 중에 존재, 히스톤과 결합하고 있다.
분열	무사분열	유사분열
생식	감수분열 없다.	규칙적인 과정으로 감수분열을 한다.
원형질막	보통은 섬유소가 없다.	보통 스테롤을 함유한다.
내막	비교적 간단, mesosome	복잡, 소포체, golgi체
ribosome	70s	80s
세포기관	없다.	공포, lysosome, micro체
호흡계	원형질막 또는 mesosome의 일부	mitocondria 중에 존재한다.
광합성 기관	mitocondria는 없다. 발달된 내막 또는 소기관, 엽록체는 없다.	엽록체 중에 존재한다.
미생물	세균, 방선균	곰팡이, 효모, 조류, 원생동물

* 진핵세포의 편모 : 중심 부분에 2개의 단일 미세소관을 9개의 이이중 미세소관(doublet microtublet)이 둘러싸고 있는 '9+2' 구조의 액소님(axoneme)을 이루고 있다.

81 시트르산 회로의 8가지 연속되는 반응 단계 중 첫 번째 단계에 해당되는 것은?

① succinate가 fumarate로 산화

② L-malate가 oxaloacetate로 되는 산화 반응

③ 퓨마르산이 L-malate로 전환되는 수화 반응

④ 시트르산의 생성

🍮 **TCA cycle(구연산 회로)**

• 먼저 acetyl CoA는 citrate synthetase에 의하여 oxaloacetic acid와 결합되어 citric acid를 생성하고 CoA를 생성한다.

• 다음 citric acid는 α-ketoglutaric acid 등을 거쳐 회로가 형성된다.

• 이렇게 되어 최후에 H_2O와 CO_2로 완전 산화된다.

82 아미노산 분자에 대한 설명으로 틀린 것은?

① 개별 아미노산 분자는 pH에 따라 산 또는 염기로 작용할 수 있다.

② 단백질을 구성하는 아미노산 잔기는 L-입체이성질체이다.

③ 단백질의 아미노산 서열을 일차구조라 한다.

④ 아미노산 분자가 노출된 pH가 높아지면 양전하량이 증가한다.

🍮 **등전점(isoelectric point)**

• 아미노산은 그 용액을 산성 혹은 알칼리성으로 하면 양이온, 음이온의 성질을 띤 양성 전해질로 된다. 이와 같이 양하전과 음하전을 이루고 있는 아미노산 용액의 pH를 등전점이라 한다.

• 아미노산의 등전점보다 pH가 낮아져서 산성이 되면, 보통 카르복시기가 감소하여 아미노기가 보다 많이 이온화하므로 분자는 양(+)전하를 얻어 양이온이 된다.

• 반대로 pH가 높아져서 알칼리성이 되면 카르복시기가 강하게 이온화하여 음이온이 된다.

83 단세포단백질 생산의 기질과 미생물이 잘못 연결된 것은?

① 에탄올 – 효모

② 메탄 – 곰팡이

③ 메탄올 – 세균

④ 이산화탄소 – 조류

🍮 **단세포 단백질(Single Cell Protein)**

• 효모 또는 세균과 같은 단세포에 포함되어 있는 단백질을 가축의 먹이로 함으로써 간접적으로 단백질을 추출, 정제해 직접 인간의 식량으로 이용할 수 있는 단백자원, 단세포단백질, 탄화수소단백질, 석유단백질로도 불린다.

• 메탄을 이용하여 생육할 수 있는 미생물은 *Methylomonas methanica*, *Methylococcus capsulalus*, *Methylovibrio soengenii*, *Methanomonas margaritae* 등 비교적 특이한 세균에 한정되어 있다.

84 DNA의 생합성에 대한 설명으로 틀린 것은?

① DNA polymerase에 의한 DNA 생합성 시에는 Mg^{2+}(혹은 Mn^{2+})와 primer를 필요로 한다.

② Nucleotide chain의 신장은 3 → 5 방향이며 4 종류의 deoxynucleotide-5-triphosphate 중 하나가 없어도 반응 속도는 유지된다.

③ DNA ligase는 DNA의 2가닥 사슬 구조 중에 nick이 생기는 경우 절단 부위를 다시 인산 diester 결합으로 연결하는 것이다.

④ DNA 복제 과정 시에는 2개의 본 가닥이 풀림과 동시에 주형으로 작용하여 상보적인 2개의 DNA 가닥이 새롭게 합성된다.

🍮 **Nucleotide의 복제**

• 프라이머의 3′ 말단에 DNA 중합 효소에 의해 새로운 뉴클레오타이드가 연속적으로 붙어 복제가 진행된다.

• 새로운 DNA 가닥은 항상 5′ → 3′ 방향으로 만들어지며, 새로 합성되는 DNA는 주형 가닥과 상보적이다.

85 주정 생산 시 주요 공정인 증류에 있어 공비점(K점)에 대한 설명으로 옳은 것은?

① 공비점에서의 알코올 농도는 95.5%(v/v), 물의 농도는 4.5%이다.

② 공비점 이상의 알코올 농도는 어떤 방법으로도 만들 수 없다.

③ 99%의 알코올을 끓이면 발생하는 증기의 농도가 높아진다.

④ 공비점이란 술덧의 비등점과 응축점이 78.15℃로 일치하는 지점이다.

🍲 **공비점**
- 알코올 농도는 97.2%, 물의 농도는 2.8%이다.
- 비등점과 응축점이 모두 78.15℃로 일치하는 지점이다.
- 이 이상 가열하여 끓이더라도 농도는 높아지지 않는다.
- 99%의 알코올을 끓이면 이때 발생하는 증기의 농도는 오히려 낮아진다.
- 97.2v/v% 이상의 것은 얻을 수 없으며 이 이상 농도를 높이려면 특별한 탈수법으로 한다.

86 폐수의 혐기적 분해에 관여하는 균이 아닌 것은?

① *Clostridium*

② *Proteus*

③ *Pseudomonas*

④ *Nitrosomonas*

🍲 **폐수의 혐기적 분해에 관여하는 균**
- *Clostridium, Proteus, Pseudomonas, Bacillus, Streptococcus, Escherichia* 등이 관계되며 메탄세균에는 *Methanococcus, Methanobacteria* 등이 있다.

87 한 분자의 피루브산이 TCA 회로를 거쳐 완전분해하면 얻을 수 있는 ATP의 수는? (단, 1분자의 NADH당 2.5ATP, 1분자의 FADH2당 1.5ATP를 생성한다고 가정한다.)

① 10

② 12.5

③ 15

④ 32

🍲 **한 분자의 피루브산이 TCA 회로를 거쳐 완전 분해 시 생성된 ATP**

반응	중간생성물	ATP 분자 수
Pyruvate dehydrogenase	1NADH	2.5
Isocitrate dehydrogenase	1NADH	2.5
α-Ketoglutarate dehydrogenase	1NADH	2.5
Succinyl-CoA synthetase	1GTP	1
Succinate dehydrogenase	1FADH2	1.5
Malate dehydrogenase	1NADH	2.5
Total		12.5

88 균체 분리 공정에서 효모나 방선균 분리에 주로 사용되며 연속적으로 대량 처리가 용이한 기기는?

① 회전식 진공여과기(rotary vaccum filter)

② 엽상가압여과기(leaf filter)

③ 가압여과기(filter press)

④ 원심여과기(basket centrifuge)

🍲 효모 균체 분리에는 주로 연속적으로 대량 처리가 가능한 회전식 진공탈수기(rotary vaccum filter drum)를 응용한 효모탈수기(yeast dehydrator)가 이용되고 있다.

89 효소의 고정화 방법에 대한 설명으로 틀린 것은?

① 담체결합법은 공유결합법, 이온결합법, 물리적 흡착법이 있다.

② 가교법은 2개 이상의 관능기를 가진 시약을 사용하는 방법이다.

③ 포괄법에는 격자형과 클로스링킹형이 있다.

④ 효소와 담체 간의 결합이다.

🍲 **고정화 효소**
- 물에 용해되지 않으면서도 효소 활성을 그대로 유지하는 불용성 효소, 즉 고체 촉매화 작용을 하는 효소이다.
- 담체와 결합한 효소이다.
- 고정화 효소의 제법으로 담체결합법, 가교법, 포괄법의 3가지 방법이 있다.
  - 담체결합법은 공유결합법, 이온결합법, 물리적 흡착법이 있다.
  - 포괄법은 격자형, microcapsule법이 있다.

90 오탄당 인산경로(pentose phosphate pathway)의 생산물이 아닌 것은?

① NADPH　　② CO_2
③ Ribose　　④ H_2O

🍎 **Pentose phosphate(HMP) 경로의 중요한 기능**
- 여러 가지 생합성 반응에서 필요로 하는 세포질에서 환원력을 나타내는 NADPH를 생성한다. NADPH는 여러 가지 환원적 생합성 반응에서 수소 공여체로 작용하는 특수한 dehydrogenase들의 보효소가 된다. 예를 들면 지방산, 스테로이드 및 glutamate dehydrogenase에 의한 아미노산 등의 합성과 적혈구에서 glutathione의 환원 등에 필요하다.
- 6탄당을 5탄당으로 전환하며 3-, 4-, 6- 그리고 7탄당을 당대사 경로에 들어갈 수 있도록 해 준다.
- 5탄당인 ribose 5-phosphate를 생합성하는데 이것은 RNA 합성에 사용된다. 또한, deoxyribose 형태로 전환되어 DNA 구성에도 이용된다.
- 어떤 조직에서는 glucose 산화의 대체 경로가 되는데, glucose 6-phosphate의 각 탄소원자는 CO_2로 산화되며, 2개의 NADPH분자를 만든다.

91 일반적으로 사용되는 생산균주의 보관 방법이 아닌 것은?

① 저온(냉장) 보관　② 상온 보관
③ 냉동 보관　　　④ 동결 건조

🍎 **균주의 보존법**
- 계대배양 보존법
- 유동파라핀 중층 보존법
- 동결보존법
  - 냉동고 : 최고 -20℃, 최저 -80℃
  - 드라이아이스 : 액상, -70℃
  - 액체질소 : 액상-196℃, 기상 : -150~-170℃
- 동결건조 보존법
- 건조법

92 퓨린(purine)을 생합성할 때 purine의 골격 구성에 필요한 물질이 아닌 것은?

① Alanine
② aspartic acid
③ CO_2
④ formyl THF

🍎 **purine을 생합성할 때 purine의 골격 구성**
- purine 고리의 탄소원자들과 질소원자들은 다른 물질에서 얻어진다.
- 즉, 제4, 5번의 탄소와 제7번의 질소는 glycine에서 온다.
- 제1번의 질소는 aspartic acid, 제3, 9번의 질소는 glutamine에서 온다.
- 제2번의 탄소는 N^{10}-Forrnyl THF, 제8번의 탄소는 N^5, N^{10}-Methenyl THF에서 온다.
- 제6번의 탄소는 CO_2에서 온다.

93 그람(gram) 음성세균의 세포벽 구성 성분 중 그람(gram) 양성세균의 세포벽 성분보다 적은 특징적 성분은?

① Lipoprotein
② Lipopolysaccharide
③ Peptidoglycan
④ Phospholipid

🍎 **세균 세포벽의 성분**
- 그람음성 세균의 세포벽
  - 펩티도글리칸(peptidoglycan) 10%을 차지하며, 단백질 45~50%, 지질다당류 25~30%, 인지질 25%로 구성된 외막을 함유하고 있다.
  - *Aerobacter*속, *Neisseria*속, *Escherhchia*속(대장균), *Salmonella*속, *Pseudomonas*속, *Vibrio*속, *Campylobacter*속 등
- 그람양성 세균의 세포벽
  - 단일층으로 존재하는 펩티도글리칸(peptidoglycan) 95%정도까지 함유하고 있으며, 이외에도 다당류, 타이코신(teichoic acid), 테츄론산(techuronic acid)등을 가지고 있다.
  - 연쇄상구균, 쌍구균(폐염구균), 4련구균, 8련구균, *Staphylococcus*속, *Bacillus*속, *Clostridium*속, *Corynebacterium*속, *Mycobacterium*속, *Lactobacillus*속, *Listeria*속 등

94 단백질의 생합성이 이루어지는 장소는?

① 미토콘드리아　② 리보솜
③ 핵　　　　　　④ 액포

🍎 **단백질의 생합성**
- 세포 내 ribosome에서 이루어진다.
- mRNA는 DNA에서 주형을 복사하여 단백질의 아미노산 배열 순서를 전달 규정한다.
- t-RNA은 다른 RNA와 마찬가지로 RNA polymerase(RNA 중합효소)에 의해서 만들어진다.

- aminoacyl-tRNA synthetase에 의해 아미노산과 tRNA로부터 aminoacyl-tRNA로 활성화되어 합성이 개시된다.

95 비오틴 결핍증이 잘 나타나지 않는 이유는?

① 지용성 비타민으로 인체 내에 저장되므로
② 일상생활 중 자외선에 의해 합성되므로
③ 아비딘 등의 당단백질의 분해산물이므로
④ 장내 세균에 의해서 합성되므로

🐚 **비오틴(biotin, 비타민 H)**
- 지용성 비타민으로 황을 함유한 비타민이다.
- 산이나 가열에는 안정하나 산화되기 쉽다.
- 자연계에 널리 분포되어 있으며 동물성 식품으로 난황, 간, 신장 등에 많고 식물성 식품으로는 토마토, 효모 등에 많다.
- 장내 세균에 의해 합성되므로 결핍되는 일은 드물다.
- 생 난백 중에 존재하는 염기성 단백질인 avidin과 높은 친화력을 가지면서 결합되어 효력이 없어지기 때문에 항난백인자라고 한다.
- 결핍되면 피부염, 신경염, 탈모, 식욕 감퇴 등이 일어난다.

96 Allosteric 효소에 대한 설명으로 틀린 것은?

① 효소 분자에서 촉매 부위와 조절 부위는 대부분 다른 subunit에 존재한다.
② 촉진인자가 첨가되면 효소는 기질과 복합체를 형성할 수 있다.
③ 조절인자는 효소 활성을 저해 또는 촉진시킨다.
④ 전형적인 Michalis-Menten식의 성질을 갖고 Km, Vmax값 변화는 없다.

🐚 **allosteric 효소(다른자리입체성 효소)**
- 조절인자의 결합에 따라 모양과 구조가 바뀌는 효소이다.
- 활성 부위 외의 부위에 특이적인 대사물질이 비공유 결합하여 촉매 활성이 조절되는 성격을 가진다.
- 효소분자에서 촉매 부위와 조절 부위는 대부분 다른 subunit에 존재한다.
- 촉진인자가 첨가되면 효소는 기질과 복합체를 형성할 수 있다.
- 조절인자는 효소활성을 저해 또는 촉진시킨다.

97 Dextran에 대한 설명으로 틀린 것은?

① 공업적 제조에 *Leuconostoc mesenteroides*가 이용된다.
② 발효법에서는 배지 중의 sucrose로부터 furctose가 중합되어 생산되어, 이때 glucose가 유리된다.
③ dextransucrase를 사용하여 효소법으로도 제조된다.
④ 효소법으로는 불순물의 혼입 없이 진행되므로 순도가 높은 dextran을 얻을 수 있다.

🐚 **Dextran의 공업적 제조**
- sucrose를 원료로 하여 젖산균인 *Leuconostoc mesenteroides*가 이용된다.
- dextran은 sucrose로부터 생성되는 glucose로 된 중합체(다당류)이며 fructose가 유리 된다.
- 발효법 : *Leuconostoc mesenteroides*를 sucrose와 균의 생육인자로서 yeast ex., 무기염류 등을 첨가한 배지를 사용하여 25℃에서 소량의 통기를 하면서 교반 배양한다.
- 효소적 방법 : sucrose으로부터 dextran을 생성하는 dextransucrase(균체외효소)를 사용하는 방법이다. 불순물의 혼입 없이 반응이 진행되므로 순도가 높은 dextran을 얻을 수 있다.

98 원핵세포의 리보좀을 이루는 50S 및 30S에 함유되어 있는 RNA는?

① mRNA
② rRNA
③ tRNA
④ sRNA

🐚 **rRNA**
- rRNA는 단백질이 합성되는 세포 내 소기관이다
- 원핵세포에서는 30S와 50S로 구성된 70S의 복합 단백질로 구성하고 있다.
- 진핵세포에서는 40S와 60S로 구성된 80S의 복합 단백질로 구성하고 있다.

99 다음 토코페롤 중 가장 높은 비타민 E 활성을 갖는 것은?

① α-tocopherol
② β-tocopherol
③ γ-tocopherol
④ δ-tocopherol

🍽 **토코페롤(비타민 E)**
- 천연에는 4가지의 토코페롤(α, β, γ, δ)과 4가지의 토코트리에롤(α, β, γ, δ)이 있다.
- 이 중 생물학적 활성이 가장 높은 것은 α-tocopherol이고, 이것을 1로 했을 때 β형은 1/2~1/3, γ형은 1/10, δ형은 2/100 이하의 활성을 갖는다.

100 아황산펄프폐액을 이용한 효모균체의 생산에 이용되는 균은?

① *Candida utilis*
② *Pichia pastoris*
③ *Sacharomyces cerevisiae*
④ *Torulopsis glabrata*

🍽 *Candida utilis*
- xylose를 자화하므로 아황산 펄프폐액 등에 배양해서 균체는 사료 효모용 또는 inosinic acid 제조 원료로 사용된다.

2022년 제1회 A형

01	02	03	04	05	06	07	08	09	10
③	①	④	③	③	④	③	③	②	③
11	12	13	14	15	16	17	18	19	20
④	②	④	②	②	①	④	③	①	④
21	22	23	24	25	26	27	28	29	30
①	②	①	②	③	②	④	④	③	④
31	32	33	34	35	36	37	38	39	40
②	②	③	①	③	②	④	①	①	①
41	42	43	44	45	46	47	48	49	50
③	③	①	②	③	①	④	③	②	④
51	52	53	54	55	56	57	58	59	60
②	④	②	①	④	③	②	③	④	③
61	62	63	64	65	66	67	68	69	70
①	②	④	②	②	③	④	③	①	②
71	72	73	74	75	76	77	78	79	80
④	③	①	②	①	③	④	③	①	②
81	82	83	84	85	86	87	88	89	90
④	④	②	②	④	④	②	①	③	④
91	92	93	94	95	96	97	98	99	100
②	①	③	②	④	④	②	②	①	①

	수험번호	성명

자격종목	종목코드	시험시간	형별
식품기사		2시간 30분	B

1 과목 식품위생학

1 식중독 역학조사 시 설문조사 분석을 통하여 질병의 유형을 분류하고 가설을 설정·검증하는 단계는?

① 현장조사 단계
② 정리 단계
③ 준비 단계
④ 조치 단계

🍠 **식중독 역학조사 단계(식약처)**

㉠ 준비 단계
• 원인조사반 구성, 반원 간 업무분장 조정, 검체 채취 기구 준비 등

㉡ 현장조사 단계
• 식품취급자 설문조사 및 위생 상태 확인
• 현장 시설 조사를 통한 오염원 추정
• 검체 채취 및 의뢰
• 데이터 분석 및 가설 설정
  – 설문조사 분석을 통하여 질병의 유형을 분류하고, 가설을 설정·검증

㉢ 정리 단계
• 확보된 기본 자료, 현장 확인 및 점검 결과, 검사 현황, 의학 참고자료 등을 바탕으로 여러 발생 원인인자에 대한 분석을 통하여 발생 오염원 및 경로 추정

㉣ 조치 단계
• 조사 결과 급식 및 식재료, 음용수 등의 식품 매개로 인한 중독으로 의심이 되거나 추정되는 경우 급식중단 조치와 함께 관련 식품 및 식재료 등의 사용금지 또는 폐기 조치 실시

2 장출혈성대장균의 특징 및 예방 방법에 대한 설명으로 틀린 것은?

① 오염된 식품 이외에 동물 또는 감염된 사람과의 접촉 등을 통하여 전파될 수 있다.
② 74℃에서 1분 이상 가열하여도 사멸되지 않는 고열에 강한 변종이다.
③ 신선채소류는 염소계 소독제 100ppm으로 소독 후 3회 이상 세척하여 예방한다.
④ 치료 시 항생제를 사용할 경우, 장출혈성대장균이 죽으면서 독소를 분비하여 요독증후군을 악화시킬 수 있다.

🍠 장출혈성대장균은 74℃에서 1분 이상 가열·조리 시 사멸이 가능하다.

3 병원성세균 중 포자를 생성하는 균은?

① 바실러스 세레우스(*Bacillus cereus*)
② 병원성대장균(*Escherichia coli* O157:H7)
③ 황색포도상구균(*Staphylococcus aureus*)
④ 비브리오 파라해모리티쿠스(*Vibrio parahaemolyticus*)

🍠 *Bacillus cereus*
• 그람양성 간균으로 내열성 아포를 형성한다.
• 호기성 세균으로 토양, 수중, 공기, 식물 표면, 곡류 등 자연계에 널리 분포되어 있다.
• 증식온도는 5~50℃(최적 30~37℃)이다.
• 독소 : 설사형, 구토형 독소로 분류
• 원인식품 : 볶음밥 등의 쌀밥, 도시락, 김밥, 스파게티, 면류 등의 소맥분으로 된 식품류
• 설사, 구토를 일으킨다.

4 PCB(polychlorinated biphenyls)가 동물 체내에서 가장 많이 축적되는 부위는?

① 근육 ② 뼈
③ 혈액 ④ 지방층

🐟 **PCB(polychlorobiphenyls)에 의한 식중독**
- 가공된 미강유를 먹은 사람들이 색소 침착, 발진, 종기 등의 증상을 나타내는 괴질이 1968년 10월 일본의 규슈를 중심으로 발생하여 112명이 사망하였다.
- 조사 결과 미강유 제조 시 탈취공정에서 가열 매체로 사용한 PCB가 누출되어 기름에 혼입되어 일어난 중독사고로 판명되었다.
- PCB는 비점이 높고 불휘발성으로 산, 알칼리, 산화제 등에 내약품성, 내열성, 내염성이 강하다.
- 안정하고 지용성이어서 인체의 지방조직에 축적되며, 배설 속도가 아주 느리고, 치료되기까지 장기간을 요한다.
- 중독 증상은 피부 발진, 손톱 착색, 구강 점막과 잇몸 착색, 손발 저림, 관절통, 식욕 부진, 월경 이상, 체중 감소 등이 나타나며, 심하면 간경화, 두통, 간 종양을 일으킨다.

5 동물용 의약품의 잠정기준 적용 시 식용동물 등에 대해 「식품의 기준 및 규격」에 별도로 잔류허용기준이 정해지지 아니한 경우 최우선 순위의 적용 기준은?

① CODEX 기준
② 유사 식용동물의 잔류허용기준 중 해당 부위의 최대기준
③ 일괄적으로 0.03mg/kg 이하 기준
④ MRLs 기준

🐟 **동물용 의약품의 잔류허용기준[식품공전]**
- 식용동물 등에 대해 이 고시에 별도로 잔류허용기준이 정해지지 아니한 경우 다음 각 항의 기준을 순차적으로 적용한다.
  - CODEX 기준
  - 유사 식용동물의 잔류허용기준 중 해당 부위의 최저기준
  - 항균제에 대하여 축·수산물(유, 알 포함) 및 벌꿀(로열젤리, 프로폴리스 포함)의 잔류기준을 0.03mg/kg으로 적용

6 식품에 존재하는 유독성분과 그 식품이 바르게 연결된 것은?

① 감자 – 무스카린(muscarine)
② 면실유 – 고시폴(gossypol)
③ 수수 – 아미그달린(amygdalin)
④ 독미나리 – 에르고톡신(ergotoxin)

🐟 **식물성 중독 성분**
- 솔라닌(solanine) : 감자의 독성분
- 무스카린(muscarine) : 독버섯의 독성분
- 고시폴(gossypol) : 목화씨(면실유)의 독성분
- 아미그달린(amygdalin) : 청매의 독성분
- 시큐독신(cicutoxin) : 독미나리의 독성분
- 에르고톡신(ergotoxin) : 맥각의 독성분

7 Fusarium 속 곰팡이가 생산하는 독소가 아닌 것은?

① Trichothecene류 ② Ochratoxin
③ Zearalenone ④ Fumonisin

🐟 **mycotoxin의 종류**
- 간장독 : 간경변, 간 종양 또는 간세포 괴사를 일으키는 물질군
  - Aflatoxin(*Aspergillus flavus*), sterigmatocystin(*Asp. versicolor*), rubratoxin(*Penicillium rubrum*), luteoskyrin(*Pen. islandicum*), islanditoxin(*Pen. islandicum*), ochratoxin(*Asp. ochraceus*)
- 신장독 : 급성 또는 만성 신장염을 일으키는 물질군
  - citrinin(*Pen. citrinum*), citreomycetin, kojic acid(*Asp. oryzae*)
- 신경독 : 뇌와 중추신경에 장애를 일으키는 것
  - patulin(*Pen. patulum, Asp. clavatus* 등), maltoryzine(*Asp. oryzae var. microsporus*), citreoviridin(*Pen. citreoviride*)
- 피부염 물질
  - sporidesmin(*Pithomyces chartarum*, 광과민성 안면 피부염), psoralen(*Sclerotina sclerotiorum*, 광과민성 피부염 물질) 등
- fusarium 독소군
  - fusariogenin(조혈 기능장애 물질, *Fusarium poe*), nivalenol(*F. nivale*), zearalenone (발정유발 물질, *F. graminearum*)
- 기타 : shaframine(유연물질, *Rhizoctonia leguminicola*) 등
* lipovitellin(HDL, 고밀도 리포단백질)은 난황 단백질이다.

8 제1급감염병이 아닌 것은?

① 장티푸스

② 페스트

③ 탄저

④ 중증급성호흡기증후군

🥢 **제1급감염병**

• "제1급감염병"이란 생물테러감염병 또는 치명률이 높거나 집단 발생의 우려가 커서 발생 또는 유행 즉시 신고하여야 하고, 음압격리와 같은 높은 수준의 격리가 필요한 감염병을 말한다.

• 제1급감염병의 종류(17종) : 에볼라바이러스병, 마버그열, 라싸열, 크리미안콩고출혈열, 남아메리카출혈열, 리프트밸리열, 두창, 페스트, 탄저, 보툴리눔독소증, 야토병, 신종감염병증후군, 중증급성호흡기증후군(SARS), 중동호흡기증후군(MERS), 동물인플루엔자 인체감염증, 신종인플루엔자, 디프테리아

9 수인성 감염병에 속하지 않는 것은?

① 장티푸스   ② 이질

③ 콜레라   ④ 파상풍

🥢 **수인성 감염병**

• 물이나 음식물에 들어 있는 세균에 의하여 감염되는 감염병이다.

• 종류 : 세균성이질, 장티푸스, 콜레라, 살모넬라증, 장출혈성대장균, A형간염 등이 있다.

• 대표적인 증상 : 묽은 설사, 복통, 구토, 고열 등이다.

• 감염경로 : 오염된 식수, 음식물을 먹거나 해산물을 날로 먹었을 때 주로 감염된다.

10 바다 생선회를 원인 식으로 발생한 환자를 조사한 결과 기생충의 자충이 원인이었다고 한다면 어느 기생충과 관련이 깊은가?

① 선모충

② 동양모양선충

③ 간흡충

④ 아니사키스충

🥢 **아니사키스(Anisakis)의 자충**

• 고래, 돌고래, 물개 등의 바다 포유류의 제1 위에 기생하는 회충의 일종이다.

• 제1 중간숙주인 갑각류이고, 이를 잡아먹는 제2 중간숙주인 해산어류의 내장, 복강, 근육조직에서 유충이 되고 최종 숙주를 생식하면 감염된다.

11 몸길이 0.3mm의 유백색 또는 황백색이고 여름 장마 때에 흔히 발생하며, 곡류, 과자, 빵, 치즈 등에 잘 발생하는 진드기는?

① 설탕진드기

② 집고기진드기

③ 보리먼지진드기

④ 긴털가루진드기

🥢 **진드기류**

• 설탕진드기 : 동부복면의 기절판이 좌우 융합해서 W자형을 하고 있는 것이 특징이다. 설탕과 된장의 표면 등에 많이 번식한다.

• 집고기진드기 : 다리에 칼집 모양의 털이 없고 몸 앞부분 중앙에 홈이 있는데, 그 중앙에 한 쌍의 털이 덮여 있다.

• 보리먼지진드기 : 체장 0.1~0.2mm이며 암컷은 제1각과 제2각 사이에 고무풍선 모양의 기관이 한 쌍이 있고 제4각은 변형하여 끝에 2쌍의 긴 털이 있다.

• 긴털가루진드기 : 우리나라 모든 저장 식품에서 흔히 볼 수 있는 것이며 체장 0.3~0.5mm 정도의 유백색 내지 황백색의 진드기로서 곡류, 곡분, 빵, 과자, 건조과실, 분유, 치즈, 건어물, 초콜릿 등에서 발견된다.

12 식품의 점도를 증가시키고 교질상의 미각을 향상시키는 고분자의 천연물질과 그 유도체인 식품첨가물과 거리가 먼 것은?

① methyl cellulose

② sodium carboxymethyl starch

③ sodium alginate

④ glycerin fatty acid ester

🥢 **호료(증점제)**

• 식품의 점도를 증가시키는 식품첨가물이다.

• 알긴산 나트륨(sodium alginate), 알긴산 프로필렌글리콜(propylene glycol alginate), 메틸셀룰로스(methyl cellulose), 카복시메틸셀룰로스 나트륨(sodium carboxymethyl cellulose), 카복시메틸셀룰로스 칼슘(calcium carboxymethyl cellulose), 카복시메틸스타치 나트륨(sodium carboxymethyl starch), 카제인(casein), 폴리아크릴산 나트륨(sodium polyacrylate) 등 51품목이다.

13 식품의 제조 · 가공 중에 생성되는 유해물질에 대한 설명으로 틀린 것은?

① 벤조피렌(benzopyrene)은 다환방향족 탄화수소로서 가열처리나 훈제 공정에 의해 생성되는 발암물질이다.

② MCPD(3-monochloro-1,2-propandiol)는 대두를 산처리하여 단백질을 아미노산으로 분해하는 과정에서 글리세롤이 염산과 반응하여 생성되는 화합물로서 발효간장인 재래간장에서 흔히 검출한다.

③ 아크릴아마이드(acrylamide)는 아미노산과 당이 열에 의해 결합하는 마이야르 반응을 통하여 생성되는 물질로 아미노산 중 아스파라긴산이 주 원인물질이다.

④ 니트로사민(nitrosamine)은 햄이나 소시지에 발색제로 사용하는 아질산염의 첨가에 의해 발생된다.

🍎 **MCPD(3-monochloro-1,2-propandiol)**
• 아미노산(산분해) 간장의 제조 시 유지성분을 함유한 단백질을 염산으로 가수분해할 때 생성되는 글리세롤 및 그 지방산 에스테르와 염산과의 반응에서 형성되는 염소화합물의 일종으로 실험동물에서 불임을 유발한다는 일부 보고가 있다.
• WHO의 식품첨가물전문가위원회에서 이들 물질은 '바람직하지 않은 오염물질로서 가능한 농도를 낮추어야 하는 물질'로 안전성을 평가하고 있다.

14 방사능 핵종 중 식품을 경유하여 인체에 들어왔을 때 특히 반감기가 길고 뼈의 칼슘 성분과 친화성이 있어서 문제가 되는 것은?

① 스트론튬 90(Sr-90)
② 세시움 137(Cs-137)
③ 요오드 131(I-131)
④ 코발트 60(Co-60)

🍎 **식품오염에 문제가 되는 방사선 물질**
• 생성률이 비교적 크고
  – 반감기가 긴 것 : Sr-90(28.8년), Cs-137(30.17년) 등
  – 반감기가 짧은 것 : I-131(8일), Ru-106(1년) 등
* Sr-90은 주로 뼈에 침착하여 17.5년이란 긴 유효 반감기를 가지고 있기 때문에 한번 침착되면 장기간 조혈기관인 골수를 조사하여 장애를 일으킨다.

15 다음 중 HACCP 시스템 적용 시 가장 먼저 시행해야 하는 단계는?

① 위해요소 분석
② HACCP팀 구성
③ 중요관리점 결정
④ 개선조치 설정

🍎 **HACCP의 7원칙 및 12절차**
• 준비 단계 5절차
  – 절차 1 : HACCP팀 구성
  – 절차 2 : 제품설명서 작성
  – 절차 3 : 용도 확인
  – 절차 4 : 공정흐름도 작성
  – 절차 5 : 공정흐름도 현장 확인
• HACCP 7원칙
  – 절차 6(원칙 1) : 위해요소 분석 (HA)
  – 절차 7(원칙 2) : 중요관리점(CCP) 결정
  – 절차 8(원칙 3) : 한계기준(Critical Limit ; CL) 설정
  – 절차 9(원칙 4) : 모니터링 방법 설정
  – 절차 10(원칙 5) : 개선조치 방법 설정
  – 절차 11(원칙 6) : 검증 절차의 수립
  – 절차 12(원칙 7) : 문서화 및 기록 유지

16 염화비닐(Vinyl chloride) 수지를 주성분으로 하는 합성수지제의 기구 및 용기에 사용되는 가소제는?

① 염화비닐
② 디부틸 주석 화합물
③ 크레졸 인산 에스테르
④ 카드뮴

🍎 **염화비닐 수지에 사용되는 가소제**
• 폴리염화비닐의 성형성과 경도를 개선하기 위하여 경질 폴리염화비닐에는 가소제를 소량, 연질 폴리염화비닐에는 30~50% 첨가한다.
• 가소제로는 프탈산디부틸(DBP), 프탈산디옥틸(DOP) 등의 프탈산에스테르, 에폭시화 지방산에스테르, 인산에스테르 등이 쓰인다.
• 염화수소 발생을 막기 위하여, 발생한 염화수소와 반응하여 연쇄반응을 억제하는 스테아르산의 아연, 칼슘염, 말레산디옥틸주석과 같은 주석화합물이나 에폭시화합물 등 안정제가 소량 첨가된다.

17 유전자 재조합 식품의 안전성 평가를 위한 일반적인 조사에 해당하지 않는 것은?

① 건강에 직접적 영향(독성)

② 유전자 재조합에 의해 만들어진 영양 효과

③ 유전자 도입 전 식품의 안전성

④ 알레르기 반응을 일으키는 영향

👆 **유전자재조합 식품의 안전성 평가 항목**
- 신규성
- 알레르기성 독성
- 항생제 내성
- 독성

18 부패 미생물의 성장에 영향을 미칠 수 있는 식품의 내적인자가 아닌 것은?

① pH   ② 산화환원전위

③ 상대습도   ④ 수분활성도

👆 **부패 미생물의 성장에 영향을 줄 수 있는 요인**
- 내적인자 : 식품 고유의 특성으로 수분함량(Aw), pH, 산화환원전위, 영양성분, 항생물질 함유 여부 등이다.
- 외적인자 : 식품 외부의 환경 조건으로 저장온도, 상대습도(ERH), 대기조성 등이다.

19 식품에 대한 방사선 조사에 관한 설명으로 옳지 않은 것은?

① Co-60을 선원으로 한 γ선이 식품조사에 가장 널리 이용된다.

② 병원균의 살균을 위해서는 발아 억제를 위한 조사에 비해 높은 선량이 필요하다.

③ 방사선 조사 시 바이러스는 해충에 비해 민감하다.

④ WHO/FAO는 식품의 선도 연장, 병원균살균, 특성 개선 등을 위한 중선량 조사의 선량은 1~10kGy라고 했다.

👆 **식품 조사 처리 기준[식품공전]**
- 식품조사처리에 이용할 수 있는 선종은 감마선(γ선) 또는 전자선으로 한다.
- 감마선을 방출하는 선원으로는 60Co을 사용할 수 있고, 전자선을 방출하는 선원으로는 전자선가속기를 이용할 수 있다.
- 전자선가속기를 이용하여 식품조사처리를 할 경우 10MeV 이하에서 조사 처리 하여야 하며, 식품조사처리가 허용된 품목별 흡수선량을 초과하지 않도록 하여야 한다.
- 식품조사처리는 발아 억제, 살균, 살충 또는 숙도 조절 이외의 목적으로는 식품조사처리 기술을 사용하여서는 아니 된다.
- 식품별 조사 처리 기준은 다음과 같다.
  - 감자, 양파, 마늘, 파(발아 억제) : 0.15kGy 이하 선량
  - 밤(살충 · 발아억제) : 0.25kGy 이하 선량
  - 버섯(살충 · 숙도조절) : 1kGy 이하 선량
  - 난분, 곡류, 두류, 전분(살균 · 살충) : 5kGy 이하 선량
  - 건조식육, 어패류 분말, 된장분말, 건조채소류, 효모식품, 알로에분말, 인삼제품류 등(살균) 7kGy 이하 선량
  - 건조향신료, 복합조미식품, 소스, 침출차, 분말차, 특수의료용도식품(살균) : 10kGy 이하 선량

20 장기보존식품의 기준 및 규격상 통 · 병조림 식품 중 보통 90℃ 이하로 살균 처리할 수 있는 기준은?

① 저산성식품으로 pH 4.6 이상의 것

② 산성식품으로 pH 4.6 미만인 것

③ 제조 시 관 또는 병뚜껑이 팽창 또는 변형되지 아니한 것

④ 호열성 세균이 증식할 우려가 없는 식품

👆 **식품공전(제3. 장기보존식품의 기준 및 규격)**
- 병 · 통조림식품 제조, 가공 기준
  - 멸균은 제품의 중심온도가 120℃ 4분간 또는 이와 동등 이상의 효력을 갖는 방법으로 열처리 하여야 한다.
  - pH 4.6 이상의 저산성식품(low acid food)은 제품의 내용물, 가공장소, 제조일자를 확인할 수 있는 기호를 표시하고 멸균공정 작업에 대한 기록을 보관하여야 한다.
  - 산성식품은 pH가 4.6 미만인 것으로 보통 90℃ 이하로 살균 처리할 수 있다.
- 규격
  - 성상 : 관 또는 병뚜껑이 팽창 또는 변형되지 아니하고, 내용물은 고유의 색택을 가지고 이미 · 이취가 없어야 한다.
  - 주석(mg/kg) : 150 이하(알루미늄 캔을 제외한 캔 제품에 한하며, 산성 통조림은 200 이하이어야 한다.)
  - 세균 : 세균발육이 음성이어야 한다.

식품화학

21
다음과 같은 배합비를 가진 식품의 수분활성도는 약 얼마인가?

> • 포도당(분자량 180) 18%
> • 비타민 C(분자량 176) 1.7%
> • 비타민 A(분자량 286) 2.8%
> • 수분 77.5%

① 0.89 ② 0.91
③ 0.93 ④ 0.98

🍒 **식품의 수분활성도(Aw)**

$$Aw = \frac{N_w}{N_w + N_s}$$

P_s : 식품 속의 수증기압
P_o : 동일온도에서의 순수한 물의 수증기압
N_w : 물의 몰(mole)수
N_s : 용질의 몰(mole)수

$$Aw = \frac{\dfrac{77.5}{18}}{\dfrac{77.5}{18} + \dfrac{18}{180}}$$

$$\frac{4.3}{4.3 + 0.1} = 0.98$$

22
전통적인 제조법에 의한 식혜의 감미 성분은?

① 갈락토오스(galactose)
② 락토오스(lactose)
③ 만노오스(mannose)
④ 말토오스(maltose)

🍒 **식혜**
• 찹쌀이나 멥쌀밥에 엿기름가루를 우려낸 물을 부어서 당화시켜 만든 전통 음료이다.
• 식혜의 감미 주성분은 맥아당(maltose)이고, 맥아당은 엿기름 속에 들어있는 아밀라아제에 의해 전분이 가수분해되어 생성된다.

23
D-글루코오스 중합체에 속하는 단순 다당류가 아닌 것은?

① 글리코겐(glycogen)
② 셀룰로오스(cellulose)
③ 전분(starch)
④ 펙틴(pectin)

🍒 **다당류**
• 단순 다당류 : 구성당이 단일 종류의 단당류로만 이루어진 다당류
  - starch, dextrin, inulin, cellulose, mannan, galactan, xylan, araban, glycogen, chitin 등
• 복합 다당류 : 다른 종류로 구성된 다당류
  - glucomannan, hemicellulose, pectin substance, hyaluronic acid, chondrotinsulfate, heparin gum arabic, gum karaya, 한천, alginic acid, carrageenan 등

24
고구마를 절단하여 보면 고구마의 특수 성분으로 흰색 유액이 나오는데 이 성분은 무엇인가?

① 사포닌(saponin)
② 얄라핀(jalapin)
③ 솔라닌(solanine)
④ 이눌린(inulin)

🍒 **얄라핀(jalapin)**
• 생고구마 절단면에서 나오는 백색 유액의 주성분이다.
• 주로 미숙한 것에 많다.
• jalap에서 얻어진 방향족 탄화수소의 배당체($C_{35}H_5O_{16}$)이다.
• 강한 점성의 원인물질이다.
• 공기 중에 그대로 두면 공존하는 폴리페놀과의 작용으로 산화하여 흑색으로 변하게 된다.

25
청색값(blue value)이 8인 아밀로펙틴에 β-amylase를 반응시키면 청색값의 변화는?

① 낮아진다.
② 높아진다.
③ 순간적으로 낮아졌다가 시간이 지나면 다시 8로 돌아간다.
④ 순간적으로 높아졌다가 시간이 지나면 다시 8로 돌아간다.

🐚 **청색값(blue value)**
- 전분입자의 구성 성분과 요오드와의 친화성을 나타낸 값으로 전분 분자 중에 존재하는 직쇄상 분자인 amylose의 양을 상대적으로 비교한 값이다.
- 전분 중 amylose 함량의 지표이다.
- amylose의 함량이 높을수록 진한 청색을 나타낸다.
- β-amylase를 반응시켜 분해시키면 청색값은 낮아진다.
- amylose의 청색값은 0.8~1.2이고 amylopectin의 청색값은 0.15~0.22이다.

26 메밀에는 혈관의 저항력을 향상시켜 주는 성분이 함유되어 있다. 다음 중 그 성분은?

① 라이신(lysine)
② 루틴(rutin)
③ 트립토판(tryptophan)
④ 글루텐(gluten)

🐚 **루틴(rutin)**
- 케르세틴의 3번 탄소에 루티노오스(글루코오스와 람노오스로 되는 2당류)가 결합한 배당체이다.
- 운향과의 루타속 식물에서 발견되었고 콩과의 회화나무(Sophora japonica)의 꽃봉오리, 마디풀과의 메밀(Fagopyrum esculentum) 등 많은 종류의 식물에서도 분리되고 있다.
- 모세혈관을 강화시키는 작용이 있고, 뇌출혈, 방사선 장애, 출혈성 질병 등을 예방하는 데 효과가 있다.

27 지방질의 불포화도를 나타내 주는 것은?

① 비누화값(saponification value)
② 요오드가(iodine value)
③ 산가(acid value)
④ 폴렌스케값(polenske value)

🐚 **요오드가(iodine value)**
- 유지 100g 중에 첨가되는 요오드의 g수를 말한다.
- 유지의 불포화도가 높을수록 요오드가가 높기 때문에 요오드가는 유지의 불포화 정도를 측정하는 데 이용된다.
- 고체지방 50 이하, 불건성유 100 이하, 건성유 130 이상, 반건성유 100~130 정도이다.

28 다음 중 질소환산계수가 가장 큰 식품은?

① 쌀　　② 팥
③ 대두　　④ 밀

🐚 **질소환산계수**
- 단백질은 약 16%의 질소를 함유하고 있으므로, 식품 중의 단백질을 정량할 때 질소량을 측정하여 이것에 100/16, 즉 6.25(질소계수)를 곱하여 조단백질 함량을 산출한다.
- 이 계수는 단백질 종류에 따라 다르다.

식품명	질소계수
소맥분(중등질, 경질, 연질), 수득율 100~94%	5.83
소맥분(중등질), 수득율 93~83% 또는 그 이하	5.70
쌀	5.95
보리, 호밀, 귀리	5.83
메밀(모밀국수)	6.31
국수, 마카로니, 스파게티	5.70
낙화생	5.46
콩 및 콩 제품(대두 및 대두 제품)	5.71
밤, 호도, 깨, 조	5.30
호박, 수박 및 해바라기의 씨	5.40
우유, 유제품, 마가린	6.38
팥, 작두콩, 강낭콩	6.25

29 아래의 ascorbic acid에 대한 설명 중 (　)안에 알맞은 것은?

> 아스코르브산은 (A)의 유도체로서 4위와 5위의 탄소가 비대칭탄소이므로 (B)개의 이성체가 있다.

① A : 만노오스, B : 2
② A : 헥소오스, B : 4
③ A : 펜토오스, B : 2
④ A : 리보오스, B : 4

🐚 **비타민 C(ascorbic acid)**
- lactone환을 가진 당유도체(hexose, 6탄당)로서 4위와 5위의 2개의 비대칭탄소(asymmetric carbon)가 존재하므로 $2^2 = 4$개의 이성체가 가능하다.
- Ascorbic acid는 물에 녹기 쉽고 알코올에도 녹는다.

30 꽃이나 과일의 청색, 적색, 자색 등의 수용성 색소를 총칭하는 것은?

① chlorophyll
② carotenoid
③ anthoxanthin
④ anthocyanin

🍎 안토시아닌(anthocyanin)
• 꽃, 과실, 채소류에 존재하는 적색, 자색, 청색의 수용성 색소로서 화청소라고도 부른다.
• 안토시아니딘(anthocyanidin)의 배당체로서 존재한다.
• benzopyrylium 핵과 phenyl기가 결합한 flavylium 화합물로 2-phenyl-3,5,7-trihydroxyflavylium chloride의 기본 구조를 가지고 있다.
• 산, 알칼리, 효소 등에 의해 쉽게 분해되는 매우 불안정한 색소이다.
• anthocyanin계 색소는 수용액의 pH가 산성 → 중성 → 알칼리성으로 변화함에 따라 적색 → 자색 → 청색으로 변색되는 불안정한 색소이다.

31 양파, 무 등의 매운맛 성분인 황화 allyl류를 가열할 때 단맛을 나타내는 성분은?

① allicine
② allyl disulfide
③ alkylmercaptan
④ sinigrin

🍎 양파나 무에서 alkylmercaptan의 생성
• 양파나 무를 삶을 때 매운맛 성분인 allyl sulfide류가 단맛이 나는 alkylmercaptan으로 변화되기 때문에 단맛이 증가한다.
• 즉, 양파나 무를 삶을 때 매운맛 성분인 diallyl disulfide나 diallyl sulfide가 단맛이 나는 propyl mercaptan이나 methyl mercaptan으로 변화되기 때문에 단맛이 증가한다.

32 소수성 아미노산인 L-leucine의 맛과 유사한 것은?

① 3.0% 포도당의 단맛
② 1.0% 소금의 짠맛
③ 0.5% malic acid의 신맛
④ 0.1% caffeine의 쓴맛

🍎
아미노산 중 쓴맛을 나타내는 것은 L-leucine, L-Isoleucine, L-tryptophan, L-phenylalanine 등이다.
* L-leucine은 0.11% caffeine의 쓴맛, D-leucine은 1.3% sucrose의 강한 단맛

33 냄새 성분과 그 특성의 연결이 틀린 것은?

① 알데히드류(aldehyde) – 식물의 풋내, 유지 식품의 기름진 풍미 및 산패취
② 에스테르류(ester) – 과일과 꽃의 중요한 향기 성분
③ TMAO(trimethylamine oxide) – 생선 비린내 성분
④ 피라진류(pyrazines) – 질소를 함유한 화합물로 고기향, 땅콩향, 볶음향 등의 특성을 나타내는 성분

🍎 어류의 비린 맛
• 신선도가 떨어진 어류에서는 trimethylamine (TMA)에 의해서 어류의 특유한 비린 냄새가 난다.
• 이것은 원래 무취였던 trimethylamine oxide가 어류가 죽은 후 세균의 작용으로 환원되어 생성된 것이다.
• trimethylamine oxide의 함량이 많은 바닷고기가 그 함량이 적은 민물고기보다 빨리 상한 냄새가 난다.

34 식품의 가공 중 발생하는 변색으로 옳은 것은?

① 녹차를 발효시키면 polyphenol oxidase에 의해 theaflavin이라는 적색색소가 형성된다.
② 감자를 깎았을 때 갈변은 주로 glucose oxidase에 의한 변화이다.
③ 고온에서 빵이나 비스킷의 제조 시 발생하는 갈변은 주로 마이야르(maillard) 반응에 의한 것이다.
④ 새우와 게를 가열하면 아스타신(astacin)이 아스타크산틴(astaxanthin)으로 변화되어 붉은색을 나타낸다.

- 감자를 깎았을 때 갈변은 주로 tyrosinase에 의한 변화이다.
- 고온에서 빵이나 비스킷의 제조 시 발생하는 갈변은 주로 카라멜화(caramelization) 반응에 의한 것이다.
- 새우와 게를 가열하면 아스타크산틴(astaxanthin)이 아스타신(astacin)으로 변화되어 붉은색을 나타낸다.

35 기능이 다른 유화제 A(HLB 20)와 B(HLB 4.0)를 혼합하여 HLB가 5.0인 유화제혼합물을 만들고자 한다. 각각 얼마씩 첨가해야 하는가?

① A 85(%) + B 15(%)
② A 6(%) + B 94(%)
③ A 65(%) + B 35(%)
④ A 55(%) + B 45(%)

🍎 HLB(hydrophilic–lipophilic balance)
- 유화제는 분자 내에 친수성기(hydrophilic group)와 친유성기(lipophilic group)를 가지고 있으므로 이들 기의 범위 차에 따라 친수성 유화제와 친유성 유화제로 구분하고 있으며 이것을 편의상 수치로 나타낸 것이 HLB이다.
- HLB의 숫자가 클수록 친수성이 높다.
- HLB가 다른 유화제를 서로 혼합하여 자기가 원하는 적당한 HLB를 가진 것을 만들 수 있다.
- 유화제혼합물 계산

$$5.0 = \frac{20x + 40(100 - x)}{100}$$

$x = 6.25$가 되므로, HLB가 20의 것을 6.25%, HLB가 4.0인 것을 93.75% 혼합

36 가당연유 속에 젓가락을 세워서 회전시키면 연유가 젓가락을 타고 올라간다. 이와 같은 현상을 무엇이라 하는가?

① 예사성
② Tyndall
③ Weissenberg 효과
④ Brown 운동

🍎 Weissenberg 효과
- 가당연유 속에 젓가락을 세워서 회전시키면 연유가 젓가락을 따라 올라가는 현상을 말한다.
- 이것은 액체에 회전운동을 부여하였을 때 흐름과 직각 방향으로 현저한 압력이 생겨서 나타나는 현상이며, 액체의 탄성에 기인한 것이다.
- 연유, 벌꿀 등

37 식품의 텍스처를 측정하는 texturometer에 의한 texture–profile로부터 알 수 없는 특성은?

① 탄성
② 저작성
③ 부착성
④ 안정성

🍎 texturometer에 의한 texture–profile
- 1차적 요소 : 견고성(경도, hardness), 응집성(cohesiveness), 부착성(adhesiveness), 탄성(elasticity)
- 2차적 요소 : 파쇄성(brittleness), 저작성(씹힘성, chewiness), 점착성(검성, gumminess)
- 3차적 요소 : 복원성(resilience)

38 식용유지의 자동산화 중 나타나는 변화가 아닌 것은?

① 과산화물가가 증가한다.
② 공액형 이중결합(conjugated double bonds)을 가진 화합물이 증가한다.
③ 요오드가가 증가한다.
④ 산가가 증가한다.

🍎 유지의 자동산화가 발생할 때
- 저장 기간이 지남에 따라 산가, 과산화물가, 카보닐가 등이 증가하고 요오드가는 감소한다.
- 유지의 점도, 비중, 굴절율, 포립성 등이 증가하고, 발연점이나 색조는 저하한다.

39 관능검사 중 묘사분석법의 종류가 아닌 것은?

① 향미 프로필
② 텍스처 프로필
③ 질적 묘사분석
④ 양적 묘사분석

🍎 관능검사 중 묘사분석
- 정의 : 식품의 맛, 냄새, 텍스처, 점도, 색과 겉모양, 소리 등의 관능적 특성을 느끼게 되는 순서에 따라 평가하게 하는 것으로 특성별 묘사와 강도를 총괄적으로 검토하게 하는 방법이다.
- 묘사분석에 사용하는 방법
  - 향미 프로필(flavor profile)
  - 텍스처 프로필(texture profile)
  - 정량적 묘사분석(quantitative descriptive analysis)
  - 스펙트럼 묘사분석(spectrum descriptive analysis)
  - 시간-강도 묘사분석(time-intensity descriptive analysis)

40 과실류의 이화학적 특성을 설명한 것 중 틀린 것은?

① 감이 떫은 것은 탄닌 성분 때문이며, 탈삽에 의하여 탄닌 성분을 당분으로 전환하여 단맛을 부여한다.

② 귤은 펙틴 성분이 많고 쓴맛을 내는 헤스페리딘(hesperidin) 성분이 통조림 제조 시에는 백탁의 원인이 된다.

③ 과실이 익어감에 따라 연해지는 것은 불용성의 프로토펙틴(protopectin)이 가용성의 펙틴(pectin)으로 변화되기 때문이다.

④ Climacteric rise란 과실을 수확한 후 일정 기간이 경과하면 호흡량이 특이하게 증가하는 현상을 말한다.

🍎 **감의 떫은맛**
- gallic acid와 phloroglucinol의 축합물인 shibuol(diosprin)에 의한 것이다.
- 탈삽에 의하여 탄닌의 주성분인 가용성 shibuol을 불용성으로 변화시켜 떫은맛(삽미)을 느끼지 못하게 한다.

3 과목 식품가공학

41 도정 후 쌀의 도정도를 결정하는 방법으로 적절하지 않은 것은?

① 수분 함량 변화에 의한 방법
② 색(염색법)에 의한 방법
③ 생성된 쌀겨량에 의한 방법
④ 도정 시간과 횟수에 의한 방법

🍎 **도정률(도)을 결정하는 방법**
- 백미의 색깔
- 쌀겨층이 벗겨진 정도
- 도정 시간
- 도정 횟수
- 전력소비량
- 생성된 쌀겨량
- 염색법(MG 시약) 등

42 밀가루의 품질시험방법이 잘못 짝지어진 것은?

① 색도 - 밀기울의 혼입도
② 입도 - 체눈 크기와 사별 정도
③ 패리노그래프 - 점탄성
④ 아밀로그래프 - 인장항력

🍎 **밀가루의 품질시험방법**
- 색도 : 밀기울의 혼입도, 회분량, 협잡물의 양, 제분의 정도 등을 판정(보통 Pekar법 사용)
- 입도 : 체눈 크기와 사별 정도를 판정
- 패리노그래프(farinograph) 시험 : 밀가루 반죽 시 생기는 점탄성을 측정하며 반죽의 경도, 반죽의 형성 기간, 반죽의 안정도, 반죽의 탄성, 반죽의 약화도 등을 측정
- 익스텐소그래프(extensograph) 시험 : 반죽의 신장도와 인장항력을 측정
- 아밀로그래프(amylograph) 시험 : 전분의 호화온도와 제빵에서 중요한 α-amylase의 역가를 알 수 있고 강력분과 중력분 판정에 이용

43 밀가루 반죽의 개량제로 비타민 C를 사용하는 주된 이유는?

① 향기를 부여하기 위하여
② 밀가루의 숙성을 위하여
③ 영양성의 향상을 위하여
④ 밀가루의 표백을 위하여

🍎 **밀가루 반죽의 개량제**
- 빵 반죽의 물리적 성질을 개량할 목적으로 사용하는 첨가물을 말한다.
- 주 효과는 산화제에 의한 반죽의 개량이고, 효모의 먹이가 되는 것은 암모늄염만이다.
- 산화제는 밀가루 단백질의 SH기를 산화하여 S-S 결합을 이루어 입체적인 망상구조를 형성함으로써 글루텐의 점탄성을 강화하고 반죽의 기계내성이나 발효내성을 향상시켜, 빵의 부피를 증대하여 내부의 품질을 개량하는 등의 효과가 있다.
- 비타민C는 밀가루 반죽의 개량제로서 숙성 중 글루텐의 S-S결합으로 반죽의 힘을 강하게 하여 가스 보유력을 증가시키는 역할을 해 오븐 팽창을 양호하게 한다.

44 발효를 생략하고 기계적으로 반죽을 형성시키는 제빵공정(no time dough method)에서 cystein을 첨가하면 cystein은 어떤 작용을 하는가?

① gluten의 $-NH_2$ 기에 작용하여 $-N=N-$로 산화한다.
② gluten의 $-SH$ 기에 작용하여 $-S-S-$로 산화한다.
③ gluten의 $-S-S-$ 결합에 작용하여 $-SH$로 환원한다.
④ gluten의 $-N=N-$ 결합에 작용하여 $-NH_2$로 환원한다.

☞ **노타임 반죽법(no time dough method)**
• 무발효 반죽법이라고도 하며 발효 시간의 길고 짧음에 관계없이 펀치를 하지 않고 일반적으로 산화제와 환원제를 사용하여 믹싱하고 반죽이 완료된 후 40분 이내로 발효를 시킨다. 때문에 제조공정이 짧다.
• 환원제와 산화제를 사용하는 이유
  – 산화제(브롬산칼륨)를 반죽에 넣으면 단백질의 S-H기를 S-S기로 변화시켜 단백질 구조를 강하게 하고 가스 포집력을 증가시켜 반죽 다루기를 좋게 한다.
  – 환원제(L-시스테인)는 단백질의 S-S기를 절단하여(-SH로 환원) 글루텐을 약하게 하며 믹싱 시간을 25% 단축시킨다.

45 전분의 가수분해정도(DE ; dextrose equivalent)에 따른 변화가 바르게 설명된 것은?

① DE가 증가할수록 점도가 낮아진다.
② DE가 증가할수록 감미도가 낮아진다.
③ DE가 감소할수록 삼투압이 높아진다.
④ DE가 감소할수록 결정성이 높아진다.

☞ **당화율(DE ; dextrose equivalent)**
• 전분의 가수분해 정도를 나타내는 단위이다.
• DE가 높아지면 포도당이 증가하여 감미도가 높아지고, 덱스트린은 감소되어 평균 분자량은 적어지고, 따라서 제품의 점도

$$D.E = \frac{직접환원당(포도당으로 표시)}{고형분} \times 100$$ 가

떨어진다.
• 평균 분자량이 적어지면 빙점이 낮아지고, 삼투압 및 방부 효과가 커지는 경향이 있다.
• 포도당 함량이 증가하므로 제품은 결정화되기 쉬울 뿐 아니라 하얗게 흐려지거나 침전이 생기는 수가 많다.

46 두부를 제조할 때 두유의 단백질 농도가 낮을 경우 나타나는 현상과 거리가 먼 것은?

① 두부의 색이 어두워진다.
② 두부가 딱딱해진다.
③ 가열변성이 빠르다.
④ 응고제와의 반응이 빠르다.

☞ 두부를 제조할 때 두유의 단백질 농도가 낮으면 두부가 딱딱해지고 두부의 색이 밝아진다.

47 간장이나 된장 등의 장류를 담글 때 koji를 만들어 쓰는 주된 이유는?

① 단백질이나 전분질을 분해시킬 수 있는 효소 활성을 크게 하기 위하여
② 식중독균의 발육을 억제하기 위하여
③ 색깔을 향상시키기 위하여
④ 보존성을 향상시키기 위하여

☞ **코지(koji) 제조의 목적**
• 코지 중 amylase 및 protease 등의 여러 가지 효소를 생성하게 하여 전분 또는 단백질을 분해하기 위함이다.
• 원료는 순수하게 분리된 코지균과 삶은 두류 및 곡류 등이다.

48 과실 또는 채소류의 가공에서 열처리의 목적이 아닌 것은?

① 산화효소를 파괴하여 가공 중에 일어나는 변색과 변질 방지
② 원료 중 특수성분이 용출되도록 하여 외관, 맛의 변화 및 부피 증가 유도
③ 원료 조직을 부드럽게 변화
④ 미생물의 번식 억제 유효

☞ **과일 · 채소류의 데치기(blanching) 목적**
• 산화효소를 파괴하여 가공 중에 일어나는 변색 및 변질을 방지한다.
• 통조림 및 건조 중에 일어나는 외관, 맛의 변화를 방지한다.
• 원료의 조직을 부드럽게 하여 통조림 등을 할 때 담는 조직을 쉽게하고 살균 가열할 때 부피가 줄어드는 것을 방지한다.
• 이미 · 이취를 제거한다.
• 껍질 벗기기를 쉽게 한다.
• 원료를 깨끗이 하는 데 효과가 있다.

49 통조림의 뚜껑에 있는 익스팬션 링 (Expansion ring)의 주 역할은?

① 상하 구별을 쉽게 하기 위함이다.
② 충격에 견딜 수 있게 하기 위함이다.
③ 밀봉 시 관통과의 결합을 쉽게 하기 위함이다.
④ 내압의 완충 작용을 하기 위함이다.

🍃 **익스팬션 링을 만드는 이유**
• 통조림을 밀봉한 후 가열 살균할 때 내부 팽압으로 뚜껑과 밑바닥이 밖으로 팽출하고 냉각하면 다시 복원한다.
• 내부 압력에 견디고 복원을 용이하게 하여 밀봉부에 비틀림이 생기지 않도록 하기 위해서다.

50 감의 떫은맛을 없애는 처리의 원리로서 옳은 것은?

① shibuol(diosprin)을 용출 제거시킨다.
② shibuol(diosprin)을 불용성 물질로 변화시킨다.
③ shibuol(diosprin)을 당분으로 전환시킨다.
④ shibuol(diosprin)을 분해시킨다.

🍎 **감의 떫은맛**
• gallic acid와 phloroglucinol의 축합물인 shibuol(diosprin)에 의한 것이다.
• 탈삽에 의하여 탄닌의 주성분인 가용성 shibuol을 불용성으로 변화시켜 떫은맛(삽미)을 느끼지 못하게 한다.

51 김치의 초기 발효에 관여하는 저온 숙성의 주 발효균은?

① *Leuconostoc mesenteroides*
② *Lactobacillus plantarum*
③ *Bacillus macerans*
④ *Pediococcus cerevisiae*

🍃 **김치의 발효에 관여하는 발효균**
• 김치가 막 발효되기 시작하는 초기 단계에서는 저온에서 우세하게 번식하는 이상 젖산발효균인 *Leuconostoc mesenteroides*이 왕성하게 자라서 김치의 맛을 알맞게 한다.

• 중기와 후기에는 젖산균인 *Streptococcus faecalis*, *Pediococcus cerevisiae*, *Lactobacillus plantarum* 등이 번식하여 다른 해로운 균을 사멸시키지만, 산을 과도하게 생산해 김치 산패의 원인이 된다.

52 샐러드유(salad oil)의 특성과 거리가 먼 것은?

① 불포화 결합에 수소를 첨가한다.
② 색과 냄새가 없다.
③ 저장 중에 산패에 의한 풍미의 변화가 적다.
④ 저온에서 혼탁하거나 굳어지지 않는다.

🍃 **샐러드유(salad oil)**
• 정제한 기름으로 면실유 외에 olive oil, 옥수수기름, 콩기름, 채종유 등이 사용된다.
• 특성
  – 색이 엷고, 냄새가 없다.
  – 저장 중 산패에 의한 풍미의 변화가 없다.
  – 저온에서 탁하거나 굳거나 하지 않는다.
* 유지의 불포화지방산의 불포화 결합에 Ni 등의 촉매로 수소를 첨가하여 액체 유지를 고체지방으로 변화시켜 제조한 것을 경화유라고 한다.

53 우유를 응고시켜 침전할 때 직접 관여하는 단백질은?

① a_s-casein
② κ-casein
③ β-lactoglobulin
④ β-casein

🍃 **렌닌(rennin)에 의한 우유 응고**
• 송아지의 제4 위에서 추출한 우유 응유효소(rennin)로서 최적 응고 pH는 4.8, 온도는 40~41℃이다.
• Casein은 rennin에 의하여 paracasein이 되며 Ca^{2+}의 존재하에 응고되어 치즈 제조에 이용된다.
• κ-casein $\xrightarrow{\text{rennin}}$ para-κ-casein + glycomacropeptide
• para-κ-casein $\xrightarrow[\text{pH 6.4~6.0}]{Ca^{++}}$ dicalcium para-κ-casein(치즈커드)

54 유가공업에서 가장 널리 사용되는 분유 제조 방법은?

① 냉동건조 ② Drum 건조
③ Foam-mat 건조 ④ 분무건조

👉 **분유의 제조법**
- 피막건조법(drum film drying process), 분무건조법(spray drying process), 포멀벨트건조법(foam belt drying process), 냉동진공건조법(vacumm freeze drying process), 가습재건조법(wetting and redrying process) 등이 있다.
- 현재는 농축유를 건조실에 분무하여 건조하는 분무건조법이 유가공업계에서 가장 널리 이용되고 있다.
- 분무건조법 : 열풍 속으로 미세한 액적(droplet)을 분사하면 액적이 미세입자가 되어 표면적이 크게 증가하며 수분이 순간적으로 증발하여 유고형분이 분말입자로 낙하하게 되는 방식이다.

55 소시지를 만들 때 고기에 향신료 및 조미료를 첨가하여 혼합하는 기계는?

① silent cutter
② meat chopper
③ meat stuffer
④ packer

👉 **사일런트 커터(silent cutter)**
- 소시지(sausage) 가공에서 일단 만육된 고기를 더욱 곱게 갈아서 고기의 유화 결착력을 높이는 기계
- 첨가물을 혼합하거나 이기기(kneading) 등 육제품 제조에 꼭 필요하다.

56 햄을 가공할 때 정형한 고기를 혼합염(식염, 질산염 등)으로 염지하지 않고 가열하면 어떻게 되는가?

① 결착성과 보수성이 발현된다.
② 탄성을 가지게 된다.
③ 형이 그대로 보존된다.
④ 조직이 뿔뿔이 흩어진다.

👉 **육가공 시 염지(curing)**
- 원료육에 소금 이외에 아질산염, 질산염, 설탕, 화학조미료, 인산염 등의 염지제를 일정량 배합, 만육시켜 냉장실에서 유지시키고, 혈액을 제거하고, 무기염류 성분을 조직 중에 침투시킨다.

- 육가공 시 염지의 목적
  - 근육단백질의 용해성 증가
  - 보수성과 결착성 증대
  - 보존성 향상과 독특한 풍미 부여
  - 육색소 고정
- 햄이나 소시지를 가공할 때 염지를 하지 않고 가열하면 육괴 간의 결착력이 떨어져 조직이 흩어지게 된다.

57 마요네즈는 달걀의 어떠한 성질을 이용하여 만드는가?

① 기포성 ② 유화성
③ 포립성 ④ 응고성

👉 **마요네즈**
- 난황의 유화력을 이용하여 난황과 식용유를 주원료로 하여 식초, 후춧가루, 소금, 설탕 등을 혼합하여 유화시켜 만든 제품이다.
- 제품의 전체 구성 중 식물성유지 65~90%, 난황액 3~15%, 식초 4~20%, 식염 0.5~1% 정도이다.
- 마요네즈는 oil in water(O/W)의 유탁액이다.
- 식용유의 입자가 작은 것일수록 마요네즈의 점도가 높게 되며 고소하고 안정도도 크다.

58 어류의 비린맛에 대한 설명으로 옳은 것은?

① 생선이 죽으면 트리메틸아민옥시드(trimethylamine oxide)가 트리메틸아민(trimethylamine)으로 변하여 생선 비린내가 난다.
② 생선이 죽으면 트리메틸아민이 트리메틸아민옥시드로 변하여 생선 비린내가 난다.
③ 생선 비린내 성분은 특히 담수어에 많이 함유된다.
④ 생선 비린내는 주로 관능검사법으로 품질 관리한다.

👉 **어류의 비린맛**
- 신선도가 떨어진 어류에서는 trimethylamine (TMA)에 의해서 어류의 특유한 비린 냄새가 난다.
- 이것은 원래 무취였던 trimethylamine oxide가 어류가 죽은 후 세균의 작용으로 환원되어 생성된 것이다.
- trimethylamine oxide의 함량이 많은 바닷고기가 그 함량이 적은 민물고기보다 빨리 상한 냄새가 난다.

59 식품 포장재료의 용출시험 항목이 아닌 것은?

① 페놀(phenol)
② 포르말린(formalin)
③ 잔류농약
④ 중금속

🐾 **식품 기구 및 용기 포장의 용출시험 항목[식품공전]**
- 합성수지제 : 중금속, 과망간산칼륨소비량, 증발잔류물, 페놀, 포름알데히드, 안티몬, 아크릴로니트릴, 멜라민 등
- 셀로판 : 비소, 중금속, 증발잔류물
- 고무제 : 페놀, 포름알데히드, 아연, 중금속, 증발잔류물
- 종이제 또는 가공지제 : 비소, 중금속, 증발잔류물, 포름알데히드, 형광증백제

60 6×10^4개의 포자가 존재하는 통조림을 100℃에서 45분 살균하여 3개의 포자가 살아남아 있다면 100℃에서 D값은?

① 5.46분　　② 10.46분
③ 15.46분　　④ 20.46분

🐾 **D값**

$$\cdot D_{100} = \frac{t}{logN_1 - logN_2}$$

t : 가열 시간
N_1 : 처음 균수
N_2 : t시간 후 균수
- $log\,6 \times 10^4 = 4.778$
  $log\,3 = 0.477$
- $D_{100} = \dfrac{45}{4.778 - 0.477} = 10.46$

4과목 식품미생물학

61 세포 내의 막계(membrane system)가 분화 · 발달되어 있지 않고, 소기관 (organelle)이 존재하지 않는 미생물은?

① *Saccharomyces*속
② *Escherichia*속
③ *Candida*속
④ *Aspergillus*속

🐾 **곰팡이 · 효모 세포와 세균세포의 비교**

성질	곰팡이 · 효모 세포	세균세포
세포의 크기	통상 2μm 이상	통상 1μm 이하
핵	핵막을 가진 핵이 있으며, 인이 있다.	핵막을 가진 핵은 없고 (핵부분이 있다), 인은 없다.
염색체수	2개 내지 그 이상	1개
소기관 (organelle)	미토콘드리아, 골지체, 소포체를 가진다.	존재하지 않는다.
세포벽	glucan, mannan-protein 복합체, cellulose, chitin(곰팡이)	mucopolysaccharide, teichoic acid, lipolysaccharide, lipoprotein

* *Saccharomyces*속과 *Candida*속은 효모이고, *Aspergillus*속은 곰팡이이고, *Escherichia*속은 세균이다.

62 진핵세포로 이루어져 있지 않은 것은?

① 곰팡이　　② 조류
③ 방선균　　④ 효모

🐾 **원생생물(protists)**
㉠ 고등미생물은 진핵세포로 되어 있다.
- 균류, 일반조류, 원생동물 등이 있다.
- 진균류
  - 조상균류 : 곰팡이(Mucor, Rhizopus)
  - 순정균류 : 자낭균류(곰팡이, 효모), 담자균류(버섯, 효모), 불완전균류(곰팡이, 효모)
㉡ 하등미생물은 원핵세포로 되어 있다.
- 세균, 방선균, 남조류 등이 있다.

63 광합성 무기영양균(photolithotroph)과 관계없는 것은?

① 에너지원을 빛에서 얻는다.
② 보통 H_2S를 수소 수용체로 한다.
③ 녹색황세균과 홍색황세균이 이에 속한다.
④ 통성 혐기성균이다.

🐾 **광합성 무기영양균(photolithotroph)의 특징**
- 탄소원을 이산화탄소로부터 얻는다.
- 광합성균은 광합성 무기물 이용균과 광합성 유기물 이용균으로 나눈다.
- 세균의 광합성 무기물 이용균은 편성 혐기성균으로 수소 수용체가 무기물이다.
- 대사에는 녹색 식물과 달라 보통 H_2S를 필요로 한다.

- 녹색황세균과 홍색황세균으로 나누어지고, 황천이나 흑화니에서 발견된다.
- 황세균은 기질에 황화수소 또는 분자 상황을 이용한다.

64 에틸알코올 발효 시 에틸알코올과 함께 가장 많이 생성되는 것은?

① CO_2 　　　② H_2O
③ $C_3H_5(OH)_3$ 　④ CH_3OH

🖐 **알코올 발효**
- glucose로부터 EMP 경로를 거쳐 생성된 pyruvic acid가 CO_2 이탈로 acetaldehyde로 되고 다시 환원되어 알코올과 CO_2가 생성된다.
- 효모에 의한 알코올 발효의 이론식은
  $C_6H_{12}O_6 \rightarrow 2C_2H_5OH + CO_2$

65 완전히 탈기 밀봉된 통조림 식품에서 생육할 수 있는 변패세균의 종류는?

① 미호기성균 　② 혐기성균
③ 편성 호기성균 ④ 호냉성균

🖐 **혐기성 변패세균**
- 완전히 탈기 밀봉된 통조림 식품에서는 혐기성균(특히 *Clostridium*속)이 잘 발육한다.
- *Clostridium botulinus*는 통조림 식품의 살균지표 세균이다.

66 *Mucor*속과 *Rhizopus*속이 형태학적으로 다른 점은?

① 포자낭의 유무 ② 포자낭병의 유무
③ 경자의 유무 　④ 가근의 유무

🖐 ***Rhizopus*속의 특징**
- 생육이 빠른 점에서 *Mucor*속과 유사함
- 수 cm에 달하는 가근과 포복지를 형성하는 점이 다름

67 황변미는 여름철 쌀의 저장 중 수분 15~20%에서도 미생물이 번식하여 대사독성물질이 생성되는 것인데 다음 중 이에 관련된 미생물은?

① *Bacillus subtillis, Bacillus mesentericus*
② *Lactobacillus plantarum, Escherichia coli*
③ *Penicillus citrinum, Penicillus islandicum*
④ *Mucor rouxii, Rhizopus delemar*

🖐 **황변미 식중독**
- 수분을 15~20% 함유하는 저장미는 *Penicillium*이나 *Aspergillus*에 속하는 곰팡이류의 생육에 이상적인 기질이 된다.
- 쌀에 기생하는 *Penicillium*속의 곰팡이류는 적홍색 또는 황색의 색소를 생성하며 쌀을 착색시켜 황변미를 만든다.
  - *Penicillum toxicarium* : 1937년 대만산 쌀 황변미에서 분리, 유독대사산물은 citreoviride
  - *Penicillum islandicum* : 1947년 아일랜드산 쌀에서 분리, 유독대사산물은 luteoskyrin
  - *Penicillum citrinum* : 1951년 태국산 쌀에서 분리, 유독대사산물은 citrinin

68 효모의 Neuberg 제1 발효 형식에서 에틸알코올 이외에 생성하는 물질은?

① CO_2 　　　② H_2O
③ $C_3HH_5(OH)_3$ ④ CH_3CHO

🖐 **Neuberg 발효형식**
- 효모에 의해서 일어나는 발효형식을 3가지 형식으로 분류
  - 제1 발효형식
    $C_6H_{12}O_6 \rightarrow 2CH_5OH + 2CO_2$
  - 제2 발효형식 : Na_2SO_3를 첨가
    $C_6H_{12}O_6 \rightarrow C_3H_5(OH)_3 + CH_3CHO + CO_2$
  - 제3 발효형식 : $NaHCO_3$, Na_2HPO_4 등의 알칼리를 첨가
    $2C_6H_{12}O_6 + H_2O \rightarrow 2C_3H_5(OH)_3 +$
    $CH_3COOH + C_2H_5OH + 2CO_2$

69 killer yeast가 자신이 분비하는 독소에 영향을 받지 않는 이유는?

① 항독소를 생산한다.
② 독소 수용체를 변형시킨다.
③ 독소를 분해한다.
④ 독소를 급속히 방출시킨다.

🖐 **킬러 효모(killer yeast)**
- 특수한 단백질성 독소를 분비하여 다른 효모를 죽여버리는 효모를 가리키며 킬러주(killer strain)라고도 한다.
- 자신이 배출하는 독소에는 작용하지 않는다(면역성이 있다고 한다). 다시 말해 킬러 플라스미드를 갖고 있는 균주는 독소에 저항성이 있고, 갖고 있지 않는 균주만을 독소로 죽이고 자기만이 증식한다.
- 알코올 발효 때에 킬러 플라스미드를 가진 효모를 사용하면 혼입되어 있는 다른 효모를 죽이고 사용한 효모만이 증식하게 되어 발효 제어가 용이하게 된다.

70 세균의 내생포자에 특징적으로 많이 존재하며 열저항성과 관련된 물질은?

① 펩티도글리칸(peptidoglycan)
② 디피콜린산(dipicolinc acid)
③ 라이소자임(lysozyme)
④ 물

🍎 **포자의 내열성 원인**
· 포자 내의 수분 함량이 대단히 적다.
· 영양세포에 비하여 대부분의 수분이 결합수로 되어 있어서 상당히 내건조성을 나타낸다.
· 특수성분으로 dipicolinc acid을 5~12% 함유하고 있다.

71 김치류의 숙성에 관여하는 젖산균이 아닌 것은?

① *Escherichia*속   ② *Leuconostoc*속
③ *Pediococcus*속   ④ *Lactobacillus*속

🍎
김치 숙성에 관여하는 미생물은 *Lactobacillus plantarum*, *Lactobacillus brevis*, *Streptococcus faecalis*, *Leuconostoc mesenteroides*, *Pediococcus halophilus*, *Pediococcus cerevisiae* 등이 있다.
* *Escherichia*속은 포유동물의 변에서 분리되고, 식품의 일반적인 부패세균이다.

72 메주에서 흔히 발견되는 균이 아닌 것은?

① *Rhizopus oryzae*
② *Aspergillus flavus*
③ *Bacillus subtilis*
④ *Aspergillus oryzae*

🍎 **메주에 관여하는 주요 미생물**
· 곰팡이 : *Aspergillus oryzae*, *Rhizopus oryzae*, *Aspergillus sojae*, *Rhizopus nigricans*, *Mucor abundans* 등
· 세균 : *Bacillus subtilis*, *B. pumilus* 등
· 효모 : *Saccharomyces coreanus*, *S. rouxii* 등

73 바이러스 증식 단계가 올바르게 표현된 것은?

① 부착-주입-단백 외투합성-핵산복제-조립-방출
② 주입-부착-단백 외투합성-핵산복제-조립-방출
③ 부착-주입-핵산복제-단백외투합성-조립-방출
④ 주입-부착-조립-핵산복제-단백외투합성-방출

🍎 **바이러스**
· 동식물의 세포나 세균세포에 기생하여 증식하며 광학현미경으로 볼 수 없는 직경 0.5μ 정도로 대단히 작은 초여과성 미생물이다.
· 증식 과정은 부착(attachment) → 주입(injection) → 핵산 복제(nucleic acid replication) → 단백질 외투의 합성(synthesis of protein coats) → 조립(assembly) → 방출(release) 순이다.

74 세균의 Gram 염색에 사용되지 않는 것은?

① Crystal violet액
② Lugol액
③ Safranine액
④ Methylene blue액

🍎 **gram 염색법**
· 일종의 rosanilin 색소, 즉 crystal violet, methyl violet 혹은 gentian violet으로 염색시켜 옥도로 처리한 후 acetone이나 알코올로 탈색시키는 것이다.
· gram 염색 순서 : A액(crystal violet액)으로 1분간 염색 → 수세 → 물 흡수 → B액(lugol액)에 1분간 담금 → 수세 → 흡수 및 완전 건조 → 95% ethanol에 30초 색소 탈색 → 흡수 → safranin 액으로 10초 대비 염색 → 수세 → 건조 → 검경

75 그람(gram) 음성세균에 해당되는 것은?

① *Enterobacter aerogenes*
② *Staphylococcus aureus*
③ *Sarcina lutea*
④ *Lactobacillus bulgaricus*

🍎 **그람 염색 특성**
· 그람 음성세균 : *Pseudomonas*, *Gluconobacter*, *Acetobacter*(구균, 간균), *Escherichia*, *Salmonella*, *Enterobacter*, *Erwinia*, *Vibrio*(통성혐기성 간균)속 등이 있다.
· 그람 양성세균 : *Micrococcus*, *Staphylococcus*, *Streptococcus*, *Leuconostoc*, *Pediococcus* (호기성 통성혐기성균), *Sarcina*(혐기성균), *Bacillus* (내생포자 호기성균), *Clostridium*(내생포자 혐기성균), *Lactobacillus*(무포자 간균)속 등이 있다.

76 홍조류에 대한 설명 중 틀린 것은?

① 클로로필 이외에 피코빌린이라는 색소를 갖고 있다.

② 열대 및 아열대 지방의 해안에 주로 서식하며 한천을 추출하는 원료가 된다.

③ 세포벽은 주로 셀룰로오스와 알긴으로 구성되어 있으며 길이가 다른 2개의 편모를 갖고 있다.

④ 엽록체를 갖고 있어 광합성을 하는 독립영양생물이다.

🍎 **홍조류(red algae)**
- 엽록체를 갖고 있어 광합성을 하는 독립영양생물로 거의 대부분의 식물이 열대, 아열대 해안 근처에서 다른 식물체에 달라붙은 채로 발견된다.
- 세포막은 주로 셀룰로오스와 펙틴으로 구성되어 있으나 칼슘을 침착시키는 것도 있다.
- 홍조류가 빨간색이나 파란색을 띠는 것은 홍조소 (phycoerythrin)와 남조소(phycocyanin)라는 2가지의 피코빌린 색소들이 엽록소를 둘러싸고 있기 때문이다.
- 생식체는 운동성이 없다.
- 약 500속이 알려지고 김, 우뭇가사리 등이 홍조류에 속한다.

77 하면발효효모에 해당되는 것은?

① *Saccharomyces cerevisiae*

② *Saccharomyces carlsbergensis*

③ *Saccharomyces sake*

④ *Saccharomyces coreanus*

🍎 **맥주발효효모**
- *Saccharomyces cerevisiae* : 맥주의 상면발효효모
- *Saccharomyces carlsbergensis* : 맥주의 하면발효효모
* *Saccharomyces sake* : 청주효모
* *Saccharomyces coreanus* : 한국의 약 · 탁주효모

78 카로티노이드 색소를 띠는 적색효모로서 균체 내에 많은 지방을 함유하고 있는 것은?

① *Candida albicans*

② *Saccharomyces cerevisiae*

③ *Debaryomyces hansenii*

④ *Rhodotorula glutinus*

🍎 *Rhodotorula*속의 특징
- 원형, 타원형, 소시지형이 있다.
- 위균사를 만든다. • 출아 증식을 한다.
- carotenoid 색소를 현저히 생성한다.
- 빨간 색소를 갖고, 지방의 집적력이 강하다.
- 이 속의 대표적인 균종은 *Rhodotorula glutinus*이다.

79 비타민 B_{12}를 생육 인자로 요구하는 비타민 B_{12}의 미생물적인 정량법에 이용되는 균주는?

① *Staphylococcus aureus*

② *Bacillus cereus*

③ *Lactobacillus leichmanii*

④ *Escherichia coli*

🍎 **영양요구성 미생물**
- 일반적으로 세균, 곰팡이, 효모의 많은 것들은 비타민류의 합성 능력을 가지고 있으므로 합성배지에 비타민류를 주지 않아도 생육하나 영양요구성이 강한 유산균류는 비타민 B군을 주지 않으면 생육하지 않는다.
- 유산균이 요구하는 비타민류

비타민류	요구하는 미생물(유산균)
biotin	*Leuconostoc mesenteroides*
vitamin B_{12}	*Lactobacillus leichmanii* *Lactobacillus lactis*
folic acid	*Lactobacillus casei*
vitamin B_1	*Lactobacillus fermentii*
vitamin B_2	*Lactobacillus casei* *Lactobacillus lactis*
vitamin B_2	*Lactobacillus casei* *Streptococcus faecalis*

80 치즈 숙성에 관련된 균이 아닌 것은?

① *Penicillium camemberti*

② *Aspergillus oryzae*

③ *Penicillium roqueforti*

④ *Propionibacterium freudenreichii*

🍎 **치즈 숙성과 관계있는 미생물**
- *Penicillium camemberti*와 *Penicillium roqueforti*은 프랑스 치즈의 숙성과 풍미에 관여하여 치즈에 독특한 풍미를 준다.
- *Streptococcus lactis*는 우유 중에 보통 존재하는 대표적인 젖산균으로 버터, 치즈 제조의 starter로 이용된다.
- *Propionibacterium freudenreichii*는 치즈눈을 형성시키고, 독특한 풍미를 내기 위하여 스위스 치즈에 사용된다.
* *Aspergillus oryzae*는 amylase와 protease 활성이 강하여 코지(koji)균으로 사용된다.

81 효소의 미켈리스-멘텐 반응속도에 기질농도[S]=Km일 때 효소 반응 속돗값이 15mM/min이다 Vmax는?

① 5mM/min
② 7.5mM/min
③ 15mM/min
④ 30mM/min

🍎 **Michaelis-Menten식**
· [S]=Km이라면 V=1/2Vmax이 된다.
· 15mM/min = 1/2Vmax
· Vmax = 30mM/min

82 광합성의 명반응(light reaction)에서 생성되어 암반응(dark reaction)에 이용되는 물질은?

① ATP
② NADH
③ O_2
④ pyruvate

🍎 **광합성 과정**
㉠ 제1 단계 : 명반응
· 그라나에서 빛에 의해 물이 광분해되어 O_2가 발생되고, ATP와 $NADPH_2$가 생성되는 광화학 반응이다.
㉡ 제2 단계 : 암반응(calvin cycle)
· 스트로마에서 효소에 의해 진행되는 반응이며 명반응에서 생성된 ATP와 $NADPH_2$를 이용하여 CO_2를 환원시켜 포도당을 생성하는 반응이다.
· 칼빈회로(Calvin cycle)
 ― 1단계 : CO2의 고정
  $6CO_2 + 6RuDP + 6H_2O \rightarrow 12PGA$
 ― 2단계 : PGA의 환원 단계

  $$12PGA \xrightarrow{\quad 12ATP \curvearrowright 12ADP \quad} 12DPGA \xrightarrow{\quad 12NADPH_2 \curvearrowright 12NADP \quad} 12PGAL + 12H_2O$$

 ― 3단계 : 포도당의 생성과 RuDP의 재생성 단계

  $$2PGAL \xrightarrow{\quad\quad} 과당2인산 \xrightarrow{\quad\quad} 포도당(C_6H_{12}O_6)$$

  $$10PGAL \xrightarrow{\quad 6ATP \curvearrowright 6ADP \quad} 6RuDP$$

* 3-phosphoglycerate(PGA), ribulose-1,5-diphosphate(RuDP), diphosphoglycerate(DPGA), glyceraldehyde-3-phosphate(PGAL)은 광합성의 암반응(Calvin cycle)의 중간생성물이다.

83 산화 환원 효소계의 보조인자(조효소)가 아닌 것은?

① NADH + H
② $NADPH + H^+$
③ 판토텐산(Panthothenate)
④ $FADH_2$

🍎
산화 환원 효소계의 보조인자(조효소)는 NAD^+, $NADP^+$, FMN, FAD, ubiquinone(UQ. Coenzyme Q), cytochrome, L-lipoic acid 등이 있다.

84 지방산의 β-oxidation에 관한 설명으로 틀린 것은?

① β-oxidation은 골지체에서 일어난다.
② β-oxidation의 최초 단계는 acyl CoA의 생성이다.
③ acetyl CoA는 TCA를 거쳐 CO_2, H_2O로 산화되어 에너지를 공급한다.
④ β-oxidation의 1회전 시 각각 1개의 $FADA_2$와 NADH가 생성된다.

🐾 지방산의 β-oxidation은 mitochondria의 matrix에서 일어난다.

85 단백질의 3차 구조를 유지하는 데 크게 기여하는 것은?

① peptide 결합
② disulfide 결합
③ Van der Waals 결합
④ 수소 결합

🐾 **단백질의 3차 구조**
• polypeptide chain이 복잡하게 겹쳐서 입체구조를 이루고 있는 구조이다.
• 이 구조는 수소 결합, disulfide 결합, 해리 기간의 염 결합(이온 결합), 공유 결합, 비극성 간의 van der waals 결합에 의해 유지된다.
• 특히 disulfide 결합은 입체구조의 유지에 크게 기여하고 있다.

86 퓨린(purine)을 생합성할 때 purine의 골격을 구성하는 데 필요한 물질이 아닌 것은?

① alanine
② aspartic acid
③ CO_2
④ THF

🐾 **purine을 생합성할 때 purine의 골격 구성**
• purine 고리의 탄소원자들과 질소원자들은 다른 물질에서 얻어진다.
• 즉, 제4, 5번의 탄소와 제7번의 질소는 glycine에서 온다.
• 제1번의 질소는 aspartic acid, 제3, 9번의 질소는 glutamine에서 온다.
• 제2번의 탄소는 N^{10}-Forrnyl THF에서 온다.
• 제8번의 탄소는 N^5, N^{10}-Methenyl THF에서 온다.
• 제6번의 탄소는 CO_2에서 온다.

87 비타민과 보효소의 관계가 틀린 것은?

① 비타민 B_1 – TPP
② 비타민 B_2 – FAD
③ 비타민 B_6 – THF
④ 나이아신(Niacin) – NAD

🐾 **비타민과 보효소의 관계**
• 비타민 B_1(thiamine) : ester를 형성하여 TPP(thiamine pyrophosphate)로 되어 보효소로서 작용
• 비타민 B_2(riboflavin) : FMN(flavin mononucleotide)와 FAD(flavin adenine dinucleotide)의 보효소 형태로 변환되어 작용
• 비타민 B_6(pyridoxine) : PLP(pyridoxal phosphate 혹은 pyridoxamine)로 변환되어 주로 아미노기 전이반응에 있어서 보효소로서 역할
• Niacin : NAD(nicotinamide adenine dinucleotide), NADP(nicotinamide adenine dinucleotide phosphate)의 구성 성분으로 되어 주로 탈수소효소의 보효소로서 작용

88 재조합 DNA에 사용되는 제한효소인 endonuclease가 아닌 것은?

① EcoR I
② Hind II
③ Hind III
④ SalP IV

🐾 **재조합 DNA에 사용되는 대표적인 제한효소 (endonuclease)**
• 핵산분해효소로서 분리된 세균의 이름을 따서 명명한다.
• EcoR I, Hae II, Pst I, Hind III, Bam HI, Hae III, Alu I, Sma I, Bal I, Hpa I 등이 있다.

89 세대시간이 15분인 세균 1개를 1시간 배양했을 때의 균수는?

① 4
② 8
③ 16
④ 40

🐾 **균수 계산**
• 균수＝최초균수 × $2^{세대수}$
• 세대수 : 60 ÷ 15 = 4
• b = 1 × 2^4 = 16

90 고체배양에 대한 설명으로 틀린 것은?

① 탁주, 청주 및 장류 등 전통 발효식품 생산할 때 사용되는 코지(koji) 배양이 대표적이다.

② 배지조성이 간단하다.

③ 소규모 생산에 유리하다.

④ 제어 배양이 용이하여 효율적이다.

☜ **고체배양의 장단점**

• 고체배양의 장점
  - 배지조성이 단순하다.
  - 곰팡이의 배양에 이용되는 경우가 많고 세균에 의한 오염 방지가 가능하다.
  - 공정에서 나오는 폐수가 적다.
  - 산소를 직접 흡수하므로 동력이 따로 필요 없다.
  - 시설비가 비교적 적게 들고 소규모 생산에 유리하다.
  - 폐기물을 사용하여 유용미생물을 배양하여 그대로 사료로 사용할 수 있다.

• 고체배양의 단점
  - 대규모 생산의 경우 냉각방법이 문제가 된다.
  - 비교적 넓은 면적이 필요하다.
  - 심부배양에서는 가능한 제어 배양이 어렵다.

91 다음 중 제조방법에 따라 병행복발효주에 속하는 것은?

① 맥주
② 약주
③ 사과주
④ 위스키

☜ **발효주**

• 단발효주 : 원료 속의 주성분이 당류로서 과실 중의 당류를 효모에 의하여 알코올 발효시켜 만든 술이다. 예 과실주

• 복발효주 : 전분질을 아밀라아제(amylase)로 당화시킨 뒤 알코올 발효를 거쳐 만든 술이다.
  - 단행복발효주 : 맥주와 같이 맥아의 아밀라아제(amylase)로 전분을 미리 당화시킨 당액을 알코올 발효시켜 만든 술이다. 예 맥주
  - 병행복발효주는 청주와 탁주 같이 아밀라아제(amylase)로 전분질을 당화시키면서 동시에 발효를 진행시켜 만든 술이다. 예 청주, 탁주

92 맥주 혼탁 방지에 이용되고 있는 효소는?

① amylase의 일종이 이용되고 있다.

② protease의 일종이 이용되고 있다.

③ lipase의 일종이 이용되고 있다.

④ cellulase의 일종이 이용되고 있다.

☜ **맥주의 혼탁**

• 맥주는 냉장 상태에서 후발효와 숙성을 거치는데, 대부분의 맥주는 투명성을 기하기 위해 이때 여과를 거친다. 하지만 여과에도 불구하고 판매되는 과정 중에 다시 혼탁되는 경우가 있는데, 이는 혼탁입자의 생성 때문이다.

• 혼탁입자는 polyphenolic procyandian과 peptide 간의 상호작용으로 유발되며, 탄수화물이나 금속이온도 영향을 미친다.

• 맥주의 혼탁입자의 방지를 위해 프로테아제(protease)가 사용되고 있다.

* 파파인(papain) : 식물성 단백질 분해효소로 고기 연화제, 맥주의 혼탁 방지에 사용된다.

93 포도당을 영양원으로 젖산(lactic acid)를 생산할 수 없는 균주는?

① *Pediococcus lindneri*

② *Leuconostoc mesenteroides*

③ *Rhizopus oryzae*

④ *Aspergillus niger*

☜ **젖산(lactic acid)를 생산할 수 있는 균주**

• 많은 미생물이 포도당을 영양원으로 젖산을 생성하지만, 공업적으로 이용할 수 있는 것은 젖산균과 *Rhizopus*속의 곰팡이 일부이다.

• 젖산균으로는 homo 발효형인 *Streptococcus*속, *Pediococcus*속, *Lactobacillus*속 등과 hetero 발효형인 *Leuconostoc*이 있다.

• *Rhizopus*속에 의한 발효는 호기적으로 젖산을 생성하는 것이 특징이고, *Rhizopus oryzae*가 대표 균주이다.

94 *Corynebacterium glutamicum*의 homoserine 영양요구주에 의해 주로 공업적으로 생산되는 아미노산은?

① 라이신(lycine)

② 글리신(glycine)

③ 메티오닌(methionine)

④ 글루탐산(glutamic acid)

☜ **라이신(lycine) 발효**

• lycine은 glutamic acid 생산균인 *Corynebacterium glutamicum*에 자외선과 Co^{60} 조사에 의하여 영양요구변이주를 만들어 생산한다.

• 이들 변이주는 biotin을 충분히 첨가하고 소량의 homoserine 또는 threonine+methionine을 첨가하여 대량의 lysine을 생성 축적하게 된다.

95 탄화수소에서의 균체 생산의 특징이 아닌 것은?

① 높은 통기 조건이 필요하다.
② 발효열을 냉각하기 위한 냉각 장치가 필요하다.
③ 당질에 비해 균체 생산 속도가 빠르다.
④ 높은 교반 조건이 필요하다.

🐚 **탄화수소를 이용한 균체 생산**
· 당질을 이용한 경우에 비해서 약 3배량의 산소를 필요로 한다.
· 일반적으로 탄화수소를 이용한 경우, 증식속도는 당질의 경우보다 대단히 늦어서 세대시간이 4~7시간이나 된다.

96 포도당(glucose) 1kg을 사용하여 알코올 발효와 초산 발효를 동시에 진행시켰다 알코올과 초산의 실제 생산수율은 각각의 이론적 수율의 90%와 95%라고 가정할 때 실제 생산될 수 있는 초산의 양은?

① 1.304kg
② 1.1084kg
③ 0.5097kg
④ 0.4821kg

🐚 **포도당으로부터 초산의 실제 생산수율**
㉠ 포도당 1kg으로부터 실제 ethanol 생성량
· $C_6H_{12}O_6 \rightarrow 2C_6H_5OH + 2CO_2$
　　(180)　　　　(2×46)
　 180 : 46 × 2 = 1000 : x
　 x = 511.1g
· 수율 90%일 때 ethanol 생성량
　 = 5111×090 = 460g
㉡ 포도당 1kg으로부터 초산생성량
· $C_2H_5OH + O_2 \rightarrow CH_3COOH + H_2O$
　　(46)　　　　　(60)
　 46 : 60 = 460 : x
　 x = 600g
· 수율 90%일 때 초산 생성량
　 = 600×0.85 = 510g(0.510kg)

97 클로렐라에 대한 설명 중 틀린 것은?

① 햇빛을 에너지원으로 한다.
② 호기적으로 배양한다.
③ CO_2는 탄소원으로 사용하지 않고 당을 탄소원으로 사용한다.
④ 균체는 식품으로서 영양가가 높다.

🐚 **클로렐라(Chlorella)의 특징**
· 진핵세포생물이며 분열증식을 한다.
· 단세포 녹조류이다.
· 빛의 존재하에서 무기염과 CO_2의 공급으로 증식하며 O_2를 방출한다.
· 분열에 의해 한 세포가 4~8개의 낭세포로 증식한다.
· 크기는 2~12µ 정도의 구형 또는 난형이다.
· 엽록체를 갖으며 광합성을 하여 에너지를 얻어 증식한다.
· 건조물의 50%가 단백질이며 필수아미노산과 비타민이 풍부하다.
· 필수아미노산인 라이신(lysine)의 함량이 높다.
· 양질의 단백질을 대량 함유하므로 단세포단백질(SCP)로 이용되고 있다.
· 소화율이 낮다.

98 내열성 α-amylase 생산에 이용되는 균은?

① *Aspergillus niger*
② *Bacillus licheniformis*
③ *Rhizopus oryzae*
④ *Trichoderma reesei*

🐚 **세균 amylase**
· α-amylase가 주체인데 생산균으로는 *Bacillus subtilis*, *Bacillus licheniformis*, *Bacillus stearothermophillus*의 배양물에서 얻어진 효소제이다.
· 세균 amylase는 내열성이 강하다.

99 제빵효모 생산을 위해서 사용되는 균주로서 구비해야 할 특성이 아닌 것은?

① 물에 잘 분산될 것
② 단백질 함량이 높을 것
③ 발효력이 강력할 것
④ 증식 속도가 빠를 것

🍎 제빵효모 *Saccharomyces cerevisiae*의 구비 조건
• 발효력이 강력하여 밀가루 반죽의 팽창력이 우수할 것
• 생화학적 성질이 일정할 것
• 물에 잘 분산될 것
• 자기소화에 대한 내성이 있어서 보존성이 좋을 것
• 장기간에 걸쳐 외관이 손상되지 않을 것
• 당밀배지에서 증식 속도가 빠르고 수득율이 높을 것

100 비타민 B₁₂는 코발트를 함유하는 빨간색 비타민으로 미생물이 자연계의 유일한 공급원인데 그 미생물은 무엇인가?

① 곰팡이(Fungi) ② 효모(Yeast)
③ 세균(Bacteria) ④ 바이러스(Virus)

🍎 비타민 B₁₂(cobalamine)
• 코발트를 함유하는 빨간색 비타민이다.
• 동식물은 이 비타민을 합성할 수 없고 미생물이 자연계에서 유일한 공급원이며 미생물 중에서도 세균이나 방선균이 주로 생성하며 효모나 곰팡이는 거의 생성하지 않는다.
• 비타민 B₁₂ 생산균
 – *Propionibacterium freudenreichii*, *Propionibacterium shermanii*, *Streptomyces olivaceus*, *Micromonospora chalcea*, *Pseudomonas denitrificans*, *Bacillus megaterium* 등이 있다.
 – 이외에 *Nocardia*, *Corynebacterium*, *Butyribacterium*, *Flavobacterium*속 등이 있다.

2023년 제1회 A형									
01	02	03	04	05	06	07	08	09	10
①	②	①	④	①	②	②	①	④	④
11	12	13	14	15	16	17	18	19	20
④	④	②	①	②	②	③	③	③	②
21	22	23	24	25	26	27	28	29	30
④	④	④	②	①	②	②	②	②	④
31	32	33	34	35	36	37	38	39	40
③	④	③	①	②	③	④	③	③	①
41	42	43	44	45	46	47	48	49	50
①	④	②	③	①	①	①	②	④	②
51	52	53	54	55	56	57	58	59	60
①	①	②	④	①	④	②	①	③	②
61	62	63	64	65	66	67	68	69	70
②	③	④	①	②	④	③	①	②	②
71	72	73	74	75	76	77	78	79	80
①	②	③	④	①	③	②	④	③	②
81	82	83	84	85	86	87	88	89	90
④	①	③	①	②	①	③	④	③	④
91	92	93	94	95	96	97	98	99	100
②	②	④	①	③	③	③	②	②	③

식품기사
필기시험문제

발 행 일	2024년 1월 10일 개정14판 1쇄 발행
	2024년 3월 10일 개정14판 2쇄 발행
저 자	식품생명과학연구회
발 행 처	크라운출판사
	http://www.crownbook.com
발 행 인	李尙原
신고번호	제 300-2007-143호
주 소	서울시 종로구 율곡로13길 21
공 급 처	(02) 765-4787, 1566-5937
전 화	(02) 745-0311~3
팩 스	(02) 743-2688, 02) 741-3231
홈페이지	www.crownbook.co.kr
I S B N	978-89-406-4772-1 / 13570

특별판매정가 38,000원